Klaus Görner • Kurt Hübner

Gewässerschutz und Abwasserbehandlung

Springer-Verlag Berlin Heidelberg GmbH

Klaus Görner • Kurt Hübner

Gewässerschutz und Abwasserbehandlung

Mit 218 Abbildungen und 126 Tabellen

Springer

Prof. Dr.-Ing. habil. Klaus Görner
Dr. Kurt Hübner
Lehrstuhl für Umweltverfahrenstechnik und Anlagentechnik
FB 12 – Maschinenwesen
Universität GH Essen
Leimkugelstraße 10
45141 Essen

Der Inhalt dieses Buches entspricht den Kapiteln B, G, M und N des Werkes HÜTTE, Umweltschutztechnik, Springer-Verlag 1999.

Die Deutsche Bibliothek - CIP-Einheitsaufnahme
Gewässerschutz und Abwasserbehandlung / mit Beitr. von J. Salzwedel... - Berlin ; Heidelberg ; New York ; Barcelona ; Hongkong ; London ; Mailand ; Paris ; Singapur ; Tokio : Springer, 2002
(VDI-Buch)
ISBN 978-3-540-42025-5   ISBN 978-3-642-56320-1(eBook)
DOI 10.1007/978-3-642-56320-1

Dieses Werk ist urheberrechtlich geschützt. Die dadurch begründeten Rechte, insbesondere die der Übersetzung, des Nachdrucks, des Vortrags, der Entnahme von Abbildungen und Tabellen, der Funksendung, der Mikroverfilmung oder Vervielfältigung auf anderen Wegen und der Speicherung in Datenverarbeitungsanlagen, bleiben, auch bei nur auszugsweiser Verwertung, vorbehalten. Eine Vervielfältigung dieses Werkes oder von Teilen dieses Werkes ist auch im Einzelfall nur in den Grenzen der gesetzlichen Bestimmungen des Urheberrechtsgesetzes der Bundesrepublik Deutschland vom 9. September 1965 in der jeweils geltenden Fassung zulässig. Sie ist grundsätzlich vergütungspflichtig. Zuwiderhandlungen unterliegen den Strafbestimmungen des Urheberrechtsgesetzes.

http://www.springer.de

Springer-Verlag Berlin Heidelberg 2002
Ursprünglich erschienen bei Springer-Verlag Berlin Heidelberg New York 2002

Die Wiedergabe von Gebrauchsnamen, Handelsnamen, Warenbezeichnungen usw. in diesem Buch berechtigt auch ohne besondere Kennzeichnung nicht zu der Annahme, daß solche Namen im Sinne der Warenzeichen- und Markenschutz-Gesetzgebung als frei zu betrachten wären und daher von jedermann benutzt werden dürften.

Sollte in diesem Werk direkt oder indirekt auf Gesetze, Vorschriften oder Richtlinien (z.B. DIN, VDI, VDE) Bezug genommen oder aus ihnen zitiert worden sein, so kann der Verlag keine Gewähr für die Richtigkeit, Vollständigkeit oder Aktualität übernehmen. Es empfiehlt sich, gegebenenfalls für die eigenen Arbeiten die vollständigen Vorschriften oder Richtlinien in der jeweils gültigen Fassung hinzuzuziehen.

Einband-Entwurf: Struve & Partner, Heidelberg
Satz und graphische Gestaltung: medio Technologies AG, Berlin
Gedruckt auf säurefreiem Papier   SPIN: 1083333-2   68/3020Rw - 5 4 3 2 1 0

Geleitwort

Die Konzeption des Buches Hütte – Umwelttechnik (Umwelthütte), das in seiner Erstauflage 1999 erschien, ist auf ein breites Spektrum verschiedener Facetten des Umweltschutzes angelegt.

Es konnte damit ein großer Interessentenkreis angesprochen werden. Gleichwohl sind viele Leser an einzelnen Teilgebieten interessiert und wollen speziell ein Fachbuch zu diesem Thema. Verlag und Herausgeber haben sich daher entschlossen, diesem Wunsch nachzukommen und zu den Teilgebieten:
Gewässerschutz,
Abfallwirtschaft und
Gasreinigung
eine Sonderauflage, jeweils als Teilausgabe des Gesamtwerkes, auf den Markt zu bringen.

Wir glauben, dass hierdurch die Darstellung der Gesamtzusammenhänge nicht leidet, da entsprechende Querverweise zu den jeweils anderen Sonderausgaben aufgenommen sind und wir im Übrigen auf das Gesamtwerk verweisen möchten.

Essen, im September 2001
Prof. Dr.-Ing. habil. Klaus Görner
Dr. rer.nat. Kurt Hübner

Hinweise zur Benutzung

Die in diesem Buch aufgenommenen Abschnitte sind mit denen des Gesamtwerks Hütte – Umweltschutztechnik identisch. Die Abschnittsnummerierung wie auch die Querverweise im Text auf andere Abschnitte, auch wenn diese nicht im Einzelband enthalten sind, wurden beibehalten. Obwohl für das Grundverständnis des Einzelbands nicht notwendig, ermöglichen diese Hinweise dem Leser einen eindeutigen Pfad zum Gesamtwerk und somit zu weiteren interessanten Ausführungen. Aus diesem Grund folgt im Anschluss an das Inhaltsverzeichnis dieses Teilbandes eine Inhaltsübersicht über das Gesamtwerk.

In Verbindung damit haben sich Herausgeber und Verlag außerdem entschieden, diesen Teilband mit dem vollständigen Sachverzeichnis zu versehen. Die hinter den Stichworten stehenden Seitenangaben verweisen jeweils auf den Abschnitt und somit auf den Teilband, in dem der jeweilige Begriff behandelt wird.

Autoren

Austermann-Haun, Ute, Prof. Dr.-Ing. (Abschn. G.3.3.5)
   FH Lippe, Abteilung Detmold, Emilienstr.45, 32756 Detmold
Barjenbruch, Matthias, Dr.-Ing, (Abschn. G.3.3.6)
   Institut für Kulturtechnik und Siedlungswasserwirtschaft, FB Landeskultur und Umweltschutz, Agrarwissenschaftliche Fakultät, Universität Rostock, Satower Str. 48, 18051 Rostock
Beckefeld, Petra, Dr. (Abschn. J.4.7, J.5.6)
   Hochtief Civil, Huyssenallee 22–30, 45128 Essen
Beine, Reinhard, A., Dr. (Abschn. J.4)
   Jessberger + Partner GmbH, Am Umweltpark 5, 44793 Bochum
Beisheim, Knut, Dr. (Abschn. L.1, L.4)
   Staatliches Umweltamt, Postfach 2730, 47727 Krefeld
Bilitewski, Bernd, Prof. Dr.-Ing. (Abschn. H.2.1)
   intecus – Ingenieurgemeinschaft für technischen Umweltschutz, Pohlandstr. 17, 01309 Dresden
Bortlisz, Johannes, Dipl.-Ing. (Abschn. M.2)
   Emschergenossenschaft Lippeverband, Kronprinzenstr. 24, 45128 Essen
Delling, Steffen, Dipl.-Ing. (Abschn. L.2.3, L.3.3)
   Landesumweltamt NRW, AB Anlagensicherheit, Wallneyer Str. 6, 45133 Essen
Doedens, Heiko, Prof. Dr.-Ing. habil., (Abschn. H.1, H.3, H.4)
   Institut für Siedlungswasserwirtschaft und Abfalltechnik, Fachgebiet Abfallwirtschaft, Universität Hannover, Welfengarten 1, 30167 Hannover
Eckardt, Andreas, Dr. (Abschn. J.2.1 – J.2.4)
   Staatliches Umweltfachamt Radebeul, Wasastr. 50, 01445 Radebeul
Euteneuer, Ulrich, Dipl.-Ing. (Abschn. L.3.2)
   Landesumweltamt NRW, AB Anlagensicherheit, Wallneyer Str. 6, 45133 Essen
Fabian, Peter, Prof. Dr. (Abschn. D.2)
   Institut für Bioklimatologie, Universität München, Hohenbachernstr. 22, 85354 Freising
Feikes, Lieselotte, Dr. (Abschn. N.1.6)
   A.-L.-Grimm-Str. 18, 69469 Weinheim
Fischer, Klaus Martin, Dr. (Abschn. F.3.8)
   Institut für Siedlungswasserbau, Wassergüte- und Abfallwirtschaft, Universität Stuttgart, Bandtäle 2, 70569 Stuttgart
Fricke, Klaus, Dr.-Ing. (Abschn. H.7)
   IGW Fricke & Turk GmbH, Bischhäuser Aue 12, 37213 Witzenhausen
Gillmann, Peter, Dr.-Ing. (Abschn. H.2.2, J.5.2)
   Lehrstuhl für Umweltverfahrenstechnik und Anlagentechnik, Universität GH Essen, Leimkugelstr. 10, 45141 Essen
Görner, Klaus, Prof. Dr.-Ing. habil. (Kap. A)
   Lehrstuhl für Umweltverfahrenstechnik und Anlagentechnik, FB 12 – Maschinenwesen, Universität GH Essen, Leimkugelstr. 10, 45141 Essen

Grefen, Klaus, Prof. Dr.-Ing. (Abschn. B.1.1.3)
: Kommission Reinhaltung der Luft (KRdL) im VDI und DIN, Robert-Stolz-Str. 5, 40470 Düsseldorf

Greim, Helmut, Prof. Dr. (Abschn. D.3)
: Institut für Toxikologie der GSF, Postfach 1129, 85758 Oberschleißheim

Guderian, Robert, Prof. Dr. (Abschn. D.4)
: Institut für angewandte Botanik/Biologie, Universität Essen, Universitätsstr. 15, 45141 Essen

Haber, Wolfgang, Prof. em. Dr. Dr. h.c. (Abschn. D.5, N.4)
: Lehrstuhl für Landschaftsökologie, Technische Universität München, Weihenstephan, 85350 Freising

Hartwig, Peter, Dr.-Ing. (Abschn. G.3.3.3.3, G.3.3.3.4)
: aqua consult Ingenieur GmbH, Mengendamm 16, 30177 Hannover

Haug, Hans-Peter, Dr.-Ing. (Abschn. G.1)
: Institut für Siedlungswasserwirtschaft, Wassergüte- und Abfallwirtschaft, Bandtäle 2, 70569 Stuttgart

Heimhard, Hans-Jürgen, Dr. (Abschn. J.5.4)
: Thyssen Altwert Umweltservice GmbH, Postfach 143640, 45266 Essen

Heine, Peter, Dr. (Abschn. N.2)
: RWTÜV Fahrzeug GmbH, Institut für Fahrzeugtechnik, Abgasprüfstelle, Adlerstr. 7, 45307 Essen

Hesse, Hans-Peter, Dipl.-Ing. (Abschn. M.2)
: Emschergenossenschaft Lippeverband, Kronprinzenstr. 24, 45128 Essen

Hochgreve, Heinz-Bernd, Dipl.-Ing. (Abschn. L.3.5)
: Landesanstalt für Arbeitsschutz, Ulenbergstr. 127-131, 40225 Düsseldorf

Hoffmann, Hinrich, Dr. (Abschn. N.1.4)
: Gimbacher Tann 34, 65779 Kelkheim/Ts.

Hübner, Kurt, Dr. (Abschn. F.1, F.2.2.2, F.3 ex. F.3.6.1 u. F.3.8)
: Lehrstuhl für Umweltverfahrenstechnik und Anlagentechnik, FB 12 – Maschinenwesen, Universität GH Essen, Leimkugelstr. 10, 45141 Essen

Jansen, Gerd, Prof. em. Dr. (Abschn. B.2.3, D.6, M.5, Kap. K)
: Zentrum für Arbeits- und Umweltmedizin, Ev. Krankenhaus, Kirchfeldstr. 35, 40217 Düsseldorf

Jansen, Peer, Rechtsanwalt (Abschn. B.2.3)
: RAe Becker, Harlos & Jansen, Zeigertstr. 20, 40130 Essen

Jessberger, Hans Ludwig, Prof. Dr. (Abschn. J.3, J.5.5, J.6)
: Jessberger + Partner GmbH, Am Umweltpark 5, 44793 Bochum

Katzer, Helga, Dipl.-Ing. (Abschn. L.2.1, L.2.2)
: Landesumweltamt NRW, AB Anlagensicherheit, Wallneyer Str. 6, 45133 Essen

Ketelsen, Ketel, Dr.-Ing. (Abschn. H.6)
: IBA – Ingenieurbüro für Abfallwirtschaft und Entsorgung GmbH, Friesenstr. 14, 30161 Hannover

Klein, Jürgen, Prof. Dr. (Abschn. J.5.3)
: DMT-Gesellschaft für Forschung und Prüfung mbH, Franz-Fischer-Weg 61, 45307 Essen

Klemmer, Paul, Dr. (Kap. C)
: Rheinisch-Westfälisches Institut für Wirtschaftsforschung e.V. RWI. Hohenzollernstr. 1-3, 45128 Essen

Kunst, Sabine, Prof. Dr.-Ing. Dr. (Abschn. G.3.3.1, G.3.3.2)
: Institut für Siedlungswasserwirtschaft und Abfalltechnik, Universität Hannover, Welfengarten 1, 30167 Hannover

Laßl, Michael, Dipl.-Geol. (Abschn. J.3, J.5.1, J.5.5)
: Jessberger + Partner GmbH, Am Umweltpark 5, 44793 Bochum

Lipphard, Günter, Prof. Dr.-Ing. (Kap. E)
: Brunhildenweg 7, 65779 Kelkheim/Ts.

Lützke, Klaus, Dr.-Ing (Abschn. M.1)
: RWTÜV Anlagentechnik GmbH,. Steubernstr 33, 45138 Essen

Malz, Franz, Prof. Dr.   (Abschn. G.3.2)
   Weidenbruch 63b, 45133 Essen
Marutzky, Rainer, Prof.   (Abschn. N.1.5)
   Fraunhofer Institut Holzforschung (WKI), Bienroder Weg 54E, 38108 Braunschweig
Melsa, Achim, Prof. Dr.   (Abschn. 3.4)
   Niersverband, Freiheitsstr. 173, 41747 Viersen
Mennerich, Artur, Prof. Dr.-Ing.   (Abschn. G.3.1)
   Fachbereich Bauingenieurwesen (Wasserwirtschaft und Umwelttechnik), FH Nordostniedersachsen, Herber-Meyer-Str. 7, 29556 Suderburg
Meyer, Hartmut, Dipl.-Ing.   (Abschn. G.3.3.3.1, G.3.3.3.2, G.3.3.3.5, G.3.3.3.6, G.3.3.4, G.3.3.5)
   Institut für Siedlungswasserwirtschaft und Abfalltechnik, Universität Hannover, Welfengarten 1, 30167 Hannover
Müller, Günther, Dr.-Ing.   (Abschn. J.2.1–J.2.4)
   Sächsisches Staatsministerium für Umwelt und Landesentwicklung, Referat Altlasten, Ostra-Allee 22, 01067 Dresden
Mull, Rolf, Prof. Dr.-Ing.   (Abschn. J.1)
   Institut für Wasserwirtschaft, Hydrologie und landwirtschaftlichen Wasserbau, Universität Hannover, Appelstr. 9A, 30167 Hannover
Nonn, Christiane, Dr.   (Abschn. M.3, M.4)
   Institut WAR, Technische Hochschule Darmstadt, Petersenstr. 13, 64287 Darmstadt
Pecher, Rolf, Dr.-Ing.   (Abschn. G.2)
   Klinkerweg 3, 40699 Erkrath
Pütz, Manfred, Prof. Dr.-Ing. Ministerialdirigent a.D.   (Abschn. B.2.1, B.2.2)
   In der Lohwiese 13, 44269 Dortmund
Rosenwinkel, Karl-Heinz, Prof. Dr.-Ing.   (Abschn. G.3.3.3.1, G.3.3.3.2, G.3.3.3.5, G.3.3.4)
   Institut für Siedlungswasserwirtschaft und Abfalltechnik, Universität Hannover, Welfengarten 1, 30167 Hannover
Rott, Ullrich, Prof. Dr.-Ing.   (Abschn. G.1)
   Institut für Siedlungswasserwirtschaft, Wassergüte- und Abfallwirtschaft, Bandtäle 2, 70569 Stuttgart
Saake, Michael, Dr.-Ing.   (Abschn. G.3.5)
   aqua consult Ingenieur GmbH, Mengendamm 16, 30177 Hannover
Salzwedel, Jürgen, Prof. Dr. Rechtsanwalt   (Abschn. B.4, B.5)
   Gaedertz Rechtsanwälte, Theodor-Heuss-Ring 19-21, 50668 Köln
Scherer-Leydecker, Chr., Dr. Rechtsanwalt   (Abschn. B.1.1 ex B.1.1.3-B.1.4, B.2.4, B.3)
   Gaedertz Rechtsanwälte, Theodor-Heuss-Ring 19-21, 50668 Köln
Schlebusch, Detlev, Dr.   (Abschn. N.1.1., N.1.2)
   Erlenweg 2, 61206 Wöllstadt
Schmidt, Dieter, Dr.-Ing.   (Abschn. L.3.1)
   Mechanische Verfahrenstechnik und Apparatetechnik, FB 12, Universität GH Essen, Universitätsstr. V15, 45117 Essen
Schmidt, Paul, Prof. em. Dr.-Ing.   (Abschn. F.2.1, F.2.2.1)
   Lehrstuhl für Umweltverfahrenstechnik und Anlagentechnik, FB 13 – Maschinenbau, Universität GH Essen, Leimkugelstr. 10, 45141 Essen
Schulz, Reinhard, Dr.-Ing.   (Abschn. F.2.2.3, F.3.6.1)
   Institut für Umweltverfahrenstechnik, Universität GH Essen, Leimkugelstr. 10, 45141 Essen
Streffer, Christian, Prof. Dr. Dr. h.c.   (Abschn. D.1, D.7, M.6)
   Institut für Med. Strahlenbiologie, Universitätsklinikum, 45122 Essen
Turk, Thomas, Dipl.-Ing.   (Abschn. H.7)
   IGW Fricke & Turk GmbH, Bischhäuser Aue 12, 37213 Witzenhausen
Vogelsang, Dieter, Prof. Dr.   (Abschn. J.2.5)
   Kampstr. 70, 30629 Hannover
Völcker, Helmut, Prof. Dr.   (Abschn. N.1.3)
   Huyssenallee 82-84, 45128 Essen

Weber, Burkhard, Dr.-Ing.   (Abschn. H.5)
 Büro für Umwelt- und Verfahrenstechnik, Dr.-Ing. Burkhard Weber GmbH, Am Neuen Kamp 30, 24537 Neumünster
Werz, Hans Joachim   (Abschn. N.1.1, N.1.2)
 Lurgi Metallurgie GmbH, Lurgiallee 5, 60295 Frankfurt/Main
Wiese, Norbert, Dr.-Ing.   (Abschn. L.3.1, L.3.4)
 Landesumweltamt NRW, AB Anlagensicherheit, Wallneyer Str. 6, 45133 Essen
Wiesner, Siegfried, Dr.   (Abschn. N.3)
 RWTÜV e.V., Steubenstr. 53, 45138 Essen
Wiggers, Helmut, Dr.-Ing.   (Abschn. F.2.2.4)
 Mechanische Verfahrenstechnik und Apparatetechnik, FB 12, Universität GH Essen, Universitätsstr. V15, 45117 Essen

B.1.3	Der behördliche Vollzug des Umweltrechts	B-12
B.1.3.1	Verwaltungsorganisation	B-12
B.1.3.2	Verwaltungshandeln und Rechtsschutz	B-13
B.1.3.2.1	Der Verwaltungsakt	B-13
B.1.3.2.2	Der öffentlich-rechtliche Vertrag	B-13
B.1.3.2.3	Der Verwaltungs-Realakt	B-14
B.1.3.2.4	Privatrechtliches Handeln der Verwaltung	B-14
B.1.4	Allgemeiner Umweltschutz: das Naturschutzrecht	B-14
B.1.4.1	Landschaftsplanung	B-14
B.1.4.2	Naturschutzrechtliche Eingriffsregelung	B-14
B.1.4.3	Naturschutzrechtlicher Gebiets- und Objektschutz	B-15
B.2	**Immissionsschutzrecht**	**B-15**
	G. Jansen, P. Jansen, M. Pütz, Chr. Scherer-Leydecker	
B.2.1	Allgemeines Immissionsschutzrecht	B-15
B.2.1.1	Die Teilbereiche des allgemeinen Immissionsschutzrechts	B-15
B.2.1.1.1	Anlagenbezogener Immissionsschutz	B-15
B.2.1.1.2	Produktbezogener Immissionsschutz	B-16
B.2.1.1.3	Verkehrsbezogener Immissionsschutz	B-16
B.2.1.1.4	Gebietsbezogener Immissionsschutz	B-17
B.2.1.2	Betreiberpflichten	B-17
B.2.1.2.1	Genehmigungsbedürftige Anlagen	B-17
B.2.1.2.2	Nicht genehmigungsbedürftige Anlagen	B-17
B.2.1.3	Die immissionsschutzrechtliche Anlagengenehmigung	B-18
B.2.1.3.1	Genehmigungspflicht	B-18
B.2.1.3.2	Genehmigungsverfahren	B-18
B.2.1.3.3	Rechtswirkung der Genehmigung	B-19
B.2.1.3.4	Genehmigungsvoraussetzungen	B-19
B.2.1.4	Überwachung	B-20
B.2.1.4.1	Behördliche Anordnungen	B-20
B.2.1.4.2	Maßnahmen der Eigenkontrolle	B-20
B.2.1.4.3	Anzeigepflicht bei Anlagenstillegung	B-21
B.2.2	Luftreinhaltung	B-21
B.2.2.1	Luftreinhalteplanung	B-21
B.2.2.2	Die TA Luft 1986	B-22
B.2.2.2.1	Begrenzung der Emissionen krebserzeugender Stoffe	B-22
B.2.2.2.2	Begrenzung der Emissionen von Gesamtstaub	B-22
B.2.2.2.3	Begrenzung der Emissionen staubförmiger anorganischer Stoffe	B-22
B.2.2.2.4	Begrenzung der Emissionen dampf- oder gasförmiger anorganischer Stoffe	B-22
B.2.2.2.5	Begrenzung der Emissionen organischer Stoffe	B-22
B.2.2.2.6	Besondere anlagenbezogene Anforderungen	B-24
B.2.3	Lärmschutz	B-24
B.2.3.1	Der Lärmschutz im Vollzug des Umweltrechts	B-24
B.2.3.2	Spezielle Lärmschutzvorschriften	B-26
B.2.3.2.1	Lärmschutz am Arbeitsplatz	B-26
B.2.3.2.2	TA Lärm	B-26
B.2.3.2.3	Verkehrslärm	B-26
B.2.3.2.4	Freizeitlärm	B-27
B.2.3.3	Die wichtigsten Lärmschutzwerte	B-27
B.2.4	Strahlenschutz	B-29
B.2.4.1	Strahlenschutzvorsorge	B-29
B.2.4.2	Atomrechtlicher Strahlenschutz	B-29
B.2.4.2.1	Anwendungsbereich des Atomrechts	B-29
B.2.4.2.2	Atomrechtliche Genehmigungen	B-30
B.2.4.2.3	Strahlenschutzpflichten	B-31

Inhalt

Der Verfasser/die Verfasserin eines bestimmten Kapitels/Abschnitts geht aus dem Autorenverzeichnis S. XI hervor.

B	**Rechtsgrundlagen des Umweltschutzes**	
	J. Salzwedel	
B.1	**Grundlagen des Umweltrechts**	B-1
	K. Grefen, Chr. Scherer-Leydecker	
B.1.1	Rechtsquellen des Umweltrechts	B-1
B.1.1.1	Internationales Umweltrecht	B-1
B.1.1.1.1	Umweltvölkerrecht	B-1
B.1.1.1.2	Europäisches Umweltrecht	B-1
B.1.1.2	Innerstaatliches Umweltrecht	B-2
B.1.1.2.1	Umweltverfassungsrecht	B-2
B.1.1.2.2	Gesetze, Rechtsverordnungen und Satzungen	B-3
B.1.1.2.3	Verwaltungsvorschriften	B-3
B.1.1.2.4	Empfehlungen von Sachverständigenausschüssen	B-4
B.1.1.3	Private Regelwerke	B-4
B.1.1.3.1	Die Verbindlichkeit privater Regelwerke	B-4
B.1.1.3.2	Normungsinstitutionen und Regelwerke im Bereich des Umweltschutzes	B-5
B.1.2	Instrumente des Umweltrechts	B-7
B.1.2.1	Materielle Verhaltenspflichten	B-7
B.1.2.2	Eigenüberwachung	B-7
B.1.2.2.1	Organisatorische Pflichten	B-7
B.1.2.2.2	Umweltaudit	B-7
B.1.2.3	Behördliche Überwachung	B-8
B.1.2.3.1	Mitwirkungs- und Duldungspflichten	B-8
B.1.2.3.2	Behördliche Vorabkontrolle	B-8
B.1.2.3.3	Ordnungsverwaltung	B-9
B.1.2.4	Umweltschutzplanung	B-10
B.1.2.5	Fiskalische Umweltschutzinstrumente	B-10
B.1.2.6	Umwelthaftung	B-10
B.1.2.7	Sanktionen im Umweltrecht	B-10
B.1.2.7.1	Umweltstrafrecht	B-10
B.1.2.7.2	Umwelt-Ordnungswidrigkeitenrecht	B-11
B.1.2.8	Aufklärung und Information	B-11
B.1.2.8.1	Aufklärung der Bevölkerung	B-11
B.1.2.8.2	Zugang zu Informationen über die Umwelt	B-12

B.2.4.2.4	Eigenüberwachung	B-33
B.2.4.2.5	Behördliche Überwachung	B-33
B.2.4.2.6	Atomrechtliches Haftungsrecht	B-33
B.2.4.3	Schutz vor radioaktiver Strahlung außerhalb des Atomrechts	B-33
B.2.4.3.1	Schutz vor Radioaktivität im Bergbau	B-34
B.2.4.3.2	Sanierung radioaktiver Altlasten	B-34
B.2.4.3.3	Radonbelastung von Gebäuden	B-35
B.2.4.3.4	Schutz vor kosmischer Strahlung	B-35
B.2.4.4	Schutz vor nichtionisierender Strahlung	B-35
B.3	**Kreislaufwirtschafts- und Abfallrecht**	**B-36**
	Chr. Scherer-Leydecker	
B.3.1	Anwendungsbereich des Abfallrechts	B-37
B.3.1.1	Der Abfallbegriff	B-37
B.3.1.1.1	Der objektiv-tatsächliche Abfallbegriff (Entledigung)	B-37
B.3.1.1.2	Der subjektive Abfallbegriff (Entledigungswille)	B-37
B.3.1.1.3	Der normative Abfallbegriff (Entledigungsgebot)	B-38
B.3.1.1.4	Abfallkategorien	B-38
B.3.1.2	Ausnahmen von dem Anwendungsbereich	B-39
B.3.2	Die abfallrechtlichen Grundpflichten	B-39
B.3.2.1	Abfallvermeidung	B-39
B.3.2.2	Abfallverwertung	B-39
B.3.2.3	Abfallbeseitigung	B-40
B.3.2.4	Die Sonderregelung für Anlagen i.S.d. BImSchG	B-40
B.3.2.5	Entsorgungsverantwortung	B-40
B.3.3	Die abfallrechtliche Produktverantwortung	B-41
B.3.4	Maßnahmen der Eigenüberwachung	B-41
B.3.4.1	Abfallwirtschaftskonzepte und Abfallbilanzen	B-41
B.3.4.2	Die Betriebsorganisation	B-41
B.3.5	Die behördliche Überwachung	B-42
B.3.5.1	Die allgemeine Überwachung	B-42
B.3.5.2	Nachweisverfahren	B-42
B.3.5.3	Die Transport- und Vermittlungsgenehmigung	B-42
B.3.5.4	Abfallverbringung	B-43
B.3.5.5	Abfallbeseitigungsanlagen	B-44
B.3.5.6	Der Entsorgungsfachbetrieb	B-44
B.4	**Gewässerschutzrecht**	**B-45**
	J. Salzwedel	
B.4.1	Rechtsgrundlagen und Anwendungsbereich	B-45
B.4.2	Die Gewässerbewirtschaftung durch die Bundesländer	B-45
B.4.3	Das Erlaubnis- und Bewilligungsregime für Gewässerbenutzungen	B-46
B.4.3.1	Gewässerbenutzungen	B-46
B.4.3.2	Das System der subjektiv-öffentlichen Rechte der Gewässerbenutzung	B-46
B.4.3.3	Die besonderen Anforderungen für Abwassereinleitungen	B-47
B.4.4	Unterhaltung und Ausbau eines oberirdischen Gewässers	B-48
B.4.4.1	Die Gewässerunterhaltung	B-48
B.4.4.2	Der Gewässerausbau	B-49
B.4.5	Der anlagenbezogene Gewässerschutz	B-49
B.4.5.1	Die Grundsatzverbote des WHG	B-49
B.4.5.2	Das Recht der wassergefährdenden Stoffe	B-50
B.4.5.2.1	Das Recht der Rohrleitungsanlagen	B-50
B.4.5.2.2	Das Recht der Anlagen zum Umgang mit wassergefährdenden Stoffen	B-51
B.4.5.3	Sonstige anlagenbezogene Anforderungen	B-52
B.4.6	Wasserrechtliche Schutzgebiete	B-53
B.4.6.1	Wasserschutzgebiete	B-53

B.4.6.2	Überschwemmungsgebiete und Gewässerrandstreifen	B-53
B.4.7	Fiskalisches Wasserrecht	B-53
B.4.7.1	Abwasserabgabenrecht	B-53
B.4.7.2	Grundwasserabgabe und Wasserpfennig	B-54
B.4.8	Die wasserrechtliche Gefährdungshaftung	B-54
B.5	**Bodenschutzrecht**	**B-54**
	J. Salzwedel	
B.5.1	Grundlagen	B-54
B.5.1.1	Das Bundes-Bodenschutzgesetz	B-54
B.5.1.2	Die Gesetzgebungskompetenz	B-55
B.5.1.3	Anwendungsbereich	B-55
B.5.1.4	Prüf- und Sanierungswerte	B-56
B.5.2	Bodenschutzrechtliche Verwaltungsverfahren	B-56
B.5.2.1	Zuständige Behörden	B-56
B.5.2.2	Behördliche Maßnahmen	B-57
B.5.2.3	Der Sanierungsplan	B-58
B.5.3	Maßstäbe für die Inanspruchnahme von Handlungs- und Zustandsstörern	B-58
B.5.3.1	Störerverantwortlichkeit und Verhältnismäßigkeitstest	B-58
B.5.3.2	Die bodenschutzrechtliche Grundpflicht	B-59
B.5.3.3	Sanierungs- und Schutzmaßnahmen	B-59
B.5.3.4	Bodenschutz und Grundwasser	B-60
B.5.3.5	Maßstäbe für Untersuchungen	B-62
B.5.4	Anforderungen an Sanierungsuntersuchung und Sanierungsplan	B-62
B.5.4.1	Sanierungsuntersuchungen	B-62
B.5.4.2	Sanierungsplan	B-63
	Ergänzende Literatur	B-64
G	**Gewässerschutz und Abwasserbehandlung**	
	S. Kunst	
G.1	**Gewässergüte und Selbstreinigung der Gewässer**	**G-1**
	U. Rott, P. Haug	
G.1.1	Einleitung	G-1
G.1.1.1	Der Begriff „Gewässergüte"	G-1
G.1.1.2	Bedeutung der Gewässerart für die Gewässergüte	G-1
G.1.1.3	Anforderungen an die Gewässergüte	G-1
G.1.1.4	Zielvorstellungen zur Gewässergüte	G-2
G.1.2	Einflüsse auf die Gewässergüte	G-2
G.1.2.1	Allgemeines	G-2
G.1.2.2	Einflüsse auf die Gewässergüte von Fließgewässern	G-2
G.1.2.2.1	Mengenentzug	G-2
G.1.2.2.2	Abflußerhöhung	G-2
G.1.2.2.3	Einleitung von Stoffen über den Abwasserpfad	G-4
G.1.2.2.4	Einleitung von Stoffen über Oberflächenabschwemmungen	G-4
G.1.2.2.5	Einleitung von Stoffen über den Grundwasserpfad	G-5
G.1.2.2.6	Änderung der Wassertemperatur	G-5
G.1.2.2.7	Eingriffe in die Gewässermorphologie	G-5
G.1.2.2.8	Eingriffe in die Ufervegetation	G-5
G.1.2.3	Einflüsse auf die Gewässergüte stehender Gewässer	G-5
G.1.2.3.1	Hydrologische Einflüsse	G-6
G.1.2.3.2	Eintrag von Schadstoffen	G-6
G.1.2.3.3	Aktivitäten am und im Gewässer	G-6
G.1.2.4	Einflüsse auf die Grundwassergüte	G-6
G.1.2.4.1	Altlasten	G-6

G.1.2.4.2	Undichte Kanäle	G-7
G.1.2.4.3	Verwertung und Beseitigung von Schlämmen	G-7
G.1.2.4.4	Überdüngung von Flächen	G-7
G.1.2.4.5	Pflanzenbehandlungsmittel	G-7
G.1.2.4.6	Luftverunreinigungen	G-7
G.1.2.4.7	Transport und Umschlag wassergefährdender Stoffe	G-9
G.1.2.4.8	Eintrag über Oberflächengewässer	G-9
G.1.3	Beschreibung und Kennzeichnung der Gewässergüte	G-9
G.1.3.1	Grundsätzliches	G-9
G.1.3.2	Kennzeichnung der Fließgewässer als natürliche Ökosysteme	G-9
G.1.3.2.1	Biologische Parameter – Saprobienindex	G-9
G.1.3.2.2	Sauerstoffhaushalt als Güteparameter	G-10
G.1.3.2.3	Gewässergüteindex chemisch	G-12
G.1.3.2.4	Gewässergüteklassifizierung	G-13
G.1.3.3	Kennzeichnung der Gewässergüte stehender Gewässer	G-13
G.1.3.4	Kennzeichnung der Güte von Grundwasservorkommen	G-15
G.1.3.5	Nutzungsbezogene Gewässergütebeschreibung	G-16
G.1.3.5.1	Gewässergüte und Trinkwassernutzung	G-16
G.1.3.5.2	Gewässergüte und Brauchwassernutzung	G-17
G.1.3.5.3	Gewässergüte und Freizeitnutzung	G-17
G.1.3.5.4	Gewässergüte und landwirtschaftliche Nutzung	G-17
G.1.3.5.5	Gewässergüte und fischereiliche Nutzung	G-17
G.1.3.6	Beschreibung der Gewässergüte durch Gewässergütemodelle	G-18
G.1.3.6.1	Zielsetzung	G-18
G.1.3.6.2	Grundsätzlicher Aufbau der Modelle	G-18
G.1.3.6.3	Modelltypen	G-18
G.1.3.6.4	Gewässergütemodelle für Fließgewässer	G-18
G.1.3.6.5	Gewässergütemodelle für stehende Gewässer	G-19
G.1.3.6.6	Gewässergütemodelle für Grundwasseer	G-20
G.1.4	Beeinflussung der Gewässergüte	G-20
G.1.4.1	Grundsätzliches	G-20
G.1.4.2	Verringerung der Belastung aus Abwassereinleitungen	G-21
G.1.4.3	Verringerung der Belastung aus Regenwassereinleitungen von Siedlungsgebieten	G-22
G.1.4.4	Verminderung diffuser Belastungen aus der freien Landschaft	G-23
G.1.4.5	Erhöhung der natürlichen Selbstreinigungskraft von Fließgewässern durch Gewässerausbau	G-24
G.1.4.6	Erhöhung der natürlichen Selbstreinigungskraft durch technische Hilfen im Gewässer	G-24
G.1.4.7	Verrringerung der Wärmebelastung von Gewässern	G-26
G.1.4.8	Hilfen für stehende Gewässer	G-28
G.1.5	Gewässergütebewirtschaftung	G-28
G.1.5.1	Rechtliche Grundlagen	G-28
G.1.5.2	Gewässergüteplanung, Überwachung und Unterhaltung von Gewässern	G-29
G.1.5.2.1	Zuständigkeiten	G-29
G.1.5.2.2	Gewässergüteplanung	G-30
G.1.5.2.3	Überwachung der Gewässergüte	G-31
G.1.5.2.4	Unterhaltung von Gewässern	G-31
G.1.5.3	Wassergütewirtschafliche Meßnetze und Meßprogramme	G-32
G.1.5.3.1	Art und Aufgabe wassergütewirtschaftlicher Meßnetze	G-32
G.1.5.3.2	Grundwasserbeschaffenheitsmeßnetze	G-32
G.1.5.3.3	Wassergütemeßnetze für Fließgewässer	G-32
G.1.5.3.4	Gewässergütemeßstationen	G-33
G.1.5.4	Gewässergütekartierung	G-33

G.1.5.4.1	Fließgewässer	G-33
G.1.5.4.2	Stehende Gewässer	G-34
G.1.5.4.3	Grundwasser	G-34
G.1.5.4.4	Gewässersediment	G-34
G.1.5.5	Sanierungsplanung für Gewässer	G-36
G.2	**Kanalisation**	G-36
	R. Pecher	
G.2.1	Aufgabenstellung und Anforderungen	G-36
G.2.2	Entwässerungssysteme	G-37
G.2.2.1	Mischsysteme	G-37
G.2.2.2	Trennsystem	G-38
G.2.2.3	Modifiziertes Mischsystem	G-38
G.2.2.4	Sonderverfahren	G-39
G.2.3	Abwasseranfall	G-40
G.2.3.1	Allgemeine Grundsätze	G-40
G.2.3.2	Schmutzwasserabfluß	G-40
G.2.3.3	Fremdwasserabfluß	G-41
G.2.3.4	Regenabfluß	G-41
G.2.4	Sonderbauwerke	G-45
G.2.4.1	Abwasserpumpwerke	G-45
G.2.4.2	Regenrückhaltebecken	G-47
G.2.4.3	Regenüberläufe und Regenüberlaufbecken	G-48
G.2.4.4	Regenklärbecken	G-51
G.2.4.5	Düker	G-51
G.2.5	Kanalbau	G-52
G.2.5.1	Offene Bauweise	G-52
G.2.5.2	Geschlossene Bauweise	G-52
G.2.5.3	Betrieb einer Kanalisation	G-53
G.3	**Techniken der Abwasserereinigung**	G-54
	U. Austermann-Haun, M. Barjenbruch, P. Hartwig, S. Kunst, F. Malz,	
	A. Melsa, A. Mennerich, H. Meyer, K.-H. Rosenwinkel, M. Saake	
G.3.1	Mechanische Abwasserreinigung	G-54
G.3.1.1	Übersicht	G-54
G.3.1.2	Rechen, Siebanlagen	G-54
G.3.1.2.1	Verfahrensgrundsätze und Behandlungsziele	G-54
G.3.1.2.2	Technische Ausführung	G-55
G.3.1.2.3	Auslegung und Bemessung von Rechen- und Siebanlagen	G-58
G.3.1.2.4	Reststoffe aus Rechen- und Siebanlagen	G-59
G.3.1.3	Sandfänge	G-59
G.3.1.3.1	Verfahrensgrundsätze und Behandlungsziele	G-59
G.3.1.3.2	Technische Ausführung	G-60
G.3.1.3.3	Bemessung von Sandfängen	G-61
G.3.1.3.4	Menge, Beschaffenheit und Entsorgung von Sandfanggut	G-62
G.3.1.4	Absetzbecken	G-62
G.3.1.4.1	Verfahrensgrundsätze und Behandlungsziele	G-62
G.3.1.4.2	Technische Ausführung	G-63
G.3.1.4.3	Bemessung von Absetzbecken	G-65
G.3.1.4.4	Menge und Beschaffenheit der Reststoffe	G-66
G.3.1.5	Leichtstoffabscheider	G-67
G.3.1.5.1	Verfahrensgrundsätze und Behandlungsziele	G-67
G.3.1.5.2	Technische Ausführung	G-67
G.3.1.5.3	Bemessung	G-69
G.3.1.5.4	Menge und Beschaffenheit der Reststoffe	G-69
G.3.2	Grundlagen chemisch-physikalischer Verfahren	G-70

G.3.2.1	Neutralisation	G-70
G.3.2.2	Fällung	G-71
G.3.2.2.1	Grundlagen	G-71
G.3.2.2.2	Fällung von Metallionen	G-71
G.3.2.2.3	Fällung von Anionen	G-73
G.3.2.3	Oxidation – Reduktion	G-73
G.3.2.3.1	Oxidation	G-74
G.3.2.3.2	Reduktion	G-76
G.3.2.4	Ionenaustausch	G-76
G.3.2.4.1	Grundlagen	G-76
G.3.2.4.2	Anwendungsbereiche	G-78
G.3.2.5	Adsorption	G-79
G.3.2.6	Extraktion	G-82
G.3.2.6.1	Flüssig-Flüssig-Extraktion, Solventextraktion	G-82
G.3.2.6.2	Gas-Flüssig-Extraktion, Strippung, Resorption	G-83
G.3.2.7	Verdampfen, Trocknen, Destillieren	G-86
G.3.2.7.1	Verdampfen	G-86
G.3.2.7.2	Trocknung	G-88
G.3.2.7.3	Destillation	G-88
G.3.2.8	Membranfiltration	G-88
G.3.2.8.1	Anwendungsbereiche	G-90
G.3.2.8.2	Permeation, Pervaporation, Elektrodialyse	G-90
G.3.3	Biologische Verfahren der Abwasserbehandlung	G-91
G.3.3.1	Biologische Grundlagen	G-91
G.3.3.1.1	Suspendiertes Wachstum von Mikroorganismen	G-94
G.3.3.1.2	Wachstum auf Trägermaterial	G-97
G.3.3.1.3	Umsetzungen von Stickstoff und Phosphor	G-102
G.3.3.1.4	Ursachen und Bekämpfung von Bläh- und Schwimmschlamm	G-111
G.3.3.2	Naturnahe Verfahren	G-116
G.3.3.2.1	Teiche und Bodenfilter	G-116
G.3.3.2.2	Bewachsene Bodenfilter/Pflanzenkläranlagen	G-119
G.3.3.3	Aerobe Belebungsverfahren	G-122
G.3.3.3.1	Grundlagen der Belebungsverfahren	G-122
G.3.3.3.2	Reaktortypen	G-126
G.3.3.3.3	Einstufige Verfahren zur C- und N-Elimination	G-128
G.3.3.3.4	Verfahren zur biologischen Phosphorelimination	G-137
G.3.3.3.5	Zweistufige Verfahren	G-140
G.3.3.3.6	Sonderverfahren	G-142
G.3.3.4	Aerobe Biofilmverfahren	G-147
G.3.3.4.1	Allgemeines	G-147
G.3.3.4.2	Vergleich zwischen Belebungs- und Biofilmverfahren	G-147
G.3.3.4.3	Verfahrenstechnischer Überblick der Biofilmverfahren	G-148
G.3.3.4.4	Tropfkörper	G-148
G.3.3.4.5	Tauchkörper	G-150
G.3.3.4.6	Biologische Filter	G-150
G.3.3.4.7	Kombinierte Verfahren	G-152
G.3.3.4.8	Wirbelbettverfahren	G-153
G.3.3.5	Anaerobe Verfahren	G-154
G.3.3.5.1	Biologische Grundlagen und wichtige Einflußgrößen auf den aneroben Abbau	G-155
G.3.3.5.2	Anaerobe Reaktoren	G-157
G.3.3.5.3	Ein- und zweistufige Verfahren	G-160
G.3.3.5.4	Anwendungsbereiche/Reaktorauslegung	G-160
G.3.3.6	Filtrationsverfahren	G-161
G.3.3.6.1	Flächenfiltration	G-163

G.3.3.6.2	Raumfiltration	G-167
G.3.3.6.3	Betrieb als Flockungsfilter	G-170
G.3.3.6.4	Sonderverfahren der Raumfiltration	G-172
G.3.3.6.5	Biologische Filtration	G-175
G.3.3.6.6	Kombinierte Verfahren	G-182
G.3.4	Schlammbehandlung	G-183
G.3.4.1	Entstehen und Aufkommen	G-183
G.3.4.2	Schlammstabilisierung	G-185
G.3.4.2.1	Aerobe Schlammstabilisierung	G-185
G.3.4.2.2	Anaerobe Schlammstabilisierung	G-186
G.3.4.3	Schlammeindickung	G-186
G.3.4.3.1	Schwerkrafteindicker	G-187
G.3.4.3.2	Flotation	G-187
G.3.4.3.3	Eindickzentrifuge	G-188
G.3.4.3.4	Schlammkonditionierung	G-188
G.3.4.4	Schlammentwässerung	G-189
G.3.4.4.1	Bandfilterpressen	G-189
G.3.4.4.2	Kammerfilterpressen	G-190
G.3.4.4.3	Zentrifugen	G-191
G.3.4.4.4	Sonstige Verfahren	G-192
G.3.4.4.5	Schlammwasser – Belastung und Behandlung	G-192
G.3.4.5	Schlammtrocknung	G-192
G.3.4.5.1	Grundlagen	G-193
G.3.4.5.2	Verfahren	G-194
G.3.4.6	Schlammverbrennung und -vergasung	G-195
G.3.4.6.1	Grundlagen	G-195
G.3.4.6.2	Monoklärschlammverbrennung	G-195
G.3.4.6.3	Mitverbrennung in Müllverbrennungsanlagen	G-196
G.3.4.6.4	Mitverbrennung in Kraftwerken	G-196
G.3.4.6.5	Sonstige Verfahren	G-196
G.3.4.6.6	Asche- und Schlackenverwertung	G-197
G.3.5	Emissionen aus Abwasseranlagen	G-197
G.3.5.1	Beurteilung von Emissionen	G-197
G.3.5.1.1	Allgemeine Einführung	G-197
G.3.5.1.2	Geruchsemissionen	G-199
G.3.5.1.3	Aerosole	G-202
G.3.5.1.4	Lärmemissionen	G-204
G.3.5.2	Abluftreinigung	G-206
G.3.5.2.1	Bemessung und Luftwechselzahlen	G-206
G.3.5.2.2	Physikalisch-chemische Verfahren	G-207
G.3.5.2.3	Biologische Verfahren	G-208
G.3.5.3	Geräuschdämpfung	G-210
G.3.5.3.1	Technische Möglichkeiten zur Geräuschminderung	G-210
G.3.5.3.2	Konstruktive Maßnahmen in Gebäuden	G-211
	Literatur	G-212

M	**Meß- und Analysetechnik**	
	K. Lützke	
M.1	**Luft**	M-1
	K. Lützke	
M.1.1	Emissionsmessungen	M-1
M.1.1.1	Aufgabenstellung und Meßplanung	M-1
M.1.1.2	Meßverfahren und Probenahme	M-2

M.1.1.2.1	Stäube	M-2
M.1.1.2.2	Staubinhaltsstoffe	M-8
M.1.1.2.3	Anorganische Gase	M-9
M.1.1.2.4	Gasförmig organische Verindungen	M-16
M.1.1.2.5	Gerüche	M-19
M.1.1.2.6	Organische Verbindungen im Spurenbereich	M-20
M.1.1.2.7	Auswerterechner	M-22
M.1.1.2.8	Kalibrierung registrierender Meßgeräte	M-24
M.1.2	Immissionsmessungen	M-26
M.1.2.1	Meßplanung	M-26
M.1.2.2	Meßverfahren	M-27
M.1.2.2.1	Stäube	M-28
M.1.2.2.2	Anorganische Gase	M-30
M.1.2.2.3	Gasförmige organische Verbindungen	M-35
M.1.2.2.4	Gerüche	M-37
M.1.2.2.5	Organische Verbindungen im Spurenbereich	M-38
M.1.3	Untersuchungen im Laboratorium	M-39
M.1.3.1	Schwermetalle im Feststoff und in der Gasphase	M-39
M.1.3.2	Anorganische Gase	M-41
M.1.3.3	Organische Verbindungen	M-41
M.1.3.4	Polyzyklische aromatische Kohlenwasserstoffe	M-42
M.1.3.5	Polychlorierte Dibenzodioxine und Furane	M-42
M.1.3.6	Polychlorierte Biphenyle (PCB)	M-42
M.2	**Wasser/Abwasser**	M-44
	J. Bortlisz, H.-P. Hesse	
M.2.1	Untersuchungsschwerpunkte	M-44
M.2.1.1	Wassermatrices	M-44
M.2.1.1.1	Wasserarten	M-44
M.2.1.2	Feststoffmatrices	M-48
M.2.2	Probenahme und -vorbereitung	M-51
M.2.2.1	Allgemeines	M-51
M.2.2.2	Probenahme in Wasser und Abwasser	M-51
M.2.2.3	Probenahme von Feststoffen aus dem Bereich Abwassertechnik	M-54
M.2.2.3.1	Allgemeines	M-54
M.2.2.3.2	Probenahme	M-54
M.2.3	Ausblick	M-58
M.3	**Abfall**	M-58
	C. Nonn	
M.3.1	Gesetzliche Vorgaben	M-58
M.3.2	Probenahme	M-59
M.3.3	Vor-Ort-Analytik/Schnellanalytik	M-60
M.3.4	Probenaufbereitung	M-60
M.3.4.1	Probenvorbehandlung	M-60
M.3.4.2	Extraktion	M-61
M.3.4.2.1	Extraktion zur anschließenden Schwermetallbestimmung	M-61
M.3.4.2.2	Extraktion zur anschließenden Bestimmung organischer Verunreinigungen	M-61
M.3.4.3	Elutionsverhalten	M-61
M.3.4.3.1	Elution mit destilliertem Wasser nach DIN 38414 Teil 4 (DEV S4-Methode)	M-62
M.3.4.3.2	Sonstige Elutionsverfahren	M-62
M.3.5	Analytik	M-63
M.3.5.1	Bestimmung der allgemeinen Parameter	M-64
M.3.5.2	Bestimmung anorganischer Parameter	M-65
M.3.5.3	Bestimmung organischer Summenparameter	M-66

M.3.5.4	Bestimmung organischer Einzel- und Gruppenparameter	M-66
M.3.5.5	Bestimmung zur Charakterisierung der organischen Substanz	M-67
M.3.5.5.1	Tests zur Beurteilung des biologisch-abbaubaren Anteils mittels biologischer Verfahren	M-67
M.3.5.5.2	Tests zur Beurteilung des biologisch-abbaubaren Anteils mittels chemischer Verfahren	M-68
M.4	**Boden**	**M-69**
	C. Nonn	
M.4.1	Methodensammlungen zur Bodenuntersuchung	M-69
M.4.2	Untersuchungsmethoden	M-70
M.4.2.1	Probenahme	M-70
M.4.2.2	Probenaufbereitung	M-71
M.4.2.3	Vor-Ort-Analytik	M-72
M.4.2.4	Aufschluß-, Extraktions- und Elutionsverfahren	M-72
M.4.2.5	Analytische Methoden	M-73
M.4.2.5.1	Allgemeine Parameter	M-73
M.4.2.5.2	Anorganische Parameter	M-73
M.4.2.5.3	Organische Summenparameter	M-74
M.4.2.5.4	Organische Gruppen- und Einzelparameter	M-74
M.5	**Lärmmeßverfahren und Anlagebeurteilung**	**M-75**
	G. Jansen	
M.5.1	Grundbegriffe	M-75
M.5.1.1	„Lärm" im BImSchG	M-75
M.5.1.2	Emission	M-75
M.5.1.3	Immission	M-76
M.5.1.4	Pegel	M-76
M.5.1.5	A-bewerteter Schalldruckpegel dB(A)	M-76
M.5.2	Die Ausssagekraft gängiger Meßverfahren	M-76
M.5.2.1	Messung	M-76
M.5.2.2	Wettereinfluß	M-77
M.5.3	Untersuchungen und Beurteilungen von Anlagen und Bauwerken	M-77
M.5.3.1	Schalleistung	M-77
M.5.3.2	Auffälligkeiten und Informationshaltigkeit	M-77
M.5.3.3	Hintergrundgeräusch	M-78
M.5.3.4	Auffälligkeiten und Hintergrundgeräusche	M-79
M.5.3.5	Tonzuschlag	M-79
M.5.3.6	Impulszuschlag	M-79
M.5.4	Nachbarschaftsprüfungen und Geräuschspitzen	M-79
M.5.4.1	Lästigkeitszuschlag	M-79
M.5.4.2	Tonhaltigkeit	M-80
M.5.5	Verkehrslärm	M-80
M.5.6	Immissionsbeurteilungen aus technischer Sicht	M-80
M.5.6.1	TA Lärm	M-80
M.5.6.2	Messung und Berechnung	M-80
M.5.6.3	Berechnungsverfahren	M-81
M.5.6.4	Eichung	M-81
M.6	**Messung der Dosis ionisierender Strahlen**	**M-81**
	C. Streffer	
M.6.1	Einleitung	M-81
M.6.2	Ionisation in Gasen	M-83
M.6.2.1	Ionisationskammern	M-83
M.6.2.2	Zählrohre	M-83
M.6.3	Ionisation in Festkörpern, Halbleiterdetektoren	M-85
M.6.4	Scintillation und Lumineszenz	M-85

M.6.5	Thermolumineszenz	M-86
M.6.6	Photographische und chemische Effekte	M-87
M.6.6.1	Filme	M-87
M.6.6.2	Chemische Dosimeter	M-87
M.6.7	Schlußbemerkungen	M-87
	Literatur	M-87
N	**Stoffquellen**	
	S. Wiesner	
N.1	**Gewerblicher und industrieller Bereich**	N-2
	L. Feikes, H. Hoffmann, R. Marutzky, D. Schlebusch,	
	H. Völcker, H.-J. Werz	
N.1.1	Steine und Erden	N-2
N.1.1.1	Anlagen zur Herstellung von Zementklinkern und Zement	N-3
N.1.1.2	Anlagen zum Brennen von Bauxit, Dolomit, Gips, Kalkstein, Magnesit usw.	N-5
N.1.1.3	Anlagen zur Herstellung und Bearbeitung von Glas	N-7
N.1.2	Metalle	N-9
N.1.2.1	Eisen und Stahl	N-9
N.1.2.1.1	Erzvorbereitung	N-9
N.1.2.1.2	Reduktion	N-12
N.1.2.1.3	Stahlerzeugung	N-14
N.1.2.1.4	Kupolofen	N-16
N.1.2.2	NE-Metallurgie	N-17
N.1.2.2.1	Anlagen zur Herstellung von Aluminium	N-17
N.1.2.2.2	Anlagen zur Gewinnung von Nichteisenrohmetallen	N-18
N.1.3	Stoffquellen der Kernenergie und der Kerntechnik	N-18
N.1.3.1	Grundlagen	N-18
N.1.3.1.1	Einleitung	N-18
N.1.3.1.2	Radioaktivität	N-18
N.1.3.1.3	Kernreaktionen mit Neutronen	N-18
N.1.3.1.4	Umweltrelevante Spaltprodukte	N-19
N.1.3.1.5	Aktivierungsprodukte	N-19
N.1.3.2	Kerntechnische Anlagen	N-22
N.1.3.2.1	Kernkraftwerke mit Leichtwasserreaktoren	N-22
N.1.3.2.2	Forschungszentren	N-24
N.1.3.3	Brennstoffkreislauf	N-26
N.1.3.3.1	Urangewinnung	N-26
N.1.3.3.2	Urananreicherung	N-29
N.1.3.3.3	Brennelementfertigung	N-30
N.1.3.3.4	Wiederaufbereitung	N-30
N.1.3.3.5	Konditionierung ausgedienter Brennelemente	N-32
N.1.3.4	Radioaktive Abfälle	N-33
N.1.3.4.1	Abfallquellen	N-33
N.1.3.4.2	Abfallhandhabungs- und Konditionierungsanlagen	N-34
N.1.3.4.3	Zwischen- und Endlager	N-35
N.1.4	Chemie und Pharmazie	N-36
N.1.4.1	Grundlagen	N-36
N.1.4.1.1	Pharmazeutische Wirk- und Hilfsstoffe und Arzneimittel: unterschiedliche Herstellverfahren, Nebenprodukte, Schadstoffe	N-36
N.1.4.1.2	Rechtsgrundlagen und GMP in der pharmazeutischen Produktion	N-37
N.1.4.1.3	Die Internationalen Normen (Modelle) zur Qualitätssicherung	N-37
N.1.4.1.4	Pharmazeutische Forschung und Entwicklung	N-38
N.1.4.1.5	Sonderbereiche der pharmazeutischen Produktion	N-38
N.1.4.2	Die chemische Synthese	N-39

N.1.4.3	Die Biosynthese	N-39
N.1.4.4	Die Herstellung von Zubereitungen (Fertigarzneimitteln)	N-40
N.1.4.5	Die begleitende Analytik	N-41
N.1.4.6	Präventive Maßnahmen des Umweltschutzes speziell in Chemie und Pharmazie	N-41
N.1.4.7	Recycling	N-42
N.1.4.8	Entsorgung von Abfällen speziell aus Chemie und Pharmazie	N-43
N.1.4.9	Die Produktionsüberwachung	N-44
N.1.5	Holz	N-45
N.1.5.1	Erzeugung und Lagerung	N-45
N.1.5.2	Trocknung	N-45
N.1.5.3	Be- und Verarbeitung	N-48
N.1.5.4	Holzwerkstoffherstellung	N-49
N.1.5.5	Oberflächenbeschichtung	N-49
N.1.5.6	Verbrennung	N-50
N.1.5.7	Entsorgung von Rest- und Altholz	N-52
N.1.6	Leder	N-52
N.1.6.1	Allgemeines zur Lederherstellung	N-52
N.1.6.1.1	Die Lage der Lederindustrie	N-52
N.1.6.1.2	Rohware	N-53
N.1.6.2	Verfahren zur Lederherstellung und ihre Auswirkungen auf die Umwelt	N-53
N.1.6.3	Reinhaltung – Verfahren und Anlagen	N-55
N.1.6.3.1	Abwasser	N-55
N.1.6.3.2	Abluft	N-56
N.1.6.3.3	Abfälle	N-56
N.1.6.4	Anforderungen und Ziele	N-57
N.2	**Stoffquellen-Verkehr**	**N-57**
	P. Heine	
N.2.1	Einleitung	N-57
N.2.2	Kraftfahrzeugverkehr	N-60
N.2.2.1	Kraftfahrzeugabgase	N-60
N.2.2.1.1	Ottokraftstoffe	N-61
N.2.2.1.2	Dieselkraftstoffe	N-63
N.2.2.1.3	Hauptkomponenten der Automobilabgase	N-63
N.2.2.1.4	Maßnahmen zur Reduzierung der Abgasemissionen	N-64
N.2.2.1.5	Emissionsmessungen	N-66
N.2.2.1.6	Reduktion von Abgasemissionen und Kraftstoffverbrauch	N-69
N.2.2.2	Maßnahmen	N-69
N.2.2.3	Alternative Kraftstoffe	N-70
N.2.2.3.1	Methanol und Ethanol	N-71
N.2.2.3.2	Pflanzenöle	N-72
N.2.2.3.3	Erdgas/Flüssiggas	N-72
N.2.2.3.4	Vergleich einzelner Stoffwerte	N-73
N.2.2.3.5	Wirtschaftlichkeit verschiedener Alternativkraftstoffe	N-73
N.2.2.3.6	Abgasemissionsverhalten von Gasmotoren	N-74
N.2.2.3.7	Wasserstoff	N-74
N.2.2.4	Alternative Antriebe	N-74
N.2.2.4.1	Elektroantrieb	N-74
N.2.2.4.2	Brennstoffzelle	N-75
N.2.2.5	Produktionsverfahren/Altautoverwertung	N-76
N.2.3	Schienenverkehr	N-77
N.2.4	Luftverkehr	N-80
N.2.4.1	Flugzeugantriebe und deren Abgasverhalten	N-80

N.2.4.2	Richtlinien zur Abgaszertifikation im Flugverkehr	N-84
N.2.4.3	Auswirkungen der Abgasemissionen auf Tropopause und Stratosphäre	N-85
N.2.5	Wasserverkehr	N-87
N.2.5.1	Technische Grundlagen	N-87
N.2.5.2	Abgasgesetzgebung im Wasserverkehr	N-89
N.3	**Stoffquellen im öffentlichen und privaten Bereich**	**N-90**
	S. Wiesner	
N.3.1	Privater Bereich	N-90
N.3.1.1	Feuerungsanlagen	N-90
N.3.1.2	Verwendung von Chemikalien	N-91
N.3.1.2.1	Pflanzenschutzmittel	N-91
N.3.1.2.2	Lösungsmittel	N-92
N.3.1.2.3	Kältemittel und Dämmstoffe	N-92
N.3.1.2.4	Holzschutzmittel	N-92
N.3.1.3	Abfall und Abwasser	N-92
N.3.1.3.1	Häuslicher Abfall	N-92
N.3.1.3.2	Häusliches Abwasser	N-93
N.3.1.4	Sport und andere Freizeitaktivitäten	N-93
N.3.1.4.1	Sport	N-93
N.3.1.4.2	Freizeitaktivitäten	N-94
N.3.2	Öffentlicher Bereich	N-94
N.3.2.1	Gesundheits- und Veterinärwesen	N-94
N.3.2.1.1	Abfall	N-95
N.3.2.1.2	Abwasser	N-95
N.3.2.1.3	Kesselanlagen	N-96
N.3.2.2	Bildung, Wissenschaft und Kultur	N-96
N.3.2.2.1	Hochschulen, Forschungseinrichtungen	N-96
N.3.2.2.2	Theater	N-97
N.3.2.2.3	Schulen	N-97
N.3.2.3	Sport- und Freizeiteinrichtungen	N-98
N.3.2.3.1	Sportplätze	N-98
N.3.2.3.2	Sporthallen und Schwimmbäder	N-98
N.3.2.3.3	Campingplätze	N-99
N.3.2.4	Lokale Strom- und Wärmeversorgung	N-99
N.3.2.5	Wasser- und Gasversorgung	N-101
N.3.2.5.1	Wasserversorgung	N-101
N.3.2.5.2	Gasversorgung	N-101
N.3.2.6	Abwasserbeseitigung	N-105
N.3.2.6.1	Kläranlagen	N-105
N.3.2.6.2	Kanalisation	N-107
N.3.2.7	Straßenreinigung	N-107
N.3.2.8	Abfallentsorgung	N-108
N.3.2.8.1	Thermische Behandlungsanlagen	N-109
N.3.2.8.2	Biologische Behandlungsanlagen	N-113
N.3.2.8.3	Deponien	N-114
N.4	**Pflanzenbau und Viehhaltung**	**N-115**
	W. Haber	
N.4.1	Pflanzenbau – Ackerbau	N-116
N.4.1.1	Ackerbauverfahren und -maßnahmen	N-116
N.4.1.2	Schadstoffemissionen in die Umwelt und ihre Auswirkungen	N-117
N.4.1.2.1	Dünger	N-117
N.4.1.2.2	Chemische Pflanzenschutzmittel	N-120
N.4.1.2.3	Kohlenwasserstoffe und Kohlendioxid	N-121

N.4.2	Viehhaltung	N-122
N.4.2.1	Typen und Techniken der Viehhaltung	N-122
N.4.2.2	Schadstoffemissionen in die Umwelt und ihre Auswirkungen	N-123
N.4.2.2.1	Ammoniak	N-124
N.4.2.2.2	Methan und Kohlendioxid	N-126
N.4.3	Verminderungs- und Vermeidungsmöglichkeiten und -maßnahmen	N-126
N.4.3.1	Stickstoff	N-127
N.4.3.2	Methan und andere Kohlenstoffverbindungen	N-129
N.4.3.3	Chemische Pflanzenschutzmittel (Pestizide)	N-129
N.4.4	Umweltschonende Landwirtschaft	N-131
	Literatur	N-132

Sachverzeichnis S-1

Inhaltsübersicht
Gesamtwerk Umweltschutztechnik

A	Einführung	
A.1	Allgemeine Bemerkungen zum Umweltschutz	A-1
A.2	Nachhaltige Entwicklung (sustainable development)	A-2
A.3	Ökologie und Ökonomie	A-3
A.4	Wirkungen von Eingriffen in die Umwelt	A-3
A.5	Vorsorgender Umweltschutz	A-4
A.6	Nachsorgender Umweltschutz	A-4
A.7	Sicherheitstechnik im Umweltschutz	A-4
A.8	Stoffbilanzen	A-4

B	Rechtsgrundlagen des Umweltschutzes	
B.1	Grundlagen des Umweltrechts	B-1
B.2	Immissionsschutzrecht	B-15
B.3	Kreislaufwirtschafts- und Abfallrecht	B-36
B.4	Gewässerschutzrecht	B-45
B.5	Bodenschutzrecht	B-54

C	Ökonomie der Umwelttechnik	
C.1	Umweltökonomie und technischer Umweltschutz	C-1
C.2	Umsetzung von technischem Umweltschutz	C-18

D	Auswirkungen von Schadstoffen, Lärm und Strahlen	
D.1	Einleitung	D-1
D.2	Immissionswirkungen auf Atmospäre und Klima	D-2
D.3	Toxikologie	D-16
D.4	Wirkungen auf Pflanzen	D-27
D.5	Wirkungen von Schadstoffen auf Böden	D-36
D.6	Lärmwirkungen	D-45
D.7	Immissionen ionisierender Strahlen und ihre Wirkungen	D-54

E	Produktionsintegrierter Umweltschutz	
E.1	Begriffe	E-1
E.2	Umweltschutz als technische und gesellschaftspolitische Aufgabe	E-1
E.3	Der additive Umweltschutz	E-1
E.4	Emissionsarme Produktionsanlagen	E-2
E.5	Die Verpflichtung der chemischen Industrie	E-3
E.6	Der integrierte Umweltschutz	E-3

F	Gasreinigungsverfahren	
F.1	Einführung	F-1
F.2	Partikelabscheidung	F-2
F.3	Schadgasabscheidung	F-41

G	Gewässerschutz und Abwasserbehandlung	
G.1	Gewässergüte und Selbstreinigung der Gewässer	G-1
G.2	Kanalisation	G-36
G.3	Techniken der Abwasserereinigung	G-54

H	Abfallwirtschaft	
H.1	Einführung	H-1
H.2	Abfallbehandlung	H-10
H.3	Abfallsammlung/Abfalltransport	H-34
H.4	Stoffliche Verwertung	H-44
H.5	Abfallablagerung	H-68
H.6	Abfallwirtschaftskonzepte	H-95
H.7	Biologische Abfallbehandlung	H-104

J	Altlastensanierung und Bodenschutz	
J.1	Wechselwirkungen mit der Umwelt	J-1
J.2	Erkundung und Bewertung von Altlasten	J-15
J.3	Handlungsstrategien für die Sanierung von Altlasten	J-42
J.4	Techniken zur Sicherung von Altlasten	J-48
J.5	Dekontamination	J-63
J.6	Bewertungsmodell zur Auswahl geeigneter Sanierungsverfahren (BESAL)	J-106

K	Lärmschutz und Lärmvermeidung	
K.1	Quellen und Ursachen von Lärmbelastung	K-1
K.2	Passive Schallschutzmaßnahmen	K-6
K.3	Beurteilung prognostischer Verfahren zum Schallschutz	K-6
K.4	Europäische Regelungen im NALS zur Lärmminderung	K-8

L	Sicherheit im Umweltbereich	
L.1	Gefährdungspotentiale im Umweltbereich	L-2
L.2	Gefahren im Sinn der Störfall-Verordnung	L-5
L.3	Maßnahmen und Vorkehrungen zur Anlagensicherheit	L-17
L.4	Stand der Sicherheitstechnik an ausgewählten Beispielen	L-53
M	Meß- und Analysetechnik	
M.1	Luft	M-1
M.2	Wasser/Abwasser	M-44
M.3	Abfall	M-58
M.4	Boden	M-69
M.5	Lärmmeßverfahren und Anlagebeurteilung	M-75
M.6	Messung der Dosis ionisierender Strahlen	M-81
N	Stoffquellen	
N.1	Gewerblicher und industrieller Bereich	N-2
N.2	Stoffquellen-Verkehr	N-57
N.3	Stoffquellen im öffentlichen und privaten Bereich	N-90
N.4	Pflanzenbau und Viehhaltung	N-115
Sachverzeichnis		S-1

Rechtsgrundlagen des Umweltschutzes

Das Umweltrecht, d.h. der Inbegriff der Regeln, die auf den Schutz der Umwelt oder einzelner ihrer Teile abzielen, hat sich erst in neuerer Zeit als eigenständiges Rechtsgebiet herausgebildet. Eine umfassende Kodifikation wird angestrebt; die damit befaßte Sachverständigenkommission hat 1998 ihren Entwurf eines Umweltgesetzbuches (UGB) vorgelegt. Das Umweltrecht setzt sich bislang aus den verschiedensten Rechtsbereichen zusammen. Wichtig für die Praxis sind insb. das Immissionsschutz-, Abfall-, Wasser- und Bodenschutzrecht. Das Naturschutzrecht ist als medienübergreifendes Querschnittsrecht ausgebildet und wird daher im allgemeinen Teil behandelt (s. Abschn. B.1.4). Weitere Rechtsgebiete, die teilweise ebenfalls dem Umweltschutzrecht zugerechnet werden, z.B. das primär arbeitsschutzrechtliche Gefahrstoffrecht oder das Gentechnikrecht, werden nicht besonders dargestellt.

B.1 Grundlagen des Umweltrechts

B.1.1 Rechtsquellen des Umweltrechts

B.1.1.1 Internationales Umweltrecht

B.1.1.1.1 Umweltvölkerrecht

Normen zum Schutz der Umwelt haben sich auch im Völkerrecht herausgebildet. Wichtigste Rechtsquelle sind die *internationalen Verträge*, die auf bilateraler, regionaler und globaler Ebene geschlossen werden können. Im Rahmen des Umweltschutzes beziehen sich derartige Abkommen lediglich auf Teilbereiche. Von besonderer Bedeutung sind Abkommen zum Artenschutz, zur Sicherheit von Kernanlagen, zum Schutz von internationalen Gewässern (Meere, Flüsse), über grenzüberschreitende Abfallverbringung sowie in zunehmendem Maße zum Klimaschutz.

Daneben gehört zum Völkerrecht das *Völkergewohnheitsrecht*, das sich durch internationale, von Rechtsbindungswillen getragene Staatenpraxis bildet. Gewohnheitsrechtliche Regeln werden z.B. im Bereich grenzüberschreitender Beeinträchtigungen durch emittierende oder besonders gefährliche Anlagen *(Ultra-Hazardous Activities)* diskutiert und im Zusammenhang mit der Nutzung internationaler Flüsse durch Oberliegerstaaten (Staudämme) vor zwischenstaatlichen Schiedsgerichten geltend gemacht.

Die Regeln des Umweltvölkerrechts binden lediglich die Staaten untereinander und sind i.d.R. nicht *self-executing*. Sie müssen erst noch innerstaatlich umgesetzt werden. Auf diese Weise haben insb. die völkerrechtlichen Abkommen in einzelnen Bereichen maßgeblichen Einfluß auf die deutsche Gesetzgebung.

B.1.1.1.2 Europäisches Umweltrecht

Bereits seit den 70er Jahren beschäftigen sich auch die Europäischen Gemeinschaften mit dem Umweltschutz. Ursprünglich wurden Vorschriften zum Umweltschutz auf allgemeine *Kompetenzen* im EWG-Vertrag, insb. zur Harmonisierung der rechtlichen Rahmenbedingungen, gestützt. Mit der Einheitlichen Europäischen Akte wurde ein eigener Abschnitt über die Umwelt (Titel XVI – Art. 130 r-130 t EG-Vertrag) eingefügt. Umweltschutz gilt seitdem als Ziel der durch den Maastrichter Vertrag in die Europäische Union (EU) integrierten Europäischen Gemeinschaft

(EG), das bereichsübergreifend zu berücksichtigen ist. Außerdem wurde eine spezielle Kompetenz für die EU-Organe geschaffen, Vorschriften im Bereich des Umweltschutzes zu erlassen. Derartige EG-Vorschriften hindern einen Mitgliedstaat aber nicht, innerstaatliche Regelungen aufrechtzuerhalten oder anzunehmen, die ein höheres Schutzniveau gewährleisten. Im Bereich des Strahlenschutzes gilt der EURATOM-Vertrag, auf dessen Grundlage sog. Grundnormen für den Gesundheitsschutz erlassen werden können, die vielfach auch dem Schutz der Umwelt vor Strahlenbelastungen dienen.

Als *Rechtsakte* stehen den Organen der EU insb. die Verordnung und die Richtlinie zur Verfügung.

- Die *Verordnung* ist – wie ein Gesetz – unmittelbar anwendbar; sie muß nicht erst durch eine innerstaatliche Rechtsvorschrift umgesetzt werden. In der Regel werden aber ergänzende Ausführungsgesetze, die organisatorische und Verfahrensangelegenheiten regeln oder einzelne allgemein gehaltene Bestimmungen konkretisieren, zusätzlich verabschiedet. Vorschriften im Bereich des Umweltschutzes ergehen jedoch selten in der Form der Verordnung (z. B. Umweltaudit-, Abfallverbringungs- und Ozonschutzverordnung).

- Die weitaus überwiegende Zahl der Rechtsakte im Bereich der Umwelt ergeht als *Richtlinie*. Diese verpflichtet die Mitgliedstaaten, den Richtlinieninhalt innerhalb einer gesetzten Frist in innerstaatliches Recht umzusetzen. Geschieht dies nicht, nicht vollständig oder nicht ordnungsgemäß, kann man sich gegenüber staatlichen Stellen unmittelbar auf die Richtlinie berufen, wenn deren Inhalt unbedingt und hinreichend bestimmt ist und damit keiner weiteren Ausführungsbestimmung bedarf. Entgegenstehendes deutsches Recht wird dann verdrängt. Außerdem kann ein Gericht im Laufe eines Rechtsstreits die Vereinbarkeit der nationalen Regelung mit dem betreffenden EU-Recht dem Europäischen Gerichtshof (EuGH) zur Entscheidung vorlegen. Unabhängig davon besteht die gemeinschaftsrechtliche Pflicht, innerstaatliche Vorschriften richtlinienkonform auszulegen.

Richtlinien decken nahezu alle Bereiche des Umweltrechts ab und haben dadurch die deutsche Rechtsordnung in hohem Maße mitgeprägt. Sie betreffen den Arten- und Naturschutz (z. B. Vogelschutzrichtlinien), die Wasserqualität, das Abfallrecht, die Luftreinhaltung und viele andere Bereiche des Umweltschutzes; auch die Grundnormen zum Strahlenschutz aufgrund des EURATOM-Vertrags ergingen als Richtlinien.

B.1.1.2 Innerstaatliches Umweltrecht

B.1.1.2.1 Umweltverfassungsrecht

Auch die Verfassung, das Grundgesetz der Bundesrepublik Deutschland (GG), enthält Bestimmungen im Bereich des Umweltschutzes. Hierbei handelt es sich zum einen um die Vorschriften des *Staatsorganisationsrechts*, die die Zuständigkeiten für die Gesetzgebung und den Gesetzesvollzug in den betroffenen Rechtsgebieten festlegen (s. Abschn. B.1.1.2.2).

Darüber hinaus enthält das GG seit 1994 eine *Staatszielbestimmung* zum Umweltschutz (Art. 20a GG), die folgenden Wortlaut hat:

Der Staat schützt auch in Verantwortung für die künftigen Generationen die natürlichen Lebensgrundlagen im Rahmen der verfassungsmässigen Ordnung durch die Gesetzgebung und nach Maßgabe von Gesetz und Recht durch die vollziehende Gewalt und die Rechtsprechung.

Aus dieser Vorschrift erwachsen keine unmittelbaren Ansprüche. Sie wirkt sich in erster Linie bei der Auslegung unbestimmter Rechtsbegriffe in sonstigen Rechtsvorschriften (z. B. „Allgemeinwohl" oder „öffentliches Interesse"), der Ausübung des pflichtgemäßen Ermessens durch die Verwaltung und bei planerischen Abwägungen aus. Die Belange des Umweltschutzes haben durch die Verleihung von Verfassungsrang ein stärkeres Gewicht erhalten und müssen hinreichend berücksichtigt werden. Auch der Grundrechtsschutz wird nachhaltig beeinflußt: formell uneinschränkbare Grundrechte unterliegen nun auch der verfassungsimmanenten Schranke des Umweltschutzes; Inhaltsbestimmungen und gesetzgeberische Beschränkung von Grundrechten haben sich auch an Art. 20a GG auszurichten.

Die *Grundrechte* können auch selbst dem Umweltschutz dienen. Aufgrund des engen Zusammenhangs zwischen Gesundheitsschutz und Umweltschutz ist hier insb. Art. 2 Abs. 2 S. 1 GG von Bedeutung, der jedermann das Recht auf Leben und körperliche Unversehrtheit einräumt. Außerdem ist das Recht auf freie Entfaltung der Persönlichkeit (Art. 2 Abs. 1 GG) in Betracht zu ziehen. Diese Grundrechte erlangen vor allem im Zusammenhang mit dem Rechtsschutz (s. Abschn. B.1.3.2) an Bedeutung. Denn grundsätzlich können Rechtsbehelfe nur eingelegt werden, wenn man selbst in eigenen Rechten verletzt oder zumindest bedroht ist.

B.1.1.2.2 Gesetze, Rechtsverordnungen und Satzungen

Umweltrecht ist in erster Linie ein Teil des besonderen *Verwaltungsrechts*; privat- und strafrechtliche Vorschriften spielen lediglich eine untergeordnete Rolle (s. Abschn. B.1.2.6 und B.1.2.7). Bei den Rechtsquellen kann zwischen Gesetzen, Rechtsverordnungen und Satzungen unterschieden werden.

Für die einzelnen Rechtsbereiche, die heute dem Umweltrecht zugeordnet werden können, wurde im GG eine unterschiedliche Verteilung der Gesetzgebungskompetenz festgelegt. Dies hat zu einem komplizierten Zusammenspiel von Regelungen in *Bundes- und Landesgesetzen* geführt. Dabei kann unterschieden werden zwischen:

- abschließenden bundesgesetzlichen Regelungen, die keine weiteren Landesgesetze zulassen: Atomgesetz (AtG), Gentechnikgesetz (GenTG), weitestgehend auch das Chemikaliengesetz (ChemG);
- bundesgesetzlichen Regelungen, die nicht abschließend sind und daher durch Landesgesetze ergänzt werden: Kreislaufwirtschafts- und Abfallgesetz (KrW-/AbfG) – Landesabfallgesetze, Bundes-Immissionsschutzgesetz (BImSchG) – Landes-Immissionsschutzgesetze, Bundes-Bodenschutzgesetz (BBodSchG) – Landesaltlastengesetz;
- Bundesrahmengesetzen, die auf Ausfüllung durch Landesrecht angelegt sind: Wasserhaushaltsgesetz/Abwasserabgabengesetz (WHG/AbwAG) – Landeswassergesetze, Bundesnaturschutzgesetz (BNatG) – Landesnaturschutzgesetze;
- Rechtsbereichen, die nur landesgesetzlich geregelt sind: früher Landesbodenschutzgesetze, Landesaltlastengesetze;
- den vereinzelten Regelungen des allgemeinen Umweltrechts, die in Bundesgesetzen (UVP-Gesetz, Umweltauditgesetz, Umweltinformationsgesetz), teilweise auch in Landesvorschriften (z. B. Landes-UVP-Gesetze) zu finden sind.

In der Regel enthalten diese Gesetze Vorschriften, die die Exekutive zum Erlaß von *Rechtsverordnungen* ermächtigen. Diese Verordnungen wurden in großer Zahl erlassen und ergänzen und präzisieren die gesetzlichen Regelungen. Oft erfolgt die Ausweisung von Schutzgebieten (Wasserschutz-, Naturschutzgebiete) oder die Verbindlicherklärung von Regelwerken, die von Sachverständigenausschüssen oder in privaten Normungsinstitutionen ausgearbeitet wurden, durch Rechtsverordnung. Darüber hinaus finden sich umweltrechtliche Regelungen in *Satzungen*, die auf Ermächtigungen in Spezialgesetzen oder der allgemeinen kommunalrechtlichen Satzungsgebungskompetenz beruhen (z. B. Müllabfuhr-, Straßenreinigungs-, Baumschutzsatzungen).

B.1.1.2.3 Verwaltungsvorschriften

Verwaltungsvorschriften sind Regelungen, die innerhalb einer Verwaltungsorganisation von übergeordneten Verwaltungsinstanzen an nachgeordnete Behörden oder Bedienstete ergehen. Durch sie soll die Verwaltungsorganisation und vor allem auch das Handeln der Verwaltung näher bestimmt werden. Die verhaltenslenkenden Verwaltungsvorschriften umfassen insb.:

Norminterpretierende Verwaltungsvorschriften
Sie dienen der Auslegung von Bestimmungen in den jeweils einschlägigen Gesetzen oder Rechtsverordnungen. Dazu klären sie rechtliche Zweifelsfragen und legen unbestimmte Rechtsbegriffe oder Generalklauseln aus, um den Vollzug durch den Amtswalter zu erleichtern und die Rechtsanwendung zu vereinheitlichen. Zur Konkretisierung unbestimmter Rechtsbegriffe, z. B. „Stand der Technik", werden zunehmend auch private Regelwerke (s. Abschn. B.1.1.3) für verbindlich erklärt.

Ermessensrichtlinien
In zahlreichen Vorschriften wird der Behörde ein Handlungsermessen eingeräumt, was in den meisten Fällen durch Verwendung des Begriffs „kann" zum Ausdruck kommt. Um eine sachgerechte und gleichförmige Ausübung des Ermessensspielraums zu erzielen, werden durch die Richtlinien Entscheidungsmaßstäbe festgelegt.

Grundsätzlich sind Verwaltungsvorschriften als innerbehördliche Regelungen nur verwaltungsintern verbindlich und entfalten somit keine *Bin-*

dungswirkung für außenstehende Einzelpersonen oder Unternehmen. Vereinzelt werden sie jedoch in Gesetzen oder Rechtsverordnungen für verbindlich erklärt. In der Regel wird die Behörde auch im übrigen ihr Verhalten an den für sie verbindlichen Verwaltungsvorschriften ausrichten, so daß Außenstehende insoweit ebenfalls faktisch betroffen sind. Darüber hinaus ist die Verwaltung zur Gleichbehandlung verpflichtet (Art. 3 GG); die Behörde darf daher nicht grundlos von ihrer bisherigen Praxis, die sich ansonsten an der Verwaltungsvorschrift orientiert hat, abweichen (sog. Selbstbindung der Verwaltung). In der Rechtsprechung wird den Verwaltungsvorschriften über diese mittelbare Rechtsbindung hinaus im Rahmen des Umweltrechts ausnahmsweise eine normkonkretisierende Wirkung bei der Feststellung von Umweltstandards (Grenzwerten) zuerkannt, die – vorbehaltlich atypischer Situationen und neuerer wissenschaftlicher Erkenntnisse – allgemein und damit auch für Gerichte verbindlich sind.

Richtlinien und sonstige Normen werden auch in *Koordinierungsgremien der Bundesländer*, die für zahlreiche Bereiche des Umweltschutzes auf der Ebene hoher Ministerialbeamter eingerichtet wurden, erarbeitet. Von erheblicher Bedeutung sind insb.:
- LAWA – Länderarbeitsgemeinschaft Wasser,
- LAGA – Landesarbeitsgemeinschaft Abfall,
- LAI – Länderausschuß für Immissionsschutz,
- LANA – Länderarbeitsgemeinschaft Naturschutz, Landschaftspflege und Erholung.

Die von diesen Gremien angenommenen Regelwerke haben keine unmittelbare Verbindlichkeit. Sie werden jedoch in großem Maße durch Einarbeitung in Verwaltungsvorschriften oder durch Bezugnahme in Gesetzen, Rechtsverordnungen oder Verwaltungsvorschriften umgesetzt. Die dauernde faktische Anwendung solcher Richtlinien oder Empfehlungen kann auch zu einer Selbstbindung der Verwaltung führen.

B.1.1.2.4 Empfehlungen von Sachverständigenausschüssen

Zahlreiche Vorschriften sehen die Einrichtung von Ausschüssen vor. Die Regelungen finden sich in Verwaltungsvorschriften (z. B. Reaktorsicherheitskommission, Strahlenschutzkommission, Kerntechnischer Ausschuß – RSK, SSK, KTA), in Umweltgesetzen (z. B. Technischer Ausschuß für Anlagensicherheit, Störfall-Kommission, Zentrale Kommission für die Biologische Sicherheit, Umweltgutachterausschuß) oder Rechtsverordnungen (z. B. Deutscher Ausschuß für brennbare Flüssigkeiten – DAbF). Diese Gremien sind mit Sachverständigen, Vertretern von Behörden und sonstigen Institutionen und/oder sachkundigen Interessenvertretern (z. B. aus Gewerkschaften, Naturschutzverbänden, Wirtschaft) besetzt. Ihnen obliegt in erster Linie die Beratung und das Recht, Empfehlungen auszusprechen. Diese Empfehlungen sind i. d. R. unverbindlich, konkretisieren aber den jeweiligen Stand der Technik oder die anerkannten Regeln der Technik oder Wissenschaft. Sie können daher als antizipierte Sachverständigengutachten herangezogen werden (s. Abschn. B.1.1.3.1). Bindungswirkung erlangen die Empfehlungen, wenn sie in Rechtsvorschriften für verbindlich erklärt werden.

B.1.1.3 Private Regelwerke

Das staatliche Umweltrecht wird durch zahlreiche private Regelwerke ergänzt. Hierbei handelt es sich um Technische Regeln (TR), Normen, Standards, Richtlinien, Arbeits- und Merkblätter, Empfehlungen oder sonstige Regelungen, die von privaten Institutionen (Vereine, Verbände) herausgegeben werden.

B.1.1.3.1 Die Verbindlichkeit privater Regelwerke

Als Normen nicht-staatlicher Institutionen haben private Regelwerke aus sich heraus keine rechtsverbindliche Wirkung, außer für die Mitglieder des betreffenden Vereins oder Verbands, wenn dies in der Satzung festgeschrieben ist. Oft fließen die in der Norm zum Ausdruck kommenden technischen und wissenschaftlichen Erkenntnisse in den staatlichen Normgebungsprozeß ein, so daß zahlreiche Rechtsvorschriften auf ihnen beruhen, ohne daß dies nach außen hin sichtbar wäre.

Das Regelwerk selbst erlangt Rechtsbindungswirkung, wenn es in einer staatlichen Vorschrift (EG-Verordnung, EG-Richtlinie, Gesetz, Rechtsverordnung, Satzung) für *verbindlich erklärt* wird. Geschieht dies im Rahmen einer Verwaltungsvorschrift, erhält das ursprünglich rein private Regelwerk die rechtliche Qualität einer solchen Vorschrift mit der entsprechenden Bindungswirkung (s. Abschn. B.1.1.2.3). Auf jeden Fall zulässig ist die statische Verweisung der Rechtsvorschrift auf eine bereits vorliegende Fassung der privaten Norm, die genau bezeichnet werden muß; umstritten und nicht abschließend geklärt ist dagegen, ob und wieweit auch eine dynamische Verweisung auf die jeweilige Fassung eines Umweltstandards setzenden Regelwerks verfassungsrechtlich erlaubt ist.

Auch ohne eine Verbindlicherklärung werden private Regelwerke von den Gerichten zur Konkretisierung ausfüllungsbedürftiger Rechtsbegriffe (z. B. „Stand der Technik") oder zur Abschätzung von Gefährdungspotentialen als *„antizipierte Sachverständigengutachten"* herangezogen. Gegen eine vorbehaltslose Anwendung privater Regelwerke hat das BVerwG namentlich in einem Urteil vom 22.05.1987 aber Bedenken angemeldet, da die normgebenden Gremien nicht nur mit Sachverständigen, sondern auch mit Vertretern besetzt seien, die die Interessen einzelner Branchen einbrächten; diesen Organen käme daher nicht das gleiche Maß an Objektivität und Unvoreingenommenheit zu wie einem gerichtlichen Sachverständigen. Dessen ungeachtet werden die anerkannten privaten Normen i. d. R. als Indizien verwertet: es wird vermutet, daß sie den gesicherten Stand der Technik oder Wissenschaft zum Ausdruck bringen; bestehen Anhaltspunkte oder legt eine Prozeßpartei substantiiert dar, daß das Regelwerk überholt oder aus sonstigen Gründen unbrauchbar ist, muß das Gericht weitere Ermittlungen anstellen. Auf jeden Fall ist zu prüfen, ob die Norm anwendbar oder deren Inhalt auf die betroffene Konstellation übertragbar ist; es dürfen z. B. keine atypischen Situationen vorliegen.

B.1.1.3.2 Normungsinstitutionen und Regelwerke im Bereich des Umweltschutzes

Auf den einzelnen Gebieten des Umweltschutzes werden in Deutschland Regelwerke im Rahmen unterschiedlicher privater Organisationen ausgearbeitet. Teilweise sind diese Institutionen fachübergreifend tätig, wie das DIN Deutsche Institut für Normung e.V. und der Verein Deutscher Ingenieure VDI. Andere Organisationen sind demgegenüber nur mit bestimmten Umweltbereichen befaßt.

Auf europäischer Ebene ist die EG mit der Harmonisierung von Normen befaßt. 1985 beschloß der Ministerrat eine neue Konzeption in diesem Bereich, wonach sich die EG-Organe nur noch auf die Festlegung grundlegender Anforderungen beschränken und die sonstige Normierungsarbeit den zuständigen privaten Institutionen überlassen sollen. Diese sind z. B. das Comité Européen de Normalisation (CEN) und das Comité Européen de Normalisation Electrotechnique (CENELEC) mit Sitz in Brüssel. Mitglieder sind die nationalen Normungsorganisationen der EU- und EFTA-Staaten, für Deutschland das DIN. Die im Konsens erarbeiteten und mit qualifizierter Mehrheit angenommenen Europäischen Normen (EN) sind von jeder Mitgliedsorganisation umzusetzen (DIN EN-Normen).

Auf internationaler, globaler Ebene sind die International Organization for Standardization (ISO) und die International Electrotechnical Commission (IEC) mit Sitz in Genf für die Normierung zuständig. Mitglieder sind die Normungsinstitutionen aus ca. 120 Ländern, für Deutschland das DIN. Beschlossene Regelwerke werden als ISO-/IEC-Norm veröffentlicht; die Umsetzung in Deutschland erfolgt als DIN ISO- oder DIN IEC-Norm. Es besteht eine enge Zusammenarbeit mit CEN/CENELEC.

Die Institutionen haben i. d. R. Fachausschüsse und diese wiederum Unterausschüsse und Arbeitsgruppen (international: Technical Committees – TC) gebildet, in denen Fachleute aus Wirtschaft, Wissenschaft und Verwaltung ehrenamtlich mitarbeiten. Die fachlichen Normenausschüsse des DIN nehmen die deutsche Vertretung in zahlreichen Fachgremien (TC) der internationalen Normungsinstitutionen, CEN/CENELEC und ISO/IEC, wahr. Teilweise haben sie auch die Sekretariate von TCs übernommen (z. B. KRdL, NAW) und bringen damit das besondere deutsche Engagement zum Ausdruck.

Allgemeiner Umweltschutz

Der Umweltschutz gewinnt durch eine umweltentlastende Produktgestaltung zunehmend an Bedeutung. Mit dem Ziel, die Belange des Umweltschutzes in die allgemeinen, insb. produktbezogenen Normgebungsprozesse einfließen zu lassen, wurde 1983 die *Koordinierungsstelle Umweltschutz* (KU) im DIN gegründet. Sie hat die Aufgabe, Stellungnahmen zu Normentwürfen mit Umweltrelevanz abzugeben oder zu veranlassen.

1993 wurde als deutsches Gegenstück zum ISO/TC 207 „Umweltmanagement" der *Normenausschuß Grundlagen des Umweltschutzes* (NAGUS) im DIN gegründet. Sein Aufgabenbereich umfaßt die Erarbeitung fachübergreifender Basisnormen (Terminologie, Umweltmanagement, Ökobilanzen, umweltbezogene Kennzeichnungen).

Ein weiterer wichtiger Bereich der Normung im Rahmen der Qualitätssicherung ist die Akkreditierung von Prüflaboratorien und Zertifizierstellen. Laboruntersuchungen und die Zertifizierung von Unternehmen sollen nach einheitlichen und verläßlichen Maßstäben erfolgen, was gerade im Bereich des Umweltschutzes von großer Bedeutung ist (ISO 9.000; ISO 14.000).

Immissionsschutz
Im Bereich des Immissionsschutzes sind die durch Fusion eigenständiger Ausschüsse dieser Organisationen entstandenen gemeinschaftlichen Gremien des DIN und VDI tätig:
- der Normenausschuß Akustik, Lärmminderung und Schwingungstechnik (NALS) im DIN und VDI und
- die Kommission Reinhaltung der Luft (KRdL) im DIN und VDI.

Im Rahmen ihrer jeweiligen Fachgebiete erarbeiten die Ausschüsse vorgenannter Organisationen DIN ISO-, DIN EN- und DIN-Normen sowie VDI-Richtlinien.

Außerdem befaßt sich die *Deutsche Elektrotechnische Kommission* (DKE) im DIN und Verein Deutscher Elektrotechniker (VDE) mit der Erarbeitung von DIN-VDE-Normen im Bereich der Sicherheit in elektromagnetischen Feldern, der im Strahlenschutz zunehmend an Bedeutung gewinnt (Elektrosmog).

Gewässerschutz
Im Bereich des Wasser- und Abwasserrechts sind zahlreiche private Organisationen tätig:
- Normenausschuß Wasserwesen (NAW) im DIN mit den Fachbereichen: Umweltanalytik, Wasserbau, Wasserversorgung, Abwassertechnik, Begriffe, Zeichen und Grundlagen;
- Abwassertechnische Vereinigung e.V. (ATV) mit den Hauptausschüssen Abwasserableitung, Gewässerschutz und Abwasserreinigung, Schlämme/feste Abfälle, Recht, Aus- und Fortbildung von Fachpersonal, Fortbildung von Ingenieuren und Naturwissenschaftlern, Industrieabwässer und Öffentlichkeitsarbeit;
- Deutscher Verein des Gas- und Wasserfachs e.V. (DVGW);
- Deutscher Verband für Wasserwirtschaft und Kulturbau (DVWK).

Diese Gremien bzw. die Ausschüsse dieser Organisationen erarbeiten umfangreiche Regelwerke in der Form von Normen (NAW: DIN-Normen), Richtlinien, Hinweisen, Arbeits- oder Merkblättern. Der NAW hat mit den anderen wasserwirtschaftlichen Vereinigungen Kooperationsvereinbarungen im Hinblick auf die Vertretung in den internationalen Gremien abgeschlossen. Insbesondere meßtechnische Normen werden vom NAW gemeinsam mit der Fachgruppe Wasserchemie in der Gesellschaft Deutscher Chemiker (GDCh), dem Umweltbundesamt und anderen interessierten Kreisen als Deutsche Einheitsverfahren (DEV) zu Wasser-, Abwasser- und Schlammuntersuchungen (Reihe DIN 38400 ff.) erarbeitet. Gemeinsam mit den Länderverwaltungen und der betroffenen Wirtschaft hat der DVWK technische Regeln für Anlagen zum Umgang mit wassergefährdenden Stoffen (TRUwS) erarbeitet, die die Anforderungen des anlagenbezogenen Gewässerschutzes konkretisieren. Von großer Bedeutung für die Festsetzung von Wasserschutzgebieten sind z. B. die Richtlinien im Arbeitsblatt W 101, das vom DVGW in Zusammenarbeit mit der LAWA ausgearbeitet wurde.

Abfall
Folgende Gremien leisten abfallrechtlich relevante Normsetzung:
- ATV-Ausschuß Schlämme und feste Abfälle,
- NAW (im DIN),
- KRdL (im VDI und DIN), z. B. bzgl. Geruchsemissionen,
- Normenausschuß Kommunale Technik (NKT) im DIN wegen der kommunalen Trägerschaft der öffentlichen Entsorgung.

Wichtige Normungsthemen sind insb. Verfahren der Probenanalytik und Meßtechnik (z. B. DEV).

Bodenschutz
Im Bereich des Bodenschutzes stehen Meßtechnik und Probenanalytik bisher im Vordergrund der Normungsarbeit, die in erster Linie in folgenden Gremien betrieben wird:
- ATV-Ausschuß Boden,
- NAW (im DIN),
- KRdL (im VDI und DIN): Arbeitsgruppen zu Wirkungen von Luftverunreinigungen auf den Boden und Verfahren zur Messung von Bodenluft.

Gefahrstoffe
Im Bereich des Gefahrstoffrechts sind insb. die Werte der Maximalen Arbeitskonzentration (MAK) von Bedeutung, die im Rahmen der Deutschen Forschungsgemeinschaft e.V. (DFG) von

der *DFG-Senatskommission zur Prüfung gesundheitsschädlicher Arbeitsstoffe* (MAK-Kommission) erarbeitet werden.

B.1.2 Instrumente des Umweltrechts

B.1.2.1 Materielle Verhaltenspflichten

Wichtiges Instrument des öffentlichen Umweltrechts sind materielle Verhaltenspflichten, die darauf abzielen, das Verhalten von Einzelpersonen und Unternehmen durch Ge- und Verbote zu lenken. Diese Verpflichtungen finden sich in Gesetzen, Rechtsverordnungen und Satzungen und binden den einzelnen unmittelbar. Die Bürger oder die Unternehmen müssen ihr Verhalten an ihnen ausrichten, ohne daß es einer weiteren behördlichen Aufforderung bedarf. Oft sind diese Vorschriften jedoch sehr allgemein gehalten (Generalklauseln) oder enthalten unbestimmte Rechtsbegriffe (z. B. „Stand der Technik"), so daß diesen Bestimmungen nicht direkt entnommen werden kann, welches Verhalten konkret gefordert wird. Aus diesem Grund sind Verwaltungsvorschriften und private Regelwerke heranzuziehen, die die gesetzlichen Anforderungen näher präzisieren, soweit sie nicht, z. B. wegen einer Weiterentwicklung des Stands der Technik, als überholt angesehen werden müssen (s. Abschn. B.1.1.2.3 und B. 1.1.3.2). Zur Durchsetzung der gesetzlichen Verhaltensgebote dienen insb. die behördliche Überwachung (s. Abschn. B.1.2.3) und die Festsetzung von Sanktionen für den Fall der Zuwiderhandlung (s. Abschn. B.1.2.7).

B.1.2.2 Eigenüberwachung

B.1.2.2.1 Organisatorische Pflichten

Betroffene Bürger und Unternehmen sind verpflichtet, die erforderlichen organisatorischen Maßnahmen zu ergreifen, um die Einhaltung der materiell-gesetzlichen oder behördlich angeordneten Vorgaben des Umweltschutzes sicherzustellen. Darüber hinaus enthalten die Umweltvorschriften verschiedene spezifische organisatorische Pflichten. Diese sollen die Einhaltung der Umweltschutzanforderungen sicherstellen und eine effektive Kontrolle durch die Verwaltung erleichtern. Hierzu zählt die Verpflichtung zur eigenverantwortlichen Durchführung von Messungen, Störfallvorsorge, Aufzeichnung von Daten, Buchführung oder Aufbewahrung von Belegen, Information und Fortbildung von Personal, Deckungsvorsorge oder zum Abschluß von Pflichtversicherungen. Die in zahlreichen Umweltgesetzen für bestimmte Betriebe vorgesehene Pflicht, umweltrelevante Konzepte zu erarbeiten (und ggf. der Behörde vorzulegen) dient nicht nur der Erleichterung der behördlichen Überwachung, sondern soll die betroffenen Unternehmen auch anhalten, ihre Betriebsorganisation in dieser Hinsicht zu überdenken.

Eine besondere Maßnahme der Selbstüberwachung stellt die Bestellung eines *Betriebsbeauftragten* für Umweltschutz dar, der gesetzlich insb. als Immissionsschutz-, Abfall- und Strahlenschutzbeauftragter vorgesehen ist. Die jeweiligen Fachgesetze legen die Pflicht zur Bestellung eines solchen Betriebsbeauftragten für bestimmte Betriebe fest. Der Beauftragte berät den Unternehmer und die Betriebsangehörigen in umweltrechtlichen Fragen und übernimmt dabei Überwachungs-, Kontroll-, Schulungs-, Aufklärungs-, Mitwirkungs- und Berichtsaufgaben. Er muß die erforderliche Fachkunde aufweisen und sich hierzu regelmäßig fortbilden. Seine arbeitsrechtliche Stellung ist durch Kündigungsschutz und Benachteiligungsverbot abgesichert. Der im Atomrecht vorgesehene Strahlenschutzbeauftragte ist gegenüber dem Betriebsinhaber in einem höheren Maß verselbständigt als die sonstigen Umweltschutzbeauftragten; ihm obliegen Mitteilungspflichten auch gegenüber der zuständigen Behörde.

B.1.2.2.2 Umweltaudit

Das Ökoaudit (Umweltbetriebsprüfung) wurde als Managementsystem in den USA entwickelt und durch EG-Verordnung auch in Deutschland eingeführt. Es stellt eine freiwillige (oder faktisch erzwungene) Selbstprüfung im Bereich des Umweltschutzes dar. Die Verläßlichkeit der Audits soll durch zugelassene unabhängige Umweltgutachter sichergestellt werden.

Das Umweltauditsystem unterteilt sich in folgende Schritte:
- Aufstellung einer Umweltpolitik;
- Umweltprüfung: Erfassung der umweltrelevanten Tatsachen und deren erste Bewertung;
- Erarbeitung eines Umweltprogramms zur Verwirklichung der Umweltpolitik;
- Erarbeitung eines Umweltmanagementsystems (UMS), das den Anforderungen der EG-Verordnung genügt;
- Durchführung der Umweltbetriebsprüfung (Umweltaudit) durch interne oder externe Um-

weltbetriebsprüfer: Ermittlung, ob umweltrechtliche Vorgaben eingehalten werden und das UMS zur Bewältigung der Anforderungen geeignet und wirksam ist, Erarbeitung eines Berichts, u. U. mit Verbesserungsvorschlägen;
- Festlegung von Zielen zur Verbesserung des Umweltschutzes und Anpassung des Umweltprogramms;
- Erstellung einer für die Öffentlichkeit verfaßten Umwelterklärung;
- Begutachtung des Standorts durch einen zugelassenen unabhängigen Umweltgutachter;
- Gültigerklärung der Umwelterklärung durch den Umweltgutachter bei positiver Beurteilung;
- Eintragung des Standorts in das Standortregister bei der zuständigen IHK oder Handwerkskammer;
- Das Unternehmen darf zu Werbezwecken (nicht zur Produktwerbung) eine Teilnahmeerklärung verwenden, die die Funktion eines Umweltzeichens erfüllt.

Das Unternehmen muß die Betriebsprüfungen in bestimmten Zeitabständen wiederholen und die Umwelterklärungen regelmäßig aktualisieren.

B.1.2.3 Behördliche Überwachung

Unternehmen und Bürger unterliegen der behördlichen Überwachung, die die Verwirklichung der gesetzlichen Zielvorgaben und die Einhaltung der umweltrechtlichen Vorschriften sicherstellen soll.

B.1.2.3.1 Mitwirkungs- und Duldungspflichten

Zur Erleichterung der Überwachung werden Unternehmen und sonstigen Personen Mitteilungspflichten auferlegt. Die Aufnahme, Ausübung oder Aufgabe bestimmter Tätigkeiten muß der Behörde angezeigt werden. Meßergebnisse müssen regelmäßig übermittelt werden, was bei Kernkraftwerken durch direkte EDV-Verbindung (KFÜ) praktiziert wird. Störfälle sind mitzuteilen und Berichte anzufertigen. Belege und Umweltbilanzen sind im Rahmen von Nachweisverfahren vorzulegen. Bestimmte Anlagenbetreiber müssen der Behörde Angaben über die verantwortlichen Personen der Geschäftsleitung und die Betriebsorganisation machen. Außerdem sind umweltwirtschaftliche Konzepte oder Unterlagen für Umweltverträglichkeitsprüfungen (UVP) vorzulegen. Die konkreten Anforderungen ergeben sich aus den jeweils einschlägigen Rechtsvorschriften.

Darüber hinaus sehen sämtliche Umweltgesetze Duldungspflichten und Auskunftsrechte zugunsten der Behörde vor. Behördenvertreter sind befugt, Geschäfts- und Betriebsräume zu betreten und Untersuchungen vorzunehmen. Ihnen ist Einsicht in Unterlagen zu gewähren.

B.1.2.3.2 Behördliche Vorabkontrolle

Bestimmte Tätigkeiten, insb. der Betrieb bestimmter Anlagen, werden vom Gesetzgeber allgemein als besonders umweltgefährdend eingestuft und daher einer behördlichen Kontrolle unterstellt. Diese erfolgt vor Beginn der Ausübung der Tätigkeit bzw. Inbetriebnahme der Anlage, um möglichst zu verhindern, daß sich dieses Gefährdungspotential realisiert. Teilweise sind vorläufige Vorabgenehmigungen vorgesehen. Für bestehende Altbetriebe werden im Hinblick auf den Bestandsschutz i. d. R. Übergangsregelungen festgelegt. Verschiedene Arten der Vorabkontrolle kommen in Betracht.

Die Genehmigung
Die begehrte Tätigkeit, z. B. der Betrieb einer Anlage, darf nur aufgenommen werden, wenn sie durch eine zuvor beantragte Genehmigung abgedeckt ist und die darin enthaltenen Nebenbestimmungen, insb. Auflagen, Bedingungen und Fristen, eingehalten werden. Teilweise handelt es sich dabei um ein präventives Verbot mit Erlaubnisvorbehalt: die Berechtigung zur Ausübung der Tätigkeit wird lediglich zu dem Zweck zurückgehalten, die Vorabkontrolle zu ermöglichen. Werden die Umweltvorschriften eingehalten, besteht ein Anspruch auf Genehmigung (z. B. Genehmigung nach § 4 BImSchG, Abfalltransportgenehmigung, Eignungsfeststellung nach Wasserrecht). Anders verhält es sich bei dem repressiven Verbot mit Befreiungsvorbehalt: potentiell umweltschädliche Tätigkeiten werden als unerwünscht angesehen und verboten; die Behörde hat ein Ermessen, ob und inwieweit sie Ausnahmen von einem solchen Verbot erteilt (z. B. Erlaubnis und Bewilligung nach WHG). Dieses Ermessen hat die Behörde pflichtgemäß auszuüben, und ein Anspruch auf Genehmigung besteht nur ausnahmsweise. Am 30.10.1996 ist die EG-Richtlinie über die integrierte Vermeidung und Verminderung von Umweltverschmutzung (IVU = IPPC) in Kraft getreten. Sie schreibt vor, daß die

Genehmigungsverfahren für bestimmte Industrieanlagen innerhalb von 3 Jahren an die in ihr festgelegten Anforderungen angepaßt werden müssen.

Der Anmeldevorbehalt
Die Anmeldepflicht geht über die bloße Anzeigepflicht hinaus. Der Anmelder hat bestimmte Unterlagen vorzulegen, die eine Überprüfung durch die Behörde erlauben. Die Tätigkeit darf i. d. R. erst nach einer Frist aufgenommen werden, in der die Behörde die Unterlagen prüfen und ggf. Auflagen anordnen oder Untersagungen aussprechen kann (z. B. Anmeldeverfahren nach ChemG und GenTG).

Das Planfeststellungsverfahren
Für Vorhaben, die besonders schwerwiegende Auswirkungen auf die Umwelt haben (z. B. Gewässerausbau, Abfalldeponien, atomare Endlager, große Verkehrsprojekte) ist die Durchführung eines Planfeststellungsverfahrens vorgesehen. Hierbei handelt es sich um ein umfassendes förmliches Verwaltungsverfahren mit Öffentlichkeitsbeteiligung, in dem die betroffenen öffentlichen und privaten Belange zu berücksichtigen sind. Es unterteilt sich in folgende Schritte:
- Antrag mit ausführlichem Plan des Projekts (u. U. Vorlage von Unterlagen für UVP),
- Behördenanhörung,
- öffentliche Bekanntmachung und (einmonatige) Auslegung,
- Einwendungsfrist (2 Wochen),
- Erörterungstermin: nur fristgerecht erhobene Einwendungen sind zu behandeln,
- Beschlußfassung: Behörde hat Planungsermessen,
- Planfeststellungsbeschluß: ersetzt sämtliche erforderlichen Genehmigungen, Erlaubnisse usw. (Konzentrationswirkung) und regelt sämtliche öffentlich-rechtliche Beziehungen zwischen dem Unternehmen und sonstigen Betroffenen rechtsgestaltend.

Einwendungen gegen den Planfeststellungsbeschluß nach Ablauf der Einwendungsfrist sind ausgeschlossen (materielle Präklusion), wenn sie nicht auf privatrechtlichen Titeln beruhen. Diese durch das Genehmigungsverfahrensbeschleunigungsgesetz von 1996 eingefügte Beschränkung des Rechtsschutzes wird man aber dahingehend einschränken müssen, daß sie nur für solche Einwendungen gilt, die rechtzeitig hätten erhoben werden können.

Die Umweltverträglichkeitsprüfung (UVP)
Die UVP ist kein eigenständiges Verwaltungsverfahren, sondern unselbstständiger Teil des verwaltungsbehördlichen Genehmigungs-, Planfeststellungs- oder sonstigen Verfahrens. Sie sieht eine Öffentlichkeitsbeteiligung vor und umfaßt die Ermittlung, Beschreibung und Bewertung von Auswirkungen des jeweiligen Vorhabens auf Menschen, sonstige Lebewesen und sämtliche Umweltmedien, einschl. der jeweiligen Wechselbeziehungen sowie auf Kultur- und Sachgüter. Die Umweltverträglichkeitsprüfung ist im UVP-Gesetz geregelt und dann durchzuführen, wenn dies in diesem Gesetz oder einem Fachgesetz angeordnet ist.

Die UVP gliedert sich in folgende Verfahrensschritte:
- Unterrichtung der zuständigen Behörde über das geplante Vorhaben,
- Scoping-Verfahren: Festlegung des Untersuchungsrahmens und der beizubringenden Unterlagen unter Beteiligung anderer Behörden und ggf. Drittbetroffener,
- Vorlage der erforderlichen Unterlagen durch Vorhabensträger,
- Beteiligung anderer betroffener Behörden und der Öffentlichkeit (Auslegung, Einwendungsfrist, Erörterungstermin),
- zusammenfassende Darstellung der Umweltauswirkung,
- Berücksichtigung der Bewertung bei der Verwaltungsentscheidung (Genehmigung, Planfeststellungsbeschluß).

Das Betriebsplanverfahren
Das Betriebsplanverfahren stellt eine Besonderheit des *Bergrechts* dar. Für bergrechtliche Vorhaben (einschl. Vorhaben bzgl. Untergrundspeicherungen, unterirdischer atomarer Lager und Tiefbohrungen) muß der Unternehmer einen Betriebsplan mit zwei- oder mehrjähriger Laufzeit vorlegen. Die Tätigkeit darf erst begonnen werden, wenn der Plan von der Behörde zugelassen worden ist.

B.1.2.3.3 Ordnungsverwaltung

Unabhängig von den formal ausgestalteten Vorabkontrollverfahren sehen die meisten Umweltgesetze Befugnisse der Überwachungsbehörde vor, die „erforderlichen Maßnahmen" zu ergreifen oder Anordnungen zu treffen, um die Einhaltung der Vorschriften des betreffenden Gesetzes sicherzustellen.

Hierzu kann die Behörde insb. das Mittel der *Ordnungsverfügung* ergreifen und entsprechende Verhaltensweisen, Anlagestillegungen und dergl. anordnen. Fehlt eine spezielle Befugnis in dem einschlägigen Umweltgesetz, können derartige Bescheide aufgrund der Generalklausel des allgemeinen Polizei- und Ordnungsrechts ergehen. Adressat solcher Verfügungen kann die Person sein, die sich pflichtwidrig verhält (Verhaltensstörer). Geht die Umweltgefährdung von einer Sache aus, kann auch derjenige in Anspruch genommen werden, der die tatsächliche Gewalt über sie ausübt oder ihr Eigentümer ist (Zustandsstörer). Die Behörde muß nach *pflichtgemäßem Ermessen* handeln: die Wahl des Mittels und die Auswahl der Verantwortlichen hat entsprechend dem Zweck der Ermächtigungsnorm und unter Beachtung des Willkürverbots und des Verhältnismäßigkeitsgrundsatzes zu erfolgen.

Neben dem Verwaltungsakt steht der Behörde auch der *öffentlich-rechtliche Vertrag* als Mittel zur Durchsetzung umweltrechtlicher Vorgaben zur Verfügung. Dieses zweiseitige Rechtsgeschäft beruht auf Gegenseitigkeit und erfordert daher die Kooperationsbereitschaft auf beiden Seiten (s. a. Abschn. B. 1.3.2.2).

B.1.2.4 Umweltschutzplanung

Ein weiteres Instrument behördlichen Umweltschutzes ist die Aufstellung von Plänen, die der Erfassung komplexer Zusammenhänge sowie der Koordination und dem Ausgleich des Umweltschutzes mit sonstigen öffentlichen und privaten Belangen dient. Das Planfeststellungsverfahren (s. Abschn. B.1.2.3.2) ist ebenfalls ein derartiges Planungsverfahren; aufgrund seiner Projektbezogenheit hat es jedoch in erster Linie genehmigenden Charakter. Der Planungsträger hat zur Ausübung der notwendigen Gestaltungsfreiheit ein recht weitgehendes Planungsermessen, dessen Ausübung an den vorgegebenen Planungszielen ausgerichtet sein muß und ebenfalls die rechtlichen Schranken berücksichtigt. Gesetzlich vorgesehene Pläne sind teilweise fachübergreifend (Raumordnungs- oder Bauleitpläne) und teilweise umweltspezifisch. Zu letzteren zählen insb. Luftreinhalte- und Lärmminderungspläne nach BImSchG, Abfallwirtschaftspläne nach KrW-/AbfG sowie wasserwirtschaftliche Rahmen-, Gewässerbewirtschaftungs- und Abwasserbeseitigungspläne nach WHG. Aufgrund der Konzentrationswirkung des feststellenden Beschlusses ist auch das Planfeststellungsverfahren fachübergreifend angelegt, wobei die Belange des Umweltschutzes jedoch i. d. R. im Vordergrund stehen.

B.1.2.5 Fiskalische Umweltschutzinstrumente

Ein indirektes Mittel zur Verwirklichung des Umweltschutzes ist die Belastung von umweltschädigenden Tätigkeiten mit einer Abgabe (z.B. Abwasser-, Grundwasser- oder Sonderabfallabgabe, Verpackungssteuer). Die Betroffenen haben daher ein finanzielles Interesse, die Umweltbelastung zu minimieren, z. B. indem sie anfallende Abfallmengen oder den Wasserverbrauch reduzieren. Dies fördert auch die Innovationsbereitschaft von Unternehmen.

Die Verfassungsmäßigkeit solcher Umweltabgaben wird immer wieder angezweifelt. Das Bundesverfassungsgericht (BVerfG) hat die Auferlegung von Grundwasserabgaben (Abschöpfungsabgabe) für verfassungskonform, die Erhebung von örtlichen Verpackungssteuern und Abfallabgaben demgegenüber für verfassungswidrig erklärt.

B.1.2.6 Umwelthaftung

Indirekt schützen auch privatrechtliche Vorschriften die Umwelt, indem die drohende Inanspruchnahme auf Schadensersatz, Beseitigung oder Unterlassung den Einzelnen zur Minimierung seiner Umweltbelastungen anhält. Die Durchsetzung wird hierbei den Bürgern überlassen, die ihre Ansprüche vor den ordentlichen Gerichten geltend machen müssen. Dabei haben sie insb. das Problem, die Ursachenzusammenhänge nachzuweisen. Nur vereinzelt kommen ihnen hierbei Beweiserleichterungen zugute. Anspruchsgrundlagen finden sich im Bürgerlichen Gesetzbuch (BGB), in dem für bestimmte abschließend aufgezählte Anlagen geltenden Umwelthaftungsgesetz als auch in umweltrechtlichen Spezialgesetzen (z. B. § 14 S. 2 BImSchG, § 22 WHG, §§ 32 ff. GenTG, §§ 25 ff. AtG).

B.1.2.7 Sanktionen im Umweltrecht

B.1.2.7.1 Umweltstrafrecht

Umweltstrafvorschriften finden sich in den einzelnen Fachgesetzen zum Umweltschutz. Zudem schützen auch zahlreiche Straftatbestände des Strafgesetzbuches (StGB) die Umwelt, und zwar insb. die gemeingefährlichen Straftaten (§§ 306 ff. StGB) und die Straftaten gegen die Umwelt (§§ 24 ff. StGB). Als gemeingefährlich gelten neben den klassischen Delikten Brandstiftung, Herbeiführung von Überschwemmungen usw. auch die Straftatbestände hinsichtlich des Umgangs mit der Kernenergie. Die *Umweltschutzdelikte* umfassen darüber hinaus spezifische umweltschützende Tatbestände, wie z. B. die Gewässer-, Boden- und Luftverunreinigung, die umweltgefährdende Abfallbeseitigung oder das unerlaubte Betreiben von Anlagen.

Die umweltschützenden Strafvorschriften hängen in vielfacher Weise von dem Umweltverwaltungsrecht ab (*Verwaltungsakzessorietät*). Es werden Begriffe der betreffenden Fachgesetze verwendet (z. B. Abfall, Kernbrennstoff, Gefahrstoff i. S. d. ChemG). Teilweise ist ein Verhalten nur tatbestandlich, wenn es „unter Verletzung verwaltungsrechtlicher Pflichten" oder „entgegen einer vollziehbaren Untersagung" erfolgt; es ist daher zu prüfen, inwieweit derartige gesetzliche Pflichten oder behördliche Anordnungen vorliegen. Außerdem wirkt eine behördliche Genehmigung grds. rechtfertigend. Es sei denn, sie ist wegen schwerwiegender und offensichtlicher Fehler nichtig oder wurde auf unlauterem Wege erlangt. Man kann sich auch dann nicht auf diesen Rechtfertigungsgrund berufen, wenn sich aufgrund neuerer Erkenntnisse zeigt, daß die behördliche Einschätzung falsch war und eine Gefährdung besteht; bei unverschuldeter Unkenntnis kann der Genehmigungsinhaber aber auf die Beurteilung durch die Genehmigungsbehörde vertrauen. Unter Umständen kann auch eine behördliche Duldung strafausschließend wirken; bloße Untätigkeit der Behörde genügt jedoch i. d. R. nicht.

Strafrechtlich verantwortlich kann auch ein *Amtsträger* sein, z. B. bei der Erteilung fehlerhafter Genehmigungen, Nichtrücknahme fehlerhafter Genehmigungen oder Unterlassung des Einschreitens gegen Umweltbeeinträchtigungen. Auch die *Unternehmensleitung* kann strafrechtlich herangezogen werden, soweit sie das strafrechtliche Verhalten beherrscht oder sich hieran beteiligt, z. B. bei mangelhafter Organisation oder Kontrolle, u. U. auch für Sub-Unternehmer.

B.1.2.7.2 Umwelt-Ordnungswidrigkeitenrecht

Sämtliche Umweltverwaltungsgesetze und oft auch die auf deren Grundlage erlassenen Rechtsverordnungen enthalten *Ordnungswidrigkeitentatbestände*. In der Vergangenheit wurde von diesem Sanktionsinstrumentarium, für dessen Handhabung in erster Linie die Fachbehörden zuständig sind, nur zurückhaltend Gebrauch gemacht. Diese behördliche Praxis verschärft sich in letzter Zeit zunehmend. Neben den Verwarnungen bei kleineren Verstößen kommt insb. die Verhängung eines Bußgelds gegen den Täter, aber auch – anders als im Strafrecht – gegen das Unternehmen in Betracht. Die Verhängung eines Bußgelds über 200 DM kann auch in das Gewerbezentralregister eingetragen werden. Das Ordnungswidrigkeitengesetz enthält zudem einen besonderen Tatbestand für das *Unterlassen von Aufsichtsmaßnahmen* durch den Betriebsinhaber.

B.1.2.8 Aufklärung und Information

B.1.2.8.1 Aufklärung der Bevölkerung

Die Unterrichtung der Öffentlichkeit stellt ein unentbehrliches Instrument zur Verwirklichung von Umweltschutz dar. Auf diese Weise können Verhaltensempfehlungen und Warnungen ausgesprochen werden. Einer speziellen Ermächtigungsvorschrift bedarf es grds. nicht, wenn die Aufklärungsmaßnahme im Rahmen des zugewiesenen Aufgabenbereichs der handelnden behördlichen Stelle ergriffen wurde.

Wird die Unterrichtung der Bevölkerung demgegenüber derart konkret, daß sie in die Grundrechte einzelner eingreift (z. B. Produktwarnungen), muß sie von einer Befugnisnorm abgedeckt sein, die die Verwaltungsstelle zur Abgabe von derartigen Erklärungen ermächtigt. Diese Befugnis kann sich insb. aus den Vorschriften der einzelnen Umweltgesetze oder den Generalklauseln des allgemeinen Polizei- und Ordnungsrechts ergeben, die die Behörde ermächtigen, die erforderlichen Maßnahmen zur Durchsetzung der betreffenden Gesetze oder zur Gefahrenabwehr zu ergreifen. Nur vereinzelt finden sich spezielle Vorschriften, die konkret zur Abgabe von Empfehlungen oder Warnungen berechtigen (z. B. § 9 StrVG). Nach der Rechtsprechung des BVerwG ist eine Ermächtigungsnorm nicht notwendig, wenn das handelnde Organ seine Aufgaben aus der Verfassung (GG) herleiten kann. Die Veröffentlichung von Listen der Vertreiber glykolhaltiger Weine durch die Bundesregierung wurde demgemäß mit der der Regierung durch das GG übertragenen Aufgabe der politischen Krisenbewältigung durch Information und Warnung der Öffentlichkeit gerechtfertigt.

Darüber hinaus ist die Behörde verpflichtet, in einem Genehmigungsverfahren, das die Durchführung eines Vorhabens im Rahmen eines wirtschaftlichen Unternehmens betrifft, dem Antragsteller Auskunft zu erteilen und mit ihm einzelne Punkte auch vor Antragstellung zu erörtern. Der Antragsteller kann auch die Einberufung einer Besprechung mit allen beteiligten Stellen (Antragskonferenz) verlangen.

B.1.2.8.2 Zugang zu Informationen über die Umwelt

Der Zugang zu Informationen hat erst mit Verabschiedung des *Umweltinformationsgesetzes* (UIG), das auf einer entsprechenden Richtlinie der EG beruht, eine umfassende Regelung erfahren. Aufgrund dieses Gesetzes hat jeder einen Anspruch auf freien Zugang zu Umweltinformationen, die einer Verwaltungsbehörde oder einer Privatperson, die öffentliche Aufgaben wahrnimmt, vorliegen. Der Anspruch ist ausgeschlossen, sofern Belange der öffentlichen Sicherheit betroffen sind, im Rahmen nicht abgeschlossener Verfahren oder wenn eine Umweltgefährdung infolge der Auskunftserteilung zu befürchten ist. Der Behörde freiwillig übermittelte Daten werden vom Auskunftsanspruch ebenfalls nicht erfaßt, es sei denn, diese Übermittlung erfolgte als Unterlage für einen Antrag oder eine Anzeige. Mißbräuchliche Auskunftsersuchen sind abzulehnen. Des weiteren müssen Urheberrechte, Betriebs- und Geschäftsgeheimnisse sowie schutzwürdige persönliche Interessen berücksichtigt werden. Schließlich wird die Bundesregierung zur periodischen Veröffentlichung eines Berichts über den Zustand der Umwelt verpflichtet.

Außerhalb dieses Gesetzes können sich die Beteiligten eines Verwaltungsverfahrens auf ihr Akteneinsichtsrecht berufen; darüber hinaus steht die Gewährung von Akteneinsicht im Ermessen der Behörde. Außerdem sind einzelne Kataster oder Wasserbücher öffentlich. Die meisten Gemeindeordnungen enthalten die allgemeine Pflicht, die Einwohner über bedeutsame Angelegenheiten zu unterrichten.

B.1.3 Der behördliche Vollzug des Umweltrechts

B.1.3.1 Verwaltungsorganisation

Der Vollzug des Umweltrechts erfolgt in erster Linie durch Behörden, wobei der Schwerpunkt bei der Landesverwaltung liegt. Eine Ausnahme bildet dabei das Atom- und Strahlenschutzrecht: hier handelt die Landesbehörde im Bundesauftrag und unterliegt daher Weisungen des *Bundesministeriums für Umwelt, Naturschutz und Reaktorsicherheit (BMU)*. Im übrigen beschränkt sich die Arbeit des BMU vor allem auf die Ausarbeitung von Gesetzesentwürfen, Rechtsverordnungen und Allgemeinen Verwaltungsvorschriften des Bundes. Es wird dabei durch das Umweltbundesamt (UBA) unterstützt, das in erster Linie wissenschaftliche und technische Aufgaben wahrnimmt. Weitere *Bundesoberbehörden* sind das Bundesamt für Naturschutz (BfN) und das Bundesamt für Strahlenschutz (BfS).

In der Regel erfolgt der Gesetzesvollzug aber durch die *Bundesländer* in eigener Angelegenheit. Der Verwaltungsaufbau in den einzelnen Ländern unterscheidet sich infolge der bundesstaatlichen Struktur Deutschlands stark und ist meistens dreistufig, in kleineren Flächenländern zweistufig und in den Stadtstaaten einstufig. Als oberste Umweltschutzbehörde fungiert das zuständige *Landesministerium*, das den Vollzug des Umweltrechts in erster Linie durch den Erlaß von Verwaltungsvorschriften und (Landes-) Rechtsverordnungen lenkt. Daneben bestehen häufig Landesoberbehörden (Landesämter für Umweltschutz), die wissenschaftlich-technische Aufgaben und vereinzelte übergreifende Vollzugsaufgaben (z. B. Bauartzulassungen) wahrnehmen. Als *Mittelbehörde* (beim dreistufigen Aufbau) fungiert die Bezirksregierung oder das Regierungspräsidium (oder die Regierung), die jeweils für ihren Regierungsbezirk zuständig sind; Schleswig-Holstein und Thüringen haben jeweils ein Landesverwaltungsamt als Mittelbehörde. Bei den Landesmittelbehörden ist eine Vielzahl von Verwaltungskompetenzen konzentriert, wozu auch die Umweltbereiche zählen. Sie nehmen Vollzugsaufgaben in größeren Angelegenheiten (Altlastensanierung, Planfeststellungen) und insb. die Aufsicht über die *untere Umweltschutzbehörde* wahr. Der überwiegende Teil der täglichen Vollzugsarbeit wird von diesen unteren Behörden geleistet, die auf der Ebene der Landkreise oder (kreisfreien) Städte angesiedelt sind. Dabei werden die Vollzugsaufgaben im Bereich des Umweltschutzes teilweise von der allgemeinen Kreis- oder Stadtverwaltung wahrgenommen oder von Sonderbehörden, wie Staatliche Umweltämter (StUA) oder auch Gewerbeaufsichtsämter. Typische *Aufgaben der Gemeinden* betreffen darüber hinaus die Gewässerunterhaltung, Abwasserbeseitigung und Abfallentsorgung.

B.1.3.2 Verwaltungshandeln und Rechtsschutz

B.1.3.2.1 Der Verwaltungsakt

Der *Verwaltungsakt* stellt das wichtigste Handlungsinstrument der Behörde dar. Durch ihn regelt sie einen Einzelfall hoheitlich und für den (die) Adressaten unmittelbar verbindlich. Verwaltungsakte sind insb. Genehmigungen, Planfeststellungsbeschlüsse und sonstige behördliche Zulassungsbescheide sowie Verfügungen, mit denen dem Unternehmen oder Bürger bestimmte Verhaltensweisen (z. B. Dekontaminierung einer Bodenfläche, Stillegung einer Anlage, Führung von Nachweisen) auferlegt werden. In den meisten Fällen enthalten Verwaltungsakte Nebenbestimmungen, z. B. Auflagen, Bedingungen oder Befristungen. Die nachträgliche Anordnung solcher Nebenbestimmungen sowie die Rücknahme oder der Widerruf von Verwaltungsakten durch die Behörde sind nur unter bestimmten Voraussetzungen möglich.

Rechtsbehelf ist der *Widerspruch*, der grds. vor jeder verwaltungsgerichtlichen Klage und innerhalb einer Frist von einem Monat (Ausnahme: bei fehlender Rechtsmittelbelehrung 1 Jahr) eingelegt werden muß. Das Klagerecht besteht erst, wenn ein Widerspruchsbescheid in der Sache ergangen ist. Es sei denn, die Sache wird im ursprünglichen Verwaltungsverfahren oder dem Widerspruchsverfahren unzulässigerweise verzögert. Dann kann nach drei Monaten direkt Untätigkeitsklage erhoben werden.

Grundsätzlich haben ein Widerspruch und die darauf folgende verwaltungsgerichtliche Klage *aufschiebende Wirkung* (Suspensiveffekt). Das bedeutet, daß der Verwaltungsakt nicht vollzogen werden kann. Durch Gesetz oder behördliche Verfügung wird jedoch vielfach die unmittelbare Vollziehung angeordnet; im Wege des einstweiligen Rechtsschutzes kann die aufschiebende Wirkung aber (wieder-) hergestellt werden.

Im wesentlichen können drei Konstellationen im *Rechtsschutz* bei Verwaltungsakten unterschieden werden:
- Erläßt die Behörde einen *belastenden Verwaltungsakt*, z. B. eine Ordnungsverfügung (s. Abschn. B.1.2.3.3), mit der einer Person oder einem Unternehmen ein bestimmtes Tun oder Unterlassen aufgegeben wird, kann insb. der Adressat dieser Verfügung Widerspruch und bei abweisendem Widerspruchsbescheid (innerhalb eines Monats) *Anfechtungsklage* erheben. Sind die rechtlich geschützten Interessen eines Dritten betroffen, stehen diese Rechtsbehelfe auch diesem zu.
- Wird einer Person oder einem Unternehmen eine Genehmigung (z. B. Anlagengenehmigung, Baugenehmigung; s. Abschn. B.1.2.3.2) erteilt oder ein sonstiger *begünstigender Verwaltungsakt mit belastenden Nebenwirkungen* erlassen, können auch Dritte (z. B. Nachbarn), die individualisierbar in eigenen Rechten betroffen sind, Widerspruch einlegen und ggf. Anfechtungsklage erheben. Die Widerspruchsfrist läuft aber nur, wenn ihnen der Verwaltungsakt behördlich bekanntgegeben wurde; u. U. kann die Anfechtungsbefugnis verwirken, wenn ein Dritter längere Zeit nichts unternimmt, obwohl ihm die Erteilung des Verwaltungsakts bekannt war.
- Wird der *Erlaß des begünstigenden Verwaltungsakts*, insb. die Erteilung einer Genehmigung begehrt, muß grundsätzlich vorher ein entsprechender Antrag bei der zuständigen Behörde gestellt werden. Gegen den versagenden Bescheid ist fristgemäß Widerspruch einzulegen. Wird dem Antrag auch im Widerspruchsverfahren nicht stattgegeben, muß der Antragsteller fristgemäß *Verpflichtungsklage* beim Verwaltungsgericht erheben. Entscheidet die Behörde nicht innerhalb angemessener Zeit, kann direkt Untätigkeitsklage (s. o.) eingelegt werden.

Werden Widerspruch oder Klage nicht (fristgemäß) eingelegt oder der Verwaltungsakt durch das Gericht rechtskräftig bestätigt, können nach Androhung und Fristsetzung *Vollzugsmaßnahmen*, z. B. Ersatzvornahme oder Festsetzung eines Zwangsgelds, ergriffen werden.

B.1.3.2.2 Der öffentlich-rechtliche Vertrag

Der öffentlich-rechtliche Vertrag findet auch im Umweltrecht zunehmend Anwendung. Hinsichtlich der Einzelheiten gelten die allgemeinen Regeln des bürgerlichen Rechts. Das Verwaltungsverfahrensgesetz regelt einige Besonderheiten, wie das Schriftformerfordernis und besondere Nichtigkeits- und Anpassungsgründe. Zulässig sind auch Vergleichsverträge, durch die eine Ungewißheit in rechtlicher oder tatsächlicher Hinsicht im Wege des gegenseitigen Nachgebens ausgeräumt wird. Für Rechtsstreitigkeiten ist das Verwaltungsgericht zuständig, bei dem auf Vertragserfüllung oder Schadensersatz geklagt werden kann.

B.1.3.2.3 Der Verwaltungs-Realakt

Eine weitere Handlungsform der Verwaltung ist das *schlichte Verwaltungshandeln* (Verwaltungs-Realakt). Es ist nicht auf die Herbeiführung von Rechtsfolgen gerichtet, sondern führt einen unmittelbaren tatsächlichen Erfolg herbei. Wichtigste Beispiele sind die Erteilung von Informationen und Auskünften sowie das Aussprechen von Warnungen und Empfehlungen (s. Abschn. B.1.2.8). Zur Erzwingung eines behördlichen Realaktes ist grundsätzlich Leistungsklage beim Verwaltungsgericht zu erheben. Soweit die begehrte Leistung nur durch oder aufgrund eines Verwaltungsakts erbracht werden darf, muß die Verpflichtungsklage (nach dem Widerspruchsverfahren) erhoben werden.

B.1.3.2.4 Privatrechtliches Handeln der Verwaltung

Die Verwaltung handelt in bedeutendem Maße in *privatrechtlichen Formen*. Sie kauft Sachmittel, mietet Büroräume, gründet oder beteiligt sich an Handelsgesellschaften (GmbH, AG), wie z. B. Abfallentsorgungs- oder Altlastensanierungsgesellschaften. Insoweit tritt der Staat als Zivilrechtsperson (Fiskus) auf, unterliegt aber öffentlich-rechtlichen Bindungen. Ob der Rechtsweg zu den Verwaltungsgerichten oder den ordentlichen Gerichten gegeben ist, richtet sich nach der Lage des Einzelfalls.

B.1.4 Allgemeiner Umweltschutz: das Naturschutzrecht

Das Naturschutzrecht bezweckt die Entwicklung und Pflege von Landschaft und Natur. Maßgebliche Rechtsgrundlagen sind das Bundesnaturschutzgesetz (BNatSchG) und die in dessen Rahmen ergangenen Landesnaturschutzgesetze. Auf europäischer Ebene sind insb. die EG-Richtlinie Fauna – Flora – Habitat (FFH-Richtlinie) und die EG-Vogelschutzrichtlinie zu beachten, und im Artenschutz spielen völkerrechtliche Abkommen über die Export- und Importkontrolle eine wichtige Rolle.

B.1.4.1 Landschaftsplanung

Wichtiges Instrument des Naturschutzrechts ist die Landschaftsplanung. Im überörtlichen Bereich sind für das Gebiet eines Landes Landschaftsprogramme und für Teilgebiete Landschaftsrahmenpläne zu erstellen. Die örtlichen Erfordernisse und Maßnahmen sind in Landschaftsplänen darzustellen, die sowohl den vorhandenen Zustand als auch den angestrebten Zustand von Natur und Landschaft umfassen sollen. Die Verbindlichkeit der Landschaftspläne wird in den Landesgesetzen geregelt: teilweise werden sie als Satzungen oder Rechtsverordnungen erlassen und erlangen dadurch aus sich heraus rechtliche Bindungswirkung; in anderen Ländern werden sie in Bauleitpläne integriert, die für weiterführende Planungen oder Bauvorhaben maßgeblich sind.

B.1.4.2 Naturschutzrechtliche Eingriffsregelung

§ 8 Abs. 1 BNatSchG definiert einen *Eingriff in Natur und Landschaft* als eine Veränderung der Gestalt oder Nutzung von Grundflächen, die die Leistungsfähigkeit des Naturhaushalts oder das Landschaftsbild erheblich oder nachhaltig beeinträchtigen können. Ordnungsgemäße land-, forst- und fischereiwirtschaftliche Bodennutzung gilt nicht als ein derartiger Eingriff (Agrarprivileg).

Der Eingriffsverursacher unterliegt bestimmten *Pflichten*, soweit nach anderen Rechtsvorschriften eine Genehmigung oder sonstige behördliche Entscheidung (s. Abschn. B.1.2.3.2) erforderlich ist. Vermeidbare Eingriffe sind zu unterlassen, unvermeidbare Eingriffe auszugleichen. Unvermeidbare Eingriffe nach § 8 BNatSchG, nicht ausgeglichen werden können, sind zu untersagen, wenn die Belange des Natur- und Landschaftsschutzes vorgehen. Sind andere Belange vorrangig, kann durch Landesrecht eine Ersatzmaßnahme oder ein Ausgleich in Geld vorgeschrieben werden. Die für die behördliche Vorabkontrolle zuständige Stelle muß ihre Entscheidung im Benehmen mit der zu beteiligenden Naturschutzbehörde fällen. Diese fungiert dabei als Sachwalter der Belange des Umweltschutzes. Vorgeschrieben ist ebenfalls die Berücksichtigung der naturschutzrechtlichen Eingriffsregelung im Rahmen der Bauleitplanung. Bebauungspläne weisen daher i. d. R. Ausgleichsflächen aus, die neuerdings auch an anderen Orten im Gemeindegebiet liegen können.

Darüber hinaus sieht das BNatSchG Beteiligungsrechte für anerkannte *Naturschutzverbände* vor. Einige Länder haben zudem die sog. Verbandsklage eingeführt, die gerichtliche Klagen von Umweltschutzorganisationen im Interesse des Naturschutzes ermöglicht; eine Einführung dieser Klageart auf Bundesebene wird derzeit diskutiert.

Auch unterhalb der Eingriffsschwelle sind die naturschutzrechtlichen Aspekte im Rahmen von behördlichen Verfahren als Konkretisierung von unbestimmten Rechtsbegriffen, wie Allgemeinwohl oder „öffentliches Interesse" zu berücksichtigen. Die Naturschutzbehörden werden als Fachbehörde beteiligt.

B.1.4.3 Naturschutzrechtlicher Gebiets- und Objektschutz

Durch die Länder können Gebiete im Hinblick auf ihre Schutzwürdigkeit als *Naturschutzgebiet*, Nationalpark, Landschaftsschutzgebiet oder Naturpark festgesetzt, bestimmte Naturobjekte als geschützte Landschaftsbestandteile und besonders schützenswerte „Einzelschöpfungen" als *Naturdenkmäler* ausgewiesen werden. Dies erfogt nach Landesrecht i.d.R. durch Erlaß einer Rechtsverordnung der zuständigen Naturschutzbehörde. Darüber hinaus regelt das BNatSchG in Umsetzung der FFH-Richtlinie und der EG-Vogelschutzrichtlinie den Aufbau und Schutz des Europäischen ökologischen Netzes „Natura 2000", insb. zum Schutz der Gebiete von gemeinschaftlicher Bedeutung und der Europäischen Vogelschutzgebiete. Örtlicher Baumschutz wird demgegenüber meist durch Satzungen der Gemeinde geregelt. Die für das betreffende Gebiet oder Objekt zu beachtenden Ge- und Verbote oder Genehmigungsvorbehalte für bestimmte eingreifende Maßnahmen werden in den betreffenden Festsetzungsakten geregelt. Im Rahmen der Novellierung des BNatG ist geplant, eine weitere Gebietsart zum Schutz von Kulturlandschaften (Biosphärenreservat) einzuführen.

Der allgemeine *Artenschutz*, der Schutz von wildlebenden Pflanzen und Tieren bedrohter Arten und der Biotopschutz, ist im Naturschutzrecht besonders geregelt. Ein- und Ausfuhrbeschränkungen betreffend bedrohte Arten und aus deren Körperbestandteilen hergestellte Produkte beruhen auf EG-Recht und internationalen Abkommen.

B.2 Immissionsschutzrecht

Maßgebliche Rechtsgrundlagen des Immissionsschutzrechts bilden in erster Linie das Bundes-Immissionsschutzgesetz (BImSchG) und die aufgrund dieses Gesetzes erlassenen Rechtsverordnungen (Bundes-Immissionsschutzverordnungen – BImSchV). Zur Konkretisierung der in diesen Rechtsvorschriften festgelegten Anforderungen wurden Verwaltungsvorschriften (s. Abschn. B. 1.1.2.3), insb. in Form von technischen Anleitungen erlassen (z. B. TA Luft, TA Lärm; s. Abschn. B. 2.2.2 u. B. 2.3.2). In erheblichem Maße basieren diese Vorschriften auf EG-Richtlinien zu Luftverunreinigungen durch ortsfeste Anlagen, Baulärm, Fahrzeugemissionen und Luftqualität; insb. muß die Richtlinie über die integrierte Vermeidung von Umweltverschmutzungen (IVU = IPPC) umgesetzt werden. Daneben bestehen völkerrechtliche Übereinkommen zur Reduzierung grenzüberschreitender Luftverunreinigungen.

B.2.1 Allgemeines Immissionsschutzrecht

Das Immissionsschutzrecht bezweckt den Schutz von Menschen, Tieren und Pflanzen, Boden, Wasser, Atmosphäre sowie Kultur- und sonstigen Sachgütern vor schädlichen Umwelteinwirkungen (Immissionen). Nach der gesetzlichen Definition sind *Immissionen* auf diese Schutzgüter einwirkende Luftverunreinigungen, Geräusche, Erschütterungen, Licht, Wärme, Strahlen u. ä. Einwirkungen. Als *Emissionen* werden diese Erscheinungen bezeichnet, wenn sie von einer Anlage ausgehen. Im Hinblick auf genehmigungsbedürftige Anlagen umfaßt der Zweck des BImSchG auch den Schutz vor sonstigen Gefahren und Beeinträchtigungen sowie die Vorsorge.

B.2.1.1 Die Teilbereiche des allgemeinen Immissionsschutzrechts

Im Rahmen des allgemeinen Immissionsschutzrechts können von dem für die Praxis in erster Linie bedeutsamen anlagenbezogenen Immissionsschutz (s. a. Abschn. B. 2.1.2-B. 2.1.4) der stoffbezogene, der verkehrsbezogene und der gebietsbezogene Immissionsschutz unterschieden werden; für den Strahlenschutz gelten besondere Regelungen (s. Abschn. B.2.4).

B.2.1.1.1 Anlagenbezogener Immissionsschutz

Als *Anlagen i. S. d. BImSchG* gelten:
- Betriebsstätten und sonstige ortsfeste Einrichtungen,
- Maschinen, Geräte und sonstige ortsveränderliche technische Einrichtungen sowie grds. auch Fahrzeuge (Ausnahme: s. u.) und
- Grundstücke, auf denen Stoffe gelagert oder

abgelagert oder Arbeiten durchgeführt werden, die Emissionen verursachen können (Ausnahme: öffentliche Verkehrswege).

Soweit es um den Schutz vor Verkehrsemissionen geht, gelten *Fahrzeuge* nicht als Anlagen im Sinne des BImSchG. Maßgeblich sind vielmehr die Vorschriften des verkehrsbezogenen Immissionsschutzes (s. Abschn. B.2.1.1.3). Im Hinblick auf öffentliche Verkehrswege sind ebenfalls spezielle Rechtsvorschriften anwendbar, insb. das Verkehrswegeplanungsrecht und das Straßenverkehrsrecht (StVO), die Bestimmungen zum Immissionsschutz enthalten.

Von besonderer Bedeutung ist die *Unterscheidung zwischen genehmigungsbedürftigen und nicht genehmigungsbedürftigen Anlagen*. Bei den genehmigungsbedürftigen Anlagen handelt es sich um besonders emissionsträchtige Anlagen, die in der 4. BImSchV abschließend aufgezählt werden. Teilweise sind sie nur genehmigungsbedürftig, soweit sie gewerblichen Zwecken dienen oder im Rahmen wirtschaftlicher Unternehmungen verwendet werden. Außerdem hängt die Genehmigungsbedürftigkeit für einen Großteil der genannten Anlagen vom Erreichen oder Überschreiten bestimmter Leistungsgrenzen oder Anlagengrößen ab; hierbei ist auf den rechtlich und tatsächlich möglichen Betriebsumfang abzustellen. Die 4. BImSchV ordnet die genehmigungsbedürftigen Anlagen folgenden *Anlagengruppen* zu:

1. Wärmeerzeugung, Bergbau, Energie,
2. Steine und Erden, Glas, Keramik, Baustoffe,
3. Stahl, Eisen und sonstige Metalle einschl. Verarbeitung,
4. chemische Erzeugnisse, Arzneimittel, Mineralölraffinerien und Weiterverarbeitung,
5. Oberflächenbehandlung mit organischen Stoffen, Herstellung von bahnenförmigen Materialien aus Kunststoffen, sonstige Verarbeitung von Harzen und Kunststoffen,
6. Holz, Zellstoff,
7. Nahrungs-, Genuß- und Futtermittel, landwirtschaftliche Erzeugnisse,
8. Verwertung und Beseitigung von Abfällen und sonstigen Stoffen,
9. Lagerung, Be- und Entladen von Stoffen und Zubereitungen,
10. sonstiges.

Instrumente des anlagenbezogenen Immissionsschutzes sind die Betreiberpflichten des BImSchG und der auf dessen Grundlage erlassenen Verordnungen (s. Abschn. B.2.1.2), die immissionsschutzrechtliche Genehmigung (s. Abschn. B.2.1.3) und die sonstige behördliche und innerbetriebliche Überwachung von Anlagen (s. Abschn. B.2.1.4).

B.2.1.1.2 Produktbezogener Immissionsschutz

Die Regelungen des BImSchG zum produkbezogenen Immissionsschutz bestehen aus Ermächtigungsgrundlagen zum Erlaß von Rechtsverordnungen. Durch solche Rechtsverordnungen können Anforderungen an die Beschaffenheit von Anlagenteilen oder von ortsveränderlichen Anlagen sowie Kennzeichnungspflichten über die Höhe der Immissionen festgelegt werden. Solche Anforderungen enthalten die Rasenmäherlärm-Verordnung (8. BImSchV) und die Baumaschinenlärm-Verordnung (15. BImSchV). Außerdem kann durch eine Rechtsverordnung die Bauartzulassung für Betriebsstätten, Geräte und Maschinen sowie Teile hiervon vorgeschrieben werden. Eine derartige Regelung enthält die Baumaschinenlärm-Verordnung (15. BImSchV), die eine EG-Baumusterprüfung vorsieht. Schließlich können auch Anforderung an die Beschaffenheit von Brenn-, Treib-, Schmierstoffen und sonstigen im Hinblick auf den Immissionsschutz gefährlichen Stoffen festgelegt werden. Derartige Verordnungen ergingen zum Schwefelgehalt in leichtem Heizöl und Dieselkraftstoff (3. BImSchV), zur Beschaffenheit und Auszeichnung der Kraftstoffqualitäten (10. BImSchV), zu Chlor- und Bromverbindungen als Kraftstoffzusatz (19. BImSchV), zu Altöl (AltölVO) und bestimmten Chlorverbindungen (Chemikalien-VerbotsVO).

B.2.1.1.3 Verkehrsbezogener Immissionsschutz

Im Rahmen des verkehrsbezogenen Immissionsschutzes können zum einen Anforderungen an die Beschaffenheit und den Betrieb von Fahrzeugen zur Begrenzung der von diesen ausgehenden Emissionen durch Rechtsverordnung festgelegt werden. Dies erfolgt in erster Linie durch entsprechende Regelungen in der Straßenverkehrszulassungsordnung (StVZO). Des weiteren können bei Vorliegen austauscharmer Wetterlagen (Smog) sowie bei Erreichen bestimmter Ozonkonzentrationen ($240\,\mu g/m^3 \geq$ Luft) Verkehrsbeschränkungen und Verkehrsverbote festgelegt werden.

Beim Bau oder wesentlichen Änderungen öffentlicher Straßen sowie von Eisenbahnen, Magnetschwebebahnen und Straßenbahnen ist sicherzustellen, daß diese keine schädlichen Lärmemissionen hervorrufen, die nach dem „Stand der Technik" vermeidbar sind. Dieses Gebot gilt nicht, soweit die Kosten der Schutzmaßnahme außer Verhältnis zu dem angestrebten Schutzzweck stehen. Diese Anforderungen sind durch die Verkehrslärmschutz-Verordnungen (16. u. 24. BImSchV) konkretisiert (s. Abschn. B.2.3.2).

B.2.1.1.4 Gebietsbezogener Immissionsschutz

Der gebietsbezogene Immissionsschutz wird im Bereich der Luftverunreinigungen durch die Festsetzung von Untersuchungsgebieten, d. h. Gebieten, die besonders problematische Luftverunreinigungen aufweisen oder aufweisen können, die Aufstellung von Emissionskatastern sowie durch die Aufstellung von Luftreinhalteplänen wahrgenommen (s. Abschn. B.2.2.1). Durch die 3. Novelle des BImSchG wurde zudem der Lärmminderungsplan als neues Instrument eingeführt, der die Lärmbelastungen, deren Quellen und die vorgesehenen Maßnahmen enthalten soll.

B.2.1.2 Betreiberpflichten

B.2.1.2.1 Genehmigungsbedürftige Anlagen

Für die genehmigungsbedürftigen Anlagen gelten die *Betreibergrundpflichten* des § 5 BImSchG, die bei Errichtung und Betrieb der Anlagen zu beachten sind. Diese Grundpflichten gelten unmittelbar und haben dynamischen Charakter. Der Anlagenbetreiber muß neue Erkenntnisse berücksichtigen und diesen seine Anlagen anpassen. Zu eigener Nachforschung ist er jedoch i. d. R. nicht verpflichtet. Eine behördliche Durchsetzung sich fortentwickelnder Grundpflichten setzt jedoch eine Konkretisierung durch Rechtsverordnung oder Verwaltungsakt voraus. Insoweit ist der Vertrauensschutz des Betreibers eingeschränkt. § 5 BImSchG enthält folgende Betreiberpflichten:

1. Schutz- und Abwehrpflicht
Schädliche Umwelteinwirkungen und sonstige Gefahren, erhebliche Nachteile und erhebliche Belästigungen sind zu vermeiden. Dabei sind sowohl die Belange der Allgemeinheit als auch die Belange der Nachbarschaft, soweit diese individualisierbar von der Anlage betroffen sind, zu berücksichtigen. Risiken, z. B. durch Störfälle, müssen mit hinreichender, dem Verhältnismäßigkeitsgrundsatz entsprechender Wahrscheinlichkeit ausgeschlossen sein; eine Konkretisierung dieser Anforderungen erfolgt durch die Störfallverordnung (12. BImSchV).

2. Vorsorgepflicht
Vorsorge gegen schädliche Umwelteinwirkungen muß insb. durch die Begrenzung der Emissionen nach dem „Stand der Technik" sichergestellt sein. Als „Stand der Technik" gilt der Entwicklungsstand fortschrittlicher Verfahren, Einrichtungen oder Betriebsweisen, der die praktische Eignung einer Maßnahme zur Immissionsbegrenzung gesichert erscheinen läßt. Eine Konkretisierung dieser Anforderungen erfolgt z. B. für Großfeuerungsanlagen in der 13. BImSchV, für Abfallverbrennungsanlagen in der 17. BImSchV und für die Titandioxid-Industrie in der 25. BImSchV sowie für zahlreiche sonstige Anlagen in der TA Luft (s. Abschn. B.2.2.2). Die IVU-Richtlinie fordert insoweit vor allem eine Anpassung an den Standard der sog. „besten verfügbaren Technik" (BAT – best available techniques) und die Beachtung des integrativen, medienübergreifenden Ansatzes.

3. Abfallpflichten
s. Abschn. B.3.2.4.

4. Pflicht zur Abwärmenutzung
Die Pflicht zur technisch möglichen und zumutbaren Eigen- oder Fremdnutzung entstehender Wärme besteht nur bei Anlagen, für die eine Rechtsverordnung dies vorsieht. Bisher existiert eine solche Regelung nur für Abfallverbrennungsanlagen (17. BImSchV). Nach der IVU-Richtlinie muß darüber hinaus die allgemeine Pflicht berücksichtigt werden, Energie effektiv zu nutzen.

5. Nachsorgepflicht
Der Betreiber hat sicherzustellen, daß auch nach einer Anlagenstillegung keine schädlichen Umwelteinwirkungen und sonstigen Gefahren, erheblichen Nachteile und Belästigungen für die Allgemeinheit oder Nachbarschaft von der Anlage oder dem Anlagengrundstück ausgehen sowie vorhandene Abfälle ordnungsgemäß und schadlos verwertet oder beseitigt werden.

B.2.1.2.2 Nicht genehmigungsbedürftige Anlagen

Für die Errichtung und den Betrieb von Anlagen, die nicht genehmigungsbedürftig sind, gelten die Anforderungen des § 22 BImSchG:

1. Immissionsverhinderung
Schädliche Umwelteinwirkungen sind zu verhindern, soweit sie nach dem „Stand der Technik" (s. Abschn. B.2.1.2.1) vermeidbar sind.

2. *Immissionsminimierung*
Nach dem „Stand der Technik" unvermeidbare schädliche Umwelteinwirkungen sind auf ein Mindestmaß zu beschränken.
3. *Abfallpflichten*
s. Abschn. B.3.2.4

Für folgende Anlagen gelten aufgrund von Rechtsverordnungen strengere Schutz- und Vorsorgeanforderungen:
- Kleinfeuerungsanlagen (1. BImSchV),
- Anlagen zur Verwendung HKW-haltiger Lösemittel (2. BImSchV),
- Holzverarbeitung (7. BImSchV),
- Rasenmäher (8. BImSchV),
- Sportanlagen (18. BImSchV),
- Anlagen zum Umfüllen und Lagern von Ottokraftstoffen (20. BImSchV),
- Anlagen zur Betankung von Kraftfahrzeugen (21. BImSchV),
- Titandioxid-Industrie (25. BImSchV),
- Feuerbestattungsanlagen (27.BImSchV).

B.2.1.3 Die immissionsschutzrechtliche Anlagengenehmigung

B.2.1.3.1 Genehmigungspflicht

Der Genehmigung bedürfen die *Errichtung* und der *Betrieb* einer durch die 4. BImSchV als genehmigungsbedürftig eingestuften Anlage (s. Abschn. B.2.1.1.1).

Außerdem bedarf auch die *wesentliche Änderung der Lage, der Beschaffenheit oder des Betriebs* einer genehmigungsbedürftigen Anlage der Genehmigung. Eine solche liegt vor, wenn durch die Änderung nachteilige Auswirkungen hervorgerufen werden, die für die Prüfung, ob die Betreibergrundpflichten und die Anforderungen einschlägiger Rechtsverordnungen (s. Abschn. B.2.1.2.1) erfüllt sind, erheblich sein können. Eine Genehmigung ist nicht erforderlich, wenn
- durch die Änderungen hervorgerufene nachteilige Auswirkungen offensichtlich gering sind und die Erfüllung der genannten Anforderungen sichergestellt ist oder
- eine genehmigte Anlage oder Teile einer genehmigten Anlage im Rahmen der erteilten Genehmigung ersetzt oder ausgetauscht werden.

Geht der Anlagenbetreiber davon aus, daß eine geplante Änderung genehmigungspflichtig ist, kann er das Genehmigungsverfahren direkt einleiten. Ansonsten hat er eine Änderung mindestens einen Monat vor Ausführungsbeginn der zuständigen Behörde *anzuzeigen*, wenn sie sich auf Mensch, Umwelt, Kultur- und sonstige Sachgüter auswirken kann; die erforderlichen Unterlagen sind beizulegen. Die Behörde hat innerhalb eines Monats zu prüfen, ob es sich um eine wesentliche Änderung (im o. g. Sinne) handelt, die der Genehmigung bedarf. Die Änderung darf direkt vorgenommen werden, wenn die Behörde mitteilt, daß kein immissionsschutzrechtliches Genehmigungserfordernis besteht oder sie sich nicht innerhalb eines Monats äußert, es sei denn, nach anderen Vorschriften sind Genehmigungen einzuholen.

B.2.1.3.2 Genehmigungsverfahren

Für Anlagen, die in Spalte 1 des Anhangs zur 4. BImSchV genannt sind oder die sich aus in Spalte 1 und in Spalte 2 des Anhangs zur 4. BImSchV genannten Anlagen zusammensetzen, ist das *förmliche Genehmigungsverfahren* nach § 10 BImSchG durchzuführen, das in der 9. BImSchV näher geregelt ist. Dieses Verfahren unterteilt sich in mehrere Verfahrensschritte: schriftlicher Antrag unter Beifügung der erforderlichen Unterlagen; öffentliche Bekanntmachung; Behördenbeteiligung und Einholung erforderlicher Sachverständigengutachten; Öffentlichkeitsbeteiligung durch Auslegung der Unterlagen; Termin zur Erörterung der fristgemäß erhobenen Einwendungen; Umweltverträglichkeitsprüfung (vgl. Abschn. B.1.2.3.2); Entscheidung der Genehmigungsbehörde. Einwendungen gegen das Vorhaben können bis zwei Wochen nach Ablauf der Auslegungsfrist (1 Monat) erhoben werden. Soweit sie bereits zu diesem Zeitpunkt hätten geltend gemacht werden können, sind Einwendungen auch im Widerspruchs- oder Verwaltungsgerichtsverfahren ausgeschlossen (*materielle Präklusion*).

Soweit es sich um die Genehmigung einer *wesentlichen Änderung* handelt, soll die zuständige Behörde auf Antrag von der öffentlichen Bekanntmachung und der Auslegung absehen, wenn erhebliche nachteilige Auswirkungen auf Mensch, Umwelt, Kultur- oder sonstige Sachgüter nicht zu besorgen sind. Hiervon ist auszugehen, wenn erkennbar ist, daß die Auswirkungen durch die getroffenen oder vorgesehenen Maßnahmen ausgeschlossen werden oder die Nachteile im Verhältnis zu den jeweils vergleichbaren Vorteilen gering sind.

Das *vereinfachte Genehmigungsverfahren* nach § 19 BImSchG ist durchzuführen, soweit es sich um Anlagen handelt, die in Spalte 2 des Anhangs zur 4. BImSchV genannt werden. Im Rahmen des vereinfachten Verfahrens finden insb. keine öffentliche Bekanntmachung und Auslegung und kein Erörterungstermin statt. Außerdem entfällt die Präklusionsfrist.

Über einen Genehmigungsantrag ist innerhalb einer *Frist* von sieben Monaten, bei wesentlichen Änderungen innerhalb von sechs Monaten, und in vereinfachten Verfahren innerhalb von drei Monaten zu entscheiden. Bei Vorliegen besonderer Gründe kann die Frist um jeweils drei Monate verlängert werden.

B.2.1.3.3 Rechtswirkung der Genehmigung

Die immissionsschutzrechtliche Genehmigung hat zum einen *Konzentrationswirkung*. In ihr werden nach sonstigen Vorschriften erforderliche Genehmigungen oder Zulassungen gebündelt, so daß es nicht der Durchführung separater Verfahren bedarf. Aus diesem Grund sind die entsprechend betroffenen Behörden zu beteiligen. Die Konzentrationswirkung erstreckt sich aber nicht auf sämtliche Genehmigungen; ausgenommen sind z. B. berg- und atomrechtliche Zulassungen (s. Abschn. B.2.4.2.2), die wasserrechtliche Erlaubnis und Bewilligung (s. Abschn. B.4.3) sowie Planfeststellungen (s. Abschn. B.1.2.3.2). Hier dürften Änderungen erforderlich sein, da die IVU-Richtlinie einen umfassenden medienübergreifenden Ansatz fordert.

Darüber hinaus hat die immissionsschutzrechtliche Genehmigung *privatrechtsgestaltende Wirkung*. Auch bei erheblichen benachteiligenden Immissionen kann ein Dritter vom Anlagenbetreiber keine Einstellung des ordnungsgemäß im förmlichen Verfahren genehmigten Betriebs, sondern nur Vorkehrungen zum Ausschluß der benachteiligenden Wirkungen verlangen. Sind Vorkehrungen nach dem „Stand der Technik" nicht durchführbar oder wirtschaftlich nicht vertretbar, kann sich der Nachbar lediglich auf Schadensersatz berufen.

B.2.1.3.4 Genehmigungsvoraussetzungen

Voraussetzung für die Erteilung einer Genehmigung ist, daß der Anlagenbetreiber sicherstellt, daß
- die Betreibergrundpflichten und die Anforderungen in einschlägigen immissionsschutzrechtlichen Verordnungen erfüllt werden und
- andere öffentlich-rechtliche Vorschriften und Belange des Arbeitsschutzes dem nicht entgegenstehen.

Dabei sind insb. die Voraussetzungen der von der Konzentrationswirkung mitumfaßten sonstigen Zulassungen und Genehmigungen zu prüfen. Neben den Belangen des Immissionsschutzes und des Arbeitsschutzes sind insb. das Bauordnungs-, Bauplanungs-, Abfall- und Naturschutzrecht (s. Abschn. B.3 und B.1.4) zu beachten. Liegen die Voraussetzungen vor, *muß* die Genehmigung erteilt werden. Zur Sicherstellung der Genehmigungsvoraussetzungen kann die Genehmigung mit Nebenbestimmungen, insb. Auflagen, verbunden werden.

Auf besonderen Antrag kann eine *Teilgenehmigung* ergehen. Sie kann sich auf die Errichtung einer Anlage, die Errichtung eines Anlagenteils oder die Errichtung und den Betrieb eines Anlagenteils erstrecken. Voraussetzungen für die Erteilung einer Teilgenehmigung sind, daß
- ein berechtigtes Interesse an der Erteilung einer Teilgenehmigung besteht, z. B. um bei einer umfangreichen Anlage eine sinnvolle Planung und einen sinnvollen Ausbau in Abschnitten vornehmen zu können;
- die Genehmigungsvoraussetzungen für den beantragten Gegenstand der Teilgenehmigung erfüllt werden;
- der Errichtung und dem Betrieb der Gesamtanlage von vornherein keine unüberwindlichen Hindernisse entgegenstehen (*vorläufiges positives Gesamturteil*).

Auf besonderen Antrag kann außerdem ein *Vorbescheid* über einzelne Genehmigungsvoraussetzungen sowie über den Standort der Anlage ergehen, soweit
- die Auswirkungen des geplanten Vorhabens ausreichend beurteilt werden können und
- ein berechtigtes Interesse an der Erteilung eines Vorbescheids besteht.

Teilgenehmigungen haben, soweit ihr Gegenstand reicht, die gleiche Bindungswirkung wie Vollgenehmigungen, ihre Erteilung und die des Vorbescheids richten sich nach dem entsprechenden immissionsschutzrechtlichen Verfahren.

Schließlich kann die *Errichtung* eines Vorhabens auch *vorläufig zugelassen* werden, wenn
- mit einer Entscheidung zugunsten des Antragstellers gerechnet werden kann,

- ein öffentliches Interesse oder ein berechtigtes Interesse des Antragstellers an dem vorzeitigen Beginn besteht,
- der Antragsteller sich zum Ersatz entstehender Schäden und zur Wiederherstellung des ursprünglichen Zustands (bei Genehmigungsversagung) verpflichtet.

Soweit es sich um eine genehmigungsbedürftige *Änderung* handelt, kann auch der *Betrieb* der Anlage vorläufig zugelassen werden, wenn die Änderung der Erfüllung einer immissionsschutzrechtlichen Pflicht (z. B. zur Emissionsminderung) dient (§ 8a BImSchG).

B.2.1.4 Überwachung

B.2.1.4.1 Behördliche Anordnungen

Die behördliche Überwachung erfolgt in erster Linie durch die Vorabkontrolle im immissionsschutzrechtlichen Genehmigungsverfahren. Zur Erfüllung der sich aus BImSchG und Immissionsschutzverordnungen ergebenden Pflichten können auch nach Genehmigung *behördliche Anordnungen* getroffen werden. Die Behörde *soll* tätig werden, wenn festgestellt wird, daß die Allgemeinheit oder die Nachbarschaft beeinträchtigt oder erheblich belästigt wird. Unverhältnismäßige Anordnungen dürfen nicht ergehen.

§ 20 BImSchG ermächtigt die Behörde außerdem, einen *Betrieb* ganz oder teilweise *stillzulegen*, soweit der Anlagenbetreiber einer Auflage, einer nachträglichen Anordnung oder einer abschließend bestimmten Pflicht aus einer Rechtsverordnung nicht nachkommt. Die Behörde *soll* die Stillegung oder Beseitigung einer Anlage anordnen, wenn sie ohne die erforderliche Genehmigung errichtet, betrieben oder wesentlich geändert wurde. Auch die Unzuverlässigkeit des Anlagenbetreibers kann ein Grund für das Untersagen des weiteren Betriebs einer Anlage sein. In § 21 BImSchG ist geregelt, unter welchen Voraussetzungen eine Genehmigung nachträglich *widerrufen* werden kann, und zwar insb., wenn
- die Genehmigung einen Widerrufsvorbehalt enthält,
- der Anlagenbetreiber ihm obliegende Auflagen nicht erfüllt,
- die Genehmigungsbehörde aufgrund nachträglich eingetretener Umstände berechtigt wäre, die Genehmigung nicht zu erteilen, *und* ohne den Widerruf das öffentliche Interesse gefährdet wäre,
- schwere Nachteile für das Allgemeinwohl zu verhüten oder zu beseitigen sind.

Der Widerruf muß innerhalb eines Jahres nach Kenntnis der einem Widerrufsgrund zugrundeliegenden Tatsachen erfolgen. Soweit der Widerruf in erster Linie im öffentlichen Interesse erfolgt, ist der Genehmigungsinhaber zu entschädigen.

Die zuständige Behörde kann auch im Hinblick auf *nicht genehmigungsbedürftige Anlagen* die erforderlichen *Anordnungen* treffen, um den Anforderungen des § 22 BImSchG und einschlägiger immissionsschutzrechtlicher Verordnungen Geltung zu verschaffen. Es können auch Maßnahmen zum Zweck des Arbeitsschutzes angeordnet werden. Kommt der Anlagenbetreiber einer immissionsschutzrechtlichen Anordnung nicht nach oder werden durch die von der Anlage hervorgerufenen schädlichen Umwelteinwirkungen das Leben oder die Gesundheit von Menschen oder bedeutende Sachwerte gefährdet, kann die Behörde den *Betrieb* der betreffenden Anlage *untersagen*.

B.2.1.4.2 Maßnahmen der Eigenkontrolle

Die Behörde kann unter den im BImSchG festgelegten Voraussetzungen anordnen, daß der Betreiber einer Anlage *Einzelmessungen* (durch zugelassene Meßstellen), *kontinuierliche Messungen* (mittels installierter Geräte) oder/und bei genehmigungsbedürftigen Anlagen *sicherheitstechnische Prüfungen* (i. d. R. durch einen zugelassenen Sachverständigen) durchführen läßt. Sie kann dabei die Einzelheiten festlegen. Bei genehmigungsbedürftigen Anlagen mit erheblichen Emissionsmassenströmen luftverunreinigender Stoffe oder erheblichen Abgasströmen (insb. bei mehr als 50.000 m^3/h) *sollen* kontinuierliche Messungen angeordnet werden.

Betreiber genehmigungsbedürftiger Anlagen sind verpflichtet, in regelmäßigen Abständen *Emissionserklärungen* über die von ihrer Anlage ausgehenden Luftverunreinigungen zu erstellen und der zuständigen Behörde vorzulegen. Die Einzelheiten werden in der Emissionserklärungsverordnung (11. BImSchV) geregelt. Die Erklärungspflicht besteht nicht, wenn von der Anlage nur in geringem Umfang Luftverunreinigungen ausgehen können.

Des weiteren schreibt das BImSchG Mitteilungspflichten zur Betriebsorganisation (§ 52 a BImSchG) gegenüber der zuständigen Behörde und die Bestellung eines Betriebsbeauftragten für Immissionsschutz sowie eines Störfallbeauftragten für bestimmte genehmigungsbedürftige Anlagen vor (s. Abschn. B.1.2.2.1).

B.2.1.4.3 Anzeigepflicht bei Anlagenstillegung

Sobald der Betreiber einer Anlage die Absicht faßt, diese stillzulegen, hat er dies unter Angabe des Zeitpunkts der Einstellung der zuständigen Behörde unverzüglich anzuzeigen. Außerdem sind die erforderlichen Unterlagen vorzulegen. Die Behörde hat diese Unterlagen zu prüfen und erforderlichenfalls nachträglich Anordnungen zu treffen, um sicherzustellen, daß der Anlagenbetreiber seine Nachsorgepflichten erfüllt (s. Abschn. B. 2.1.2.1).

B.2.2 Luftreinhaltung

Eines der Hauptziele des Immissionsschutzrechts ist der Schutz vor Luftverunreinigungen. Diese werden definiert als Veränderungen der natürlichen Zusammensetzung der Luft, insb. durch Rauch, Ruß, Staub, Gase, Aerosole, Dämpfe oder Geruchsstoffe.

B.2.2.1 Luftreinhalteplanung

Die Quellen luftverunreinigender Stoffe finden sich bei nahezu allen stationären und mobilen Anlagen im industriellen, gewerblichen, landwirtschaftlichen, öffentlichen als auch im privaten Bereich. Sie lassen sich in vier Emittentengruppen zusammenfassen: Industrie, Hausbrand, Kleingewerbe und Verkehr.

Da in der *Industrie* heute Staub und Schwefeldioxid (ubiquitäre Schadstoffe) nicht mehr so bedeutungsvoll sind wie in der Vergangenheit, richtet sich die Aufmerksamkeit auf andere Luftschadstoffe, wie z. B. Chlor, Kohlenwasserstoffe und Schwermetalle. So rückten die organischen Gase und Dämpfe der chemischen und petrochemischen Industrie sowie die Schadstoffe der Stahl- und Zementerzeugung (z. B. Blei, Arsen, Dioxin, Thallium) in den Blickpunkt.

Beim *Hausbrand* entstehen durch die Verbrennung fester, flüssiger und gasförmiger Brennstoffe vor allem CO, NO und SO_2.

Dagegen treten beim *Kleingewerbe* in erster Linie Emissionen aus typischen Betriebsarten wie Druckereien, chemischen Reinigungen, Autolackierereien, Räucheranlagen und Tankstellen auf. Von Bedeutung sind auch hier die Emissionen organischer Gase und Dämpfe.

Der Emittentengruppe *Verkehr* gehören Straßen-, Schienen-, Wasser- und Luftfahrzeuge an, bei deren Betrieb insb. CO, NO, SO_2, Kohlenwasserstoffe, Aldehyde und Blei ausgestoßen werden. In der Immissionsbetrachtung nehmen die Kraftfahrzeugabgase eine entscheidende Rolle ein (z. Z. sind über 40 Mio. Pkw in Deutschland zugelassen).

Bei der Betrachtung der *Wirkung von Luftverunreinigungen* auf den Menschen ist die Wirkungsschwelle das wichtigste Kriterium zur Abschätzung des Risikos. Bisher vorliegende Untersuchungen haben gezeigt, daß ein Synergismus von lungengängigem Staub und SO_2 besteht. Hinsichtlich chronischer Wirkungen von Luftverunreinigungen liegen epidemiologische Studien vor, die sich im wesentlichen auf Veränderungen der Atemwege und Lunge erstrecken. Neben der inhalativen Aufnahme von Luftverunreinigungen ist heute der Nahrungsmittelkette besondere Bedeutung beizumessen. Als Luftschadstoffe mit kanzerogener Wirkung kommen faserförmige Stoffe (z. B. Asbest) und polyzyklische, aromatische Kohlenwasserstoffe (Benzo(a)pyren) in Frage.

Aus den Erkenntnissen der letzten Jahre hat sich eine *neue Strategie der Luftreinhalteplanung* entwickelt. Sie zielt darauf ab, in begrenzten geografischen Bereichen vorhandene Luftverunreinigungen mit hohem Wirkungspotential (toxisch, kanzerogen und/oder akkumulierend) zu erkennen und zu beseitigen. Das neue Konzept hat auch in § 44 BImSchG seinen Niederschlag gefunden, denn Art und Umfang bestimmter Luftverunreinigungen, die schädliche Umwelteinwirkungen hervorrufen können, sind in sog. Untersuchungsgebieten in einem bestimmten Zeitraum oder fortlaufend festzustellen. Darüber hinaus sind die für ihre Entstehung und Ausbreitung bedeutsamen Umstände zu untersuchen. Gleiches gilt für Gebiete, in denen eine Überschreitung der Immissionswerte festgestellt oder erwartet wird.

Ergeben Auswertungen, daß im gesamten Untersuchungsgebiet, in Teilen dieses Gebietes oder außerhalb von Untersuchungsgebieten Immissionswerte überschritten werden, muß ein Luftreinhalteplan als Sanierungsplan aufgestellt werden (§ 47 BImSchG). Das strategische Konzept eines Luftreinhalteplans besteht aus mehreren Einzelelementen:

– Darstellung des Sachverhalts: Emissions-, Immissions- und Wirkungskataster,
– Ursachenanalyse: Feststellung der Ursachen,

- Emissions- und Immissionsprognose: Abschätzung der zu erwartenden künftigen Entwicklung,
- Maßnahmenkatalog: Aufstellung eines Handlungskonzepts.

Die Maßnahmen eines Luftreinhalteplans sind durch Anordnungen oder anderweitige Entscheidungen der zuständigen Träger der öffentlichen Verwaltung (Umweltbehörden) durchzusetzen. Sind planungsrechtliche Festlegungen vorgesehen, haben die zuständigen Planungsträger zu befinden, ob und inwieweit sie bei den Planungen in Betracht zu ziehen sind.

B.2.2.2 Die TA Luft 1986

Die TA Luft wurde 1986 als allgemeine Verwaltungsvorschrift des Bundes erlassen. Sie konkretisiert die Schutz-, Abwehr- und Vorsorgeanforderungen des BImSchG im anlagenbezogenen Immissionsschutzrecht (zur Bindungswirkung s. Abschn. B.1.1.2.3). Die TA Luft enthält neben der Bestimmung von Begriffen und Einheiten des Meßwesens allgemeine Grundsätze für Genehmigungen und Vorbescheide, die von den Behörden zu beachten sind, sowie Regelungen über die Ableitung von Abgasen (Schornsteine), die Immissionswerte und die Ermittlung von Immissionskenngrößen. Von besonderer Bedeutung für den Vollzug im anlagenbezogenen Immissionsschutz sind die Regelungen zur Begrenzung der Emissionen (insb. Emissionsgrenzwerte). Für Altanlagen wurde eine am Verhältnismäßigkeitsgrundsatz und dem Erfordernis des Bestandsschutzes orientierte Übergangsregelung getroffen.

B.2.2.2.1 Begrenzung der Emissionen krebserzeugender Stoffe

Für krebserzeugende Stoffe wurde eine Sonderregelung geschaffen. Beim Erlaß der TA Luft war es nach dem Erkenntnisstand der Wirkungsforschung nicht möglich, Schwellendosen anzugeben, bei deren Unterschreitung eine Unbedenklichkeit angenommen werden konnte. Es wurde daher festgelegt, daß die Emission kanzerogener Stoffe unter Beachtung des Grundsatzes der Verhältnismäßigkeit soweit wie möglich zu begrenzen und die Restemissionen umweltschonend abzuleiten sind. Für 21 enumerativ aufgeführte Stoffe wurden die Emissionen in Abhängigkeit von ihrem krebserzeugenden Potential durch besonders strenge höchstzulässige Massenkonzentrationen im Abgas einer Anlage begrenzt. Hierzu wurden die Stoffe in drei Klassen unterteilt, denen die Vorsorgegrenzwerte zugeordnet wurden (s. Tabelle B.2-1).

B.2.2.2.2 Begrenzung der Emissionen von Gesamtstaub

Die im Abgas enthaltenen staubförmigen Emissionen dürfen bestimmte Massenkonzentrationen nicht übersteigen (s. Tabelle B.2-2).

Diese Emissionswerte sind auf alle in Rohrleitungen, Abgaskanälen oder Schornsteinen gefaßten Abgasströme anzuwenden. Für nicht gefaßte Abgasströme (diffuse Staubquellen) gelten die Anforderungen unter Ziff. 3.1.5 der TA Luft zur Vermeidung und Minimierung staubförmiger Emissionen bei Aufbereitung, Herstellung, Transport, Be- und Entladung sowie Lagerung staubender Güter.

B.2.2.2.3 Begrenzung der Emissionen staubförmiger anorganischer Stoffe

Für bestimmte staubförmige anorganische Stoffe stellt die TA Luft Grenzwerte auf. Auch beim Vorhandensein mehrerer Stoffe derselben Klasse dürfen insgesamt die in Tabelle B.2-3 ausgewiesenen Werte im Abgas nicht überschritten werden.

B.2.2.2.4 Begrenzung der Emissionen dampf- oder gasförmiger anorganischer Stoffe

Auch bei den Grenzwerten für dampf- oder gasförmige anorganische Stoffe im Abgas werden im Hinblick auf deren Risikopotential und unter Berücksichtigung der verfügbaren Abgasreinigungstechnik Klassen gebildet, für die jeweils verschiedene Emissionsgrenzwerte (s. Tabelle B.2-4) gelten. Für geruchsintensive Stoffe können sich weitergehende Anforderungen ergeben.

B.2.2.2.5 Begrenzung der Emissionen organischer Stoffe

Zur Bestimmung der Grenzwerte für organische Stoffe wurden die betreffenden Stoffe im Anhang E der TA Luft aufgezählt und jeweils einer von drei Klassen zugeordnet. Auch beim Vorhandensein mehrerer Stoffe derselben Klasse dürfen die in Tabelle B.2-5 ausgewiesenen Emissionsgrenzwerte nicht überschritten werden. Be-

Tabelle B.2-1 Emissionsgrenzwerte für kanzerogene Stoffe

Krebserzeugende Stoffe	Höchstzulässige Massenkonzentration im Abgas
Klasse I: z.B. Asbest als Feinstaub, Benzo(a)pyren, Beryllium und seine Verbindungen in atembarer Form	Bei einem Massenstrom von 0,5 g/h oder mehr: 0,1 mg/m³
Klasse II: z.B. Arsen- und Chromverbindungen, Cobalt, Nickel	Bei einem Massenstrom von 5 g/h oder mehr: 1 mg/m³
Klasse III: z.B. Acrylnitril, Benzol, Vinylchlorid	Bei einem Massenstrom von 25 g/h oder mehr: 5 mg/m³

Tabelle B.2-2 Emissionsgrenzwerte für Gesamtstaub

Massenstrom	Höchstzulässige Massenkonzentration von Staub im Abgas
mehr als 0,5 kg/h	50 mg/m³
bis einschl. 0,5 kg/h	0,15 g/m³

Tabelle B.2-3 Emissionsgrenzwerte für staubförmige anorganische Stoffe

Staubförmige anorganische Stoffe	Höchstzulässige Massenkonzentration im Abgas
Klasse I: Cd, Hg, Tl und ihre Verbindungen	Bei einem Massenstrom von 1 g/h oder mehr: 0,2 mg/m³
Klasse II: As, Co Ni, Se Te und ihre Verbindungen	Bei einem Massenstrom von 5 g/h oder mehr: 1 mg/m³
Klasse III: Sb, Pb, Cr, Cu, Mn, Pt, Pd, Rh, V, Sn und ihre Verbindungen, leicht lösliche Cyanide (CN) und Fluoride (F)	Bei einem Massenstrom von 25 g/h oder mehr: 5 mg/m³

Tabelle B.2-4 Emissionsgrenzwerte für dampf- oder gasförmige anorganische Stoffe

Dampf- oder gasförmige anorganische Stoffe	Höchstzulässige Massenkonzentration im Abgas
Klasse I: Arsenwasserstoff, Chlorcyan, Phosgen, Phosphorwasserstoff	Bei einem Massenstrom von 10 g/h oder mehr: 1 mg/m³
Klasse II: Brom und Fluor sowie ihre dampf- oder gasförmigen Verbindungen, Chlor, Cyanwasserstoff, Schwefelwasserstoff	Bei einem Massenstrom von 50 g/h oder mehr: 5 mg/m³
Klasse III: dampf- oder gasförmige anorganische Chlorverbindungen, soweit nicht in Klasse I	Bei einem Massenstrom von 0,3 kg/h oder mehr: 30 mg/m³
Klasse IV: Schwefeloxide, Stickstoffoxide	Bei einem Massenstrom von 5 kg/h oder mehr: 0,5 mg/m³

Tabelle B.2-5 Emissionsgrenzwerte für organische Stoffe

Organische Stoffe		Höchstzulässige Massenkonzentration im Abgas
Klasse I:	z.B. Alkylbleiverbindungen, Ameisensäure, Anilin, Chlormethan, 1,4-Dioxan, Formaldehyd, Nitrobenzol	Bei einem Massenstrom von 0,1 kg/h oder mehr: 20 mg/m^3
Klasse II:	z.B. Chlorbenzol, Essigsäure, Ethylbenzol, Nappthalin, Propionsäure, Toluol, Xylole	Bei einem Massenstrom von 2 kg/h oder mehr: 0,1 g/m^3
Klasse III:	z.B. Aceton, Alkylalkohole, Chlorethan, Parafinkohlenwasserstoffe (ausgenommen Methan), Trichlorfluormethan	Bei einem Massenstrom von 3 kg/h oder mehr: 0,15 g/m^3

steht ein begründeter Verdacht auf krebserzeugendes Potential, ist ein organischer Stoff auf jeden Fall der Klasse I zuzuordnen. Für *staubförmige* organische Stoffe, die den Klassen II oder III zuzuordnen sind, gelten abweichend die Grenzwerte für Gesamtstaub (s. Abschn. B.2.2.2.2). Auch im Hinblick auf die organischen Stoffe können bei besonderer Geruchsintensität weitergehende Maßnahmen erforderlich werden.

Zusätzlich zu den in Tabelle B.2-5 genannten Emissionsgrenzwerten darf beim Vorhandensein von organischen Stoffen mehrerer Klassen (bei einem Massenstrom von insgesamt 3 kg/h oder mehr) die Massenkonzentration im Abgas insgesamt 0,15 g/m^3 ≥ nicht überschreiten. Die in Anhang E nicht aufgeführten organischen Stoffe sind den Klassen zuzuordnen, deren Stoffen sie in ihrer Einwirkung auf die Umwelt am nächsten stehen. Hierbei sind insb. Abbaubarkeit, Anreicherbarkeit, Toxizität, Auswirkungen von Abbauvorgängen mit deren jeweiligen Folgeprodukten und Geruchsintensität zu berücksichtigen.

Weitere Anforderungen zur Vermeidung bzw. Minimierung dampf- oder gasförmiger Emissionen beim Verarbeiten, Fördern und Umfüllen von flüssigen organischen Stoffen enthält die TA Luft unter Ziff. 3.1.8. Es werden bestimmte Sicherheitsvorkehrungen, z.B. die Verwendung bestimmter gesicherter Pumpen und Abdichtungen vorgeschrieben.

B.2.2.2.6 Besondere anlagenbezogene Anforderungen

Während die bisher dargestellten Emissionsgrenzwerte und sonstigen Anforderungen für sämtliche (insb. genehmigungsbedürftige) Anlagen gelten, wurden unter Ziff. 3.3 der TA Luft besondere Anforderungen für spezielle Anlagen und Anlagengruppen festgelegt. Zum einen wurden darin im Verhältnis zu den allgemeinen Regelungen strengere Grenzwerte festgelegt, da z.B. in diesen Bereichen der Stand der Luftreinhaltetechnik weiter entwickelt war. Zum anderen ergab sich aber auch aus Gründen der Verhältnismäßigkeit die Notwendigkeit, Abschwächungen für bestimmte Anlagenarten vorzunehmen. In jedem Fall gehen die anlagenbezogenen Anforderungen als speziellere Regelung den allgemeinen Anforderungen vor. Der systematische Aufbau des Abschnitts der TA Luft mit den anlagenbezogenen Anforderungen entspricht dem des Anhangs zur 4. BImSchV. Die Differenzierung erfolgt nach den gleichen Anlagengruppen (s. Abschn. B.2.1.1.1). Bei der Festlegung dieser Anforderungen waren auch die Regelungen in den bestehenden immissionsschutzrechtlichen Durchführungsverordnungen zu berücksichtigen, z.B. in der 13. BImSchV über Großfeuerungsanlagen. Strengere Anforderungen in diesen Verordnungen oder sonstigen spezielleren Gesetzen, insb., wenn sie nach 1986 erlassen oder verschärft wurden, gehen der TA Luft vor. Bevor man auf die allgemeinen Anforderungen der TA Luft abstellt, ist daher in jedem Fall zu prüfen, ob nicht speziellere anlagenbezogene Regelungen bestehen. Lediglich soweit speziellere Regelungen nicht bestehen, sind die allgemeinen Anforderungen anwendbar.

B.2.3 Lärmschutz

B.2.3.1 Der Lärmschutz im Vollzug des Umweltrechts

Die allgemeinen immissionsschutzrechtlichen Pflichten, die auf eine Verhinderung schädlicher Umwelteinwirkungen abzielen, bezwecken neben der Luftreinhaltung insb. auch den Schutz vor Geräuschen (Lärm). Den nach Landesrecht zuständigen Stellen obliegt gemäß § 47 a BImSchG die Aufstellung von Lärmminderungsplänen für schutzwürdige Gebiete (z. B. Wohngebiete), die Angaben zur Geräuschbelastung und deren Quellen sowie den vorgesehenen Lärmminderungsmaßnahmen enthalten müssen. Lärmschutz spielt bei der Erteilung von immissionsschutzrechtlichen Genehmigungen, aber auch bei der Aufstellung von Fachplänen, in Planfeststellungs- oder sonstigen Genehmigungsverfahren (z. B. Baugenehmigungen, gewerberechtliche Zulassungen, Bauartzulassungen) eine bedeutende Rolle, insb. wenn eine Überprüfung nach UVP durchzuführen ist. Außerdem können die Aufsichtsbehörden im Einzelfall Anordnungen zum Lärmschutz treffen. Diese können sie auf das BImSchG oder die einschlägige landesimmissionsschutzrechtliche Vorschrift, gewerberechtliche oder sonstige anwendbare Spezialvorschriften mit Befugnisnormen sowie auf das allgemeine Polizei- und Ordnungsrecht stützen (s. dazu Abschn. B.1.2.3.3).

Probleme bereitet die im Rahmen dieser Tätigkeitsbereiche notwendig werdende Abgrenzung der Gefährdungen oder erheblichen Belästigungen, die staatliches Eingreifen erfordern, von den zu duldenden Belästigungen. Die Lärmwirkungsforschung hat in dieser Hinsicht eine Reihe von Schwellenwerten erarbeitet und weitgehend abgesichert, bei denen lärmbedingte Veränderungen physiologischer und psychischer Abläufe eintreten (s. Abschn. D.2). Medizinisch können ferner Gefährdungswerte für gesundheitliche Risiken angegeben werden. Zwischen diesen beiden Bereichen der Schwellen- und Gefährdungswerte erstreckt sich ein Kontinuum immer unzumutbarer werdender Belastungen, für die je nach konkreter Situation und schutzbedürftiger Funktion eine Interessen- und Güterabwägung vorzunehmen ist. Die sozialwissenschaftliche und psychologische Forschung hat wichtige Erkenntnisse beigesteuert, wie sich Gestörtheitsreaktionen prozentual in der Bevölkerung verteilen und welche Lärmeinwirkungen als erhebliche Belästigung empfunden werden. Trotz allem bleibt jedoch ein Abwägungsbereich bestehen, in dem auf politischer Ebene Zumutbarkeitswerte festzulegen sind. Wissenschaftlich de-

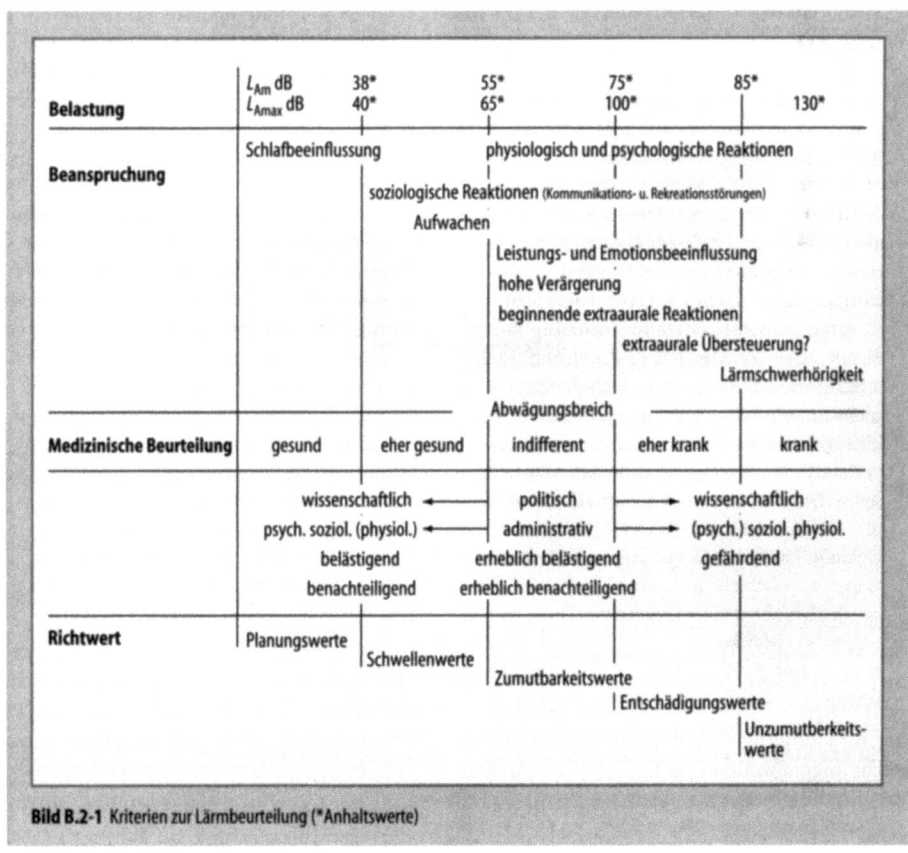

Bild B.2-1 Kriterien zur Lärmbeurteilung (*Anhaltswerte)

finierte Schwellenwerte können dabei je nach Fall mit Zumutbarkeit oder auch Unzumutbarkeit identisch sein. Bild B.2-1 verdeutlicht das Spannungsfeld, in dem die Beurteilung von Lärmeinwirkungen erfolgen muß. Ein wesentlicher Gesichtspunkt in dem angesprochenen Abwägungsprozeß ist schließlich die Frage, ob das einzelne Individuum, die durchschnittliche Bevölkerung oder bestimmte kritische Personengruppen als Maßstab der Beurteilung einer vorhandenen Gefährdung oder Belästigung herangezogen werden sollen.

Zur Bewältigung dieser Unsicherheit bedarf der Rechtsanwender, insb. Behörden und Gerichte, konkreter Vorgaben in Form von Immissions- oder Emissionswerten. Nur so kann auch ein dem Gleichbehandlungsgebot gerecht werdender Vollzug des Immissionsschutzrechts gewährleistet werden. Solche Grenz- oder Richtwerte sind jedoch nur teilweise in allgemein verbindlichen Rechtsvorschriften festgelegt. Soweit solche nicht vorliegen, muß auf Verwaltungsvorschriften, Empfehlungen von Sachverständigengremien und private Regelwerke zurückgegriffen werden (s. Abschn. B.1.1.2.3, B. 1.1.2.4 u. B. 1.1.3).

B.2.3.2 Spezielle Lärmschutzvorschriften

B.2.3.2.1 Lärmschutz am Arbeitsplatz

Gemäß dem Arbeitsschutzgesetz vom 07.08.1996 besteht die allgemeine Pflicht eines Arbeitgebers, seine Arbeitnehmer vor Gesundheitsbeeinträchtigungen zu schützen. Diese Anforderung wird durch die Arbeitsstättenverordnung konkretisiert, die vorschreibt, daß der Schallpegel so niedrig zu halten ist, wie es nach der Art des Betriebs möglich ist. Weiterhin werden absolute Höchstgrenzwerte (Beurteilungspegel) für die Lärmbelastung festgelegt, bei denen auch von außen wirkende Geräusche zu berücksichtigen sind.

Spezielle Lärmschutzregelungen finden sich auch in den Unfallverhütungsvorschriften (UVV Lärm) der Unfallversicherungsträger. Diese werden von den Berufsgenossenschaften im Rahmen ihrer Kompetenz aufgrund des Sozialgesetzbuches (SGB VII), beruflichen Gesundheitsbeeinträchtigung vorzubeugen, als autonomes Recht angenommen und bedürfen der Genehmigung durch den Bundesminister für Arbeit und Soziales.

B.2.3.2.2 TA Lärm

Für den Bereich des Industrie- und Gewerbelärms galt bislang die Technische Anleitung (TA) Lärm vom 16.07.1968. Zum 01.11.1998 hat die TA Lärm vom 26.08.1998 diese zwischenzeitlich veraltete Verwaltungsvorschrift (s. Abschn. B.1.1.1.2.3) abgelöst. Im Unterschied zur alten TA Lärm ist die neue Vorschrift sowohl auf genehmigungsbedürftige als auch auf nicht genehmigungsbedürftige Anlagen (s. Abschn. B.2.1.1.1) anwendbar und daher bspw. auch im Baugenehmigungsverfahren zu beachten. Sie enthält neben allg. Grundsätzen und Immissionsrichtwerten Regelungen über die Ermittlung von Geräuschimmissionen.

Sonderregelungen bestehen für den Schutz vor Baulärm. In der Baumaschinenlärm-Verordnung (15. BImSchV) werden die in EG-Richtlinien festgelegten Geräuschemissionswerte für Baumaschinen eingeführt und die Baumusterprüfungen für die Geräte geregelt. Weitere Richtwerte, Meßmethoden und sonstige Lärmschutzmaßnahmen werden in den Allgemeinen Verwaltungsvorschriften der Bundesregierung zum Schutz gegen Baulärm sowie der 2. und 3. BImSch-Verwaltungsvorschrift festgelegt, soweit sie nicht durch die 15. BImSchV verdrängt werden.

B.2.3.2.3 Verkehrslärm

Der Schutz vor Lärm, der durch Straßen- oder Schienenverkehr verursacht wird, hat in der 16. BImSchV eine Regelung erfahren, die Immissionsgrenzwerte und die Methoden zur Berechnung der Beurteilungspegel umfaßt. In der 24.BImSchV werden die erforderlichen Schutzmaßnahmen festgelegt. Lärmschutzvorschriften finden sich auch in der Straßenverkehrsordnung (StVO) und der Straßenverkehrszulassungsordnung (StVZO), die teilweise auf EG-Recht verweist. In seiner Richtlinie für den Verkehrslärmschutz an Bundesfernstraßen hat das Bundesverkehrsministerium Lärmsanierungswerte festgelegt, bei deren Überschreiten Schallschutzmaßnahmen in Betracht kommen sollen.

Der Lärmschutz im Zusammenhang mit dem Luftverkehr wird durch das Fluglärmschutzgesetz geregelt. Dieses Gesetz schreibt die Festsetzung von Lärmschutzbereichen in der Umgebung von Flugplätzen (Schutzbereich 1 und Schutzbereich 2) durch den Bundesumweltminister und das Ergreifen baulicher Schallschutzmaßnahmen vor. Die Lärmschutzanforderungen an die Luftfahrzeuge und den Luftverkehr sind im Luftverkehrsgesetz und seinen Durchführungsverordnungen geregelt.

B.2.3.2.4 Freizeitlärm

Dem Schutz vor Freizeitlärm dienen die Sportanlagenlärmschutzverordnung (18. BImSchV) und die Rasenmäherlärm-Verordnung (8. BImSchV), die Grenz- und Richtwerte sowie sonstige Anforderungen festlegen. Die landesrechtlichen Immissionsschutzgesetze oder Lärmschutzverordnungen enthalten Vorschriften zur Bekämpfung von Freizeitlärm, z. B. über den Schutz der Nachtruhe, die Benutzung von Tongeräten oder das Halten von Tieren. Die TA Lärm gilt nur für Anlagen (s. Abschn. B.2.1.1.1), also nicht für Lärm, der durch sonstige Aktivitäten verursacht wurde, darüber hinaus auch nicht für genehmigungsbedürftige Freizeitanlagen und Freiluftgaststätten. Außerdem hatte der Länderausschuß für Immissionsschutz (LAI; s. Abschn. B.1.1.2.4) bereits 1995 die Freizeitlärm-Richtlinie als Musterverwaltungsvorschrift angenommen, die nach Erlaß der neuen TA Lärm nur noch auf nicht genehmigungsbedürftige Freizeitanlagen anwendbar ist, ausgenommen Sportanlagen, Gaststätten und Kinderspielplätze in Wohngebieten. Bei seltenen Ereignissen (z. B. Jahrmärkte) soll im Einzelfall eine höhere Lärmbelastung zumutbar sein.

B.2.3.3 Die wichtigsten Lärmschutzwerte

Lärmschutzwerte werden als Grenz- und Richtwerte in Rechts- und Verwaltungsvorschriften, Empfehlungen und privaten Regelwerken festgelegt. Die wichtigsten Werte, die in Praxis und Rechtsprechung Anwendung finden, sind im folgenden tabellarisch dargestellt.

Es wird unterschieden in Arbeitsstätten- und Umweltlärm. Der Umweltlärm gliedert sich in in

- Straßenverkehr
- Industrie und Gewerbe
- Schienenverkehr
- Freizeit, Sportanlagen
- Flugverkehr
- Stadtplanung

Nicht aufgeführt sind Details einzelner Richtlinien hinsichtlich Ermittlung der Mittelungspegel, Berücksichtigung von Zuschlägen oder Spitzenpegeln und Grenzwerte für Innenraumpegel bei Geräuschübertragung innerhalb von Gebäuden. Bei der Anwendung der Werte ist strikt auf den Anwendungsbereich der Norm bzw. Vorschrift und die zugrundeliegenden Meß- und Berechnungsverfahren zu achten. Für den Tag gilt die Zeit von 6.00-22.00 und für die Nacht von 22.00-6.00 Uhr.

Arbeitsstättenlärm

Arbeitsplatz nach Art der Tätigkeit (Arbeitsstättenverordnung)	Immissionsgrenzwerte[a] dB(A)
Überwiegend geistige Tätigkeit; Pausen-, Bereitschafts-, Liege- u. Sanitätsräume	55
Einfache und überwiegend mechanisierte Tätigkeit und vergleichbare Tätigkeiten	70
Alle sonstigen Tätigkeiten	85

[a] Höchstzulässiger Beurteilungspegel L_r

Umweltlärm

Straßenverkehr

Art der zu schützenden Nutzung	Immissionsgrenzwerte dB(A)			
	Tag[a]	Nacht[a]	Tag[b]	Nacht[b]
Krankenhäuser, Schulen, Kur- und Altenheime	57	47	70	60
Reine und allgemeine Wohn- und Kleinsiedlungsgebiete	59	49	70	60
Kerngebiete, Dorf- und Mischgebiete	64	54	72	62
Gewerbegebiete	69	59	75	65

[a] Lärmvorsorge bei Neubau und wesentlicher Änderung von Straßen (16. BImSchV)
[b] Lärmsanierung an bestehenden Straßen in der Baulast des Bundes (Richtlinie für den Verkehrslärmschutz an Bundesfernstraßen in der Baulast des Bundes vom 15.1.1986)

Schienenverkehr
Bei Neubau und wesentlicher Änderung von Schienenwegen (16. BImSchV) gelten die für Lärmvorsorge im Straßenverkehr angegebenen Immissionsgrenzwerte abzgl. eines Schienenbonus von 5 dB(A). Vom Schienenbonus ausgenommen sind nur Schienenwege, auf denen in erheblichem Umfang Güterzüge gebildet oder zerlegt werden.

Flugverkehr
Lärmschutzbereich von Verkehrsflughäfen und Flugplätzen (Fluglärmschutzgesetz)

Lärmschutzbereich	Immissionswerte dB(A)
Schutzzone 1. Wohnungen dürfen nicht errichtet werden; für bestehende Wohnungen besteht Anspruch auf Kostenerstattung für Schallschutzmaßnahmen	$L_{eq} \geq 75$
Schutzzone 2. Krankenhäuser, Altenheime, Schulen und ähnlich schutzbedürftige Einrichtungen fürfen nicht errichtet werden	$67 < L_{eq} < 75$

Gewerbe
Arbeitslärm in der Nachbarschaft (VDI Richtlinie 2058 Blatt 1)

Art der zu schützenden Nutzung	Immissionsrichtwerte - Außen -, dB(A)	
	Tag	Nacht
Nur gewerbliche Nutzung, außer Wohnungen für Betriebsinhaber, Betriebsleiter, Aufsichts- oder Bereitschaftspersonal (Industriegebiete)	70	70
Vorwiegend gewerbliche Nutzung (Gewerbegebiete)	65	50
Weder vorwiegend gewerblich noch vorwiegend als Wohnung genutzt (Kern-, Misch- oder Dorfgebiete)	60	45
Vorwiegend Wohnungen (allg. Wohngebiete, Kleinsiedlungsgebiete)	55	40
Ausschließlich Wohnungen (reines Wohngebiet)	50	35
Kurgebiete, Krankenhäuser, Pflegeanstalten, soweit sie als solche durch Orts- und Straßenbeschilderung ausgewiesen sind	45	35

TA Lärm 1998

Art der zu schützenden Nutzung	Immissionsrichtwerte, dB(A)	
	Tag	Nacht
Kurgebiete, Krankenhäuser und Pflegeanstalten	45	35
reine Wohngebiete	50	35
allg. Wohngebiete u. Kleinsiedlungsgebiete	55	40
Kerngebiete, Dorfgebiete, Mischgebiete	60	45
Gewerbegebiete	65	50
Industriegebiete	70	70

Freizeit
Freizeitlärm-Richtlinie des LAI (Ruhezeiten 6.00–8.00 Uhr; 20.00–22.00 Uhr)

Art der zu schützenden Nutzung	Immissionsrichtwerte, dB(A)		
	Tag	Ruhezeit	Nacht
Industriegebiet	70	70	70
Gewerbegebiet	65	60	50
Kern-, Dorf- und Mischgebiet	60	55	45
allg. Wohngebiet, Kleinsiedlungsgebiet	55	50	40
reines Wohngebiet	50	45	35
Kurgebiete, Krankenhäuser und Pflegeanstalten	45	45	35

Sportanlagen (18. BImSchV)

Art der zu schützenden Nutzung	Immissionsrichtwerte, dB(A)	
	Tag[a]	Nacht
Reine Wohngebiete	50/45	35
Allgemeine Wohn- und Kleinsiedlungsgebiete	55/50	40
Kern-, Dorf- und Mischgebiete	60/55	45
Gewerbegebiete	65/60	50
Kurgebiete, Krankenhäuser und Pflegeanstalten	45/45	35

[a]Der zweite Tagwert bezieht sich auf die Ruhezeiten: werktags 6.00-8.00 und 20.00-22.00 Uhr, an Sonn- und Feiertagen 7.00-9.00, 13.00-15.00 und 20.00-22.00 Uhr. Nachts ist die ungünstigste volle Stunde zu berücksichtigen.

Stadtplanung
Bauleitplanung – DIN 18005 Teil 1

Art der zu schützenden Nutzung	Orientierungswerte dB(A)	
	Tag	Nacht[a]
Reine Wohngebiete, Wochenend- und Ferienhausgebiete	50	40/35
Allgemeine Wohn-, Kleinsiedlungs- und Campingplatzgebiete	55	45/40
Friedhöfe, Kleingarten- und Parkanlagen	55	55
Besondere Wohngebiete	60	45/40
Dorf- und Mischgebiete	60	50/45
Kern- und Gewerbegebiete	65	55/50
Sondergebiete je nach Art der Nutzung	45-65	35-65

[a]Der niedrigere Wert gilt für Industrie-, Gewerbe- u. Freizeitlärm sowie Geräusche von vergleichbaren öffentl. Betrieben.

B.2.4 Strahlenschutz

Strahlen gelten zwar als Immissionen bzw. Emissionen i. S. d. BImSchG. Der Strahlenschutz wird jedoch größtenteils außerhalb des eigentlichen Immissionsschutzrechts geregelt.

B.2.4.1 Strahlenschutzvorsorge

Die Strahlenschutzvorsorge basiert auf dem Strahlenschutzvorsorgegesetz (StrVG), das (teilweise) Anforderungen der Grundnormen der Europäischen Atomgemeinschaft (EURATOM) umsetzt. Bezweckt wird ein umfassender Schutz vor ionisierender Strahlung, wobei die Ursache der Radioaktivität irrelevant ist. Auf der Grundlage dieses Gesetzes wurde ein integriertes Meß- und Informationssystem, das in einer umfassenden Verwaltungsvorschrift (AVV-IMIS) geregelt ist, aufgebaut. Darüber hinaus können Grenzwerte festgelegt werden, bei deren Überschreitung Verbote und Beschränkungen hinsichtlich Lebensmittel und sonstiger Stoffe anzuordnen sind. Derartige Produktbeschränkungen ergingen bisher lediglich auf EG-Ebene (im Gefolge des Tschernobyl-Unfalls).

Des weiteren ermächtigt das StrVG den Bundesumweltminister, Verhaltensempfehlungen auszusprechen (s. Abschn. B.1.2.8.1).

B.2.4.2 Atomrechtlicher Strahlenschutz

Eine umfassende Regelung hat der Strahlenschutz durch das Atomrecht für den Bereich des Umgangs mit radioaktiven Stoffen erfahren. Zu beachten ist allerdings, daß dieses Rechtsgebiet nicht nur dem *Strahlenschutz* dient, sondern *auch* die *Förderung* der friedlichen Nutzung der Kernenergie bezweckt.

B.2.4.2.1 Anwendungsbereich des Atomrechts

Das Atomrecht regelt den Umgang mit radioaktiven Stoffen. Dabei wird zwischen Kernbrennstoffen und „sonstigen radioaktiven Stoffen" unterschieden. *Kernbrennstoffe* sind besondere spaltbare Stoffe in Form von

- Plutonium 239, Plutonium 241 oder mit den Isotopen 235 oder 233 angereichertem Uran,
- Stoffen, die einen oder mehrere der vorerwähnten Stoffe enthalten, oder
- Stoffen, mit deren Hilfe in einer geeigneten

Anlage eine sich selbst tragende Kettenreaktion aufrechterhalten werden kann und die in einer Rechtsverordnung bestimmt werden.

Alle radioaktiven Stoffe, die nicht von dieser Aufzählung erfaßt werden, sind *„sonstige radioaktive Stoffe"*. Als radioaktiv gelten sie, wenn sie ionisierende Strahlen, also Photonen- oder Teilchenstrahlungen, die in der Lage sind, direkt oder indirekt die Bildung von Ionen zu bewirken, spontan aussenden. Erfaßt sind auch Stoffe, die solche radioaktiven Stoffe enthalten oder mit ihnen kontaminiert sind, ohne daß sie selbst ionisiernde Strahlen aussenden. Für ungefährliche Stoffe können durch Verordnung Ausnahmen festgelegt werden, und einzelne Kernbrennstoffe gelten in geringfügigen Mengen/Konzentrationen als sonstige radioaktive Stoffe für die Anwendung der Genehmigungsvorschriften.

B.2.4.2.2 Atomrechtliche Genehmigungen

Genehmigungstatbestände
Charakteristisch für das Atomrecht sind die zahlreichen Genehmigungstatbestände des Atomgesetzes (AtG) und der auf dessen Grundlage ergangenen Strahlenschutzverordnung (StrlSchV) und Röntgenverordnung (RöV).

Im Mittelpunkt des Interesses steht die *Genehmigung nach § 7 AtG (Anlagengenehmigung)* für die Errichtung, den Betrieb, die wesentliche Änderung oder Stillegung einer Anlage zur Bearbeitung, Verarbeitung oder Spaltung von Kernbrennstoffen oder Aufarbeitung bestrahlter Kernbrennstoffe. Das Genehmigungsverfahren wird durch die *Atomrechtliche Verfahrensverordnung* (AtVfV) geregelt und entspricht weitgehend den Genehmigungsverfahren nach BImSchG (s. Abschn. B.2.1.3) und dem Planfeststellungsverfahren (s. Abschn. B.1.2.3.2). Die Öffentlichkeit ist durch Auslegung der Planungsunterlagen und in einem Erörterungstermin zu beteiligen. Einwendungen gegen das Vorhaben können grundsätzlich nach Ablauf der Auslegungsfrist nicht mehr geltend gemacht werden. Für ortsfeste Anlagen ist eine UVP vorgeschrieben (s. Abschn. B.1.2.3.2). In der Praxis werden meist separate Teilgenehmigungen z. B. für einzelne Bauabschnitte oder Anlagenteile erteilt. Der ersten Teilgenehmigung kommt dabei wegweisende Bedeutung zu, weshalb sie erst ergehen darf, wenn die Genehmigungsbehörde zu einem „vorläufigen positiven Gesamturteil" über die vollständige geplante Anlage kommt. Seit 1998 sieht das AtG ein unverbindliches Verfahren zur Prüfung sicherheitstechnischer Fragen vor.

Gemäß § 9a AtG muß der Bund *Endlager für radioaktive Abfälle* errichten. Für deren Errichtung und Betrieb muß ein Planfeststellungsverfahren einschl. einer UVP durchgeführt werden. Noch keine Errichtung stellt die Erkundung der vorgesehenen Lagerstätte dar. Das Gesetz ermöglicht außerdem, Enteignungen vorzunehmen. Die genehmigende Wirkung des Planfeststellungsbeschlusses erstreckt sich nicht auf eine evtl. erforderliche bergrechtliche Zulassung. Für Tiefspeichervorhaben ist daher auch ein Betriebsplanverfahren durchzuführen (s. Abschn. B.1.2.3.2). Darüber hinaus sehen die atomrechtlichen Vorschriften *weitere Genehmigungserfordernisse* vor für

– die Ein- und Ausfuhr von Kernbrennstoffen, kernbrennstoffhaltigen Abfällen und sonstigen radioaktiven Stoffen,
– die Beförderung von Kernbrennstoffen, kernbrennstoffhaltigen Abfällen und sonstigen radioaktiven Stoffen,
– die Aufbewahrung von Kernbrennstoffen (ausserhalb staatlicher Verwahrung), wesentliche Änderung einer Aufbewahrung sowie die Lagerung, Bearbeitung und Beseitigung kernbrennstoffhaltiger Abfälle,
– die Verwendung von Kernbrennstoffen außerhalb genehmigungspflichtiger Anlagen,
– den Umgang mit „sonstigen radioaktiven Stoffen" (Ausnahme: Gewinnung radioaktiver Bodenschätze),
– die Errichtung, den Betrieb und die Veränderung von bestimmten Anlagen zur Erzeugung ionisierender Strahlen, den Betrieb von Röntgeneinrichtungen und Störstrahlern (auch Bauartzulassung möglich),
– die Vornahme einer genehmigungspflichtigen Tätigkeit in einer fremden Anlage sowie
– die Errichtung und den Betrieb eines vom Land einzurichtenden Zwischenlagers für radioaktive Abfälle.

Ausnahmen von der Genehmigungspflicht, z. B. für kleine Anlagen von geringem Gefährdungspotential, werden in der StrlSchV und RöV zugelassen. Die Genehmigung für die Verbringung oder Beförderung von bestimmten Kleinmengen kann durch eine Anzeige ersetzt werden oder ganz entfallen.

Die geschäftsmäßige Überprüfung, Erprobung, Wartung und Instandsetzung von Röntgeneinrichtungen und Störstrahlern unterliegen einem Anmeldevorbehalt (s. Abschn. B.1.2.3.2).

Genehmigungsvoraussetzungen
Die Genehmigungsvoraussetzungen werden im Zusammenhang mit den jeweiligen Genehmigungstatbeständen geregelt. Bei einer *Anlagengenehmigung (§ 7 AtG)* muß insb. die nach dem „Stand von Wissenschaft und Technik" erforderliche Vorsorge gegen Schäden durch die beantragte Tätigkeit getroffen worden sein. Dabei sind die neusten wissenschaftlichen Erkenntnisse, die die bestmögliche Gefahrenabwehr und Risikovorsorge ermöglichen, und grds. auch die Störfall-Planungsgrenzwerte der StrlSchV (s. Tabelle B.2-6) zugrundezulegen; im Rahmen der Risikovorsorge muß der Verhältnismäßigkeitsgrundsatz beachtet werden, insb. bei sicherheitsverbessernden Nachrüstungen. Dabei sind die Empfehlungen der atomrechtlichen Ausschüsse (s. Abschn. B.1.1.2.4), DIN-Normen (s. Abschn. B.1.1.3) sowie Verwaltungsvorschriften (s. Abschn. B.1.1.2.3) und Sicherheitskriterien des BMU heranzuziehen. Bei Kernkraftwerken gelten erhöhte Anforderungen im Hinblick auf praktisch ausgeschlossene Schadensereignisse. Des weiteren sind insb. die Zuverlässigkeit und die Fach- und Sachkunde des Antragstellers sowie der verantwortlichen Personen und des Personals zu prüfen; diese Anforderungen werden durch vom BMU bekanntgegebene Richtlinien konkretisiert. Außerdem muß die erforderliche Deckungsvorsorge nachgewiesen werden und der Schutz vor Einwirkungen Dritter (insb. Sabotageschutz) gewährleistet sein. Schließlich dürfen keine öffentlichen Interessen, insb. des Umweltschutzes, entgegenstehen. Bei Vorliegen der Genehmigungsvoraussetzungen besteht keine Pflicht zur Erteilung der Genehmigung; die Behörde kann vielmehr unter besonderen und unvorhergesehenen Umständen die Erteilung versagen (Versagungsermessen).

Die Voraussetzungen für die Erteilung der *sonstigen Genehmigungen* entsprechen weitgehend diesen Anforderungen (Ausnahme: insb. Ein- und Ausfuhrgenehmigung). Genehmigungen für die Anwendung radioaktiver Stoffe oder ionisierender Strahlen in der medizinischen Forschung unterliegen den zusätzlichen besonderen Voraussetzungen des § 41 StrlSchV. Während der Genehmigungsbehörde bei der Entscheidung über die Verwendung von Kernbrennstoffen und über die Endlagerung von radioaktiven Abfällen (wie bei der Anlagengenehmigung) ein Versagungsermessen zusteht, hat der Antragsteller bei den sonstigen atomrechtlichen Genehmigungen einen Anspruch auf deren Erteilung, wenn die jeweiligen Voraussetzungen erfüllt sind (kein Versagungsermessen).

B.2.4.2.3 Strahlenschutzpflichten

Strahlenschutzpflichten ergeben sich i. d. R. aus den *Genehmigungsbescheiden*, die mit inhaltlichen Beschränkungen und Auflagen versehen werden können. Zu Schutz- und Sicherheitszwecken können Auflagen nachträglich angeordnet werden.

Das AtG selbst regelt die *Entsorgungspflichten*. Anfallende radioaktive Reststoffe sowie aus- oder abgebaute radioaktive Anlagenteile sind schadlos zu verwerten oder ordnungsgemäß zu beseitigen. Die ordnungsgemäße Beseitigung radioaktiver Abfälle erfolgt durch Sicherstellung und Endlagerung in Anlagen des Bundes; der Bund kann die Aufgabe auch einem Privatunternehmen (Beleihungsmodell) oder einem mit Privatunternehmen gebildeten Verband (Kör-

Tabelle B.2-6 Störfall-Planungsgrenzwerte der Körperdosen in der Umgebung der Anlage (für Anlagen nach § 7 AtG kann die Behörde im Einzelfall andere Grenzwerte festlegen)[a,b]

Effektive Dosis; Teilkörperdosis für: Keimdrüsen, Gebärmutter, rotes Knochenmark	Teilkörperdosis für: Hände, Unterarme, Füße, Unterschenkel, Knöchel, einschl. der dazugehörigen Haut	Teilkörperdosis für: sonstige Haut, Knochenoberfläche	Teilkörperdosis für: sonstige Organe oder Gewebe
50,0 mSv/a	500,0 mSv/a	300,0 mSv/a	150,0 mSv/a

[a] Die natürliche Strahlenexposition bleibt bei der Ermittlung der Körperdosen außer acht.
[b] Zur Berechnung der effektiven Dosis bei einer Ganz- und Teilkörperexposition werden die Äquivalentdosen in der Tabelle B.2-9 genannten Organe und Gewebe mit den Wichtungsfaktoren der Tabelle B.2-9 multipliziert und die so erhaltenen Produkte addiert. Die Summe der Ausgangskörper- und Teilkörperexpositionen bei äußerer und innerer Strahlenexposition errechneten Beträge zur effektiven Dosis darf den Grenzwert der effektiven Dosis nicht überschreiten. Daneben darf die Summe der durch Ganz- und Teilkörperexpositionen bei äußerer und innerer Strahlenexposition erhaltenen Teilkörperdosen eines Körperteils den zugehörigen Grenzwert der Teilkörperdosis nicht überschreiten.

perschaftsmodell) übertragen. Direkt bei diesen Anlagen sind radioaktive Abfälle abzuliefern, die bei einer staatlichen oder privaten Verwahrung oder Verwendung von Kernbrennstoffen oder in Anlagen, die gem. § 7 AtG genehmigungspflichtig sind, anfallen. Im übrigen sind sie bei der jeweils zuständigen Landessammelstelle abzuliefern, die die Abfälle wiederum an die Anlagen des Bundes abgibt. Diese gegenwärtige Entsorgungsstruktur wird zunehmend kontrovers diskutiert; mit einer Änderung der gesetzlichen Grundlage ist daher zu rechnen.

Sonstige Schutzbestimmungen finden sich in der Strahlenschutzverordnung (StrlSchV). § 28 Abs. 1 StrlSchV enthält die *Strahlenschutzgrundsätze*: die Pflicht, unnötig Strahlenexpositionen oder -kontaminationen zu verhindern und sonstige Strahlenexpositionen oder -kontaminationen zu minimieren. Darüber hinaus sieht die Verordnung zahlreiche Schutzmaßnahmen vor, die teilweise unmittelbar vorgeschrieben sind, teilweise erst nach behördlicher Anordnung durchzuführen sind. Diese Bestimmungen wie auch die allgemeinen Grundsätze gelten für das Aufsuchen, Gewinnen und Aufbereiten radioaktiver Bodenschätze (Ausnahme: neue Bundesländer; s. Abschn. B.2.4.3.1). Im einzelnen lassen sich folgende *Schutzmaßnahmen* unterscheiden:
- Kennzeichnung von Vorrichtungen, Räumen, Bereichen und Behältnissen (§ 35 StrlSchV),
- notwendige Maßnahmen bei sicherheitstechnisch bedeutsamen Ereignissen (§ 36 StrlSchV),
- Vorsorge betreffend Brand- und Schadensbekämpfung (§§ 37 und 38 StrlSchV),
- Dosisgrenzwerte (s. Tabelle B.2-7 – B.2-9) sowie sonstige Anforderungen zum Schutz von Bevölkerung und Umwelt (§§ 44-48 StrlSchV),
- Dosisgrenzwerte zum Arbeitsschutz und sonstige Anforderungen zum Schutz beruflich exponierter und sonstiger Personen im betrieblichen Bereich (§§ 49 – 56 StrlSchV),
- Maßnahmen hinsichtlich besonderer Strahlenschutzbereiche: Sperr- und Kontrollbereiche, Bestrahlungsräume, Überwachungsbereiche (§§ 57 – 61 StrlSchV),
- Anforderungen an die Lagerung, Sicherung und Weitergabe radioaktiver Stoffe (§§ 74, 77 StrlSchV).

Tabelle B.2-7 Dosisgrenzwert durch Direktstrahlung im außerbetrieblichen Überwachungsbereich unter Einbeziehung der Ableitungen (Tabelle B.2-8)[a]

Effektive Dosis	1,5 mSv/a
	in Einzelfällen Erhöhung durch Behörde auf bis zu 5 mSv/a möglich

[a] Die natürliche Strahlenexposition bleibt bei der Ermittlung der Körperdosen außer acht.

Tabelle B.2-9 Wichtungsfaktoren zur Berechnung der Körperdosen

Organe und Gewebe	Wichtungsfaktoren
Keimdrüsen	0,25
Brust	0,15
rotes Knochenmark	0,12
Lunge	0,12
Schilddrüse	0,03
Knochenoberfläche	0,03
andere Organe und Gewebe[a]: Blase, oberer Dickdarm, unterer Dickdarm, Dünndarm, Gehirn, Leber Magen, Milz, Nebenniere, Niere, Bauchspeicheldrüse, Thymus, Gebärmutter	je 0,06

[a] Zur Bestimmung des Beitrags der anderen Organe und Gewebe bei der Berechnung der effektiven Dosis ist die Teilkörperdosis für jedes der fünf am stärksten strahlenexponierten anderen Organe und Gewebe bleibt bei der Berechnung der effektiven Dosis unberücksichtigt.

Tabelle B.2-8 Dosisgrenzwerte durch Ableitungen für Bereiche, die nicht Strahlenschutzbereiche sind[a,b]

Effektive Dosis; Teilkörperdosis für: Keimdrüsen, Gebärmutter, rotes Knochenmark	Teilkörperdosis für: Knochenoberfläche, Haut	Teilkörperdosis für alle sonstigen Organe und Gewebe
0,3 mSv/a	1,8 mSv/a	0,9 mSv/a

[a] Die natürliche Strahlenexposition bleibt bei der Ermittlung der Körperdosen außer acht.
[b] Zur Berechnung der effektiven Dosis bei einer Ganz- und Teilkörperexposition werden die Äquivalentdosen in der Tabelle B.2-9 genannten Organe und Gewebe mit den Wichtungsfaktoren der Tabelle B.2-9 multipliziert und die so erhaltenen Produkte addiert. Die Summe der Ausgangskörper- und Teilkörperexpositionen bei äußerer und innerer Strahlenexposition errechneten Beträge zur effektiven Dosis darf den Grenzwert der effektiven Dosis nicht überschreiten. Daneben darf die Summe der durch Ganz- und Teilkörperexpositionen bei äußerer und innerer Strahlenexposition erhaltenen Teilkörperdosen eines Körperteils den zugehörigen Grenzwert der Teilkörperdosis nicht überschreiten.

Spezifische Schutzpflichten über den Umgang mit röntgenstrahlenerzeugenden Vorrichtungen sind in der *Röntgenverordnung* geregelt (vgl. insb. § 15 RöV).

B.2.4.2.4 Eigenüberwachung

Bei der Eigenüberwachung sind der Strahlenschutzverantwortliche und der Strahlenschutzbeauftragte zu unterscheiden. *Strahlenschutzverantwortlicher* ist zum einen, wer eine nach dem AtG oder der StrlSchV genehmigungspflichtige Tätigkeit ausübt oder eine Röntgeneinrichtung oder einen genehmigungspflichtigen Störstrahler betreibt. Darüber hinaus ist auch Strahlenschutzverantwortlicher, wer das Aufsuchen, Gewinnen oder Aufbereiten radioaktiver Bodenschätze betreibt, ohne einer Genehmigung nach der StrlSchV zu bedürfen. Der Verantwortliche hat dafür Sorge zu tragen, daß die Schutzpflichten, wie sie in der StrlSchV und der RöV vorgeschrieben sind, eingehalten werden.

Dazu muß er die erforderliche Anzahl von *Strahlenschutzbeauftragten* bestellen, die bestimmte Anforderungen an die Person und Fachkunde erfüllen müssen. Im Bergbau muß es sich um eine verantwortliche Person in betriebsleitender Funktion handeln. Die Strahlenschutzbeauftragten haben bei der Überwachung der Einhaltung der Schutzvorschriften mitzuwirken und unter Umständen auch Mitteilungen an die Behörden zu machen. Näheres über Stellung und Aufgaben der Beauftragten ist in den §§ 29–31 StrlSchV, den §§ 13–15 RöV und für Anlagen nach § 7 AtG der Atomrechtlichen Sicherheitsbeauftragten- und Meldeverordnung (AtSMV) geregelt.

Besondere Überwachungspflichten sind die Pflichten zur Feststellung von Strahlendosen, Untersuchung strahlenexponierter Personen, Aufzeichnung von Daten, Buchführung, Überprüfung von Anlagen und Geräten, Information, Einweisung und Fortbildung des Personals, die Durchführung von Abnahmeprüfungen für Röntgeneinrichtungen und sonstiger Maßnahmen.

B.2.4.2.5 Behördliche Überwachung

Der Umgang und Verkehr mit radioaktiven Stoffen unterliegt der staatlichen Aufsicht. In der Regel sind die Landesbehörden zuständig, die im Auftrag des Bundes handeln (s. Abschn. B.1.3.1). Zur Ausübung ihrer Aufsichtspflicht stehen der Behörde Zutritts- und Prüfungsrechte sowie Auskunftsansprüche zu. Der Strahlenschutzverantwortliche hat zudem Melde- und Anzeigepflichten zu beachten. Hierbei kann es sich zum einen um die Verpflichtung zur Übermittlung von Daten handeln, die im Rahmen des ordnungsgemäßen Betriebs regelmäßig aufzuzeichnen oder zu ermitteln sind. Zum anderen bestehen Meldepflichten, wenn sich außergewöhnliche Vorfälle, wie Störfälle oder sonstige Unregelmäßigkeiten ereignen. In der Praxis werden Kernkraftwerksfernüberwachungssysteme (KFÜ) mit *online*-Verbindungen zur Überwachungsbehörde eingesetzt. Ebenfalls anzeigepflichtig sind das Abhandenkommen und der Fund radioaktiver Stoffe.

Gemäß § 19 Abs. 3 AtG kann die Atombehörde Anordnungen zur Beseitigung eines strahlenrechtswidrigen Zustands oder zur Gefahrenabwehr treffen. Aufgrund § 48 StrlSchV kann z.B. auch eine Umgebungsüberwachung angeordnet werden. Die Behörde ist außerdem berechtigt, zu Schutz- und Sicherheitszwecken nachträglich Auflagen zu Genehmigungsbescheiden anzuordnen und Genehmigungen oder Zulassungen zurückzunehmen oder zu widerrufen. In diesen Fällen können Entschädigungsansprüche der Betroffenen entstehen.

B.2.4.2.6 Atomrechtliches Haftungsrecht

Das atomrechtliche Haftungsrecht basiert auf den §§ 25 ff. AtG und völkerrechtlichen Abkommen. Danach unterliegen der Inhaber einer Kernanlage oder eines Reaktorschiffs und der Beförderer, der die Haftung durch schriftlichen Vertrag übernommen hat, der Gefährdungshaftung. Gleiches gilt für den Besitzer eines von einer Kernspaltung betroffenen Stoffs, eines radioaktiven Stoffs oder eines Beschleunigers sowie desjenigen, der diesen Besitz verloren hat, wenn der Vorfall vermeidbar war. Die Haftung ist grundsätzlich unbegrenzt. Es muß aber nur bis zu bestimmten Höchstsummen eine Deckungsvorsorge geleistet werden. In bestimmten Fällen ist auch eine Freistellung oder ein Ausgleich von Schäden durch den Staat vorgesehen.

B.2.4.3 Schutz vor radioaktiver Strahlung außerhalb des Atomrechts

Aufgrund der Beschränkung des Anwendungsbereichs des Atomrechts auf den Umgang mit radioaktiven Stoffen muß hinsichtlich des sonstigen Strahlenschutzes (Schutz vor natürlicher

Radioaktivität, Sanierung radioaktiver Altlasten) auf anderweitige Vorschriften zurückgegriffen werden. Auf europäischer Ebene wurde am 13.05.1996 die Richtlinie 96/29/EURATOM angenommen, die spätestens bis zum Jahr 2000 wirksam umzusetzen ist und in diesen Bereichen die Mitgliedstaaten auffordert, Maßnahmen zu ergreifen.

B.2.4.3.1 Schutz vor Radioaktivität im Bergbau

Der natürlichen terrestrischen Strahlung sind insb. Bergleute ausgesetzt. Im Bergbau gelangen radioaktive Materialien aber auch durch Abluft, Abwasser oder die Zutageförderung an die Erdoberfläche und gefährden Anwohner und Umwelt. Diese Gefährdungen sind im Rahmen des *Betriebsplanverfahrens* bzw. des für bestimmte Projekte vorgeschriebenen Planfeststellungsverfahren zu berücksichtigen. Dies betrifft insb. die Zulassungsvoraussetzungen, wonach die erforderliche Vorsorge gegen Gefahren für Beschäftigte und Dritte (nach der Rechtsprechung auch Anwohner) zu treffen und gemeinschädliche Einwirkungen (z. B. auf die Trinkwasserversorgung) auszuschließen sind sowie überwiegende öffentliche Interessen (z. B. des Umweltschutzes) nicht entgegenstehen dürfen. In einzelnen Bundesländern haben die Bergbehörden Betriebsanweisungen zum Strahlenschutz der Beschäftigten erarbeitet, die von den Bergbaubetrieben zu beachten sind. Der Betriebsplan über die Stillegung einer Anlage muß den Schutz Dritter nach Betriebseinstellung und die Wiedernutzbarmachung der betroffenen Fläche sicherstellen. Strahlenschutz- und Eigenüberwachungspflichten ergeben sich auch aus der StrlSchV (s. Abschn. B.2.4.2.3 u. B.2.4.2.4).

Für die neuen Bundesländer gelten nach dem Einigungsvertrag bestimmte *Strahlenschutzvorschriften der DDR* „für bergbauliche und andere Tätigkeiten, soweit dabei radioaktive Stoffe, insb. Radonfolgeprodukte, anwesend sind", fort, weshalb der Anwendungsbereich der atomrechtlichen StrlSchV dort insoweit ausgeschlossen wurde. Aufgrund der danach fortgeltenden Verordnung über die Gewährleistung von Atomsicherheit und Strahlenschutz (VOAS) können den Betriebsleitern Auflagen erteilt werden, insb. die Sperrung von Räumen und Anlagen sowie die Durchführung medizinischer Maßnahmen. Außerdem gilt der Grundsatz des § 9 VOAS, daß der Strahlenschutz so zu gestalten ist, daß nichtstochastische Strahlenschäden ausgeschlossen und die Wahrscheinlichkeit für das Auftreten stochastischer Strahlenschäden auf ein wissenschaftlich vertretbares und für die Gesellschaft annehmbares Maß begrenzt werden. Die ebenfalls weitergeltende „Anordnung zur Gewährleistung des Strahlenschutzes bei Halden und industriellen Absetzanlagen und bei der Verwendung darin abgelagerter Materialien" gilt nur für industrielle und bergbauliche Materialien und Abfallstoffe, deren mittlere Radiumkonzentration 0,2 Bq/g (5,5 pCi/g) übersteigt, sowie für Halden und Absetzanlagen, die solche Stoffe enthalten. Die Vorschrift enthält Anforderungen an die Sicherung und die Nutzung von derartigen Halden und Absetzanlagen. Für bestimmte Nutzungen und Arbeiten an diesen Halden gelten Genehmigungserfordernisse. Für die Verwendung und Nutzung von Materialien aus Halden und Absetzanlagen sowie die Durchführung von Veränderungen an Bauobjekten aus Haldenmaterialien muß eine behördliche Zustimmung eingeholt werden. Außerdem sind Benachrichtigungs-, Berichterstattungs-, Instruktions- und Belehrungspflichten zu beachten. In den §§ 9 und 14 der Anordnung werden die betriebliche und staatliche Kontrolle geregelt. Es ist beabsichtigt, in diesem Bereich eine bundeseinheitliche Regelung herbeizuführen.

Die Grundnorm 96/29/EUROATOM schreibt die Ermittlung der Radonbelastungen im Bergbau vor. Weitere Maßnahmen werden in das Ermessen der Mitgliedsstaaten gestellt.

B.2.4.3.2 Sanierung radioaktiver Altlasten

Vor allem in den atom- und bergrechtlichen *Stillegungsverfahren* ist sicherzustellen, daß von einer nicht mehr genutzten Anlage keine Gefährdungen durch radioaktive Strahlung ausgehen (s. Abschn. B.2.4.2.2 u. B.2.4.3.1). Die Sanierung von Altlasten, die vor Inkrafttreten der entsprechenden Vorschriften oder auf nicht durch diese Vorschriften erfaßten Pfaden (z. B. grenzüberschreitender *fall-out*) verursacht wurden, hat auf der Grundlage des Bundes-Bodenschutzgesetzes und des ergänzenden Landesrechts zu erfolgen (s. Abschn. B.5).

Bei der Sanierung *bergbaulicher Altlasten in den neuen Bundesländer* gelten zudem die nicht außer Kraft getretenen DDR-Vorschriften (s. Abschn. B.2.4.3.1). Das betrifft insb. die wohl größte radioaktive Altlast, die durch den Uranbergbau in der DDR verursacht wurde und nun nach dessen Einstellung von der Wismut GmbH, deren Alleingesellschafter der Bund ist, gesichert und saniert werden soll.

Die neue EURATOM-Grundnorm schreibt vor, daß radioaktive Altlasten abzusperren, zu überwachen und die erforderlichen „Interventionen" vorzunehmen sind; dies muß durch die vorgenannten Vorschriften sichergestellt sein.

B.2.4.3.3 Radonbelastung von Gebäuden

Ein besonderes Problem stellt die Belastung von Gebäuden durch Radongas und dessen Folgeprodukte dar. Das Gas diffundiert i.d.R. aus dem Baugrund, der von Natur aus oder als Altlast erhöhte Radioaktivität aufweist, in das Gebäude, insb. die Kellergeschosse. Schutzmaßnahmen können im Rahmen des Bau- und des Arbeitsschutzrechts ergriffen werden. Mangels Durchführungsvorschriften wird der Strahlenschutz in der behördlichen Praxis aber nicht vollzogen. Als Richtwerte könnten die in der Empfehlung der Strahlenschutzkommission vom 22.04.1994 enthaltenen Grenzwerte für Wohnungen dienen (s. Tabelle B.2-10). Für Arbeitsräume sind laut dieser (unverbindlichen) Empfehlung wegen der geringeren Aufenthaltszeiten höhere Werte anzusetzen.

Die europäische Grundnorm 96/29/EURATOM schreibt vor, daß die Radonkonzentrationen in Arbeitsräumen zu ermitteln sind. Daraufhin zu ergreifende Maßnahmen werden ins Ermessen der Mitgliedstaaten gestellt.

B.2.4.3.4 Schutz vor kosmischer Strahlung

Erhöhter Exposition durch ionisierende kosmische Strahlen ist insb. Flugpersonal in großer Höhe ausgesetzt. Spezielle Schutzvorschriften im Arbeitsschutz- oder Luftverkehrsrecht fehlen aber. Erste Regelungen in diesem Bereich enthält die Richtlinie 96/29/EURATOM. Danach werden die Mitgliedstaaten verpflichtet, die Strahlenbelastungen und deren Auswirkungen zu ermitteln. Als Vorkehrungen sind angepaßte Arbeitspläne und Aufklärung sowie besondere Schutzmaßnahmen für Schwangere vorgesehen. Es wird in das Ermessen der Mitgliedstaaten gestellt, inwieweit sie die Fluggesellschaften verpflichten, diese oder ähnliche Maßnahmen zu ergreifen.

Eine weitere Gefährdung durch kosmische Strahlung wird durch den schrittweisen Abbau der Ozonschicht verursacht, da insoweit deren Filterfunktion hinsichtlich ionisierender und sonstiger Strahlen beeinträchtigt wird. Daher dienen auch die Verordnung über Verbote von bestimmten die Ozonschicht abbauenden Halogenkohlenwasserstoffen und ähnliche Regelungen, die gerade auch auf internationaler Ebene zum Klimaschutz angestrebt werden, dem Strahlenschutz.

B.2.4.4 Schutz vor nichtionisierender Strahlung

Erst in neuerer Zeit stellte sich die Gefährlichkeit auch nichtionisierender Strahlungen (NIR; Stichwort Elektrosmog) heraus. In der Rechtsprechung wurde dieses Thema im Zusammenhang mit der Genehmigung von Hochspannungsleitungen, Bahnstromfreileitungen oder Sendeanlagen relevant. In der Regel wurden die Klagen der Anwohner jedoch abgewiesen, da eine Gesundheitsgefährdung nicht nachgewiesen werden konnte. Als Maßstab dienten den Gerichten der Entwurf der DIN VDE-Norm 0848, Teil 4, der Vorsorgegrenzwerte zum Schutz vor elektromagnetischen Feldern enthält, und die Empfehlungen der Strahlenschutzkommission (SSK) beim BMU, die wiederum auf den Empfehlungen der Internationalen Kommission für den Schutz vor nichtionisierenden Strahlen (ICNIRP) beruhen. Inzwischen hat die Bundesregierung eine Verordnung über elektromagnetische Felder aufgrund § 23 Abs. 1 BImSchG erlassen. Diese Verordnung (26. BImSchV) gilt für die Errichtung und den Betrieb von Hochfrequenzanlagen und Niederfrequenzanlagen, die gewerblichen Zwecken dienen oder im Rahmen wirtschaftlicher Unternehmungen Verwendung finden und nicht nach § 4 BImSchG genehmigungspflichtig sind. Für die Zwecke der Verordnung sind

Hochfrequenzanlagen
Ortsfeste Sendefunkanlagen mit einer Sendeleistung von 10 W EIRP (äquivalente isotrope Strahlenleistung) oder mehr, die elektromagnetische

Tabelle B.2-10 Grenzwerte der Strahlenschutzkommission für Radonkonzentrationen in Wohnungen

Normalbereich (unbedenklich)	bis 250 Bq/m³
Ermessensbereich	250 – 1000 Bq/m³
Sanierungsbereich	über 1000 Bq/m³

Tabelle B.2-11 Grenzwerte für Hochfrequenzanlagen

Frequenz (*f*) in Megahertz (MHz)	Effektivwert der Feldstärke, quadratisch gemittelt über 6-Min.-Intervalle	
	Elektrische Feldstärke in Volt pro Meter (V/m)	Magnetische Feldstärke in Ampère pro Meter (A/m)
10 – 400	27,5	0,073
400 – 2000	$1{,}375\sqrt{f}$	$0{,}0037\sqrt{f}$
2000 – 300.000	61	0,16

Tabelle B.2-12 Grenzwerte für Niederfrequenzanlagen

Frequenz (*f*) in Hertz (Hz)	Effektivwert der elektrischen Feldstärke und magnetischen Flußdichte	
	Elektrische Feldstärke in Kilovolt pro Meter (kV/m)	Magnetische Flußdichte in Mikrotesla (μT)
50 Hz-Felder	5	100
16 2/3 Hz-Felder	10	300

Felder im Frequenzbereich von 10–300.000 MHz erzeugen.

Niederfrequenzanlagen
Folgende ortsfeste Anlagen zur Umspannung und Fortleitung von Elektrizität:
- Freileitungen und Erdkabel mit einer Frequenz von 50 Hz und einer Spannung von 1000 V oder mehr,
- Bahnstromfern- und Bahnstromoberleitungen einschließlich der Umspann- und Schaltanlagen mit einer Frequenz von 16 2/3 Hz oder 50 Hz,
- Elektroumspannanlagen einschl. der Schaltfelder mit einer Frequenz von 50 Hz und einer Oberspannung von 1000 V oder mehr.

Die Verordnung enthält Grenzwerte für diese Anlagen (s. Tabelle B.2-11 u. B.2-12), die bei höchster betrieblicher Auslastung und unter Berücksichtigung von Immissionen durch andere Anlagen in Gebäuden oder auf Grundstücken, die nicht nur dem vorübergehenden Aufenthalt von Menschen bestimmt sind, nicht überschritten werden dürfen. Bei gepulsten elektromagnetischen Feldern von Hochfrequenzanlagen darf zusätzlich der Spitzenwert für die Feldstärken das 32fache der vorgeschriebenen Grenzwerte nicht überschreiten. Bestimmte kurzzeitige oder kleinräumige Überschreitungen der Grenzwerte für Niederfrequenzanlagen werden toleriert; in der Nähe besonders sensibler Einrichtungen (Wohnungen, Kindergärten, Spielplätze) kann die Behörde aber auch in diesen Fällen eine Einhaltung der Werte verlangen. Die Inbetriebnahme und wesentliche Änderungen von Hochfrequenz- und von bestimmten Niederfrequenzanlagen unterliegen der Anzeigepflicht. Hinsichtlich der anzuwendenden Meß- und Berechnungsverfahren verweist die Verordnung auf den Entwurf der DIN VDE-Norm 0848 Teil 1. Die Rechtsprechung geht davon aus, daß bei Einhaltung dieser Werte keine Gesundheitsgefahren zu befürchten sind.

B.3 Kreislaufwirtschafts- und Abfallrecht

Erstmals mit dem Abfallbeseitigungsgesetz von 1972 entstand eine umfassende bundeseinheitliche Regelung des Abfallrechts, die 1986 vom Abfallgesetz (AbfG) abgelöst wurde. Parallel hierzu wurden auch auf der Ebene der EG Richtlinien zum Abfallrecht verabschiedet und die Abfallverbringung neuerdings durch Verordnung geregelt. Mit der Annahme des Kreislaufwirtschafts- und Abfallgesetzes am 08.07.1994 (KrW-/AbfG), das am 07.10.1996 das alte Recht ablöste, und dem Erlaß des untergesetzlichen Regelwerks zum

KrW-/AbfG wurde ein weiterer entscheidender Schritt im Rahmen der Entwicklung des Abfallrechts unternommen. Neben dem Bundes- und EG-Recht sind ergänzend die Landesabfallgesetze und sonstige landesrechtliche Vorschriften zu berücksichtigen.

B.3.1 Anwendungsbereich des Abfallrechts

B.3.1.1 Der Abfallbegriff

Das KrW-/AbfG gilt nur für die Vermeidung, Verwertung und Beseitigung von „Abfällen". Auch die sonstigen abfallrechtlichen Vorschriften auf EG-, Bundes- und Landesebene knüpfen i.d.R. an den Umgang mit Abfall an. Damit erlangt der in § 3 KrW-/AbfG definierte Abfallbegriff, der die EG-rechtlich vorgeschriebene Begriffsbestimmung wiederholt und konkretisiert, eine entscheidende Bedeutung. Gemäß dieser Bestimmung gelten als Abfall

sämtliche beweglichen Sachen, die unter die in Anhang I aufgeführten Gruppen fallen und deren sich ihr Besitzer entledigt, entledigen will oder entledigen muß.

Es muß sich demnach um körperliche Gegenstände (Sachen) handeln, die beweglich sind, also keine Grundstücke und feststehenden Häuser; Altlasten gelten daher nicht als Abfall. Im Anhang I zum KrW-/AbfG werden verschiedene typische Abfallarten (Q 1 – Q 15) aufgezählt; erfaßt werden aber auch alle sonstigen Stoffe und Produkte (Q 16). Hauptkriterien der Abfalldefinition sind daher die drei Entledigungstatbstände.

B.3.1.1.1 Der objektiv-tatsächliche Abfallbegriff (Entledigung)

Abfall liegt vor, wenn sich der Besitzer der betreffenden Sache dieser tatsächlich *entledigt*. Im bisherigen AbfG war diese Alternative nicht enthalten. Maßgeblich ist das Verhalten des Besitzers der Sache, also der Person, die die tatsächliche Sachherrschaft über den Gegenstand hat. Der *Abfallbesitzer* muß faktisch in der Lage sein, auf die Sache einzuwirken und dem dürfen keine Rechte anderer entgegenstehen. Hierzu zählt insb. derjenige, der den Gegenstand in Händen hält, mit ihm umgeht; Abfallbesitzer ist grds. auch der Sacheigentümer oder der Inhaber eines Grundstücks oder Gebäudes, auf bzw. in dem sich die Sache befindet, es sei denn, er ist in seiner Verfügungsgewalt über die Sache eingeschränkt. Der Besitzeigenschaft steht nicht entgegen, daß die Herrschaftsgewalt erst aufgrund einer behördlichen Anordnung, z. B. ordnungsrechtlichen Verfügungen zur Beseitigung kontaminierten Erdreichs, erlangt wird; auch der so Verpflichtete gilt als Abfallbesitzer.

Nicht jedwedes Loswerden oder Abgeben des Gegenstands gilt als *Entledigung* i. S. d. KrW-/AbfG. Maßgeblich ist die Definition des § 3 Abs. 2 KrW-/AbfG. Danach gilt als Entledigung einer Sache
– die Beseitigung i.S.d. Anhangs II A. KrW-/AbfG (insb. Deponieablagerung, Verbrennung, Gewässereinleitung),
– die Verwertung i.S.d. Anhangs II.B. KrW-/AbfG (insb. Energie- oder Stoffrückgewinnung),
– die Aufgabe der tatsächlichen Sachherrschaft unter Wegfall jeder weiteren Zweckbestimmung.

Soweit eine Beseitigung oder Verwertung vorliegt, muß der Abfallbesitzer die Sachherrschaft nicht notwendigerweise aufgeben; erfaßt ist auch die Eigenentsorgung. Der Entsorgung wird auch die Sammlung und Vorbehandlung zum Zweck der Beseitigung bzw. Verwertung zugerechnet.

Keine Entledigung stellt der Verkauf von Stoffen oder Gegenständen zum Zweck des Weitergebrauchs (z.B. Gebrauchtwagen), ohne daß zuvor eine Aufbereitung im Sinne einer Verwertung nach Anhang II B. KrW-/AbfG erfolgt ist, dar. Das bloße Säubern oder Reparieren der Sache macht sie nicht zum Abfall.

B.3.1.1.2 Der subjektive Abfallbegriff (Entledigungswille)

Der subjektive Abfallbegriff galt bereits unter dem AbfG 1986, hat aber nach dem neuen Recht einen veränderten Inhalt erhalten. Das liegt insb. an dem bereits dargestellten Entledigungsbegriff, der – entgegen der bisherigen Rechtslage – auch Stoffe zur Verwertung erfaßt.

Im Unterschied zum objektiv-tatsächlichen Tatbestand muß der Entledigungsvorgang nach dem subjektiven Abfallbegriff noch nicht eingeleitet worden sein. Es genügt, wenn der Sachbesitzer den Willen gefaßt hat, sich ihrer im dargestellten Sinne zu entledigen, insb. sie einer Verwertung oder Beseitigung zuzuführen. Dabei muß auf Tatsachen abgestellt werden, die auf einen Entledigungswillen schließen lassen. Das dürfte dazu führen, daß man oft erst dann von einem solchen Willen ausgehen kann, wenn die Entledigung schließlich doch tatsächlich stattfindet.

In der Praxis wird der subjektive Abfallbegriff daher seine eigenständige Bedeutung insb. durch die in § 3 Abs. 3 KrW-/AbfG geregelten Fiktionen erlangen. Selbst wenn der Sachbesitzer keinen Entledigungswillen im vorgenannten Sinne hat, ist ein solcher anzunehmen, wenn
- es sich um Sachen handelt, die „*bei der Energieumwandlung, Herstellung, Behandlung oder Nutzung von Stoffen oder Erzeugnissen oder bei Dienstleistungen anfallen, ohne daß der Zweck der jeweiligen Handlung hierauf gerichtet ist*". Hierunter fallen insb. sämtliche in der Industrie, Handwerk und dem Dienstleistungsgewerbe anfallenden *Reststoffe*, nicht dagegen End-, Zwischen- oder zweckgerichtet hergestellte Nebenprodukte. Solange sich ein Stoff in der Anlage befindet (anlageninterne Kreislaufführung) handelt es sich nicht um Abfall. Erst mit der Isolierung des Stoffs von der Anlage wird er zu Abfall, auch dann, wenn er der Anlage im Wege der Verwertung wieder zugeführt werden soll. Es ist abzusehen, daß es insoweit zu Abgrenzungsschwierigkeiten kommen wird.
- die ursprüngliche Zweckbestimmung einer Sache entfällt oder aufgegeben wird, „*ohne daß ein neuer Verwendungszweck unmittelbar an deren Stelle tritt*". Nach dieser Alternative fallen abgenutzte und verbrauchte Gegenstände, die nicht als Gebrauchsartikel oder *direkt* zu einem anderen Zweck (Umwidmung) Verwendung finden (*Altstoffe*), unter den Abfallbegriff. Dabei ist nicht notwendig, daß die Sache tatsächlich nicht mehr brauchbar ist; es genügt, daß der Sachbesitzer die Zweckbestimmung aufgibt. Eine etwaige neue Verwendung muß sich zeitlich unmittelbar und eindeutig anschließen. Eine bloße Reinigung oder Überarbeitung der Sache steht dem nicht entgegen. Nur vage oder diffuse Vorstellungen über eine mögliche zukünftige Nutzung genügen demgegenüber nicht.

Für die *Bestimmung des Zwecks* ist die Auffassung des Abfallbesitzers oder -erzeugers maßgeblich. Als Korrektiv ist die Verkehrsanschauung zu berücksichtigen. Der Sachbesitzer kann daher den Verwendungszweck einer Sache nicht willkürlich bestimmen. Die Zweckbestimmung muß sachlich nachvollziehbar und realisierbar sein. Im Rahmen von Vertragsbeziehungen empfiehlt es sich daher, genau festzuschreiben, welchem Verwendungszweck der Gegenstand des Rechtsgeschäfts zugeführt werden soll. Einer solchen Festlegung käme Indizwirkung zu, auch wenn sie nicht verbindlich ist.

B.3.1.1.3 Der normative Abfallbegriff (Entledigungsgebot)

Bereits das bisherige Abfallgesetz kannte den normativen Abfallbegriff, der gemeinhin, aber ungenau als objektiver Abfallbegriff bezeichnet wurde. Im Unterschied zum bisherigen Recht enthält § 3 Abs. 4 KrW-/AbfG nun eine Definition dieses Abfallbegriffs, die auf einschlägigen Entscheidungen des BVerwG beruht. Hiernach müssen drei Voraussetzungen kumulativ vorliegen:
1. Die Sache wird nicht mehr entsprechend ihrer ursprünglichen Zweckbestimmung verwendet.
2. Von der Sache geht aufgrund ihres konkreten Zustands eine Gefahr für die Umwelt oder sonstige Güter des Allgemeinwohls (z. B. wegen des hohen Schadstoffanteils oder Brandgefahr) aus.
3. Dieses Gefahrenpotential kann nur durch eine ordnungsgemäße Verwertung oder Beseitigung im Rahmen des Abfallregimes, nicht etwa durch eine alsbaldige Wiederverwendung, ausgeschlossen werden.

B.3.1.1.4 Abfallkategorien

Das KrW-/AbfG unterscheidet mehrere Kategorien von Abfällen. Die Einstufung als „Abfall zur Verwertung" oder „Abfall zur Beseitigung" richtet sich nach der bezweckten Art der Entsorgung. Ist zeitnah eine Verwertung vorgesehen, handelt es sich um Abfall zur Verwertung, ansonsten um Abfall zur Beseitigung.

Darüber hinaus wird zwischen besonders überwachungsbedürftigen, überwachungsbedürftigen und nicht überwachungsbedürftigen Abfällen differenziert. *Besonders überwachungsbedürftige Abfälle* (b. ü. Abf) und *überwachungsbedürftige Abfälle zur Verwertung* (ü. Abf. z. V.) wurden durch entsprechende Abfallbestimmungsverordnungen festgelegt (BestbüAbfV und BestüVAbfV); bis Ende 1998 bleibt der Abfallkatalog der alten Abfallbestimmungsverordnung (AbfBestV) übergangsweise anwendbar. Als *überwachungsbedürftige Abfälle zur Beseitigung* (ü. Abf. z. B.) gelten sämtliche Abfälle zur Beseitigung, die nicht besonders überwachungsbedürftig sind. Alle sonstigen Abfälle (zur Verwertung) sind *nicht überwachungsbedürftig* (n. ü. Abf.). Die Behörde kann im Einzelfall andere Einstufungen vornehmen.

Im übrigen wurde durch die EAK-Verordnung der Europäische Abfallkatalog (EAK) der Europäischen Kommission als verbindliche Abfallartennomenklatur eingeführt, der sämtliche Abfälle zuzuordnen sind. Diese Abfallgruppen orientieren sich an der Herkunft des betreffenden Stoffs und werden sechsstelligen Abfallschlüsselnummern zugeordnet. Auf dieser Nomenklatur und Nummernzuordnung basieren auch die neuen Abfallbestimmungsverordnungen.

B.3.1.2 Ausnahmen von dem Anwendungsbereich

Zahlreiche Stoffe oder Erzeugnisse wurden gem. § 2 Abs. 2 KrW-/AbfG von dem Anwendungsbereich des KrW-/AbfG ausgeschlossen und dem Regime anderer Gesetze unterworfen, wie z. B. radioaktive Abfälle, im Bergbau anfallende Abfälle, nach Lebensmittelrecht zu beseitigende Stoffe und Kampfmittel. Gasförmige Stoffe können Abfall sein, werden vom KrW-/AbfG aber nur erfaßt, wenn sie sich in Behältern befinden. Das KrW-/AbfG gilt nicht mehr, sobald Stoffe einem Gewässer oder einer Abwasseranlage zugeleitet werden; diese Stoffe (z. B. Abwasser) unterliegen somit auf ihrem Beseitigungsweg erst dem abfallrechtlichen und sodann dem wasserrechtlichen Regime. Für Altöle gelten vorübergehend die bisherigen Vorschriften des AbfG 1986, bis eine neue Altölverordnung erlassen wird (§ 64 KrW-/AbfG).

B.3.2 Die abfallrechtlichen Grundpflichten

Das KrW-/AbfG regelt die Kreislauf- und Abfallwirtschaft durch die Aufstellung und Ausgestaltung von Grundpflichten. Dabei wird die Regelung durch eine *Hierarchie* geprägt, wonach die Abfallvermeidung der Verwertung und die Verwertung grds. der Beseitigung von Abfällen vorgeht.

B.3.2.1 Abfallvermeidung

Die Vermeidung von Abfällen ist das oberste Ziel des Abfallrechts. Der Abfall soll möglichst erst gar nicht zur Entstehung gelangen. Als Maßnahmen zur Vermeidung von Abfällen werden beispielhaft die anlageninterne Kreislaufführung von Stoffen, abfallarme Produktgestaltung sowie ein entsprechendes Konsumverhalten aufgezählt. Konkrete Handlungspflichten können hieraus noch nicht entstehen. Insoweit wird auf die sog. Produktverantwortung von Herstellern und Händlern verwiesen, die erst noch durch Rechtsverordnung geregelt werden muß (s. Abschn. B. 3.3).

B.3.2.2 Abfallverwertung

Soweit Abfälle entstanden sind, müssen der Abfallerzeuger und der Abfallbesitzer diese einer möglichst hochwertigen Verwertung zuführen. Diese hat im Einklang mit den Vorschriften (ordnungsgemäß) und schadlos zu erfolgen. Es wird zwischen der stofflichen und der energetischen Verwertung unterschieden. Eine Verwertung gilt als stofflich, wenn es sich um eine Rückgewinnung von Stoffen oder die Nutzung stofflicher Eigenschaften von Abfällen (ausgenommen unmittelbare Energierückgewinnung) handelt. Die energetische Verwertung zeichnet sich demgegenüber dadurch aus, daß die (thermische) Behandlung der Gewinnung von Energie dient. Beide Verwertungsarten stehen grds. gleichwertig nebeneinander. Es ist jeweils die im Einzelfall umweltverträglichere Verwertung durchzuführen. Diese kann durch Rechtsverordnung für einzelne Abfallarten verbindlich festgelegt werden. Bis dahin hat jeweils eine Einzelprüfung stattzufinden.

Die Verwertungspflicht entfällt, wenn die Durchführung einer Beseitigung umweltverträglicher ist. Sie ist auch dann nicht durchzuführen, wenn sie technisch unmöglich oder wirtschaftlich unzumutbar ist, z. B. weil kein Markt für das gewonnene Produkt besteht oder zu schaffen ist oder die Kosten der Verwertung außer Verhältnis zu den Beseitigungskosten stehen.

Bei der Abgrenzung zwischen energetischer Verwertung durch Verwendung des Abfalls als Brennstoff und Beseitigung im Wege der Verbrennung ist auf den Hauptzweck der Behandlung abzustellen: ist Hauptzweck der Nutzung des Abfalls die Energiegewinnung, liegt eine Verwertung vor; steht demgegenüber der Ausschluß des Stoffes aus dem Wirtschaftskreislauf im Vordergrund und ist die Energiegewinnung ein nur untergeordneter Nebenzweck, handelt es sich um eine Abfallbeseitigung. Maßgebliches Kriterium bei der Abgrenzung dürfte nach der Zweckbestimmung des Gesetzes (§ 1 KrW-/AbfG) die Bedeutung der Behandlung im Hinblick auf eine Schonung der natürlichen Ressourcen sein. Ähnliche Probleme treten bei der Abgrenzung der stofflichen Verwertung von bestimmten Beseitigungsverfahren auf. Auch hier ist auf den Hauptzweck der Maßnahme abzustellen.

Das KrW-/AbfG enthält sonstige Vorschriften über die Abfallverwertung. Durch Rechtsverordnung der Bundesregierung können weitere Anforderungen festgelegt werden, z. B. über die Einbindung von Abfallstoffen in Erzeugnisse, Hol- und Bringsysteme oder Hinweis- oder Kennzeichnungspflichten.

B.3.2.3 Abfallbeseitigung

Kommt keine Verwertung in Betracht, müssen Abfälle von den Abfallerzeugern und -besitzern (grds. im Inland) beseitigt werden, und zwar so, daß das Allgemeinwohl, insb. die Umwelt und Gesundheit der Menschen, nicht beeinträchtigt wird. Die Beseitigung ist dadurch charakterisiert, daß sie zu einem Ausschluß des Abfalls aus dem Wirtschaftskreislauf und seiner Abgabe ins Ökosystem führt, in den Boden bei Deponien, in die Luft bei der Verbrennung und in den Wasserhaushalt bei der Gewässereinleitung. Dabei anfallende Energie oder Stoffe sind möglichst zu nutzen. Konkrete Anforderungen können durch Rechtsverordnung und allgemeine Verwaltungsvorschriften des Bundes festgelegt werden. Bisher wurden (auf der Grundlage des AbfG 1986) eine Allgemeine Verwaltungsvorschrift über den Grundwasserschutz bei Abfallagerung und -ablagerung, die Technische Anleitung (TA) Abfall (über die Behandlung besonders überwachungsbedürftiger Abfälle) sowie die nur noch inerte Ablagerungen gestattende TA Siedlungsabfall (TASi) erlassen.

B.3.2.4 Die Sonderregelung für Anlagen i.S.d. BImSchG

Besonderheiten gelten für Anlagen i.S.d. Bundes-Immissionsschutzgesetzes (BImSchG, s. Abschn. B. 2.1.1.1). Die Pflichten der Betreiber hinsichtlich Errichtung und Betrieb solcher Anlagen richten sich *nicht* nach dem KrW-/AbfG, sondern nach dem BImSchG (vgl. auch Abschn. B.2.1.2):
- In *genehmigungsbedürftigen Anlagen* müssen Abfälle vermieden werden. Diese Pflicht gilt aber nicht, soweit die Abfälle ordnungsgemäß und schadlos verwertet werden können. Die Vermeidung ist damit – anders als nach dem KrW-/AbfG – nicht vorrangig. Eine Beseitigung darf nur erfolgen, wenn eine Vermeidung oder Verwertung technisch nicht möglich oder unzumutbar ist. Diese Anforderungen werden im Rahmen der Errichtungs- und Betriebsgenehmigung geprüft und können in Auflagen zur Genehmigung von der Behörde verbindlich konkretisiert werden.

- Bei *nicht genehmigungsbedürftigen* Anlagen besteht lediglich die Pflicht, für eine vorschriftsgemäße Beseitigung der Abfälle zu sorgen. Diese Anforderung kann aber durch Rechtsverordnung der Bundesregierung verschärft werden.

Hinsichtlich der stoffbezogenen Anforderungen an die Art und Weise der Verwertung oder Beseitigung gelten auch für die Anlagen i.S.d. BImSchG die Regelungen des Abfallrechts.

B.3.2.5 Entsorgungsverantwortung

Nach den Vorschriften und der Konzeption des KrW-/AbfG sind Erzeuger und Besitzer des Abfalls für die Entsorgung verantwortlich, also diejenigen, bei denen der Abfall angefallen ist oder/und die die tatsächliche Sachherrschaft über ihn ausüben (Verursacherprinzip). Eine Beauftragung Dritter mit der Erfüllung dieser Pflichten befreit nicht von dieser Verantwortung.

Abfallerzeuger- und Abfallbesitzerpflichten können behördlich auf Dritte, auf Entsorgungsverbände, die sich aus wirtschaftlichen Unternehmungen oder öffentlichen Einrichtungen zusammensetzen, oder auf Selbstverwaltungskörperschaften der Wirtschaft (Kammern) übertragen werden. Diese *Übertragung der Entsorgungsverantwortung* hat pflichtenbefreiende Wirkung für die begünstigten Abfallerzeuger und -besitzer.

Darüber hinaus besteht eine *Überlassungspflicht*
- für Hausmüll (zur Beseitigung oder Verwertung) und
- für sonstige Abfälle (Gewerbeabfälle) zur Beseitigung
gegenüber den durch die Landesabfallgesetze bestimmten Entsorgungsträgern (i.d.R. Stadt oder Landkreis), die wiederum zur Annahme verpflichtet sind.

Hiervon ausgenommen sind
- Hausmüll, zu dessen Verwertung der Abfallerzeuger oder -besitzer in der Lage und gewillt ist;
- Gewerbeabfall, der in eigenen Anlagen beseitigt wird, es sei denn, öffentliche Interessen fordern eine Überlassung;
- Abfälle, deren Entsorgung behördlich privaten Entsorgungsträgern oder Kammern übertragen wurde;
- Abfälle, für die im Rahmen der Produktverantwortung durch Rechtsverordnung (s. Abschn.

B.3.3) eine Rücknahme- oder Rückgabepflicht festgelegt wurde;
– bestimmte nicht besonders überwachungsbedürftige Abfälle, die durch gemeinnützige oder gewerbliche Sammlung einer ordnungsgemäßen und schadlosen Verwertung zugeführt werden.

Durch Rechtsverordnungen können Sonderregelungen getroffen werden. Des weiteren können gem. § 13 Abs. 4 KrW-/AbfG *Überlassungs- und Andienungspflichten durch Landesrecht* bestimmt werden. Zahlreiche Länder haben landesoffizielle Sonderabfallgesellschaften gegründet und zu deren Gunsten Andienungs- und Überlassungspflichten eingeführt. Dieses System soll nicht aufgegeben werden. Für besonders überwachungsbedürftige Abfälle zur Beseitigung können diese Pflichten aufrechterhalten oder eingeführt werden, *soweit* dies der Sicherstellung der umweltverträglichen Beseitigung dient. Für besonders überwachungsbedürftige Abfälle zur Verwertung gilt dies nur, *soweit* eine ordnungsgemäße Verwertung nicht anderweitig gewährleistet werden kann; diese Abfälle müssen noch durch Rechtsverordnung der Bundesregierung bestimmt werden. Darüber hinaus bleiben Andienungspflichten für besonders überwachungsbedürftige Abfälle zur Verwertung bestehen, die bis zum Inkrafttreten des KrW-/AbfG festgelegt waren; dies kann nur für Gegenstände gelten, die auch nach altem Recht Abfall waren. Wurden Dritten oder privaten Entsorgungsträgern Entsorgungspflichten behördlich übertragen, sind sie von derartigen landesrechtlichen Andienungs- oder Überlassungspflichten befreit.

B.3.3 Die abfallrechtliche Produktverantwortung

Neu in das Abfallrecht eingeführt wurde die sog. Produktverantwortung. Durch sie werden die mit einem Produkt befaßten Personen in die abfallrechtliche Pflicht genommen, bevor überhaupt Abfall entstanden ist. Verantwortlich sind danach bereits diejenigen, die ein *Produkt* entwickeln, herstellen, be- und verarbeiten oder vertreiben. Erfaßt werden somit sämtliche frühen Stadien des Lebenszyklus eines Produkts. Schon in diesen Stadien sollen abfalltechnische und abfallwirtschaftliche Belange berücksichtigt werden. Erzeugnisse sollen so gestaltet werden, daß bei der Herstellung und ihrem Gebrauch das Entstehen von Abfall minimiert wird und die umweltverträgliche Verwertung und Beseitigung der angefallenen Abfälle sichergestellt ist.

Dabei umfaßt die Produktverantwortung zahlreiche Maßnahmen, wie u. a. die Entwicklung mehrfach verwendbarer oder langlebiger Produkte, die Verwertung von Sekundärrohstoffen, die Kennzeichnung der Produkte im Hinblick auf die spätere Entsorgung oder die Rücknahme gebrauchter Produkte. Sie begründet jedoch lediglich eine abstrakte Pflichtenstellung. Konkrete Handlungspflichten für die Betroffenen, z.B. Kennzeichnungs-, Rücknahme- oder Pfanderhebungspflichten, müssen erst noch durch Rechtsverordnung der Bundesregierung festgelegt werden. Diese sind oder werden nach dem derzeitigen Stand erlassen für Verpackungen, Altautos, Batterien und Elektroschrott.

B.3.4 Maßnahmen der Eigenüberwachung

B.3.4.1 Abfallwirtschaftskonzepte und Abfallbilanzen

Unternehmen, bei denen jährlich mehr als insgesamt 2000 kg besonders überwachungsbedürftige Abfälle oder 2000 t Abfälle zur Beseitigung eines Abfallschlüssels anfallen, müssen erstmals zum 31.12.1999 ein Abfallwirtschaftskonzept erarbeiten, das alle fünf Jahre erneuert werden muß. Außerdem müssen diese Abfallerzeuger jährlich, und zwar erstmals zum 01.04.1998, Abfallbilanzen erstellen und auf Verlangen der zuständigen Behörde vorlegen, die u. U. die Prüfung durch einen Sachverständigen anordnen kann. Konzept und Bilanz müssen bestimmten inhaltlichen und formellen Anforderungen genügen, die in einer Rechtsverordnung (AbfKoBiV) geregelt sind.

B.3.4.2 Die Betriebsorganisation

Unternehmen haben (kraft Gesetzes) der zuständigen Behörde anzuzeigen, welches Vorstandsmitglied, welcher von mehreren Geschäftsführern oder welcher vertretungsberechtigte Gesellschafter
– die Pflichten des Betreibers einer genehmigungsbedürftigen Anlage nach BImSchG (s. Abschn. B. 3.2.4) oder
– die Pflichten im Zusammenhang mit einer freiwilligen oder vorgeschriebenen (s. Abschn. B.3.3) Abfallrücknahme
wahrnimmt. Die Gesamtverantwortung der son-

stigen Organmitglieder oder Gesellschafter entfällt dadurch nicht.

Darüber hinaus müssen demgemäß anzuzeigende Personen, Betreiber von genehmigungsbedürftigen Anlagen nach BImSchG sowie Abfälle (freiwillig oder aufgrund Rechtsvorschrift) zurücknehmende Hersteller/Vertreiber der Abfallbehörde mitteilen, wie die Einhaltung der abfallrechtlichen Grundpflichten sichergestellt wird (s. Abschn. B.1.2.2.1).

Diese Unternehmen sowie solche, bei denen regelmäßig besonders überwachungsbedürftige Abfälle anfallen, und Betreiber von Sortier-, Verwertungs- oder Abfallbeseitigungsanlagen haben *Abfallbeauftragte* (s. Abschn. B.1.2.2.1) zu bestellen, *soweit* dies erforderlich erscheint. Diese Betriebe werden durch Rechtsverordnung festgelegt.

B.3.5 Die behördliche Überwachung

B.3.5.1 Die allgemeine Überwachung

Die Vermeidung von Abfällen im Rahmen der Produktverantwortung sowie die Verwertung und Beseitigung von Abfällen unterliegen der Überwachung durch die Abfallbehörde. Diese kann auch auf stillgelegte Anlagen ausgedehnt werden.

Gemäß § 21 KrW-/AbfG hat die Behörde die Generalbefugnis, die im Einzelfall erforderlichen Anordnungen zur Durchführung des KrW-/AbfG und der dazu erlassenen Rechtsverordnungen zu treffen. Sie kann somit lenkend in das Abfallgeschehen eingreifen und so z. B. eine stoffliche anstatt einer energetischen Verwertung fordern. Dabei sind insb. der Gleichbehandlungs- und der Verhältnismäßigkeitsgrundsatz zu beachten (s. Abschn. B.1.2.3.3 u. B.1.3.2.1).

B.3.5.2 Nachweisverfahren

Darüber hinaus sieht auch das neue Recht Nachweisverfahren vor. Dabei ist zwischen dem Entsorgungsnachweis und dem Begleitscheinverfahren zu unterscheiden.

Der *Entsorgungsnachweis* besteht aus einer Erklärung des Abfallbesitzers über den anfallenden Abfall, einer Annahmeerklärung des Beseitigers bzw. Verwerters und einer Bestätigung durch die zuständige Behörde. Hierdurch wird die Zulässigkeit, Ordnungsgemäßheit und Schadlosigkeit der vorgesehenen Entsorgung dokumentiert. Durch diesen Nachweis soll sichergestellt werden, daß es sich um einen ordnungsgemäßen Entsorgungsweg handelt und der Abfall nicht von dem vorgesehenen Entsorger abgewiesen wird. Mit Sammelnachweisen können mehrere gleichartige Entsorgungsvorgänge erfaßt werden. Beim *Vereinfachten Entsorgungsnachweis* entfällt die behördliche Bestätigung.

Der Nachweis über die durchgeführte Beseitigung oder Verwertung (Verbleibskontrolle) wird im Rahmen des *Begleitscheinverfahrens* erbracht. Der Begleitschein besteht aus mehreren, farbig gekennzeichneten Ausfertigungen und begleitet den Abfall auf seinem gesamten Weg vom Abfallerzeuger bis zur Verwertung oder Beseitigung. Die Beteiligten behalten jeweils die für sie vorgesehenen Ausfertigungen zurück; und den zuständigen Behörden sind die für sie vorgesehenen Ausfertigungen zur Kontrolle zuzuschicken. Dadurch soll sichergestellt werden, daß der Abfall auch tatsächlich auf die im vorhergehenden Entsorgungsnachweis genehmigte Weise entsorgt wurde. Bei Sammelentsorgungen erfolgt die Nachweisführung für die Übergabe an den Einsammler/Beförderer mittels eines Übernahmescheins (ohne behördliche Beteiligung) und hinsichtlich des weiteren Entsorgungswegs durch Begleitscheine, in die die Übernahmescheinnummern einzutragen sind. Die in den jeweiligen Verfahren empfangenen Nachweise sind einzubehalten und zu einem Nachweisbuch zusammenzuheften.

Das KrW-/AbfG sieht – je nach Überwachungsbedürftigkeit (s. Abschn. B.3.1.1.4) – eine abgestufte Einbindung in diese Nachweisverfahren vor (s. Tabelle B.3-1). Spezielle Nachweisregelungen gelten für Klärschlamm und Altöl.

Verpflichtet sind bzw. werden dabei jeweils der Betreiber der Anlage, in der der Abfall anfällt, die Einsammler oder Beförderer sowie der Betreiber der Anlage, in der der Abfall beseitigt oder verwertet wird. Die näheren Einzelheiten über das Nachweisverfahren sind in der Nachweisverordnung (NachwV) geregelt, die auch die zu verwendenden Nachweisformulare festlegt, Erleichterungen für Entsorgungsfachbetriebe (s. Abschn. B.3.5.6) vorsieht und Übergangsregelungen bis Ende 1998 enthält.

B.3.5.3 Die Transport- und Vermittlungsgenehmigung

Wie das bisherige Recht kennt das KrW-/AbfG die *Transportgenehmigung*, die von der für den Hauptsitz des Beförderers oder Einsammlers zuständigen Behörde mit Wirkung für das gesam-

Tabelle B.3-1 Nachweispflichten nach KrW-/AbfG und NachwV

Besonders überwachungsbedürftiger Abfall	*Obligatorisch:* Entsorgungsnachweis- und Begleitscheinverfahren müssen ohne behördliche Anordnung durchgeführt werden; Anzeigepflicht *Ausnahmen:* • Kleinmengenregelung: 2000 kg/a: nur Übernahmeschein auszufüllen und mitzuführen • Nachweis bei Eigenentsorgung in engem räumlichen und betrieblichen Zusammenhang durch Abfallkonzept und -bilanz • Befreiung durch Behörde, insb. bei sonstiger Eigenentsorgung oder bei Verwertung, soweit Abfallkonzept und -bilanz vorgelegt werden, oder bei freiwilliger Rücknahme
Überwachungsbedürftiger Abfall	*Fakultativ:* Entsorgungsnachweis- und Begleitscheinverfahren müssen durchgeführt werden, soweit sie behördlich angeordnet werden *Ausnahmen:* • Entsorgung mit Haushaltsabfällen • Bei ü.Abf.z.V. gegenständliche Beschränkung der Nachweispflicht (§ 45 Abs. 2 S.2 KrW-/AbfG) *Obligatorisch:* Vereinfachtes Nachweisverfahren *Ausnahmen:* • Kleinmenge (5 t/a je Abfall-Schlüsselnr.) • Öffentlich-rechtliche Entsorgungsträger
Nicht überwachungsbedürftiger Abfall	*Fakultativ:* Entsorgungsnachweis- und Begleitscheinverfahren müssen durchgeführt werden, soweit sie behördlich angeordnet wurden, weil das Allgemeinwohl es (ausnahmsweise) erfordert *Ausnahme:* • Verwertung mit Haushaltsabfällen

te Gebiet der Bundesrepublik Deutschland erteilt wird. Unmittelbar kraft Gesetzes bedarf es einer solchen Genehmigung, wenn man *gewerbsmäßig*, also auf Gewinnerzielung gerichtet und auf Dauer angelegt, *Abfälle zur Beseitigung* einsammelt oder befördert. Außerdem sind die Transportfahrzeuge zu kennzeichnen („A"-Schild). Nach der Transportgenehmigungsverordnung (TgV) bedarf auch der gewerbsmäßige Transport *besonders überwachungsbedürftiger Abfälle zur Verwertung* der Genehmigung (Ausnahme: freiwillige Rücknahme durch Hersteller oder Vertreiber oder Rücknahme aufgrund Rechtsverordnung). Im Rahmen des durch die TgV geregelten Genehmigungsverfahren werden die Fach- und Sachkunde sowie die Zuverlässigkeit des Betriebsinhabers und sonstiger verantwortlicher Personen geprüft. *Keine* Transportgenehmigung benötigen
- öffentlich-rechtliche Entsorgungsträger sowie Verbände und Kammern, denen Entsorgungsaufgaben übertragen wurden,
- Transporteure von unbelastetem Erdaushub oder Bauschutt und
- Beförderer, die wegen der geringen Transportmengen freigestellt wurden.

Ebenfalls genehmigungspflichtig ist die gewerbsmäßige *Vermittlung* von Verbringungen für Dritte. Im Rahmen dieser Genehmigungsverfahren ist die Zuverlässigkeit des Vermittlers zu prüfen. Keiner Transport- oder Vermittlungsgenehmigung bedürfen sog. *Entsorgungsfachbetriebe* (s. Abschn. B. 3.5.6), wenn sie der Behörde die Aufnahme ihrer Tätigkeit unter Vorlage der erforderlichen Nachweise anzeigen. Die Abfallbehörde kann Auflagen festlegen und unter bestimmten Voraussetzungen die Ausübung der Tätigkeit untersagen.

B.3.5.4 Abfallverbringung

Die *grenzüberschreitende* Verbringung von Abfällen in der, in die und aus der EG wird durch die EG-Abfallverbringungsverordnung (EG-AbfVerbrV-Verordnung (EWG) 259/93) geregelt, die durch das Abfallverbringungsgesetz (AbfVerbrG) ergänzt wird. Angestrebt wird *Beseitigungs*autarkie auf gemeinschaftlicher und nationaler Ebene, was nach der Rechtsprechung des EuGH mit dem EG-rechtlichen Grundsatz des freien Warenverkehrs in Einklang steht.

Innerhalb der EG ist vor einer Verbringung von *Abfällen zur Beseitigung* ein Notifizierungsverfahren durchzuführen. Das Unternehmen, das den Abfall verbringen will, muß dies mittels eines Begleitscheins und unter Vorlage der vorgeschriebenen Unterlagen der für den Empfangsort zuständigen Abfallbehörde notifizieren. Die zuständige Behörde des Entsendestaats ist zu unterrichten und kann Einwände (z.B. Entsorgungsautarkie, Grundsatz der Nähe, Verstoß gegen Abfallbewirtschaftungsplan) erheben. Die Verbringung darf nur nach Genehmigung durchgeführt werden, und beim Transportvorgang ist der genehmigte Begleitschein mitzuführen.

Für die *Verbringung von Abfällen zur Verwertung* ist nach der Abfallart zu unterscheiden:
- Für *Abfälle der grünen Liste* (Anh. II EG-AbfVerbrV) gelten die Anforderungen der EG-Abfall-Rahmenrichtlinie (Verbringung nur in genehmigte Anlage, Transportüberwachung). Beim Transport ist ein Begleitdokument mit bestimmten Angaben mitzuführen. Durch die EG-Kommission und aufgrund einer Rechtsverordnung nach AbfVerbrG können die Notifikationsverfahren der EG-AbfVerbrV für diese Stoffe vorgeschrieben werden.
- Für *Abfälle der gelben Liste* (Anh. III EG-AbfVerbrV) ist ein Notifikationsverfahren durchzuführen, das im wesentlichen dem für Abfälle zur Beseitigung entspricht. Im Unterschied zu diesem ist keine Genehmigung erforderlich. Die Verbringung darf nach einer 30tägigen Frist durchgeführt werden, wenn keine Einwände erhoben wurden. Es bedarf dagegen einer vorherigen Zustimmung, wenn dies von den zuständigen Behörden beschlossen wurde.
- Für *Abfälle der roten Liste* (Anh. IV EG-AbfVerbrV) *und sonstige Abfälle*, die keiner Liste zugeordnet werden können, muß das gleiche Verfahren durchgeführt werden wie für Abfälle der gelben Liste. Es ist aber immer eine vorherige Zustimmung der zuständigen Behörde erforderlich.

Die *Ausfuhr von Abfällen in Drittstaaten* ist nur sehr eingeschränkt erlaubt. Der Abfallexport in AKP-Staaten (Afrika, Karibik, Pazifik) ist verboten; und Abfälle zur Beseitigung dürfen nur in EFTA-Staaten verbracht werden, soweit diese die Einfuhr erlauben und keine Besorgnis der umweltschädlichen Entsorgung besteht. Auch Abfälle zur Verwertung dürfen nur in bestimmte OECD-Staaten und Staaten, mit denen Vereinbarungen bestehen, die bestimmten Anforderungen genügen, verbracht werden. Auf jeden Fall ist auch für die Abfallverbringung in einen Drittstaat ein Notifizierungsverfahren vorgesehen.

Die *Einfuhr von Abfällen* zur Beseitigung in die EG darf im Rahmen eines Notifizierungsverfahrens nur aus Vertragsstaaten des Basler Übereinkommens über gefährliche Abfälle erfolgen, im übrigen nur aus Staaten, mit denen Abmachungen bestehen. Abfälle zur Verwertung dürfen darüber hinaus auch aus bestimmten OECD-Staaten eingeführt werden. Für sie werden je nach Listenzugehörigkeit bestimmte Verfahrensvorschriften für anwendbar erklärt. Schließlich regelt die EG-AbfVerbrV auch das Verfahren, das bei der *Durchfuhr von Abfällen* zu beachten ist.

B.3.5.5 Abfallbeseitigungsanlagen

Abfälle dürfen grundsätzlich nur in den dafür zugelassenen Anlagen (Abfallbeseitigungsanlagen) zum Zweck der Beseitigung (zwischen-) gelagert, abgelagert oder behandelt werden (Anlagenzwang). Kein Anlagenzwang besteht, soweit die Beseitigung in einer nach BImSchG genehmigungsbedürftigen Anlage, die hauptsächlich anderen Zwecken dient, erfolgt. Hier ist die Einhaltung der Anforderungen an die Beseitigungsmaßnahmen in dem Genehmigungsverfahren (nach BImSchG) sicherzustellen (s. Abschn. B.2.1.3). Außerdem ist die Lagerung und Behandlung von Abfällen zur Beseitigung auch in bestimmten unbedeutenden Anlagen zulässig. Weitere Ausnahmen vom Anlagenzwang können im Einzelfall behördlich angeordnet oder in Rechtsverordnungen der Landesregierungen festgelegt werden.

Die Errichtung oder der Betrieb ortsfester Abfallbeseitigungsanlagen zur Lagerung oder Behandlung sowie wesentliche Änderungen an der Anlage oder bei deren Betrieb bedürfen einer Genehmigung nach dem BImSchG (s. Abschn. B.2.1.3) und darüber hinaus keiner abfallrechtlichen Zulassung. Für Anlagen zur Ablagerung (Deponien) ist ein Planfeststellungsverfahren durchzuführen (s. Abschn. B. 1.2.3.2). Für unbedeutende Deponien, wesentliche Änderungen ohne erhebliche nachteilige Auswirkungen und Erprobungsanlagen kann die Behörde anstelle des Planfeststellungsverfahrens ein Plangenehmigungsverfahren durchführen.

Der Inhaber einer Deponie oder einer Anlage, in der besonders überwachungsbedürftige Abfälle anfallen, hat die beabsichtigte Stillegung seiner Anlage der Behörde anzuzeigen. Diese soll den Deponieinhaber zur Rekultivierung und zu sonstigen erforderlichen Schutzmaßnahmen verpflichten. Außerdem kann die zuständige Behörde hinsichtlich bestehender alter Deponien Anordnungen treffen.

B.3.5.6 Der Entsorgungsfachbetrieb

Entsorgungsfachbetrieb ist,
- wer berechtigt ist, das Gütezeichen einer behördlich anerkannten Entsorgergemeinschaft zu führen oder

– einen Überwachungsvertrag mit einer technischen Überwachungsorganisation abgeschlossen hat, der eine mindestens einjährige Überprüfung einschließt und dem die zuständige Behörde zugestimmt hat.

In der Entsorgungsfachbetriebeverordnung (EfbV) sind die Anforderungen an die Fachkenntnisse, den Nachweis der Zuverlässigkeit, die nachzuweisende Haftpflichtversicherung sowie an Gerät und Ausrüstung des Betriebs festgelegt und die anzuwendenden Anerkennungs- und Prüfverfahren geregelt.

B.4 Gewässerschutzrecht

Das Wasserrecht umfaßt die *Gewässerbewirtschaftung* und das Gewässerwegerecht. Unmittelbares Umweltschutzrecht ist das Recht der Gewässerbewirtschaftung.

B.4.1 Rechtsgrundlagen und Anwendungsbereich

Maßgebliche *Rechtsvorschriften* des Gewässerschutzrechts sind in erster Linie das Wasserhaushaltsgesetz (WHG) des Bundes sowie die dieses Rahmengesetz ausfüllenden Gesetze und Verordnungen der Länder. In großem Maße beruht das deutsche Recht auf EG-Richtlinien, die insbesondere Qualitätsziele für das Wasser vorschreiben und Anforderungen an Abwassereinleitungen festlegen. Nachdem die Bundesrepublik mehrfach wegen mangelhafter Umsetzung europäischer Normen vom EuGH verurteilt worden war, hat der Gesetzgeber in der 6. WHG-Novelle Ermächtigungen zum Erlaß von Rechtsverordnungen eingeführt, die eine verbindliche Umsetzung von EG-Recht zulassen (z. B. AbwasserV; GrundwasserV).

Das Wasserrecht erstreckt sich – von gewässerwirtschaftlich wenig bedeutsamen Ausnahmen, wie Straßengräben oder Fischteichen, abgesehen – auf oberirdische Gewässer, Küstengewässer und das Grundwasser.

Oberirdische Gewässer sind die ständig oder zeitweilig in Betten fließenden oder stehenden oder aus Quellen wild abfließenden Wasser, z. B. Bäche, Flüsse, Seen und Teiche. Als Gewässer gelten nicht Wasser- und Abwasserleitungen sowie sonstiges in Behältnisse gefaßtes Wasser, das den natürlichen Zusammenhang mit dem Wasserhaushalt verloren hat (z. B. Schwimmbecken). Die Größe eines Wassers spielt für seine Klassifizierung als Gewässer keine Rolle. Unerheblich ist auch, ob das Gewässer auf natürliche oder künstliche Weise geschaffen wurde. Flußbegradigungen oder die streckenweise Führung eines Bachs in Rohren, Tunneln oder Dükern berühren die Gewässereigenschaft nicht. Die Bundesländer unterteilen die oberirdischen Gewässer i. allg. nach ihrer Größe oder wasserwirtschaftlichen Bedeutung in verschiedene Klassen (z. B. in Nordrhein-Westfalen: Gewässer 1. Ordnung, Gewässer 2. Ordnung). Zahlreiche wasserrechtliche Regelungen knüpfen an diese Unterscheidung an.

Küstengewässer sind die deutschen Hoheitsgewässer der Nord- und Ostsee. Sie werden landseitig durch die Küstenlinie bei mittlerem Hochwasser gebildet. Die seewärtige Grenze richtet sich nach völkerrechtlichen Regeln.

Der Begriff des *Grundwassers* ist weit gefaßt. Grundwasser ist das gesamte, nicht künstlich (z. B. in Rohren oder Leitungen) gefaßte unterirdische Wasser; problematisch ist dies bei Sickerwasser in der ungesättigten Zone (s. Abschn. B.5.3.4).

B.4.2 Die Gewässerbewirtschaftung durch die Bundesländer

Nach § 1 a Abs. 1 WHG sind die Gewässer als Bestandteil des Naturhaushalts und Lebensraum für Tiere und Pflanzen so zu bewirtschaften, daß sie dem Allgemeinwohl und, im Einklang hiermit, auch dem Nutzen einzelner dienen. Dabei haben vermeidbare Beeinträchtigungen der ökologischen Gewässerfunktion zu unterbleiben. Gewässerbewirtschaftung bedeutet demnach nicht nur eine möglichst ökonomische Nutzung der vorhandenen Ressourcen, sondern auch und vor allem die planende Vorsorge für einen auf Dauer geordneten Wasserhaushalt im Hinblick auf die Sicherstellung der Wasserversorgung, den Hochwasserschutz als auch auf ökologische Gesichtspunkte. Das WHG betont damit die umweltschützende Ausrichtung der Gewässerbewirtschaftung und stellt sie neben den wirtschaftlichen Aspekt. Die Verwirklichung dieser miteinander in Einklang zu bringenden Ziele obliegt den Bundesländern (Bewirtschaftungshoheit der Länder). Als Instrumente der *Planung* stehen den zuständigen Behörden nach WHG die wasserwirtschaftlichen Rahmenpläne für Flußgebiete oder Wirtschaftsräume, Bewirtschaftungspläne zur Ordnung des Wasserhaushalts sowie Abwasserbeseitigungspläne, nach Landesrecht auch Wasserversorgungspläne, zur Verfügung. Diese binden die Verwaltung, haben aber keine Außenwirkung. Außerdem können zur Sicherung von Planungen für bestimmte wasserwirtschaftlich bedeutsame Vorhaben durch Rechtsverordnung Veränderungssperren festgelegt werden.

Weitere Instrumente der Gewässerbewirtschaftung sind:
- das Erlaubnis- und Bewilligungsregime für Gewässerbenutzungen (s. Abschn. B.4.3),
- die Regelung der Unterhaltung und des Ausbaus oberirdischer Gewässer (s. Abschn. B.4.4),
- der anlagenbezogene Gewässerschutz (s. Abschn. B. 4.5),
- die Festlegung von Schutzgebieten (s. Abschn. B.4.6),
- die Erhebung von Abgaben (s. Abschn. B.4.7),
- eine spezielle wasserrechtliche Haftungsvorschrift (s. Abschn. B.4.8).

B.4.3 Das Erlaubnis- und Bewilligungsregime für Gewässerbenutzungen

B.4.3.1 Gewässerbenutzungen

Jede Benutzung eines Gewässers bedarf einer behördlichen Erlaubnis oder Bewilligung. *Gewässerbenutzung* ist jede Maßnahme, die geeignet ist, dauernd oder in einem nicht nur unerheblichen Ausmaß schädliche Veränderungen der physikalischen, chemischen oder biologischen Beschaffenheit des Wassers herbeizuführen (sog. unechte Gewässerbenutzung). Im übrigen ist nach der Art des Gewässers zu unterscheiden.

Die Benutzung eines *oberirdischen Gewässers* liegt auch vor, wenn es sich um eine Wasserentnahme oder -ableitung, das Aufstauen oder Absenken des Gewässers, das Entnehmen fester Stoffe aus dem Gewässer, soweit dies Gewässerzustand oder Wasserabfluß beeinträchtigt, sowie das Einbringen oder Einleiten von Stoffen handelt. Im Hinblick auf *Küstengewässer* werden die Einbringung und Einleitung von Stoffen als Gewässerbenutzungen aufgezählt. Beim *Grundwasser* gelten die Stoffeinleitung, die Wasserentnahme, -zutageförderung, -zutageleitung und -ableitung sowie das Aufstauen, Absenken und Umleiten durch hierfür bestimmte oder geeignete Anlagen als Gewässerbenutzung.

Benutzungen können nur solche Handlungen sein, die nach ihrer objektiven Eignung auf ein Gewässer gerichtet sind und sich seiner, insb. des Wassers, für bestimmte Zwecke bedienen. Daher liegt z. B. keine Benutzung vor, wenn Stoffe infolge eines unglücklichen Ereignisses (etwa eines Unfalls mit einem Tanklastzug) in ein Gewässer gelangen. Wenn der Eingriff in ein Gewässer nicht dessen Nutzung zum Ziel hat, sondern lediglich eine vielleicht sogar lästige Begleiterscheinung einer anderen Zwecken dienenden Maßnahme ist, so handelt es sich ebenfalls um eine Benutzung. Dies gilt z. B. für die Errichtung einer Mülldeponie, aus der nach allgemeinem Erfahrungsstand Sickerwasser in einen nahegelegenen Fluß gelangen wird.

Zulassungsfrei sind Maßnahmen zur Gefahrenabwehr, der Gemein- und Anliegergebrauch oberirdischer Gewässer nach Maßgabe des Landesrechts sowie wasserwirtschaftlich untergeordnete Tätigkeiten, z. B. in Fischerei und Landwirtschaft. Neu ist die Befreiung von der Erlaubnispflicht für die schadlose Versickerung von Niederschlagswasser in das Grundwasser.

B.4.3.2 Das System der subjektiv-öffentlichen Rechte der Gewässerbenutzung

Mit der Erlaubnis oder Bewilligung erhält ein Unternehmen das subjektiv-öffentliche Recht, das Gewässer zu dem im Bescheid näher bezeichneten Zweck und den darin festgelegten Bedingungen zu benutzen. Die Erlaubnis gewährt die widerrufliche, i.d.R. befristete *Befugnis*, die Bewilligung dagegen das *Recht* zur Gewässernutzung. Diese Unterscheidung ist charakteristisch für das WHG. Grundsätzlich kann jede Genehmigung einer Gewässerbenutzung in Form einer Erlaubnis oder Bewilligung ergehen (wichtigste Ausnahme: Abwassereinleitungen, s. Abschn. B.4.3.3). Diese unterscheiden sich im wesentlichen dadurch, daß die Bewilligung dem Nutzungsberechtigten eine stärkere gegen späteren Entzug gesicherte Rechtsposition erteilt als die Erlaubnis. Die Erlaubnis ist generell widerruflich, ohne daß dies in der Genehmigung ausdrücklich vorbehalten sein müßte. Das bedeutet jedoch nicht, daß die zuständige Behörde die Genehmigung jederzeit willkürlich aufheben könnte. Der Widerruf einer Erlaubnis ist nur dann zulässig, wenn hierfür ein sachlicher Grund vorliegt und der Widerruf nicht unverhältnismäßig ist. Für den Fall des Widerrufs steht dem Unternehmer kein Entschädigungsanspruch gegenüber dem Staat zu. Bei der Bewilligung sieht das WHG nur ausnahmsweise und oftmals unter Zahlung einer angemessenen Entschädigung eine Widerrufsmöglichkeit vor.

Hinsichtlich der Genehmigungsvoraussetzungen bestehen zwischen Bewilligung und Erlaubnis keine Unterschiede. Erlaubnis oder Bewilligung sind zu versagen, wenn von der beabsichtigten Gewässerbenutzung eine Beeinträchtigung des Allgemeinwohls, insb. eine Gefährdung der öffentlichen Wasserversorgung, zu erwarten ist, die nicht durch Auflagen oder andere Maßnahmen verhütet werden kann.

Bei der Entscheidung über den Antrag eines Unternehmens hat die Behörde sämtliche relevanten Umstände des Einzelfalls zu berücksichtigen und in eine sachgerechte Interessenabwägung einzustellen. Hierzu zählen sowohl die Gesichtspunkte, die für, als auch jene, die gegen die beantragte Gewässerbenutzung sprechen. In Betracht kommen insb. Belange der Gesundheit, Erholung und Landeskultur, des Naturschutzes, des Verkehrs, der Fischerei oder des Hochwasserschutzes, aber auch die Investitionsinteressen des Unternehmers. Das Einbringen fester Stoffe in oberirdische Gewässer, um sich ihrer zu entledigen, darf nicht genehmigt werden. Diese Form der Gewässerbenutzung ist ausdrücklich untersagt.

Das Fehlen einer Gemeinwohlbeeinträchtigung hat nicht zur Folge, daß die Behörde zur Erteilung der Erlaubnis oder Bewilligung verpflichtet ist. Nach Ansicht des Bundesverfassungsgerichts ist die Einräumung eines Rechtsanspruchs auf Erteilung einer Erlaubnis oder Bewilligung mit den Grundsätzen einer geordneten Wasserwirtschaft, die auf die Schonung des Wassers als wesentlicher Bestandteil des Naturhaushalts, Erhaltung von Freiräumen und planende Verteilung (Bewirtschaftung) auch im Hinblick auf künftige Benutzer gerichtet ist, unvereinbar. Die Behörde wäre nicht in der Lage, auf die rasch veränderlichen allgemeinen Wirtschaftsverhältnisse und die damit verbundene wasserwirtschaftliche Entwicklung zu reagieren. Die Erlaubnis oder Bewilligung darf daher nach pflichtgemäßem Ermessen auch aus Gründen versagt werden, die weder im WHG noch in den Landeswassergesetzen genannt sind (Bewirtschaftungsermessen). Zum Beispiel kann die zuständige Behörde eine wasserwirtschaftliche Genehmigung versagen, wenn im Falle ihrer Erteilung andere Interessenten sich auf die Entscheidung berufen und dadurch eine wasserwirtschaftlich bedenkliche Entwicklung einleiten würden oder die beantragte Wasserfördermenge in vorausgehbarer Zukunft nicht benötigt wird. Auch subjektive Aspekte – wie etwa die Zuverlässigkeit des Unternehmens – darf die Behörde im Rahmen ihres Ermessens berücksichtigen.

B.4.3.3 Die besonderen Anforderungen für Abwassereinleitungen

Für das Einleiten von Abwasser in ein Gewässer legt das WHG besondere Anforderungen fest. Denn hierbei handelt es sich um eine besonders häufige und oft sehr umweltgefährdende Art der Gewässernutzung. Unter *Abwasser* versteht das WHG das durch häuslichen, gewerblichen, landwirtschaftlichen oder sonstigen Gebrauch in seinen Eigenschaften veränderte und das bei Trockenwetter damit zusammen abfließende Wasser (*Schmutzwasser*). Ferner zählt dazu das von Niederschlägen aus dem Bereich von bebauten oder befestigten Flächen abfließende und gesammelte Wasser (*Niederschlagswasser*). Erfaßt werden insb. das durch innerbetriebliche Vorgänge zu Verarbeitungs-, Behandlungs-, Reinigungs-, Transport- oder auch Kühlzwecken veränderte Wasser. Sonstige flüssige Reststoffe (z. B. Säuren), die nicht mit Wasser abgeleitet werden, fallen nicht unter den Abwasserbegriff.

Nach § 7a WHG darf die Befugnis zum Einleiten von Abwasser nur in Form der Erlaubnis erteilt werden; die für den Unternehmer günstigere Bewilligung ist nicht möglich. Die Erlaubnis darf nur erteilt werden, wenn die Schadstofffracht des Abwassers so gering gehalten wird, wie dies bei Einhaltung der jeweils in Betracht kommenden Verfahren nach dem „Stand der Technik" möglich ist. Dieser Rechtsbegriff wird definiert als

der Entwicklungsstand technisch und wirtschaftlich durchführbarer fortschrittlicher Verfahren, Einrichtungen oder Betriebsweisen, die als beste verfügbare Techniken zur Begrenzung von Emissionen praktisch geeignet sind.

Diese Anforderungen werden durch die *Abwasserverordnung* (AbwV) vom 21.03.1997 konkretisiert. Sie sind in den Anhängen zur AbwV enthalten, die bisher für Abwasser aus dem häuslichen und kommunalen Bereich (Anhang 1), der Metallbe- und -verarbeitung (Anhang 40) und der Alkalichloridelektrolyse (Anhang 42) sowie zur Umsetzung von EG-Richtlinien (Anhang 48) vorliegen. Diese Anhänge enthalten Einleitverbote und Grenzwerte für Abwasser an der Einleitstelle, vor der Vermischung und/oder an dem Ort des Anfalls. Soweit es sich um Konzentrationswerte handelt, dürfen diese nicht durch Verdünnung erreicht werden. Teilweise sind aus Gründen des Bestandsschutzes weniger strenge Anforderungen für vorhandene Anlagen festgelegt.

Die im Einzelfall in Betracht kommenden Anforderungen der AbwV werden nicht unmittelbar verbindlich sein. Sie müssen in der wasserrechtlichen Erlaubnis festgesetzt werden und erlangen dadurch Verbindlichkeit gegenüber dem Einleiter. Hinsichtlich der anzuwendenden Analyse- und Meßverfahren verweist die Anlage zur AbwV auf DIN- und DEV-Normen (s. Abschn. B.1.1.3).

Vorübergehend gelten Festlegungen in den Anhängen der Rahmen-Abwasserverwaltungsvorschrift und den separaten Abwasserverwaltungsvorschriften, die aufgrund der alten Fassung des WHG ergangen sind und bisher allein maßgeblich waren, weiter. Diese Verwaltungsvorschriften werden derzeit an die neue Regelungsstruktur und den gegenwärtigen „Stand der Technik" angepaßt und als Anhänge in die Abwasserverordnung übernommen. Sie decken weite Bereiche der Montan-, Lebensmittel-, chemischen und verarbeitenden Instrustrie ab. Soweit weder die Anhänge zur AbwV noch diese Verwaltungsvorschriften für einen Industriezweig oder sonstigen Bereich Anforderungen enthalten, darf die Einleitung nur erlaubt werden, wenn „die Schadstofffracht nach Prüfung der Möglichkeiten im Einzelfall so gering gehalten wird, wie dies durch Einsatz wassersparender Verfahren bei Wasch- und Reinigungsvorgängen, Indirektkühlung und dem Einsatz von schadstoffarmen Betriebs- und Hilfsstoffen erreicht werden kann".

Soweit ein Unternehmen seine Abwässer der öffentlichen Kanalisation zuleitet, ist lediglich der Träger der Kanalisation (Gemeinden, Abwasserverbände) unmittelbarer Benutzer des Gewässers (Direkteinleiter). Es obliegt den Ländern sicherzustellen, daß darüber hinaus auch die sog. Indirekteinleiter die Anforderungen des § 7 a WHG i. V. m. der AbwV einhalten. Hierzu haben die Länder Rechtsverordnungen erlassen (in Nordrhein-Westfalen: VGS), in denen eine Genehmigungspflicht für die Einleitung von Abwasser mit gefährlichen Stoffen aus bestimmten Herkunftsbereichen in öffentliche Abwasseranlagen festgelegt wurde. Im Rahmen des Genehmigungsverfahrens wird von der Wasserbehörde überprüft, ob das Unternehmen die Anforderungen, wie sie in der AbwV festgelegt sind, einhält.

Des weiteren enthält das Landesrecht Regelungen, wonach Abwasserdirekt- und -indirekteinleiter verpflichtet sind oder verpflichtet werden können, die Einleitung ständig oder regelmäßig selbst zu überwachen. Bestimmte Abwassereinleiter haben einen Gewässerschutzbeauftragten zu bestellen (s. Abschn. B.1.2.2.1). Die Anforderungen für die Einleitung von Abwasser und sonstigen Stoffen in das *Grundwasser* sind strenger als diejenigen für sonstige Gewässereinleitungen. Eine Erlaubnis darf nur erteilt werden, wenn eine schädliche Verunreinigung des Grundwassers oder eine sonstige nachteilige Veränderung seiner Eigenschaften nicht zu besorgen ist.

B.4.4 Unterhaltung und Ausbau eines oberirdischen Gewässers

Das WHG regelt die Unterhaltung und den Ausbau *oberirdischer Gewässer*. Diese Vorschriften werden durch die Landeswassergesetze konkretisiert.

B.4.4.1 Die Gewässerunterhaltung

Gemäß § 28 Abs. 1 WHG umfaßt die Unterhaltung eines Gewässers die Erhaltung eines ordnungsgemäßen Zustands für den Wasserabfluß und – soweit es sich um schiffbare Gewässer handelt – auch die Erhaltung der Schiffbarkeit. Die Belange des Naturhaushalts sind zu berücksichtigten. Zur Unterhaltung verpflichtet sind die Eigentümer der Gewässer, die Anlieger und die Eigentümer von Grundstücken und Anlagen, die aus der Unterhaltung Vorteile haben oder die die Unterhaltung erschweren. Bundeswasserstraßen stehen im Eigentum des Bundes. Im übrigen werden die Eigentumsverhältnisse in den Landeswassergesetzen geregelt. Dabei wird zwischen den verschiedenen Gewässerklassen unterschieden. Gewässer 1. Ordnung stehen i.d.R. im Landeseigentum, Gewässer 2. ggf. auch 3. Ordnung gehören i.d.R. den Eigentümern der Ufergrundstücke.

Zur Durchführung der Unterhaltung können auch Gebietskörperschaften (z.B. Kreise, Gemeinden), Wasser- und Bodenverbände oder gemeindliche Zweckverbände herangezogen werden. Unterhaltungsmaßnahmen sind grds. nicht erlaubnis- oder bewilligungspflichtig (Ausnahme: Verwendung chemischer Mittel).

Als Unterhaltungsarbeiten *unterhalb der Mittelwasserlinie* kommen insb. in Betracht:

- die Beseitigung von Ablagerungen, umgestürzten Bäumen und anderen Abflußhindernissen, und zwar auch dann, wenn das Hindernis durch fremde Einwirkung, z. B. einen Verkehrsunfall oder eine rechtswidrige Abwassereinleitung, verursacht wurde;
- die Verfestigung des Böschungsfußes;
- das Auffüllen besonders starker Eintiefungen oder sonstiger Zerstörungen der Flußsohle;
- der Einbau von Grundschwellen zur Verhütung solcher Schäden;
- das Entkrauten und Beseitigen der vom Boden getrennten Pflanzen aus dem Gewässer;
- der Schutz von Uferstrecken, die dem Angriff der Strömung ausgesetzt sind (z. B. durch Steinschüttungen).

Die Reinigung des Wassers von Schadstoffen zählt nicht zur Unterhaltung.

Zu den Unterhaltungsarbeiten *oberhalb der Mittelwasserlinie* gehören:
- das Abschrägen der Ufer zur Sicherung gegen Abbruch,
- die Beseitigung von Uferschäden und die Befestigung der Ufer gegen den Angriff des Hochwassers,
- das Mähen der Ufer und das Beseitigen von Bäumen oder Sträuchern zur Erhaltung des Abflußquerschnitts.

B.4.4.2 Der Gewässerausbau

Ausbau eines oberirdischen Gewässers ist nach § 31 WHG die Herstellung, Beseitigung oder wesentliche Umgestaltung des Gewässers selbst oder seiner Ufer. Dem werden Damm- und Deichbauten gleichgesetzt, die den Hochwasserabfluß beeinflussen. Der Ausbau setzt ein Planfeststellungsverfahren voraus, das den Anforderungen an eine Umweltverträglichkeitsprüfung entspricht (s. Abschn. B.1.2.3.2). Dieses aufwendige Verfahren ist nicht durchzuführen, wenn
- es sich um einen Ausbau von geringer Bedeutung handelt,
- der Ausbau keine erheblichen Umweltbeeinträchtigungen bewirken kann oder
- eine Verbesserung im Hinblick auf die Umweltschutzgüter bezweckt wird.

Dann genügt die Durchführung eines Plangenehmigungsverfahrens. Die Abgrenzung des Ausbaus zur Unterhaltung ergibt sich daraus, daß die Maßnahmen zur Erhaltung eines ordnungsgemäßen Zustands für den Wasserabfluß und (an schiffbaren Gewässern) die Erhaltung der Schiffbarkeit keine wesentliche Umgestaltung des Gewässers oder seiner Ufer darstellen dürfen. Die Abgrenzung zur Benutzung ist in erster Linie daraus zu entnehmen, daß der Ausbau für den Gegenstand der Bewirtschaftung, das Gewässer, eine neue wasserwirtschaftliche Ausgangslage auf Dauer schafft, während die jeweils zugelassenen Benutzungen sich nach Art, Zweck und Ausmaß an dem damit vorgegebenen Gewässerzustand orientieren müssen. Maßnahmen, die dem Ausbau eines oberirdischen Gewässers dienen, können daher keine Benutzungen sein.

Dem Ausbauunternehmer wird im Wege der Planfeststellung das Recht zur Durchführung des Gewässerausbaus eingeräumt. In den meisten Landeswassergesetzen ist vorgesehen, daß der Unterhaltspflichtige zum Ausbau verpflichtet ist oder werden kann, wenn das Allgemeinwohl es erfordert. Neuerdings verpflichtet auch das WHG zur Zurückführung von Ausbauzuständen in einen naturnahen Zustand, soweit dies möglich ist und das Allgemeinwohl (z. B. Wasserkraftnutzung) dem nicht entgegensteht. Eine Ausbaumaßnahme darf nicht zugelassen werden, wenn sie die Hochwassergefahr erhöht. Große Bedeutung kommt der vom Bundesverwaltungsgericht eingeführten Unterscheidung zwischen einem Ausbau im öffentlichen Interessen und einem bloßen privatnützigen Ausbau zu. Während ein Ausbau im öffentlichen Interesse die Möglichkeit eröffnet, entgegenstehende Rechte und Befugnisse, z. B. durch Enteignung auszuräumen, ist dies beim privatnützigen Ausbau nicht möglich. Ein Ausbau bei entgegenstehenden Rechten Dritter ist deshalb nicht zulässig ist.

B.4.5 Der anlagenbezogene Gewässerschutz

B.4.5.1 Die Grundsatzverbote des WHG

Gemäß § 1a Abs. 2 WHG ist *jeder*, also auch ein Anlagenbetreiber, zur Sorgfalt verpflichtet, um Wasserverunreinigungen oder sonstige nachteilige Auswirkung zu verhüten und eine sparsame Verwendung von Wasser zu erzielen. Durch landesrechtliche *Reinhalteordnungen* (Rechtsverordnungen) können diese allgemeinen Anforderungen für oberirdische Gewässer konkretisiert werden.

Das WHG verbietet die Lagerung oder Ablagerung von Stoffen oder die Beförderung von Flüssigkeiten und Gasen durch Rohrleitungen, soweit dadurch eine schädliche Verunreinigung des Grundwassers oder eine sonstige nachteilige Veränderung seiner Eigenschaften zu besorgen ist (§ 34 Abs. 2 WHG). Dieses Verbot gilt auch im Hinblick auf die sonstigen Gewässer nach WHG, wenn sich die Lager-, Ablagerungs- oder Rohrleitungsanlage an einem oberirdischen Gewässer bzw. Küstengewässer befindet (§§ 26 Abs. 2, 32 b WHG). Nach der Rechtsprechung des Bundesverwaltungsgerichts ist bei der Handhabung dieses Besorgnisprinzips ein strenger Maßstab anzulegen. Die Wahrscheinlichkeit der Gewässerverunreinigung soll geradezu ausgeräumt sein müssen; es dürfe keine auch noch so wenig naheliegende Wahrscheinlichkeit der Verunreinigung bestehen. Allerdings ist auch dabei die Eintrittswahrscheinlichkeit in ein angemessenes Verhältnis zum potentiellen Ausmaß des Schadens zu setzen.

Diese Vorgaben sind insb. in sonstigen Zulassungsverfahren, z. B. nach dem Baurecht (Baugenehmigung), Immissionsschutz-, Abfall- oder Bergrecht zu beachten.

B.4.5.2 Das Recht der wassergefährdenden Stoffe

Da diese Grundsatzverbote zu unbestimmt sind, hat sich ein besonderes Recht des Schutzes vor wassergefährdenden Stoffen entwickelt.

B.4.5.2.1 Das Recht der Rohrleitungsanlagen

Die Errichtung und der Betrieb sowie die wesentliche Änderung und die wesentliche Änderung des Betriebs einer Rohrleitungsanlage zum Befördern wassergefährdender Stoffe bedürfen der Genehmigung durch die Wasserbehörde. Ausgenommen sind solche Anlagen, die den Bereich eines Werksgeländes nicht überschreiten oder die Zubehör einer Anlage zum Lagern solcher Stoffe sind. Im Rahmen dieser Genehmigungspflicht sind *wassergefährdende Stoffe*:
- Rohöle, Benzine, Dieselkraftstoffe und Heizöle sowie
- andere flüssige oder gasförmige Stoffe, die geeignet sind, Gewässer zu verunreinigen oder sonst in ihren Eigenschaften nachteilig zu verändern, und durch Rechtsverordnung abschließend bestimmt wurden.

Soweit es sich um Rohrleitungsanlagen für den Ferntransport von Öl oder Gas (Pipelines) handelt, ist eine UVP (s. Abschn. B.1.2.3.2) durchzuführen; landesrechtlich wird das UVP-Erfordernis teilweise auch auf sonstige Rohranlagen erstreckt. Die Genehmigung kann zum Schutz der Gewässer unter Bedingungen und Auflagen erteilt sowie befristet werden. Auflagen über Anforderungen an die Beschaffenheit und den Betrieb der Anlage sind auch nach Erteilung der Genehmigung zulässig, wenn zu besorgen ist, daß eine Verunreinigung der Gewässer oder eine sonstige nachteilige Veränderung ihrer Eigenschaften eintritt. Derartige Bedingungen und Auflagen müssen sachgerecht und zum Schutz der Gewässer geeignet, also auch technisch erfüllbar sein; Grenze ist der Verhältnismäßigkeitsgrundsatz. Derartige Anforderungen sind in erster Linie darauf auszurichten, daß wassergefährdende Stoffe aus der Rohrleitungsanlage nicht in Gewässer eintreten können. Möglich sind auch Auflagen, die eine Überwachung der Anlage anordnen. Die Genehmigung ist zu versagen, wenn durch die Errichtung oder den Betrieb der Anlage eine Gewässerverunreinigung oder eine nachteilige Veränderung der Gewässereigenschaften zu besorgen ist und auch nicht durch Auflagen verhütet oder ausgeglichen werden kann. Ein Rechtsanspruch auf Genehmigungserteilung besteht grds. nicht. Der Unternehmer hat aber ein Anrecht darauf, daß die Behörde nach pflichtgemäßem Ermessen und nicht willkürlich handelt. Technische Einzelheiten werden in den *Technischen Regeln* für brennbare Flüssigkeiten (TRbF) geregelt (s. Abschn. B.1.1.2.4). Denn nach der Verordnung über brennbare Flüssigkeiten (VbF) bedürfen Rohrleitungen ebenfalls einer Erlaubnis, wenn sie der Beförderung *brennbarer Flüssigkeiten* dienen. Insoweit wird auch die wasserrechtliche Genehmigung von der für den Arbeitsschutz zuständigen Behörde – aber im Einvernehmen mit der Wasserbehörde – erteilt. Die VbF unterscheidet zwischen Verbindungsleitungen, die zwar den Bereich des Werksgeländes überschreiten, aber Anlagen verbinden, die im engen räumlichen und betrieblichem Zusammenhang stehen, und Fernleitungen (Pipelines). Für Verbindungsleitungen gilt die „Richtlinie für Verbindungsleitungen zum Befördern gefährdender Flüssigkeiten – RVF" (TRbF 302) und für die Fernleitungen die „Richtlinie für Fernleitungen zum Befördern gefährdender Flüssigkeiten – RFF" (TRbF 301). Diese Richtlinien wurden unter Mitwirkung von Vertretern der Wasserwirtschaft und im Einvernehmen mit den Wasserbehörden der Länder erarbeitet. Es fanden daher nicht nur die Belange des Brandschutzes, sondern auch die des Gewässerschutzes maßgebliche Berücksichtigung. Diese TRbF gelten nur für Mineralöle und brennbare Flüssigkeiten. Im übrigen ist die vom BMU bekanntgegebene „Richtlinie für Rohrleitungsanlagen zum Befördern wassergefährdender Stoffe (RRwS)" zu beachten. Diese ist zwar nicht unmittelbar rechtlich verbindlich, wurde aber in Zusammenarbeit mit der Länderarbeitsgemeinschaft Wasser (LAWA) festgelegt und wird daher auch von den Ländern getragen (s. Abschn. B.1.1.2.3). Ähnlich den TRbF wurden im Rahmen der Azetylen-Verordnung Technische Regeln für Rohrleitungsanlagen zum Befördern von Azetylen (TRAC), und im Rahmen der Verordnung über Gashochdruckleitungen Technische Regeln für Rohrleitungsanlagen zum Befördern anderer wassergefährdender Gase (TRGL) erarbeitet. Von der Ermächtigung im WHG zum Erlaß von Rechtsverordnungen hat der Bund bisher noch keinen Gebrauch gemacht.

B.4.5.2.2 Das Recht der Anlagen zum Umgang mit wassergefährdenden Stoffen

„Anlagen zum Umgang mit wassergefährdenden Stoffen" sind Anlagen zum Lagern, Abfüllen und Umschlagen wassergefährdender Stoffe (LAU-Anlagen) sowie Anlagen zum Herstellen, Behandeln und Verwenden wassergefährdender Stoffe (HBV-Anlagen). Hinsichtlich dieser Anlagen gilt der wasserrechtliche *Besorgnisgrundsatz*: sie dürfen nur so beschaffen sein und eingebaut, aufgestellt, unterhalten und betrieben werden, daß eine Verunreinigung der Gewässer oder eine sonstige nachteilige Veränderung der Gewässereigenschaften nicht zu besorgen ist. Dies gilt auch für Rohrleitungsanlagen, die den Bereich eines Werksgeländes nicht überschreiten. Der Besorgnisgrundsatz gilt für Anlagen zum Verwenden wassergefährdender Stoffe nur im Bereich der gewerblichen Wirtschaft und öffentlicher Einrichtungen. Anlagen zum Umschlagen wassergefährdender Stoffe sowie Anlagen zum Lagern und Abfüllen von Jauche, Gülle und Silagesickersäften (JGS-Anlagen) werden privilegiert: sie müssen (lediglich) so beschaffen sein und so eingebaut, aufgestellt, unterhalten und betrieben werden, daß der bestmögliche Schutz der Gewässer vor Verunreinigung oder sonstiger nachteiliger Veränderungen ihrer Eigenschaften erreicht wird. Als Mindestanforderung für die vom WHG erfaßten LAU- und HBV-Anlagen sind die allgemein anerkannten Regeln der Technik zu beachten. Diese Anforderungen werden durch das Landesrecht konkretisiert. Hierzu haben die Länder Anlagenverordnungen (in Nordrhein-Westfalen: VAwS) und Durchführungsverwaltungsvorschriften erlassen. Es bestehen aber Bestrebungen, das Anlagenrecht bundeseinheitlich zu regeln.

Der Begriff der *wassergefährdenden Stoffe* wird in diesem Zusammenhang anders definiert als bei den Rohrleitungen. Erfaßt werden feste, flüssige und gasförmige Stoffe, die geeignet sind, nachhaltig die physikalische, chemische oder biologische Beschaffenheit nachteilig zu verändern. Eine beispielhafte Aufzählung der betroffenen Stoffgruppen findet sich in § 19 g Abs. 5 WHG. Im übrigen werden die Stoffe in der Allgemeinen Verwaltungsvorschrift über die Bestimmung wassergefährdender Stoffe und ihre Einstufung (VwVwS), deren neue Fassung zum 01.05.1996 in Kraft getreten ist, näher bestimmt und entsprechend ihrer Gefährlichkeit eingestuft. Die Einstufung erfolgt in vier Wassergefährdungsklassen: WGK 0 – i. allg. nicht wassergefährdend; WGK 1 – schwach wassergefährdend; WGK 2 – wassergefährdend; WGK 3 – stark wassergefährdend. Die besonderen Anforderungen in den Anlagenverordnungen differenzieren insb. im Hinblick auf diese Wassergefährdungsklassen. Die VwVwS stellt eine norminterpretierende Verwaltungsvorschrift dar (s. Abschn. B.1.1.2.3); die in ihr enthaltene Stoffauflistung ist nicht abschließend.

Um sicherzustellen, daß Unternehmen und sonstige Betroffene die umfassenden wasserrechtlichen Anforderungen an ihre Anlagen einhalten, wurde in § 19h WHG die Pflicht zur *Eignungsfeststellung oder Bauartzulassung* festgelegt. Diese Pflicht erstreckt sich auf die Anlagen selbst, Teile von ihnen sowie technische Schutzeinrichtungen, *soweit sie nicht einfacher oder herkömmlicher Art* sind. Handelt es sich um Einzelanlagen oder Einzelteile, ist die Eignungsfeststellung durchzuführen; bei einer serienmäßigen Herstellung kann eine Zulassung der Bauart nach erfolgen. Diese Pflicht entfällt, soweit eine arbeits- oder immissionsschutzrechtliche Bauartzulassung oder bestimmte Zulassungen nach dem Bauprodukterecht (z. B. CE-Zeichen), die die Einhaltung der wasserrechtlichen Anforderungen sicherstellen, vorliegen. Weitere Ausnahmen bestehen für die Zwischenlagerung im Rahmen eines ordnungsgemäßen Transportvorgangs, für Stoffe, die sich im Arbeitsgang befinden, sowie für die Bereithaltung geringfügiger Mengen in Laboratorien.

Damit erlangt die Qualifikation als einfach oder herkömmlich erhebliches Gewicht. Eine Anlage gilt als *einfach*, wenn sie mit geringem technischem Aufwand erstellt ist und ihre Brauchbarkeit ohne technische Hilfsmittel überprüft werden kann. Sie ist *herkömmlich*, soweit ihre Tauglichkeit aufgrund einer Vielzahl von Fällen gesammelter tatsächlicher Erfahrungen feststeht. Diese unbestimmten Rechtsbegriffe werden teilweise in den Anlagenverordnungen der Länder sowie den dazu ergangenen Verwaltungsvorschriften konkretisiert. Lagertanks gelten beispielsweise als einfach oder herkömmlich, wenn sie doppelwandig sind oder in einem Auffangraum stehen und mit einem selbsttätigen Leckanzeigemechanismus ausgestattet sind. In den landesrechtlichen Vorschriften wird auch in erheblichem Maße auf technische Regeln (z. B. TRbF) und private Regelwerke (z. B. DIN-Normen) verwiesen. Allgemein kann festgestellt werden, daß Anlagen oder Teile einfach oder herkömmlich sind, soweit sie eingeführten technischen Vorschriften oder Baubestimmungen entsprechen.

Eine Anlage darf nur Verwendung finden, wenn die Eignungsfeststellung oder Bauartzulassung durch Bescheid erfolgt ist. Sie haben daher genehmigenden Charakter. Im Rahmen des Verwaltungsverfahrens hat die Wasserbehörde zu überprüfen, ob die Anforderungen des WHG, wie sie durch das Landesrecht, insb. die Anlagenverordnungen, und die TRbF, neuerdings auch die TRUwS (s. Abschn. B.1.1.3.2), konkretisiert werden, eingehalten werden. Die Eignungsfeststellung oder Bauartzulassung kann inhaltlich beschränkt, befristet und unter Auflagen erteilt werden, soweit dies zur Einhaltung der wasserrechtlichen Anforderungen erforderlich ist (Verhältnismäßigkeitsgrundsatz).

Die Anforderungen des WHG und der Anlagenverordnungen sind aber bereits unmittelbar kraft Gesetzes bzw. Rechtsverordnung verbindlich und daher von den Unternehmen zu respektieren. Der Einbau, die Aufstellung, Instandhaltung, Instandsetzung oder Reinigung von Anlagen darf nur durch *Fachbetriebe i. S. d. § 19l WHG* ausgeführt werden. Der Anlagenbetreiber darf auch nur solche Betriebe mit diesen Arbeiten beauftragen. Als Fachbetrieb gilt, wer über die nötige Ausrüstung und das Personal mit der erforderlichen Sachkunde verfügt und berechtigt ist, Gütezeichen einer baurechtlich anerkannten Überwachungs- oder Gütegemeinschaft zu führen, oder einen Überwachungsvertrag mit einer technischen Überwachungsorganisation abgeschlossen hat. Des weiteren treffen den Anlagenbetreiber Überwachungspflichten; die Wasserbehörde kann hierzu weitergehende Anordnungen treffen. Außerdem muß derjenige, der eine Lageranlage befüllt oder entleert, diesen Vorgang überwachen und sich vor Beginn der Arbeiten vom ordnungsgemäßen Zustand der dafür erforderlichen Sicherheitseinrichtungen überzeugen.

B.4.5.3 Sonstige anlagenbezogene Anforderungen

Gemäß § 18b WHG sind Abwasseranlagen unter Berücksichtigung der Benutzungsbedingungen und Auflagen für das Einleiten von Abwasser (s. Abschn. B.4.3.3) nach den hierfür jeweils in Betracht kommenden Regeln der Technik zu errichten und zu betreiben. Diese Regeln der Technik werden durch Landesrecht, insb. in Verwaltungsvorschriften, die teilweise auch DIN-Normen für verbindlich erklären, und in privaten Regelwerken (z. B. der ATV, s. Abschn. B.1.1.3) konkretisiert. Für den Bau und Betrieb sowie die wesentliche Änderung einer Abwasserbehandlungsanlage, die für mehr als 3.000 kg/d BSB_5 (roh) oder für mehr als 1.500 m^3 ≧ anorganisch belastetes Abwasser in zwei Stunden (ausgenommen Kühlwasser) ausgelegt ist, schreibt das WHG eine behördliche Zulassung vor. Das Zulassungsverfahren muß den Anforderungen an eine UVP entsprechen. Nach Landesrecht können derartige Zulassungen der Bauart nach erfolgen. Außerdem erstrecken die Landeswassergesetze teilweise das Zulassungserfordernis auf sonstige Abwasserbehandlungsanlagen.

Darüber hinaus enthalten die Landeswassergesetze weitere Anforderungen an Anlagen. Genehmigungs- oder Anzeigepflichten, auch Planfeststellungsverfahren werden z. B. für folgende Tätigkeiten festgelegt:
– Außerbetriebsetzung, Beseitigung, Änderung bestimmter Benutzungsanlagen, insb. Stauanlagen,
– Bau, Betrieb und wesentliche Veränderung von Wasserversorgungsanlagen,
– Errichtung und wesentliche Änderung von Anlagen in oder an Gewässern,
– Bau und Betrieb von Talsperren.

In der Regel gelten diese Genehmigungspflichten nur, soweit keine sonstige baurechtliche oder gewerberechtliche Zulassung erforderlich ist. Weitere Genehmigungserfordernisse gelten für bestimmte Maßnahmen, die innerhalb festgesetzter Wasserschutz- oder Hochwassergebiete durchgeführt werden.

B.4.6 Wasserrechtliche Schutzgebiete

B.4.6.1 Wasserschutzgebiete

§ 19 WHG ermächtigt die Wasserbehörden, im Interesse der Allgemeinheit *Wasserschutzgebiete* einzurichten, insb. um das Grundwasser als intaktes Reservat für die öffentliche Wasserversorgung zu erhalten. Die Festsetzung eines Wasserschutzgebiets bedarf eines förmlichen Verfahrens; in den Bundesländern ist hierfür i. d. R. der Verordnungsweg vorgeschrieben. Von großer Bedeutung für die Festsetzung solcher Schutzgebiete ist das DVGW-Arbeitsblatt W 101 (s. Abschn. B.1.1.3.2). In den Wasserschutzgebieten können bestimmte Handlungen verboten werden. Die Eigentümer und Nutzungsberechtigten der in dem betroffenen Gebiet gelegenen Grundstücke können zur Duldung oder Vornahme bestimmter Maßnahmen verpflichtet werden. Es wird i. d. R. festgesetzt, welche Handlungen verboten, beschränkt oder geboten oder von einer behördlichen Genehmigung abhängig sind. Diese Festsetzungen richten sich nach dem Zweck des Wasserschutzgebiets, dem Schutzbedürfnis der Wassergewinnungsanlagen und den hydrologischen Gegebenheiten. Die Schutzanordnungen können sich auch an die Allgemeinheit richten. Stellt ein Verbot, eine Beschränkung oder ein Gebot im Hinblick auf bestimmte Grundstücksnutzungen eine Enteignung dar, so ist der Eigentümer zu entschädigen. Soweit durch die erhöhten Anforderungen die *ordnungsgemäße* land- oder forstwirtschaftliche Nutzung eines Grundstücks beschränkt wird, ist für die dadurch verursachten wirtschaftlichen Nachteile ein angemessener Ausgleich zu leisten, der sich nach Landesrecht richtet. Für Rechtsstreitigkeiten über Entschädigungs- und Ausgleichszahlungen sind die Zivilgerichte zuständig.

Die Landesgesetze ermächtigen darüber hinaus zur Festsetzung von Gebieten zum *Schutz von Heilquellen*. Als Heilquellen gelten natürlich zutagetretende oder künstlich erschlossene Wasser- oder Gasvorkommen, die aufgrund ihrer chemischen Zusammensetzung, physikalischen Eigenschaften oder nach der Erfahrung geeignet sind, Heilzwecken zu dienen. Auf derartige Festsetzungen sind in der Regel die Vorschriften zur Festsetzung von Wasserschutzgebieten sinngemäß anzuwenden.

B.4.6.2 Überschwemmungsgebiete und Gewässerrandstreifen

Gemäß § 32 WHG sind Gebiete, die bei Hochwasser überschwemmt werden, zu *Überschwemmungsgebieten* zu erklären, soweit es die Regelung des Wasserabflusses erforderlich macht. Zur Sicherstellung eines schadlosen Abflusses des Hochwassers haben die Länder Vorschriften für solche Gebiete erlassen, insb. sind Rückhalteflächen zu erhalten und ggfs. wiederherzustellen. Die Festsetzung der Überschwemmungsgebiete und der darin zu beachtenden Ge- und Verbote erfolgt i. d. R. durch Rechtsverordnung. Teilweise wird auch eine Genehmigung für bestimmte Maßnahmen vorgesehen, die den Hochwasserabfluß behindern können. Das Landeswasserrecht sieht darüber hinaus weitere Maßnahmen zur Sicherung des schadlosen Hochwasserabflusses vor. Zum Teil sieht das Landesrecht Anforderungen und Verbote für Maßnahmen in festgelegten oder festzusetzenden *Gewässerrandstreifen* vor.

B.4.7 Fiskalisches Wasserrecht

B.4.7.1 Abwasserabgabenrecht

Das Bundes-Abwasserabgabengesetz (AbwAG) schreibt vor, daß für das Einleiten von Abwasser in ein Gewässer eine Abgabe (Abwasserabgabe) zu entrichten ist, die von den Ländern erhoben wird. Als *Abwasser* gelten nach der Begriffsbestimmung des § 2 Abs. 1 AbwAG Schmutzwasser und Niederschlagswasser (s. Abschn. B.4.3.3), wobei zum Schmutzwasser auch die aus Anlagen zum Behandeln, Lagern und Ablagern von Abfällen austretenden und gesammelten Flüssigkeiten (insb. Deponiesickerwässer) zählen.

Die *Höhe der Abgabe* richtet sich nach der Schädlichkeit des Abwassers. Diese wird unter Zugrundelegung der oxidierbaren Stoffe (in chemischem Sauerstoffbedarf – CSB), des Phosphors, des Stickstoffs, der organischen Halogenverbindungen, der Metalle Quecksilber, Cadmium, Chrom, Nickel, Blei, Kupfer und ihrer Verbindungen sowie der Giftigkeit des Abwassers gegenüber Fischen nach Schadstoffeinheiten bestimmt. Diese sind in der Anlage zu § 3 AbwAG festgelegt. Schadstoffkonzentrationen oder Jahresmengen, die die in dieser Anlage angeführten Schwellenwerte nicht überschreiten, bleiben außer Betracht. Die Schädlichkeit bestimmt sich nach der Schadstofffracht, die im *Bescheidsystem* ermittelt wird: der die Abwassereinleitung zulassende Erlaubnisbescheid hat die in einem bestimmten Zeitraum im Abwasser einzuhaltenden Schadstoffkonzentrationen und bei der Giftigkeit gegenüber Fischen den in einem bestimmten Zeitraum einzuhaltenden Verdünnungsfaktor zu begrenzen (Überwachungswerte) sowie die Jahresschmutzwassermenge festzulegen; die zu veranlagenden Schadeinheiten sind aufgrund dieser Festlegungen zu errechnen. Anstelle der in dem Bescheid festgelegten Parameter sind die vom Einleiter gegenüber der Behörde erklärten Werte zu berücksichtigen, wenn der Einleiter glaubt, niedrigere Werte als die festgelegten einhalten zu können, oder soweit keine Festlegung im Bescheid erfolgt ist. Für Niederschlagswasser und bei Kleineinleitungen wird die Anzahl der Schadeinheiten pauschalisiert. Die zu veranlagende Anzahl der Schadeinheiten ist mit dem jeweils gültigen Abgabesatz zu multiplizieren. Seit dem 01.01.1997 beträgt dieser 70 DM im Jahr. Außer für die pauschalisierten Einleitungen ermäßigt sich der Abgabensatz um 75 %, ab 1999 um 50 % für die Schadeinheiten, die nicht vermieden werden, obwohl die Anforderungen der AbwV oder der Abwasserverwaltungsvorschriften eingehalten werden. § 10 AbwAG nimmt einzelne Abwassereinleitungen von der Abgabepflicht aus.

Der Ertrag der Abwasserabgabe ist zweckgebunden für bestimmte wasserwirtschaftliche Maßnahmen zu verwenden.

B.4.7.2 Grundwasserabgabe und Wasserpfennig

Zahlreiche Bundesländer haben die Erhebung einer Abgabe für die Wasserentnahme aus Gewässern durch Landesgesetz festgelegt. Die meisten Länder beschränken diese Abgabenpflicht nur auf die Entnahme aus dem Grundwasser (z. B. Hessen, Schleswig-Holstein, Berlin), andere (z. B. Baden-Württemberg) erstrecken sie auch auf sonstige Wasserentnahmen. Abgabenpflichtig ist jeder, der aus dem betroffenen Gewässer Wasser entnimmt. Dies betrifft in erster Linie die Betriebe der Trinkwasserversorgung und industrielle Großbetriebe. Die Höhe der Abgabe richtet sich nach der entnommenen Wassermenge. Der Abgabensatz ist i. d. R. nach der Art der Wasserverwendung gestaffelt. Dies führt insb. zu einer Privilegierung der Trinkwasserversorgung, Landwirtschaft, Fischerei und ähnlicher subventionierungswürdiger Betriebe gegenüber der industriellen Nutzung. Außerdem werden Wasserentnahmen zu bestimmten Zwecken von der Abgabenpflicht befreit. Diese Differenzierungen rechtfertigen sich als eine wirtschaftsrechtlich zulässige Subventionierung der begünstigten Bereiche, weil die wasserwirtschaftlichen Belange nur unerheblich beeinträchtigt werden oder aus sonstigen Gründen des Allgemeinwohls.

Die Verfassungsmäßigkeit dieser Abgabepflichten wurde angezweifelt. Inzwischen hat das Bundesverfassungsgericht aber diese Regelungen für mit dem Grundgesetz vereinbar erklärt. Insbesondere verstießen sie nicht gegen die Finanzordnung des GG, da die Abgabe der Abschöpfung eines Sondervorteils (Wassernutzung) diene und damit sachlich gerechtfertigt sei.

B.4.8 Die wasserrechtliche Gefährdungshaftung

Gemäß § 22 WHG ist derjenige, der in ein Gewässer Stoffe einbringt oder einleitet oder wer auf ein Gewässer derart einwirkt, daß die physikalische, chemische oder biologische Beschaffenheit des Wassers verändert wird, zum Ersatz des daraus einem anderen entstehenden Schadens verpflichtet. Diese Haftung trifft auch den Inhaber einer Anlage, die dazu bestimmt ist, Stoffe herzustellen, zu verarbeiten, zu lagern, abzulagern, zu befördern oder wegzuleiten, und aus der derartige Stoffe in ein Gewässer gelangen, ohne in dieses eingebracht oder eingeleitet zu sein; insoweit entfällt die Haftung, wenn der Schaden durch höhere Gewalt verursacht wurde. Dem Geschädigten obliegt weiterhin die Beweislast hinsichtlich des Kausalzusammenhangs zwischen der Stoffeinleitung in das Gewässer und seinem Schaden. Er muß dagegen nicht das Verschulden des Inhabers oder Betreibers der Anlage nachweisen.

B.5 Bodenschutzrecht

B.5.1 Grundlagen

B.5.1.1 Das Bundes-Bodenschutzgesetz

Seit Beginn der 80er Jahre wird in der Umweltpolitik des Bundes erörtert, ob neben dem Schutz der Luft und des Wassers nicht auch der Schutz des Bodens als des bis dahin angeblich vernachlässigten „dritten Umweltmediums" systematisch und bundeseinheitlich geregelt werden sollte. Dabei stand die Forderung im Vordergrund, für den zukünftigen Umgang mit dem Boden den Maßstab der Gefahrenabwehr nach dem Polizei- und Ordnungsrecht der Länder durch einen anspruchsvolleren Vorsorgemaßstab abzulösen. Gleichzeitig sollte sichergestellt werden, daß Altdeponien und kontaminierte Industriestandorte so saniert werden, wie dies erforderlich erscheint, um überall eine zufriedenstellende Bodenbeschaffenheit wiederherzustellen. Von den naturwissenschaftlichen Grundlagen her stellte es sich als schwierig heraus, die Definition des Bodens als Schutzobjekt eines eigenständigen Bodenschutzrechts zu bestimmen und Kriterien für die verschiedenen Bodenfunktionen festzulegen.

Das Bundes-Bodenschutzgesetz (BBodSchG) wurde vom Deutschen Bundestag am 05.02.1998 beschlossen, der Bundesrat hat dem Gesetz am 06.02.1998 zugestimmt. Das Gesetz ist am. 17.03.1998 verkündet worden (BGBl S. 502). Abgesehen von den Verordnungsermächtigungen, die sofort wirksam werden, treten die Regelungen des Gesetzes zusammen mit der Bodenschutz- und Altlastenverordnung im März 1999 in Kraft.

B.5.1.2 Die Gesetzgebungskompetenz

Bisher waren Altlastenrecht und Bodenschutz Gegenstand landesrechtlicher Regelungen. Die Bundesregierung geht davon aus, daß der Bund über eine konkurrierende *Gesetzgebungskompetenz* (s. Abschn. B.1.1.2.2) für den Bodenschutz verfügt. Diese Kompetenz soll sich aus einem Konglomerat einzelner Kompetenzzuweisungen ergeben, in denen der Bodenschutz partiell mitumfaßt ist, insbesondere aber aus Art. 74 Nr. 18 des Grundgesetzt (GG), wonach sich die konkurrierende Gesetzgebung auch auf das „Bodenrecht" erstreckt. Verfassungsrechtlich kann dies nicht überzeugen. Unter Bodenrecht hat man stets nur Bodennutzungsrecht, nicht Bodenschutzrecht verstanden. Vor allem machte es keinen Sinn, wenn das Grundgesetz einerseits für den Schutz des Wasserhaushalts und für den Naturschutz nach Art. 75 Nr. 3 und 4 GG bewußt nur eine Rahmengesetzgebung (s. Abschn. B.1.1.2.2) vorsähe, obwohl in dieser Materie immer schon die weitaus wichtigsten Bodenschutzkomponenten mitenthalten waren, andererseits die Bestimmung von Schutzwürdigkeits- und Gefährdungsprofilen für den Boden der Bundespolitik vollständig öffnete. Sofern sich einige Bundesländer künftig einem Interventionismus des Bundesrechts widersetzen sollten, dürfte die verfassungsrechtliche Basis, die die Gesetzesbegründung reklamiert, rasch zusammenbrechen. Aber das jetzt erlassene Bundesgesetz und auch die in der Entstehung begriffene Bodenschutz- und Altlastenverordnung sind weit davon entfernt, eine konkurrierende Gesetzgebungskompetenz voll auszuschöpfen. Was jetzt bundeseinheitlich geregelt wird, dürfte noch in Einklang mit der Kompetenzverteilung für den Schutz der Umweltmedien in den Art. 70, 74 und 75 GG stehen.

B.5.1.3 Anwendungsbereich

In dieser Hinsicht kommt der sehr zurückhaltenden Regelung des *Anwendungsbereichs* des Gesetzes bereits große Bedeutung zu. Nach § 4 Abs. 4 BBodSchG bestimmen sich die bei der Sanierung von Gewässern zu erfüllenden Anforderungen nach dem Wasserrecht. Nach dem Wasserhaushaltsgesetz ist es weiterhin Sache der Länder, Bewirtschaftungs- und Sanierungsziele für die Gewässer vorzugeben. Das gilt selbstredend nicht nur für die Sanierung der Gewässer selbst, etwa die Reinigung von kontaminierten Grundwasserkompartimenten, sondern bedeutet auch, daß bei der Sanierung von kontaminierten Böden, deren eluierende Schadstoffe die Gewässer bisher noch nicht erreicht haben, die Bewirtschaftungs- und Sanierungsziele den Ausschlag geben, die die zuständigen Landesbehörden im Rahmen ihrer komplexen Gewässerbewirtschaftung jeweils setzen.

In weitem Umfang hängt die Erfüllung der boden- und altlastenbezogenen Pflichten von der planungsrechtlich zulässigen Nutzung des Grundstücks ab. Hier bleiben die Vorschriften des Bauplanungsrechts maßgebend, so daß sich die Anforderungen i.d.R. danach ausrichten, wie die Gebietsplanung des Landes und die Bauleitplanung der Städte und Gemeinden ineinandergreifen.

In ähnlicher Weise sind die Vorschriften des Verkehrsrechts, des Forstrechts, des Bergrechts, des Immissionsschutzrechts und des Abfallwirtschaftsrechts vorrangig, soweit sie Einwirkungen auf den Boden regeln. In besonderer Weise gilt dies für die Landwirtschaft, die nach wie vor auf eine standortangepaßte Produktion verpflichtet wird, aber nur nach Maßgabe der Grundsätze der *guten fachlichen Praxis*, die im Landwirtschaftsressort formuliert wird. Bodenschutzrechtliche Beschränkungen der land- und forstwirschaftlichen Bodennutzung sowie zur Bewirtschaftung von Böden sind nach § 10 Abs. 2 BBodSchG entschädigungspflichtig, wenn dies auch unter Berücksichtigung von Verursacherverantwortung und zumutbaren innerbetrieblichen Anpassungsmaßnahmen sowie der für jedermann mit Bodenschutz vorbundenen allgemeinen Belastungen zu einer *besonderen Härte* führen würde.

Auch *Landesrecht* wird aus dem Gebiet des Bodenschutzes keineswegs verdrängt. Zwar müssen die Länder sowohl ihre Bodenschutzgesetze als auch Sondergesetze, die die Altlastensanierung behandeln, dem neuen Bundesrecht anpassen. In erheblichem Umfang bleiben diese Landesgesetze aber aufrechterhalten. Auch künftig können die Länder ergänzende Verfahrensregelungen erlassen, Verdachtsflächenkataster führen, gebietsbezogene Maßnahmen des Bodenschutzes bei flächenhaft schädlichen Bodenveränderungen treffen und eigene Bodeninformationssysteme einrichten. Auch landesrechtlich unterschiedliche Grundsätze für die Heranziehung von Störern und Nichtstörern bleiben aufrechterhalten, wenn nur die bundesrechtlichen Vorgaben beachtet werden.

Zusammenfassend kann man feststellen, daß das BBodSchG sich auf Regelungen beschränkt, über die sich Bund und Länder einig sind. Der künftige Umgang mit dem Boden nach Vorsorgemaßstäben ist noch in weitem Umfang ausfüllungsbedürftig. Vor allem ist offen, was zum Schutz spezifisch ökologischer Bodenfunktionen gefordert werden soll. Für die Sanierung von Altlasten wird ein einheitliches Verfahren eingeführt, insbesondere was die Ermittlung von Bodenverunreinigungen nach Maßgabe bestimmter Untersuchungsverfahren und die Bewertung von Analyseergebnissen angeht; insoweit wird das allenthalben beklagte „Listenwirrwarr" (teilweise) beseitigt. Hinsichtlich der Maßstäbe, nach denen Altlasten zu sanieren sind, ändert sich jedoch gegenüber dem bisherigen Rechtszustand wenig. Wird im Hinblick auf eine künftige Flächennutzung saniert, sind die dafür jeweils geltenden Grenzwerte zum Schutz des Menschen und von pflanzlichem und tierischem Leben einzuhalten. Wird im Hinblick auf den Schutz von Oberflächengewässern oder von Küstengewässern saniert, kommt es auf die Bewirtschaftungsziele an, die die Wasserbehörde für die betreffende Gewässerstrecke vorgibt. Wird im Hinblick auf den Schutz von Grundwasservorkommen saniert, kommt es darauf an, welchen Spielraum das Wasserhaushaltsgesetz den Ländern für die Bestimmung der Sanierungsziele läßt und wie die zuständige Behörde davon im Rahmen der Grundwasserbewirtschaftung Gebrauch macht.

B.5.1.4 Prüf- und Sanierungswerte

Schließlich ist entscheidend, daß in der Bodenschutz- und Altlastenverordnung *Prüfwerte* festgelegt werden, nur ganz vereinzelt Sanierungswerte (Maßnahmenwerte), die gewissermaßen schon aufgrund von Bundesrecht bestimmte Sanierungsmaßnahmen auslösen. Da letztlich die Sanierung jeder Altlast eine Einzelfallentscheidung bleibt, in die zahlreiche Abwägungsfaktoren eingehen müssen oder zumindest eingehen können, erscheint es unrealistisch, die Vorstellung zu pflegen, mit dem neuen Bodenschutzrecht seien Maßnahmen zur Sanierung von Altlasten schon normativ festgelegt und die Kosten präzis kalkulierbar geworden. Der Entscheidungsspielraum für die Behörde bleibt weitgesteckt; die dogmatische Feinstruktur, wo jeweils Bewirtschaftungsermessen, wo Rechtsfolgenermessen, wo nur Verhältnismäßigkeitsspektren im Rahmen an sich strikter Gesetzesbindung ausgeschöpft werden, kann demgegenüber oft auf sich beruhen. Die Verwaltungsgerichte werden sich bei der Überprüfung von Sanierungsanordnungen oder öffentlichrechtlichen Sanierungsverträgen eher zurückhalten, gleichviel ob dies im Ermessensbereich nach § 114 VwGO geschieht oder sonst aus Gründen praktischer Vernunft.

B.5.2 Bodenschutzrechtliche Verwaltungsverfahren

B.5.2.1 Zuständige Behörden

Es ist *Sache der Länder* zu bestimmen, welche Behörden für den Vollzug des Bodenschutzrechtes *zuständig* sein sollen. Hier kommen staatliche und kommunale Zuständigkeiten in Betracht, außerdem ist das Verhältnis zwischen Vollzugsbehörden und reinen Fachbehörden zu klären.

Dementsprechend richtet sich das *Verwaltungsverfahren* nach dem Verwaltungsverfahrensgesetz des jeweiligen Bundeslandes. Das Polizei- und Ordnungsrecht liefert nach wie vor die maßgeblichen Modelle für die Abwicklung, sowohl bei der Durchsetzung von Vorsorgeanforderungen als auch bei der Altlastensanierung. Nur wenige Vorgaben des Bundesrechts sind hier zu beachten. Vor allem sieht das Bundesrecht davon ab, den Behörden Amtspflichten zum Schutz des Bodens aufzuerlegen. Das gilt auch für die

Sanierung von Altlasten. Die Behörde kann nach ihrem Opportunitätsermessen Maßnahmen treffen, muß dies aber nicht tun. Allerdings sieht § 13 Abs. 1 BBodSchG vor, daß bei Altlasten, von denen aufgrund von Art, Ausbreitung oder Menge der Schadstoffe „in besonderem Maße" schädliche Bodenveränderungen ausgehen, die zuständige Behörde Sanierungsuntersuchungen herbeiführen sowie die Vorlage eines Sanierungsplans verlangen „soll". Aber dies bleibt weit hinter einer Garantenstellung für saubere Böden zurück. Nur für Extremsituationen kann daher der Vorwurf der Verletzung verwaltungsrechtlicher Pflichten gegenüber Beamten in Betracht kommen, die einer Amtspflicht zum Schutz des Bodens nach § 324 a StGB nicht nachgekommen sind.

B.5.2.2 Behördliche Maßnahmen

Bei der Sanierung von Altlasten kommt eine Durchsetzung durch *Sanierungsanordnung* (s. Abschn. B.1.2.3.3 u. B.1.3.2.1) oder durch *öffentlich-rechtlichen Vertrag* (s. Abschn. B.1.3.2.2) in Betracht; letzterer wird in § 13 Abs. 4 BBodSchG ausdrücklich hervorgehoben. Vom Inhalt her geht es einerseits darum, Sanierungsuntersuchungen anderseits die Vorlage eines Sanierungsplans anzuordnen. Gegenüber dem klassischen Ordnungsrecht zeigt sich eine deutliche Abweichung. Während dort i. allg. die Behörde den Nachweis führt, daß eine Gefahr vorliegt, die Abwehrmaßnahmen erfordert, bemüht man sich in § 9 BBodSchG, den Ermittlungs- und Untersuchungsaufwand (s. Abschn. B.5.4.1) möglichst weitgehend schon auf Handlungs- oder Zustandsstörer (s. Abschn. B.1.2.3.3) zu verlagern. Nach § 9 Abs. 1 BBodSchG genügt es, daß der zuständigen Behörde „Anhaltspunkte" dafür vorliegen, daß eine schädliche Bodenveränderung oder Altlast eingetreten ist, um eine Inanspruchnahme in die Wege zu leiten. Stellt sie fest, daß Prüfwerte überschritten sind, werden Grundstückseigentümer und Gewahrsamsinhaber über die getroffenen Feststellungen schriftlich unterrichtet. Bestehen daraufhin auch schon „konkrete Anhaltspunkte", die den „Verdacht" auf eine schädliche Bodenveränderung oder eine Altlast begründen, reicht dies bereits aus, die Handlungs- oder Zustandsstörer zur Durchführung der notwendigen Untersuchungen zur Gefährdungsabschätzung heranzuziehen. Die Kosten dieser Maßnahmen sind nach § 24 Abs. 1 i. V. m. § 9 Abs. 2 BBodSchG von den Verpflichteten zu tragen. Bestätigt sich freilich bei diesen Untersuchungen der Verdacht nicht, sind den zur Untersuchung Herangezogenen die Kosten zu erstatten, es sei denn, daß sie die den Verdacht begründenden Umstände zu vertreten hätten.

Es liegt in der Konsequenz einer so weitgehenden Inpflichtnahme Privater, daß das Sanierungsprogramm nach § 13 BBodSchG Sache des Handlungs- oder Zustandsstörers ist, der einen Sanierungsplan (s. Abschn. B.5.4.2) zu erarbeiten hat oder auf seine Kosten von Ingenieurbüros erarbeiten läßt. Die Behörde kann den Sanierungsplan nach § 14 BBodSchG aber auch selbst erstellen oder ergänzen oder durch einen Sachverständigen erstellen oder ergänzen lassen. Ihr Opportunitätsermessen ist hier aber nach zwei Seiten hin deutlich eingeschränkt.

Einerseits muß sie dies gegenüber den Verantwortlichen rechtfertigen, wenn diese selbst zur Aufstellung des Sanierungsplans bereit und in der Lage sind. Diese müssen den Selbsteintritt der Behörde nur hinnehmen, wenn aufgrund der großflächigen Ausdehnung der Altlast, der auf der Altlast beruhenden weiträumigen Verunreinigung eines Gewässers oder aufgrund der großen Zahl der Handlungs- oder Zustandsstörer ein koordiniertes Vorgehen erforderlich ist.

Die Vorschrift dürfte das Opportunitätsermessen damit aber zugleich auch gegenüber denjenigen einschränken, die ohne ein koordiniertes Vorgehen deutliche Nachteile zu besorgen hätten. Das ist in erste Linie der Grundstückseigentümer, der anderenfalls die ganze Sanierungslast zunächst selbst zu tragen hätte. Zwar sieht § 24 Abs. 2 BBodSchG vor, daß mehrere Verpflichtete unabhängig von ihrer Heranziehung untereinander einen Ausgleichsanspruch haben. Aber die Frage, welche Verpflichteten welche Kostenanteile zu tragen haben, muß dann erst auf Klage der zuerst Herangezogenen im ordentlichen Rechtsweg geklärt werden. Außerdem bleibt offen, ob die Verpflichteten zahlungsfähig sind. In der Regel wird die Behörde daher nicht darum herumkommen, in Fällen komplexer Verantwortlichkeit die Verteilung der Sanierungslast selbst in die Hand zu nehmen; alles andere wäre unzumutbar. Dies gilt in besonderem Maße, wenn zu dem Kreis der Sanierungsverantwortlichen auch der Bund, das Land oder Gebietskörperschaften gehören.

Offen ist, ob auch Dritte, die durch die Altlastensanierung begünstigt werden, einen Anspruch gegen die Behörde auf ein koordiniertes Vorgehen gegenüber den Handlungs- und Zustandsstörern geltend machen können. Hier ist etwa an ein Wasserversorgungsunternehmen zu denken, das besorgen muß, daß im Fall einer Sanierungsplanung auf privater Basis die Sanierung nur unzulänglich oder in allzu langen Zeiträumen abgewickelt werde. Jedenfalls dann, wenn sich überhaupt ein Anspruch auf behördliches Einschreiten zugunsten solcher Betroffener konstruieren läßt, wird man die Meinung vertreten können, hier sei auch ein koordiniertes Vorgehen der Behörde ggf. verwaltungsgerichtlich durchsetzbar.

Die Unterscheidung zwischen Altlasten auf der einen Seite, Grundstücken mit schädlichen Bodenveränderungen auf der anderen Seite hat zunächst die Bedeutung, daß bei ersteren gewissermaßen von Gesetzes wegen schon ein Anfangsverdacht auf schädliche Bodenveränderungen besteht. Dabei handelt es sich um stillgelegte Abfallbeseitigungsanlagen und Grundstücke, auf denen Abfälle behandelt, gelagert oder abgelagert worden sind (Altablagerungen), ferner um Grundstücke stillgelegter Anlagen und sonstige Grundstücke, auf denen mit umweltgefährdenden Stoffen umgegangen worden ist (Altstandorte).

Altlasten und altlastverdächtige Flächen unterliegen ferner, soweit erforderlich, der Überwachung durch die zuständige Behörde. Liegt eine Altlast vor, kann die Behörde nach § 15 Abs. 2 BBodSchG Handlungs- oder Zustandsstörer heranziehen, die Eigenkontrollmaßnahmen, insbesondere Boden- und Wasseruntersuchungen sowie Einrichtung und den Betrieb von Meßstellen durchzuführen haben. Das hat insbesondere auch für die Zeit nach Durchführung von Dekontaminations-, Sicherungs- und Beschränkungsmaßnahmen Bedeutung.

B.5.2.3 Der Sanierungsplan

Die praktisch wichtigste Verfahrensregelung des Bundesrechts liegt in der *Konzentrationswirkung*, die dem *Sanierungsplan* (s. Abschn. B.5.4.2) zukommen kann. Im Normalfall, in dem etwa der Grundstückseigentümer oder eine Störergemeinschaft den Sanierungsplan aufgestellt hat, greift § 13 Abs. 6 BBodSchG ein, wonach die Behörde den Plan – auch unter Abänderung oder mit Nebenbestimmungen – für verbindlich erklären kann. Ein für verbindlich erklärter Plan schließt andere die Sanierung betreffende behördliche Entscheidungen grundsätzlich ein. Dementsprechend kann selbstredend auch eine behördliche Sanierungsplanung mit Konzentrationswirkung ausgestattet werden. Von der Konzentrationswirkung ausgenommen sind Zulassungsentscheidungen, die außerhalb des Anwendungsbereichs nach § 3 BBodSchG liegen und nach Bundes- oder Landesrecht einer Umweltverträglichkeitsprüfung unterliegen. Außerdem setzt die Konzentrationswirkung voraus, daß die jeweils miteingeschlossenen Entscheidungen in der Verbindlicherklärung ausdrücklich aufgeführt werden und daß vorher das Einvernehmen mit der zuständigen Behörde hergestellt worden ist.

B.5.3 Maßstäbe für die Inanspruchnahme von Handlungs- und Zustandsstörern

B.5.3.1 Störerverantwortlichkeit und Verhältnismäßigkeitstest

Die mit dem Bundes-Bodenschutzgesetz verbundenen Erwartungen an eine flächendeckende Wiederherstellung unbeeinträchtigter Bodenverhältnisse, an eine gleiche und gerechte Verteilung der Sanierungslast unter allen Beteiligten und an bestimmte, sicher kalkulierbare Vorgaben dafür, was die Behörde von den Handlungs- und Zustandsstörern (s. Abschn. B.1.2.3.3) verlangen kann, waren stets drastisch überzogen. Demgegenüber sind zum Verständnis des Gesetzes vor allem drei Korrekturen unerläßlich.

– Die Behörden der Länder sind nicht verpflichtet, Altlasten zu beseitigen oder beseitigen zu lassen. Das Gesetz harmonisiert *Eingriffsbefugnisse*, es konstruiert keine Garantenstellung für die Wiederherstellung sauberer Böden. Manche Altlasten werden also saniert, andere nicht.

– Der Grundpflichtenkatalog, wonach Grundstückseigentümer, frühere Grundstückseigentümer, Gewahrsamsinhaber, Handlungsstörer und deren Gesamtrechtsnachfolger verpflichtet werden können, die schädlichen Bodenveränderungen so zu sanieren, daß dauerhaft keine Gefahren für den Einzelnen oder die Allgemeinheit entstehen, steht zunächst unter dem Vorbehalt eines *„großen Verhältnismäßigkeitstests"*, wonach potentiell erreichbare Sanierungserfolge mit dem an volkswirtschaftlichen Kategorien ausgerichteten Aufwand in Beziehung zu setzen sind. Nicht alles, was technisch möglich wäre, um die Sünden der Vergangenheit auszugleichen, läßt sich nach Maßstäben praktischer Vernunft rechtfertigen.

– Schließlich unterliegt die Heranziehung jedes

Zustands- oder Handlungsstörers einem „*kleinen Verhältnismäßigkeitstest*", wobei der von jedem Verpflichteten geforderte Aufwand an betriebswirtschaftlich ausgerichteten Zumutbarkeitskategorien gemessen werden muß. Dabei sind die Grenzen der Zumutbarkeit für jede Gruppe der *Verpflichteten* (s. Abschn. B.1.2.3.3) gesondert festzustellen. Gewahrsamsinhaber können i. allg. überhaupt nur zur Duldung von Sanierungsmaßnahmen, nicht zur Sanierung selbst verpflichtet werden. Bei der Inanspruchnahme des Grundstückseigentümers kommt es auch darauf an, wieweit er sich anrechnen lassen muß, daß er es zur Kontamination des Bodens auf seinem Grundstück hat kommen lassen; jenseits dessen wird die Frage der Zumutbarkeit deutlich kritischer gestellt. Allerdings muß ein Eigentümer nach heute vorherrschender Auffassung gegen sich gelten lassen, daß er ein so kontaminiertes Grundstück überhaupt erworben hat; demgegenüber greift aber wieder der Gesichtspunkt korrigierend ein, daß die Sorgfaltspflichten für den Grundstücksmarkt nicht überzogen werden dürfen, erst recht nicht mit rückwirkender Kraft. Bei Grundstücksverkäufen nach Inkrafttreten des BBodSchG haftet nun grds. auch der bisherige Eigentümer. Selbst beim Handlungsstörer werden durch das Verhältnismäßigkeitsprinzip Grenzen gezogen. Obgleich es abwegig wäre, allen früher erteilten gewerberechtlichen Genehmigungen und Baugenehmigungen eine „Legalisierungswirkung" zuzuschreiben, die sie niemals gehabt haben, spielt es u. U. eine Rolle, daß Behörden bei der Überwachung von Betrieben eine gewisse Mitverantwortung übernommen haben und der Betreiber nach den damals praktizierten Maßstäben alles seinerseits Erforderliche eigentlich pflichtgemäß getan hatte.

Es wäre also eine Illusion zu glauben, daß alle Altlasten überall nach gleichen Maßstäben saniert werden und daß die Bodenschutz- und Altlastenverordnung für den Bereich der Altlastensanierung „gleichwertige Lebensverhältnisse im Bundesgebiet" herstellen könnte (Art. 72 Abs. 2 GG).

B.5.3.2   Die bodenschutzrechtliche Grundpflicht

Die *Grundpflicht* des § 4 Abs. 1 BBodSchG ist § 1a Abs. 2 WHG (s. Abschn. B.4.5.1) nachgebildet: Wie jedermann verpflichtet ist, bei Maßnahmen, mit denen Einwirkungen auf ein Gewässer verbunden sein können, die nach den Umständen erforderliche Sorgfalt anzuwenden, um eine Verunreinigung des Wasser zu verhüten, so hat sich auch jeder, der auf den Boden einwirkt, so zu verhalten, daß schädliche Bodenveränderungen nicht hervorgerufen werden. Dies reicht über bloße Gefahrenabwehr hinaus. Soweit in der Bodenschutz- und Altlastenverordnung für bestimmte Schadstoffeinträge Vorsorgewerte festgesetzt sind, ist deren Überschreitung schon im Vorfeld einer möglichen Bodenveränderung zu verhindern. Soweit keine Vorsorgewerte festgesetzt sind, müssen die Einträge soweit wie möglich begrenzt werden. Dies gilt insbesondere für die Stoffe, die in den Technischen Regeln für Gefahrstoffe – Verzeichnis krebserzeugender, erbgutverändernder oder fortpflanzungsgefährdender Stoffe (TRGS 905, Ausgabe 1995) – aufgeführt werden. Auch hier ist im Hinblick auf den Nutzungszweck des Grundstücks die Verhältnismäßigkeit von Fall zu Fall zu prüfen.

Für alles, was bereits im Boden ist, gilt der Maßstab der Gefahrenabwehr. Demgemäß sind schädliche Bodenveränderungen grundsätzlich so zu sanieren, daß die Gefahrenschwelle wieder unterschritten wird. Anordnungen mit dem Ziel, auch eine Überschreitung der Vorsorgewerte zu korrigieren, sind bodenschutzrechtlich nicht zu begründen. Eine Ausnahme gilt aber für gewissermaßen „nachgesetzliche" Kontaminationen: Sind schädliche Bodenverunreinigungen erst nach Inkrafttreten des BBodSchG eingetreten, gilt ein strengerer Sanierungsmaßstab. Allerdings gilt auch hier das Verhältnismäßigkeitsprinzip: Wer zum Zeitpunkt der Verursachung aufgrund der Erfüllung der für ihn geltenden gesetzlichen Anforderungen darauf vertraut hat, daß solche Beeinträchtigungen nicht entstehen werden, ist entlastet, es sei denn, daß sein Vertrauen unter Berücksichtigung der Umstände des Einzelfalles nicht schutzwürdig war.

B.5.3.3   Sanierungs- und Schutzmaßnahmen

Grundsätzlich sind *drei Sanierungsfälle* zu unterscheiden: nutzungsbezogene, gewässerbezogene und „rein bodenschutzrechtliche" Sanierungsfälle. Maßstab für die Sanierung bei *nutzungsbezogenen Sanierungsfällen* ist naturgemäß, daß eine gefahrlose Nutzung auf Dauer sichergestellt werden soll. Hierzu gehören aber nicht nur Nutzungen, bei denen die Gesundheit des Menschen eine Rollen spielen kann, wie bei Kinderspielplätzen und Kleingärten mit Gemüseanbau, sondern auch Nutzungen ökologischer Art. Dort geht es um die Erhaltung oder Wiederherstellung schutzwürdiger Bestände an pflanzlichem und tierischem Leben, von Feuchtbiotopen, von wertvollen Landschaftsbildern oder Naturdenkmälern, die Nutzen aus dem Boden ziehen. Auf weite Sicht spielt die dritte Kategorie, nämlich die Sanierung zur Wiederherstellung reiner Bodenfunktionen, noch keine große Rolle. Hier geht es vor allem um die Durchsetzung der Entsiegelungspflicht nach § 5 BBodSchG. Von einer Begrenzung der Düngung in der Landwirtschaft mit dem Ziel, einer Erschöpfung des Kohlenstoffgehalts in tieferen Bodenschichten der ungesättigten Zone und damit des Denitrifizierungsvermögens entgegenzuwirken, ist man bei der Definition der guten fachlichen Praxis noch weit entfernt. Ebensowenig kann man der Anreicherung mit Pflanzenschutzmitteln, soweit diese im Boden fest gebunden bleiben (*bound residues*), bodenschutzrechtlich begegnen, allein gestützt auf die Möglichkeit, daß solche Schadstoffe einmal mobilisiert werden könnten.

Ein Vorrang der Beseitigung von Altlasten gegenüber der bloßen Sicherung ist bundesrechtlich nicht geschaffen worden. Dabei spielt eine Rolle, daß die *Dekontaminationsmaßnahmen* auch zu einer Mobilisierung von Schadstoffen führen oder diese steigern können, so daß der Schaden u. U. größer ist als der Nutzen. Es spielt aber auch eine Rolle, daß die Beseitigung der Schadstoffe oft problematisch ist, weil man sie u.U. nur unvollständig erfaßt oder weil die Dekontaminationsmaßnahmen nicht hinreichend greifen oder weil der gesamte Vorgang von Auskofferung, Abtransport, Verbrennung und Ablagerung in der Ökobilanz unzweckmäßig erscheint. Nicht zuletzt kann man aber auch bei den Dekontaminationsmaßnahmen am schnellsten alle Grenzen der Verhältnismäßigkeit sprengen. *Sicherungsmaßnahmen* sind also als gleichwertige Sanierung anerkannt; sie sind geeignet, wenn sie gewährleisten, daß durch die im Boden oder in Altlasten verbleibenden Schadstoffe langfristig keine Gefahren für den einzelnen oder die Allgemeinheit entstehen. Auch eine geeignete Abdeckung schädlich veränderter Böden mit einer Bodenschicht oder durch eine Versiegelung ist ausdrücklich vorgesehen.

In der Bodenschutz- und Altlastenverordnung wird für alle nutzungsbezogenen Sanierungsfälle auch ausdrücklich anerkannt, daß unter der Rubrik der sonstigen *Schutz- und Beschränkungsmaßnahmen* auch Anpassungen der Nutzung und der Bewirtschaftung der Böden in Betracht zu ziehen sind. Das Ergebnis einer Abwägung kann im Grenzfall also auch sein, daß die an sich vorgesehene Nutzung als Kinderspielplatz oder für den Gemüseanbau untersagt werden muß. Auch bereits ausgeübte Nutzungen können verboten werden, sei es zum Schutz von Mensch und Vieh, sei es wegen der Gefährlichkeit des Wirkungspfades Boden – Nutzpflanze – Mensch.

B.5.3.4 Bodenschutz und Grundwasser

Das wichtigste Problem der Altlastensanierung nach Bodenschutzrecht liegt darin, daß in der Mehrzahl der wirklich schwerwiegenden Kontaminationen letztlich der Wirkungspfad Boden-Gewässer, dabei wieder ganz überwiegend der Wirkungspfad *Boden-Grundwasser* den Ausschlag dafür gibt, über welche Größenordnung des finanziellen Aufwands man mit den Sanierungspflichtigen redet. Hinzukommt, daß sich der Sanierungsbedarf bei großflächiger Ausdehnung der Altlast und weiträumiger Verunreinigung von Gewässern auch oft gegenüber dem Bund, dem Land und den kommunalen Gebietskörperschaften überzeugend begründen lassen muß, die als Fiskus mit den gleichen Grundpflichten belastet sind, die für Private gelten. So beeinflußt die Bereitschaft des Fiskus, finanzielle Mittel für die Sanierung von Altlasten bereitzustellen, mittelbar auch die Maßstäbe dafür, was man von den privaten Handlungs- und Zustandsstörern sinnvollerweise verlangen kann. Denn wenn es um den flächendeckenden Schutz von Grundwasservorkommen geht, läßt sich nur eine vorkommensbezogene Sanierungsplanung überzeugend begründen, nicht eine parzellenbezogene Sanierung einzelner Grundstücke, je nachdem, ob öffentliche oder private Kassen davon betroffen sind.

Im Hinblick darauf, daß grundwasserbezogene Sanierungen i.d.R. um Größenordnungen teurer als nutzungsbezogene Sanierungen sein dürften, wird die Abgrenzung zwischen Bodenschutz- und Wasserrecht zur entscheidenden Weichenstellung. Den Schlüssel bietet die juristische *Definition des Grundwassers*, die sich bisher überwiegend von der naturwissenschaftlichen gelöst hatte, nun aber zu dieser zurückkehrt. Im juristischen Sprachgebrauch herrschte bisher die Auffassung vor, daß alles in den Boden eingedrungene Niederschlagswasser dem Grundwasser zugerechnet werden müsse und damit dem Schutz des Wasserhaushaltsgesetzes unterstellt sei. Auch das Strafrecht war dem in § 324 StGB gefolgt. Noch in seinem Sondergutachten vom April 1998 – Flächendeckend wirksamer Grundwasserschutz – sprach sich der Sachverständigenrat für Umweltfragen dafür aus, im Interesse des flächendeckend wirksamen Grundwasserschutzes an dieser Betrachtungsweise festzuhalten, wonach alles unterirdische Wasser, sowohl die wassergesättigte Zone als auch die darüberliegende ungesättigte Zone, die nicht vollständig und zusammenhängend mit Wasser ausgefüllt ist, dem Schutz des Wasserrechts unterstellt bleiben sollte.

Im naturwissenschaftlichen Sinne gehört zum Grundwasser dagegen nur die wassergesättigte Zone, in der das Wasser die Hohlräume des Untergrunds zusammenhängend und zu 100 % ausfällt. Die gesättigte Zone wird nach oben durch die Grundwasseroberfläche begrenzt. Sie beginnt unterhalb des Kapillarsaums, der je nach Bodenbeschaffenheit einen Raum zwischen 1 cm und 1 m umfassen kann. Im Kapillarsaum begegnen sich das von oben kraft der Schwerkraft eindringende Sickerwasser und das kraft Oberflächenspannung aus dem Grundwasserraum aufsteigende Wasser; hier spricht man auch vom „Übergangsbereich" von der ungesättigten zur wassergesättigten Zone. Die Wiederannäherung der juristischen an die naturwissenschaftliche Definition, wie sie jetzt im Bundesrecht durch das Nebeneinander von Bundes-Bodenschutzgesetz und Wasserhaushaltsgesetz nahegelegt wird, klammert die ungesättigte Zone und damit das Sickerwasser aus den Wasserhaushaltsgesetz aus. Dazu heißt es im Entwurf einer Bodenschutz- und Altlastenverordnung: „Ort der Gefahrenbeurteilung für das Grundwasser ist der Übergangsbereich von der ungesättigten zur wassergesättigten Zone. Danach wird die Beschaffenheit des Sickerwassers künftig vom Bodenschutzrecht kontrolliert, Wasserrecht wird erst mit Erreichen der Übergangszone relevant." Da § 324 StGB mit der Strafbarkeit der „unbefugten Gewässerverunreinigung" seit 1994 durch § 324 a StGB mit der Strafbarkeit der „Bodenverunreinigung unter Verletzung verwaltungsrechtlicher Pflichten" ergänzt wird, kann man davon ausgehen, daß der neue umweltrechtliche Sprachgebrauch auch unmittelbar ins Umweltstrafrecht übernommen werden kann.

Die wichtigste Rechtsfolge dieses Paradigmenwechsels liegt darin, daß es jetzt Aufgabe des bodenschutzrechtlichen Instrumentariums ist, Oberflächengewässer und Grundwasservorkommen vor der Gefahr der Verunreinigung durch über den Boden eindringendes Sickerwasser zu schützen. Es ist Sache des Bodenschutzrechts abzuschätzen, welche Eintrittswahrscheinlichkeit dafür besteht, daß Schadstoffe aus einer Altlast die gesättigte Zone erreichen. Es bleibt aber nach wie vor Sache des Wasserrechts zu bestimmen, welche Schutzwürdigkeitsprofile im Rahmen der Bewirtschaftung für das Grundwasservorkommen maßgebend sind, sofern das Grundwasser erreicht wird. Soweit man im Wasserrecht postuliert, daß überhaupt keine nachteilige Veränderung von Grundwasser rechtlich hinnehmbar sei, auch nicht in eng begrenzten Abschnitten der gesättigten Zone, ist dies bei der Festsetzung des Sanierungsziels zugrundezulegen. Geht man davon aus, daß das Bewirtschaftungsermessen der Wasserbehörde unterschiedliche Schutzwürdigkeiten für Teile des Grundwasservorkommens veranschlagen kann, verlagert sich die Gefährdungsabschätzung u. U. weiter in die gesättigte Zone hinein, etwa zu dem Standort hin, in dem man vernünftigerweise erst die Errichtung eines Brunnens in Erwägung ziehen würde.

Die praktische Bedeutung des Paradigmenwechsels liegt vor allem in folgendem. Da noch nicht das in der ungesättigten Zone vorhandene Wasser als Grundwasser geschützt ist, vielmehr erst bei Erreichen der gesättigten Zone ein Grundwasserschaden eintreten kann, liegt eine Gefahr für die Verunreinigung des Grundwassers so lange nicht vor, als sich die Schadstoffkonzentrationen auf dem Weg dorthin bis auf ein unbedenkliches Maß vermindert haben dürften. Dabei sind zu berücksichtigen: das Bindungsvermögen der Bodenschichten, die Migrationsgeschwindigkeit, chemische Umwandlungsprozesse, biologische Abbauprozesse, nicht zuletzt aber auch Verdünnungseffekte durch weitere Niederschläge oder den seitlichen Zustrom von unbelastetem Sickerwasser.

Besonders deutlich wird die Grenzlinie an den sog. *unechten Benutzungen* eines Gewässers nach § 3 Abs. 2 Nr. 2 WHG, die wie die Entnahme oder Einleitung von Wasser erlaubnispflichtig sind. Erlaubnispflichtig sind danach alle Maßnahmen die geeignet sind, dauernd oder in einem nicht nur unerheblichen Ausmaß schädliche Veränderungen der physikalischen, chemischen oder biologischen Beschaffenheit des Wassers herbeizuführen. Die Vorschrift ist ein wichtiges Instrument des flächendeckenden Grundwasserschutzes. Hier kommt es entscheidend auf die Sickerwasserprognose an. Materiellrechtlich handelt es sich dabei künftig um Bodenschutzrecht, was den Tatbestand der grundwassergefährdenden Maßnahmen angeht, um Wasserrecht, was die Rechtsfolge der Erlaubnispflicht angeht. Die Gefährdungsabschätzung, die für den Boden-Grundwasser-Pfad maßgebend ist, muß mit den noch zu entwickelnden Maßstäben des Bodenschutzrechts harmonisiert werden. Diese eigentliche Sickerwasserprognose ist also künftig strikt gesetzesgebunden. Nicht dagegen die Schutzwürdigkeitsbewertung für das erstbetroffene Grundwasserkompartiment; hier gilt weiterhin Bewirtschaftungsermessen.

B.5.3.5 Maßstäbe für Untersuchungen

Die Kernaussage der Bodenschutz- und Altlastenverordnung dürfte deshalb darin zu sehen sein, wie man methodisch eine einigermaßen verläßliche *Sickerwasserprognose* begründen kann. Hier ist ein gewisses Gefälle zwischen der präzisen Bewertung der Schadstoffe am Standort der Bodenverunreinigung und einer überschlägigen Abschätzung dessen, was auf dem Pfad bis zum Erreichen der gesättigten Zone passiert, ebenso unübersehbar wie unvermeidlich.

Der Verordnungsentwurf fordert lediglich, daß die Prognose der Sickerwasserbeschaffenheit zu begründen ist. Ziel der Prognose ist die Abschätzung der Stoffkonzentrationen am Ort der Gefahrenbeurteilung, insbesondere durch Berücksichtigung der Abbau- und Rückhaltewirkung der ungesättigten Zone. Zur Beurteilung der Abbau- und Rückhaltewirkung sind insbesondere maßgebend: Grundwasserflurabstand, Bodenart, Textur, Gehalt an organischer Substanz (Humus), pH-Wert, Grundwasserneubildung, Mobilität und Abbaubarkeit der Stoffe. Insofern wird auf allgemein vorliegende wissenschaftliche Erkenntnisse und Erfahrungen verwiesen. Die Möglichkeit von Stofftransportmodellen wird angedeutet. Hier können sich zwischen worst-case- und best-case-Annahmen Kostenabschätzungen sehr leicht um mehrere Faktoren verschieben.

Demgegenüber bemühen sich die Anforderungen an die Probenahme bei *kontaminiertem Bodenmaterial* um eine möglichst genaue Abschätzungsbasis. Die Beprobung erfolgt horizont- bzw. schichtspezifisch. Im Untergrund dürfen Proben aus Tiefenintervallen bis max. 1 m entnommen werden. In begründeten Fällen ist die Zusammenfassung engräumiger Bodenhorizonte bzw. -schichten bis zu max. 1m Tiefenintervall zulässig. Organoleptische oder visuelle Auffälligkeiten sind gesondert zu beproben.

Die entnommenen Bodenproben unterliegen zur Bestimmung des Gehalts an anorganischen Schadstoffen – zum Vergleich der Schadstoffaufnahme auf dem Wirkungspfad Boden-Mensch und Boden-Nutzpflanze auf Grünland – dem Königswasserextrakt. Zur Ermittlung der Gehalte anorganischer Schadstoffe für die Bewertung der Schadstoffe im Wirkungspfad Boden-Nutzungspflanze für Ackerbau und Gartenbau ist die Ammonium-Nitrat-Extraktion vorgesehen. Sonst kommt es auf die Herstellung von Eluaten mit Wasser zur Prognose von Stoffgehalten im Sikkerwasser an.

Besondere Bedeutung kommt der Qualitätssicherung bei der Probenahme und der Analytik zu. Die Probenahme ist zu dokumentieren; die Dokumentation soll auch eine Abschätzung ermöglichen, mit welcher Sicherheit angenommen werden kann, daß die entnommenen Proben ein einigermaßen repräsentatives Bild von der Beschaffenheit des potentiell kontaminierten Standorts im ganzen bieten. Die Dokumentation der Analyse ist mit einer Angabe der Ergebnisunsicherheit zu verbinden.

B.5.4 Anforderungen an Sanierungsuntersuchung und Sanierungsplan

Die für die Sanierung von Altlasten eigentlich bestimmenden Instrumente sind die Sanierungsuntersuchung und der Sanierungsplan. In der Bodenschutz- und Altlastenverordnung wird vorgegeben, welche Angaben darin jeweils mindestens enthalten sein müssen.

B.5.4.1 Sanierungsuntersuchungen

Mit Sanierungsuntersuchungen sind die zur Erfüllung der Pflichten nach § 4 Abs. 3 BBodSchG geeigneten, erforderlichen und angemessenen Maßnahmen zu ermitteln. Die hierfür in Betracht kommenden Maßnahmen sind unter Berücksichtigung von Maßnahmenkombinationen und erforderlichen Begleitmaßnahmen darzustellen.

Die Prüfung muß insbesondere umfassen
– die schadstoff-, boden-, material- und standortspezifische Eignung der Verfahren,
– die technische Durchführbarkeit,
– den erforderlichen Zeitaufwand,
– die Wirksamkeit im Hinblick auf das Sanierungserfordernis,

- eine Kostenschätzung sowie das Verhältnis von Kosten und Wirksamkeit,
- die Auswirkung auf die betroffenen Nachbarn oder Unterlieger und die Umwelt,
- das Erfordernis von Zulassungen,
- die Entstehung, Verwertung und Beseitigung von Abfällen,
- den Arbeitsschutz,
- die Wirkungsdauer der Maßnahmen und deren Überwachungsmöglichkeiten,
- die Erfordernisse der Nachsorge und
- die Nachbesserungsmöglichkeiten.

Die Prüfung soll unter Verwendung vorhandener Daten, insbesondere aus bodenschutzrechtlich gebotenen Untersuchungen sowie aufgrund sonstiger gesicherter Erkenntnisse durchgeführt werden. Sofern solche Informationen, insbesondere zur gesicherten Abgrenzung belasteter Bereiche oder zur Beurteilung der Eignung von Sanierungsverfahren, im Einzelfall nicht ausreichen, sind ergänzende Untersuchungen zur Prüfung der Eignung eines Verfahrens durchzuführen.

Die Ergebnisse der Prüfung und das danach vorzugswürdige Maßnahmenkonzept sind darzustellen.

B.5.4.2 Sanierungsplan

Ein Sanierungsplan soll Angaben zur Eignung des vorgesehenen Sanierungsverfahrens, zur technischen Durchführung, zum Zeitaufwand, zur Wirksamkeitsprognose im Hinblick auf das Sanierungsziel, zur Kostenschätzung und zum Verhältnis von Aufwand und Sanierungsergebnis enthalten, ferner die für eine Verbindlichkeitserklärung erforderlichen Angaben und Unterlagen (§ 13 Abs. 6 BBodSchG).

Dazu gehören folgende Darstellungskomplexe:

1. Darstellung der *Ausgangslage*, insbesondere hinsichtlich
- der Standortverhältnisse (u. a. geologische, hydrogeologische Situation; bestehende und planungsrechtlich zulässige Nutzung),
- der Gefahrenlage (Zusammenfassung der Untersuchungen im Hinblick auf Schadstoffinventar nach Art, Menge und Verteilung, betroffene Wirkungspfade, Schutzgüter und -bedürfnisse),
- der Sanierungsziele,
- der getroffenen behördlichen Entscheidungen und der geschlossenen öffentlich-rechtlichen Verträge, insbesondere auch hinsichtlich des Maßnahmenkonzepts, die sich auf die zu erfüllenden Sanierungspflichten auswirken und
- der Ergebnisse der Sanierungsuntersuchungen.

2. Textliche und zeichnerische Darstellung der durchzuführenden *Maßnahmen* und Nachweise ihrer Eignung, insbesondere hinsichtlich
- des Einwirkungsbereichs der Altlast und der Flächen, die für die vorgesehenen Maßnahmen benötigt werden,
- des Gebiets des Sanierungsplans,
- der Elemente und des Ablaufs der Sanierung im Hinblick auf
  - den Bauablauf,
  - die Erdarbeiten (insbesondere Aushub, Sanierung, Wiedereinbau, Umlagerungen),
  - die Abbrucharbeiten,
  - die Zwischenlagerung von Bodenmaterial und sonstigen Materialien,
  - die Abfallentsorgung beim Betrieb von Anlagen,
  - die Verwendung von Böden,
  - die Ablagerung von Abfällen auf Deponien und die Arbeits- und
  - die Arbeits- und Immissionsschutzmaßnahmen,
- der fachspezifischen Berechnungen zu
  - On-site-Bodenbehandlungsanlagen,
  - In-situ-Maßnahmen,
  - Anlagen zur Fassung und Behandlung von Deponiegas oder Bodenluft und
  - Grundwasserbehandlungsanlagen sowie Anlagen und Maßnahmen zur Fassung und Behandlung von Sickerwasser,
- der zu behandelnden Mengen und der Transportwege bei Bodenbehandlung in Off-site-Anlagen,
- der technischen Ausgestaltung von Sicherungsmaßnahmen und begleitenden Maßnahmen, insbesondere von
  - Oberflächen-, Vertikal- und Basisabdichtungen,
  - Oberflächenabdeckungen,
  - Zwischen- bzw. Bereitstellungslagern,
  - begleitenden passiven pneumatischen, hydraulischen oder sonstigen Maßnahmen (z. B. Baufeldentwässerung, Entwässerung des Aushubmaterials, Einhausung, Abluftfassung und -behandlung) und
- der behördlichen Zulassungserfordernisse für die durchzuführenden Maßnahmen.

3. Darstellung der Eigenkontrollmaßnahmen zur Überprüfung der sachgerechten Ausführung und Wirksamkeit der vorgesehenen Maßnahmen, insbesondere
   - des Überwachungskonzepts hinsichtlich
     - des Bodenmanagements bei Auskofferung, Separierung und Wiedereinbau,
     - der Boden- und Grundwasserbehandlung, der Entgasung oder der Bodenluftabsaugung,
     - des Arbeits- und Immissionsschutzes,
     - der begleitenden Probenahme und Analytik und
   - des Untersuchungskonzepts für Materialien und Bauteile bei der Ausführung von Bauwerken.

4. Darstellung der Eigenkontrollmaßnahmen im Rahmen der Nachsorge einschl. der Überwachung, insbesondere hinsichtlich
   - des Erfordernisses und der Ausgestaltung von längerfristig zu betreibenden Anlagen oder Einrichtungen zur Fassung oder Behandlung von Grundwasser, Sickerwasser, Oberflächenwasser, Bodenluft oder Deponiegas sowie Anforderungen an deren Überwachung und Instandhaltung,
   - der Maßnahmen zur Überwachung (z. B. Meßstellen) und
   - der Funktionskontrolle im Hinblick auf die Einhaltung der Sanierungserfordernisse und Instandhaltung von Sicherungsbauwerken oder -einrichtungen.

Ergänzende Literatur

Gesamtdarstellungen

Bender, B., Sparwasser, R., Engel, R.: Umweltrecht – Grundzüge des öffentlichen Umweltschutzrechts, 3. Aufl. Heidelberg: Müller 1995

Breuer, R.: Umweltschutzrecht. In: Schmidt-Aßmann, E. (Hrsg.): Besonderes Verwaltungsrecht, 10. Aufl. Berlin: de Gruyter 1995, S. 433–575

Himmelmann, S., Pohl, A., Tünnesen-Harmes, C.: Handbuch des Umweltrechts. München: Beck, Loseblattslg.

Kloepfer, M.: Umweltrecht. 2. Aufl. München: Beck 1998

Salzwedel, J. (u. a. Hrsg.): Grundzüge des Umweltrechts. 2. Aufl. Berlin: Schmidt, Loseblattslg.

Schmidt, R.: Einführung in das Umweltrecht, 4. Aufl. München: Beck 1995

Storm, P.-C.: Umweltrecht – Einführung, 6. Aufl. Berlin: Schmidt 1995

Einzeldarstellungen
Private Regelwerke
DIN-Katalog für technische Regeln, Berlin: Beuth
DIN-Mitteilungen

Pohle, H.: Chemische Industrie – Umweltschutz, Arbeitsschutz, Anlagensicherheit. Rechtliche und technische Normen, Umsetzung in der Praxis. Weinheim: 1991

Reihlen, H.: Normung. In: Czichos, H. (Hrsg.): Hütte – Grundlagen der Ingenieurwissenschaften, 30. Aufl. Berlin: Springer 1996, Kap. N

Immissionsschutzrecht
Landmann, R., Rohmer, G.: Umweltrecht, Band I: Bundes-Immissionsschutzgesetz (BImSchG) – Kommentar. Hansmann, K. (Hrsg.). München: Beck, Loseblattslg.

Jarras, H.D.: Bundes-Immissionsschutzgesetz (BImSchG) – Kommentar, 3. Aufl. München: Beck 1995

Pütz, M., Buchholz, K.-H.: Die Genehmigungsverfahren nach dem Bundes-Immissionsschutzgesetz, 5. Aufl. Berlin: Schmidt 1994

Sellner, D.: Immissionsschutzrecht und Industrieanlagen – Zulassung – Abwehr – Kontrolle nach dem BImSchG, 2. Aufl. München: Beck 1988

Ule, C.H., Laubinger, H.-W.: Bundes-Immissionsschutzgesetz – Kommentar. Köln: Heymann, Loseblattslg.

Strahlenschutzrecht
Ossenbühl, F., Di Fabio, U.: Rechtliche Kontrolle ortsfester Mobilfunkanlagen. Köln: Heymann 1995

Salzwedel, J., Scherer, C.: Strahlenschutzrecht. In: Siel, A. (Hrsg.): Umweltradioaktivität. Berlin: Ernst & Sohn 1996, S. 389–411

Schmidt-Preuß, M.: Das neue Atomrecht. Neue Zeitschrift für Verwaltungsrecht, 17 (1998) 553–563

Wagner, H.: Die Fortentwicklung des Atom- und Strahlenschutzrechts im Zeitraum 1.1.1989 bis zum 30.6.1991. Neue Zeitschrift für Verwaltungsrecht (NVwZ), 10 (1991) 834–842

ders.: Die Siebte Novelle zum Atomgesetz. Neue Zeitschrift für Verwaltungsrecht (NVwZ), 12 (1993) 513–520

Kreislaufwirtschafts- und Abfallrecht
Hösel, G., von Lersner, H.: Recht der Abfallbeseitigung – Kommentar. Berlin: Schmidt, Loseblattslg.

von Köller, H.: Kreislaufwirtschafts- und Abfallgesetz, 2. Aufl. Berlin: Schmidt 1996
von Köller, H., Klett, W., Konzak, O.: EG-Abfall-Verbringungsverordnung, Berlin: Schmidt 1994
Kunig, P., Paetow, S., Versteyl, L.-A.: Kreislaufwirtschafts- und Abfallgesetz – Kommentar. 3. Aufl. München: Beck
Scherer-Leydecker, C.: Die Abfallbeseitigung in der Kreislaufwirtschaft. Entsorgungspraxis, 3/16 (1998) 64–66
ders.: Europäisches Abfallrecht. Neue Zeitschrift für Verwaltungsrecht (NVwZ), 18 (1999)
Versteyl, L.-A., Wendenburg, H.: Änderungen des Abfallrechts, NVwZ, 15 (1996) 937–949

Gewässerschutzrecht

Berendes, K.: Das Abwasserabgabengesetz, 3. Aufl. München: Beck 1995
Breuer, R.: Öffentliches und privates Wasserrecht, 2. Aufl. München: Beck 1987
Czychowski, M.: Wasserhaushaltsgesetz – Kommentar, 7. Aufl. München: Beck 1998
Siedler, F., Zeitler, H., Dahme, H.: Wasserhaushaltsgesetz und Abwasserabgabengesetz Kommentar. München: Beck, Loseblattslg.

Bodenschutzrecht

Burmeier u.a. altlasten spektrum, 7 (1998) 56–115
Holzrath, F. Radtke, H., Hilger, B.: Bundes-Bodenschutzgesetz. Berlin: Schmidt 1998
Kobes, S.: Das Bundes-Bodenschutzgesetz. Neue Zeitschrift für Verwaltungsrecht, 17 (1998) 786–797
Salzwedel, J.: Altlastensanierung und Grundwasserschutz. In: Lühr, H.-P. (Hrsg.): Altlastenbehandlung. Berlin: Schmidt 1995, S. 27–70
Scherer-Leydecker, C.: Das neue Altlastenrecht – Das Bundes-Bodenschutzgesetz und seine Auswirkungen auf die Haftung für Altlasten. Entsorgungspraxis, 9/16 (1998) 52–56

Gewässerschutz und Abwasserbehandlung

G.1 Gewässergüte und Selbstreinigung der Gewässer

G.1.1 Einleitung

G.1.1.1 Der Begriff „Gewässergüte"

Mit dem Begriff „Gewässergüte" ist kein feststehender Inhalt verbunden. Dieser ergibt sich erst aus den vorgegebenen Kriterien über Schutzziele bzw. Nutzungsansprüche, d.h. aus Vorstellungen über das Gewässer und seine erwünschte Beschaffenheit [G.1.1].

So wird beispielsweise die Gewässergüte unter dem Kriterium „natürliches Gewässer" insbesondere durch den Gewässerverlauf, dessen Morphologie und durch die Einbindung des Gewässers in die Landschaft gekennzeichnet, während unter dem Kriterium „Trinkwassernutzung" die Gewässergüte insbesondere unter dem Gesichtspunkt der Beschaffenheit des Wasserkörpers beurteilt wird.

Beim umfassenden Gewässergüte-Begriff wird das Gewässer insgesamt als Teil der Landschaft und als Ökosystem und damit vom Gewässer selbst her beurteilt, wobei als Maßstab ein sich auf natürliche Weise einstellender Gewässerzustand zugrunde gelegt werden müßte.

Im engeren Sinne bedeutet der Begriff „Gewässergüte" den Zustand des Wasserkörpers der Gewässer selbst. Die Beschreibung und Beurteilung dieses Zustands erfordert jedoch Kriterien, die sich erst aus Zielvorstellungen und Anforderungen an die Gewässer ergeben. Diese können unterschiedlich sein, je nachdem auf welche Nutzungsanforderungen hin die Gewässergüte beurteilt werden soll.

In den folgenden Ausführungen werden im wesentlichen die Fragen der Gewässergüte im engeren Sinne behandelt.

G.1.1.2 Bedeutung der Gewässerart für die Gewässergüte

Unter dem Gesichtspunkt der Wasserbeschaffenheit lassen sich die Gewässer grundsätzlich in Süßwasser bzw. Salzwasser führende einteilen. Hinsichtlich der Erscheinungsformen sind zu unterscheiden:
- Fließende Oberflächengewässer, wie frei fliessende Bäche, Flüsse, Ströme, gestaute Fließgewässer und Kanäle sowie vom Meer beeinflußte Tideflüsse,
- stehende Oberflächengewässer, wie natürliche Teiche und Seen, künstliche Teiche, Talsperren und Kanäle sowie salzhaltige Brackgewässer, Küstengewässer und Ozeane,
- Grundwässer in Porengrundwasserleitern und in klüftigem bzw. karstigem Untergrund.

Bei der Beschreibung und Beurteilung der Gewässergüte sind diese verschiedenen Erscheinungsformen der Gewässer stets zu berücksichtigen. So kann beispielsweise Wasser gleicher Qualität in Fließgewässern einen Gewässergütezustand „gut" bewirken, während in einem stehenden Gewässer der Gütezustand als „bedenklich" einzustufen wäre.

G.1.1.3 Anforderungen an die Gewässergüte

Wie vorstehend dargelegt, ist der Begriff „Gewässergüte" stets mit Vorstellungen über den gewünschten Zustand des Gewässers verbunden. Neben den allgemeinen Zielvorstellungen „natürliches Gewässer", „naturnahes Gewässer", „von menschlichen Einwirkungen unbeeinflußtes Gewässer" spielen jedoch Vorstellungen über die Anforderungen an die Gewässer hinsichtlich unterschiedlicher Nutzungen eine entscheidende Rolle. So ist die Gewässergüte bzgl. der Trinkwassergewinnung insbesondere unter dem Gesichtspunkt des Aufwands für die Wasseraufbereitung zu sehen. Für Baden und Sport stehen hygienische und ästhetische Aspekte im Vordergrund. Für die landwirtschaftliche Nutzung sind Schadstoff- und Salzgehalt von besonderer Bedeutung. Bei Betriebswasser für die Industrie sind spezifische Anforderungen durch den Produktionsprozeß vorgegeben, während für Kühlwasserzwecke vorrangig die Wassertemperatur und zu Ablagerungen und Verstopfung führende Wasserinhaltsstoffe für die Beurteilung der Gewässergüte ausschlaggebend sind.

G.1.1.4 Zielvorstellungen zur Gewässergüte

Bei der Formulierung von Zielvorstellungen zur Gewässergüte einzelner Gewässer ist neben den allgemeinen ökologischen Anforderungen und den Anforderungen aus Sicht der Nutzungen auch der Gesichtspunkt zu berücksichtigen, daß einzelne Gewässerarten über den Wasserkreislauf miteinander in Verbindung stehen und somit Anforderungen für einen gewissen Gewässerabschnitt auch für die davorliegenden Gewässerabschnitte zu gelten haben. So ist bspw. bei der Zielsetzung „Grundwassersanierung" nicht nur das Güteziel „Trinkwassergewinnung" zu berücksichtigen, sondern auch die Zielsetzung für die aus diesem Grundwasservorkommen gespeisten Fließgewässer. In gleicher Weise müssen die Zielsetzungen für die Fließgewässer auch die Zielsetzungen für die von diesen Fließgewässern beeinflußten Küstengewässer und Meeresabschnitte berücksichtigen.

G.1.2 Einflüsse auf die Gewässergüte

G.1.2.1 Allgemeines

Die Beschaffenheit von Gewässern, und damit auch ihre Güte, wird sowohl durch natürliche als auch zivilisatorische Einflüsse bestimmt. Im folgenden werden schwerpunktmäßig die zivilisatorischen Einflüsse dargestellt, wobei die Wirkung auf Fließgewässer, stehende Gewässer und Grundwasser zu unterscheiden ist. Für diese ist die ökologische Situation jeweils völlig anders zu beurteilen [G.1.2]. Während beim stehenden Gewässer der Faktor „Lichteinstrahlung" das System beherrscht, ist es beim Fließgewässer die Strömung und beim Grundwasser der durchströmte Bodenkörper.

G.1.2.2 Einflüsse auf die Gewässergüte von Fließgewässern

Die Gewässergüte von Fließgewässern wird sowohl von natürlichen (s. Tabelle G.1-1) als auch zivilisatorischen Einflüssen (s. Tabelle G.1-2) bestimmt. Nachstehend sollen schwerpunktmäßig einige wesentliche zivilisatorische Einflüsse dargestellt werden.

G.1.2.2.1 Mengenentzug

Durch Entnahme von Wasser aus dem Fließgewässer, sei es durch Ausleitung zum Zwecke der Wasserkraftgewinnung oder der Wasserversorgung der Bevölkerung, Industrie oder Landwirtschaft, wird das Wasserregime der unterhalb liegenden Gewässerstrecke beeinflußt. Die Zeiten der Niedrigwasserführung verlängern sich bei zusätzlicher Verminderung des Niedrigwasserabflusses. Dies führt im Gewässer zu verringerter Abflußgeschwindigkeit und verstärkter Sedimentation, daraus folgend zu einer veränderten Ökologie mit meist verringerter Selbstreinigungskraft in dieser Gewässerstrecke. Der Mengenentzug wirkt sich nur unwesentlich aus, wenn die entzogene Menge unterhalb der Entnahmestelle als gereinigtes Abwasser wieder eingeleitet wird.

G.1.2.2.2 Abflußerhöhung

Eine Abflußerhöhung im Fließgewässer kann sich durch Überleitung von Wasser aus einem anderen Einzugsgebiet ergeben. Eine derartige Überleitung würde grundsätzlich zu einer Verbesserung der Gewässergüte führen, wenn dadurch insbesondere der Niedrigwasserabfluß erhöht würde. Häufig werden jedoch solche Überleitungen für die Wasserversorgung von Siedlungen vorgenommen. In diesem Fall wird der erhöhte Abwasseranteil im Gewässer zu einem ungünstigeren Verhältnis von Frischwasser zu Abwasser führen, was dann die Gewässergüte doch nachteilig beeinflussen kann.

Die Abflußerhöhung im Einzugsgebiet selbst sowohl durch verstärkte Versiegelung der Oberflächen von Baugebieten und Straßenflächen

Tabelle G.1-1 Überblick über die wichtigsten natürlichen Einflüsse auf die Gewässerbeschaffenheit [G.1.3]

Einflüsse bedingt durch	Erfassungsmöglichkeiten/Bemerkungen
Meteorologie Lufttemperatur Luftfeuchte Luftdruck Strahlungshaushalt (Ein- und Abstrahlung, Temperatur und Licht) Windbewegung Niederschlag	Die Einflußgrößen lassen sich leicht messen; die Einflüsse auf die Gewässerbeschaffenheit sind theoretisch und im Labor weitgehend erforscht, die Anwendung der Ergebnisse auf die Gewässer stößt teilweise auf praktische Schwierigkeiten
Morphologische und chemische Beschaffenheit (Gewässer und Umland) Oberirdischer Abfluß Fließstrecke Flach- und Tiefzonen Turbulenzgrad einer Strömung Sedimentation, Transport und Erosion Beschaffenheit von Boden und Untergrund Wechselbeziehungen zwischen Wasserkörper, Grundwasser und Untergrund	Viele Einflußgrößen können nicht genau gmessen, beschrieben oder abgegrenzt werden, die Einflüsse selbst sind meist sehr stark, Einzelheiten sind jedoch bisher mehr qualitativ als quantitativ bekannt.
Biologisch-biochemische Aspekte Uferbewuchs Wasserpflanzen und -tiere	Die Einflußgrößen sind z.T. meßbar, sie können mit gewissem Vorbehalt beschrieben werden. Die Einflüsse sind komplexer Natur und ihre Bedeutung ist umstritten.

Tabelle G.1-2 Überblick über die zivilisatorischen Einflüsse auf die Gewässerbeschaffenheit [G.1.3]

Einflüsse bedingt durch	Erfassungsmöglichkeiten/Bemerkungen
Mikroklima Änderungen von Strahlungshaushalt, Luftaustausch, Verdunstung Bodenbewuchs im Einzugsgebiet Belastung aus Niederschlägen	Die meisten Einflußgrößen lassen sich einfach ermitteln, ihre Auswirkungen auf die Gewässerbeschaffenheit sind nicht immer gering und oft schwer feststellbar.
Morphologische und chemische Beschaffenheit (Gewässer und Umland) Ufer- und Sohlausbildung Begradigung, Vertiefung, Stau, Rückhalt Wasserentnahme, -ableitung, -umleitung Niedrigwasseraufhöhung Grundwasseraustausch	Die Einflußgrößen sind verhältnismäßig gut zu erfassen. Die Einflüsse führen im allgemeinen zu nachhaltigen Veränderungen der Gewässerbeschaffenheit. Meist überlagern oder kompensieren sich jedoch mehrere Einflüsse, so daß einzelne Auswirkungen nur schwer verfolgt oder nachgewiesen werden können.
Biologisch-biochemische Aspekte Nutzungsänderungen im Einzugsgebiet (Intensivierung der Landwirtschaft, toxische Einflüsse, Entwässerungen von Landschaftsteilen usw.) Gewässerbenutzung (Fischereiliche Maßnahmen, Erholungsmaßnahmen) Einleitungen (Abwasser, Kühl-, Mischwasser)	Gewässerbelastungen aus Abwassereinleitungen sind i.d.R. leicht meßbar. Die Auswirkungen im Gewässer sind –abgesehen von tiefgreifenden Veränderungen der Gewässerbeschaffenheit – mit physikalisch-chemischen Meßmethoden oft nur unsicher oder nur mi großem Aufwand feststellbar (Verdünnung, Zeit-, Abfluß-, Temperaturabhängigkeit); dasselbe gilt meist auch für Auswirkungen der Boden- und Gewässerbenutzungen. In vielen Fällen erweisen sich Ergebnisse biologischer Untersuchungsmethoden als geeignetere Meßgrößen.

(Dichtung der Flächen, Ausweitung der Baugebiete und des Straßennetzes), durch Änderung der Landnutzung im landwirtschaftlich/forstwirtschaftlichen Bereich (Umbruch von Wiesen in Ackerflächen, Verringerung der Gewässerrandstreifen, Entwaldung, Befestigung landwirtschaftlicher und forstwirtschaftlicher Wege) als auch durch Änderungen am Gewässer (Beschleunigung des Abflusses im Gewässer durch Begradigung des Flußlaufs und Reduzierung der Überschwemmungflächen) verursacht werden.

Ein auf diese Weise erhöhter Abfluß im Einzugsgebiet des Gewässers wird den Jahresabfluß im Gewässer nur wenig beeinflussen, da der erhöhte Oberflächenabfluß mit einer verringerten Grundwasserneubildung verbunden ist. Dagegen wird die Niedrigwasserführung des Gewässers vermindert und der Hochwasserabfluß erhöht. Beides wird die Gewässergüte ungünstig beeinflussen.

G.1.2.2.3 Einleitung von Stoffen über den Abwasserpfad

Bei der Einleitung von Stoffen über den Abwasserpfad sind grundsätzlich 2 unterschiedliche *Belastungsarten* zu unterscheiden:
- die Grundbelastung aus den Abflüssen mehr oder weniger gut arbeitender Abwasserreinigungsanlagen,
- die Stoßbelastung infolge kurzfristiger Verringerung der Reinigungsleistung von Abwasserreinigungsanlagen infolge eines Schadensfalls in der Industrie oder im Verkehrsbereich und infolge von Starkniederschlägen im Siedlungsgebiet.

Bezüglich der *Grundbelastung* sind folgende Parametergruppen (s. Abschn. G.1.3) zu unterscheiden:
a) Inhaltsstoffe, die sich infolge von Abbauvorgängen im Gewässer verringern, wie alle abbaubaren organischen Stoffe, Stickstoffverbindungen usw.,
b) Inhaltsstoffe, die sedimentieren, wie Sand, Grobstoffe, ausfällbare Stoffe (Phosphate, Schwermetalle usw.) [G.1.4],
c) Inhaltsstoffe, die eine Giftwirkung auf Gewässerflora und -fauna ausüben, wie Schwermetalle, Pestizide, Fungizide, Herbizide, Haushalts- und Industriechemikalien.

Die Stoffgruppe unter a) beeinflußt im wesentlichen den Sauerstoffhaushalt der Fließgewässer und die Zusammensetzung der biologischen Lebensgemeinschaften (s. Abschn. G.1.3.5).

Die Stoffgruppe unter b) führt zu erhöhten Schlammablagerungen im Gewässer, die sich insbesondere in Bereichen mit geringer Fließgeschwindigkeit (z. B. in Stauhaltungen) bilden. Durch Abbauvorgänge in diesen Ablagerungen, insbesondere aber durch Remobilisierung dieser Ablagerungen bei Hochwasserabflüssen, wird die Gewässergüte ungünstig beeinflußt.

Inhaltsstoffe mit Giftwirkung nach c) treten in der Grundbelastung nur in geringen Konzentrationen auf. Sie können sich jedoch infolge kumulativer und synergistischer Wirkung ungünstig auf die Gewässerflora und -fauna und damit auf die Gewässergüte auswirken.

Stoffliche *Stoßbelastungen* über den Abwasserpfad ergeben sich regelmäßig bei Starkniederschlägen durch Abschwemmungen von Ablagerungen auf Straßenoberflächen und insbesondere durch Schlammablagerungen im Kanalnetz. Diese Belastungen beeinflussen die Gewässergüte sowohl durch die anaeroben Abbauprodukte der Schlammablagerungen als auch durch die Trübstoffe. Betroffen sind davon im besonderen empfindliche Organismen.

Eine weitere Ursache von Stoßbelastungen sind Schadensfälle im Industrie- und Verkehrsbereich, die direkt oder indirekt (über das Kanalnetz) auf das Gewässer einwirken. Die Gewässergüte wird dabei meist durch Schädigung der Gewässerorganismen (Giftwirkung) kurzfristig beeinträchtigt.

G.1.2.2.4 Einleitung von Stoffen über Oberflächenabschwemmungen

Natürlicherweise werden bei Starkniederschlägen Stoffe aus den an die Fließgewässer angrenzenden Flächen in die Gewässer abgeschwemmt. Derartige Stoffe sind zumeist Bodenpartikel und Pflanzenteile, aber auch die in der Landwirtschaft eingesetzten natürlichen und künstlichen Dünger und Chemikalien [G.1.5]. Durch Änderung der Nutzung (Umwandlung von Wald bzw. Wiesen in Ackerland) und vermehrte Erschließung des Geländes (Gräben mit Sohlschalen, befestigte Wirtschaftswege) werden diese Abschwemmungen begünstigt und damit die Belastung der Gewässer erhöht.

Die Befestigung von Flächen außerhalb von Siedlungsgebieten durch Straßenbau, Bau von Flughäfen usw. führt ebenfalls zu einer zusätzlichen Belastung der Fließgewässer. Neben einer

Grundbelastung mit Schadstoffen (Mineralöl, Kraftstoffe, Reifenabrieb) können vor allem Unfälle mit Tankfahrzeugen und mit Fahrzeugen für sonstige gefährliche Stoffe zur Schädigung der Gewässer führen.

G.1.2.2.5 Einleitung von Stoffen über den Grundwasserpfad

Die meisten in das Grundwasser eingeleiteten Stoffe (s. Abschn. G.1.2.4) gelangen nach mehr oder weniger langer Zeit in das zugeordnete Vorflutgewässer. Als Schadstoffe kommen dabei hauptsächlich der Pflanzennährstoff Nitrat und die in der Landwirtschaft eingesetzten Pestizide und deren Abbauprodukte in Frage.

Dazu kann in Gebieten mit pufferschwachen Böden über die mit Luftschadstoffen (überhöhte Gehalte an CO_2, SO_2, NO_x, SO_3) angereicherten Niederschläge indirekt eine Versauerung der Gewässer bewirkt werden, was mit tiefgreifenden biozönotischen Veränderungen im Gewässer verbunden sein kann [G.1.3, G.1.6–G.1.8].

G.1.2.2.6 Änderung der Wassertemperatur

Eine Erhöhung der Gewässertemperatur durch Abwasser- bzw. Kühlwassereinleitungen beeinflußt den Sauerstoffgehalt des Gewässers ungünstig. Infolge der bei erhöhter Temperatur verstärkten Abbauvorgänge vergrößert sich der Sauerstoffbedarf. Gleichzeitig sinkt aber mit zunehmender Temperatur die Sauerstoffaufnahme des Wassers, was insgesamt zu einem absinkenden Sauerstoffgehalt im Gewässer führt. Mit der Temperatur ändert sich jedoch auch die Gewässerflora und -fauna, da kälteliebende Arten (z. B. Salmoniden) verdrängt werden.

G.1.2.2.7 Eingriffe in die Gewässermorphologie

Die Selbstreinigungskraft der Fließgewässer und damit auch deren Gewässergüte werden in starkem Maße von der Gewässermorphologie beeinflußt. Natürliche Gewässer sind in ihrer Linienführung und Querschnittsgestaltung i. d. R. sehr vielfältig und bieten damit den Lebensgemeinschaften in und am Gewässer ein Mosaik unterschiedlicher Biotope [G.1.9]. Diese Vielfalt ist für die Dynamik und Elastizität der Fließgewässer beim Abbau unterschiedlicher und wechselnder Belastungen und damit letztlich auch für deren Güte von großem Vorteil. Die Kanalisierung eines Flusses bzw. dessen Ausbau mit gleichmäßigem Gefälle und gleichbleibendem Fließquerschnitt und einer meist damit verbundenen Einrichtung von Stauhaltungen hingegen bewirkt neben der ästhetischen Beeinträchtigung des natürlichen Landschaftsbilds eine Verarmung an Biotopen, eine verstärkte Erosion an der Gewässersohle bzw. erhöhte Schlammablagerungen in den Staubereichen und insgesamt eine Verminderung der Sauerstoffaufnahme des Gewässers.

G.1.2.2.8 Eingriffe in die Ufervegetation

Die Gewässergüte eines Fließgewässers wird in erheblichem Umfang von der Vegetation im Uferbereich und den gewässernahen Flächen (Gewässerrandstreifen) beeinflußt. Dabei spielen zwei wesentliche Faktoren eine Rolle. Zum einen die Gehölzvegetation, die infolge der Beschattung der Wasseroberfläche die Erwärmung des Gewässers verzögert und durch den verringerten Lichteinfall die Photosynthese von Algen und den Aufwuchs von Plankton zurückdrängt [G.1.9]. Dies hat sowohl Einfluß auf die Selbstreinigungskraft der Fließgewässer (s. Abschn. G.1.4.1) als auch auf die Sekundärbelastung mit organischen Stoffen.

Ein zweiter Faktor sind die unmittelbar an das Gewässer angrenzenden Uferstreifen (Gewässerrandstreifen) und deren Bewuchs. Sofern diese Randstreifen natürlich bewachsen und ausreichend breit sind (5 – 10 m auf jeder Uferseite) sind, erfüllen sie neben der ökologischen Funktion als Lebensraum für die mit dem Gewässer eng verbundenen Amphibien und sonstigen Lebewesen und, als die Landschaftsteile vernetzende Verbindung, auch eine Aufgabe als Schutzzone für das Gewässer vor Einflüssen der Landwirtschaft (Belastung mit Pflanzenschutzmitteln, Abschwemmungen von den Ackerflächen).

Eingriffe in die Ufervegetation und zu schmale Gewässerrandstreifen sind demzufolge sowohl bzgl. der Selbstreinigungskraft des Gewässers als auch der Belastung mit Schadstoffen aus der Landwirtschaft von Nachteil.

G.1.2.3 Einflüsse auf die Gewässergüte stehender Gewässer

Die Gewässergüte stehender Gewässer wird von einer Reihe von Faktoren bestimmt, wie der morphologischen Gestalt des Gewässers (Tiefe, Flachwasserzone, Ufergestaltung), Hydrologie (Zufluß, Abfluß, Wasservolumen), Klima (Temperatur, Wind, Sonneneinstrahlung) sowie von Belastungen durch Einleitungen (über den Abwasserpfad, den Luftpfad, über Zuflüsse) und durch Aktivitäten am Gewässer (Baden, Sport, Erholung).

Zivilisatorische Einflüsse ergeben sich insbesondere durch Eingriffe in die Hydrologie, durch vielfältige stoffliche und thermische Belastungen sowie durch Eingriffe in die Uferzonen.

G.1.2.3.1 Hydrologische Einflüsse

Im Gegensatz zu Fließgewässern sind stehende Gewässer langsamer reagierende Systeme, wobei die Erneuerungsrate, d. h. das Verhältnis zwischen Zufluß und Wasservolumen, eine entscheidende Rolle spielt. Bei hoher Erneuerungsrate wird die Wassermasse in relativ kurzer Zeit durch die Zuflüsse ausgetauscht.

Sind die Zuflüsse weniger belastet, so wirken sich hohe Erneuerungsraten günstig auf die Qualität des stehenden Gewässers aus. In diesem Fall wird z. B. eine Wasserentnahme im Einzugsgebiet zum Zweck der Trinkwasserversorgung oder eine Überleitung von Zuflüssen in ein anderes Einzugsgebiet zum Zweck der Energieerzeugung die Gewässergüte nachteilig beeinflussen.

Bei belasteten Zuflüssen kann hingegen eine Umleitung dieser Zuflüsse (z. B. in einer Abwasserringleitung) trotz Verringerung der Erneuerungsrate vorteilhaft sein.

G.1.2.3.2 Eintrag von Schadstoffen

Der Eintrag von organischen Kohlenstoffverbindungen in ein stehendes Gewässer über Zuflüsse oder direkte Abwassereinleitungen führt zu einer Erhöhung des Stoffumsatzes und kann so z. B. kurzfristig zu einer vermehrten Fischproduktion führen. Auf längere Sicht muß jedoch auch infolge erhöhter Planktonproduktion mit zunehmenden Schlammablagerungen und verstärkter Belastung des Sauerstoffhaushalts gerechnet werden.

In gleicher Weise wirkt die Zufuhr von Pflanzennährstoffen, wie Nitrat und insbesondere Phosphat, über den Abwasserpfad, die Abschwemmung landwirtschaftlich genutzter Flächen und über den Luftpfad. So reicht 1 g Phosphat zur Entwicklung von 115 g Algenzellmasse aus:

$$106\ CO_2 + 16\ NO_3^- + HPO_4^{2-} + 122\ H_2O + 19\ H^+ \rightarrow C_{106}H_{263}N_{16}P_1$$

(Summenformel für Algenzellmasse)

Zu deren aerober Zersetzung werden wiederum 142 g Sauerstoff benötigt. Besonders gefährdet sind dabei flache Seen, die vollständig lichtdurchflutet sind und dadurch eine hohe spezifische Produktionsrate für Algen besitzen.

Während die sonstigen Schadstoffbelastungen ähnlich wie bei Fließgewässern wirken (s. Abschn. G.1.2.2.3–G.1.2.2.6), muß bei wenig gepufferten Seen mit tiefgreifenden biozönotischen Veränderungen bei Eintrag von Säuren über den Luftpfad (CO_2, SO_2, NH_x, SO_3) gerechnet werden [G.1.6–G.1.8].

G.1.2.3.3 Aktivitäten am und im Gewässer

Menschliche Aktivitäten am und im Gewässer durch Schiffahrt, Baden, Sport und Erholung und damit verbundene Baumaßnahmen wirken zunächst auf die Gewässergüte im weiteren Sinne durch Veränderung des Landschaftsbilds und Beeinträchtigung der Ufervegetation.

Die Gewässergüte im engeren Sinne wird direkt durch Belastungen aus dem Schiffs- und Wassersportverkehr (Mineralöl, Ruß) und dem Badebetrieb (Sonnenöl, Urin usw.), indirekt durch die Schädigung oder Zerstörung der für die Selbstreinigungsvorgänge im See wesentlichen Vegetation im Flachwasser und Uferbereich beeinflußt.

G.1.2.4 Einflüsse auf die Grundwassergüte

Die Beschaffenheit des Grundwassers ist zunächst von der Wirkung der filternden und abbauenden obersten Bodenschichten und des Grundwassers abhängig. Die damit gegebene Wasserqualität kann direkt durch Einleitung von Schadstoffen (z. B. Nitrat) und indirekt durch Beeinflussung der biochemischen, chemischen oder physikalischen Vorgänge im Untergrund (z. B. Lösung von Eisen) beeinträchtigt werden. Solche Gefährdungen gehen lokal von Siedlungen mit Industrie und Gewerbe und flächenhaft von Landwirtschaft und Verkehr aus. Im einzelnen bestehen nachfolgend genannte Gefährdungsquellen.

G.1.2.4.1 Altlasten

Als Altlasten werden die Flächen bezeichnet, von denen nach fachlicher Beurteilung Gefahren oder Beeinträchtigungen für die menschliche Gesundheit oder die Umwelt, und vorwiegend für das Grundwasser ausgehen. Solche Altlasten sind:

- Altablagerungen, wie stillgelegte und nicht gesicherte Deponien, Aufhaldungen und Auffüllungen für kommunale Abfälle, Industrieabfälle, militärische Kampfmittel, kontaminierte Schlämme und Bauschutt,
- großflächige Bodenbelastungen mit Schadstoffen,
- Altstandorte, wie stillgelegte Betriebsflächen von Betrieben, in denen mit umweltgefährdenden Stoffen umgegangen wurde (z. B. Betriebe der Metallverarbeitung, Kokereien, Hüttenwerke, Gaswerke, chemische Industrie, Erdölindustrie usw.).

In der Bundesrepublik Deutschland wurden bis Ende 1993 138.722 Altlasten erfaßt, darunter ca. 60 % Altablagerungen und 40 % Altstandorte. Insgesamt wird mit etwa 250.000 Altlasten gerechnet [G.1.10].

G.1.2.4.2 Undichte Kanäle

Die Kanalisation der Städte und Gemeinden in Deutschland ist vielfach überaltert (erste Kanalisation: Hamburg 1842) und nicht mehr ausreichend dicht. Während undichte Kanäle, die unterhalb des Grundwasserspiegels liegen, z.T. große Mengen an Fremdwasser (bis zu 100 % der Abwassermenge) aufnehmen, geben undichte Kanalisationen über dem Grundwasserspiegel Schmutzwasser an das Erdreich ab, so daß die Gefahr einer Grundwasserverschmutzung besteht. Hinweise darauf geben beispielsweise Meßergebnisse über den Nitratgehalt des Grundwassers in der Nähe undichter Kanäle. Besonders grundwassergefährdend sind jedoch chlorierte Kohlenwasserstoffe (CKW). So konnten beispielsweise in Hessen von 30 Grundwasserschadensfällen mit CKW 8 eindeutig auf undichte Kanäle zurückgeführt werden. Das Gefährdungspotential für Deutschland kann aus der Tatsache abgeschätzt werden, daß 300.000 km öffentliche und 600.000 km private Abwasserkanäle verlegt sind.

G.1.2.4.3 Verwertung und Beseitigung von Schlämmen

Klärschlämme aus der Abwasserreinigung und von Kleinkläranlagen, Abfälle aus Tierhaltungen und aus der Lebensmittelindustrie werden gelegentlich landwirtschaftlich verwertet und damit beseitigt. Das Aufbringen solcher Stoffe auf Kulturflächen in zu hohen Konzentrationen oder zur falschen Jahreszeit kann zu direkten und indirekten Beeinträchtigungen des Grundwassers führen. Direkte Beeinträchtigungen ergeben sich in erster Linie durch Infiltration mineralischer Komponenten (hauptsächlich Stickstoffverbindungen), indirekte Beeinträchtigungen durch Bildung von Abbauprodukten beim Abbau organischer Substanz in den obersten Bodenschichten (O_2-Entzug, CO_2-Produktion, Lösung von Eisen aus dem Untergrund).

G.1.2.4.4 Überdüngung von Flächen

Während 1950 auf landwirtschaftlich und gärtnerisch genutzten Flächen in Deutschland etwa 25 kg Stickstoff (N) pro Hektar ausgebracht wurden, betrug der rechnerische Stickstoffbilanzüberschuß der Landwirtschaft Deutschlands im Jahr 1985 ca. 100 kg N/ha landwirtschaftlicher Fläche [G.1.11]. Vor allem die viehhaltenden Betriebe tragen bei relativ hohen Bilanzüberschüssen zur direkten Abschwemmung in die Oberflächengewässer und zur Nitratverlagerung in das Grundwasser bei [G.1.12]. Daneben sind noch Flächen mit Sonderkulturen, aber auch Grünland, das zum Zweck des Ackerbaus umgebrochen wird, besonders gefährdend. Weitere Gefahren von Stickstoffbilanzüberschüssen gehen von der TA Siedlungsabfall vom April 1993 aus, die zu ca. 5–6 Mio. t Komposttrockenmasse führen wird, wie auch von der nach dem Kreislaufwirtschaftsgesetz von 1994 geforderten stofflichen Verwertung der Klärschlämme.

G.1.2.4.5 Pflanzenbehandlungsmittel

In Deutschland gibt es ca. 300 zugelassene Pflanzenbehandlungsmittel-Wirkstoffe, aus denen etwa 1800 verschiedene Präparate in einem Umfang von etwa 30.000 t/a hergestellt und vertrieben werden [G.1.13, G.1.14]. Da ein Teil dieser Wirkstoffe bzw. deren Abbauprodukte nicht oder nur sehr langsam abgebaut werden, muß mit einer langfristigen flächenhaften Kontamination des Grundwassers gerechnet werden (s. Tabelle G.1-3).

G.1.2.4.6 Luftverunreinigungen

Durch Emissionen von Verkehr, Energieerzeugung und sonstigen Verbrennungsprozessen in Haushalt, Gewerbe und Industrie gelangen Schadstoffe wie Staub, Gase, (NO_x, SO_2, CO_2 usw.), Oxide von Zink, Blei, Kupfer und anderer Metalle so-

Tabelle G.1-3 Nach Absetzungen im Jahr 1994 bedeutende PSM-Wirkstoffe (aus [2.12])

Kategorie der abgesetzten Menge	Produktgruppen				
	Herbizide	Fungizide	Insektizide	Wachstums-Regulatoren	Sonstige
> 1000 t	Isoproturon				
	Glyphosat				
> 500 t	Metamitron	Schwefel		Chlormequat	
	Dichlorprop P	Metiram			
	Mecoprop P	Fenpropimorph			
> 200 t	Metazachlor	Kupferoxychlorid			
	Bentazon	Anilazin			
	Metolachlor	Maneb			
	Bifenox	Prochloraz			
	Chlortoluron				
	MCPA				
	Terbuthylazin				
	EPTC				
	Prosulfocarb				
	Chloridazon				
	Pyridat				
	Fluroxypyr				
	Diuron				
> 100 t	Ethofumesat	Dichlofluanid		Ethephon	Metam-Natrium
	Trifluralin	Tebuconazol			Metaldehyd
	Triallat	Carboxin			
	Pendimethalin	Expoxiconazol			
	Cyanamid				
	Carabetamid				
	Haloxyfob				
	Bromoxynil				
	Methabenzthiazuron				
	Eisen-II-Sulfat				
	Phenmedipham				
> 50 t			Dimethoat		
			Paraffinöl		
			Methiocarb		
			Methamidophos		
			Parathion		
			Oxydemethonmethyl		
gesamte Anzahl gemeldeter Wirkstoffe (Summe: 218)	72	62	56	4	24

wie Phenole usw. über das Niederschlagswasser in den Untergrund. Während kalkhaltige Böden durch ihr Puffervermögen einen gewissen Schutz vor einer Grundwasserkontamination bieten, muß bei kalkarmen Untergründen mit einer direkten und, infolge von Lösungsvorgängen, indirekten Grundwasserbeeinträchtigung gerechnet werden.

G.1.2.4.7 Transport und Umschlag wassergefährdender Stoffe

In Deutschland sind etwa 60.000 chemische Stoffe im Verkehr, mit etwa 1 Mio. Zubereitungen. Davon wurden etwa 1421 in den Katalog wassergefährdender Stoffe aufgenommen [G.1.15]. Bei Transport und Lagerung können diese Stoffe durch Unfälle in das Grundwasser gelangen. Als Gefahrenquellen kommen infrage:
- Unfälle auf Land- und Stadtstraßen,
- Unfälle beim Umschlag und der Lagerung auf Industrie- und Gewerbeflächen,
- Unfälle auf Güterbahnhöfen und Gleisstrecken.

Von den ca. 18.000 jährlichen Unfällen mit Chemikalien entfallen in Deutschland ca. 90 % auf den Mineralöltransport.

G.1.2.4.8 Eintrag über Oberflächengewässer

Schadstoffe aus Oberflächengewässern können in das Grundwasser gelangen, wenn der Grundwasserspiegel tiefer als der Wasserspiegel des Oberflächengewässers liegt, so etwa bei Hochwasser oder im Bereich von Grundwasserentnahmen (Uferfiltration).

Besonders gefährdet sind dabei Grundwasservorkommen im Bereich der beim Abbau von Kies und Sand beim Braunkohletagebau entstehenden künstlichen Seen, da hier meist eine Sohlabdichtung fehlt. Als Gefährdungsursachen spielen dabei besonders die in Abschn. G.1.2.4.7 dargestellten Unfälle im Verkehrs- und Industriebereich eine Rolle.

G.1.3 Beschreibung und Kennzeichnung der Gewässergüte

G.1.3.1 Grundsätzliches

Da der Begriff „Gewässergüte" mit keinem feststehenden Inhalt verbunden ist, sondern sich erst aus Vorstellungen über das Gewässer und seine erwünschte Beschaffenheit ergibt (s. Abschn. G.1.1]., ist die Beschreibung und Kennzeichnung der Gewässergüte an die Kriterien für diese Gewässergüteziele gebunden.

In erster Linie spielen dabei die Nutzungsansprüche eine Rolle, wobei Nutzungsansprüche sowohl hinsichtlich der natürlichen Funktion des Gewässers als System zur Sammlung, Speicherung und Ableitung des Wassers und als Ökosystem als auch hinsichtlich der verschiedenen anthropogenen Nutzungsarten zu betrachten sind (s. Bild G.1-1).

Zur Beschreibung und Kennzeichnung der Gewässergüte hinsichtlich dieser einzelnen Nutzungsarten werden unterschiedliche Merkmale bzw. Kriterien eingesetzt (s. Bild G.1-2). Für die Beschreibung des Gütezustands des Wasserkörpers kommen dabei hygienische, ästhetische, physikalische, chemische und biologische Kriterien in Betracht. Während die ersten vier Kriterien im wesentlichen eine Aussage über den momentanen Gütezustand erlauben, geben die biologischen Merkmale den langfristigen Zustand des Gewässers wieder, weil jede Lebensgemeinschaft zu ihrer Formation eine bestimmte Zeitspanne benötigt und dabei auch auf einzelne Extremereignisse reagiert.

G.1.3.2 Kennzeichnung der Fließgewässer als natürliche Ökosysteme

Die Beurteilung der Wassergüte von Fließgewässern unter dem Gesichtspunkt ihrer Eigenschaft als Lebensraum von Tieren, Pflanzen und Mikroorganismen kann durch verschiedene Parameter vorgenommen werden.

G.1.3.2.1 Biologische Parameter – Saprobienindex

Die direkteste Methode zur Bestimmung der Gewässergüte unter ökologischen Gesichtspunkten ist die Erfassung der im Gewässer vorkommenden Biozönosen von Tieren, Pflanzen und Mikroorganismen. Da diese ständig den sich periodisch und aperiodisch ändernden Bedingungen im Wasserkörper ausgesetzt sind, kann aufgrund der vorgefundenen Arten eine Aussage über den längerfristigen Zustand des Gewässers gegeben werden, wobei meist ungünstige Belastungszustände und nicht durchschnittliche Verhältnisse maßgebend sind. Die Beschaffenheit des Ufers, der Gewässersohle und die hydrologischen Verhältnisse beeinflussen dabei ebenfalls die Wirkung der Wasserinhaltsstoffe auf die Organismen [G.1.17].

Die Klassifizierung der Organismengruppen nach ihren Umweltansprüchen wurden zuerst von Kolkwitz und Marson [G.1.18] in einem Saprobiensystem mit den Saprobiestufen
- oligosaprob (gering verunreinigt),
- mesosaprob (mäßig verunreinigt),
- polysaprob (stark verunreinigt)

vorgenommen. Im Laufe der Zeit wurden dazu

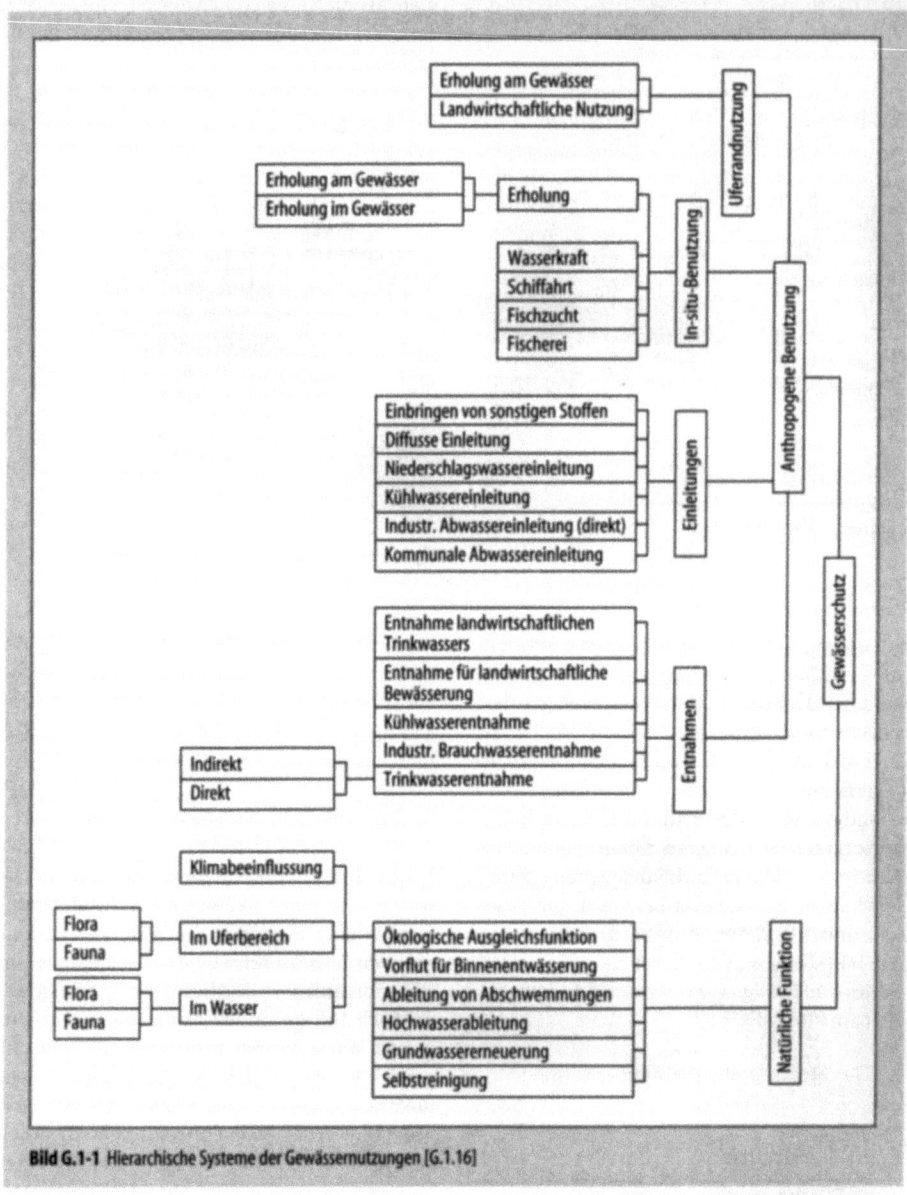

Bild G.1-1 Hierarchische Systeme der Gewässernutzungen [G.1.16]

zahlreiche Varianten entwickelt [G.1.19–G.1.21] und letztlich in den Deutschen Einheitsverfahren [G.1.17] mit 7 Saprobiebereichen und Saprobieindices von 1,0–4,0 genormt (s. Tabellen G.1-4, G.1-5).

Der Saprobienindex S wird dabei als Mittelwert aller in die Wertung einzubeziehender Einzelorganismen (Taxa) gefunden. Dabei wird neben dem Saprobiewert der Einzelorganismen (s), deren Indikatorqualität (G) und Häufigkeit des Vorkommens (Abundanzziffer A) berücksichtigt. Der Saprobienindex ergibt sich somit zu

$$S = \Sigma s(A \cdot G) / \Sigma (A \cdot G)$$

G.1.3.2.2 Sauerstoffhaushalt als Güteparameter

Der Sauerstoffgehalt von Fließgewässern ist ein weiteres wesentliches Merkmal für deren Güte. Einerseits bestimmt er das Vorkommen von

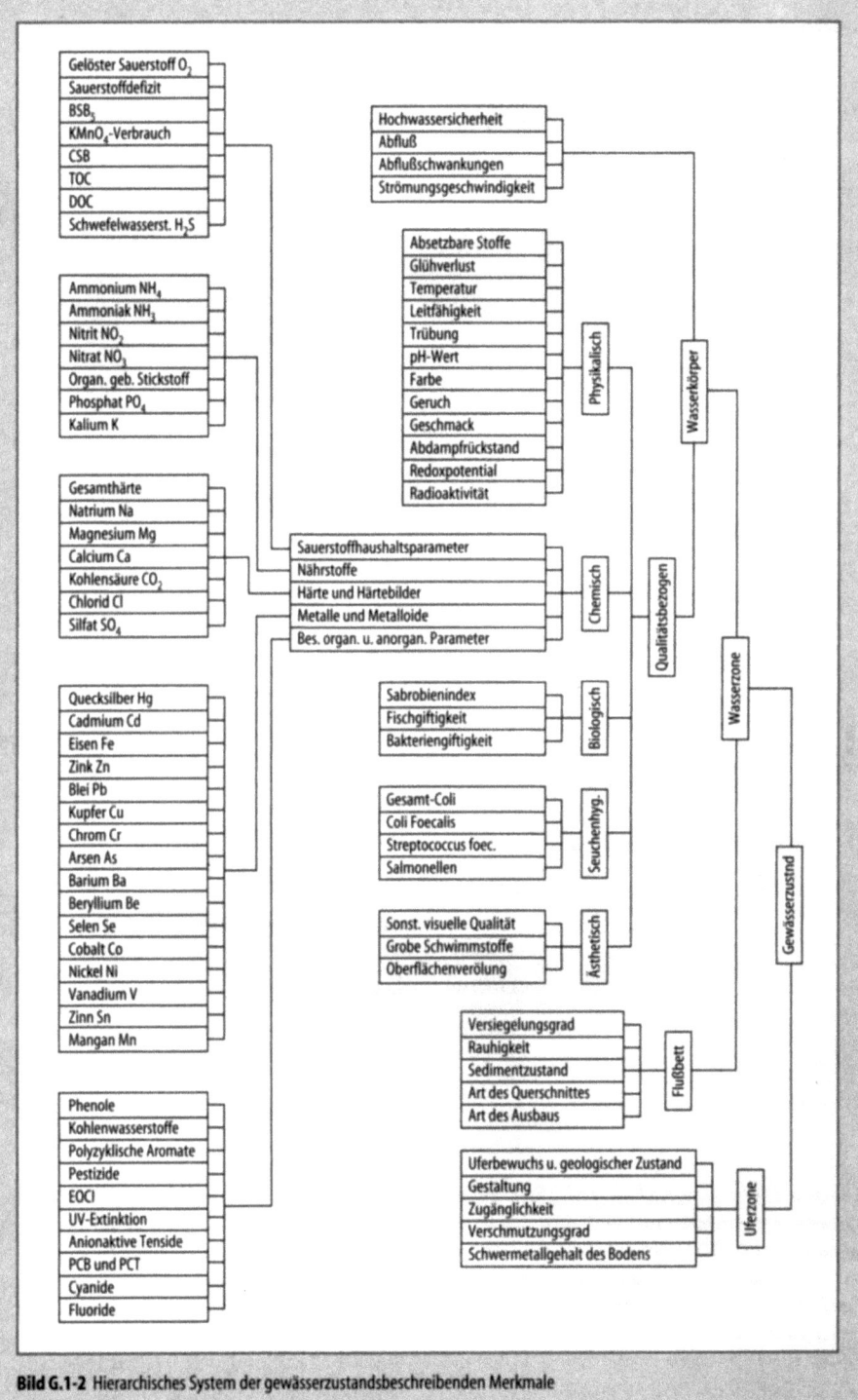

Bild G.1-2 Hierarchisches System der gewässerzustandsbeschreibenden Merkmale

Tabelle G.1-4 Saprobiebereich und Saprobienindex [G.1.17]

Saprobiebereich	Saprobienindex
Oligosaprob	1,0 bis < 1,5
Oligosaprob bis β-mesosaprob	1,5 bis < 1,8
β-mesosaprob	1,8 bis < 2,3
β-mesosaprob bis α-mesosaprob	2,3 bis < 2,7
α-mesosaprob	2,7 bis < 3,2
α-mesosaprob bis polysaprob	3,2 bis < 3,8
Polysaprob	3,5 bis 4,0

Tabelle G.1-5 Definition der Güteklassen von Fließgewässern [G.1.22]

Güteklasse I: unbelastet bis sehr gering belastet
Gewässerabschnitte mit reinem, stets annähernd sauerstoffgesättigtem und nährstoffarmem Wasser; geringer Bakteriengehalt; mäßig dicht besiedelt, vorwiegend von Algen, Moosen, Strudelwürmern und Insektenlarven; Laichgewässer für Edelfische.

Güteklasse I und II: gering belastet
Gewässerabschnitte mit geringer anorganischer oder organischer Nährstoffzufuhr ohne nennenswert Sauerstoffzehrung; dicht und meistens in großer Artenvielfalt besiedelt.

Güteklasse II: mäßig belastet
Gewässerabschnitte mit mäßiger Verunreinigung und guter Sauerstoffversorgung; sehr große Artenvielfalt und Individuendichte von Algen, Schnecken, Kleinkrebsen, Insektenlarven; Wasserpflanzenbestände bedecken größere Flächen; Fischgewässer.

Güteklasse II bis III: kritisch belastet
Gewässerabschnitte, deren Belastung mit organischen, sauerstoffzehrenden Stoffen einen kritischen Zustand bewirkt; Fischsterben infolge Sauerstoffmangels möglich, Rückgang der Artenzahl der Makroorganismen; gewisse Arten neigen zu Massenentwicklung; Algen bilden häufig größere, flächendeckende Bestände.

Güteklasse III: stark verschmutzt
Gewässerabschnitte mit organischer, sauerstoffzehrender Verschmutzung und meist niedrigem Sauerstoffgehalt; örtliche Faulschlammablagerungen; flächendeckende Kolonien von fadenförmigen Abwasserbakterien und festsitzenden Wimpertierchen übertreffen das Vorkommen von Algen und höheren Pflanzen; nur wenige, gegen Sauerstoffmangel unempfindliche tierische Makroorganismen wie Schwämme, Egel, Wasserassel kommen bisweilen massenhaft vor; geringe Fischereierträge; mit periodischem Fischsterben ist zu rechnen.

Güteklasse III bis IV: sehr stark verschmutzt
Gewässerabschnitte mit weitgehend eingeschränkten Lebensbedingungen durch sehr starke Verschmutzung mit organischen, sauerstoffzehrenden Stoffen, oft durch toxische Einflüsse verstärkt; zeitweilig totaler Sauerstoffschwund; Trübung durch Abwasserschwebstoffe; ausgedehnte Faulschlammablagerungen, durch rote Zuckmückenlarven oder Schlammröhrenwürmer dicht besiedelt; Rückgang fadenförmiger Abwasserbakterien; Fische nicht auf Dauer und dann nur örtlich begrenzt anzutreffen.

Güteklasse IV: übermäßig stark verschmutzt
Gewässerabschnitte mit übermäßiger Verschmutzung durch organische, sauerstoffzehrende Abwässer; Fäulnisprozesse herrschen vor; Sauerstoff über lange Zeit nur in sehr niedrigen Konzentrationen vorhanden oder gänzlich fehlend; Besiedelung vorwiegend durch Bakterien, Geißeltierchen und freilebende Wimpertierchen; Fische fehlen; bei stark toxischer Belastung biologische Verödung.

(nach Länderarbeitsgemeinschaft Wasser LAWA 1976)

Lebewesen (Fischen, Krebsen usw.) und andererseits ist er ein Indikator für Belastungen mit organischen Stoffen. Demzufolge besteht ein enger Zusammenhang zwischen Saprobität und Sauerstoffzehrung [G.1.23] bzw. Biochemischem Sauerstoffbedarf (BSB$_5$) [G.1.24].

G.1.3.2.3 Gewässergüteindex chemisch

Die Zustandsbeschreibung von Gewässern mit chemischen Einzelparametern bringt den Nachteil mit sich, daß durch die Vielzahl möglicher Einzelparameter die Übersicht verloren geht. Aus diesem Grunde ist vielfach versucht worden, durch Parameterbündelung bzw. -mischung einen chemischen Güteindex zu erarbeiten [G.1.25]. Ein solcher Gewässergüteindex wurde z. B. für die Nährstoffe und organischen Inhaltsstoffe durch Mittelwertbildung aus den Einzelindices für die Parameter CSB, BSB, Gesamt- und Ammoniumstickstoff sowie Gesamt- und Phosphat-Phosphor gebildet (s. Tabelle G.1-6).

Tabelle G.1-6 Berechnung und Interpretation des Gewässergüteindex chemisch [G.1.17]

BSB$_5$ unfiltriert		CSB unfiltriert		Gesamt-Stickstoff unfiltriert	
O$_2$ mg/l	Index	O$_2$ mg/l	Index	N mg/l	Index
0 – 2	1,0 – 1,7	0 – 10	1,0 – 1,6	0 – 2	1,0 – 1,5
2 – 4	1,7 – 2,2	10 – 30	1,6 – 2,3	2 – 5	1,5 – 2,0
4 – 7	2,2 – 2,6	30 – 50	2,3 – 2,8	5 – 10	2,0 – 2,5
7 – 15	2,6 – 3,4	50 – 90	2,8 – 3,5	10 – 15	2,5 – 3,0
15 – 22	3,4 – 4,0	90 – 120	3,5 – 4,0	15 – 25	3,0 – 4,0
> 22	4,0	> 120	4,0	> 25	4,0

Gesamt-Phosphor unfiltriert		Ammonium-Stickstoff		Gesamt-Stickstoff unfiltriert	
P mg/l	Index	N mg/l	Index	P mg/l	Index
0 – 0,4	1,0 – 2,0	0 – 0,4	1,0 – 2,2	0 – 0,1	1,0 – 2,0
0,4 – 1,0	2,0 – 2,8	0,4 – 0,8	2,2 – 2,7	0,1 – 0,5	2,0 – 2,8
1,0 – 1,5	2,8 – 3,2	0,8 – 1,6	2,7 – 2,9	0,5 – 1,0	2,8 – 3,3
1,5 – 2,0	3,2 – 3,6	1,6 – 3,1	2,9 – 3,2	1,0 – 2,0	3,3 – 4,0
2,0 – 2,5	3,6 – 4,0	3,1 – 6,2	3,2 – 3,5	> 2,0	4,0
> 2,5	4,0	6,2 – 12,4	3,5 – 4,0		
		>12,4	4,0		

Aus den Indices der oben aufgeführten Parameter wird der Gewässergüteindex chemisch durch Mittelwertbildung gewonnen. Dieser kann als Maß der Belastung eines Gewässers mit organischen Stoffen sowie mit Nährsalzen interpretiert werden.[a]

[a]
- 1,0 – 1,4 nicht belastet bis sehr gering belastet
- 1,5 – 1,7 kaum belastet
- 1,8 – 2,2 mäßig belastet
- 2,3 – 2,6 deutlich belastet
- 2,7 – 3,1 stark belastet
- 3,2 – 3,4 sehr stark belastet
- 3,5 – 4,0 außerordentlich stark belastet

Eine Gewässergüteklassifizierung für an Schwebstoffe adsorbierte Gehalte an Schwermetallen und Arsen schlägt Reinke [G.1.26] vor. Derartige Parametermischungen sind jedoch meist zweifelhaft und für Planungszwecke ungeeignet, da die Einzelparameter nicht gegeneinander aufgewogen werden können.

G.1.3.2.4 Gewässergüteklassifizierung

Der Wunsch, den Gewässergütezustand unter Berücksichtigung verschiedener Parametergruppen zu beschreiben, hat zu einer Vielzahl von Versuchen geführt. Die Darstellung von Parameterkollektiven durch Bündelung kann die Übersichtlichkeit über den Gewässerzustand erhöhen, wie beispielsweise bei der Darstellung der IAWR-Kennzahlen [G.1.22] oder beim „Geoakkumulationsindex" von Müller [G.1.27].

Eine Parametermischung hingegen ist, selbst bei unterschiedlicher Gewichtung der Einzelparameter, meist fragwürdig. So sagt beispielsweise ein niedriger „Gewässergüteparameter chemisch" (Abschn. G.1.3.2.3) nichts über die tatsächliche Gewässergüte aus, wenn sich dieser aus einem sehr hohen Ammoniumstickstoffgehalt (Index 4) und sonst niedrigen Parameterwerten errechnet. Eine Ausnahme bildet die Gewässergüteklassifizierung entsprechend der LAWA-Gütekartierung, bei der die Saprobitätsanalyse durch einige zusätzliche chemische Parameter abgesichert wird (s. Bild G.1-3).

G.1.3.3 Kennzeichnung der Gewässergüte stehender Gewässer

Die Beschaffenheit des Wasserkörpers stehender Gewässer ist unter natürlichen Bedingungen weitgehend abhängig von der Morphologie des Gewässers selbst, von klimatischen Bedingungen sowie von Beschaffenheit und Größe der Zuflüsse. Dabei spielt insbesondere die Primärproduktion organischer Stoffe eine Rolle, die ein Maß für die Trophie eines Gewässers ist [G.1.28] (s. Tabelle G.1-7).

Die Primärproduktion beruht auf dem biochemischen Prozeß der Photosynthese, bei dem mit Hilfe der Strahlungsenergie aus CO_2, Wasser, Nitrat, Phosphat und weiteren Spurenstoffen organische Substanz aufgebaut wird [G.1.29]. Da die Primärproduktion stark von der Lichteinstrahlung und der Wassertemperatur abhängt, findet die Photosynthese in der lichtdurchfluteten tropogenen Zone statt, was dazu führt, daß

Güte-klasse	Grad der organischen Belastung	Saprobien-index	Kenn-farbe	BSB$_5$	NH$_4$-N	O$_2$-Minima	Wichtige Indikatororganismen	Fische
I	unbelastet bis sehr gering belastet	1,0 – < 1,5	dunkel-blau	1	höchstens Spuren	> 8	Steinfliegenlarven, Hakenkäfer	Bachforelle
I – II	gering belastet	1,5 – < 1,8	hell-blau	1 – 2	um 0,1	> 8	Steinfliegenlarven, Strudelwürmer, Hakenkäfer, Köcherfliegenlarven	Bachforelle Äsche
II	mäßig belastet	1,8 – < 2,3	grün	2 – 6	< 0,3	> 6	Hakenkäfer, Eintagsfliegenlarven, Köcherfliegenlarven, Kleinkrebse, Schnecken, Blütenpflanzen	Barbe Äsche Flußbarsch Nase Hecht
II – III	kritisch belastet	2,3 – < 2,7	gelb-grün	5 – 10	< 1	> 4	Egel, Schnecken, Moostierchen, Kleinkrebse, Grünalgenkolonien, Muscheln	Karpfen Aal Schleie Brachsen
III	stark verschmutzt	2,7 – < 3,2	gelb	7 – 13	0,5 bis mehrere mg/l	> 2	Wasserasseln, Egel, Wimpertierchenkolonien, Schwämme	Plötze Schleie
III – IV	sehr stark verschmutzt	3,2 – < 3,5	rot-orange	10 – 20	mehrere mg/l	> 2	Zuckmückenlarven, Schlammröhrenwürmer, Wimpertierchen	
IV	übermäßig verschmutzt	3,5 – < 4,0	rot	> 15	mehrere mg/l	> 2	Schwefelbakterien, Geißeltierchen, Wimpertierchen	

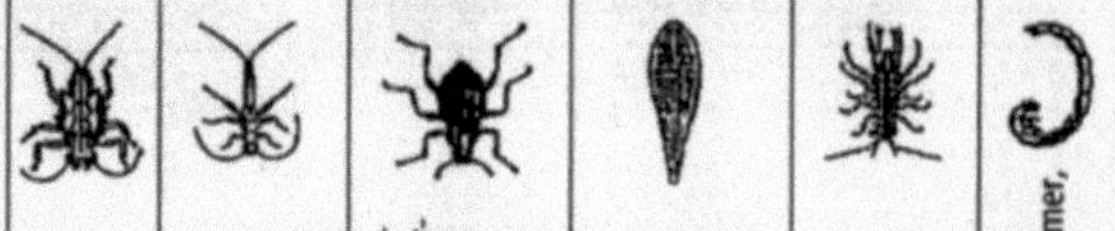

Bild G.1-3 Gewässergüteklassifizierung nach LAWA [G.1.22]

in flachen, warmen Seen eine höhere spezifische Primärproduktion zu erwarten ist als in tieferen und kälteren Seen. Demzufolge sind auch große Unterschiede in der Primärproduktion innerhalb eines Seenkörpers zu erwarten. Die höchsten Produktionsraten sind im Epilimnion im Bereich des Litorals und Bentals zu erwarten, während im Metalimnion nur noch geringe und im Hypolimnion keinerlei photoautotrophe Produktion mehr stattfindet. Seen können daher nach Thienemann [G.1.30] in gemäßigten Klimazonen als wenig produktiv (oligotroph) cha-

Tabelle G.1-7 Trophiestufen stehender Gewässer nach [3.19]

Beschreibung der Trophiestufen

Oligotroph
Produktion schwach aufgrund geringer Verfügbarkeit der Nährstoffe. Phytoplanktonentwicklung ganzjährig gering; Sichttiefe groß durch geringe Planktondichte. Sauerstoffsättigung des Tiefenwassers am Ende der Stagnationsperiode noch über 70 %.

Mesotroph
Produktion höher als beim oligotrophen Gewässer aufgrund höherer Verfügbarkeit der Nährstoffe; Phytoplanktonentwicklung mäßig bei großer Artenvielfalt mit Maximum im Frühjahr; Sichttiefe mittelgroß; Sauerstoffsättigung des Tiefenwassers am Ende der Stagnationsperiode zwischen 30 % und 70 %.

Eutroph
Produktion stark aufgrund hoher Verfügbarkeit der Nährstoffe; Phytoplanktonentwicklung hoch, deswegen Sichttiefe gering; regelmäßig Algenblüten möglich; oberste Wasserschicht durch die Assimilationstätigkeit der Algen zeitweise mit Sauerstoff übersättigt; gegen Ende des Sommers regelmäßig starker Sauerstoffmangel in tieferen Wasserschichten.

Hypertroph
Produktion sehr stark aufgrund hoher, oft den Bedarf der Pflanzen übersteigender Verfügbarkeit der Nährstoffe; Sichttiefe sehr gering durch starke Phytoplanktonentwicklung; Algenblüten ganzjährig; tagsüber Sauerstoffübersättigungen der obersten Wasserschicht, nachts Sauerstoffmangel durch Zehrungsvorgänge; in den tieferen Wasserschichten bereits im Sommer Sauerstoffmängelzustände häufig, dabei zeitweise Freisetzung von Schwefelwasserstoff.

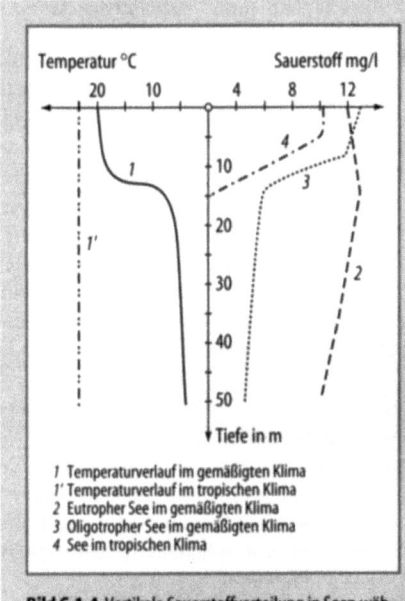

1 Temperaturverlauf im gemäßigten Klima
1' Temperaturverlauf im tropischen Klima
2 Eutropher See im gemäßigten Klima
3 Oligotropher See im gemäßigten Klima
4 See im tropischen Klima

Bild G.1-4 Vertikale Sauerstoffverteilung in Seen während der Sommerstagnation

rakterisiert werden, wenn das Volumenverhältnis von Epilimnion zu Hypolimnion < 1 ist, und als eutroph für ein Volumenverhältnis > 1. Ein besserer Indikator für Produktion und Stoffumsatz stehender Gewässer ergibt sich jedoch aus der vertikalen Sauerstoffverteilung. Infolge der stabilen Temperaturschichtung stehender Gewässer (Wasser mit 4 °C hat die größte Dichte) kann im eutrophen Gewässer während der Stagnationsperiode der Sauerstoff im Hypolimnion weitgehend aufgezehrt werden, während bei oligotrophen Gewässern nur eine geringe Zehrung zu erwarten ist (s. Bild G.1-4).

G.1.3.4 Kennzeichnung der Güte von Grundwasservorkommen

Die Beschaffenheit des Grundwassers wird maßgeblich vom jeweiligen Grundwasserträger, aber auch von der Beschaffenheit des zur Grundwasserbildung führenden Wassers (s. Abschn. G.1.2.4) und von den Vorgängen bei der Passage durch die unterschiedlichen Bodenschichten bestimmt.

Die geologische Formation des Grundwasserträgers bedingt einerseits die Ergiebigkeit des Grundwasservorkommens [G.1.31], aber auch die grundsätzliche Beschaffenheit des Grundwassers. Zu unterscheiden sind dabei einmal die Porengrundwässer, die meist eine nur wenig wechselnde Wasserbeschaffenheit aufweisen, sowie die Quell-, Kluft- und Karstgrundwässer, bei denen u. U. von Oberflächeneinträgen beeinflußte, rasch wechselnde Wasserqualitäten auftreten können. Charakteristische Vertreter der Porengrundwasserträger sind die quartären und tertiären Kiese und Sande, während Quell-, Kluft- und Karstgrundwasser häufig in Schichten des Juras und Trias auftreten.

Die chemische Beschaffenheit der Grundwasservorkommen wird ebenfalls maßgeblich von der geologischen Formation des Grundwasserträgers abhängig. Eine wesentliche Charakteristik ist dabei der Mineralgehalt, der durch den Trockenrückstand bzw. durch die „Wasserhärte" gekennzeichnet werden kann. Harte Wässer, d. h. Wässer mit einem hohen Gehalt an Erdalkalien, treten insbesondere in den Formationen der Kreide, des Juras, des Keupers und des Muschelkalks auf, während weiche Wasser häufig in quartären und tertiären Kiesen und Sanden sowie in Sandstein- und Urgestein-Formationen anzutreffen sind. Eine besondere Form mineralreicher Grundwässer sind die sog. „Mineralwässer".

Diese sind gekennzeichnet durch einen hohen Anteil an festen, gelösten Bestandteilen (mind. 1000 mg/l) bzw. einen hohen Kohlensäuregehalt (mind. 250 mg/l), einen Gehalt an seltenen, pharmakologisch wichtigen Bestandteilen (z.B. Brom, Jod (> 1 mg/l), Arsen, Fluor, Schwefel (> 1 mg/l), Eisen (> 10 mg/l), Radium (> 10^{-7} mg/l) bzw. eine hohe Ursprungstemperatur (mind. 20 °C).

G.1.3.5 Nutzungsbezogene Gewässergütebeschreibung

Im Gegensatz zur Beschreibung und Kennzeichnung der Gewässergüte unter dem Gesichtspunkt des natürlichen Vorkommens lassen sich bei der Kennzeichnung der Gewässergüte unter nutzungsbezogenen Aspekten eindeutigere Richt- bzw. Grenzwerte formulieren. Diese orientieren sich an den Kriterien für die jeweilige Nutzung, wobei in denjenigen Fällen, in denen das Wasser vor seiner Nutzung aufbereitet werden kann, die zur Verfügung stehenden Aufbereitungstechniken berücksichtigt werden.

Für die unterschiedlichen Nutzungsarten wie Trinkwasser- und Brauchwassergewinnung, Baden, Sport, Erholung, Gesundheit, Landwirtschaft und Fischerei liegen z.T. derartige Richtlinien bzw. Vorschriften von zuständigen Organisationen bzw. Behörden vor.

G.1.3.5.1 Gewässergüte und Trinkwassernutzung

Die Beurteilung der Güte eines Gewässers unter dem Gesichtspunkt seiner Nutzung zum Zweck der Trinkwasserversorgung hat sich zunächst an den Güteanforderungen für Trinkwasser zu orientieren. Hierzu gibt es eine Reihe von Regelungen, die empfehlenden (DIN 2000 [G.1.32], WHO-Standards [G.1.33]) oder gesetzlichen (EG-Richtlinie [G.1.34], Trinkwasserverordnung [G.1.35]) Charakter haben. Soll Wasser direkt aus Gewässern für Trinkwasserzwecke verwendet werden (z. B. Grundwasser), so muß die Gewässergüte den Anforderungen an Trinkwasser entsprechen.

Gewässer, die diesen Anforderungen nicht genügen, lassen sich erst nach entsprechender Aufbereitung zur Trinkwasserversorgung nutzen. Eine Reihe gelöster und ungelöster Wasserinhaltsstoffe können verhältnismäßig einfach und gut aus dem Wasser entfernt werden (z. B. suspendierte Stoffe), andere Stoffe lassen sich nur mit sehr hohem technischen Aufwand (z. B. Nitrat) bzw. sehr hohen Kosten (z. B. Salze) entfernen. Dies schließt auch die bereits in sehr geringen Konzentrationen toxischen Stoffe (z. B. Pestizide, Schwermetalle) ein.

Die Beurteilung eines Gewässers bzgl. seiner Eignung zur Trinkwassernutzung muß daher in erster Linie die Möglichkeiten der Trinkwasseraufbereitung berücksichtigen. Im DVGW-Arbeitsblatt W 251 [G.1.36] sind aus diesem Grund 2 Kennwerte für die wichtigsten Parameter aufgeführt:
– Normalanforderungen an Rohwasser, bis zu denen Trinkwasser allein durch natürliche Gewinnungs- und Aufbereitungsverfahren hergestellt werden kann und
– Mindestanforderungen an Rohwasser, bis zu denen unter Zuhilfenahme der gegenwärtig bekannten und bewährten chemisch-physikalischen Verfahren ein den Qualitätskriterien entsprechendes Trinkwasser, allerdings mit wesentlich kleinerer Sicherheitsspanne, hergestellt werden kann.

Werden selbst diese höheren Grenzwerte überschritten, so läßt sich dennoch mit sehr weitgehenden Aufbereitungsmaßnahmen der Vorschrift entsprechendes Trinkwasser erzeugen. In diesem Fall ist es aber unbedingt erforderlich, umgehend weitere Reinhaltemaßnahmen für das Gewässer zu ergreifen.

Die von der EG 1975 erlassene Oberflächenwasser-Richtlinie [G.1.37] gibt für 3 Kategorien von Aufbereitungsverfahren Grenzwerte an:
Kategorie A1: einfache physikalische Aufbereitung und Entkeimung, z. B. Schnellfilterung und Entkeimung.
Kategorie A2: normale physikalische und chemische Aufbereitung und Entkeimung, z. B. Vorchlorung, Koagulation, Flockung, Dekantierung, Filterung und Entkeimung.
Kategorie A3: physikalische und chemische Aufbereitung, Oxidation, Adsorption und Entkei-

mung, z. B. Brechpunktchlorung, Koagulation, Flockung, Dekantierung, Filterung, Oxidation Adsorption, Entkeimung.

Nach der Richtlinie sind die Mitgliedstaaten dazu verpflichtet, Oberflächengewässer, aus denen Trinkwasser gewonnen wird, so zu sanieren, daß sie zukünftig mindestens den Anforderungen der Kategorie A2 genügen. Ausnahmen sind von der Kommission zuzulassen. Grundwasser, Brackwasser und zur Anhebung des Grundwasserspiegels bestimmtes Wasser unterliegen dieser Richtlinie nicht. Problematisch an der EG-Richtlinie ist, daß sie eigentlich eine Fließgewässerrichtlinie ist (z. B. sind die P-Werte für stehende Gewässer viel zu hoch) und daß einige, für die Trinkwasserqualität wichtige Stoffgruppen (z. B. organische Halogenverbindungen) nur unzureichend erfaßt werden [G.1.38].

G.1.3.5.2 Gewässergüte und Brauchwassernutzung

Der Anteil des Brauch- bzw. Betriebswassers für gewerbliche und industrielle Zwecke an der Gesamtwassernutzung ist sehr hoch. In Deutschland liegt der Anteil des Brauchwassers bei etwa 72 %, während auf die Trinkwasserversorgung etwa 19 % und auf die landwirtschaftliche Nutzung 9 % entfallen [G.1.39]. Bei Brauchwasser wird allerdings der größte Teil (81 %) für Kühlwasserzwecke, 2 % für Kesselspeisewasser und 17 % für sonstiges Betriebswasser benötigt.

Die Anforderungen an die Qualität des Brauchwassers sind je nach Nutzungszweck sehr unterschiedlich, so daß sich kaum einheitliche Qualitätsstandards festlegen lassen [G.1.40].

G.1.3.5.3 Gewässergüte und Freizeitnutzung

Die Nutzung der Gewässer zum Baden, zu sportlicher Betätigung und zur Erholung stellt an die Gewässer hygienische und ästhetische Ansprüche.

An Oberflächengewässer sind Qualitätsansprüche international in der EG-Richtlinie 76/160/EWG über die Qualität der Badegewässer [G.1.41] und national in der III. Durchführungsverordnung zum Gesetz über die Vereinheitlichung des Gesundheitswesens [G.1.42] festgelegt.

Die EG-Richtwerte gelten für Badegewässer, in denen üblicherweise eine große Anzahl von Personen badet („EG-Gewässer"). Für die übrigen, zu Badezwecken zugelassenen Gewässer gelten die bundesdeutschen Richtlinien.

Grundwässer werden hauptsächlich als Thermal- bzw. Mineralwässer für Bade- und Heilzwecke genutzt. Hierfür gelten besondere Vorschriften der Bundesländer.

G.1.3.5.4 Gewässergüte und landwirtschaftliche Nutzung

Gewässer werden von der Landwirtschaft zur Bewässerung von Freilandkulturen (vornehmlich Beregnung) und Gewächshaus- bzw. Unterglaskulturen sowie für die Viehtränke genutzt. Die Güteanforderungen an das Wasser für diese 3 Nutzungsbereiche sind verschieden [G.1.43].

Bei der Verwendung als Beregnungswasser für Freilandkulturen sind folgende Faktoren von Einfluß: Pflanzenbestand, Bodenart, Bodenwasserhaushalt, Klima, Beregnungswassermenge, Bewässerungsmethode. Die von Ruf [G.1.43] oder im LAWA-Merkblatt Nr. 7 [G.1.44] angegebenen Richt- und Grenzwerte sind daher stets unter Berücksichtigung der oben genannten Einflußfaktoren anzuwenden.

Für Unterglaskulturen gelten i.d.R. niedrigere Richt- und Grenzwerte als bei Freilandkulturen, da der Bedarf an Bewässerungswasser infolge der ganzjährig erforderlichen Bewässerung durchschnittlich um den Faktor 7 höher liegt.

Das Wasser für die Viehtränke sollte i. allg. Trinkwasserqualität aufweisen. Werden wenig belastete Gewässer als Tränke genutzt, so können nach Ruf [G.1.43] veränderte Höchst- und Richtwerte angenommen werden.

G.1.3.5.5 Gewässergüte und fischereiliche Nutzung

Fische sind einer der Hauptindikatoren für die Kennzeichnung der Güte von Fließ- und stehenden Gewässern als natürliche Ökosysteme (s. Abschn. G.1.3.2 und G.1.3.3). Unter ökologischen und wirtschaftlichen Gesichtspunkten ist es erforderlich, die Fischpopulationen vor den unheilvollen Folgen des Einleitens von Schadstoffen in die Gewässer, so vor allem vor der zahlenmäßigen Verringerung und bisweilen sogar vor der Auslöschung bestimmter Arten zu bewahren. Mit dieser Begründung wurde von der Europäischen Gemeinschaft eine Richtlinie über „die Qualität von Süßwasser, das schutz- oder verbesserungsbedürftig ist, um das Leben von Fischen zu erhalten" beschlossen [G.1.45], in der Richt- und Grenzwerte für physikalisch-chemische Parameter in Salmoniden und Cypriniden-Gewässern festgelegt sind. In dieser Richtlinie fehlen jedoch relevante Werte für Pestizide und Schwermetalle mit Ausnahme von Zink und Kupfer, die in der Teichwirtschaft eine gewisse Bedeutung besitzen [G.1.46], obwohl die Richtlinie nicht auf Fischteiche anzuwenden ist. Entsprechende Werte wurden jedoch von der Environmental Protection Agency, USA [G.1.47] angegeben. Neben diesen fischtoxikologischen Werten lassen sich Gütekriterien auch unter lebensmittelrechtlichen Aspekten und der Bioakkumulation entwickeln [G.1.46].

G.1.3.6 Beschreibung der Gewässergüte durch Gewässergütemodelle

G.1.3.6.1 Zielsetzung

Die vielfältigen Einflüsse auf die Gewässergüte und die Vielzahl von zu berücksichtigenden Parametern haben schon frühzeitig [G.1.46] zu Bemühungen geführt, die Vorgänge und Veränderungen durch mathematische Gewässergütemodelle zu erfassen. Dabei waren unterschiedliche Zielsetzungen gegeben [G.1.47–G.1.51]. Entweder sollten die Modelle eine Analyse des funktionellen Zusammenhangs zwischen den Elementen des zu untersuchenden Systems ermöglichen (Erklärungsmodell) oder zur Optimierung von Sanierungsmaßnahmen bei Vorliegen komplexer Entscheidungssituationen eingesetzt werden (Entscheidungsmodell).

G.1.3.6.2 Grundsätzlicher Aufbau der Modelle

Modelle bestehen grundsätzlich aus dem Eingabeteil, der vereinfachten und abstrahierten Beschreibung des Gewässers (eigentliches Gewässergütemodell) sowie dem Ausgabeteil. Die einzelnen Modelle können sich in allen 3 Teilen unterscheiden.

Im Eingabeteil können Einzelwerte oder mit Hilfe von Modellbausteinen errechnete Eingabegrößen eingegeben werden.

Das Modell selbst kann ein lediglich datenproduzierendes „Black-Box-Modell" oder ein „naturwissenschaftliches Modell" sein, das aus unterschiedlichen, sich gegenseitig beeinflussenden Modellbausteinen besteht.

G.1.3.6.3 Modelltypen

Je nach Fragestellung können unterschiedliche Modelltypen zur Beschreibung und Beurteilung der Gewässergüte eingesetzt werden [G.1.51]:

– Erklärungsmodelle, die der Analyse des funktionalen Zusammenhangs zwischen den Elementen des zu untersuchenden Systems dienen,
– Entscheidungsmodelle, die zur Ableitung optimaler Entscheidungen bei komplexen Entscheidungssituationen eingesetzt werden,
– deterministische Modelle, die den kausalen Zusammenhang zwischen Elementen des natürlichen Systems erfassen,
– stochastische Modelle, die zufällige Beobachtungen beschreiben und mit Mitteln der Statistik Zusammenhänge zwischen Variablen erfassen,
– strukturorientierte Modelle, die möglichst viele Teilvorgänge im Gewässer erfassen und ihre funktionalen Zusammenhänge beschreiben,
– verhaltensorientierte Modelle, mit deren Hilfe über Meßwerte und modellspezifische Beiwerte eine globale Beschreibung des Verhaltens des Gewässers oder eines Vorgangs erfolgt,
– statische Modelle, die von der Zeit unabhängige Ergebnisse liefern und
– dynamische Modelle, mit deren Hilfe der Einfluß zeitlich variabler Größen auf die interessierenden Parameter verfolgt werden kann.

G.1.3.6.4 Gewässergütemodelle für Fließgewässer

Die einfachste Form der Gewässergütemodelle für Fließgewässer ist der *Abwasserlastplan nach Imhoff* [G.1.52]. Dieses Modell geht von der Annahme aus, daß die Mikroorganismen im Fließgewässer in gleichen Zeiträumen dt die Verschmutzung L um gleiche Prozentsätze dL abbauen

$$dL/dt = - K_L \cdot L \qquad (G.1.1)$$

und integriert

$$L_t = L_o \cdot e^{-K_L \cdot t} \qquad (G.1.2)$$

L_t Verschmutzung [kg BSB/d] bzw. Einwohnerlast [EW/1/s] nach der Fließzeit
L_o Verschmutzung an der Einleitungsstelle
t Fließzeit [d]
K_L Selbstreinigungsbeiwert [1/d]

Aus diesem Abwasserlastplan wurde der *Lastverteilungsplan* entwickelt [G.1.53], der den Anteil der Restverschmutzung der einzelnen Einleiter aufzeigt.

Schon zuvor wurde das erste *Gewässergüte-*

modell von Streeter und Phelps [G.1.46[für die Beschreibung der Selbstreinigung von Fließgewässern und deren Sauerstoffgehalt entwickelt. Dabei wird ebenfalls von der Annahme ausgegangen, daß in Fließgewässern in gleichen Zeiträumen gleiche Prozentsätze der Verschmutzung durch aerobe Mikroorganismen abgebaut werden. Der dafür aus dem Wasserkörper entnommene Sauerstoff (BSB) wird nun der natürlichen Sauerstoffaufnahme des Gewässers aus der Luft über die Wasseroberfläche gegenübergestellt. Diese Sauerstoffaufnahme ist maßgeblich von der Differenz zwischen der Sauerstoffsättigung O_S und dem im Wasser vorhandenen Sauerstoffgehalt O_G, d.h. dem Sauerstoffdefizit $O_D = O_S - O_G$ abhängig, wobei auch hier in gleichen Zeiträumen dt das Sauerstoffdefizit O_D um gleiche Prozentsätze dO_D verringert wird

$$dO_D/dt = - K_D \cdot O_D \qquad (G.1.3)$$

und integriert

$$O_{Dt} = O_{Do} \cdot e^{-K_L \cdot t} \qquad (G.1.4)$$

O_{Dt} Sauerstoffdefizit des Fließgewässers zur Zeit t
O_{Do} Sauerstoffdefizit an der Einleitungsstelle
t Fließzeit
K_D Wiederbelüftungsbeiwert

Somit ergibt sich die Sauerstoffhaushaltsgleichung zu

$$dO_{Dt}/dt = K_L \cdot L_t - K_D \cdot O_{Dt} \qquad (G.1.5)$$

und integriert

$$O_{Dt} = [K_L \cdot L_o/(K_D - K_L)] \cdot$$
$$(e^{-K_L \cdot t} - e^{-K_D \cdot t}) + O_{Do} \cdot e^{-K_D \cdot t} \qquad (G.1.6)$$

Aus dieser Gleichung läßt sich dann z.B. der kritische Sauerstoffgehalt O_{Gmin} im Gewässer ermitteln (Bild G.1-5) zu

$$O_{Gmin} = O_S - (K_L/K_D) \cdot L_o \cdot e^{-K_L \cdot t_{krit}} \qquad (G.1.7)$$

mit

$$t_{krit} = [1/(K_D-K_L)] \cdot \ln[(K_D/K_L) \cdot$$
$$(1-O_{D0} \cdot (K_D-K_L)/(L_o \cdot K_L))] \qquad (G.1.8)$$

Die in der Streeter-Phelps-Gleichung verwendeten Beiwerte K_L und K_D enthalten eine Fülle von Einzeleinflüssen wie z.B. die Gewässercharakteristik, die Wassertemperatur, den Abbau der Kohlenstoff- und Stickstoffverbindungen, die Primär- und Sekundärproduktion im Gewässer, die toxi-

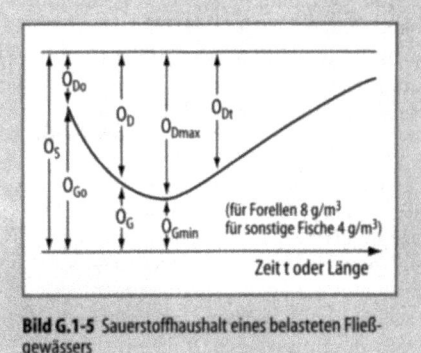

Bild G.1-5 Sauerstoffhaushalt eines belasteten Fließgewässers

schen Einflüsse, den physikalischen und biologischen Sauerstoffeintrag, die Sedimentationsprozesse und Abbauvorgänge im Flußsediment. Diese Einflüsse können nun in erweiterten Modellen detaillierter berücksichtigt werden. Eine vergleichende Zusammenstellung der in der Bundesrepublik Deutschland häufig verwendeten Gewässergütemodelle für Fließgewässer ist vom ATV-Fachausschuß 2.2 „Modellrechnung in der Wassergütewirtschaft" [G.1.49] erstellt worden.

G.1.3.6.5 Gewässergütemodelle für stehende Gewässer

Wie für Fließgewässer, so sind auch für stehende Gewässer, d.h. Seen und Talsperren, eine Vielzahl von Güte-Simulationsmodellen in der Anwendung [G.1.54]. Die Modelle unterscheiden sich nach der Diskretisierung der Gewässer in Volumen-Elemente. Grundsätzlich sind nach Stefan [G.1.55] 4 Dimensionen zu unterscheiden:

0. Dimension (0 DIM): der gesamte Wasserkörper wird als völlig durchmischt betrachtet und lediglich die zeitliche Veränderung wird simuliert,
1. Dimension (1. DIM): die horizontale Schichtung wird berücksichtigt,
2. Dimension (2. DIM): sowohl horizontal als auch vertikale Gradienten können berechnet werden,
3. Dimension (3. DIM): Gradienten können in allen Raumrichtungen variiert werden.

Im Gegensatz zu den Fließgewässern stehen bei der Gütesimulation stehender Gewässer neben der Wassertemperatur und dem Sauerstoffgehalt die Güteparameter Phosphor und Stickstoff sowie Algen-/Chlorophyll-Gehalt im Vordergrund.

Eine Zusammenstellung von Gütemodellen haben Hagen und Kleeberg [G.1.54] vorgenommen. Dabei wurden empirische (Emp.), deterministische (Det.) und Regressions (Reg.)-Modelle unterschieden.

G.1.3.6.6 Gewässergütemodelle für Grundwasser

Gütemodelle für Grundwasservorkommen wurden in erster Linie für die Erfassung der Stoffausbreitung bei Schadensfällen entwickelt. Die Qualität der Aussagen derartiger Modelle wird stark durch die Beschaffenheit des jeweiligen Grundwasserleiters (Aquifer) bestimmt. Da es generell an ausreichenden Meßdaten über die i. allg. sehr heterogen beschaffenen Grundwasserleiter fehlt, ist die Qualität der Ergebnisse, auch komplexer Modelle, vielfach nicht befriedigend [G.1.56]. Die Bedeutung der Modelle liegt nicht nur in der Möglichkeit zur Simulation realer und hypothetischer Fälle, sondern sie leisten auch einen wichtigen Beitrag zur Klärung der Wirkungsmechanismen in Grundwasserleitern [G.1.57].

Bei den Grundwassergütemodellen spielen neben den Strömungsvorgängen insbesondere die Stofftransportvorgänge wie Speicherung und Adsorption, konvektiver, diffuser und dispersiver Transport sowie der Abbau und die Lösung von Stoffen eine Rolle. Die Grundwassergütemodelle bestehen daher als Basis aus einem Strömungsmodell, in das ein oder mehrere Transportmodelle integriert sind.

Als Strömungsmodell-Typen kommen analytische Modelle und numerische 2-dimensionale (2D) und 3-dimensionale (3D) Modelle jeweils für stationäre oder instationäre Strömung in Frage. Dabei werden zur Lösung Gleichungslöser, Differenzenverfahren oder Finite-Elemente-Verfahren eingesetzt.

Bei der Modellierung der Stofftransportvorgänge sind 3 Arten der Behandlung gebräuchlich [G.1.58]: analytische Lösungen (einfachste Strömungsbedingungen, einfachste Randbedingungen, Homogenitätsannahmen), Lösungen unter Vernachlässigung der Diffusion/Dispersion (Bestimmung der Bahnkurven, Berechnung der Konzentrationsentwicklung längs von Bahnkurven, Bestimmung mittlerer Laufzeiten) und numerische Lösung der vollständigen Gleichung (Differenzenverfahren, Finite-Elemente-Verfahren, Charakteristiken-Verfahren, Random-Walk-Verfahren).

Ein wesentlicher Punkt bei der Anwendung von Gütemodellen für Grundwasser ist eine ausreichende Eichung des Modells an Messungen im Untersuchungsgebiet sowie ausreichende Eingabedaten für die Strömungs- (Durchlässigkeit, Speicherkoeffizient, Grundwasserneubildung durch Niederschlag, Höhe der Aquifersohle bzw. Aquifermächtigkeit, Zugaben und Entnahmen von Wasser, Leakage-Faktor, Gewässerstand, Gewässersohle, festgelegte Grundwasserhöhen, Randzuflüsse) und die Transportmodellierung (durchflußwirksame Porosität, Dispersivitäten, Zugaben und Entnahmen von Schadstoff, Zerfallskonstante, Adsorptionsparameter).

G.1.4 Beeinflussung der Gewässergüte

G.1.4.1 Grundsätzliches

Je nachdem unter welchen Gesichtspunkten die Gewässergüte von Oberflächengewässern und Grundwasser beurteilt und verbessert werden soll, werden unterschiedliche Maßnahmen und Hilfen am und im Gewässer sinnvoll sein. Die beiden grundsätzlich unterschiedlichen Zielsetzungen sind dabei:
– das Gewässer in seiner Eigenschaft als natürliches Ökosystem und Teil der Landschaft zu erhalten bzw. zu entwickeln (s. Abschn. G.1.3.2 – G.1.3.4) und
– die Gewässergüte so zu beeinflussen, daß die vorgesehenen Nutzungen mit möglichst geringen Einschränkungen und ohne hohen Aufwand ermöglicht werden (s. Abschn. G.1.3.5).

Für *Oberflächengewässer* kommen als Maßnahmen zur Verbesserung der Gewässergüte (s. Abschn. G.1.2.2 und G.1.2.3) einerseits die Verminderung der Einleitung von Schmutzstoffen und Wärme mit Abwasser- und Regenwasserabflüssen aus Siedlungen und Industriegebieten und mit diffusen Einleitungen aus der freien Landschaft in Frage. Andererseits können Hilfen im Gewässer, welche die Selbstreinigungskraft des Gewässers erhöhen, wie Gewässergestaltung, Beeinflussung des Abflusses im Gewässer und Belüftung des Gewässers, ebenfalls zu einer Verbesserung der Gewässergüte führen. Den Maßnahmen zur Verminderung der Einleitung von Schmutzstoffen sollte dabei Vorrang eingeräumt werden, da sie die Ursachen der Gewässerbelastung angehen.

Bei *Grundwasser* ist in erster Linie die Minimierung von Schadstoffeinträgen (s. Abschn. G.1.2.4) u. U. aber auch die Erhöhung der Grundwasserneubildung durch Maßnahmen der Entsiegelung gedichteter Flächen, der Rückbau von Drainagen und verstärkte Ausweisung von Feuchtbiotopen und Überschwemmungsgebieten in Betracht zu ziehen.

G.1.4.2 Verringerung der Belastung aus Abwassereinleitungen

Gewässer müssen zwangsläufig mit Abwasser belastet werden, sofern seine Entstehung nicht verhindert werden kann bzw. sofern es nicht verdampft wird. Die Belastung läßt sich jedoch durch Entnahme der Schmutzstoffe in Kläranlagen sowie durch Reduzierung der Abwasser- und Schmutzmengen am Entstehungsort reduzieren.

Für die Gewässerbelastung sind dabei neben der im Kläranlagenablauf verbleibenden Restschmutzkonzentration (z. B. in mg/l) insbesondere die mit dem Ablauf abgegebene Restfracht an Schmutzstoffen (z. B. in g/s) von Bedeutung. Bei Spitzenabflüssen erhöht sich diese Fracht selbst bei gleichbleibender Ablaufkonzentration. Demzufolge führt jede Wassersparmaßnahme bzw. jedes Fernhalten unverschmutzten Wassers von der Abwasserkanalisation zu einer Verringerung der Gewässerbelastung.

Die in Deutschland angestrebte [G.1.59] Gewässergüteklasse 2 (mäßig belastet) (s. Abschn. G.1.3.2.4 und G.1.3.3) würde sich durch die Entfernung der den Sauerstoffhaushalt der Gewässer belastenden Stoffe (s. Abschn. G.1.2.2.3) aus dem häuslichen, gewerblichen bzw. kommunalen Abwasser am wirtschaftlichsten in mechanisch-biologischen Kläranlagen erreichen lassen. Lediglich bei empfindlichen Gewässern wie Fließgewässer mit einem ungünstigen Frischwasser-/Abwasser-Verhältnis [G.1.60] und stehenden Gewässern reichen diese Maßnahmen zur Erzielung einer Gewässergüteklasse 2 nicht mehr aus. Dann sind einerseits weitergehende Abwasserreinigungsmaßnahmen, wie die zusätzlich die Reduzierung des Gehalts an Pflanzennährstoffen, wie Phosphor (z. B. durch chemische Fällung) und Stickstoff, aber auch weitere, in den folgenden Abschnitten beschriebene Maßnahmen erforderlich [G.1.61].

Enthalten Abwässer Stoffe oder Stoffgruppen, die wegen der Besorgnis einer Giftigkeit, Langlebigkeit, Anreicherungsfähigkeit oder einer krebserzeugenden, fruchtschädigenden oder erbgutverändernden Wirkung als gefährlich zu bewerten sind (gefährliche Stoffe), so müssen diese Abwässer möglichst am Entstehungsort nach dem Stand der Technik behandelt werden.

Für das Einleiten von Abwasser aus kommunalen Abwasseranlagen in Gewässer sind für die Europäische Union die in der EU-Richtlinie 91/271/EWG [G.1.62] festgelegten Anforderun-

Tabelle G.1-8 Anforderungen an die Einleitung von Abwasser aus kommunalen Abwasseranlagen in Gewässer (Auszug aus der EU-Richtlinie 91/271/EWG [G.1.62] und der Rahmenverwaltungsvorschrift der BRD [G.1.63])

	EU-Richtlinie 91/271/EWG		Rahmen-Verwaltungsvorschrift BRD Größenklasse in kg/d BSB$_5$				
	allgemein > 10^4 EW mg/l %	für empfindliche Gebiete, z.B. Bodensee, Rhein, Obere Donau je nach Anlagengröße > 2000 EW	1 > 60	2 60 – > 300	3 300 – > 1200	4 1200 – > 6000	5 > 6000
Biochemischer Sauerstoffbedarf BSB$_5$	25 70 – 90	25 70 – 90	40	25	20	20	15
Chemischer Sauerstoffbedarf CSB	125 75	125 75	150	110	90	90	75
Suspendierte Schwebstoffe gesamt	35 90	35 90					
Ammoniumstickstoff NH$_4$-N	a	a	a	a	10	10	10
Stickstoff gesamt	a	15 10 0 – 80				18	18	18
Phosphor gesamt	a	2 2 80 80	a	a	a	2	1
a keine Begrenzung							

gen maßgebend, die für die Bundesrepublik Deutschland in der Allgemeinen Rahmen-Verwaltungsvorschrift [G.1.63] teilweise noch verschärft sind (s. Tabelle G.1-8).

Belastungen des Grundwassers mit Abwasser treten ungewollt bei undichten Abwasseranlagen (s. Abschn. G.1.2.4.2 und [G.1.64–G.1.66] und gezielt bei der Versickerung von Abwasser (Abwasserverregnung, Abwasserverrieselung usw.) auf. Eine Verringerung der Belastung läßt sich durch Sanierung der schadhaften Kanäle erzielen. Für die alten Länder der BRD werden bei geschätzten jährlichen Abwasserverlusten von ca. 300 Mio. m³ dafür Sanierungskosten von 50–100 Mrd. DM notwendig werden [G.1.65]. Vorbeugend werden heute bereits für Abwasserkanäle in Wassergewinnungsgebieten zum Schutze des Grundwassers besondere Sicherheitsvorkehrungen vorgeschrieben [G.1.67].

G.1.4.3 Verringerung der Belastung aus Regenwassereinleitungen von Siedlungsgebieten

Niederschlagswasser, das in Siedlungsgebieten fällt und dort nicht zur Versickerung gelangt, nicht weiter genutzt wird oder nicht verdunstet, muß über Mischwasserkanalisationen gemeinsam mit dem Abwasser oder über getrennte Regenwasserkanalisation dem Gewässer zugeführt werden. Dieses Wasser ist in geringem Maße durch Schmutzstoffe aus der Luft, in stärkerem Maße durch Abschwemmungen von den Abflußflächen (erheblich in Gemeinden mit landwirtschaftlichen Betrieben, bei Industrieflächen und bei ungenügender trockener Straßenreinigung) und stark bei Vermischung mit Abwasser im Mischsystem belastet.

Die Gewässerbelastung läßt sich vermindern durch:
- Reduzierung der Regenabflüsse in die Gewässer

Die Regenabflüsse aus Siedlungsgebieten in die Gewässer lassen sich auf vielfältige Weise reduzieren. Die wirkungsvollste Art ist, die Abflüsse erst gar nicht entstehen zu lassen, d.h., z.B. Gehwege, Plätze, Auffahrten usw. möglichst durchlässig zu gestalten. Lassen sich Regenabflüsse so nicht vermeiden (z.B. Dachabflüsse), so können diese in oberirdischen oder unterirdischen Versickerungsanlagen dem Grundwasser zugeführt werden. Umstritten ist dabei, unter welchen Umständen und für welche Abflußflächen derartige Versickerungen als unschädlich für das Grundwasser anzusehen sind und ob einfache Vorreinigungsmaßnahmen als notwendig erachtet werden [G.1.68–G.1.73]. Mit der Nutzung von Niederschlagswasser für Bewässerungszwecke (Gärtnereien, Hausgärten) oder im Haushalt für Toilettenspülung und Wäsche waschen, lassen sich ebenfalls direkt bzw. indirekt die Abflüsse in Gewässer reduzieren [G.1.74]. Die dazu notwendigen Speicherräume bzw. Zisternen bewirken dabei meist eine Verminderung der Spitzenabflüsse im Kanalnetz.
- Reduzierung der im Regenfall in die Gewässer eingeleiteten Schmutzfracht

Die Reduzierung der Regenabflüsse aus Siedlungsgebieten in die Kanalisation vermindert auch grundsätzlich die Belastung der Gewässer mit Schmutzstoffen. Dabei wird selbst bei gleichbleibender Schmutzkonzentration im Kläranlagenablauf die eingeleitete Restschmutzfracht um das Produkt aus Ablaufkonzentration mal reduziertem Regenabfluß vermindert. Je dünner das Gebiet besiedelt ist, um so höher ist der Anteil des Regenabflusses am jährlichen Gesamtabfluß und um so stärker wirkt sich eine Reduzierung des Regenabflusses auf die Gewässerbelastung aus (s. Tabelle G.1-9).

Tabelle G.1-9 Der jährliche Trockenwetter- und Regenwetterabfluß nach [G.1.68]

Einwohnerdichte [E/ha]	100	200	300	400	500
Spezifischer Abwasseranfall [l/E · d]	60	100	150	200	250
TWA [10³ m³/ha · a]	2,2	7,3	16,4	29,2	45,6
Abflußbeiwerte ψ_a [1]	0,3	0,4	0,5	0,6	0,7
Regenwasserabfluß bei 800 mm Niederschlag pro Jahr [10³ m³/ha · a]	2,4	3,6	4,0	4,8	5,6
Jährlicher Regenwasserabfluß [1]	1,1	0,5	0,25	0,16	0,12

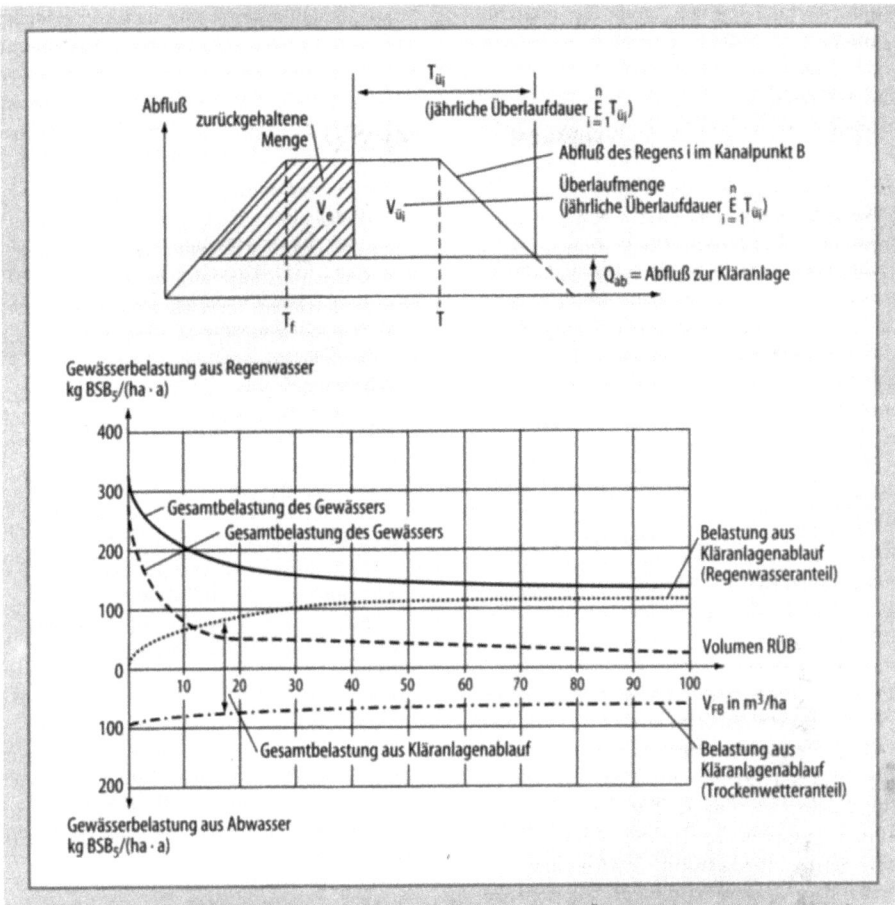

Bild G.1-6 Gewässerbelastung bei Anordnung von Regenüberlaufbecken durch die Überlaufmenge $V_{\ddot{u}}$ des Beckenüberlaufs $B_{\ddot{u}}$ (direkt) und durch den Anteil an der Restverschmutzung des Kläranlagenablaufs (indirekt) nach [G.1.76]

– Eine weitere Entlastung kann in der Mischkanalisation durch die Anordnung von Regenüberlauf- oder Regenrückhaltebecken bzw. in der Regenwasserkanalisation durch Regenklärbecken erfolgen [G.1.75]. Die Gewässerbelastung nimmt dabei mit zunehmendem spezifischen Beckeninhalt V_{FB} (m³/ha) ab (s. Bild G.1-6). Die direkte Entlastung von der in den Becken aufgespeicherten Regenmenge wird allerdings durch die zunehmende Belastung über den Kläranlagenablauf wieder etwas reduziert [G.1.76].

G.1.4.4 Verminderung diffuser Belastungen aus der freien Landschaft

Oberflächengewässer und Grundwässer werden nicht nur aus Siedlungsgebieten, sondern auch aus der freien Landschaft mit Schmutz- bzw. Schadstoffen belastet (s. Abschn. G.1.2.2.4, G.1.2.2.5, G.1.2.4).

Für die *Grundwässer* spielen dabei zunächst die Belastungen eine Rolle, die sich mittelbar aus der Bodennutzung ergeben, d.h. insbesondere Belastungen aus der Landwirtschaft infolge des Einsatzes von Pflanzenschutzmitteln, Handelsdünger, Wirtschaftsdünger usw. Eine Verminderung dieser Belastungen läßt sich erreichen (s. [G.1.77], Anlage 1) durch

– ordnungsgemäße Landbewirtschaftung mit standortgemäßer Flächennutzung, vielseitiger Fruchtfolge, langer Bodenbedeckung, schonender Bodenbehandlung bei Bearbeitung und Befahren, Stickstoffdüngung nach guter fachlicher Praxis (z.B. N_{min}-Methode) und Anwendung von Pflanzenschutzmitteln nach

guter fachlicher Praxis unter Berücksichtigung der Grundsätze integrierten Pflanzenschutzes,
und in verstärktem Maße durch
- Beschränkung der ordnungsgemäßen Landbewirtschaftung mit Verminderung der bedarfsgerechten Stickstoffversorgung, Beschränkung des Einsatzes von Wirtschaftsdünger, Verpflichtung zur Bodenbedeckung durch Pflanzenbewuchs (Begrünung) und Reduzierung der Bodenbearbeitung.

Mittelbare Belastungen über den Luftpfad lassen sich nur durch globale Maßnahmen zur Emissionsminderung, z. B. im Bereich des Kfz-Verkehrs oder von Verbrennungsanlagen, vermindern.

Die Maßnahmen zur Verminderung der Grundwasserbelastung wirken sich auch belastungsmindernd auf die *Oberflächengewässer* aus, da diese als Vorfluter aus den Grundwasservorkommen gespeist werden. Zusätzlich kann die Belastung der Oberflächengewässer reduziert werden durch
- Verringerung von Abschwemmungen aus landwirtschaftlich genutzten Flächen mit sachgemäßer Bodenbearbeitung, Grüneinsaat über die Winterperiode, vegetationsgerechtes Ausbringen von Handels- und Wirtschaftsdünger und Extensivierung der Bodennutzung,
- Anordnung von Grünstreifen entlang von Gewässern, Gräben usw. mit dem Ziel, nicht vermeidbare Abschwemmungen vor dem Gewässer zurückzuhalten,
- Einleitung von Abflüssen überörtlicher Straßen und Wegen über Gräben und Mulden mit Selbstreinigungs- und Versickerungswirkung.

G.1.4.5 Erhöhung der natürlichen Selbstreinigungskraft von Fließgewässern durch Gewässerausbau

Oberflächengewässer besitzen eine natürliche Selbstreinigungskraft, die bewirkt, daß sich die Wassergüte im Laufe der Zeit bzw. im Verlauf des Gewässers verbessert. Dabei spielen sich mechanische Sedimentationsvorgänge und biochemische Abbauvorgänge ab. Bis zu einem gewissen Grad lassen sich diese Vorgänge durch eine entsprechende Gewässergestaltung beeinflussen.

Durch einen Aufstau des Gewässers und der damit verbundenen Erhöhung der Aufenthaltszeit und verringerten Fließgeschwindigkeit des Wassers werden sowohl die Sedimentation als auch der biochemische Abbau erhöht [G.1.78].

Derartige Maßnahmen, wie sie beispielsweise durch den Bau der Ruhrstauseen verwirklicht wurden [G.1.79], sind jedoch nur bei einem wenig verschmutzten Gewässer hilfreich, da sonst der Sauerstoffgehalt des Gewässers zu stark beansprucht wird und anaerobe Verhältnisse im Gewässer, insbesondere in dessen Sohlbereich, zu befürchten sind.

Flußmorphologische und hydraulische Veränderungen in Fließgewässern, z. B. im Zuge von Renaturierungsmaßnahmen, können auch bei höher belasteten Gewässern zu einer Verbesserung der Selbstreinigungskraft führen [G.1.80, G.1.81]. Dazu gehören
- Schaffung rauher Sohlabschnitte mit erhöhter Turbulenz zur Verbesserung des Sauerstoffeintrags,
- Schaffung wechselnder Gewässerquerschnitte mit wechselnden Fließgeschwindigkeiten und Sedimentationsbereichen,
- strömungsaktives Anschließen bestehender Altarme an den Fluß mit zielorientierter Gestaltung des Altarms mit Pflanzenfiltern, Ruhezonen für verstärkte Sedimentation und größere Verweilzeit für den mikrobiologischen Abbau,
- Neuschaffung von Überflutungszonen zur Nutzung der Sedimentations- und Umsetzungsprozesse im Ausuferungsbereich und zur Schaffung guter Lebensbedingungen für die Filtrierer.

Die beiden letzten Maßnahmen wirken sich besonders bei mengenmäßigen Stoßbelastungen günstig aus [G.1.81, G.1.82]. Durch Bepflanzungen im Ufer- und Stillwasserbereich läßt sich infolge vergrößerter Aufwuchsflächen für Mikroorganismen, durch Sauerstoffeintrag über Pflanzen und durch verbesserte Sedimentation ebenfalls die Selbstreinigungskraft des Gewässers verbessern. Übermäßiger Algenbewuchs im Gewässer wird durch die Schattenwirkung von Ufergehölzen eingegrenzt. Dadurch wird auch gleichzeitig einer verstärkten Erwärmung des Gewässers entgegengewirkt.

G.1.4.6 Erhöhung der natürlichen Selbstreinigungskraft durch technische Hilfen im Gewässer

Neben dem Ausbau des Gewässers lassen sich weitere gezielte Hilfen zur Unterstützung des Selbstreinigungsvermögens von Fließgewässern anwenden [G.1.78, G.1.83, G.1.84]. Derartige Maßnahmen sollten allerdings lediglich als So-

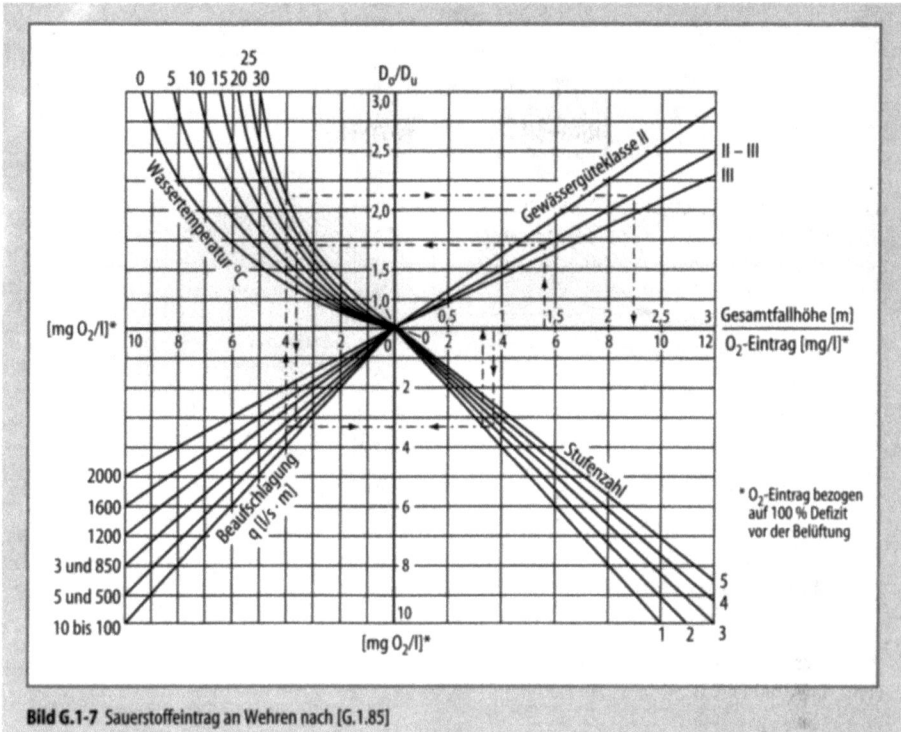

Bild G.1-7 Sauerstoffeintrag an Wehren nach [G.1.85]

fortmaßnahme zur Beseitigung akuter Gewässergüteprobleme angesehen werden und sollten die notwendigen Maßnahmen zur Verringerung der Gewässerbelastungen nicht ersetzen.

Eine mögliche Maßnahme ist die *künstliche Belüftung* des Gewässers zu Zeiten, in denen der Sauerstoffgehalt unter die für Fische erträglich Grenzkonzentration von 3–4 mg O_2/l zu fallen droht [G.1.85]. Als Verfahren kommen dafür in Frage:

- Überfall über Wehre oder Sohlabstürze (s. Bild G.1-7): Die Erhöhung der Sauerstoffkonzentration dC errechnet sich zu

$$dC = dh \cdot e \cdot (C_s - C_o)$$

dh Fallhöhe am Wehr in m,
e Sauerstoffeintragsbeiwert in 1/m nach Bild G.1-7,
C_s Sauerstoffsättigungswert in mg/l,
C_o Sauerstoffkonzentration im Oberwasser in mg/l.

- Luftblasenverfahren mit Belüftern auf der Gewässersohle oder darüber: Feinblasige Belüftung mit Porenweiten von etwa 0,1 mm, mittelblasige Belüftung durch gelochte Rohre oder Platten mit Lochweiten bis zu 5 mm, grobblasige Belüftung mit größeren Lochweiten oder durch offene Rohrbelüfter.
- Turbinenbelüftung: Die Luft kann hinter dem Laufrad im Unterdruckbereich oder vor dem Laufrad im Überdruckbereich zugegeben werden. Die Turbinenleistung geht dabei etwa um folgenden Betrag zurück:

$$N_r = 3{,}6 \cdot a \cdot Q \cdot dC \text{ in kW}$$

a 0,5 kW je kg O_2-Eintrag,
Q Durchfluß in m³/s,
dC Zunahme des Sauerstoffgehalts in mg/l.

- Oberflächenbelüftung: Schwimmende Belüfter saugen sauerstoffarmes Wasser an und verspritzen es hochturbulent über die Oberfläche des Gewässers. Im Einsatz sind Belüftungskreisel, Belüftungswalzen und Geräte mit Unterwassermotorpumpen. Für stehende Gewässer, bei denen die Temperaturschichtung erhalten bleiben soll, wird die Belüftung auf das Hypolimnium durch die in Bild G.1-8 dargestellte Belüftungsapparat beschränkt.

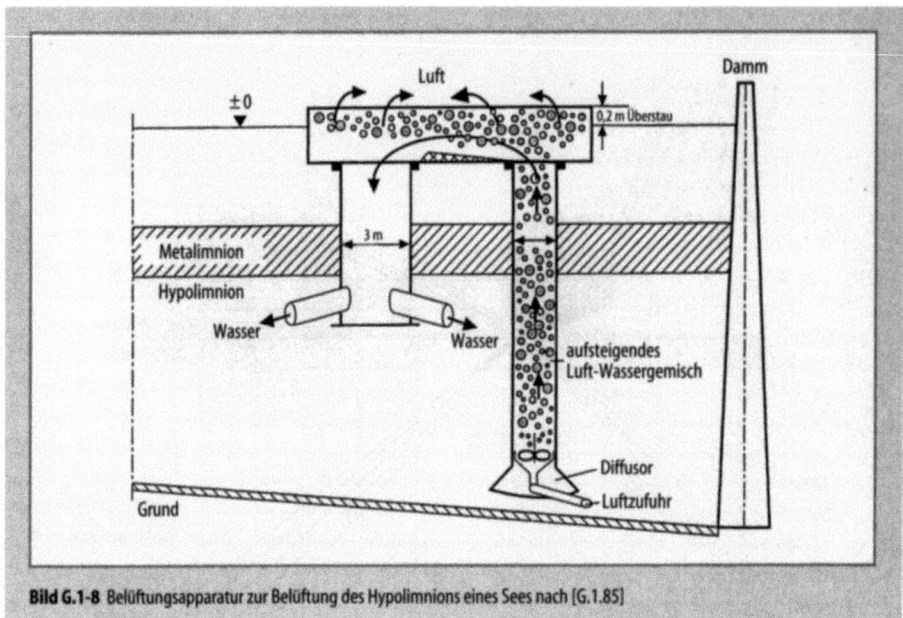

Bild G.1-8 Belüftungsapparatur zur Belüftung des Hypolimnions eines Sees nach [G.1.85]

Besteht die Möglichkeit, die Niedrigwasserführung von Fließgewässern durch *Anreicherung* mit wenig belastetem Wasser zu erhöhen, so wird sich die Selbstreinigungskraft durch Verbesserung der Sauerstoffversorgung sowie Vergrößerung des Wasserkörpers und der benetzten Fläche verbessern. Die Anreicherung kann erfolgen durch
- Zuschußwasser aus Speicherbecken im Einzugsgebiet [G.1.86 – G.1.90],
- Überleitung aus fremden Flußgebieten [G.1.91],
- Rückpumpen bei gestauten Flüssen [G.1.92 – G.1.95].

Größere *Ablagerungen* an faulfähigem Schlamm auf der Gewässersohle können den Sauerstoffhaushalt und damit die Selbstreinigungskraft des Gewässers vermindern. Die Ausbaggerung des Bodenschlamms kann in diesem Fall eine Hilfe sein. Die Ausspülung des Schlamms, z. B. durch Ziehen von Wehrverschlüssen, ist ebenfalls sehr wirksam [G.1.78]. Die Probleme werden dadurch aber nur flußabwärts verlagert.

Der *Zusatz von Chemikalien* zur Oxidation organischer Schmutzstoffe bzw. von Schwefelwasserstoff (Nitrat, Chlor) oder zur Bekämpfung übermäßiger Algenbildung (Kupfersulfat, Chlor) kann nur eine Notmaßnahme sein und dient nicht einer Verbesserung der Selbstreinigung von Gewässern.

G.1.4.7 Verringerung der Wärmebelastung von Gewässern

Gewässer werden häufig durch Kühlwasser aus Kraftwerken und Industriebetrieben mit Abwärme belastet. Die Selbstreinigungsvorgänge in diesen Gewässern laufen bei den dann höheren Wassertemperaturen schneller ab, so daß eine Schmutzbelastung mit organischen Stoffen rascher aerob abgebaut wird. Mit zunehmender Temperatur nimmt jedoch der Sauerstoffsättigungswert des Wassers und damit das Sauerstoffdefizit und die Sauerstoffaufnahmerate ab, was den Sauerstoffhaushalt zusätzlich zum erhöhten Sauerstoffbedarf für den aeroben Abbau belastet, so daß der Sauerstoffgehalt im Gewässer abnimmt. Dadurch sind insbesondere die Fischbestände beeinflußt, die zusätzlich Ansprüche an die Höhe der Wassertemperatur und an deren Schwankungsbreite stellen. Aus diesem Grund werden in wasserrechtlichen Bestimmungen vielfach die folgenden Begrenzungen für Fischgewässer vorgeschrieben (s. a. [G.1.96, G.1.97]):

- maximale Gewässertemperatur T_{max}
  sommerwarme Gewässer
  (z. B. Flachlandflüsse)   28 °C
  sommerkühle Gewässer
  (z. B. Hochgebirgsflüsse)   25 °C
  Salmonidengewässer   18 °C

- maximale Gewässeraufwärmung über die natürliche Temperatur dT_G
  sommerwarme Gewässer   5 °C
  sommerkühle Gewässer   3 °C

Werden diese Grenzwerte für die Gewässer- bzw. Kühlwassertemperatur überschritten, so können folgende Maßnahmen ergriffen werden:

1. Umstellung der Frischwasserdurchlaufkühlung auf eine Ablaufkühlung (s. Bild G.1-9),
2. Umstellung der Frischwasserkühlung in eine offene bzw. geschlossene Kreislaufkühlung (s. Bild G.1-10),
3. Anordnung gesonderter Kühlteiche (s. Bild G.1-11).

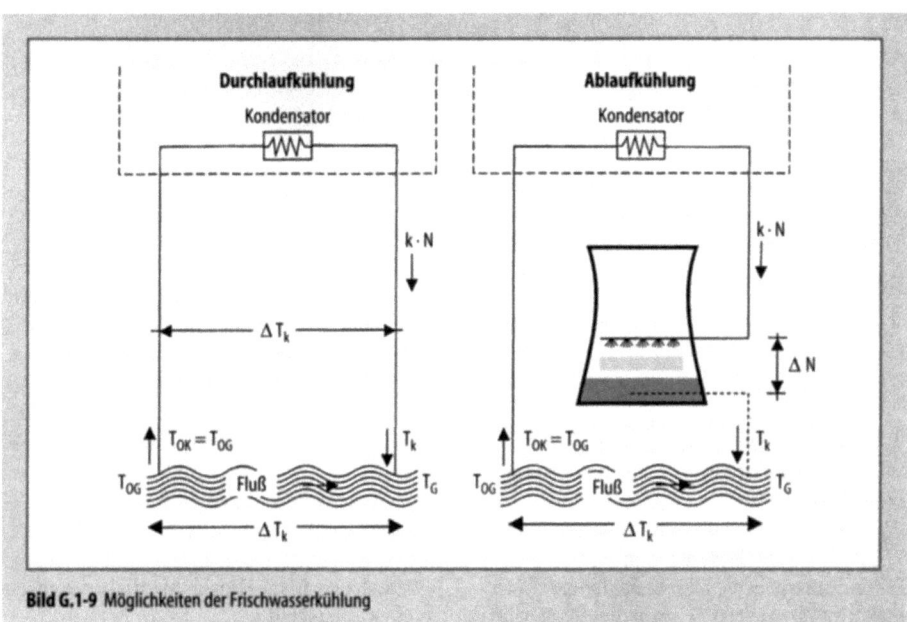

Bild G.1-9 Möglichkeiten der Frischwasserkühlung

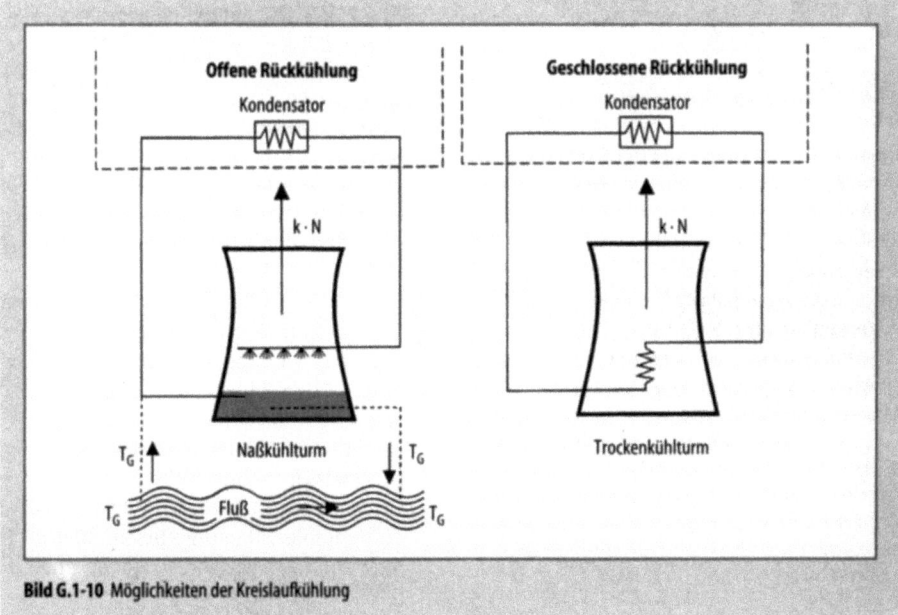

Bild G.1-10 Möglichkeiten der Kreislaufkühlung

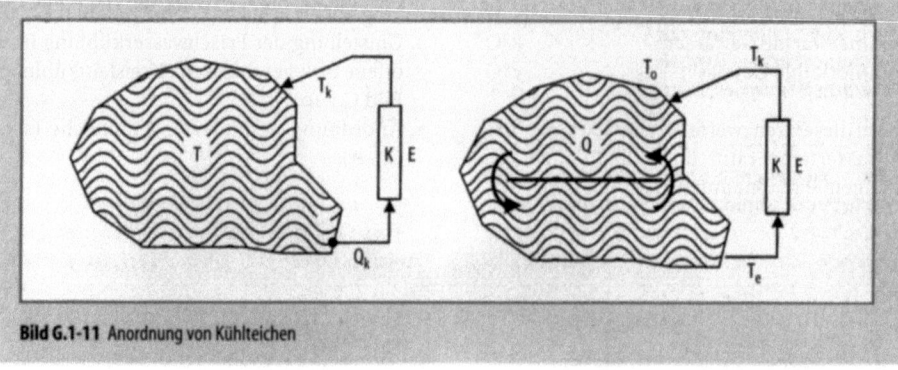

Bild G.1-11 Anordnung von Kühlteichen

Aus der eingeleiteten Kühlwasserleistung $k \cdot N$ läßt sich die Temperaturerhöhung im Gewässer dT_G ermitteln zu

$$dT_G = T_G - T_{oG} = (0{,}24 \cdot k \cdot N)/Q_G \text{ in } °C$$

T_G Temperatur des Gewässers nach der Kühlwassereinleitung

T_{oG} Temperatur des Gewässers vor der Kühlwassereinleitung

k Abwärmefaktor (k = 1,25 für konventionelle Kraftwerke, k = 2,0 für Kernkraftwerke)

N abgegebene elektrische Leistung in MW

Q_G Abfluß im Gewässer in m³/s

Für eine festgelegte maximale Temperaturerhöhung im Gewässer dT_G kann die erforderliche Rückkühlleistung dN ermittelt werden zu

$$dN = k \cdot N - 4{,}2 \cdot Q_G \cdot dT_G \text{ in MW}$$

G.1.4.8 Hilfen für stehende Gewässer

Hilfen für die Verringerung der Eutrophierung stehender Gewässer bestehen in erster Linie darin, die Zuflüsse vor der Einleitung ungereinigter Abwässer zu schützen. Dabei sind in den Abwasserreinigungsanlagen nicht nur die organischen Abwasserinhaltsstoffe, sondern auch die Pflanzennährstoffe N und P zu eliminieren. In Einzelfällen kann auch eine gesonderte Reinigung dieser Zuflüsse in Frage kommen [G.1.83]. Im stehenden Gewässer selbst kann durch Belüftung und Zugabe von Fällmitteln die Eutrophierung zurückgeführt werden [G.1.61, G.1.84].

G.1.5 Gewässergütebewirtschaftung

G.1.5.1 Rechtliche Grundlagen

In den meisten Staaten, so auch in der Bundesrepublik Deutschland, werden die natürlichen oberirdischen und unterirdischen Gewässer als Gemeingut angesehen. Deren Bewirtschaftung obliegt demzufolge der öffentlichen Hand nach Maßgabe der geltenden Gesetze. In der Bundesrepublik ist die diesbezügliche Gesetzgebungskompetenz den einzelnen Bundesländern überlassen. Der Bund hat allerdings gemäß Art. 75 Nr. 4 Grundgesetz die Rahmenkompetenz für den Wasserhaushalt mit dem Wasserhaushaltsgesetz [G.1.98] ausgefüllt.

Nach Art. 148 des Vertrags zur Gründung der EWG sind jedoch Bund und Länder verpflichtet, die von den Europäischen Gemeinschaften erlassenen Richtlinien in ihrer Gesetzgebung zu berücksichtigen.

Für die Gewässergütebewirtschaftung haben die folgenden Richtlinien besondere Bedeutung:
- Übereinkommen zur Verhütung der Meeresverschmutzung vom Lande aus (75/437/EWG, geändert durch Änderungsprotokoll 87/57/EWG),
- Richtlinie des Rates über die Qualitätsanforderungen an Oberflächenwasser für die Trinkwassergewinnung in den Mitgliedstaaten (75/440/EWG, geändert durch Art. 12 der Richtlinie 79/869/EWG),
- Richtlinie des Rates über die Qualität der Badegewässer (76/160/EWG),
- Richtlinie des Rates betreffend die Verschmutzung infolge Ableitung bestimmter gefährlicher Stoffe in die Gewässer der Gemeinschaft (76/464/EWG),
- Richtlinie des Rates über die Qualität von Süß-

wasser, das schutz- oder verbesserungsbedürftig ist, um das Leben von Fischen zu erhalten (78/659/EWG),
- Richtlinie des Rates über den Schutz des Grundwassers gegen Verschmutzung durch bestimmte gefährliche Stoffe (80/68/EWG),
- Richtlinie des Rates über die Behandlung von kommunalem Abwasser (91/271/EWG),
- Richtlinie des Rates zum Schutze der Gewässer vor Verunreinigungen durch Nitrat aus landwirtschaftlichen Quellen (91/676/EWG).

Die geplante Rahmenrichtlinie der Europäischen Union über den Schutz und die mengen- und gütemäßige Verbesserung aquatischer Ökosysteme wird eine zentrale Richtlinie für die Gewässergütebewirtschaftung sein.

Die EU-Richtlinien sind in verschiedene Gesetze und Verordnungen von Bund und Ländern übernommen worden. Dabei sind für die *Wassergüte der Gewässer* das Wasserhaushaltsgesetz des Bundes (WHG) [G.1.98] und die darauf aufbauenden Landeswassergesetze (z. B. [G.1.99]) von zentraler Bedeutung. In diesen Gesetzen sind die Eigentumsverhältnisse der Gewässer, die Benutzung und Reinhaltung der Gewässer sowie die Bewirtschaftung und Überwachung der Gewässer geregelt, mit besonderen Bestimmungen für oberirdische Gewässer im Binnenland, für Küstengewässer und für Grundwasser.

Aus der großen Anzahl weiterer rechtlicher Vorschriften sind für die Gewässergüte von größerer Bedeutung
- das Abwasserabgabengesetz [G.1.100], in dem geregelt ist, daß für die Benutzung der Gewässer zur Ableitung der Restschmutzfrachten aus Abwasseranlagen eine Abgabe zu entrichten ist,
- die auf dem Wasserhaushaltsgesetz § 7a basierende Allgemeine Rahmen-Verwaltungsvorschrift über Mindestanforderungen an das Einleiten von Abwasser in Gewässer [G.1.101] mit z. Zt. 48 Allgemeinen Verwaltungsvorschriften für Abwasserarten unterschiedlicher Herkunft.

In diesen Anhängen sind die Anforderungen an das Einleiten von Abwasser nach dem Stand der Technik (Entwicklungsstand technisch und wirtschaftlich durchführbarer fortschrittlicher Verfahren, Einrichtungen oder Betriebsweisen, die als beste verfügbare Techniken zur Begrenzung von Emissionen praktisch geeignet sind) festgelegt.

Zum *Gewässer als Lebensraum* für Tiere und Pflanzen, als Teil der Landschaft und als Erholungsraum für den Menschen sind verschiedene gesetzliche Vorschriften maßgebend.

Im Wasserhaushaltsgesetz (WHG) [G.1.98] (bzw. den entsprechenden Wassergesetzen der Länder) sind entsprechende Ausführungen in den Abschnitten Unterhaltung (§ 28 WHG) und Ausbau (§ 31) sowie in darauf basierenden Wasserbaumerkblättern der Verwaltung (z. B. [G.1.102]) enthalten.

Substanziellere Aussagen zum Thema sind dem Bundesnaturschutzgesetz (BNatschG) [G.1.103] als Rahmengesetz und den einzelnen Landesgesetzen (z. B. [G.1.104]) zu entnehmen. Als Ziel und Aufgabe werden darin festgelegt, daß Natur und Landschaft im dicht besiedelten und unbesiedelten Bereich so zu schützen, zu pflegen und zu entwickeln sind, daß
1. die Leistungsfähigkeit des Naturhaushalts,
2. die Nutzungsfähigkeit der Naturgüter,
3. die Pflanzen- und Tierwelt,
4. die Vielfalt, Eigenart und Schönheit von Natur und Landschaft als Lebensgrundlagen des Menschen und als Voraussetzung für seine Erholung in Natur und Landschaft nachhaltig gesichert sind.

G.1.5.2 Gewässergüteplanung, Überwachung und Unterhaltung von Gewässern

G.1.5.2.1 Zuständigkeiten

Güteplanung, Überwachung und Unterhaltung von Gewässern ist in den einzelnen Bundesländern der Bundesrepublik Deutschland entsprechend den geltenden Wassergesetzen unterschiedlich geregelt (s. Tabelle G.1-10 und [G.1.105]).

Der Vollzug des Wasserhaushaltsgesetzes und der länderspezifischen Wassergesetze obliegt den Wasserbehörden, die meist 3stufig gegliedert sind:
1. oberste Wasserbehörde: zuständiges Ministerium oder zuständiger Senat,
2. höhere oder obere Wasserbehörde: Regierungspräsidium, Bezirksregierungen oder Landesämter,
3. untere Wasserbehörde: Stadt- und Landkreisverwaltungen.

Zentrale fachtechnische Aufgaben werden meist von Landesanstalten für Wasserwirtschaft bzw. Umweltschutz wahrgenommen, die ihrerseits der obersten Wasserbehörde zugeordnet sind.

Tabelle G.1-10 Gewässergütebewirtschaftung in der Bundesrepublik Deutschland

Bundesland	Gewässergüteplanung				Gewässergüteüberwachung				
	Wasserwirtschaftlicher Rahmenplan	Bewirtschaftungspläne	Reinhalteordnungen	Abwasserbeseitigungspläne	Wasserbuch	Gewässerschau, Gewässeraufsicht	Einleitungsüberwachung	Gewässergüteüberwachung u. -messung	Gewässergütedaten
Baden-Württemberg	O	O	O, H	O	H	B, D, N	G	L	L
Bayern	O	W		W	N	W	W	H, W	L
Berlin			O		O	O	O	L	B
Brandenburg	O, L	O, L	O, L	L	B	B	J, L	L	L
Bremen	H	H	O	H	H	V, B	B	O	O
Hamburg	O	O			B	B	B	U	B
Hessen	H, N	H, N	H, N	H, V	H	W		L	L
Mecklenburg-Vorpommern	O	O	O	O	O	K	L	L, V	L, V
Niedersachsen	O, H	H	O	S	O	B, V	W, J	L, W	L
Nordrhein-Westfalen	B, V	B, V		S, V	O	B	U, J	L, U	
Rheinland-Pfalz	O	O		O	H	W	W	L	L
Saarland	O	O	O	O	O	N (L)	L, J	B, L	L
Sachsen	O	O	H	H	N, H	N	L	L, V	L, V
Sachsen-Anhalt	O, H	H	O	B	O	B, V	U, J	U, J	L, U
Schleswig-Holstein	O	O	O	O	H	W, N	H, W	L, W	
Thüringen	O	O		H	H	U	U, J	L	L

B Wasserbehörde, Umweltbehörde
O Oberste Wasserbehörde
H Höhere oder Obere Wasserbehörde
N Untere Wasserbehörde
L Landesanstalt
W Wasserwirtschaftsamt
D Gewässerdirektion
U Umweltamt
K Kommission
V Gewerbeaufsichtsamt
G Gewerbeaufsichtsamt
J Institut
S Städte und Gemeinden

Den oberen und unteren Wasserbehörden stehen zur fachtechnischen Beratung Wasserwirtschaftsämter, Ämter für Umweltschutz, Gewerbeaufsichtsämter oder Gewässerdirektionen zur Verfügung.

Für die Gewässergüteplanung sind meist die obersten Wasserbehörden zuständig; sie beauftragen aber häufig die oberen Wasserbehörden und fachtechnischen Behörden mit der Durchführung der Planung. Die Gewässergüteüberwachung liegt meist in den Händen der oberen und unteren Wasserbehörden, die sich wiederum der fachtechnischen Landesämter und Ämter für Wasserwirtschaft bzw. Umweltschutz bedienen.

Die Gewässerunterhaltung obliegt i.d.R. den Eigentümern der Gewässer. In Baden-Württemberg beispielsweise steht das Bett eines Gewässers 1. Ordnung im öffentlichen Eigentum des Landes, das eines Gewässers 2. Ordnung innerhalb des Gemeindegebiets im öffentlichen Eigentum dieser Gemeinde. Alle anderen oberirdischen Gewässer sind private Gewässer (§ 3 WG [G.1.99]).

G.1.5.2.2 Gewässergüteplanung

Die Gewässergüteplanung ist in die allgemeine wasserwirtschaftliche Planung einzubeziehen. Der Wasserwirtschaftliche Rahmenplan muß dabei den nutzbaren Wasserschatz, die Erfordernisse des Hochwasserschutzes und die Reinhaltung der Gewässer berücksichtigen (§ 36 WHG [G.1.98].

Soweit die Ordnung des Wasserhaushalts es erfordert (z.B. wenn zu erhaltende oder künftige öffentliche Wasserversorgung beeinträchtigt werden kann oder wenn zwischenstaatliche Vereinbarungen oder Beschlüsse es erfordern), stellen die Länder Bewirtschaftungspläne auf, die dem Schutz der Gewässer als Bestandteil des Naturhaushalts, der Schonung der Grundwasservorräte und den Nutzungserfordernissen Rechnung tragen (§ 36 WHG [G.1.98]).

Für oberirdische Gewässer können die Länder durch Verordnung Reinhalteordnungen einführen (§ 27 WHG [G.1.98]), in denen Mindestanforderungen an die Einleitung von Stoffen festgelegt werden.

In bezug auf die Abwasserbeseitigung stellen die Länder Abwasserbeseitigungspläne auf, in denen insbesondere die Standorte für bedeutsame Anlagen zur Behandlung von Abwasser, ihr Einzugsbereich, Grundzüge für die Abwasserbehandlung sowie die Träger der Maßnahmen festzulegen sind.

G.1.5.2.3 Überwachung der Gewässergüte

Die Wasserbehörden der Länder sind zur Überwachung der Gewässer verpflichtet (§ 21 WHG [G.1.98]). Sie bedienen sich dabei häufig ihrer technischen Fachbehörden. In Baden-Württemberg sind dies z. B. die Gewässerdirektionen bzw. das Landesamt für Umweltschutz Baden-Württemberg (§ 82 WG [G.1.99]). Bei Bundeswasserstraßen können diese Aufgaben auch teilweise an die Behörden der Wasser- und Schiffahrtsverwaltung übertragen werden.

Für die einzelnen Gewässer sind Wasserbücher zu führen (§ 37 WHG [G.1.98], §§ 114 – 118 WG [G.1.99]). In diese Wasserbücher sind einzutragen:
- Erlaubnisse und Bewilligungen sowie alte Rechte und Befugnisse,
- Wasserschutzgebiete und Quellschutzgebiete,
- Überschwemmungsgebiete,
- Entscheidungen der Verwaltungsbehörden über die Benutzung, die Unterhaltung und den Ausbau der Gewässer, über die Unterhaltung und den Bau von Dämmen, die den Hochwasserabfluß beeinflussen sowie über Bauten und sonstige Anlagen in, über und an oberirdischen Gewässern,
- Hinweise auf gerichtliche Urteile, das Gewässer oder die Dämme betreffend.

Zur Überprüfung des Zustands der Gewässer mit Dämmen, Überschwemmungsgebieten und Wasserschutzgebieten führen die Wasserbehörden, deren technische Fachbehörden oder beauftragte Wasserverbände mit den Beteiligten regelmäßig eine Wasserschau durch. Dabei werden Mängel, widerrechtliche Benutzungen usw. festgestellt und deren Beseitigung veranlaßt.

Zur Überwachung des Gütezustands von Oberflächengewässern und Grundwässern richten die Länder wasserwirtschaftliche Meßnetze ein und stellen entsprechende Meßprogramme auf. Damit befaßt sind meist den Fachministerien zugeordnete Landesanstalten (s. Tabelle G.1-10).

Die behördliche Überwachung der Gewässernutzungen (§ 21 WHG [G.1.98]) wird von den Fachbehörden (z. B. den Ämtern für Wasserwirtschaft und Bodenschutz) durchgeführt. Die Benutzer selbst sind verpflichtet, die Einhaltung der Auflagen durch Untersuchungen und Messungen zu überprüfen und ein Betriebstagebuch zu führen (Eigenkontrolle [G.1.106]). Darüber hinaus müssen die Benutzer von Gewässern, die an einem Tag mehr als 750 m^3 Abwasser einleiten, mindestens einen Betriebsbeauftragten für Gewässerschutz (Gewässerschutzbeauftragter) bestellen (§§ 21a – 21g WHG [G.1.98]). Dieser Gewässerschutzbeauftragte hat die Einhaltung von Vorschriften, Bedingungen und Auflagen im Interesse des Gewässerschutzes zu überwachen und auf die Einführung geeigneter Verfahren zur Vermeidung, Verminderung oder Behandlung der anfallenden Abwässer und Reststoffe hinzuwirken.

Eine wichtige Rolle bei der Überwachung von Fließgewässern spielen auch die Fischer und deren Organisationen. Durch ihre genaue Kenntnis des Gewässers und ihre häufige Anwesenheit sind sie in der Lage, Unregelmäßigkeiten und Schadensfälle rasch zu erkennen und an die Wasserbehörden bzw. Wasserpolizei weiterzumelden.

G.1.5.2.4 Unterhaltung von Gewässern

Die Unterhaltung eines Gewässers umfaßt die Erhaltung eines ordnungsgemäßen Zustands für den Wasserabfluß, wobei den Belangen des Naturhaushalts Rechnung zu tragen ist (§ 28 WHG [G.1.98]). Sie obliegt den Eigentümern der Gewässer, den Anliegern und denjenigen Eigentümern von Grundstücken und Anlagen, die aus der Unterhaltung Vorteile haben oder die Unterhaltung erschweren (§ 29 WHG [G.1.98]). Die Unterhaltungslast kann jedoch auch Wasser- und Bodenverbänden oder Zweckverbänden übertragen werden.

Zur Unterstützung der Unterhaltspflichtigen sind verschiedene Initiativen ergriffen worden. So z. B. in Baden-Württemberg durch die Gründung von Gewässernachbarschaften mit 46 Nachbarschaftsbezirken, denen jeweils die unterhaltspflichtigen Städte, Gemeinden, Wasserverbände und Bauhöfe der Wasserwirtschaftsverwaltung angehören, und deren Aufgabe die Fortbildung und der Erfahrungsaustausch auf dem Gebiet der Gewässerpflege ist.

Insbesondere zur Betreuung kleinerer Gewässer sind eine große Zahl von Bachpatenschaften durch Schulen, Schulklassen, Vereine oder sonstige Interessengruppen entstanden. Diese sollen die Gemeinden bei der Unterhaltung von Gewässern oder Gewässerabschnitten durch Beobachtung des Gewässers, Bepflanzung des Ufers, Pflegen der Bepflanzung und Säubern des Gewässers und seiner Ufer unterstützen [G.1.107]).

G.1.5.3 Wassergütewirtschaftliche Meßnetze und Meßprogramme

G.1.5.3.1 Art und Aufgabe wassergütewirtschaftlicher Meßnetze

Bei der Erfassung und Überwachung der Wassergüte von Gewässern sind grundsätzlich Grundwasser, Fließgewässer und stehende Gewässer zu unterscheiden.

Mit einem Grundwassermeßnetz sollen geogen bedingte Stoffgehalte und natürliche Schwankungsbreiten der Stoffgehalte in unbelasteten Grundwasservorkommen erfaßt, langfristige Veränderungen und flächenhafte bzw. punktförmige anthropogene Belastungen erkannt, die Grundwasserbeschaffenheit und begleitende Maßnahmen überwacht sowie eine Informations- und Dokumentationsbank zur Grundwasserbeschaffenheit aufgebaut werden. Die Netzdichte wird dabei von der Nutzung des Grundwassers zur Wasserversorgung und vom Gefährdungspotential durch Industriestandorte und landwirtschaftliche Intensivkulturen beeinflußt. Eine Sonderform der Grundwassermeßnetze sind die Quellwassermeßnetze. Im Zusammenhang mit der Messung wechselnder Quellschüttungsmengen lassen sich damit kurzfristige Änderungen der Grundwasserbeschaffenheit feststellen.

Gewässergütenetze für Fließgewässer sollen es erlauben, einen aktuellen Überblick über den allgemeinen Gütezustand der Fließgewässer zu gewinnen, besondere Belastungszustände bzgl. toxischer Schadstoffeinträge (Giftstöße) oder erhöhter Belastungen aus Einleitungsstellen zu erkennen (Alarmüberwachung) und Kenndaten für Steuerungs- und Bewirtschaftungsmaßnahmen zu erfassen.

Die gegenüber Fließgewässern langsamere Dynamik der Änderung der Wassergüte von Seen und sonstigen stehenden Gewässern erfordert auch eine andere Überwachungs- und Untersuchungsstrategie. Dabei ist zu unterscheiden zwischen Untersuchungen im Seekörper selber und in den Zuflüssen zum See. Die Untersuchungen konzentrieren sich neben der Überwachung auf akute Schadensfälle, auf die langjährige Entwicklung der Eutrophierungsvorgänge und Sauerstoffverhältnisse im gesamten Wasserkörper.

G.1.5.3.2 Grundwasserbeschaffenheitsmeßnetze

Angesichts einer zunehmenden Beeinträchtigung der Grundwasserbeschaffenheit in Deutschland wurde von der Länderarbeitsgemeinschaft Wasser LAWA ein „Rahmenkonzept zur Erfassung und Überwachung der Grundwasserbeschaffenheit" [G.1.108] erarbeitet, auf dessen Basis die einzelnen Bundesländer länderspezifische Überwachungskonzepte entwickelten (z. B. [G.1.109 – G.1.112]).

So hat z. B. Baden-Württemberg ein mehrstufiges Grundwasserbeschaffenheitsnetz aufgebaut [G.1.113], bestehend aus einem Basismeßnetz mit 113 Meßstellen, einem Grobrastermeßnetz mit weiteren 449 Meßstellen, einem Quellmeßnetz mit bisher (1991) 40 Meßstellen, einem Verdichtungsmeßnetz Wasserversorgung mit weiteren 620 Meßstellen, einem Verdichtungsmeßnetz Industrie mit bisher (1991) 85 Meßstellen und einem Verdichtungsmeßnetz Landwirtschaft mit bisher (1991) 204 Meßstellen. Bis 1996 soll das Beschaffenheitsmeßnetz etwa 5000 Meßstellen umfassen.

Der Umfang der Untersuchungen wird im wesentlichen vom Untersuchungsziel bestimmt.

G.1.5.3.3 Wassergütemeßnetze für Fließgewässer

Die von Wassergütemeßnetzen für Fließgewässer zu erfüllenden Aufgaben (s. Abschn. G.1.5.3.1) können auf verschiedene Weise gelöst werden [G.1.105]. So hat beispielsweise Bayern ein relativ einfach aufgebautes Gewässergütemeßnetz [G.1.114] mit 114 Hauptmeßstellen, die alle nach dem Grundmeßprogramm CH (Chemie) und Bio (Biologie) untersucht werden. Nordrhein-Westfalen hat ein 4stufiges Meßnetz vorgesehen [G.1.115] mit einem Basismeßnetz mit ca. 3500 Meßstellen, einem Intensivmeßnetz mit ca. 250

Tabelle G.1-11 Umfang der chemisch-physikalischen Untersuchungen im Gewässerschutzüberwachungssyzem Nordrhein-Westfalen

Basismeßstellen	Intensivmeßstellen	Trendmeßstellen
2 × in 5 Jahren Grundmeßprogramm Abfluß Wassertemperatur pH-Wert Leitfähigkeit Chlorid Ammonium-N Nitrat-N BSB5 TOC Sauerstoffgehalt Gesamt-Phosphat-P Abfiltrierbare Stoffe	Jährlich vorgesehener Untersuchungs- umfang, mindestens jährlich: 4 × Grundmeßprogramm und 1 × Erweitertes Grundmeßprogramm Nitrit-N Gesamt-Stickstoff DOC Kalium Natrium Calcium Aluminium Magnesium Sulfat Weitere Untersuchungsgruppen je nach Problemstellung	13 × jährlich Grundmeßprogramm Erweitertes Grundmeßprogramm Schwermetelle Komplexbilder AOX sowie über 150 organische Einzelstoffe der Tabelle im Anhang mit unterschiedlicher Häufigkeit
Zahl der überwachten Stellen ca. 3.500	Zahl der überwachten Stellen bis zu 250	Zahl der überwachten Stellen 91

Meßstellen, einem Trendmeßnetz mit 91 Meßstellen und einem Alarmmeßnetz mit 13 Stationen (s. Tabelle G.1-11). In Baden-Württemberg besteht ein biologisches Meßnetz mit ca. 1600 Meßstellen und zusätzlich ein 5stufiges technisches Meßnetz mit 90 hydrochemischen Probenahmestellen, 43 Standardmeßstationen, 12 erweiterten Standardmeßstationen, 4 Hauptmeßstationen und 3 zentralen Hauptmeßstationen [G.1.116].

G.1.5.3.4 Gewässergütemeßstationen

Gewässergütemeßstationen dienen der fortlaufenden Messung und Aufzeichnung von Wassergüteparametern, hydrologischen und meteorologischen Daten, einer regelmäßigen Probenahme sowie der Fernübertragung von Meßwerten [G.1.118 – G.1.121]. Bei der Meßwerterfassung muß besonderes Gewicht auf die digitale Registrierung und Vorverarbeitung bzw. deren Fernübertragung zur Zentrale gelegt werden.

G.1.5.4 Gewässergütekartierung

G.1.5.4.1 Fließgewässer

Mit der Gewässergütekartierung soll der Gütezustand eines Gewässers übersichtlich dargestellt werden. Aus ihr geht hervor, in welchen Gewässerabschnitten schwerpunktmäßig Verbesserungen notwendig sind und ob Nutzungen eingeschränkt werden müssen (s. Bild G.1-12).

Für die Kartierung können 2 unterschiedliche Formen gewählt werden:
- die Kennzeichnung der Güte entlang des Flußlaufs, häufig durch farbige Markierung oder entsprechende Schraffur,
- die Kennzeichnung der Güte an einzelnen Meßpunkten, häufig ebenfalls durch farbige Markierung oder Eintragung verschiedener Parameter an den jeweiligen Meßstellen.

Je nach Zielsetzung werden unterschiedliche Qualitätsmerkmale oder -parameter dargestellt. Am verbreitetsten ist die Darstellung des biologisch-ökologisch-chemischen Gewässergütezustands, z.B. in der Form der „Gewässergütekarte" der Länderarbeitsgemeinschaft Wasser (LAWA [G.1.122]).

Andere Darstellungen beschreiben beispielsweise:
- die Belastung mit biologisch abbaubaren, organischen Stoffen und deren Abbauprodukten aus Abwasser [G.1.123],
- den Mindestsauerstoffgehalt im Gewässer [G.1.123],
- den Säurezustand des Gewässers [G.1.124],
- den Salzgehalt des Gewässers [G.1.125],
- den Gehalt an Schadstoffen wie Schwermetalle oder organische Schadstoffe [G.1.125],
- den Eutrophierungsgrad [G.1.125],
- die morphologische Gewässergüte [G.1.117].

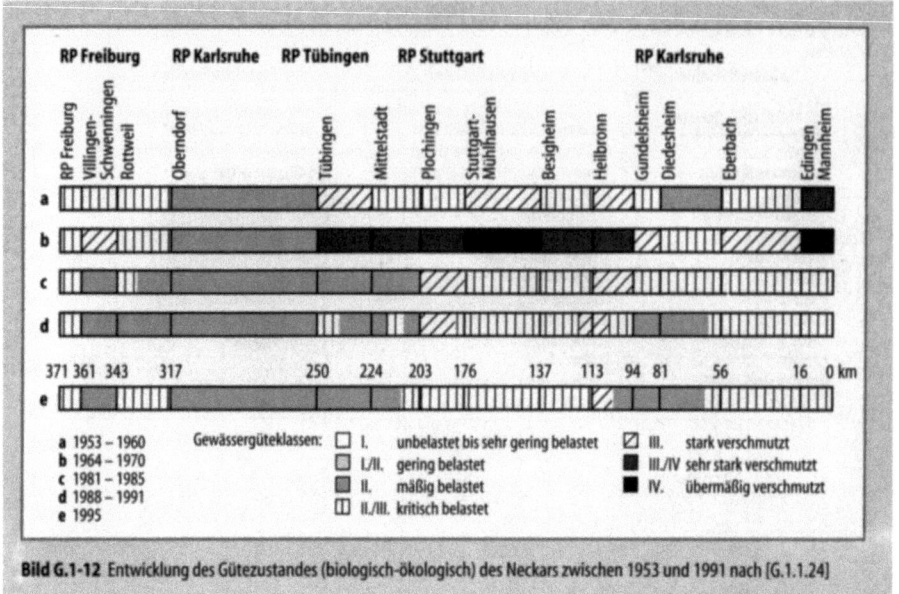

Bild G.1-12 Entwicklung des Gütezustandes (biologisch-ökologisch) des Neckars zwischen 1953 und 1991 nach [G.1.1.24]

G.1.5.4.2 Stehende Gewässer

Durch die besonderen hydrologischen, biologischen und chemischen Verhältnisse in einem See können die für die Gewässergütekartierung von Fließgewässern entwickelten Gewässergütesysteme nur zum Teil und nur bedingt für die Kartierung stehender Gewässer verwendet werden [G.1.126].

Durch die Temperaturschichtung des Wasserkörpers und geringe Turbulenz ist die Gewässergütekartierung des freien Wassers in Abhängigkeit von der Jahreszeit und der Wassertiefe in verschiedenen Seebereichen durchzuführen [G.1.126]. Dabei werden als trophieanzeigende Gewässergütekriterien für die Kartierung neben dem Sauerstoffgehalt die Nährstoffverhältnisse, die Sichttiefen und die planktischen Lebensgemeinschaften herangezogen.

Neben der Wassergüte spielt der Gütezustand des Seebodens für die Beurteilung des längerfristigen Gütezustands eines Sees eine wichtige Rolle und sollte daher gesondert kartiert werden [G.1.126, G.1.127]. Bei der Kartierung des Seebodens sind die Lebensgemeinschaften der Uferzone und des Seegrunds gesondert zu betrachten. Daneben spielen für die Gütebeurteilung der Gehalt an abbaufähigen organischen Stoffen sowie an remobilisierenden Phosphorverbindungen im Sediment eine Rolle.

G.1.5.4.3 Grundwasser

Die natürliche Grundwasserbeschaffenheit wird in erster Linie durch die geogenen Bedingungen im Grundwasserleiter bestimmt. Daraus ergeben sich je nach geologischem Aufbau des Untergrunds Grundwasserlandschaften mit jeweils unterschiedlichen hydrochemischen Eigenschaften des Grundwassers, die sich kartenmäßig darstellen lassen [G.1.109]. Dabei sind häufig oberflächennahe Grundwässer und Tiefengrundwässer gesondert zu erfassen. Eine andere Form der Grundwassergütekartierung ist die nutzungsbezogene Darstellung der Grundwassergüte. Mit ihrer Hilfe läßt sich eine optimale Nutzungsplanung erstellen [G.1.128] (s. Bild G.1-13 und Tabelle G.1-12).

G.1.5.4.4 Gewässersediment

Eine besondere Form Gewässergütekartierung ist die Darstellung des Gütezustands der Gewässersohle bzw. der Sedimente. Die Sedimente wirken sich auf Güte des darüber liegenden Wasserkörpers dann aus, wenn die abgelagerten Stoffe remobilisiert werden. Bei stehenden Gewässern handelt es sich dabei in erster Linie um organische Stoffe und Phosphorverbindungen (s. Abschn. G.1.5.4.2). In Fließgewässern sind besonders die bei Hochwasser remobilisierbaren Schwermetalle von Bedeutung [G.1.129].

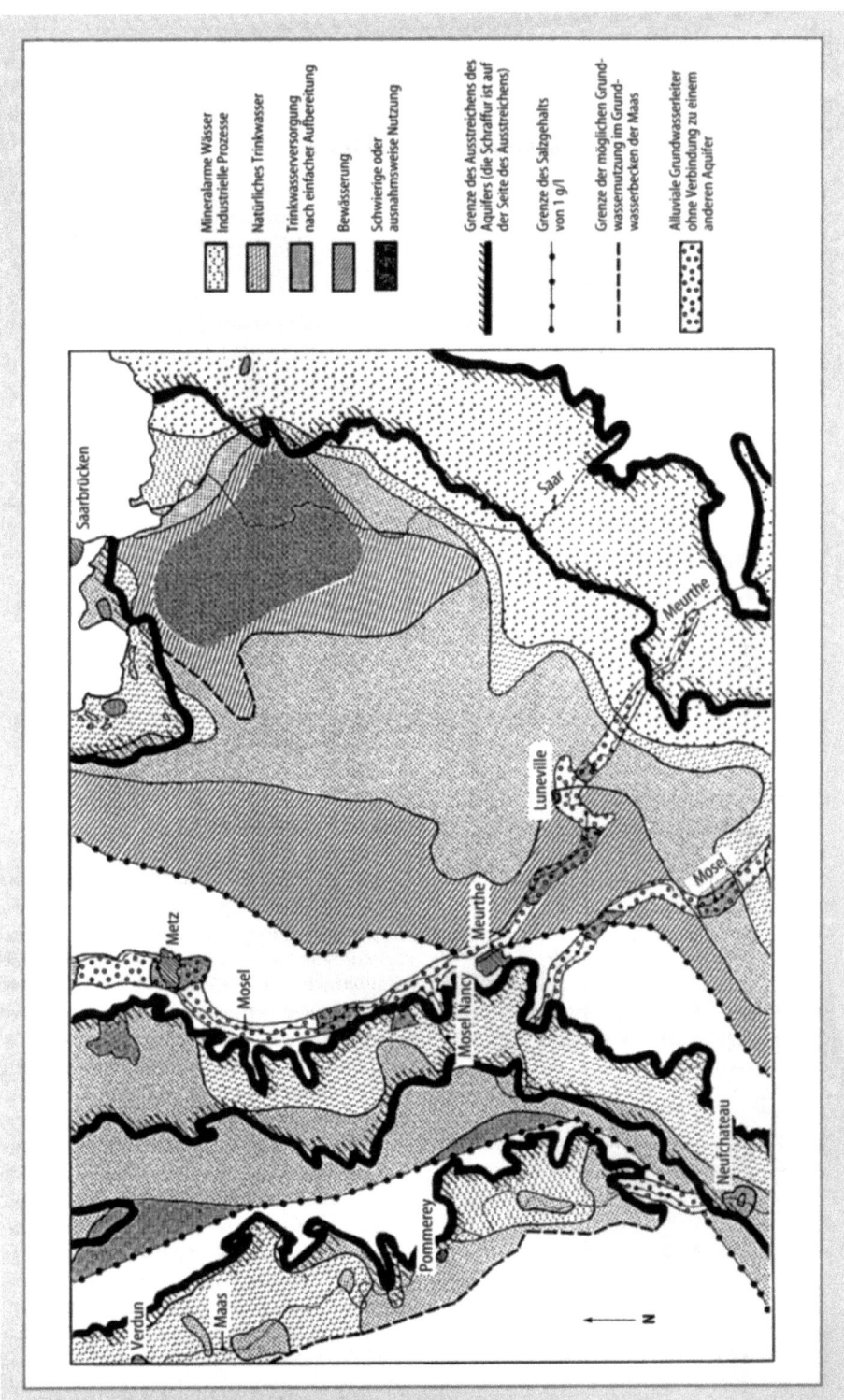

Bild G.1-13 Ausschnitt aus der Grundwassergütekarte der „Agence de l'eau rhin-meuse" [G.1.128]

Tabelle G.1-12 Maximalwerte für unterschiedliche, nutzungsbezogene Qualitätsklassen für Grundwasser

Nutzung	Klasse	Coliforme /ml	Leitfähig- keit µS/cm	Härte °F	NH_4^+ mg/l	NH_3^- mg/l	O mg O_2/l	Mg^{++} mg/l	Cl^- mg/l	SO_4^{--} mg/l	Fe mg/l	Mn mg/l	pH	Andere Schadstoffe
Mineralstoffarmes Wasser/ Industrielle Prozesse	1	0	250	10	0,1	20	1	70	50	50	0,05	0,05	6,5–8,5	/
Natürliches Trinkwasser	2	0	1000	30	0,5	50	2	125	250	250	0,2	0,1	/	Fluor < 1,5 CN < 0,01
Trinkwasserversorgung nach einfacher Aufbereitung	3	0	1500	50	0,5	50	4	125	250	250	1,5	0,5	5–8,5	Fluor < 1,5 CN < 0,2
Bewässerung (Landwirtschaft)	4	zu ver- meiden	3000	70	1	100	8	200	500	400	/	/	5–9	Bor < 1
Schwierige oder ausnahmsweise Nutzung	5	Höhere Gehalte als in Klasse 4												

G.1.5.5 Sanierungsplanung für Gewässer

Aufgabe einer ordnungsgemäßen Wassergütebewirtschaftung ist dafür zu sorgen, daß sowohl Gewässerbelastungen möglichst vermieden, zumindest aber so begrenzt werden, daß die gewünschte Gewässergüte erreicht wird, aber auch daß das Gewässer als Teil der Landschaft und in seiner Selbstreinigungskraft erhalten bzw. wiederhergestellt wird.

Für größere, nicht übermäßig belastete Gewässer werden meistens Mindeststandards für die Abwasserbehandlung festgelegt (s. Abschn. G.1.5.1) und Regeln für eine naturnahe Gestaltung aufgestellt [G.1.102]. Bei stärker belasteten Gewässern reichen oft die Mindestanforderungen an Abwassereinleitungen nicht mehr aus, um einen gewünschten Gewässergütestandard (z.B. Gewässergüteklasse II [G.1.117, G.1.130]) zu erreichen. In solchen Fällen ist es sinnvoll, ein Sanierungsprogramm aufzustellen, das sämtliche Möglichkeiten zur Verbesserung der Gewässergüte einschließt und die folgenden Punkte umfaßt:
– Sanierungsobjekt und Sanierungsziel,
– Erfassung des Zustands,
– Sanierungsmaßnahmen,
– Umsetzung des Sanierungsprogramms.

G.2 Kanalisation

G.2.1 Aufgabenstellung und Anforderungen

Die schnelle und schadlose Ableitung von Schmutz- und Regenwasser aus städtischen Siedlungsgebieten ist aus Gründen der Volksgesundheit zwingend notwendig. Bereits im Altertum gab es Ableitungskanäle für Abwasser, wie z.B. in Babylon, Jerusalem, Rom. Das Wissen um die Notwendigkeit und um die Technik dieser Abwasserableitung ging mit den Völkerwanderungen in Europa verloren. In den städtischen Ansiedlungen ab dem 16. Jh. gab es Versitzgruben im Hof neben dem Hausbrunnen, später auch sog. Faulgräben an den tieferliegenden Rückseiten der Gebäude. Aus diesen Faulgräben entstanden im Laufe der Zeit die größten hygienischen Probleme, da sich keiner für deren Räumung und Wartung verantwortlich fühlte. Außerdem wurden die in der Nähe liegenden Hausbrunnen zur Trinkwasserversorgung z.T. durch das Abwasser der Versitzgruben und den darin enthaltenen Krankheitskeimen gespeist.

Der Ausgangspunkt der modernen Kanalisation war England. Die große Cholera-Epidemie 1831 führte dort zur Gründung einer übergeordneten Gesundheitsbehörde. In Untersuchungen wurde nämlich festgestellt, daß in den tief gelegenen, feuchten Stadtgebieten wesentlich mehr Krankheitsfälle als in den hoch gelegenen, trockenen Gebieten auftraten. Aus diesen Erkenntnissen und den daraus geschaffenen gesetzlichen Regelungen konnte z.B. einem Ort eine Kanalisation vorgeschrieben werden, wenn die jährliche Sterblichkeitsziffer im Durchschnitt der letzten 7 Jahre größer als 23 Personen je 1000 Einwohner war. Das entsprach einer mittleren Lebenserwartung von rd. 43,5 Jahren. Heute beträgt sie dagegen 72–78 Jahre.

In Deutschland gab es zwar ebenfalls Cholera-Epidemien, aber keine übergeordnete Behörde. Daher führte erst der große Brand 1842 in Hamburg dazu, daß dort die erste Kanalisation in Deutschland entworfen und gebaut wurde. Aber auch danach dauerte es noch bis zum Ende der 60er Jahre des letzten Jahrhunderts, ehe andere größere Städte wie z.B. Frankfurt/Main, Stettin, Danzig, Berlin, Breslau, Karlsruhe, München diesem Beispiel folgten. Heute sind in Deutschland rd. 87 % der Bevölkerung an eine öffentliche Kanalisation angeschlossen.

Durch die gezielte und vermehrte Einleitung von Abwässern aus der Kanalisation in die Gewässer wurden die Probleme von den bewohnten Gebieten in die Gewässer verlagert. Dort wurden die Mißstände wie z.B. Fischsterben, Fäulnisvorgänge mit Geruchsbelästigungen, Schwierigkeiten mit der Wasserversorgung sehr schnell deutlich. Die konsequente Folge war, daß die Abwässer im 20. Jh. vor der Einleitung zunächst mechanisch, später biologisch geklärt wurden. Damit konnten die Gewässer wesentlich entlastet werden. Durch den zunehmenden Abwasseranfall stellte sich im Laufe der Jahrzehnte aber heraus, daß biologische Kläranlagen allein nicht ausreichen, den Gütezustand der Gewässer auf Dauer zufriedenstellend zu verbessern. Vor allem die Verschmutzung des Vorfluters bei stärkeren Regenereignissen aus den Entlastungsanlagen der Mischwasserkanalisation und die Verschmutzung des Regenwassers aus der Trennkanalisation führten in neuerer Zeit zu der Forderung, bei Regenwetter das abfließende Misch- und Regenwasser zusätzlich, größtenteils biologisch zu reinigen. Neben der schnellen Ableitung des Schmutz- und Regenwassers dient die Kanalisation heute daher auch der Rückhaltung und Behandlung des Regenwetterabflusses.

Daher bestehen die grundsätzlichen Anforderungen an eine moderne Kanalisation darin, daß unter Berücksichtigung der auftretenden Bau- und Betriebskosten das Abwasser ohne Umweltverschmutzungen, ohne Gesundheitsgefährdung der Öffentlichkeit und des Betriebspersonals abgeleitet werden kann. Allgemein ist deshalb im einzelnen zu gewährleisten:
- Begrenzungen der Überlastung der Abwasserkanäle,
- Begrenzung der Überflutung von Anwesen, unterirdischen Verkehrswegen und Unterführungen auf eine vorgegebene Häufigkeit,
- Ausschluß von Gefahren für die Gesundheit oder das Leben der Öffentlichkeit und des Betriebspersonals,
- Ausschluß der Gefährdung bestehender, angrenzender Bauten und Leitungssysteme (z.B. Gas, Wasser),
- Schutz der Gewässer vor Verschmutzungen im Rahmen festgelegter Grenzen
- Verstopfungsfreier Kanalisationsbetrieb,
- Vermeidung von Geruchsbelästigung und Giftigkeit,
- Zugänglichkeit für Wartungszwecke,
- Wasserdichtheit entsprechend den vorgebenen Prüfbedingungen,
- Erhaltung der Bausubstanz und Erreichung der betriebsgewöhnlichen Nutzungsdauer.

Aus diesen generellen Anforderungen ergeben sich entsprechende Maßnahmen bei der Planung, beim Bau und Betrieb von Kanalisationen.

G.2.2 Entwässerungssysteme

G.2.2.1 Mischsysteme

Zu Beginn der modernen Kanalisation im letzten Jahrhundert wurde das anfallende Schmutzwasser zusammen mit dem Fremd- und Regenwasser in einem gemeinsamen Kanal, dem Mischwasserkanal, abgeleitet. Dabei kann der Regenabfluß bei starken Regenereignissen mehr als das 100fache des Schmutzwasserabflusses betragen. Die Abflußquerschnitte wachsen daher mit zunehmendem Einzugsgebiet stark an. Um aus technischen und wirtschaftlichen Erfordernissen die Querschnitte zu begrenzen, werden an geeigneten Stellen Regenentlastungsbauwerke – dies sind Regenüberlaufbecken, Stauraumkanä-

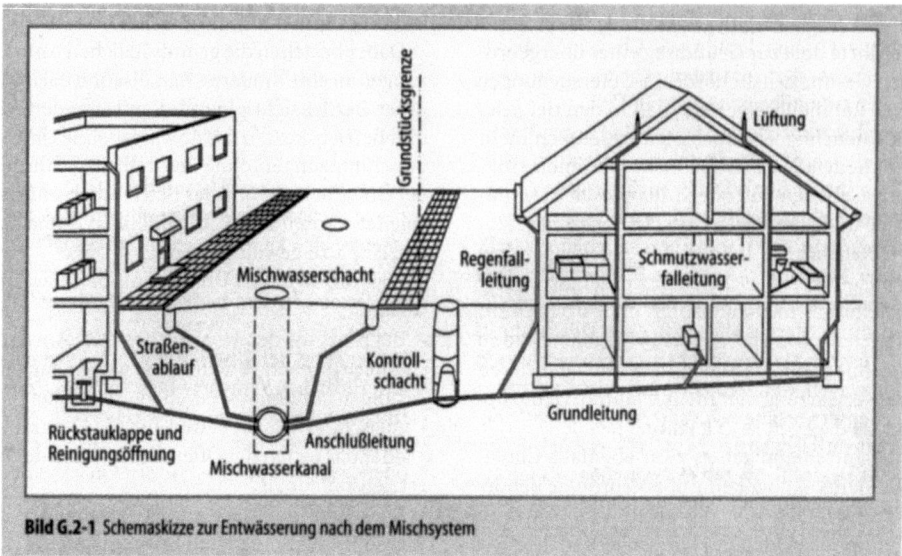

Bild G.2-1 Schemaskizze zur Entwässerung nach dem Mischsystem

le, Regenüberläufe – oder Regenrückhaltebecken angeordnet.

Das Mischsystem bietet sich überall dort an, wo
- die Wege zu den Gewässern im Einzugsgebiet lang sind,
- gutes Geländegefälle vorliegt,
- der Grundwasserstand tief liegt,
- die Bebauung eng und die Straßen schmal sind,
- ein Klärwerk mit guter Pufferungswirkung besteht,
- Gewässer belastbar sind.

Da beim Mischsystem nur ein Kanal für die Ableitung aller Abwasserarten benötigt wird, ist es meist kostengünstig zu erstellen. Daher werden heute in Deutschland rd. 67 % der an eine Kanalisation angeschlossenen Bevölkerung mit einem Mischsystem entsorgt (Bild G.2-1).

G.2.2.2 Trennsystem

Bei diesem System wird das häusliche, gewerbliche und industrielle Schmutzwasser im Schmutzwasserkanal abgeleitet. Der Regenabfluß und gezielt eingeleitetes unverschmutztes Fremdwasser, wie z. B. Bach-, Quell-, Brunnen-, Kühl-, Drän- oder Grundwasser, werden dagegen getrennt davon im Regenwasserkanal abgeführt. Während das Schmutzwasser in das Klärwerk gelangt und dort biologisch gereinigt wird, kann das Regenwasser in natürliche oder künstliche Vorfluter eingeleitet werden. Dabei kann je nach Verschmutzung dieses Regenwassers vorher eine Behandlung in Regenklärbecken notwendig werden.

Das Trennsystem bietet sich dort an, wo
- die Wege zu den Gewässern im Einzugsgebiet kurz sind,
- geringes Geländegefälle vorliegt,
- der Grundwasserstand hoch liegt,
- die Trennung der Abwasserarten gut möglich und überwachbar ist,
- die Bebauung weitläufig und die Straßen breit sind,
- die Verschmutzung der Oberflächen gering ist,
- das Klärwerk geringe Pufferungswirkung besitzt,
- die Abwasserreinigung in Kleinkläranlagen bis 50 Einwohnerwerten erfolgt,
- die Gewässer sehr wenig belastbar sind.

Da beim Trennsystem zwei Kanäle zur Ableitung der Abwasserarten erforderlich sind, betragen die Baukosten i. d. R. 40 – 60 % mehr als beim Mischsystem (Bild G.2-2).

G.2.2.3 Modifiziertes Mischsystem

In neuerer Zeit wird gelegentlich das modifizierte Mischsystem angewandt, um die Gewässerbelastung zu verringern. Es erfordert wie das Trennsystem 2 getrennte Kanäle. Im Mischwasserkanal wird das Schmutzwasser und das stärker verschmutzte Regenwasser, z. B. von Straßen, gewerblichen Flächen, abgeleitet. Im zweiten

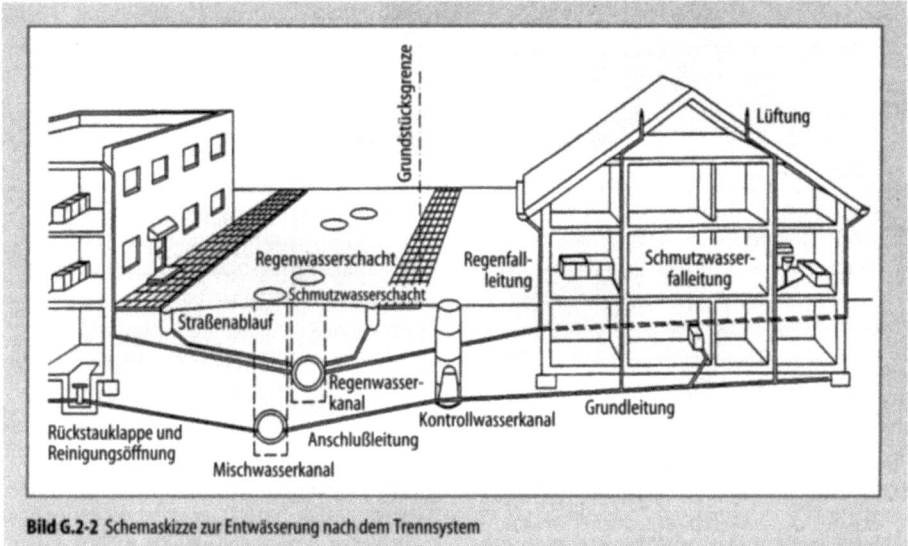

Bild G.2-2 Schemaskizze zur Entwässerung nach dem Trennsystem

Kanal wird nur geringer verschmutztes Regenwasser, z. B. von Dachflächen, abgeführt.

Die Einsatzbereiche sind die gleichen wie beim Mischverfahren. Da aber 2 Kanäle benötigt werden, müssen die Straßen und Wege ausreichend breit sein. Die Baukosten liegen in der gleichen Größenordnung wie beim Trennsystem.

G.2.2.4 Sonderverfahren

Das weniger verschmutzte Regenwasser von privaten Dach- und Hofflächen sollte aus wasserwirtschaftlichen Gründen (Grundwasseranreicherung, Dämpfung der Hochwasserabflüsse, Erhöhung der Niedrigwasserabflüsse in den Gewässern) möglichst versickert werden. Jedoch ist die Regenwasserversickerung an einige Voraussetzungen geknüpft:
– Der Untergrund muß ausreichend durchlässig sein.
– Der Grundwasserstand soll nicht zu hoch sein. Zwischen höchstem Grundwasserstand und Versickerungsebene soll noch eine rd. 1 m dikke biologisch aktive Deckschicht vorhanden sein.
– Die Versickerungsanlagen sollen außerhalb der Wasserschutzzone I und II liegen.
– Der Abstand zu Bauwerken soll mind. 6 m betragen.

Weniger verschmutztes Regenwasser kann auf Versickerungsflächen, in Versickerungsmulden, in Versickerungsrohren oder -rigolen und in Versickerungsschächten in den Untergrund eingebracht werden.

Bei der Flächenversickerung wird das Niederschlagswasser offen und ohne wesentlichen Aufstau entweder direkt durch die durchlässig befestigte Oberfläche (z. B. bei Mineralbeton oder durchlässigen Pflasterungen) oder flächenhaft in den begrünten Seitenräumen neben undurchlässig befestigten Flächen (z. B. bei Schulhöfen und Sportanlagen) versickert. Die Flächenversickerung eignet sich besonders bei wasserwirtschaftlich unbedenklichen Hofflächen, Rettungszufahrten, Parkwegen, ländlichen Wegen, Campingplätzen und Sportanlagen.

Die Muldenversickerung ist eine Variante der Oberflächenversickerung, bei der eine zeitweise Speicherung in einer Mulde erfolgt. Die Muldenversickerung kann bei Grundstücken mit wirtschaftlich ungenutzten Grünflächen, aber auch für die Seitenräume von Fuß- und Radwegen sowie untergeordneten Wegen und Plätzen, vorgesehen werden.

Bei der Rohr- und Rigolenversickerung wird das Niederschlagswasser oberirdisch in einen kiesgefüllten Graben (Rigolenversickerung) oder unterirdisch in einem Kies eingebetteten perforierten Rohrstrang (Rohrversickerung) geleitet, dort zwischengespeichert und entsprechend der Versickerungsfähigkeit des umgebenden Bodens verzögert in den Untergrund abgegeben.

Eine Kombination von Rohr- und Rigolenversickerung ist möglich. Rohr- und Rigolenversickerungsanlagen werden zweckmäßig an der

Sohle oder in den Sohllinien begrünter Speichermulden angeordnet.

Bei der Schachtversickerung wird das Niederschlagswasser in einem durchlässigen Schacht zwischengespeichert und verzögert in den Untergrund abgegeben. Die Versickerungsrate eines einzelnen Schachtes ist z. B. durch die Standardmaße der Brunnenringe (DIN 4034) und durch die Tiefenbeschränkung (z. B. durch die Höhenlage des natürlichen Grundwasserstandes) i. allg. begrenzt. Daher werden Versickerungsschächte, insbesondere für Einfamilienhausgrundstücke bzw. andere kleinere, abflußwirksame Flächen, eingesetzt.

Im ländlichen Bereich mit sehr weitläufiger Bebauung sind die herkömmlichen Entwässerungssysteme (Misch-, Trennsystem) sehr teuer. Daher wird versucht, das Regenwasser auf den Grundstücken zu versickern oder über offene Gräben abzuleiten. Das anfallende Schmutzwasser kann dann entweder mit einem Schmutzwasserkanal mit freiem Gefälle oder in einem Druck- oder Unterdrucksystem (Vakuumsystem) abgeleitet werden.

Beim Drucksystem fließt das Schmutzwasser einem Schacht auf dem Grundstück zu, in dem sich eine Tauchmotorpumpe befindet. Diese fördert das Abwasser in ein Leitungsnetz, das unter Druck steht. Die Fließvorgänge im Druckleitungsnetz werden durch Druckluftspülstationen, die mehrmals täglich Druckluft in unterbelastete Anfangsstrecken einblasen, geregelt und unterstützt. Die Druckleitungen besitzen einen relativ kleinen Durchmesser (mind. 60 mm) und werden in geringer Tiefe (frostfrei) dem Geländeverlauf folgend verlegt.

Beim Unterdrucksystem wird im geschlossenen Rohrsystem durch Vakuumpumpen in Behältern der Vakuumstation gegenüber der Atmosphäre ein Unterdruck von 0,6–0,7 bar (0,06–0,07 Mpa) erzeugt (wie bei Flugzeug- und Schiffsentwässerung). Der Unterdruck setzt sich durch das gesamte Rohrnetz bis zu den Hausanschlußventilen fort. Beim Öffnen dieser Ventile wird das Schmutzwasser und danach oder gleichzeitig Luft in das Rohrsystem eingesaugt. Die Luft durchströmt die Rohrleitung in Richtung Vakuumstation und fördert damit gleichzeitig das Schmutzwasser. Für den Schmutzwassertransport ist eine weitgehende Trennung von Luft und Wasser erwünscht, die durch die Leitungsverlegung (Hoch- und Tiefpunkte) erreicht wird. Der Mindestdurchmesser der Rohrleitung beträgt 65 mm.

Beim Unterdrucksystem können nur Geländehöhenunterschiede von max. 4 m überwunden werden. Daher ist sein Einsatz auf weitgehend flaches Einzugsgebiet beschränkt.

Wichtig ist beim Druck- und Unterdrucksystem, daß das Leitungsnetz absolut dicht erstellt sein muß. Andernfalls würde beim Drucksystem Abwasser in den Untergrund gepreßt, beim Unterdrucksystem würde die Entwässerung verfahrensbedingt versagen. Daher dürfen solche Systeme nur von spezialisierten Fachfirmen erstellt werden. Außerdem bedürfen diese Systeme einer ständigen Überwachung und Unterhaltung.

G.2.3 Abwasseranfall

G.2.3.1 Allgemeine Grundsätze

Die in einem Entwässerungsnetz abfließenden Abwässer setzen sich aus dem häuslichen, gewerblichen und industriellen Schmutzwasser Q_s, dem Fremdwasser Q_f und dem Regenwasser Q_r zusammen. Der Schmutzwasseranfall kann i. allg. ohne wesentliche Schwierigkeiten ermittelt werden. Demgegenüber ist eine zuverlässige Ermittlung des abzuleitenden Fremd- und Regenwassers schwieriger.

Da beim Mischsystem das gesamte Abwasser abgeleitet wird, ist der Mischwasserkanal für den gesamten auftretenden Abfluß mit

$$Q_m = Q_s + Q_f + Q_r$$

zu bemessen. Beim Trennsystem mit seiner getrennten Ableitung von Schmutz- und Regenwasser sind die einzelnen Kanäle für folgende Abflüsse auszulegen:

Regenwasserkanal $\quad Q_{ges} = Q_r$
Schmutzwasserkanal $\quad Q_{ges} = Q_s + Q_f$.

Aus Sicherheitsgründen wird zur Bemessung des Schmutzwasserkanals häufig das Fremdwasser Q_f so groß wie der Schmutzwasserabfluß angesetzt.

G.2.3.2 Schmutzwasserabfluß

Der häusliche Schmutzwasserabfluß ist vom Wasserverbrauch der Bevölkerung und der jeweiligen Siedlungsdichte abhängig. Der Wasserverbrauch ist aufgrund der unterschiedlichen Lebensgewohnheiten, der Wohnkultur und der Lebensansprüche der Bevölkerung verhältnismäßig hohen Schwankungen unterworfen. Darüber hinaus können auch regionale Belange und die

Größe der Wohnsiedlung von Bedeutung sein. Dies gilt im besonderen Maße für Gemeinden in Ballungsräumen.

Nach neueren Statistiken beträgt der häusliche Wasserverbrauch in Deutschland im Jahresmittel rd. 140 l je Einwohner und Tag (l/(E·d)). Der Abwasseranfall beträgt unter Einschluß kleinerer, nicht abwasserintensiver Gewerbebetriebe heute schon im Mittel 196 l/(E·d). Dies entspricht annähernd einem Spitzenabfluß von rd. 3,9 l/s und 1000 Einwohner (l/(s·1000 E)).

Auch wenn für die Zukunft nicht mit einem ungehemmten Wasserverbrauchsanstieg gerechnet werden muß, sollte wegen des großen Planungszeitraums eines Kanalnetzes von mehr als 50 Jahren zur Dimensionierung der Kanalquerschnitte in Spitzenzeiten mit einem häuslichen Abwasseranfall von

$$q_n = 5 \text{ l}/(\text{s} \cdot 1000 \text{ E})$$

gerechnet werden. Für die Berechnung von Sonderbauwerken können wegen kürzerer Planungszeiträume aber durchaus auch geringere Werte angesetzt werden. Gerade zum Nachweis von Zwischenzuständen bietet sich ein Schmutzwasseranfall von 3,5 – 4 l/(s·1000 E) an.

Für den gewerblichen und industriellen Abwasseranfall sind zusätzliche Überlegungen anzustellen. Bei bestehenden größeren Gewerbe- und Industriebetrieben sind Befragungen und Erhebungen und ggf. Abwassermessungen durchzuführen. Dies gilt auch z.B. für Hotels, Erholungsheime, Sanatorien, Kasernen, Campingplätze usw. Der Wasserverbrauch aus dem öffentlichen Wassernetz und aus eigenen Wassergewinnungsanlagen ist dabei zu berücksichtigen.

Bei geplanten Gewerbe- und Industriebetrieben können meist keine genauen Angaben über die Art und die Größe der anzusiedelnden Betriebe gemacht werden. Es wird daher für die Bemessung von Kanälen empfohlen, gewerbliche und industrielle Schmutzwasserabflußspenden zwischen 0,5 l/(s·ha) und 1,5 l/(s·ha) anzusetzen.

G.2.3.3 Fremdwasserabfluß

Das Fremdwasser kann aus eindringendem Grundwasser (undichte Stellen), aus unerlaubten Anschlüssen von Drän- und Regenwasser (Fehlanschlüsse) oder aus eingeleitetem Oberflächenwasser (Schachtabdeckungen u. dgl.) bestehen.

Der Fremdwasseranfall im Schmutzwasserkanal (Trennsystem) wird häufig als Vielfaches des häuslichen, gewerblichen und industriellen Schmutzwasseranfalls bestimmt. Der Fremdwasseranfall in der Mischkanalisation wird meist über eine Abflußspende zwischen 0,05 l/(s·ha) und 0,15 l/(s·ha) errechnet, wenn der Grundwasserspiegel im Bereich der erstellten Kanäle liegt. Liegt er tiefer als die Kanalsohle, wird er vernachlässigt.

G.2.3.4 Regenabfluß

Die Berechnung des Regenabflusses erfolgt aus der Erkenntnis, daß starke Regenfälle nur kurz andauern, schwache Regen dagegen länger anhalten. Bei gleicher statistischer Regenhäufigkeit nimmt die Regenspende mit zunehmender Regendauer ab.

Ein vereinfachter Ansatz zur Regenabflußbestimmung besteht darin, nur wenige ausgewählte Starkregenereignisse der Vergangenheit heranzuziehen, die zu großen Abflüssen geführt haben. Eine Aussage über die Auftrittshäufigkeit dieser Regen ist aber schwierig.

Deshalb erfolgt bisher allgemein eine statistische Aufbereitung stärkerer Regen vor der Abflußberechnung. Dabei werden Regenspendenlinien gewonnen, die wiederum zur Ableitung von Modellregen mit konstanten oder variablen Regenspenden dienen.

Die Regenspendenlinien beschreiben einen gesetzmäßigen Zusammenhang zwischen der Regenspende r, der Regenhäufigkeit n und der Regendauer T. Sie werden durch Auswertung von Meßstreifen der Schreibregenmesser gewonnen, die in vielen Städten aufgestellt sind und seit vielen Jahren betrieben werden. In Bild G.2-3 sind beispielhaft derartige Regenspendenlinien aufgetragen.

Für die Berechnung des Kanalnetzes wird aus diesem Diagramm für die gewählte Regendauer die zugehörige Regenspende entnommen. Dabei wird bei einem „Blockregen" vereinfachend angesetzt, daß sich die Regenspende innerhalb der Regendauer nicht verändert.

Die Regenhäufigkeit n wird meist aus wirtschaftlichen Überlegungen festgelegt. Dabei sollte aber auch die Verkehrssicherheit, das Gelände- und Sohlengefälle der Kanäle beachtet werden. Eine Überlastung des Kanalnetzes durch stärkere Regen (kleinere Regenhäufigkeiten) verursacht in flachen Entwässerungsgebieten einen geringeren Anstieg der Wasserspiegellinie als bei steiler verlegten Kanälen. Die Gefahr von Rückstauschäden ist daher bei stei-

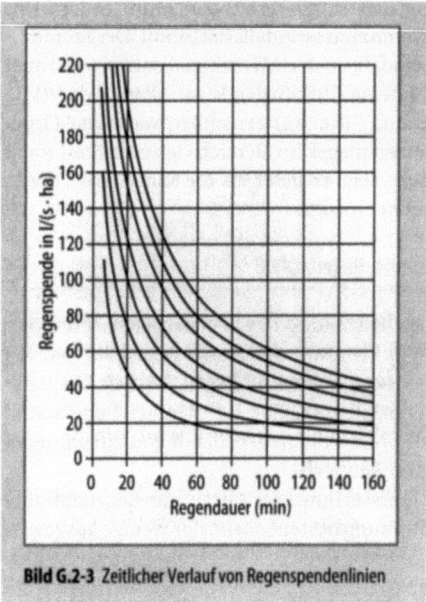

Bild G.2-3 Zeitlicher Verlauf von Regenspendenlinien

ler geneigten Kanälen größer als bei flach verlegten.

Bei der Berechnung von Kanalnetzen wurde bisher in Deutschland üblicherweise eine einjährliche Regenhäufigkeit angesetzt. Zukünftig sollten jedoch für städtische Gebiete, Innenstadtbereiche und wichtige Industrie- und Gewerbegebiete seltenere Regen mit kleinerer Regenhäufigkeit (zweijährlich, fünfjährlich) zugrunde gelegt werden.

Bei einigen der konventionellen Berechnungsverfahren für Kanalnetze wird der Regenabfluß unter der Bedingung ermittelt, daß die maßgebenden Regendauern so groß wie die größte rechnerische Fließzeit im Kanalnetz anzusetzen ist.

Die kleinste zu berücksichtigende Berechnungsregendauer gibt den Bereich für die Wahl einer konstanten Regenspende an, auch wenn die Fließzeit kürzer als diese kleinste Regendauer ist. Für länger anhaltende Regen gleicher Häufigkeit wird die Regenspende aus der Regenspendenlinie abgelesen.

Der bisher weithin gebräuchliche Bemessungsregen mit einer kürzesten Regendauer von 15 min sollte nur für flache Einzugsgebiete mit geringem Anteil befestigter, wasserundurchlässiger Flächen angesetzt werden. Wegen der geringen Verzögerungen auf den befestigten Flächen treten bei kurzen Starkregen häufig Überlastungen in den Anfangshaltungen von Kanalnetzen auf. Um in diesen Kanalstrecken unzulässigen Rückstau zu vermeiden, sind in Abhängigkeit von der Flächenneigung des Einzugsgebiets und vom Anteil der wasserundurchlässigen Flächen kürzeste Regendauern von 5 bzw. 10 min zu wählen. Die kürzeste Regendauer nimmt dabei mit der Zunahme der Flächenneigung und der wasserundurchlässigen Flächen ab.

Die Oberflächenbeschaffenheit, die Neigung und die Längenentwicklung eines Einzugsgebiets bestimmen den Anteil des Regens, der auf einer bestimmten Fläche zum Abfluß gelangt. Ein Teil des niedergegangenen Regens versickert, verdunstet oder wird in den Vertiefungen der Oberfläche zurückgehalten und am Abfließen gehindert. Das Ableitungsvermögen einer Entwässerungsfläche wird durch den Spitzenabflußbeiwert ausgedrückt:

$$\psi_s = \frac{\text{Abflußspende}}{\text{Regenspende}}$$

Eine genaue Bestimmung des Spitzenabflußbeiwerts hat für die herkömmliche Kanalnetzbemessung besondere Bedeutung. Er hängt entscheidend vom Anteil der befestigten Flächen wie Dächer, Straßen, Einfahrten, Höfe usw. ab. Aber auch die Geländeneigung, die Regenspende und die Regendauer haben große Auswirkungen auf den Spitzenabflußbeiwert und damit auf den Regenabfluß. Der Spitzenabflußbeiwert ψ_s schwankt zwischen 0,0 (wasserdurchlässige Einzugsfläche) und 0,96 (die gesamte Einzugsfläche ist wasserundurchlässig).

Der Regenabfluß wird bei den herkömmlichen Berechnungsverfahren üblicherweise über die Größe der Einzugsgebietsfläche, den Spitzenabflußbeiwert und die maßgebende Regenspende, der Regendauer und der Regenhäufigkeit errechnet.

Berechnungsmethoden für den Regenabfluß

Allgemeines

Der Nachweis des Abflußvermögens bestehender und die Dimensionierung neuer Regen- und Mischwasserkanäle kann mit ihren Sohlgefällen sowohl mit herkömmlichen als auch mit neuartigen Berechnungsmethoden erfolgen. Dabei sind heute folgende herkömmliche Berechnungsverfahren üblich:

– Zeitbeiwertverfahren,
– Zeitabflußfaktorverfahren,
– Flutplanverfahren,
– Summenlinienverfahren.

All diesen Verfahren ist gemeinsam, daß sie den Regenabfluß aus Bemessungsregen konstanter Regenintensität innerhalb der zugrunde gelegten Regendauer (Blockregen) errechnen. Darüber hinaus arbeiten diese Verfahren grundsätzlich mit dem Spitzenabflußbeiwert ψ_s. Der maßgebende Abfluß im Kanalnetz wird aus empirischen Ansätzen mit Hilfe der Fließzeit bestimmt.

Die neuartigen Berechnungsmethoden errechnen den Regenabfluß dagegen getrennt auf der Oberfläche und im Kanalnetz. Hierfür gibt es auch getrennte Abflußmodelle, welche versuchen, die hydraulischen Verhältnisse auf der Oberfläche und im Kanalnetz wirklichkeitsnah nachzuvollziehen. In diesen Modellteilen werden hydrologische und hydraulische Formeln angesetzt. Der Vorteil dieser Methoden ist, daß natürlich gefallene Regenereignisse mit unterschiedlichen Intensitäten während der Regendauer nachgerechnet werden können. Die Modelle können daher an gemessenen, in der Vergangenheit aufgetretenen Regenabflüssen kalibriert werden.

Die Modellteile für den Oberflächenabfluß und den Kanaltransport sind sehr komplex, so daß der Regenabfluß im Kanalnetz nur mit Hilfe der EDV gelöst werden kann. Bei den herkömmlichen Verfahren könnte demgegenüber eine Berechnung notfalls von Hand in Listenform erfolgen.

Berechnungsansätze für herkömmliche Verfahren

Bei den Regenabflußberechnungen mit dem Zeitbeiwertverfahren wird vorausgesetzt, daß der größte Regenabfluß dann auftritt, wenn die maßgebende Regendauer gleich der größten Fließzeit im Kanalnetz ist.

Sind die Einzugsgebietsformen, die Gefälleverhältnisse oder die Befestigungsgrade sehr ungleichmäßig, dann trifft die Bemessungsbedingung „Regendauer gleich Fließzeit" nicht mehr zu. Es ist dann zu prüfen, ob mit entsprechenden Korrekturrechnungen oder mit anderen Berechnungsverfahren bessere Ergebnisse zu erzielen sind.

Das Zeitabflußfaktorverfahren berücksichtigt die zeitlich veränderlichen Einflußgrößen auf der Oberfläche des Einzugsgebiets, wie z. B. Bodenverhältnisse, Oberflächenbeschaffenheit, Flächenneigung, Versickerung usw. Mit der Regenspendenlinie und einem zeitlich veränderlichen Abflußbeiwert wurden Zeitabflußfaktoren bestimmt, deren Größen von verschiedenen Neigungsbereichen abhängen. Der größte Regenabfluß wird auch hier mit der Bemessungsbedingung „Regendauer gleich Fließzeit" errechnet.

Die Anwendungsgrenzen bei diesem Verfahren sind die gleichen wie beim Zeitbeiwertverfahren.

Das Flutplanverfahren ist ein grafisches Verfahren, wobei der angenommene Blockregen in eine trapezförmige Abflußkurve umgewandelt wird. Die sich so ergebenden Flutkurven müssen für jede betrachtete Kanalstrecke grafisch aufgetragen und unter Berücksichtigung der Fließzeit zeitgerecht überlagert werden.

Das Verfahren ist sehr aufwendig, da zu Beginn der Berechnung nicht feststeht, welcher Regen den größten Abfluß liefert. Daher müssen iterativ mehrere Regen einer vorgegebenen Regenhäufigkeit angesetzt werden.

Das Summenlinienverfahren ist ebenfalls ein grafisches Verfahren und wurde aus dem Flutplanverfahren entwickelt. Es wird jedoch lediglich die Anlauflinie der Flutkurven in einem um 180° gedrehten Koordinatensystem aufgezeichnet und durch Aufsummierung der Einzelwerte die Summenlinie ermittelt. Mit Hilfe einer transparenten Regenharfe, die durch eine Maßstabsverzerrung der Ordinate die veränderliche Regenspende in Abhängigkeit von der Regendauer berücksichtigt, wird der größte Regenabfluß bestimmt. Hierzu fährt man mit dem Koordinatenpunkt der Regenharfe auf der Summenlinie entlang und liest den Größtwert zwischen Summenlinie und Regenharfe ab.

Das Summenlinienverfahren berücksichtigt die unterschiedlichen Einflußgrößen im Einzugsgebiet im Vergleich zu den anderen herkömmlichen Verfahren am besten. Es kann daher auch zur Überprüfung neuartiger Berechungsverfahren herangezogen werden.

Berechnungsansätze für neuartige Methoden

Während bei den herkömmlichen Verfahren der Oberflächenabfluß rechnerisch unverzögert und als rechteckförmige Ganglinie in das Kanalsystem eingerechnet wird, erfolgt bei den neuartigen Berechnungsmethoden eine Aufspaltung in den Oberflächenabfluß und in den Kanalabfluß. Dabei wird gelegentlich der Oberflächenabfluß noch einmal in die Abflußbildung und die Abflußkonzentration unterteilt.

Grundsätzlich können hydrologische und hydrodynamische Vorgehensweisen unterschieden werden, wobei auch Verknüpfungen innerhalb einzelner Programmabschnitte vorkommen. Die einzelnen Berechnungen sind wegen ihrer Komplexität nur mit Computern möglich.

Die beim Abfluß von Regenwasser in Kanalnetzen bebauter Gebiete insgesamt ablaufenden Vorgängen lassen sich in folgenden Teilprozesse untergliedern:

Belastungsbildung. Zeitlich verteilt fällt in der Einzugsgebietsfläche ein Regen, der für den Niederschlag-Abfluß-Prozeß als Gesamtniederschlag zur Verfügung steht.

Abflußbildung. An der Oberfläche der Teilfläche erfolgt die Aufteilung des Gesamtniederschlags in „Verluste" und dem Kanalnetz zufliessende „abflußwirksame Niederschläge".

Abflußkonzentration. In der Teilfläche fließt der „abflußwirksame Niederschlag" über Oberfläche, Rinnen usw. zur Abflußganglinie zusammen, welche in das Kanalnetz gelangt.

Abflußtransformation. Im Kanalnetz erfolgt nach Überlagerung mit dem dort vorhandenen Zufluß von oberhalb der instationäre Transport mit Translations- und Retentionseffekten.

Bei der Abflußbildung setzen sich die „Verluste" aus Benetzungs-, Mulden-, Verdunstungs- und Versickerungsverlusten zusammen. Die einzelnen Verluste hängen dabei von Art und Neigung der Einzugsfläche ab.

Bei der Abflußkonzentration kann der zeitliche Verlauf des Regenabflusses auf unterschiedliche Weise nach hydraulischen und hydrologischen Methoden bestimmt werden. Beiden Methoden ist gemeinsam, daß der abflußwirksame Niederschlag gleichmäßig verteilt über die Einzugsgebietsflächen angenommen wird. In hydraulischen Ansätzen wird idealisierend von einem Abfluß in einem „sehr breiten Rechteckgerinne mit geringer Fließtiefe" ausgegangen (Schichtabflußmodell). Die Berechnung erfolgt auf Basis der Kontinuitäts- und Bewegungsgleichung. Die maßgebenden Eingangsgrößen sind neben der Intensität des wirksamen Niederschlags Gefälle, Oberflächenrauheit und Fließlänge. Wegen der in Teilflächen von Kanalnetzen tatsächlich vorhandenen, sehr komplexen Oberflächen- und Abflußverhältnisse, wurden hydrologische Ansätze für die Abflußkonzentration entwickelt, mit denen die Vorgänge vereinfachend, aber zutreffend beschrieben werden können, z.B. mit Einheitsganglinien.

Bei der Abflußtransformation wurden für den Abflußvorgang im Kanalnetz hydrologische und hydrodynamische Berechnungsmethoden entwickelt. Bei den hydrologischen Methoden, zu denen auch die meisten herkömmlichen Berechnungsverfahren zählen, werden ähnlich wie bei der Abflußkonzentration Übertragungsfunktionen angesetzt. Diese sollen die beim Abfluß im Kanalnetz auftretenden Translations- und Retentionseffekte erfassen.

Typisch für die hydrologischen Methoden sind getrennte Abfluß- und Wassertiefenberechnungen. Zunächst werden die Abflüsse ermittelt. Danach wird unter Annahme des Normalabflusses über eine Fließformel (oder über Teilfüllungskurven) die zum Maximalabfluß gehörende Wassertiefe berechnet. Tritt im Kanalnetz Rückstau oder Vollfüllung (Druckabfluß) auf, so verlieren die Übertragungsfunktionen mit wachsendem Grad der Abweichung vom Normalabfluß bzw. der Überlastung immer mehr ihre Gültigkeit.

Die hydrodynamischen Berechnungsmethoden gehen von den beiden Saint Venantschen Gleichungen für den instationären, ungleichförmigen Abfluß (Kontinuitäts-, Bewegungsgleichung) aus. Diese beiden Differentialgleichungen sind über die Wassertiefe miteinander gekoppelt und nicht geschlossen lösbar. Daher werden die Differentialgleichungen in Differenzengleichungen überführt und entweder mit expliziten oder impliziten Rechenverfahren gelöst. Dabei hat die Wahl der Differenzquotienten und der Weg- und Zeit-Intervalle großen Einfluß auf Konvergenz, Genauigkeit und Aufwand der Berechnungen. Abfluß und Wassertiefen werden bei diesen Methoden gleichzeitig berechnet. Der Bedarf an Rechenzeit und Speicherplatz ist erheblich höher als bei den hydrologischen Methoden.

Anwendungsbereiche

Die Auswahl der am besten geeigneten Berechnungsmethoden muß in jedem Einzelfall in Abhängigkeit von der Zielsetzung der Berechnung und der Charakteristik des Kanalnetzes von einem erfahrenen Fachmann vorgenommen werden. Die richtige Auswahl einer vom Ansatz her geeigneten Berechnungsmethode allein garantiert noch keine zuverlässigen Berechnungsergebnisse, wenn die Erhebung der Berechnungsgrundlagen oder die Durchführung der Berechnung fehlerhaft ist. Je komplizierter die Berechnungsgrundsätze sind, desto höher ist i.d.R. der Berechnungsaufwand und desto schwieriger sind Fehler in der Berechnung aufzufinden (z.B. bei den neuartigen Berechnungsmethoden).

Tabelle G.2-1 Anwendungsbereiche von Kanalnetzberechnungsmethoden

Anwendungsbereich	Berechnungsmethoden		
	Einfache, herkömmliche Verfahren[a]	Hydrologische Methoden[b]	Neuartige hydro-dynamische Methoden
Auslegung kleiner Entwässerungssysteme	E	E	*
Auslegung großer Entwässerungssysteme	–	E	*
Überprüfung der Überflutungshäufigkeit	–	–	E/D
Nachrechnung bestehender Systeme	–	E/D	E/D
Planung von Ausläufen/Entlastungen	–	E/D	E/D
Qualitative Auswirkungen auf Vorfluter	–	E	E/D
Quantitative Auswirkungen auf Vorfluter	–	E	E/D
Echtzeit-Kontrolle eines Kanalnetzes	–	E/D	*

E Oberflächenabfluß auf einfache Weise berücksichtigt
D Oberflächenabfluß auf detaillierte Weise berücksichtigt
– Nicht anwendbar
* Im allgemeinen nicht empfohlen

[a] Zeitbeiwertverfahren, Zeitabflußfaktorverfahren
[b] Flutplanverfahren, Summenlinienverfahren, neuartige hydrologische Methoden

Als Orientierungshilfe dienen die in Tabelle G.2-1 aufgeführten Anwendungsbereiche für die verschiedenen Berechnungsmethoden.

G.2.4 Sonderbauwerke

G.2.4.1 Abwasserpumpwerke

Kanalnetze werden üblicherweise mit einem solchen Sohlengefälle ausgestattet, daß das Abwasser allein durch die Schwerkraft mit freiem Wasserspiegel in den Kanälen abfließen kann. Gelegentlich werden Pumpstationen benötigt, um extreme Tiefenlagen der Kanäle zu vermeiden oder um tief oder weit entfernt liegende Siedlungsgebiete zu entwässern. Pumpwerke werden vielfach auch vor Kläranlagen oder in den Auslaßkanälen von Regenüberläufen oder Regenüberlaufbecken errichtet, wenn dort die Überlaufschwellen tiefer als die Wasserstände im Gewässer angeordnet sind.

Pumpwerke werden häufig zusammen mit einer anschließenden Druckleitung errichtet. Die damit erzielbare Abwasserableitung ist im Gegensatz zum Kanal, der wegen seines stetigen Sohlengefälles zwangsläufig in die Tiefe gebaut werden muß, von den örtlichen topographischen Verhältnissen unabhängig. Die Druckleitung ist nur frostfrei zu verlegen, kann aber sonst dem Geländeverlauf angepaßt werden.

Die Pumpwerke selbst werden üblicherweise mit Kreiselpumpen ausgerüstet, mit denen die Abwässer gehoben und über größere Entfernungen transportiert werden können.

Die maschinen- und elektrotechnischen Anlagen müssen als wesentlicher Bestandteil der Pumpwerke so ausgewählt, bemessen und angeordnet werden, daß bei Berücksichtigung ausreichender Reserven die gleiche Sicherheit wie bei der Abwasserableitung im freien Gefälle erreicht wird.

Die Grundvoraussetzung eines Abwasserpumpwerks ist ein automatischer, störungsfreier und gefahrloser Betrieb, bei dem die Wartungsarbeiten auf ein Minimum beschränkt bleiben. Bei der Planung eines Abwasserpumpwerks müssen daher Überlegungen angestellt werden über:
- Bau- und Betriebskosten,
- Energieverbrauch,
- Erfordernisse für den Betrieb und für die Instandhaltung,
- Ausfallrisiko und sich daraus ergebende Konsequenzen,
- Gesundheit und Sicherheit der Öffentlichkeit und des Betriebspersonals,
- Auswirkungen auf die Umwelt (Lärm, Geruch usw.).

Für die Bemessung des Abwasserpumpwerks sind
- der zeitlich veränderlicher Abwasseranfall,
- die unterschiedliche Abwasserbeschaffenheit,
- die Fördermenge und Förderhöhen,
- die Naß- oder Trockenaufstellung der Pumpen,
- die Schaltzahl der Pumpen und die Größe des Pumpensaugraums,
- der Mindestkugeldurchgang der Pumpen,

- die Erweiterungsmöglichkeit und
- der Durchmesser der Druckleitung und die Strömungsgeschwindigkeit des Abwassers von entscheidender Bedeutung.

Der Abwasseranfall ist stündlichen, täglichen und jahreszeitlichen Schwankungen unterworfen. Außerdem ist zu bedenken, daß mit zunehmender Besiedlung des Einzugsgebiets der Abwasseranfall steigt. Das Abwasser kann aus Regen-, Misch- und Schmutzwasser bestehen. Schmutz- und Mischwasser werden immer absetzbare Stoffe, größere Festkörper, Textilien und Schwimmstoffe enthalten. Eine Textil-Ballenbildung auf der Zulaufseite des Pumpwerks ist daher nicht auszuschließen. Diese Abwassereigenschaften sind für die Pumpenauswahl sehr wichtig.

Weiterhin muß mit einer hohen, durch das Abwasser verursachten Aggressivität gerechnet werden. Durch Schadensfälle, verbotene Einleitungen und außergewöhnliche Betriebsumstände können in der Kanalisation und damit auch im Saugraum des Abwasserpumpwerks toxische und explosive Gemische auftreten.

Da die geförderten Abwassermengen i. d. R. stark schwanken, treten wegen des vorgegebenen Querschnitts und der Länge der Druckleitung unterschiedliche Rohrreibungsverluste auf. Diese müssen zusammen mit dem geodätischen Höhenunterschied der Pumpen bewältigt werden. Dies kann z. B. mit einer Drehzahlverstellung des Pumpenantriebs erfolgen.

Bei größeren Abwasserpumpwerken werden die Pumpen üblicherweise trocken aufgestellt. Die Pumpen sind dabei getrennt vom Pumpensaugraum in einem gesondert zugänglichen sauberen, „trockenen" Pumpenraum untergebracht. Die Pumpen und Motoren sind also jederzeit „trockenen" Fußes zu überwachen.

Bei kleineren Abwasserpumpwerken oder bei Regenwasserpumpwerken werden die Pumpen manchmal auch „naß" aufgestellt (Tauchmotorpumpen). Die Pumpen hängen dabei im Pumpensaugraum und werden durch das zufließende Abwasser überstaut. Da bei einer solchen „Naßaufstellung" kein eigener Pumpenraum benötigt wird, sind die Baukosten geringer als bei einer „Trockenaufstellung". Allerdings ist die Wartung der naß aufgestellten Pumpen unhygienisch. Außerdem sind die Betriebskosten häufig höher als bei trocken aufgestellten Pumpen.

Um eine ausreichend lange Lebensdauer der Antriebsmotoren für die Pumpen zu gewährleisten, sollten die Pumpen nicht zu häufig ein- und ausgeschaltet werden. Üblicherweise sollte die maximale Schaltzahl 10- bis 15mal pro Stunde betragen. Die Schaltzahl wird wesentlich von der Größe des Pumpensaugraums beeinflußt, der wiederum vom Abwasseranfall abhängt.

Damit ein Abwasserpumpwerk ohne mechanischem Rechen und äußerst problematische Entfernung des Rechenguts auskommt, müssen die Pumpen ebenso wie die Armaturen und Druckleitungen einen freien Kugeldurchgang von 100 mm besitzen. Nur dann können Verstopfungen und eine Störung des Pumpbetriebs ausgeschlossen werden. Zerkleinerungseinrichtungen vor dem Abwasserpumpwerk sind nur in Ausnahmefällen vorzusehen (z. B. bei weit abgelegenen Liegenschaften).

Im Laufe der Zeit kann sich das Einzugsgebiet vergrößern oder die Abwassermenge zunehmen. Dies sollte bereits bei der Planung und beim Bau eines Abwasserpumpwerks durch eine Erweiterungsmöglichkeit berücksichtigt werden.

Bei der Festlegung des Durchmessers der Druckleitung ist folgendes zu beachten:
- Die minimale Strömungsgeschwindigkeit in der Druckleitung sollte 0,7 m/s betragen, um Ablagerungen und Verstopfungen zu vermeiden.
- Die maximale Strömungsgeschwindigkeit sollte 2,5 m/s nicht überschreiten, damit die Energieverluste und damit die Betriebskosten nicht zu groß werden. Außerdem besteht bei großen Geschwindigkeiten die Gefahr von Druckstößen und damit Bruch der Druckleitung.
- Eine wirtschaftliche Strömungsgeschwindigkeit in Druckleitungen liegt bei 1,0 – 1,2 m/s.
- Außerdem ist darauf zu achten, daß die Aufenthaltszeit des Abwassers in der Druckleitung nicht zu groß wird, weil sonst das Abwasser anfault. Am Ende der Druckleitung entstehen dann giftige Gase und Geruchsbelästigungen sowie Korrosionsschäden im anschließenden Kanal.

Die Pumpen selbst sind üblicherweise Kreiselpumpen, die nach Einschaufelrad, Freistromrad, Schneckenkanalrad und Dreikanalrad unterschieden werden. Die erreichbaren Förderhöhen betragen zwischen 3 und 10 bar. Wird das Abwasser nur von einem tieferen auf ein höheres Niveau gefördert (ohne Druckleitung), werden sog. Schneckenpumpen eingesetzt. Damit lassen sich i. d. R. Förderhöhen von 5 – 6 m erreichen.

G.2.4.2 Regenrückhaltebecken

Die Ableitung von Starkregenabflüssen in der Kanalisation, die relativ selten auftreten, erfordern große Kanalquerschnitte. Diese wiederum verursachen hohe Investitionskosten. Durch die Anordnung von Regenrückhaltebecken werden die Regenabflußspitzen verkleinert, da das abfliessende Regenwasser im Rückhaltebecken gespeichert und zeitlich verzögert in das unterhalb liegende Kanalnetz abgeleitet wird. Das gesamte abfließende Regenwasser verbleibt somit im Rückhaltebecken und im Kanalnetz. Das Schema in Bild G.2-4 verdeutlicht die Funktion des Regenrückhaltebeckens.

Der Bau von Regenrückhaltebecken kann aus Kostengründen, örtlichen Zwangspunkten und aus Gewässerschutzgründen notwendig werden. Kosten können entscheidend sein, wenn der weiterführende Kanal aufgrund seiner Länge und seines Querschnitts wesentlich teurer als das Rückhaltebecken ist. Örtliche Zwangspunkte sind z. B. gegeben, wenn ein bestehendes Kanalnetz unterhalb des Rückhaltebeckens zu klein ist und nicht verändert werden kann. Gewässerschutzaspekte können z. B. vorliegen, wenn an Stelle eines Regenauslasses in ein Gewässer (z. B. beim Trennsystem oder bei einem Regenüberlauf) ein Regenrückhaltebecken angeordnet werden muß. Dadurch können entweder Hochwasserabflußspitzen oder ein erhöhter Schmutzfrachteintrag aus der Kanalisation in das Gewässer vermieden werden.

Die Bemessung von Regenrückhaltebecken erfolgt bisher ähnlich wie die von Kanalisationen mit vorgegebenen Regenhäufigkeiten. Da aber bei extremen Starkregen Überschwemmungen im unmittelbaren Bereich der Regenrückhaltebecken auftreten und daher ein größeres Schadensausmaß verursachen können, sind Rückhaltebecken für größere Sicherheiten als Kanalnetze auszulegen. Dafür gibt es speziell abgeleitete Bemessungsdiagramme.

Eine neuere, verbesserte Bemessung von Regenrückhaltebecken ist dadurch möglich, daß die Regenereignisse der Vergangenheit in ihrem tatsächlichen Intensitätsverlauf und ihrer zeitlichen Aufeinanderfolge digital erfaßt und als Vorgabe für ein hydrologisches Berechnungsmodell (s. Abschn. G.2.4.3) verwendet werden. Dadurch entsteht aus jedem erfaßten, intensitätsvariablem Regenereignis ein zeitlich zugeordnetes Abflußereignis, das nur von der jeweils vorgegebenen Kanalisation abhängt (Langzeitsimulation). Voraussetzung dafür sind entsprechend lange Regenaufzeichnungen von mind. 15 Jahren und ein geeignetes hydrologisches Abflußmodell. Die erforderliche Größe des Regenrückhaltebeckens wird danach durch eine statistische Auswertung der Überlaufereignisse bei unterschiedlich vorgegebenen Beckenvolumina ermittelt.

Regenrückhaltebecken können als offene Erdbecken (z. B. beim Trennsystem) oder als unterirdische, geschlossene Stahlbetonbecken (z. B. beim Mischsystem) angelegt werden.

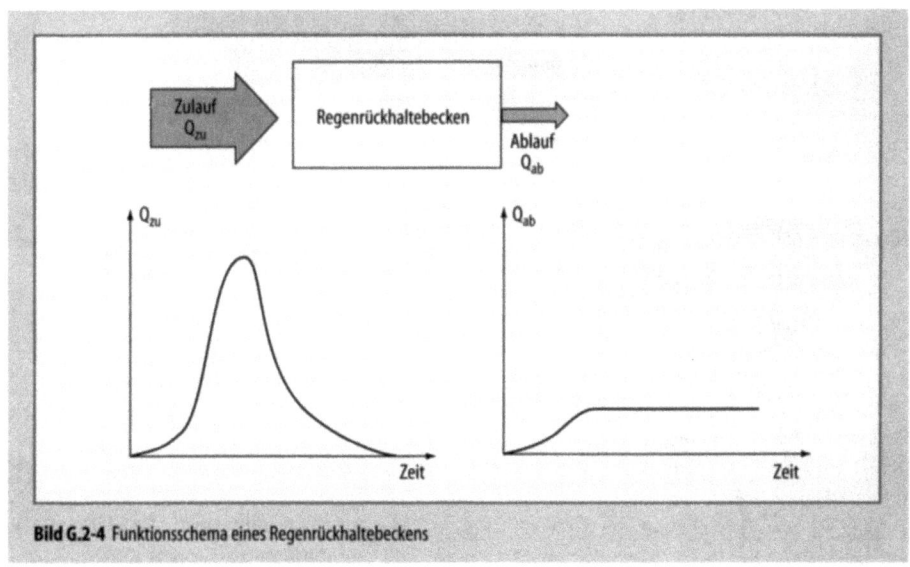

Bild G.2-4 Funktionsschema eines Regenrückhaltebeckens

G.2.4.3 Regenüberläufe und Regenüberlaufbecken

Zur Verkleinerung der Kanalquerschnitte können beim Mischsystem auch Regenüberläufe (RÜ) und Regenüberlaufbecken (RÜB) bzw. Stauraumkanäle vorgesehen werden. Voraussetzung dafür ist, daß ein Gewässer in unmittelbarer Nähe verläuft, in das bei stärkeren Regenereignissen Mischwasser (Schmutz- und Regenwasser) eingeleitet wird. Bei Regenüberläufen erfolgt lediglich eine Vermischung, bei Regenüberlaufbecken und Stauraumkanälen dagegen eine zusätzliche Behandlung. Dafür wird jedoch aus den Regenüberläufen aufgrund der größeren Abflüsse in das unterhalb liegende Kanalnetz seltener und weniger Mischwasser als aus Regenüberlaufbecken in das Gewässer abgeschlagen. Beide unterschiedlichen Regenentlastungsanlagen werden im Kanalnetz fast ausschl. unterirdisch in Stahlbeton errichtet (Bild G.2-5 und G.2-6).

Die Berechnung von Regenüberläufen erfolgt nach der sog. kritischen Regenspende, bei der Regenüberläufe gerade noch kein Mischwasser in das Gewässer abschlagen dürfen. Diese kritische Regenspende beträgt heute üblicherweise rd. 15 l/(s · ha) oder rd. 10 – 15 % der Regenspende, die i. d. R. zur Querschnittsbestimmung der Kanäle verwendet wird. Da sich mit zunehmender Netzgröße die Regenabflußwellen im Kanalnetz verflachen und deshalb die Regenüberläufe seltener anspringen, kann die kritische Regenspende mit zunehmender Fließzeit der Abflußwellen in gewissem Umfange abgemindert werden. Es muß aber immer ein Mindestmischverhältnis von Regenabfluß zu Trockenwetterabfluß von 7:1 gewährleistet sein.

Mit dem Bau von Regenüberlaufbecken bzw. Stauraumkanälen im Mischsystem soll ein optimaler Schutz der Gewässer unter Einbeziehung wirtschaftlicher Überlegungen erreicht werden.

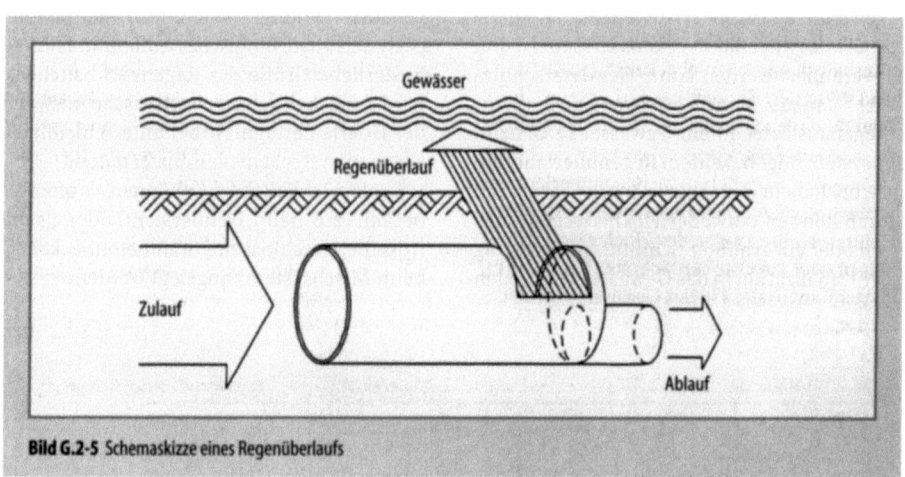

Bild G.2-5 Schemaskizze eines Regenüberlaufs

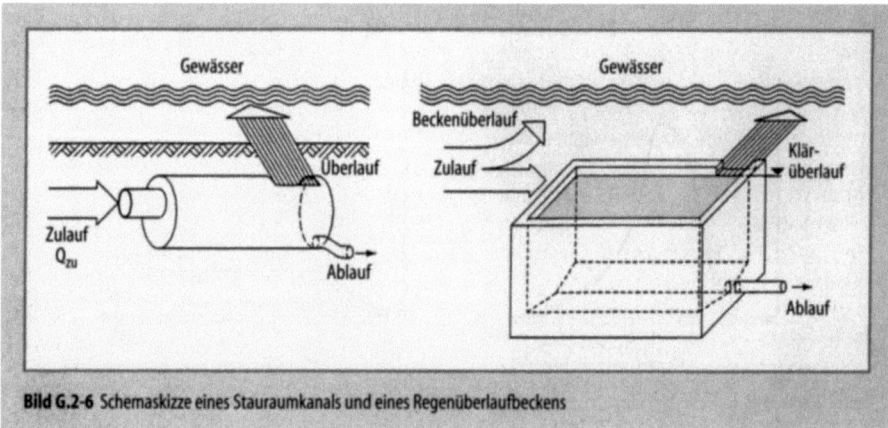

Bild G.2-6 Schemaskizze eines Stauraumkanals und eines Regenüberlaufbeckens

Daher müssen die insgesamt entlasteten Schmutzfrachten aus diesen Regenentlastungsanlagen und aus der Kläranlage sowie die Entlastungshäufigkeiten, -dauern, und -konzentrationen minimiert werden. Es sind daher bei Regenwetter die Zuflüsse und die stoßartigen Belastungen der Gewässer aus solchen Regenentlastungsanlagen zu begrenzen. Außerdem muß gewährleistet sein, daß die Reinigungsleistung der nachgeschalteten Kläranlage bei Regenwetter nicht zurückgeht.

Für die Bemessung von Regenüberlaufbecken und Stauraumkanälen bei leistungsfähigen Gewässern gibt es 2 grundsätzlich verschiedene Methoden:
- vereinfachtes Bemessungsverfahren,
- detailliertes Nachweisverfahren mit Schmutzfrachtberechnungen auf Basis einer Langzeitsimulation.

Ausgangspunkt für beide Methoden ist ein erforderliches Volumen für das Gesamteinzugsgebiet einer Kläranlage. Zu seiner Ermittlung bzw. zur Bestimmung der zulässigen Entlastungsrate des jährlichen Regenabflusses gehen nachfolgende charakteristische Ausgangsdaten ein:
- Größe der Teileinzugsgebietsflächen,
- Jahresniederschlagshöhe,
- Fließzeit,
- mittlere Neigung der Entwässerungsfläche,
- Trocken- und Mischwasserabfluß,
- Konzentration des Trockenwetterabflusses,
- Regenabfluß aus Gebieten mit Trennsystem,
- Starkverschmutzer,
- Kanalablagerungen.

Entscheidend für die Bemessung ist die mittlere Schmutzkonzentration im überlaufenden Mischwasser, die vom Mischverhältnis zwischen mittlerem Regen- und Schmutzwasserabfluß abhängt. Je stärker das entlastete Mischwasser verschmutzt ist, um so weniger darf entlastet werden und um so größer wird das erforderliche Speichervolumen. Wie bei Regenüberläufen ist auch für Regenüberlaufbecken ein Mindestmischverhältnis zwischen Mischwasserabfluß und Trockenwetterabfluß von 7:1 vor Beginn der Überlauftätigkeit einzuhalten.

Die Ermittlung des erforderlichen Gesamtspeichervolumens erfolgt für das gesamte Einzugsgebiet oberhalb des letzten Entlastungsbauwerks vor der biologischen Reinigungsstufe einer Kläranlage. Die zur Bemessung benötigten Flächen, Abflüsse, Fließzeiten, Schmutzkonzentrationen und Gebietskenngrößen beziehen sich auf diesen Punkt im Kanalnetz. Um die zulässige Jahresentlastungsrate für den Regenwasserabfluß einhalten zu können, bedarf es eines bestimmten Speichervolumens im Kanalnetz. Auf dieses Gesamtvolumen können unter bestimmten Voraussetzungen vorhandene Speicherräume in Regenbecken und im Kanalnetz angerechnet werden. Allerdings ist immer ein Mindestvolumen für Regenüberlaufbecken zwischen ca. 5–8 m^3/ha zu erstellen, da die Regenwasserbehandlung nicht allein durch ein ausreichend großes Volumen im Kanalnetz gewährleistet werden soll. Anderseits ist das Gesamtvolumen zur Regenwasserbehandlung der Mischkanalisation aus Kostengründen auf max. 40 m^3/ha (bezogen auf die wasserundurchlässige befestigte Fläche) zu begrenzen.

Nach der Ermittlung des Gesamtvolumens zur Regenwasserbehandlung im Gesamteinzugsgebiet werden dann mit den vereinfachten Bemessungsverfahren die einzelnen Regenentlastungsbauwerke (RÜ, RÜB) nach den Normalanforderungen bemessen und die Volumen einzelner Regenüberlaufbecken und Stauraumkanäle mit einer schematisierten Aufteilung des Gesamtvolumens bestimmt.

Die Vorgehensweise bei der Bemessung einzelner Regenüberlaufbecken entspricht der Ermittlung des erforderlichen Gesamtspeichervolumens. An jedem Regenüberlaufbecken einer Mischkanalisation muß für das oberhalb liegende Einzugsgebiet ein bestimmtes Gesamtvolumen zur Mischwasserspeicherung vorhanden sein. Die Bemessungsgrößen zur Feststellung der zulässigen Entlastungsrate werden jeweils für das gesamte Einzugsgebiet oberhalb des betrachteten Beckens erhoben.

Nach der Feststellung der zulässigen Entlastungsrate kann für das gesamte oberhalb liegende Einzugsgebiet das erforderliche Volumen ermittelt werden. Zieht man davon das oberhalb dieses Beckens bereits vorhandene anrechenbare Speichervolumen ab, so erhält man die erforderliche Größe des betrachteten Regenüberlaufbeckens. Es ist zu überprüfen, ob dieses Volumen zur Einhaltung der hydraulischen Bedingungen ausreicht und das erforderliche Mindestvolumen nicht unterschritten wird.

Das vereinfachte Bemessungsverfahren darf nur unter folgenden Voraussetzungen angewandt werden:
- Der Drosselabfluß aus dem Regenüberlaufbecken darf an keinem Becken im Netz größer sein als der anteilige Kläranlagenzufluß.

- Es dürfen höchstens 5 Regenüberlaufbecken unmittelbar hintereinander geschaltet werden.
- Die Anzahl der Regenüberläufe im Gesamteinzugsgebiet eines Regenüberlaufbeckens darf nicht größer als 5 sein.
- Regenrückhaltebecken innerhalb des betrachteten Einzugsgebiets müssen wesentlich größere Abflüsse als die Regenüberlaufbecken besitzen. Sie werden bei der Bemessung der Überlaufbecken vernachlässigt.

Werden diese Voraussetzungen nicht eingehalten, ist ein detailliertes Nachweisverfahren mit Schmutzfrachtberechnungen (Langzeitsimulation) anzuwenden. Dabei werden allgemein aus historischen Regendaten mit Hilfe einer Langzeitsimulation die Regenwetterabflüsse und ihre Beschaffenheit in Mischkanalisationen errechnet. Die Ergebnisse sind statistische Aussagen über Menge, Häufigkeit und Dauer des abfließenden Regenwassers bzw. der überlaufenden Schmutzfracht aus Mischsystemen. Damit lassen sich wiederum konkrete Hinweise für die Anordnung, die Bemessung, die Gestaltung, den Betrieb und die Wirksamkeit von Regenüberlaufbecken, Stauraumkanälen und Regenüberläufen ableiten.

Die Bemessung der Regenüberlaufbecken mit den detaillierten Nachweisverfahren vollzieht sich nach der Bestimmung des Gesamtvolumens in folgenden Schritten:
- Ermittlung der zulässigen, modellspezifischen CSB-Entlastungsfracht für das vorher ermittelte Gesamtspeichervolumen,
- Ermittlung des Sanierungsbedarfs für das Kanalnetz,
- Planung von Maßnahmen, wie z. B. Umleitungskanäle, neue Regenüberlaufbecken, Regenrückhaltebecken, Regenüberläufe,
- Vorschlag für Volumina der einzelnen Regenüberlaufbecken bzw. Stauraumkanäle,
- Nachweis für sämtliche vorgesehene Regenentlastungsbauwerke, daß die in der Vorberechnung ermittelte zulässige CSB-Entlastungsfracht nicht überschritten wird.

Diese Art der Bemessung ist ein Iterationsprozeß mit dem Ziel, eine optimale Konzeption in wasserwirtschaftlicher und wirtschaftlicher Sicht zu entwickeln und die bei Sanierungen von Kanalnetzen bestehenden Zwangspunkte optimal zu berücksichtigen. Mit den Berechnungen läßt sich auch aufzeigen, wie sich Standortwahl, Art und Größe der Regenwasserbehandlungsanlagen und ihre Betriebsweise auf das Entlastungsverhalten in den einzelnen Punkten und im gesamten Kanalnetz auswirken.

Werden mit diesen Verfahren mehrere Varianten aufgestellt und dafür die Bau- und Betriebskosten ermittelt, so können damit insgesamt optimale Lösungen für die Regenwasserbehandlung in der Mischkanalisation gefunden werden. Dies ist mit dem vereinfachten Bemessungsverfahren nur im eingeschränkten Umfang möglich.

Werden außerdem weitergehende Anforderungen an die Regenwasserbehandlung gestellt, z. B. bei leistungsschwachen Gewässern, ist grundsätzlich ein detailliertes Nachweisverfahren anzuwenden.

Die Regenüberlaufbecken werden nach Fang- und Durchlaufbecken unterschieden. Eine Sonderform ist der Stauraumkanal, bei dem das erforderliche Volumen zur Regenwasserbehandlung in vergrößerten Kanalquerschnitten bereitgestellt wird.

Fangbecken sind anzuordnen, wenn ein ausgeprägter Spülstoß zu erwarten ist. Dies ist i. d. R. bei kleinen Einzugsgebieten mit kurzen Fließzeiten der Fall. Sie speichern einen Mischwasserspülstoß, wenn dieser zu Beginn des Abflußereignisses auftritt. Sie werden vom Überlaufwasser nicht durchflossen. Der gespeicherte Inhalt muß, wie auch beim Durchlaufbecken, zur biologischen Reinigungsstufe der Kläranlage abgeleitet werden.

Fangbecken werden im wesentlichen für den Abfluß nicht vorentlasteter Entwässerungsflächen vorgesehen, wenn die Fließzeit beim Berechnungsregen im Kanalnetz bis zum Becken nicht mehr als 15–20 min beträgt.

Mit zunehmender Größe des Einzugsgebiets ist mit immer ausgeglicheneren Verschmutzungskonzentrationen ohne ausgeprägte Spülstöße zu rechnen. In diesem Fall sind Durchlaufbecken vorzusehen, welche auf eine mechanische Klärung des Mischwassers abzielen. Durchlaufbecken haben im Gegensatz zu Fangbecken einen Klärüberlauf (KÜ), der nach Füllung des Beckens anspringt und mechanisch geklärtes Mischwasser dem Gewässer zuführt. Zur Begrenzung des maximalen Beckendurchflusses wird i. d. R. ein Beckenüberlauf vorgeschaltet. Durchlaufbecken wirken bis zur Füllung als Speicher und danach für einen Teilzufluß als Absetzbecken mit Überlauf in das Gewässer. Nach Ende des Regenereignisses muß der Beckeninhalt ebenfalls zur biologischen Reinigungsstufe der Kläranlage abgeleitet werden.

Durchlaufbecken werden i. d. R. angeordnet, wenn
- die Fließzeit beim Berechnungsregen im Kanalnetz bis zum Becken mehr als 15–20 min beträgt oder wenn keine ausgeprägten Spülstöße mehr zu erwarten sind,
- diesen Becken andere Entlastungsbauwerke vorgeschaltet sind.

G.2.4.4 Regenklärbecken

Bei trennkanalisierten Entwässerungsgebieten herrscht über die Notwendigkeit der Regenwasserbehandlung noch große Unklarheit. Das von befestigten Verkehrsflächen ablaufende Niederschlagswasser ist unterschiedlich stark mit mineralischen und organischen Stoffen verunreinigt. Die Menge und Konzentration der einzelnen Verschmutzungen ist sehr unterschiedlich. Sie hängen z. B. von der Verkehrsdichte, vom jeweiligen Regenereignis, von der Dauer der vorausgegangenen Trockenperioden und von der Jahreszeit ab.

Neuerdings scheint sich aber herauszukristallisieren, daß eine mechanische Klärung des Regenwassers nur bei stärker verschmutzten Einzugsflächen, wie z. B. Gewerbe-, Industriegebiete, Hauptverkehrsstraßen, vorzusehen ist. Dafür werden spezifischen Regenklärbeckenvolumina von 10 m³/ha, in gemischten Gebieten mit teilweise nicht verschmutzten Oberflächen i. M. 5 m³/ha für die befestigten, wasserundurchlässigen Flächen gewählt. Dagegen wird eine Regenwasserbehandlung bei gering verschmutzten Flächen, wie z. B. reine oder allgemeine Wohngebiete, Wohnstraßen, nicht als notwendig erachten.

Es gibt zwei Arten von Regenklärbecken:
- ständig gefüllte Regenklärbecken,
- nicht ständig gefüllte Regenklärbecken.

Die ständig gefüllten Regenklärbecken besitzen einen Überlauf und einen Schlammabzug. Ihnen ist ein Entlastungsbauwerk vorgeschaltet, das den Zulauf auf den Bemessungsabfluß begrenzt. Sie sind i. d. R. dann anzuordnen, wenn der Regenwasserkanal bei Trockenwetter ständig oder zeitweilig Wasser führt. Bei einer Beckenentleerung zum Klärwerk würde dieses Wasser das Klärwerk unnötig belasten. In diesen Regenklärbecken sollen die absetzbaren und aufschwimmenden Stoffe des Beckenzuflusses möglichst weitgehend entfernt werden. Der abgesetzte Schlamm ist schadlos zu beseitigen. Diese Beckenart wird häufig als offenes Erdbecken erstellt, das bei guter Gestaltung durchaus in städtische Grünzonen oder Parks eingegliedert werden kann.

Nicht ständig gefüllte Regenklärbecken sollen wie beim Mischverfahren als Fangbecken mit Beckenüberlauf oder als Durchlaufbecken mit Becken- oder Klärüberlauf ausgebildet werden. Sie sind dann anzuordnen, wenn der Regenwasserkanal bei Trockenwetter kein oder nur wenig Wasser führt, das in den Schmutzwasserkanal übergeleitet wird.

Der Beckeninhalt ist nach Regenende möglichst der Kläranlage zuzuführen. Dabei dürfen keine Stoffe in das Klärwerk gelangen, die den Klärwerksbetrieb stören können, wie z. B. größere Mengen mineralischer Abspülungen. Diese Beckenart wird häufig als offenes Stahlbetonbecken errichtet.

G.2.4.5 Düker

Kanäle, die mit freiem Wasserspiegel verlegt werden, haben gelegentlich kreuzende Hindernisse in ihrem Trassenverlauf, wie z. B. U-Bahn, Gewässer, zu überwinden. Dazu werden Düker als Kreuzungsbauwerke vorgesehen, die das jeweilige Hindernis als Druckleitung unterfahren.

Der Querschnitt des Dükers ist dem stark schwankenden Abfluß im Kanal anzupassen und erforderlichenfalls in zwei oder gar drei getrennte Leitungsquerschnitte aufzuteilen. Der einwandfreie Betrieb eines Dükers erfordert jeweils ein
- Dükereinlaufbauwerk,
- Dükerauslaufbauwerk,
- Entleerungsbauwerk.

Das Dükereinlaufbauwerk hat die Aufgabe, die zufließenden Abwassermengen den verschiedenen Dükerleitungen zuzuführen. Es werden i. d. R. mind. zwei Dükerleitungen für den Trocken- und den Regenwetterabfluß notwendig sein.

Die Trennung der unterschiedlichen Abwassermengen kann mit einer Überlaufschwelle erfolgen. Dadurch werden die Ablagerungen am Einlauf des Regenwasserdükers vermindert. Eine separat angehängte Spülwasserkammer, die mind. das 2,5fache Volumen der zu spülenden Dükerleitungen haben sollte, spült in einem vorgegebenen Zeitintervall die Dükerleitungen.

Aus betrieblichen Gründen werden Schächte für Schieber bzw. Dammbalken unmittelbar vor dem Einlauf angeordnet. Zum Schutz von Personen sind bauliche Sicherheitsvorkehrungen vorgesehen.

Die Dükerüberleitungen werden zweckmäßig unterschiedlich stark geneigt. Der abfallende Ast am Anfang ist stärker zu neigen als der aufsteigende Ast. Manchmal wird der abfallende Ast sogar senkrecht ausgebildet.

Am Tiefpunkt der Dükerleitungen wird ein Entleerungsbauwerk angeordnet. Der zu- und abgehende Dükerast soll jeweils über einen Schieber verfügen, so daß jeder Dükerast separat entleerbar ist. Das Entleerungsbauwerk muß über einen Pumpensumpf verfügen, um die anfallenden Entleerungsmengen abzupumpen. Dies kann mit einer transportablen Pumpe erfolgen. Der stationäre Einbau einer Pumpe ist bei guter hydraulischer Ausbildung nicht erforderlich.

Während bei kurzer Dükerleitung die Entleerung beider Dükeräste gemeinsam praktikabel ist, empfiehlt es sich bei längeren Dükerästen, eine getrennte Entleerungsmöglichkeit für jeden Dükerast vorzusehen.

Am Ende der aufsteigenden Dükeräste werden im Dükerauslaufbauwerk Betriebsschieber mit Entlüftungen vorgesehen. Unterhalb der Schieber werden die getrennten Dükerrohre mit höher angeordneten Auslaufsohlen wieder zusammengefaßt, um die Ansammlung von Schmutzstoffen zu vermindern.

G.2.5 Kanalbau

G.2.5.1 Offene Bauweise

Städtische Kanäle liegen überwiegend in öffentlichen Straßen, so daß die Aufbrucharbeiten auf ein Minimum beschränkt werden müssen. Daher werden in Deutschlands Städten nur Rohrgräben mit senkrechten Wänden, die durch einen Verbau abgestützt sind, erstellt. Bei diesem Baugrubenverbau werden folgende Ausführungsarten unterschieden:
- waagerechter und senkrechter Holzverbau,
- senkrechter Verbau mit Trägerbohlenwänden, Kanaldielen, Spundwänden und Schlitzwänden.

Der waagerechte und senkrechte Holzverbau ist nur bei standfesten Böden möglich. Bei weniger standfesten und vor allem bei wasserhaltigen Böden ist ein senkrechter Verbau erforderlich, wobei Kanaldielen oder Spundwände vor dem Ausschachten eingerammt, eingerüttelt oder auch eingepreßt werden.

Wenn durch Erschütterungen die Standfestigkeit benachbarter Gebäude gefährdet und das Einpressen von Spundbohlen infolge ungünstiger Bodenverhältnisse nicht möglich ist, wird in vielen Fällen eine Trägerbohlenwand zum Verbau eingesetzt. Steht jedoch Grundwasser an, sind vorhergehende Wasserhaltungsarbeiten erforderlich.

In neuerer Zeit werden in der Kanalisation bei sehr schwierigen Boden- und Grundwasserverhältnissen in Sonderfällen auch Schlitzwände eingesetzt. Dieses Verfahren kann unter bestimmten Voraussetzungen bis zu einer Tiefe von 10 m durchaus eine wirtschaftliche Alternative zum Vortriebsverfahren darstellen.

Eine nicht verbaute, offene Baugrube mit Böschungen wird nur im freien Gelände, wenn keine Hindernisse vorliegen, angewendet.

Das Verlegen der Kanalleitung mit Einzelrohren setzt eine trockene Baugrube voraus. Bei Grundwasserandrang ist daher eine Wasserhaltung mit Dränrohren, Filterbrunnen oder mit Vakuumbrunnen erforderlich. Nach der Rohrverlegung ist der Kanalstrang auf Wasserdichtheit zu prüfen.

Um das Kanalrohr durch statische Überlastungen zu schützen, ist im Bereich der Grabensohle ein Rohrauflager aus Sand, Kies oder Beton zu schaffen. Außerdem muß seitlich und bis 30 cm über dem Rohrscheitel geeignetes, gut verdichtungsfähiges Bodenmaterial eingefüllt und lagenweise vorsichtig verdichtet werden. Darüber kann anderes Bodenmaterial eingebracht werden, das aber ebenfalls verdichtungsfähig sein muß. Parallel zur Verfüllung der Baugrube muß der Verbau stufenweise entfernt werden. Beim senkrechten Verbau mit Kanaldielen oder Spundwänden ist seine Entfernung frühestens nach teilweiser Grabenverfüllung möglich.

Die Kanalrohre bestehen aus Steinzeug, Beton oder Stahlbeton. Dabei eignen sich Steinzeugrohre wegen ihrer außerordentlichen chemischen Widerstandsfähigkeit besonders für Schmutzwasserkanäle. Guß-, Faserzement- und Kunststoffrohre werden für öffentliche Kanäle nur in seltenen Fällen eingesetzt. Die in gewissen Abständen zur Überprüfung und Wartung der Kanalisation wichtigen Schächte bestehen heute fast ausschließl. aus Betonfertigbauteilen (Schachtringe). Nur das Schachtunterteil im Bereich des Kanalrohrs wird mit Ortbeton erstellt.

G.2.5.2 Geschlossene Bauweise

Die geschlossenen Bauweisen für Abwasserkanäle werden dann angewandt, wenn eine offene

Bauweise nicht möglich (z. B. Verkehrsbehinderung, Gewährleistung der jederzeitigen Zufahrt) oder zu teuer ist. Die geschlossenen Bauweisen gewinnen in Deutschland immer mehr in städtischen Zentren an Bedeutung. Die Verfahren werden um so wirtschaftlicher, je mehr man die Umweltbelastungen der offenen Bauweise, wie z. B. Verkehrsbehinderungen, Lärmbelästigungen, Erschwernisse für die Anwohner, in die gesamten Kostenüberlegungen einbezieht. Für große Querschnitte stehen bereits bewährte Verfahren des Tunnelbaus zur Verfügung. Für die Kanalisation wurde diese Technik mit dem Rohrvortrieb kombiniert.

Nach der Größe des Querschnitts unterscheidet man zwischen
- nicht begehbaren ($\leq$ DN 800) und
- begehbaren Querschnitten (> DN 800).

Bei den *nicht begehbaren Querschnitten* gibt es Bodenverdrängungs- und Preßverfahren, wobei Kombinationen möglich sind.

Eine besondere Bedeutung kommt dem nicht begehbaren, gesteuerten Rohrvortrieb zu. Die verwendeten Durchmesser betragen DN 250 – DN 800. Die Vortriebslängen betragen üblicherweise ca. 100 – 200 m. Die Bodenförderung kann mit einer Schnecke erfolgen, oder es wird eine Spülförderung mit Wasser in einer geschlossenen Leitung vorgesehen.

Der gesteuerte Rohrvortrieb mit begehbaren Durchmessern wird wie folgt unterteilt:
- Teilschnittmaschine mit rotierendem Fräskopf mit und ohne Druckluft,
- Vollschnittmaschine mit Hydroschild und flüssigkeitsgestützter Ortsbrust und hydraulischem Bodentransport,
- Vollschnittmaschine mit Erddruck, gezielter Bodenentnahme mit Schnecken und anschließender hydraulischer Förderung.

Bei den geschlossenen Bauverfahren mit begehbaren Querschnitten besitzt der Schildvortrieb die größte Bedeutung. Darunter wird ein Rohrvortrieb mit Bodenabbau durch ein Schild verstanden.

Der Bodenabbau an der Ortsbrust kann bei standfesten Böden und ohne Grundwasserandrang manuell oder teilmechanisch erfolgen (z. B. pendelnde Fräsköpfe). Bei Grundwasserzutritt erfolgt z. B. beim Hydroschild die Stützung der Ortsbrust durch eine Bentonitsuspension. Die Druckregelung in der Stützflüssigkeit erfolgt in Abhängigkeit von den Erd- und Wasserdruckverhältnissen und in Abstimmung mit der Vorschubgeschwindigkeit. Für den Bodenabbau kann der Schild wie eine Fräseinrichtung ausgebildet werden. Der Transport des gelösten Bodens erfolgt hydraulisch mit Hilfe der Bentonitsuspension. Über Pumpen und Leitungen wird das Boden-Bentonit-Gemisch zu einer außenliegenden Separieranlage gefördert, wo eine Trennung der Materialien stattfindet.

Eine Sonderform des Verfahrens mit flüssigkeitsgeschützter Ortsbrust besteht darin, daß in einer vorderen Druckkammer eine rotierende Fräseinrichtung den gelösten Boden absaugt, so daß ein Durchmischen von Bentonitsuspension und Boden vermieden wird. Ein ständiges Umpumpen der gesamten Stützflüssigkeit wie beim Hydroschild ist also nicht erforderlich.

Eine weitere Variation der Vollschnittmaschine besteht in der Ausbildung eines Erddruckschilds.

Dieses Verfahren ist auch in schwierigen Bodenverhältnissen mit hohen Grundwasserständen einsetzbar. Dieser modernste Schildtyp verwendet ein Boden-Wassergemisch zur Abstützung der Ortsbrust. Durch die gezielte Entnahmemenge des abgebauten Bodens werden Erddruck und Druck in der Schildkammer im Gleichgewicht gehalten.

G.2.5.3 Betrieb einer Kanalisation

Damit eine Kanalisation ihre Funktionen einwandfrei erfüllen kann, muß sie nach dem Bau regelmäßig, arbeitstechnisch sicher und wirtschaftlich instandgehalten werden. Darunter versteht man die Überwachung, Reinigung, Wartung, Schadensbehebung und Übernahme gewisser Sonderaufgaben. Für diese Arbeiten sind ausreichendes und gut ausgebildetes Personal, leistungsfähige Fahrzeuge und Geräte erforderlich. Außerdem müssen Intervalle für die Instandhaltung vorgegeben sowie Dienst- und Betriebsanweisungen ausgearbeitet werden, die gesetzliche Vorgaben, Richtlinien und den Unfallschutz berücksichtigen.

Der ordnungsgemäße Betrieb einer Kanalisationsanlage setzt folgendes voraus:
- Zuordnung der Aufgaben und klar abgegrenzte Verantwortungsbereiche des Personals.
- Die genaue Ortskenntnis des Kanalnetzes mit seinen betrieblichen Einrichtungen und Anlagenteilen.
- Die Kenntnis der betrieblichen Zusammenhänge innerhalb des Kanalnetzes sowie der

Störungsmöglichkeiten und deren Beseitigung.

Unter Überwachung versteht man die Kontrolle der einzelnen Entwässerungseinrichtungen (Kanäle, Schächte, Sonderbauwerke) auf ihre Funktionsfähigkeit in allen erforderlichen Bereichen. Sie erfolgt in regelmäßigen Zeitabständen, so daß ein ordnungsgemäßer Betrieb aller Anlagen des Kanalnetzes gewährleistet ist. Die Ergebnisse der Überwachung werden dokumentiert.

Die Überwachung kann durch Befahren, Begehen, Spiegeln, Fotografieren und Kanalfernsehen sowie durch sonstige Meßtechniken erfolgen. Filme, Fotos und Videobänder können zur Beweissicherung bzw. Dokumentation aufgehoben werden.

Bei der Reinigung werden Ablagerungen auf der Kanalsohle mit Hochdruckspülfahrzeugen, mit kombinierten Hochdruckspül- und Saugfahrzeugen oder mit motor- oder handbetriebenen Winden beseitigt. Wurzeleinwüchse von Bäumen, harte Ablagerungen oder Inkrustationen werden mit speziellen Fräsgeräten, z. B. Robotern, entfernt.

Unter Wartung sind alle Arbeiten und Maßnahmen zu verstehen, die die Funktionsfähigkeit und Sicherheit der Kanalisation auf Dauer gewährleisten. Die notwendigen Arbeiten sollten standardisiert, in regelmäßigen Zeitabständen durchgeführt und in einem Arbeitsplan mit Rückmeldung festgelegt sein. Besonders an Sonderbauwerken sind auch Wartungsarbeiten an elektrotechnischen und maschinellen Einrichtungen, wie z. B. Schieber, Rückstauklappen, Schaltanlagen, Pumpen, durchzuführen.

Die Schadensbehebung ist zur Erhaltung des Kanalnetzes ständig erforderlich. Sie beschränkt sich auf die Schadensbeseitigung und bauliche Veränderungen geringen Umfangs, die sich z. B. bei der Überwachung sowie nach Reinigungs- oder Straßenbauarbeiten als notwendig erweisen. Die erforderlichen Bauarbeiten, wie z. B. Auswechseln von Schachtabdeckungen, Schachterneuerung, Abdichten von Muffen, werden entweder mit eigenen Kolonnen oder von Fremdunternehmern durchgeführt.

Zusätzlich sind noch gewisse Sonderaufgaben wie z. B. Rattenbekämpfung, Einleiterüberwachungen und Hochwasserschutzmaßnahmen zu übernehmen.

G.3 Techniken der Abwasserreinigung

G.3.1 Mechanische Abwasserreinigung

G.3.1.1 Übersicht

Die mechanischen Verfahren stellen die kostengünstigste Möglichkeit dar, um ungelöste Stoffe aus Abwasser zu entnehmen. Sie werden deshalb zumeist als erster Schritt einer Abwasserbehandlung mit dem Ziel eingesetzt, im Rohabwasser vorhandene partikuläre Stoffe möglichst weitgehend zu eliminieren (englisch: „Primary Treatment"). Neben der Eliminationswirkung haben die Anlagen zur mechanischen Reinigung auch die Aufgabe, die Anlagenteile der nachfolgenden Abwasserbehandlung vor Stör- und Sperrstoffen zu schützen.

Die Wirkung vieler biologischer oder chemisch/physikalischer Verfahren zur Abwasserreinigung basiert auf der Überführung von gelösten in ungelöste Stoffe. Mechanische Verfahren sind deshalb oft auch unverzichtbare Bestandteile, um z. B. Schlämme vom Abwasser zu separieren.

Im folgenden werden die am häufigsten eingesetzten Verfahren zur mechanischen Abwasserreinigung behandelt:
- *Rechen-, Siebanlagen* zur Entfernung von Grob- und Faserstoffen,
- *Sandfänge* zur Entfernung mineralischer Feststoffe,
- *Absetzbecken* zur Entfernung organischer und/oder mineralischer Schlämme,
- *Leichtstoffabscheider, Flotationsanlagen* zur Entfernung von Schwimmstoffen, Ölen und Fetten.

G.3.1.2 Rechen, Siebanlagen

G.3.1.2.1 Verfahrensgrundsätze und Behandlungsziele

Rechen- und Siebanlagen haben die Aufgabe, dem der Kläranlage zufließenden Abwasser grobe Schwebstoffe zu entnehmen. Es handelt sich dabei im wesentlichen um Papier, Speisereste, Zellstoffmaterialien, Kunststoffteile. Bei industriellem Abwasser können die partikulären Inhaltsstoffe je nach Branche sehr unterschiedliche zusammengesetzt sein und z. T. aus Textilfasern, Putzwolle u. ä. bestehen, aber auch aus Lebensmittelresten.

Die Eliminationswirkung von Rechen- und Siebanlagen beruht darauf, daß Partikel oberhalb einer bestimmten Größe beim Durchfließen des Abwassers durch den Rechenrost bzw. das Sieb zurückgehalten werden. Damit der Rechen sich nicht zusetzt, muß er geräumt werden. Dies kann in Intervallen (diskontinuierlich) oder fortlaufend (kontinuierlich) geschehen.

G.3.1.2.2 Technische Ausführung

Hinsichtlich der technischen Ausführung ist zunächst zwischen Rechen- und Siebanlagen zu unterscheiden. Bild G.3-1 gibt einen Überblick über diese beiden Gruppen mit den am häufigsten eingesetzten Untervarianten.

Rechenanlagen

Rechenanlagen sind zumeist als Stabrechen ausgebildet, deren funktionales Element als Rechenrost bezeichnet wird. Der Rechenrost besteht aus vertikal oder geneigt nebeneinander angeordneten Rechenstäben und wird in einem vom Abwasser durchströmten Gerinne quer zur Fließrichtung eingebaut.

Rechenanlagen werden in Abhängigkeit von der Spaltweite e des Rechens in Schutzrechen, Grobrechen, Feinrechen, Feinstrechen (Bild G.3-1) eingeteilt. Je nach gewählter Spaltweite unterscheidet sich auch der bevorzugte Einsatzbereich, wobei die Übergänge je nach Anforderung der folgenden Abwasserbehandlungsschritte fließend sein können.

Im Zulauf von Abwasserbehandlungsanlagen werden am häufigsten Stabrechen eingesetzt, die mit einem Winkel von 70°–90° zur Horizontalen in das Rechengerinne eingebaut werden. Die Spaltweite maschinell geräumter Stabrechen beträgt zumeist min. 8–10 mm. In Abhängigkeit von der Art der automatischen Rechengutraümung wird zwischen Mitstromrechen und Gegenstromrechen (DIN 19554) unterschieden. Die Räumer können mittels umlaufender Ketten, mit Seilen, über Zahnstangen und Zahnräder oder hydraulisch angetrieben werden.

Zur Regelung der Rechengutraümung wird zumeist die Wasserspiegeldifferenz zwischen Ober- und Unterstrom des Rechens als Regelgröße verwendet. Überschreitet die Wasserspiegeldifferenz einen bestimmten Wert, so wird der Räumvorgang ausgelöst. Dadurch werden die Räumintervalle dem tatsächlichen Rechengutanfall angepaßt. Es empfiehlt sich, diese Regelung mit einer Zeitsteuerung zu überlagern, die auch bei geringer Rechengutbelegung in bestimmten Maximalabständen eine Räumung auslöst.

Eine gute Übersicht über die z. Zt. auf dem Markt üblichen Ausführungsarten von Stabrechen findet man im ATV-Handbuch „Mechanische Abwasserreinigung" [G.3.1]. Bild G.3-2 zeigt 2 Ausführungsbeispiele

Verursacht durch die ansteigende Menge problematischer Feststoffe im Abwasser, insbesondere Kunst- und Faserstoffe, geht die Tendenz zur Verringerung der Spaltweiten von Rechenanlagen. Hierzu können neben den weiter unten beschriebenen Siebanlagen Feinstrechen einge-

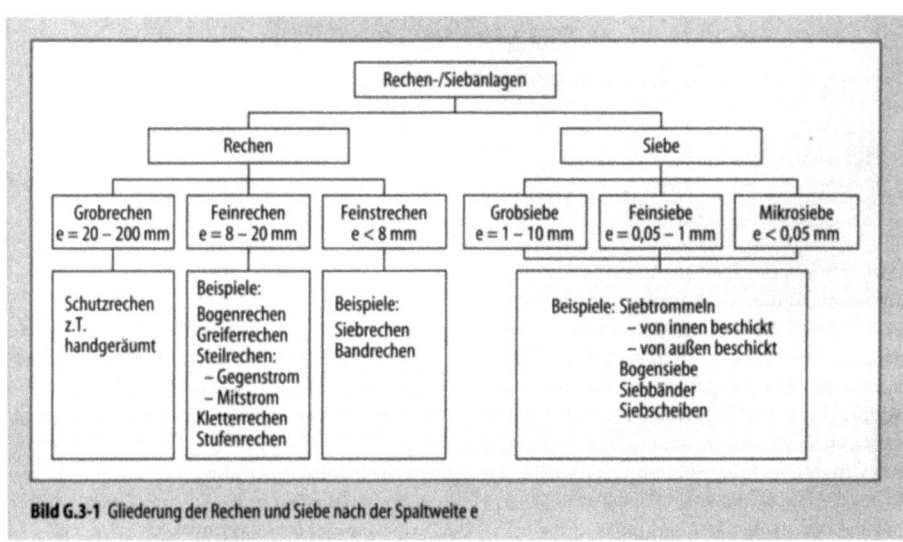

Bild G.3-1 Gliederung der Rechen und Siebe nach der Spaltweite e

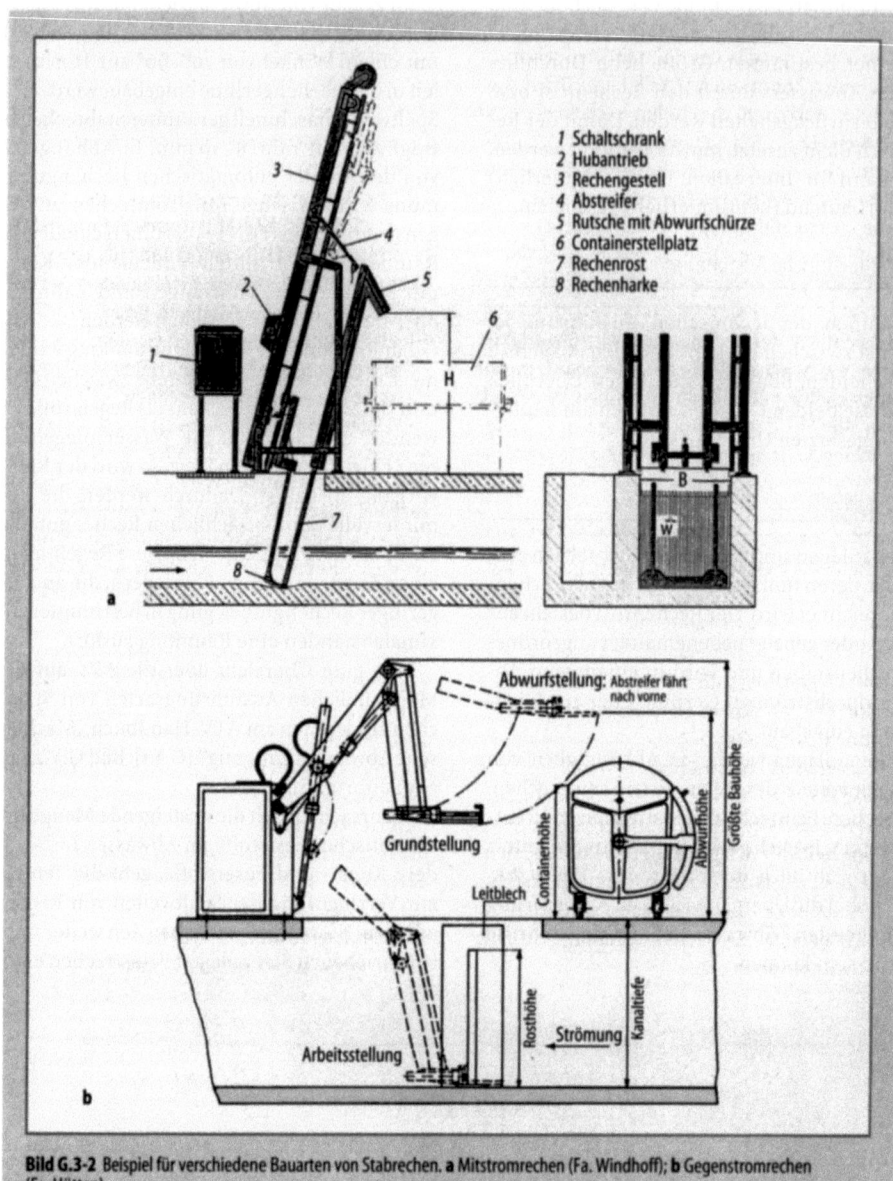

Bild G.3-2 Beispiel für verschiedene Bauarten von Stabrechen. **a** Mitstromrechen (Fa. Windhoff); **b** Gegenstromrechen (Fa. Hütten)

setzt werden, die Spaltweiten von $e = 1-8$ mm aufweisen können (DIN 19569). Zu beachten ist: Feinstrechen haben generell deutlich höhere Fließverluste als Feinrechen, so daß die Durchsatzleistung bei vorgegebenem Durchflußquerschnitt geringer ist. Bei größeren Anlagen kommt man i. allg. nicht umhin, einem Feinstrechen einen Grobrechen vorzuschalten, um die erforderliche Leistungsfähigkeit des Feinstrechens zu erhalten (zweistufige Rechenanlage).

Siebanlagen

Neben den Feinstrechen werden zunehmend auch Siebanlagen zur Entfernung von Rechengut eingesetzt. Siebanlagen werden gemäß DIN 19569 nach der Größe der Sieböffnung e eingeteilt in:

– Grobsiebe ($e \geq 1$ mm),
– Feinsiebe ($e \leq 1$ mm),
– Mikrosiebe ($e < 0{,}05$ mm).

Als erste Stufe einer Abwasserbehandlungsanlage, also zur Vorreinigung von Rohabwasser, haben nur die Grobsiebe Bedeutung, die in der Praxis mit Spaltweiten zwischen 1 mm und 8 mm eingesetzt werden.

Hinsichtlich der technischen Gestaltung unterscheiden sich die angebotenen Systeme erheblich voneinander. Besonders bei kleineren Durchflußmengen bis ca. 100 l/s haben sich Siebtrommeln mit integrierter Siebgutförderung und Siebgutpresse durchgesetzt. Diese kombinierten Anlagen zeichnen sich durch eine kompakte Bauweise aus. Die Transportentfernung und die Abwurfhöhe des Rechenguts sind aufgrund der Neigung und der maximalen Länge der integrierten Entwässerungs- und Förderschnecke begrenzt. Durch Kombination von Siebanlage und Sandfang in einer Maschine entstanden die sog. Kompaktanlagen, die zunehmend Verbreitung in kleinen Kläranlagen finden.

Eine weitere Variante der Siebanlagen sind horizontale Siebtrommeln, die entweder von außen nach innen oder von innen nach außen durchströmt werden (s. Bild G.3-3).

Zur Reinigung der Siebanlagen werden entweder rotierende Bürsten oder Spritzdüsen bzw. eine Kombination aus beidem eingesetzt. Durch Rotation der Siebtrommel wird die belegte Siebfläche in bestimmten Intervallen an der Reinigungseinrichtung vorbeigeführt, wobei das Siebgut entfernt wird. Wie bei Rechenanlagen auch, kann die Auslösung der Trommeldrehung und des Reinigungsvorgangs über die Wasserspiegeldifferenz zwischen Ober- und Unterstrom der Siebanlage bzw. über den Aufstau vor der Siebanlage geregelt werden.

Ganz ohne mechanische Reinigungseinrichtungen kommen statische Siebanlagen, z.B. Bogensiebe, aus, bei denen das Siebgut ausschl. durch die Abwasserströmung abtransportiert wird. Ihr Einsatz ist jedoch nur zu empfehlen, wenn sich Abwassermenge und -zusammensetzung wenig ändern und die zu entfernenden Stoffe keine feinen und faserbildenden Bestandteile enthalten. Bei der Siebung von Rohabwasser auf kommunalen Kläranlagen haben sie sich nicht durchgesetzt. Auf Kläranlagen werden sie vereinzelt anstelle von Absetzbecken eingesetzt, um Schlamm aus Biofilmanlagen (z.B. Tropfkörpern) grob abzuscheiden. Ebenso sind sie zur Vorbehandlung definierter Teilströme in Industriebetrieben geeignet.

Zu beachten ist bei der Planung von Siebanlagen, daß es bei hohen Wassermengen und entsprechend schneller Belegung der Siebe mit Siebgut zu erheblichen hydraulischen Problemen kommen kann. Für solche Fälle sind Sicherheitsmaßnahmen (Notumlauf, mehrstraßige Ausführung) vorzusehen, um ein unkontrolliertes Überlaufen der Zulaufgerinne zu vermeiden.

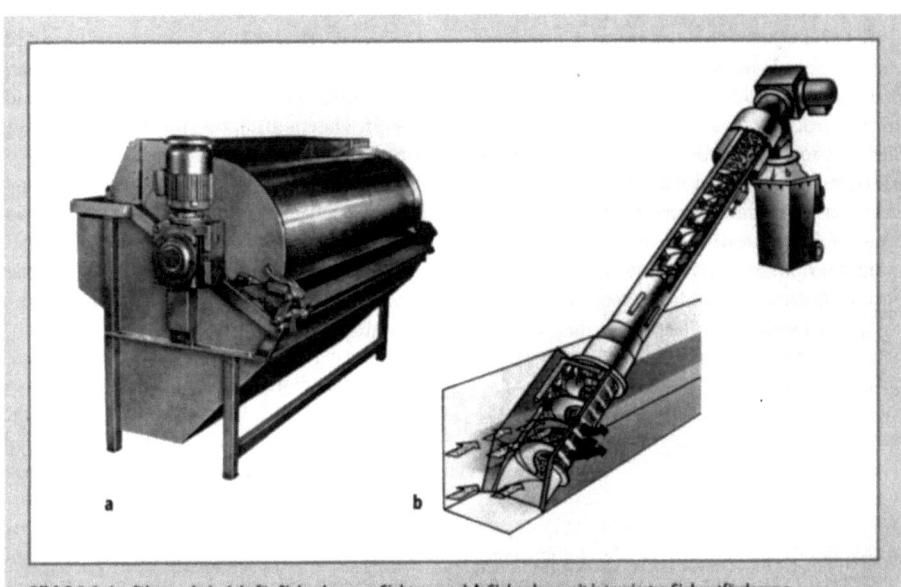

Bild G.3-3 Ausführungsbeispiele für Siebanlagen. **a** Siebtrommel; **b** Siebanlage mit integrierter Siebgutförderung (Fa. Noggerath & Co)

Mikrosiebe werden zur weitestgehenden Abtrennung feinster Feststoffpartikel aus speziellen industriellen Abwasserströmen eingesetzt. Im Bereich der kommunalen Abwasserreinigung können sie z. B. zur Nachreinigung hinter Absetzbecken angeordnet werden, um die Suspensagehalte im Ablauf einer Kläranlage weitestgehend zu minimieren [G.3.2] und stellen damit eine Alternative zu Filtrationsverfahren dar.

Rechengutpressen

Die aus Rechen- und Siebanlagen ausgetragenen Feststoffe sind sehr voluminös und enthalten noch viel Wasser. Zur Verminderung des Lager- und Transportvolumens ist deshalb eine Kompaktierung und Entwässerung des Rechenguts geboten. Die einfachste Lösung besteht darin, das geräumte Rechengut direkt in einen Container abzuwerfen, der mit einer Entwässerungseinrichtung (perforierter Doppelboden, Auslauföffnung) versehen ist. Das sich allmählich bildende Preßwasser kann so abgeführt werden; die Volumenreduzierung ist aber gering. Dieses System eignet sich deshalb allenfalls für sehr kleine Anlagen.

Aufgrund der gestiegenen Entsorgungskosten ist heute eine Entwässerung und Kompaktierung des Rechen- bzw. Siebguts in Rechengutpressen Stand der Technik. Am häufigsten werden hierzu Kolben- oder Schneckenpressen eingesetzt. Je nach Arbeitsprinzip wird das Rechengut mit einem Hydraulikstempel oder mit der sich drehenden Schnecke in das anschließende Rohr gedrückt, das am Anfang perforiert ist. In diesem perforierten Abschnitt kann das Preßwasser austreten und ablaufen; es wird in den Zulauf der Kläranlage zurückgeführt. Das gepreßte Rechengut wird in dem Rohr zum Rechengutcontainer oder zu einer Fördereinrichtung transportiert. Durch entsprechende Neigung und Länge des Rohres kann man die Abwurfhöhe in Grenzen an die örtlichen Erfordernisse anpassen.

Waschanlagen für Rechengut und Siebgut

Im Siebgut aus der Vorreinigung kommunaler Abwässer sind hohe Anteile organischer Inhaltsstoffe (Kotstoffe, Speisereste, Toilettenpapier usw.) enthalten, die zu Problemen bei der Entsorgung führen können. Dies gilt besonders beim Einsatz von Anlagen mit Spaltweiten < 8 mm. Durch eine Wäsche des Rechen- bzw. Siebguts ist es möglich, die Menge der zu entsorgenden Reststoffe und den Gehalt organischer Bestandteile zu reduzieren.

Das Grundprinzip aller technischen Konzepte zur Rechengutwäsche ist eine intensive Durchmischung des Rechenguts mit dem Waschwasser. Dies kann geschehen, indem mechanisch vorgereinigtes Abwasser durch Spritzdüsen mit dem Rechengut vermischt wird oder ein Gemisch aus Abwasser und Rechengut in einem Mischreaktor mechanisch verwirbelt wird. Die organischen Partikel werden dabei zerkleinert und aus dem Rechengut ausgewaschen. Das Waschwasser wird nach der Rechengutwäsche in einer Rechengutpresse abgeschieden und mit den ausgewaschenen Inhaltsstoffen in den Zulauf der Kläranlage zurückgeführt.

G.3.1.2.3 Auslegung und Bemessung von Rechen- und Siebanlagen

Im Gegensatz zu Stabrechen, für die es einen allgemein gültigen Bemessungssatz gibt [G.3.1], ist man bei Feinstrechen und Sieben auf die Angaben des jeweiligen Herstellers angewiesen. Die dort genannten Leistungsangaben beziehen sich oft auf eine saubere Maschine und Klarwasser. Bei der Auslegung für den praktischen Anwendungsfall müssen jedoch selbstverständlich der Feststoffgehalt des Abwassers und der im Betrieb zu erwartende Belegungsgrad des Siebs berücksichtigt werden. Im Zweifelsfall empfehlen sich Probeläufe vor Ort, bevor die Entscheidung für ein System und dessen Dimensionierung getroffen wird.

Folgende Empfehlungen sollten bei der Auslegung von Rechen- und Siebanlagen beachtet werden:
– Die erforderliche maximale Durchsatzleistung wird durch die Förderleistung von evtl. vorhandenen Zulaufpumpwerken bestimmt.
– Zur Vermeidung von Sandablagerungen soll die Fließgeschwindigkeit vor dem Rechen mindestens 0,5 m/s betragen. Sie soll aber nicht über 1,5 m/s liegen, damit kein Rechengut infolge erhöhter Strömungsenergie den Rechen passieren kann.
– Bei größeren Abwassermengen sind Rechenanlagen mehrstraßig auszuführen. Die Anzahl der jeweils betriebenen Anlagen kann dann den aktuellen Zuflüssen angepaßt werden. Ein weiterer Grund ist die Schaffung einer ausrei-

chenden Redundanz für wartungs- und reparaturbedingte Betriebsunterbrechungen.
- Rechen sind so anzuordnen, daß sie gleichmäßig angeströmt werden. Eine einseitige Anströmung, z. B. infolge von Umlenkungen im Oberwasser, führt zu erhöhtem Verschleiß der Räumeinrichtung durch einseitige Belastung.
- Materialauswahl: Feuerverzinkungen und Beschichtungen halten der mechanischen Beanspruchung oft nicht stand. Deshalb sollten zumindest die direkt mit Abwasser in Berührung kommenden Teile (Siebe, Rechenstäbe, Räumeinrichtung) aus Edelstahl hergestellt werden.
- In unserer Klimazone sind Rechenanlagen schon aus Gründen des gesicherten Winterbetriebs in Gebäuden aufzustellen. Dies gilt auch für die Rechengutbehälter (Container), da gefrorenes Rechengut nicht entleert werden kann. Auch aus Emissionsgründen ist i. allg. ein Rechengebäude erforderlich. Aus Arbeitsschutz- und Sicherheitsgründen muß das Gebäude zwangsbelüftet werden (etwa 5 Luftwechsel/h).
- Elektrische Schaltanlagen sollten aus Korrosionsschutzgründen immer in einem separaten Raum angeordnet werden. Durch eine Zwangsbelüftung von außen ist sicherzustellen, daß die aggressive Atmosphäre aus dem Rechengebäude nicht in den Schaltraum gelangt.

G.3.1.2.4 Reststoffe aus Rechen- und Siebanlagen

Menge und Beschaffenheit des zu entsorgenden Rechen- bzw. Siebguts hängen von der Durchgangsweite der Rechenanlage ab. Nach Imhoff [G.3.3] ist im Zulauf einer kommunalen Kläranlage bei einem Feinrechen mit einer Rechengutmenge von etwa 5–15 l/(E × a) zu rechnen. Beim Einsatz einer Siebung sind bis zu 35 l/(E × a) zu entsorgen.

Charakteristische Kennwerte für ungepreßtes Rechen- bzw. Siebgut sind:
- Dichte 0,7–0,8 t/m^3
- Wassergehalt 85–90 %.

Mit einer Rechengutpresse kann der Wassergehalt auf ca. 70–80 % reduziert werden.

Die genannten Rechen- und Siebgutmengen können nur grobe Anhaltswerte sein. Die tatsächlich zu entsorgenden Reststoffmengen variieren stark in Abhängigkeit von den jeweiligen Randbedingungen und Abwassereigenschaften. Im Zweifelsfall, z. B. bei speziellen Industrieabwässern, sollten die Mengen in Versuchen ermittelt werden.

G.3.1.3 Sandfänge

G.3.1.3.1 Verfahrensgrundsätze und Behandlungsziele

Sandfänge sind vom Abwasser durchflossene Gerinne bzw. Beckenbauwerke, in denen im Abwasser enthaltene mineralische Partikel abgeschieden werden. Dabei wird das höhere spezifische Gewicht der mineralischen Feststoffe genutzt, um sie im Schwerkraftfeld aus dem Abwasserstrom zu entnehmen. Neben der Partikeldichte ist nach dem Stokeschen Gesetz die Größe der Partikel entscheidend für ihre Abscheidung in einem Sandfang.

Der im Zulauf einer Abwasserbehandlungsanlage enthaltene Sand stammt im wesentlichen aus der Entwässerung von Straßen und anderen befestigten Oberflächen. Regen kann den Sandanfall temporär erhöhen, da neben dem von Oberflächen abgespülten Sand auch im Kanal abgelagerte mineralische Partikel aufgewirbelt und zur Kläranlage transportiert werden („Spülstoß").

Üblicherweise wird der Sandfang als Bestandteil der mechanischen Abwasserreinigung der Rechen- bzw. Siebanlage nachgeschaltet. Das Ziel der Abwasserbehandlung im Sandfang ist es, die nachfolgenden Stufen der Abwasserbehandlung zu schützen und Sandablagerungen, z. B. im Belebungsbecken, zu verhindern. Ist die Sandabscheidung unzureichend, so sind langfristig Probleme in den weiteren Behandlungsstufen zu befürchten, z. B.:
- Ablagerungen in den folgenden Becken,
- erhöhter Verschleiß an allen mechanischen Teilen, wie Pumpen, Rührwerken, Räumeinrichtungen,
- Zusetzen von Rohleitungen durch Versandung, insbesondere im Bereich von Schlammtrichtern und Schlammleitungen.

Soll eine möglichst vollständige Abscheidung der mineralischen Partikel im Sandfang erreicht werden, so wird andererseits eine möglichst geringe Abscheidewirkung bzgl. organischer Partikel angestrebt. Die Dimensionierung von Sandfanganlagen ist deshalb als Optimierungsprozeß zu verstehen. Als Grundregel ist jedoch zu berücksichtigen, daß im Zweifelsfall immer einer möglichst vollständigen Sandabscheidung der Vorrang gegeben werden sollte, und eine etwas höhere organische Belastung des Sandfangguts in Kauf genommen werden kann.

Zu unterscheiden sind 2 grundsätzlich unterschiedliche verfahrenstechnische Lösungen
- der unbelüftete Sandfang und
- der belüftete Sandfang,

die beide in verschiedenen technischen Formen ausgebildet werden können. Langsandfänge, die im folgenden näher betrachtet werden, sind am häufigsten vertreten. Daneben sind Rundsandfänge (belüftet und unbelüftet) sowie weitere herstellerspezifische Lösungen möglich [G.3.4]. Außerdem kann man zur Sandabscheidung auch Hydrozyklone einsetzen. Ihr Einsatz bleibt auf spezielle Anwendungsfälle in der Industrieabwasserreinigung oder als Teil sog. Sandwaschanlagen beschränkt.

G.3.1.3.2 Technische Ausführung

Unbelüfteter Langsandfang

Unbelüftete Langsandfänge gehören zu den Flachsandfängen. Sie bestehen aus Gerinnen mit rechteckigem oder trapezförmigem Fließquerschnitt. Optimal für die Funktion eines unbelüfteten Langsandfangs wäre die Einhaltung einer konstanten horizontalen Fließgeschwindigkeit von v = 0,2–0,3 m/s. Bei dieser Geschwindigkeit wird der Sand relativ vollständig abgeschieden, während die organischen Inhaltsstoffe in Schwebe gehalten und mit in die nachfolgenden Stufen verfrachtet werden. In der Praxis schwanken die Abwassermengen im Zulauf einer Abwasseranlage aber zumeist stark. Bei großen Kläranlagen kann man dieses Problem lösen, indem man mehrere Sandfänge parallel anordnet und in Abhängigkeit von der Wassermenge eine oder mehrere Kammern betreibt. Weiterhin ist es möglich, im gewissen Rahmen die Fließtiefe der Durchflußmenge anzupassen, z.B. durch entsprechend geformte Überfallwehre im Ablauf des Sandfangs. Für die Beschreibung der Geometrie gelten die in Bild G.3-4 dargestellten Symbole und Beziehungen. Typische Abmessungen von unbelüfteten Sandfängen sind:

l_{SF} < 30 m
h_{SF} = 0,02–0,07 l_{SF}
b_{SF} ≥ 0,40 m

Belüfteter Langsandfang

Beim belüfteten Sandfang ist auch bei unterschiedlichen Durchflußmengen eine sehr gleichmäßige Wirkung zu erreichen. Die Sedimentation der mineralischen Stoffe wird durch eine mittels Belüftung erzeugte gleichmäßige Umwälzströmung kontrolliert. Somit ist die Strömungsgeschwindigkeit im Wasserkörper weitgehend unabhängig von der aktuellen Durchflußmenge. Langsandfänge bestehen aus einem Gerinne (15 m < l_{SF} < 60 m) mit an einer Längswand angeordneten Belüftungsvorrichtungen. Die Sohle wäre idealerweise halbkreisförmig profiliert, mit einer in der Mittel liegenden Sandsammelrinne. In der Praxis wird das Gerinne aus Kostengründen, wie in Bild G.3-5 dargestellt, profiliert. Zur Belüftung werden grobblasige Belüfter (Belüftungsrohre) eingesetzt, die einen Abstand von ca. 0,5–1,0 m haben. Zur Einstellung der optimalen Luftmenge sollten die Sandfanggebläse regelbar ausgeführt sein.

In Bild G.3-5 ist ferner der in das Bauwerk integrierte Fettfang dargestellt. Dabei handelt es sich um ein schmaleres Gerinne, das durch eine Tauchwand vom eigentlichen Sandfang abgetrennt wird. Hier werden, unterstützt durch die flotierende Wirkung der Luft, aufschwimmende Stoffe, wie im Zulauf vorhandene Fette, abgeschieden.

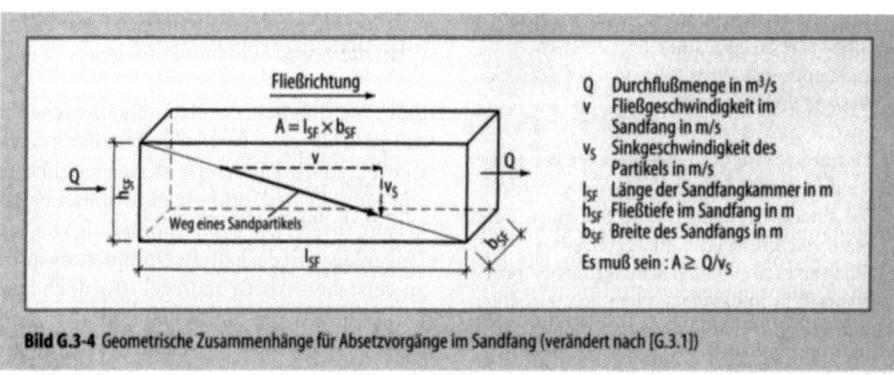

Bild G.3-4 Geometrische Zusammenhänge für Absetzvorgänge im Sandfang (verändert nach [G.3.1])

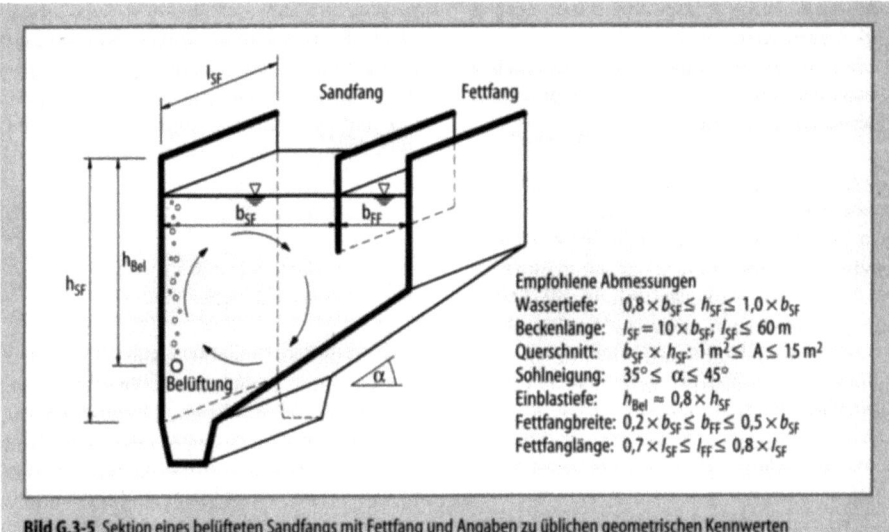

Bild G.3-5 Sektion eines belüfteten Sandfangs mit Fettfang und Angaben zu üblichen geometrischen Kennwerten

Die zu erwartende Abscheideleistung eines belüfteten Sandfangs beträgt:
> 90 % für mineralische Partikel mit ø > 0,2 mm,
> 50 % für mineralische Partikel mit ø 0,1 mm.

Für feinere Partikel < 0,07 mm wird kaum noch eine Abscheideleistung erreicht.

Vereinzelt gibt es auch Sandfänge, in denen die Walze hydraulisch, d. h. durch das Zuführen von Wasser über die Sandfanglänge, erzeugt wird. Gegenüber belüfteten Sandfängen haben diese den Vorteil, keinen Sauerstoff in das Abwasser einzutragen. Damit wird ein für die biologische Nährstoffelimination ungünstiger Vorabbau von organischen Verbindungen vermieden.

Räumung und Entwässerung des Sandfangguts

Heute gehört eine automatische Räumeinrichtung aus Gründen des Arbeitsschutzes zum Standard einer Sandfangausrüstung. Bei Langsandfängen können fahrbare Räumerbrücken mit Räumschilden oder in Längsrichtung an der Sohle angeordnete Räumschnecken eingesetzt werden. Der Sand wird durch diese Räumeinrichtungen in Sammeltrichter geschoben und von dort weiter gefördert. Er kann auch durch an der Räumerbrücke befestigte Pumpen direkt in eine Sandsammelrinne gefördert werden. Dann fließt das Sand-Wasser-Gemisch in der Rinne zur Weiterbehandlung. In Rundsandfängen werden zumeist Rundräumer eingesetzt, die von einer zentralen vertikalen Welle angetrieben werden.

Die zur Sandförderung eingesetzten Pumpen müssen robust und leicht zu reinigen und zu warten sein. Oft werden Drucklufttheber („Mammutpumpen") eingesetzt, die zwar einen niedrigen mechanischen Wirkungsgrad haben, aber sehr robust und verschleißfest sind.

Das als Sand-Wasser-Gemisch geförderte Sandfanggut muß anschließend entwässert werden. Dazu können in Abhängigkeit von den technischen Randbedingungen z. B. Pendel-/Pilgerschrittklassierer, Schneckenklassierer oder Hydrozyklone eingesetzt werden. In diesen Maschinen sollen gleichzeitig auch feine organische Partikel vom Sand getrennt werden.

Bei kleineren Anlagen werden z. B. Hydrozyklone auf die Räumerbrücke montiert, so daß kein separater Anlagenteil erforderlich wird. Problematisch ist dabei oft der Winterbetrieb, bei dem durch Einfrieren die Anlage teilweise oder ganz ausfallen kann. Bei separater Anordnung werden die Klassierer meist in einem Gebäude aufgestellt und über Rohrleitungen oder Gerinne beschickt.

G.3.1.3.3 Bemessung von Sandfängen

Unbelüftete Sandfänge: Maßgebend bei der Bemessung unbelüfteter Sandfänge ist der maximale Abwasserzufluß, mit dem folgende Größen zu berechnen sind:
– Die Flächenbeschickung $q_A = Q/A$ in m³/(m²×h), die von der Sinkgeschwindigkeit der abzuscheidenden Sandpartikel abhängt. Um

Sand der Körnung 0,2 mm abzuscheiden, muß $q_A \leq 20$ m/h sein.
- Die horizontale Strömungsgeschwindigkeit (v in m/s). Sie soll $v \leq 0,3$ m/s für die maximale Abwassermenge sein.

Belüftete Sandfänge: Um Sande mit Korndurchmessern von $\geq 0,2$ mm weitestgehend, d.h. zu über 90%, abzuscheiden, muß die Verweilzeit im belüfteten Sandfang mindestens $t_R = 10$ min sein. Als weiteres Bemessungskriterium soll die horizontale Fließgeschwindigkeit $v \leq 0,2$ m/s sein. Die seitlich parallel zur Sandfangkammer angeordnete Fettfangtasche ist nach Stein (1992) mit einer Flächenbeschickung von $q_A = 25$ m/h bei maximalem Zufluß zu bemessen. Empfohlen wird eine Fettfanglänge von 70 – 80 % der Sandfanglänge.

Detailliertere Hinweise zur Bemessung von Sandfängen sind in der einschlägigen Literatur, z. B. [G.3.1], zu finden.

G.3.1.3.4 Menge, Beschaffenheit und Entsorgung von Sandfanggut

Im Zulauf kommunaler Kläranlagen sind während Trockenwetterphasen im wesentlichen feine Sande mit Korndurchmessern zwischen 0,1 und 0,3 mm enthalten, wobei der größte Anteil im Bereich um 0,2 mm liegt. Die Menge der im Kläranlagenzulauf enthaltenen mineralischen Partikel beträgt bei Trockenwetter 10 – 60 g/m³. Bei Regenereignissen können jedoch auch abgelagerte Sande aus dem Kanalnetz mit Durchmessern von bis zu 3 mm der Kläranlage zufließen.

Die zu entsorgende Sandfanggutmenge hängt stark von den örtlichen Gegebenheiten ab. Bei kommunalem Abwasser schwanken die Werte i. allg. zwischen 20 und 200 l pro 1000 m³ Abwasser bzw. zwischen 2 und 5 l/Einwohner und Jahr [G.3.3].

Bei Industrie- und Gewerbeabwasser können die Verhältnisse sich deutlich davon unterscheiden, so daß allgemeingültige Angaben nicht möglich sind.

Üblicherweise liegt der organische Anteil im Sandfanggut auch bei großzügig bemessenen Sandklassierern deutlich über 5 %, so daß nach Beendigung der Übergangsfrist der TA Siedlungsabfall eine Ablagerung des unbehandelten Sandfangguts auf Deponien nicht mehr in Frage kommen wird. Aus diesem Grunde werden in neuerer Zeit vermehrt Anlagen zur Sandwäsche eingesetzt. Die Sandwäsche hat das Ziel, die organische Restverschmutzung des Sandfangguts zu reduzieren. Neben der Einhaltung der Deponiekriterien der TA Siedlungsabfall wird angestrebt, den Sand soweit zu reinigen, daß er als Baustoff im Erdbau verwendet werden kann [G.3.5].

G.3.1.4 Absetzbecken

G.3.1.4.1 Verfahrensgrundsätze und Behandlungsziele

Absetz- und Sedimentationsbecken werden eingesetzt, um suspendierte Feststoffe mittels Schwerkraft vom Abwasser zu trennen. Es handelt sich dabei im Gegensatz zu den in Sandfängen abgeschiedenen Stoffen zumeist um Schlämme organischer und/oder anorganischer Natur, die zur Flockenbildung neigen. Absetzbecken werden zumeist kontinuierlich mit sehr niedriger Fließgeschwindigkeit vom Abwasser durchströmt, wobei aufgrund der Dichteunterschiede eine Trennung des Klarwassers von sedimentierenden Feststoffen erreicht wird. Letztere sinken zu Boden und können abgeschieden werden. In selteneren Fällen werden Absetzbecken auch diskontinuierlich betrieben (Chargenbetrieb).

Entsprechend dem Einsatzort und der Aufgabenstellung können Absetzbecken innerhalb von Abwasserbehandlungsanlagen an verschiedenen Stellen integriert werden, z. B. als
- Vorklärbecken: Hier haben sie die Aufgabe, im Rohwasser vorhandene Suspensa, die nicht mineralischer Natur sind und somit den Sandfang passieren, abzutrennen. Da sich an Vorklärbecken zumeist weitere Behandlungsstufen anschließen, ist ein Abscheidegrad von $\eta = 70$ % der im Zulauf enthaltenen abfiltrierbaren Stoffe ausreichend.
- Nachklärbecken: In diesem Fall ist das Absetzbecken oft die letzte Stufe vor Einleitung des gereinigten Abwassers in ein Gewässer. Deshalb muß hier der in der vorangegangenen (biologischen oder chemisch/physikalischen) Behandlungsstufe gebildete Schlamm weitgehend abgeschieden werden. Vom erreichten Abscheidegrad hängt die Reinigungsleistung der gesamten Abwasserbehandlung maßgeblich ab. In Abläufen gut funktionierender Nachklärbecken liegen die Feststoffgehalte unter 10 – 20 mg/l.
- Eindicker: Hier kommt es nicht so sehr auf eine gute Qualität des Klarlaufs an. Das Ziel ist vielmehr die Erreichung möglichst hoher Fest-

stoffgehalte im sedimentierten Schlamm, um das zu behandelnde Schlammvolumen zu verringern.

G.3.1.4.2 Technische Ausführung

Absetzbecken können unterschiedlich ausgebildet werden. Eine Einteilung der konventionellen Sedimentationsbecken nach Geometrie und Räumsystem zeigt Bild G.3-6.

Horizontal durchströmte Becken

Absetzbecken werden in der Abwassertechnik vorwiegend als horizontal durchströmte Becken eingesetzt. Dabei können sie als von innen nach außen durchströmte Rundbecken oder als längsdurchströmte Rechteckbecken ausgebildet sein. All diesen Becken sind folgende Konstruktionselemente gemeinsam:
- Abwasserverteilung im Beckenzulauf, d. h. in Beckenmitte bei Rundbecken bzw. an einer Schmalseite bei Rechteckbecken. Die Verteilungseinrichtung muß so gestaltet sein, daß das zufließende Abwasser gleichmäßig über den gesamten Beckenquerschnitt verteilt wird. Die kinetische Energie muß weitestgehend umgewandelt werden. Kurzschlußströmungen sind zu vermeiden.
- Klarwasserabzug über den Beckenradius bei Rundbecken bzw. am dem Zulauf gegenüberliegenden Beckenende bei Rechteckbecken. Dazu können Überfallwehre eingesetzt werden, die als Zahnschwellen nach DIN 19558 ausgebildet werden. Durch große Wehrlängen werden auch bei wechselnden Durchflüssen gleichbleibend geringe Überfallhöhen von wenigen Zentimetern erreicht. Auch andere Lösungen, wie dicht unterhalb des Wasserspiegels angeordnete gelochte Rohre, sind möglich und finden zunehmend Anwendung. Entscheidend zur Sicherstellung eines feststoffarmen Ablaufs ist der gleichmäßige Abzug des Klarwassers über den Beckenumfang bzw. die Beckenbreite.
- Schlammräumsystem: Da der Schlamm auf der gesamten Beckensohle sedimentiert, muß er mechanisch gesammelt und entfernt werden. Der geräumte Schlamm soll eine möglichst hohe Feststoffkonzentration haben, um den Schlammvolumenstrom zu minimieren.
- Schwimmstoffentfernung: In den meisten Fällen ist nicht auszuschließen, daß ein Teil der abzutrennenden Partikel nicht absinkt, sondern zur Wasseroberfläche aufschwimmt. Deshalb sollten Absetzbecken über Einrichtungen zur Sammlung und Ableitung von Schwimmstoffen verfügen.

Bild G.3-7 zeigt Schnitte eines rechteckigen und eines runden Absetzbeckens. Generell sind mit Schild- bzw. Bandräumern höhere Feststoffgehalte im abgezogenen Schlamm zu erreichen, da der Schlamm im Trichter eindickt. Baulich ist aufgrund der geneigten Beckensohle und der tiefen Trichter die Erstellung von Becken mit Schildräumern jedoch aufwendig, weshalb besonders bei schwierigen Baugrundverhältnissen

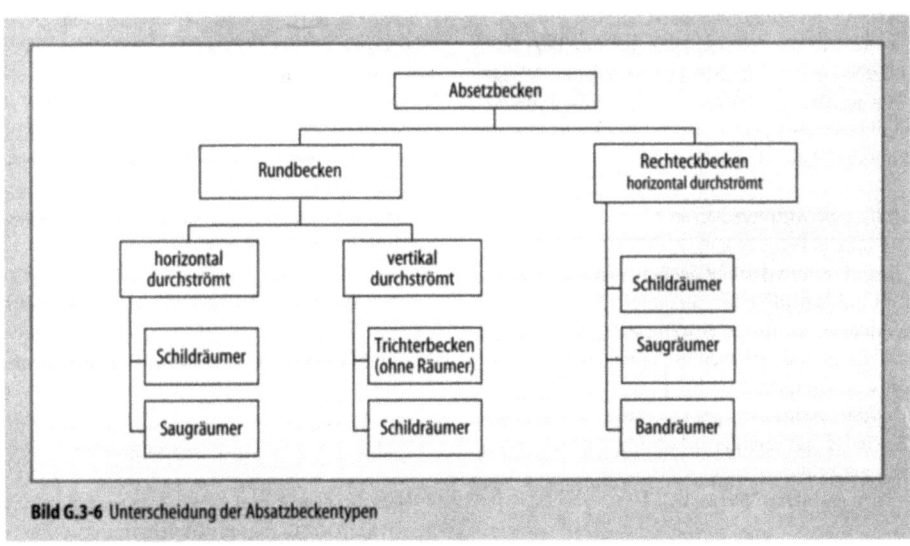

Bild G.3-6 Unterscheidung der Absatzbeckentypen

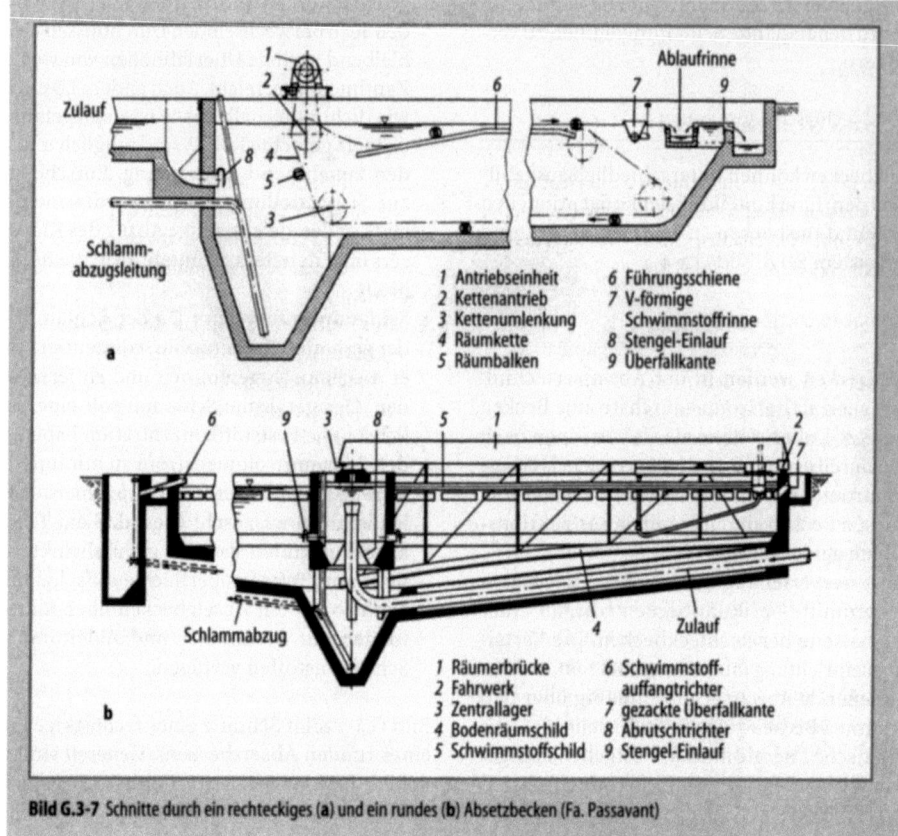

Bild G.3-7 Schnitte durch ein rechteckiges (a) und ein rundes (b) Absetzbecken (Fa. Passavant)

oft Saugräumer bevorzugt werden. Bei Längsbecken haben sowohl Schild- als auch Sauräumer den Nachteil, daß der Schlamm nur diskontinuierlich geräumt wird. Das kann besonders bei erhöhten Zulaufmengen zu Schlammabtrieb im Klarwasser führen. Hier sind Ketten- bzw. Bandräumer das überlegene System, bei dem allerdings die Zahnräder und Ketten dem Abwasser ständig ausgesetzt sind und einem entsprechenden Verschleiß unterliegen.

Vertikal durchströmte Becken

Vertikal durchströmte Becken werden überwiegend als Rundbecken ausgebildet. Sie sind im Verhältnis zu ihrem Durchmesser sehr tief, so daß die Abwasserströmung vorwiegend vertikal aufwärts gerichtet ist. Ihr Einsatz ist auf kleine Beckendurchmesser bis 12 m begrenzt. Die Sohle wird oft als Trichter ausgebildet, in den der sedimentierte Schlamm ohne mechanische Räumung absinkt.

Lamellenklärer

Die hydraulische Leistung von Sedimentationsbecken kann gesteigert werden, wenn geneigte Flächen in Form von Lamellen oder Röhren in den Wasserkörper eingesetzt werden. Die Lamellen werden als vorgefertigte Pakete aus Kunststoff eingebracht. Die Feststoffe müssen dann nur bis auf die schräggestellten Flächen sedimentieren, wo sie sich sammeln und nach unten abrutschen. Voraussetzungen für das Funktionieren von Lamellenklärern (auch Parallelplattenabscheider genannt) sind:
- gleichmäßige Anströmung der Klärflächen,
- vollständiges Abrutschen des Schlamms bis unter die Pakete,
- gleichbleibend glatte Oberflächen der eingebauten Pakete,
- vollständige Flockenbildung vor Eintritt des Abwassers in den Lamellenklärer.

Unterschieden werden Lamellenklärer nach ihrer Durchströmung in Gleichstrom-, Gegen-

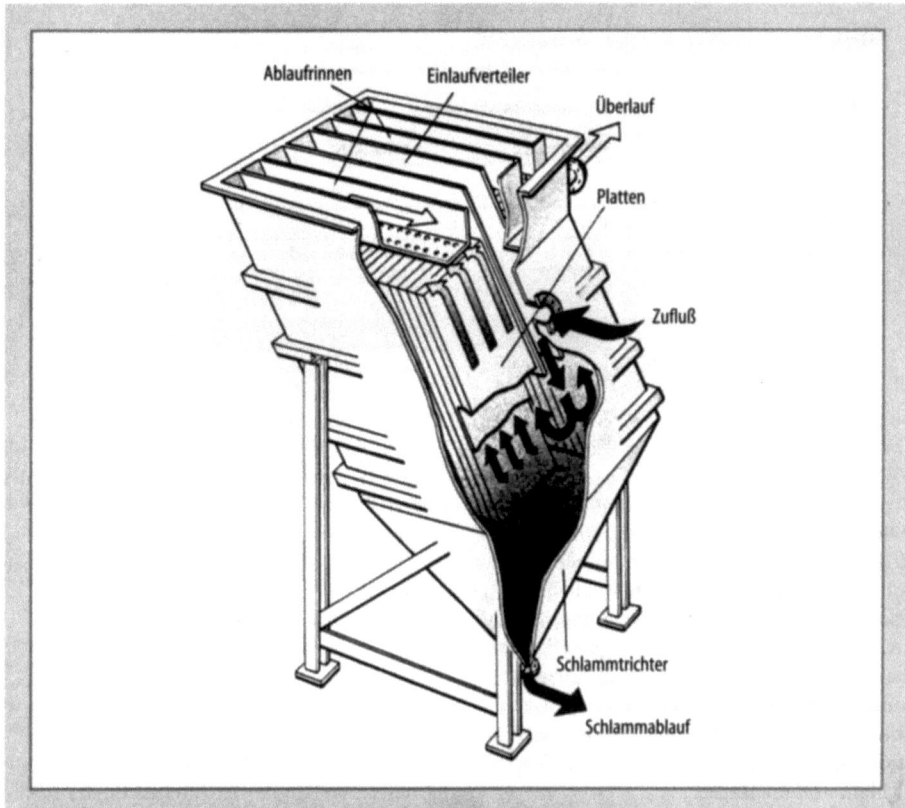

Bild G.3-8 Prinzip eines Lamellenklärers (Werkszeichnung Fa. Axel Johnson Engineering)

strom-, Querstrom- und Kreuzstromabscheider. Am häufigsten werden Gegenstromabscheider eingesetzt, wobei die Neigung der Absetzflächen gegen die Horizontale 55–60° beträgt. Üblich sind Plattenabstände im Bereich von 40–80 mm (Bild G.3-8).

Sonderformen

Es gibt eine Vielzahl von Sonderformen für Absetzbecken. Genannt werden sollen hier die Kombinationsbecken, bei denen in der Beckenmitte ein Flockungsreaktor integriert ist. Sie eignen sich besonders zur chemischen Fällung oder zur Neutralisation und Flockung von Industrieabwässern. Das Abwasser reagiert nach Einleitung in das Becken mit den dort zudosierten Chemikalien, so daß ein Flockungsbecken als separates Bauwerk entfallen kann. Um die Effizienz der Fällung/Flockung zu steigern, kann der sedimentierte Schlamm in den Flockungsreaktor zurückgeführt werden ("Schlammkontaktverfahren").

G.3.1.4.3 Bemessung von Absetzbecken

Die wesentliche Bemessungsgröße für die Dimensionierung aller Absetzbecken ist die Flächenbeschickung:

$$q_A = Q/A$$

q_A Flächenbeschickung [m/h]
Q Durchflußmenge [m³/h]
A Oberfläche des Absetzbeckens [m²]

Anschaulich ist dies die abfließende Abwassermenge bezogen auf die Oberfläche des Absetzbeckens. Sie muß kleiner sein als die Sinkgeschwindigkeit der abzuscheidenden Schlammpartikel.

Ein weiteres Bemessungskriterium ist die Aufenthaltszeit im Absetzbecken, die mit der Flächenbeschickung über die Beckentiefe nach folgender Gleichung gekoppelt ist:

$$t_R = Q/V = h/q_A$$

t_R mittlere Aufenthaltszeit [h]

Tabelle G.3-1 Faustwerte zur Auslegung von Absetzbecken

Einsatz als	Flächenbeschickung q_A (m/h)	Aufenthaltszeit t_R (h)	Beckentiefe h (m)
Vorklärung	2,5 – 4,0	0,5 – 1,0	2,0 – 2,5
Nachklärung nach Belebungsanlagen	0,5 – 1,0	4,0 – 7,0	3,0 – 4,5
Nachklärung nach Tropfkörperanlagen	0,4 – 1,0	1,5 – 4,0	2,5 – 3,5
Nachklärung nach Anaerobanlagen	0,2 – 0,5	8,0 – 15,0	3,0 – 4,0
Sedimentation nach Fällung/Flockung	0,7 – 1,2	2,5 – 6,0	2,0 – 4,0

V Volumen des Absetzbeckens [m³]
h Wassertiefe des Absetzbeckens [m]

Anschaulich ist t_R die durchschnittliche Verweilzeit des Abwassers im Absetzbecken. Faustwerte zur Auslegung von Absetzbecken für bestimmte Einsatzbereiche enthält Tabelle G.3-1. Besonders bei der Schlammabtrennung im Rahmen chemisch/physikalischer Behandlungsanlagen wie Flockung/Fällung, Neutralisation ist jedoch im Einzelfall über die Bemessung zu entscheiden. Zur Charakterisierung der Sedimentationseigenschaften von Schlämmen dient der Schlammvolumenindex

$SVI = SV/c_{TS}$

SVI Schlammvolumenindex [ml/g]
SV Schlammvolumen nach 30 min Absetzdauer im 1 l-Standzylinder [ml/l]
c_{TS} Feststoffgehalt im Zulauf zum Absetzbecken [g/l]

Wenn genaue Angaben über Dichte und Konzentration der abzuscheidenden Partikel vorhanden sind, können als Bemessungsgrößen auch die Schlammvolumenbeschickung ($Q \times SV/A$) oder die Feststoffflächenbeschickung ($Q \times c_{TS}/A$) verwendet werden.

Besondere Bedeutung haben Nachklärbecken von Belebungsanlagen. Dort kommt es nicht nur darauf an, einen feststoffarmen Ablauf zu erzeugen. Es muß außerdem der sedimentierte Schlamm als sog. Rücklaufschlamm wieder in das Belebungsbecken zurückgeführt werden. Dieser Schlamm enthält die aktive Bakterienmasse, die für die biologischen Umsetzungsvorgänge im Belebungsbecken benötigt wird. Je höher die Konzentration im Rücklaufschlamm ist, um so höher kann auch die Belebtschlammkonzentration und damit die Umsatzleistung im Belebungsbecken sein. Damit ist die Funktion des Nachklärbeckens mit entscheidend für die Abbauleistung im Belebungsbecken. Ein detaillierter Bemessungsansatz hierzu ist z.B. in [G.3.1] zu finden.

Übliche Abmessungen für horizontal durchströmte Absetzbecken sind:
Rechteckbecken: $L < 50$ m; $B < 10$ m;
            Verhältnis $L/B = 5:1 - 10:1$;
            Sohlneigung 1:100
Rundbecken: ø < 60 m: Sohlneigung 1:15

Zur Sicherstellung gleichmäßiger Ablaufverhältnisse sollten die Beschickungen der Überfallkanten q folgende Werte nicht überschreiten:
Vorklärbecken: $q \leq 30$ m³/(m × h)
Nachklärbecken: $q \leq 12$ m³/(m × h)

Üblich für die Auslegung von Lamellenklärern ist eine auf die horizontale Projektion der Abscheiderflächen bezogene Flächenbeschickung von $q_A = 0{,}5 - 0{,}8$ m/h.

G.3.1.4.4 Menge und Beschaffenheit der Reststoffe

Art und Menge der anfallenden Schlämme werden von der Abwasserzusammensetzung bestimmt. Die Feststofffracht kann mittels einer Massenbilanz abgeschätzt werden, wenn die Feststoffkonzentration im Zulauf sowie die Abscheideleistung des Absetzbeckens bekannt sind. Das zu entnehmende Schlammvolumen, das weiterbehandelt werden muß, ist um so geringer, je höher die Feststoffkonzentration des Schlamms ist. Folgende Richtwerte können genannt werden:

– Vorklärbecken kommunaler
   Kläranlagen: 30 – 50 kg/m³
– Nachklärbecken kommunaler
   Kläranlagen: 8 – 15 kg/m³,

- Absetzbecken chemisch/
physikalischer Anlagen: 10 – 40 kg/m³.

Bei tiefen Schlammtrichtern in Verbindung mit diskontinuierlicher Räumung sind bis zu 60 kg/m³ erreichbar. Eine Verbesserung der Absetzbarkeit und des Eindickverhaltens der Schlämme kann in vielen Fällen durch Zugabe von Flockungshilfsmitteln (organische Polymere) erreicht werden.

G.3.1.5 Leichtstoffabscheider

G.3.1.5.1 Verfahrensgrundsätze und Behandlungsziele

Zur Abtrennung von Partikeln, die leichter als das umgebende Medium (also Wasser) sind, kann wie bei der Sedimentation der Dichteunterschied zur Phasentrennung genutzt werden. Dabei schwimmen die Partikel auf und bilden eine Flotatschicht, die aus dem System entfernt werden muß.

Zu unterscheiden sind nach ihrem Einsatzbereich, aber auch nach der technischen Ausbildung
- Leichtflüssigkeits- und Fettabscheider einfacher Bauweise zur Abwasservorbehandlung vor der Einleitung in ein öffentliches Kanalnetz,
- Flotationsanlagen als Teil eines Abwasserbehandlungsprozesses.

Als Alternative zur Sedimentation wird die Flotation eingesetzt, wenn die zu entfernenden Partikel (z. B. Öle, Fette) eine geringe Dichte haben. Solche Stoffe flotieren in einem Absetzbecken ohne weiteres. Dies macht man sich in einfachen Leichtstoffabscheidern zunutze. Deshalb sollten auch die Absetzbecken immer mit Schwimmschlammräumern ausgerüstet werden, wenn Leichtstoffe im Zulauf vorhanden sein können.

In technischen Flotationsanlagen werden Gasblasen im Wasser fein dispergiert, so daß sie sich an den Oberflächen der abzuscheidenden Partikel anlagern. Die so gebildeten Agglomerate weisen ein geringes spezifisches Gewicht auf, so daß die Aufstiegsgeschwindigkeit der Partikel erhöht wird. Sogar Schlämme mit höherer Dichte als Wasser können auf diese Weise mittels Flotation abgetrennt werden. Dies ist besonders dann vorteilhaft, wenn es sich um Schlämme handelt, die zur Bildung voluminöser Flocken neigen (z. B. Schlämme aus der biologischen Behandlung mit sehr geringen mineralischen Anteilen, leichte Hydroxidschlämme). Die Aufstiegsgeschwindigkeit ist größer als die Sinkgeschwindigkeit beim Einsatz der Sedimentation, was zu geringeren Beckenabmessungen führt. Außerdem ist im Vergleich zu Absetzbecken die erzielbare Feststoffkonzentration des Flotats höher.

G.3.1.5.2 Technische Ausrüstung

Leichtflüssigkeits- und Fettabscheider

Als Vorbehandlungsanlagen zum Einsatz in der Grundstücksentwässerung gibt es Fett- und Leichtflüssigkeitsabscheider in Fertigteilbauweise. Sie werden außerhalb von Gebäuden ins Erdreich eingelassen. Ihr Einsatzbereich ist primär die Behandlung von Abwässern aus kleinen bis mittleren Betrieben, z. B. Lebensmittelverarbeitung, Großküchen, Tankstellen usw. vor der Einleitung in das öffentliche Kanalnetz. Die Durchflußmengen dieser einfachen Abscheider sind begrenzt (DIN 1999, 4040). Den Abscheidern ist zumeist ein Schlammfang, ebenfalls als Fertigteil, vorgeschaltet, um Sinkstoffe vor Eintritt des Abwassers in den Leichtstoffabscheider zu entfernen.

Die Anlagen sind sehr einfach unter Verzicht auf maschinelle Einrichtungen aufgebaut. Sie werden in Intervallen bzw. in Abhängigkeit von der angesammelten Flotatmenge mit Saugwagen angefahren und entleert. Bei hohen Anteilen dispergierter Öle ist eine ausreichende Abscheidung oft nicht möglich. Dann kann die Flotationswirkung durch einen Koaleszensfilter verbessert werden. Dabei wird das Abwasser durch den Filter geleitet, der aus feinem hydrophoben Material besteht, z. B. aus Kunststoffgittern. Die emulgierten Ölpartikel vereinigen sich bei Kontakt mit den Kunststoffflächen zu größeren Tröpfchen, die schließlich aufschwimmen und so abgeschieden werden (Bild G.3-9).

Fertigteilanlagen zeichnen sich durch kompakte Bauweise, einfachen Aufbau und Betrieb aus und stellen daher insgesamt für kleinere Gewerbebetriebe eine kostengünstige Lösung zur Vorbehandlung vor der Einleitung ins öffentliche Kanalnetz dar. Bei hochemulgierten Fetten und Ölen ist die Abscheideleistung begrenzt. Eine unbefriedigende Reinigungsleistung kann auch durch zu lange Entleerungs- und Reinigungsintervalle verursacht werden.

In Abhängigkeit von der Abwassermenge können auch aufwendigere Konstruktionen zum Einsatz kommen, bei denen die abgeschiedenen Stoffe quasi-kontinuierlich entnommen werden. Sol-

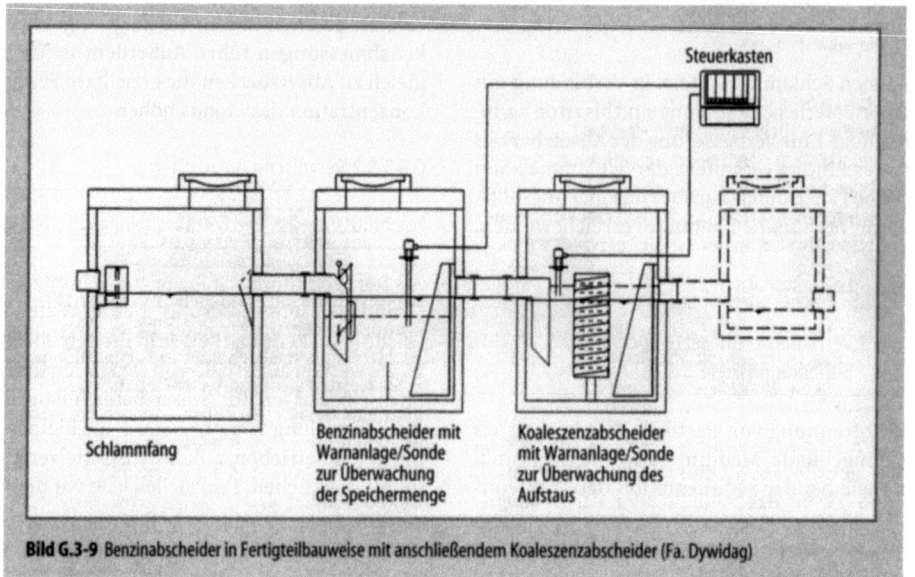

Bild G.3-9 Benzinabscheider in Fertigteilbauweise mit anschließendem Koaleszenzabscheider (Fa. Dywidag)

che Anlagen werden zumeist innerhalb von Gebäuden aufgestellt. Die Reststoffentsorgung ist dadurch vereinfacht, weil nur die abgeschiedenen Stoffe und nicht der gesamte Abscheiderinhalt entsorgt werden muß. Außerdem werden Geruchsemissionen minimiert.

Flotationsanlagen

Die Wirkung der vorgenannten einfachen Verfahren zur Leichtstoffabscheidung beruht auf rein physikalischen Mechanismen. Sollen Öle und Fette abgeschieden werden, die in feindisperser oder in emulgierter Form vorliegen, reicht dies nicht aus. In Flotationsanlagen kann eine Abscheidung solcher Stoffe erreicht werden. Darüber hinaus ist auch eine Abtrennung von Schlämmen, die schwerer sind als Wasser, in Flotationsanlagen möglich. Von den verschiedenen Verfahren zur Erzeugung der Gasblasen hat sich in der Praxis der Abwasserbehandlung das Verfahren der Druckentspannungsflotation durchgesetzt. Dabei wird ein unter Überdruck mit Luft übersättigter Wasserstrom mit dem zu behandelnden Abwasser vermischt und in das Flotationsbecken geleitet. Dort entspannt sich das Wasser, so daß die überschüssige Luft in feinsten Gasblasen (ø 50-80 µm) frei wird. Sie lagern sich an vorhandene Partikel an, die gebildeten Agglomerate steigen auf und bilden die Flotatschicht. Um den Wasserverbrauch nicht unnötig zu erhöhen, wird zumeist zur Luftsättigung unter Druck ein Teilstrom (der sog. Recyclestrom) aus dem Ablauf der Flotation entnommen, in einem Druckkessel mit Luft gesättigt und anschließend mit dem Zulauf vermischt und in das Flotationsbecken geleitet.

Aufbau und Funktion einer Druckentspannungsflotation verdeutlicht Bild G.3-10. Als Flotationsbecken kommen Rund- oder Längsbecken zum Einsatz, die je nach Baugröße in Stahl oder Beton ausgeführt sein können. Zur Flotaträumung werden Schild- oder Bandräumer eingesetzt. Es ist zu beachten, daß zur Sicherstellung einer guten Abscheideleistung die Ausbildung stabiler Agglomerate (Flocken) von entscheidender Bedeutung ist. Deshalb ist fast immer eine Dosierung von Flockungshilfsmitteln, z. B. organischen Polymeren, im Zulauf zur Flotation erforderlich. Dies empfiehlt sich auch, wenn emulgierte Fette abgeschieden werden sollen. In diesem Fall kann die Emulsionsspaltung auch durch die Dosierung anorganischer Chemikalien wie Eisen- oder Aluminiumsalze unterstützt werden. Zu beachten ist weiterhin, daß auch in Flotationsbecken ein Teil der Partikel aus dem Abwasser sedimentiert. Auf eine Bodenschlammräumung kann deshalb nicht verzichtet werden. Gegenüber einer reinen Sedimentation ist die Flotation mit höheren Betriebskosten verbunden, die sich neben den Kosten für Chemikalien vor allem aus dem Energiebedarf für die Druckerzeugung (ca. 0,1-0,3 kWh/m³ Abwasser) ergeben.

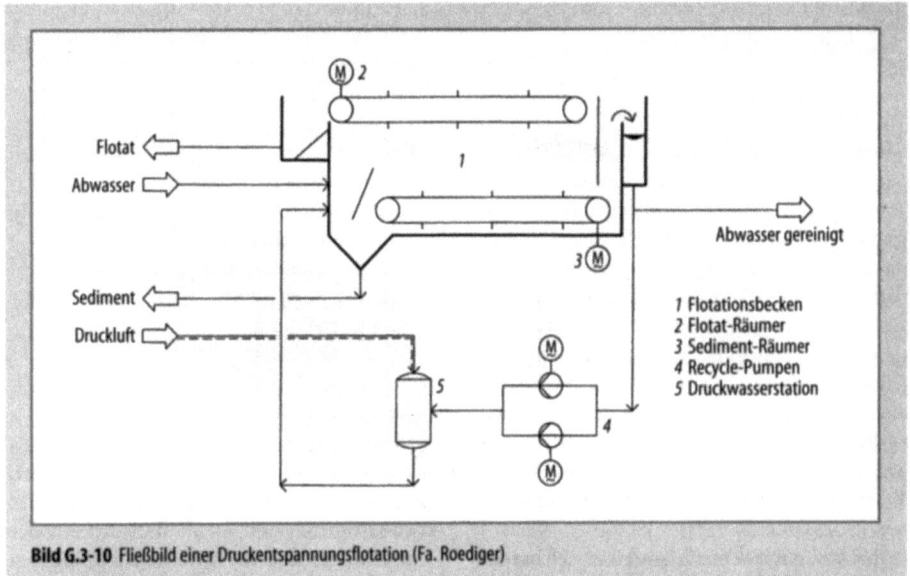

Bild G.3-10 Fließbild einer Druckentspannungsflotation (Fa. Roediger)

G.3.1.5.3 Bemessung

Öl- und Fettabscheider in einfacher Bauweise werden einschl. der zugehörigen Schlammfänge nach DIN 1999 bzw. DIN 4040 bemessen. Weichen Randbedingungen von den dort genannten ab, sind im Einzelfall Versuche erforderlich. Auch für die Auslegung von Flotationsanlagen sind Versuche mit den zu behandelnden Abwässern zu empfehlen. Dabei sind nicht nur Geometrie des Flotationsbeckens sowie Leistung von Pumpen, Verdichtern und Räumeinrichtungen festzulegen. Ebenso wichtig für die Abscheideleistung und die späteren Betriebskosten ist die Optimierung der dosierten Chemikalienart und -menge.

Da die Flotation schneller abläuft als eine Sedimentation, sind bei gleicher Wassermenge Flotationsbecken deutlich kleiner als Absetzbecken. Folgende Erfahrungswerte können angegeben werden:

Durchflußzeit t_R: 15–40 min
Recyclestrom: 10–50 % vom Zulauf, Pumpenauslegung für 80 %
Luftbedarf: 15–50 l/m³ Abwasser, Betriebsdruck 5–7 bar
Abwasserflächenbelastung $q_{A,Z}$: 3–8 m/h
Feststoffflächenbelastung B_A: 5–20 kg/(m² × h)

Die möglichen Abscheideleistungen von Flotationsanlagen liegen bei 95–99 % bezogen auf die im Zulauf vorhandenen Öle und Fette. Feststoffe können zu 80–99 % abgeschieden werden; im Ablauf können bei guter Funktion Feststoffgehalte von etwa 10 mg/l eingehalten werden.

G.3.1.5.4 Menge und Beschaffenheit der Reststoffe

Bei den einfachen Leichtstoffabscheidern ohne technische Räumeinrichtung ist davon auszugehen, daß pro Entleerung einmal der gesamte Abscheiderinhalt zu entsorgen ist. Bei Fettabscheidern im Lebensmittelbereich wird eine wöchentliche Entleerung empfohlen, in der Praxis jedoch oft nicht eingehalten.

Art und Menge des in Flotationsanlagen anfallenden Flotatschlamms werden von der Abwasserzusammensetzung bestimmt. Die Frachten können mittels einer Massenbilanz abgeschätzt werden, wenn die Konzentrationen im Zulauf sowie die Abscheideleistung des Abscheiders bekannt sind. Das zu entnehmende Schlammvolumen, das weiterbehandelt werden muß, ist um so geringer, je höher die erreichte Flotationskonzentration ist. Es können Konzentrationen von 50–150 kg/m³ erreicht werden.

G.3.2 Grundlagen chemisch-physikalischer Verfahren

G.3.2.1 Neutralisation

Aus den Produktionsprozessen fallen saure oder alkalische Abwässer an, die vor der Ableitung in die öffentliche Abwasseranlage neutralisiert werden müssen. Für bestimmte Grundoperationen der Abwasserbehandlung und der Brauchwasseraufbereitung müssen konkrete pH-Bereiche eingesteuert werden, wie z. B. bei den Redoxreaktionen, der Fällung oder der Entcarbonisierung. Biologische Klärprozesse erfordern einen ausgeglichenen Bereich zwischen pH 7 und 8. Die Einleitungserlaubnis von Abwässern in die öffentliche Abwasseranlage (Kanalisation, Pumpwerke und Kläranlage) schreiben pH-Wert-Grenzen von 6,5–8,5 vor [G.3.6, G.3.7].

In der Abwassertechnik handelt es sich bei der Neutralisation nicht um die exakte Einstellung auf pH 7, sondern um die Einsteuerung auf spezifische pH-Werte und pH-Bereiche.

Saure Abwässer werden mit basischen „Neutralisationsmitteln" in den erforderlichen pH-Bereich gebracht. Im allgemeinen sind dies:
- NaOH   Natronlauge,
- $Ca(OH)_2$ Kalkmilch,
- Na_2CO_3 Soda.

Natronlauge, als 30–40 %ige Lösung, läßt sich gut dosieren.

Kalkmilch, als 5–10 %iges Reagenz, muß durch Auflösen von Kalkhydrat unmittelbar am Anwendungsort hergestellt werden. Längere Zuleitungen sind zu vermeiden, da sehr leicht Verstopfungen in den Rohrleitungen entstehen können. Es fällt mehr Schlamm an; in manchen Fällen ist das sogar erwünscht, um Sorptions- und Flokkungseffekte zu nutzen. Durch einen Überschuß an Calziumionen werden Metalle, z. B. Nickel, aus Komplexen durch Umkomplexierung gefällt (s. Abschn. G.3.2.2).

Sodalösung ist ein schwaches Neutralisationsmittel, das jedoch bei der Hydroxid-Carbonat-Fällung den Fällungs-pH-Bereich wirksam erweitert.

Alkalische Abwässer werden mit sauren Neutralisationsmitteln behandelt, dies sind:
- H_2SO_4 Schwefelsäure,
- HCl   Salzsäure,
- H_2CO_3 Kohlensäure.

Die Schwefelsäure wird in 50–90 %iger Form, die Salzsäure mit 20–33 % dosiert. Die Kohlensäure ist ein schwaches Neutralisationsmittel, sie wird durch Einleiten von Rauchgas CO_2 in das zu behandelnde Abwasser erzeugt.

Die pH-Einstellung wird über einen pH-Meß- und Regelkreis gesteuert [G.3.8], der aus einer oder mehreren pH-Meßelektroden, dem Meßverstärker und den Reglern für die Dosierorgane der basischen oder sauren Neutralisationsmittel besteht (Bild G.3-11).

Die Reagenzdosierung kann in einer
- Auf-Zu-Regelung,
- Impulsregelung,
- Proportionalregelung

erfolgen, wobei die Proportionalregelung am sparsamsten ist. Vor dem Aufbau eines Regelkreises muß für jeden Anwendungsfall von dem zu behandelnden Wasser eine Pufferkurve aufgenommen werden, um zu erkennen, ob das Wasser durch seine Inhaltsstoffe stark oder schwach gepuffert ist. Die Regelung gelingt am besten, wenn ein gepuffertes System vorliegt [G.3.9]. Dies gilt besonders für Durchflußanlagen.

Die pH-Einstellung ist eine Zeitreaktion. Deshalb muß bei Durchlaufanlagen aufgrund empirischer Daten das Volumen der Reaktoren entsprechend vorgehalten werden.

Für schwach saure Abwässer, die jedoch keine Carbonat-, Sulfat- oder Phosphationen enthalten dürfen, eignen sich Filter aus stückigem Kalkstein $CaCO_3$ oder halbgebranntem Dolomit $CaCO_3 + MgO$.

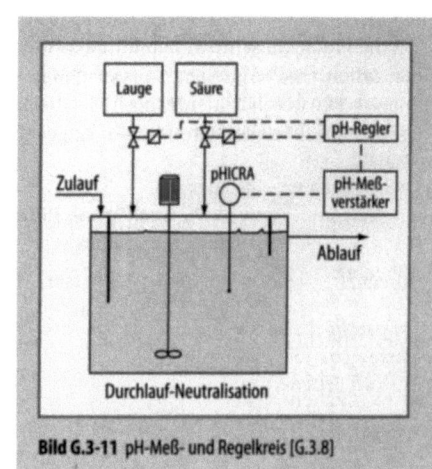

Bild G.3-11 pH-Meß- und Regelkreis [G.3.8]

G.3.2.2 Fällung

G.3.2.2.1 Grundlagen

Aus einer Ionenlösung fällt ein schwerlösliches Salz aus, wenn das Produkt der Ionenaktivitäten das Löslichkeitsprodukt überschreitet:

$Fe^{++} + 2\ OH^- \rightarrow Fe(OH)_2$

$$K_F = \frac{1}{a_{Fe^{++}} \cdot a_{(OH)^-}} = \frac{1}{K_L} \quad pK_F = -pK_L$$

Die Gleichgewichtskonstante K_f ist danach der reziproke Wert des Löslichkeitsprodukts. Steht ein Bodenkörper AX mit der Lösung seiner Ionen A^+ und X^- nach der Gleichung

$(AX)_f \Leftrightarrow A^+ + X^-$

im Gleichgewicht, so gilt für das Löslichkeitsprodukt

$$K_L = a_{A^+} \cdot a_{X^-} = c_{A^+} \cdot \gamma_{A^+} \cdot c_{X^-} \cdot \gamma_{X^-}$$

wobei c = Konzentration, γ = Aktivitätskoeffizient, K_L = Löslichkeit sind. Die pK-Werte der thermodynamischen Löslichkeitsprodukte bei 20 °C stellen sich beim Vergleich zwischen den in der Praxis angewendeten Formen der Hydroxid-Carbonat- und Sulfidfällung sehr unterschiedlich dar (Tabelle G.3-2). Die Werte sind aus idealen Lösung bestimmt; sie geben aber dennoch eine Aussage über die Wirksamkeit der verschiedenen Fällungsformen wieder.

Die Anwesenheit fremdioniger Elektrolyten [G.3.10], die nicht mit dem Bodenkörper reagieren, erhöht die Löslichkeit des Niederschlags durch starke interionale Wechselwirkungen (Debey-Hückel). Der Zusatz steigender Mengen eines gleichionigen Elektrolyten erhöht die Löslichkeit ebenfalls. Die Löslichkeit wird weiterhin durch die Anwesenheit komplexbildender Elektrolyte beeinflußt, die mit dem zu fällenden Metallion reagieren. Die Löslichkeit nimmt mit steigender Temperatur zu (van't Hoffsche Regel).

Es muß betont werden, daß die in der Literatur genannten Löslichkeitsprodukte aus Messungen an idealen Lösungen resultieren, die keine störenden Elektrolyte und die Metallionen in sehr niedriger Konzentration enthalten. In der Praxis der Abwasserbehandlung treten solche „idealen" Lösungen nicht auf. Die Fällung muß hier aus konzentrierten Lösungen mit z.T. extremen gesamtionalen Konzentrationen vorgenommen werden, wobei die Neutralsalzmenge die Konzentration des zu fällenden Metallions um Zehnerpotenzen übersteigen kann. Hinzu kommt die Anwesenheit stark komplexbildender Ione in sehr unterschiedlichen Konzentrationen [G.3.10].

G.3.2.2.2 Fällung von Metallionen

Zu den „gefährlichen Stoffen" gehören nach Wasserhaushaltsgesetz WHO § 7a und zugehöriger Abwasserherkunftsverordnung folgende Metallionen:

Hg Cd Cu Ni Cr Pb Se As Sb Mo
Ba Be Co Tl Te Ag V.

Entsprechend den Mindestanforderungen der Rahmen-Abwasserverwaltungs-Vorschrift [G.3.11] sind sie aus dem Abwasser bis unter die folgenden Konzentrationen zu entfernen:

0,05 mg/l	Hg	
0,1 mg/l	As Cd CrVI Ag	
0,5 mg/l	Pb Crges Cu Ni	
1,0 mg/J	Co Se	
3,0 mg/l	Fe Al	

Als Fällmittel kommen folgende Reagenzien zur Anwendung:

NaOH	Natronlauge,
$Ca(OH)_2$	Kalkmilch,
Na_2CO_3	Soda,
Na_2S	Natriumsulfid,
TMT	Trimerkaptotriazin,
DMDTC	Dimethyldithiocarbamat,

wobei z.T. Kombinationen der Fällmittel oder eine Sulfidnachfällung angewendet wird.

Tabelle G.3-2 pK_L-Werte der thermodynamischen Löslichkeitsprodukte bei 20 °C

Fällung als	$(OH)_n^-$	$CO_3^=$	S^{--}
Hg	–	–	53
Pb	17	14	28
Cd	14	12	28
Ni	15	7	26
Zn	17	11	24
Fe^{++}	13		
Fe^{+++}	38		
Cu	19	10	37
Cr^{+++}	29		
Al	32		

$pK_L = -n$; Löslichkeitsprodukt = $x \cdot 10^{-n}$ mol/l

Aufgrund der wassersparenden Prozeßführungen mit integrierten Vorreinigungen treten die zu behandelnden Restabwässer hoch konzentriert mit sehr großen Neutralsalzgehalten auf [G.3.10]. Es liegen Konzentrationsrelationen von mg:g vor. Die Löslichkeit der Fällungsprodukte wird dadurch signifikant beeinflußt und größer; bei Zink ist dies besonders stark ausgeprägt. Der Einfluß kann durch einen Überschuß an OH^--Ionen überwunden werden, was jedoch den pH-Wert erhöht und bei der Fällung mit Natronlauge zu löslichen Hydroxokomplexen des Aluminium, Blei, Zink und Chrom führt [G.3.6] (Bild G.3-12). Durch die Verwendung von Kalkmilch bilden sich schwerlösliche Ca-Salze der Hydroxokomplexe des Chroms und des Zinks. Blei und Nickel fallen mit Natronlauge oder mit Kalkmilch erst bei relativ hohen pH-Werten. Durch die Zugabe von Soda zur Natronlauge kann bei Cadmium und Blei schon bei niedrigeren pH-Werten eine Fällung erreicht werden, da sie schwerlösliche Carbonate bzw. basische Carbonate bilden. Chrom bildet dagegen leicht lösliche Carbonatokomplexe. Im allgemeinen sind die Fällungs-pH-Bereiche für die amphoteren Metalle bei der Anwendung von Natronlauge enger [G.3.10].

Die Erfahrungen zeigen immer deutlicher, daß die in den gesetzlichen Anforderungen vorgeschriebenen Metallkonzentrationen bei der Fällung mit Natronlauge nicht immer eingehalten werden können. Abhilfe schafft hier die Kombination der Fällmittel

$NaOH + Na_2CO_3$ bzw.
$NaOH + Ca(OH)_2$

wie aus Bild G.3-13 zu entnehmen ist [G.3.10. G.3.12].

Eine weitestgehende Fällung ist als Metallsulfid zu erreichen [G.3.13]. Als Fällmittel kommen Natriumsulfid oder Organosulfide, z. B. Trimerkaptotriazin TMT, zur Anwendung. Die Organosulfide bilden besonders schwerlösliche Niederschläge. Überschüsse des Fällmittels lassen sich mit Fe^{++}-Ionen zurücknehmen. Für Quecksilber und Cadmium ist die Sulfidfällung obligatorisch. Bei Anwesenheit von Komplexbildnern wie z. B.
– Ammoniak,
– Triethanolamin,
– Ethylendiamintetrazetat EDTA,
– Nitrilotriazetat NTA,
– Quadrol,
– Citronensäure,
– Weinsäure,
– Gluconsäure,

kann die Fällung auf verschiedene Weise vorgenommen werden. Metalle, die keine amphoteren Hydroxide bilden, wie z. B. Cadmium, Nickel, Kupfer sowie Eisen oder Zinn, lassen sich aus schwachen Komplexen bei pH-Werten über 12 fällen. Kupfer und Nickel können aus den starken EDTA- oder NTA-Komplexen mit einem Überschuß an Kalkmilch durch Ca-Umkomplexierung ausgefällt werden. Kupfer wird mit Organosulfiden aus allen Komplexen gefällt [G.3.14, G.3.15].

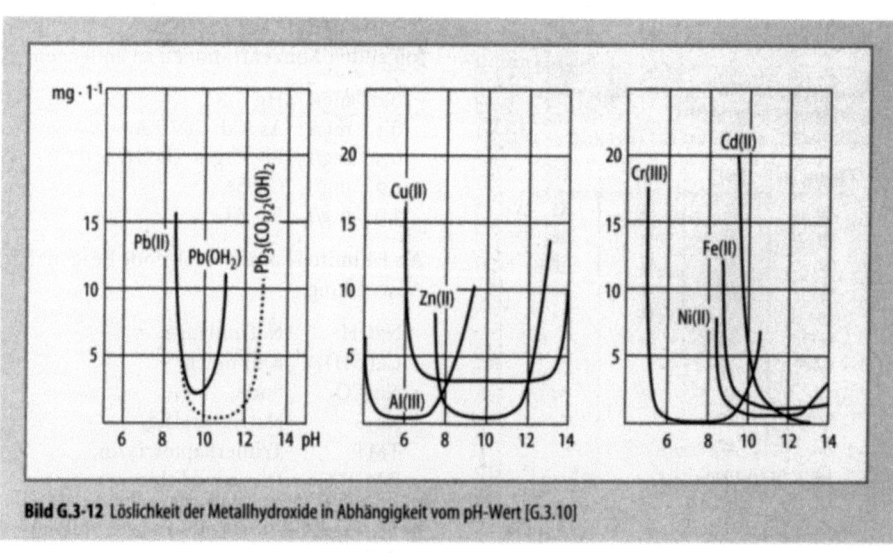

Bild G.3-12 Löslichkeit der Metallhydroxide in Abhängigkeit vom pH-Wert [G.3.10]

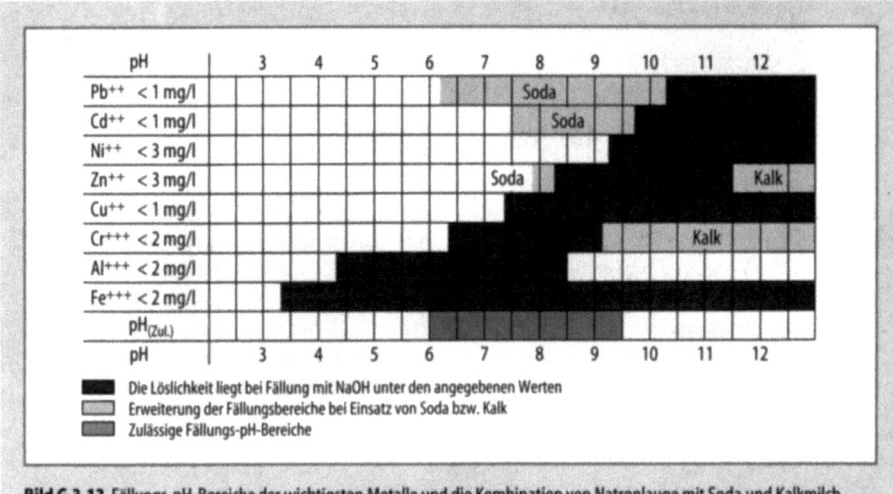

Bild G.3-13 Fällungs-pH-Bereiche der wichtigsten Metalle und die Kombination von Natronlauge mit Soda und Kalkmilch [G.3.6, G.3.9]

Die besten Effekte werden aus komplexhaltigen Abwässern mit der Sulfidfällung erreicht.

Bei Anwesenheit mehrerer Metalle wird sich der Abscheidegrad durch

Mischkristallbildung,
Adsorption von Me^{++}-Hydroxiden an Me^{+++}-Hydroxiden,
Kollektorfällung von Me^{++}/Me^{+++}-Verbindungen

verbessern. Generell erhöht sich der Fälleffekt von Me^{++}-Ionen bei Gegenwart von Fe^{+++}- oder Al^{+++}-Ionen [G.3.14].

Aufgrund der vielfältigen Einflüsse auf den Wirkungsgrad der Fällung sind die in der Literatur beschriebenen Löslichkeitsprodukte lediglich eine Information über die Größenordnung einer Fällung. Im praktischen Anwendungsfall muß für jedes Abwasser und für jeden Teilstrom durch Experimente mit den verschiedenen Fällmitteln und deren Kombinationen die optimale Fällungsform gefunden werden.

G.3.2.2.3 Fällung von Anionen

Die Fällung von Fluoridionen erfolgt mit Kalkmilch als CaF_2 bis unter 10 mg/l, wenn keine komplexe Einbindung erfolgte. Liegt das Fluor als Tetrafluoroborat BF_4^- oder als Hexafluorosilikat SiF_6^{--} vor, ist keine Fällung möglich. Aus Hexafluoroaluminat AlF_6^{---} kann Fluor bis unter 50–60 mg/l gefällt werden. Ammoniumionen hemmen die Fällung von Fluor [G.3.12].

Sulfationen lassen sich mit Kalkmilch als Calziumsulfat $CaSO_4$ bis auf ca. 1400 mg/l SO_4^{--} ausfällen [G.3.12].

Phosphationen bilden mit Fe^{++} basische Phosphate und mit Al^{+++} Phosphate, die schwerlöslich sind und eine Fällung bis zu Konzentrationen um 1 mg/l PO_4-P erlauben. Bei pH-Werten > 10 bildet sich mit Kalkmilch schwerlöslicher Hydroxoapatit.

G.3.2.3 Oxidation – Reduktion

Viele Vorgänge in der Natur und auch bei der Abwasserbehandlung beruhen auf Oxidations-/Reduktionsreaktionen. Ein System, das einen Akzeptor und einen Donator von Elektronen umfaßt, ist ein Redox-System.

$$Red \rightarrow Ox^{nx} + ne^-$$
$$Fe^{++} \rightarrow Fe^{+++} + 1\,e^-$$

Es gibt keine Oxidation ohne Reduktion und keine Reduktion ohne Oxidation. Jede Redox-Gleichung

$$A_{red} + B_{ox} \Leftrightarrow A_{ox} + B_{red} \quad \Delta E$$

setzt sich aus den Halbreaktionen

$$A_{red} \rightarrow A_{ox} + E$$
$$B_{ox} \rightarrow B_{red} - E$$

zusammen, denen ein spezifisches Halbstufenpotential E zukommt (Tabelle G.3-3). Je größer die Differenz der Halbstufenpotentiale, um so größer wird die Triebkraft der Redox-Reaktion.

Tabelle G.3-3 Normalpotentiale E_0 von Redox-Halbreaktionen (bei 25 °C)

Oxidierte Form		Reduzierte Form		E_0 V
CNO^- + $2H^+$ + $2e^-$		CN^- + H_2O +		ca. -0.9
SO_4^{--} + $2H^+$ + $2e^-$		SO_3^{--} + H_2O +		-0.096
$2H^+$ + $2e^-$		H_2 +		± 0.00
Fe^{+++} + e^-		Fe^{++} +		$+0.783$
NO_3^- + $2H^+$ + $2e^-$	$\Leftrightarrow$	NO_2^- + H_2O +		$+0.834$
O_2 + $4H^+$ + $4e^-$		$2H_2O$ +		$+1.229$
Cr_2O_7 + $14H^+$ + $6e^-$		$2Cr^{+++}$ + $7H_2O$ +		$+1.33$
Cl_2 (gel.) + $2e^-$		$2Cl^-$ +		$+1.40$
H_2O_2 + $2H^+$ + $2e^-$		$2H_2O$ +		$+1.774$
O_3 + $2H^+$ + $2e^-$		O_2 + H_2O +		$+2.074$

G.3.2.3.1 Oxidation

Im Rahmen der Abwasserbehandlung kann eine Oxidation verstanden werden als:
- Elektronentransfer: Oxidation = Elektronenverlust; Reduktion = Elektronenaufnahme
- Einführung von Sauerstoff in das Molekül bis hin zur Verbrennung zu CO_2 und Wasser.

Als Oxidationsmittel [G.3.16, G.3.9] stehen zur Verfügung:
- Luftsauerstoff,
- technischer Sauerstoff,
- Ozon O_3,
- Wasserstoffperoxid H_2O_2,
- Hypochlorit $HOCl^-$,
- Peroximonosulfat S_2O_5 (Caroat),
- Peroxidisulfat $S_2O_8^{--}$.

Luftsauerstoff wird heute vorwiegend für die biologischen aeroben Abbauprozesse angewendet. Für die chemischen Grundoperationen ist er ein zu träges Oxidans.

Technischer Sauerstoff führt zu einem erhöhtem Sauerstoffangebot in der Reaktion und vermindert die Abgasmenge auf etwa 2 %. Die Wirkung kann durch Katalysatoren erhöht werden. Bevorzugt werden heterogene Katalysatoren auf einem festen Trägermaterial angewendet, die sich leicht aus der Flüssigphase abscheiden lassen. Als Trägermaterialien dienen A-Kohle, Graphit, polymere Harze, Aluminiumoxide oder Silicate, die mit Metallen oder Metalloxiden imprägniert sind [G.3.16]. Katalytisch wirken Platin, Nickel, Titan, Cobald, Mangan, Molybdän und Wolfram. Ozon mit einem Halbstufenpotential von -2.07 V ist sehr reaktionskräftig. Es wird an der Anwendungsstelle durch stille elektrische Entladung im Ozongenerator, bei geringerem Bedarf aus Luft und bei größeren Mengen aus technischem Sauerstoff, erzeugt. Beim Gebrauch von Ozon sind entsprechende Sicherheitsvorkehrungen und eine Abgasbehandlung vorzunehmen, da Ozon bei einem MAK-Wert von 0,1 ppm giftiger ist als Chlor (0,5 ppm) oder Blausäure (10 ppm). Um eine optimale Ausbeute zu erreichen, ist eine feinstblasige Verteilung des Ozons im Wasser notwendig [G.3.17]. Die Oxidationsreaktionen mit Ozon finden im sauren pH-Bereich statt. Hohe Salzgehalte im Abwasser schränken die Anwendung wegen des Ozonzerfalls ein.

Wasserstoffperoxid erfordert einen relativ geringen apparatetechnischen Aufwand und läßt sich als Flüssigkeit gut dosieren. Es kommt als 35-, 50- und 75%ige Lösung in den Handel. Die Wirkung kann durch den Zusatz von Eisen-II-Salzen als homogenen Katalysator verstärkt werden (Fentons Reagenz) [G.3.16].

Die Wirkung von Ozon und Wasserstoffperoxid läßt sich durch UV-Bestrahlung steigern, wobei Hydroxylradikale OH^0 entstehen:

$$O_3 + hn \rightarrow O^* + O_2$$
$$O + H_2O \rightarrow 2\,OH^0$$
$$H_2O_2 + hn \rightarrow 2\,OH^0$$

Die Wirkung der OH^0-Radikale wird durch Radikalfänger, wie z. B. Carbonate, Hydrogencarbonate, Ammonium oder Alkylverbindungen, abgebremst. Durch pH-Verschiebungen läßt sich die Auswirkung vermindern [G.3.18]. Beim Ozon-UV-Verfahren werden bevorzugt Hg-Niederdruckstrahler (185 nm) eingesetzt, während die

Hg-Hochstrahler (245 nm) eine wirtschaftliche Umsetzung der H_2O_2-UV-Technik ermöglichen [G.3.19]. Voraussetzung für die UV-Technologie ist blankes Abwasser; Farb- und Trübstoffe müssen vorher abgetrennt werden. Zur Zeit wird an der Optimierung der Strahler und an der Erhöhung der Ausbeute durch TiO_2-Reflektoren gearbeitet [G.3.20].

Bei der Anwendung von Chlor oder Hypochlorit ist immer das $HOCl^-$ das wirksame Oxidans. Die Entgiftung des Cyanidions in den Galvanikabwässern ist die bekannteste Applikation [G.3.10]. Es empfiehlt sich, auch in Zukunft die Reaktion mit Hypochlorid anzuwenden, da sie gut zu steuern ist und eine sichere Oxidation des CN^- bis zu CO_2 und N ermöglicht. Denn nicht nur bei der Verwendung von Chlor bilden sich in Gegenwart organischer Stoffe halogenierte Verbindungen; auch bei der Ozonierung oder der Oxidation mit Hydroxylradikalen und Peroxysulfaten kann in Gegenwart von Chloridionen eine Bildung halogenierter organischer Verbindungen eintreten [G.3.18].

Peroximonosulfat (Caroat) und Peroxidisulfat hydrolysieren und stehen dann im Gleichgewicht mit Wasserstoffperoxid:

$HSO_5^- + H_2O \Leftrightarrow H_2O_2 + SO_4 + H^+$
$S2O8 + 2\, H_2O \Leftrightarrow H_2O_2 + 2\, SO_4^{--} + 2\, H^+$

Anwendung finden die Peroxisulfate bei der Zerstörung von organischen Komplexbildnern, Cyaniden, Tensiden, Pflanzenschutzmitteln usw. [G.3.10]. Neueste Versuche mit Peroxidisulfat-Recycling-Zellen erlauben die Rückgewinnung von Peroxidisulfat und elementarem Kupfer aus den Arbeitslösungen der Leiterplattenherstellung mit Hilfe einer Membran-Elektrolysezelle [G.3.21].

Die „Chemische Naßoxidation" ist eine Verfahrenstechnik, die in neuester Zeit immer größere Anwendung findet, um die gesetzlichen Auflagen zum Rückhalt refraktärer Stoffe aus Abwässern und hochkonzentrierten Teilströmen zu erfüllen. Es wird dabei nicht die vollständige Umsetzung zu CO_2 und Wasser angestrebt, sondern ein Cracken der Moleküle und die Einführung funktioneller Gruppen, um den weiteren biologischen Abbau zu ermöglichen. Spezielle Anwendungsbereiche sind in der Chemischen Industrie [G.3.19, G.3.22] oder bei der Deponiesickerwasser-Behandlung [G.3.23, G.3.24] zu finden.

Bei der katalytischen Niederdruck-Naßoxidation mit Sauerstoff wird in Abkehr von der Verwendung hoher Drucke und Temperaturen, die erhebliche technische Probleme aufwarfen, nunmehr bei Temperaturen unter 200 °C und bei 2 – 5 bar gearbeitet. Ziel ist, die organischen Stoffe soweit anzuoxidieren, daß sie einem biologischen Abbau zugänglich werden. Das Abwasser wird unter Druck erwärmt und, wie Bild G.3-14 zeigt, in einen mehrstufigen Blasensäulenreaktor geleitet. Als Oxidationsmittel dient reiner Sauerstoff in feinblasiger Verteilung. Die katalytische Wirkung geht von Eisen-II-Salzen und chinonbildenden organischen Stoffen aus. Die Verweilzeit liegt bei 1 – 2 h. Das Verfahren ist besonders für die hochkonzentrierten Teilströme mit CSB-Belastungen über 5000 – 50.000 mg/l geeignet, wie Bild G.3-15 zeigt. Die Reaktoren werden bei Betriebstemperaturen bis 150 °C mit Emaille oder PTFE ausgekleidet; bei höheren Temperaturen werden Titan oder Titan-Palladium-Legierungen angewendet.

Die Naßoxidation mit H_2O_2 wird durch Anregung mit UV-Hochdruckstrahlern beschleunigt.

Bei der Naßoxidation mit Ozon erfolgt die UV-Anregung mittels Niederdruckstrahlern [G.3.24]. Es wird auch ohne UV-Kombination gearbeitet, um Störungen durch Hydroxylradikalfänger zu umgehen. Dabei wird das Abwasser über einen Festbettkatalysator geleitet. Das Ozon reagiert

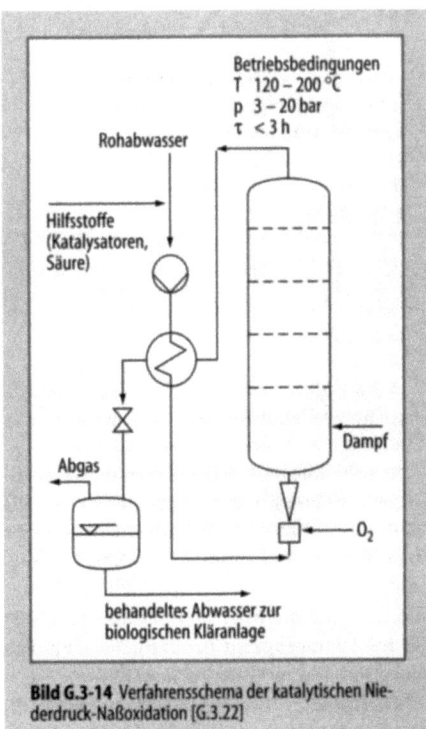

Bild G.3-14 Verfahrensschema der katalytischen Niederdruck-Naßoxidation [G.3.22]

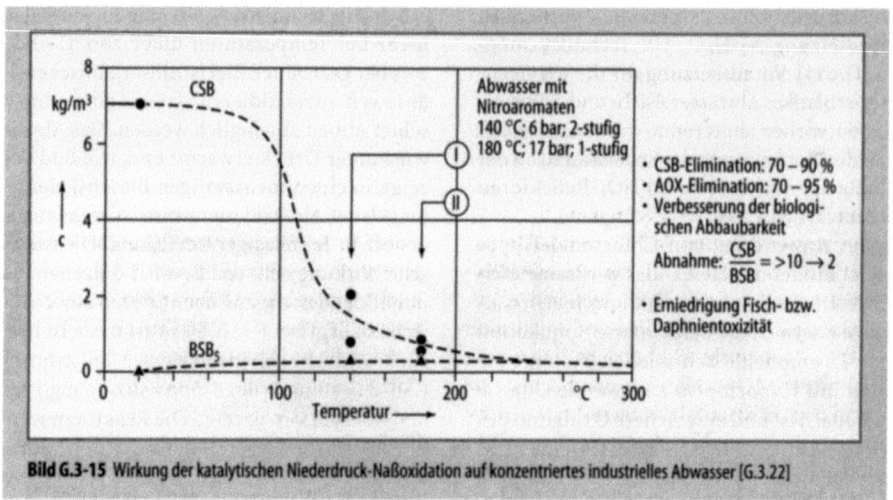

Bild G.3-15 Wirkung der katalytischen Niederdruck-Naßoxidation auf konzentriertes industrielles Abwasser [G.3.22]

in einer heterogenen katalytischen Oberflächenreaktion direkt mit den organischen Stoffen [G.3.19].

Mit dieser Technologie werden vor allem leichtflüchtige CKW, Huminsäuren, Pestizide, Cyanide und andere Komponenten der Sickerwässer erfaßt. Bei AOX und CSB liegen die Eliminationsraten um 95 % [G.3.24].

G.3.2.3.2 Reduktion

Als Reduktionsmittel werden in der Abwassertechnik [G.3.9] folgende Stoffe angewendet:
- Natriumhydrogensulfit $NaHSO_3$,
- Natriumdithionit $Na_2S_2O_4$,
- Eisen-II-Verbindungen,
- Hydrazin N_2H_4,
- Amidosulfonsäure H_2NSO_3H,
- Natriumborhydrid $NaBH_4$,

entsprechend der Grundgleichung

$$H_2 \rightarrow 2\,H^+ + 2\,e^-$$

Als Katalysatoren verstärken Nickel, Rhodium, Platin und Palladium die Reduktionsreaktionen [G.3.16].

Die bekannteste Anwendung ist die Reduktion des Chrom-VI in die 3wertige Form, um die Fällung des Chroms auszuführen. Die Reduktion erfolgt im pH-Bereich < 2,5 mit Natriumhydrogensulfit. Bei Chargenbetrieb kann im alkalischen Medium mit Natriumdithionit reduziert werden. Für geringe Chromatgehalte eignet sich auch Fe-II [G.3.16, G.3.10, G.3.12, G.3.9].

Nitrithaltige Abwässer werden reduktiv mit Amidosulfonsäure und oxidativ mit Natriumhypochlorit oder Wasserstoffperoxid behandelt [G.3.12].

Ein spezielles Anwendungsgebiet der Reduktion ist die elektrolytische Abscheidung gelöster Metalle wie Kupfer, Gold oder Silber an einer Kathode, um die Wertstoffe wiederzugewinnen [G.3.10, G.3.12].

G.3.2.4 Ionenaustausch

G.3.2.4.1 Grundlagen

Der Ionenaustausch ist eine Anreicherungstechnik mit dem Ziel, Wasserkreisläufe zu schließen und Wertstoffe wiederzugewinnen.

Im Ionenaustauschverfahren werden die Kationen durch stark-saure Kationen-Austauscher in der H-Form und die Anionen durch schwachbasische Anionen-Austauscher in der OH-Form gebunden. Wenn auch die Anionen der schwachen Säuren zu entfernen sind, muß als weitere Stufe ein stark-saurer Anionen-Austauscher in der OH-Form zugeschaltet werden.

Der Austausch verläuft nach den Gleichungen

$R-H + Na^+ \Leftrightarrow R-Na^+\,H^+$
$2\,R-H + Cu^{++} \Leftrightarrow R_2-Cu + 2\,H^+$

bzw.

$2\,R-OH + CrO_4^{--} \Leftrightarrow R_2-CrO_4 + 2\,OH^-$
$R-OH + CN^- \Leftrightarrow R-CN + OH^-$

R ist der Harzkörper mit der austauschaktiven Gruppe. Die Regeneration entspricht der Gleichungsrichtung nach links. Die Regenerate enthalten dann die ausgetauschten Ionen in einem Volumen, das nur noch 0,2 – 1 % der durchgesetzten Wassermenge entspricht und als Charge behandelt werden kann.

Die makromolekularen Strukturen der Austauscher bestehen hauptsächlich aus Copolymerisaten von Styrol und Divinylbenzol. Innerhalb der Strukturen bestimmen Radikal-Gruppen den sauren oder basischen Charakter des Austauschers. Der Austauscher wirkt monofunktional, wenn nur eine Sorte von Radikalen enthalten ist, z. B. HCO_2^- oder HSO_3^-. Polyfunktionale Austauscher enthalten dagegen zwei verschiedene Radikale, z. B. HCO_3-R-O_3SH.

Man unterscheidet prinzipiell zwischen starken und schwachen Austauschern. Die starken Kationen-Austauscher tragen HSO_3-Gruppen und die schwachen HCO_2-Gruppen zur Bindung von Ca, Mg und Na. Die schwachen Anionen-Austauscher für die Anionen starker Säuren enthalten Amin-Gruppen und die starken Anionen-Austauscher für die Anionen der schwachen Säuren quaternäre Amine als wirksame Gruppen.

Polyfunktionale Austauscher vereinen die Eigenschaften schwacher und starker Austauschergruppen.

Als Selektivaustauscher mit Chelateffekt werden Harze mit
- Aminophosphat-,
- Aminodiacetat-,
- Aminodioxim-,
- Thiol-,
- Thioharnstoff-Gruppen

verwendet, um z. B. Blei, Zink und Quecksilber zurückzuhalten.

Katalytisch wirkende Harze sind Polymere mit Palladium und analogen Metallen [G.3.6] (s. Abschn. G.3.2.3).

An die Eigenschaften der Ionenaustauscher-Harze sind folgende Anforderungen zu stellen:
- unlöslich unter den Anwendungsbedingungen,
- gleichmäßige Größe und Homogenität, ø 0,3–1,2 mm,
- bei der Beladung bzw. der Regeneration darf die Volumenänderung nicht zum Platzen der Granulate führen.

Ionenaustauscher können nur in Gegenwart einer flüssigen Phase und bei begrenzten Abwasserkonzentrationen arbeiten. Weiterhin müssen filtrierbare Stoffe, organische Abwasserkomponenten, gelöste Gase und starke Oxidationsmittel ferngehalten bzw. vor der Aufgabe solcher Abwässer in einer Vorbehandlung beseitigt werden.

Für den Betrieb von Ionenaustauscher-Anlagen gibt es Serien-, Reihen- und Straßenschaltungen (Bild G.3-16) und als Beschickungsformen [G.3.9]:
- Festbettverfahren mit und ohne Gegenstromregeneration,
- Rinsebettverfahren mit Gegenstromregeneration,
- Schwebebettverfahren mit Gegenstromregeneration,
- Liftbettverfahren mit Gegenstromregeneration,
- Mischbettverfahren.

Bei kleineren Abwassermengen werden Ionenaustauscher-Patronen mit externer Regeneration angewendet.

Zur Beschreibung der Ionenaustauscher dienen folgende Kenngrößen [G.3.6, G.3.25]:
- Austauscherkapazität, ausgedrückt in Grammäquivalent pro Volumeneinheit. Die Durchbruchskapazität entspricht der praktischen Kapazität.

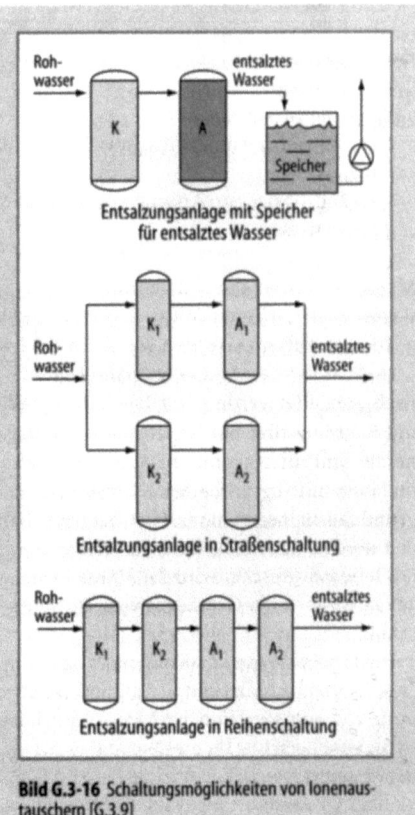

Bild G.3-16 Schaltungsmöglichkeiten von Ionenaustauschern [G.3.9]

- Das Bettvolumen ist der Volumendurchsatz pro Stunde bezogen auf das Harzvolumen.
- Der Ionenflux entspricht dem Produkt aus Bettvolumen und der Salinität des Wassers.
- Die Regenerationsrate: Grammäquivalent des Regenerationsmittels pro Grammäquivalent der eluierten Ionen mal 100; sie ist immer größer als 100 %.
- Ionenschlupf ist die Konzentration der zu entfernenden Ionen im Ablauf,
- Durchbruch ist die maximale Konzentration des erlaubten Schlupfes.

G.3.2.4.2 Anwendungsbereiche

Das Aufgabenfeld der Ionenaustauscher bei der Abwasserbehandlung erstreckt sich auf:
- Kreislaufführung von Spülwässern,
- Stabilisierung von Prozeßbädern,
- Rückgewinnung von Wertstoffen,
- Polishing von behandelten Abwässern,

wie im folgenden exemplarisch dargestellt wird.

Kreislaufführung von Spülwässern in der Metallindustrie [G.3.6, G.3.10, G.3.12]

Das Spülwasser wird zuerst über einen Filter gegeben, um Feststoffe abzutrennen. Die Entsalzung erfolgt in der Reihe
- stark-saurer Kationen-Austauscher in der H-Form,
- schwach-basischer Anionen-Austauscher in der OH-Form.

Müssen für spezielle Anwendungen der Spülwässer auch Carbonat-, Silikat-, Borat- oder Cyanid-Ionen entfernt werden, kann ein
- stark-basischer Anionen-Austauscher
nachgeschaltet werden. Die Regeneration erfolgt mit Salzsäure bzw. mit Natronlauge. Die Regenerate sind die eigentlichen Abwässer, die gemeinsam mit abgearbeiteten Konzentraten aufgrund des kleinen Volumens in Chargen behandelt werden. Durch das Kreislaufverfahren mittels Ionenaustauscher wird die Abwassermenge auf ca. 0,2 – 1 % der Gebrauchswassermenge gesenkt.

Die Ionenaustauscher-Kreislaufanlage in der Leiterplattentechnik (Bild G.3-17) und die Trennung von komplexbildnerhaltigen Teilströmen ist die Voraussetzung für die Chargenbehandlung der Restabwässer. Dabei ist zu beachten, daß peroxidhaltige Abwässer nicht auf die Ionenaustauscher gelangen, da diese die Harze irreversibel durch Oxidation zerstören. Peroxide müssen vorher reduziert werden [G.3.12].

Bei der Stabilisierung von Chromsäurebädern mit Kreislaufführung werden das dreiwertige Chrom sowie Eisen, Kupfer und Nickel an einem stark-sauren Kationen-Austauscher festgehalten [G.3.6].

Stabilisierung salzsaurer Beizen [G.3.6, G.3.10, G.3.25]

Durch hohe Eisenkonzentrationen wird die Aktivität der Beizen herabgesetzt. Der Eisenkomplex wird an einen stark-basischen Anionen-Austauscher in der Chloridform gebunden. Hierdurch kann das Beizbad länger verwendet werden. Der Komplex auf dem Harz wird mit Wasser abgelöst; es entsteht eine Eisenchloridlösung, die anderweitig, z. B. zur P-Fällung in kommunalen Kläranlagen genutzt werden kann.

Zur Stabilisierung schwefelsaurer Al-Anodisierbäder kann der optimale Aluminiumgehalt dadurch eingehalten werden, daß mit einem Retardationsverfahren die freie Säure an einen Anionen-Austauscher gebunden wird und die Metallsalze den Austauscher passieren. Bei der Regeneration mit Wasser wird die Säure wieder freigesetzt [G.3.26].

Die Rückgewinnung von Chrom-VI aus Spülwässern erfolgt mit einer starken Kationen- und schwachen Anionenaustauscher-Kombination. Das Bichromat-Ion wird mit Natronlauge eluiert. Ein Teil des Eluats wird über einen starken Kationen-Austauscher gegeben. Die daraus resultierende Chromsäure wird mit dem verbliebenen Teil des alkalischen Eluats gemischt, wodurch eine verkaufsfähige Natriumbichromatlösung entsteht. Das entsalzte Spülwasser geht in den Kreislauf zurück [G.3.6].

Zur Kupfer- und Ammoniakrückgewinnung aus den Abwässern der Synthesefaserherstellung arbeitet man je nach Wasserqualität mit starken oder schwachen Kationen-Austauschern und regeneriert mit Schwefelsäure. Das Kupfersulfat und das Ammonsulfat können verkauft werden [G.3.6].

Für die Rückgewinnung von Quecksilber und Edelmetallen eignen sich spezifische Kationen-Austauscher. Sie binden Hg^{++} auch in Gegenwart von Chloridionen im sauren Bereich. Bei der Behandlung der verbrauchten Reaktionslösungen der CSB-Bestimmung werden Quecksilber und Silber festgehalten, während Eisen und Chrom nicht aufgenommen werden [G.3.25].

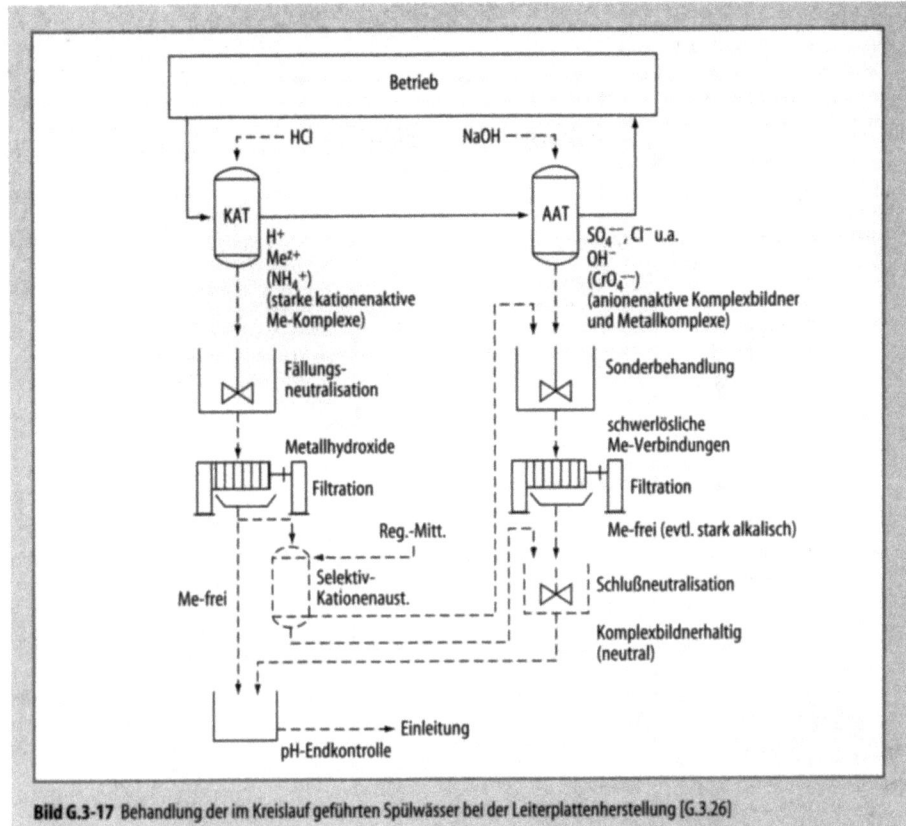

Bild G.3-17 Behandlung der im Kreislauf geführten Spülwässer bei der Leiterplattenherstellung [G.3.26]

Gold wird aus den Spülwässern mittels starkbasischer Anionen-Austauscher zurückgewonnen. Nach der Beladung der Austauscherpatronen werden diese in Scheideanstalten verhüttet [G.3.12].

Das „Polishing" kann mit Hilfe selektiv wirkender Kationen-Austauscher vorgenommen werden, wenn im Ablauf der Abwasserbehandlung noch Metallkonzentrationen über den Mindestanforderungen vorliegen [G.3.12] (s. Abschn. G.3.2.2).

Mit den Ionenaustauschern sind ähnliche Trenntechniken wie in der Chromatografie möglich, um verschiedene Ionen, Elektrolyte von Nichtelektrolyten oder verschiedene Nichtelektrolyte voneinander zu trennen [G.3.6].

G.3.2.5 Adsorption

Die Adsorption ist ein Anreicherungsverfahren, um aus wässerigen oder gasförmigen Phasen Stoffe zu entfernen und sie an Fest- oder Flüssigphasen zu binden. Gasphasen entstehen beim Strippen leichtflüchtiger Stoffe aus Abwässern, wobei die Adsorption die zweite Stufe einer Abwasserbehandlung darstellt, damit aus einem Abwasserproblem kein Abluftproblem wird. (s. Abschn. G.3.2.6)

Adsorption im System flüssig/fest

Mit dem Adsorptionsverfahren werden aus mittel- bis schwachbelasteten Abwässern gelöste organische Stoffe entfernt, die biologisch schwer abbaubar oder toxisch sind.

Die Wirkung eines Adsorbens hängt von folgenden Kriterien ab:
- der spezifischen inneren Oberfläche, die bei den natürlichen Materialien zwischen 40 und 800 m^2/g und bei synthetischen Adsorbern zwischen 600 und 1200 m^2/g liegen kann.
- der Adsorbat-Adsorbens-Bindung; bei den unpolaren Adsorbern sind es van der Waalsche und bei den polaren Materialien Dipol- oder Ionenaustauschkräfte.
- der Kontaktzeit, die als Belastung in Bettvolu-

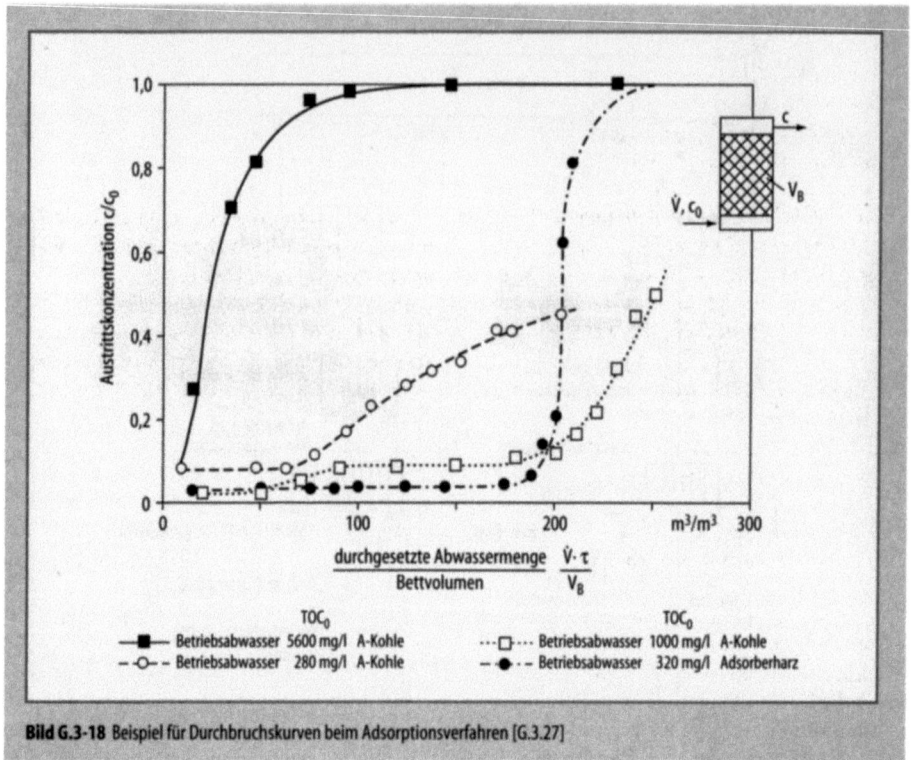

Bild G.3-18 Beispiel für Durchbruchskurven beim Adsorptionsverfahren [G.3.27]

men pro Stunde angegeben wird, bis ein Durchbruch von etwa 10 % der Zulaufkonzentration austritt [G.3.26] (Bild G.3-18).

Die angereicherte Materie wird in einem Regenerationsschritt vom Adsorbens abgelöst, das Konzentrat weiterbehandelt oder entsorgt und das Adsorbens wiederverwendet.

Zwischen der auf dem Adsorbens festgelegten Stoffmenge und der in Gleichgewicht dazu stehenden Restkonzentration im Abwasser gilt nach Freundlich folgende Beziehung:

$$\frac{x}{m} = C_e^{1/n} \cdot k$$

wobei x/m die Menge Stoff x auf der Menge Adsorbens m, C_e die Gleichgewichtskonzentration des Stoffs im Wasser, k und n Energiekonstanten sind, die von der Wechselwirkung Adsorbat-Adsorbens bei gegebener Temperatur abhängen (Isothermen).

Da die Adsorberoberfläche sehr heterogen sein kann und die Stoffe im Abwasser in unterschiedlicher Konzentration und differierender Adsorbierbarkeit, z.T. mit Verdrängungseffekten vorliegen, müssen für den jeweiligen Anwendungsfall die spezifischen Isothermen und die Kinetik an verschiedenen Adsorbermaterialien experimentell bestimmt werden [G.3.6, G.3.28].

Als Adsorbermaterialien stehen in großer Auswahl zur Verfügung [G.3.27–G.3.29]:
- Aktivkohlen,
- Aluminiumoxid,
- Adsorberharze,
- Silikate,
- Braunkohlen- und Steinkohlenkokse,
- Eisen- oder Aluminiumhydroxide.

Die Aktivkohle, granuliert oder in Pulverform, verfügt über eine spezifische innere Oberflächen von über 400 m²/g. Sie ist für die Adsorption unpolarer organischer Stoffe geeignet, wobei die Bindung über van der Waalsche Kräfte erfolgt. A-Kohle ist seit langem aus der Trinkwasseraufbereitung bekannt. In der Abwassertechnik wird A-Kohle bevorzugt auf leichtflüchtige Stoffe wie CKW angewendet, da sich diese leicht mit Dampf desorbieren lassen. Die Entfernung von Farbstoffen, Geruchsbildnern und anderen biologisch schwerabbaubare Stoffen sind weitere Anwendungsbereiche. In Störfallsituationen mit toxischen Stoffen hat sich das Einstreuen von Pulverkohle bewährt.

Adsorberharze besitzen ein hochpolymeres Grundgerüst mit funktionellen Gruppen (Festionen, Gegenionen). Die Bindung erfolgt über Allgemeinadsorption und Wechselwirkung mit funktionellen Gruppen, so daß eine Auslegung zur Adsorption bestimmter Stoffe und Stoffgruppen möglich ist. Weiterhin werden hochporöse Adsorberharze ohne funktionelle Gruppen mit spezifischen Oberflächen von 400 – 1500 m²/g angewendet.

Mit Adsorberharzen werden leichtflüchtige Stoffe, vor allem jedoch die schwerflüchtigen organischen Verbindungen, wie z.B. die als „gefährlich" bezeichneten PCP, PCB, Dioxine, Furane, Polycyklen, Aromaten, festgehalten.

Die Abreicherung der Abwässer erfolgt sowohl aus schwach als auch aus stark belasteten Abwässern bis in den Mikrogrammbereich [G.3.30 – G.3.32]. Durch spezielle Adsorberharze zur Bindung von Tensiden aus Abwasserteilströmen, Prozeßbädern und Spülwässern wird in der Galvanik die Kreislaufführung verbessert [G.3.33].

Aluminiumoxid wird für die Anreicherung polarer Stoffe verwendet. Neben organischen makromolekularen Verbindungen lassen sich auch Phosphate, Fluoride und z.T. Schwermetalle durch elektrochemische Bindungsformen festhalten. Die spezifischen Oberflächen liegen bis zu 1200 m²/g.

Aluminiumoxid hat sich vor allem bei der Reinigung von Abwässern der Zellstoff-, Papier- und Kartonindustrie zur Abtrennung des Lignings und der Hemizellulose bewährt [G.3.34].

Silikate, Bentonite oder Montmorillionite sind in der Natur vorkommende Adsorbermittel mit sehr unterschiedlicher spezifischer Oberfläche zwischen 40 und 800 m²/g. Sie werden z.B. zur Bindung organischer Stoffe bei Ölunfällen wirkungsvoll angewendet.

Braunkohlen- und Steinkohlenkokse werden stückig oder in Pulverform zur Adsorption von z.B. Farbstoffen oder als Polishing für Suspensa benutzt [G.3.27].

Eisen- und Aluminiumhydroxid-Schlämme werden in statu nascendi im Abwasser gebildet und dienen der Adsorptionsflockung von Suspensa und Kolloiden.

In der technischen Gestaltung der Adsorption unterscheidet man zwischen
- Perkolation in Kolonnen mit gekörntem Adsorbens und
- Einrührverfahren mit pulverförmigem Adsorbens.

Bei der Perkolation [G.3.28] wird das Abwasser entweder von oben oder von unten über die mit granuliertem Adsorbens gefüllten Kolonnen geleitet, die parallel oder mit 2 – 4 Kolonnen in Serie geschaltet sind. Nach Beladung der ersten Kolonne bis rd. 10 % Durchbruch erfolgt deren Regeneration.

Harz- und Kohle-Adsorber werden auch als Wechselpatronen bei kleinen Abwassermengen im gewerblichen Bereich eingesetzt, die Regeneration erfolgt extern und zentral [G.3.32].

Beim Einrührverfahren wird pulverisierte A-Kohle zugesetzt, um z.B. in biologischen Kläranlagen den Anteil schwer abbaubarer Spurenstoffe durch Adsorption zu erfassen [G.3.35]. Die Abtrennung des pulverförmigen Adsorbens ist jedoch schwierig. Bei Störfällen kann das Einrührverfahren eine große Hilfe sein.

Für den sicheren Betrieb von Adsorberkolonnen ist es zwingend notwendig, die Schwebestoffe in einer Vorfiltration sorgfältig abzutrennen, um Belegungen der Adsorberoberfläche zu vermeiden [G.3.30]. Ebenfalls ist die Ausfällung von Eisenhydroxiden oder Härtebildnern auf dem Adsorbens zu vermeiden.

Wenn nicht technische Gründe es ausschließen, sollte das Adsorbens regeneriert werden [G.3.28]. Bei leichtflüchtigen oder wasserdampfflüchtigen Stoffen wird die Regeneration der A-Kohle oder der Harze mit Dampf durchgeführt [G.3.30, G.3.33]. Nach der Beladung wird das Abwasser aus der Kolonne mit Wasser und Deionat verdrängt und mit 1,2-bar-Dampf bis auf rd. 10 % desorbiert. Das Abkühlen erfolgt mit Kondensat und Deionat, um Ausfällungen von Härtebildnern auf der Adsorberoberfläche zu vermeiden. Bei Harzen sollte die Abkühlung langsam erfolgen, um den Austauscher nicht zu verändern [G.3.30]. Für die Ablösung der schwerflüchtigen Stoffe von Adsorberharzen eignen sich Methanol, Isopropanol oder Aceton, die nach der Destillation wieder verwendet werden. Bei der gemeinsamen Adsorption von z.B. Phenolen und Aromaten lassen sich zuerst die Phenole mit Natronlauge und dann die Aromaten mit Aceton ablösen [G.3.32, G.3.33].

A-Kohle und Aluminiumoxid werden thermisch regeneriert. In einem ersten Schritt bis etwa 400 °C werden die leichter flüchtigen Komponenten desorbiert und die festhaftenden Stoffe einer Pyrolyse bis 700 °C unterworfen. Bei A-

Kohle wird über 700 °C hinaus die Regeneration in Gegenwart von CO_2 und Wasserdampf fortgesetzt. Die Verluste erreichen bei der Regeneration der A-Kohle etwa 10 % und bei Aluminiumoxid etwa 2 % [G.3.28].

G.3.2.6 Extraktion

In der Praxis der Abwasserbehandlung unterscheidet man zwischen der
- Flüssig-Flüssig-Extraktion (Solventextraktion) und der
- Gas-Flüssig-Extraktion (Strippen),

um Stoffe aus dem Abwasser zu entfernen. Häufig wird der Massentransfer aus der flüssigen Phase in die Gasphase als ein Teilgebiet der Destillation betrachtet.

G.3.2.6.1 Flüssig-Flüssig-Extraktion, Solventextraktion

Die Flüssig-Flüssig-Extraktion beruht auf der unterschiedlichen Löslichkeit eines Stoffs in zwei Flüssigkeiten die miteinander in Grenzflächenkontakt stehen. Wird eine Lösung des Stoffs 1 in der Flüssigkeit 2 mit der Flüssigkeit 3 geschüttelt, so wandert ein Teil des Stoffs 1 in das Lösemittel 3, das mit der Flüssigkeit 2 nicht oder nur sehr wenig mischbar ist.

Die Aufgabe der Extraktion ist entweder die Anreicherung des Stoffs 1 in 3 oder die Befreiung der Flüssigkeit 2 von Stoff 1.

Die Beladungen des Abgebers 2 und des Aufnehmers 3 an Extrakt 1:

$$\frac{\text{Extraktes im Abgeber in g}}{\text{Abgeber in l}} = C_1$$

$$\frac{\text{Extraktes im Abgeber in g}}{\text{Abgeber in l}} = C_2$$

stehen nach Nernst im Gleichgewicht:

$$\frac{C_1}{C_2} = k = \text{VF} \qquad \frac{1}{k} = \text{E}$$

k ist von der Temperatur, dem pH-Wert und dem Salzgehalt abhängig. Je kleiner k wird, um so besser ist der Extraktionseffekt des Systems Wasser/Lösemittel, ausgedrückt im Verteilungsfaktor VF. Der reziproke Wert von k gibt an, um wieviel mal größer die Konzentration eines extrahierbaren Stoffs im Lösemittel als in der wässerigen Phase ist. In Tabelle G.3-4 sind die Verteilungskoeffizienten E von einigen Lösemitteln gegenüber einer 2%igen Phenollösung zusammengestellt [G.3.36].

Tabelle G.3-4 Verteilungskoeffizienten verschiedener Lösemittel gegenüber einer wässerigen 2 %igen Phenollösung [G.3.37]

	E	t [°C]
Leichtbenzin	0,2	20
Benzol	2,0	20
Alkanol	12,0	20
Diäthyläther	17,0	20
Dipropyläther, normal	17,0	20
Butylalkohol	19,0	20
Phenolsolvan (Diisopropyläther)	20,0	20
Trikresylphosphat	28,0	20
Äthylacetat	36,0	22
Isopropylester	45,0	20
Phenolsolvan (Butylacetat)	49,0	22
Phenolsolvan (Butylacetat)	38,0	60
Xylenyldiphenylphosphat	60,0	20

In der Verfahrensführung unterscheidet man zwischen der Extraktion mit oder ohne Gegenstrom, die über eine oder mehrere Extraktionsstufen erfolgen kann; vorwiegend wird die Gegenstromextraktion angewendet. Die Extraktion besteht aus 4 Teilschritten:
- Mischung von Abwasser und Extraktionsmittel,
- Trennung der Phasen,
- Aufbereitung der Extraktphase: Lösemittelrückgewinnung, Konzentrierung,
- Aufbereitung des extrahierten Abwassers: Entfernung von Lösemittelresten.

Als Operationseinheiten werden verwendet:
- Extraktionskolonnen, meist Füllkörpersäulen,
- Extraktoren mit getrenntem Mischer-Scheider-Prinzip,
- Extraktionszentrifugen.

Voraussetzung für einen störungsfreien Betrieb der Extraktion ist die Abtrennung von Schwebestoffen in einer Vorfiltration und die Vermeidung einer Emulsionsbildung.

Anwendung findet die Solventextraktion in der Abwasserreinigung, z. B. bei der Abtrennung von:
- Phenolen, Aromaten, Polycyklen, Heterocyklen,
- schwerflüchtigen halogenierten organischen Verbindungen.

Der bekannteste Anwendungsfall ist die Entphenolung von Gaskondensaten der Kokereien mit dem Ziel, die Abwasserbelastung zu mindern

Tabelle G.3-5 n-Octanol/Wasser-Verteilungskoeffizient (K_{ow}) für organische Stoffe als Indikator einer Bioakkumulation [G.3.38]

Verbindung	Wasserlöslichkeit mg/l	Log K_{ow}
Benzol	1.710	2,13
Toluol	470	2,69
p-Dichlorbenzol	79	3,38
Naphthalin	30	3,37
Tetrachlorethylen	400	2,60
Chloroform	7.950	1,97
4,4'PCB	0,062	5,58
2.4.5.2.'4.'5'-PCB	0,00095	6,72

und Wertstoffe zu gewinnen [G.3.36]. Mit der Entphenolung nach dem Benzol-Lauge-Verfahren erreicht man bei Ausgangskonzentrationen von über 2000 mg/l Phenole, einen Extraktionseffekt von über 95 %. Mit dem Phenosolvanverfahren nach Lurgi, das nicht mit einer Extraktionskolonne, sondern mit einem mehrstufigen Kastenextraktor arbeitet, werden Effekte von über 98 % und Ablaufkonzentrationen um 10 mg/l Phenole erreicht [G.3.36].

Im Rahmen des prozeßintegrierten Umweltschutzes gewinnt die Behandlung von Teilströmen mit Hilfe der Solventextration immer größere Bedeutung [G.3.37, G.3.38].

Die Lösemittel müssen folgende Eigenschaften besitzen:
- nur begrenzt mit dem Abwasser mischbar,
- große Dichteunterschiede zu Wasser für eine schnelle Phasentrennung,
- keine irreversiblen Veränderungen der extrahierten Stoffe,
- bei hoher Selektivität ein gutes Lösevermögen für den zu extrahierenden Stoff.

In der Praxis werden als Extraktionsmittel angewendet:
- Benzol,
- Diisopropylether,
- Diisopropylketon,
- Butylazetat,
- Heptan,
- n-Butanol,
- Mineralöl u. a.

Die extraktive Anreicherung von sog. „gefährlichen" Stoffen in der Umwelt, vor allem in Fettgeweben, stellt eine ernstzunehmende Bioakkumulation dar. Mit Hilfe des „n-Octanol/Wasser-Verteilungskoeffizienten" [G.3.39] kann die Tendenz einer nichtionisierten organischen Verbindung beschrieben werden, aus der wässerigen Phase in die Lipidphase überzugehen. Damit ist auch eine Aussage über die prinzipielle Extrahierbarkeit von Stoffen aus der wässerigen Phase (Tabelle G.3-5) möglich.

G.3.2.6.2 Gas-Flüssig-Extraktion, Strippung, Resorption

Im Abwasser gelöste oder als zweite Phase vorhandene flüchtige Stoffe werden durch Ausblasen mit einem Inertgas oder mit Dampf ausgetrieben. Der Vorgang wird durch die Henrysche Gleichung beschrieben:

$$p = H \cdot x$$

nach der bei gegebener Temperatur der Partialdruck p eines Gases zu seinem Molenbruch x in der flüssigen Phase im Gleichgewicht steht. H ist die Henry-Konstante. In Tabelle G.3-6 sind für einige Stoffe die Konstanten zusammengestellt. Je niedriger p in der Gasphase, um so weiter wird die Konzentration des Stoffs in der wässerigen Phase abgesenkt.

Für den Phasentransfer gilt, daß der Massenübergang N durch die Grenzfläche S der Gleichung

$$N = K_f \cdot S \, (C_{if} - C_f) = K_g \cdot S \, (C_g - C_{ig})$$

folgt, in der C_f und C_g die Stoffkonzentrationen in der Flüssig- und der Gasphase sind und C_{if} und C_{ig} die Konzentrationen an der Grenzfläche darstellen. Nur C_f und C_g können gemessen werden. K_f und K sind Transferkoeffizienten in der Flüssigkeits- und der Gasphase, die von der Grenzfläche und der Turbulenz abhängen. Die Gleichung besagt, daß für einen effektiven Phasentransfer beim Strippen folgende Fakten wichtig sind [G.3.6]:
- das Einstellen eines möglichst großen Konzentrationsgefälles zwischen Flüssigphase und Gasphase an der Grenzfläche; der Konzentrationsgradient wirkt als Triebkraft,
- das Schaffen einer möglichst großen Gas/Flüssigkeits-Oberfläche,
- das Erreichen einer möglichst großen Turbulenz und Mischung zwischen beiden Phasen.

Das zum Ausblasen verwendete Inertgasvolumen wird in einem großen Überschuß zur wässerigen Phase angewendet, um die Stoffkonzentration im Gasstrom extrem niedrig zu halten.

Tabelle G.3-6 Löslichkeiten von Normal-Litern-Gasen in Wasser bei 0 °C und 1 bar Gasdruck

Temperatur °C	Gas							
	Air	O_2	N_2	CO_2	H_2S	Cl_2	NH_3	SO_2
0	0,0288	0,0489	0,0235	1,713	4,621	4,610	1135	75,00
5	0,0255	0,0429	0,0208	1,424	3,935	3,750	1005	62,97
10	0,0227	0,0380	0,0186	1,194	3,362	3,095	881	52,52
15	0,0205	0,0342	0,0168	1,019	2,913	2,635	778	43,45
20	0,0187	0,0310	0,0154	0,878	2,554	2,260	681	36,31
25	0,0172	0,0283	0,0143	0,759	2,257	1,985	595	30,50
30	0,0161	0,0261	0,0134	0,665	2,014	1,769	521	25,87
35	0,0151	0,0244	0,0125	0,592	1,811	1,570	460	22,00
40	0,0143	0,0231	0,0118	0,533	1,642	1,414	395	18,91
50	0,0131	0,0209	0,0109	0,437	1,376	1,204	294	15,02
60	0,0123	0,0195	0,0102	0,365	1,176	1,006	198	11,09
70	0,0118	0,0183	0,0097	0,319	1,010	0,848		8,91
80	0,0116	0,0176	0,0096	0,275	0,906	0,672		7,27
90	0,0115	0,0170	0,0095	0,246	0,835	0,380		6,16
100	0.0115	0,0169	0,0095	0,220	0,800			
110		0,0172		0,204				
120		0,0176		0,194				
130		0,0183						
140		0,0192						

Tabelle G.3-7 Löslichkeit von hydrophoben Lösungsmitteln in Wasser bei 20 °C in mg/l

Cyclohexan	50
Dichlorbenzole	70 – 130
Xylole	190
Ethylbenzol	210
Trichlorethylen	270
Toluol	470
Chlorbenzol	490
Perchlorethylen	740
Diethylphtalat	1000
1,1,1-Trichlorethan	1300
Nitrobenzol	1900
Schwefelkohlenstoff	2000
1,2-Dichlorpropan	2800
Chloroform	8200
1,2-Dichlorethan	8600
Methylenchlorid	19600

Der Gesamtdruck in der Gasphase kann durch Vakuum weiter abgesenkt werden.

Der Strippeffekt wird durch Erhöhen der Temperatur vergrößert. Bei Temperaturen in Nähe des Siedepunkts des Stoffs dient auch der eigene Dampf als Strippgas.

Der Strippeffekt wird durch die Löslichkeit der flüchtigen Stoffe im Wasser stark beeinflußt, wie Tabelle G.3-7 von einigen halogenorganischen Stoffen und anderen flüchtigen Lösemittel zeigt.

Aus Bild G.3-19 ist deutlich die Abhängigkeit des Strippens von Aromaten und CKW von der Löslichkeit der Stoffe im Wasser zu erkennen. Je größer die Wasserlöslichkeit, um so langsamer erfolgt die Desorption und um so größer wird der energetische Aufwand.

Der Anwendungsbereich des Strippens bei der Behandlung von Wässern, vor allem von Prozeßteilströmen [G.3.40] oder von kontaminierten Grundwässern, ist weit gestreckt.

Zu strippende Stoffe sind z. B.:
- Ammoniak NH_3,
- Schwefelwasserstoff H_2S und Merkaptane,
- Cyanwasserstoff HCN,
- Kohlenwasserstoffe,
- leichtflüchtige halogenierte Kohlenwasserstoffe CKW,
- Osmogene.

Als Strippgase werden verwendet:
- Luft,
- Stickstoff,
- Dampf.

Als Operationseinheiten dienen Kolonnen mit:
- Einbauten von Böden,
- Füllkörpern,
- Packungen,

in denen Abwasser und Strippgas im Gegenstrom aufeinandertreffen. Die wässerige Phase sollte möglichst frei von Schwebestoffen sein.

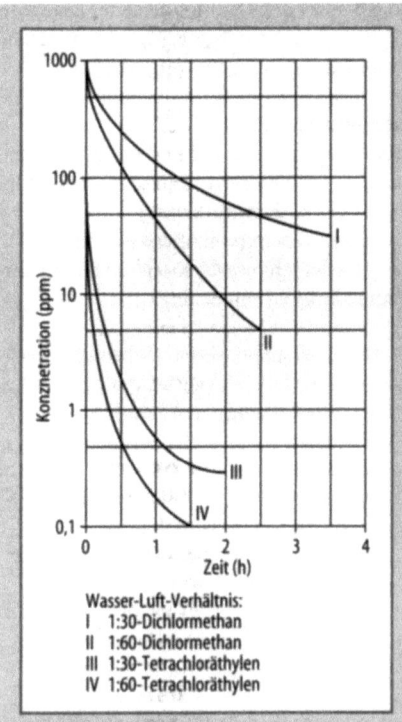

Bild G.3-19 Desorptionskurven von Aromaten und CKW beim Strippen [G.3.41]

Bild G.3-20 zeigt das Schema einer HCN- und H$_2$S-Strippanlage zur Entcyanisierung von Kokereiabwasser mit der auch eine Trennung von H$_2$S und HCN möglich ist [G.3.41]. In einer ersten Stufe werden bei einem Luft/Wasser-Verhältnis von 10:1 zunächst 90 % des H$_2$S und etwa 10 % das HCN gestrippt und in einer zweiten Stufe bei einem Luft/Wasser-Verhältnis von 100:1 das HCN in einer Größenordnung von über 95 %; die Betriebstemperatur liegt um 50 °C.

Eine spezielle Form des Strippens stellt der Treibstrahl-Grenzschicht-Verdampfer dar [G.3.42] um leichtflüchtige CKW aus Abwässern bis auf Konzentrationen um 1 mg/l AOX zu befreien. Über eine Strahldüse wird das Abwasser als Flüssigkeitstreibstrahl injiziert. Konzentrisch dazu wird über eine Ringdüse Druckluft eingeblasen. Durch den entstehenden Druckunterschied zwischen Flüssig- und Gasphase erfolgt der Phasenübergang.

Die beladenen Strippgase dürfen nicht in die Atmosphäre abgegeben werden, um aus einem Abwasser- nicht ein Abluftproblem zu schaffen. Die Abgasbehandlung erfolgt mittels
- Verbrennen brennbarer Stoffe bei hoher Temperatur,
- Adsorption an Aktivkohle oder Adsorberharzen,

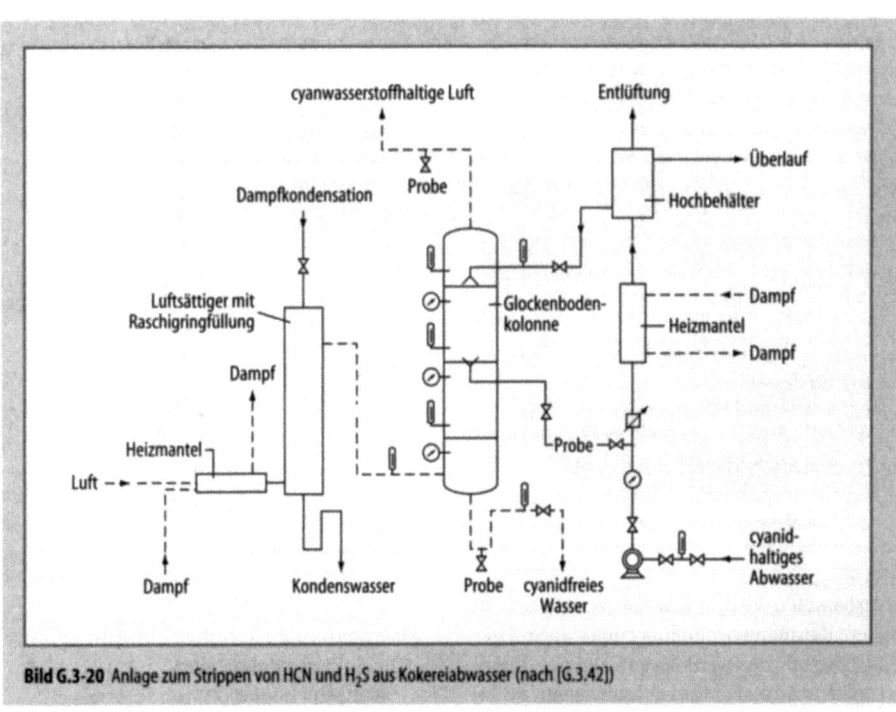

Bild G.3-20 Anlage zum Strippen von HCN und H$_2$S aus Kokereiabwasser (nach [G.3.42])

- Adsorption und Lösung in Flüssigphasen wie Wasser, Säuren oder Laugen,
- Adsorption und Abbau in wässerigen Bakterienlösungen oder Biofiltern.

Bekannte Anwendungsfälle sind das Strippen leichtflüchtiger halogenierter Kohlenwasserstoffe aus industriellen und gewerblichen Abwässern oder aus kontaminierten Grundwässern. Die Strippgase werden i. d. R. in Adsorbern abgereichert und im Kreislauf gefahren.

Die NH_3-Strippung ist nur aus konzentrierten Lösungen wirtschaftlich. Das NH_3 des Strippgases wird in einer anschließenden Stufe zu Starkwasser oder mit Schwefelsäure zu Ammonsulfat umgesetzt; es gibt Absatzprobleme.

Die biologische Reinigung der Strippgase [G.3.43] wird bei der Geruchsbekämpfung angewendet, um die meist gut biologisch abbaubaren Osmogene zu beseitigen.

G.3.2.7 Verdampfen, Trocknen, Destillieren

Beim Verdampfen und Trocknen wird Wasser abgedampft, um Lösungen aufzukonzentrieren und Flüssigphasen einzuengen. Bei der Destillation werden leichtflüchtige oder wasserdampfflüchtige Stoffe aus der wässerigen Phase entfernt. Die thermischen Verfahren sind für den integrierten Umweltschutz von großer Bedeutung, da sie die Rückführung von Stoffen und Wasser in den Produktionsprozeß ermöglichen. Das Eindampfen mit gekoppelter Trocknung dient als Vorstufe der Verbrennung oder der Volumenverringerung von nicht mehr verwendungsfähigen Reststoffen, wodurch die Deponierung erleichtert wird.

Zur Überführung des Wassers in den gasförmigen Zustand werden rd. 700 kcal/kg entsprechend rd. 2930 kJ/kg benötigt. Der Betrag errechnet sich aus der Verdampfungswärme von 540 kcal/kg bzw. 2261 kJ/kg sowie einer Wärmemenge für das Aufheizen des Abwassers auf Siedetemperatur und für allgemeine Wärmeverluste. Die Kondensationswärme der Brüden wird in Wärmetauschern zurückgewonnen.

G.3.2.7.1 Verdampfen

Das Verdampfen wird als Konzentrierungsschritt vor allem dann angewendet, wenn in der wässerigen Phase nur geringe Mengen an leichtflüchtigen oder mit Wasserdampf flüchtigen Stoffen enthalten sind und die zu konzentrierenden Stoffe sich unter den Bedingungen des Eindampfens nicht zu wasserdampfflüchtigen verwandeln. Anwendung findet das Verdampfen bei
- konzentrierten Prozeßlösungen und Abwasserteilströmen,
- Aufkonzentrierung von Badflüssigkeiten und den 1. Spülwässern in der Galvanik mit dem Ziel der Kreislaufführung,
- Konzentrierung von Abwässern mit biologisch nicht- oder schwerabbaubaren Stoffen als Vorstufe einer Verbrennung.

Die Abwasserkomponenten können sowohl anorganische Elektrolyte und Salze als auch organische schwerflüchtige Verbindungen sein.

Beim Verdampfen sind die Inhaltsstoffe zu beurteilen, ob
- während des Verdampfens Reststoffe ausfallen, die Ablagerungen bilden,
- thermische Zersetzungen auftreten, die zu Verkrustungen und Verharzungen führen,
- sich wasserdampfflüchtige Stoffe in den Brüden anreichern,
- es zu Schaumbildungen kommen kann.

Je nach der Stoffzusammensetzung und deren störenden Eigenschaften sind die Apparate auszugestalten durch
- mechanische Entfernung von Inkrustationen und dem Austrag von Feststoffen,
- kurze Aufenthaltszeiten im Bereich der Wärmeübergangsflächen oder niedere Temperaturdifferenzen zwischen Heiz- und Siederaum,
- Zugabe von Entschäumern,
- Zugabe von Komplexbildnern um Inkrustationen zu mindern,
- spezielle Behandlung der Brüden,
- Puffer- und Ausgleichsbecken um eine möglichst gleichmäßige Auslastung der Verdampfer und eine möglichst gleichmäßige Zusammensetzung der Abwässer zu erhalten,
- Wahl geeigneter Werkstoffe, die sowohl die korrosiven Eigenschaften als auch die Konzentrationen der Restlösung berücksichtigen.

Im Fall der weiteren Verwertung der Restlösungen sind die thermischen Kriterien der Stoffe besonders zu beachten, um Zersetzungen während des Verdampfungsvorgangs zu vermeiden.

Als Apparaturen kommen zur Anwendung:
- Tauchbrennverdampfer,
- Dünnschichtverdampfer,
- Umlaufverdampfer,

- Vakuumverdampfer mit integrierter Wärmepumpe,
- Rekompressionsverdampfer,
- IR-Strahlungsverdampfer,
- Verdunster.

Beim Tauchbrennverdampfer [G.3.23] wird in einem Rohr, das in die zu verdampfende Flüssigkeit hineinragt ein Brennstoff verbrannt und dadurch ein unmittelbarer Wärmeübergang erzeugt, ohne daß Verkrustungen entstehen. Die Energiekosten sind relativ hoch. Eine aufwendige Rauchgasreinigung ist erforderlich.

Im Dünnschichtverdampfer [G.3.23] wird das Abwasser mit einem Wischer auf der Verdampferoberfläche verteilt. Während der Flüssigkeitsfilm nach unten fließt, verdampft das Wasser. Es kann bis zur Trocknung eingeengt werden. Probleme entstehen durch Verschleiß der Wischer und durch Beläge auf der Wärmetauscheroberfläche, vor allem bei wechselnder Zusammensetzung der Abwässer.

Im Umlaufverdampfer [G.3.23] sind Wärmetauscher und Ausdampfgefäß getrennt. Beim Betrieb der Wärmetauscher unterscheidet man zwischen der
- Wirbelschichttechnik und
- der Seedingtechnik.

Bei Wirbelschichtbetrieb [G.3.44] werden der Flüssigphase Feststoffteilchen zugesetzt, um Beläge von der Wärmetauscheroberfläche abzutragen. Die Tauscher sind aus hochlegierten metallischen Werkstoffen oder aus carbonfaserverstärkten Grafitrohren mit hoher Korrosionsbeständigkeit [G.3.45].

Im Seedingverfahren, das bei relativ gleichmäßiger Zusammensetzung der Salzkomponenten anwendbar ist, fördert man das Auskristallisieren durch die Zugabe von Impfkristallen (Seeding).

Das Schema eines Vakuumverdampfers mit integrierter Wärmepumpe [G.3.46] zeigt Bild G.3-21. Der Aufbau erfolgt modular; mit einer Wärmepumpe werden mehrere Verdampfer betrieben. Durch die indirekte Heizung-Kühlung ist eine große Auswahl spezifischer Werkstoffe möglich. Es können auch externe Wärmequellen, z.B. ein Blockheizkraftwerk herangezogen werden [G.3.47]. Die Leistungen liegen zwischen 100 und 15.000 l/h, bedingt durch die Modulbauweise. Als Energieverbrauch wird mit 0,1 – 0,3 kWh/l Destillat, bezogen auf Wasser, gerechnet. Mit diesem Verdampfertyp ist ein Recycling

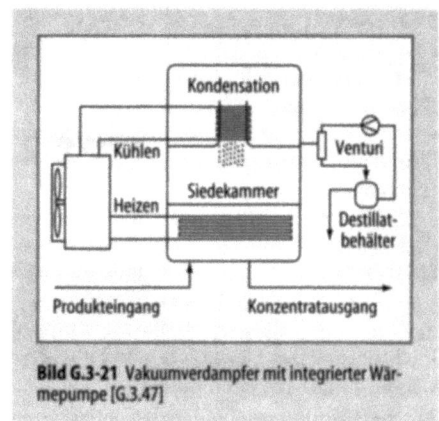

Bild G.3-21 Vakuumverdampfer mit integrierter Wärmepumpe [G.3.47]

von konzentrierten Spülwässern, Aufkonzentrierung von Lösungen bis zur Kristallisation oder die Einengung von Prozeßbädern möglich. Zur weitgehenden Rückgewinnung des Wassers aus Abwässern, um Kreisläufe zu schließen, dient der thermische Rekompressionsverdampfer [G.3.46]. Bei 50 °C Betriebstemperatur liegt der Energieverbrauch bei rd. 20 kWh/m³ Destillat. Der Dampf wird zum Vorwärmen genutzt.

Der IR-Strahlungsverdampfer [G.3.48] vermeidet die Inkrustationen an den Wärmetauscheroberflächen dadurch, daß die Wärmestrahlung auf eine große Flüssigkeitsoberfläche in Schubkästen einwirkt und eine rd. 1 mm dicke Oberflächenschicht zum Sieden kommt. Der Dampf wird mit Heißluft abtransportiert.

Bei einem Durchsatz von 100 l/h sind Anlagen von 10 – 30 m³/h möglich. Der Gasverbrauch liegt bei rd. 8 kg/h.

Bei den Verdunstern werden große Luftmengen mit Wasser gesättigt, wobei entweder Energie aufgewendet oder Wärme entzogen wird [G.3.49]; sie unterscheiden sich dadurch von den Verdampfern, in denen unter Aufwendung von Energie eine mit Wasser gesättigte Gasphase erzeugt wird. Verdunster werden z.B. zur Aufkonzentrierung warmer 1. Galvanikspülbäder angewendet, wobei die beim Galvanisieren zwangsweise aufgenommene Joulsche Wärme als Verdampfungsenergie genutzt wird.

Anwendung findet das Verdampfen in der Chemischen Industrie und der Deponiesickerwasserbehandlung als Vorstufe der Trocknung und Verbrennung und in der Galvanik, um Kreisläufe zu schließen [G.3.26].

Um das Wasser zu rezirkulieren und CSB und Pestizide zu entfernen, wird die Eindickung von Wollwaschwässern vorgenommen [G.3.50]. Da-

Abwassern mit 30–45 m³/h und einem CSB um 60.000 mg/l sowie 8–20 g/h Pestiziden wird in einer Verdampferstufe eingeengt und das Konzentrat verbrannt. Das Kondensat in der Menge von 28–42 m³/h mit 200–400 mg/l CSB und weniger als 80 ug/l Pestizide wird in den Prozeß zurückgeführt.

Mittels der CURT-Verdampfertechologie [G.3.51] ist es möglich, eine abwasserfreie Galvanik aufzubauen [G.3.46]. Durch die Aufkonzentrierung der 1. Spülwässer in einem Vakuumverdampfer mit integrierter Wärmepumpe und Rückführung des Elektrolyten in die Bäder sowie durch das völlige Eindampfen der aus der Abschlußfällung entstandenen Neutralsalze mit rd. 90 % NaCl im thermischen Rekompressionsverdampfer von 10 g Salz/l auf 300 g/l, werden 100 % des Wassers in den Betrieb rezirkuliert. Das Konzentrat in einer Menge von etwa 30 l/h aus 1000 l/h wird in einem Vakuumtrockner eingedampft. Aus einem solchen Galvanikbetrieb werden nur noch Feststoffe und Schlämme ausgetragen.

Die Behandlung von Deponiesickerwasser ist ein neues Anwendungsfeld der Verdampfertechnik [G.3.23]. Um die Verdampfer kleiner zu dimensionieren, ist es angebracht, eine Hyperfiltration vorzuschalten, in der die Ausgangsmenge des Abwassers auf etwa 20–40 % vermindert werden kann (s. Abschn. G.3.2.8).

G.3.2.7.2 Trocknung

Zur Trocknung von Verdampferkonzentraten [G.3.52] eignen sich z.B.
– Granuliertrockner und
– Dünnschichttrockner.

Im Granuliertrockner durchströmt erhitzte Luft oder überhitzter trockener Dampf eine Wirbelschicht aus bereits getrocknetem Granulat von unten nach oben. Der Produkteintrag erfolgt über eine Düse. Dem feuchten Produkt wird durch die Trockenluft Wasser entzogen, gleichzeitig findet ein Aufwuchs auf das Granulat in der Wirbelschicht statt. Das Granulat wird über ein Überlaufwehr abgezogen und die Trockenluft im Kreislauf gefahren.

Der Dünnschichttrockner arbeitet analog dem Dünnschichtverdampfer. Durch den Einbau von Pendelelementen wird auf der Wärmetauscheroberfläche ein turbulenter Film erzeugt und ein hoher Stoffaustauschkoeffizient erzielt; gleichzeitig wird die Wandverkrustung minimiert.

Mit Wirbelschicht- und Dünnschichttrocknern lassen sich 90–98 % Trockensubstanz erreichen.

G.3.2.7.3 Destillation

Die Destillation wird in der Abwassertechnik vor allem bei der Rektifikation und der Rückgewinnung von Lösemitteln der Extraktion angewendet.

Als Abwasserbehandlungsverfahren sei exemplarisch die destillative Ammoniakabtrennung aus wässerigen Lösungen genannt. Der Vorteil liegt in der direkten Rückführung des NH_3-Starkwassers in den industriellen Prozeß.

G.3.2.8 Membranfiltration

Die Membranfiltration ist ein Anreicherungsverfahren ohne Phasenwechsel. In Abhängigkeit von der Permeabilität der Membran werden ungelöste Stoffe, Makromoleküle und Ionen vor der Membran zurückgehalten.

Bild G.3-22 zeigt den schematischen Aufbau der Membranfiltration. Der Zulauf wird über eine Pumpe mit einem bestimmten Druck in den Membranmodul gefördert und der Druck p_k im Modul durch einen Druckregler im Konzentratablauf eingestellt. Aufgrund der transmembranen Druckdifferenz zwischen Konzentrat- und Permeatseite (Umgebungsdruck) wird Wasser durch die Membran gepreßt. Der Durchsatz errechnet sich nach der allgemeinen Gesetzmäßigkeit

$$Q_w = k_w \cdot (\Delta P - \Delta \pi) \frac{A}{D} k_t$$

Der Permeatstrom Q ist proportional der folien- und abwasserspezifischen Konstanten k_w, dem auf die Membran wirkenden Druck ($\Delta P - \Delta \pi$),

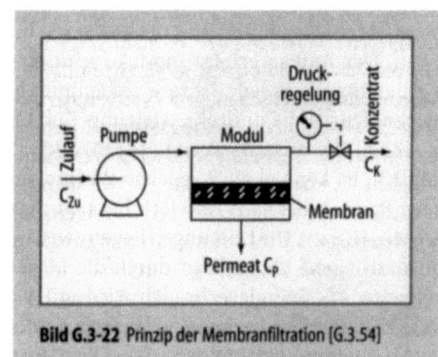

Bild G.3-22 Prinzip der Membranfiltration [G.3.54]

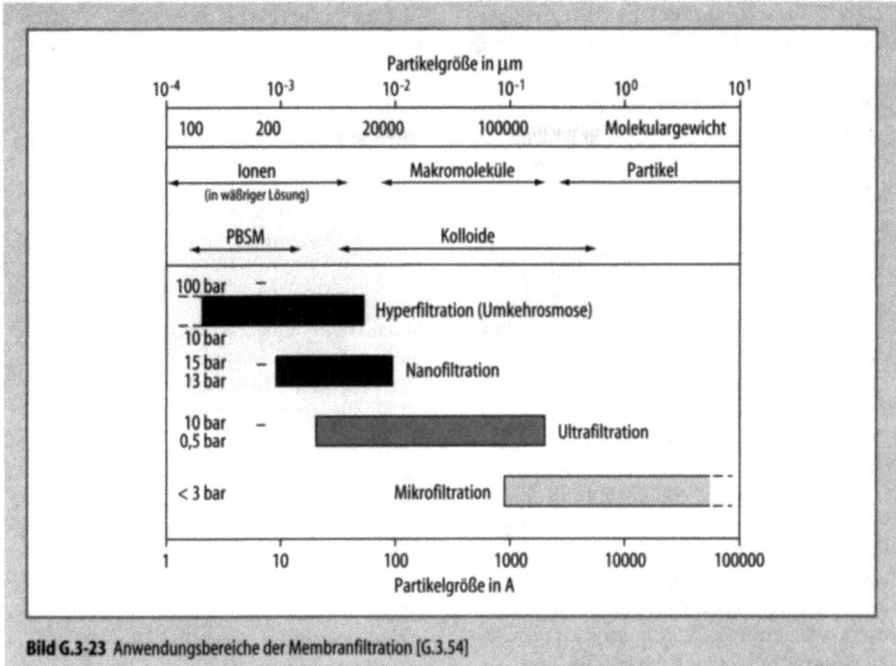

Bild G.3-23 Anwendungsbereiche der Membranfiltration [G.3.54]

der Membranoberfläche A und der umgekehrt proportionalen Membrandicke D. Der Ausdruck ($\Delta P - \Delta \pi$) besagt, daß die transmembrane Druckdifferenz ΔP um die entgegen gerichtete osmotische Druckdifferenz $\Delta \pi$ vermindert wird. Durch höhere Geschwindigkeiten vor der Membran läßt sich $\Delta \pi$ mindern. k_t ist der Temperaturkoeffizient der Wasserviskosität; je höher die Temperatur, um so größer wird der Flux [G.3.6].

Unter dem Oberbegriff Membranfiltration versammeln sich in Abhängigkeit von Permeabilität und Arbeitsdruck die Verfahrensvarianten (Bild G.3-23) [G.3.53]
- Mikrofiltration MF,
- Ultrafiltration UF,
- Nanofiltration NF,
- Hyperfiltration (Umkehrosmose) HF.

Als Membranmaterialien [G.3.9, G.3.54] stehen je nach Aufgabenstellung zur Verfügung:
- Zelluloseazetatderivate für HF,
- Polyamid NF,
- Polysulfon UF, MF,
- Grafit MF,
- Polypropylen MF,
- Keramik Siliziumcarbid.

Die anorganischen Membranen weisen im Vergleich zu den organischen Polymermembranen eine Reihe von Eigenschaften auf, die im industriellen Abwasserbereich bedeutsam sind z. B. hohe Fluxraten, kompakte Bauweisen, hohe thermische, chemische und mechanische Beständigkeit und Regenerierfähigkeit. Als Materialien kommen zur Anwendung Siliziumcarbid SiC oder Kohlenstoff-Membranrohre mit innen aufgesinterten Oxidschichten.

Die Membranen werden aufgabenspezifisch in folgenden Modulformen [G.3.6, G.3.54] angewendet:
- Tubularmodule,
- Plattenmodule,
- Rohrscheibenmodule,
- Wickelmodule.

Tubularmodule mit 6 mm Durchmesser und einer Packungsdichte von 450 m²/m³ werden für die Mikro- und Ultrafiltration zur Abtrennung von abfiltrierbaren Stoffen und Biomassen verwendet. Bei Packungsdichte von 12 – 14 m²/m³ können in der Ultra-, Nano- und Hyperfiltration stark verschmutzte Abwässer behandelt werden. Ein Einzelrohr-Austausch ist gut möglich.

Der Rohrscheibenmodul ist eine Weiterentwicklung der Plattenmodultechnik mit den Vorteilen des einfachen Aufbaus und Wechsels der Membrankissen. Die Packungsdichte liegt bei 200 – 250 m²/m³.

Die Fließstrecken sind durch einen Crossflow-Effekt kurz. Der Rohrscheibenmodul wird bei der Ultra-, Nano- und Hyperfiltration bei mittel- bis schwachbelasteten Abwässern angewendet.

Im Wickelmodul sind bis zu 6 Membransätze um ein Druckrohr mit Endplatten aufgerollt. Die Packungsdichte ist mit 900 m²/m³ sehr hoch.

Verwendung finden die Wickelmodule bei der Nano- und Hyperfiltration. Sie eignen sich nur für gering verschmutzte Wässer, die keine Kolloide und hoch-molekulare Stoffe enthalten. Wikkelmoule sind nicht rückspülbar; die Membranen lassen sich elementweise auswechseln.

Bei den Membranstrukturen wird unterschieden zwischen:
– homogenen Membranen mit quasi zylindrischen Löchern,
– asymmetrischen Membranen; auf einem grobporigen Stützgerüst ist eine sehr dünne permeable Oberfläche aufgebracht, um den Permeationswiderstand, der von der Membrandicke beeinflußt wird, deutlich zu verringern,
– Kompositmembranen; auf einer asymmetrischen Membran ist eine permselektive Oberfläche aufgebracht. Die Wirkungen beider Membranschichten ergänzen sich gegenseitig.

G.3.2.8.1 Anwendungsbereiche

Die Mikrofiltration hält abfiltrierbare Stoffe, Großmoleküle und Biomassen zurück. Wichtig ist sie als Vorstufe zu Hyperfiltration und vor Rohrscheiben- und Wickelmodulen, um blokkierende Großmoleküle und Flocken weitestgehend abzutrennen. Eine periodische Rückspülung mit Wasser oder Gas erhöht die Standzeit [G.3.53, G.3.54].

Die Ultrafiltration soll partikuläre Stoffe, Kolloide oder Mikroorganismen zurückhalten. Die Ausbeute liegt bei 90–95 %. Es werden Zelluloseazetatderivate, Polymermembranen, aber auch anorganische Membranen angewendet. Zu beachten ist, daß Wickelmodule in diesem Anwendungsfall nicht rückspülbar sind. Bevorzugt werden Tubularmodule [G.3.54].

Bei der Nanofiltration werden mehrwertige Ionen, Härtebildner und organische Stoffe zurückgehalten. Mit ladungsneutralen Stoffen bewirkt ein Siebeffekt und mit geladenen Stoffen eine elektrostatische Wechselwirkung mit der Membran die Trennwirkung. Es werden Wickelmodule und Kompositmembranen mit negativer Oberflächenladung verwendet [G.3.53]. Der Abscheidegrad liegt bei mehrwertigen Anionen um 90–99 % und bei einwertigen Ionen zwischen 30 und 40 %.

Gelöste organische Stoffe, gemessen als Chemischer Sauerstoffbedarf CSB, werden um 90 % zurückgehalten. Die Nanofiltration ist als Vorstufe der Hyperfiltration und vor Eindampfern sehr wirksam [G.3.54].

Die Hyperfiltration, früher mit Umkehrosmose bezeichnet, läßt aufgrund der „dicken" Membran nur die Wassermoleküle bevorzugt diffundieren. Die asymmetrischen Membranen aus Zelluloseazetat oder Polyamid werden zunehmend durch die Kompositmembranen aufgrund des höheren Permeatfluxes der extrem dünnen Trennschicht ersetzt. In Form der Wickelmodule kann die Packungsdichte bis 1000 m²/m³ erreichen. Die Hyperfiltration wird zur Abtrennung organischer Stoffe und zur Entsalzung eingesetzt [G.3.54].

Als Anwendungsbereiche bei der Abwasserbehandlung sind exemplarisch zu nennen:
– Deponiesickerwasserbehandlung [G.3.55, G.3.56, G.3.57],
– Emulsionsspaltung [G.3.9, G.3.58],
– Kreislaufpflege von Bohr- und Schleifölemulsionen [G.3.9],
– Aufarbeitung von ölhaltigen Wässern und Kondensaten [G.3.59],
– Reinigung von Wässern der Fahrzeugwäsche [G.3.9, G.3.55],
– Aufkonzentrierung von Lackbädern [G.3.9],
– Behandlung hochkonzentrierter organischer Abwässer mit schwerabbaubaren Stoffen [G.3.54, G.3.56, G.3.57, G.3.61],
– Abscheidung suspendierter Stoffe in Abläufen der Abwasserbehandlung [G.3.61].

G.3.2.8.2 Permeation, Pervaporation, Elektrodialyse

Bei der Mikrofiltration besteht eine bevorzugt selektive Passage von Wasser durch die Membran. Bei der Permeation wird dagegen eine selektive Passage für eine oder mehrere flüchtige Komponenten in eine Gasphase möglich. Bei der Pervaporation werden flüchtige Stoffe aus einem Flüssigkeitsgemisch abgetrennt, wobei unter Anwendung von hydrophilen Membranen das Wasser selektiv durchtritt und bei organophilen, hydrophoben Membranen die organischen Stoffe passieren [G.3.6, G.3.62]. Bei der Dialyse erlauben die Membranen den Durchtritt von Ionen, nicht von Wasser. Die Dialysemembranen können anionische oder kationische Ladungen tra-

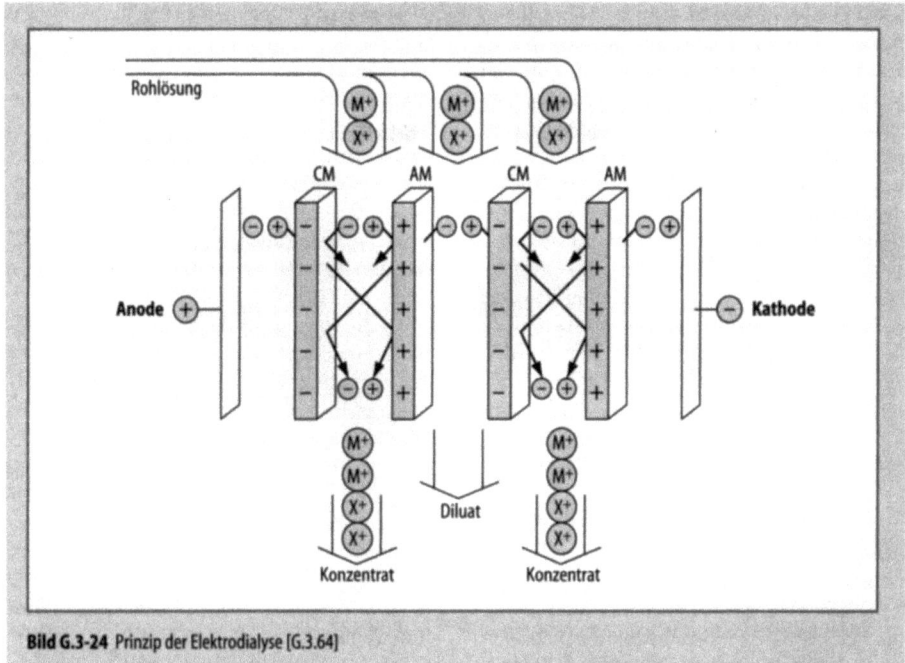

Bild G.3-24 Prinzip der Elektrodialyse [G.3.64]

gen und somit für den Ionentransfer spezifisch wirken [G.3.6, G.3.63].

Die Elektrodialyse ist ein Trennverfahren, bei dem mit Hilfe von Kationen- und Anionen-Austauschermembranen ionogene Bestandteile einer wässerigen Lösung durch die Kraft eines elektrischen Felds abgetrennt und aufkonzentriert werden (Bild G.3-24). Elektrodialyseeinheit besteht aus einer Vielzahl alternierend angeordneter Kationen- und Anionen-Austauschermembranen, die sich zwischen einer Kathode und einer Anode befinden. Beim Anlegen eines Gleichstroms wandern die Kationen durch die Kationen-Austauschermembran in Richtung Kathode und die Anionen durch die Anionen-Austauschermembran in Richtung Anode. Es entsteht wechselweise eine Abreicherung der salzhaltigen Lösung in der Diluatzelle und eine Anreicherung in der Konzentratzelle. Spazer sorgen für die Zu- und Abfuhr der Lösungen.

Mit der Elektrodialyse können die beim Galvanisierprozeß in das Spülwasser verschleppten Salze soweit aufkonzentriert werden, daß sie in das Prozeßbad zurückgeführt werden.

Mit der Elektrodialyse lassen sich Nickel, Kupfer, Zink und Cadmium sowie Härte- und Phosphatiersalze zurückgewinnen.

Als Anoden werden Titan mit Platin und als Kathoden rostfreier Stahl verwendet [G.3.64].

Diese Technologien stellen eine Entwicklungsrichtung dar, die für den prozeßintegrierten Umweltschutz zur Behandlung und Auftrennung komplexer konzentrierter Wässer von sehr großer Bedeutung sein wird.

G.3.3 Biologische Verfahren der Abwasserbehandlung

G.3.3.1 Biologische Grundlagen

Wird ungereinigtes Abwasser in ein Fließgewässer eingeleitet, so bilden die absetzbaren Schlammstoffe in Gebieten mit geringer Strömungsgeschwindigkeit Faulschlammbänke aus. Werden diese Ablagerungen durch Veränderung der Strömung aufgewirbelt, bewirken sie eine schnelle Abnahme der Sauerstoffkonzentration im Gewässer. In gleicher Weise beanspruchen die gelösten Schmutzstoffe des Abwassers den Sauerstoffhaushalt des Gewässers, was sich im Extremfall in einem totalen Fischsterben durch völligen Sauerstoffschwund auswirkt.

Diese Abnahme der Sauerstoffkonzentration im Gewässer beruht auf der Tatsache, daß die biologisch abbaubaren, organischen Schmutzstoffe des Abwassers von den im Gewässer lebenden Mikroorganismen unter Sauerstoffverbrauch zur Energiegewinnung eliminiert werden. Will man daher den Sauerstoffhaushalt vor einer Überlastung schützen, muß man die O_2-zehrenden Stoffe (abwasseranalytisch als BSB_5 erfaßt) und die N-Verbindungen aus dem Abwasser vor der Ableitung in das Gewässer möglichst weitgehend entfernen.

Die Abwasserreinigungsverfahren wurden daher zunächst mit dem Ziel einer Verminderung der BSB_5-Konzentration entwickelt. Folgerichtig mißt man daher auch den Wirkungsgrad einer Kläranlage an der BSB_5-Abnahme bzw. der CSB/ BSB_5-Ablaufkonzentration und bemißt sie nach der BSB_5-Belastung (B_R, B_{TS}) bzw. dem daraus resultierenden Schlammalter. Alle Verfahrensvarianten, die über diese BSB_5-Elimination hinaus das Ziel verfolgen, die biologisch persistenten Stoffe (abwasseranalytisch als Rest-CSB bestimmt) und die eutrophierenden Stoffe (P- und N-Verbindungen) zu erfassen, sind daher der weitergehenden Abwasserreinigung zuzuordnen.

Die absetzbaren Stoffe kann man in der mechanischen Abwasserreinigungsstufe durch Rechen, Absetzbecken, Flotation u. ä. entfernen. Eine Elimination der fein suspendierten, kolloidal und echt gelösten Stoffe ist auf diesem Wege jedoch nicht möglich.

Eine verfahrenstechnische Lösung für eine biologische Reinigung bietet die Natur mit der Selbstreinigung der Gewässer an. Wird Abwasser in ein Gewässer eingeleitet, so bildet sich innerhalb einer gewissen Einarbeitungs- und Adaptationsphase genau die Lebensgemeinschaft an Organismen (Biozönose) aus, die für den Abbau der spezifischen Schmutzstoffe optimal geeignet ist. Die Aufgabe eines biologischen Abwasserreinigungsverfahrens besteht somit darin, den natürlichen Selbstreinigungsprozeß in ein technisches Verfahren umzusetzen, mit dessen Hilfe alle O_2-zehrenden Stoffe aus dem Abwasser vor der Einleitung in ein Gewässer eliminiert werden können. Die an der Selbstreinigung beteiligten Organismen kann man nach ihrem Lebensraum grob in zwei Gruppen einteilen. Die Aufwuchsorganismen besiedeln alle im Gewässer befindlichen Oberflächen, wie z. B. Steine, Wasserpflanzen, Uferbefestigungen, Wehre u. ä. Demgegenüber wird der freie Wasserkörper von suspendierten Organismen wie Bakterienflocken, Plankton, Kleinkrebsen usw. bis hin zu Fischen besiedelt. Da es sich bei der Abwasserreinigung um den mikrobiellen Aufschluß der hochmolekularen Schmutzstoffe handelt, interessiert hier nur die Mikroorganismen-Biozönose.

Nach der Morphologie und den Strömungsverhältnissen des Flusses haben bei kleinem Flußquerschnitt (entsprechend große Aufwuchsfläche im Verhältnis zum Wasservolumen) die Aufwuchsorganismen und im breiten, tiefen Fluß die freischwimmenden Organismen den größeren Anteil am Selbstreinigungsprozeß. Insgesamt ist die Organismenmasse im Verhältnis zum Wasservolumen aber so gering, daß der Selbstreinigungsprozeß nur langsam – innerhalb von Tagen – abläuft.

Für die Umsetzung des Selbstreinigungsprozesses in ein technisches Verfahren bedeutet dies, daß man entweder bei gleicher, langsamer Reaktionsgeschwindigkeit große Reaktorvolumina (z. B. Teiche) bereitstellen, oder die Reaktionsgeschwindigkeit wesentlich erhöhen muß, um gleiche Reinigungsleistungen in kurzer Zeit d. h. in kleinen Reaktionsvolumina zu erzielen.

Zusammengefaßt müssen bei der Entwicklung eines kleinräumigen, biologischen Abwasserreinigungsverfahrens folgende Voraussetzungen erfüllt werden:

1. Erhöhung der Biomassenkonzentration,
2. Deckung des erhöhten O_2-Bedarfs,
3. Gewährleistung eines optimalen Kontakts zwischen Biomasse, Abwasserinhaltsstoffen und gelöstem Sauerstoff.
4. Nichterreichen schädlicher Grenzkonzentrationen von Hemm- und Giftstoffen bzw. Hemmfaktoren im Reaktor.

Um die Selbstreinigungskapazität der frei im Vorfluter suspendierten Organismen zu nutzen, wurde das Belebungsverfahren entwickelt. Verfahrenstechnisch erforderlich ist dafür, daß die Mikroorganismen im Belebungsbecken Aggregationen (Belebtschlammflocken) bilden, die im Nachklärbecken sedimentieren. Trennt man auf diese Weise die Biomasse vom gereinigten Abwasser und führt sie in das Reaktionsbecken zurück, kann man dort eine Anreicherung der Biomassenkonzentration erreicht werden. Diese Kombination von belüftetem Reaktionsraum (Belebungsbecken), nachgeschaltetem Sedimentationsbecken (Nachklärbecken) und Rückführung der abgetrennten Biomasse (Rücklaufschlamm) ist die Grundlage des Belebungsverfahrens. Mit dieser Verfahrenskombination können die für die Intensivierung des Reinigungsprozesses aufgestellten Voraussetzungen erfüllt werden. Die Abtrennung und Rückführung der Biomasse ermöglicht eine hohe Biomassenkonzentration und damit einen hohen Stoffumsatz im Reaktionsbecken (Voraussetzung 1). Der erhöhte O_2-Bedarf kann durch Einsatz maschineller Belüftungseinrichtungen gedeckt werden (Voraussetzung 2). Eine intensive Vermischung der suspendierten Biomasse mit dem Abwasser und dem zugeführten Sauerstoff ist durch geeignete technische Maßnahmen zu erreichen (Voraussetzung 3).

Belebter Schlamm

Der belebte Schlamm ist der eigentliche Träger des biologischen Reinigungsprozesses. In seiner Biomasse ist das enzymatische Potential manifestiert, das zur Umsetzung der hochmolekularen Schmutzstoffe zu den gewünschten anorganischen Endprodukten der Abwasserreinigung bzw. zur Inkorporation in die Biomasse benötigt wird. Darüber hinaus fungieren die Flocken auch als Adsorptionsflächen, an denen biologisch inerte Stoffe gebunden werden können. Die physikalische, chemische und biologische Beschaffenheit der Biomasse wird durch die Abwasserzusammensetzung und das Reinigungsverfahren beeinflußt und kann daher von Anlage zu Anlage und auch innerhalb einer Anlage im Laufe der Zeit unterschiedlich sein.

Die physikalisch-chemische Beschaffenheit

Voraussetzung für die Funktion des Belebungsverfahrens ist die Abtrennung der Biomasse vom gereinigten Abwasser durch Sedimentation im Nachklärbecken. Es können sich im Belebtschlamm auf Dauer nur Organismen behaupten, die absetzbare Flocken bilden, an diese angeheftet sind oder zumindest diese als Lebensraum nutzen. Auch wenn bei neueren Verfahrenstechniken eine Biomassenabtrennung durch Flotation oder Zentrifugation erfolgen sollte, ist eine Flockenbildung notwendig.

Der Belebtschlamm besteht normalerweise aus unregelmäßig geformten Flocken zwischen 50 und 300 µm Durchmesser und einem spezifischen Gewicht > 1.

Die chemische Zusammensetzung des Belebtschlamms wird durch die Biomasse selbst (Bakterien, Protozoen, Pilze) und durch organische (Faserstoffe, Stärkekörner u.ä.) und anorganische (Carbonate, Phosphate, Metallhydroxide, Schluff, Ein- und Anlagerungen bestimmt. Der Anteil der einzelnen Komponenten ist abhängig von der Schlammbelastung (hohe Schlammbelastung = hoher Organismenanteil), der Abwasserbeschaffenheit und dem Wirkungsgrad der Vorklärung. In Anlagen ohne Vorklärung (z.B. Belebungsgräben) enthält der Belebtschlamm besonders hohe Anteile an anorganischen und inerten, organischen Stoffen. Die organische Trockensubstanz (oTS) liegt bei Anlagen mit Vorklärung zwischen 70 und 85 %.

Die biologische Beschaffenheit

Die Ausbildung der Belebtschlammflocken kann sehr unterschiedlich sein. In schwach belasteten Anlagen findet man mehr kompakte Flocken, die meist einen dunkleren Kernbereich und eine hellere Randzone erkennen lassen (Bild G.3-25). Der innere Bereich besteht überwiegend aus anorganischem Material (z.B. Calciumphosphat, Eisen- und Aluminiumhydroxid) und unbelebten organischen Stoffen. Die Randzonen bilden die lebenden, aktiven Organismen, die in eine schleimartige Matrix eingebettet sind. In hoch belasteten Anlagen bilden die Flocken oft sternförmige Auswüchse der Randzonen, in denen die einzelnen Bakterien zu sehen sind (Bild G.3-26).

Aktiv am aeroben Reinigungsprozeß beteiligt können nur die Flockenanteile sein, in die sowohl die gelösten Schmutzstoffe als auch der Sauerstoff diffundieren kann.

Die geringe morphologische Differenzierung der Organismen in der Belebtschlammflocke gibt

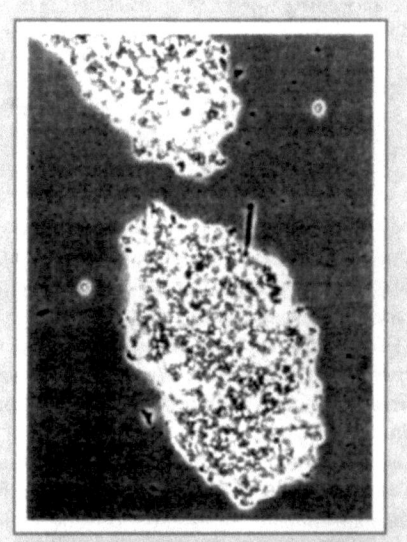

Bild G.3-25 Kompakte Belebtschlammflocke aus schwachbelasteter Belebungsanlage

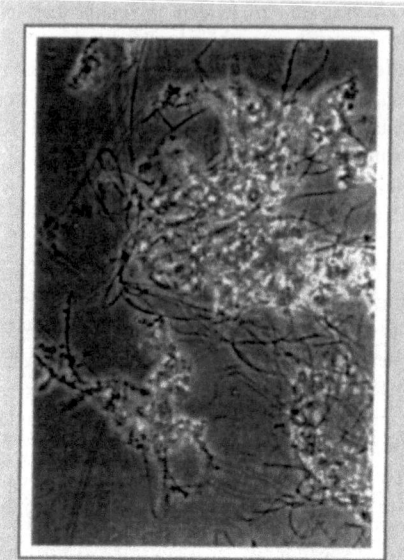

Bild G.3-26 Locker strukturierte Belebtschlammflocke aus hochbelasteter Belebungsanlage

jedoch keinen Hinweis auf die Artenvielfalt der beteiligten Bakterien.

Bei der mikroskopischen Betrachtung eines belebten Schlamms fallen die Protozoen wesentlich stärker als die morphologisch eintönigen Bakterien auf. Trotzdem ist ihr Anteil am Reinigungsprozeß gegenüber den Bakterien nur gering. Da sie sich vorwiegend von Bakterien und feinsten suspendierten Schmutzstoffteilchen ernähren, tragen sie im wesentlichen nur zu einer Verminderung der Trübung des gereinigten Abwassers bei.

G.3.3.1.1 Suspendiertes Wachstum von Mikroorganismen

Die Mikroorganismen (belebter Schlamm) verwandeln die zugeführten Nährstoffe (Zulauf BSB_5) z.T. im Energiestoffwechsel zur Energiegewinnung in anorganische Endprodukte (CO_2, H_2O, NO_3^-), z.T. im Baustoffwechsel in körpereigene Stoffe (Wachstum, Vermehrung), wobei Energie aus dem Energiestoffwechsel benötigt wird (Bild G.3-27).

Die Endprodukte des Energiestoffwechsels und das nicht abgebaute Substrat sind im Kläranlagenablauf enthalten (End-BSB_5). Die Endprodukte des Baustoffwechsels bilden den „Überschußschlamm" und müssen weiter behandelt werden. Von dem Verhältnis der zugeführten Nährstoffmenge (kg $BSB_5/m^3 \cdot d$) zur vorhandenen Mikroorganismenmenge (kg TS/m^3) ist es abhängig, wie hoch die Konzentration an nicht abgebautem Substrat im Ablauf (End-BSB_5) und die Überschußschlammenge ist. Für die Bemessung einer biologischen Reinigungsanlage ist daher die BSB_5-Schlammbelastung (B_{TS}) [kg BSB_5/kg TS · d] bzw. das Schlammalter t_{TS} [d] der wichtigste Wert.

Kohlenstoff- und Energiequellen

CO_2 können außer Mikroorganismen mit Photosynthese nur solche Organismen nutzen, die Energie aus der Oxidation anorganischer Komponenten beziehen. Die Umsetzung von CO_2 in Biomasse ist ein reduktiver Prozeß, der viel Energie verlangt. In diese Stoffwechselgruppe gehören die autotrophen Nitrifikanten wie die Ammoniumoxidierer *Nitrosomonas*, *Nitrosococcus* und die Nitritoxidierer wie *Nitrobacter*, *Nitrococcus*. Diese Bakterien oxidieren NH_4 zu NO_2 bzw. NO_3 und beziehen aus dieser Oxidationsreaktion ihre Stoffwechselenergie. Diese Organismen sind auf eine gute Sauerstoffversorgung in einem Schlamm mit hohem Schlammalter angewiesen.

Alle anderen Mikroorganismen im belebten Schlamm beziehen sowohl Kohlenstoff als auch ihre Energie aus organischen Quellen. Daneben können bestimmte Substanzen in sehr niedrigen Konzentrationen als sog. Wachstumsfaktoren genutzt werden. Dies sind organische Nährstoffe wie Aminosäuren, Purine und Pyrimidine, die in Proteine und Nukleinsäuren eingebaut werden. Ferner fallen darunter Vitamine, die für Coenzyme und prosthetische Gruppen benötigt werden. Wachstumsfaktoren sind essentiell und können nicht selbst synthetisiert werden.

Stickstoffquellen

Stickstoff ist in der Zelle in reduzierter Form enthalten. Viele Mikroorganismen sind auf reduzierte Stickstoffquellen wie Aminosäuren, Pepton oder NH_4 als N-Quellen angewiesen.

Organisch gebundener Stickstoff wird durch die Ammonifikation in NH_4 überführt.

Phosphorquellen

Sowohl organisch als auch anorganisch gebundenes Phosphat kann den Mikroorganismen des belebten Schlamms als P-Quelle dienen. Phosphor kann von vielen Mikroorganismen als Re-

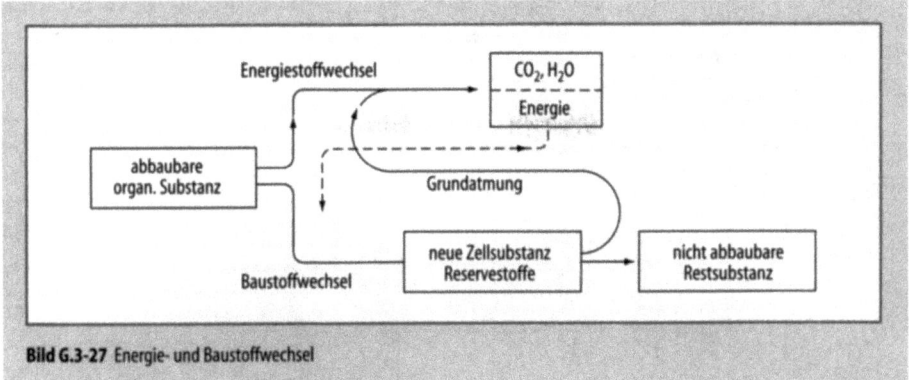

Bild G.3-27 Energie- und Baustoffwechsel

servestoff in Form von Polyphosphat gespeichert werden.

Suspendiertes Wachstum, Wachstumsrate und K_s-Wert

Für das Überleben von Mikroorganismen in einer Biozönose ist grundsätzlich die Wachstumsrate der Organismen unter den gegebenen Milieu- und Substratbedingungen entscheidend. Langfristig wird die Art dominieren, die die höchste Nettovermehrungsrate aufweist. Die gegebenen Bedingungen sind charakterisiert durch Substratkonzentrationen, Sauerstoffgehalt, pH, Temperatur, Turbulenz, Schwerkräfte, Freßfeinde usw. Eine Koexistenz mehrerer Mikroorganismenarten ist dann möglich, wenn sie die gleiche Nettovermehrungsrate aufweisen. Abgesehen von einer „Eingewöhnungszeit", in der sich Organismen auf neue Lebensbedingungen einstellen, wachsen sie unter konstanten Milieubedingungen exponentiell. Die Biomasse nimmt dabei zu nach

$$X(t) = X_0 \, e^{\mu t}$$

wobei X_0 die Biomasse zum Zeitpunkt $t = 0$ darstellt und μ die relative Wachstumsrate mit der Einheit l/t ist.

Die Wachstumsrate ist in erster Linie von der Nährstoff- und auch der Sauerstoffkonzentration abhängig. In Anlehnung an die Enzymkinetik nach Michaelis-Menten wird die Abhängigkeit der Wachstumsrate von der Konzentration eines bestimmten Substrats durch das Monod-Modell beschrieben nach:

$$\mu = \mu_{max} \, S/(K_s + S)$$

wobei μ_{max} die maximale Wachstumsrate ist, die erreicht wird, wenn das Substrat S im Überschuß vorhanden ist und daher nicht limitierend wirkt. K_s ist dabei diejenige Substratkonzentration, bei der die Wachstumsrate gerade $1/2 \, \mu_{max}$ ist.

Als enzymatische Reaktion folgt die Wachstumsrate jedoch in Abhängigkeit vom Substratangebot einer Sättigungskurve.

Bei steigender Substratkonzentration (Bild G.3-28), durch Zunahme der CSB-Konzentration, wird eine maximale Wachstumsrate (μ_{max}) erreicht, die auch bei weiterer Erhöhung des Substratangebots nicht überschritten werden kann. Ein wichtiger Wert zur Charakterisierung der Wachstumskinetik von Mikroorganismen ist der K_s-Wert, der die Substratkonzentration bezeichnet, bei der gerade $1/2 \, \mu_{max}$ erreicht ist. Das Verhältnis μ_{max} zu K_s-Wert ist für die verschiedenen Organismen entscheidend im Hinblick auf ihre wachstumskinetischen Eigenschaften.

Ist die Wachstumsrate in einem kontinuierlich durchflossenen System deutlich kleiner als μ_{max}, dann stellen sich Substratkonzentrationen ein, die $< K_s$ sind. Die sich einstellende Substratkonzentration ist dann näherungsweise proportional zur Wachstumsrate bzw. Durchflußrate

$$S \mu \cdot Ks/\mu_{max} \quad \text{oder} \quad \mu \, S \cdot \mu_{max}/K_s$$

In Bild G.3-29 sind die Wachstumsraten von drei verschiedenen Modellorganismen (MO) als Funktion von S dargestellt. MO_1 hat ein niedriges μ_{max} und einen hohen K_s-Wert. MO_2 dagegen weist ein höheres μ_{max} und einen hohen K_s-Wert auf Das Verhältnis von μ_{max}/K_s von MO_2 ist größer als bei MO_1.

MO_3 wiederum hat eine geringeres μ_{max} und einen geringeren K_s-Wert; das Verhältnis μ μ_{max}/K_s ist jedoch größer als bei MO_2. Daraus ergibt sich, daß MO_2 in der Konkurrenz gegenüber MO_1 bei allen Substratkonzentrationen „gewinnt". Im Gegensatz dazu ist in der Kon-

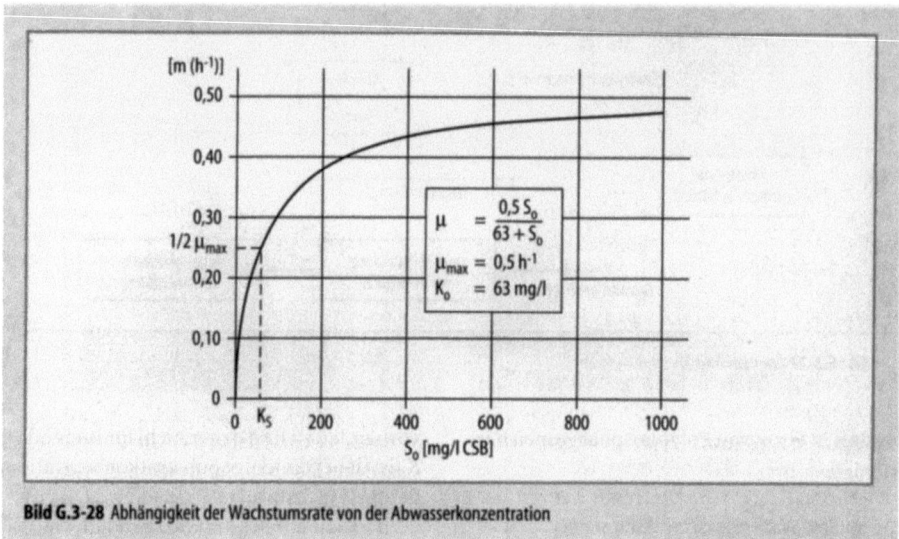

Bild G.3-28 Abhängigkeit der Wachstumsrate von der Abwasserkonzentration

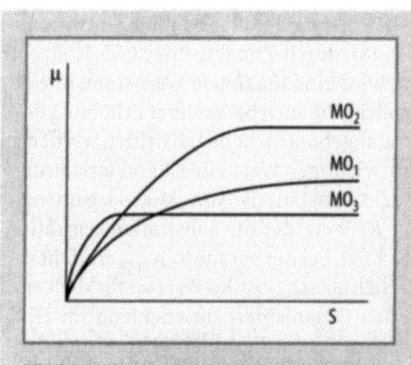

Bild G.3-29 Abhängigkeit der Wachstumsrate von 3 Modellorganismen MO_1, MO_2, MO_3, von der Konzentration des Substrats

kurrenz zwischen MO_2 und MO_3 der Organismus MO_3 bei niedrigen und MO_2 bei hohen Substratkonzentrationen im Vorteil. Bei niedrigen Substratkonzentrationen „gewinnt" MO_3, bei hohen Substratkonzentrationen dominiert letztlich MO_2.

Vergleicht man in Reinkultur gemessene Parameter von typischen Bakterien aus belebtem Schlamm wie:
- *Acinetobacter* (P-Elimination, μ_{max} 0,6 h^{-1}, K_s = 7 mg/l),
- *Citrobacter* (fakultativ anaerobes Enterobacterium, μ_{max} = 0,3 h^{-1}, K_s = 5 mg/l),
- *Typ 021N* (fadenförmiger Blähschlammbildner, μ_{max} = 0,16 h^{-1}, K_s <1 mg/l),

so entspräche im aeroben Milieu das Wachstumsverhalten von Citrobacter dem von MO_1 das von Acinetobacter und das Verhalten von Typ 021N dem des Modellorganismus.

Durch Besetzung unterschiedlicher ökologischer Nischen im belebten Schlamm ist in der Praxis trotz der weit auseinander liegenden μ_{max} und K_s-Werte eine Koexistenz der Arten möglich.

Nimmt man typische Betriebsdaten kommunaler Kläranlagen mit mittlerer bis niederer Belastung, Substratkonzentrationen im Zulauf der Größenordnung von einigen 100 mg/l BSB bzw. ein Schlammalter von 2–10 d an (48–240 h, entsprechend einer Wachstumsrate von 0,5–0,1 d^{-1} (0,02–0,004 h^{-1})) und vergleicht diese Parameter mit den kinetischen Daten der o. g. Organismen, so zeigt sich, daß eine Kläranlage in einem Bereich betrieben wird, in dem die Wachstumsrate weit unter dem maximalen Wert liegt ($\mu << \mu_{max}$). Daher ist die Substratkonzentration in der Anlage und damit auch im Ablauf weit unter K_s ($S << K_s$). Da die Zulaufwerte der Anlagen weit über K_s liegen, folgt, daß die Anlage in dieser Betriebsweise den überwiegenden Anteil des Substrats entfernt. Dagegen würde beim Betrieb mit geringerer Biomasse und geringerem Schlammalter, d. h. in der Nähe von μ_{max} die Reinigungsleistung der Anlage sinken.

Durch Rückführung der Biomasse wird es möglich, das Reaktorvolumen und damit die Aufenthaltszeit zu verringern und trotzdem gute Ablaufwerte zu erzielen. Die Wachstumsrate darf allerdings nicht unter der Rate der Entnahme von Überschußschlamm liegen (Schlammalter), sonst wird der Organismus aus der Anlage eliminiert.

In Belebungsanlagen entspricht der Bakterienertrag der Überschußschlammproduktion. Geht man von der Faustregel aus

Überschußschlammproduktion
0,5–1 kg TS/1 kg abgebauter BSB

und nimmt man an, daß 1 g Glucose etwa 580 mg gemessenem BSB entspricht, so kommt man mit belebtem Schlamm beim Umsatz von BSB in die gleiche Größenordnung für den Zellertrag wie bei Reinkulturen von heterotrophen Bakterien.

G.3.3.1.2 Wachstum auf Trägermaterial

Der *Tropfkörperrasen* ist ein typisches Beispiel für einen Biofilm, d. h. für ein Wachstum reinigender Mikroorganismen auf einem Trägermaterial. Biofilme bzw. Biofilmverfahren werden zunehmend auch für gezielte Abbauprozesse (z. B. Nitrifikation) eingesetzt. Biofilme sind das Resultat der Fähigkeit von Mikroorganismen zur
– Anhaftung und zum
– Wachstum
an Oberflächen. Sie bestehen hauptsächlich aus Wasser (70–90 % des Naßgewichts). Die Organismen werden im Biofilm durch extrazelluläre Polymere (EPS, 70–95 % des Trockengewichts) zusammengehalten; sie liegen dicht nebeneinander und bilden organisierte Konsortien verschiedener Mikroorganismengattungen. Bakterien in Biofilmen sind im Vergleich zu suspendierten Organismen geschützter.

Die ökologischen Vorteile des Wachstums von Mikroorganismen in Biofilmen liegen in
– dem Erhalt/der Anreicherung von Nährstoffen/Spurenelementen in der Gel-Matrix,
– dem Schutz vor
  – pH-Wert-Schwankungen,
  – Salz/Bioizidwirkungen,
  – Austrocknung,
– der Entwicklung von Mikrokonsortien
  – Symbiosen,
  – Aufbau von Nahrungsketten (Abbau von Zellulose, Nitrifikation),
  – ökologische Nischen (anaerobe Zonen in aeroben Biofilmen).

In Bild G.3-30 sind die wesentlichen Konzentrationsverläufe in einem Biofilm dargestellt.

Die aerobe obere Schicht ist durch intensive aerobe Stoffwechselprozesse (Atmung, Nitrifikation und eine hohe Konzentration an Protozoen und Würmern) gekennzeichnet. Die Übergangsschicht aerob-anaerob ist durch eine hohe Lysis-Rate der Mikroorganismen gekennzeich-

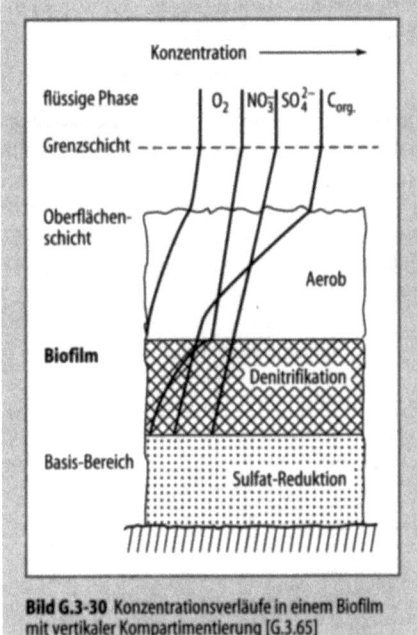

Bild G.3-30 Konzentrationsverläufe in einem Biofilm mit vertikaler Kompartimentierung [G.3.65]

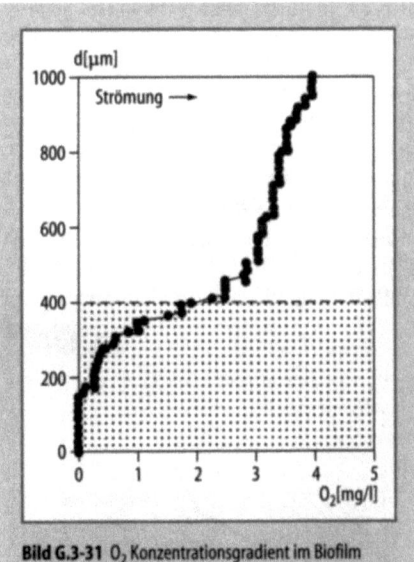

Bild G.3-31 O_2 Konzentrationsgradient im Biofilm (nach [G.3.65])

net. Die tieferen Schichten sind durch anaerobe Milieuzustände und die Parallelität verschiedener anaerober Gärungen charakterisiert. Es finden in erster Linie Versäuerungen wie z. B.

$$CH_3CH_2CH_2COO^- + H_2O \rightarrow 2\,CH_3COO^- + 2\,H^+ + 2\,H_2$$

statt, aber auch Umsetzungen der Sulfate, die prinzipiell wie folgt ablaufen:

$$8\,[H] + SO_4^{2-} \rightarrow H_2S + 2\,H_2O + 2\,OH^-.$$

Eine wesentliche Größe für die Einschätzung der biologischen Aktivität ist die Dichte des Biofilms, der noch mit Sauerstoff versorgt ist (aerobe Stoffwechselvorgänge). Bild G.3-31 zeigt charakteristische O_2-Profile durch Biofilme, die sich beim biologischen Abbau von häuslichem/industriellem Abwasser bilden.

Die Organismen im Tropfkörper

Rieselt Abwasser über die Oberfläche des Tropfkörperfüllmaterials, so entwickelt sich sehr schnell ein feiner Überzug aus Bakterien, Pilzhyphen und Protozoen. Dieser Belag von anfangs < 0,1 mm kann bis auf 10–12 mm Dicke anwachsen.

Dabei tritt eine Differenzierung im Bewuchs und der Nährstoff- und Sauerstoffversorgung auf (Bild G.3-32). Die Masse des Tropfkörperrasens besteht aus Bakterien und Pilzhyphen, die als ein schleimiger Belag die Oberfläche überziehen. In und auf diesem Belag leben Protozoen, niedere Würmer (Nematoden), höhere Würmer (z. B. Borstenwürmer) und Insektenlarven als Sekundärbesiedler, denen der Tropfkörperrasen und adsorbierte Schmutzstoffe als Nahrung dienen. Die Abwasserschmutzstoffe werden beim Kontakt des Abwassers mit dem Tropfkörperrasen an den Oberflächen adsorbiert und gelangen durch die Strudelbewegungen der Organismen und durch Diffusionsvorgänge in die tieferen Schichten des Rasens. In gleicher Weise wird der Sauerstoff aus dem Gasraum über dem Abwasserfilm aufgenommen. Bis zu einer Schichtdicke von ca. 1,5 mm reichen diese Transportmechanismen aus, um den gesamten Rasen mit Nährstoffen und Sauerstoff zu versorgen. Die Abbauprozesse verlaufen dann aerob, die Organismen sind gut mit Nährstoffen versorgt. Nimmt die Schichtdicke des Tropfkörperrasens weiter zu, so tritt in den tieferen Schichten ein Mangel an Nährstoffen und Sauerstoff auf. Die Stoffwechselprozesse werden anaerob, und die Organismen werden nicht mehr ausreichend mit Nährstoffen versorgt. Dadurch erfolgt eine gewisse *Mineralisation* des Tropfkörperrasens, er verliert seine schleimige Konsistenz und damit seine Haftfähigkeit. Diese Teile des Belags lösen sich daher leichter von den Oberflächen und können ausgespült werden.

Neben Bakterien- und Pilzbelägen greifen aber auch die höheren Lebewesen – stärker als im Belebungsverfahren – in den Wirkungsmechanismus des Tropfkörpers ein. Protozoen (Flagellaten, Ciliaten, Rhizopoden), Rädertierchen, Nematoden u. ä. sorgen durch ihre Bewegung und das Herbeistrudeln der Nahrung für Strömungsvorgänge innerhalb der Rasenschicht und begünstigen dadurch den Stoffaustausch und die O_2-Versorgung.

Aber auch höhere tierische Lebewesen, wie Borstenwürmer, Fadenwürmer und Insektenlarven finden hier ihren Lebensraum. Sie ernähren sich von den Bestandteilen des Tropfkörperrasens. Da sie natürlicherweise die besonders dicken Rasenpartien aufsuchen, tragen sie durch ihre Freßtätigkeit und Bewegungsaktivität zur Auflockerung der Beläge bei und wirken so einer Verstopfung entgegen (s. Bild G.3-33).

Eine besondere Rolle spielen dabei die Larven der Tropfkörperfliege (*Psychoda alternata*, Familie der Schmetterlingsmücken). Die wenig flugtauglichen Tropfkörperfliegen können besonders im Sommer in großen Mengen an der inneren Tropfkörperwand emporkriechen und werden dann leicht vom Wind z. B. in nahegelegene Wohngebiete verfrachtet. Eine Massenentwicklung tritt besonders im Sommer auf, da der Entwicklungszyklus stark temperaturabhängig ist.

Wachstum anaerober Mikroorganismen auf Trägermaterialien

Nach heutigem Kenntnisstand ist die vollständige anaerobe Mineralisierung von organischer

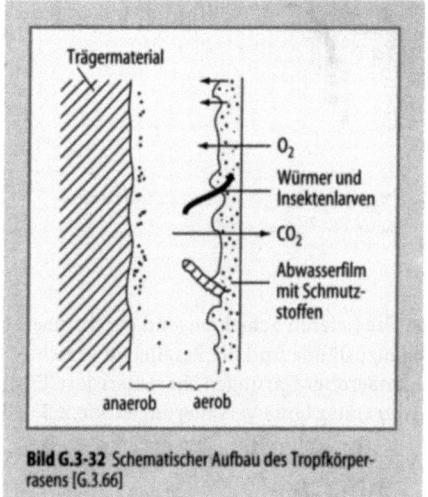

Bild G.3-32 Schematischer Aufbau des Tropfkörperrasens [G.3.66]

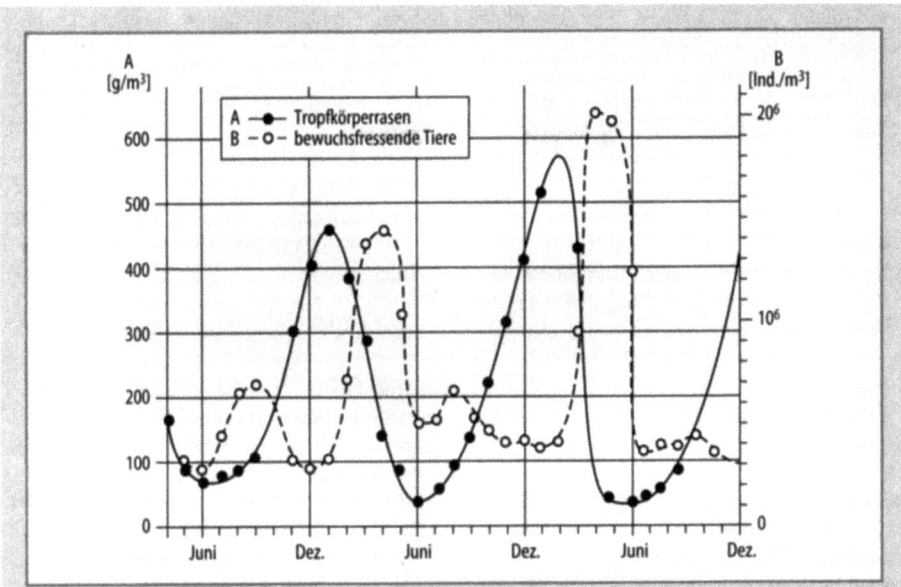

Bild G.3-33 Wechselwirkung zwischen bewuchsfressenden Tieren und Dichte des Tropfkörperrasens in Abhängigkeit von der jahreszeitlichen Temperatur [G.3.67]

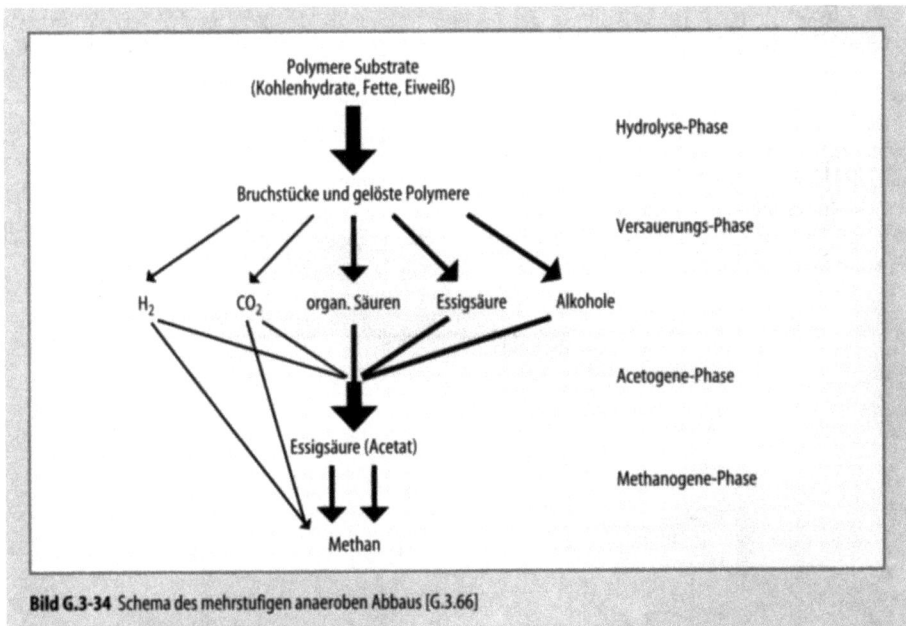

Bild G.3-34 Schema des mehrstufigen anaeroben Abbaus [G.3.66]

Substanz → CH_4 + CO_2 nur möglich, wenn eine enge räumliche und physiologisch miteinander verbundene Mikroorganismen Biozönose vorliegt. Diese aggregieren entweder miteinander zu sog. Pellets (aktivkohleähnliche mm große Partikel) oder wachsen auf Trägern auf. Es erfolgt ein *vierstufiger Abbau* polymerer Stoffe bis zum Methan (s. Bild G.3-34).

1. In der *Hydrolysephase* müssen die hochmolekularen, oft ungelösten Stoffe durch Enzyme in gelöste Bruchstücke überführt werden.
2. In der *Versäuerungsphase* werden von ver-

schiedenen fakultativ und obligat anaeroben Bakterienarten kurzkettige organische Säuren (z. B. Buttersäure, Propionsäure. Essigsäure), Alkohole, H_2 und CO_2 gebildet. Von diesen Zwischenprodukten können die Methanbakterien jedoch nur Essigsäure, H_2 und CO_2 direkt zu Methan umsetzen.

3. Somit müssen in der *acetogenen Phase* die im 2. Abbauschritt gebildeten organischen Säuren und Alkohole zu Essigsäure umgebaut werden. Die acetogenen Bakterien müssen aus reaktionskinetischen Gründen eng mit den Methanbakterien vergesellschaftet sein.
4. In der *methanogenen Phase* wird hauptsächlich aus Essigsäure und H_2 und CO_2 Methan gebildet.

Der Abbau eines komplexen organischen Stoffs zu Methan kann jedoch nur so schnell vonstatten gehen, wie für die methanogenen Bakterien verwertbare Substrate bereitgestellt werden. Der Umbau der „Bruchstücke" in der Versäuerungsphase sowie die Methanbildung aus Acetat in der methanogenen Phase verlaufen i.d.R. ohne Schwierigkeiten.

So gesehen ist die acetogene Phase der geschwindigkeitslimitierende Schritt des Endabbaus.

Da durch die Konzentration an methanisierten Substraten auch die Menge und Zusammensetzung des Faulgases bestimmt wird, kann man aus der Gasentwicklung auch auf die Aktivität der Acetogenen Phase schließen. Die acetatbildende Stufe stellt also für die Vergärung biologisch leicht angreifbarer Polymere den „Flaschenhals" des Stoffumsatzes dar. Bei biologisch schwer abbaubaren Abwasserinhaltsstoffen kann jedoch auch die Hydrolysestufe zum geschwindigkeitslimitierenden Schritt werden. Denn erst dann, wenn die fermentativen Bakterien die Polymere in für die nachfolgenden Bakteriengruppen angreifbare Substanzen zersetzt haben, kann ein vollständiger Abbau bis zu CO_2 und CH_4 stattfinden.

Physiologische Bedingungen der Methangärung

Betrachtet man die wichtigsten physiologischen Randbedingungen anaerober Mikroorganismengesellschaften, so sind neben den physikalischen Bedingungen (Temperatur, pH-Wert, Redoxpotential) das CNP-Verhältnis und die Konzentration an Spurenelementen entscheidend.

Die Bildung von Methan wurde in einem Temperaturbereich von 0–97 °C beobachtet. Aus einer heißen Quelle Islands wurde *Methanothermus spec* isoliert, dessen Temperaturoptimum bei 83 °C liegt. Die Methanbildung im psychrophilen Bereich, d.h. bei Temperaturen zwischen 10 und 20 °C wurde in den letzen Jahren verstärkt untersucht. Die meisten bisher isolierten Methanbakterien haben jedoch ein Temperaturoptimum im mesophilen Bereich von 33–45 °C (s. Bild G.3-35), wenige sind thermophil (Temperaturoptimum 50–55 °C). Wichtig ist die Einhaltung des gewählten Temperaturbereichs, da bereits kleine Temperaturabweichungen drastische Leistungseinbrüche bewirken.

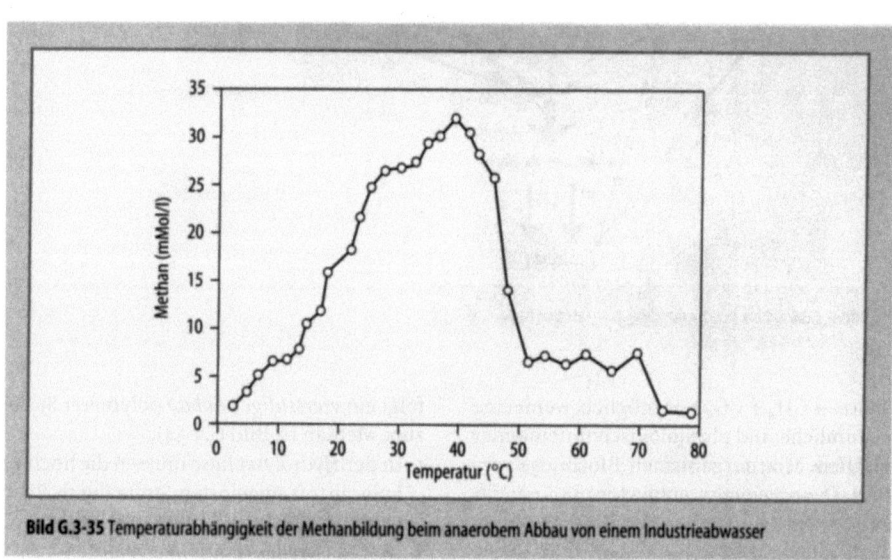

Bild G.3-35 Temperaturabhängigkeit der Methanbildung beim anaeroben Abbau von einem Industrieabwasser

Die meisten Methanbakterien haben ihr pH-Optimum im neutralen Bereich.

Unter pH 6 sinkt die Aktivität der Methanbakterien, während die acidogenen Bakterien noch weiterhin aktiv sind. Dies hat einen weiteren Säureanstieg und schließlich ein Übersäuern der Anaerobanlage zur Folge. Bei pH-Werten > pH 8 inhibieren darüber hinaus Ammoniak und Schwefelwasserstoff die Methanbildung.

Die an der anaeroben Nahrungskette beteiligten Mikroorganismen benötigen, wie alle anderen Mikroorganismen auch, neben organischen Substanzen als Kohlenstoff- und Energiequelle, Nährsalze und Spurenelemente. Das CNP-Verhältnis in der Trockenmasse von Bakterien beträgt etwa 100:28:6. Für Methangärungen werden Werte zwischen 700:5:1 und 400:3:1 als erforderlich angegeben. Spurenelemente wie Nickel, Kobalt, Molybdän. Wolfram und Selen müssen ebenfalls entsprechend ihrer Konzentration in der Bakterientrockenmasse im Nährmedium bzw. Abwasser vorhanden sein (s. Tabelle G.3-8). In der Praxis sind allerdings bei hohen Sulfatgehalten die verfügbaren Schwermetallkonzentrationen aufgrund der Ausfällung schwerlöslicher Sulfide niedriger.

Methanisierung einzelner organischer Verbindungen

Für fast alle organischen Verbindungen lassen sich Disproportionierungsgleichungen zu Methan und Kohlendioxid formulieren:

$$C_nH_aO_h + \left(n - \frac{a}{4} - \frac{b}{2}\right)H_2O \to$$
$$\left(\frac{n}{2} - \frac{a}{8} + \frac{b}{4}\right)CO_2 + \left(\frac{n}{2} + \frac{a}{8} - \frac{b}{4}\right)CH_4$$

Theoretisch ergibt sich hieraus für die Methanisierung von Glucose und anderen Kohlenhydraten ein Methananteil von 50 %, der in der Praxis aufgrund der CO_2-Löslichkeit in Wasser höher liegt. Für die stark oxidierte Ameisensäure liegt der Methananteil nur bei 25 %, für Methanol und andere Alkohole dagegen bei 75 % (s. Bild G.3-36). Aus der stofflichen Zusammensetzung der Bakterien ergibt sich für die Methanisierung von Klärschlamm ein Methangehalt von 42 %, der in

Tabelle G.3-8 Spurenelementbedarf beim anaeroben Abbau organischer Verbindungen

Element	Konzentrationsbereich (ppm)
Kalium	75 – 250
Schwefel	50 – 100
Natrium	45 – 200
Magnesium	10 – 40
Eisen	10 – 200
Calcium	0 – 75
Nickel	0,5 – 30
Kobalt	0,5 – 20
Molybdän, Wolfram und Selen	etwa 0,1 – 0,35
Zink	0 – 3

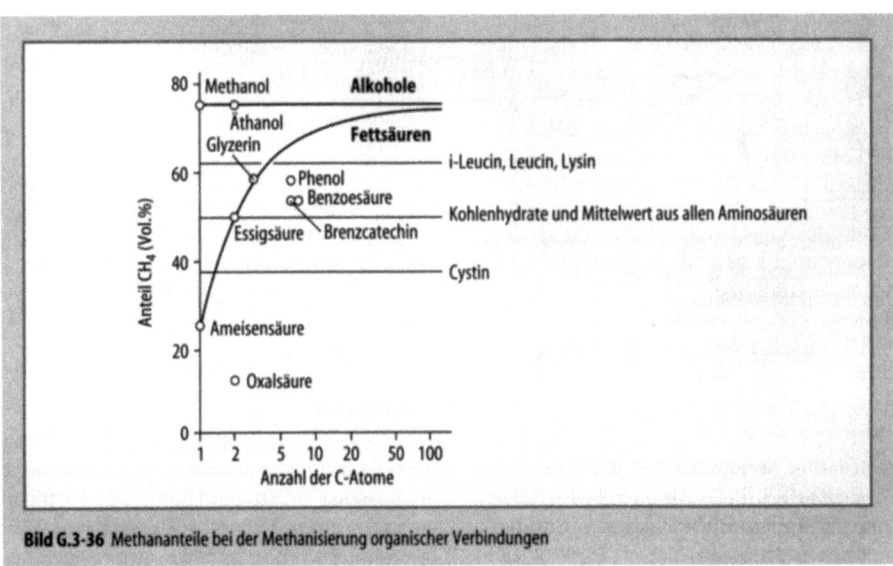

Bild G.3-36 Methananteile bei der Methanisierung organischer Verbindungen

Tabelle G.3-9 Einfluß der chemischen Struktur auf die mikrobiologische Abbaubarkeit

Chemische Substanzklasse	Geringe mikrobiologische Abbaubarkeit
Aliphatische Kohlenwasserstoff	Höheres Molekulargewicht: gesättigt (anaerob)
Halogenierte aliphatische Kohlenwasserstoffe	Verzweigt: polychloriert
Aromatische Verbindungen – Benzoat – Nitroaromaten	Meta-substituiert di- und trintro-substituiert
Halogenierte aromatische Verbindungen	Di- und trisubstituiert: meta-substituiert (aerob) Chlor- und Fluor-substituiert
Polychlorierte Biphenyle (PCBs)	Tetrachloriert
Polymere Verbindungen	Molekulargewicht > 20.000: zahlreiche Seitenketten

der Praxis (CO_2-Löslichkeit) allerdings bei mind. 65 % liegt. Bei der Reinigung organisch hochbelasteter Industrieabwässer werden Methankonzentrationen von 55–85 % im Biogas erreicht.

Grenzen des anaeroben mikrobiologischen Abbaus

Nach dem „Prinzip der mikrobiellen Unfehlbarkeit" sind alle biosynthetisch entstandenen Verbindungen auch biologisch abbaubar. Unter anaeroben Bedingungen gilt dies jedoch nur in eingeschränktem Maße: Bei Kohlenwasserstoffen, Äthern und Lignin wurde unter anaeroben Bedingungen ein sehr langsamer, teilweise Jahre dauernder Abbau beobachtet.

Während sich gesättigte aliphatische Kohlenwasserstoffe unter anaeroben Bedingungen als persistent erwiesen, wurden in den letzten Jahren für ungesättigte Kohlenwasserstoffe zahlreiche Abbaureaktionen beschrieben. Bei polymeren Verbindungen steigt die Persistenz mit zunehmender Molekülgröße, Zahl der Seitenketten und der Substituenten (s. Tabelle G.3-9). Neben der chemischen Struktur entscheiden jedoch auch die Konzentration einer Verbindung und nicht zuletzt ihre Toxizität auf Mikroorganismen über ihre Persistenz.

Für mikrobiell nur langsam metabolisierbare Verbindungen sind optimale physiologische Bedingungen unerläßlich.

G.3.3.1.3 Umsetzungen von Stickstoff und Phosphor

Biologische Stickstoffelimination

Stickstoff ist im Abwasser i.d.R. in reduzierter Form enthalten, d.h. in Form von Eiweiß-, Harnstoff- und Ammoniumverbindungen. Um die Gesamtheit dieser Stickstofffracht (Ges.-N, TKN) aus dem Abwasser auf biologischem Wege zu entfernen, müssen mehrere unterschiedliche Stoffwechselprozesse, die von verschiedenen Bakterienarten durchgeführt werden, harmonisch ineinander greifen. Die Abfolge dieser Stoffwechselschritte soll erläutert werden.

Ammonifikation

Unter Ammonifikation versteht man die Umsetzung der Eiweiße und des Harnstoffs (s. Reaktionsgleichung) bis zum Ammonium (NH_4^+) bzw. Ammoniak (NH_3).

$$O=C\begin{array}{c}NH_2\\NH_2\end{array} + H_2O \rightarrow 2\,NH_3 + CO_2$$

Diese Prozesse laufen bereits in der Kanalisation und im Vorklärbecken ab. Um die weiteren Schritte verstehen zu können, sollen noch kurz einige Begriffe erklärt werden.

Die *aerobe Energiegewinnung* erfolgt hauptsächlich durch die Reaktion von Wasserstoffionen, wobei als „Wasserstoffdonator" (bzw. Elektronendonator) organische und anorganische Substrate und als „Wasserstoffakzeptor" (bzw. Elektronenakzeptor) Sauerstoff und z.B. Nitrationen fungieren. Da diese Stoffwechselprozesse durch Enzyme gesteuert werden, gilt die von Monod und Michaelis-Menten erkannte Gesetzmäßigkeit der Abhängigkeit der *Stoffwechsel-* bzw. *Wachstumsgeschwindigkeit* von der Substratkonzentration.

Nitrifikation

Die aeroben, heterotrophen Bakterien gewinnen sowohl die Energie als auch den Kohlenstoff aus organischen Substraten (BSB_5). Die Nitrifikanten haben ihren Stoffwechsel dagegen in der Weise verändert, daß sie an Stelle organischer Stoffe

Ammonium als H-Donator verwenden. Da sie außerdem noch anorganisches CO_2 als Kohlenstoffquelle nutzen, ordnet man sie den autotrophen Bakterien zu, d.h., sie benötigen keine organischen Stoffe zum Leben wie die heterotrophen Organismen.

An der Oxidation vom Ammonium zum Nitrat sind immer zwei Bakteriengruppen beteiligt, die Ammoniumoxidierer (z.B. *Nitrosomonas*) und die Nitritoxidierer (z.B. *Nitrobacter*), die folgende Reaktionsschritte durchführen:

Nitrosomonas:
$$NH_4 + 1{,}5\,O_2 \rightarrow NO_2^- + H_2O + 2\,H^+$$

Nitrobacter:
$$NO_2^- + 0{,}5\,O_2 \rightarrow NO_3^-$$

$$NH_4^- + 2\,O_2 \rightarrow NO_3^- + H_2O + 2\,H^+$$

Insgesamt werden also durch die Stoffwechseltätigkeit der Nitrifikanten Ammoniumverbindungen unter O_2-Verbrauch zu Nitrat oxidiert, wobei H^+-Ionen entstehen, die eine Absenkung des pH-Werts bewirken.

Der Energiegewinn aus der Oxidation der anorganischen Stoffe ist für die Nitrifikanten jedoch sehr gering, was z.B. in dem geringen Zellertrag pro umgesetztes Substrat zum Ausdruck kommt. So benötigt das heterotrophe Bakterium *Escherichia coli* zur Bildung von 1 g Zelltrockenmasse nur 2 g Glucose, das autotrophe Bakterium *Nitrosomonas* dagegen 30 g NH_3. Daraus resultiert auch die langsame Wachstumsgeschwindigkeit der Nitrifikanten, die außerdem stark temperaturabhängig ist. In Tabelle G.3-10 sind die max. Wachstumsraten (l/d), d.h. die Anzahl der Teilungen pro Tag und die sich daraus ergebenden Generationszeiten (h), d.h. die Zeit zwischen den Teilungsschritten, in Abhängigkeit von der Temperatur dargestellt.

Den für das Wachstum erforderlichen Kohlenstoff beziehen die Nitrifikanten aus dem reichlichen CO_2-Angebot, das beim BSB_5-Abbau durch die heterotrophen Bakterien anfällt.

Der Sauerstoffbedarf für die Nitrifikation läßt sich aus der Reaktionsgleichung

$$NH_4^+ + 2\,O_2 \rightarrow NO_3^- + H_2O + 2\,H^+$$

berechnen. Er beträgt 4,6 g O_2/g $NH_4 - N$.

Einflußparameter auf die Nitrifikation
Die Nitrifikation von Abwässern mit hohen Ammoniumkonzentrationen bereitet solange keine Schwierigkeiten, wie ein ausreichendes Schlammalter vorhanden ist, keine toxischen Inhaltsstoffe auftreten, ein gleichmäßiger Abwasseranfall hinsichtlich Konzentration und Menge vorhanden ist und stabile Betriebsbedingungen (Sauerstoffgehalt, Temperatur, pH-Wert) eingehalten werden können. Da hochkonzentrierte Abwässer jedoch hauptsächlich im industriellen Bereich auftreten, sind die o.g. Voraussetzungen hier selten erfüllbar. Jede Instabilität birgt jedoch gerade bei konzentrierten Abwässern die Gefahr einer unvollständigen Nitrifikation bis zum völligen Erliegen der Abbauprozesse.

Einfluß des pH-Werts
Wie die Reaktionsgleichung zeigt, werden bei der Nitrifikation H^+-Ionen gebildet, durch die der pH-Wert beeinflußt wird. Die H^+-Ionen reagieren mit den Hydrogencarbonationen im Wasser, wobei Kohlendioxid entsteht

$$H^+ + HCO_3^- \rightarrow CO_2 + H_2O\,.$$

Das CO_2 wird jedoch durch die Belüftung weitgehend ausgeblasen, so daß der pH-Wert bei normalen NH_4-Konzentrationen und nicht zu weichem Wasser kaum verändert wird. In besonderen Fällen (Wasser geringer Härte, hohe NH_4-Konzentrationen) kann der pH-Wert jedoch deutlich absinken, wodurch besonders die Nitrifikation selbst gehemmt wird, wenn der optimale pH-Bereich von 7,5 – 8,5 unterschritten wird.

Tabelle G.3-10 Wachstumsraten der Nitrifikanten in Abhängigkeit von der Temperatur

Temp. [°C]	Nitrosomonas		Nitrobacter	
	l/d	h	l/d	h
10	0,29	82,6	0,58	41,4
20	0,76	31,6	1,04	23,1
30	1,97	12,2	1,87	12,8

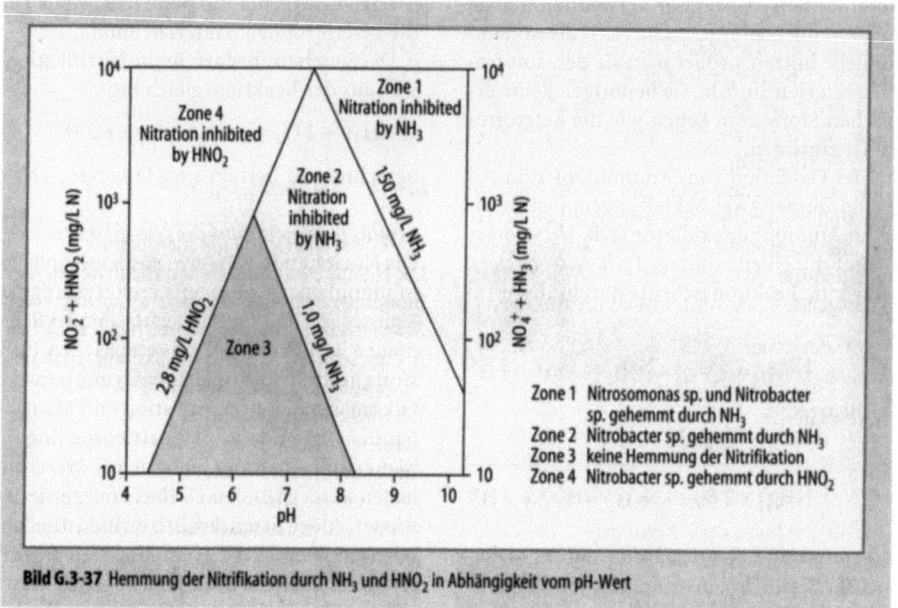

Bild G.3-37 Hemmung der Nitrifikation durch NH$_3$ und HNO$_2$ in Abhängigkeit vom pH-Wert

Außerhalb des pH-Bereichs von 7,5–8,5 entstehen vermehrt die undissoziierten Formen von Ammonium (NH$_3$) und Nitrit (HNO$_2$). Bei einem Abfall des pH-Werts in einem System und in Anwesenheit von Nitrit liegt Nitrit in der undissoziierten Form (HNO$_2$) vor. Bei höheren pH-Werten im System liegt Ammonium als Ammoniak (NH$_3$) vor.

Beide undissoziierten Verbindungen sind toxisch für die Nitrifikation. Ab einer Konzentration > 2,5 mg/l HNO$_2$ wird die Umsetzung von Nitrit zu Nitrat signifikant beeinflußt. Für die Ammoniakkonzentration wurde als Grenzwert 150 mg/l ermittelt, bei dessen Überschreitung die Umsetzung von Ammonium zu Nitrit gehemmt wurde. Die Umsetzung von Nitrit zu Nitrat wurde schon bei Ammoniakkonzentrationen > 1 mg/l gehemmt. Bild G.3-37 zeigt die Hemmung der Nitrifikation durch die undissoziierten Formen in Abhängigkeit vom pH-Wert.

Nitritakkumulation

Eine enge physiologische Verknüpfung der Bakteriengruppen *Nitrosomonas* und *Nitrobacter* ergibt sich besonders aus der Tatsache, daß hohe Ammoniumkonzentrationen auf *Nitrobacter* toxisch wirken, d. h. *Nitrosomonas* muß für *Nitrobacter* nicht nur das Nitrit bereitstellen, sondern auch hohe NH$_4$-Konzentrationen abbauen.

Bei manchen Abwasserarten erfolgt die Nitrifikation nur bis zum Nitrit. Wie schon erwähnt, reagiert der Nitritoxidierer *Nitrobacter* empfindlich auf hohe NH$_4$-Konzentrationen. Sind im Abwasser die NH$_4$-Konzentrationen so hoch, daß sie nicht sofort durch *Nitrosomonas*-Arten abgebaut werden können, werden die *Nitrobacter*-Arten gehemmt und die Nitrifikation bleibt auf der Nitritstufe stehen.

Hemmung durch toxische Stoffe

Neben dem pH-Wert, der Temperatur und dem Sauerstoffgehalt können auch toxische Abwasserinhaltsstoffe die Nitrifikation hemmend beeinflussen. Die hohe Empfindlichkeit der Nitrifikanten gegenüber toxischen Stoffen erklärt sich aus ihrer geringen Wachstumsgeschwindigkeit. Es gibt eine Vielzahl toxisch wirkender Stoffe, die in einem Gesamtabwasser aber selten genauer identifiziert werden können. Eine Zuordnung des Hemmeinflusses zu bestimmten industriellen Einleitern oder bestimmten Abwasserteilströmen kann dagegen, sofern eine getrennte Erfassung möglich ist, i. d. R. durch Batchversuche erfolgen.

Bild G.3-38 zeigt ein Beispiel, wie durch Batchversuche der Einfluß eines industriellen Einleiters (hier aus der Textilindustrie) auf die Nitrifikationsleistung abgeschätzt werden kann.

Der Ausgangspunkt der Kurven zeigt den Zustand ohne industriellen Einfluß (bei 0 % Textilabwasser), d. h. die N-Umsatzraten bei Belastung eines kommunalen, belebten Schlamms mit aus-

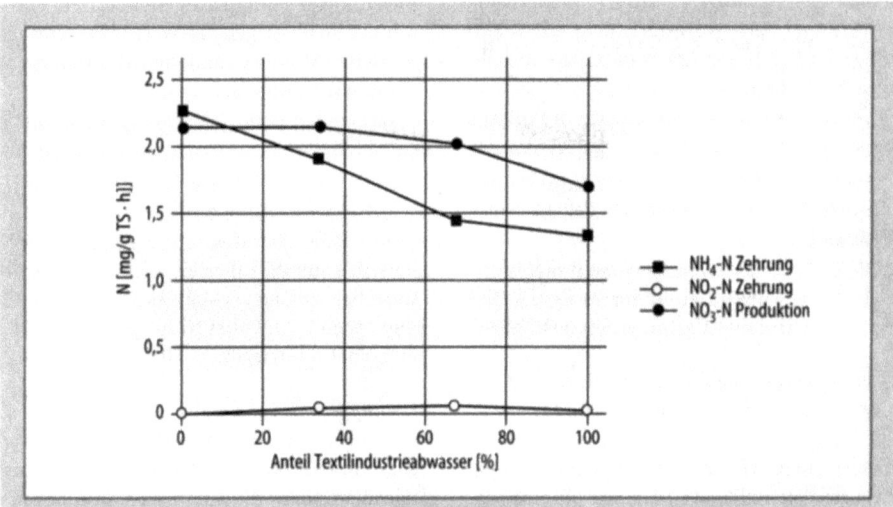

Bild G.3-38 Die Nitrifikationsgeschwindigkeit mit verschiedenen Mischungen Textilindustrieabwasser und kommunalem Abwasser [G.3.68]

schließlich kommunalem Abwasser. In weiteren Ansätzen wurde der Anteil des industriellen Abwassers erhöht. Aus den Kurvenverläufen wird der Hemmeffekt, den das industrielle Abwasser auf die Nitrifikationsleistung ausübt, deutlich.

Eine Adaptation von Nitrifikanten an problematische Abwasserinhaltsstoffe ist möglich. Voraussetzung hierfür ist jedoch, daß die Stoffe in möglichst gleichbleibender Konzentration ständig auftreten. Stoßbelastungen, z.B. aus Reinigungsvorgängen oder Störfällen im Produktionsprozeß, führen nicht zur Ausbildung einer angepaßten Biozönose und sind oftmals für die Beeinträchtigung der Nitrifikation verantwortlich.

Denitrifikation

Im Gegensatz zur Oxidation reduzierter N-Verbindungen bei der Nitrifikation erfolgt bei der Denitrifikation eine Reduktion oxidierter N-Verbindungen (Nitrat, Nitrit) zum elementaren Stickstoff (N_2). Verläuft die Reaktion bis zum Ammonium (NH_4^+), so spricht man von Ammonifikation.

Bei der Denitrifikation dient das Nitration den Denitrifikanten an Stelle des Luftsauerstoffs als terminaler Wasserstoffakzeptor.
Nach der Formel

$$2\ NO_3^- + 2\ H^+ + 10\ [H] \rightarrow N_2 + 6\ H_2O$$

werden von den 10 [H] 10 Elektronen auf die zwei N^{5+} übertragen, wodurch die Stickstoffe zu elementarem Stickstoff (N^0) entladen werden und die 10 H^+-Ionen sich mit den Nitratsauerstoffionen zu H_2O verbinden. Da bei der Denitrifikation organisches Substrat wie bei der Sauerstoffatmung zu CO_2 und H_2O abgebaut wird, bezeichnet man den Prozeß auch als „Nitratatmung!", wie das Beispiel der „Veratmung" von Methanol (als H-Donator) zeigt:

„Sauerstoffatmung":
$$2\ CH_3OH + 3\ O_2 \rightarrow 2\ CO_2 + 4\ H_2O$$

„Nitratatmung" (Denitrifikation):
$$5\ CH_3OH + 6\ NO_3 \rightarrow 5\ CO_2 + 7\ H_2O + 3\ N_2 + 6\ OH^-$$

Da der Energiegewinn bei der „Nitratatmung" gegenüber der „Sauerstoffatmung" um etwa 10 % geringer ist, wird von den Organismen bei Anwesenheit von Sauerstoff (aerobes Milieu) immer die O_2-Atmung bevorzugt und nur bei O_2-Mangel auf Denitrifikation umgeschaltet.

Die Denitrifikanten unterscheiden sich daher im aeroben Milieu nicht von anderen heterotrophen Bakterien. Die Fähigkeit zur Nitratatmung ist jedoch bei vielen Bakterienarten vorhanden, d.h. artenreiche Biozönosen, wie z.B. auch belebte Schlämme, enthalten meist Denitrifikanten.

Für den Ablauf der Denitrifikation lassen sich somit folgende Tatsachen ableiten:
- Im belebten Schlamm sind nach einer Einarbeitungszeit von einigen Tagen Denitrifikanten in ausreichender Menge enthalten.
- Im Wasser muß der Sauerstoff nur in chemisch

gebundener Form als Nitration enthalten sein, gasförmiger Sauerstoff darf nicht zur Verfügung stehen, d. h. es müssen anoxische Verhältnisse herrschen.
- Es müssen biologisch abbaubare organische Substrate als H-Donatoren vorhanden sein.
- Der Nitratstickstoff wird in gasförmigen Stickstoff, der nur begrenzt in Wasser löslich ist, umgewandelt.
- Die H^+-Ionenkonzentration nimmt ab bzw. die OH^--Ionenkonzentration nimmt zu, d. h. der pH-Wert wird zum Alkalischen hin verschoben.

Als *Zwischenprodukte der Denitrifikation* entstehen verschiedene Stickstoffoxide (Bild G.3-39).

Der Mechanismus der Entstehung von Stickstoffmonoxid und Lachgas als Produkte ist noch nicht zufriedenstellend geklärt. Sowohl eine vermehrte NO- als auch N_2O-Entstehung ist unter physiologisch ungünstigen Bedingungen, wie z. B. einem niedrigen pH-Wert, in Gegenwart von toxischen Stoffen oder hohen Sauerstoffkonzentrationen zu finden.

Die *energetische Betrachtung der Denitrifikation* (Tabelle G.3-11) macht deutlich, daß der Energiegewinn der Organismen um so höher ist, je weitgehender sie die verfügbaren N-Oxide reduzieren können. Der Gesamtenergiegewinn verteilt sich unterschiedlich auf die Einzelschritte (Werte bezogen auf je 1 Mol Glucose als Einheit). Beim ersten Schritt vom Nitrat zum Nitrit werden 2/3 des Energiegewinns frei.

Einflußparameter auf die Denitrifikation
Eine funktionierende Denitrifikation in einer Kläranlage ist von vielen Faktoren abhängig. Im folgenden sollen die wichtigsten besprochen werden.

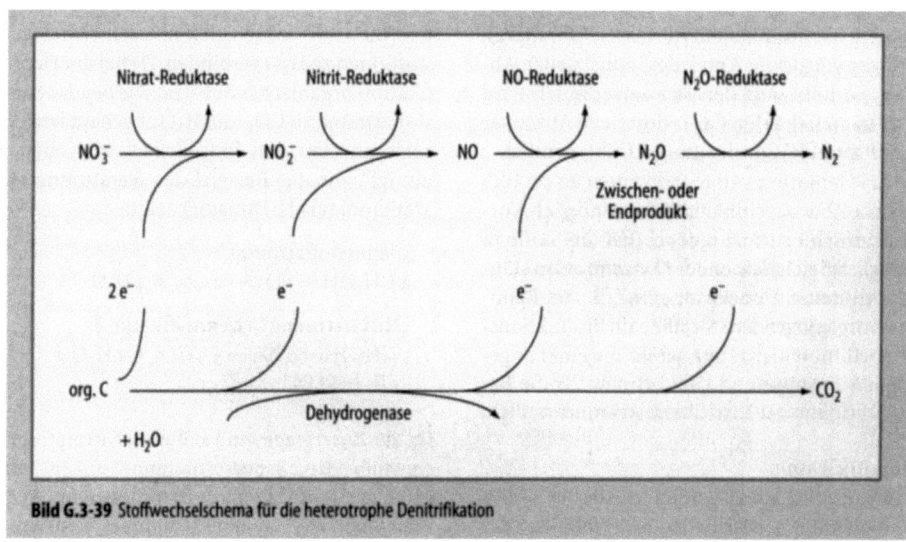

Bild G.3-39 Stoffwechselschema für die heterotrophe Denitrifikation

Tabelle G.3-11 Energiegewinn bei den Zwischenschritten der Denitrifikation bezogen auf 1 Mol Glucose als Substrat

Zwischenschritte	Energiegewinn (kJ/Mol)	NO_3^--Atmung (%)	O_2-Atmung (%)
$NO_3^- \rightarrow NO_2^-$	1946	72	67
$NO_2^- \rightarrow N_2O$	632	23	22
$N_2O \rightarrow N_2$	134	5	4
$NO_3^- \rightarrow N_2$	2712	100	94
O_2-Atmung	2876		100

Substratqualität

Die Denitrifikationsrate belebter Schlämme steht in direktem Zusammenhang mit der Verwertbarkeit der C-Quelle für die Stickstoffreduktion. Die Substratqualität beeinflußt die Geschwindigkeit der Denitrifikation und damit die Menge des denitrifizierbaren Nitrats. Bild G.3-40 zeigt, daß bei zwei verschiedenen belebten Schlämmen eine Palette möglicher Substrate zu sehr unterschiedlichen Denitrifikationsraten führte. Die Denitrifikationsrate war bei Zugabe niederer Fettsäuren immer deutlich höher als mit Alkoholen, beispielsweise Methanol, das als Kohlenstoffquelle oft zum Einsatz kommt.

Einfluß des pH-Werts

Während der Denitrifikation werden OH^--Ionen gebildet, so daß der pH-Wert zum Alkalischen hin verschoben wird. Da bei der Nitrifikation ein Abfall des pH-Werts zu verzeichnen ist, wird die Säurekapazität in einer Kläranlage mit Nitrifikation/Denitrifikation in nur geringem Maße zurückgehen. Der pH-Bereich für die Denitrifikation ist relativ groß (5,8 – 9,2), trotzdem kann durch extreme pH-Werte die Denitrifikation gehemmt werden.

Nitritakkumulation

Die dissimilatorische Denitrifikation erfolgt in verschiedenen Einzelschritten, wobei u. a. Nitrit als Zwischenprodukt entstehen kann. Es gibt Denitrifikanten, die Nitrat nur bis zum Nitrit reduzieren können. Nitrit wirkt hemmend auf heterotrophe Mikroorganismen, d. h. die Denitrifikation kann durch Anwesenheit von Nitrit zum Erliegen kommen. Wie bei der Nitrifikation scheint die undissoziierte Form des Nitrits (HNO_2) auch bei der Denitrifikation die Hemmung zu verursachen. In kommunalen Kläranlagen ist eine Nitritakkumulation, außer bei Anfahrphasen oder Störungen, kaum bekannt. Bei der ungehemmten Reaktion liegt die Umsatzgeschwindigkeit mit Nitrit als Wasserstoffakzeptor ca. 1,5 – 2 mal so hoch wie mit Nitrat, so daß es im Normalfall nicht

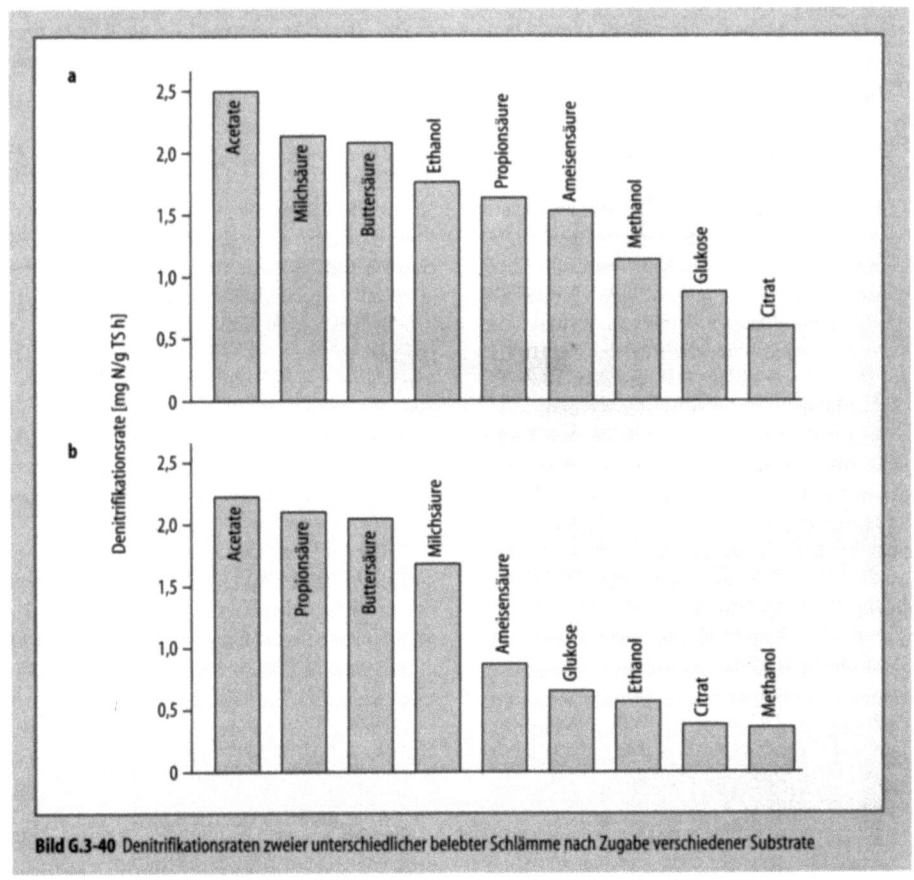

Bild G.3-40 Denitrifikationsraten zweier unterschiedlicher belebter Schlämme nach Zugabe verschiedener Substrate

zu einer Anreicherung von Nitrit kommen kann [G.3.69].

Biologische Phosphorelimination

Phosphor ist ein wichtiges Bioelement; dies verdeutlichen besonders die zahlreichen organischen P-Verbindungen, die am Aufbau lebender Materie grundlegend beteiligt sind (ATP, DNS, RNS, Phosphorlipide usw.). Phosphor wird mit vielen Nahrungs- und Gebrauchsgütern dem Bereich „Mensch und Haushalt" zugeführt. Betrachtet man die verschiedenen P-Austragsmöglichkeiten, so ergibt sich, daß der Hauptstrom über den Kanalisationsweg fließt. Je Einwohner gelangen durch Nahrungsmittelreste und Ausscheidungen täglich ca. 1,9 g P in das Abwasser.

Bei der chemischen P-Elimination werden die Phosphate in schwer lösliche Eisen-, Aluminium- oder Calcium-Verbindungen überführt und durch Sedimentation abgetrennt. Je nach Zugabestelle des Fällmittels unterscheidet man zwischen 3 Verfahren: Vorfällung, Simultan- und Nachfällung. Die Nachteile der chemischen Fällung von Phosphat liegen in den Kosten für den Fällmitteleinsatz, dem zusätzlichen Fällschlamm und in der Aufsalzung der als Vorfluter dienenden Gewässer.

Durch die genannten Nachteile der chemischen P-Elimination gewinnen biologische Phosphoreliminierungsverfahren zunehmend an Bedeutung. Phosphor wird von den Organismen als lebensnotwendiger Nährstoff im Bau- und Energiestoffwechsel benötigt und daher immer aus der Umgebung aufgenommen. In normal belasteten Belebungsanlagen können auf diesem Wege bis zu 30 % des Phosphors aus dem Abwasser im belebten Schlamm gebunden werden.

In den Mischbiozönosen belebter Schlämme sind Mikroorganismen verschiedener Gattungen, wie z. B. *Acinelobacter spec.*, aber auch einige fadenförmige Bakterien, wie z. B. *Microthrix parvicella*, in der Lage, auch ohne vorherigen Mangel Phosphor über den augenblicklichen Bedarf (zum Wachstum) hinaus, aufzunehmen. Der Phosphor wird als Polyphosphatgranula (Volutin) in den Zellen gespeichert und ggf. an die Flocken des belebten Schlamms angebunden.

Die vermehrte biologische Phosphoraufnahme durch aerobe Organismen ist von einem Wechsel zwischen aeroben und anaeroben Lebensbedingungen abhängig. Im Belebungsbecken erfolgt dann eine erhöhte Aufnahme von Phosphat durch Bakterien, wenn im vorgeschalteten unbelüfteten Becken Phosphat freigesetzt wird. Um eine ungestörte Rücklösung von Phosphat unter anaeroben Bedingungen zu ermöglichen, sollte möglichst kein Sauerstoff, auch nicht in gebundener Form in Nitrat, vorliegen.

Bis heute sind die verschiedensten Verfahren entwickelt worden, in denen die Phosphorentfernung entweder im Haupt- oder im Nebenstrom erfolgt. All diese Verfahren beruhen auf einer Modellvorstellung, die im folgenden anhand einer vereinfachten Darstellung erläutert werden soll (Bild G.3-41). Welche Organismen tatsächlich hauptverantwortlich für die biologische Phosphorelimination sind, ist bis heute nicht geklärt. Aus diesem Grund wird i. d. R. von Bio-P- oder Poly-P-Organismen gesprochen. Die Gattung *Acinetobacter* galt lange Zeit als wichtigste polyphosphatspeichernde Organismengruppe. Daher orientiert sich die Modellvorstellung an dieser Bakteriengattung.

In der strikt *anaeroben Stufe* kommt es zum Zusammenwirken von zwei Bakteriengruppen. Fakultativ anaerobe Organismen vergären leicht abbaubare organische Abwasserinhaltsstoffe zu kurzkettigen Fettsäuren (u. a. zu Acetat), die den phosphatspeichernden Organismen als Substrat dienen; diese Organismen sind nach der Modellvorstellung obligat aerob, d. h. sie können nur bei Anwesenheit von Sauerstoff Substrate unter Energiegewinn verwerten und sich vermehren. Sie haben jedoch gegenüber anderen aeroben Bakterien den Vorteil, ihren Polyphosphatspeicher als Energiequelle nutzen zu können, um auch im anaeroben Milieu Reservestoffe, z. B. Poly-β-hydroxybuttersäure (PHB), zu synthetisieren. Die dafür notwendige Energie wird durch den Abbau des Polyphosphatspeichers gewonnen, der mit einer Rücklösung von Phosphat ins umgebende Medium verbunden ist. Aus der Menge des freigesetzten Phosphats kann demnach auf die Aktivität dieses Stoffwechselprozesses geschlossen werden.

Im Zulauf sind z. B. ca. 10–12 mg/l Gesamt-P enthalten, in der wäßrigen Phase der anaeroben Becken können die Orthophosphatkonzentrationen bis auf ca. 50–60 mg/l Phosphat-P ansteigen.

Anhand der Menge an rückgelöstem Phosphat kann man auf den Anteil der biologischen P-Elimination an der Gesamt-P-Elimination schließen, da die Rücklösung im anaeroben Milieu (Entladung von P) in direkter Beziehung zur P-Aufnahme in der aeroben Phase steht.

Die Phosphatrücklösung wird in erster Linie durch den Anteil an leicht abbaubaren gelösten

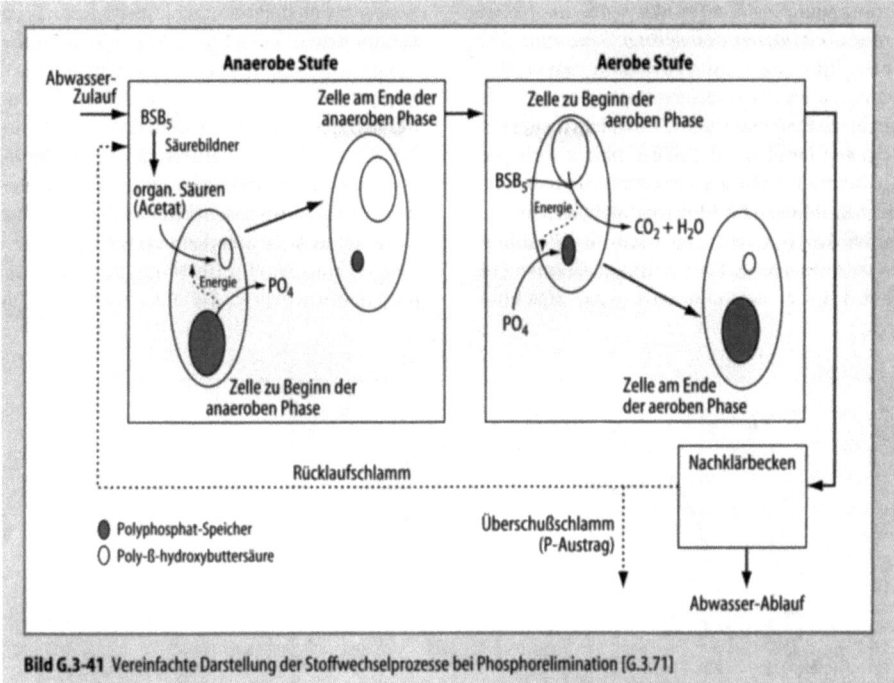

Bild G.3-41 Vereinfachte Darstellung der Stoffwechselprozesse bei Phosphorelimination [G.3.71]

Stoffen, vor allem organischen Säuren, im Zulauf zum Anaerobbecken bestimmt. Für die Elimination von 1 mg/l P werden ca. 20 mg/l leicht abbaubare Substanzen, gemessen als CSB, verbraucht [G.3.70]. Einer der maßgebenden Faktoren ist somit die Zusammensetzung des zufließenden Abwassers. Je größer der Anteil an leicht abbaubarem CSB am Gesamt-CSB ist, desto größer ist die zu erwartende Effizienz der Entfernung von Phosphat.

Gestört wird der Prozeß der Rücklösung durch Nitrat. Ist Nitrat im Bio-P-Becken vorhanden, tritt eine Nahrungskonkurrenz zwischen denitrifizierenden und biologisch P-eliminierenden Organismen auf. In der Regel beginnt die P-Rücklösung erst, wenn streng anaerobe Verhältnisse herrschen bzw. wenn keine Denitrifikation mehr stattfindet.

In der anschließenden *aeroben Stufe* wird der „Energiespeicher" wieder aufgefüllt, in dem von den Organismen Phosphat aus dem Medium aufgenommen und als Polyphosphat in den Zellen akkumuliert wird. Die für diesen Prozeß notwendige Energie wird durch den oxidativen Abbau vor allem der Reservestoffe, aber auch exogener Substrate gewonnen. Die schnell verwertbaren endogenen Substrate (z. B. PHB), die in dieser Stufe als Kohlenstoff- und Energiequelle zum Wachstum dienen, befähigen die Zellen außerdem, sich schnell auf die neuen aeroben Bedingungen einzustellen und sofort mit der Zellvermehrung zu beginnen. So haben die phosphatspeichernden Bakterien einen Konkurrenzvorteil gegenüber anderen Organismen, welche völlig auf externe Substrate angewiesen sind, und können sich in der Biozönose des belebten Schlamms anreichern.

Einflußfaktoren auf die biologische P-Elimination sind neben einer ausreichenden Sauerstoffversorgung in der aeroben Stufe insbesondere die Abwasserqualität des Zulaufs und die Temperatur.

Von besonderer Bedeutung ist dabei der leicht abbaubare Anteil am Gesamt-CSB, der sowohl für die Denitrifikation als auch für die biologische P-Elimination als Substrat zur Verfügung stehen muß. Liegt genügend gut abbaubarer CSB (20 mg/l CSB/l mg P) vor, dann haben über einen weiten Belastungsbereich weder die Phosphorkonzentration im Zulauf noch die Schlammbelastung einen signifikanten Einfluß auf die P-Elimination.

Auch bei günstigen Verhältnissen für eine biologische Phosphorelimination im Abwasser ist nach aktuellem Kenntnisstand *die biologische Phosphorelimination eine Kombination aus Ein-*

lagerung in die Zellen, P-Anlagerung an die Zellen und die Matrix des belebten Schlamms. Versuche (Bild G.3-42) mit radioaktiv markiertem Phosphat ergaben, daß mindestens ca. 15 % des entfernten „eingelagerten" Phosphats locker ein- oder angebunden in der Schlammmatrix vorliegen.

Absinkende Abwassertemperaturen haben auf die sog. biologische P-Elimination in den technischen Anlagen, betrachtet man den P-Ablaufwert der Anlagen, i. d. R. keinen signifikanten Einfluß. Auf die Zusammensetzung der Mischbiozönosen der belebten Schlämme jedoch haben sie einen deutlichen Effekt. Mikrobiologische Arbeiten von [G.3.71] über die wichtigsten Einflußfaktoren auf die biologische P-Elimination in Kläranlagen haben ergeben, daß mit absinkenden Abwassertemperaturen der Anteil der fakultativ anaeroben Bakteriengattungen in den belebten Schlämmen zunehmen und, daß diese bei abnehmenden Abwassertemperaturen auch diejenigen sind, die für die biologische P-Elimination verantwortlich sind. Bild G.3-43 dazu zeigt,

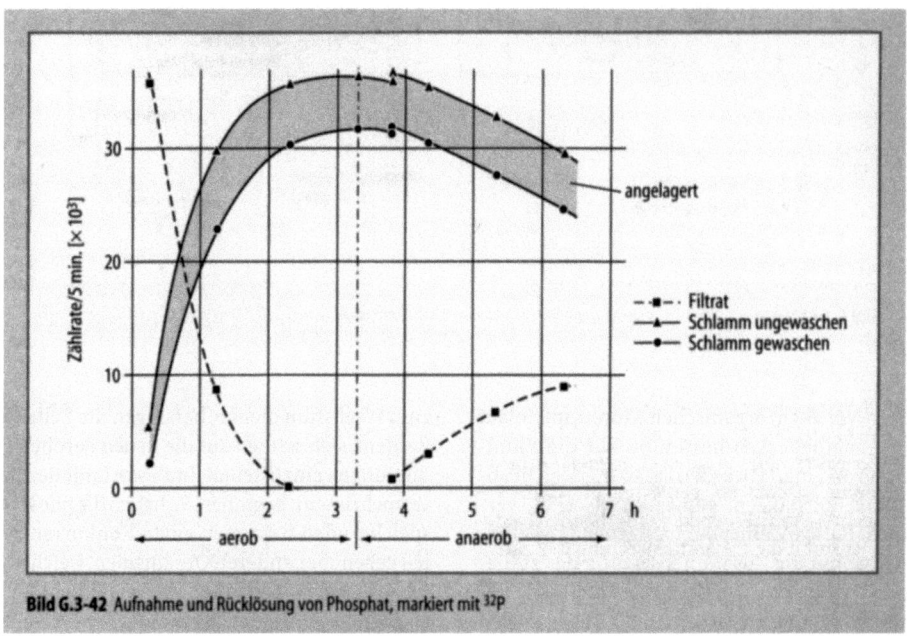

Bild G.3-42 Aufnahme und Rücklösung von Phosphat, markiert mit ^{32}P

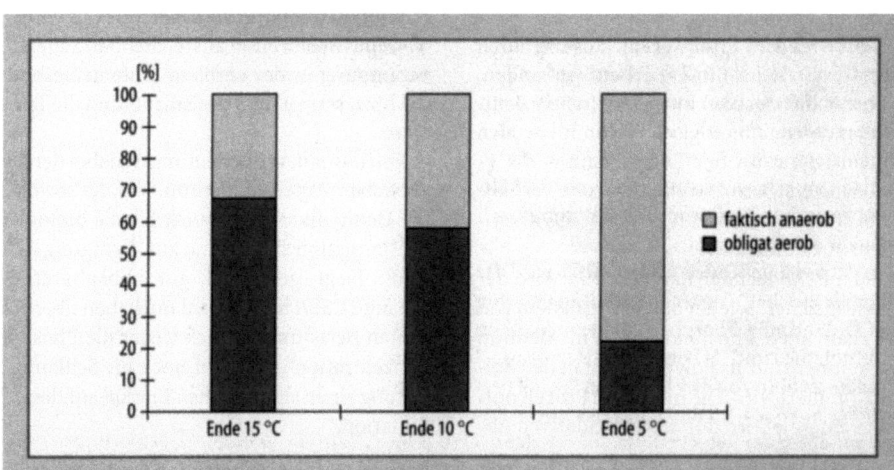

Bild G.3-43 Anteil der aeroben und der fakultativ anaeroben bzw. fermentativen Isolate an den insgesamt polyphosphatspeichernden Stämmen bei verschiedenen Temperaturen [G.3.71]

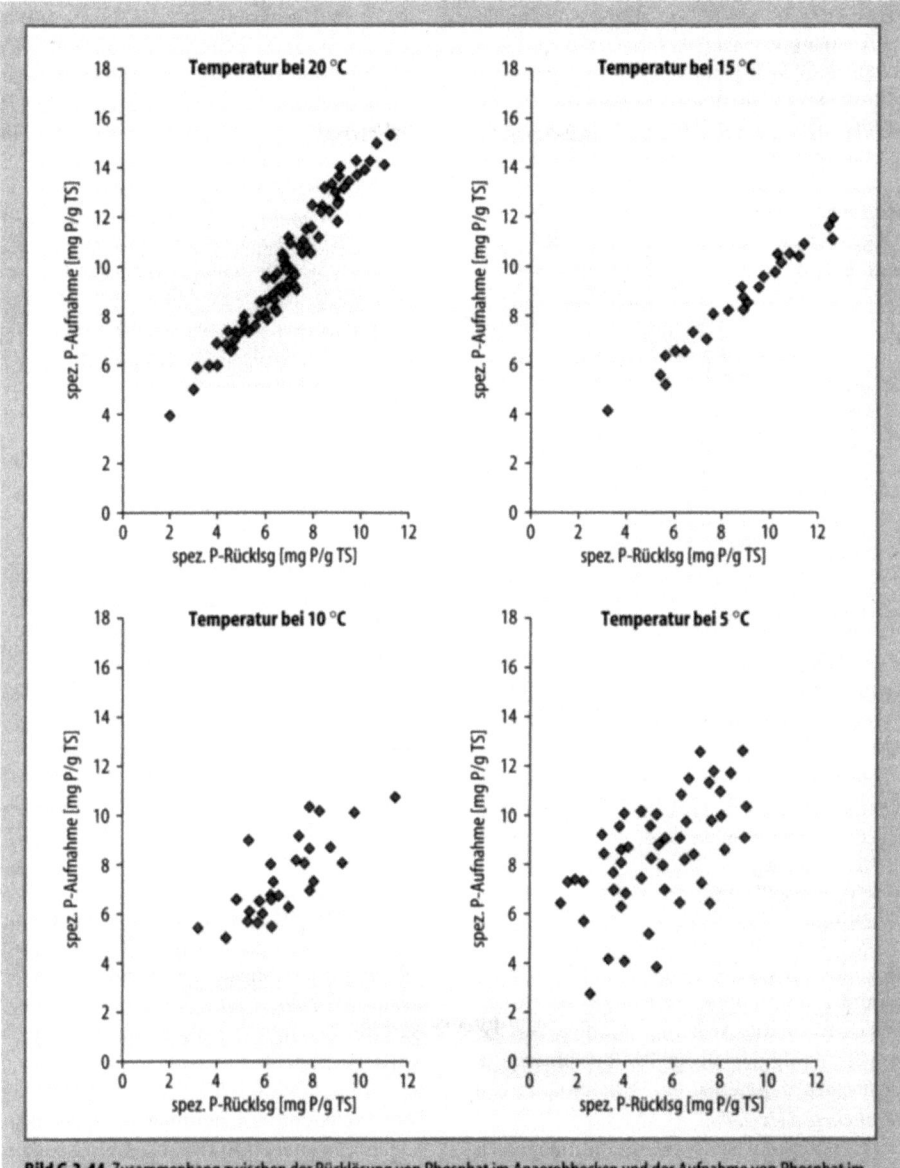

Bild G.3-44 Zusammenhang zwischen der Rücklösung von Phosphat im Anaerobbecken und der Aufnahme von Phosphat im Belebungsbecken bei Temperaturen zwischen 20 und 5 °C [G.3.71]

daß mit abnehmender Abwassertemperatur der Anteil an obligat aeroben Bakterien an der Gruppe der Bio-P-Organismen deutlich abnimmt.

Damit verknüpft ist darüber hinaus auch die Auflösung der Gültigkeit des Mechanismus der P-Elimination bei kälteren Temperaturen. Bild G.3-44 demonstriert, daß sich mit der Abnahme der Temperatur in den biologischen Reinigungsstufen die Abhängigkeit zwischen spezifischer P-Rücklösung und P-Aufnahme auflöst.

G.3.3.1.4 Ursachen und Bekämpfung von Bläh- und Schwimmschlamm

Zustandsbeschreibung auf den biologischen Kläranlagen

Das Belebungsverfahren als biologische Reinigungsstufe hat sich weltweit in den letzten Jahrzehnten durchgesetzt. Verfahrenstechnisch ist es für eine effiziente Reinigung allerdings notwendig, daß einerseits ein möglichst aktiver Schlamm im Belebungsbecken reinigt, d. h. die Abwasserinhaltsstoffe veratmet und nitrifiziert, andererseits die stoffwechselaktiven Mikroorganismen in einer aggregierten Form „immobilisiert" vorliegen. Dann können sedimentierbare Flocken gebildet werden, die sich im Nachklärbecken gut absetzen.

Die Voraussetzung dafür, daß sich die Mischbiozönose der belebten Schlämme überhaupt in Form von Flocken zusammenschließt und auf einem mineralischen Kern quasi aufwächst, ist die geringe Substratkonzentration, unter der die Organismen im Belebungsbecken leben. In einem volldurchmischten Becken entspricht dabei die Substratkonzentration für die Bakterien der im Ablauf. Ist die Substratkonzentration hingegen deutlich erhöht, wie z. B. bei Stoßbelastungen, werden viele neue Bakterien gebildet und der Anteil an frei vorliegenden, nicht in Flocken gebundenen Bakterien nimmt nicht selten deutlich und signifikant zu. Dabei kann es sich auch um fadenförmig wachsende Organismen handeln, die sowohl bei sehr hohen als auch bei sehr niedrigen Substratkonzentrationen Wachstumsvorteile gegenüber den flockig wachsenden Bakterien erlangen.

Die Probleme, die durch fadenförmig wachsende Mikroorganismen in Abwasserreinigungsanlagen auftreten können, sind:
- Blähschlamm,
- Schwimmschlamm,
- Schaum.

Dabei bilden sich Blähschlamm und Schwimmschlamm in bzw. auf den Belebungs- und Nachklärbecken aus und Schaum sowohl in den belebten Stufen als auch in den Faulbehältern (z. B. im Falle des massenhaften Vorkommens von *Microthrix parvicella*).

Unter *Blähschlamm* wird definitionsgemäß ein belebter Schlamm verstanden, der einen Schlammindex ISV > 150 ml/g TS aufweist, was als Kriterium seiner verminderten Absetzfähigkeit gelten kann.

Bei *Schwimmschlamm* flotiert der belebte Schlamm an die Grenzfläche zwischen Wasser und Luft und schwimmt auf der Wasseroberfläche. Die TS-Konzentration ist im Schwimmschlamm i. d. R. sehr hoch (TS-Konzentrationen bis zu > 30 gTS/,l" kommen vor). Die Biomasse liegt stark verdichtet vor, mit relativ hoher Viskosität und die Schwimmschlammschicht kann bis zu mehreren 10 cm mächtig werden.

Schaum, d. h. eine stabile, grobblasige, pudding-ähnliche Matrix, ist zum einen eine Übergangsform vom Schwimmschlamm zum mit „Gas aufgeblasenen und viskosen Schwimmschlamm = Schaum", und ist zum anderen aber auch eine eigenständige Erscheinung, verursacht durch wenige fadenförmige Mikroorganismen.

Bei Schaum auf Anlagen, die nicht eingearbeitet werden oder sonst ungewöhnlichen Verhältnissen, wie Störungen usw., unterliegen, handelt es sich i. d. R. um viskose Mikroorganismenanreicherungen, die sich durch eine schlechte Entwässerbarkeit und ihre Überlebensfähigkeit auch im anaeroben Milieu (Faulbehälter) auszeichnen.

Grundlagen

Die Ursachen der Blähschlamm- und Schwimmschlammentwicklung sind letztlich in den Faktoren zu suchen, die eine Verschiebung des biologischen Gleichgewichts im belebten Schlamm zugunsten des massenhaften Vorkommens fadenförmiger Bakterien bewirken. Dafür kommen Nährstoffkomponenten, Temperatureinflüsse, Sauerstoffkonzentrationsunterschiede u. ä. in Frage. Ferner fördern höhere Frachten bestimmter industrieller Indirekteinleiter die Blähschlammneigung in den entsprechenden biologischen Kläranlagen. Zu diesen industriellen Abwässern gehören z. B. Abwässer aus der Lebensmittelindustrie (Molkereien, Brauereien, Getränkeindustrie, Papier- und Textilindustrie). In den biologischen Kläranlagen, in denen die genannten industriellen Abwässer behandelt werden, taucht sehr häufig als dominanter, fadenförmiger Organismus das Bakterium Typ 021 N auf. Selektierend für bestimmte andere fadenförmige Bakterien wie z. B. *Thiothrix spec.*, *Haliscomenobacter hydrossis* wirken Sauerstoffmangelzustände in der Belebung bzw. signifikante Frachten angefaulten Abwassers (Effekt von organischen Säuren, Sulfiden). Auch kann ein Mangel an N und/oder P zum vermehrten Anwachsen fadenförmiger Bakterien führen. Nicht selten wirken auch mehrere Faktoren gleichzeitig, wenn ein Blähschlammereignis auftritt (z. B. beim Anfaulen von kohlehydratreichem Abwasser treten organische Säuren als Produkte auf und es bilden sich Sulfide).

Die biologischen Ursachen für die Durchsetzung fadenförmiger Mikroorganismen in den Mischbiozönosen der belebten Schlämme liegen in den Wachstumscharakteristika der verschiedenen vorhandenen Organismengruppen.

Die Fadenorganismen haben gegenüber den in einer Flocke gebundenen Organismen eine relativ große Oberfläche in bezug auf das Volumen der Zellen. In einem schwachbelasteten, volldurchmischten Becken stehen die Nährstoffe den Organismen ständig nur in einer sehr geringen Konzentration zur Verfügung, woraus eine geringe Wachstumsrate resultiert. Die relativ größere Oberfläche verschafft unter diesen Bedingungen den fadenförmigen Bakterien einen Wachstumsvorteil und wird i. d. R. mit einer hohen Substrataffinität der fadenförmigen Bakterien kombiniert. Der verbleibende Substratrest, der nachbleibt, nachdem die Fadenförmigen in kurzer Zeit sehr viel Substrat aufgenommen haben, ermöglicht dann den flockenförmigen Bakterien nur noch ein eingeschränktes Wachstum. Bild G.3-45 stellt diesen Zusammenhang graphisch dar.

Der fädige Organismus I erreicht seine halbmaximale Wachstumsrate bereits bei einer sehr geringen Substratkonzentration während der kompakte, flockenförmig wachsende Organismus II erst bei erheblich höheren Substratkonzentrationen zu seiner maximalen Wachstumsrate gelangt. Bei niedrigen Substratkonzentrationen (z. B. in Anlagen mit Nitrifikation/Denitrifikation/Bio-P) ist der fädig wachsende Organismus im Wachstumsvorteil und kann sich evtl. durchsetzen.

Bei der Einschätzung der Entwicklung einer Schlammstruktur zu einem flockig oder eher fadenförmig dominierten Schlamm ist aber ferner die Abhängigkeit des Wachstumsverhaltens der Bakterien vom Sauerstoffgehalt zu beachten.

Denn es ist mittlerweile bekannt, daß eine ganze Reihe fadenförmiger Blähschlamm- und Schwimmschlammbildner (allen voran *Microthrix parvicella*) sowohl sehr gut an niedrige Substrat- als auch an niedrige Sauerstoffkonzentrationen angepaßt sind.

Die verfahrenstechnische Lösung zur Blähschlammbekämpfung, folgernd aus diesen grundlegenden Zusammenhängen, war die Empfehlung und erfolgreiche Realisierung von sog. Selektoren (ATV-AG 2.6.1):
- aerobe Selektoren, die bei einer Raumbelastung von $B_R = 10$ kg/m³·d betrieben werden sollten,
- anoxische/anaerobe Selektoren, die für eine Raumbelastung von $B_R = 2,5$ kg/m³·d ausgelegt sein sollten.

Selektoren wurden dann in den letzten Jahren recht erfolgreich eingesetzt, insbesondere dann, wenn die Blähschlammneigung in einer biologischen Kläranlage durch bestimmte industrielle Einleiter verursacht war.

Ende der 80er überwog die fachliche Meinung, daß im Falle kommunaler Anlagen ein Selektoreffekt auch durch ein hochbelastetes anaerobes/anoxisches Vorbecken bei einer biologischen Phosphorelimination erreicht werden könnte. Bei angestrebter Denitrifikation oder biologischer Phosphorelimination im Selektor sollte dieser nur gerührt werden und die Verweilzeiten in solchen (Selektoren) sollten wesentlich länger sein als in einem aeroben Selektor (> 20 – 30 min).

Diese Empfehlungen haben sich in der Praxis insofern als falsch erwiesen, als Bio-P-Anlagen

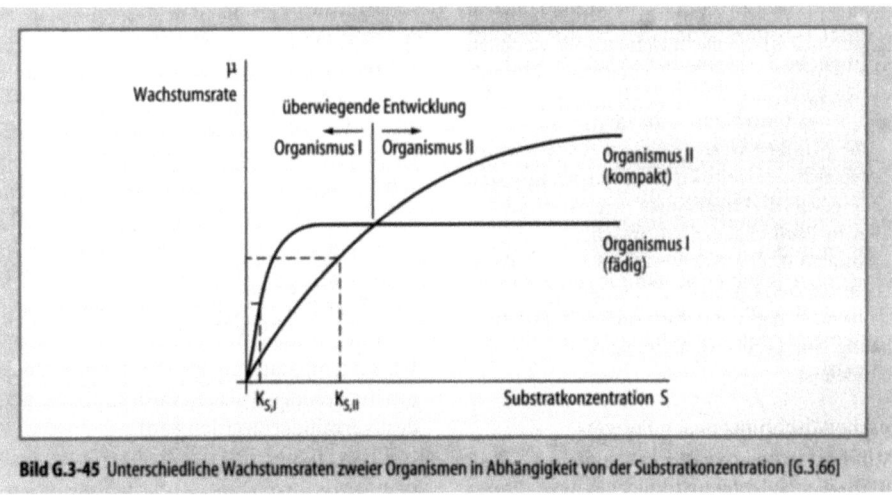

Bild G.3-45 Unterschiedliche Wachstumsraten zweier Organismen in Abhängigkeit von der Substratkonzentration [G.3.66]

mit sehr spezifischen Problemen durch fadenförmig wachsende Mikroorganismen zu tun haben, die sich nicht den „klassischen" Vorstellungen über den Zusammenhang von Wachstumsrate und Substratkonzentration fadenförmiger und flockig wachsender Mikroorganismen [G.3.72] zuordnen lassen.

Besonderheiten der Schlammstruktur in biologischen Kläranlagen mit N- und P-Elimination

Die spezifischen Probleme bestehen in:
– Schwimmschlamm, häufig verursacht durch *Microthrix parvicella*,
– Schaum auf den Becken und in den Faulbehältern,
– die Tendenz zur Bildung von Schäumen.

Ein wesentlicher Unterschied zur Schlammstruktur in den früheren Anlagen liegt in der Stabilität der Schäume, die mechanisch bisher kaum zu zerstören sind. Sie sind meist schokoladenbraun und sehr viskos. Die Biomasse der Schäume besteht aus verschiedenen fadenförmigen Mikroorganismen, die i. d. R. in eine viskose Matrix eingebettet sind. Die schäumende Biomasse überlebt auch in den Faulbehältern, so daß diese z.T. erheblich schäumen. In Extremfällen führt dies dazu, daß nur ein Teil des Faulbehältervolumens genutzt werden kann, da sonst die Faulbehälter im wahrsten Sinne des Wortes „überlaufen".

Eines der wesentlichen Ergebnisse einer Umfrage und Untersuchung, die von uns 1994/95 zum Problem „Schaum in Faulbehältern" in Norddeutschland durchgeführt wurde, ist der Befund, daß das Schäumen in den Faulbehältern mikrobiell verursacht ist. Die Mikroorganismen wachsen fadenförmig und weisen i. d. R. deutlich hydrophobe Zelleigenschaften auf. Sie wachsen in den belüfteten Stufen. Ferner sind sie befähigt, Schwimmschlammschichten an der Grenzfläche zwischen Wasser und Luft aufzubauen, in denen sich einerseits Fett und Tenside usw. und andererseits die Organismen anreichern. Schäumen in Faulbehältern ist ursächlich mit dem Schäumen in den Belebungsbecken verknüpft. Die anaeroben belebten Schlämme entgasen sehr schlecht, so daß mit extremem Schäumen auch häufig eine geringere Methangasausbeute verbunden ist.

Typische Mischbiozönosen fädiger Mikroorganismen in Bio-P-Anlagen

Die umfassende Untersuchung belebter Schlämme aus Nitrifikation/Denitrifikations- und Bio-P-Anlagen ergab, daß im Schlamm und Schaum am häufigsten *Microthrix parvicella* als dominantes fädiges Bakterium zu finden ist. Daneben sind Fäden der Art *Nostocoida limicola II* und/oder Typ 0092 sehr verbreitet. Ferner sind in den Schäumen auf Bio-P-Anlagen NALOs (Nocardia-like organisms) zu finden, die allerdings im Faulbehälter i. d. R. nicht weiter schäumen (wie *Microthrix parvicella*-Schäume).

Die mikroskopische Bestimmung der Fadenpopulationen im belebten Schlamm zeigt, daß sich in Bio-P-Anlagen verschiedene typische Mischbiozönosen ausprägen. Die häufigste ist eine Kombination aus *Microthrix parvicella* (meist dominant), Typ 0092 und *Nostocoida limicola*. Die Mischbiozönose der Fädigen braucht den synergistischen Effekt einer niedrigen Schlammbelastung, eines Wechsels von anaeroben, anoxischen und aeroben Milieuzuständen und eine Abwasserzusammensetzung, die zumindest zeitweise Fett und/oder Tenside enthält. Alle drei Fädige, *Microthrix*, *Nostocoida* und Typ 0092, können unter aeroben Bedingungen Phosphate speichern. Darüber hinaus bildet *Microthrix* wie auch die Bio-P-Organismen im Anaeroben PHB-Granula aus. *Microthrix p.* führt genau wie die flockigen Bio-P-Organismen biologische P-Elimination durch, allerdings wesentlich langsamer als die flockenförmig wachsenden Bakterien.

Der Organismus verwertet leicht abbaubares Substrat in Form organischer Säuren und baut daraus Polyhydroxybuttersäure auf. Mit der Verwertung dieser Reserve in den aeroben Becken bzw. im Schaum erlangt *Microthrix p.* dann schnell seine maximale Wachstumsrate und in der Folge einen entsprechenden Selektionsvorteil in der Mischbiozönose der belebten Schlämme.

Microthrix p. kommt jedoch nicht nur vermehrt in Bio-P-Anlagen vor, sondern auch in Anlagen, die nur biologisch Stickstoff eliminieren. Es wird von *Microthrix* berichtet, daß er auf Stickstoff in reduzierter Form angewiesen ist. Dieser Nährstoffanspruch geht einher mit der Beobachtung, daß *Microthrix p.* in vollständig nitrifizierenden Anlagen tatsächlich seltener zu finden ist. In der Praxis paßt dies mit dem Tatbestand zusammen, daß *Microthrix p.* bei wärmeren Wassertemperaturen, also im Sommer, bei voll nitrifizierenden Anlagen verdrängt oder zumindest vermindert werden kann.

Ein typischer jahreszeitlicher Gang des Vorkommens von *Microthrix p.* ist in Bild G.3-46 dar-

gestellt. Das vermehrte Vorkommen von *Microthrix p.*, mit einem deutlichen Effekt auf den ISV, stellt sich eindeutig in Abhängigkeit der Wassertemperatur ein. Bei der für das Bild ausgewerteten Anlage handelt es sich um eine, die nicht ganzjährig voll nitrifiziert und denitrifiziert. Entsprechend sind insbesondere im Winter optimale Bedingungen für *Microthrix p.* gegeben mit
- niedriger Wassertemperatur,
- Angebot an reduziertem Stickstoff,
- Angebot an kurzkettigen organischen Säuren.

(Insbesondere der letztgenannte Punkt ist speziell in Bio-P-Anlagen als zusätzlicher Selektionsfaktor gültig.)

Auch *Nostocoida limicola II* kann Bio-P-Anlagen insofern als ökologische Nische nutzen, als der Organismus besonders befähigt ist, anaerobe Zustände zu überleben. Er kann sich ferner in Schaumschichten anreichern, da *Nostocoida limicola* aktiv oberflächenaktive Substanzen wie Lipide und Phospholipide ausscheidet.

Typ 0092 wurde schon früher als ein typischer Blähschlammorganismus in industriellen Abwässern, z. B. aus der Fleisch- und Lebensmittelverarbeitung, gefunden. Dabei fiel die Besonderheit auf, daß der Organismus leicht flotiert und auf Fette als Substrat angewiesen ist.

Die beschriebenen 3 Mikroorganismen haben in Kläranlagen mit biologischer Stickstoff- und Phosphorelimination eine neue ökologische Nische gefunden, in der sie sich insbesondere in den Schäumen gut entwickeln können.

Neben dem hier als exemplarisch vorgestellten biozönotischen System gibt es noch eine Reihe weiterer typischer Mischbiozönosen. Sie bestehen bei Abwässern mit höheren durchschnittlichen Abwassertemperaturen um > 25 °C aus z. B. NALOs, Typ 0041 (manchmal auch 021N) und *Nostocoida limicola II*.

Kommen z. B. Sauerstoffdefizite (1 mg/l O_2) in den Anlagen vor, bilden sich Mischbiozönosen aus, die durch die Fädigen *Microthrix parvicella*, *Haliscomenobacter hydrossis* und Typ 1701 charakterisiert werden. Diese mikrobielle Lebensgemeinschaft verursacht eher einen typischen Blähschlamm und eine weniger signifikante Schaumbildung.

Zusammenfassend stellt sich die Situation unter besonderer Berücksichtigung der Anlagen mit weitergehender Reinigung wie folgt dar:
1. Es gibt sehr viel seltener als früher klassischen Blähschlamm. Wenn er auftritt, so ist er nicht ursächlich durch die biologische Stickstoff- und Phosphorelimination bedingt, sondern durch Stoßbelastungen, Industrieeinflüsse, Sauerstoffmangelzustände, selten durch einen N-, häufiger durch einen P-Mangel usw.
2. Die fädigen Mikroorganismen, die sich in Anlagen mit Stickstoffelimination durchsetzen, sind an gering O_2-Gehalte und an ein relativ enges Substratspektrum (z. B. Fettsäuren) angepaßt.
3. Die „leichten" Schlämme in Bio-P-Anlagen haben die Neigung zu flotieren, so daß sie sich typischerweise an der Grenzfläche zwischen

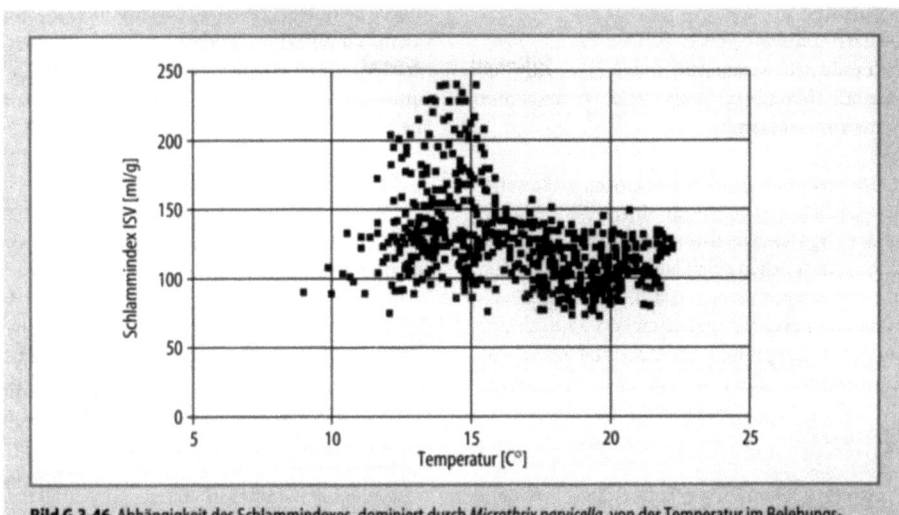

Bild G.3-46 Abhängigkeit des Schlammindexes, dominiert durch *Microthrix parvicella*, von der Temperatur im Belebungsbecken

Wasser und Luft als Schaum- oder Schwimmschlammschicht ausbilden. Die flotierte Biomasse besteht aber nur bei höheren Wassertemperaturen vorwiegend aus Actinomyceten *(Nocardia spec.)*. Typischerweise dominiert *Microthrix parvicella* als Schwimmschlammorganismus.

4. Die typischen Schäume sind z.T. viskos und stabil; sie können in den Faulbehältern weiterschäumen und werden durch oberflächenaktive Substanzen stabilisiert.

Möglichkeiten der Bekämpfung

Blähschlamm
Für die Blähschlamm verursachenden Fäden, die eine – im Verhältnis zur Wachstumsrate der heterotrophen, flockenförmig wachsenden Biomasse – geringere Wachstumsrate und einen kleinen K_s-Wert aufweisen, wie z.B. *Haliscomenobacter hydrossis*, Typ 021 N (mit Einschränkungen), *Thiothrix spec.*, Typ 1701, konnten aerobe Selektoren mit kurzen Schlammkontaktzeiten von max. bis 30 min eine längerfristige Schlammstrukturverbesserung bewirken. Dabei ist entscheidend, daß mind. > 50 % des Rücklaufschlamms über eine hochbelastete Vorstufe geführt werden. Ferner ist wichtig, daß die Substratkonzentration hoch ist ($B_R > 10$ kg/m³· d).

Schwimmschlamm
Grundsätzlich kann ein ausgeprägter Schwimmschlamm durch verschiedene fadenförmige Mikroorganismen verursacht sein, wobei die wichtigsten sind:
- durch Actinomyceten (z.B. *Nocardia spec.)* verursachte Schwimmschlämme,
- durch *Microthrix parvicella* verursachter Schwimmschlamm.

In beiden Fällen gilt, daß Selektoren nicht wirksam sind. Dies ist begründet durch die Fähigkeit beider Organismen, ihre ökologische Nische in dem System „belebter Schlamm" wahrzunehmen. Beide existieren vermehrt, d.h. sie reichern sich in der Grenzschicht zwischen Wasser und Luft an, haben ausgeprägte hydrophobe Zelleigenschaften und dadurch die Fähigkeit zu flotieren. Die z.Zt. wirksamste Abhilfemaßnahme ist ein effektiver Schwimmschlammabzug, der gewährleistet, daß die relativ langsam wachsenden Schwimmschlammorganismen ständig aus dem System entfernt werden. Damit ist es i.d.R. möglich, das Problem deutlich zu mindern. Insbesondere die jahreszeitlich bestimmten, temperaturabhängigen *Microthrix*-Vorkommen treten jedoch dennoch auf (bei kalten Temperaturen). Schwimmschlämme, verursacht durch *Nocardia amarae*, erscheinen hingegen bevorzugt bei wärmeren Abwassertemperaturen.

Schaum
Für die Schaumbekämpfung gelten im Prinzip die Maßnahmen, die für den Schwimmschlamm vorgestellt wurden. Die Schaumproblematik erstreckt sich jedoch, wie oben erwähnt, nicht nur auf die Belebungs- und Nachklärbecken, sondern auch auf die Faulung. Durch Mikroorganismen verursachte Schäume, insbesondere durch *Microthrix p.*, schäumen auch nach mehreren Tagen unter anaeroben Verhältnissen, die Fäden zerfallen nicht und die Viskosität des Schaums bleibt erhalten. Ein Abzug des Schaums aus dem System ist notwendig, um eine spürbare Entlastung zu erreichen. Die Erhöhung der Schlammbelastung führte in mehreren Praxisbeispielen zur Minderung des Schaumproblems, wenn der Schaum durch *Microthrix parvicella* verursacht wurde.

G.3.3.2 Naturnahe Verfahren

Die heute wichtigste Anwendung naturnaher Verfahren zur biologischen Abwasserreinigung sind Kläranlagen für kleine Anschlußgrößen. Sie sind insbesondere in Siedlungsgebieten mit Streubauweise oder für Einzelanwesen geeignet.

Dabei steht eine Vielzahl von Verfahrenstechniken und Anlagentypen zur Verfügung, die hinsichtlich ihres Leistungsvermögens und der Betriebssicherheit eine große Schwankungsbreite aufweisen. Eine Übersicht über die verschiedenen Verfahrensmöglichkeiten zeigt Bild G.3-47.

G.3.3.2.1 Teiche und Bodenfilter

Teiche – Grundlagen, betriebliche Besonderheiten, Verfahren

Die Nutzung von Teichen zur Reinigung von Abwasser ist eines der ältesten Verfahren, das sich aus der Einleitung von Abwasser in natürliche, stehende Gewässer entwickelt hat. Im Gegensatz zu den Belebungs- und Tropfkörperverfahren, bei denen die biologischen Selbstreinigungsprozesse auf „kleinem Raum" konzentriert und intensiviert werden, laufen in den „großräumigen" Teichvolumina die natürlichen Selbstreinigungs-

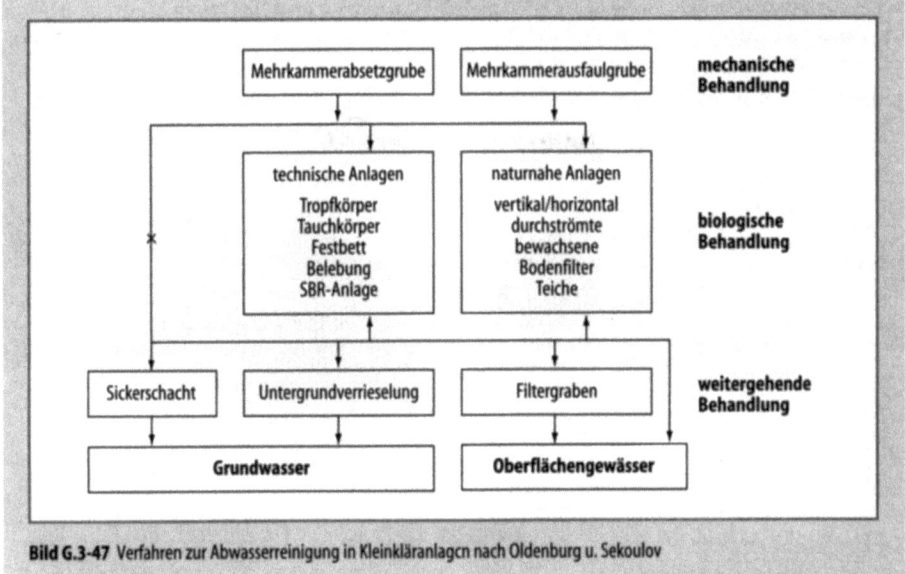

Bild G.3-47 Verfahren zur Abwasserreinigung in Kleinkläranlagen nach Oldenburg u. Sekoulov

prozesse zwar kontrolliert, aber unbeeinflußt ab. Lediglich der Sauerstoffeintrag und die Wasserumwälzung wird in manchen Fällen durch technische Maßnahmen beeinflußt. In Deutschland ist die Anwendung der Teichverfahren durch die Forderung nach weitgehender Elimination der N- und P-Verbindungen eingeschränkt. In außereuropäischen Gebieten können Teichverfahren jedoch gute Lösungen bieten.

Um den gewünschten Reinigungserfolg unter wirtschaftlichen Gesichtspunkten zu erreichen, ist es daher erforderlich, die Faktoren, die die Selbstreinigungsprozesse beeinflussen (z.B. Temperatur, Belichtung, Sauerstoffaufnahme) zu kennen und bei Bemessung und Betrieb der Teichanlagen zu berücksichtigen.

Grundlagen

Die Biozönose umfaßt das gesamte Artenspektrum eines natürlichen Gewässers und ist nicht auf die heterotrophen, aeroben Organismen der „kleinräumigen Verfahren" beschränkt. An dem Reinigungsprozeß sind daher beteiligt:

- aerobe und anaerobe *heterotrophe* Mikroorganismen, die primär die organischen Schmutzstoffe z.T. unter Sauerstoffverbrauch umsetzen,
- *autotrophe* Organismen (z.B. Phytoplankton, Algen, Wasserpflanzen, Schilf), die dem Wasser anorganische Salze (Phosphate, Nitrate usw.) entziehen. Durch Photosynthese tragen sie darüber hinaus in Abhängigkeit von der Belichtung Sauerstoff in das Wasser ein und entziehen dem Wasser Kohlendioxid,
- *tierische* Lebewesen (z.B. Zooplankton, Wasserflöhe, Insektenlarven, Fische), die am Ende der „Freßkette" stehen.

Die Organismen leben sowohl im freien Wasser aktiv beweglich oder passiv schwebend (Plankton), als auch als Aufwuchs auf Oberflächen (Steine, Wasserpflanzen) und auf und im Bodenschlamm. Die Zusammensetzung der Biozönose ist abhängig von Temperatur, Belichtung, Sauerstoff- und Nährstoffangebot und kann daher im Laufe des Jahres einem mehrfachen Wechsel unterliegen. Durch die Verweilzeit – besonders der Aufwuchsorganismen – im Teich können sich auch langsam wachsende Organismen mit langen Generationszeiten in der Biozönose entwickeln, so daß eine Adaption an schwer abbaubaren Substanzen eintreten kann. Obwohl danach auch die langsam wachsenden Nitrifikanten gute Entwicklungsmöglichkeiten haben müßten, ist in Teichen eine Nitrifikation nur durch sehr geringe Belastung zu erreichen. Die Sauerstoffversorgung der Nitrifikanten in der Grenzfläche Wasser/Bodenschlamm ist i.d.R. unzureichend und die Verweilzeit der suspendierten Biomasse im Teich („Ausschwemm-Reaktor") zu gering.

Im Laufe des Jahres stellen sich gelegentlich Massenentwicklungen (z.B. *Algenblüten*) ein. Diese brechen entweder durch Erschöpfung einer Nährstoffkomponente (z. B. Phosphat) wieder zusammen oder werden durch die Massenentwicklung eines Folgeorganismus der Freßkette abgelöst (z. B. Planktonalgen → Wasserflöhe).

Die natürliche *Sauerstoffversorgung* des Teiches erfolgt sowohl durch physikalische als auch durch biologische Prozesse. Die *physikalische O_2-Aufnahme* wird durch die Diffusion des Luftsauerstoffs an der Grenzfläche Wasser/Luft bewirkt. Sie ist daher abhängig von der Grenzflächenerneuerung, d. h. Umwälzung durch Wind, dem Verhältnis Oberfläche zu Volumen, der Temperatur und dem O_2-Defizit.

Bei *Eisdeckung* im Winter wird die physikalische O_2-Aufnahme unterbunden. Klareis läßt soviel Licht durch, daß durch die – zwar in ihrer Zahl stark reduzierten Grünpflanzen – noch eine O_2-Produktion erfolgt. Bei Schneebedeckung der Eisfläche wird die Photosynthese durch den völligen Lichtmangel gestoppt.

Je nach Verhältnis von Oberfläche zu Volumen, der Jahreszeit und der Belastung des Teichs mit O_2-zehrenden Stoffen bilden sich daher im Wasser und im Bodenschlamm aerobe und/oder anaerobe Zonen aus.

Bei der Photosynthese erfolgt weiterhin eine Entnahme des im Wasser gelösten, bzw. im Bikarbonat gebundenen CO_2 durch die Pflanzen. Bei Auftreten von Wasserblüten kann es daher zur *biogenen Entkalkung* kommen, d.h. das Bikarbonat fällt als Calciumcarbonat aus:

$$Ca(HCO_3)_2 \Leftrightarrow CaCO_3 + H_2O + CO_2$$

Bei einer weiteren CO_2-Entnahme durch Photosynthese kann auch das im Carbonat gebundene CO_2 beansprucht werden, d.h. es wird letztlich Calciumhydroxid gebildet

$$CaCO_3 + H_2O \Leftrightarrow Ca(OH)_2 + CO_2$$

Dadurch kann im Gewässer ein *Anstieg des pH-Werts* bis in den stark alkalischen Bereich eintreten.

Die *Temperatur* weist in den flachen Teichen starke Unterschiede zwischen nach 0 °C im Winter und über 20 °C im Sommer auf. Dadurch werden sowohl die biologischen Abbauprozesse als auch der O_2-Eintrag (O_2-Sättigung und O_2-Defizit) betroffen. Die Abnahme der Stoffwechselgeschwindigkeiten, bzw. der Reinigungsleistung im Winter und die verminderte physikalische O_2-Aufnahme im Sommer muß daher berücksichtigt werden.

Betriebliche Besonderheiten
Die *Durchflußzeit* beträgt je nach Art des Teichverfahrens mehrere Tage bzw. Wochen.

Dadurch können erhebliche Stoßbelastungen durch Abwassermenge und -konzentration ausgeglichen werden, d. h. Teiche besitzen eine hohe *Pufferkapazität*. Sie sind daher in der Lage, z. B. Stoßbelastungen von Industriebetrieben oder auch das Regenwasser des Siedlungsgebiets mit aufzunehmen.

Beschreibung der Teichverfahren
Für kommunales Abwasser kommen vier Teicharten zur Anwendung.

Absetzteiche
Sie dienen hauptsächlich der Abscheidung der absetzbaren Stoffe des Rohabwassers und deren Ausfaulung. Aufgrund der hohen BSB_5-Belastung überwiegt im gesamten Wasserkörper die O_2-Zehrung gegenüber der O_2-Aufnahme, d.h. die Absetzteiche sind im Wasser und im Bodenschlamm anaerob. Die Durchflußzeit des Abwassers beträgt bei Trockenwetterzufluß mindestens einen Tag. Die BSB_5-Abnahme liegt daher auch nur zwischen 30 und 60 %. Diese Teiche werden i. d. R. als Vorstufe einer mehrstufigen Teichanlage eingesetzt.

Unbelüftete Abwasserteiche
Sie dienen sowohl der Abwasserreinigung als auch der Schlammbehandlung. Sie werden so schwach belastet, daß die O_2-Zufuhr über die Teichoberfläche gegenüber der O_2-Zehrung überwiegt, so daß mindestens der obere Wasserkörper immer aerob ist. Im unteren Bereich und im Bodenschlamm stellen sich dagegen meist anaerobe Verhältnisse ein. Da die Sauerstoffzufuhr als limitierender Faktor von der Teichoberfläche abhängt, bezieht man die mögliche Belastung auf die Oberfläche (g $BSB_5/m^2 \cdot d$) und nicht auf das Teichvolumen bzw. die darin enthaltene Biomasse. Im Sommer können die O_2-Verhältnisse durch die zusätzliche biogene Belüftung tagsüber besser sein.

Der unbelüftete Teich sollte höchstens 1,0–1,5 m tief sein, um eine gute Belichtung und Umwälzung durch Windeinfluß gewährleisten. Bei etwa 20 Tagen Durchflußzeit können BSB_5-Ablaufwerte < 30 mg/l erreicht werden. Die temperaturabhängige Abnahme der Reinigungsleistung im Winter muß bei der Bemessung ganzjährig betriebener Teiche berücksichtigt werden. Es ist sinnvoll, das erforderliche Gesamtvolumen auf

drei Teiche zu verteilen, die nacheinander durchflossen werden. Dadurch können sich unterschiedliche Biozönosen mit jeweils spezifischen Reinigungsleistungen ausbilden.
- Im 1. Teich überwiegen die heterotrophen Mikroorganismen, die die organischen Stoffe aerob in der Wasserphase und anaerob im abgesetzten Schlamm umsetzen.
- Im 2. Teich überwiegen die autotrophen Organismen (Planktonalgen), die für weitgehend aerobe Verhältnisse sorgen, anorganische Salze aufnehmen und zur weiteren Eliminierung der Schmutzstoffe beitragen.
- Im 3. Teich entwickeln sich oft Zooplankter (Wasserflöhe u. ä.), die das Phytoplankton aus dem 2. Teich konsumieren („Klarphase").

Unbelüftete Teiche haben den Vorteil, daß keine maschinellen Einrichtungen und damit auch nur geringe Wartungsarbeiten notwendig sind. Nachteilig ist jedoch der große Platzbedarf durch die Begrenzung der Wassertiefe und die unzureichende Nitrifikation, Denitrifikation und P-Elimination.

Belüftete Teiche
Will man Teiche mit geringer Oberfläche und größerer Tiefe (2 - 3 m) zur biologischen Abwasserreinigung einsetzen, ist eine zusätzliche Sauerstoffzufuhr erforderlich. Bei der Wahl der Belüftungseinrichtung muß berücksichtigt werden, daß die aktive Biomasse nicht nur als suspendierte Flocken im freien Wasserkörper enthalten (ca. 50 g/m³ TS), sondern auch zu einem wesentlichen Teil an der Grenzfläche Wasser/Bodenschlamm angesiedelt ist. Die Belüfter müssen daher nicht nur den notwendigen Sauerstoff eintragen, sondern gleichzeitig durch eine möglichst gerichtete Umwälzung für einen optimalen Austausch an der Grenzfläche Wasser/Bodenschlamm sorgen. Zur Abscheidung der suspendierten Stoffe wird dem belüfteten Teich bzw. den belüfteten Teichen i.d.R. ein ungelüfteter Teich nachgeschaltet. Meist wählt man zwei belüftete Teiche (je 7 d Durchflußzeit) und einen unbelüfteten Teich (2 - 3 d Durchflußzeit), in denen die verschiedenen Abbauprozesse nacheinander ablaufen können. In richtig bemessenen Abwasserteichen kann ganzjährig eine sehr wirksame Elimination der organischen Verunreinigung (< 20 mg/l BSB_5) und Schlammbehandlung erreicht werden. Für eine weitergehende Erfassung des Stickstoffs und der Phosphorverbindungen sind zusätzliche Maßnahmen, z. B. erheblich verminderte Belastung, Fe-Dosierung, erforderlich.

Schönungsteiche
Schönungsteiche werden Belebungs- oder Tropfkörperanlagen nachgeschaltet, um bei besonders hohen Anforderungen an die Wasserqualität den Ablauf der biologischen Kläranlagen weiter zu verbessern. In der Regel werden sie als ein- oder mehrstufiger, unbelüfteter Teich ausgeführt. Nur bei höherer Belastung und kurzer Durchflußzeit (< 2 Tage) kann eine künstliche Belüftung notwendig sein. Um eine Rücklösung von Phosphaten im abgesetzten Schlamm zu vermeiden, sollten die Teiche bis in die Schlammoberfläche aerob sein. In den Schönungsteichen wird bei Durchflußzeiten von ca. 2 Tagen eine weitere Abnahme der BSB_5-Konzentration um 60 – 70 % und der CSB-Konzentration um 50 – 60 % erreicht. Besonders gut ist die Abnahme der absetzbaren Stoffe und der Keimzahlen.

Schönungsteiche entsprechen weitgehend einem natürlichen Biotop und fügen sich gut in die Landschaft ein. Diese Wirkung kann durch Bepflanzungen mit höheren Wasserpflanzen (Schilf, Binsen) im Einlauf-, Überlauf- oder Ablaufbereich erhöht werden.

G.3.3.2.2 Bewachsene Bodenfilter/Pflanzenkläranlagen

Verfahrensvarianten, Betriebsstabilität
Die Bezeichnung Pflanzenkläranlage ist kein geformter Begriff aus der Abwassertechnik, sondern ein Wort des allgemeinen Sprachgebrauchs. Pflanzenkläranlagen/Pflanzenbeete werden wie folgt definiert: Bei Pflanzenbeeten wird Abwasser einem mit ausgewählten Sumpfpflanzen (Helophyten) bewachsenen Bodenkörper zugeführt. Dieser soll zum Zweck der Behandlung des Abwassers vertikal oder horizontal durch- oder überströmt werden.

Die treffendste Bezeichnung für die Pflanzenbeete ist die des „Bewachsenen Bodenfilters", da hieraus die Bedeutung des Bodens bei der Reinigung des Abwassers ersichtlich wird und nicht die Pflanzen irrtümlich in den Mittelpunkt gestellt werden.

Im folgenden wird jedoch der Begriff „Pflanzenkläranlage" beibehalten, da er am häufigsten verwandt wird und allgemein verständlich ist.

Verfahrensvarianten
Pflanzenkläranlagen sind die Weiterentwicklung der Abwasserreinigung durch Landbehandlung,

wie z. B. Verregnungs- und Verrieselungsverfahren. Ausgehend von den Pionierarbeiten von Seidel und Kickuth in den 50er, 60er und 70er Jahren wurden seit Ende der 70er Jahre Pflanzenkläranlagen sehr kontrovers diskutiert. Widersprüchliche Forschungsergebnisse führten anfangs zu sehr unterschiedlichen Bemessungsempfehlungen.

Es entstanden zahlreiche Verfahrensvarianten von Pflanzenkläranlagen, die anhand wesentlicher Kriterien unterschieden werden [G.3.73]:
- *Stellung im System:*
    1. zur biologischen Abwasserreinigung oder
    2. zur Nachreinigung/Schönung nach vorangegangener mechanischer und/oder biologischer Abwasserreinigung
- *Vorbehandlung:* mit oder ohne mechanische Vorreinigung
- *Bodenkörper:* verschiedene Substratmaterialien (Kies, Sand, Schluff, Lehm) homogener und geschichteter Bodenkörper
- *Bepflanzung:* Mono- und Mischkulturen, überwiegend *Phragmites australis* (Gemeines Schilf), daneben auch Arten von *Typha* (Rohrkolben), *Iris* (Schwertlilie), *Juncus* (Binse) und *Schoenoplectus* (Teichsimse)
- *Beschickung:* intermittierende (stoßweise) oder kontinuierliche Beschickung der Pflanzenbeete oder alternierende Aufbringung des Abwassers, d.h. wechselweiser Betrieb mehrerer, parallel angeordneter Beete
- *Durchströmung:* die Bodenkörper können vertikal oder horizontal durchströmt oder oberflächlich überströmt werden

Die Erfahrungen beim Betrieb von Pflanzenkläranlagen bestätigen die Bedeutung der Kriterien *Bodenkörper, Durchströmung und Beschickung* für die Reinigungsleistung, von denen insbesondere die Hydraulik und O_2-Verhältnisse im Pflanzenbeet beeinflußt werden.

Aus diesem Grund wurde in einigen Bundesländern vorgeschrieben, daß Pflanzenbeete aus nichtbindigem, grobkörnigem Boden aufzubauen sind und den Bodenkörper durchsickern müssen. Sie können in Horizontalfilter aus einem kiesigen oder sandigen Bodenmaterial, Vertikalfilter oder in kombinierte, mehrstufige Systeme eingeteilt werden.

Wirkungsweise und Leistungsfähigkeit von Pflanzenkläranlagen

Der Abbau der Abwasserinhaltsstoffe in Pflanzenbeeten basiert auf komplexen physikalischen, chemischen und biologischen Prozessen, die aus dem Zusammenwirken von Bodenmikroorganismen, Pflanzen und Abwasser resultieren. Danach ist die Reinigung auf folgende „primäre Abbaumechanismen" zurückzuführen:
- mechanischer Rückhalt suspendierter und disperser Stoffe durch die Filter- und Siebwirkung des Bodens,
- Adsorption kolloidaler Stoffe im mineralischen Bodenkörper und an organischer Substanz,
- Kationen- und Anionenaustausch an Tonmineralien, Huminstoffe und Eisenoxide,
- Abbau und Umsetzungen von Abwasserinhaltsstoffen durch Verwertung im Energie- und Baustoffwechsel der Mikroorganismen,
- Verwertung von Abwasserinhaltsstoffen zum Aufbau pflanzlicher Biomasse.

Eliminierungs- und Abbaumechanismen werden von vielen Faktoren, wie der Bodenart, dem Aufbau des Beets, der Bodenhydraulik und der Beschickungsart beeinflußt. Hierauf basiert die große Schwankungsbreite der Reinigungsleistungen unterschiedlicher Verfahrensvarianten (s. Tabelle G.3-12). Die erreichbaren Ablaufkonzentrationen von Pflanzenbeeten in Abhängigkeit von ihrer Durchströmungsrichtung und Ausle-

Tabelle G.3-12 Durchschnittliche Reinigungsleistung von Pflanzenkläranlagen unterschiedlicher Verfahrensvarianten bzw. Durchströmung [G.3.75, G.3.76]

Verfahrensvariante	BSB_5 (%)	CSB (%)	NH_4-N (%)	N_{ges} (%)	P_{ges} (%)
alle	79,1	69,5	30,0	39,6	47,1
horizontal	80,3	65,6	34,0	39,8	31,7
vertikal	96,1	87,4	65,6	38,0	58,5
vertikal	98,6	95,4	99,6	70,0	99,4

Tabelle G.3-13 Erreichbare Ablaufkonzentrationen von Pflanzenkläranlagen [G.3.74]

Verfahren	Bemessung	Ablaufkonzentration			
		BSB$_5$	CSB	NH$_4$-N	P$_{ges}$
Vertikalfilter 1,0 m tief, Stoßbeschickung	3 m^3/E 5 m^3/E	10 5	60 40	20 10	5 2
Horizontalfilter 0,6 m tief, kontinuierlich beschickt	3 m^2/E 10 m^2/E	40 10	150 60	50 30	5 2

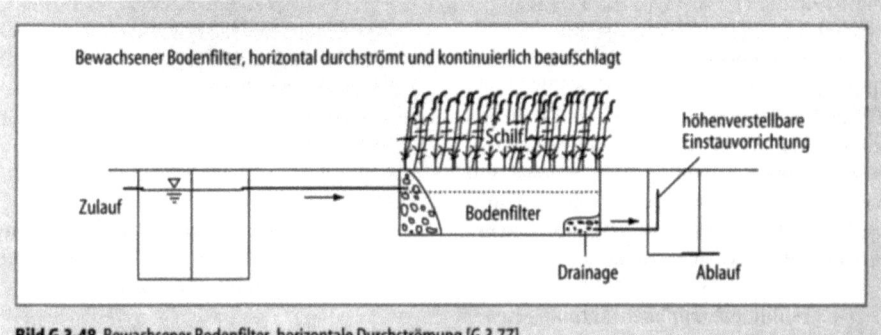

Bild G.3-48 Bewachsener Bodenfilter, horizontale Durchströmung [G.3.77]

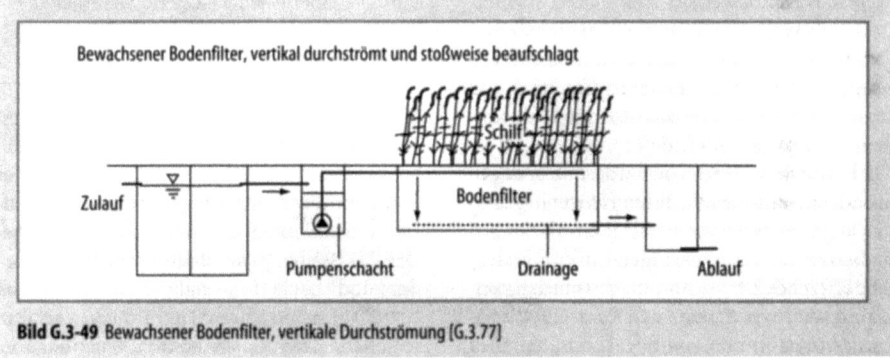

Bild G.3-49 Bewachsener Bodenfilter, vertikale Durchströmung [G.3.77]

gungsgröße nach [G.3.74] sind Tabelle G.3-13 zu entnehmen.

Kohlenstoffverbindungen, erfaßt durch die Summenparameter BSB$_5$ und CSB, werden im Bodenkörper mikrobiell abgebaut. In Abhängigkeit von der Sauerstoffversorgung des Pflanzenbeets erfolgt eine rasche aerobe Mineralisation bis zu den Endprodukten oder ein langsamer ablaufender anaerober Abbau, der vorwiegend zur Bildung organischer Zwischenprodukte (organische Säuren, Alkohole) oder reduzierter Endprodukte (CH$_4$, H$_2$S) führt. Aufgrund der besseren O$_2$-Versorgung in intermittierenden und beschickten Vertikalfiltern im Vergleich zu Horizontalfiltern (kontinuierlich beschickt) sind Vertikalfilter bzgl. des Abbaus organischer Verbindungen leistungsfähiger.

Bei einem horizontal durchströmten Beet wird das Abwasser auf der Stirnseite aufgebracht und nach Durchströmen des Bodens auf der gegenüberliegenden Seite in Drainrohren wieder gesammelt.

Da bei einem Horizontalfilter (Bild G.3-48) ohne Einstau das Abwasser im Bodenkörper nur ungefähr die Hälfte des Bodens durchflossen wird, besitzen diese Verfahrensvarianten zur Erzielung gleicher Reinigungsleistungen im Vergleich zu den Vertikalfiltern einen größeren

Flächenanspruch. Bahlo und Wach (1992) z. B. veranschlagen für Horizontalfilter eine einwohnerspezifische Fläche von ca. 10 m²/E.

Demgegenüber haben Vertikalfilter (Bild G.3-49) einen vergleichsweise geringen Flächenanspruch mit 4 – 5 m²/E und 3 m²/E nach [G.3.74], die als relativ knapp zu bewerten sind. Eine Verteilung des Abwassers über die ganze Beetoberfläche hat eine vollständige Durchströmung des Bodenkörpers zur Folge. Das Abwasser wird häufig stoßweise über Sickerrohre auf den Boden aufgebracht und nach vertikalem Passieren des Bodenkörpers in Drainrohren gefaßt.

Der Anteil der Pflanzen an der Reinigungsleistung wird von vielen Autoren als gering eingeschätzt. Die Funktion der Pflanzen liegt in der Erhöhung bzw. Erhaltung der Durchlässigkeit in der Rhizosphäre, den Eintrag von Luftsauerstoff in den Boden, Bereitstellung einer Kohlenstoffquelle für Bakterien und einer weitgehenden Reduzierung der Geruchsemission.

Betriebsstabilität von Pflanzenkläranlagen – Ursachen des „soil clogging"

Pflanzenkläranlagen zeichnen sich durch eine hohe Betriebsstabilität aus. Die Betriebsstabilität und damit eng verknüpft die Leistungsfähigkeit von Pflanzenkläranlagen und Bodenfiltern hängt wesentlich von der Bodenhydraulik ab und kann insbesondere durch das Auftreten von Kolmation herabgesetzt werden.

Der Einsatz von bindigen Böden in Anlagen nach dem Wurzelraumverfahren führte aufgrund der geringen Wasserdurchlässigkeit dieser Bodensubstrate häufig zu geringen Infiltrationsraten, oberflächlichem Abfluß, Erosionsrinnenbildung und dem Auftreten von Kurzschlußströmungen. Aufgrund dessen begann in den 80er Jahren der Bau von Pflanzenkläranlagen mit sandig-kiesigem Bodenmaterial.

Neben dem Einsatz ungeeigneter Bodensubstrate können dem Auftreten von Verstopfungen auch andere Ursachen zugrunde liegen. Im Bodenkörper der Pflanzenkläranlagen finden sowohl Prozesse statt, die zum Verstopfen der Poren führen, als auch solche, die die hydraulische Leistungsfähigkeit erhöhen. Art und Umfang der kolmationsfördernden und der kolmationsreduzierenden Prozesse entscheiden über die langfristige Leistungsfähigkeit eines Pflanzenbeetes.

Zu den kolmationsfördernden Prozessen gehören:
– Bildung von Biomasse („Überschußschlamm") durch die Zufuhr organischer Substanz. Analog zu den Vorgängen in der konventionellen Abwassertechnik ist davon auszugehen, daß auch in den Pflanzenbeeten die Biomasseproduktion von der Raumbelastung, der Temperatur und der Art der Abbauprozesse (anaerob/aerob) abhängig ist,
– Ausbringung eines Abwassers mit einem hohen Anteil abfiltrierbarer oder schleimiger Stoffe (Suspensaeintrag), die infolge der Filterwirkung des Bodenkörpers im Beet verbleiben,
– Wurzel- und Rhizomwachstum der Sumpfpflanzen in bewachsenen Bodenfiltern,
– Stoffe, die aufgrund elektrostatischer und van der Waalsscher Kräfte sowie Adsorption im Beet verbleiben (Karbonatausfällung, Eisenoxidation/Verockerung),
– Erhöhung der Lagerungsdichte des Bodens durch äußere Kräfte,
– Gaseinschlüsse, z. B. bei der Bildung von molekularem Stickstoff oder Stickoxiden bei der Denitrifikation im Bodenkörper.

G.3.3.3 Aerobe Belebungsverfahren

G.3.3.3.1 Grundlagen der Belebungsverfahren

Verfahrensbeschreibung

Unter dem Begriff Belebungsverfahren versteht man die biologische Abwasserreinigung mit Hilfe suspendierter Mikroorganismen (belebter Schlamm), die in der Lage sind, Flocken zu bilden und dadurch im System angereichert werden. Das Belebungsverfahren wurde 1914 von Ardern und Lockett in England entwickelt und ist heute aufgrund seiner Vielzahl von Verfahrensmöglichkeiten (Nitrifikation, Denitrifikation, biologische Phosphorelimination) das weltweit am häufigsten eingesetzte Verfahren zur biologischen Abwasserreinigung.

Das Belebungsverfahren besteht mindestens immer aus einem belüfteten Becken, in dem die biologischen Reinigungsprozesse stattfinden und dem nachgeschalteten Nachklärbecken, in dem die flockenbildenden Mikroorganismen aus der Wasserphase abgetrennt, zwischengespeichert, eingedickt und ins Belebungsbecken zurückgegeben werden. Durch diese Biomassenrückführung (Rücklaufschlamm) wird die hydraulische Verweilzeit von der Verweilzeit des Schlamms entkoppelt und die Mikroorganismenkonzentration im Becken erhöht, so daß gegenüber dem Durchlaufreaktor bzw. den großvolu-

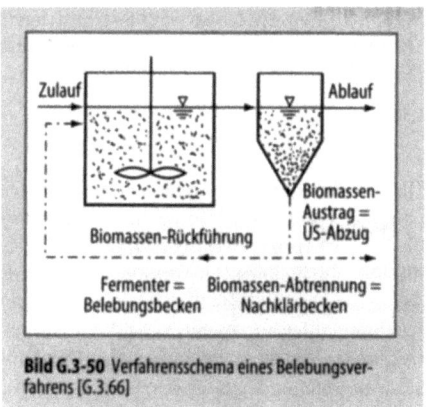

Bild G.3-50 Verfahrensschema eines Belebungsverfahrens [G.3.66]

migen naturnahen Verfahren ein wesentlich geringeres Beckenvolumen erforderlich ist. Bei einem aus einem volldurchmischten Becken bestehenden Belebungsbecken ist im Prinzip die gelöste Schmutzstoffkonzentration im Becken identisch mit derjenigen im Nachklärbecken (dort erfolgt kein weiterer Abbau) und auch identisch mit der Ablaufkonzentration in das Gewässer (wenn kein weiteres Bauteil, wie z. B. ein Filter, nachgeschaltet ist). Die gewachsene überschüssige Biomasse (Überschußschlamm) ist aus dem System abzuziehen. Bild G.3-50 zeigt das Grundschema eines Belebungsverfahrens.

Erforderliche Randbedingungen der Belebungsverfahren

Da im Belebungsbecken im Gegensatz zu einem Gewässer eine deutlich höhere Mikroorganismendichte vorliegt, müssen dort ständig folgende Randbedingungen gewährleistet sein:
1. *Ausreichende Sauerstoffversorgung* der Mikroorganismen durch künstliche Belüftung. Der Sauerstoffbedarf der Mikroorganismen ergibt sich aus der erforderlichen Grundatmung der Mikroorganismen und aus der für den Abbau der Kohlenstoffverbindungen und der Oxidation der Stickstoffverbindungen erforderlichen Sauerstoffmenge. Die Grundatmung hängt vor allem von der Substratbelastung der Organismen und der Temperatur ab. Bei geringer Belastung und bei hoher Temperatur erhöht sich der Anteil der Grundatmung deutlich. Die Substratatmung hängt direkt von der Substratfracht des Abwassers ab, die als Biologischer Sauerstoffverbrauch (BSB$_5$) angegeben wird, d. h. bereits einen Sauerstoffverbrauch darstellt. Tatsächlich wird im Belebungsbecken aber nur ein Teil der BSB$_5$-Fracht „veratmet", (der Anteil ist abhängig von der Belastung) während der andere Teil durch Adsorptions- oder Einlagerungsvorgänge der Bakterien mit dem Überschußschlamm aus dem Abwasser entfernt wird. Für die Oxidation der Stickstoffverbindungen von Ammoniumstickstoff zu Nitratstickstoff sind stöchiometrisch betrachtet pro Gramm Stickstoff 4,6 g Sauerstoff erforderlich, während bei einer vollständigen Denitrifikation (Umwandlung von Nitratstickstoff in elementaren Stickstoff) 2,9 g Sauerstoff zurückgewonnen werden können.
2. *Ausreichende Umwälzung* um einerseits Ablagerungen zu vermeiden, vor allem aber um ständig einen guten Kontakt und damit optimale Diffusionsvorgänge zwischen den Mikroorganismen, den Schmutzstoffen und dem Sauerstoff zu ermöglichen.
3. *Gewährleistung günstiger Milieubedingungen*, die die Mikroorganismen nicht hemmen bzw. in ihrer Leistungsfähigkeit beeinträchtigen. Dazu gehört, daß Hemm- und Giftstoffe bestimmte Grenzkonzentrationen nicht erreichen dürfen und daß der pH-Wert im Bereich zwischen pH 6 und pH 9 liegen sollte.

Einflußgrößen auf die Belebungsverfahren

Die Größe des Belebungsbeckenvolumens ist direkt abhängig:
1. Von der Anzahl Mikroorganismen pro m^3 Beckenvolumen, die hilfsweise über den organischen *Trockensubstanzgehalt* bestimmt wird.
2. Von der erwarteten Leistung der Mikroorganismen, die durch den Parameter *Schlammbelastung* beschrieben wird.

Einflußgröße Trockensubstanzgehalt
Um den gleichen Faktor, um den die Anzahl der Mikroorganismen in einem Kubikmeter Beckenvolumen erhöht werden kann, reduziert sich das erforderliche Gesamtvolumen. Ziel muß also sein, eine hohe Konzentration von Mikroorganismen dauerhaft im System zu etablieren. In der Praxis wird zur Beurteilung der Mikroorganismenkonzentration der durch Differenzwägung und Trocknung bestimmte Trockensubstanzgehalt im Belebungsbecken (TS$_{BB}$ in kg TS/m^3) gemessen, der jedoch auch den ca. 30%igen anorganischen Anteil enthält und keine Unterscheidung in aktiven und inaktiven organischen Anteil erlaubt. Der erreichbare Trockensubstanz-

gehalt im Belebungsbecken TS_{BB} wird mittels einer einfachen Mischungsrechnug ermittelt. Gemischt wird der bekannte Abwasserzufluß Q mit einem gemessenen Trockensubstanzgehalt TS_0 und der in seiner Größe noch zu wählende Rücklaufschlammstrom Q_{RS} mit dem zu ermittelnden Trockensubstanzgehalt TS_{RS}. Das Verhältnis Rücklaufschlammenge zu Abwasserzuflußmenge wird dabei Rücklaufverhältnis ($RV = Q_{RS}/Q$) genannt. Das Rücklaufverhältnis kann nur soweit gesteigert werden, wie die hydraulischen Verhältnisse des Nachklärbeckens dies erlauben. Als maximales Rücklaufverhältnis für Trockenwetter empfiehlt die ATV ein Rücklaufverhältnis von 1,5. Wichtigste Einflußgröße auf den erreichbaren Trockensubstanzgehalt im Belebungsbecken ist damit die erreichbare Rücklaufschlammkonzentration, die ihrerseits wiederum abhängig ist von dem gewählten Schlammräumsystem, der Eindickzeit und vor allem von dem Schlammindex. Der Schlammindex ISV [ml/g], der das Volumen angibt, welches von 1 g Schlamm eingenommen wird, ist damit oftmals der begrenzende Faktor bei der Erhöhung der Trockensubstanzkonzentration.

Einflußgröße Schlammbelastung und Schlammalter

Der Parameter Schlammbelastung B_{TS} [kg BSB/(kg TS·d)], der als zweiter Parameter direkt proportional die erforderliche Beckengröße festlegt, beschreibt die Schmutzfracht, die pro Tag den Mikroorganismen zugeführt wird, und kann somit als Leistung der Mikroorganismen verstanden werden. Steigert man die Schlammbelastung, erhöht sich aufgrund der zusätzlichen Substratfracht die Mikroorganismenmenge, wodurch die Aufenthaltszeit der Mikroorganismen im System, die man als Schlammalter t_{TS} [d] bezeichnet, verringert wird. Die Schlammbelastung ist mit dem Schlammalter durch nachfolgende Beziehung miteinander verknüpft, wobei der Parameter $ÜS_B$ [kg/kg] die auf die BSB-Fracht bezogene Überschußschlammproduktion darstellt. Er berücksichtigt z. B. den Aspekt, daß der Fällschlamm bei der Ermittlung des Schlammalters zwar erfaßt wird, aber, da er keine Mikroorganismen enthält, keine Reduktion der Schlammbelastung erlaubt.

$$B_{TS} = 1/(t_{TS} \cdot ÜS_B)$$

Die Aufenthaltszeit der Mikroorganismen im System, d.h. das Schlammalter, kann jedoch nur so weit verringert werden, wie die Mikroorganismen an Zeit benötigen um nachzuwachsen, ansonsten würden sie aus dem System ausgeschwemmt werden. Es muß also gelten:

Schlammalter der Mikroorganismen im System > Kehrwert der Wachstumsrate.

Die Nitrifikanten wachsen bei Wachstumsraten von ca. μ = 0,47 [1/d] (d.h. nach ca. 2 Tagen haben sie sich verdoppelt) deutlich langsamer als die BSB-abbauenden heterotrophen Bakterien, so daß die Nitrifikanten für die Auslegung einer Belebungsanlage maßgeblich sind. Um die Nitrifikanten im System zu halten, muß das Schlammalter ausreichend groß sein und damit die Schlammbelastung ausreichend gering. Das Schlammalter ist damit der entscheidende Bemessungsparameter. Berücksichtigt man noch einen Sicherheitsfaktor SF und den Temperatureinfluß auf die Wachstumsrate erhält man folgendes Mindestschlammalter zur Gewährleistung einer stabilen Nitrifikation

$$\min t_{TS} = 1/\mu \cdot SF \cdot 1{,}103^{(15-T)} \quad [d]$$

eingesetzt für T = 10 °C und einen Sicherheitsfaktor von 2,3 erhält man als Mindestschlammalter

$$\min t_{TS} = 1/0{,}47 \cdot 2{,}3 \cdot 1{,}103^{(15-10)} = 8 \text{ Tage}$$

Ist keine Nitrifikation gefordert, sondern lediglich ein Abbau der organischen Stoffe, kann die Wachstumsrate der autotrophen Organismen eingesetzt werden so daß sich dann ein deutlich geringeres Mindestschlammalter bzw. eine höhere mögliche Schlammbelastung ergibt.

Die beiden Parameter Schlammbelastung und Schlammalter legen somit fest, welche Bakteriengruppen sich im System anreichern, d.h. welche Aufgabenstellung in dem Belebungsbecken erreicht werden kann. Beabsichtigt man eine bestimmte Aufgabenstellung wie z.B. die Nitrifikation, muß man somit die Mindestwerte für die Schlammbelastung und das Schlammalter einhalten.

Einflußgröße Temperatur

Die Leistungsfähigkeit von Mikroorganismen wird maßgeblich durch die Temperatur bestimmt. Mit steigender Temperatur steigt bis zu einer für die jeweiligen Organismen optimalen Temperatur die Aktivität stark an. Nach Überschreiten der optimalen Temperatur fällt die Aktivität stark ab, es beginnt die Denaturierung des Zelleiweißes. Der Temperatureinfluß unterscheidet sich teilweise erheblich von Bakteriengruppe zu Bakteriengruppe. Als Faustwert kann davon ausgegangen werden, daß sich bei einer Temperaturerhöhung um 10 °C die Bakterienaktivität verdoppelt. Die Nitrifikanten sind besonders temperaturabhängig, bei ihnen tritt bereits nach 7 °C Temperaturerhöhung eine Verdopplung der Stoffwechselaktivität ein. Der Temperatureinfluß wird durch eine Exponentialgleichung mit folgender Form beschrieben

$$v_T = v_{15} \cdot 1{,}103^{(T-15)}$$

Der Temperatureinfluß wird bei der Ermittlung des Mindestschlammalters, der spezifischen Überschußschlammproduktion und dem Sauerstoffverbrauch berücksichtigt.

Einflußgröße Substratkonzentration
Biologische Umsetzungsprozesse sind konzentrationsabhängig, d.h., je höher die Substratkonzentration im Reaktor ist, desto höher ist die Umsatzgeschwindigkeit. Jede Organismengruppe hat jedoch eine maximale Umsatzgeschwindigkeit, die auch dann nicht weiter erhöht werden kann, wenn die Substratkonzentration weiter gesteigert wird. Der Zusammenhang zwischen der Substratkonzentration S und der Substratumsatzgeschwindigkeit v wird durch die Michaelis-Menten-Gleichung (s. Bild G.3-51) beschrieben. Die Gleichung lautet:

$$v = v_{max} \cdot \frac{S}{K_m + S}$$

v Abbaugeschwindigkeit (z.B. mg Substrat/$(l \cdot h)$)
v_{max} maximal möglich Abbaugeschwindigkeit (mg/$(l \cdot h)$
S Substratkonzentration im Reaktor (mg/l)
K_m die Substratkonzentration, bei der die halbe maximale Umsatzgeschwindigkeit erreicht wird, auch Michaelis-Menten-Konstante genannt (mg/l)

Die maximale Abbaugeschwindigkeit v_{max} und die Halbwertskonstante K_m sind bakterienspezifisch. Im folgenden sollen die beiden Grenzbereiche der Michaelis-Menten-Beziehung am Beispiel von Bild G.3-51 betrachtet werden. Ab einer Substratkonzentration von ca. 40 mg/ kann durch eine Erhöhung der Substratkonzentration die Umsatzgeschwindigkeit kaum noch gesteigert werden. Man spricht dann von einer Gleichung 0. Ordnung (Die Michaelis-Menten-Beziehung lautet dann im Grenzfall: $v = v_{max}$). Dagegen führt im Bereich von ca. 0 – 5 mg/l eine Erhöhung der Substratkonzentration zu einer nahezu linearen Erhöhung der Umsatzgeschwindigkeit. Man spricht von einer Gleichung 1. Ordnung, die Michaelis-Menten-Gleichung lautet für diesen Grenzfall $v = v_{max} \cdot S / K_m$

Betrachtet man ein volldurchmischtes Belebungsbecken liegt der BSB_5-Wert im Becken im Bereich von 10-20 mg/l, die NH_4-N-Konzentration üblicherweise zwischen 0,5 und 5 mg/l. Die Umsatzgeschwindigkeit der BSB-abbauenden

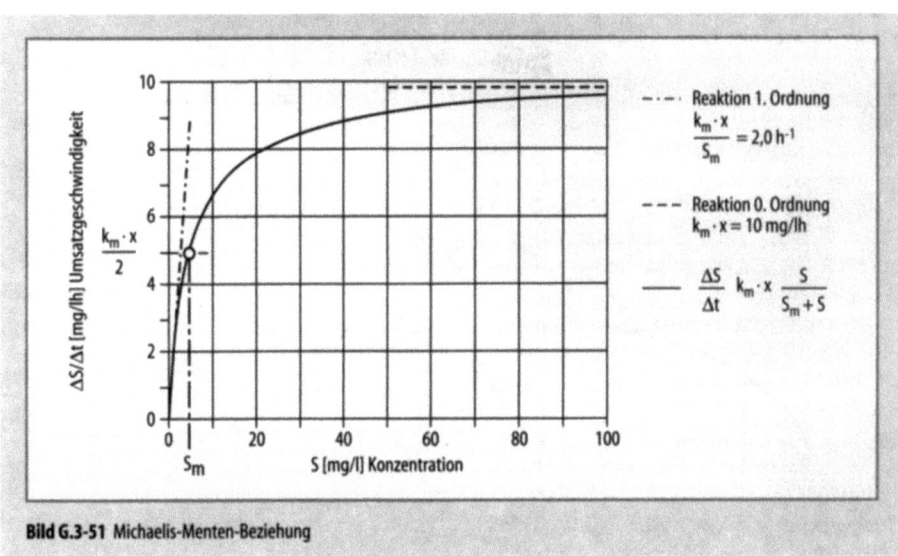

Bild G.3-51 Michaelis-Menten-Beziehung

Organismen befindet sich in diesem Konzentrationsbereich im steilen Kurvenbereich (Gleichung 1. Ordnung), es liegt eine große Leistungsreserve vor. Die Umsatzgeschwindigkeit der Nitrifikanten liegt hingegen bereits im gekrümmten bzw. flachen Kurvenbereich mit der Folge, daß nur eine kleine Leistungsreserve vorliegt, so daß Zuflußspitzen nicht vollständig abgebaut werden.

Bei der statischen Bemessung einer Belebungsanlage wird die Substratkonzentration als Einflußgröße nicht betrachtet. Um ein „Durchschlagen" von NH_4-N-Spitzen zu vermeiden, muß die Schwankung der NH_4-N-Zuflußfracht bei der Bemessung berücksichtigt werden.

G.3.3.3.2 Reaktortypen

Reaktortypen

Im allgemeinen unterscheidet man folgende 3 Reaktortypen, die in Bild G.3-52 dargestellt sind.
1. Vollständiges Mischbecken oder Rührkessel
   Das Becken wird als vollkommen durchmischt angesehen. Als Folge dieser intensiven Durchmischung herrscht überall im Becken die gleiche Konzentration, die identisch mit der Ablaufkonzentration ist.
2. Kaskadenbecken
   Das Beckenvolumen ist in mehrere Teilbecken unterteilt, die vom Abwasser nacheinander durchflossen werden. Jedes Teilbecken wird als vollständiges Mischbecken angesehen. Die Ablaufkonzentration von Becken 1 entspricht der Zuflußkonzentration von Becken 2.
3. Rohrreaktor oder Pfropfenreaktor
   Wählt man eine sehr große Anzahl von Kaskadenbecken erhält man den Rohreaktor. Bei diesem Modell geht man von einer sehr gleichmäßigen Durchströmung des Beckens ohne jede Vermischung in Fließrichtung aus. Die Konzentration hat am Beckenanfang ihren höchsten Wert und nimmt kontinuierlich bis zum Beckenende ab.

Einfluß der Vermischung

Die örtlich und zeitlich im Belebungsbecken vorliegenden Substratkonzentrationen werden einerseits durch Abbauvorgänge und andererseits durch die Vermischung des Reaktorinhalts mit dem Abwasserzufluß beeinflußt. Im folgenden wird zunächst ausschl. der Vermischungsaspekt berücksichtigt. Unter Vermischung versteht man dabei sowohl Mischungsvorgänge, die Konzentrationsunterschiede ausgleichen als auch die durch den Zuflußstrom bedingte Flüssigkeitsverdrängung. Bild G.3-52 enthält für jeden Reaktortyp den zeitlichen Verlauf der Ablaufkonzentration nach einmaliger und kontinuierlicher Erhöhung der Zulaufkonzentration.

Während bei dem Mischbecken sofort ein Anstieg in der Ablaufkonzentration zu verzeichnen ist, reagiert der Ablauf aus dem Rohrreaktor deutlich später. Beim Rohrreaktor folgt jedoch dann ein steiler Anstieg. Unter dem Aspekt der Vermischung ist daher der Rohrreaktor nachteilig, da eine Stoßbelastung sehr viel direkter in den Ablauf durchschlagen kann als dies bei einem volldurchmischten Reaktor der Fall wäre.

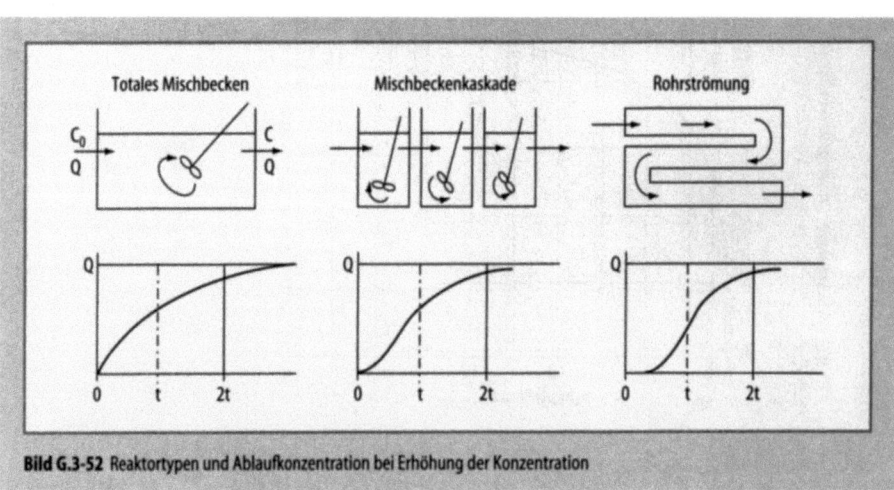

Bild G.3-52 Reaktortypen und Ablaufkonzentration bei Erhöhung der Konzentration

Einfluß der Abbaukinetik und der Vermischung

In der in Bild G.3-53 dargestellten Simulationsrechnung von Pöpel wird für alle drei Reaktortypen die gemeinsame Betrachtung von Abbaukinetik und Vermischung vorgenommen. Bei der Abbaukinetik wird dabei unterschieden zwischen der Abbaukinetik 1. Ordnung (Abbaugeschwindigkeit steigt direkt proportional zur Substratkonzentration), durch die vereinfacht das Abbauverhalten von BSB-abbauenden heterotrophen Organismen beschrieben wird und dem Abbau nach der Enzymkinetik nach Michaelis-Menten (s. Abschn. G.3.3.3.1), in deren gekrümmten bzw. flachen Bereich das Abbauverhalten der autotrophen Organismen (Nitrifikanten) beschrieben wird. Die kinetischen Parameter wurden dabei so gewählt, daß für eine Zulaufkonzentration von 100 % und eine Aufenthaltszeit von $t = 1,0$ im Rohrreaktor sowohl bei Kinetik 1. Ordnung wie auch bei der Enzymkinetik ein Abbaugrad von 95 % erreicht wird.

Es zeigt sich, daß bei normaler Konzentration (100 %) der Abbau 1. Ordnung beim Rohrreaktor bereits nach 0,54 Zeiteinheiten zu 80 % erfolgt ist, während dieser Abbaugrad beim Mischreaktor erst nach 1,34 Zeiteinheiten erreicht wird. Bei der Enzymkinetik ist bei normaler Konzentration (100%) der Vorteil des Rohrreaktors bereits geringer – 0,77 statt 0,96 Zeiteinheiten. Bei Zunahme der Zuflußkonzentration von 100 auf 200 % sind bei der Enzymkinetik kaum noch Unterschiede zwischen den Reaktoren festzustellen.

Als Ergebnis bleibt festzuhalten, daß bei einer Abbaukinetik nach der 1. Ordnung (BSB-Abbau) die Rohr- und Kaskadenreaktoren einen deutlichen Vorteil gegenüber dem Mischreaktor aufweisen, der darauf zurückzuführen ist, daß aufgrund der in diesen Reaktoren erhöhten Konzentration ein erhöhter Abbau stattfindet. Für die Abbaukinetik nach der Michaelis-Menten-Beziehung (Nitrifikanten) ist der Vorteil des Rohrreaktors deutlich geringer, vor allem bei hohen Zuflußkonzentrationen kann die Leistung durch die Wahl eines entsprechenden Reaktors nicht mehr verbessert werden.

Die mathematische Beschreibung der Vermischungs- und Abbaureaktionen für die einzelnen Beckentypen ist bei Pöpel beschrieben.

Anwendung in der Praxis

Die oben beschriebenen Beckentypen sind Idealfälle, die in der Realität lediglich angenähert erreicht werden. In der Praxis werden am häufigsten Mischbecken eingesetzt, wobei es sich aufgrund der verfahrenstechnischen Aufgabenstellung oft um eine Aneinanderreihung von mehreren Mischbecken handelt (Anaerob-, Denitrifikations-, Nitrifikationsbecken).

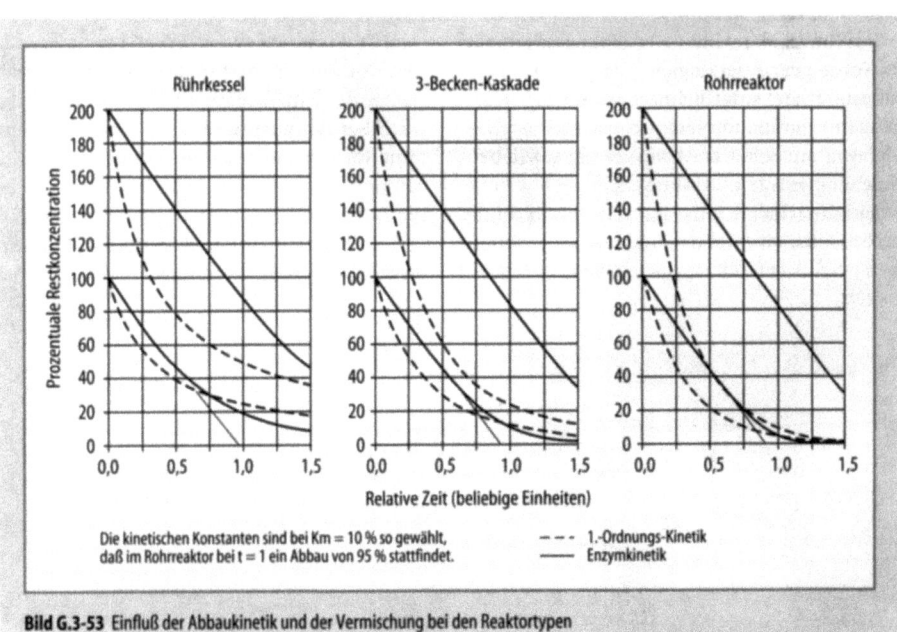

Bild G.3-53 Einfluß der Abbaukinetik und der Vermischung bei den Reaktortypen

Kaskaden- und Rohrreaktoren sind wegen des oben beschriebenen Vorteils vor allem in Fällen einzusetzen, wo alleiniger Kohlenstoffabbau gefordert ist. Sie finden jedoch in zunehmendem Maße auch bei den auf Stickstoffelimination ausgelegten Anlagen Interesse, weil in diesen Anlagen das Verhältnis Denitrifikationsvolumen zu Nitrifikationsvolumen entsprechend den jeweiligen Anforderungen variiert werden kann. Darüber hinaus hat eine Kaskadenanordnung den Vorteil, daß durch die unterschiedlich hohen Konzentrationen im Reaktor die Blähschlammgefahr reduziert wird (s. Abschn. G.3.3.3.5).

G.3.3.3.3 Einstufige Verfahren zur C- und N-Elimination

Der Kohlenstoff wird beim Belebungsverfahren durch Oxidation, Adsorption und Überführung in Biomasse eliminiert. Der Wirkungsgrad der C-Elimination hängt dabei in einem weiten Bereich von der Schlammbelastung B_{TS} [kg BSB_5/ kg TS · d] ab.

Bei steigender Schlammbelastung nimmt der Anteil der Adsorption zu, wobei der BSB_5-bezogene Sauerstoffbedarf abnimmt, weil der echte Abbau geringer wird. Bei sinkender Schlammbelastung werden die absorbierten Stoffe weitgehend abgebaut, die Aktivität des Schlamms verringert sich bis hin zur Stabilität (weitgehende Verminderung der Faulfähigkeit des belebten Schlamms).

Die C-Elimination ohne N-Elimination steht im Vordergrund bei kleinen Anlagen, bei denen aufgrund der gesetzlichen Vorschriften eine Stickstoffelimination nicht erforderlich ist, bei Anlagen mit Schlammstabilisierung sowie bei Belebungsanlagen für Abwässer ohne N-Überschuß (N-Gehalt des Abwassers ist nicht größer als der Bedarf an N für das Biomassenwachstum) und bei Anlagen mit nachgeschalteter N-Elimination.

Bei Erfüllung der für das Belebungsverfahren erforderlichen Randbedingungen (Sauerstoffversorgung, Umwälzung, Biomassenrückführung) ist bei gleicher Schlammbelastung für den Erfolg des Verfahrens unwesentlich, mit welcher Feststoffkonzentration und in welcher geometrischen Reaktorform (Beckentiefe) die Belebungsanlage realisiert ist.

Bei der biologischen Stickstoffelimination ist grundsätzlich folgende Randbedingung verfahrenstechnisch zu berücksichtigen:
- Im Rohabwasser liegt der Stickstoff überwiegend in reduzierter Form (NH_4-N, org. N) vor.
- Die Oxidation des Stickstoffs zu NO_3-N erfordert aerobe Verhältnisse im biologischen Reaktor.
- Zur Denitrifikation des gebildeten Nitrats wird leicht abbaubares organisches Substrat benötigt, das vor einer Belüftung im Rohabwasser enthalten ist oder extern dosiert werden muß.

Ziel der Verfahrenstechnik zur Stickstoffelimination ist es, das im Zulauf enthaltene, leicht abbaubare organische Substrat weitgehend für die Denitrifikation verfügbar zu machen.

Bei üblichem kommunalem Abwasser mit einem BSB_5-TKN-Verhältnis von ≥ 4 ist eine weitgehende Denitrifikation ohne die Zugabe einer externen Kohlenstoffquelle (z.B. Methanol) möglich. Die im folgenden aufgeführten Verfahren haben sich für eine weitgehende Stickstoffelimination bewährt.

a) Vorgeschaltete Denitrifikation (Bild G.3-54)
Das in der Nitrifikationsstufe gebildete Nitrat wird über eine interne Rezirkulation und die externe Rückführung des Rücklaufschlamms in den vorgeschalteten Denitrifikationsreaktor geführt.

Das im Rohabwasser enthaltene, leicht abbaubare Substrat steht somit weitgehend für die Denitrifikation zur Verfügung.

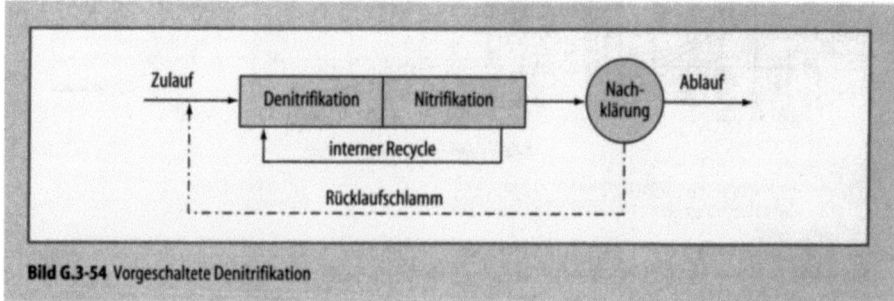

Bild G.3-54 Vorgeschaltete Denitrifikation

Die Rückläufe müssen gepumpt werden, wobei die Förderhöhe bei entsprechender Anordnung der Becken gering ist. Werden hierfür regelbare Pumpen eingesetzt, kann der NO_3-N-Gehalt am Ende der Denitrifikationszone (Soll $\approx$ 1–2 mg NO_3-N/l) als Regelgröße eingesetzt werden. Die Begrenzung der internen Recyclemenge auf das der aktuellen Denitrifikationskapazität entsprechende Maß ist sinnvoll, um die Energiekosten zu optimieren und den unerwünschten Eintrag von gelöstem Sauerstoff in die Denitrifikationszone zu minimieren.

Zur Anpassung der anoxischen und aeroben Zonen an die durch Einfluß von Temperatur und Abwassercharakteristik veränderlichen erforderlichen Größen ist es empfehlenswert, zwischen permanent anoxischen und aeroben Zonen variable Zonen einzurichten, die sowohl als anoxische als auch als aerobe Zonen betrieben werden können.

b) Intermittierende Denitrifikation (Bild G.3-55)
Bei der intermittierenden Denitrifikation wird das Belebungsbecken kontinuierlich beschickt, abwechselnd belüftet (Nitrifikationsphase) und unbelüftet (Denitrifikationsphase) betrieben.

Durch die Zufuhr von Rohabwasser während der belüfteten Phase geht ein entsprechender Anteil des leicht abbaubaren Substrats für die Denitrifikation verloren, damit ist die spezifische Denitrifikationskapazität bei diesem Verfahren geringer als bei der vorgeschalteten Denitrifikation.

Eine interne Rezirkulation ist bei der intermittierenden Denitrifikation nicht erforderlich, weil das Belebtschlamm-Abwasser-Gemisch durch die intermittierende Belüftung einem Wechsel von aeroben und anoxischen Bedingungen unterworfen wird. Die Häufigkeit des Wechsels vom aeroben zum anoxischen Milieu innerhalb der Aufenthaltszeit des Abwassers im Belebungsbecken ergibt in Analogie zum Rücklaufverhältnis beim vorgeschalteten Verfahren den theoretisch möglichen Wirkungsgrad der Denitrifikation. Der tatsächliche Wirkungsgrad ist insbesondere vom Sauerstoffbedarf der Biomasse und dem Angebot an leicht abbaubarem Substrat in der unbelüfteten Phase abhängig.

Ein Nachteil dieses Verfahrens gegenüber der vorgeschalteten Denitrifikation besteht darin, daß die Belüftungsinstallation im gesamten Belebungsbecken angeordnet und die Belüfterkapazität höher ausgelegt werden muß, weil der Sauerstoff nicht kontinuierlich, sondern innerhalb der aeroben Phasen eingetragen werden muß.

c) Alternierende Denitrifikation (Bild G.3-56)
Die alternierende Denitrifikation ist ein diskontinuierliches Verfahren, bei dem wie bei der intermittierenden Denitrifikation belüftete und unbelüftete Phasen im Belebungsbecken abwechseln, der Zulauf aber alternierend jeweils in den unbelüfteten Bereich eingeleitet wird.

Der beim intermittierenden Verfahren nachteilige Verbrauch leicht abbaubaren Substrats in der belüfteten Phase entfällt hierbei. Für die Zulaufaufteilung sind entsprechende Regelungsorgane mit angepaßter Steuerung erforderlich.

In der Gruppe der alternierenden Verfahren gibt es zahlreiche Verfahrensvarianten, die sich wie folgt einteilen lassen:
Anzahl der Reaktoren einer Funktionseinheit
– 2 Reaktoren: Biodenitro-Verfahren (Patentschutz ist ausgelaufen)
– 3 Reaktoren: bekannt als Tricycle-Verfahren (Patent-Nr. DE 3833009C2 und weitere nicht patentierte Verfahrensvarianten)
Art der Beschickung
– kontinuierlich während der unbelüfteten Phase,
– diskontinuierlich patentiert als Jülicher Abwasserreinigungsverfahren (Patent-Nr. EP 0284 976 B1)

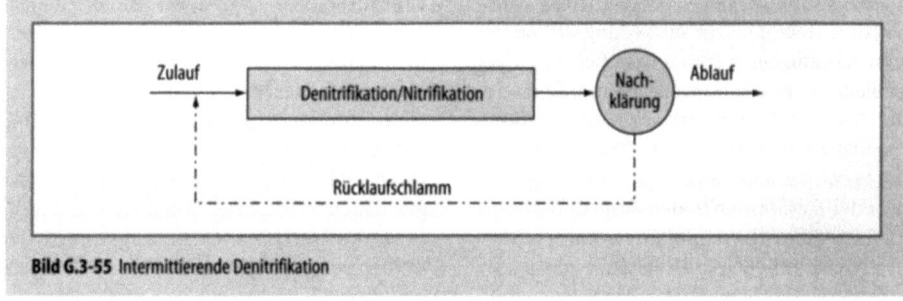

Bild G.3-55 Intermittierende Denitrifikation

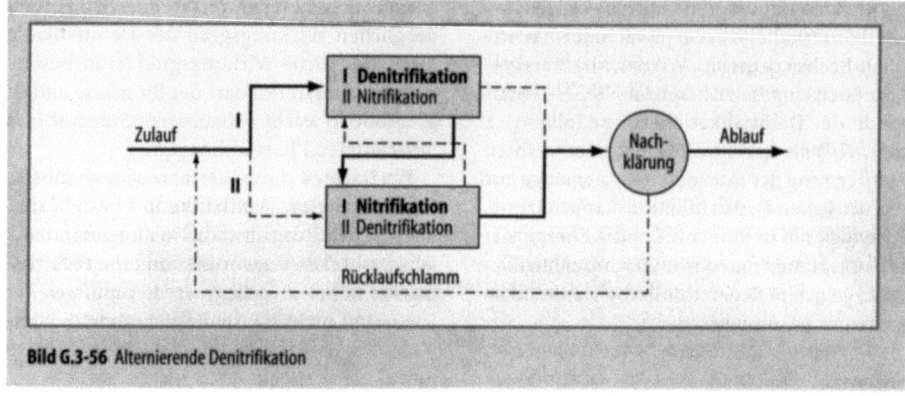

Bild G.3-56 Alternierende Denitrifikation

Führung des Ablaufs
- kontinuierlich aus allen beteiligten Reaktoren, hierbei ist ein Nachbelüftungsbecken erforderlich,
- jeweils aus dem belüfteten Bereich, dieses erfordert eine entsprechende Ablaufregelung.

d) Simultane Denitrifikation (Bild G.3-57)
In simultan betriebenen Belebungsbecken stellen sich zwischen anoxischen und nitrifizierenden Bereichen Mischzonen ein, in denen das Milieu weder für die Nitrifikation noch für die Denitrifikation optimal ist. Aus diesem Grund wird die simultane Denitrifikation nur bei Stabilisierungsanlagen mit Erfolg eingesetzt, weil dort die Aufenthaltszeit des Abwassers im System wesentlich größer ist als es für die Stickstoffelimination bei einer klaren Zonierung erforderlich wäre.

Simultananlagen neigen zu Blähschlammbildung, weil in den Bereichen mit niedriger Sauerstoffkonzentration (< 0,5 mg O_2/l) fädige Bakterien mit gegenüber flockenbildenden größerer spezifischer Oberfläche Wachstumsvorteile haben.

Simultananlagen werden häufig als Umlauf- oder als Rundbecken mit umlaufender Belüftung gebaut.

Die Abgrenzung zwischen Umlaufbecken mit Betrieb als simultane bzw. vorgeschaltete Denitrifikation besteht in der Ausbildung wirksamer anoxischer und aerober Bereiche. Bei der vorgeschalteten Denitrifikation im Umlaufgraben wird der Zulauf in der Denitrifikationszone zugegeben und die Kontaktzeit in der Denitrifikationszone so groß gewählt, daß eine gezielte weitgehende Denitrifikation stattfindet. Aufgrund der zur Verbindung einer Schlammabsetzung erforderlichen Mindestfließgeschwindigkeit von v_{min} = 0,30 m/s ergeben sich hierbei relativ lange Becken, die mehrere Fließrichtungswechsel erforderlich machen können. Sind diese Randbedingungen sichergestellt, ist eine Bemessung als vorgeschaltete Denitrifikation möglich.

e) Nachgeschaltete Denitrifikation (Bild G.3-58)
Bei der nachgeschalteten Denitrifikation wird das Abwasser erst nitrifiziert und in einer nachgeschalteten Stufe denitrifiziert. Da das gesamte Abwasser vor der Denitrifikation durch den belüfteten Bereich geführt wurde, ist das leicht abbaubare Substrat bereits verbraucht und eine Denitrifikation ohne weitere Maßnahmen nur begrenzt und mit geringer spezifischer Geschwindigkeit über das von den Bakterien adsorbierte oder gespeicherte Substrat möglich.

Die Umfahrung der belüfteten Stufe mit einem Teilstrom würde zwar leicht abbaubares Substrat für die Denitrifikation in die nachgeschaltete Stufe leiten, führt aber gleichzeitig durch das in diesem Teilstrom nicht oxidierte Ammonium zu einer Ablaufverschmutzung.

Aus den genannten Gründen wird die nachgeschaltete Denitrifikation beim Belebungsverfahren nur mit externer Kohlenstoffzugabe betrieben.

Die bei den anderen Verfahren stattfindende Nutzung des im Nitrat gespeicherten Sauerstoffs zur Oxidation der im Abwasser enthaltenen organischen Stoffe ist bei der nachgeschalteten Denitrifikation nicht möglich, und darum ist der Sauerstoffbedarf entsprechend höher.

Bei Abwässern mit geringer Säurekapazität ist zu beachten, daß sich der Rückgewinn der Säurekapazität durch die Denitrifikation in der nachgeschalteten Stufe in der Nitrifikationsstufe nicht auswirkt. Durch die Dosierung von externem Kohlenstoff entsteht zusätzlicher Überschußschlamm.

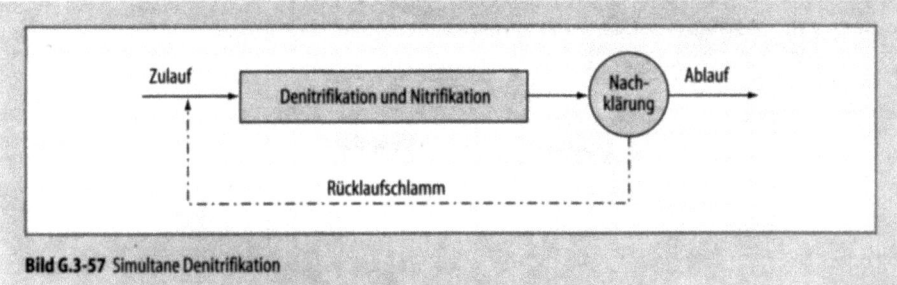

Bild G.3-57 Simultane Denitrifikation

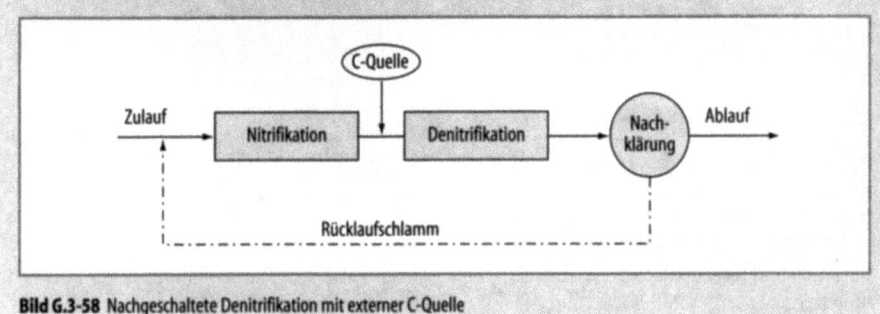

Bild G.3-58 Nachgeschaltete Denitrifikation mit externer C-Quelle

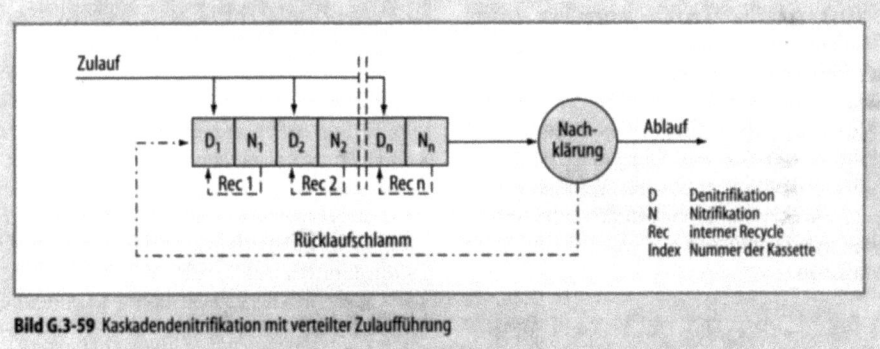

Bild G.3-59 Kaskadendenitrifikation mit verteilter Zulaufführung

Zur Regelung der Kohlenstoffdosierung empfiehlt sich eine Regelung über den Nitratgehalt im Ablauf, ggf. ist ergänzend eine kontinuierliche CSB-Kontrolle über den Ersatzparameter Extinktion sinnvoll.

Bei nachgeschalteter Denitrifikation ist eine vollständige Denitrifikation erreichbar.

f) Kaskadendenitrifikation mit verteilter Zulaufführung (Bild G.3-59)

Die Kaskadendenitrifikation mit verteilter Zulaufführung ist ein kontinuierliches Verfahren, bei dem zwei oder mehrere Denitrifikations-/Nitrifikationskassetten in Reihe geschaltet werden. Der Rücklaufschlamm wird in die erste Kassette geleitet, der Rohwasserzulauf verteilt in den Denitrifikationszonen zugegeben. Hieraus ergeben sich die im folgenden näher beschriebenen Vorteile des erhöhten Feststoffgehalts in den vorderen Kassetten und des Nitratzuflusses in die unbelüfteten Zonen.

a) Erhöhter Feststoffgehalt in den ersten Kassetten

Der Feststoffgehalt in einem Reaktor ergibt sich aus der Mischkonzentration von Zulauf und Rücklaufschlamm. Bei konventionellen Verfahren ist ein Rücklaufschlammfluß von $Q_{RS} = 1{,}0 \cdot Q_0$ üblich.

Bei der Kaskadenanlage wird in den vorderen Kassetten nur ein Teil des Zulaufs mit dem ge-

Tabelle G.3-14 Erhöhung der Feststoffgehalte in Kaskadenanlagen mit verteilter Zulaufführung und mögliche Volumeneinsparung gegenüber einem volldurchmischten Reaktor

System	2er Kaskade	3er Kaskade	4er Kaskade
Zulaufaufteilung	$1/2 / 1/2$	$1/3 / 1/3 / 1/3$	$1/4 / 1/4 / 1/4 / 1/4$
Erhöhung der Feststoffgehalte			
– in der 1. Kassette	1,33	1,50	1,60
– in der 2. Kassette	1,00	1,20	1,33
– in der 3. Kassette	–	1,00	1,14
– in der 4. Kassette	–	–	1,00
Im Mittel	1,16	1,23	1,27
Volumeneinsparung	14,3 %	18,9 %	21,2 %

samten Rücklaufschlamm gemischt. Hieraus ergeben sich höhere Feststoffgehalte in den vorderen Kassetten (Tabelle G.3-14).
Da der Feststoffgehalt im Belebungsbecken im Hinblick auf die Begrenzung der Ablaufkonzentration von Feststoffen aus der Nachklärung begrenzt ist, kann bei Nutzung der Kaskadentechnik die in der obigen Tabelle aufgeführte Volumeneinsparung gegenüber den konventionellen Verfahren angesetzt werden.

b) Theoretisch möglicher Denitrifikationsgrad

Das in der Nitrifikationszone der vorderen Kassette gebildete Nitrat wird in die Denitrifikationszone der nachfolgenden Kassette geführt. Hierdurch ergibt sich in Abhängigkeit der Anzahl n der Kassetten des Zuflusses ein theoretisch möglicher Denitrifikationsgrad η_{DN} von

$$\eta_{DN} = 1 - \frac{1}{n \cdot (1,0 + Q_{Rec})} (\%)$$

Der Recyclestrom Q_{Rec} ist dabei die Summe aus dem Rücklaufschlammstrom und einem möglichen zusätzlichen internen Recycle innerhalb der Denitrifikations-/Nitrifikationskassetten.
Bei einer 3er-Kaskade ergibt sich beispielsweise mit einem Rücklaufschlammstrom von 100 % ohne einen zusätzlichen internen Recycle ein theoretisch möglicher Denitrifikationsgrad von 83,3 %. Bei einer vorgeschalteten Denitrifikation wäre zur Erreichung des gleichen Wirkungsgrads dagegen ein wesentlich höheres Rücklaufverhältnis (Summe intern und extern) von 500 % erforderlich. In die Denitrifikationszonen wird bei der 3er-Kaskade ein sauerstoffbeladender, für die Denitrifikation daher ungünstiger Volumenstrom aus den Nitrifikationskassetten und der Nachklärung von $4,0 \cdot Q_0$, bei der vorgeschalteten Denitrifikation von $5,0 \cdot Q_0$ geführt.

Komponenten der Bemessung von Belebungsanlagen auf Stickstoffelimination

Die heute gebräuchlichen Bemessungsansätze (ATV A 131; HSG-Ansatz entwickelt von der Hochschulgruppe) basieren auf gleicher Grundlage [G.3.78].
Bezüglich der *Nitrifikation* ist das aerobe Schlammalter der Bemessungswert. Das erforderliche aerobe Schlammalter errechnet sich aus dem Kehrwert der maximalen Wachstumsrate der Nitrifikanten (bei der Bemessungstemperatur). Da im praktischen Betrieb die tatsächliche Wachstumsrate der Nitrifikanten deutlich unter der maximalen liegt, ist ein entsprechender Zuschlag festzulegen, der je nach Anlagengröße zwischen 2,3 und 2,9 liegt. Der Einfluß der Sauerstoffkonzentration und der NH_4-N-Konzentration im Reaktor auf die Wachstumsrate kann über MONOD-Abhängigkeiten beschrieben werden.
Es wird davon ausgegangen, daß die *Denitrifikation* proportional zur Kohlenstoffatmung im Denitrifikationsreaktor OVC_D ist.
Die Kohlenstoffatmung im Gesamtbecken OVC ist die Summe aus endogener Atmung und Substratatmung. Für die Denitrifikation wirksam ist nur die Atmung im Denitrifikationsanteil V_D des Gesamtvolumens. Die Atmungsgeschwindigkeit beträgt unter anoxischen Bedingungen nur ca. 75 % der aeroben Atmung.
Wenn der Zulauf in die Denitrifikationszone geführt wird, ist dort eine spezifisch höhere Zehrung als im übrigen Reaktor zu erwarten. Hier-

für wird ein Faktor α angesetzt, der vom Denitrifikationsanteil V_D und der Rezirkulation abhängt [G.3.79].

Damit beträgt die für die Denitrifikation nutzbare Zehrung OVC_D im Denitrifikationsanteil V_D nach dem HSG-Ansatz:

$$OVC_D = \underbrace{\alpha \cdot 0{,}75 \cdot OVC \cdot V_D}_{\text{Sauerstoffverbrauch}} = \underbrace{2{,}86/1.000 \cdot NO_3\text{-}N_D}_{\text{Sauerstoffangebot}}$$

OVC O_2-Bedarf infolge C-Atmung (kg O_2/d)
NO_3-N_D zu denitrifizierende Stickstofffracht (kg/d)
2,86 stöchiometrischer Sauerstoffgehalt des Nitrats (kg O_2/kg NO_3-N)

Bei der Bemessung wird V_D so groß gewählt, daß der Sauerstoffverbrauch dem im zu denitrifizierenden Nitrat enthaltenen Sauerstoff entspricht.

Der erreichbare Denitrifikationsgrad ist neben der Zehrung auch von der Nitratzufuhr in die Denitrifikationszone durch entsprechende Recycleführung oder Phasenwechsel abhängig.

Bemessung nach A131
Die im ATV A 131 (1991) empfohlenen Bemessungswerte gelten für Abwässer mit folgenden Voraussetzungen:
- CSB-/BSB_5-Verhältnis $\cong 2{,}0$,
- BSB_5/TKN-Verhältnis $\geq 4{,}0$.

Zuerst ist der zu erwartende Schlammindex ISV und die mit dem Räumsystem sicherzustellende Eindickzeit t_E festzulegen. Daraus ergibt sich der betriebssicher erreichbare Feststoffgehalt TS_{BS} an der Beckensohle zu

$$TS_{BS} = \frac{1000}{ISV} \cdot 3\sqrt{t_E}$$

Der Bodenschlamm wird während des Räumvorgangs mit dem Kurzschlußstrom zwischen Einlauf und Schlammabzug verdünnt, so daß sich eine Abminderung der Feststoffkonzentration im Rücklaufschlamm TS_{RS} gegenüber der im Bodenschlamm TS_{BS} ergibt:

- $TS_{RS} \approx 0{,}7 \cdot TS_{BS}$ bei Schildräumern
- $TS_{RS} \sim 0{,}5\text{--}0{,}7 \cdot TS_{BS}$ bei Saugräumern

Damit liegen die erreichbaren Feststoffgehalte in der Belebungsanlage bei Auslegung auf Stickstoffelimination, einem Schlammindex von ISV = 100–150 ml/g (für $B_{TS} > 0{,}05$; Abwässer mit geringen organischen Anteilen), dem Einsatz von Schildräumern ($TS_{RS}/TS_{BS} = 0{,}7$), der maximalen Eindickzeit ($t_E = 2$ h) und einem Rücklaufschlammverhältnis RV von 100 % bei TS_{BB} = 4,4 – 2,9 g/l.

Der Bemessungsweg für die Belebungsbecken führt über die tabellarische Festlegung des erforderlichen Gesamtschlammalters in Abhängigkeit von der Ausbaugröße der Kläranlage und dem projektierten Denitrifikationsanteil.

Das Volumen wird bei Vorgabe des Gesamtschlammalters und der Feststoffkonzentration im Belebungsbecken TS_{BB} über die Berechnung des spezifischen Überschußschlammanfalls berechnet.

Die Nitratablaufkonzentration wird über die in Tabelle G.3-15 angegebene Stickstoffbilanz

Tabelle G.3-15 Stickstoffbilanz

Komponente	Parameter	Fallbeispiel[a]
Stickstoff im Zulauf	NH_4-N_0	42,5 mg/l
	org. N_0	20,0 mg/l
	NO_3-N_0	0,0 mg/l
	Ges. N_0	62,5 mg/l
Stickstofffestlegung im Überschußschlamm 4 – 5 % des eliminierten BSB_5	$N_{ÜS}$	14,1 mg/l
Denitrifizierter Stickstoff (A 131, Tab. 4)	N_D	37,5 mg/l
Stickstoff im Ablauf	NH_4-N_e	1,0 mg/l
	org. N_e	2,0 mg/l
	NO_3-N_e	7,9 mg/l
	Ges. N_e	10,9 mg/l
Summe aus eliminiertem Stickstoff und Stickstoff im Ablauf	$N_{ÜS} + N_D$ + Ges. N_e	62,5 mg/l

[a] Fallbeispiel mit folgenden Randbedingungen:
spez. BSB_5-Fracht 50 g/E·d
spez. N-Fracht 10 g/E·d
spez. Abwasseranfall 160 l/E·d
spez. Denitrifikationskapazität: 0,12 kg NO_3-N_D/kg BSB_5

kontrolliert und ggf. der oben gewählte Denitrifikationsanteil angepaßt.

Im A 131 sind weitere Angaben zur Bemessung der Sauerstoffzufuhr und zur Säurekapazitätsberechnung enthalten.

Bemessung nach dem Hochschulgruppenansatz

Anfang 1988 hat sich eine Gruppe von Mitarbeitern und Mitarbeiterinnen der siedlungswasserwirtschaftlichen Lehrstühle und Institute von 11 Hochschulen zu einem Erfahrungsaustausch zusammengefunden, um die Grundlagen für die Bemessung von Belebungsanlagen auf Nitrifikation und Denitrifikation zusammenzutragen und daraus einen gemeinsamen Ansatz zu entwickeln. Bis dahin wurden für die Dimensionierung der Belebungsanlagen verschiedene Bemessungsansätze benutzt, die sehr unterschiedliche Bemessungsergebnisse bei gleichen Eingangsdaten lieferten.

Nitrifikation
Die Belebungsanlage muß so ausgelegt sein, daß das Schlammalter größer als der reziproke Wert des tatsächlichen Nitrifikantenwachstums (Wachstumsrate abzüglich Sterberate) ist. Da sich die Nitrifikanten nur im aeroben Teil des Belebungsbeckens vermehren können, wurde der Begriff „aerobes Schlammalter" $t_{TS,aerob}$ eingeführt:

$$\text{erf. } t_{TS,aerob} = \frac{1}{(\mu_A - b_A \cdot f_{T,bA})} = \frac{V_N \cdot TS_{BB}}{\ddot{U}S} (d)$$

$t_{TS,aerob}$ aerobes Schlammalter (d)
μ_A aktuelle Wachstumsrate (1/d)
$b_A \cdot f_{T,bA}$ Sterberate unter Temperatureinfluß (1/d)
V_N Nitrifikationsvolumen (m³)
TS_{BB} Feststoffgehalt in der Belebungsanlage (kg/m³)
ÜS   Überschußschlammproduktion (kg/d)

Im HSG-Ansatz ist weiterhin ein Sicherheitsfaktor SF enthalten, der eine mögliche Hemmung der Nitrifikanten durch toxische Abwasserinhaltsstoffe und Unsicherheiten bei der Festlegung der kinetischen und stöchiometrischen Parameter berücksichtigen soll (nicht eine mangelnde O₂-Versorgung). Der Sicherheitsfaktor SF wird auf das aerobe Schlammalter bezogen (Empfehlung der Hochschulgruppe: SF = 1,25).

Die Schwankungen der Stickstoffzulauffracht und die daraus resultierenden NH₄-N-Ablaufkonzentrationen können im HSG-Ansatz grob über den Schwankungsfaktor S berücksichtigt werden (Bild G.3-60). Der *Schwankungsfaktor S* ist dabei das Verhältnis der zu nitrifizierenden Stickstofffracht in der 2-h-Probe während der Tagesspitze zur im Mittel zu nitrifizierenden Stickstofffracht über den Tag:

$$S = \frac{(N_{n,Sp} - NH_4 - N_{e,Sp}) \cdot Q_{Sp}}{(N_{n,m} - NH_4 - N_{e,m}) \cdot Q_{d/24}}$$

$N_{n,Sp}$ nitrifizierbare Stickstoffkonzentration im Zulauf zur Belebungsstufe in der Tagesspitze (mg/l)

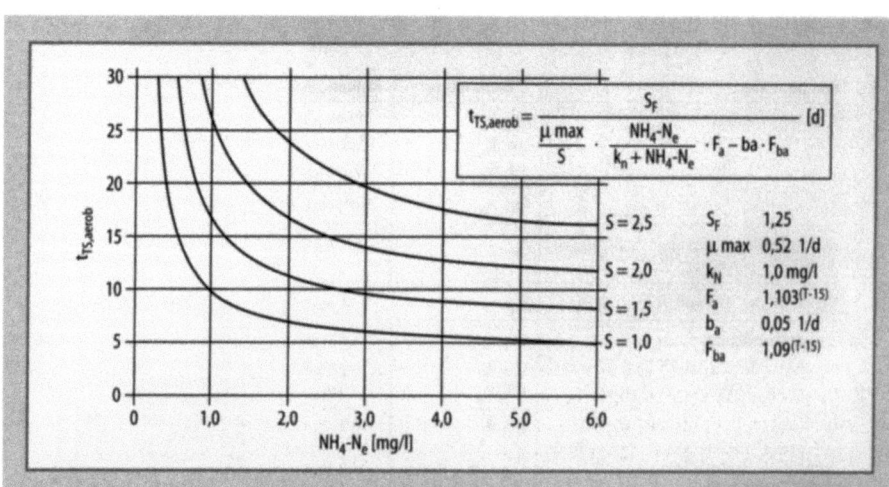

Bild G.3-60 Zusammenhang zwischen erf. aeroben Schlammalter $t_{TS,aerob}$, dem Schwankungsfaktor S und der NH₄-N-Ablaufkonzentration in der Tagesspitze und im Tagesmittel nach HSG-Ansatz

$N_{n,m}$ nitrifizierbare Stickstoffkonzentration im Zulauf zur Belebungsstufe im Tagesmittel [mg/l]
Index e Ablauf
Q_{Sp} Zufluß in der Tagesspitze [m³/h]
$Q_{d/24}$ Zufluß im Tagesmittel [m³/h]
$NH_4-N_{e,Sp}$ Überwachungswert für die NH_4-N-Konzentration im Ablauf

Die Nitrifikation ist mit einem Absinken der Säurekapazität verbunden, da pro Mol produziertem Nitrat (NO_3) 2 Mol H^+ frei werden. Bei der Denitrifikation wird davon ein Mol H^+ wieder verbraucht.

Denitrifikation

Bei der Bemessung wird angesetzt, daß über die Rezirkulation genau so viel Nitratsauerstoff in die Denitrifikationszone geführt wird, wie die Biomasse verbrauchen kann.

Der Sauerstoffbedarf für die Kohlenstoffatmung wird dabei wie folgt berechnet [G.3.80]:

$$OVC = 0{,}56 \cdot \eta \cdot BSB_5 + \frac{0{,}15 \cdot t_{TS} \cdot F}{(1+0{,}17 \cdot t_{TS} F)}$$

η Wirkungsgrad des BSB_5-Elimination [-]
BSB_5 BSB_5-Tagesfracht [kg/d]
t_{TS} Schlammalter [d]
F Faktor zur Berücksichtigung des Einflusses der Temperatur T [°C] = $1{,}072^{(T-15)}$

Die Anwendung des HSG-Ansatzes ist ohne den Einsatz eines EDV-Programms sehr aufwendig. Entsprechende Programme werden auf dem Markt angeboten.

Der wesentliche Vorteil bei der Anwendung des HSG-Ansatzes in EDV-gestützter Form liegt für den Anwender in der Möglichkeit, verschiedene Belastungsfälle in kürzester Zeit berechnen und die Systemparameter dabei detailliert verfolgen zu können.

Anwendung der dynamischen Simulation

Der Abwasserzufluß zu einer Kläranlage unterliegt üblicherweise im Hinblick auf Menge und Zusammensetzung erheblichen Schwankungen. Die Zuflußwassermenge und die Verteilung der Schmutzfrachten wird in Abhängigkeit von Größe und Charakteristik des Einzugsgebiets, dem Verhalten der Einwohner, dem Abwasseranfall in der angeschlossenen Industrie und der Charakteristik des Kanalnetzes (Gefälle, Pumpwerke usw.) einen Tages-, Wochen- und Jahresgang aufweisen.

Auch die betrieblichen Randbedingungen sind veränderlich, wie z. B. die Temperatur, der Feststoffgehalt oder die Schlammabsetzeigenschaft. Die Kläranlage muß die gesetzlichen Überwachungswerte aber zu jedem Zeitpunkt einhalten. Die weitergehende Abwasserreinigung bedient sich dabei verschiedenartiger und komplexer Prozesse, um dieses Ziel wirtschaftlich und betriebssicher zu erreichen.

Die Planer und Betreiber sind daher gezwungen, sich detailliert mit der Wahl der maßgebenden Belastungsdaten, den verfügbaren Verfahrenstechniken, den entsprechenden Bemessungsverfahren und den betrieblichen Randbedingungen auseinanderzusetzen. Die Simulation gewinnt dabei als Arbeitsmittel zunehmend an Bedeutung.

Grundsätzlich lassen sich folgende Einsatzbereiche der dynamischen Simulation unterscheiden:

Planung
- Überprüfung von Entwurfskonzepten
- Erkennen der maßgeblichen Belastungsfälle
- Überprüfung von Regelungskonzepten
- Festlegung von Betriebsweisen bei vorsehbaren Betriebsstörungen

Betrieb
- Plausibilitätskontrolle der Meßwerte
- Überprüfung der aktuellen Fahrweise durch vergleichende Berechnungen
- Festlegung der Regelungsparameter

Schulung
- Ausbildung an den Hochschulen
- Trainingsprogramme für Kläranlagenbetreiber

Je nach Fragestellung werden zweckmäßig vereinfachte oder detaillierte Modelle eingesetzt.

Die Güte der Berechnungsergebnisse eines dynamischen Modells hängt davon ab, wie exakt die Randbedingungen und die beteiligten Prozesse beschrieben werden können, und ob eine Kalibrierung möglich ist.

Bei der Bemessung von Belebungsanlagen bereitet die Abschätzung der künftig zu erwartenden Tagesfrachten für CSB, BSB_5, TKN und P Schwierigkeiten. Veränderungen in der Anzahl und dem spezifischen Schmutzanfall der zu entsorgenden kommunalen und industriellen Abwassereinleiter und Veränderungen im Kanalnetz müssen vom aktuellen Zustand auf die Lebenszeit einer Belebungsanlage bezogen hochgerechnet werden.

Vor diesem Hintergrund ist die Entwicklung eines einfachen dynamischen Modells zu sehen, das in der Bemessungspraxis erfüllbare Anforderungen an die Eingabedaten stellt und dennoch eine grobe Abschätzung des Verhaltens einer Belebungsanlage erlaubt.

Detaillierte reaktionskinetische Modelle, wie z. B. Modelle auf Basis des IAWPRC-Ansatzes [G.3.81], können dagegen bei entsprechender Beschreibung der Zulauf- und Betriebsparameter das Verhalten einer Belebungsanlage realitätsnah beschreiben und sind daher insbesondere im Hinblick auf den Einsatz zur Prozeßkontrolle als sinnvolles Hilfsmittel anzusehen.

a) Vereinfachtes Simulationsmodell
Auf Basis des oben beschriebenen HSG-Ansatzes ist ein vereinfachtes Simulationsmodell entwickelt worden, daß die Beurteilung einer Belebungsanlage unter veränderten Belastungs- und Betriebsbedingungen erlaubt [G.3.80].

Die Auswirkung von Belastungsschwankungen durch erhöhte Frachten oder Wassermengen (z. B. Mischwasserzufluß) auf die Ablaufkonzentrationen von NH_4-N und NO_3-N kann mit dem Modell nachvollzogen werden.

Die Grundidee des vereinfachten dynamischen Ansatzes ist, daß die Tagesganglinie für die Parameter NH_4-N und NO_3-N unter Zugrundelegung einer mittleren, im Berechnungszeitraum konstanten Schlammzusammensetzung berechnet wird. Diese mit dem HSG-Ansatz berechnete mittlere Schlammzusammensetzung resultiert aus der Belastung und der Betriebsweise eines Zeitraums von 1–2 Schlammaltern vorher.

Als Randbedingungen sind zusätzlich zu den für den HSG-Ansatz notwendigen Angaben das Fließschema und ggf. die Regelstrategien, die Belastungsganglinie und der Gleichgewichtszustand zu definieren. Die Ablaufganglinien von NH_4-N und NO_3-N ergeben sich dann als Antwort des Systems auf die Belastungsganglinie.

Als wesentliche Vereinfachung in diesem Ansatz ist die Darstellung des organischen Substrats als eine Fraktion (BSB_5) zu sehen. In der Realität reagieren die Mikroorganismen auf die verschiedenen Abwasserinhaltsstoffe mit sehr unterschiedlichen Stoffwechselgeschwindigkeiten. Die Prozesse der Adsorption von Substrat und der Hydrolyse werden vernachlässigt. Eine Veränderung der Biomasse durch die Stoffwechseltätigkeit wird nicht berücksichtigt.

Die Bedeutung des vereinfachten Modells für die Bemessung von Belebungsanlagen liegt darin, daß ohne die für detaillierte Modelle erforderlichen und bei in Planung befindlichen Anlagen nicht mögliche Kalibrierung das dynamische Verhalten abgeschätzt werden kann. Damit ist z. B. die Wirkung von Ausgleichsvolumina im Zulaufbereich, die zu einer Vergleichmäßigung der Belastung führen, quantifizierbar oder der Einfluß variabler Zonen in Belebungsbecken, die sowohl belüftet als auch unbelüftet betrieben werden können, nachweisbar. Beide genannten Maßnahmen führen häufig zu sehr wirtschaftlichen Verfahrenskonzepten.

Das vereinfachte Modell wurde am Institut für Siedlungswasserwirtschaft und Abfalltechnik der Universität Hannover entwickelt und wird von der gemeinnützigen Entwicklungsgesellschaft für angewandten Umweltschutz, EAU, Hannover, vertrieben (Stand 1999).

b) Detaillierte Modelle
Die detaillierten Simulationsmodelle arbeiten auf Basis von Stoffbilanzen und stellen den Abwasserreinigungsprozeß mit zeitlich veränderlichen Systemparametern dar.

Grundlage der heute überwiegend eingesetzten detaillierten Modelle ist das IAWPRC-Modell Nr. 1. Darin werden 8 Prozesse zum Wachsen und Sterben der heterotrophen und autotrophen Bakterien unter aeroben und anoxischen Bedingungen und zur Stoffhydrolyse berücksichtigt.

Es werden im Modell 11 Stoffgruppen unterschieden.

Zur Beschreibung von Wachstum und Absterben der Biomasse, Einfluß der Milieubedingungen (Temperatur, Substratbedingungen, Sauerstoffkonzentration, Alkalität) und Zusammensetzung der verschiedenen Schlämme sind 28 kinetische und 11 stöchiometrische Parameter zu definieren.

Die Darstellung der Verknüpfung der Stoffgrößen untereinander durch die Prozesse und den Stoffwechsel wird übersichtlich in Matrixschreibweise dargestellt [G.3.81].

Eine ausführliche Beschreibung der einzelnen Parameter und der Prozeßkinetik ist Gujer (1985) zu entnehmen.

Das IAWPRC-Modell wurde von Wentzel et al. (1991) um die Prozesse der biologischen Phosphatelimination erweitert.

Für die Anwendung der detaillierten Modelle ist von besonderer Bedeutung, daß sich in der Praxis auftretende Verfahrenskonzepte darstellen lassen. Somit sollte ein Programm eine flexible Systemkonfiguration ermöglichen.

Neue Programme verfügen über Bibliotheken, in denen Standardbausteine für Zulaufganglinien, Reaktoren, Verteilerbauwerke, Regelungstechnik etc. enthalten sind und per Maus auf der Bedienoberfläche zu Anlagen zusammengebaut werden können.

Entwicklungstendenzen

Die Weiterentwicklungen der Belebungsverfahren haben einen geringeren Platzbedarf und einen wirtschaftlicheren Betrieb zum Ziel.

Durch die Konstruktion *tiefer Belebungsbecken* wird der Flächenbedarf geringer. Tiefe Becken werden zweckmäßig mit Druckbelüftungssystemen ausgestattet, wobei die erhöhten Temperaturen an den Belüftungsmembranen zu beachten sind. Flotationseffekte in der Nachklärung durch die Bildung von Gasbläschen können die Absetzung des belebten Schlamms behindern. Durch die Anordnung vertikal durchströmter, tiefer Nachklärbecken mit tiefliegender Schlammschicht oder die Anordnung einer Flotation anstelle einer Nachklärung kann ein betriebssicherer Schlammrückhalt gewährleistet werden.

Zur *Stabilisierung der Schlammabsetzeigenschaften* werden aerobe Selektoren eingesetzt, insbesondere bei Industrieabwassereinfluß.

Die Abhängigkeit des erforderlichen Reaktorvolumens von der Absetzbarkeit des belebten Schlamms wird bei *Membranverfahren* aufgehoben, indem anstelle einer Nachklärung der Ablauf über in die Belebungsbecken eingehängte Membranen entnommen wird. Die Membranen sind mit Unterdruck zu betreiben und regelmäßig zu spülen bzw. zu reinigen.

Betriebskosteneinsparungen sind bei unveränderter Ablaufqualität nur durch Energieeinsparung, durch den gezielten Einsatz geeigneter Meß-, Steuer- und Regeltechnik und einer begleitenden Optimierung, z. B. durch dynamische Simulation, möglich.

G.3.3.3.4 Verfahren zur biologischen Phosphorelimination

Die Elimination der Phosphorverbindungen aus Abwasser ist auf chemischem und biologischem Wege möglich. Die *biologische* Phosphatelimination hat gegenüber der chemischen Fällung folgende Vorteile
- kein Fällmittelbedarf,
- kein Anfall von Fällschlamm,
- keine Beeinträchtigung der Nitrifikanten.

Die Verfahrenstechnik der biologischen Phosphatelimination wurde ursprünglich in Südafrika entwickelt und funktioniert unter den dortigen Bedingungen (hohe Abwassertemperatur, hohe Schmutzstoffkonzentrationen) sehr gut. Durch Anpassung der Verfahrenstechnik und der Bemessung wird die biologische Phosphatelimination heute im deutschsprachigen Raum in weit über 100 Kläranlagen gezielt und mit Erfolg eingesetzt und entspricht damit den allgemein anerkannten Regeln der Technik [G.3.82].

Das Prinzip der biologischen Phosphatentfernung beruht darauf, Bakterien mit erhöhtem Phosphatgehalt im Kreislauf des belebten Schlamms anzureichern. Diese speziellen Bakterien legen sich einen Phosphatspeicher an, den sie unter bestimmten Randbedingungen nutzen können und somit einen Wachstumsvorteil gegenüber den anderen konkurrierenden Bakterien erlangen [G.3.83]. Der Phosphor wird mit dem Überschußschlamm aus dem System entfernt.

Durch Anordnung von einem Becken im Zulaufbereich zur Kläranlage, in dem zwar das Substrat des Abwassers, aber kein gelöster oder gebundener Sauerstoff vorhanden ist (anaerobe Verhältnisse), können die Bakterien mit Phosphatspeicher leicht abbaubares Substrat aufnehmen und in Form einer schnell verwertbaren Speicherform, so z. B. PHB (Poly-β-Hydroxybuttersäure) speichern. Die dafür benötigte Energie gewinnen sie über Rücklösung (Aufspaltung) ihres energiereichen Phosphatspeichers. In der anschließenden belüfteten Stufe wird der Phosphatspeicher weiter aufgefüllt und der im anaeroben Becken gebildete Speicherstoff (PHB) im Bau- und Energiestoffwechsel verbraucht. Durch diesen Selektionsvorteil gegenüber Bakterien ohne Phosphatreserven reichern sich die Bakterien mit erhöhtem Phosphatgehalt im Schlamm an. Mit der Entfernung des Überschußschlamms (zugewachsene Bakterienmasse) aus dem System werden somit erhöhte Phosphatfrachten entfernt.

Die Zufuhr von gelöstem Sauerstoff oder Nitrat in das anaerobe Vorbecken beeinträchtigt die biologische Phosphorelimination, weil das im Rohabwasser enthaltene, leicht abbaubare Substrat zunächst aerob und anoxisch abgebaut wird, bevor sich die für Bio-P-Bakterien vorteilhaften anaeroben Milieubedingungen einstellen können.

Der Vorgang der Phosphatrücklösung unter anaeroben Verhältnissen und der Phosphataufnahme unter aeroben Verhältnissen wird in Bild G.3-61 verdeutlicht.

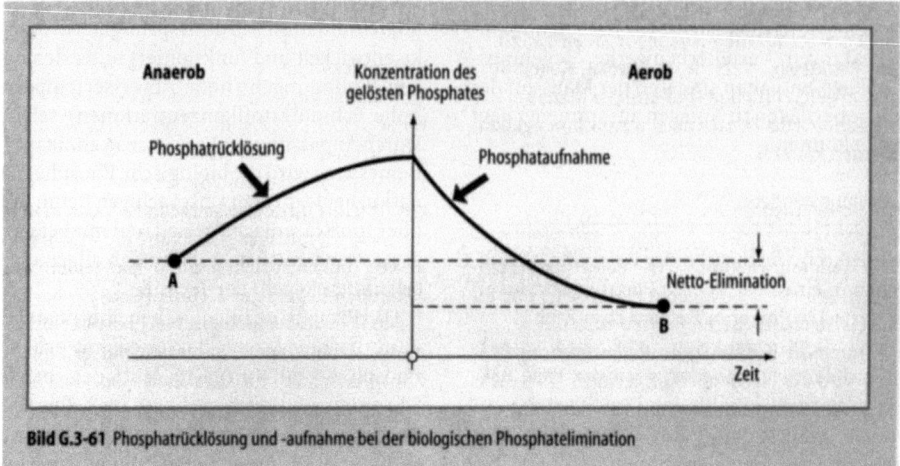

Bild G.3-61 Phosphatrücklösung und -aufnahme bei der biologischen Phosphatelimination

Es sind heute eine Vielzahl von Bakterien bekannt, die unter entsprechenden verfahrenstechnischen Randbedingungen in erhöhtem Maße Phosphat speichern. Dabei ist eine Einteilung in Obligat-Aerobier, wie z. B. Acinetobacter und Pseudomonas und Fakultativ-Anaerobier wie *Microthrix parvicella*, möglich [G.3.71]. Die fakultativ anaeroben Bakterien lösen unter anaeroben Verhältnissen kein Phosphat zurück.

Aus Untersuchungen von Jardin [G.3.84] ist abzuleiten, daß durch die Einlagerung anorganischer Feststoffe bei der biologischen Phosphatelimination mit einem Mehrschlammanfall von ca. 3 g TS pro g eliminiertem Phosphat gerechnet werden muß. Zum Vergleich dazu beträgt der Schlammanfall bei chemischer Fällung bspw. bei Verwendung von Eisensalzen 6,8 g TS pro g eliminiertem Phosphat (ATV A 131).

Als positive Einflußgrößen auf die Effizienz der biologischen Phosphatelimination sind zu benennen:
- ein hoher Gehalt an leicht abbaubaren organischen Inhaltsstoffen im Zulauf zur anaeroben Stufe,
- die Verhinderung der Zufuhr von gelöstem Sauerstoff oder gebundenem Sauerstoff (z. B. Nitrat, NO_3-N) in die anaerobe Zone,
- eine ausreichende Kontaktzeit in der anaeroben Zone ($\geq$ 0,75 h),
- eine ausreichende Sauerstoffversorgung in der nachfolgenden Belüftungsstufe,
- ein ausreichendes Schlammalter (> 3 Tage) in der Belebungsanlage,
- die Verhinderung einer P-Rücklösung in der Schlammbehandlung und damit einer Anlagenrückbelastung.

Aus verfahrenstechnischer Sicht werden Hauptstromverfahren und Nebenstromverfahren unterschieden. Bei dem in der überwiegenden Zahl der Anwendungsfälle eingesetzten Hauptstromverfahren wird der Phosphor mit dem Überschußschlamm aus dem System entfernt. Wird demgegenüber unter gezielter Ausnutzung der biologisch verursachten Phosphatrücklösung aus einem Teilstrom mit hoher Phosphatkonzentration Phosphat ausgefällt, wird dieses als Nebenstromverfahren bezeichnet. Die Fällung wird dabei mit Kalk durchgeführt, denn bei einer Fällung mit Metallsalzen könnte aufgrund der erforderlichen stöchiometrischen Dosierung der Vorteil der biologisch erzeugten hohen Phosphatkonzentration nicht ausgenutzt werden.

In der Praxis wurden bisher auch aus patentrechtlichen Gründen eine Vielzahl von *Verfahrenstechniken* eingesetzt, die sich z.T. nur unwesentlich unterscheiden.

In Verbindung mit der biologischen Stickstoffelimination wird häufig das Phoredox-Verfahren (Bild G.3-62) eingesetzt, bei dem vor die Denitrifikationsstufe ein vom Rücklaufschlamm und dem Zulauf durchflossenes anaerobes Becken zur Erzeugung der selektiv wirkenden Phosphatrücklösung geschaltet wird. Der nitratreiche Recycle aus der Nitrifikationsstufe wird nicht in das P-Rücklösebecken, sondern in das Denitrifikationsbecken geführt.

Im Rücklaufschlamm muß insbesondere bei Abwässern mit einem ungünstigen BSB_5/TKN-Verhältnis zeitweise mit erhöhten Nitratwerten gerechnet werden, die dann zu einem Nitrateintrag in das Anaerobbecken führen. Um eine hieraus resultierende Beeinträchtigung der Bio-P zu

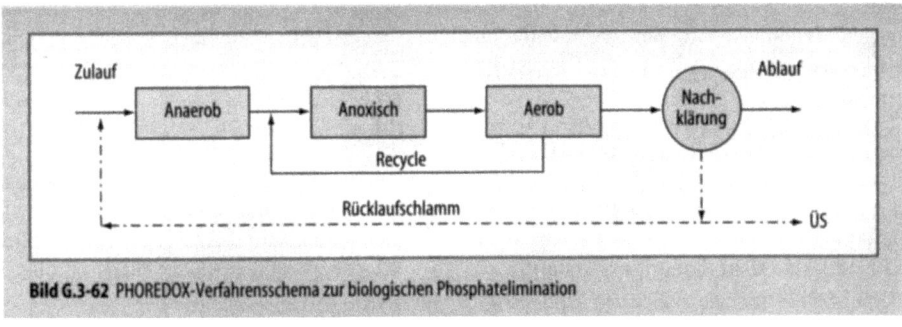

Bild G.3-62 PHOREDOX-Verfahrensschema zur biologischen Phosphatelimination

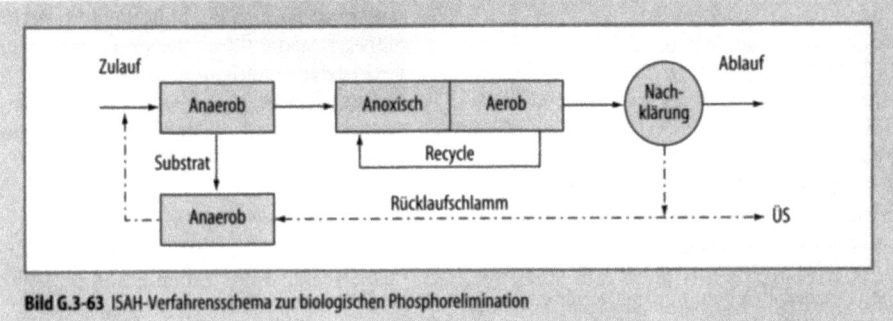

Bild G.3-63 ISAH-Verfahrensschema zur biologischen Phosphorelimination

verhindern, wird beim ISAH-Verfahren ein Denitrifikationsbecken in den Rücklaufschlammstrom geschaltet (Bild G.3-63).

Durch die Rezirkulation aus dem Anaerobbecken in das Rücklaufschlammdenitrifikationsbecken wird das für die Denitrifikation erforderliche Substrat zur Verfügung gestellt, ohne leicht abbaubares Substrat aus dem Zulauf zu verbrauchen. Wenn nur geringe Nitratgehalte im Rücklaufschlamm enthalten sind, wirkt das Rücklaufschlammdenitrifikationsbecken als P-Rücklösebecken. Als ausgeführte Anwendungsbeispiele zum ISAH-Verfahren können u. a. die Klärwerke Hildesheim, Wernigerode und Weißenfels genannt werden.

Die Verfahrenstechniken zur Bio-P lassen sich mit den gebräuchlichen Verfahren zur biologischen Stickstoffelimination kombinieren. Bei diskontinuierlichen Verfahren wird das anaerobe Volumen durch eine anaerobe Phase ersetzt. Zu beachten ist hierbei, daß in der unbelüfteten Phase bei intermittierenden Systemen aufgrund der P-Rücklösung erhöhte P-Ablaufwerte auftreten können und daher ein Nachbelüftungsbecken erforderlich wird.

Die *Bemessung* von Bio-P-Anlagen kann überschlägig nach dem ATV-Merkblatt M 208 über die Kontaktzeit im P-Rücklösebecken erfolgen ($t_K \geq 0{,}75$ h).

Das P-Rücklösebecken kann aus wirtschaftlichen Gründen als im Denitrifikationsvolumen enthalten angesetzt werden, wenn bei Temperaturen über der Bemessungstemperatur ein entsprechender Volumenanteil des im Bemessungslastfall belüfteten Volumens anoxisch betrieben und der nitratreiche Recycle nicht am Anfang des unbelüfteten Volumens zugegeben wird. Bei Randbedingungen gemäß Bemessungslastfall ist kein anaerobes Volumen vorhanden, es ist eine ergänzende chemische P-Fällung erforderlich. Da durch die Fällmittelzugabe i. d. R. die Schlammabsetzeigenschaften verbessert werden, ist für diesen Lastfall kein zusätzliches Reaktorvolumen erforderlich.

Detailliertere Ansätze zur Bemessung und Berechnung von Anlagen zur Bio-P gehen von einer Fraktionierung des CSB im Zulauf aus, um Klassen unterschiedlicher Abbaubarkeit zu ermitteln [G.3.85, G.3.87].

Bei einer Bemessung unter Zuhilfenahme der CSB-Fraktionierung stellt sich in der Praxis das Problem, daß neben der aufwendigen Analytik die ermittelte CSB-Aufteilung bereits im Tagesgang starken Schwankungen unterworfen ist und eine Abschätzung für die vorgesehene Anlagenbetriebsdauer gefordert ist.

Für den rechnerischen Nachweis und die Betriebsoptimierung bei vorhandenen Anlagen mit der Möglichkeit einer Modellkalibrierung sind dagegen detaillierte Simulationsmodelle mit CSB-Fraktionierung mit Erfolg einsetzbar [G.3.80].

Zusammenfassend ist festzustellen, daß sich innerhalb von rund 8 Jahren (1986–1994) die Verfahrenstechnik zur biologischen Phopshatelimination vom Stand der Wissenschaft zur allgemein anerkannten Regel der Technik entwickelt hat und heute weit verbreitet mit wirtschaftlichem Vorteil gegenüber der chemischen Fällung eingesetzt wird.

G.3.3.3.5 Zweistufige Verfahren

Vor- und Nachteile gegenüber einstufigen Verfahren

Als zweistufige Verfahren bezeichnet man Anlagen, in denen zwei voneinander unabhängige Schlammkreisläufe vorliegen, d. h. die Abwasserreinigung erfolgt nacheinander von zwei unterschiedlichen biologischen Lebensgemeinschaften. Sind z. B. zwei Belebungsanlagen hintereinander geschaltet, spricht man bei der Nachklärung der ersten Stufe oft von der Zwischenklärung. Verfahren, bei denen in einem nachgeschalteten biologischen Filter lediglich die Reststoffe weiter eliminiert werden, werden üblicherweise nicht als zweistufige Verfahren bezeichnet.

Nach dem Arbeitsbericht der ATV-Arbeitsgruppe 2.6.5 (1989) sind in Deutschland 227 zweistufige Anlagen in Betrieb. Die wichtigsten Verfahrenskombinationen sind: Belebung – Belebung (53 Anlagen); Tropfkörper – Belebung (71 Anlagen) und Belebung – Tropfkörper (62 Anlagen). Der größere Teil der Anlagen bestand zunächst aus einstufigen Anlagen, die im Rahmen einer Erweiterungs- oder Sanierungsmaßnahme dann zweistufig ausgebaut wurden. Durch die ab 1989 geforderte Denitrifikation ab Kläranlagengrößen > 10.000 EGW und bedingt durch die bei zweistufigen Anlagen möglichen Schwierigkeiten bei der Denitrifikation (s. nachfolgend) sind Neubauten zweistufiger Anlagen in Deutschland seltener als einstufige Anlagen. Möglichkeiten der Umgestaltung bestehender Anlagen werden am Ende des Abschnitts vorgestellt.

Vorteile der zweistufigen Verfahren
1. Durch die hohe Substratkonzentration in der 1. Stufe ist die Umsatzgeschwindigkeit der Mikroorganismen erhöht (s. Abschn. G.3.3.3.1). Die erhöhten Bakterienumsatzraten führen zu kleineren erforderlichen Belebungsbeckenvolumen. Die erhöhte Umsatzrate gilt jedoch hauptsächlich nur für Bakteriengruppen, deren Umsatzrate als Gleichung 1. Ordnung dargestellt werden kann, das sind vor allem die BSB-abbauenden heterotrophen Organismen (s. Abschn. G.3.3.3.2).
2. Durch das in der 1. Stufe vorhandene große Anpassungsvermögen der Umsatzgeschwindigkeit an die zufließenden Substratverhältnisse ist eine zweistufige Anlage mit einer hohen Prozeßstabilität ausgestattet.
3. Aufgrund des hohen Schmutzstoffadsorptionsvermögen in der 1. Stufe sind die durch Störstoffe und Giftstoffe verursachten Probleme in der 2. Stufe deutlich reduziert.
4. Bedingt durch die hohe Substratkonzentration ist die Gefahr der Blähschlammbildung reduziert (gilt jedoch nur für die 1. Stufe).

Nachteile der zweistufigen Verfahren
1. Der Betrieb ist qualitativ aufwendiger und erfordert daher ggf. einen erhöhten Betriebs- und Wartungsaufwand.
2. Die hohe Schlammbelastung in der 1. Stufe führt zu einer erhöhten spezifischen Schlammproduktion.
3. Der entscheidende Nachteil liegt in der Verschlechterung des C/N- und des C/P-Verhältnisses in der 1. Stufe, was einerseits eine reduzierte Denitrifikationsleistung sowie andererseits schlechtere Voraussetzungen für eine biologische Phosphorelimination schafft. Da in der ersten Stufe bereits ca. 50 – 70 % der organischen Verschmutzung eliminiert wird, ist für die in der 2. Stufe zu erfolgende Denitrifikation meist nicht mehr ausreichend Substrat vorhanden. Verschärfend kommt hinzu, daß das notwendige, leicht abbaubare Substrat weitgehend in der 1. Stufe verbraucht wird.

Zweistufiges Belebungsverfahren

Beim zweistufigen Belebungsverfahren unterscheidet man zwischen der konventionellen zweistufigen Belebung und dem Adsorptions-Belebungsverfahren (A-B-Verfahren). Bild G.3-64 zeigt die beiden Verfahrensschemata.

Die konventionelle zweistufige Belebungsanlage besteht aus einer Vorklärung und zwei nacheinander durchflossenen Belebungsanlagen, wobei die Schlammbelastung in der 1. Stufe meist zwischen 0,8 und 2 kg BSB_5/(kg·d) liegt. Der Überschußschlamm aus der 2. Stufe wird gegebenenfalls zur Eindickung in die Vorklärung gegeben.

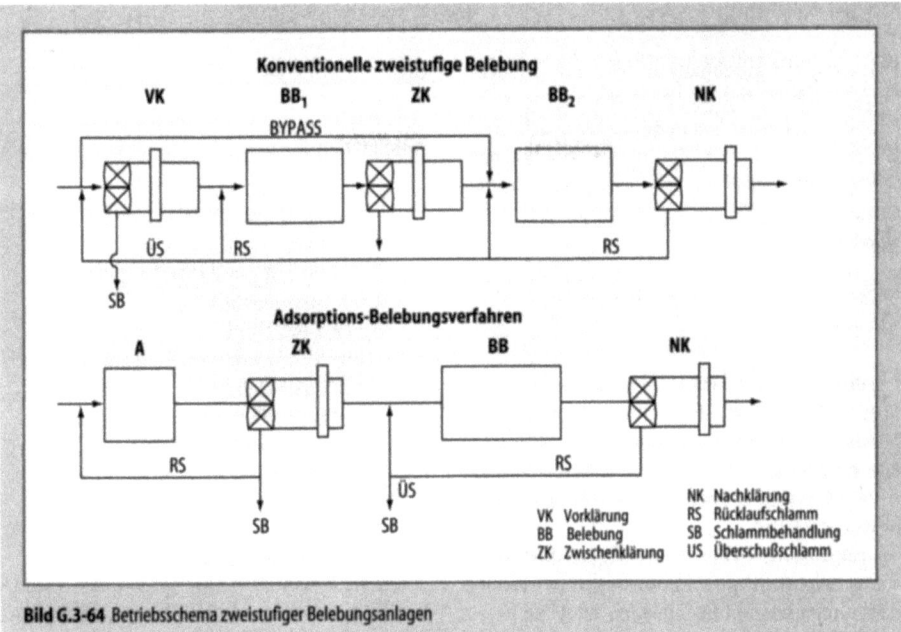

Bild G.3-64 Betriebsschema zweistufiger Belebungsanlagen

Das A-B-Verfahren nach Böhnke wird durch eine sehr hohe Schlammbelastung charakterisiert, i.d.R. um 5 kg BSB_5/(kg·d), in der A-Stufe bei gleichzeitig strikter Trennung der unterschiedlichen Biozönosen zwischen der Adsorptionsstufe und der Belebungsstufe in der Form, daß der Überschußschlamm der 2. Stufe nicht der 1. Stufe zugeführt wird. Auf eine Vorklärung wird verzichtet, es wird höchstens eine Grobentschlammung vorgeschaltet. Der Trockensubstanzgehalt in der 1. Stufe liegt meist zwischen 1,5 und 3,5 g/l. Die Bemessung der ersten Stufe erfolgt mit Hilfe der oben angegebenen Werte für Schlammbelastung und Trockensubstanzgehalt. Der erreichbare BSB-Abbaugrad der 1. Stufe beträgt bei konventioneller Betriebsweise ca. 70 %, beim A-B-Verfahren ca. 60 %. Eine Bemessung der 2. Stufe kann mit Hilfe des ATV-Arbeitsblatts A 131 nur überschlägig erfolgen. Die genauere Bemessung ist nach dem Hochschulgruppenansatz zu führen, wobei die dazu notwendigen Größen der kinetischen Parameter teilweise noch nicht genau bekannt sind. Der Korrekturfaktor für die verlangsamte Atmung in dem Denitrifikationsbekken sollte mit f_D = 0,60 angesetzt werden. Von besonderer Bedeutung für die Bemessung der 2. Stufe ist auch der richtige Ansatz der Überschußschlammproduktion.

Tropfkörper – Belebung

Mit der Kombination Tropfkörper – Belebung kann man hohe Konzentrationen an organischer Substanz – z.B. durch industriellen Abwassereinfluß – mit geringem Energieaufwand abbauen. Der Tropfkörper ist dabei als sog. Hochlast- oder Spültropfkörper auszulegen, d.h., durch eine entsprechende Höhe und eine hohe hydraulische Beschickung wird eine hohe Spülkraft erzeugt. Das Füllmaterial besteht aus Kunststoffelementen (größere Oberfläche, geringere Verstopfungsgefahr).

Bei den Tropfkörper-Belebungsverfahren unterscheidet man zwischen Verfahren mit und ohne Zwischenklärung. Wird eine Zwischenklärung gewählt, kann sie sehr klein gehalten werden, da ein Abtrieb von Tropfkörperschlamm in die nachfolgende Belebung dort einen guten Haftgrund für die Organismen darstellt und somit die Schlammabsetzeigenschaften verbessern kann. Nachteilig gegenüber der Kombination Belebung – Belebung ist die geringere Prozeßstabilität, da Schwankungen der Zulaufbeschaffenheit auch zu signifikanten Schwankungen der Tropfkörper-Ablaufkonzentrationen führen.

Es bestehen Möglichkeiten eine TK-BB-Anlage auch so umzubauen, daß im Tropfkörper eine gezielte Denitrifikation vorgenommen werden kann (s. Abschn. G.3.3.4.4).

Belebung – Tropfkörper

Die Verfahrenskombination Belebung – Tropfkörper ist ebenfalls in der Praxis häufig anzutreffen. Während in der Belebung der organische Anteil reduziert wird, erfolgt in dem Tropfkörper die Nitrifikation. Bei dieser Verfahrenskombination ist jedoch eine Denitrifikation sehr aufwendig.

Umgestaltung zweistufiger Anlagen
zur Denitrifikation

Die Problematik der Denitrifikation bei zweistufigen Anlagen wurde zu Beginn des Abschnitts beschrieben. Im folgenden sollen kurz Möglichkeiten aufgezeigt werden, wie bei Beibehaltung der Zweistufigkeit eine Denitrifikation ermöglicht werden kann.

Grundsätzlich ist eine Zweistufigkeit dort sinnvoll, wo bzgl. der Denitrifikation besondere Randbedingungen herrschen. Dies trifft z. B. zu bei:
- hohem Nitratgehalt im Rohabwasser, so daß die 1. Stufe aus einer Denitrifikationsstufe bestehen kann,
- einer im Verhältnis zur organischen Belastung geringen Stickstofffracht, so daß eine betriebsstabile weitgehende Denitrifikation – wenn überhaupt erforderlich – in der 2. Stufe erfolgen kann (Einige Abwässer aus der Lebensmittelindustrie beinhalten wenig Stickstoff.),
- geringen Anforderungen an die Denitrifikation.

Liegen diese besonderen Randbedingungen nicht vor, sollte zunächst versucht werden, die Stickstofffracht, die aus der Schlammbehandlung resultiert, zu verringern. Dies kann durch Speicherung und gezielte Zugabe in Schwachlastzeiten oder durch eine getrennte Schlammwasserbehandlung erfolgen.

Als verfahrenstechnische Änderungen zur Verbesserung der Denitrifikation kommen folgende Maßnahmen in Betracht:
- Begrenzung der Abbauleistung der 1. Stufe, z. B. mit Hilfe eines Bypaß,
- Auflösung der strengen Zweistufigkeit, z. B. durch Rückpaß oder durch Schlammaustausch zwischen beiden Stufen,
- Zugabe von externem Substrat (teuer, zusätzliche organische Belastung, zusätzlicher Schlammanfall),
- nachgeschaltete 3. Stufe (Filter) zur Restdenitrifikation mit Zugabe externen Substrats.

G.3.3.3.6 Sonderverfahren

Übersicht Sonderverfahren

Die nachfolgend vorgestellten Sonderverfahren mit suspendierter Biomasse lassen sich unterteilen in:
1. Verfahren mit besonderer Form der Reaktoren
   – Deep-Shaft
   – Verfahren mit großer Beckentiefe
   – Bayer-Turmbiologie
   – Biohoch-Reaktor
2. Verfahren ohne konventionelle Nachklärung
   – Flotationsverfahren
   – Membranverfahren
3. Verfahren mit Batch-Betrieb
   – SBR-Verfahren
4. Verfahren mit Sauerstoffbegasung
5. Verfahren mit Selektionsdruck
   – Selektorverfahren

Deep-Shaft-Verfahren

Beim Deep-Shaft-Verfahren (Bild G.3-65) besteht der Belebungsbeckenraum aus einem 50–160 m tiefen Schacht aus zwei ineinander liegenden Rohren und aus einem daran oberirdisch angeschlossenen Kopfbecken (Head-Tank), das der Entgasung dient. Das Abwasser wird im Innenrohr (Downcomer) nach unten geführt und fließt im äußerem Rohr (Riser) wieder hoch. Die Wasserbewegung wird dabei beim Airlift-Verfahren ausschl. durch den Auftrieb erzeugt, der aus der Luftzugabe resultiert. Aufgrund der langen Einwirkdauer und des hohen Drucks ist bei diesem Verfahren eine gute Sauerstoffausnutzung gegeben. Nach einer Startbelüftung im Riser erfolgt die Betriebsbelüftung im Downcomer auf etwa 1/3 der Beckentiefe und ermöglicht so eine sehr gute Sauerstoffausnutzung.

Die Vorteile dieses Verfahrens im Vergleich zu konventionellen Verfahren sind:
– äußerst geringer Platzbedarf,
– geringer Energiebedarf aufgrund guter Sauerstoffausnutzung,
– geringe Abluftmenge,
– keine Auskühlung des Abwassers.

Nachteilig ist vor allem, daß es nur bei günstigen Untergrundverhältnissen anwendbar ist.

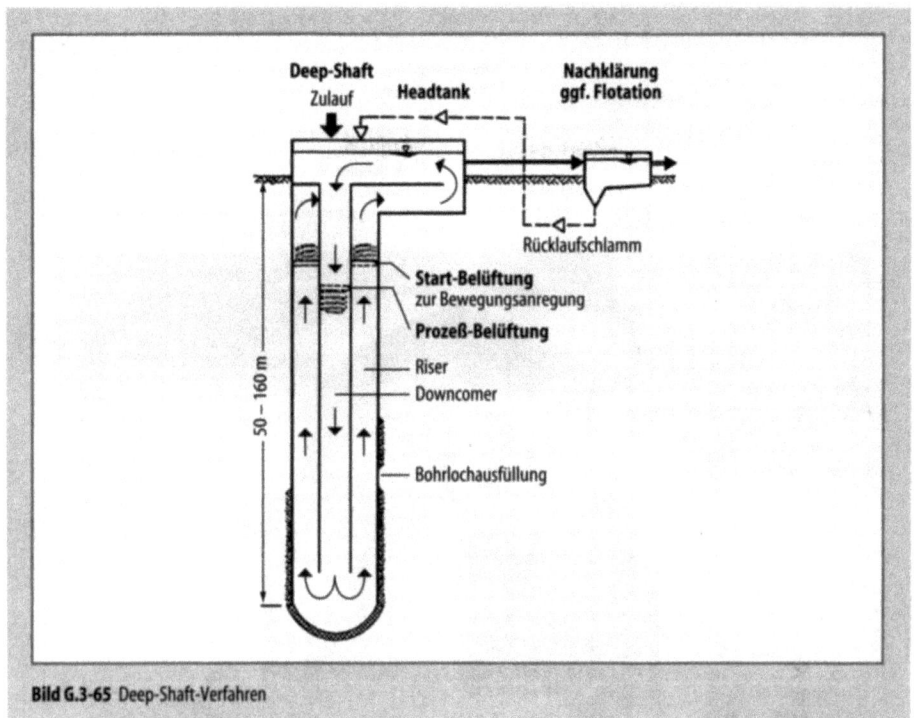

Bild G.3-65 Deep-Shaft-Verfahren

Verfahren mit großer Beckentiefe

Bei den Belebungsbecken, die derzeit meist eine Tiefe zwischen 3,5 und 6 m aufweisen, geht die Tendenz zu tieferen Becken (8 – 12 m, in Sonderfällen mehr). Dafür spricht neben dem geringeren Platzverbrauch die günstigere Sauerstoffausnutzung und der Vorteil bei Geruchsproblemen (geringere Abluftmenge sowie kleinere zu überbauende Fläche).

Die günstigere Sauerstoffausnutzung und dadurch bedingt der geringere Energiebedarf resultiert sowohl aus der längeren Einwirklänge als auch aus dem höheren Partialdruck. Dem steht jedoch ein erhöhter Energiebedarf zur Überwindung des größeren Wasserdrucks gegenüber. Bild G.3-66 zeigt, daß der Sauerstoffertrag mit zunehmender Wassertiefe bis zu einem Maximum von ca. 17 m steigt.

Bei tiefen Becken ist zu berücksichtigen, daß die aufgrund der geringen Luftzufuhr reduzierte CO_2-Ausstrippung u. a. Korrosionsprobleme verursachen kann und daß bei einem Wechsel zwischen tiefen Belebungs- und flachen Nachklärbecken im Nachklärbecken ungewollte Ausgasungsprozesse stattfinden können, die den Feststoffabtrieb erhöhen können.

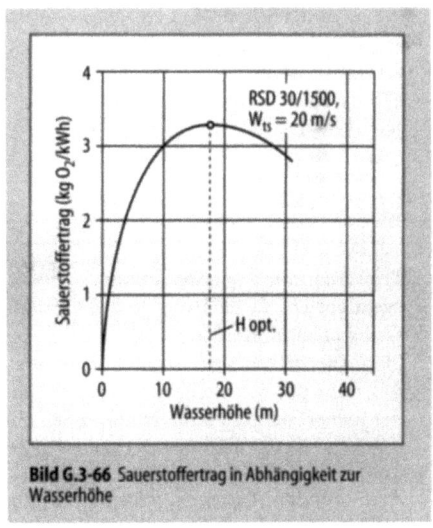

Bild G.3-66 Sauerstoffertrag in Abhängigkeit zur Wasserhöhe

Bekannte Sonderverfahren mit großen Beckentiefen sind die *Bayer-Turmbiologie* (12 – 30 m hoher Stahlzylinder mit außen angehängtem ringförmigen Nachklärbecken) und der *BIO-HOCH-Reaktor* der Firma UDHE (s. Bild G.3-67). Beide verwenden zur Belüftung besondere Injektordüsen.

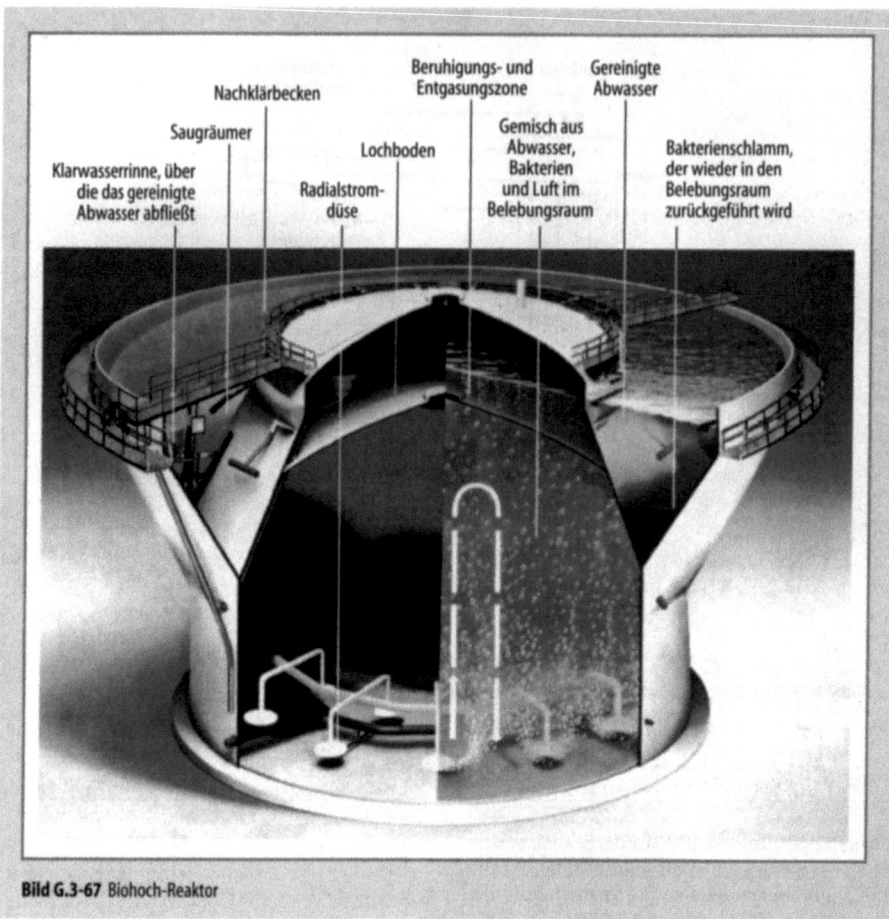

Bild G.3-67 Biohoch-Reaktor

Verfahren ohne konventionelle Nachklärung

Alternativen zur Biomassenabtrennung einer konventioneller Nachklärung sind die Flotations- und Membranverfahren.

Diese Alternativen sind vor allem dann interessant, wenn der Belebtschlamm sich aufgrund seiner hohen Fädigkeit schlecht abtrennen läßt und/oder, wenn die Belebungsbecken mit einer erhöhten Biomassenkonzentrationen gefahren werden sollen. Bei den Flotationsverfahren ist eine Biomassenerhöhung gegenüber einer konventionellen Belebungsanlage um den Faktor 2–3, bei den Membranverfahren bis zu einem Faktor 6–8 möglich, wobei sich im gleichen Verhältnis das erforderliche Beckenvolumen reduziert.

Weiterer Vorteil ist der geringere Platzbedarf für die Biomassenabtrennung. Eine Flotation benötigt ca. die Hälfte der Nachklärbeckenfläche, die Membranverfahren noch deutlich weniger, wobei die Mikrofiltrationsverfahren aufgrund der vollständigen Integration in das Belebungsbecken sogar keinen Flächenverbrauch aufweisen.

Flotationsverfahren

Bei den Flotationsverfahren erfolgt die Belebtschlammabtrennung und -eindickung statt in einem Nachklärbecken in einer Flotationsanlage. Die Flotationsanlage ist in ihrer Bauart identisch mit den häufig eingesetzten Flotationsanlagen zur Überschußschlammeindickung. Dabei hat sich das Verfahren der Druckentspannungsflotation mit Recyclestrom bewährt.

Neben den oben aufgeführten Vorteilen ist der Einsatz einer Flotationsanlage dann sinnvoll, wenn tiefe Belebungsbecken geplant sind, weil beim Flotationsverfahren die aus dem Wechsel von tiefen Belebungsbecken und flachen Absetzbecken resultierenden Ausgasungen kein Problem darstellen. Nachteilig sind die gegenüber einer Nachklärung erhöhten Bau- und Betriebskosten (Energiebedarf ca. 0,08–0,15 kWh/m³) sowie der erhöhte Betriebsaufwand.

Membranverfahren
Bei den Membranverfahren unterscheidet man die Ultrafiltrations- und die Mikrofiltrationsverfahren.

Bei dem von der Wehrle-Werk AG patentierten Biomembrat-Verfahren wird das Belebungsbecken im Überdruck (meist 3 bar) gefahren, die Biomassenabtrennung und Rückführung erfolgt mittels Ultrafiltration. Weitere Vorteile neben der erhöhten Biomassenkonzentration, der kompletten Rückhaltung der Nitrifikanten, der Nichterfordernis einer Nachklärung und dem Blähschlammaspekt, sind die weitestgehende Keimfreiheit und die durch den Überdruck bedingte erhöhte Sauerstoffausnutzung. Aufgrund des hohen Energiebedarfs für die Ultrafiltrationsmembran (wegen des hohen erforderlichen Drucks und der hohen Recyclerate sind 5–10 kWh/m³ erforderlich) wird dieses Verfahren vor allem bei hochkonzentrierten Abwässern (u.a. zur Sickerwasserbehandlung) eingesetzt. Problematisch ist jedoch die Zerstörung der Flockenstruktur durch die Scherkräfte beim Pumpen. Dies hat zur Folge, daß die Aktivität der Mikroorganismen teilweise sehr eingeschränkt wird. Der bei den Membranverfahren häufig genannte Vorteil der geringen Überschußschlammproduktion liegt neben der oft geringen Schlammbelastung vermutlich auch daran, daß durch die Zerstörung der Flockenstruktur die Protozoen verbesserte Substratverhältnisse vorfinden und daher mehr Mikroorganismen fressen.

Eine interessante Alternative zur Ultrafiltration stellt der Einsatz der Mikrofiltration dar. Dabei handelt es sich um in das Belebungsbecken eingetauchte Membranplatten oder Rohrmodule, die bei einem Unterdruck von 0,05–0,4 bar das feststofffreie Wasser heraussaugen. Die notwendige Überströmgeschwindigkeit für die Membranen wird durch die unter den Membranplatten installierten Belüftungselemente erreicht. Der Energieverbrauch beträgt lediglich 0,1–0,4 kWh/m³, Probleme mit Scherkräften treten nicht auf. In Japan sind derzeit 17 Anlage in Betrieb (Kubota-Verfahren, Bild G.3-68), in Kanada und den USA ca. 80 Anlagen (ZENO-Gem), die jedoch überwiegend nur mit geringen Durchsatzmengen arbeiten.

SBR-Verfahren
Eine SBR-Anlage (Sequencing-Batch-Reactor oder auch Aufstauverfahren genannt) besteht aus einem Speicherbecken, in dem das zufließende Abwasser gesammelt wird, und einem oder mehreren SBR-Behältern, die diskontinuierlich beschickt werden. Wird das Speicherbecken mit einem Schlammräumer ausgestattet, kann es die Funktion eines Vorklärbeckens übernehmen. In dem SBR-Behälter finden sämtliche biologische Reaktionsprozesse sowie der Absetzvorgang zeitlich nacheinander in einem Becken statt. Der Prozeßablauf ist durch die zeitliche Folge von Füll-, Reaktions-, Sedimentations- und Entleerungsphase gekennzeichnet (s. Bild G.3-69). Zur Stickstoffelimination ist es sinnvoll, das Abwasser innerhalb eines Zyklus in mehreren Schüben zuzugeben. Mit dem zugegebenen Abwasser wird dann jeweils das von der vorherigen Abwasserzugabe gebildete Nitrat denitrifiziert. Die Entleerung erfolgt bis auf ein Restvolumen, das den sedimentierten belebten Schlamm enthält.

Der Vorteil des Verfahrens besteht darin, daß der Prozeßablauf von der Beeinflussung durch hydraulische Zulaufschwankungen unabhängig ist; das bedeutet, daß die jeweiligen Teilprozesse genau so lange erfolgen, bis das jeweilige Reinigungsziel erreicht ist. Dies setzt jedoch eine aufwendige und betriebsstabile Prozeßsteuerung voraus. Weiterhin ist von Vorteil, daß sich durch

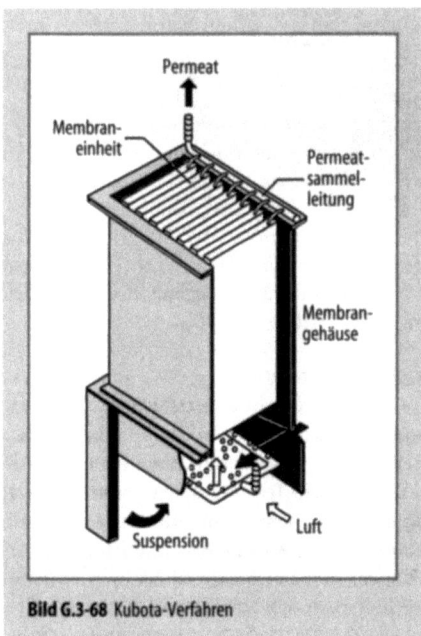

Bild G.3-68 Kubota-Verfahren

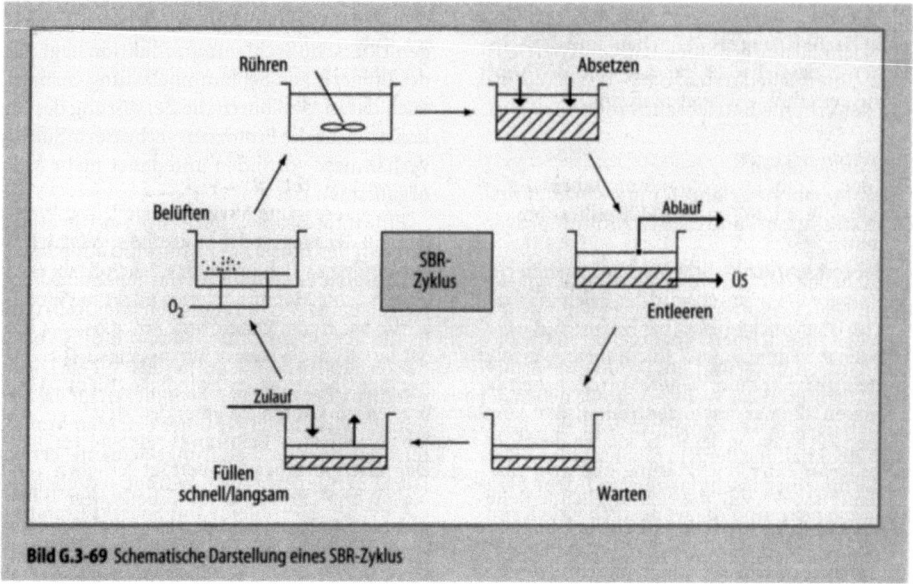

Bild G.3-69 Schematische Darstellung eines SBR-Zyklus

die stoßweise Beschickung ein gut absetzbarer belebter Schlamm bildet, so daß dieses Verfahren auch bei zu Blähschlamm neigenden Industrieabwässern geeignet ist.

Ein Nachteil des Verfahrens ist, daß sämtliche Becken mit allen erforderlichen technischen Ausrüstungen zu versehen sind, z. B. einer ausreichenden Belüfterkapazität. Unwirtschaftlich wird das Verfahren vor allem dann, wenn sehr stark schwankende Abwassermengen ein sehr großes vorgeschaltetes Speicherbecken erfordern.

Allgemein anerkannte Bemessungsregeln können dem ATV Merkblatt M 210 entnommen werden. Im Grundsatz kann man die SBR-Anlagen aber analog zu den kontinuierlich durchflossenen Anlagen bemessen, wobei die Befüll-, Sedimentations- und Abzugszeiten zusätzlich berücksichtigt werden müssen. Bei der konstruktiven Ausgestaltung ist ein besonderes Augenmerk auf die Abzugseinrichtung zu legen um eine schnelle und saubere Trennung der Klarphase zu gewährleisten.

Reinsauerstoff-Verfahren
Reinsauerstoffanlagen sind meist übliche Belebungsverfahren mit Oberflächenbelüften, wobei statt Luft (21 Vol.% O_2) Reinsauerstoff (98 Vol.%) zugegeben wird. Zur besseren Ausnutzung des Sauerstoffs werden die Becken abgedeckt und als Kaskadenbecken ausgebildet. (s. Bild G.3-70). Die Reinsauerstoff-Versorgung erfolgt mit technischem Sauerstoff durch Anfuhr oder durch Eigenerzeugung mit Molekularsieben (PSA-Anlagen) oder in Luftzerlegungsanlagen (Tieftemperaturanlagen).

Reinsauerstoff-Verfahren finden Verwendung, wenn bei hochkonzentriertem Abwasser lediglich die Reduktion der organischen Verbindungen gefordert ist, so daß die Anlage auf eine hohe Schlammbelastung ausgelegt ist. Um den daraus resultierenden hohen Sauerstoffbedarf zu decken, kann eine Reinsauerstoffbegasung günstig sein, vor allem wenn wegen Geruchsproblemen eine geringe Abluftmenge gewünscht ist. Im Vergleich zu konventionellen Belebungsanlagen kann in der Reinsauerstoffanlage ein etwas höherer Schlammgehalt gefahren werden. Die Wirtschaftlichkeit einer Anlage ist jedoch wegen des hohen Gesamtenergieaufwandes kritisch zu prüfen (der Energieaufwand für den Sauerstoffeintrag beträgt ca. 0,25–0,3 kWh/kg O_2 und für die Sauerstofferzeugung ca. 0,4–0,45 kWh/kg O_2).

Selektorverfahren
Unter einem Selektor versteht man ein vorgeschaltetes hochbelastetes Kontaktbecken, das der Bekämpfung von Blähschlamm dient. In dem Selektor wird ein Teil oder der gesamte Rücklaufschlamm mit dem kompletten Abwasserzufluß vermischt und gelangt erst danach in das Belebungsbecken. Der belebte Schlamm wird damit zyklisch einer sehr hohen Substratkonzentration ausgesetzt, mit der Folge, daß der fadenförmige

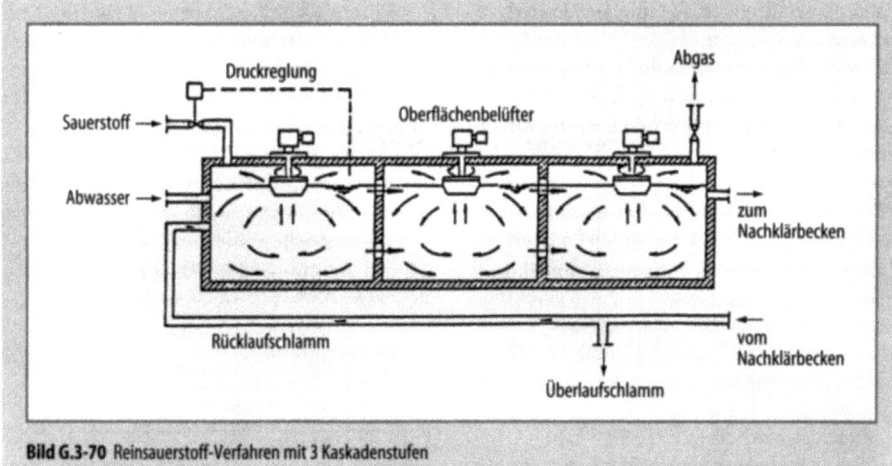

Bild G.3-70 Reinsauerstoff-Verfahren mit 3 Kaskadenstufen

Blähschlamm in der Hochlastzone geschwächt und damit im System reduziert wird.

Bei der Auslegung eines Selektors ist die Kontaktzeit (Aufenthaltszeit bezogen auf Zulauf und Rücklaufschlamm) die wichtigste Größe. Sie beträgt meist 0,1–0,2 h und ist abhängig von der Konzentration und der Temperatur des Abwassers. Als Raumbelastung sollte nach dem Arbeitsbericht der ATV-Arbeitsgruppe 2.6.1 B_R = 10 kg/(m³·d) angestrebt werden. Die spezifische Sauerstoffzufuhr zum aeroben Selektor sollte etwa doppelt so hoch wie für das Belebungsbecken gewählt werden.

Bei speziellen Fadenorganismen wurden auch Erfolge mit anoxischen und anaeroben Selektoren erzielt, die im wesentlichen auf die Adsorptions- und Stoffwechseleigenschaften der flokkenbildenden Bakterien zurückzuführen sind.

Während die Selektoren bei Belebungsanlagen ein zusätzliches Bauteil zur Blähschlammbekämpfung darstellen, sind einige Belebungsverfahren von sich aus in der Lage, einen Selektionsdruck zur Blähschlammbekämpfung aufzubauen. Dazu gehören die Kaskadenverfahren, SBR-Verfahren und das Nogco-Puls-Verfahren (durch alternierende Beschickung von zwei Belebungsbecken wird der erforderliche Substratgradient erreicht).

G.3.3.4 Aerobe Biofilmverfahren

G.3.3.4.1 Allgemeines

Abweichend von der DIN 4045 wählen die ATV-Fachausschüsse den Begriff Biofilmverfahren als Oberbegriff für alle Verfahren, in denen die biologischen Umsetzungsprozesse vor allem durch sessile Mikroorganismen erfolgen, die den sog. Biofilm bilden.

Die ersten Konzepte zur biologischen Abwasserreinigung im 19. Jh. fußten auf Biofilmverfahren. Vor allem die Tropfkörper, 1893 von Corbett entwickelt, fanden in der jüngeren Vergangenheit weite Verbreitung, 1991 wurde in den alten Bundesländern das Abwasser von 22 Mio. Einwohnerwerten durch Tropfkörper biologisch behandelt (Rüdiger, 1995). Die heutigen Ansprüche an die biologische Abwasserreinigung erfordern unterschiedliche Reinigungsschritte, die oft nur durch spezielle Mikroorganismengruppen erfolgen können, die häufig zudem noch geringe Wachstumsraten aufweisen (z.B. Nitrifikanten oder Mikroorganismen zur Elimination schwer abbaubarer Stoffe). Da die Biofilmverfahren eine weitestgehende Immobilisierung dieser Organismen und damit eine Maximierung der Organismenzahl im Reaktor ermöglichen, wird ihnen heute besondere Aktualität und ein hohes Entwicklungspotential zugesprochen. Die biologischen Grundlagen der Biofilmprozesse sind in Abschn. G.3.3.1 dargestellt.

G.3.3.4.2 Vergleich zwischen Belebungs- und Biofilmverfahren

Die Biofilmsysteme werden heute vor allem dann eingesetzt, wenn ein sehr weitreichender Rückhalt und damit die Anreicherung von Biomasse in einem System gefordert ist. Dies ist insbesondere bei sich langsam vermehrenden Mikroorganismen (z.B. bei Nitrifikanten) sowohl im aeroben wie im anaeroben Milieu der Fall.

Biofilmverfahren haben i. allg. im Vergleich zu den Belebungsverfahren folgende Vor- und Nachteile, wobei die unterschiedlichen Biofilmsysteme weitere spezielle Vor- und Nachteile aufweisen, auf die in den entsprechenden Abschnitten eingegangen wird.

Vorteile
- Biofilmverfahren ermöglichen oft einen höheren Gehalt an Mikroorganismen im Reaktor.
- Langsam wachsende Mikroorganismen (z. B. die Nitrifikanten) können in Form eines Biofilms einfacher angereichert werden.
- Eine zusätzliche Phasentrennung zur Rückführung von Biomasse in den Reaktor ist nicht notwendig. Auf eine Nachklärung kann evtl. verzichtet werden.
- Die sessilen (festsetzenden) Mikroorganismen können sich besser an das Milieu anpassen. Die Reinigungsprozesse laufen stabiler ab.

Nachteile
- Bedingt durch die geringere Durchflußzeit können Mengen- und Konzentrationsstöße schlechter gepuffert werden.
- Um ein Verstopfen zu verhindern ist eine weitreichende Vorklärung ggf. sogar eine Vorfällung erforderlich.
- Bei getauchten Biofilmen ist eine höhere O_2-Konzentration (meist 4–6 mg/l statt 2 mg/l) erforderlich, um eine ausreichende Diffusion zu ermöglichen.

G.3.3.4.3 Verfahrenstechnischer Überblick der Biofilmverfahren

Die ATV-Fachausschüsse 2.6 und 2.8 haben die aeroben Biofilmverfahren gemäß Tabelle G.3-16 gegliedert.

Tabelle G.3-16 Gliederung der aeroben Biofilmverfahren

Biofilmsystem	Reaktortyp
Festbettreaktor	– Tropfkörper – Tauchkörper – biologische Filter
Kombinierte Verfahren	– im Belebungsbecken ortsfest eingebaute Aufwuchsflächen – rotierende Aufwuchsflächen – schwebende Auswuchsflächen (Moving-bed)
Wirbelbettreaktor	– Reaktor mit stark expandierendem Füllkörpermaterial

Während die Tauchkörper in Tabelle G.3-21 bei den Festbettreaktoren aufgeführt sind, werden sie oft den kombinierten Verfahren zugeordnet. Die Schwebebettverfahren (Moving-bed) werden in dieser Gliederung den Kombinierten Verfahren zugeordnet. Die biologischen Filter können einerseits auf den Schwerpunkt Suspensaelimination mit gewolltem biologischen Nebeneffekt ausgelegt werden oder als vollständiger Ersatz für eine biologische Reinigungsstufe eingesetzt werden (Abschn. G.3.3.4.7).

G.3.3.4.4 Tropfkörper

Verfahrensbeschreibung

Die in Deutschland häufigste Art von Biofilmreaktoren ist der Tropfkörper. Beim Tropfkörper handelt es sich um einen mit Füllkörpermaterial komplett gefüllten Behälter, über dem das Abwasser mittels eines Drehsprengers flächig verteilt wird und anschließend durch den Füllkörper hindurchrieselt. Die Sauerstoffversorgung der Biomasse erfolgt mit Hilfe der Außenluft ohne technische Maßnahmen.

Zu einer Tropfkörperanlage (s. Bild G.3-71) gehört meistens ein Beschickungspumpwerk sowie oft ein nachgeschaltetes Nachklärbecken zur Abtrennung des sich bildenden Tropfkörperschlamms. Um die notwendige Spülkraft des Abwassers zu erhöhen, ist meistens ein Rücklauf notwendig. Obwohl bei einem Tropfkörper häufig ein Nachklärbecken nachgeschaltet ist, gehört es nicht wie bei dem Belebungsverfahren zwingend dazu.

Da der Tropfkörper einen Rohrreaktor darstellt, erhält man eine über die Tropfkörperhöhe verschiedenartig ausgebildete Organismenzusammensetzung. Während sich z. B. in einem Schwachlasttropfkörper im oberen Bereich die BSB-abbauenden Organismen ansiedeln, erhöht sich mit zunehmender Tiefe der Anteil der Nitrifikanten. Findet eine Veränderung der Zuflußkonzentration statt, verschieben sich die Organismenzonen.

Verfahrensvarianten

Tropfkörper werden je nach Reinigungsziel unterteilt in:
- Hochlasttropfkörper mit alleiniger CSB/BSB-Elimination,
- Tropfkörper mit gleichzeitiger CSB/BSB-Elimination und Nitrifikation,

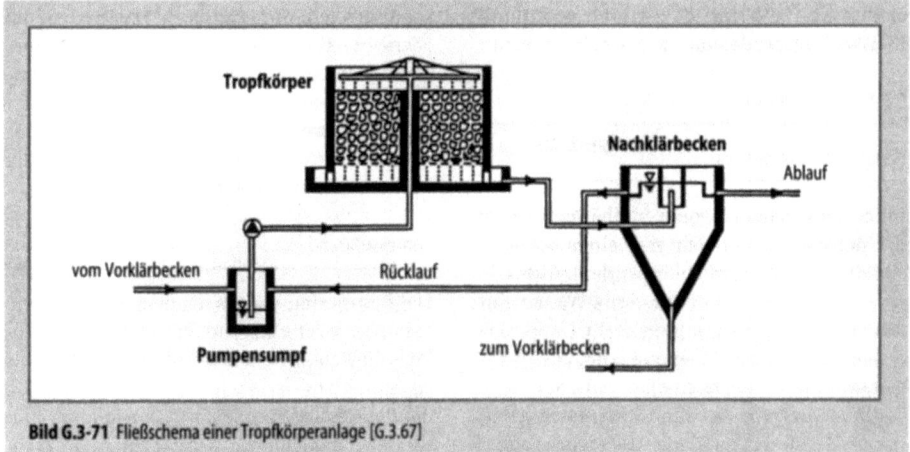

Bild G.3-71 Fließschema einer Tropfkörperanlage [G.3.67]

- Tropfkörper als reine Nitrifikationsstufe (meist als 2. Stufe),
- zur Denitrifikation eingesetzter Tropfkörper.

Hochlasttropfkörper mit alleiniger CSB/BSB-Elimination eignen sich als erste biologische Stufe vor allem bei nicht zu Verstopfungen neigendem Industrieabwasser, da sie kostengünstig einen weitreichenden Abbau organischer Inhaltsstoffe ermöglichen. In der Vergangenheit wurden sie häufig zur Erhöhung der Kläranlagenkapazität einer bereits bestehenden biologischen Stufe vorangestellt. Wird eine Denitrifikation gefordert, ist ggf. die Leistung des Hochlasttropfkörpers zu reduzieren (z. B. durch teilweise Bypaßumgehung) um ausreichend organische Verschmutzung für die Denitrifikation bereitzuhalten.

Untersuchungen zeigen, das vorhandene Tropfkörper auch erfolgreich zur Denitrifikation eingesetzt werden können. Dies erfordert eine weitreichende Kapselung des Tropfkörpers, damit kein Luftsauerstoff in den Tropfkörper gelangt, da zur Denitrifikation anoxische Verhältnisse erforderlich sind. Die Kapselung erfolgt durch eine Abdeckung und durch Einstau der Ablaufrinnen.

Eine Phosphorelimination in Tropfkörpern durch Metallsalzzugabe in den Zulauf ist nicht zu empfehlen, da es zu Ablagerungen und Verstopfungen des Materials kommen kann.

Bemessung

Die Bemessung von Tropfkörpern, die von überwiegend häuslichem Abwasser beschickt werden, und an die keine über die Mindestanforderungen hinausgehenden Anforderungen gestellt werden, erfolgt üblicherweise nach dem ATV-Arbeitsblatt A 135. Dort wird in Abhängigkeit vom Anforderungsniveau (mit oder ohne Nitrifikation) und dem Füllmaterial (Lavabrockenfüllung oder Kunststoff-Füllelemente mit spezifischen Oberflächen zwischen 100 und 200 m^2/m^3) als Bemessungswert eine einzuhaltende BSB_5-Raumbelastung (B_R = 0,2–0,8 kg $BSB_5/(m^3 \cdot d)$) angegeben, aus der dann das erforderliche Tropfkörpervolumen errechnet wird. Neben dem ausreichenden Volumen ist auf eine richtig gewählte Tropfkörperhöhe (übliche Höhen zwischen 2,8 und 4,2 m) zu achten, die aus der als zweiten Bemessungswert angegebenen Flächenbeschickung ($q_{A(1+RV)}$ = 0,5–1,8 m/h) errechnet wird.

Liegt nicht überwiegend häusliches Abwässer vor oder werden weitergehende Anforderungen gestellt, ist das Bemessungsverfahren von Wolf zu empfehlen. Dort wird nacheinander die erforderliche Festbettoberfläche für den Abbau organischer Stoffe und für die Nitrifikation errechnet, wobei davon ausgegangen wird, daß die Nitrifikation erst dann einsetzt, wenn die BSB_5-Flächenbelastung unter einen bestimmten Wert gefallen ist. Die erreichbare Nitrifikationsleistung [g/$m^2 \cdot$d] hängt maßgeblich von der Temperatur und der Zuflußkonzentration ab. Es wird empfohlen die maßgebliche BSB_5-Flächenbelastung sowie die Nitrifikationsleistung und die Abbaukonstante in Versuchen zu ermitteln. Erfahrungswerte hierzu sind bei Wolf angegeben.

Für die Bemessung von Hochlasttropfkörpern liegen keine einheitlichen Bemessungsansätze vor. In der Praxis werden bei gut abbaubaren organischen Abwässern BSB_5-Raumbelastungen von ca. 2 kg $BSB_5/(m^3 \cdot d)$ gefahren und damit BSB-Wirkungsgrade von ca. 50–70 % erreicht.

G.3.3.4.5 Tauchkörper

Verfahrensbeschreibung

Unter Scheibentauchkörpern (die häufigste Form der Tauchkörper) versteht man einen auf einer Welle sitzenden Scheibenkörper, der teilweise in eine vom Abwasser durchflossene Wanne eintaucht und sich dabei langsam dreht. Dabei werden meist mehrere Einheiten nacheinander angeordnet. Man unterschiedet zwischen dem Tauchkörperverfahren ohne Schlammrückführung, wie in Bild G.3-72 dargestellt (Schwerpunkt liegt auf Festbett) und den Tauchkörperverfahren mit Schlammrückführung (kombiniertes Verfahren).

Beim unbelüftetem System sind die Wanne und der Tauchkörper so auszubilden, daß eine ausreichende Turbulenz gewährleistet ist, um Schlammablagerungen zu vermeiden und eine ausreichende Belüftung zu ermöglichen. Bei einer Walzenumdrehung folgt nach dem Kontakt mit dem Abwasser jeweils eine Belüftungsphase oberhalb des Wasserspiegels. Der dabei aufgenommene Sauerstoffvorrat muß zur Deckung der Zehrungsvorgänge in der Eintauchphase und zur Aufrechterhaltung aerober Verhältnisse in der Wanne ausreichen.

Tauchkörperanlagen erfordern einen hohen Investitionsaufwand, haben jedoch außerordentlich geringe Betriebskosten, da weder für die Abwasserbelüftung (Belebungsverfahren) noch für die Abwasserhebung (Tropfkörperverfahren), sondern lediglich für das langsame Drehen der Scheiben Energie erforderlich ist. Zum Schutz gegen Witterungseinflüsse sind Tauchkörper einzuhausen. Sie sind sehr wirtschaftlich bei kleinen und mittleren Anlagen mit im Verhältnis hohen Stickstofffrachten und werden daher häufig bei der Sickerwasserreinigung eingesetzt.

Bemessung

Die Bemessung kann nach dem ATV-Arbeitsblatt A135 oder nach Wolf erfolgen. Da die biologische Reinigung sowohl auf dem Festbett als auch im Abwasserinhalt der Wanne stattfindet, die Reinigungsleistung der suspendierten Biomasse bei unbelüfteten Tauchkörpern aber rechnerisch nicht berücksichtigt wird, können höhere Reinigungsleistungen pro m² Festbettfläche erreicht werden als bei reinen Festbettreaktoren. Da das Verhältnis Wannenvolumen zu Bewuchsfläche aber einen nicht unerheblichen Einfluß auf die Reinigungsleistung hat, geht die Bemessung nach ATV A135 davon aus, daß je 1 m² rotierender Festbettfläche mindestens 4 l Wasser in der Wanne zu Verfügung stehen müssen. Maßgebender Wert für die Bemessung von Tauchkörpern ist die BSB_5-Flächenbelastung. Bei Kaskadenanordnung ist es sinnvoll, die einzelnen Kaskaden getrennt zu berechnen.

G.3.3.4.6 Biologische Filter

Die biologischen Filter können einerseits auf den Schwerpunkt Suspensaelimination mit gewolltem biologischen Nebeneffekt ausgelegt werden (Wirkungsschwerpunkt Filtration) oder als voll-

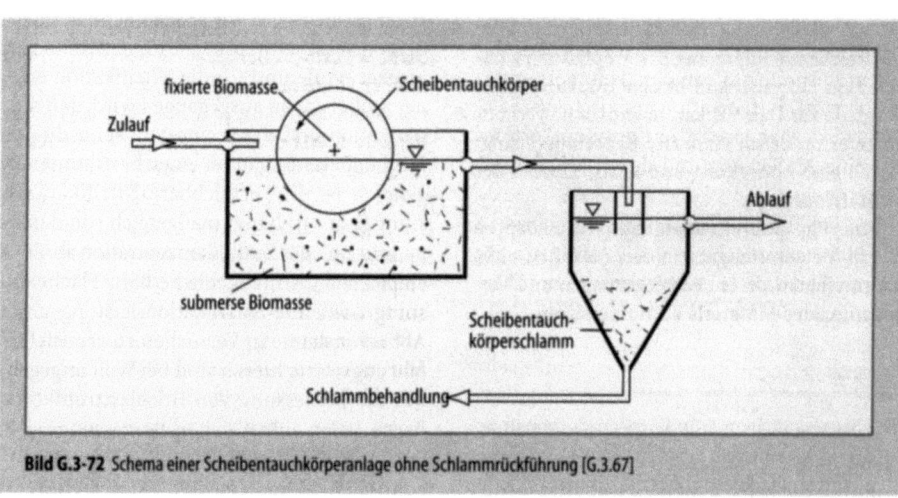

Bild G.3-72 Schema einer Scheibentauchkörperanlage ohne Schlammrückführung [G.3.67]

ständiger Ersatz für eine biologische Reinigungsstufe fungieren (Wirkungsschwerpunkt Festbettreaktor). Dabei ist die verfahrenstechnische Ausgestaltung je nach Anwendung prinzipiell gleich, Ziel ist es jeweils, durch Schaffung anwendungsspezifischer Milieuverhältnisse (aerob, anoxisch, anaerob) sessile Mikroorganismen auf dem Filtermaterial anzusiedeln, um je nach Schwerpunkt die Schwebstoffentnahme oder den Abbau organischer Verbindungen und Stickstoff zu erreichen.

Eine Übersicht über die derzeit am Markt verfügbaren biologischen Filter gibt Barjenbruch. Demnach ist eine Vielzahl von Verfahren für beide Einsatzbereiche zu verwenden. Das weltweit am häufigsten, großtechnisch angewandte Verfahren ist die BIOFOR-Anlage der Firma Philipp Müller (58 Anlagen weltweit, Stand 1996). In Deutschland werden die Anlagen überwiegend zur Restnitrifikation eingesetzt. Da die meisten biologischen Filter in nur sehr geringer Anzahl als biologische Hauptstufe fungieren, wird in diesem Kapitel auf eine ausführliche Beschreibung verzichtet.

Eine Ausnahme stellt das erst vor kurzem entwickelte BIOSTYR-Verfahren der Firma OTV dar, das meistens als biologische Hauptstufe eingesetzt wird (Bild G.3-73). Es handelt sich um ein aufwärts durchströmtes Schwebebettfilter mit Überstau. Das zu behandelnde Abwasser wird direkt über Einlauföffnungen unterhalb des Filterbetts zugeführt. Der Düsenboden befindet sich oberhalb des Filterbetts, so daß die Filterdüsen nur mit gereinigtem Abwasser in Berührung kommen. Die Prozeßluft wird im Gleichstrom im unteren Drittel des Filterbetts zugeführt, so daß sich im unteren Filterbereich anoxische und im oberen Bereich aerobe Milieubedingungen einstellen. Durch Rückführung des nitrathaltigen Filterablaufs kann somit in einem einzigen Reaktor gleichzeitig nitrifiziert und denitrifiziert werden. Als Filtermaterial wird schwimmendes, feinkörniges Polystyren (ca. 2–4 mm) verwendet. Durch den aufwärts gerichteten Abwasserstrom wird das Filtermaterial gegen den oben liegenden Düsenboden gedrückt, wodurch der Feststoffrückhalt begünstigt wird. Die maximalen NH_4-N-Abbauleistungen liegen bei ca. 0,7 kg NH_4-N/($m^3 \cdot$ d), die maximalen NO_3-N-Abbauleistungen betragen ca. 1,0 kg NO_3-N/($m^3 \cdot$ d). Wegen der kurzen Verweilzeiten im Reaktor wird zur Gewährleistung einer sicheren Denitrifikation gut abbaubares Substrat – z.B. Methanol – benötigt.

Barjenbruch vergleicht eine BIOSTYR-Anlage mit einer Belebungsanlage nach ATV-A131 und kommt zu dem Ergebnis, daß der Vorteil der BIOSTYR-Anlage vor allem in dem um den Faktor 9 geringeren Reaktorvolumen liegt, während eine Belebungsanlage hinsichtlich Reinigungsleistung und Prozeßstabilität die besseren Ergebnisse liefert. Bei den Kosten ist in dieser Untersuchung das Belebungsverfahren bei den Herstellungskosten ca. 25 % und bei den Betriebskosten ca. 17 % günstiger.

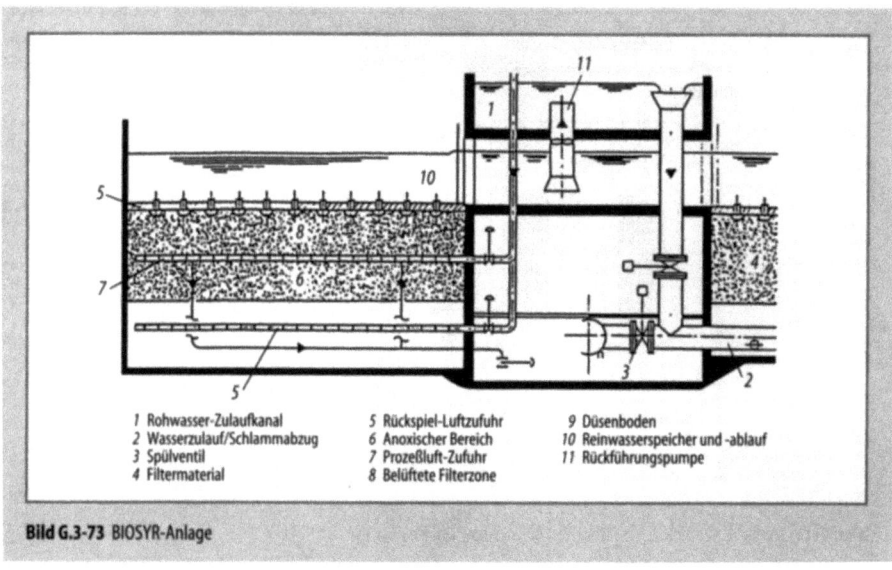

1 Rohwasser-Zulaufkanal
2 Wasserzulauf/Schlammabzug
3 Spülventil
4 Filtermaterial
5 Rückspiel-Luftzufuhr
6 Anoxischer Bereich
7 Prozeßluft-Zufuhr
8 Belüftete Filterzone
9 Düsenboden
10 Reinwasserspeicher und -ablauf
11 Rückführungspumpe

Bild G.3-73 BIOSYR-Anlage

G.3.3.4.7 Kombinierte Verfahren

Die kombinierten Verfahren stellen eine Kombination der Belebungsverfahren und der reinen Biofilmverfahren dar, wobei der Grundgedanke ist, die Vorteile der jeweiligen Verfahren (s. Abschn. G.3.4.2) miteinander zu verbinden. Wählt man Verfahren mit Schlammrückführung, überwiegt meist der Reinigungsanteil der suspendierten Biomasse; ist keine Schlammrückführung vorgesehen, hat der Biofilm den höheren Reinigungsanteil. Die Übergänge zu den Hauptverfahren sind dabei oft fließend. Während z. B. die Scheibentauchkörper hier bei den Festbettreaktoren aufgeführt werden, gehören die Scheibentauchkörper mit Biomassenrückführung zu den kombinierten Verfahren. Ebenso gehören die getauchten, feststehenden Festbettreaktoren entweder zu den Festbettreaktoren oder, bei entsprechender Rückführung der suspendierten Biomasse, zu den kombinierten Verfahren. Die Schwebebettverfahren (Moving-bed) werden in dieser Gliederung den kombinierten Verfahren zugeordnet.

Ortsfest eingebaute Aufwuchsflächen

Bei diesen Verfahren werden vollständig eingetauchte Festbetten über der Druckbelüftung im Becken fest montiert. Es können fast alle auf dem Markt befindlichen Kunststofffüllmaterialien für Tropfkörper eingesetzt werden. Meist werden die Einzelelemente zu herausnehmbaren größeren Einheiten (Rahmen) zusammengestellt, wobei das Gesamtvolumen des Festbetts bis zu ca. 60 % des Beckenvolumens beträgt (Bild G.3-74).

Bei getauchten Festbetten besteht einerseits die Gefahr der Schlammablagerung im Bereich der Belüftungselemente als auch die Gefahr der Verstopfung der Festbetten. Beim nachfolgend dargestellten Bio-2-Schlammverfahren wurde die Verstopfungsgefahr dadurch reduziert, daß die ausschl. unter dem Festbett angeordnete Belüftung im Becken eine Wasserwalze induziert, so daß der Tauchkörper ständig durchströmt wird.

Beim sog. Ring-Lace-Verfahren werden als Tauchkörper elastische Schnüre mit einer Vielzahl elastisch angeordneter Schlaufen verwendet, wobei die Schnüre in einem Rahmengestell zu sog. Vorhängen (Laces) zusammengestellt werden. Der Vorteil gegenüber den Festbetten besteht in der geringeren Verstopfungsanfälligkeit.

Rotierende Aufwuchsflächen

Die Verfahren mit rotierenden Aufwuchsflächen unterscheiden sich von den in Abschn. G.3.3.4.5 dargestellten Scheibentauchkörperverfahren dadurch, daß mit Schlammrückführung gearbeitet wird. Da durch die Schlammrückführung ein hoher Anteil suspendierter Biomasse vorliegt, muß zusätzlich Sauerstoff eingetragen werden. Dies geschieht entweder, indem das Scheibenrad mit

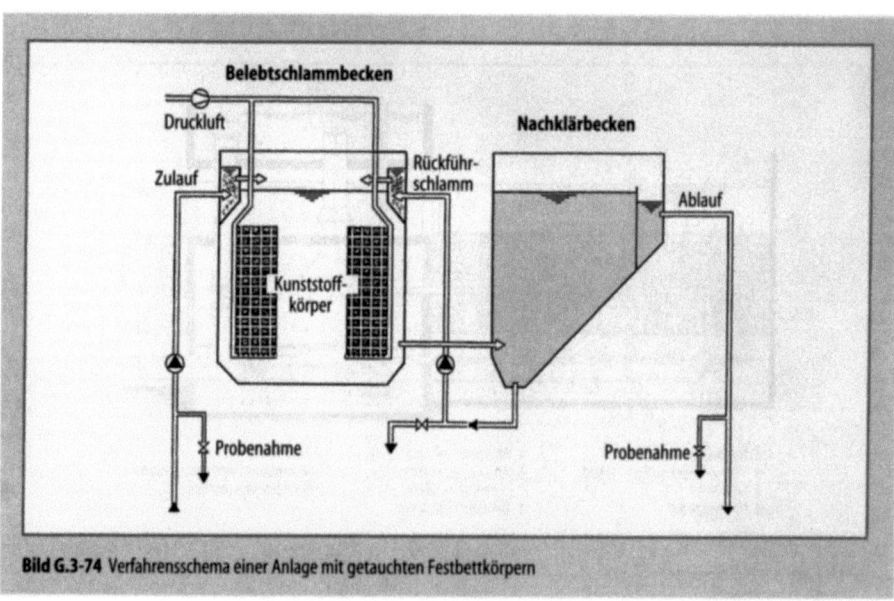

Bild G.3-74 Verfahrensschema einer Anlage mit getauchten Festbettkörpern

Lufttaschen ausgestattet ist, die in der Wasserphase die vorher aufgenommene Luft abgeben (z. B. System Stählermatic), oder durch separate Druckbelüftung (z. B. ENVIREX SBC-Verfahren).

Schwebende Aufwuchsflächen

Beim Verfahren mit schwebenden Aufwuchsflächen bildet sich der Biofilm auf frei im Belebungsbecken schwebenden kleinen Kunststoffkörpern, die mit zunehmendem mikrobiellem Bewuchs in den Schwebezustand übergehen bzw. durch die Belüftung in Schwebe gehalten werden. Durch ein engmaschiges Gitternetz im Ablauf des Reaktors kann man einen Großteil der Biomasse ständig im Becken halten. Beim Linpor-Verfahren der Firma Linde werden poröse Schaumstoffkörper verwendet, die bis zu 25 gTS/l – bezogen auf das Trägervolumen – enthalten können, wobei der Volumenanteil im Becken meist zwischen 10 und 30 % liegt.

Schwebebettverfahren

Die mit einem deutlich höheren Füllungsgrad an schwebenden Aufwuchsflächen arbeitenden Schwebebettverfahren haben keine Schlammrückführung. Beim Kaldnes-Verfahren der Firma Purac sind die Becken zu ca. 70 % mit hohlen gezackten Polyethylenzylindern gefüllt und erreichen so eine effektive spezifische Wachstumsfläche von 350 m²/m³ Beckenvolumen. In Skandinavien wurde dieses Verfahren bereits 15 mal großtechnisch realisiert, in Deutschland sind derzeit 2 Anlagen in Betrieb. Voraussetzung für einen störungsfreien Betrieb ist eine gute Vorabscheidung der Feststoffe im Rohabwasser.

Bemessung

Aufgrund der Vielzahl der verschiedenen Anlagentypen liegen keine einheitlichen Bemessungsansätze vor. Der Arbeitsbericht der ATV-Arbeitsgruppe 2.6.4 „Kombinierte Verfahren" enthält einen Bemessungsansatz, der sich an die ATV A131-Bemessung anlehnt, wobei der gesamte Feststoffgehalt aus suspendierter und sessiler Biomasse berücksichtigt wird. Es wird empfohlen, vor einer Planung halbtechnische Versuche durchzuführen.

G.3.3.4.8 Wirbelbettverfahren

In einem Wirbelbettreaktor erfolgt die Reinigung nahezu ausschl. von der auf dem Trägermaterial wachsenden sessilen Biomasse. Das spezifisch schwerere Trägermaterial (z. B. Quarzsand) wird durch die Beschickung mit Abwasser ständig in einem fluidisierten Zustand gehalten. Um die für die Fluidisierung erforderliche Geschwindigkeit zu erreichen, ist zusätzlich ein hoher Recyclestrom erforderlich. Die Trägermaterialien sind so zu wählen, daß sie mit einer hohen Fixierkapazität ausgestattet sind und bei geringer Bettexpansion mit geringen Recyclemengen fluidisiert werden können. Die hohe Mikroorganismendichte

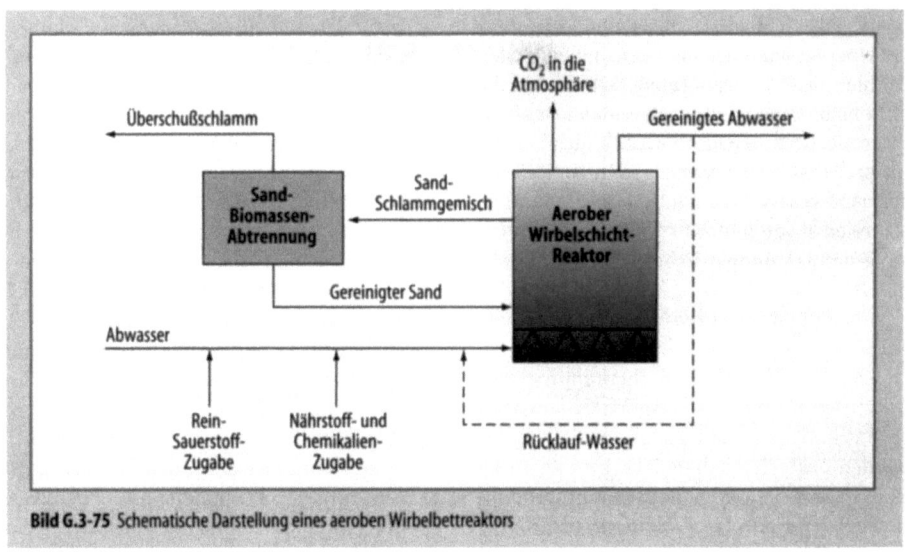

Bild G.3-75 Schematische Darstellung eines aeroben Wirbelbettreaktors

erfordert häufig Reinsauerstoffbegasung. Die überschüssige Biomasse wird bei einigen Reaktortypen in einem separaten Bauteil von dem Trägermaterial getrennt (s. Bild G.3-75), andere Reaktoren sind mit einer Beruhigungszone im Reaktorkopf ausgestattet, in der die Strömungsgeschwindigkeit so weit verringert wird, daß das Trägermaterial nach unten sinkt, während die spezifisch leichtere Biomasse ausgetragen wird. Der Hauptvorteil der Wirbelbettverfahren liegt in der hohen Biomassenkonzentration im Reaktor (> 20 gTS/l), die daher kleine Reaktorbaugrößen erlaubt. Aufgrund der schlanken Bauform gehen damit ausgesprochen geringe Grundflächenverbräuche einher. Die bisher vor allem in der Anaerobtechnik mit Erfolg eingesetzten Wirbelbettreaktoren finden zunehmend auch bei der aeroben Reinigung Interesse.

G.3.3.5 Anaerobe Verfahren

Bei den anaeroben Verfahren unterscheidet man zwischen den Verfahren der anaeroben Schlammstabilisierung (Schlammfaulung) und denen der anaeroben Abwasserreinigung. Die nachfolgenden Betrachtungen beschränken sich auf die Verfahren der anaeroben Abwasserreinigung, deren Bedeutung in jüngster Zeit erheblich zugenommen hat. In der Bundesrepublik gibt es derzeit (1998) ca. 130 großtechnische Anwendungen.

Die Einsatzgebiete beschränkten sich bisher auf relativ hoch belastete Abwässer mit einem CSB zwischen 3000 und 40.000 mg/l aus der Nahrungsmittelindustrie (Zucker-, Stärke-, Hefe-, Obst- und Gemüsefabriken, Brennereien) sowie aus der Papier- und Zellstoffindustrie oder Tierkörperverwertungsanstalten. In den letzten 10 Jahren sind Reaktoren entwickelt worden, die sehr hohe Biomassenkonzentrationen ermöglichen, wodurch die Anaerobtechnik auch bei niedriger belasteten Abwässern mit einem CSB zwischen 1500 und 3000 mg/l, z. B. in Brauereien, Molkereien sowie in der Fruchtsaft- und Erfrischungsgetränkeindustrie, erfolgreich einzusetzen ist.

Die anaeroben Verfahren haben folgende Vorteile:

1. Die spezifische Überschußschlammproduktion beträgt für die versäuernden Organismen ca. 0,15 kg TS/kg CSB und für die Methan bildenden Bakterien lediglich ca. 0,05 kg TS/kg CSB, so daß die Überschußschlammproduktion um den Faktor 3 – 10 niedriger liegt als bei den aeroben Verfahren.

2. Da anaerobe Prozesse unter Sauerstoffabschluß erfolgen, entfällt die bei aeroben Verfahren erforderliche teure Belüftung. Der Energiebedarf anaerober Verfahren für Beschickungspumpen und Umwälzung ist somit vergleichsweise gering.

3. Durch die anaerobe Umwandlung organischer Stoffe entsteht Biogas, das bei einem Methangehalt zwischen ca. 60 und 80 % einen Heizwert von ca. 7 – 9 kWh/m^3 aufweist und damit im Mittel fast dem Heizwert von Naturgas entspricht.

4. Anaerobe Reaktoren werden in einer Bandbreite der CSB-Raumbelastung von 3 – 30 kg CSB/(m$^3 \cdot$ d) betrieben und bedingen bei hoher Belastung geringe Behältervolumina. Da es sich i. d. R. meist um hohe Reaktoren handelt, erfordern sie einen geringen Platzbedarf.

5. Anaerobverfahren eignen sich besonders für Kampagnebetriebe (z. B. Zucker- und Fruchtsaftindustrie), da die anaerobe Biomasse auch nach mehrmonatiger Ruhephase innerhalb weniger Tage wieder aktiv ist.

6. Manche aerob nicht abbaubaren Stoffe können anaerob abgebaut werden (z. B. Pektin, höher chlorierte Aliphate (Perchlorethylen) und Aromaten (PCB, Pentachlorphenol) und weitere substituierte Aromaten (Nitroaromaten)).

Als Nachteile der Anaerobtechnik sind aufzuführen:

1. Der CSB-Wirkungssgrad liegt i. d. R. zwischen 70 und 80 %; die Elimination von Stickstoff und Phosphor ist vernachlässigbar gering und erfolgt lediglich in dem Maße, wie diese Nährsalze für den Aufbau neuer Biomasse erforderlich sind. Beide Fakten verdeutlichen, daß eine anaerobe Abwasserreinigung lediglich ein *Vorbehandlungsverfahren* ist; eine aerobe Nachbehandlung ist daher i. d. R. unverzichtbar.

2. Der geringe Energiegewinn der anaeroben Bakterien führt zu einer geringen Wachstumsrate. Die hat zwar den geringen Überschußschlammanfall zum Vorteil, bedingt aber auf der anderen Seite die Erfordernis eines sehr guten Biomassenrückhalts. Als weitere Konsequenz ist bei einigen Anaerobsystemen mit einer langwierigen Einfahrphase zu rechnen. Diese kann durch die Verwendung von ausreichend Startbiomasse auf wenige Monate zur Adaptierung an das Substrat verkürzt werden.

3. Anaerobsysteme sind empfindlicher gegenüber Temperatur-, pH-Wert-, Konzentrations- und Belastungsschwankungen als aerobe Sy-

steme. Aufgrund der pH-Wert-Sensibilität muß bei höher belasteten Systemen ($B_R > 8$ kg CSB/($m^3 \cdot$ d)) der pH-Wert im Zulauf zum Methanreaktor häufig neutralisiert werden; der Neutralisationsmittelbedarf kann dabei einen erheblichen Teil der Betriebskosten ausmachen.

G.3.3.5.1 Biologische Grundlagen und wichtige Einflußgrößen auf den anaeroben Abbau

Der aerobe Belebtschlamm ist eine Mischbiozönose aus sehr vielen verschiedenen Bakterienarten. Jede dieser Bakterienarten baut die organischen Abwasserinhaltsstoffe in die Endprodukte CO_2, H_2O und eigene Zellmasse um. Im Gegensatz dazu werden beim anaeroben Abbau die organischen Schmutzstoffe zum größten Teil nacheinander von verschiedenen Bakteriengruppen bis zu den Endprodukten CH_4, CO_2, H_2S (Biogas) sowie eigene Zellsubstanz abgebaut. Der Prozeß verläuft daher in einstufigen Anlagen nur dann störungsfrei, wenn es gelingt, die Stoffwechselschritte der verschiedenen Bakterienarten mit gleicher Geschwindigkeit nacheinander ablaufen zu lassen [G.3.66].

Nach heutigem Kenntnisstand verläuft der Prozeß des anaeroben Abbaus in 4 Stufen (Bild G.3-76), die sich wie folgt beschreiben lassen [G.3.88]:

1. In der *Hydrolyse-Phase* müssen die hochmolekularen, oft ungelösten Stoffe (Polymere) durch Enzyme in gelöste Bruchstücke (Monosaccaride, Aminosäuren, Fettsäuren) überführt werden.
2. In der *Versäuerungs-Phase* werden von verschiedenen im wesentlichen fakultativen Bakterienarten in der Flüssigphase kurzkettige organische Säuren (z. B. Essigsäure, Propionsäure, Buttersäure, Valeriansäure, Milchsäure) sowie Alkohole (Methanol, Äthanol) und in der Gasphase H_2 und CO_2 gebildet. Von diesen Zwischenprodukten können die Methanbakterien jedoch nur Essigsäure, H_2 und CO_2 direkt zu Methan umsetzen.

   Der als Versäuerungsphase bezeichnete Abbauschritt ist dadurch gekennzeichnet, daß sich der Energiegehalt (CSB) des Abwassers nur wenig ändert und der pH-Wert infolge der Säurereproduktion sinkt und geruchsintensive Stoffe entstehen.
3. In der *Acetogenen-Phase* werden organische Säuren und Alkohole zu Essigsäure umgebaut. Der Abbauschritt von, z. B. Propionsäure zu Essigsäure, kann nur dann stattfinden, wenn das Reaktionsprodukt H_2 durch die Bildung von CH_4 in der nachfolgenden methanogenen Phase ständig aus der Umgebung entfernt wird, also ein konstant niedriger Partialdruck des Wasserstoffs aufrechterhalten wird.
4. In der *methanogenen Phase* wird hauptsächlich aus Essigsäure sowie aus H_2 und CO_2 von obligat anaeroben Methanbakterien Methan

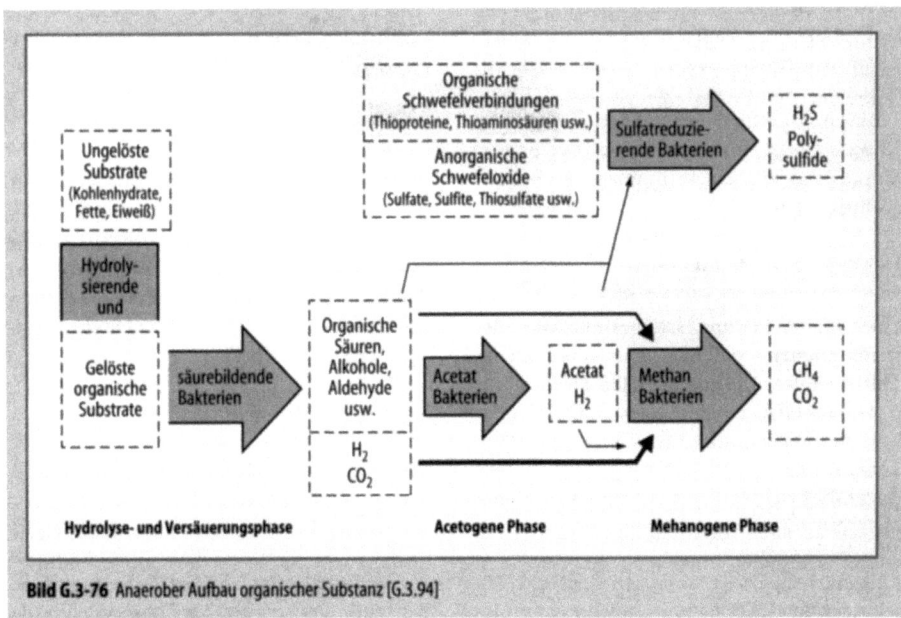

Bild G.3-76 Anaerober Aufbau organischer Substanz [G.3.94]

gebildet. Man kann zwei Gruppen von Stämmen unterscheiden. Die erste Gruppe bildet aus H_2, CO_2, Ameisensäure, bzw. Methanol, Methan. Der Energiegewinn für die Bakterien ist mit 106–145 kJ/mol CH_4 relativ hoch; sie wachsen daher relativ schnell und sind vergleichsweise pH-tolerant. Die zweite, wesentlich artenärmere Gruppe bildet das Methan aus Essigsäure. Der Energiegewinn aus dieser Reaktion ist um etwa 60 % geringer. 2/3 der Methanbildung läuft über den Essigsäureabbau. Da die Bakterien vergleichsweise langsam wachsen und sie sehr empfindlich gegenüber Veränderungen der Umweltbedingungen sind, bestimmen sie in vielen Fällen den Wirkungsgrad und die Stabilität der anaeroben Abwasserreinigungsanlage.

Abhängig vom Substrat (Abwasser) stellt eine dieser Abbaustufen den geschwindigkeitslimitierenden Schritt für den Abbau dar. Bei feststoffreichen Abwässern ist häufig die Hydrolyse geschwindigkeitslimitierend, während es bei anderen Abwässern die acetogene Phase oder die methanogene Phase ist [G.3.89].

Wie komplex die Vorgänge beim anaeroben Abbau sind, soll anhand folgender Reaktion aufgezeigt werden:

Der Abbau der organischen Säuren in der Methan-Phase führt zu einer pH-Wert-Anhebung. Wird durch Überlastung des Systems die Methanbildungskapazität überschritten, so kommt es zu einer Akkumulation der Abbauprodukte der viel leistungsfähigeren Säurebakterien. Die Akkumulation organischer Säuren führt zu einem Absinken des pH-Werts, zu einer verringerten Gasproduktion, zu einem Anstieg des CO_2^--Gehalts im Biogas sowie zu einem Anstieg des Redox-Potentials, was bis zum „Umkippen" des Prozesses führen kann.

Organische Säuren/Säurespektrum

Einen sehr einfach und rasch bestimmbaren Betriebsparameter stellt das Säurespektrum im Ablauf der Reaktoren dar. Mit Hilfe der Gaschromatographie ist es mit geringem Aufwand möglich, die Konzentration der drei wesentlichen Komponenten Essigsäure, Propionsäure und Buttersäure zu bestimmen. Sowohl die absoluten Meßwerte als auch vor allem ihre Veränderung über die Zeit ergeben einen guten Einblick in das Abbauverhalten des Reaktors. Dies gilt für einen Versäuerungsreaktor ebenso wie für einen Methanreaktor. Insbesondere im Methanreaktor ist z. B. das plötzliche Ansteigen der Propionsäurekonzentration im Reaktor ein sicheres Zeichen eines beginnenden Ungleichgewichts zwischen Säureangebot und Methanisierungskapazität.

pH-Wert

Der pH-Wert stellt eine entscheidende Betriebsgröße bei der anaeroben Reinigung dar. Gegebenenfalls bedarf es einer pH-Wert-Regulierung, die jedoch erhebliche Chemikalienkosten verursacht. Zur Abschätzung, ob eine pH-Wert-Regulierung erforderlich ist, bedarf es neben der Kenntnis des pH-Werts im Rohabwasser noch weiterer Informationen, z. B. über Alkalität, organische oder anorganische Säurekonzentrationen und Ammoniumkonzentrationen.

Ammonium- und Kjeldahlstickstoff

Ammonium ist als Nährstofflieferant (Nährsalz-Minimum CSB:N:P 800:5:1) für das Bakterienwachstum von Bedeutung. Sehr hohe Ammoniumkonzentrationen, die auch durch Freisetzung des Ammoniums aus organischen Stickstoffverbindungen entstehen, können eine Hemmung der Methanbildung bewirken. Der Konzentrationsbereich ab dem mit einer Hemmung infolge Ammoniak zu rechnen ist, hängt vom pH-Wert ab. Bei NH_4-N-Konzentrationen um 3000 mg/l treten bei pH 7 noch keine Hemmungen auf, während bei pH 8 bereits Konzentrationen unter 1000 mg/l NH_4-N hemmend wirken [G.3.88, G.3.90].

Nitratstickstoff

Wird im Industriebetrieb Salpetersäure verwendet, so gelangt Nitrat in das Abwasser. Mit Nitrat wird Sauerstoff in das Anaerobsystem geführt, was hemmend auf die Methanbildung wirkt. Durch eine Denitrifikationsstufe vor dem Anaerobreaktor kann dieser Gefahr entgegengewirkt werden [G.3.91, G.3.92].

Sulfat- und Sulfitschwefel

Durch die Reduktion von Sulfat- und Sulfitschwefel zu Schwefelwasserstoff kommt es bei höheren Konzentrationen zu Toxizitäts- sowie Geruchsproblemen durch die vermehrte Bildung von H_2S und letztlich auch zu Korrosionsproblemen bei der Gasverwertung. Zur Entschwefelung des

Gases wird Natronlauge oder Raseneisenerz oder seit neuestem biologische Verfahren eingesetzt.

Spurenelemente

Das Fehlen von Spurenelementen (besonders Co, Ni, Se) im Abwasser führt zu Hemmungen im anaeroben Abbau. Eine Literaturauswertung zu erforderlichen Mindestkonzentrationen sowie hemmenden Maximalkonzentrationen liefert der ATV-Fachausschuß 7.5 (heute ATV-Arbeitsgruppe 7.5.1.).

Temperatur

Methanreaktoren werden üblicherweise mesophil mit Temperaturen zwischen 33 und 38 °C betrieben. Dies resultiert daraus, daß die meisten Methanbakterien ihren optimalen Temperaturbereich zwischen 30 und 45 °C haben. Im Temperaturbereich zwischen 10 und 30 °C nimmt die Aktivität konstant zu; zwischen 30 und 40°C weist sie ihr Optimum auf und fällt danach drastisch ab. Wie Erfahrungen u. a. mit Brauereiabwasser und kommunalem Abwasser gezeigt haben, kann ein anaerober Abbau auch bei von Natur aus kalten Abwässern in einem Temperaturbereich zwischen 15 und 30°C erfolgreich ablaufen. Voraussetzung hierfür ist, daß sehr viel Biomasse angereichert wird, so daß die verminderte Schlammaktivität bei der Abbauleistung nicht ins Gewicht fällt.

G.3.3.5.2 Anaerobe Reaktoren

Das wesentliche Kriterium für die Gliederung anaerober Verfahrenstechnik ist die Art der Biomassenanreicherung. Bild G.3-77 zeigt die möglichen Arten des Biomassenrückhalts. In Tabelle

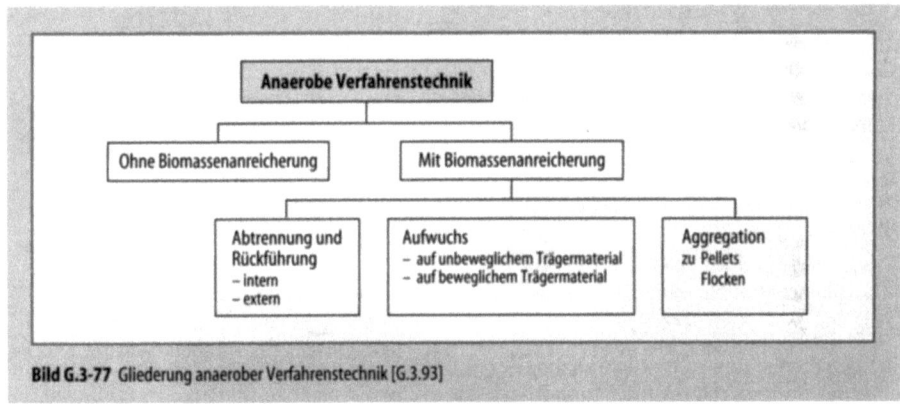

Bild G.3-77 Gliederung anaerober Verfahrenstechnik [G.3.93]

Tabelle G.3-17 Typische Einsatzgebiete und Belastungen großtechnischer Anaerobreaktoren

Reaktortyp	Raumbelastung [kg CSB/(m³·d)]	Zulaufkonzentration $c_{0,CSB}$ [mg/l]	Aufstromgeschwindigkeit [m/h]
anaerobes Belebungsverfahren	2 – 6	5.000 – 10.000	–
Schlammbettreaktor	i.d.R. 10 $T = 20\,°C$ $B_R = 4 – 6$ $T = 35\,°C$ $B_R = 15 – 24$	1.500 – 20.000	1 – 3 i.d.R. 1
Hochleistungs-Schlammbettreaktor	i.d.R. 20 $T = 20\,°C$ $B_R = 7 – 13$ $T = 35\,°C$ $B_R = 15 – 25$	1.500 – 40.000	3 – 10 inkl. Rezirkulation
Festbettreaktor	3 – 30	5.000 – 70.000	0,1 – 1 inkl. Rezirkulation
Wirbelbettreaktor	20 – 30	1.500 – 6.000	10 – 30 inkl. Rezirkulation

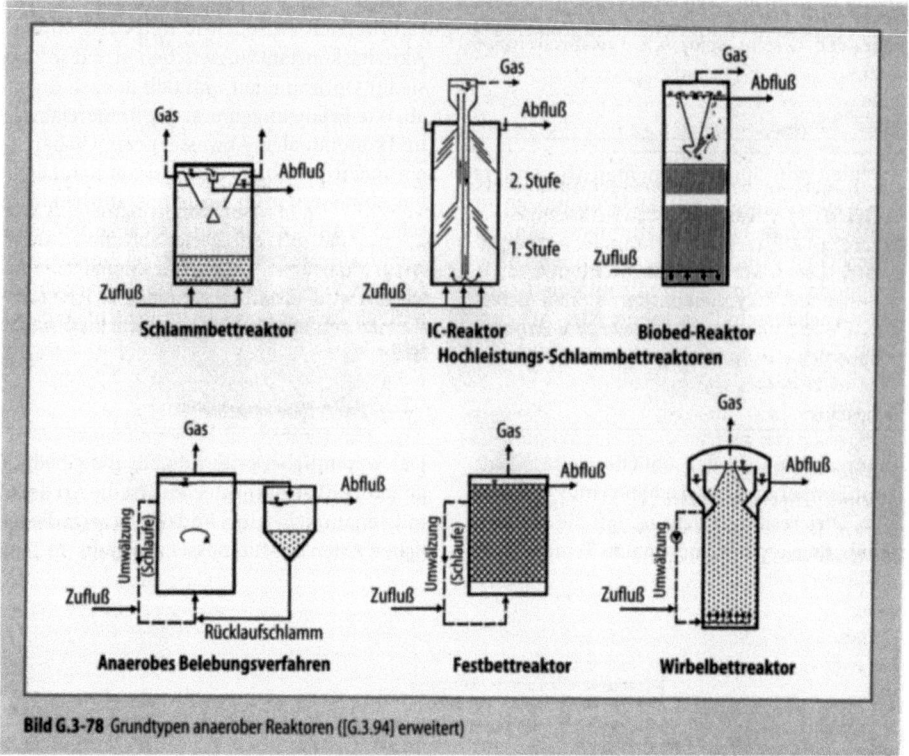

Bild G.3-78 Grundtypen anaerober Reaktoren ([G.3.94] erweitert)

G.3-17 erfolgt dann die Zuordnung der entsprechenden Reaktortypen, wobei auch die Unterschiede der einzelnen Reaktoren bzgl. der Biomassenkonzentration, -anreicherung, -abtrennung und -wachstum dargestellt sind.

Es gibt die grundsätzlichen Möglichkeiten der Biomassenabtrennung und -rückführung (anaerobes Belebungsverfahren), der Immobilisierung auf ortsfestem (Festbettreaktoren) oder beweglichem Trägermaterial (Wirbelbettreaktoren) als auch der Aggregation zu Flocken oder Pellets (Schlammbettreaktoren, Hochleistungs-Schlammbettreaktoren). Diese zur anaeroben Behandlung industrieller Abwässer gebräuchlichen Reaktortypen sind in Bild G.3-78 dargestellt. Daneben gibt es modifizierte Reaktoren und verschiedene Hybridreaktoren, die die Vorteile verschiedener Systeme miteinander verbinden sollen.

Bei den Anaerobreaktoren gibt es keine allgemeingültigen Begriffsdefinitionen, so daß in der Literatur unterschiedliche Namen für denselben Reaktor genutzt werden, die nachfolgend in Klammern angegeben sind.

Ausschwemmreaktor (Rührkessel, CSTR (Continuously stirred tank reactor))

Diese Reaktoren gehören zu den klassisch-konventionellen Reaktoren, die ohne Rückhalt der Biomasse arbeiten. Der Biomassengehalt richtet sich nach dem Verhältnis von Wachstumsgeschwindigkeit zu mittlerer Durchflußzeit. Wird die Durchflußzeit kürzer als die Generationszeit, bricht der Anaerobprozeß mangels Biomasse zusammen. Der Ausschwemmreaktor wird daher nur dort sinnvoll eingesetzt, wo eine Trennung von Biomasse und Substrat unmöglich ist, so z. B. bei der Schlammfaulung oder der anaeroben Behandlung stark feststoffhaltiger Substrate, wie z. B. Gülle, Schlachthof- und Grünabfälle.

Anaerobes Belebungsverfahren (Kontaktschlammverfahren, Contact-Process)

Da die Biomasse in nicht fixierter Form vorliegt, kommt der Biomassenabscheidung und Rückführung eine entscheidende Bedeutung zu. Die Biomassenabscheidung erfolgt i. d. R. durch Sedimentation, d. h. durch interne oder externe konventionelle Absetzbecken oder Lamellenklärer.

Da der Anaerobschlamm auch außerhalb des Reaktors noch nachgast und dadurch flotiert, bedarf es häufig einer Entgasungseinheit zwischen Methanreaktor und Abscheideeinheit. Diese Entgasung kann z. B. durch Vakuumentgasung, Strippung, Kühlung oder langsam laufende Rührwerke erfolgen [G.3.95]. Das anaerobe Belebungsverfahren weist im Vergleich zu den nachfolgend beschriebenen Hochleistungsverfahren (Schlammbett, Festbett, Wirbelbett) nicht so hohe Biomassenkonzentrationen im Reaktor auf und wird daher mit vergleichsweise niedrigeren Raumbelastungen (um ca. 5 kg CSB/(m³· d) betrieben. Ihr wesentlicher Vorteil liegt jedoch in einem wenig störanfälligen Betrieb, wobei vor allem keine Verstopfungsprobleme auftreten.

Schlammbettreaktor (UASB-Reaktor
(Upflow anaerobic sludge blanket reactor))

Das Prinzip der Schlammbettreaktoren beruht auf der Bildung granulierten Schlamms, der aufgrund seiner Größe (Durchmesser bis zu mehreren Millimetern) und seiner kompakten runden Form sehr gute Absetzeigenschaften besitzt und daher nicht so einfach aus dem System ausgeschwemmt wird. Dieser Schlamm reichert sich am Boden des Reaktors in Konzentrationen von 80 – 100 g/l bei oTS-Gehalten um 80 % als Schlammbett an, wobei das Schlammbett maximal etwa die Hälfte des Wasserstands ausmachen sollte. Die Abwasserzuführung erfolgt von unten in das Schlammbett. Im oberen Teil der Reaktors befindet sich der Dreiphasenabscheider, in dem neben der Entgasung eine weitestgehende Abtrennung der Feststoffe vom Abwasser erfolgt. Die erforderliche Umwälzung wird in erster Linie durch die Gasentwicklung beim anaeroben Abbau erreicht.

Insbesondere bei feststoffarmen, relativ niedrig belasteten Abwässern ist dieses Verfahren gut geeignet. Ab einem CSB > 20.000 mg/l sind Schlammbettreaktoren nicht mehr gut geeignet. Feststoffe, hohe Kalzium-Konzentrationen >500 mg/l (Karbonatausfällungen) und hohe Fettkonzentrationen führen zu einer Unterbindung der Pelletisierung oder schwemmen sie aus.

Schlammbettreaktoren sind die z. Z. weltweit verbreitetsten Reaktoren. Ein besonderer Vorteil des Verfahrens liegt in der Pelletbildung, die sowohl eine schnelle Inbetriebnahme nach teilweise monatelanger Betriebspause als auch eine einfache Handhabbarkeit der Mikroorganismen (z. B. als Impfschlamm bei Neuinbetriebnahmen) ermöglicht.

Hochleistungs-Schlammbettreaktor (EGSB-Reaktor
(Expanded granular sludge blanket reactor))

Als Weiterentwicklung des Schlammbettreaktors können der *IC-Reaktor* sowie der *Biobed-Reaktor* bezeichnet werden, die in der englischsprachigen Literatur auch als *EGSB-Reaktoren* bezeichnet werden. Durch eine Optimierung der Dreiphasenabscheider sowie durch einen intensiveren Kontakt zwischen Abwasser und Biomasse, bewirkt durch eine schlankere Bauform sowie eine Abwasserrezirkulation, ist es gelungen, einen wesentlich höher belastbaren Reaktortyp zu entwickeln. Der IC-Reaktor (Internal Circulation) besteht vereinfachend beschrieben aus zwei übereinander angeordneten UASB-Reaktoren, wobei die Gasentwicklung des unteren Teils als Antrieb für die interne Zirkulation (Mammutpumpeneffekt) dient. Beim Biobed-Reaktor wird durch eine außen liegende Umwälzung die gewünschte Aufstromgeschwindigkeit erreicht. Ein weiterer Vorteil der Rückführung bereits behandelten Abwassers liegt in der Rückgewinnung von Pufferkapazität, so daß gegenüber konventionellen Schlammbettreaktoren Neutralisationsmittel eingespart werden.

Festbettreaktor (Anaerober Filter
(Fixed-Film-Reactor))

Die im Festbettreaktor enthaltenen Besiedlungsflächen erhöhen die Biomassenkonzentration im System und verringern das Problem des Schlammrückhalts. Es gibt aufwärts oder abwärts durchströmte Reaktoren, wobei der aufwärts durchströmte Reaktor den Regelfall darstellt. Festbettreaktoren sind bis zu 90 % mit geordnet gepackten oder geschütteten Aufwuchsmaterialien gefüllt, die der Biomasse als Aufwuchsfläche dienen. Nachdem in der Vergangenheit eine Vielzahl natürlicher Materialien (Kies, Lavaschlacke, Aktivkohle, Muscheln, Blähton, Granitsplitter usw.) erprobt wurden, sind in jüngster Zeit nahezu ausschl. Kunststoffträgermaterialien eingesetzt worden. Sie bieten den Vorteil einer geringen Verstopfungsgefahr, bedingt durch eine größere Porosität bei gleichzeitig hoher spezifischer Oberfläche und geringem spezifischem Gewicht [G.3.96 – G.3.98].

Festbettreaktoren werden effizienter im Aufstrom betrieben, es sei denn, die Abwässer sind feststoffreich. Nur in diesen Fällen empfiehlt sich ein Abstrombetrieb, bei dem eine geringere Verstopfungsgefahr besteht. Einsatzgebiete sind hier speziell sehr hoch belastete Abwässer mit einem CSB zwischen 10.000 und 70.000 mg/l.

Wirbelbettreaktor (Fluidised-Bed-Reactor)

Beim Wirbelbettreaktor wird das Trägermaterial (i. d. R. Sand, aber auch Bims oder Kunststoffpellets) durch Aufstromgeschwindigkeiten von 10 – 30 m/h, hervorgerufen durch hohe Rezirkulationsraten, in Schwebe gehalten. Dabei muß die Umwälzung einerseits groß genug sein, um das Trägermaterial in Schwebe zu halten, andererseits kann eine zu hohe Umwälzung zu einer Ablösung der Biomasse vom Trägermaterial führen. Beim Wirbelbettreaktor befindet sich das Trägermaterial in einer ständigen Bewegung, wobei die Bettexpansion 50 % und mehr beträgt. Zur Erzielung hoher Raum-Zeit-Ausbeuten von 20 kg CSB/ ($m^3 \cdot d$) und mehr ist es zwingend erforderlich, die Methanreaktoren mit einer möglichst konstanten Menge feststofffreiem und ausreichend versäuertem Abwasser zu beschicken. Aus diesem Grund sind alle großtechnischen Anlagen zweistufig, d. h. mit getrennter Versäuerungsstufe errichtet worden. Bei den großtechnisch betriebenen Anlagen ist das zu behandelnde Abwasser mit einem durchschnittlichen CSB zwischen 1500 und 3600 mg/l relativ niedrig belastet.

G.3.3.5.3 Ein- und zweistufige Verfahren

Da die Methanbakterien, auch in Verbindung mit den acetogenen Bakterien, nur die niederen organischen Säuren (Ameisensäure und Essigsäure) sowie CO_2, H_2 und Methanol als Substrat verwenden können, stellt die Hydrolyse und Versäuerung der Abwasserinhaltsstoffe die wesentliche Voraussetzung für einen hohen Wirkungsgrad der anaeroben Reinigung dar. Dies gilt unabhängig davon, ob die Hydrolyse und Versäuerung räumlich von der Methanstufe getrennt wird (2stufiges Verfahren) oder ob nur ein Reaktor vorhanden ist (1stufiges Verfahren).

Aus biologischer Sicht ist es daher logisch, statt des einstufigen ein zweistufiges Verfahren anzuwenden. Hier werden in der 1. Stufe die Substrate hydrolisiert und versäuert, während in der 2. Stufe die acetogene und methanogene Phase ablaufen. Aus der biologisch sinnvollen Verfahrenstechnik eines zweistufigen Betriebs ergeben sich weitere Vorteile, wie größere Betriebssicherheit gegenüber Belastungsschwankungen und schnellere Einarbeitung bei der Inbetriebnahme; insbesondere, wenn der Versäuerungsreaktor zugleich als anaerobes Misch- und Ausgleichsbecken vorgesehen ist. Dies ist u. a. auch als Wochenausgleich für Industriebetriebe, die nicht die ganze Woche hindurch Abwasser produzieren, sinnvoll, um die Methanstufe konstant zu beschikken.

Als nachteilig sind die erheblich höheren Investitionen und Betriebskosten zu nennen, auch wenn das Reaktorvolumen durch eine Zweistufigkeit erheblich reduziert werden kann. Ein zweistufiges Verfahren bietet bei einem schwierig hydrolisierbaren bzw. versäuerbaren Abwasser (z. B. cellulosehaltige Wässer) keinen Vorteil. Ebenso kann bei stark gepufferten Abwässern eine getrennte Versäuerungsstufe dann unsinnig sein, wenn es den Säurebildnern nicht gelingt, ein für sie günstiges Milieu mit niedrigem pH-Wert zu erreichen (d. h. die Zweistufigkeit bietet dann gegenüber der 1stufigen Anlage keinen Vorteil).

Lettinga und Hulshoff-Pol [G.3.99] weisen darauf hin, daß bei der Verwendung von Schlammbettreaktoren nur eine Versäuerung von 20 – 40 % (d. h. 20 – 40 % des filtrierten CSB liegen in Form organischer Säuren vor) sinnvoll ist, um die Bildung von granuliertem Schlamm nicht zu verhindern. Sie empfehlen eine substratabhängige Aufenthaltszeit in der Versäuerung von 6 – 24 h. Abhängig von der Abwasserbelastung (CSB > 10 g/l) sollte der Versäuerungsreaktor mit einer Absetzeinheit ausgerüstet werden, um den Versäuerungsschlamm vom Schlammbettreaktor fernzuhalten.

G.3.3.5.4 Anwendungsbereiche/Reaktorauslegung

Es kann nicht gesagt werden, welcher Reaktortyp der effizienteste ist, da dies wesentlich von dem zu behandelnden Abwasser abhängt. Vergleichende Untersuchungen der verschiedenen Reaktortypen führten bei unterschiedlichen Abwässern zu unterschiedlichen Ergebnissen. Eine Auswertung bestehender Großanlagen im Hinblick auf eine Zuordnung der Einsatzgebiete verschiedener Reaktorsysteme erfolgte erstmals von Weiland und Rozzi [G.3.100].

Für die Bemessung von Anaerobreaktoren liegen aufgrund der verschiedenen Reaktortypen und der verschiedenen Industrieanwendungen keine einheitlichen Bemessungsansätze vor. Die Auslegung erfolgt auf Grundlage halbtechnischer Versuche oder in Anlehnung an andere Großanlagen mit ähnlichen Randbedingungen, wobei die Durchführung halbtechnischer Versuche vor Ort immer anzuraten ist.

Als Bemessungswerte dienen die CSB-Raumbelastung, die Aufenthaltszeit im Reaktor und die Aufstromgeschwindigkeit. Überschlägig können nach eigenen Erfahrungen Werte gemäß Tabelle G.3-17 angesetzt werden.
Der Aufbau einer Anaerobstufe (Feststoffabscheidung, Nährsalzdosierung, Misch- und Ausgleichstank mit Versäuerungsfunktion, Versäuerungsreaktor mit oder ohne Feststoffabscheidung, pH-Wert-Regulierung, Biogasentschwefelung usw.) und die Dimensionierung des Methanreaktors selbst sind u. a. abhängig von:
- der Abwasserbelastung,
- der Abwasserzusammensetzung,
- der Komplexizität der Abwasserinhaltsstoffe und ihrer biologischen Abbaubarkeit,
- der Abwassertemperatur,
- der angestrebten Eliminationsleistung,
- dem angestrebten Grad der Schlammstabilisierung.

Deshalb können keine detaillierten Aussagen zum Aufbau einer Anaerobanlage oder zu ihrer Dimensionierung getroffen werden. Hilfreich ist es für den „Neuling" immer, nach bereits bestehenden Anlagen für den entsprechenden Abwassertyp zu schauen, um daraus Rückschlüsse auf den erforderlichen Anlagenaufbau zu erhalten. (Umfangreiche Zusammenstellungen großtechnischer Erfahrungen finden sich bei Bischofsberger et al. [G.3.101] sowie bei Böhnke et al. [G.3.102]). Zusätzlich müssen jedoch vor dem Bau einer großtechnischen Anlage über einige Monate halbtechnische Versuche durchgeführt werden, weil die Erfahrung gezeigt hat, daß jeder Industriebetrieb seine Eigenheiten hat, so daß selbst innerhalb eines Industriezweigs die Abwässer unterschiedlich sind. Auf diese Weise ist es z. B. möglich, den Abbau störende oder hemmende Abwasserinhaltsstoffe herauszufinden, wodurch negative Erfahrungen, z. B. mit Desinfektionsmitteln, nicht erst an der Großanlage gesammelt werden müssen. Obwohl die Versuche viel Geld kosten, kann dennoch auf lange Sicht mehr Geld gespart werden.

G.3.3.6 Filtrationsverfahren

Allgemeine Grundlagen der Filtrationsverfahren

Grundsätzlich sind bei der Abwasserfiltration unterschiedliche Vorgänge für den Stoffrückhalt wirksam. Die *Siebung* ist ein physikalischer Vorgang, bei dem Partikel zurückgehalten werden, die größer als die Öffnungen im Sieb sind.
Bei der *Filtration* dagegen werden durch chemisch-physikalische Mechanismen partikuläre Abwasserinhaltsstoffe in einem mit feinkörnigem Material gefüllten Filterraum zurückgehalten, die kleiner als die Öffnungen im Filter sind. Durch gezielte Dosierung von Fällungsmittel (FM) sowie Flockungshilfsmittel (FHM) können auch kolloidal oder echt gelöste Stoffe in abscheidbare Flocken überführt und anschließend mittels der Filtration abgetrennt werden *(Flockungsfiltration)*.

Von einer *biologischen Filtration* spricht man, wenn zusätzlich zur Filterwirkung mit einer modifizierten Betriebsweise sessile Mikroorganismen angesiedelt werden, die oxidativ oder reduktiv auch gelöste Abwasserinhaltsstoffe entfernen können.

Bei der Behandlung des Ablaufs biologischer Kläranlagen lassen sich diese drei Wirkungsweisen in der Praxis nicht trennen; für die Bezeichnung ist wesentlich, auf welcher Wirkung der Schwerpunkt liegt. Bei der Auslegung muß sichergestellt werden, daß keine Funktionsstörung durch gegenseitige Beeinflussung stattfindet.

Die grundlegenden Filtermechanismen beruhen auf zwei Vorgängen (Bild G.3-79):
1. Dem *Partikeltransport*, der von hydraulischen und physikalischen Faktoren abhängt wie der Wasserbewegung (Einfang durch Porenverzweigung oder Verengung, Translation) und der Partikelbewegung (Sedimentation, Massenträgheit, Diffusion (Brownsche Molekularbewegung bei Teilchen < 1 μm))
2. Die *Partikelanlagerung* beruht auf folgenden Vorgängen: van der Waal'sche Kräfte, elektrokinetische Kräfte, Sorption durch chemische Reaktionen, biologische Reaktionen.

Für die praktische Anwendung werden eine Vielzahl von Filtrationsverfahren angeboten. Man unterscheidet, ob die Filterwirkung an der Oberfläche (Flächenfiltration), quasi in einer Ebene, oder räumlich über die Tiefe des Filterbetts (Raumfiltration) verteilt vonstatten geht. Hierzu zählen auch die sowohl abwärts als auch aufwärts durchströmten biologischen Filter, in denen neben ihrer eigentlichen Hauptaufgabe, dem Feststoffrückhalt, biochemische Vorgänge (z. B. Nitrifikation, Denitrifikation) ablaufen. Die prinzipielle Auswahl des geeigneten Filtrationsverfahrens hängt einerseits von der Zulaufsituation wie vorgeschaltete Anlagestufen, Abwasserbe-

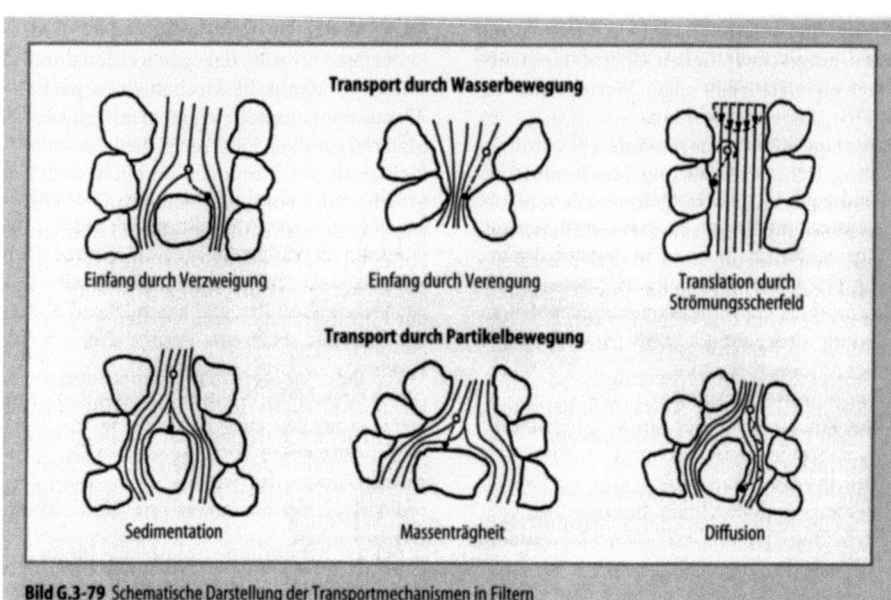

Bild G.3-79 Schematische Darstellung der Transportmechanismen in Filtern

Tabelle G.3-18 Auswahlkriterien für den Einsatz von Filtrationsverfahren

	AFS	CSB (gelöst)	NH_4-N	NO_3-N	P (gelöst)
Flächenfiltration	+	0	0	0	0
Raumfiltration	++	0	0	0	0
Flockungsfiltration nach Simultanfällung oder erhöhter biologischer P-Elimination	++	+	0	0	++
zusätzlich biologisch intensiviert	+	+	+[a]	+[a]	++
Raumfiltration und Aktivkohleadsorption	++	++[b]	0	0	+
Bilogisch intensivierte Filtration					
biologische Hauptstufe	+	+	+	+	+
nachgeschalteter DN-Filter	+	0	0	+	0
nachgeschalteter N-Filter	+	0	+	0	0

0 keine bis geringe Wirkung
+ gute Wirkung
++ sehr gute Wirkung
[a] je nach Betriebsweise: belüftet/anoxisch
[b] Rückhalt schwerabbaubarer Substanzen möglich

schaffenheit (Partikelgröße und Ladung usw.), Abwasservolumenstrom und Schwankung usw. und andererseits von der geforderten Ablaufqualität ab (Tabelle G.3-18).

Aufgabenstellung und Einsatzgebiete der Filtration

Die ursprüngliche Aufgabe der Abwasserfiltration ist die Entnahme der im biologisch gereinigten Abwasser enthaltenen suspendierten Stoffe (Partikel > 1 µm). Obwohl es keine Mindestanforderungen für die abfiltrierbaren Stoffe im Ablauf kommunaler Anlagen gibt, kommt den suspendierten Stoffen aufgrund der homogenisierten Probe indirekt eine Wirkung auf die Überwachungswerte zu. Suspensa aus Abläufen von Nachklärungen kommunaler Kläranlagen machen i. d. R. folgende Anteile der Summenparameter bzw. der Nährstoffe aus:

– 0,8 – 1,6 g CSB/g TS
– 0,3 – 1,0 g BSB_5/g TS
– 0,015 – 0,5 g ges.P/g TS (der höhere Wert gilt für Simultanfällung und Bio-P)
– ca. 0,10 g N/g TS

Somit werden von einem Restsuspensagehalt von z. B. 20 mg TS/l (Bemessung der Nachklärung nach A131) bereits 16–32 mg CSB/l bzw. 6–20 mg BSB5/l sowie 0,3–1 mg ges.P/l und 2 mg org. N/l verursacht. Dieses wirkt sich insbesondere bei großen Kläranlagen (z. B. > 100.000 E) aus, die verschärfte Ablaufwerte einzuhalten haben. Aber auch weitergehende immissionsrechtliche Anforderungen können eine Filtration direkt erforderlich machen (z. B. Bodenseerichtlinie, Dringlichkeitsprogramm Schleswig-Holstein, Allgemeine Güteanforderung für Fließgewässer in Nordrhein-Westfalen).

Nachfolgende Aufgaben und Einsatzzwecke können von der Abwasserfiltration übernommen werden:
- *Entnahme* der aus dem Nachklärbecken ausgeschwemmten *Partikel* (strukturierte Flokkenreste oder feindispergierte Bruchstücke von Flocken des belebten Schlamms), die teilweise sauerstoffzehrend wirken. (Beeinflussung von: AFS, CSB, BSB$_5$ und org. N bzw. ges. P (soweit in die Partikel inkorporiert))
- Zusätzliche Elimination gelöster *Phosphorverbindungen* durch Zugabe von Fällungschemikalien *(Flockungsfiltration)*. Beeinflussung von: AFS, ges.P und gel. P, CSB, BSB$_5$, und org. N (soweit in die Partikel inkorporiert)
- Elimination *schwer abbaubarer Stoffe* durch Zugabe von Aktivkohlepulver in Verbindung mit einer Flockungsfiltration. Hierdurch erfolgt eine zusätzliche CSB- und AOX-Entnahme.
- Bei weitestgehender Abwasserreinigung (UV-Entkeimung, Membranverfahren, Ionenaustauscher, Aktivkohledosierung usw.) können Filter auch als Zwischenstufe (vorwiegend in der Industrieabwasserreinigung) dienen. Hier werden sie zur weitgehenden *Feststoffentnahme* genutzt.
- Zusätzliche biologische oxidative und/oder reduktive Prozesse durch sessile Mikroorganismen auf dem Filtermaterial (Abschn. G.3.3.6.5).
  - (Rest)-Nitrifikation bei Belüftung (zusätzliche Beeinflussung von: NH$_4$-N, P (begrenzte Fällmittelzugabe möglich))
  - (Rest)-Denitrifikation bei Zugabe einer C-Quelle (zusätzliche Beeinflussung von: NO$_3$-N, P (begrenzte Fällmittelzugabe möglich))
  - Einsatz als biologische Hauptstufe (Beeinflussung von: CSB, BSB$_5$, NH$_4$-N oder NO$_3$-N, org. N, P, AFS).

Als Entscheidungshilfe für die Auswahl des geeigneten Filterverfahrens gibt Tabelle G.3-18 wichtige Hinweise.

G.3.3.6.1 Flächenfiltration

Die Flächenfiltration ermöglicht den Rückhalt kleiner und großer Partikel über eine dünne Filterschicht (0,3–0,6 m) aus Kies oder Sand sowie über Siebe oder Tücher. Die abzufiltrierenden Partikel werden vorwiegend durch den Siebeffekt an der Filteroberfläche zurückgehalten. Im Laufe der Zeit verengen sich die Filterporen durch ab- und eingelagerte Partikel, die sich wie ein „Kuchen" auf dem Filtermedium absetzen. Diese Feststoffschicht ist zwar sehr filterwirksam, erfordert aber ein häufiges Spülen. Aufgrund der fehlenden Tiefenwirkung bleibt das Einsatzgebiet auf die Suspensaabscheidung beschränkt. Zum Teil wird auch eine begrenzte Rest-P-Elimination erreicht.

Flächenfiltrationsverfahren werden unterschieden in Kornhaufenfilter, Tuchfilter und Mikrosiebe.

Als *Kornhaufenfilter* werden verschiedene Filtersysteme angeboten. In der Praxis werden Zellenfilter, die automatische Schwerkraftfiltration und das sogenannte Nachklärbeckenfilter eingesetzt.

Zellenfiltern (Bild G.3-80) bestehen aus einem Filterbett mit einer ca. 30–60 cm hohen Sand- oder Sand/Anthrazitschicht. Bei geringer Bauhöhe wird das Bett durch vertikale Trennprofile in schmale Segmente aufgeteilt. Das Filtermedium, das auf porösen Filterbodenplatten aufgelagert ist, wird abwärts durchströmt. Da der Druckverlust schnell ansteigt, muß in kurzen Zeitabständen gespült werden. Die Spülung erfolgt zellenweise (quasikontinuierlich) im Gegenstrom ausschl. mit Wasserspülung, wobei das Spülabwasser mittels fahrbarer Spülwasserhaube abgezogen wird. Nach Schweizer Erfahrungen kommt es aufgrund der fehlenden Luftspülung häufig zu Materialverbackungen, so daß sich das Verfahren weniger bewährt hat.

In der Schweiz werden seit Anfang der 80er Jahre 4 Zellenfilter (A_F = 29–93 m^2; H_{ges} = 0,3 m) mit einer mittleren Filtergeschwindigkeit von ca. 5 m/h bei Trockenwetterzufluß betrieben. Bei relativ niedrigen Suspensa- und Phosphorzulaufwerten konnten die Anforderungen erfüllt werden [G.3.103].

Die Besonderheit der *automatischen Schwerkraftfilter (ASF)* (Bild G.3-81) liegt in der Spülung

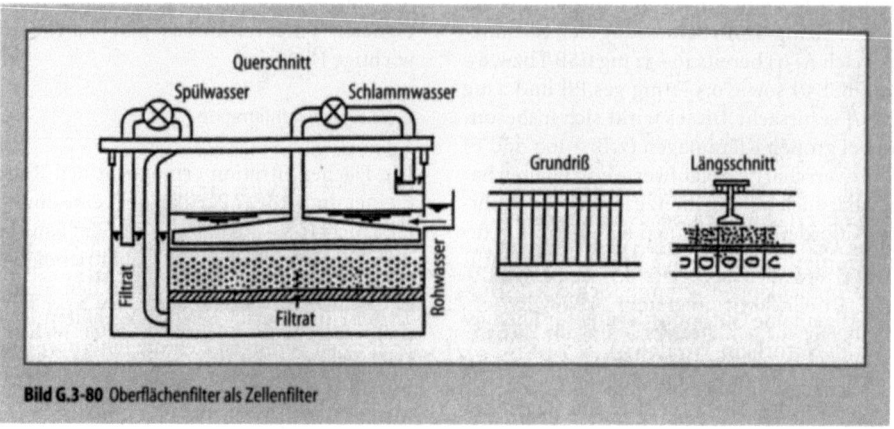

Bild G.3-80 Oberflächenfilter als Zellenfilter

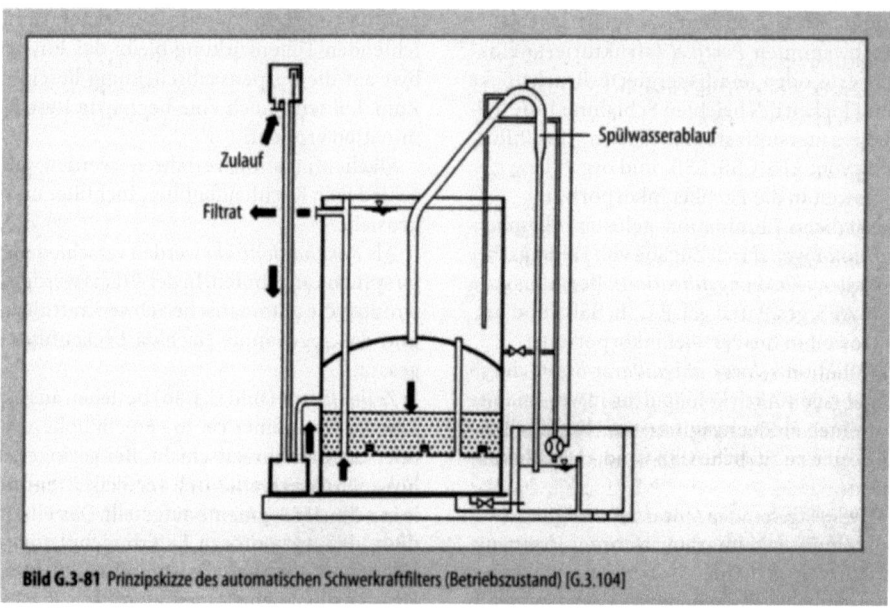

Bild G.3-81 Prinzipskizze des automatischen Schwerkraftfilters (Betriebszustand) [G.3.104]

nach dem Differenzdruckprinzip, die sich selbsttätig ohne externe Bedienung auslöst.

Das zu filtrierende Abwasser wird über eine Falleitung und ein Umlenk- und Entlüftungsgefäß in die Rohwasserkammer geführt und durchströmt die 0,6 m starke Filterschicht von oben nach unten. Als Filtermaterial kommen wahlweise Quarzsand (0,7–1,2 mm), Anthrazit (1–2 mm) oder eine Kombination aus beidem zum Einsatz.

Nach Befüllung eines obenliegenden Spülwasserspeichers wird das Filtrat über eine Steigleitung abgeführt. Mit zunehmender Belegung des Filterbetts vergrößert sich der Druckverlust, wodurch der Wasserspiegel in der Spülleitung ansteigt. Kurz vor Erreichen des Umlenkpunkts in der Spülleitung springt das automatische Evakuierungssystem an und saugt die Luft aus der Spülleitung. Hierdurch entsteht ein Sog, der Wasser über die Heberwirkung aus der Spülleitung fördert. Durch die Verbindung zwischen Filtratwasserspeicher und Polsterraum wird jetzt Spülwasser von unten nach oben durch das Filterbett gesaugt. Wenn der Wasserstand im Spülwasserspeicher die Öffnung des Unterbrecherrohrs erreicht hat, wird durch die in die Spülleitung eingesaugte Luft der Spülvorgang unterbrochen [G.3.105].

Betriebsprobleme können durch unzureichende Regenerierung des Filtermaterials infolge einer relativ geringen und während des Spülprozesses abnehmenden Spülgeschwindigkeit (30 <

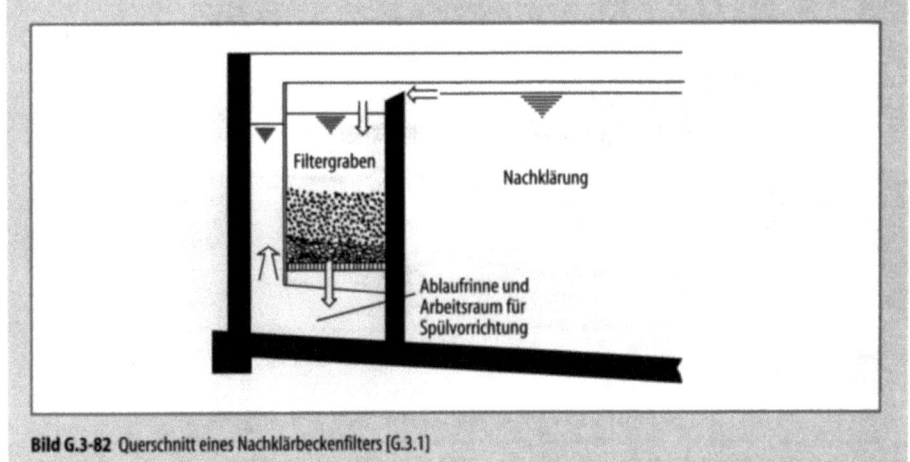

Bild G.3-82 Querschnitt eines Nachklärbeckenfilters [G.3.1]

$v_{Spl.}$ < 44 m/h) auftreten. Durch eine zusätzliche Unterstützung der Filterregenerierung mittels Luftspülung kann bei Bedarf Abhilfe geschaffen werden (Bild G.3-81).

Die automatischen Schwerkraftfilter werden bisher in Deutschland in etwa 20 vorwiegend kleineren Anlagen (A_F = 3,5 – 90 m²) eingesetzt, wobei nur wenige Betriebsergebnisse vorliegen. Zur weitergehenden P-Elimination wurden einige Filter im Flockungsbetrieb gefahren. Die mittleren Ablaufwerte aller Anlagen liegen jedoch > 0,5 mg ges.P/l.

Bei den *Nachklärbecken-Filter* (Bild G.3-82) wird anstelle der Ablaufrinne der Nachklärung ein abgetrennter Ringraum auf die Wandkonsolen aufgesetzt, in den ein Dünnschichtfilter (H = 20 – 30 cm) installiert ist. Als Filtermaterial kommt Quarzsand der Körnung (3 – 5 mm) mit einem erhöhten Feinkornanteil zum Einsatz.

Die Spülung erfolgt partiell durch eine am Rundräumer befestigte Spülvorrichtung. Beim Spülen wird das Filterbett mit Druckluft aufgewirbelt und gleichzeitig mit einer „Spülharke" Wasser in den unteren Teil des Filterbetts gepreßt. Die Schmutzstoffe treiben in den Überstauraum und werden von einer nachfahrenden Skimmeinrichtung aufgenommen und zum Mittelbauwerk abgeführt.

Bisher wurden zwei Filteranlagen dieses Typs errichtet, deren Leistungsfähigkeit und Wirkparameter derzeit in der Praxis überprüft werden.

Tuchfilter

Die Tuchfiltration nimmt eine nicht genau definierbare Stellung zwischen Oberflächenfiltern und Sieben ein. Der Wirkungsschwerpunkt liegt im Siebeffekt, wobei sich je nach Gewebestruktur des Filtertuchs durch zurückgehaltene Partikel eine Art Filterkuchen aufbaut, durch den auch kleinere Partikel als die Tuchöffnungen zurückgehalten werden. In der Abwassertechnik werden vorwiegend Tücher mit einem „maximalen Porendurchmesser" von 10 – 100 µm Porenweiten verwendet [G.3.106].

Zur Ausführung kommen *Trommelfilter*, deren Weiterentwicklung die *Scheibenfilter* sowie vertikal aufgestellte *Modulfilter* (Plattenfilter). Bei allen Systemen wird während des Reinigungsvorgangs der Filtrationsbetrieb nicht unterbrochen, so daß von einer kontinuierlichen Filtration gesprochen werden kann.

Bei den *Trommelfiltern* (Bild G.3-83) wird ein Filtertuch auf gelochte Trommeln aus Stahlblechen gespannt (Tuchfläche 0,2 – 20 m²). Pro m² Grundfläche können ca. 2,6 m² Filterfläche installiert werden. Das Abwasser durchfließt die Filtertrommel von außen nach innen, wobei das gereinigte Abwasser durch eine Hohlwelle abgeführt wird.

Über eine Niveaumessung wird die Auslösung der Tuchreinigung gesteuert. Hierzu wird die Trommel in Bewegung versetzt. Die Reinigung erfolgt durch Absaugen des Tuchs bei gleichzeitigem „durchwalken" nach dem Staubsaugereffekt [G.3.107]. Bei anderen Systemen wird die Reinigung durch einen reinwasserseitigen Hochdruckdüsenbalken und eine Absaugvorrichtung gewährleistet.

Bei den *Scheibenfiltern* (Bild G.3-84) sind bis zu 12 Filterscheiben auf einem Zentralrohr angeordnet. Eine Scheibe besteht aus mehreren Seg-

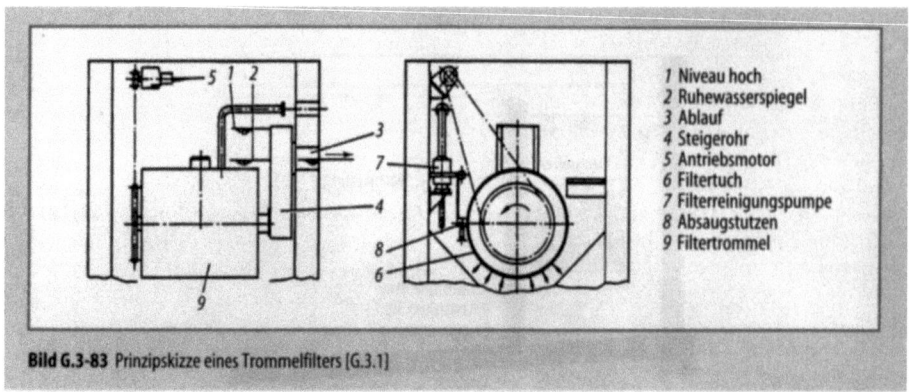

Bild G.3-83 Prinzipskizze eines Trommelfilters [G.3.1]

1 Niveau hoch
2 Ruhewasserspiegel
3 Ablauf
4 Steigerohr
5 Antriebsmotor
6 Filtertuch
7 Filterreinigungspumpe
8 Absaugstutzen
9 Filtertrommel

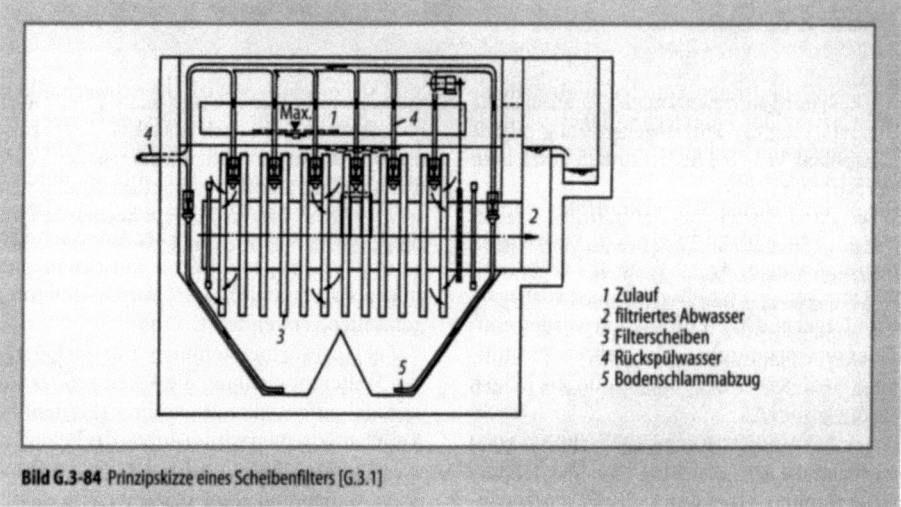

Bild G.3-84 Prinzipskizze eines Scheibenfilters [G.3.1]

1 Zulauf
2 filtriertes Abwasser
3 Filterscheiben
4 Rückspülwasser
5 Bodenschlammabzug

menten, die mit dem Filtertuch bespannt sind. Der spezifische Flächenbedarf beträgt 3,8 m² $A_F/m^2\ A_{Grdf}$. Das Abwasser durchströmt das Filtertuch von außen nach innen und wird über das gemeinsame Zentralrohr abgeleitet.

Bei Erreichen eines vorgegebenen Differenzdrucks wird das Filter in Rotation versetzt und mittels Absaugen gereinigt. Zusätzlich können in periodischen Abständen vollautomatische Intensivreinigungen durch Abspritzen bei hohem Druck (ca. 15–20 bar) durchgeführt werden.

Die *Modulfilter* bestehen aus Filterplatten, die vertikal in Becken oder Behälter eingebaut und horizontal vom zu reinigenden Abwasser durchflossen werden. Die Filterplatten sind als Steckrahmen ausgeführt, in den das Filtertuch und ein Kunststoffstützgewebe getrennt eingespannt sind. Hierdurch ist ein einfaches Auswechseln der Module möglich. Es können ca. 2,2 m² Filtertuch je m² Grundfläche angeordnet werden.

Die Tuchreinigung wird über Niveaudifferenz (ca. 20 cm) ausgelöst. Hierzu sind rein- und rohwasserseits zwei Spülbalken installiert, die vertikal verfahren werden und für eine kombinierte Saug- und Druckspülung im Gegenstrom sorgen (Dauer ca. 1 min.).

Tuchfilter kommen sowohl zur Behandlung von bereits nachgeklärtem Abwasser als auch bei kleineren Anlagen, vor allem in Kombination mit Tauch- oder Tropfkörpern an Stelle einer Nachklärung zum Einsatz. In Deutschland sind Trommel- und vertikale Modulfilter mit Filterflächen zwischen 6 und 720 m² in Betrieb.

Vergleichende Untersuchungen [G.3.108] zwischen Sand- und Tuchfiltern als Nachreinigung haben ergeben, daß bei Partikelgrößen > 10 μm die Elimination annähernd gleich gut war, während sich bei Partikeln < 10 μm, die vorwiegend bei der Phosphatfällung auftreten, deutliche Vorteile für die Raumfiltration zeigten. Neuere Untersuchungen mit modifizierten Scheibenfiltern (Polstoff) lassen bessere Leistungen erkennen [G.3.109].

Da das Einsatzfeld der Tuchfilter vorwiegend in der unterstützenden Schwebstoffentnahme bei Flockenabtrieb aus der Nachklärung bei Starkwindeinfluß, Schlammentartung, hohem ISV sowie zu gering bemessenen Nachklärungen liegt, können die Schwebstoffgehalte im Zulauf bis zu 150 mg AFS/l betragen.

Mikrosiebe (Microstrainer)

Als Mikrosiebung wird die rein mechanische Siebung durch engmaschige monofile Gewebe (aus Metall- oder Kunststoff) mit Öffnungsweiten des Siebgewebes zwischen 10 und 65 µm bezeichnet. Die Gewebe sind auf horizontal gelagerten, rotierenden Trommeln aufgespannt und werden zumeist im freien Gefälle von innen nach außen durchflossen. Die Siebtrommel dreht sich mit einer Umfangsgeschwindigkeit von bis zu 50 m/min. Die Wasserspiegeldifferenz in der Siebkammer wird üblicherweise so eingestellt, daß die Trommel zu ca. 2/3 eingetaucht ist. Die auf der inneren Siebseite angelagerten Partikel können eine „Anschwemmfilterschicht" bilden, so daß auch Teilchen zurückgehalten werden können, die kleiner als die Öffnungsweite der Maschen sind.

Die Reinigung des Siebgewebes erfolgt durch eine Hochdruckabspritzung (bis zu ca. 7 bar), wobei das Spülabwasser über eine zentral in der Trommel angeordnete Ablaufrinne abgeführt wird. Zusätzlich können innenliegende Abspritzvorrichtungen vorgesehen werden. In der Praxis werden in gewissen Abständen saure Reinigungschemikalien dem Spülwasser zugegeben. Die Steuerung der Abspritzung erfolgt über die Zunahme der Wasserspiegeldifferenz zwischen Innen- und Außenseite der Trommel.

Mikrosiebe (Bild G.3-85) werden vorwiegend bei kleineren Kläranlagen mit Tauch- oder Tropfkörpern als biologische Stufe an Stelle einer Nachklärung eingebaut. Großtechnische Betriebsergebnisse zur Nachreinigung von biologisch behandeltem nachgeklärtem Abwasser liegen für die Anlagen in Wiesbaden (350.000 E, A_{Sieb} = 403 m², Maschenweite 20 µm) sowie des Lehrklärwerks Stuttgart-Büsnau (10.000 E, A_{Sieb} = 24 m², Maschenweite 20 µm) vor. In Wiesbaden [G.3.111] wurden bei einer Filtergeschwindigkeit zwischen 8 und 12 m/h und AFS-Zulaufwerten zwischen 4 und 21 mg AFS/l Ablaufgehalte von 2,5 – 6,0 mg AFS/l erzielt und aufgrund der vorgeschalteten Simultanfällung ein mittlerer Wirkungsgrad der P-Elimination von 32 % erreicht. In Stuttgart-Büsnau wurde bei Filtergeschwindigkeiten zwischen 10 und 18 m/h in 80 % der Fälle ein AFS-Ablaufgehalte < 6,2 mg/l eingehalten [G.3.112].

G.3.3.6.2 Raumfiltration

Bei der Raumfiltration wird angestrebt, das gesamte Filtermedium für den Filtrationsvorgang zu nutzen, wobei das Filtermedium in ein, zwei oder mehr Schichten mit unterschiedlichen Materialien und Körnungen ausgebildet wird. Dadurch wird eine höhere Feststoffbeladungskapazität geschaffen, die sich in längeren Standzeiten und höherem Partikelrückhalt gegenüber der Flächenfiltration widerspiegelt. Die angewendeten Verfahren der Abwasserfiltration lassen sich hinsichtlich Filtermedium, Filterschichten, Durchströmungsrichtung, Spültechnik und Einsatzzweck unterscheiden. In der Abwasserpraxis kommen überwiegend abwärts durchströmte, zweischichtige Raumfilter für größere Anlagen, kontinuierliche gespülte Einschichtfilter für kleinere Ausbaugrößen und aufwärts durchströmte belüftete Einschichtfilter zur Rest-Nitrifikation sowie aufwärts durchströmte Einschichtfilter zur (Rest)-Denitrifikation zum Einsatz.

Abwärts durchströmte Raumfilter

Bei der Abwärtsfiltration wird das Filtermedium (ein- oder zwei Schichten) von oben nach unten durchströmt. Bei Zweischichtfiltern wird zur Erzielung einer Raumwirkung für die obere Schicht

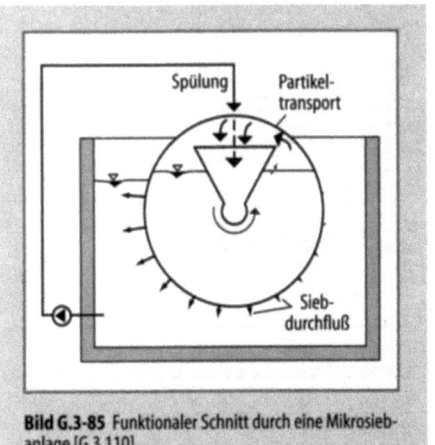

Bild G.3-85 Funktionaler Schnitt durch eine Mikrosiebanlage [G.3.110]

ein grobes, spezifisch leichteres Material eingebaut, das die Grobabscheidung der Partikel übernimmt. Im unteren Teil des Filtermediums gewährleistet ein feineres, spezifisch schweres Material die Feinfiltration. Die Wahl der einzelnen Filterschichthöhen ist abhängig von den Anforderungen an den Betrieb und die Qualität. Das Kornspektrum der jeweiligen Schicht sollte folgende Ungleichförmigkeit nicht überschreiten:

$$U = d_{60}/d_{10} \leq 1{,}5$$

Der Feinkornanteil ist möglichst gering zu halten, um Flächenfiltrationseffekte zu vermeiden. Das Filterbett lagert i.d.R. auf einer *Stützschicht*, die ein Ausspülen des Filtermaterials mit dem Filtrat verhindern soll und zur besseren Verteilung der Spülmedien (Wasser, Luft) beiträgt. Die neueste Entwicklung ist, daß bei Wahl kleinerer Filterdüsen, die auf die Körnung der Feinschicht abgestimmt sind, auf eine Stützschicht verzichtet werden kann.

Unterhalb des Filterbetts ist ein *Düsenboden* angeordnet, der das gesamte Filtermedium und die Stützschicht trägt. Er besteht aus einer horizontal angeordneten Lochplatte, in die *Filterdüsen* – bewährt haben sich ca. 64 Stck./m² – eingeschraubt sind. Die Düsen sorgen für eine gleichmäßige Verteilung des Spülwassers und der Spülluft.

Um die Flockenbildung nicht zu behindern, ist der Filterzufluß schonend in den Überstauraum einzuleiten, da dieser als Flockungszone dient. Man unterscheidet je nach Art der Filterspülung zwei Typen der Abwärtsfiltration:
– *Durchlaufspülung* (Rinnenfilter; Bild G.3-86): das Spülwasser durchfließt während der gesamten Wasserspülphase den Überstauraum und tritt über die Schlammwasserrinne aus. Der i.d.R. höhere Schlammwasseranfall (6–10 %) und die erforderliche Freibordhöhe haben bewirkt, daß dieses System im Abwasserbereich weniger angewendet wird.
– *Aufstauspülung* (Klappenfilter; Bild G.3-87): hier erfolgen Spülwasserzufuhr und Ableitung zu unterschiedlichen Zeiten. Das Spülwasser wird über eine stirnseitig knapp über dem Filtermaterial angeordnete Schlammwasserklappe abgeführt. Dieses System hat sich durch die freie Wahl der Spülgeschwindigkeit sowie den geringeren Schlammwasseranfall (3–6 %) in der Praxis weitgehend durchgesetzt.

Zur diskontinuierlichen Filterbettregenerierung werden nach bestimmten Kriterien (Zeit, Differenzdruck usw.) speziell abgestimmte Spülungen durchgeführt.

Um die in der Filtrationsphase zurückgehaltenen Schmutzstoffe aus dem Filterbett zu entfer-

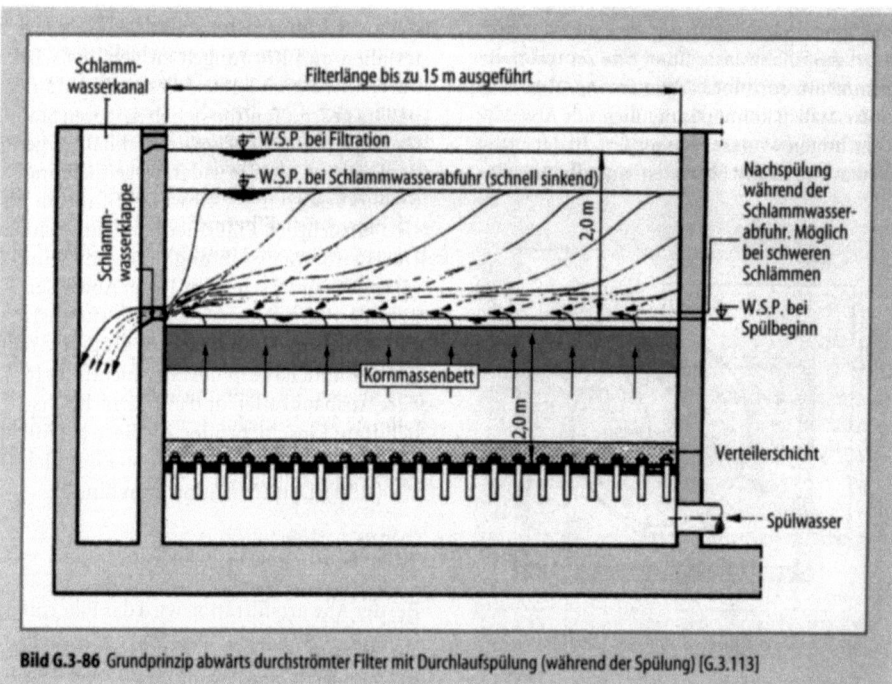

Bild G.3-86 Grundprinzip abwärts durchströmter Filter mit Durchlaufspülung (während der Spülung) [G.3.113]

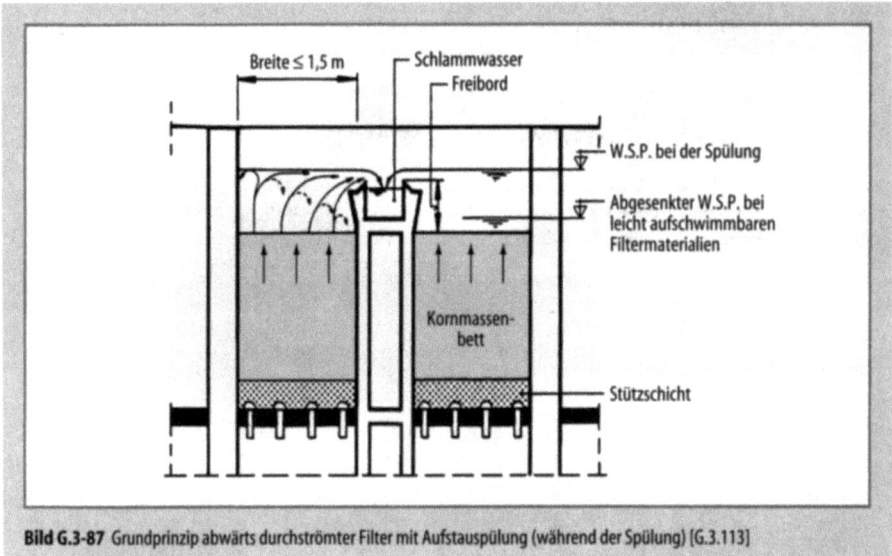

Bild G.3-87 Grundprinzip abwärts durchströmter Filter mit Aufstauspülung (während der Spülung) [G.3.113]

nen, müssen bei Raumfilter diskontinuierlich *Filterspülungen* durchgeführt werden. Für den Spülvorgang werden einzelne Filterzellen außer Betrieb genommen, so daß für diesen Vorgang Reservezellen eingeplant werden müssen. Für eine einwandfreie Funktion des Filterbetriebs ist eine optimal angepaßte Spülung von grundlegender Bedeutung. Folgende Bedingungen sind zu erfüllen:
- gründliche Säuberung des Filterbetts,
- minimale Kosten (Energie, Beckenvolumen) und Spüldauer,
- die während der Spülung zerstörte Schichtung des Filtermaterials muß wieder hergestellt werden,
- keine Filtermaterialverluste,
- geringe Rückbelastung der Kläranlage.

Als Spülwasser wird zwischengespeichertes Filtrat verwendet. Filtersysteme mit reiner Wasserspülung sind nicht geeignet. Ein wirksamer Schmutzaustrag und eine Klassierung des Materials wird üblicherweise bei einer Filterbettausdehnung von ca. 20% erreicht. Bei der Berechnung der Spülgeschwindigkeit sind die rheologischen Eigenschaften des Wassers (Detergentien usw.) und der Temperatureinfluß zu berücksichtigen [G.3.114]. Die Spülung erfolgt in verschiedenen Spülphasen, die über automatische Spülprogramme an die spezifischen Verhältnisse angepaßt werden. Ein Spülprogramm kann wie folgt aufgebaut sein:

1. *Luftspülung (ca. 2–5 min.)* des eingestauten Filtermaterials mit v_L = ca. 70–100 m/h zum Aufbrechen der Filtermaterialoberfläche.
2. *Kombinationsspülung (ca. 1,5–3,0 min.)* (i.d.R. nur bei Aufstauspülung) mit v_L = ca. 75–100 m/h und v_W = 10–30 m/h; hohe Turbulenz zur effektiven Ablösung des Materials.
3. *Klar- und Klassierspülung (ca. 3–8 min)* mit Wassergeschwindigkeiten bis zu 100 m/h. Es werden die Feststoffe ausgetragen, dabei muß eine Fluidisierung und eine Klassierung der Filtermaterialien erreicht werden.

Die Bandbreiten der Spülwasserparameter sind in Tabelle G.3-19 zusammengestellt. Verschiedene Absetzversuche erbrachten, daß die Schlammwässer aus der Filterspülung sehr gute Sedimentationseigenschaften aufweisen.

Die abwärts durchströmte Raumfiltration ist in Deutschland großtechnisch schon seit 1984 (Stuttgart-Mühlhausen) erprobt. Barjenbruch [G.3.104] untersuchte die Betriebsergebnisse von 6 großtechnischen abwärts durchströmten zweischichtigen Raumfilter Die Filtergröße lag zwischen 20 und knapp 2000 m², d.h. bis zu einer Anschlußgröße von 1.000.000 E (Tabelle G.3-20).

Für die Schwebstoffentnahme, die das Hauptreinigungsziel dieses Filterverfahrens darstellt, ergibt sich ein sehr geringer mittlerer Ablaufwert (1,5 mg AFS/l). Die Auswertung der Unterschreitungshäufigkeit zeigt eine hohe Prozeßstabilität

Tabelle G.3-19 Mittelwerte und Bandbreiten der Schlammwasserparameter [G.3.104]

	AFS [mg/l]	oTS [%]	CSB [mg/l]	gesamt P [mg/l]	TKN [mg/l]	gesamt N [mg/l]
Anzahl	17	6	17	17	8	11
Mittelwert	610	61	247	9,0	23,8	36,3
Maximum	1760	79	1075	37,0	46,0	106,0
Minimum	80	42	37	0,5	11,0	1,6

Tabelle G.3-20 Betriebsergebnisse abwärts durchströmter zweischichtiger Raumfilter (6 Anlagen) in Deutschland [G.3.104]

Raumfilter	AFS_0 [mg/l]	AFS_e [mg/l]	η^a [%]	$gesP_0$ [mg/l]	$gesP_e$ [mg/l]	η^a [%]	CSB_0 [mg/l]	CSB_e [mg/l]	η^a [%]
Mittelwert	9,2	1,5	79	0,70	0,67	32	37	29	28
Maximum	4,0	0,1	68	0,30	0,20	25	28	15	14
Minimum	14,3	2,3	87	0,90	2,00	37	45	47	38

[a] Wirkungsgrade bedingt durch die Auswertung nicht zugehörig

(85%-Fraktil-Wert 2,0 mg AFS/l) bei jedoch relativ niedrigen AFS-Zuläufen.

Die gute Suspensaentnahmeleistung wird am Beispiel verschiedener großtechnischer Schweizer Anlagen bestätigt [G.3.115]. Demnach wird mit der Raumfiltration bei AFS-Zulaufwerten zwischen ca. 7 und 20 mg AFS/l ein 85%-Wert der Unterschreitungshäufigkeit im Ablauf < 2,5 erzielt.

Aufwärts durchströmte Filter

Beim aufwärts durchströmten Filter wird die Raumwirkung durch die in Strömungsrichtung abnehmenden Korngrößen und Porenquerschnitte erreicht. Üblicherweise wird Material gleicher Dichte eingesetzt. Aufwärts durchströmte Raumfilter ohne biologische Wirkung werden aufgrund ihrer Nachteile, wie plötzlicher Durchbruch aufgrund örtlich begrenzter Auflockerungen, höherer Spülwasserverbrauch sowie Verstopfungsgefahr der Filterdüsen, in Deutschland nicht mehr eingesetzt.

G.3.3.6.3 Betrieb als Flockungsfilter

Die Kombination Fällung/Flockung kann in drei Verfahrenstechniken unterschieden werden [G.3.116]:

- Flockung in *Kombination* mit *Sedimentation* oder *Flotation* und nachgeschalteter *Filtration* (auch als Kompaktverfahren). Aus wirtschaftlichen Gründen ist dieses Verfahren weniger gebräuchlich.
- Bei der *Flockenfiltration* werden die in separaten Flockungsreaktoren gebildeten Makroflocken im Filterbett zurückgehalten. Bei zu großen und zu festen Flocken können durch zu hohe Flächenbeladung nur geringe Filterlaufzeiten erzielt werden.
- Bei der *Flockungsfiltration* ist der Flockungsprozeß vor dem Filter noch nicht abgeschlossen. Die Makroflockung beginnt bereits im Überstauraum, sollte zum Großteil aber erst im Filterbett vonstatten gehen, um einen möglichst guten Raumeffekt zu erzielen.

Um eine möglichst weitgehende P-Elimination zu erzielen, ist neben der Flockenseparation, das Dosierverhältnis (β-Wert), die Sicherstellung optimaler Reaktionsbedingungen (Dosierstelle, Reaktionsstrecke, Dosierrate usw.) und das verwendete Fällmittel von Bedeutung. Die Prozeßbedingungen sind an die vier Reaktionsphasen der Fällungsmechanismen anzupassen [G.3.117]:
1. *Schnellmischphase* (erf. Zeit T: 0,1 – 1s), in der Dosierung und möglichst gleichmäßige Vermischung der Reaktionspartner erfolgen soll

(hoher Energieeintrag; G-Wert 1500 – 7000 1/s, Energieeintrag ca. 1,4–5,5 Wh/m³).

2. *Destabilisierungsphase* (erf. Zeit T: 0,1 – 1s), wo einerseits die Fällung gelöster Stoffe stattfindet und andererseits bei Flockungsprozessen die Bildung von Metallhydroxokomplexen, die ihrerseits dann im Wasser schwebende Kolloide anlagern oder umschließen und ausflokken (hoher Energieeintrag s. Pkt. 1).

3. *Mikroflockungsphase (perikinetisch)* (erf. Zeit T: 15–30s), in der eine Aneinanderreihung entstabilisierter Suspensa bzw. Fällprodukte zu Mikroflocken erfolgt, die aber noch zu klein und zu leicht sind, um zu sedimentieren, wohl aber abfiltriert werden können (mittlerer Energieeintrag).

4. *Makroflockungsphase (orthokinetisch)* (erf. Zeit T: 10 – 30 min), hier erfolgt nun die Zusammenballung (Aggregation) vieler Mikroflocken zu abtrennbaren Makroflocken. Dieser Prozeßabschnitt sollte im Filterbett stattfinden (niedriger Energieeintrag, G-Wert 40 – 60 1/s).

Für eine möglichst gute Einmischung und Destabilisierung sollte die Dosierung der Chemikalien an Stellen erhöhter durchflußbedingter Turbulenz (z. B. hydraulischen Wechselsprung) erfolgen. Bei der Flockungsfiltration erweist sich das Schneckenpumpwerk als besonders geeignete Dosierstelle.

Flockungsfilter werden üblicherweise als Kombination mit der Simultanfällung und/oder der biologischen P-Elimination betrieben. Zur Vermeidung der Überlastung des Filters mit Feststoffen ist der PO_4-P-Gehalt im Zulauf auf Werte von ca. 1,0 – 1,5 mg PO_4-P/l zu begrenzen. Als Richtwert für den β-Wert kann ein Verhältnis von 2,0 mol Fe/mol P genannt werden. Bei großen Anlagen kann eine frachtproportionale Fällmittelzugabe sinnvoll sein. Den Einfluß verschiedener Fällmittel in Abhängigkeit des β-Werts auf den Wirkungsgrad der Flockungsfiltration zeigt Bild G.3-88.

Zur Unterstützung der Flockenbildung können Flockungshilfsmittel (FHM) verwendet werden. Die Zugabe anionischer Polymere (0,05 – 0,4 mg WS/l) hat sich bewährt, wobei ein zeitlicher Abstand zur FM-Dosierung von 20 – 30 s zu beachten ist [G.3.115].

Da es sich bei der Flockungsfiltration im Grunde um kein eigenes Filtrationsverfahren handelt, sondern nur um die Vorbehandlung des zu reinigenden Abwassers, können nahezu alle Filtrationsverfahren im Fällungs-/Flockungsbetrieb gefahren werden. In der Praxis werden zweischichtige, abwärts durchströmte Raumfilter, kontinuierlich gespülte Sandfilter, Trockenfilter, aufwärts durchströmte Raumfilter, automatische Schwerkraftfilter in dieser Weise betrieben [G.3.104].

Die besten Ergebnisse erzielen abwärts durchströmte zweischichtige Raumfilter mit Fällung/Flockung, die gezielt für die Entnahme von Phosphor und Suspensa ausgelegt und betrieben werden. Mit diesen Verfahren können i. d. R. folgende Ablaufwerte sicher erzielt werden:
– AFS   < 5,0 mg/l
– ges. P < 0,5 mg/l

Des weiteren kann eine CSB-Entnahme von bis zu 50 % erwartet werden.

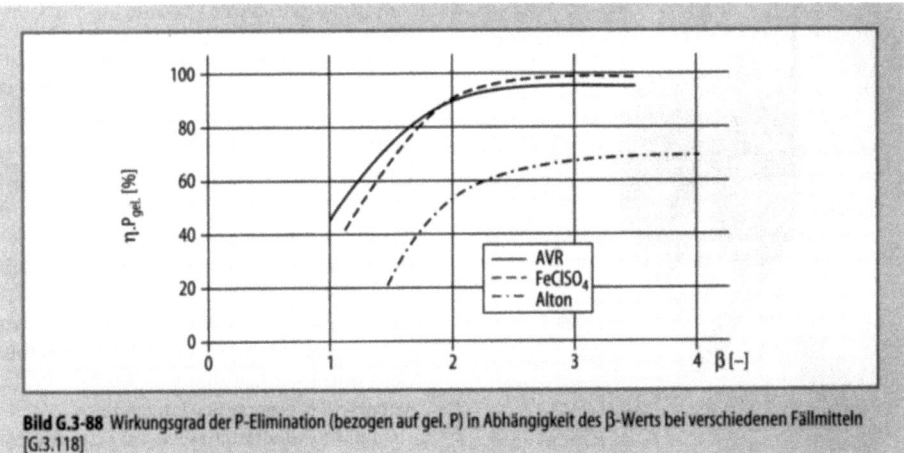

Bild G.3-88 Wirkungsgrad der P-Elimination (bezogen auf gel. P) in Abhängigkeit des β-Werts bei verschiedenen Fällmitteln [G.3.118]

G.3.3.6.4 Sonderverfahren der Raumfiltration

Sonderverfahren der Raumfiltration sind die *kontinuierlich betriebenen Filter*, bei denen der Filtrationsvorgang während der Spülung nicht unterbrochen wird. Spülwasserpumpen, Spül- und Schlammwasserspeicher sowie eine SPS zur Steuerung der Spülung sind i. allg. nicht erforderlich. Ebenfalls kann auf Reservefilterzellen verzichtet werden. Aufgrund der Reinigungstechnik des Materials handelt es sich i. d. R. um Einschichtfilter. Hierzu zählen:
- kontinuierlich gespülte, vertikal durchströmte Einschichtfilter,
- kontinuierlich arbeitende, radial (horizontal) durchströmte Filter.

Kontinuierlich gespülte, vertikal durchströmte Einschichtfilter

Es gibt verschiedene Varianten dieser Systeme, die sich allerdings nur geringfügig unterscheiden, daher soll hier nur das allgemeine Funktionsprinzip des aufwärts durchströmten kontinuierlich spülenden Einschichtfilters (Filterbetthöhe ca. 1,5 – 2,0 m) beschrieben werden, das nach dem Gegenstromprinzip (Bild G.3-89) arbeitet.

Das Schmutzwasser strömt aufwärts durch eine Verteilerkonstruktion in das Filterbett. Der

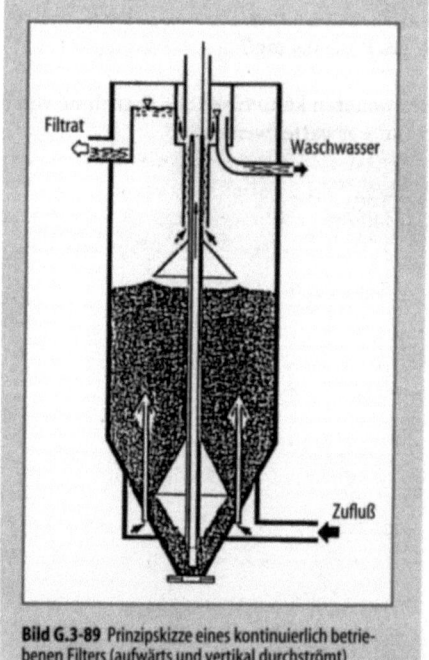

Bild G.3-89 Prinzipskizze eines kontinuierlich betriebenen Filters (aufwärts und vertikal durchströmt)

mit Schmutz beladene Sand bewegt sich nach unten und wird von dort durch eine interne oder externe Filtermaterialpumpe (z. B. Mammutpumpe) zum Materialwäscher transportiert, der im oberen Teil des Filters oder auch als externe Waschzelle angeordnet werden kann. Dort wird der Sand vom Schlamm getrennt, mit Filtrat gewaschen und zur Oberfläche des Filterbetts zurückgeführt, wo er wieder am Reinigungsvorgang teilnimmt. Das Spülwasser verläßt das Filter durch einen separaten Ausfluß. Um eine kontinuierliche Materialbewegung zu erhalten, ist, unabhängig von der Verschmutzung des Filterbetts, ein ständiger Spülstrom erforderlich, der daher zu einem erhöhten Spülwasseranfall führt (bis zu 30 % von Q_{zu}).

Die Filterbehälter werden je nach Anlagengröße in vorgefertigter Stahlbauweise oder in Stahlbeton ausgeführt.

In Deutschland wird bisher auf kommunalen Kläranlagen als Sonderbauweise überwiegend das DYNA-Sandfilter eingesetzt, das bevorzugt bei kleineren Ausbaugrößen zur Anwendung kam [G.3.104]. Auch dieses Verfahren hat sich bewährt und es werden Ablaufwerte bzgl. AFS von 5 mg/l und ges. P von 0,5 mg/l erzielt

Kontinuierlich arbeitende, radial durchströmte Filter

Beim Radial-Filter handelt es sich um ein horizontal durchströmtes, kontinuierlich gespültes Feinkornfilter.

Das Rohabwasser wird gleichmäßig mittels einer zentrischen Zulaufkammer über den Längsschnitt des Filterbetts verteilt. Es durchströmt dann das Filterbett radial von innen nach außen und fließt über eine Ringkammer an der Außenwand zum verstellbaren Überlauf ab. Die Reinigung des Filtermaterials erfolgt kontinuierlich, in dem über eine Mammutpumpe verschmutztes Material aus der Spitze des Behälterkonuses in den Aufstromklassierer gefördert wird. Das Spülwasser wird über ein Wehr abgezogen und das gereinigte Korn fällt im Gegenstrom nach unten und wird gleichmäßig über die Filterfläche verteilt. Als Korngröße werden die Siebfraktionen 0,71 – 1,25 mm und 0,4 – 0,8 mm eingesetzt.

Die radiale Filtration stellt bei geringer Grundfläche eine große Filterfläche zur Verfügung, die sich aus der Multiplikation der Filterhöhe und dem mittleren Durchmesser ergibt. Dies bietet Vorteile bei geringem Platzangebot.

In der Praxis kommt das Filter z. Z. zur Bodenreinigung, zur Reinigung von Abwässern der

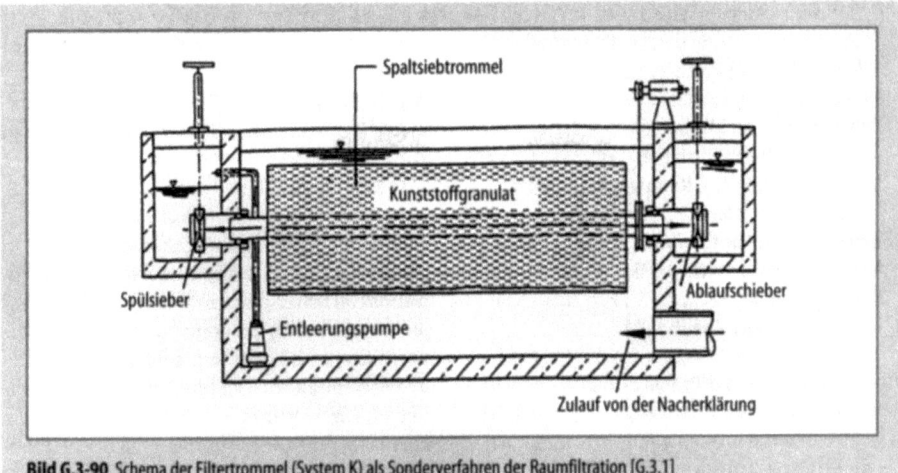

Bild G.3-90 Schema der Filtertrommel (System K) als Sonderverfahren der Raumfiltration [G.3.1]

Rauchgasreinigung und in der Metallindustrie zum Einsatz. Bisher liegen für den kommunalen Bereich noch keine Erfahrungen vor.

Das *Filtertrommelsystem* (Bild G.3-90) besteht aus einer Spaltsiebtrommel, die um ihre ebenfalls als Spaltsieb ausgebildete Rohrachse drehbar in einem Durchflußbecken angeordnet ist. Die Filtertrommel ist nicht ganz vollständig mit einem schwimmenden Kunststoffgranulat (Polypropylen, d = 2 – 5 mm) gefüllt. Das Rohwasser wird radial durch das zylindrische Filtermedium zum zentrischen Auslaufrohr geführt. Im Filtrationsbetrieb wird die Trommel nicht bewegt.

Die Reinigung des Filtermaterials erfolgt, indem nach einer gewissen Filterlaufzeit (ca. 1 bis 3 Tage) das Ablaufrohr abgesperrt und die Trommel in eine langsame Rotation versetzt wird. Da der Filterraum nicht vollständig mit dem Granulat gefüllt ist, rollt durch die Drehbewegung das Filtermaterial im Filterraum ab, so daß durch die dabei erzeugte Turbulenz des Wassers die angelagerten Partikel abgespült werden. Sie werden über das zentrische Ablaufrohr nach Öffnung eines Spülschiebers abgeleitet.

Das Trommelfilterverfahren wurde auf drei Kläranlagen im Vergleich zur konventionellen Raumfiltration erprobt [G.3.119]. Bei Partikelgrößen zwischen 120 und 300 µm wurden gleichwertige AFS-Wirkungsgrade erreicht. Für kleinere Partikelgrößen (< 100 µm) wurden jedoch mit dem Trommelfilterverfahren (Korngröße 2 – 5 mm) ca. 40 % geringere AFS-Wirkungsgrade erzielt.

Flotationsfilter stellen als Kompaktverfahren eine Kombination aus Flockung, Flotation und Filtration dar. Flotationsfilter kommen zur weitergehenden Abwasserreinigung, aber auch in der Industrie oder Trinkwasseraufbereitung zur Anwendung. Sie können sowohl in Rundbauweise als auch in Rechteckbauweise ausgeführt werden.

Die zweite Variante ist bereits seit Mitte der 70er Jahre auf zwei Kläranlagen mit einer Filterfläche von 20 bzw. 30 m² in Betrieb. Die mittleren AFS-Ablaufgehalte sind mit ≤ 5,0 mg AFS/l durch die vorgeschaltete Flotation äußerst niedrig. Es werden ebenfalls im Mittel sehr niedrige P-Gehalte von ≤ 0,5 mg ges. P/l erreicht [G.3.104].

Bemessung und Entwurf von Abwasserfiltern

Bei der Dimensionierung einer Filteranlage kann unterschieden werden zwischen der *Bemessung*, bei der unter Berücksichtigung der Prozeßvariablen die Hauptabmessungen bestimmt werden und der technischen Umsetzung – dem *Entwurf* –, bei der die Filterkonstruktion, das Filtermaterial, die Betriebsparameter und die maschinen- und regeltechnische Ausstattung festgelegt werden.

Für eine optimale Auslegung sowie einen sicheren und wirtschaftlichen Betrieb sind folgende Einflußfaktoren zu berücksichtigen [G.3.120]:
- *Eigenschaften der Suspension*
  - chemische Oberflächenladung der Partikel
  - Partikelgrößenverteilung
  - Flockenstärke
- *Konditionierung der Suspension*
  - Art der Dosierung von Fe- oder Al-Salzen

- Art der Dosierung von Polyelektrolyten
- Flockung (Energieeintrag, Durchflußzeit)
- *Filtergeschwindigkeit*
- *Eigenschaften des Filters*
  - Nutzbare Druckhöhe
  - Art der Filtermaterialien
  - Korngröße, Form, Rauhigkeit, Porosität
  - Höhe und Aufbau des Filterbettes
- *Erwünschte Ablaufqualität*
  - abfiltrierbare Stoffe (AFS)
  - Partikelzahl
  - Phosphor (bei Zugabe FM)

Die *Bemessung* in der Praxis erfolgt im wesentlichen aufgrund von Erfahrungswerten, speziellem Firmenwissen oder halbtechnischen Vorversuchen. Die erforderliche Filterfläche wird wie folgt über die Filtergeschwindigkeit festgelegt:

$$\text{erf. } A = \frac{Q}{v_F}$$

A Filterfläche [m²]
v_F Filtergeschwindigkeit [m/h]
Q Zulaufvolumenstrom [m³/h]

Bei Raumfiltern können in Abhängigkeit vom gewählten Filtrationsverfahren folgende Filtergeschwindigkeiten angenommen werden, wobei jeweils die maximale Filterfläche maßgebend ist [G.3.121] (Tabelle G.3-21).

Für die Oberflächenfilter sowie für Tuchfilter und Mikrosiebe liegen nur wenige Literaturangaben hinsichtlich der zulässigen Filtergeschwindigkeit vor:

- Oberflächen- $v_{F,MW} = 9{,}0–10{,}0$ m/h   [20]
  filtration: $v_{F,MW} = 8{,}0–10{,}0$ m/h   [14]
- Tuchfilter: $v_{F,MW} = 8{,}0–12{,}0$ m/h   [14]
                     $v_{F,MW} = 8{,}0$ m/h   [21]
- Mikrosiebe: $v_{F,MW} = 5{,}0–20$ m/h   [12]
                     $v_{F,MW} = 17{,}0–25$ m/h   [26]

Bei der Tuchfiltration und der Mikrosiebung kommen eher die kleineren Filtergeschwindigkeiten zur Anwendung.

Die Filterbetthöhe als weiterer Hauptparameter kann nach A 203 nicht mit einem mathematisch-empirischen Ansatz berechnet werden. In Abhängigkeit von Durchströmungsrichtung, Filtrationsverfahren und Anzahl der Schichten wird jedoch ein üblicher Bereich der Filterbetthöhe zwischen 1,2 und 3,0 m angegeben. Von verschiedenen Autoren wird empfohlen, die Speicherfähigkeit für Suspensa bzw. die Raum- oder Flächenbeladung zur Bestimmung der Schichthöhen heranzuziehen. Unter Berücksichtigung einer Reserve für Betriebsstörungen können folgende Bemessungswerte für die AFS-Raumbeladung angenommen werden [G.3.122]:
- einfache (flache) Sandfilter: 1–1,5 kg AFS/m³
- Raumfilter ohne Flockung: 3–4,0 kg AFS/m³
- Raumfilter mit Flockung: 2,5   kg AFS/m³

Bei der Flockungsfiltration müssen auch die Partikel berücksichtigt werden, die aufgrund der Fällungsmechanismen entstehen. Der zusätzliche Schlammanfall kann mit hinreichender Genauigkeit mit folgenden Ansätzen berechnet werden:
- Fällung mit Eisensalzen:
$$m_{Fe} = B_{d,gelPo} \cdot (1{,}42 \cdot \eta + 3{,}45 \cdot \beta)$$
- Fällung mit Aluminiumsalzen:
$$m_{Al} = B_{d,gelPo} \cdot (1{,}42 \cdot \eta + 2{,}52 \cdot \beta)$$

m Feststoffzunahme aus Fällung/Flockung [kgTS/d]
η Wirkungsgrad der P-Elimination bezogen auf gel P [–]
β relative Fällmittelmenge Mol Me/Mol P
$B_{d,gelPo}$ gelöste P-Fracht im Zulauf des Filters

Zentrales Element einer Filteranlage ist das Medium, an dem die Feststoffe zurückgehalten werden. Dieses gilt auch für die Biofiltration. Verwendung finden Kornschüttungen verschiedener Materialien. Grundsätzlich muß ein *Filtermaterial* weitgehend inert gegen mechanischen, chemischen und biologischen Angriff sein. Bei der Auswahl muß berücksichtigt werden, daß folgende Materialeigenschaften den Filtrationsvorgang beeinflussen:
- Kornform, Korngröße, Oberflächenbeschaffenheit und spez. Oberfläche wirken sich auf die Reinigungsleistung aus.

Tabelle G.3-21 Bemessungsfiltergeschwindigkeiten für Raumfilter [G.3.121]

	Trockenwetterzufluß, $v_{F,TW}$ [m/h]	Mischwasserzufluß, $v_{F,MW}$ [m/h]
unbelüftetes Raumfilter	7,5	15,0
Flockungsfiltration	6,0 – 8,0	15,0
belüftetes Raumfilter	5,0	10,0

Tabelle G.3-22 Kenndaten der eingesetzten natürlichen und aufbereiteten Filtermaterialien [Literaturauswertung]

Material	Kornform und -struktur/Festigkeit	$v_{Spül}$ [a] [m/h]	Gesamt- porosität [−]	Rohdichte [g/cm³]	spez. Oberfläche [m²/m³]
Basalt 0,7 − 1,25/1,0 − 1,6	gebrochen, kantig; rauhe Oberfläche/ hohe Festigkeit	65 − 100	0	2,9	3.566
Quarzsand 0,7 − 1,25/1,2 − 2,0	abgerundet; glatte Oberfläche/ hohe Festigkeit	45 − 130[b]	0	2,5	2.988
Anthrazit 1,4 − 2,5/2,5 − 4,0	gebrochen, kantig; glatte Oberfläche/ geringe Festigkeit	55/90[b]	0	1,4	1.883
Bims 1,4 − 2,5	kantig abgerundet; poröse, rauhe Oberfläche/geringe Festigkeit	55	0,7	0,7	k.A.
Blähschiefer 1,4 − 2,5/2,5 − 4,0	kantig abgerundet; poröse, rauhe Oberfläche/geringe Festigkeit	60/90[b]	0,5	1,1	1.575
Biolite [c] ø 1 − 8	gebrochen oder rund, rauhe und poröse Oberfläche/mittlere bis hohe Festigkeit	30	ca. 0,5	1,4 − 1,8	500 − 2000
Polystyren	poröse Oberfläche, abgerundet	k.A.	0,39	0,45[d]	1.050

[a] erforderlich Spülgeschwindigkeit für eine ausreichende Ausdehnung (ca. 20 − 30 % der Schichthöhe), abhängig von Körnung und Bewuchs
[b] je nach eingesetzter Körnung
[c] Angaben Philipp Müller
[d] Angabe Firmenprospekt OTV

- Körnungsbereich, Ungleichförmigkeitsgrad sowie Unter- und Oberkornanteil beeinflussen den Filterbetrieb.
- Dichte, Sinkgeschwindigkeit sowie die erforderliche Fluidisierungsgeschwindigkeit haben Einfluß auf das Spülverhalten und die Materialkombinierbarkeit.

Bei mehrschichtigen Filtern ist die Materialauswahl und Kornabstufung an die Erfordernisse der Spülung anzupassen. Die Materialdichten sind so abzustimmen, daß sich das Material nach der Spülung nicht vermischt. Üblicherweise ist ein Verhältnis der Dichten von Ober- und Unterschicht zwischen ca. 1,8 und 2,0 geeignet. Ein ausreichendes spezifisches Gewicht verhindert den Austrag des Materials bei der Spülung. Des weiteren ist zu berücksichtigen, daß mit Belegung des Filtermaterials mit einem Biofilm, sich die notwendige Spülgeschwindigkeit um ca. 15 % vermindert [G.3.123].

Wichtige Kennwerte der in der Praxis eingebauten Materialien sind in Tabelle G.3-22 zusammengefaßt. Basalt, Quarzsand, Anthrazit und Bims sind natürliche (unbehandelte) oder mechanisch gebrochene Produkte. Bei Blähschiefer und Blähton, die auch unter dem Produktnamen Biolit vertrieben werden, handelt es sich um thermisch aufbereitete Materialien, die bei regulierter Aufheizgeschwindigkeit (T = 1100 − 1250 °C) eine wesentliche Volumenzunahme erfahren. Bei Polystyren, das aufgrund der geringen Dichte in Schwimmkornfiltern Verwendung findet, handelt es sich um ein Produkt auf Basis geschäumter Recyclingkunststoffe.

Für eine gute Anlagerung hat sich vor allem rauhes, kantiges Material bewährt. Umfangreiche Materialuntersuchungen haben ergeben, daß sich für Mehrschichtfilter hinsichtlich Haltbarkeit, Kombinierbarkeit und Spülverhalten die Kombination Quarz als Unterschichtmaterial (i.d.R. d = 0,71 − 1,25 mm) und Anthrazit als Oberschichtmaterial (i.d.R. d = 1,4 − 2,5 mm) am besten bewährt hat [G.3.124].

G.3.3.6.5 Biologische Filtration

Wirkungsweise

Die Biofiltration kombiniert die Prozesse der biologischen Reinigung des Abwassers und der Schwebstoffelimination. Sie kann als biologische Hauptstufe und zur Nachreinigung zum Abbau von Kohlenstoffverbindungen, zur (Rest)-Nitrifikation oder (Rest)-Denitrifikation eingesetzt werden. Bei Einsatz eines Biofilters als biologische Hauptstufe erfolgt die P-Elimination i.d.R. mittels chemischer Vorfällung und/oder Nachfällung. Eine begrenzte Simultanfällung auf das Biofilter ist ebenfalls möglich. Die biologische Phosphorelimination ist in Biofiltrationsanlagen bislang nur halbtechnisch erprobt.

Durch das feinkörnige Trägermaterial (bis max. 8 mm ø) wird neben der biologischen Stoffumsetzung eine Filtrationswirkung erreicht. Dadurch wird einerseits der bei den biologischen Umsetzungsprozessen produzierte Überschußschlamm und andererseits die im Abwasserzulauf enthaltenen Suspensa weitgehend im Filterbett zurückgehalten. Durch die hohe Biomassenkonzentration auf dem Trägermaterial können große Umsatzleistungen erzielt werden. Dieses führt zu kleinen Reaktoren. Da bei Biofiltrationsanlagen keine Nachklärung erforderlich ist, wird eine weitere Platzeinsparung erreicht. Allerdings ist die Suspensaelimination mit Biofiltern nicht so weitgehend wie bei der konventionellen Raumfiltration. Suspensakonzentrationen im Ablauf von < 5 mg AFS/l, wie sie von konventionellen Raumfiltern erreicht werden, können i. allg. nicht eingehalten werden.

Einsatzmöglichkeiten

Die Einsatzbereiche von Biofiltrationsanlagen auf Kläranlagen sind sehr vielseitig. Sie können zur Restreinigung als kombinierte Verfahrensweise (Bild G.3-91) eingesetzt werden [G.3.1]:
– nachgeschaltete Restnitrifikation und Rest-P-Elimination,
– nachgeschaltete Restdenitrifikation und Rest-P-Elimination,
– nachgeschaltete (Rest)-Nitrifikation und Restdenitrifikation sowie Rest-P-Elimination,

oder sie übernehmen die gesamte biologische Reinigung des Abwassers (Biofiltration als biologische Hauptreinigungsstufe; Bild G.3-92)
– mehrstufige Biofiltration mit nachgeschalteter Nitrifikation und Denitrifikation,
– Biofiltration mit vorgeschalteter Denitrifikation,
– mehrstufige Biofiltration mit vor- und nachgeschalteter Denitrifikation,
– einstufige Biofiltration mit vorgeschalteter Denitrifikation im Zweizonenfilter (z. B. Schwimmfilter).

Aufgrund ihres geringen Raumbedarfs finden Biofilter im wesentlichen bei begrenzten Platzverhältnissen, schwierigem Baugrund, geruchsemissionsbedenklichen Standorten sowie bei der Erweiterung vorhandener Kläranlagen Anwendung.

Verfahrenstechniken

Grundsätzlich sind biologisch intensivierte Filter eine Weiterentwicklung der klassischen Raumfilter, die bzgl. der Bauweise, Gestaltung und der technischen Ausrüstung sowie der Spülung große Ähnlichkeiten (Filterbehälter, dem Filterbett und einem Düsenboden usw.) aufweisen.

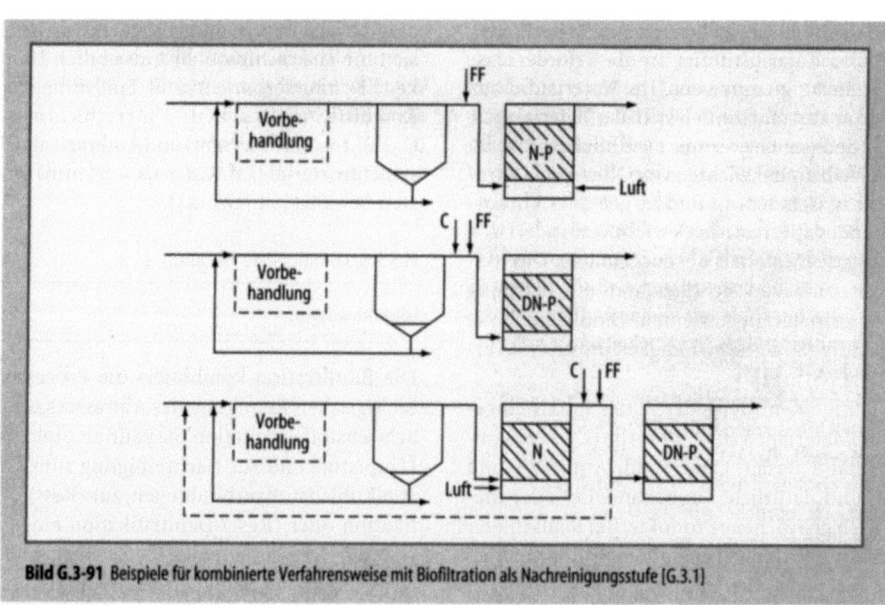

Bild G.3-91 Beispiele für kombinierte Verfahrensweise mit Biofiltration als Nachreinigungsstufe [G.3.1]

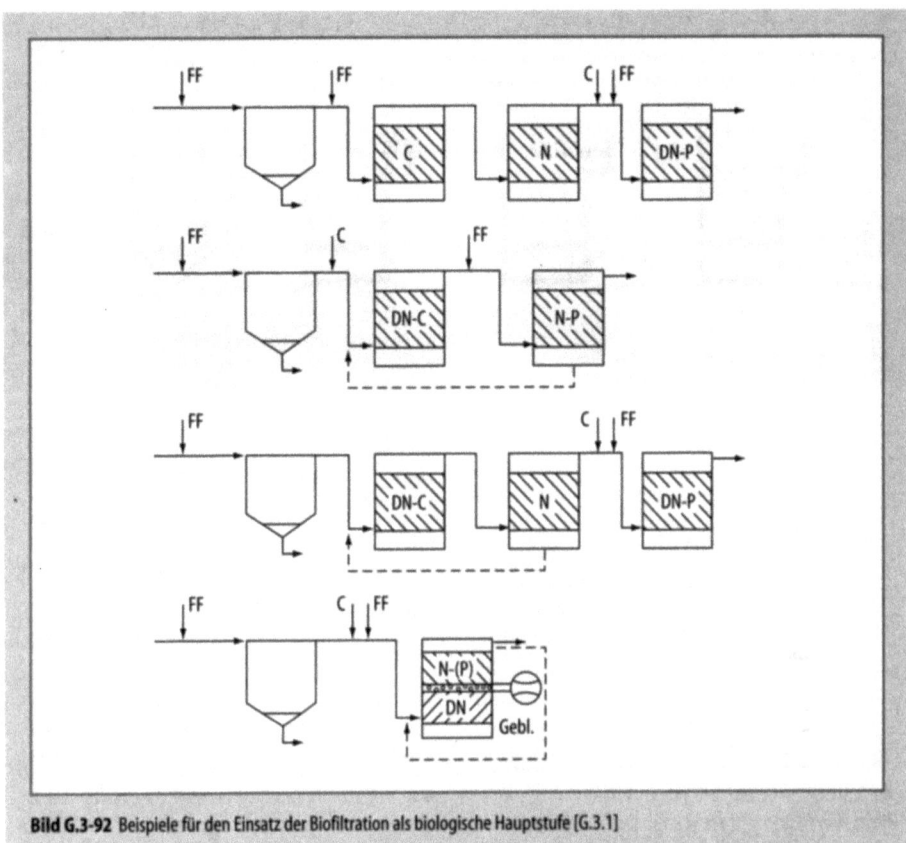

Bild G.3-92 Beispiele für den Einsatz der Biofiltration als biologische Hauptstufe [G.3.1]

Tabelle G.3-23 Bauarten und Betriebsweise von Biofiltern

Durchströmungs-richtung	Richtung der Prozeßluft	Filterregime	Dichte des Filtermaterials	Art der Spülung
Aufstromfilter	Gleichstrom	überstaute Filter	schwimmend ($\rho < 1{,}0\,g/cm^3$)	kontinuierlich
Abstromfilter	Gegenstrom	Trockenfilter	nicht schwimmendes ($\rho > 1{,}0\,g/cm^3$)	diskontinuierlich

Zeilen sind nicht an die Spalten gekoppelt, Kombinationen sind möglich

Für die aeroben Abbauvorgänge sind zusätzlich Belüftungseinrichtungen vorzusehen, während für die Denitrifikation Dosiereinrichtungen für eine C-Quelle zu installieren sind. Zusätzlich sind bei den diskontinuierlich betriebenen Systemen Pumpen und Gebläse für die Spülung sowie Spülwasserspeicher erforderlich. Biofilter können je nach Bauart und Betriebsweise nach verschiedenen Kriterien klassifiziert werden (Tabelle G.3-23).

Filtertypen, bei denen keine direkte Belüftung des Filterbetts erfolgt, sondern das Abwasser nur vorbelüftet wird, können ebenfalls zu den biologischen Filtern gezählt werden, obwohl ihre biologische Leistungsfähigkeit durch den O_2-Sättigungswert z. B. für die Nitrifikation auf ca. 2,0 mg NH_4-N/l begrenzt ist. Die grundsätzlichen Betriebsweisen biologischer Filter sind in Bild G.3-93 dargestellt.

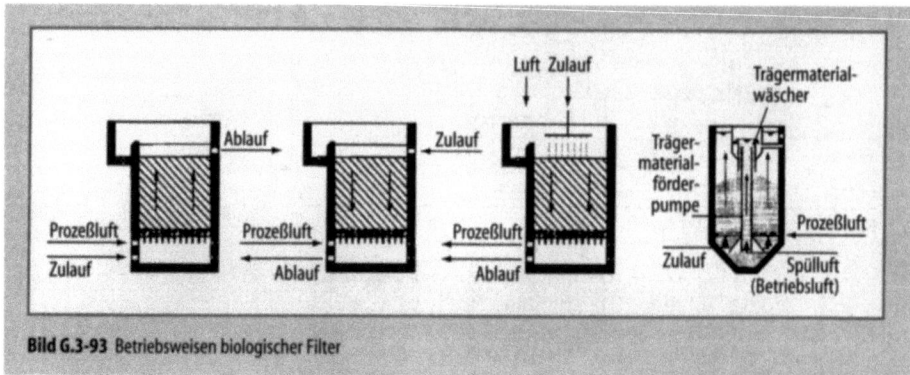

Bild G.3-93 Betriebsweisen biologischer Filter

Systemrandbedingungen

Der Einsatz von Biofiltern als Hauptstufe erfordert eine ausreichende vorgeschaltete *Schwebstoffelimination*. Hohe Konzentrationen an abfiltrierbaren Stoffen im Zulauf der Biofiltration beschleunigen die Belegung des Filterbetts und erhöhen die Spülhäufigkeit. Im Mittel sind i. d. R. Schwebstoffkonzentrationen < 50 – 70 mg/l AFS im Biofilterzulauf anzustreben. Des weiteren sind „sperrige" Stoffe wie Ohrenstäbchen und auch Blätter sicher zurückzuhalten. Diese Anforderung kann mit einer einfachen Vorklärung häufig nicht erfüllt werden, daher wird meistens eine Siebung kombiniert mit einer Vorfällung und Flockung eingerichtet oder die Vorklärstufe teilweise mit Lamellenseparatoren ausgerüstet. Für die Biofiltration zur Restreinigung stellt diese Anforderung i. allg. kein Problem dar, da diese meistens mit nachgeklärtem Abwasser aus der Belebung beschickt werden.

Unabhängig von der Anordnung der *Denitrifikationsstufe* sind die meisten denitrifizierenden Biofiltrationen auf externe Kohlenstoffquellen angewiesen. Dadurch ergeben sich nicht nur zusätzliche Betriebsmittelkosten sondern auch eine erhöhte Überschußschlammproduktion. Die wesentlichen Eigenschaften und die erforderlichen Dosiermengen der verschiedenen Produkte sind in Tabelle G.3-24 zusammengestellt. Die Kosten sind sehr schwankend und hängen von der Transportentfernung sowie vom jeweiligen Marktpreis ab. In der Praxis hat sich Methanol bewährt. Hierbei ist jedoch eine Adaptationszeit der Mikroorganismen an Methanol von ca. 1 Monat bei der Inbetriebnahme und bei stark schwankenden Zulaufwerten zu berücksichtigen.

Bei der vorgeschalteten Denitrifikation ist zu bedenken, daß ein Großteil des CSB bereits durch die Vorfällung/Flockung in der Vorklärung abgeschieden wird, wobei der als Feststoff vorliegende CSB/BSB sowieso für die Denitrifikation nicht verfügbar ist. Da außerdem nitrifizierende Biofiltrationsanlagen intensiv belüftet werden, liegt der Sauerstoffgehalt im Ablauf nitrifizierender Biofiltrationsanlagen je nach geforderter Elimination zwischen 2 und 4 mg/l. Mit der Rezirkulation des nitratreichen Abwassers aus der Nitrifikationsstufe werden daher auch entsprechende Mengen an Sauerstoff in die vorgeschaltete anoxische Stufe/Zone eingetragen. Der O_2-Eintrag hat zur Folge, daß einerseits der für die Denitrifikation verfügbare anoxische Bereich kleiner wird, andererseits das C/N-Verhältnis für die Denitrifikation durch die aerobe CSB-Zehrung derart reduziert wird, daß die Zugabe einer externen Kohlenstoffquelle erforderlich wird.

Bemessung biologischer Filter

Wegen der komplexen Vorgänge und Prozeßbedingungen in Biofilmsystemen gibt es derzeit noch keine allgemeingültige Bemessungsrichtlinie zur Dimensionierung biologischer Filter. Deshalb ist man bei der Auslegung auf empirische Kenngrößen der Verfahren angewiesen, die vor allem auf Erfahrungswerten der Herstellerfirmen beruhen.

Zur Bestimmung der Hauptabmessungen der Systeme sind als wichtigste Kenngrößen die *Abbauleistung*, die *Raumbelastung* sowie die *Filtergeschwindigkeit* zu nennen.

Um der deutschen Überwachungsstrategie zu genügen, muß die Bemessung so erfolgen, daß auch bei Spitzenbelastung die geforderten Ablaufwerte eingehalten werden können. Daher ist als Bemessungsfracht die Maximalbelastung (z. B. der 2-h-Mittelwert der Tagesspitze) anzusetzen.

Tabelle G.3-24 Übersicht der wichtigsten Kenndaten verschiedener Industriesubstrate

Substrat	Struktur	Dichte kg/l	g CSB/ g Substrat	g Substrat/ gNO$_3$-N[a]	g TS/ gNO$_3$-N	Schlammanfall gTS/gNO$_3$-N$_{DN}$
Methanol	CH$_3$OH	0,79	1,5	1,9	2,5[b]	0,53
Ethanol	C$_2$H$_5$OH	0,78	2,1	1,4	2,0[b]	0,82
Essigsäure	CH$_3$COOH	1,06	1,067	2,7	3,5[b]	0,55
Natriumacetat	CH$_3$COONa	1,00	0,78	2,7	4,6 – 7,5[b]	0,55
Glucose	C$_6$H$_{12}$O$_6$	1,00	1,07	2,7	4,7 – 8,4[b]	0,4
Acetol-20	k.A.	1,09	0,7	k.A.	5[c]	0,73
Acetol-100	k.A.	0,88	1,7	k.A.	3[c]	0,82
ALKOTAT-40	k.A.	1,09	0,75	k.A.	3,5[c]	0,73

[a] stöchiometrisch
[b] unter Berücksichtigung der Biomassenproduktion
[c] Herstellerangaben

Das erforderliche *Filtervolumen* kann mit der geforderten Ablaufkonzentration über die *Raumbelastung* bzw. die *Abbauleistung* folgendermaßen bestimmt werden:

$$V = \frac{B_h}{B_{R,h}}$$

B_h maximale Stundenfracht [kg/h]
$B_{R,h}$ zulässige max. stündliche Raumbeladung; entweder direkt aus Messung oder über 24stel des Tageswertes $B_{R,d}/24$ [kg/ (m³·h)]

Die erreichbaren Raumumsatzleistungen (Tabelle G.3-25) sind von der spezifischen Abwasserzusammensetzung, der Abwassertemperatur, vom gewählten Filterverfahren, dem Trägermaterial und dem Einsatzzweck abhängig. Zum Beispiel sind bei höherer organischer Belastung kleinere NH$_4$-N-Raumabbauleistungen anzusetzen. Bei der Rest-Nitrifikation sind Abminderungen vorzunehmen, wenn das Filter über längere Zeiträume nur mit geringen Ammoniumgehalten beschickt wird.

Die Umsatzleistungen können für die jeweilige Abwassertemperatur mit der modifizierten van't-Hoff-Arrhenius-Gleichung umgerechnet werden. Für die *Nitrifikation* ergibt sich eine Leistungssteigerung von *4 – 8 %* je Grad Temperaturanstieg; bei der *Denitrifikation* kann ein Anstieg von *5 – 12 %* pro °C angesetzt werden, wobei der Einfluß der Temperatur nicht überschätzt werden sollte [G.3.104].

Die erforderliche *Netto-Filterfläche* (ohne Reserven für Spülung oder Bumping usw.) berech-

Tabelle G.3-25 Raumumsatzleistungen von Biofiltern [G.3.1]

	D_{BR} Stundenwerte kg/(m³·h)	D_{BR} Tageswerte kg/(m³·d)
BSB$_5$	0,17 – 0,29	4 – 7
CSB	0,29 – 42	7 – 10
Nitrifikation (NH$_4$·N)	0,004 – 0,063 (max. 0,083)	0,1 – 1,5 (max. 2,0)
Denitrifikation (NO$_2$-N, NO$_3$-N)	0,033 – 0,017 (max. 0,208)	0,8 – 4,0 (max. 5,0)

net sich wie bei der Raumfiltration. Sie ist abhängig von der Zulaufcharakteristik und vom Einsatzzweck des Filters (Nitrifikation, Denitrifikation, Suspensaelimination usw.). Im Normalbetrieb und bei Trockenwetter sind *Filtergeschwindigkeiten* von $v_F = 2 - 8$ m/h üblich. Bei Mischwasserzufluß und bei Spülung anderer Zellen können auch v_F-Werte von 10 – 15 m/h gefahren werden. Bei Systemen mit vorgeschalteter Denitrifikation und Nitrifikation ist die hydraulische Belastung aus der Nitrat-Rückführung zu beachten.

Betriebsergebnisse biologischer Filter

Eine Vergleichbarkeit verschiedener Ergebnisse von Biofiltern ist aufgrund der unterschiedlichen Randbedingung nur eingeschränkt gewährlei-

Tabelle G.3-26 Biofilteranlagen in Deutschland für den kommunalen Einsatz (Stand 12/98) (nach [G.3.125] erweitert)

Ort	Größe [EW]	Art der Reinigung	Lieferant	Stand
Ahlen	126.000	Vollreinigung	Philipp Müller	in Betrieb
Duisburg-Huckingen	135.000	Vollreinigung	CT	in Bau
Hagen	1.000	Vollreinigung	Preussag	in Betrieb
Herford	250.000	Vollreinigung	OTV	in Betrieb
Wiesbaden-Biebrich	130.00	Vollreinigung	noch nicht vergeben	
Vlotho	25.000	Vollreinigung	Philipp Müller	in Betrieb
Lemgo	120.000	nachgeschaltete Nitrifikation u. Denitrifikation	WABAG	in Betrieb
Marburg	130.000	nachgeschaltete Nitrifikation u. Denitrifikation	CT	in Bau
Mechernich	20.000	nachgeschaltete Nitrifikation u. Denitrifikation	Lurgi Bamag	in Betrieb
Mettmann	70.000	nachgeschaltete Nitrifikation u. Denitrifikation		in Planung
Nordhorn	135.000	nachgeschaltete Nitrifikation u. Denitrifikation	Lurgi Bamag	in Betrieb
Ratzeburg	ca. 2.000	nachgeschaltete Nitrifikation u. Denitrifikation	Axel Johnson	in Betrieb
Rostock	300.000	nachgeschaltete Nitrifikation u. Denitrifikation	Philipp Müller	in Betrieb
Cloppenburg	190.000	nachgeschaltete Nitrifikation	Philipp Müller	in Betrieb
Hückelhoven Ratheim	180.000	nachgeschaltete Nitrifikation	noch nicht vergeben	
Ahrensburg	50.000	nachgeschaltete Denitrifikation	Philipp Müller	in Betrieb
Celle	65.000	nachgeschaltete Denitrifikation	WABAG	in Bau
Frankfurt/Main	ca. 1,2 Mio.	nachgeschaltete Denitrifikation	Philipp Müller	in Bau
Grüneck	120.000	nachgeschaltete Denitrifikation	WABAG	in Bau
Gütersloh – Obere Lutter	165.000	nachgeschaltete Denitrifikation	WABAG	in Betrieb
Lütjenbrode	50.000	nachgeschaltete Denitrifikation	Axel Johnson	in Bau
Starnberg	180.000	nachgeschaltete Denitrifikation	WABAG	in Bau

stet. Generell hängt die Reinigungsleistung vor allem von folgenden Einflußgrößen ab:
- vorgeschaltete Verfahrensstufe,
- Umfang der multifunktionellen Nutzung (Zielgrößen: NH_4-N, ges.P, AFS, CSB),
- Raumbeladung bzw. NH_4-N-Ablaufgehalte der vorgeschalteten Stufe,
- Abwasservolumenstrom und Schwankung (Filtergeschwindigkeit),
- Abwassertemperatur,
- Betrieb des biologischen Filters (z. B. Spülintervalle).

Obwohl es relativ lange gedauert hat, bis die ersten Biofilteranlagen in Deutschland gebaut wurden, so sind doch mittlerweile eine Vielzahl von Anlagen mit den unterschiedlichsten Aufgaben in Betrieb und im Bau. Eine Übersicht der Anlagen in Deutschland gibt Tabelle G.3-26. Weiterhin sind seit Anfang der 90er Jahre 10 aufwärts durchströmte Filter (bis zu 3500 m²) überwiegend nach dem BIOFOR-Verfahren mit dem Einsatzziel der Rest-Nitrifikation in Betrieb.

Die Größenordnung geht von kleinen bis zu relativ großen Kläranlagen mit mehreren 100.000 Einwohnerwerten Anschlußgröße. Die größte Kläranlage von der Kapazität her ist die Kläranlage Frankfurt mit einer maximalen Auslegungswassermenge von 6,8 m³/s. Bezüglich der spezifischen Fracht ist die Kläranlage Gütersloh besonders erwähnenswert, die Nitratzulaufkonzentrationen bis zur Höhe von 100 mg NO_3-N/l verarbeiten kann.

Die *Trockenfiltration* wird im kommunalen Bereich nur wenig verwendet. Beim Einsatz zur *Rest-Nitrifikation* kann das begrenzte NH_4-N-Angebot die Nitrifikationsleistung limitieren, so daß sich bei einer mittleren nitrifizierten NH_4-H-Konzentration von 1,0 mg/l eine durchschnittliche NH_4-N-Raumabbauleistung von 0,1 kg NH_4-

N/(m³·d) errechnet. Bei unbegrenztem Ammoniumangebot können mit der Trockenfiltration und der Materialkombination Anthrazit/Basalt Raumabbauleistungen bis zu 2 kg NH$_4$-N/(m³·d) erzielt werden [G.3.123].

Kraft [G.3.126] untersuchte in einem abwärtsdurchströmten, halbtechnischen Zweischichtfilter die Einflüsse der Filtergeschwindigkeit, der Gasbildung und der Fällungs-Flockungsprozesse auf die *nachgeschaltete Denitrifikation*. Bei Dosierung von Methanol mit einem CSB/N-Verhältnis von 4,1 wurden bei Filtergeschwindigkeiten von 5, 7,5 und 10 m/h Wirkungsgrade von über 90 % erreicht. Bei steigender Filtergeschwindigkeit konnte ein geringfügiger Abfall der Leistung festgestellt werden. Bis zu einer Nitratraumbelastung von 2 kg NO$_3$-N/(m³·d) arbeitete das System sehr stabil. Durch die Gasbildung war es notwendig, das Gas durch kurze Spülstöße auszutragen. Eine Spülgeschwindigkeit von 15–20 m/h bei einer Spüldauer von 2 min erwies sich als ausreichend, um eine Standzeit von 24 h zu erlangen. Bei gleichzeitiger Fällung konnte eine Beeinträchtigung der Denitrifikationsleistung bei großer Eisenzugabe festgestellt werden. Ebenfalls verschlechterte sich die Denitrifikation aufgrund von Phosphormangel bei P-Ablaufwerten um 0,1 mg/l. Der zusätzliche Schlammanfall durch die Denitrifikation wurde zu 0,25 kg oTS/kg CSB$_{eli.}$ bestimmt. Einen Vergleich verschiedener Untersuchungen zur Denitrifikation im Filter liefert Tabelle G.3-27.

Untersuchungen an *kontinuierlich gespülten biologischen Filtern* zur *(Rest-)Nitrifikation* mit Basalt (d = 1,25–2,5 mm; U = 1,5) ergaben, daß bei höherer Filtergeschwindigkeit größere NH$_4$-N-Raumabbauleistungen erreicht werden, wobei jedoch etwas erhöhte Ammoniumablaufkonzentrationen auftreten (Tabelle G.3-28) [G.3.126].

Versuche zur *nachgeschalteten Denitrifikation* an einer großtechnischen, *kontinuierlich gespülten Filtration* (A = 40 m²) erbrachten mittlere Denitrifikationsraten von 1,0 kg/(m³·d) bei einer denitrifizierten Nitratmenge von bis zu 23 mg NO$_3$-N/l [4]. Bei niedrigem Nachtzufluß und somit geringer NO$_3$-N-Belastung wird fast vollständig denitrifiziert (NO$_3$-N$_e$ < 4,0 mg/l). Während der Tagesspitze steigen die Nitratablaufwerte auf ca. 13 mg/l an, da die maximale Denitrifikationsleistung überschritten wird.

Tabelle G.3-27 Vergleich denitrifikationsleistugnen verschiedener Filtersysteme zusammengestellt in [G.3.104]

Autor	SR	LB	v$_F$ [m/h]	Substrat	CSB/Nitrat	Nitrat C$_o$ [mg/l]	Nitrat C$_e$ [mg/l]	DB$_{R,NO3-N}$ [kgNO$_3$-N/(m³·d)]
Wilderer (1994)	ab	GA	4,5	Methanol	< 3,8	6–25	2–10	k.A.
Kraft (1992)	ab	HA	7,5	Methanol	4,1	20	0,2–0,4	1,96
Strohmeier (1994)	auf	GA	–	Methanol	–	–	–	2,5
Rogalla (1992)	auf	GA	3–5	Rohabwa.	5,2	–	12	1,0
Koopmann (1990)	auf	HA	6,6	Methanol	> 5,0	10,5	1	1,0
Barjenbruch (1994)	auf	GA	4,6	ACETOL100	6,1	21,9	7,9	0,8

SR Durchströmungsrichtung   LB Anlagenmaßstab
auf aufwärts   HA halbtechnisch
ab abwärts   GA großtechnisch

Tabelle G.3-28 Nitrifikationsraten und Betriebsergebnisse bei Rest-Nitrifikation [G.3.127]

v$_F$ [m/h]	NH$_4$N$_0$ [mg/l]	NH$_4$N$_e$ [mg/l]	B$_R$NH$_4$-N [kg/(m³·d)]	DB$_R$NH$_4$-N [kg/(m³·d)]	η [%]	AFS$_0$ [mg/l]	AFS$_e$ [mg/l]	η [%]
10,0	20,0	2,5	1,3	1,1	88	23–5	4–1	≈ 83
14,3	25,0	4,0	2,1	1,8	84	10–4	4–2	≈ 50

T ~ 13,5 °C; pH = 6,0

G.3.3.6.6 Kombinierte Verfahren

Die kombinierten Verfahren wurden z.T. parallel zu den Biofiltern entwickelt. Durch Zuordnung der einzelnen Funktionen (Denitrifikation, Nitrifikation, Filtration) auf getrennte Reaktoren ist eine bessere Anpassung an die jeweiligen Aufgabenstellung möglich. Zum Einsatz kommen:
- vorgeschaltete belüftete Trägerbiologie mit anschließender Raumfiltration,
- weitergehende Entnahme gelöster Stoffe durch Aktivkohleadsorbtion.

Beim Verfahren der „Klarwassernitrifikation", bei dem nachgeklärtes Abwasser in einer *belüfteten Trägerbiologie* restnitrifiziert wird, kommen als Trägermaterial schwebende Schaumstoffwürfel oder Festbettmaterial aus Kunststoff zur Anwendung. Im Anschluß an diese Restnitrifikationsstufe ist zur Suspensaabscheidung und zur Rest-P-Elimination eine Flockungsfiltration nachgeschaltet (Bild G.3-94).

Versuchstechnisch konnten mit diesen Systemen eine Raumumsatzleistung von 0,7 kg NH_4-$N/(m^3 \cdot d)$ erreicht werden [G.3.104]. Um verschärfte Anforderungen (NH_4-N-Ablaufgehalte von < 3 bzw. < 1 mg/l) einzuhalten, wurden in der Praxis bisher vorbelüftete Reaktorvolumina zwischen 250 und 5000 m^3 mit einem 30 % Trägervolumenanteil ausgeführt.

Zur weiteren Verbesserung der CSB-Elimination, vor allem des biologisch nicht abbaubaren Anteils ist eine Kombination *adsorptiv wirkender Substanzen* mit der *Filtration* möglich. Dieses Verfahren bietet sich vor allem bei stark industriell geprägtem Abwasser (z.B. Textilindustrie) an, das noch Farbstoffe usw. enthält. Grundsätzlich lassen sich zwei Varianten unterscheiden:
- Verwendung von Kornkohle (1,0 – 6,0 mm) in Kontaktsäulen mit vorgeschalteter Raumfiltration zur Vermeidung einer zu schnellen Verstopfung mit Suspensa,
- Zugabe pulverförmiger Aktivkohle (PAK; 10 – 50 μm) in den Filterzulauf oder ein separates Mischbecken.

Folgende Vorteile sprechen für den Einsatz von PAK [G.3.1]:
- Pulverkohle ist deutlich günstiger als Kornkohle,
- die erforderlichen Kontaktzeiten sind nachweisbar geringer als bei Kornkohle (20 – 40 min),
- vorhandene Reaktionsräume können genutzt werden,
- Pulverkohle kann vorgehalten und bedarfsweise dosiert werden.

Bei der Kombination mit der Raumfiltration wird die PAK in der Filterschicht zurückgehalten und zusätzlich beladen. Bei Rückführung des Spül-

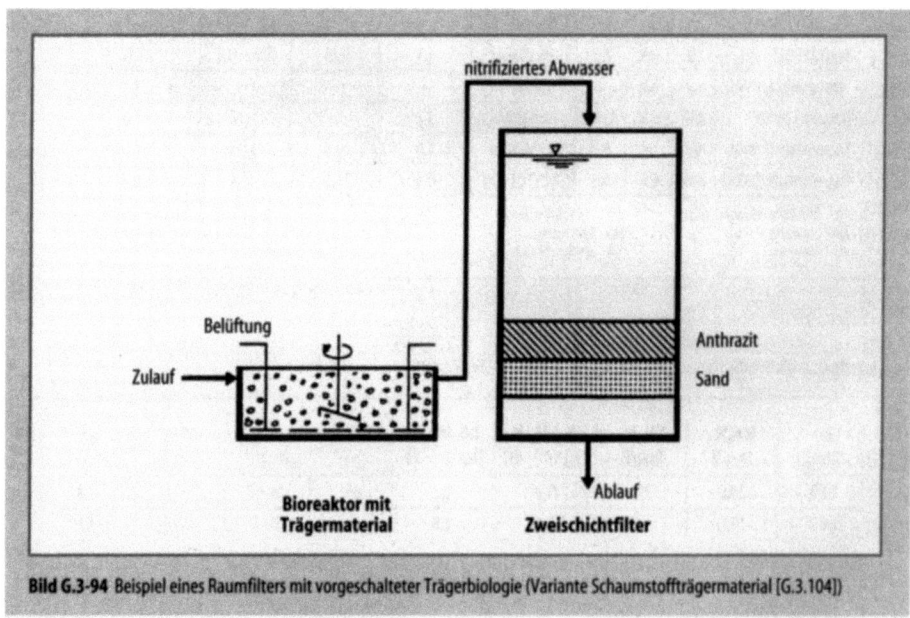

Bild G.3-94 Beispiel eines Raumfilters mit vorgeschalteter Trägerbiologie (Variante Schaumstoffträgermaterial [G.3.104])

wassers in die Belebung hat sie dort Verweilzeiten entsprechend des Schlammalters und kann bedingt durch das höher konzentrierte Medium zusätzlich beladen werden.

Wegen des Staubanteils in der Pulverkohle ist eine ästhetisch einwandfreie Entnahme im Filter nur mit einer Hilfsflockung bei Zugabe geringer Mengen Aluminiumsulfat (ca. 0,5 mg Al^{3+}/l) und eines kationischen Polyelektrolyts (ca. 0,2 mg/l) möglich [G.3.127].

Beim Einsatz zur Behandlung von biologisch vorgereinigtem Abwasser überwiegend aus der Textilindustrie konnten mit einer PAK-Dosierung von 50 mg/l eine Durchsichtsfarbigkeitszahl (DFZ) < 0,3 in 90 % der Fälle unterschritten werden, die als Hinweis der Entfärbung gilt. Der CSB von i. M. 40 mg/l konnte auf 25 mg/l ohne und auf 12 mg/l mit PAK-Zugabe gesenkt werden. Die Entnahme der AOX verursachenden Substanzen betrug dabei 70 %.

Da die Pulverkohle eine zusätzliche Feststoffbeladung für das Raumfilter darstellt, wurde die Filtergeschwindigkeit auf 5 m/h begrenzt. Die Filterlaufzeiten lagen bei 8–24 h [33].

Zur Regenerierung kann die Kohle extern, zentral thermisch regeneriert werden. Dieses erscheint jedoch nur bei Anwendung von Kornkohle als wirtschaftlich.

G.3.4 Schlammbehandlung

G.3.4.1 Entstehen und Aufkommen

Leider entstehen bei der Abwasserbehandlung Rückstände. Neben Rechen- und Sandfanggut ist der Klärschlamm nicht nur von der Menge her in vielen Fällen problematisch. Auch seine Zusammensetzung kann zu Problemen führen. Er besteht aus mineralischen/anorganischen und organischen Stoffen sowie einem – je nach Behandlungsstufe – hohen Wasseranteil.

In den Vorklär-/Absetzbecken der mechanischen Stufe der Kläranlage fällt Klärschlamm aus den absetzbaren Stoffen an. Hier ist der Anteil der mineralischen Stoffe (GR = Glührückstand) etwa 30 %, der der organischen Stoffe (GV Glühverlust) etwa 70 %. In der biologischen Behandlungsstufe werden die gelösten organischen Stoffe – Kohlen- und Stickstoffverbindungen – durch enzymatisch gesteuerte mikrobielle Stoffwechselprozesse in Energie (Energiestoffwechsel) bzw. Entstehung neuer Zellen (Baustoffwechsel) umgesetzt. Je nach Schlammbelastung bzw. Schlammalter in der biologischen Stufe wird ein Belebtschlamm erzeugt, dessen Schlammzuwachs als Überschußschlamm dem Prozeß entzogen wird. Hier beträgt das Verhältnis von GR zu GV etwa 60:40. In der sog. 3. Reinigungsstufe (hier ist nicht die Stickstoffelimination gemeint) wird i.d.R. durch chemische Reaktionen Phosphor eliminiert. Eisen- oder Aluminiumsalze reagieren mit Phosphat zu Eisen- bzw. Aluminiumphosphaten, die schwer lösbar sind und deshalb als absetzbare Flocke dem Abwasser entnommen werden können. Der Glührückstand liegt je nach Anordnung des Fällpunkts (Vorfällung vor der biologischen Stufe – Simultanfällung in der biologischen Stufe – Nachfällung in separaten Anlagenteilen hinter der biologischen Stufe) bei etwa 100 %.

Die besondere Problematik des Klärschlamms besteht sowohl in seinem hohen Wasseranteil als auch in seinen Inhaltsstoffen. Der Wasseranteil des in der mechanischen Stufe anfallenden Primärschlamms beträgt etwa 97–98 %. Dieser Wert steigt für den Überschußschlamm aus der biologischen Stufe auf mehr als 99 % an. Für eine Kläranlage mit 100.000 Einwohnern (E) ergeben sich die je nach Behandlungsstufe in Bild G.3-95 dargestellte Mengenverhältnisse.

Die organischen Inhaltsstoffe des rohen Schlamms gehen sehr schnell in saure Gärung über, wobei Wasserstoff, Kohlendioxyd/Kohlensäure und Schwefelwasserstoff entstehen. Die Folge ist ein unerträglicher Geruch. Der Klärschlamm ist seuchenhygienisch nicht unbedenklich, zudem ist er neben den für die landwirtschaftliche Verwertung positiven Nährstoffen auch mit anorganischen und organischen Schadstoffen belastet. Im wesentlichen sind das neben Schwermetallen Dioxine, Furane, PCB usw. Dies bildet zwar für die Verwertung des Klärschlamms ein erhebliches Problem, resultiert allerdings aus dem besonderen Glücksfall, daß die genannten Schadstoffe naturgemäß ohne gezielte Maßnahmen an den Klärschlamm angelagert bzw. inkorporiert werden, was von unschätzbarem Vorteil für den Kreislauf des Wassers ist.

Die Abschätzung von Klärschlammengen werden meist auf die an die Kläranlage angeschlossenen Einwohner (E) und die je nach Kläranlagentyp anfallende Feststoffmenge (g/E·d) sowie den Wassergehalt (WG) [G.3.130] (Tabelle G.3-29) bezogen.

Durch Verminderung der organischen Substanz des Klärschlamms werden bei der anaeroben Stabilisierung/Faulung die letztgenann-

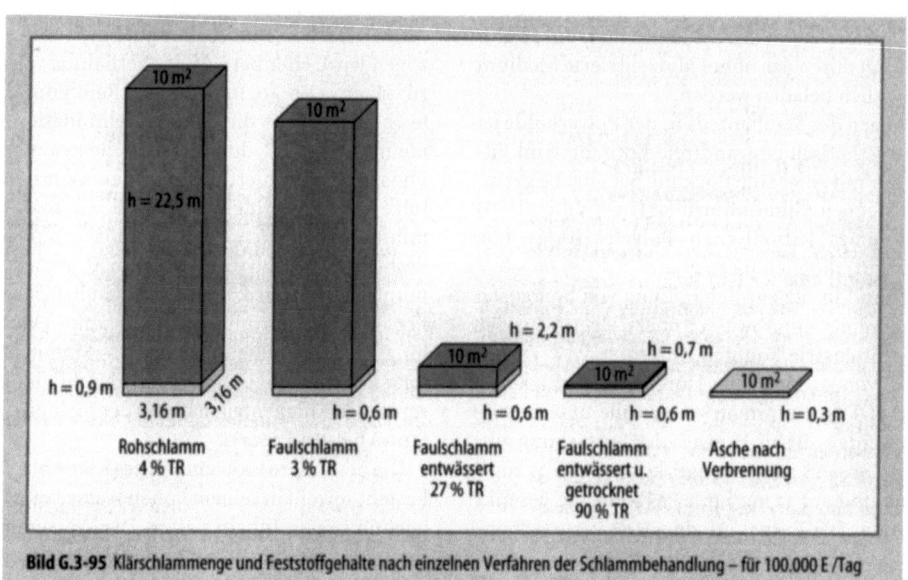

Bild G.3-95 Klärschlammenge und Feststoffgehalte nach einzelnen Verfahren der Schlammbehandlung – für 100.000 E /Tag

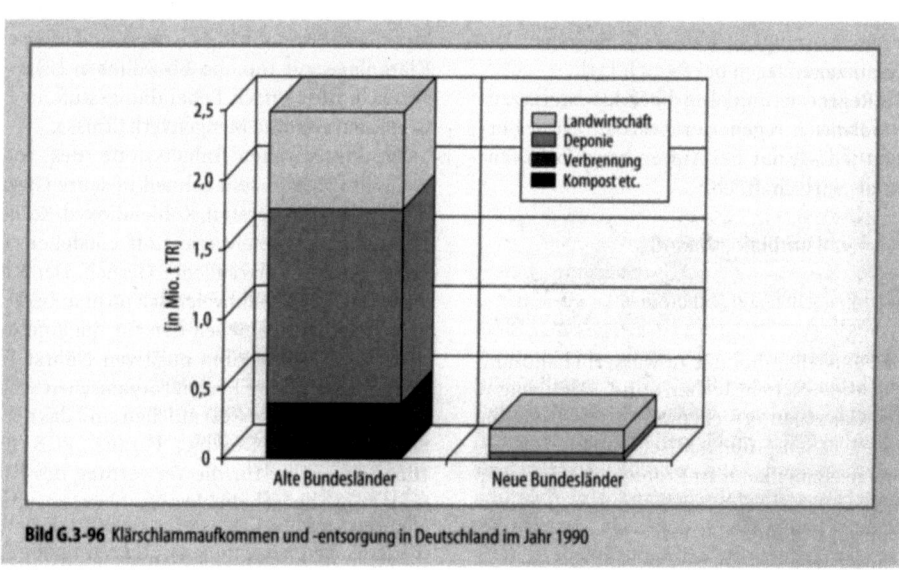

Bild G.3-96 Klärschlammaufkommen und -entsorgung in Deutschland im Jahr 1990

Tabelle G.3-29 Klärschlammtrockenmasse in Abhängigkeit von der Behandlungsart

Behandlung	roh	gefault
	g/(E·d)	g/(E·d)
Mechanik	45	30
Biologie	35	20
Vorfällung	20	15
Simultanfällung	10	10
Nachfällung	15	15

ten Feststoffmengen erreicht. Die Angaben liegen auf der sicheren Seite, sollten allerdings je nach Betrachtungsziel (Dimensionierung der nachfolgenden Behandlungsstufen) um 25 % für das Wochenmittel nach oben bzw. unten angepaßt werden.

Pöpel [G.3.131] hat genauere Übersichten für Anlagen mit unterschiedlichen Schlammbelastungen in Abhängigkeit von der Aufenthaltszeit in der Vorklärung aufbereitet.

Für die BRD ergeben sich, nach alten und neuen Bundesländern getrennt, erhebliche Unterschiede beim Klärschlammaufkommen (Bild G.3-96)

G.3.4.2 Schlammstabilisierung

Ziel der Schlammstabilisierung ist es, den Klärschlamm in einen Zustand zu überführen, der es gestattet, ihn ohne wesentliche Geruchsemission weiter zu behandeln/zu entsorgen.

Der organische Anteil des der Kläranlage entnommenen rohen Schlamms enthält Kohlehydrate, Eiweiß und Fette. Diese werden durch sehr schnell einsetzende mikrobielle Umsetzungsprozesse ab- bzw. umgebaut. Auf die dabei entstehenden Gerüche bei unkontrollierten Abläufen wurde bereits hingewiesen.

Der Prozeß kommt zum Erliegen, wenn
- die Lebensbedingungen für die Organismen nicht vorhanden sind oder
- die organische Substanz soweit mineralisiert ist, daß kein hinreichender Nährboden mehr für die Organismen besteht.

Der erstgenannte Punkt kann leicht durch eine Erhöhung des pH-Werts über 10 (z. B. durch Kalkzugabe) oder durch die Reduktion des Wassergehalts (WG) unter 30 % erreicht werden. Allerdings liegt hier nur ein zeitlich begrenzter Erfolg vor, da unter üblichen Umweltbedingungen der pH-Wert bald sinken bzw. der Wassergehalt ansteigen wird. Damit liegen dann wieder Bedingungen vor, die die beschriebene saure Gärung ermöglichen. Somit sind die genannten Verfahren nur dann anwendbar, wenn andere Möglichkeiten zeitweise nicht zur Verfügung stehen.

Zeitlich unbefristet wirkt die Abminderung der organischen Stoffe/Mineralisierung. Dieses Ziel wird mit der Verbrennung vollständig erreicht. Mit den biologischen Verfahren der aeroben und anaeroben Stabilisierung wird der Abbau der organischen Substanz nicht vollständig erreicht. Der Prozeß nähert sich asymptotisch einem Gleichgewichtszustand, ohne das Ende der Mineralisation zu erreichen. Die so erreichbare relative Stabilität ist für die Praxis ausreichend, da nach diesen Verfahren der organische Anteil um etwa die Hälfte reduziert wurde und keine unangenehmen Gerüche mehr entstehen.

G.3.4.2.1 Aerobe Schlammstabilisierung

Bei der Überbelüftung des Klärschlamms wird der organische Feststoff zu den anorganischen Stoffen CO_2, H_2O und NO_3 oxidiert. Dies geschieht bei Energiegewinn (Energiestoffwechsel) bzw. bei Neubildung von Zellen (Baustoffwechsel).

Genutzt wird diese Möglichkeit bei Verzicht auf die Vorklärung in der biologischen Stufe der Kläranlage. Bei einer Schlammbelastung $\leq 0,05$ kg/kg·d und einem Schlammalter von mehr als 20 Tagen wird der Klärschlamm simultan stabilisiert. Bei Abnahme der Temperatur ist das Schlammalter allerdings deutlich zu erhöhen. Bei 10 °C sollte es 40 Tage nicht unterschreiten. Gleichzeitig nitrifiziert und denitrifiziert die Anlage und ist unempfindlich gegen eine unterschiedliche Abwasserzusammensetzung (Stoßbelastung). Dieses Verfahren wird wirtschaftlich bei Größen bis zu 30.000 EW (heute auch bis zu 40.000 EW) eingesetzt.

Bei der getrennten aeroben Stabilisation wird der Klärschlamm in einem separaten Belüftungsbecken weiter mit Sauerstoff versorgt. Die Aufenthaltszeit soll 20 Tage nicht unterschreiten. Es ist unbedingt notwendig, dem Becken nur „frischen" Klärschlamm zuzuführen, da sonst durch Strippeffekte Aerosole ausgetrieben werden. Der Energieaufwand ist relativ hoch (bis 18 kWh/m³ Klärschlamm), so daß in der Praxis dieses Verfahren kaum realisiert wurde. Es ist aber geeignet, zeitlich begrenzte Phasen/Umbauarbeiten in ihren Auswirkungen abzumildern.

Die freiwerdende Energie bei der aeroben Stabilisation wird mit dem Ziel der Selbsterhitzung des Klärschlamms bei der aeroben-thermophilen Stabilisation (ATS) bei Temperaturen von ca. 50 °C und einer Aufenthaltszeit von 5–7 Tagen genutzt. Gleichzeitig werden bei geeigneter Betriebsweise Salmonellen, Wurmeier und Enteroviren abgetötet, so daß der Klärschlamm seuchenhygienisch unbedenklich ist. Der Klärschlamm soll möglichst gut eingedickt sein, damit die Zufuhr organischer Inhaltsstoffe hoch und damit die Energieausbeute je m³ Behandlungsvolumen gut ist. Der Sauerstoffeintrag wird mit Ejektorbelüftern, Tauchbelüftern oder Druckluftbelüftungssystemen mit getrennter Durchmischung [G.3.132] gesichert. Besondere Maßnahmen sind gegen häufig auftretende große Schaumbildung zu treffen. Das Verfahren ist relativ energieintensiv, was durch eine Wärmerückgewinnung aus dem behandelten Schlamm abgemindert wird.

Aerob stabilisierter Klärschlamm ist in vielen Fällen nicht genügend stabilisiert, um tatsächlich geruchsfrei zu sein. Zweckmäßig ist es, in nachgeschalteten Teichanlagen den Klärschlamm unter einer Wasserschicht als Geruchsverschluß anaerob weiter zu stabilisieren. Dies ergibt nach einer Zwischenlagerung von mehr als einem Jahr auch erheblich bessere Entwässerungsergebnisse im Rahmen der weiteren Behandlung.

G.3.4.2.2 Anaerobe Schlammstabilisierung

Unter Luftabschluß entwickelt sich im Faulbehälter ein Milieu, in dem die Biomasse weitgehend umgesetzt wird. Man unterscheidet dabei heute mindestens 3 Phasen:
- Versäuerung
  Fakultativ anaerobe Bakterien veratmen den gelösten Sauerstoff oder gewinnen diesen aus den organischen Stoffen.
- Acetogene Phase
  Acetogene Bakterien bereiten die Stoffe der Versäuerungsphase für die 3. Phase der methanogenen Bakterien auf.
- Methanogene Phase
  Methanbakterien, die sich ohne Sonnenenergie und Chlorophyll von anorganischen Stoffen ernähren können, mineralisieren die aufbereiteten Stoffe.

Voraussetzungen für die Faulung sind im wesentlichen folgende:
- Bei der mesophilen Faulung (Temperaturbereich 30 – 37 °C) sollte eine Aufenthaltszeit von 15 – 20 Tagen nicht unterschritten werden.
- Bei der thermophilen Faulung (Temperaturbereich um 52 °C) sollte die Aufenthaltszeit mehr als 7 Tage betragen. Die thermophile Faulung spart somit Bausubstanz, ist aber empfindlicher bei Milieuänderungen.
- Der pH-Wert ist bei geringen Schwankungen um bzw. etwas über 7 einzustellen.
- Der Faulbehälterinhalt ist gut durchzumischen und gleichmäßig zu beschicken. Dabei sollte der Klärschlamm einen Feststoffgehalt von 5 – 6 % beinhalten.

Bei guter Faulung wird ein nahezu geruchsfreier dunkler Faulschlamm, der seuchenhygienisch nicht einwandfrei ist, produziert. Gleichzeitig fällt Faulgas an (30 % CO_2, 70 % CH_4), das aufgrund seines hohen Energiegehalts (23.000 kJ/m³) ein wesentlicher Faktor für die Energiebilanz der Kläranlage ist.

Die Wirtschaftlichkeit der Faulung setzt bei Anlagen > 30.000 EW ein, wobei den relativ hohen Investitionskosten wesentliche Betriebsvorteile gegenüberstehen. In diesem Zusammenhang sind über das Erreichen der Geruchsfreiheit bzw. der Ablagerungsfähigkeit hinaus zu nennen:
- Der Klärschlamm wird nach Fest- und Inhaltsstoffen homogenisiert.
- Der Feststoffabbau durch Mineralisierung beträgt 20 – 30 %.
- Das gewonnene Faulgas (15 – 20 l/E·d) kann über die reine Aufwärmung des Klärschlamms hinaus im Rahmen eines Blockheizkraftwerks (BHKW) zur Gewinnung elektrischer Energie oder zum Antrieb der Gebläse für die Sauerstoffversorgung der biologischen Stoffe eingesetzt werden. Die Abwärme der Gasmotoren dient dann der Faulbehälter- und Gebäudeheizung.
- Bei richtiger Betriebsweise kann der Faulbehälter zudem als Energie- und Feststoffspeicher genutzt werden.

G.3.4.3 Schlammeindickung

Die wirtschaftliche Behandlung des Klärschlamms setzt eine möglichst weitgehende Volumenverminderung voraus. Dies gilt auch für die Stabilisierung, da z. B. bei der Faulung durch eine Aufkonzentration der Feststoffe vor dieser Stufe Behältervolumen eingespart wird und im nachfolgenden Betrieb weniger Wasser aufzuheizen ist.

Bei mittelmäßig eindickbaren Schlämmen erreicht man mit der Eindickung 4 – 7 % Trockenrückstand – TR. Dieser geringe Wert kann nicht darüber hinwegtäuschen, daß bei einer Eindickung von 1,5 auf 6 % TR nur noch 25 % des ursprünglichen Volumens weiter zu behandeln sind.

Das Schlammwasser wird dem Kläranlagenzulauf wieder zugeführt. Je nach Abwasserbeschaffenheit und Abwasserbehandlungsverfahren kann dabei diese Rückbelastung für die Kläranlage wesentlich sein. Insbesondere die zusätzlich zurückgeführten Stickstofffrachten können zu Engpässen bei der Einhaltung der geforderten Einleitungsbedingungen/Überwachungswerte führen. Bei der Dimensionierung der Kläranlage sind deshalb die entsprechenden Frachten zu berücksichtigen. Eine Einleitung der Schlammwässer in den Nachtstunden bei verminderter Zulauffracht ist von Vorteil. Dies erfordert entsprechende Stauräume. Eine Vorbehandlung des Schlammwassers der Eindickung allein in separaten Behandlungsanlagen ist dagegen kaum zu vertreten.

G.3.4.3.1 Schwerkrafteindicker

In den Absetzbecken der abwassertechnischen Stufen (Vorklärbecken, Nachklärbecken) kann der Klärschlamm in Trichtern unterhalb der eigentlichen Becken einfach und kostengünstig eingedickt werden. Die Ergebnisse sind allerdings nicht optimal (für Primärschlamm sind 2,5–3,0 % TR erreichbar). Lange Aufenthaltszeiten in den Trichtern verbieten sich wegen der dann erforderlichen großen Volumina und der Gefahr, daß frisches Abwasser angesäuert wird (Geruch).

Bessere Eindickergebnisse werden in separaten Schwerkrafteindickern erzielt. In Standeindickern wird eine Tagesmenge Klärschlamm eingefüllt und eingedickt. Für den Betriebsablauf – Füllen – Eindicken – Entleeren – sind drei Eindicker erforderlich.

Standeindicker können auch nach Faulbehältern eingesetzt werden, da der Klärschlamm auch ohne weitere Behandlungsschritte nach der Füll- und Eindickphase soweit abgekühlt ist, daß Konvektion das Eindickergebnis nicht oder kaum verschlechtert.

Der Nachteil der Standeindicker, daß die im Mittel erreichbaren Feststoffgehalte durch die im Bereich der Schlammzone nach oben abnehmende Konsistenz vermindert werden, wird in Durchlaufeindickern, die kontinuierlich beschickt werden, vermieden (Bild G.3-97).

Das abgetrennte Schlammwasser verläßt über Überfallkanten den Eindicker. Der Feststoff sedimentiert auf den nach innen schwach geneigten Sohlen und wird mit einem Räumer zur mittig liegenden Trichterspitze geschoben. Die Oberfläche des Eindickers wird durch die Absetz-/Eindickeigenschaften des Klärschlamms bestimmt. Die Oberflächenfeststoffbelastung beträgt bei Schlamm der mechanischen Stufe und Faulschlamm 50–80, bei Überschußschlamm der biologischen Stufe 20–50 kg TR/m²·d. Die Tiefe der Eindick- und Konsolidierungszone, die maßgebend für die erreichbaren Feststoffgehalte ist, bestimmt sich nach der Aufenthaltszeit des Klärschlamms. Rohschlämme sollten nicht über 36 h gestapelt werden, um Faulvorgänge und damit verschlechterte Eindickeigenschaften zu vermeiden.

G.3.4.3.2 Flotation

Besteht Klärschlamm aus voluminösen, nur schwer durch Sedimentation aufkonzentrierbaren Feststoffen, bietet die Flotation eine verfahrenstechnische Möglichkeit.

In einen Druckkessel wird Wasser aus dem Ablauf der Flotationsanlage unter Druck ≤ 5 bar mit Luft versetzt. Zurückgeführt (Recyclingverfahren) wird dieses Wasser dem Klärschlamm hinter einem Entspannungsventil zugesetzt. Durch die Entspannung werden feine Luftbläschen freigesetzt (Sprudelwasserflasche), die im engen Kontakt mit der Klärschlammflocke diese über den verringerten Auftrieb an die Schlammoberfläche und darüber hinaus (Eisberggeffekt) anheben. Das so erzeugte Flotat ist feststoffreicher als der einem Eindicker entnommene Klärschlamm. Allerdings ist die Entnahme des Flotats nicht unkritisch und führt zu einer Verschlechterung der zunächst erreichten Ergebnisse.

Die Räumkonstruktion für das Flotat besteht aus Schilden, die die oberste Schicht des „Eis-

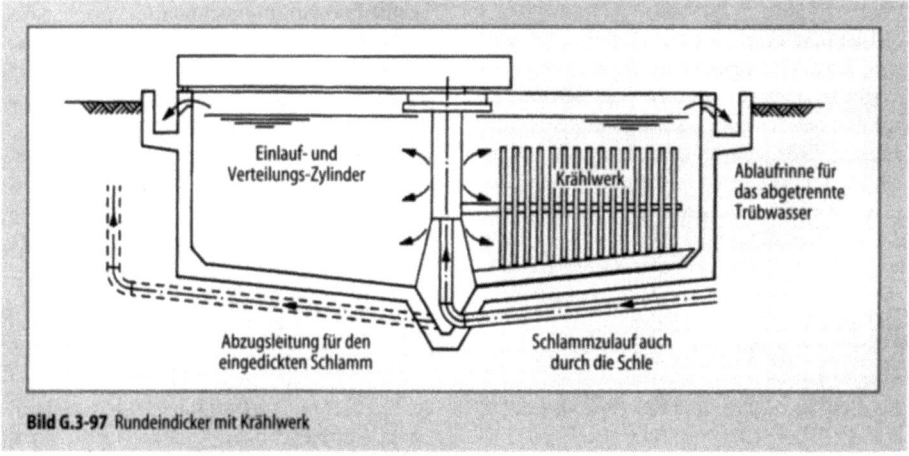

Bild G.3-97 Rundeindicker mit Krählwerk

bergs" über Schrägen aus den Becken hinausschieben oder aus Absaugbalken, die über die Beckenoberfläche geführt werden. Ein unterer Räumer hat die nicht flotierbaren Stoffe von der Beckensohle zu entfernen. Flotationsanlagen sind einzuhausen (Wind, Winter). Sie haben sich in der kommunalen Klärtechnik nur in Einzelfällen durchgesetzt.

G.3.4.3.3 Eindickzentrifuge

Bei geringem Raumbedarf – allerdings spezifisch hohen Energiekosten – kann Klärschlamm auch maschinell in Siebtrommeln mit sehr hohem Einsatz an Flockungshilfsmitteln (s. Abschn. G.3.4.3.4) oder in Zentrifugen eingedickt werden.

Es wurden spezielle Zentrifugen zur Überschußschlammeindickung entwickelt, die sich allerdings technisch nicht haben durchsetzen können. Heute werden im wesentlichen Dekantierzentrifugen (s. Abschn. G.3.4.4.3) eingesetzt, die in verschiedenen Details dem speziellen Anwendungsfall der Eindickung angepaßt wurden. Diese Aggregate werden meist vor der Faulung eingesetzt, weil die statischen Eindicker überlastet sind und/oder die Faulbehälter durch wachsende Schlammengen überlastet wurden. Die erreichbaren Feststoffgehalte für Überschußschlamm betragen 4–6 % TR und sind bei einem Abscheidegrad von 75–85 % auch ohne die Zugabe von Flockungshilfsmitteln zu erreichen. Der schlechte Wirkungsgrad ist bei entsprechender Dimensionierung der Kläranlage meist ohne Belang und vermeidet Schwierigkeiten in bzw. nach der Faulung, die bei der Zugabe von Flockungshilfsmitteln entstehen können.

G.3.4.3.4 Schlammkonditionierung

Ziel der Eindickung und Entwässerung ist es, die feste von der flüssigen Phase des Klärschlamms möglichst sauber zu trennen. Dies läßt sich zumindest bei der Entwässerung ohne Konditionierung nicht sinnvoll erreichen, da die Klärschlämme ein großes Wasserbindevermögen besitzen. Die Menge des gebundenen Wassers und die Intensität der Bindekräfte ist von der Partikelgrößenverteilung, dem organischen Trockenrückstand sowie von den Anteilen kolloidaler und gelartiger Inhaltsstoffe abhängig.

DIN 4045 definiert den Begriff Konditionierung: Verfahren zur Verbesserung von Schlammeigenschaften, z. B. der Entwässerungseigenschaften.

Man unterscheidet bei der Konditionierung zwischen
– chemischen,
– physikalischen und
– thermische Verfahren.

Zu den chemischen Verfahren gehört der Einsatz anorganischer sowie organischer Konditionierungsmittel.

Im anorganischen Bereich werden meist Eisen- oder Aluminiumsalze eingesetzt. Weiter kann die Zugabe von Kalk notwendig sein, um den pH-Wert einzustellen, eine Enthärtung des Wassers vorzunehmen und/oder ein Stützgerüst im Klärschlamm bei der Entwässerung unter hohen Drücken (Strukturverbesserung) aufzubauen. Anorganische Konditionierungsmittel tragen in den Klärschlamm einen eigenen Feststoffanteil ein, der bis zu einem Drittel der erreichten Feststoffwerte steigen kann.

Als organische Konditionierungsmittel werden wasserlösliche Polymere mit hohem Molekulargewicht (Polyelektrolyte) verwandt. Man unterscheidet nach der Ladungsart nichtionogene von den ionogenen Polymeren; nach der Lieferform feste von flüssigen Polymeren.

Die Wirkungsmechanismen der Polyelektrolyte sind sehr komplex. Fein suspendierte Teilchen oder Kolloide sind im kommunalen Klärschlamm meist negativ geladen und stoßen sich wegen ihrer gleichnamigen elektrostatischen Ladung gegenseitig ab. Mit der Zufuhr positiver Ionen (kationische Polyelektrolyte) erfolgt die Entladung der Teilchen. Dies ermöglicht den Zusammenschluß einzelner Teilchen zu Mikroflokken (Koagulation) sowie zu einer weiteren Vernetzung von Feststoffteilchen (Flockulation).

Organische Konditionierungsmittel erzeugen keinen Feststoff im Schlamm.

Durch die Zugabe mechanisch wirkender Konditionierungsmittel (z. B. Asche, Kohle, Sande) wird die Struktur des Schlamms ohne chemische Reaktionen verändert/verbessert.

Im Rahmen der thermischen Konditionierung wird die Zellstruktur des organischen Feststoffs so verändert, daß auch Adsorptions- und Innenwasser freigesetzt wird. Neben der Gefrierkonditionierung (–20 °C; kaum verbreitet) nahm die hoch- (180–230 °C) und niederthermische (60–80 °C) Konditionierung einen breiten Raum ein. Die Rückbelastung der Kläranlage durch die thermisch behandelten Schlammwässer ist allerdings sehr hoch. Dies führte mit den gleichzeitig auftretenden, sehr starken Gerüchen zu einem Rückgang der Anwendung thermischer Konditionierung.

G.3.4.4 Schlammentwässerung

Einer der wesentlichsten Verfahrensschritte zur Volumenreduzierung des Klärschlamms ist die Entwässerung. Die früher häufig hierzu eingesetzten natürlichen Verfahren der Trockenbeete, Schlammplätze und Schlammlagunen sind aus verschiedenen Gründen kaum noch einsetzbar. Dies ist verständlich, weil der Landschaftsverbrauch bei diesen Verfahren hoch ist und die Fragen einer Grundwasserbelastung durch austretendes Drainwasser nicht immer gelöst wurden. Auf der anderen Seite stellen die natürlichen Entwässerungsverfahren ausgesprochen preiswerte Möglichkeiten zur Volumenreduktion des Klärschlamms, z. B. vor der landwirtschaftlichen Nutzung, bei kleinen bis mittleren Kläranlagen dar.

Wenn bei der natürlichen Entwässerung Platz und auch relativ viel Zeit (3 – 6 Monate) benötigt wird, um Feststoffgehalte von 20 – 25 % zu erreichen, so vermindert man beim Einsatz maschineller Entwässerungsaggregate sowohl den notwendigen Platz als auch die zur Entwässerung erforderliche Zeit. Von Nachteil bleibt allerdings, daß Energie- und Personalaufwand erheblich zunehmen.

Die anzustrebenden Entwässerungsergebnisse wurden früher mit dem Ziel betrachtet, Transport- und/oder Deponiekosten zu minimieren. Bei dieser Betrachtung machte es Sinn, sich mit einem Feststoffgehalt von 25 – 30 % zu begnügen. Mit der seinerzeitigen Forderung des Deponiemerkblatts auf einen Feststoffgehalt von 35 %, der für das zu deponierende Gut erreicht werden sollte, ergaben sich für die Entwässerungsmaschinen besondere Anforderungen. Im Vorfeld der Technischen Anleitung Siedlungsabfall, die das Deponieren von nichtthermisch behandeltem Klärschlamm nach einer „Übergangsfrist" von längstens bis zum Jahr 2005 untersagt, wurde zur Beurteilung der Deponiefähigkeit die Scherfestigkeit des Klärschlamms – gemessen mit der Laborflügelsonde – entwickelt und in vielen Fällen festgelegt.

Zusammenfassend ist festzustellen, daß die Deponiefähigkeit des Klärschlamms i.d.R. nur beim Einsatz von Kammerfilterpressen bei einer Konditionierung mit Eisen und Kalk erreicht wird. Der Einsatz von Bandfilterpressen und Zentrifugen bleibt somit als Zwischenschritt vor einer weiteren Behandlung – z. B. der Trocknung und/oder Verbrennung – erhalten.

G.3.4.4.1 Bandfilterpressen

Bei den statischen Entwässerungsverfahren nehmen die kontinuierlich arbeitenden Bandfilterpressen einen wesentlichen Marktanteil ein. Es steht eine Vielzahl von Konstruktionsformen zur Verfügung. Voraussetzung für den Einsatz einer Bandfilterpresse ist ein Klärschlamm, der bei entsprechender Konditionierung hinter der Vorentwässerung einen standfesten, kompressiblen Filterkuchen erzeugt. Das Entwässerungs-

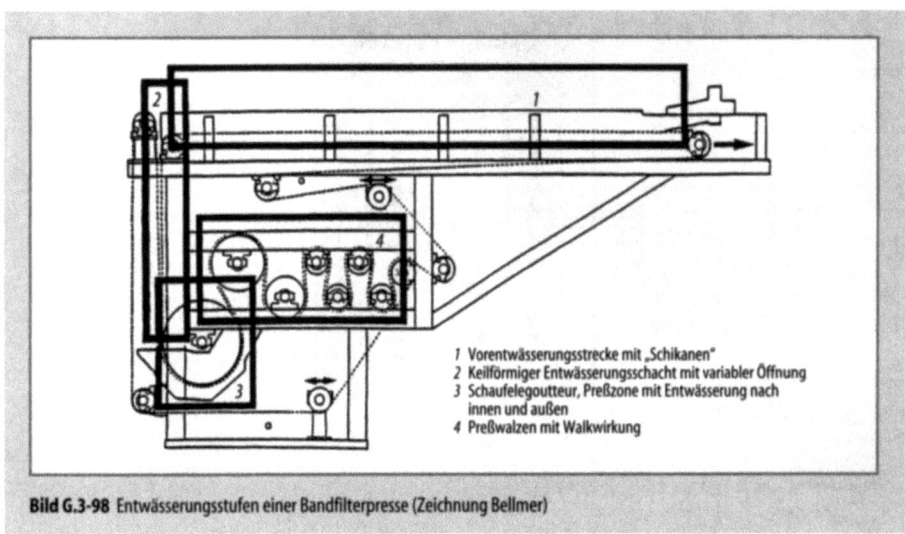

1 Vorentwässerungsstrecke mit „Schikanen"
2 Keilförmiger Entwässerungsschacht mit variabler Öffnung
3 Schaufelegoutteur, Preßzone mit Entwässerung nach innen und außen
4 Preßwalzen mit Walkwirkung

Bild G.3-98 Entwässerungsstufen einer Bandfilterpresse (Zeichnung Bellmer)

ergebnis liegt bei mittelmäßig entwässerbaren Schlämmen ebenso wie bei Zentrifugen normaler Bauart zwischen 18 und 30 % Feststoff.

Der Grundaufbau der Pressen besteht aus zwei endlosen Bandfiltern, auf bzw. zwischen denen der Klärschlamm unter langsam steigendem Druck (Bild G.3-98) entwässert wird.

Der konditionierte Klärschlamm wird über eine regelbare Schlammpumpe der Vorentwässerung zugeführt und durch entsprechende Einrichtungen auf dem Siebband gleichmäßig verteilt. Hinter der Vorentwässerung, in der lediglich das Eigengewicht des Klärschlamms die Entwässerung unterstützt, wird der Druck in einer zweiten Entwässerungsstufe meist kontinuierlich angehoben. In der dritten Entwässerungsstufe wird der so erreichte Druck weiter erhöht. Die vierte und letzte Druckstufe ist je nach Schlamm und Fabrikat unterschiedlich ausgebildet. Häufig werden gute Ergebnisse erzielt, wenn in einem sog. „S-Zug" die Siebbänder gegeneinander verschoben und damit Restwassermengen durch eine Umlagerung des Filterkuchens freigegeben werden.

Eine Bandfilterpresse kann durch die stufenlose, regulierbare Schlammzuführung, die Bandgeschwindigkeit sowie die Bandspannung und die Einstellung der Druckrollen in ihren Ergebnissen eingestellt werden.

Die Lebensdauer der Bandfilter ist höchst unterschiedlich und im wesentlichen von der Schlammzusammensetzung beeinflußt.

G.3.4.4.2 Kammerfilterpressen

Diese diskontinuierlich arbeitenden Entwässerungsmaschinen bestehen im wesentlichen aus einer Reihe einzelner Filterplatten. Zwischen diesen bildet sich durch den eingepreßten Schlamm der Filterkuchen aus (Bild G.3-99). Die Dichtung zwischen den Platten wird meist durch das Filtertuch, das auf den Platten aufliegt, hergestellt. Das Material der Platten ist in vielen Fällen Sphäroguß (Korrosionsprobleme) bzw. Polyäthylen. Die letztgenannten Platten verformen sich aufgrund des niedrigen E-Moduls bei relativ niedrigen Differenzdrücken.

Der Schlamm wird mit geeigneten Pumpen durch einen oder mehrere Füllkanäle in die Filterkammern mit einem Druck von bis zu 16 bar gepreßt. Je nach Plattengröße muß mit einem entsprechenden Gegendruck das Filterplattenpaket zusammengedrückt werden. In der Filterplatte sind i. d. R. Ablaufrillen für das durch das Filtertuch und das evtl. vorhandene Stützgewebe laufende Wasser eingearbeitet, die das Filtrat abführen. Mit dem Preßvorgang baut sich auf dem Filtertuch der Filterkuchen auf. Der Filtratdurchsatz nimmt gleichzeitig ab. Wird eine vorgegebene Filtratablaufmenge unterschritten, ist der Preßvorgang beendet. Die Presse kann entleert werden. Dazu ist Platte für Platte seitlich zu verfahren. Der Filterkuchen fällt dann durch sein Eigengewicht von den Filtertüchern in die Kuchenvorlage. Dieser Vorgang ist zu kontrol-

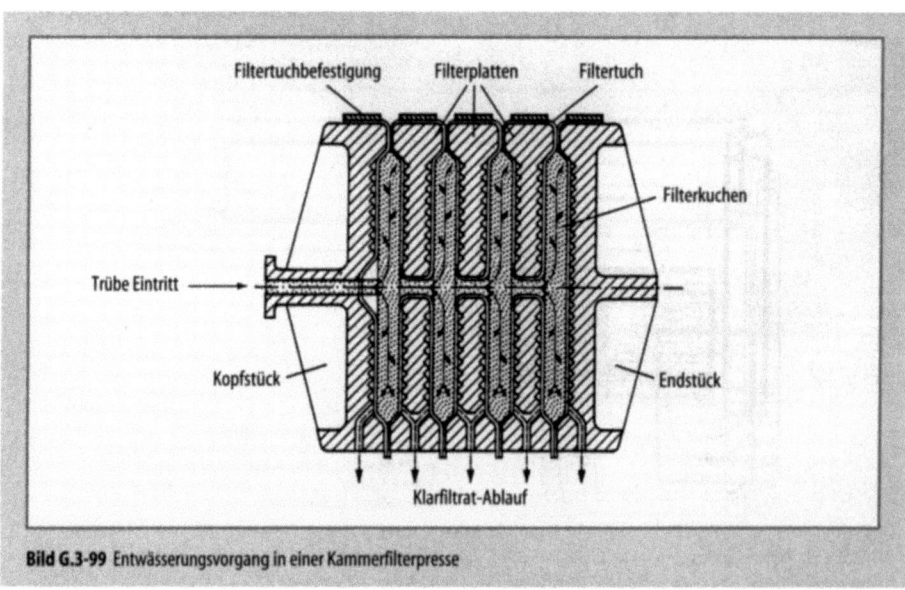

Bild G.3-99 Entwässerungsvorgang in einer Kammerfilterpresse

lieren, da der Filterkuchen vollständig abfallen muß.

Der Filtrationsvorgang erfordert ein annähernd inkompressibles Stützgerüst. Dieses wird bei der Konditionierung mit Eisen und Kalk erreicht, ergibt aber einen eigenen Feststoffanteil im entwässerten Klärschlamm. Zwischenzeitlich liegen auch gute Ergebnisse mit polyelektrolytkonditioniertem Klärschlamm vor. Der verfahrenstechnische Aufwand ist in diesen Fällen etwas größer. Die Anforderungen für die Deponiefähigkeit werden allerdings unabhängig vom Glühverlust nicht erreicht.

Ein Filtrationsvorgang dauert etwa 1–3 h. Je nach Schlammart und Konditionierung sind die Filtertücher nach einer gewissen Chargenzahl zu waschen. Eine automatische Waschanlage reinigt die Tücher mit einem Spüldruck von 70–100 bar. Genügt das Waschen nicht, sind die Filtertücher mit 3–5%iger Salzsäure zu säuern.

Die Entwässerungsergebnisse betragen bei der Polyelektrolytkonditionierung 28–38 % TR, bei der Eisenkalkkonditionierung 35–45 % TR (einschl. des Feststoffanteils aus der Konditionierung).

G.3.4.4.3 Zentrifugen

Ein künstlich erzeugtes Schwerefeld wird in den Zentrifugen benutzt, um die feste Phase des Klärschlamms von der flüssigen Phase zu trennen. Mit dem Einsatz der Polyelektrolyte gelang es, einen Abscheidegrad von 96 % i. d. R. einzuhalten. Es können theoretisch beliebig niedrige Eingangsfeststoffwerte gefahren werden.

Bei der Entwässerung kommunalen Klärschlamms werden Vollmantelschneckenzentrifugen (Dekanter) eingesetzt (Bild G.3-100).

In die sich drehende Zentrifugentrommel wird durch das Einlaufrohr der geflockte Schlamm eingeführt. Die Zentrifugalkräfte bewirken das Absetzen der Feststoffflocken an der inneren Trommelwandung, während sich das Zentrat als innenliegender Ring ausbildet. Wesentliches Merkmal eines Dekanters ist die Verjüngung eines Trommelendes (Konus) auf einen Durchmesser, der kleiner als der am gegenüberliegenden Ende vorhandene Wehrdurchmesser ist. Die etwas schneller als die Trommel umlaufende Transport- und Austragsschnecke hat die Aufgabe, die auf den Trommelwandungen abgesetzten Feststoffe in Richtung Konus zum Austrag zu transportieren. Je nach Einstellung der Wehrscheiben ist dabei eine größere oder kleinere Klärteichtiefe in der Flüssigkeitszone des Dekanters für die Aufenthaltszeit in der Zentrifuge und damit für die Sedimentationsdauer maßgebend. Die Länge der Trockenzone ist mit ausschlaggebend für den Feststoffgehalt im Austrag.

Die Steuermöglichkeiten eines Dekanters sind neben Durchsatz und Flockungshilfsmitteldosierung auch der Wehrscheibenradius, die Trommeldrehzahl und die Differenzdrehzahl. Die Differenzdrehzahl bestimmt die Umdrehungszahl, mit der die Schnecke im Vergleich zur rotierenden Trommel gefahren wird. Es ist üblich, die Differenzdrehzahl automatisch in Abhängigkeit vom Drehmoment der Schnecke zu regeln.

Die Forderung, möglichst hohe Feststoffgehalte im Austrag der Dekanter zu erreichen, führ-

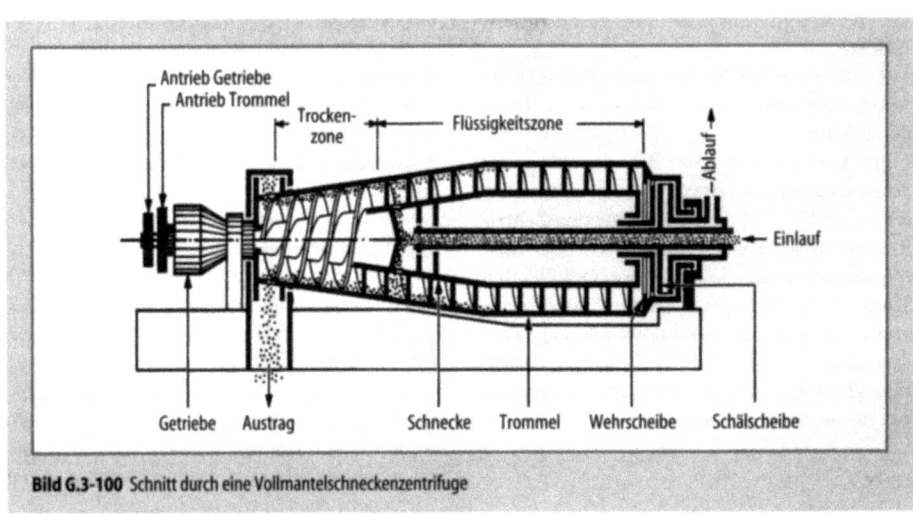

Bild G.3-100 Schnitt durch eine Vollmantelschneckenzentrifuge

te zu den sog. Hochleistungszentrifugen. In ihnen wird der Klärschlamm unter deutlich höheren g-Zahlen entwässert. Zusätzlich sind Schnecke und Konus je nach Fabrikat so ausgeprägt, daß der entwässerte Klärschlamm vor dem Austrag noch einmal gewalkt und gepreßt wird, um Restwassermengen zu entziehen.

G.3.4.4.4 Sonstige Verfahren

Die unterschiedliche Größe der Kläranlagen sowie der Hang, immer höhere Feststoffgehalte anbieten zu können, hat eine Fülle von Sonderaggregaten im Bereich der Entwässerung entstehen lassen.

Für kleinere Anlagen können u. a. der Entwässerungscontainer, in dem der Klärschlamm das abfließende Schlammwasser mittels durchlässigen Boden- bzw. Wandbereichen abgibt, sowie der Trevira-Schwerkraftfilter (TSF), der mit konditioniertem Klärschlamm gefüllt wird und das Schlammwasser durch die Textilflächen ablaufen läßt, genannt werden.

Besonders hohe Entwässerungsgrade können mit der High Intensity Press (HIP), die nach dem Prinzip einer kontinuierlich arbeitenden Membranfilterpresse auf Basis der Dünnschichtfiltration aufgebaut ist, erreicht werden. Sie soll als Nachentwässerungsmaschine hinter Bandfiltern oder Zentrifugen eingesetzt werden. Der besonders hohe Preßdruck wird hydraulisch aufgebaut. Die Maschine konnte sich bisher in der Praxis noch nicht durchsetzen.

Mit der Sico-WAP wurde ein Aggregat entwickelt, das über den sehr kleinen Abstand von Drainagetüchern bei einem relativ kleinen Kammervolumen gute Entwässerungsergebnisse verspricht.

Für die genannten Sonderaggregate liegen für den Einsatz kommunalen Klärschlamms keine durchgehenden Betriebserfahrungen vor.

Ein Übergang von der Entwässerung zur Trocknung wird mit dem System der Centridry ermöglicht. Der in der innenliegenden Zentrifuge entwässerte Klärschlamm wird über Austragsorgane in den die Zentrifuge umhüllenden Trockner abgespritzt. Entwässerter Klärschlamm und die tangential eingeleiteten Heißgase werden im Gleichstrom über die Länge der Zentrifuge getrocknet. Dabei wird der Klärschlamm auf 50–60 % TR getrocknet.

G.3.4.4.5 Schlammwasser – Belastung und Behandlung

Die Schlammwässer der Eindickung und der Entwässerung weisen insbesondere für ausgefaulten Klärschlamm erhebliche Schmutz- und Nährstofffrachten aus.

Die Stickstoffbelastung ist in diesem Zusammenhang von besonderer Bedeutung. Eine Umfrage hat für Gesamtstickstoff Werte zwischen 260 und 1.800 mg/l und für Ammoniumstickstoff Werte zwischen 70 und 1.460 mg/l ergeben. Diese Streuung wird im wesentlichen durch die Abwasserbeschaffenheit und die Verfahrenstechnik der Kläranlage beeinflußt.

Als Behandlungsverfahren zur Eliminierung dieser Belastung sind grundsätzlich zwei Wege denkbar:
– Mitbehandlung in der Belebtschlammanlage für Nitrifikation und Denitrifikation oder
– separate Vorbehandlung, bspw. mit Konditionierung und Strippung.

Die Mitbehandlung in der Biologie führt zu entsprechend größerem Bauvolumen und wird in vielen Fällen durch ein nicht ausreichendes Substratangebot im Abwasser begrenzt. Die separate Schlammwasserbehandlung wird heute i.d.R. entweder im Rahmen einer Luft- oder Dampfstrippung durchgeführt.

Vorteil der Mitbehandlung in der Kläranlage ist, daß keine gesonderten Reststoffe anfallen, wogegen bei der Strippung Ammoniumsulfat (aus der Luftstrippung) bzw. Ammoniak (aus der Dampfstrippung) anfällt. Ammoniumsulfat konnte früher im Bereich der Düngemittelindustrie eingesetzt werden. Diese Möglichkeit besteht heute kaum noch. Ammoniak kann im Rahmen der Rauchgasbehandlung in Kraft-werken bei der Entstickung eingesetzt werden. Hier ergeben sich Grenzfälle, da das Ammoniak nicht immer genügend rein angeboten werden kann.

G.3.4.5 Schlammtrocknung

Der Einsatz einer Klärschlammtrocknungsanlage ist in aller Regel einer Verbrennungsanlage (Mono- oder Müllverbrennung bzw. Kraftwerk) vorzuschalten. Eine Teiltrocknung ist für die beiden erstgenannten Beispiele dann einzurichten, wenn die Klärschlammentwässerung nicht genügend hohe Feststoffgehalte erzeugt, um einen wirtschaftlichen Betrieb zuzulassen.

Sollte der Klärschlamm nach der Trocknung transportiert werden müssen, ist vollgetrockneter Schlamm vorzuziehen.

Für den Betreiber von Kläranlagen ist somit – wie in allen übrigen Behandlungsstufen auch – zunächst zu klären, wie und wo er seinen Klärschlamm nach der Trocknung weiter behandelt bzw. entsorgt, bevor er sich für die Art des zu wählenden Trocknungsverfahrens entscheidet.

G.3.4.5.1 Grundlagen

Die Trocknungsverfahren lassen sich nach der Art der Wärmeübertragung als Konvektions- bzw. Kontakttrocknung klassifizieren. Bei der Konvektionstrocknung um- bzw. überströmt ein Trocknungsgas (Rauchgas, heiße Luft usw.) das zu trocknende Gut. Dabei wird Wärme aus dem Trocknungsgas an das Gut übertragen, Wasser wird aus dem Gut verdampft und von dem Trocknungsgas aufgenommen und abgeführt. Das zu trocknende Gut steht in direktem Kontakt zum Wärmeträger (daher auch Direkttrocknung) (Bild G.3-101).

Bei der Kontakttrocknung wird das auf einer durch einen Wärmeträger (Thermalöl, Dampf usw.) beheizten Fläche (Wärmetauscherfläche) ruhende, zu trocknende Gut erwärmt, ohne in direkten Kontakt mit dem Wärmeträger zu treten (Indirekttrocknung). Das verdampfte Wasser wird gemeinsam mit durch Undichtigkeiten in das System eintretender Leckluft bzw. durch eine gezielt zugeführte Trägerluftmenge abgeführt.

Zunehmend wird bei der Klassifizierung Direkt-/Indirekttrocknung nicht mehr ausschl. das Trocknungsaggregat, sondern das Gesamtsystem betrachtet.

Der prinzipbedingte Nachteil der großen, einer Kondensation bzw. weiteren Behandlung zuzuführenden Brüdenmenge bei der Konvektionstrocknung, kann dadurch kompensiert werden, daß das Trocknungsgas im Kreislauf gefahren wird und nur ein Teilstrom, der etwa der Brüdenmenge bei der Kontakttrocknung entspricht, abgezogen wird.

Ein wesentliches Kriterium bei der Auswahl des Trocknungssystems ist auch der Wärmeträger, der zur Klärschlammtrocknung notwendig ist. Hauptunterscheidungskriterium ist dabei die Druckstufe – davon abhängig die Temperatur –, mit der das Trocknungsaggregat zu betreiben ist. Dampf, Druckwasser und Thermalöl sind aus physikalischen Gründen nur unter Druck einzusetzen. Für Thermalöl sind dabei nicht die hohen Druckstufen notwendig, wie dies bei Dampf bzw. Druckwasser erforderlich ist. Damit unterliegen die mit Druck beaufschlagten Aggregate der Druckbehälterordnung.

Die Teiltrocknung umfaßt den Bereich, der sich durch die nach der Entwässerung vorgenommenen thermischen Trocknung eines Klärschlamms unterhalb 85 % TR einstellt. Die Volltrocknung liegt in ihren Feststoffgehalten oberhalb dieses Punktes.

Die Volltrocknung muß in aller Regel ein Granulat erzeugen, um sicherheitstechnischen Aspekten (Brand- und Explosionsschutz) genügen

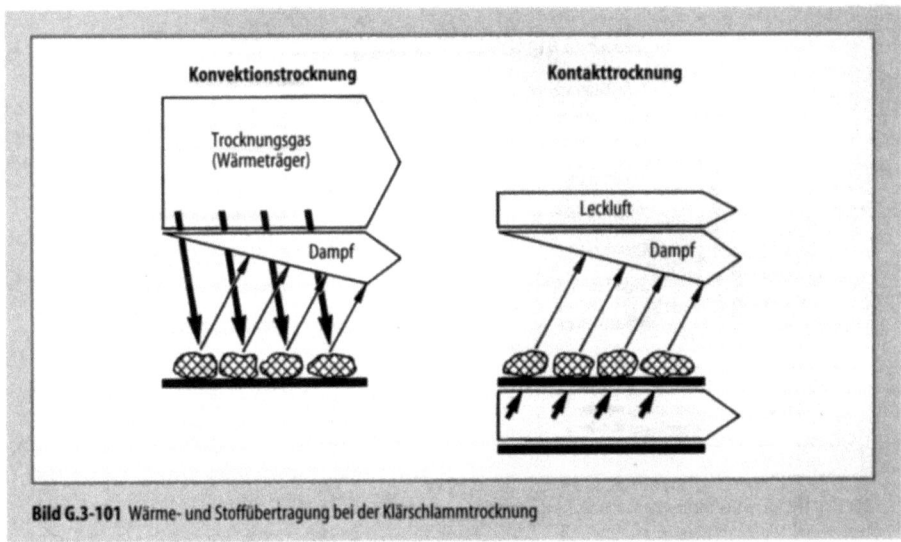

Bild G.3-101 Wärme- und Stoffübertragung bei der Klärschlammtrocknung

zu können. Getrockneter Klärschlamm mit seinen relativ hohen organischen Bestandteilen stellt einen näherungsweise mit Braunkohle vergleichbaren Brennstoff und damit verbundenem, ähnlichem Gefahrenpotential dar.

G.3.4.5.2 Verfahren

Bei der Klärschlammtrocknung werden im wesentlichen die folgenden Trockner eingesetzt:
- Dünnschichttrockner,
- Knettrockner,
- Scheibentrockner,
- Wirbelschichttrockner,
- Bandtrockner,
- Trommeltrockner,
- Solartrockner.

Die Reihenfolge dieser Darstellung entspricht nicht den Marktanteilen, die die einzelnen Trockner z. Z. im Klärschlammbereich besitzen.

Bild G.3-102 zeigt die einzelnen Arbeitsbereiche, in denen die genannten Trockner eingesetzt werden können. Wesentliches Unterscheidungskriterium ist dabei der Einsatz zur
- ausschließlichen Teiltrocknung,
- ausschließlichen Volltrocknung,
- Durchtrocknung vom entwässerten Klärschlamm bis zur Volltrocknung.

Lediglich Dünnschicht-, Knet-, Solar- und Bandtrockner haben technisch die Möglichkeit, über die Leimphase hinweg (etwa zwischen 45 und 60 % TR) durchzutrocknen.

Für den Bandtrockner ist es wichtig, daß der entwässerte Schlamm aufgrund seines Feststoffgehalts bereits hinter der Aufgabe auf das Band – der Klärschlamm wird hier durch eine Matrize gepreßt – ein lockeres Haufwerk bildet, durch das die Trocknungsluft hindurchstreichen kann. Sollte der Klärschlamm nicht genügend standfest sein, würden die Preßlinge (Würstchen) auf dem Band eine für die Trocknungsluft nahezu undurchdringliche Schicht ergeben. Dies würde dann zu einem ungenügenden Trocknungsverlauf und -ergebnis führen.

Dünnschicht- und Knettrockner sind ebenfalls geeignet, bereits hinter der Teiltrocknung das Trockengut auszutragen, können somit sowohl für die Teiltrocknung als auch für die Volltrocknung eingesetzt werden.

Scheiben- und Trommeltrockner erreichen eine Volltrocknung erst nach Rückmischung. Da die Aggregate nicht geeignet sind, den Klärschlamm über die Leimphase hinweg zu trocknen, wird feines Trockengut in den entwässerten Klärschlamm rückgemischt. Das Mischgut hat einen Feststoffgehalt, der oberhalb der Leimphase liegt. Scheiben- und Trommeltrockner unterscheiden sich darin, daß der Scheibentrockner ebenfalls zur Teiltrocknung eingesetzt werden kann – der Trommeltrockner nicht.

Eine besondere Stellung nimmt der Wirbelschichttrockner ein. In ihm kann Klärschlamm

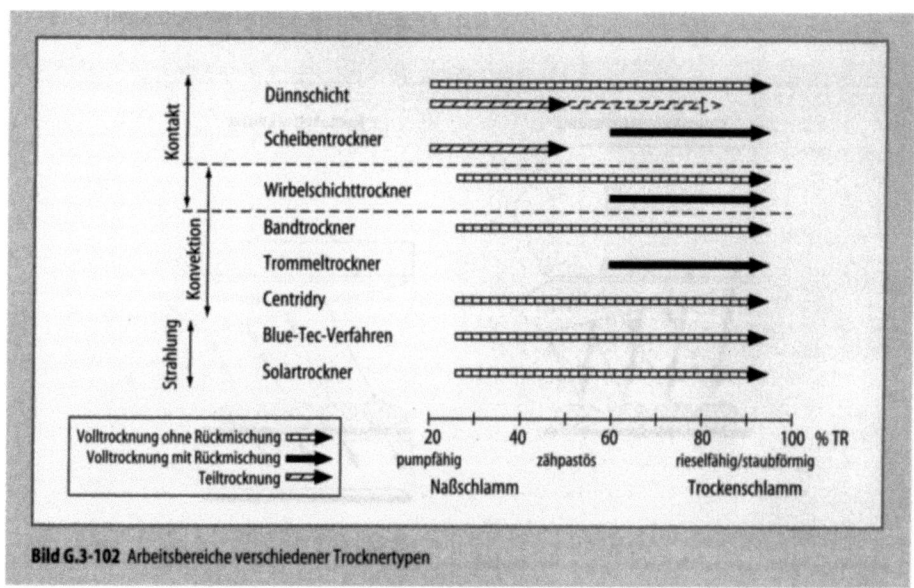

Bild G.3-102 Arbeitsbereiche verschiedener Trocknertypen

nur vollgetrocknet werden. Allerdings kann meist auf eine direkte Rückmischung wie beim Scheiben- und Trommeltrockner verzichtet werden. Indirekt liegt diese Rückmischung allerdings vor, da der entwässerte Klärschlamm in die Wirbelschicht – sie besteht aus getrocknetem Klärschlamm – eingeführt wird und hier innerhalb der Wirbelschicht indirekt der gleiche Effekt wie bei der Rückmischung eintritt.

Solartrockner nutzen die natürliche Möglichkeit der Luft, Feuchtigkeit von einem Medium – hier Klärschlamm – abzutransportieren. Je nach Temperatur, Luftmenge und relativer Luftfeuchtigkeit können preiswert hohe Trockengehalte mit geringem Aufwand an Technik erreicht werden. Für kleinere Kläranlagen ist dieses Verfahren gut geeignet.

G.3.4.6 Schlammverbrennung und -vergasung

Die technische Anleitung Siedlungsabfall verlangt nach einer Übergangszeit bis längstens zum Jahr 2005, daß auch Klärschlämme nur dann deponiert werden dürfen, wenn sie einen organischen Feststoff von $\leq 5\%$ beinhalten. Dies bedeutet, daß der Klärschlamm zu verbrennen bzw. oxidativ so zu behandeln ist, daß das geforderte Ziel erreicht wird. Gleichzeitig nimmt der Klärschlamm damit das geringstmögliche Volumen ein, die organischen Inhaltsstoffe sind zerstört bzw. umgebaut und der Energieinhalt des Klärschlamms ist verfahrenstechnisch genutzt.

Aus dem Zwang zur Entsorgung des Klärschlamms, den dargestellten Deponieanforderungen sowie der mangelnden Akzeptanz bei der landwirtschaftlichen Nutzung des Klärschlamms ergibt sich somit zumindest für große Anlagen die Forderung nach einer thermischen Behandlung.

G.3.4.6.1 Grundlagen

Bei der hier betrachteten Verbrennung bildet der organische Anteil des Klärschlamms ein hohes Energiereservoire (22.000 – 24.000 kJ/kg). Andererseits ist das anhaftende Wasser aufzuheizen und zu verdampfen. Einschließlich der unvermeidbaren Wirkungsgradverluste kann dennoch bei guten Entwässerungsergebnissen Rohschlamm autark verbrannt werden. Gleiches gilt für ausgefaulten Schlamm, der naturgemäß einen geringeren Energieinhalt hat, wenn er höher entwässert bzw. teilgetrocknet wird.

Die Reststoffe des Verbrennungsprozesses (Asche und Rauchgas) sind gesondert zu betrachten. Die Asche kann heute in weiten Bereichen nach Aufbereitung verwertet werden. So kann sie z. B. im Rahmen des Bergbaus eingesetzt werden. Das Rauchgas hat den Grenzwerten der 17. Verordnung zum Bundesimmissionsschutzgesetz (17. BImSchV) zu genügen. Diese sehr strengen Anforderungen gelten ausschl. für Abfallverbrennungsanlagen und limitieren die Grenzwerte erheblich unter den Emissionswerten, z. B. von Großfeuerungsanlagen (13. BImSchV). Insbesondere ist die Emission für Dioxine und Furane auf $\leq 0{,}1$ ng TE/Nm^3 begrenzt. Bei Einsatz von Klärschlamm in Kraftwerken tritt nach den Vorgaben der 17. BImSchV eine Mischrechnung in Kraft, nach der dann die abgeminderten Emissionswerte der Kraftwerke mit denen der Abfallverbrennungsanlagen anteilmäßig bestimmt werden.

G.3.4.6.2 Monoklärschlammverbrennung

In der Bundesrepublik wird kommunaler und industrieller Klärschlamm in mehr als 26 Anlagen allein verbrannt. Überwiegend werden Wirbelschichtöfen (Bild G.3-103) (andere Systeme sind Etagenöfen bzw. Etagenwirbler), in denen die vorgeheizte Verbrennungsluft von unten durch einen Düsenbogen in den Ofenraum eintritt, eingesetzt. Oberhalb des Düsenbogens befindet sich eine Quarzsandschicht, die durch die Verbrennungsluft fluidisiert wird. Die Nachbrennraum-

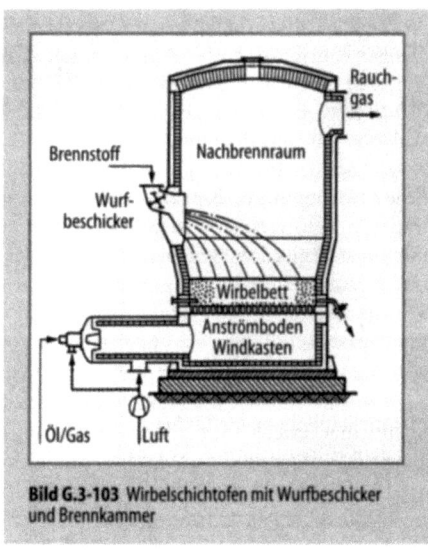

Bild G.3-103 Wirbelschichtofen mit Wurfbeschicker und Brennkammer

temperaturen liegen oberhalb von 850 °C. Der Klärschlamm wird in die Wirbelschicht vom Ofenkopf oder mittels Lanzen oder Wurfbeschickern eingetragen. Die Asche wird mit dem Rauchgasvolumenstrom ausgetragen und in der Rauchgasbehandlung abgeschieden. Die Vorgaben der 17. BImSchV werden nach Entstaubung und zweistufigen Wäschen i.d.R. eingehalten. Ein besonderes Augenmerk ist der Quecksilberproblematik zu widmen.

G.3.4.6.3 Mitverbrennung in Müllverbrennungsanlagen

In der Bundesrepublik werden in 8 Anlagen Klärschlämme gemeinsam mit Hausmüll verbrannt. Dabei ist der Klärschlamm teilweise nur entwässert bzw. teilweise getrocknet. Die Zugabe des Klärschlamms in den Verbrennungsprozeß kann ein Problem darstellen, da der Klärschlamm aufgrund seines im Vergleich zum Müll unterschiedlichen Brennverhaltens besondere Maßnahmen erfordert. Der hohe Ascheanteil ergibt für die Auslegung der Rauchgasbehandlung spezielle Ansätze.

Grundsätzlich ist die Technologie der gemeinsamen Verbrennung gelöst. Schwierigkeiten treten allerdings häufig dann auf, wenn der für die Entsorgung des Mülls Zuständige nicht gleichzeitig auch für die Klärschlammentsorgung verantwortlich ist.

G.3.4.6.4 Mitverbrennung in Kraftwerken

Die Kapazität der vorhandenen Kraftwerke ist im Vergleich zu den anfallenden Klärschlammmengen enorm. So würde z.B. ein einziger mittelgroßer Block eines Kraftwerks genügen, um den in Nordrhein-Westfalen anfallenden Klärschlamm mit zu verbrennen.

Seit Ende der 80er Jahre gibt es deshalb erhebliche Anstrengungen, Klärschlamm als Energieträger in Kraftwerken einzusetzen. Die genehmigungstechnischen Vorgaben sind eindeutig und erlauben diese Nutzung. Die technischen Schwierigkeiten liegen in einer Erweiterung der Rauchgasbehandlung, die bei den enormen Rauchgasmengen der Kraftwerke zu erheblichen Kosten für den Klärschlamm führen. Die rechtlichen Fragen entzünden sich vorwiegend vor dem Hintergrund der Mischrechnung nach der 17. BImSchV, da die Bilanzierung der Schadstoffe, die über den Klärschlamm/Abfall eingetragen werden, schwerlich möglich ist. Zukunftsträchtig ist die Entsorgung der Verbrennungsrückstände, die für die Kraftwerke bereits heute gelöst ist und z.B. bei einer Schmelzkammerfeuerung von einem eluatfreien Material ausgehen kann.

G.3.4.6.5 Sonstige Verfahren

Neben dem Verfahren der direkten Verbrennung bestehen Möglichkeiten der Entgasung, Vergasung, Mitbehandlung sowie Naßoxidation (Bild G.3-104).

Als Entgasung, auch Pyrolyse oder Verschwelung genannt, wird die thermische Zersetzung von organischem Material unter Luftabschluß bezeichnet. In dem Verfahren entsteht Pyrolyseöl (Verwendung in der Petrochemie) sowie Pyrolysekoks und -gas. Beides muß mit dem Ziel der Energiegewinnung einer weiteren Verbrennung oder Vergasung zugeführt werden, da sie Problemstoffe beinhalten.

Eine Vergasung des Klärschlamms tritt ein, wenn organisches Material in gasförmige Produkte durch Zugabe von Wasserdampf und Sauerstoff umgewandelt wird. Der Temperaturbereich beträgt mind. 850 °C, für die Schlackeeinschmelzung mind. 1300 °C. Bekannt sind die Verfahren der Festbettdruckvergasung, der Flugstromvergasung sowie der Wirbelschichtvergasung. Der Klärschlamm ist für diese Verfahren unterschiedlich aufzubereiten. Das Endprodukt besteht aus Granulat bzw. verglaster Schlacke/Asche.

Neben der Mitbehandlung des Klärschlamms in Müllverbrennungsanlagen und Kraftwerken sind das Schwelbrennverfahren und des Thermoselectverfahren anzuführen. In der Konversionstrommel beim Schwelbrennverfahren wird der getrocknete Klärschlamm gemeinsam mit Müll und anschließend durch eine Hochtemperaturverbrennung zu einem Schmelzgranulat umgesetzt. Im Thermoselectverfahren wird der ebenfalls getrocknete Klärschlamm mit vorgepreßten Restabfällen in einen Entgasungskanal geführt und danach bei Temperaturen > 2000 °C vergast. Es entsteht Schmelzgranulat sowie Synthesegas, wogegen beim Schwelbrennverfahren gereinigtes Rauchgas anfällt.

Die nasse Oxidation organischer und anorganischer Verbindungen bei hohem Druck und hohen Temperaturen bei Zugabe von Sauerstoff in den 5%igen Feststoff ergibt eine weitgehende Umsetzung der organischen Substanz. – Im Ver-Tech-Verfahren wird z.Z. in einem Schacht von

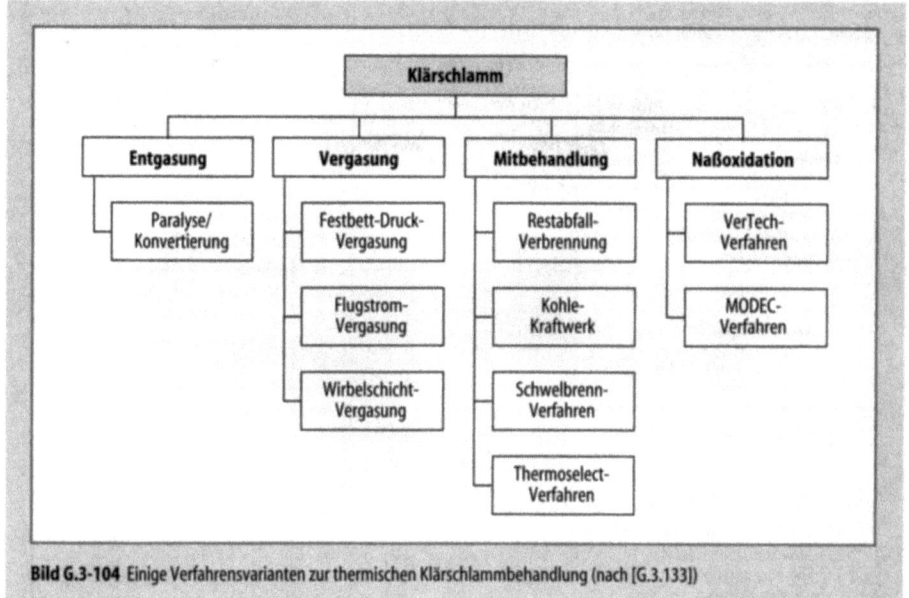

Bild G.3-104 Einige Verfahrensvarianten zur thermischen Klärschlammbehandlung (nach [G.3.133])

1200 m Tiefe der erforderliche Druck ohne Pumpenleistung aufgebaut. Die notwendigen Reaktionstemperaturen werden nach Vorheizung durch die Reaktion aufgebracht. Der Energieüberschuß kann genutzt werden. Der oxidierte Klärschlamm kann in üblichen Entwässerungsaggregaten weitgehend entwässert werden. Das anfallende Schlammwasser ist allerdings vor Einleitung in eine kommunale Kläranlage vorzubehandeln.

G.3.4.6.6 Asche- und Schlackenverwertung

Die anfallenden Rückstände sind nach den Vorgaben des Abfallwirtschafts- und Kreislaufgesetzes – soweit sie nicht vermeidbar sind – zu verwerten. Die bisher als staubförmige Asche anfallenden Rückstände der Monoklärschlammbehandlungsanlagen können im Bergbau eingesetzt werden. Die Verdämmung von Hohlräumen ist unter Zusatz von Bindemitteln als geeigneter Weg einer Verwertung anerkannt. Die technisch mögliche und an wenigen Stellen realisierte Aufbereitung der Asche zu Baumaterialien (z. B. Pflastersteine) ergibt einen sehr hohen zusätzlichen Investitions- und Betriebskostenbedarf.

Zukunftsträchtig scheint die Verwertung der aus der Schmelzkammerfeuerung gewonnenen verglasten Asche zu sein. Hier sind verschiedene Wege des Recycling (Straßenunterbau usw.) gangbar.

G.3.5 Emissionen aus Abwasseranlagen

G.3.5.1 Beurteilung von Emissionen

G.3.5.1.1 Allgemeine Einführung

Bestehende oder in Planung befindliche Abwasser-/Kläranlagen leisten durch die Abwasserbehandlung einen maßgeblichen Beitrag zum Schutz der Umwelt, insbesondere zum Schutz des Wasserdargebots. Allerdings gehen von diesen Anlagen – je nach Bau-, Ausrüstungs- und Unterhaltungszustand – quantitativ und qualitativ stark unterschiedliche Emissionen aus.

Tabelle G.3-30 zeigt eine Übersicht zu allen (theoretisch) denkbaren Emissionen aus Kläranlagen (entnommen aus Fehr [G.3.133]).

Bei Neuplanungen von Abwasser-/Kläranlagen ist gemäß Wasserhaushaltsgesetz (WHG) durch die Planer, nach den „Regeln der Technik", d. h. den allgemein anerkannten Regeln der Technik (a.a.R.d.T.) und in Bereichen, in denen mit wassergefährdenden Stoffen umgegangen wird, auch nach dem Stand der Technik (S.d.T.) zu planen, zu bauen und durch den Betreiber der fachgerechte Betrieb und die Unterhaltung der Anlagen sicherzustellen. Schon im Rahmen der Planung sind daher die möglichen Emissionen aus Kläranlagen (Staub, Geruch, Aerosole, Schall/Geräusch, Erschütterungen, Licht, Wärme, Strahlung) detailliert zu betrachten, zu be-

Tabelle G.3-30 Emissionen aus Abwasserbehandlungsanlagen [G.3.133]

Quellen	Emissionen (x) eher gering	Luftverunreinigungen				Geräusche	Erschütterungen	Licht	Wärme	Strahlung
		Staub	Geruch	sonst. Schäd.	Aerosole					
1 Einlauf			x							
2 Rechenanlagen			x			(x)				
3 belüftete Sandfänge			(x)		x					
4 Vorklärbecken			(x)							
5 Belebungsbecken			(x)		(x)	x				
6 Tropfkörper			(x)							
7 Nachklärbecken										
8 Gewinnung und Förderung des Rohschlamms			x			x				
9 Förderung des Rücklaufschlamms						x				
10 Aerobe Schlammstabilisation			(x)		x	(x)				
11 Anaerobe Schlammstabilisation			x							
12 Eindickung			x							
13 Schlammentwässerung			x	(x)		x	(x)			
14 Schlammtrocknung			x	(x)		x	(x)		x	
15 Schlammverbrennung			x	x		x	(x)		x	
16 Gasverwertung (Fackel)								x	(x)	
17 Entseuchung durch – Pasteurisierung			x							
– Bestrahlung										x
18 Schlammdeponie			x			(x)				
19 Einbringung in den Landbau			x			(x)				
20 Regenbecken			x			x				
21 Versorgungs- und allgem. Betriebseinrichtungen										
22 Verkehrswege						x		x		
23 Meßtechnik										x

werten und auf ein unvermeidbar (geringes) Maß zu minimieren (u. a. UVP-Gesetz). Weitergehende Ausführungen zu den einschlägigen Aspekten der
- wasserrechtlichen Bestimmungen des Bundes und der Länder
- immissionsschutzrechtlichen und zivilrechtlichen Bestimmungen sowie
- baurechtlichen Anforderungen

in Verbindung mit Emissionen aus Abwasseranlagen können dem ATV-Merkblatt M 204 [G.3.134] entnommen werden.

Bei bestehenden Klär-/Abwasseranlagen gelten prinzipiell gleiche Grundaussagen zum Minimierungsgebot von Emissionen, doch werden meistens erst dann weitergehende bzw. modernere Anlagen bzw. Verfahren zur Emissionsvermeidung oder -minderung geplant und nachgerüstet, wenn es zu massiven Protesten und Beschwerden von Betroffenen gekommen ist.

Wie aus Tabelle G.3-30 ersichtlich ist, werden die Hauptemissionen aus Abwasseranlagen (z. B. Pumpwerke, Kanäle, Kläranlagen, Regenbecken, Anlagen zur Schlammbehandlung) im wesentlichen über den Luftpfad/Luftverunreinigungen (Geruch und Aerosole) in die Umwelt/Umgebung getragen, sowie durch Schall bzw. Geräusche verursacht.

Die Emissionen aus Erschütterungen, Licht, Wärme und Strahlung stellen im Regelfall nur eine untergeordnete Ebene dar oder sind nur in Sonderfällen besonders zu bewerten; aus diesem Grund werden nachfolgend lediglich die Hauptemissionen *Geruch*, *Aerosole* und *Schall* betrachtet.

Oftmals stehen sich in der Planungs- und Genehmigungsphase für solche Maßnahmen auch konträre Auffassungen (und manchmal auch Unkenntnis) zu Möglichkeiten, Forderungen, Leistungsfähigkeit/Wirksamkeit und Verhältnismäßigkeit von Emissionen und deren Vermeidungs- und Minimierungstechnologien gegenüber. In den nachfolgenden Abschnitten sind die grundlegenden Fakten, Meßverfahren, Bewertungsmaßstäbe und technischen Möglichkeiten zur Vermeidung und Minimierung von Emissionen dargestellt. Aufgrund des Themenumfangs kann an vielen Stellen nur ein grober Überblick über die Grundlagen gegeben werden, die Sichtung und Zuhilfenahme der genannten, weiterführenden Literatur wird daher empfohlen.

G.3.5.1.2 Geruchsemissionen

Allgemeine Angaben

Bei Geruchsemissionen aus Abwasserbehandlungs-/Kläranlagen handelt es sich i. d. R. um Emissionen ohne akut-toxikologische Relevanz. Während es bei den Schadstoffemissionen um potentielle Gefährdungen geht, die nach dem Besorgnisgrundsatz weitestgehend ausgeschlossen werden müssen, handelt es sich bei den Abwassergerüchen um potentielle Belästigungen, die nach den Abwägungskriterien und unter Beachtung der örtlichen Verhältnisse zu vermeiden sind. Insoweit ist nach [G.3.135] und [G.3.134] die praktische Eignung von Emissionsminderungsverfahren von den im jeweiligen Fall vorliegenden spezifischen Randbedingungen und sich hieraus ergebenden Erfordernissen abhängig.

Geruchsemissionen aus Abwasserbehandlungsanlagen (nach [G.3.134]) treten auf, wenn
- im Abwasser bereits geruchsaktive Substanzen in gelöster Form vorliegen (primäre Osmogene, z.B. aus gewerblich- industriellen Prozeßabwässern in Form von (gelösten) Produktresten, die ständig oder zeitweise zu branchentypischem Geruch führen),
- sich im Verlauf des Fließwegs oder bei der Abwasserreinigung, z. B. durch Abwässer aus Schlammbehandlungsanlagen, geruchsaktive Substanzen durch biochemische Umsetzungsprozesse bilden (sekundäre Osmogene) und
- bei entsprechendem Lösungsgleichgewicht diese geruchsaktiven Substanzen an der Phasengrenzfläche zwischen Abwasser und Atmosphäre ausgasen können (Strippung).

Meßverfahren

Geruch ist die Eigenschaft einer Gruppe von Chemikalien, den sog. Geruchsstoffen, konzentrationsabhängig den menschlichen Geruchssinn zu aktivieren und somit eine Geruchsempfindung auszulösen.

Es gibt zwar allgemeine Merkmale von Geruchsstoffen, die z.B. unter Zuhilfenahme der GC-MS und/oder FID-Meßtechnik [G.3.134] gemessen werden können, einheitliche physikalische oder chemische Eigenschaften, die eine Klassifikation zulassen, gibt es jedoch nicht. Dieses erschwert die Erfassung und Bewertung von Gerüchen.

Da es z. Z. noch keine chemisch-physikalischen Meßgeräte zur Ermittlung der Gerüche bzw. der Geruchsstoffkonzentrationen gibt, aber auftretende Gerüche quantifiziert und qualitativ bewertet werden müssen, erarbeitete die Kommission „Reinhaltung der Luft" die VDI-Richtlinien 3881 und 3882 „Olfaktometrie" [G.3.136, G.3.137].

In diesen Richtlinien werden einheitliche Meßverfahren beschrieben und einzelne Begriffe definiert, so daß es dadurch möglich geworden ist, Gerüche zu erfassen und zu bewerten [G.3.138, G.3.139]. Die wichtigsten Begriffsdefinitionen sind nachfolgend wiedergegeben:

Olfaktometer
Olfaktometer sind Meßgeräte/Apparaturen, in denen eine Gas- bzw. Abluftprobe (Geruchsstoffprobe) mit geruchsstofffreier Neutralluft definiert verdünnt und Testpersonen (Probanden) als Riechprobe angeboten wird.

Geruchsschwelle
Die Konzentration an Geruchsträgern an der Geruchsschwelle führt bei 50 % der Gesamtheit (Anzahl der Probanden) zu einem Geruchseindruck. Die Geruchsstoffkonzentration ist an dieser Schwelle, der Geruchsschwelle, definitionsgemäß 1 GE/m^3.

Geruchseinheit (GE)
1 GE ist diejenige Menge Geruchsträger (Teilchenzahl), die – verteilt in 1 m^3 geruchsstofffreier Neutralluft – entsprechend der Definition der Geruchsschwelle gerade eine Geruchsempfindung auslöst. 1 GE/m^3 ist zugleich der Skalenfixpunkt für die Geruchsstoffkonzentration.

Geruchsstoffkonzentration (GE/m^3)
Die Geruchsstoffkonzentration der zu messenden Geruchsprobe wird durch Verdünnung mit Neutralluft (geruchsfrei) bis zur Geruchsschwelle bestimmt. Entsprechend der Volumenströme von Geruchsprobe und Neutralluft bei Erreichen der Geruchsschwelle ergibt sich der Zahlenwert der Geruchsstoffkonzentration.

Geruchsintensität
Stärke der Geruchsempfindung, die durch einen Geruchsreiz ausgelöst wird („nicht wahrnehmbar" bis „extrem stark").

Hedonische Wirkung
Wirkung eines Geruchsstoffs, der durch die Einordnung des Reizes zwischen den Merkmalen „äußerst angenehm" und „äußerst unangenehm" beschrieben wird.

Von Köster [G.3.140] sind die Geruchsstoffkonzentrationen einzelner Kläranlagenteile aus 15 verschiedenen Kläranlagen zusammengestellt worden und in Tabelle G.3-31 wiedergegeben.

Bei der Interpretation der Daten ist zu beachten, daß diese nur beispielhaften Charakter haben können und nur Tendenzen aufzeigen. Besondere Ausgangssituationen an anderen Abwasserbehandlungsanlagen können deutlich andere Geruchsstoffkonzentrationen (ständig oder zeitweise) ergeben.

Generell ist aber feststellbar, daß insbesondere die Gerüche aus den Anlagenteilen der Schlammbehandlung bzw. die mit Strippeffekten verbundene Rückführung von Abwasserteilströmen aus Schlammbehandlungsanlagen für die Geruchsstoffemissionen bzw. die Immissionsbewertung von entscheidender Bedeutung sind.

Besonders hinzuweisen ist auf die sehr intensiv riechenden, schwefelhaltigen (z. B. Schwefelwasserstoff) und die stickstoffhaltigen Verbindungen (z. B. Ammoniak). Diese Geruchsstoffe können zu sehr hohen Geruchsstoffkonzentrationen führen und eine weitreichende, sowie umfangreiche Verfahrenstechnik zur Abluftfassung und -reinigung erforderlich machen.

Bewertung der Geruchsemissionen/-immissionen

Die von einer Abwasserbehandlungsanlage emittierten Gerüche breiten sich im umliegenden Luftraum aus, werden transportiert und dabei verdünnt. Maßgeblich für die Immissionssituation in der Umgebung der Abwasserbehandlungsanlage sind die Emissionsquellstärken, sowie die meteorologischen und topographischen Ausbreitungsbedingungen. Wichtige meteorologische Ausbreitungsparameter nach [G.3.141] sind u. a.:
- Windrichtung,
- Windgeschwindigkeit,
- Turbulenzen,
- Sonneneinstrahlung,
- Bewölkungsverhältnisse,
- kurzzeitige Bodeninversionen.

Es gibt grundsätzlich 2 Möglichkeiten, die Geruchsimmissionen, d. h. die Geruchswahrnehmungshäufigkeiten in % der Jahresstunden, in einem Beurteilungsgebiet zu ermitteln [G.3.142].

Rasterbegehungen
Hierbei wird ein Raster über das Beurteilungsgebiet gelegt. Jeder Rasterkreuzungspunkt wird zu unterschiedlichen Tages- und Jahreszeiten von verschiedenen Probanden mehrmals unabhängig voneinander angegangen. Der Proband verweilt 10 min am jeweiligen Punkt und notiert seine Geruchswahrnehmung.

Die Begehungen erstrecken sich über mind. ein halbes Jahr. Man erhält somit eine Information [G.3.143] zur Geruchswahrnehmungshäufigkeit an jedem Rasterkreuzungspunkt. Ergänzt werden kann diese Methode durch die in VDI 3883 beschriebene Möglichkeit der Befragung von ortsansässigen Personen. Auf diese Weise ist es möglich, die zeitliche und räumliche Geruchseinwirkung, speziell auch die Vorbelastung, auf das Beurteilungsgebiet zu ermitteln. Nachteilig

Tabelle G.3-31 Zusammenstellung der Geruchsstoffkonzentrationen (GE/m³) aus 15 verschiedenen Kläranlagen [G.3.140]

Abwasserteil	Geruchsstoffkonzentrationen GE/m³	
Zulaufrinne	67 – 399	(971/1260)
Abwasserhebewerk	72 – 745	(5636)
Rechenhaus Einlaufbauwerk ⎤ *	47 – 306	504
bel. Sandfang	42 – 279	(872/1067)
Rechen- u. Sandfanggut	65 – 162	(3157)
Vorklärung	72 – 266	(bis 1080)
Belebung (hochbelastet)	67 – 275	
Belebung (normalbelastet)	34 – 170	
Belebung (stabilisiert)	20 – 60	
Tropfkörper	50 – 104	
Zwischenklärung	24 – 218	
Nachklärung	26 – 100	
Schlammgerinne	34 – 169	
Schlammteil		
Voreindicker	170 – 36712	
Nacheindicker	141 – 9824	
Faulbehälter, Schlammtaschen	278 – 63000	
MSE, Raumluft	038 – 421	
entwässerter Schlamm	053 – 1972	
Fäkalschlamm	1000 – 37000	
Trübwässer	400 – 15400	
*Raumluft		

ist insbesondere, daß diese Verfahren relativ zeitaufwendig sind [G.3.144, G.3.142].

Ausbreitungsrechenmodelle
Mit Hilfe von Geruchsausbreitungsmodell-Rechnungen können nicht nur Geruchsimmissionen berechnet, sondern auch Minderungsmaßnahmen vorgeschlagen bzw. simuliert werden, die es ermöglichen, vorgegebene Geruchsimmissionsbegrenzungen einzuhalten.

Grundsätzlich gliedert sich die Immissionsprognose in 4 Bearbeitungsschritte:
- Ermittlung der Emissionsbedingungen,
- Messung der Vorbelastung des Immissionsorts,
- Berechnung der Zusatzbelastung durch die Immission,
- Ermittlung der Gesamtgeruchsbelastung am Immissionsort.

Eine weitergehende Beschreibung der Vorgehensweise zur Berechnung von Ausbreitungsmodellen ist u. a. in [G.3.141, G.3.134, G.3.144, G.3.142] gegeben.

Bei der Berechnung der Geruchsimmissionen aus Abwasseranlagen wird i. d. R. eine Überschreitungshäufigkeit für eine gegebene Grenzkonzentration betrachtet (weniger als x GE an y % der Jahresstunden). In jüngerer Zeit werden zunehmend auch Modellberechnungen angestellt, um „Geruchsspitzen" (Überschreitungsdauer der Geruchsschwelle im Sekunden- oder Minutenbereich) abschätzen zu können.

Bundesweit gibt es keine einheitliche Regelung bzgl. der zulässigen Immissionsgrenzwerte aus Abwasseranlagen. Die einzelnen Länder haben unterschiedliche Regelungen, die z. Z. noch in der Prüfung bzw. Diskussion sind.

Aktuelle Erlasse bzw. Entwürfe dazu zielen mehr auf die Begrenzung der „deutlich wahrnehmbaren Gerüche" ab, wobei neuere Untersuchungen von Frechen [G.3.145] zeigen, daß in der Umgebung von Kläranlagen Gerüche ab 4 GE/m³ als deutlich empfunden werden. Geruchseinwirkungen sind i. d. R. als erhebliche Belästigungen zu werten, wenn die Summe der vorhandenen Vorbelastung und die prognostizierte Zusatzbelastung (gemäß Ausbreitungsberechnung) die angegebenen Immissionswerte in Wohngebieten an 10 % der Jahresstunden und in Gewerbe- und Industriegebieten an 15 % der Jahresstunden überschreitet.

Für den Neubau von Kläranlagen gilt in mehreren Bundesländern im Rahmen der Bauleitplanung der „Abstandserlaß", wonach nur mit einem „geringfügigen" Belästigungspotential durch Gerüche zu rechnen ist, wenn diese Anlagen einen Abstand von mind. 300 m zu Wohngebieten haben [G.3.146, G.3.147, G.3.135].

Vermeidungs- und Verminderungsmaßnahmen

In Bild G.3-105 ist eine schematische Übersicht über die Gesamtzahl der Maßnahmen zur Geruchsminderung und -vermeidung auf Kläranlagen/Abwasseranlagen (aus [G.3.141]) dargestellt.

Die wirkungsvollste Methode zur Geruchsminimierung ist, Gerüche erst gar nicht entstehen zu lassen bzw. sie auf das absolut unvermeidbare Maß einzuschränken. Größtmögliche Sauberkeit im gesamten Bereich der Abwasseranlagen gehört ebenso dazu wie die sofortige Abfuhr von Sieb-, Rechen- und Sandfanggut, ausreichende Sauerstoffversorgung der Anlagen zur biologischen Reinigung des Abwassers, gasdichter Verschluß aller Schlammbehälter und Abdeckung aller offenen Schächte, aus denen Gerüche austreten können. Auch die Verhinderung/Minimierung von Ablagerungen in Kanälen, Gerinnen, Schächten und Becken gehört zu den primären Maßnahmen der Geruchsminimierung.

Chemikalienzugabe
Geruchsemissionen können durch gezielte und ausreichende Anwendung von Chemikalien, z. B. Chlorverbindungen, erfolgreich gemindert werden. Es kann Chlorgas, Chlorkalk, Chloramin und auch Chlorbleichlauge eingesetzt werden. Im Klärwerk Nürnberg [G.3.141] konnten mit der Zugabe von etwa 20 g Aktivchlor/m³ Abwasser gute Geruchsminderungen erzielt werden.

Schwimmkugeln
Das Austreten von Gerüchen kann durch Abdecken von Wasserflächen mit Schwimmkugeln zwar eingeschränkt werden, Gase aber, wie z. B. Schwefelwasserstoff, die unter den Schwimmkugeln weiterhin gebildet und frei werden, durchdringen diese Schicht fast ungehindert und machen diese z. T. unwirksam.

Geruchskorrigenten
Unter Geruchskorrigenten versteht man nach Abendt [G.3.141] Stoffe, die mechanisch als Aerosole einer geruchsbeladenen Luft zu dem Zweck zugemischt werden, die Luft geruchlos oder wenigstens angenehmer riechend zu machen.

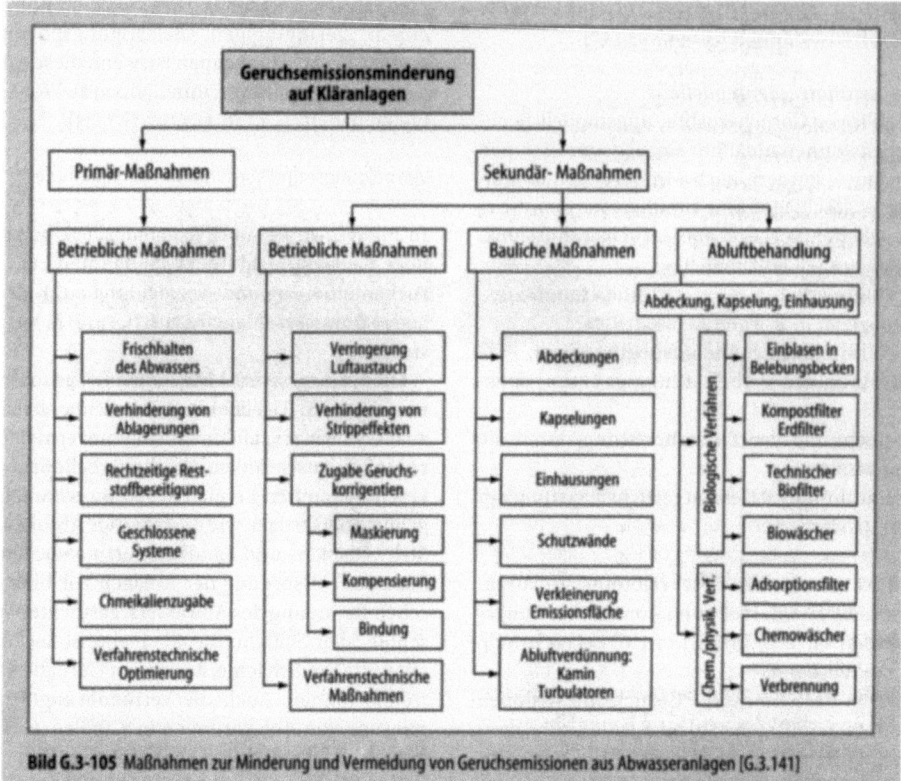

Bild G.3-105 Maßnahmen zur Minderung und Vermeidung von Geruchsemissionen aus Abwasseranlagen [G.3.141]

Die bisherigen, praktischen Erfahrungen mit Geruchskorrigentien haben aber gezeigt, daß die Anwendung dieser Stoffe nicht als dauerhafte Lösung zur Emissionsminderung bzw. -vermeidung empfohlen werden kann.

Abluftkamine
Abluftkamine können Abluftvolumenströme nicht reinigen, sie können diese nur bis unter die Geruchsschwelle verdünnen. Mit dem Abluftkamin wird der Abluftstrom so hoch über dem Gelände emittiert, daß im Immissionsmaximum am Immissionsort die Geruchsschwelle aber noch nicht wieder überschritten wird.

Insgesamt ist aus der Praxis zu empfehlen, Kapselungen, Abdeckungen und/oder Einhausungen mit Abluftfassung sowie Absaugungen zur Abluftreinigung zu betreiben, sofern die Vermeidungs- und Verminderungsmaßnahmen nicht den geforderten Erfolg gezeigt haben. Kapselungen, Abdeckungen und Einhausungen ohne Abluftfassung und -reinigung sind nur zulässig, wenn die Ex-Schutz- und die Arbeitsschutzrichtlinien eingehalten werden [G.3.135, G.3.134]; den Fragen der erhöhten Korrosionsschutzanforderungen ist besondere Aufmerksamkeit zu widmen. Die Verfahren zur Abluftreinigung werden in Abschn. G.3.5.2. beschrieben.

G.3.5.1.3 Aerosole

Allgemeine Angaben

Zu einer Ausbreitung von Krankheitserregern aus dem Abwasser kann es auch durch Aerosole kommen. Im Aerosol sind alle Krankheitserreger enthalten, die auch primär im Abwasser vorhanden sind. Dabei handelt es sich im wesentlichen um Krankheitserreger des Magen- und Darmtrakts, die mit den Fäkalien ins Abwasser gelangen. Sie können Überlebenszeiten von Stunden, Tagen, bis zu vielen Monaten haben und stellen somit ein gewisses Potential für die gesundheitliche Gefährdung des Personals und der betroffenen Anlieger dar. Aerosole können im Winter auch durch Eisbildung auf Maschinen und Bauwerken erhöhte Gefahren- und Unfallquellen hervorrufen; im ATV Lehr- und Handbuch, Bd. IV (dort Tabelle 11.3-1) sind die möglichen

Auswirkungen von Aerosolen aus Abwasseranlagen zusammengefaßt (aus [G.3.148]).

Überall dort, wo durch heftige Turbulenzen Luftblasen in das Abwasser eingebracht werden, entstehen (ggf. sichtbare) Wrasen, Schwaden oder Nebel. Diese Aerosolbildung erfolgt insbesondere über Sohlabstürzen offener Gerinne, Ein- und Auslaufbauwerken über belüfteten Becken (einschließlich Stripp- und Sandfangbecken), bei nicht abgedeckten Tropfkörpern sowie Schneckenpumpwerken und Abwasserverregnungsanlagen.

Meßverfahren

Als Aerosole bezeichnet man hinreichend stabile Suspensionen von Schwebstoffen in Gasen. Schwebstoffe sind Feststoffe oder Flüssigkeitspartikel mit Durchmessern von 0,003 bis max. 50 µm, die bereits durch geringste Strömungsgeschwindigkeiten oder Turbulenzen in Schwebe gehalten werden und kaum natürlicher Sedimentation unterliegen.

Es gibt noch kein anerkanntes oder vereinheitlichtes Verfahren zur qualitativen und/oder quantitativen Messung von Aerosolkonzentrationen, -dichten oder -frachten.

In früheren Untersuchungen wurde vorwiegend die Menge an Keimen (KBE = koloniebildende Einheiten, z.B. KBE/m³) in der Luft oberhalb oder neben den Behandlungsanlagen gemessen und dargestellt [G.3.149]. In neueren Untersuchungen, z.B. Kunst, 1993 [G.3.150], werden außerdem die Gesamtkoloniezahl, coliforme Keime und E. coli gemessen.

Die grundlegenden Meßergebnisse der Arbeiten von Wanner, 1975, zu Aerosolemissionen aus Belüftungsanlagen sind in [G.3.149] dargestellt.

Bewertung der Aerosolemissionen

Generell ist aus allen durchgeführten Untersuchungen und Messungen abzuleiten, daß die Art der Belüftungseinrichtungen maßgeblich für die Aerosolfracht bzw. die Verfrachtung koloniebildender Keime ist. Die Verkeimung der unmittelbaren Umgebung von belüfteten Becken kann zwar erheblich sein, doch ist in fast allen untersuchten Fällen belegt worden, daß bereits in einem Abstand von < 20–25 m nur noch eine sehr geringfügige, der üblichen Umweltsituation entsprechende Verkeimung der Umgebungsluft zu messen war. Eine Übersichtsdarstellung dazu zeigt Tabelle G.3-32.

Tabelle G.3-32 Austrag von Keimen aus Abwasseranlagen im Vergleich zu anderen Meßstellen/Umgebungssituationen [G.3.151]

Meßstelle	Keime/m³	Literatur
Oberflächenbelüfter alter Bauart, 1 m über Wsp.	bis 184.000	[G.3.149]
Oberflächenbelüfter neuerer Bauart, 1 m über Wsp.	< 500	[G.3.150]
25 m in Windrichtung neben Belebungsbecken	< 100	[G.3.150]
Direkt oberhalb von Biofiltern	100 – 2500 i.M. 350	Böhnke (1987)
20 m in Windrichtung neben Biofilter	20 – 100	Böhnke (1987)
Normale Luft (Feld/Wiese)	100 – 500	Malz (1982)
Stark belegte Räume	800 – 1000	Malz (1982)
Wohnsiedlungen	1000 – 1200	Malz (1982)
Straßenkreuzungen	> 1200	Malz (1982)
Rheinfall bei Schaffhausen in 300 m Abstand	1000 – 4500	Malz (1982)

Hinsichtlich der hygienischen und epidemologischen Aspekte der Aerosolemissionen aus Abwasseranlagen ist bereits vor mehr als 30 Jahren bei der Untersuchung Berliner Kanalarbeiter festgestellt worden, daß „eine besondere Gefährdung der Arbeiter und der Bevölkerung durch Abwässer nicht erkennbar ist." [G.3.148]. Eine ausführliche Studie im Auftrag der US-amerikanischen EPA (Environmental Protection Agency), die weit mehr als 5000 Personen im Einzugsgebiet von Abwasseranlagen erfaßte, nennt als Gründe, daß ein Infektionsrisiko noch nie nachgewiesen werden konnte, u.a. folgende Punkte:

- Die Dichte spezifisch pathogener Keime in Aerosolen ist niedrig und sinkt schnell mit dem Abstand zur Quelle.
- Mit einem Atmungsvolumen von rd. 1 m³/h inhaliert eine Person nur sehr wenige Mikroorganismen, es sei denn, daß sie für eine sehr lange Zeit ununterbrochen der Quelle ausgesetzt ist.
- Die Immissionswerte lagen offensichtlich unterhalb des Infektionsminimums.
- Mikroorganismen im Abwasser sind in erster Linie Organismen, die nicht über die Atemwege zu Infektionen führen.
- Im Umkreis von Abwasseranlagen entwickeln die Betroffenen eine nicht spezifische Immunität.

Nach dem Stand des heutigen Wissens kann ein Gesundheitsrisiko in der Umgebung von Abwasseranlagen unter normalen Verhältnissen grundsätzlich verneint werden. Das Personal von Kläranlagen weist keine höhere Häufigkeit von Erkrankungen auf, als in der übrigen Bevölkerung festgestellt worden ist [G.3.148].

Dennoch sollten in Verbindung mit der Minimierung der Geruchsemissionen sinnvolle Vorkehrungen getroffen werden, die Aerosolbildung und -emission zu vermindern.

Vermeidungsmaßnahmen

Folgende Maßnahmen zur Vermeidung der Aerosolbildung und -emissionen aus Abwasseranlagen haben sich – meist in Verbindung mit Maßnahmen zur Minderung der Geruchsemissionen – in der Praxis bewährt [G.3.148, G.3.135]:
- vorbeugende Maßnahmen zur Vermeidung übermäßiger Spritzwasserbildung, wie z. B. das Herabführen von Falleitungen unter die Wasseroberfläche,
- unvermeidbare Turbulenzbildungen sollten in geschlossenen Schächten/Räumen ablaufen, damit die Aerosole sich an den Wänden niederschlagen und zurückfließen können,
- Einbau von Leitwänden und Prallblechen bei Oberflächenbelüftern (z. B. „Schutzbleche" oder Gummischürzen über/vor/hinter Belüfterwalzen oder Einbau neuerer abgedeckter Belüfterwalzen mit minimierter Aerosolbildung [G.3.150],
- ausreichend hohe Freiborde oberhalb des Wasserspiegels, um die Ausbreitung von Aerosolen zu vermindern (z. B. an der Oberkante von Tropfkörperdrehsprengern),
- Teil- oder Vollabdeckung kleinerer und mittlerer Behälter und/oder Beckenoberflächen, zumeist in Verbindung mit der Absaugung und Reinigung von Abluft,
- evtl. sind auch Windabweiser, feinmaschige Textilnetze sowie dichte Bepflanzungen geeignete Zwischenlösungen.

Bei neueren Kläranlagen werden zunehmend auch Brauchwassernetze eingerichtet, die mit dem gereinigten Abwasser der Kläranlage betrieben werden, um Frisch- bzw. Trinkwasser einzusparen. Dieses ist an vielen Verbrauchsstellen auch sinnvoll, z.B. Reinigungswasser für Fußbodenreinigungen, Spülwasser für Schlammbehandlungsmaschinen usw., doch muß beachtet werden, daß der Einsatz von Hochdruckreinigern nur mit einem Anschluß an das Frischwassernetz gemäß UVV- und Arbeitsstättenrichtlinien zulässig ist, da es beim Einsatz dieser Reiniger zu sehr großer Aerosolbildung kommt.

G.3.5.1.4 Lärmemissionen

Allgemeine Angaben

Abwasseranlagen können durch ihre zahlreichen maschinellen Einrichtungen und Anlagen zu Lärmbelästigungen führen. Auch das Medium „Abwasser" selbst verursacht, z. B. bei Abstürzen oder Aufwirbelungen, Geräusche.

Im Gegensatz zu Gerüchen und Aerosolen sind der Lärm bzw. Geräusche exakt meßbar. Weil Abwasseranlagen im 24-h-Betrieb gefahren werden, kann es besonders in den Nachtstunden zu Überschreitungen von Immissionsrichtwerten kommen, vor allem bei ungünstigen Wetterlagen.

Bei den von Kläranlagen emittierten Geräuschen handelt es sich im Regelfall um Luftschall. Für die Durchführung der zur Beurteilung der Wirkung von Geräuschen auf das menschliche Gehör notwendigen Emissions- und Immissionsmessungen liegt eine Reihe von DIN-Normen und VDI-Richtlinien vor, die der Reproduzierbarkeit und Bewertung der Meßergebnisse dienen. Sie sind zusammen mit den für den Schutz vor gehörschädigendem Lärm erlassenen Gesetzen und Verordnungen, z.B. in [G.3.148] dargestellt.

Meßverfahren

Mechanische Schwingungen elastischer Medien erzeugen Schall. Entsprechend dem Medium, in dem der Schall auftritt, wird zwischen Luft-, Körper- und Flüssigkeitsschall unterschieden. Die an einer Schallquelle entstehenden Luftdrücke breiten sich in der umgebenden Luft als Schallwellen (unter Normbedingungen mit einer Geschwindigkeit von rd. 343 m/s) aus. Die Form der Ausbreitung hängt von der Schallquelle ab und kann durch Hindernisse, Bewuchs und Witterungsbedingungen (insbesondere Wind) stark beeinflußt werden.

Für die Schallpegelmessung werden Präzisionsschallpegelmesser nach DIN 45633 (bzw. IEC 651) verwendet. Für orientierende Messungen mit geringerem Genauigkeitsanspruch können auch Schallpegelmesser nach DIN 45634 (bzw. IEC 651) benutzt werden [G.3.148]. Die sich ergebende Meßgröße ist der Schalldruckpegel L_p in dB.

Die Lautstärke und auch Lästigkeit, mit der ein Schallereignis empfunden wird, hängt von Schalldruck und Frequenz ab. Da das menschliche Ohr frequenzabhängig reagiert, ist das physikalische Maß des Schalldrucks dB (Dezibel) für eine Bewertung des menschlichen Schallempfindens unzureichend. Die meisten Geräusche der Technik werden daher nach einem korrigierten, A-bewerteten Schallpegel dB (A) angegeben und beurteilt.

Die wichtigste Geräuschemissionskenngröße einer Maschine bzw. Anlage ist daher der A-Schalleistungspegel dB (A). Er ist unabhängig von den akustischen Eigenschaften der Umgebung, stellt somit eine maschinen- bzw. anlagenspezifische Kenngröße dar und ist ein Maß für die in die Umgebung abgestrahlte Schallleistung. In Tabelle G.3-33 sind beispielhaft einige Schallquellen/-emissionen von Abwasseranlagen zusammengestellt [G.3.148, G.3.152].

Hinsichtlich der Berechnungsverfahren zu Lärmemissionen und -immissionen ist hervorzuheben, daß logarithmische Gesetzmäßigkeiten die Grundlage für die Bewertung und Ausbreitung des Schalls/Lärms darstellen [G.3.152, G.3.144]. Daher gelten u. a. folgende Grundaussagen zur Bewertung von Schall- bzw. Lärmemissionen:

– Die Addition zweier gleichstarker Schallquellen, d. h. die Verdoppelung der Schallintensität/Schalleistung, erhöht den Schallpegel lediglich um 3 dB; z. B. 80 dB + 80 dB = 83 dB!
– Die Schallpegelerhöhung durch eine zweite, unterschiedlich starke Schallquelle ist u. a. in ([G.3.148] dort Kap.11) dargestellt. Wird z. B. eine Schallquelle von 80 dB von einer zweiten

Tabelle G.3-33 Lärmquellen bei Abwasseranlagen (zusammengestellt aus [G.3.148] und [G.3.152])

Bauwerke/Anlage	Lärm durch	Schalleistungspegel dB(A)	Bemerkungen
Kanalisation	Abwasser		selten Lärmemissionen
Pumpwerke			
– Schneckenpumpwerke	Abwasser Maschinen	79 – 105 65	hauptsächlich Wassergeräusche moderne Bauart mit GFK-Abdeckung
– Kreiselpumpwerke	Antriebe	78 – 85	relativ geringe Emissionen
Rechenanlagen	Antriebe und Ketten	90 – 100	hohe Werte bei schlechter Wartung
Belüftete Sandfänge	Gebläse und Luftblasen	80 – 95	relativ geringe Emissionen
Vorklärbecken	Abwasser	77 – 100	Überfall/Abstürze
Belebungsbecken			
– Kreiselbelüfter	Abwasser	100 – 122	in Abhängigkeit von Eintauchtiefe, Bauart und Anschlußleistung
– Mammutrotoren alte Bauart neue Bauart	Abwasser	99 – 115 56 – 82	in Abhängigkeit von Bauart und Anschlußleistung gekapselte Betonbrücke
– Druckbelüftung (feinblasig)	Abwasser	90 – 100	in Abhängigkeit vom spezifischen Luftvolumen und der Beckenoberfläche
– bei Trennung von Belüftung und Umwälzung		82 – 89	Schrägstrom-Becken
Tropfkörper	Abwasser	90 – 100	Drehsprenger
Schlammbehandlung			
– Gasfackel		62	geringe Lärmemission
– Siebbandpresse		75	
– Zentrifugen		85 – 95	
– Seperatoren		92 – 95	
Gasmotoren		92 – 95	
Verdichter u. Gebläse		94 – 99	
Kompressoranlagen und Gasmotoren		> 98	bei mehr als 30 kW install. Leistung

mit 86 dB überlagert, ergibt sich eine Pegelerhöhung von ca. 1 dB und der Gesamtschallpegel zu 86 dB + 1 dB = 87 dB.
- Eine Minderung des Schalleistungspegels um rd. 10 dB (A) wird in vielen Fällen (subjektives Empfinden) als Halbierung der Lautstärke bzw. als Halbierung der Schallemission empfunden.

Bewertung von Lärmemissionen/-immissionen

Das menschliche Gehör beurteilt einen Ton nach seiner Lautstärke (gemessen als Schalldruckpegel) und seiner Höhe (Frequenz). Der Schalldruckpegel, der gerade noch zu einer Wahrnehmung führt, wird als Hörschwelle bezeichnet.

Nach [G.3.144] versteht man unter Geräuschen Schallsignale im Hörbereich (20 – 16.000 Hz). Wirken diese Geräusche auf den Menschen störend, belästigend oder gar schädigend, so spricht man von Lärm. Lärm gehört zu den schädlichen Umwelteinwirkungen im Sinne des Bundesimmissionsschutzgesetzes (BImSchG) [G.3.152], die „nach Art, Ausmaß und Dauer geeignet sind, Gefahren, erhebliche Nachteile oder erhebliche Belästigungen für die Allgemeinheit oder die Nachbarschaft herbeizuführen".

Die Forschung über die Lärmwirkungen auf Menschen ist noch nicht abgeschlossen, die bekannten Wirkungen reichen von der physischen (Störung, Ärger) über die vegetative (Gereiztheit, Schlafstörungen) bis zur physiologischen (Vertaubung, Hörverlust) Beeinträchtigung [G.3.148, G.3.144]. Eine Beurteilung von Lärm wird sich daher mit dem Problem des „Zumutbaren" befassen müssen. Zwangsläufig ist diesbezüglich ein breiter Bemessungsspielraum gegeben. Da menschliche Aktivitäten meist in irgendeiner Form mit Schallemissionen verbunden sind, geht das BImSchG von einer „zumutbaren Belastung" aus; nur eine „erhebliche Belästigung" ist hiernach rechtlich relevant und zu vermeiden. Die Problematik besteht darin, daß kein allgemeingültiger Emissionswert mit dem Tatbestand „erhebliche Belästigung" definiert werden kann.

Im Planfeststellungs- und/oder Genehmigungsverfahren werden üblicherweise die maßgeblichen Immissionsrichtwerte nach TA Lärm bzw. Baunutzungsverordnung festgelegt.

Immissions- und Nachbarschaftsschutz

Die Vorschriften der TA Lärm [G.3.154] decken den Bereich des Immissions- oder Nachbarschaftsschutzes ab. Der höchste dort überhaupt zugelassene Immissionsrichtwert beträgt 70 dB (A), die Fragen der Gehörschädigung spielen dabei keine Rolle. Aus der TA Lärm ist ersichtlich, daß, je nach Lage der lärmemittierenden Abwasserbehandlungsanlage und der Gebietsausweitung der von ihr beeinflußten Nachbarschaft, dort die für die Tag- bzw. Nachtstunden (22.00 – 6.00 Uhr) angegebenen Immissionsrichtwerte maßgebend sind (30 – 70 dB(A)).

Schutzmaßnahmen für Betriebspersonal

Um die Gefahr der Gehörschädigung beim Betriebspersonal zu vermeiden, müssen im Inneren von (Lärmschutz-)Gebäuden alle technisch-wirtschaftlichen Maßnahmen getroffen werden, um im Arbeitsbereich Lärmpegel > 90 dB (A) auszuschließen. Wo dieses nicht möglich ist, sind bei Ausführung längerer Inspektions- und Wartungsarbeiten gemäß UVV Lärm [G.3.155] persönliche Schallschutzmittel zu tragen. Oberhalb von 85 dB (A) ist der Arbeitgeber verpflichtet, Gehörschutzmittel zur Verfügung zu stellen. Im Übrigen sollten durch Mittel der Automatisierung, der Fernbedienung und -überwachung die Arbeiten in stark lärmbelasteten Bereichen weitgehend reduziert werden. Es empfiehlt sich ferner, bei lärmintensiven Teilanlagen (Gasmotorenstation, Gebläsestation, Schlammentwässerungsmaschinen) innerhalb dieser Gebäude eine schallgekapselte Warte als dezentrale Bedienstelle bzw. konstruktive Maßnahmen zur Minderung der Schallemissionen (Geräuschdämpfung s. Abschn. G.3.5.3.) vorzusehen.

G.3.5.2 Abluftreinigung

G.3.5.2.1 Bemessung und Luftwechselzahlen

Bevor die genaue Größe einer Abluftbehandlungsanlage bestimmt werden kann, müssen Angaben/Annahmen zu den erforderlichen Luftwechselzahlen erarbeitet bzw. festgelegt werden. Dabei ist bei eingehausten Kläranlagen-Betriebsteilen besonders zu beachten, daß im Winter erhebliche Probleme durch sehr kalte Luft (Frosterscheinungen) innerhalb der eingehausten Anlagenteile entstehen können, wenn zu hohe Luftwechselzahlen gewählt werden. Es ist also bei der lufttechnischen Anlage für eingehauste Anlagenteile ein Optimum zwischen erforderlichem Energieeinsatz zur notwendigen Luftaufwärmung im Winterbetrieb und den wünschenswerten bzw.

Tabelle G.3-34 Übersicht über die in verschiedenen Regelwerken und Fachtexten vorgeschriebenen (empfohlenen) Luftwechselzahlen [G.3.151]

Literaturquelle	Anlagenteil/Art des Raums	Luftwechsel in h⁻¹
ATV-Merkblatt M 255	nicht begehbare Räume (z.B. abgedeckte Eindicker, Schlämmsilos, Filtratbehälter, Tropfkörper, Absetzbecken, Belebungsbecken, Schlammpumpwerke)	0,5 – 9; im Mittel 2 – 3
	begehbare Räume (z.B. umbaute Zulaufpumpwerke, Rechen, Sand- und Fettfänge, Flotationsanlagen, Eindicker, Schlammsilos)	2 – 4; im Mittel 2 – 3,5
	Räume, in denen häufig oder ständig gearbeitet wird (z.B. Räume der Schlammkonditionierung und der maschinellen Schlammentwässerung)	1 – 18; im Mittel 4 – 7
ATV-M 204	Einhausung, nicht begehbar (z.B. Kapselungen, Abdeckungen)	1 – 10; im Mittel 3 – 4
	Einhausung, begehbar, kein Arbeitsplatz	2 – 15; im Mittel 3 – 4
	Einhausung, begehbar, Arbeitsplatz	1 – 18; im Mittel 3 – 4
MURL	nicht begehbare Räume	2 – 3
	Räume, in denen nicht ständig gearbeitet wird	2 – 3,5
NRW (1987)	Räume, in denen ständig gearbeitet wird	4 – 7
BAGUV (1989)	in Kanälen ein Luftstrom von 600 m³/h und m²	./.
	sonstige Bauwerke (z.B. Pumpensümpfe, Schieberbauwerke)	6 – 8

erforderlichen Luftwechselzahlen zu finden. Eine Übersicht zu den empfohlenen Luftwechselzahlen aus verschiedenen Fachtexten und Regelwerken enthält Tabelle G.3-34.

G.3.5.2.2 Physikalisch-chemische Verfahren

Zu den physikalischen Verfahren zählen nach [G.3.144, G.3.142]
- adsorptive Bindung, meist an Aktivkohle,
- absorptive Bindung, Reinwasserwäscher, in der betrieblichen Praxis bisher aber ohne Bedeutung.

Aktivkohlefilter entnehmen die Geruchsstoffe entsprechend ihrer jeweiligen Adsorptionsisotherme aus der Abluft. Die Aktivkohle befindet sich in Platteneinheiten oder Filterpatronen; auch geschüttete A-Kohle in Filtergehäusen ist im Einsatz. Da Feuchtigkeit und die Beladung mit Partikeln/Staub die Effektivität des Aktivkohlefilters relativ rasch beeinträchtigen, ist beim Einsatz in Abwasserbehandlungsanlagen fast immer eine Konditionierung (Entfeuchtung/Entstaubung) der zugeführten Abluft erforderlich [G.3.148].

Besonders gute Ergebnisse mit Aktivkohlefiltern werden dort erreicht, wo eine möglichst gleichbleibende und definierte Abluftzusammensetzung gegeben ist.

Die beladene Aktivkohle muß nach einer Standzeit, die von der Beaufschlagung und Belastung mit adsorbierbaren Inhaltsstoffen abhängt und sehr unterschiedlich sein kann, geeignet behandelt werden; insofern handelt es sich bei diesem Verfahren lediglich darum, die Geruchsstoffe zu verlagern. Die beladene/verbrauchte A-Kohle wird i.d.R. regeneriert und wieder eingesetzt, kann aber auch verbrannt werden.

Da die Abluft aus Abwasseranlagen fast immer einen hohen Feuchtigkeitsgehalt hat, der energieaufwendig gemindert werden muß und dadurch bei Aktivkohleanlagen erhebliche Betriebskosten entstehen, sind diese Verfahren nur bei relativ kleinen Abluftvolumenströmen (< 12.000 m³/h) mit biologisch nicht oder nur schwer abbaubaren Inhaltsstoffen im Einsatz.

Zu den chemischen Verfahren werden nach [G.3.144, G.3.142] die
- chemischen Wäscher,
- Trockenozonisierung (noch ohne praktische Relevanz),
- katalytische Oxidation und
- thermische Oxidation gezählt.

Chemische Wäscher
Die Wirkung der chemischen Wäscher beruht auf dem Zusammenwirken der Adsorption der Geruchsstoffe im Waschwasser und der chemischen Bindung der im Waschwasser adsorbier-

ten Stoffe. Hinsichtlich der Bauformen werden nach [G.3.148] Venturiwäscher (Strahlgaswäscher), Verrieselungswäscher und Waschbettwäscher unterschieden. Der Chemikalieneinsatz zur Bindung der Geruchsstoffe richtet sich nach der chemischen Reaktion des Geruchsstoffs; Säuren für alkalisch reagierende Gerüche (z. B. Ammoniak) und Laugen für sauer reagierende Gerüche (z. B. H_2S oder organische Säuren). Die Zusammensetzung der Geruchsstoffe erfordert in manchen Fällen das Hintereinanderschalten saurer und alkalischer Wäscher. Es empfiehlt sich, vor der Auswahl eines bestimmten Wäschertyps bestehende Anlagen zu besichtigen und die Erfahrungen der Betreiber in die Entscheidungen mit einzubeziehen.

Bevorzugte Chemikalien für den Einsatz in chemischen Wäschern sind heute Wasserstoffperoxid (H_2O_2) und Ozon (O_3), da bei diesen Verbindungen keine schädlichen Rückstände mehr im Waschwasser verbleiben. Problematisch ist in anderen Anwendungsfällen, wo z. B. noch Chlorverbindungen eingesetzt werden, der entstehende Eigengeruch der Wäscherabluft und die Weiterbehandlung bzw. Entsorgung der Wäscherrückstände (beladene Säuren und Laugen).

Katalytische Oxidation
Bei der katalytischen Oxidation (nach [G.3.148]) werden die Geruchsstoffe verbrannt, wobei aber im Gegensatz zur thermischen Oxidation geringere Temperaturen notwendig sind und zur Beschleunigung der Reaktion ein Katalysator eingesetzt wird. Aufgrund der sehr stark schwankenden Abluftzusammensetzung aus Abwasserbehandlungsanlagen ist dieses Verfahren im Abwasserbereich derzeit noch ohne nennenswerte Bedeutung.

Thermische Oxidation
Bei der thermischen Oxidation werden die Geruchsstoffe bei sehr hohen Temperaturen verbrannt. Um eine möglichst weitgehende Oxidation zu gewährleisten, sollten mindestens 800 °C erreicht werden. Aufgrund der sehr hohen technischen Anforderungen an derartige Verbrennungsanlagen, ist diese Verfahrenstechnik für die Behandlung größerer Abluftvolumenströme aus Abwasseranlagen aus Kostengründen noch nicht von Bedeutung. Lediglich bei Verfügbarkeit einer modernen Kesselanlage (z. B. für die Faulbehälterbeheizung) ist die Mitverbrennung kleinerer und extrem belasteter Abluftteilströme möglich und sinnvoll.

G.3.5.2.3 Biologische Verfahren

Zu den biologischen Verfahren werden
– Biofilter (gemäß VDI 3477),
– Biowäscher (gemäß VDI 3478) und das
– Einblasen in die Belebung
gerechnet. Bezogen auf den Anteil aller Behandlungsverfahren ist zu bemerken, daß die biologischen Verfahren der Abluftreinigung bei Abwasserbehandlungsanlagen einen Anteil von fast 80 % erreicht haben.

Biofilter
Das Biofilter ist das derzeit am häufigsten eingesetzte und wirtschaftlichste Verfahren zur Desodorierung der Abluft aus Abwasserbehandlungsanlagen. Voraussetzung ist, daß die Abluftinhaltsstoffe biologisch abbaubar sind und – wie bei den anderen Methoden und Verfahren auch –, daß diese Anlagen nach den gültigen Regeln der Technik (VDI 3477) geplant, gebaut, betrieben und unterhalten werden.

Biofilter bestehen im wesentlichen aus 3 Elementen:
– Gebläsestation mit Einrichtungen zur Konditionierung der zu behandelnden Abluft,
– Abluftverteilungssystem und
– Filtermaterial.

In Bild G.3-106 (aus [G.3.156]) ist der schematische Aufbau einer Biofilteranlage dargestellt.

Die zu behandelnde Abluft wird vom Ventilator in das System gefördert; in jedem Fall sollte ein Befeuchter zur Maximierung der Abluftfeuchte (> 95 % r. F.) eingebaut und betrieben werden, um ein Austrocknen des Biofiltermaterials zu vermeiden.

Das horizontal verlegte Luftverteilungssystem verteilt die Abluft unterhalb des Spaltenbodens und dient auch dazu, abtropfendes Kondensat abzuführen. Die zu behandelnde Abluft durchströmt das Filtermaterial von unten nach oben und entweicht an der Oberfläche gereinigt in die Umgebungsluft.

Die Geruchsstoffe der Abluft werden an der Oberfläche des Biofiltermaterials adsorbiert bzw. absorbiert und von den im feuchten Milieu wachsenden (natürlich vorkommenden) Mikroorganismen biologisch oxidiert.

Maßgeblich für die Reinigungsleistung der Biofilteranlagen ist u. a. die Wahl des Filtermaterials und eine ausreichende Einarbeitungszeit. Als Filtermaterial können Fasertorf, Heidekraut Baumrinde, Wurzelfaserholz oder Gemische die-

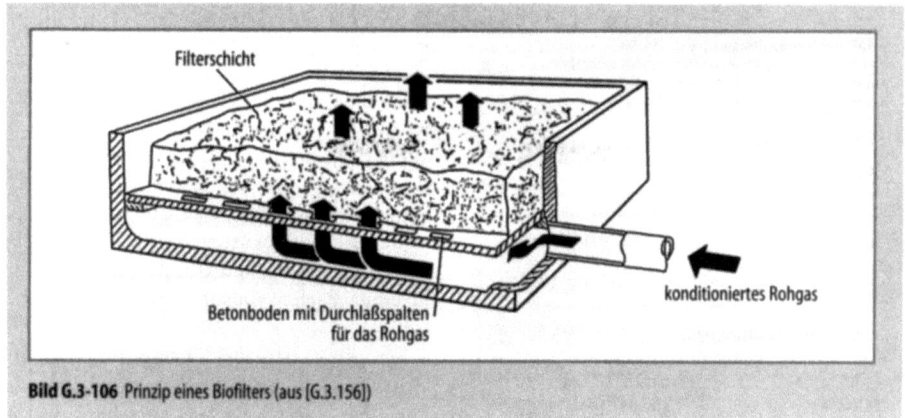

Bild G.3-106 Prinzip eines Biofilters (aus [G.3.156])

ser Materialien zum Einsatz kommen. Sehr gute Reinigungsergebnisse werden mit voll ausgereiftem Rindenhumus als Filtermaterial erreicht. Die Filtermaterialien werden in einer Höhe zwischen 0,8 und 1,5 m aufgebracht und erreichen bei kommunalen Kläranlagen Standzeiten von 5 und mehr Jahren.

Die Bemessung der Biofilteranlagen erfolgt aufgrund der langjährigen und umfangreichen Betriebserfahrungen anhand der Parameter
- Filterflächenbeschickung
  bis max. 200 m^3/m^2·h
  im Mittel 50 bis 120 m^3/m^2·h
- Filterraumbelastungen
  bis etwa 50.000 GE/m^3 Filtermaterial·h

Die Reinigungsleistungen betragen weit mehr als 95 % und erreichen Reingaskonzentrationen bis unter 100 GE/m^3; allerdings ist auch zu beachten, daß Biofilter-Materialien einen waldbodenähnlichen Eigengeruch bis zu 150 GE/m^3 haben können.

Biowäscher

Das Verfahrensprinzip der Biowäscher (VDI 3478) beruht auf dem Austausch der Geruchsstoffe aus der Gasphase in eine Waschflüssigkeit (Absorbens) und dem anschließenden biologischen Abbau dieser (gelösten und biologisch abbaubaren) Substanzen durch Mikroorganismen/Belebtschlamm.

Biowäscher können grundsätzlich danach unterschieden werden, ob die Absorbensregeneration (der biologische Abbau der Geruchsstoffe) nach dem
- Belebtschlammprinzip, also in einem separaten, belüfteten Becken mit Nachkläreinheit, oder dem
- Tropfkörperprinzip, d. h. biologischer Abbau an einen Füllkörperrasen,

stattfindet.

Für den Schadstoffabbau müssen neben der ausreichenden Sauerstoffversorgung auch genügende Mengen an Phosphor- und Stickstoffverbindungen sowie Spurenelemente im Substrat vorhanden sein.

Kommt es durch Sauerstoffmangel zu anaeroben Prozessen im Biowäschersystem, findet nur noch ein ungenügender biologischer Abbau statt, und es entstehen möglicherweise andere (unangenehmere) Geruchsstoffe (Fäulnisgeruch). Die Belebtschlammkonzentration in der Waschflüssigkeit sollte ca. 5 – 7 g TS/l betragen; die Bemessung der Biowäscher ist in [G.3.157] ausführlich beschrieben.

Obwohl Biowäscher insbesondere bei großen Abluftvolumenströmen sehr gute Reinigungsleistungen zu wirtschaftlich günstigen Bedingungen erbringen, ist ihre absolut erreichbare Reingaskonzentration (250 – 350 GE/m^3) oftmals nicht so gut wie die der Biofilteranlagen [G.3.158]. Sehr vorteilhaft gegenüber Biofilteranlagen kann aber der wesentlich geringere Platzbedarf für Biowäscheranlagen sein.

Einblasen in die Belebung

Zur Reinigung der Abluft ist es auch möglich, diese mit in das (belüftete) Belebungsbecken einzublasen. Da fast alle Geruchsstoffe biologisch abbaubar/oxidierbar sind und im Belebungsbecken die dazu notwendigen Mikroorganismen ohnehin verfügbar sind, bietet es sich an, die zu behandelnde Abluft mit in das Belebungsbecken zu führen.

Diese Art der Abluftbehandlung ist relativ preisgünstig, einfach und auch nachträglich zu

Tabelle G.3-35 Vergleich der spezifischen Investitionen und Betriebskosten verschiedener Abluftbehandlungsverfahren [G.3.138] und [G.3.159]

Spezifische Investitionen (je m³ Abluft/Stunde)	
Basis: ca. 20.000 m³/h	
Biofilter	8,00 – 25,00 DM/m³ · h
Gaswäsche	8,00 – 50,00 DM/m³ · h
Thermische Oxidationsanlagen (TNV/KNV/RTO)	25,00 – 50,00 DM/m³ · h
Spezifische Betriebskosten (je 1000 m³ Abluft)	
Basis: ca. 20.000 m³/h	
Biofilter	0,50 – 1,50 DM/m³ · h
Gaswäsche	1,00 – 5,00 DM/m³ · h
Thermische Oxidationsanlagen (TNV/KNV/RTO)	3,00 – 15,00 DM/m³ · h

installieren, so daß die Grenzen zwischen einem eigenständigen Abluftbehandlungsverfahren und einer verfahrenstechnischen Betriebsumstellung fließend sind.

Besonderes Augenmerk ist aber auf die notwendige, höherwertige Ausstattung der Gebläse und Abluftleitungen sowie der Belüfterwerkstoffe zu richten, da die eingeblasene Abluft fast immer deutlich höhere Konzentrationen an aggressiven Inhaltsstoffen (z. B. Schwefelwasserstoff, Ammoniak) enthält, als die übliche Umgebungsluft und dadurch erheblich größere Korrosionsprobleme entstehen, als in den normalen „Luftleitungen".

In Tabelle G.3-35 ist eine Grobübersicht zu Investitionen und Betriebskosten nach [G.3.138] und [G.3.159] wiedergegeben, aus der die Wirtschaftlichkeit biologischer Abluftbehandlungsverfahren im Vergleich zu anderen Verfahren ersichtlich wird.

G.3.5.3 Geräuschdämpfung

G.3.5.3.1 Technische Möglichkeiten zur Geräuschminderung

Die wirkungsvollste und kostengünstigste Möglichkeit, Lärmemissionen zu mindern, besteht darin, bereits im Stadium der Vorplanung von Abwasserbehandlungsanlagen Emissionsprognosen und Immissionsberechnungen durchzuführen. Dazu stehen heute anerkannte und ausgereifte Berechnungsverfahren und praktische Erfahrungen zur Verfügung, z. B. zitiert in [G.3.148, G.3.152, G.3.144], mit denen Genauigkeiten von ca. ± 3 dB (A) am Immissionsort erreicht werden können.

Bei der Standortwahl einer Kläranlage ist, sofern Geräuschemissionen von Bedeutung sind, auf den Abstand zur nächsten Bebauung (i. allg. > 300 m), auf die Topografie des Geländes der Umgebung, auf Bewuchs und dergleichen zu achten. Besonders kritisch sind Wohnbebauungen in Hanglagen, wenn die Abwasseranlage z. B. in einer flachen Talsohle angeordnet werden soll.

Errechnen sich aus der Immissionsprognose Überschreitungen des Immissionsrichtwerts, so müssen je nach Größe der Überschreitung schon bei der Planung weitergehende Minderungs- bzw. Dämpfungsmaßnahmen getroffen und umgesetzt werden. Diese können (nach [G.3.148]) je nach Größe wie folgt geordnet werden:

- Überschreitungen bis 7 dB (A)
  Umsetzung von Dämpfungsmaßnahmen, z. B. Abdeckungen, verfahrenstechnische Umstellungen, veränderte Anordnung von Klärwerksgebäuden zur Veränderung der Schallabstrahlung,
- Überschreitungen bis 15 dB (A)
  zusätzlich zu o. g. Maßnahmen sind in jedem Fall Lärmschutzwälle bzw. Lärmschutzwände vorzusehen,
- Überschreitungen von 15–20 dB (A)
  zusätzliche Überbauungen, Einhausungen und Kapselungen von Anlagen und Einrichtungen, die üblicherweise nicht innerhalb von Gebäuden untergebracht sind. Die zusätzlichen Kosten für derartige Maßnahmen können so hoch werden, daß es evtl. wirtschaftlicher ist, einen anderen Standort für die Abwasseranlage zu suchen.
- Überschreitungen von mehr als 20 dB (A)
  In diesen Situationen lassen sich die Immissionsrichtwerte nur noch mit einem sehr hohen Zusatzaufwand und nur in Ausnahmefällen erreichen. Hier ist dringend zu empfehlen, einen anderen Standort für die Abwasseranlage zu suchen.

Sind bei Neuplanungen oder auf bestehenden Abwasseranlagen zusätzliche Maßnahmen zur Geräuschdämpfung erforderlich, gibt es u. a. folgende Möglichkeiten:

Schneckenpumpwerke
Abdeckungen (Minderungen bis 20 dB (A)), Höherziehen von Seitenwänden (Schallabstrahlung

nach oben), vollständige Überbauung, Auskleidung von Seitenwänden mit adsorbierenden Materialien

Rechenanlagen
Einhausungen, sorgfältige und umfassende Wartung

Sandfänge
Aufstellung der Gebläse in geschlossenen Räumen, ausreichende Bemessung der Luftleitungen (v < 3 – 4 m/s), Einbau von Kompensatoren zwischen Rohrleitungen und Gebläsen, Anordnung von Lärmschutzwänden oder Einhausung in einer Halle (Ex-Schutz und Korrosionsschutzfragen beachten)

Überfälle und Rinnen
Aufstauen von Wasserspiegeln, Minimierung von Absturzhöhen, Anordnung schiefer Ebenen, keine scharfkantigen Umlenkungen

Belüftungsbecken
Teilweise oder vollständige Abdeckung der Becken (meist nur in Verbindung mit Geruchsminderungsmaßnahmen vertretbar), Anordnung von Lärmschutzhauben über Motoren und Getrieben (Minderung 2 – 3 dB (A)), Erhöhung der Beckenwände (Minderung 5 – 8 dB(A)), Anordnung von Lärmschutzwällen/Wänden (Minderung bis zu 10 dB (A)), Anordnung von Gebläsestationen in geschlossenen Gebäuden. Beim Einsatz von Mammutrotoren ist auf weitestgehende Kapselung der Geräte zu achten. Die verfahrenstechnische Trennung von Belüftung und Umwälzung ist empfehlenswert.

Tropfkörperanlagen
Höherziehen der Seitenwände, Abdeckungen

Zentrale Einrichtungen
Grundsätzliche Anordnung schallintensiver Maschinen und Aggregate in geschlossenen Gebäuden (s. a. Abschn. G.3.5.3.2), z. B.:
- Gebläse, Verdichter, Kompressoren,
- Gasmaschinen, Notstromanlagen (evtl. Einbau von Schalldämpfern),
- Separatoren, Zentrifugen, Kammerfilterpresse,
- Antriebe von Schnecken-, Rechen- und Siebanlagen.

Grundsätzlich ist auch darauf zu achten, daß die vorgeschriebenen Wartungen, regelmäßigen Inspektionen und rechtzeitige Instandsetzungen (Schmierungen, Austausch defekter oder schadhafter Teile, Beseitigen von Unwuchten an schlagenden Maschinenteilen usw.) maßgeblich dazu beitragen, die Lärmemissionen aus Abwasseranlagen zu mindern. Außerdem sollte auch bei allen Lärmminderungsmaßnahmen dem bei Geruchs- und Aerosolemissionen geltenden Grundsatz entsprochen werden, daß wirkungsvolle Emissionsminderungstechniken möglichst dicht an der Quelle ansetzen sollten.

G.3.5.3.2 Konstruktive Maßnahmen in Gebäuden

Hervorzuheben ist, daß innerhalb geschlossener Gebäude sehr effiziente Maßnahmen zur Minderung der Schallemissionen getroffen werden können, hier aber das Wartungs- und Betriebspersonal dem Lärm direkt ausgesetzt ist. Zum Schutz dieser Mitarbeiter sind daher insbesondere die Bestimmungen der „Verordnung über Arbeitsstätten" (ArbStättV) und die Unfallverhütungsvorschriften (UVV) zu beachten und umzusetzen.

Bei sorgfältiger bauakustischer Bemessung der Umfassungsbauteile von Gebäuden, in denen Anlagen mit hohen Schallemissionen betrieben werden, läßt sich die Geräuschimmission in der Nachbarschaft auf das erforderliche Maß reduzieren [G.3.148, G.3.144].

Allgemeine Hinweise
- Kapselung von Maschinen
  Minderung des Schalleistungspegels um bis zu 25 dB (A) bei Flächengewichten von > 15 kg/m^2,
- Einbau von Schalldämpfern bei Be- und Entlüftungsleitungen
  Minderung des Schalleistungspegels um bis zu 40 dB (A),
- Gebäudeöffnungen möglichst zur Leeseite hin anordnen,
- schrägverzahnte Getriebe, Gleitlager, Graugußbauteile und nicht zu hohe Drehzahlen von Maschinen mindern die Lärmemission,
- Anordnung von Raumfugen (Mauerwerksfugen > 10 cm) zur Minderung des Körperschalls, die auch durch Fundamente und Decken zu führen sind.

Wände und Decken
- schallabsorbierende Verkleidungen zur Minderung des Luftschalls (Minderung um bis zu 15 dB (A) bei geringen Flächengewichten und bis zu 25 dB (A) bei Flächengewichten von mehr

als 15 kg/m² bei mehrschaligem Aufbau der Dämmung); als Materialien stehen zur Verfügung: Holzwolle, Glasfaserwerkstoffe, Gipskartonplatten, Kunststoffmaterialien, Mineralwolle, Lochbleche, Schalldämmfolie,
- bei gelochten Platten sollte der Lochflächenanteil rd. 20 % betragen und aus möglichst vielen und kleinen Löchern bestehen,
- Verwendung von Akustik- oder Lochziegeln bzw. Vielloch-Akustik-Klinkern.

Fundamente
- fachgerechte Ausführung von Maschinenfundamenten (getrennt von der tragenden Konstruktion),
- ggf. Einbau von Schwingungsdämpfern an den Maschinenlagern.

Türen
- möglichst klein gestalten,
- hohes Flächengewicht (evtl. mit Sandfüllung) und guter Falzdichtung.

Fenster
- möglichst klein gestalten, keine großen Fensterwände anordnen,
- Schallschutzfenster und/oder Doppelfenster in unterschiedlicher Stärke und in unabhängigen, elastisch gebetteten Rahmenkonstruktionen verwenden; die Scheiben sollten in einem Neigungswinkel zueinander angeordnet sein.

Rohrleitungen
- elastische Lagerungen und/oder elastische Anschlüsse, Einbau von Schwingungsdämpfern/Kompensatoren,
- Entdröhnung von Hauben und Membranen (z. B. durch Gewichtsveränderung).

Bei bestehenden Anlagen bzw. nachträglichen Emissionsminderungsmaßnahmen ist durch eine kompetente Planung/Beratung vorab zu klären, ob einzelne oder umfassende, weiterreichende Maßnahmen zu ergreifen sind, um die Lärmimissionsrichtwerte ständig und sicher einzuhalten. Es ist aber unstrittig, daß das naturwissenschaftliche und technische Wissen vorhanden und Verfahren/Baustoffe verfügbar sind, um Abwasseranlagen so auszustatten, daß von ihnen keine Lärmemissionen ausgehen, die die Umwelt/Nachbarschaft beeinträchtigen.

Literatur

[G.1.1] DN 4049, Teil 2 (Hydrologie: Begriffe der Gewässerbeschaffenheit, 1.2) 4/1990
[G.1.2] Hartmann, L. (1992) Biologische Abwasserreinigung. Springer-Verlag Berlin-Heidelberg-New York
[G.1.3] DVWK Schriftenreihe, Heft 45
[G.1.4] Wilhelmi, M.; Schäfer, M.; Fuchs, S.T.; Hahn, H.H. (1997) Ein neuer Ansatz zur Ermittlung und Bewertung von Schwermetallen in Flußsystemen.
[G.1.5] Rübel, A.; Bierl, R. (1997) Dynamik der Pflanzenschutzmittelbelastung in Oberflächenabflüssen aus Rebanbauflächen. Fachgruppe Wasserchemie, Jahrestagung 1997
[G.1.6] Lehmann, R.; Hamm, A. (1998) Pufferschwache Räume in der Bundesrepublik Deutschland. Die Geowissenschaften 6
[G.1.7] Gebhardt, H.; Kreimes, K.; Linnebach, M. (1987) Untersuchungen zur Beeinträchtigung der Ei- und Larvenstadien von Amphibien in sauren Gewässern. Natur und Landschaft 1
[G.1.8] Bauer, J.; Fischer-Scherl, T. (1987) Biologische Untersuchungen zur Gewässerversauerung in nordostbayerischen Fließgewässern. Fischer und Teichwirt 7
[G.1.9] Wolf, P.; Borchardt, D. (1992) Flankierende Maßnahmen im Gewässerschutz. Berichte der ATV Nr. 42
[G.1.10] Franzius, V.; Wolf, K.; Brandt, F. (1996) Handbuch der Altlastensanierung. R. v. Dekker. Stand: Nov. 1996
[G.1.11] Bach, M. (1987) Die potentielle Nitratbelastung des Sickerwassers durch die Landwirtschaft der Bundesrepublik Deutschland. Diss. Gött, Bodenkundl. Ber. 93
[G.1.12] Döhle, H. (1996) Landbauliche Verwertung stickstoffreicher Abfallstoffe, Komposte und Wirtschaftsdünger. Wasser und Boden, 48. Jg. 11
[G.1.13] Umweltbundesamt (1995) Umweltdaten Deutschland 1995
[G.1.14] Schlichtig, B. (1996) Photochemische Oxidation pflanzenschutzmittelhaltiger Abwässer mittels UV-Licht und Wasserstoffperoxid. Stuttgarter Berichte zur Siedlungswasserwirtschaft, Band 141, R. Oldenbourg Verlag
[G.1.15] Katalog wassergefährdender Stoffe
[G.1.16] Doetsch, P. (1987) Entwicklung und exemplarische Anwendung eines Verfahrens zur nutzungsadäquaten Quantifizierung zur Gewässergüte (NAGGI), S. 337–372

[G.1.17] Deutsche Norm DIN 38410 (1987) Biologisch-ökologische Gewässeruntersuchung. 12/1987

[G.1.18] Kolkwitz, R.; Marson, M. (1902) Grundsätzliches für die biologische Beurteilung des Wassers nach seiner Flora und Fauna. Mitt. K. Prüfamt. Wasservers. Abwasserbes. Berlin-Dahlem 1, 33–72

[G.1.19] Liebmann, H. (1947) Die Notwendigkeit einer Revision des Saprobiensystems und deren Bedeutung für die Wasserbeurteilung. Ges. Ing. 68, 33–37

[G.1.20] Fjerdingstad, E. (1965) Taxonomy and saprobic valency of benthic phytomicro-organisms. Int. Rev. ges. Hydrobiol. 50, 475–604

[G.1.21] Sládecek, V. (1973) System of water quality from the biological point of view. Erg. Limnol. 7, 1–218

[G.1.22] Länderarbeitsgemeinschaft Wasser (LAWA) (1976) Die Gewässergütekarte der Bundesrepublik Deutschland, Mainz

[G.1.23] v. Tümpling, W. (1996) Über den Zusammenhang zwischen Saprobiezustand und Faktoren des Sauerstoffhaushaltes in Fließgewässern. Verh. Int. Verein. Limnol. 16

[G.1.24] Klotter, H.E.; Handtge, E. (1967) Über die Auswertung biologischer Gewässeruntersuchungen und ihre Relationen zum Biochemischen Sauerstoffbedarf. Die Wasserwirtschaft 57

[G.1.25] Ministerium für Ernährung, Landwirtschaft, Umwelt und Forsten Baden-Württemberg (1987) Gütezustand der Gewässer in Baden-Württemberg. 4. Wasserwirtschaftsvorhaltung Heft 16, Stuttgart 1/87

[G.1.26] Reinke, H. (1994) Ergebnisse der Schadstoffemissionsmessungen. 33. Fortbildungslehrgang der BWK-Landesverbände Sachsen-Anhalt und Niedersachen/Bremen – Schutz der Nordsee vor Stoffeinträgen. BWK-Reihe Heft 2/94

[G.1.27] Förstner, U.; Müller, G. (1974) Schwermetalle in Flüssen und Seen

[G.1.28] Elster, H.-J. (1958) Das limnologische Seentypensystem, Rückblick und Ausblick. Ver. int. Ver. Limnol. 13

[G.1.29] Schwoerbel, J. (1977) Einführung in die Limnologie. UTB 31 Gustav Fischer

[G.1.30] Thienemann, A. (1928) Der Sauerstoff im eutrophen und oligotrophen See. Die Binnengewässer 4, Verlag Schweizerbart, Stuttgart

[G.1.31] Mutschmann, J., Stimmelmayr, F. (1996) Taschenbuch der Wasserversorgung. Franckh'sche Verlagshandlung Stuttgart

[G.1.32] DIN 2000 (1973) Zentrale Trinkwasserversorgung. Fachnormenausschuß Wasserwesen im Deutschen Institut für Normung e.V., Berlin

[G.1.33] WHO – Weltgesundheitsorganisation (1984) Guidelines for Drinking-Water Quality, Volume I: Recommendations. Genf

[G.1.34] Richtlinie 80/778/EWG vom 15. Juli 1980 über die Qualität von Wasser für den menschlichen Gebrauch, i.d.F. vom 23.12.91

[G.1.35] Verordnung über Trinkwasser und Wasser für Lebensmittelbetriebe (Trinkwasserverordnung – TrinkwV) vom 5. Dezember 1990, i.d.F. vom 26.02.93

[G.1.36] DVGW-Regelwerk: Arbeitsblatt W 251 vom August 1996: Eignung von Fließgewässern für die Trinkwasserversorgung

[G.1.37] Richtlinie des Rates vom 16. Juni 1975 über die Qualitätsanforderungen an Oberflächengewässer für die Trinkwassergewinnung in den Mitgliedstaaten (75/440/EWG), i.d.F. vom 23.12.91

[G.1.38] Bernhardt, B. (1985) Nutzungsbezogene Gewässerzustandsbeschreibung für die Trinkwassernutzung. Referat zum Symposium „Gewässergüte und Bewirtschaftungsplanung" vom 4. und 5.9.1984. Gewässerschutz – Wasser – Abwasser Bd. 73, Aachen

[G.1.39] Haug, H.-P. (1993) Menge und Zusammensetzung des Abwassers. In: Pöpel: Lehrbuch für Abwassertechnik und Gewässerschutz, Kapitel I.1, Deutscher Fachschriftenverlag, Wiesbaden

[G.1.40] Salomon, H. (1985) Nutzungsbezogene Gewässerzustandsbeschreibung für die Betriebswasserversorgung. Referat zum Symposium „Gewässergüte und Bewirtschaftungsplanung" vom 4. und 5.9.1984. Gewässerschutz – Wasser – Abwasser Bd. 73, Aachen

[G.1.41] III. Durchführungsverordnung zum Gesetz über die Vereinheitlichung des Gesundheitswesens. Bundesgesundheitsblatt vom 10.6.1966, 9. Jg. Nr. 1

[G.1.42] Althaus, H. (1985) Nutzenbezogene Gewässerzustandsbeschreibung für die Bade- und Wassersportnutzung. Referat zum Symposium „Gewässergüte und Bewirtschaftungsplanung" vom 4. und 5.9.1984. Gewässerschutz – Wasser – Abwasser Bd. 73, Aachen

[G.1.43] Ruf, M. (1985) Güteparameter für die fischereiliche Gewässernutzung. Referat zum Symposium „Gewässergüte und Bewirtschaftungsplanung" vom 4. und 5.9.1984. Gewässerschutz – Wasser – Abwasser Bd. 73, Aachen

[G.1.44] Landesamt für Wasser und Abfall Nordrhein-Westfalen (1991) LWA-Merkblatt Nr. 7: Allgemeine Güteanforderungen für Fließgewässer (AGA). Düsseldorf, Dezember 1991

[G.1.45] Quality Criteria for Water (1976). U.S. Environmental Protection Agency Office of Water Planning and Standards, Washington DC 20460, Juli 1976

[G.1.46] Streeter, H.W.; Phelps, E.B. (1925) A Study of the Pollution and Natural Purification on the Ohio River. Public Health Bulletin 146, US Public Health Service, Washington

[G.1.47] ATV-Fachausschuß 2.2 „Modellrechnung in der Wassergütewirtschaft" (1976) 1. Arbeitsbericht „Eingrenzungen der Gewässertypen für Modellrechnungen aus ingenieurmäßiger und naturwissenschaftlicher Sicht". Korrespondenz Abwasser 4/1976

[G.1.48] ATV-Fachausschuß 2.2 „Modellrechnung in der Wassergütewirtschaft" (1977) 2. Arbeitsbericht „Häufig verwendete Gewässergütemodelle in der BRD". Korrespondenz Abwasser 10/1977

[G.1.49] ATV-Fachausschuß 2.2 „Modellrechnung in der Wassergütewirtschaft" (1987) Vergleichende Zusammenstellung häufig verwendeter Gewässergütemodelle in der Bundesrepublik Deutschland – überarbeitete und erweiterte Fassung Dez. 1986". Korrespondenz Abwasser 6/1987

[G.1.50] Seyfried, C.F. (1979) Wassermengenwirtschaft, Wassergütewirtschaft. DVGW – Fortbildungskurse Wasserversorgungstechnik für Ingenieure und Naturwissenschaftler, Haus der Technik, Essen (Sept. 1979)

[G.1.51] Abwassertechnische Vereinigung ATV (1982) Lehr- und Handbuch der Abwassertechnik Bd. I. 3. Aufl. Berlin-München. Verlag W. Ernst u. Sohn

[G.1.52] Imhoff, K. (1947) Die Abwasserlast der deutschen Flüsse. Gesundheitsingenieur 4

[G.1.53] Pöpel, F. und Hunken, K. (1957) Der Lastverteilungsplan und die Gütedauerlinie der Gewässer. GWF Das Gas- und Wasserfach 36

[G.1.54] Hagen, N.; Kleeberg, H.-B. (1993) Güte-Simulationsmodelle für stehende Gewässer – Eine Literaturanalyse. Mitteilungen des Instituts für Wasserwesen der Universität der Bundeswehr München 47

[G.1.55] Stefan, H.E.; et al. (1988) Surface Water Quality Models: Modeler's Perspective. Proc. Int. Symp. on Water Quality Modeling of Agricultural Non-Point Sources, Part 1; 19.-23.06.88. Utah State Univ.

[G.1.56] Stahl, G. (1992) Einige Anmerkungen zum Gebrauch mathematischer Modelle der Stoffausbreitung im Aquifer. Wasser und Boden 9

[G.1.57] Schubert, J. (1993) Grundwassermodelle für Uferfiltration. Das Gas- und Wasserfach gwf 134

[G.1.58] Kinzelbach, W. (1992) Numerische Methoden zur Modellierung des Transports von Schadstoffen im Grundwasser. Schriftenreihe gwf Wasser-Abwasser Bd. 21. München-Wien R. Oldenbourg

[G.1.59] Ministerium für Umwelt Baden-Württemberg (1992) Gütezustand der Gewässer in Baden-Württemberg. Wasserwirtschaftsverwaltung Heft 27

[G.1.60] Regierungspräsidium Stuttgart (1989) Gewässersanierungsprogramm Glems

[G.1.61] Dittrich, M.; Heiser, A.; Koschel, R. (1997) Steuerung der natürlichen Kalzitfällung zur Sanierung eutropher Seen am Beispiel des Schmalen Luzin. Fachgruppe Wasserchemie, Jahrestagung 1997

[G.1.62] Richtlinien des Rates vom 21. Mai 1991 über die Behandlung von kommunalem Abwasser (91/271/EWG)

[G.1.63] Allgemeine Rahmen- und Verwaltungsvorschrift über Mindestanforderungen an das Einleiten von Abwasser in Gewässer – Rahmen-AbwasserVwV – i.d.F. vom 31. Juli 1996: Anhang 1 Gemeinden

[G.1.64] Hornef, H. (1985) Undichte Abwasserkanäle – Probleme und Aufgaben. Korrespondenz Abwasser 32

[G.1.65] Keding, M.; Stein, D.; Witte, H. (1987) Ergebnisse einer Umfrage zur Erfassung des Istzustandes der Kanalisationen in der BRD. Korrespondenz Abwasser 34

[G.1.66] Müller, K.W.; Schmidt-Bleek, F. (1988) Kanal undicht: Gefahr fürs Grundwasser. Entsorgungspraxis 5

[G.1.67] Abwassertechnische Vereinigung ATV (1992) Abwasserkanäle und -leitungen in Wassergewinnungsgebieten. Arbeitsblatt A 142, 10/1992

[G.1.68] Pöpel, F. (1993) Lehrbuch für Abwassertechnik und Gewässerschutz. Abschnitt I.1.5 Menge und Zusammensetzung des Abwassers, Abschnitt I.3.3 Entwässerungssysteme und -verfahren. Deutscher Fachschriftenverlag, Wiesbaden 1975/1993

[G.1.69] Abwassertechnische Vereinigung ATV (1990) Bau und Bemessung von Anlagen zur dezentralen Versickerung von nicht schädlich verunreinigtem Niederschlagswasser. Arbeitsblatt A 138, 1/1990

[G.1.70] Sieker, F. (1992) Technische Möglichkeiten bei der Umsetzung von Versickerungskonzepten. awt Abwassertechnik 6/1992

[G.1.71] Leschber, R.; Pernak, K.-D. (1992) Verhalten und Verbleib von Schadstoffen bei der Versickerung von Niederschlagswasser. awt Abwassertechnik 6

[G.1.72] Anselm, O. (1992) Beispiele zur Versickerung von Niederschlagswasser. awt Abwassertechnik 6

[G.1.73] Feldmann, K. (1992) Versickerung im Beispiel. Städtebau, Voraussetzungen, abwassertechnische Konsequenzen, Kosten. awt Abwassertechnik 6

[G.1.74] Mayer, M. (1993) Nutzung von Regenwasser zur Einsparung von Trinkwasser. Diplomarbeit am Institut für Siedlungswasserbau, Wassergüte- und Abfallwirtschaft der Universität Stuttgart

[G.1.75] Abwassertechnische Vereinigung ATV (1992) Richtlinien für die Bemessung und Gestaltung von Regenentlastungsanlagen in Mischwasserkanälen. Arbeitsblatt A 128. 4

[G.1.76] Krauth, Kh.; Stotz, G. (1985) Minimierung des Schmutzstoffeintrags aus Siedlungsgebieten in Vorfluter. Schlußbericht zum Forschungsvorhaben der Deutschen Forschungsgemeinschaft. Kr. 624/3-2

[G.1.77] Land Baden-Württemberg (1993) Verordnung des Umweltministeriums über Schutzbestimmungen in Wasser- und Quellschutzgebieten und die Gewährung von Ausgleichsleistungen (Schutzgebiets- und Ausgleichsverordnung –SchALVO) i. d. F. vom 24.5.1993

[G.1.78] Imhoff, K.; Imhoff, K.R. (1993) Taschenbuch der Stadtentwässerung. R. Oldenbourg Verlag, München

[G.1.79] Imhoff, K.R. (1965) Über die Reinigungsleistung der Ruhrstauseen. das Gas- und Wasserfach gwf

[G.1.80] Spalthoff, G.; Schröder, W. (1993) Flußmorphologische und hydraulische Veränderungen nach der Renaturierung der Mümling bei Höchst i.O. Wasser und Boden 12

[G.1.81] Frutiger, A.; Gammeter, S. (1993) Biologische Aspekte des Gewässerschutzes in überbauten Gebieten. Natur und Mensch 5

[G.1.82] Imhoff, K.: Jahresberichte des Wupperverbandes 1938 und 1941

[G.1.83] Bernhardt, H.; Lüsse, B. (1997) Bedienungsarme Filteranlagen zur Verminderung des Nährstoff-Eintrages in Oberflächengewässer. Fachgruppe Wasserchemie, Jahrestagung 1997

[G.1.84] Deppe, T.; Benndorf, J. (1997) Bekämpfung von Microcystis-Massenentwicklungen in einem hypotrophen Brauchwasserspeicher. Fachgruppe Wasserchemie, Jahrestagung 1997

[G.1.85] DVGW Regelwerk (1985) Maßnahmen zur Sauerstoffanreicherung von Oberflächengewässern. Merkblatt W 250 (8/1985)

[G.1.86] Prüss, M. (1952) Talsperrenwirtschaft an der Ruhr. Gas- und Wasserfach 10

[G.1.87] Möhle, H. (1994) Wasserwirtschaftliche Probleme an Industrieflüssen. Wasserwirtschaft 1/55

[G.1.88] Knop, E. (1955) Kommunalwirtschaft 1955, 382

[G.1.89] König, H.W. (1992) Die Biggetalsperre. Gas- und Wasserfach GWF 26

[G.1.90] Imhoff, K.R. (1977) Bewirtschaftung und weiterer Ausbau der Ruhrtalsperren. Wasserwirtschaft 7/8

[G.1.91] Schmidt, F. (1973) Überregionaler Ausgleich zwischen Wasserüberschuß- und Wassermangelgebieten in Baden-Württemberg. Wasserwirtschaft 9, 277

[G.1.92] Imhoff, K. (1943) Wasser schaffen durch Rückpumpen. D. Wasserwirtschaft 1943, 124

[G.1.93] Prüss, M. (1954) Der Ruhrverband und Ruhrtalsperrenverein als Muster gemeinwirtschaftlicher Wasserwirtschaft. Städtehygiene 9, 210

[G.1.94] Knop, E. (1954/55) Zur Frage des Wasserausgleichs durch Talsperren und Rückpumpwerke. Wasserwirtschaft 6/1954/55, 141

[G.1.95] Zander, H. (1970) Die Gründung des Wasserverbandes Westdeutsche Kanäle. Gas- und Wasserfach 19, 584

[G.1.96] Richtlinie des Rates vom 18. Juli 1978 über die Qualität von Süßwasser, das schutz- oder verbesserungsbedürftig ist, um das Leben von Fischen zu erhalten (78/659/EWG), Amtsblatt der Europäischen Gemeinschaften Nr. L 222 vom 14.8.78

[G.1.97] Landesamt für Wasser und Abfall Nordrhein-Westfalen (1991) LWA-Merkblatt Nr. 7: Allgemeine Güteanforderungen für Fließgewässer (AGA). Düsseldorf, Dezember 1991

[G.1.98] Gesetz zur Ordnung des Wasserhaushalts (Wasserhaushaltsgesetz – WHG) in der Fassung vom 12.11.1966

[G.1.99] Wassergesetz für Baden-Württemberg in der Fassung vom 1.7.88

[G.1.100] Gesetz über die Abgaben für das Einleiten von Abwasser in Gewässer (Abwasserabgabengesetz – AbwAG) in der Fassung vom 6.11.90

[G.1.101] Allgemeine Rahmen-Verwaltungsvorschrift über Mindestanforderungen an das Einleiten von Abwasser in Gewässer – Rahmen-Abwasser VwV i. d. F. vom 31.07.1996 mit 48 Allgemeinen Verwaltungsvorschriften für spezifische Abwasserarten

[G.1.102] Merkblatt des Ministeriums für Ernährung, Landwirtschaft, Umwelt und Forsten über die Berücksichtigung der Belange von Naturschutz, Landschaftspflege, Erholungsvorsorge und Fischerei bei wasserbaulichen Maßnahmen an oberirdischen Gewässern (Wasserbaumerkblatt) vom 30.6.80

[G.1.103] Gesetz über Naturschutz und Landschaftspflege (Bundesnaturschutzgesetz – BNatSchG) vom 20.12.76, zuletzt geändert am 22.4.93

[G.1.104] Gesetz zum Schutz der Natur, zur Pflege der Landschaft und über Erholungsvorsorge in der freien Landschaft (Naturschutzgesetz – NatSchG) vom 21.10.75, zuletzt geändert am 19.11.91 (Baden-Württemberg)

[G.1.105] Ministerium für Umwelt Baden-Württemberg (1992) Gütezustand der Gewässer in Baden-Württemberg 7. Wasserwirtschaftsverwaltung H. 27. Stuttgart, April 1992

[G.1.106] Verordnung des Umweltministeriums Baden-Württemberg über die Eigenkontrolle von Abwasseranlagen (Eigenkontrollverordnung – EigenkontrollVO) vom 9.8.89

[G.1.107] Ministerium für Ernährung, Landwirtschaft, Umwelt und Forsten Baden-Württemberg (1985) Bachpatenschaften – aktiver Umweltschutz entlang eines Gewässers (4/85)

[G.1.108] Länderarbeitsgemeinschaft Wasser LAWA (1983) Rahmenkonzept zur Erfassung und Überwachung der Grundwasserbeschaffenheit – Grundwasserüberwachungskonzept 1983. Nov. 1983

[G.1.109] Ministerium für Umwelt Baden-Württemberg (1987) Handbuch Hydrologie Baden-Württemberg, Teil 6.2: Grundwasserüberwachungsprogramm – erste Ergebnisse aus dem Basismeßnetz 1985/86. Stuttgart

[G.1.110] Großsteinbeck, J.; Rocker, W. (1984) Grundwasserüberwachung in Nordrhein-Westfalen. Forum Städte-Hygiene 35, Hannover-Berlin

[G.1.111] Landesamt für Wasser und Abfall Nordrhein-Westfalen (1985) Grundwasserbericht 84/85, Düsseldorf

[G.1.112] Möhle, K. (1991) Gewässerüberwachung in Baden-Württemberg am Beispiel des Neckars. 3. Neckar-Umwelt-Symposium 7./8.10.91. Heidelberger Geowissenschaftliche Abhandlungen, Bd. 48, Heidelberg 1991

[G.1.113] Umweltministerium Baden-Württemberg (1992) Umweltdaten 1991/92. Stuttgart

[G.1.114] Bayerisches Landesamt für Wasserwirtschaft (1993) Gewässerbeschaffenheit in Bayern. Gewässerkundliche Daten 1991 – Fließgewässer. München

[G.1.115] Landesamt für Wasser und Abfall Nordrhein-Westfalen (1992) Gewässergütebericht '91'. Düsseldorf

[G.1.116] Landesanstalt für Umweltschutz Baden-Württemberg (1992) Jahresbericht 1991. Berichte der Landesanstalt für Umweltschutz Baden-Württemberg Heft 4. Karlsruhe

[G.1.117] Regierungspräsidium Stuttgart (1989) Gewässersanierungsprogramm GLEMS. Stuttgart

[G.1.118] Ottmann, E. (1979) Gewässergütemeßstationen in Bayern. Wasser und Boden 8

[G.1.119] Fleig, H.; Boes, M. (1979) Gewässergütemeßstationen in Baden-Württemberg. Wasser und Boden 8

[G.1.120] Gorsler, M.; Staschen, G. (1980) Der Einsatz von automatischen Meßstationen zur Überwachung der Gewässerbeschaffenheit in Niedersachsen. Wasser und Boden 8

[G.1.121] Diehl, P.; Krauß-Kalweit, J.; Lüthje, S. (1997) Die neue Rheingütestation Worms. Wasser und Boden, 49. Jg., 1/97

[G.1.122] Länderarbeitsgemeinschaft Wasser (LAWA) (1990) Die Gewässergüte der Bundesrepublik Deutschland

[G.1.123] Ministerium für Ernährung, Landwirtschaft, Umwelt und Forsten Baden-Württemberg (1987) Gütezustand der Gewässer in Baden-Württemberg 4. H 16 EM-58-86. Stuttgart, Januar 1987

[G.1.124] Ministerium für Ernährung, Landwirtschaft, Umwelt und Forsten Baden-Württemberg (1986) Neckar. EM-12-86. Stuttgart

[G.1.125] Agence de l'eau rhin-meuse (1989) La qualité des eaux superficielles – Actualisation 1986-1988. Metz, Juni 1989

[G.1.126] Hamm, A. (1969) Erläuterungen zur Gewässergütekartierung bayerischer Voralpenseen. Münchner Beiträge zur Abwasser-, Fischerei- und Flußbiologie, Bd. 15 „Der Wassergüteatlas". München

[G.1.127] Naumann, E. (1961) Die Reinhaltung des Bodensees – eine Lebensfrage für Südwest. Bodenwasserversorgung. Stuttgart

[G.1.128] Agence de l'eau rhin-meuse (1989) La qualité des eaux souterraines des principaux aquifers du bassin rhin-meuse. Metz, Januar 1989

[G.1.129] Müller, G. (1985) Unseren Flüssen geht's wieder besser. Bild der Wissenschaft H.10, Stuttgart

[G.1.130] Regierungspräsidium Tübingen (1989) Aktionsprogramm zur Sanierung oberschwäbischer Seen. Tübingen

[G.3.1] ATV (1997) ATV-Handbuch Mechanische Abwasserreinigung, 4. Aufl. Ernst & Sohn, Berlin

[G.3.2] Grau, A.; et al. (1996) Mikrosiebung als nachgeschaltete Behandlungsstufe zur weitergehenden Reinigung. abwassertechnik 1/96, S. 19

[G.3.3] Imhoff, K. (1993) Taschenbuch der Stadtentwässerung, 28. Aufl. R. Oldenbourg, München, Wien

[G.3.4] ATV (1998) Sandabscheideanlagen, Arbeitsbericht der ATV-Arbeitsgruppe 2.5.1 „Sandfänge". Korrespondenz Abwasser 3/98, S. 535–549

[G.3.5] Klinger, H.; Barth, H. (1994) Entwicklung einer Sandrecyclinganlagen auf Kläranlagen. Korrespondenz Abwasser 1/94, S. 48–53

[G.3.6] Degremont (1991) Water Treatment Handbook, Sixth Edition, Vol. 1 + 2, Lavoisier, Paris

[G.3.7] ATV (1994) Handbuch für Ver- und Entsorger, Bd. 3, 4. Aufl. F. Hirthammer, München

[G.3.8] Endres & Hauser (1989) Abwasser-Meß- und Regeltechnik, Endres & Hauser, Maulburg, S. 81–96

[G.3.9] Eisenmann (1992) Leitfaden Umwelttechnik, S. 58–60 Eisenmann KG. Böblingen

[G.3.10] Hartinger, L (1991) Handbuch der Abwasser- und Recyclingtechnik für die metallverarbeitende Industrie, 2. Aufl. Carl Hanser, München, Wien

[G.3.11] Allg. Rahmenabwasserverwaltungsvorschrift (1989) Anhang 40 Metallbearbeitung, GMBI, S. 523–524

[G.3.12] ATV (1991) Abwasser in der metallverarbeitenden Industrie. ATV-Hinweis H 765

[G.3.13] Ritz, J. (1992) Schwermetallentfernung mit Sukfid und Organosulfid. GWA Bd. 136, 1992, S. 327–347

[G.3.14] Hartinger, L. (1989) Maßnahmen zur Verringerung der Schwermetalle, Galvanotechnik, 1989, S. 401–407

[G.3.15] Fischwasser, K. (1992) Fällung von Schwermetallen aus Komplexbildner enthaltenden Abwässern GWA Bd. 136, 1992, S. 381–391

[G.3.16] Sell, M. (1992) Katalytische Verfahren in der Trinkwasseraufbereitung und Abwasserreinigung. UTA, S. 343–346

[G.3.17] Oswald, E. (1989) Industrie-Abwasser-Behandlung mit Ozon. Gütling News, H 4, Gütling, Fellbach

[G.3.18] Steensen, M. (1993) Chemische Naßoxidation zur weitergehenden Sickerwasser-Reinigung. Korr. Abwasser, S. 308–316

[G.3.19] Köppke, K.E. (1993) Industrielle Abwasserbehandlung mit chemischer Naßoxidation. Korr. Abwasser, S. 62–67

[G.3.20] Gulyas, H.; Sekulov, I. (1993) Chemische oxidative Entfernung refraktärer Stoffe aus biologisch behandeltem Abwasser. 4. Symp. Industrieabwasser, GWA Bd 143, im Druck

[G.3.21] Thiel, W.; Matschiner, H. (1993) Membran-Elektrolysezellen zur Elektrosynthese von Peroxidisulfat und zum oxidativen Abbau von Schadstoffen. 4. Symp. Industrieabwasser GWA Bd. 143, im Druck

[G.3.22] Holzer, K. (1991) Behandlung von Industrieabwässern mit Kat.-Niederdruck-Naßoxidation. Umwelt, S. 179–181

[G.3.23] ATV (1993) Deponieabwasserbehandlung. ATV-Arbeitsbericht. Korr. Abwasser, S. 378–380

[G.3.24] Leitzke, O. (1990) UV/Ozon-Kombinationsverfahren zur Wasserbehandlung. WLB, S. 24–25

[G.3.25] Bayer AG (1988) Lewatit TP 214 zur Rückgewinnung von Quecksilber und Edelmetallen. Technische Informationen. Bayer AG Leverkusen

[G.3.26] Bueb, M. (1990) Verminderung der Abwasseremissionen in der Chemischen Industrie durch Verfahrensumstellung und Teilstrombehandlung. Korr. Abwasser, S. 542–558

[G.3.27] Pilchowski, K. (1991) Adsorptive Entfernung von chlorierten C_2-Kohlenwasserstoffen aus Wässern. GWA Bd. 125, S. 245–266

[G.3.28] VCI (1988) Adsorptive Abwasserreinigung, 3. Verfahrensbericht zur Abwasserreinigung. VCI Frankfurt

[G.3.29] Preuß, F.R. (1991) Einsatz von Adsorptionsverfahren zur Behandlung von Textilabwässern. GWA Bd. 125, S. 267–274

[G.3.30] Bauer, I. (1990) Verfahrenstechniken zur Behandlung von CKW- und AOX-haltigen Abwässer der Industrie. GWA Bd. 112, S. 385–410

[G.3.31] Klassert, A. (1991) Entfernung von Phenolen und polycyklischen Aromaten aus Abwässern mit Adsorberharzen. GWA Bd. 125, S. 333–355

[G.3.32] Bayer AG (1990) Entfernung von CKW durch Adsorberharze. Technische Informationen, Bayer AG Leverkusen

[G.3.33] Bayer AG (1989) Entfernung von Tensiden durch Adsorberharze. Technische Informationen, Bayer AG Leverkusen

[G.3.34] Feldmühle (1986) Verfahren zum Reinigen von Abwässern der Zellstoff-, Papier- und Kartonindustrie mittels Al_2O_3. Patentschrift DE 2418888169 C2

[G.3.35] Menzel, U.; Rott, U. (1991) Untersuchungen zum optimierten Einsatz pulverisierter Aktivkohlen zur weitergehenden Abwasserreinigung. Korr. Abwasser, S. 1178–1191

[G.3.36] Wurm, H.J. (1973) Untersuchungen über die Wirtschaftlichkeit der wichtigsten phys.-chem. Verfahren zur Entphenolung von Kokereiabwasser. GWA Bd. 13

[G.3.37] VCI (1976) Abwasserreinigung durch Extraktion. 5.] Verfahrenabericht zur Abwasserbehandlung, VCI, Frankfurt

[G.3.38] Ullmann (1981) Encyklopädie der Technischen Chemie. Bd. 6, S. 450–451

[G.3.39] Paustenbach, D.J. (1989) The Riskmanagement of Environmental Hazards. Wiley, N.Y., S. 55

[G.3.40] Bradke, H.J. (1985) Neuere Methoden zur Vorbehandlung von schwerabbaubaren Stoffen am Anfallort. GWA Bd. 75, S. 743–780

[G.3.41] Malz, F. (1959) Entcyanisierung von Kokereiabwasser. Vom Wasser, S. 217–236

[G.3.42] Zimpel, J. (1989) Verfahrenstechniken zur Vorbehandlung von Abwässern mit gefährlichen Stoffen in Gewerbe und Industrien. GWA Bd. 112, S. 411–442

[G.3.43] Krill, H.; Meuig, H. (1992) Biologische Verfahren zur Abluftreinigung. UTA, S. 147–161

[G.3.44] Konstandt, H.G. u.a. (1992) Eindampfung von UO-Konzentrat aus einer Sickerwasserreinigung. Stuttgarter Berichte zur Abfallwirtschaft, Bd 45

[G.3.45] Schumacher (1992) Umwelt und Trokkentechnik. Firmenschrift, Schumacher, Crailsheim

[G.3.46] Czeska, B. (1993) 100% Effluent Recycle in German Zn-Plating Facility. SUP/FIN USA, Prescipt

[G.3.47] Schilling, R. (1992) Abwasserfreier Galvanikbetrieb bei Einsatz eines Blockheizkraftwerkes als Teil der Entsorgungsanlage. WAP, S. 76–83

[G.3.48] Schilling, R. (1993) Stoffstromgetrennte Entsorgung von CIP-Abwässern. WAP, S. 134–140

[G.3.49] Hartinger, L. Hasler, J. (1989) Stand der Technik der Abwasservorbehandlung in der Metallbearbeitung. IWS Bd 6, S. 79–104

[G.3.50] Timmer, G. u.a. (1993) Biofiltration als Verfahren zur Abwasserreinigung und Pestizidentfernung. Korr. Abwasser, S. 764–780

[G.3.51] Czeska, B. CURT-Verdampfer-Technologie. Fa. Galvatex, Freiburg

[G.3.52] Kiefer, M. (1993) Reststoff-Behandlung. Korr. Abwasser, S. 356–363

[G.3.53] Hagemeyer, G.; Gimbel, R. (1993) Membranfiltrationsverfahren in der Trinkwasseraufbereitung. WAP, S. 82–88

[G.3.54] Bäuerle, U.; Marquardt, K. (1992) Aufbereitung organisch/anorganisch hoch belasteter Abwässer mit Reststoffminimierung. GWA Bd. 136. S. 135–194

[G.3.55] Hansmann, M.: Keramikmembranen in der Ultra- und Querstrom-Mikro-Filtration. Jahrbuch der Umwelttechnik 92/93, MPV, Gütersloh

[G.3.56] Wagner, F.; Wienands, H. (1992) Biologie und Membrantechnik zur Abwasserreinigung. WAP, S. 88–94

[G.3.57] Loll, U.; Reinert D. (1993) Sickerwasserreinigung mit dreifacher Umkehrosmose und Konzentratbehandlung. WAP, S. 9–15

[G.3.58] Spei, B. (1993) Emulsionsspaltung. UTA, S. 204–211

[G.3.59] Scheffels, G. (1992) Ultrafiltrationsanlage für Kompressor-Kondensat. Drucktechnik (1992), S. 43–44

[G.3.60] Schünemann (1991) Querstrom-Mikrofiltration. Firmeninfo, Schünemann u. Co, Bremen

[G.3.61] Rautenbach, R.; Mellis, R. (1989) Membran Processes. J. Wiley

[G.3.62] Friedl, A. u.a. (1993) Recycling und Abfallreduzierung durch den Einsatz der Pervaporation. Entsorgungspraxis (1993), S. 150–154

[G.3.63] Strathmann, H. u.a. (1992) Entwicklung von bipolaren Membranen und ihre technische Nutzung. Dechema Monografie 125 (1992), S. 83–100

[G.3.64] Hahnewald (1992) Elektrodialyse zur Rückgewinnung von Metallen aus Spülwässern. Info, Hahnwald GmbH, Dresden

[G.3.65] Flemming, H.-C. (1991) Biofilme und Biotechnologie, Teil I: Entstehung, Aufbau, Zusammensetzung und Eigenschaften von Biofilmen, gwf Wasser. Abwasser, 132, Nr. 4, S. 197 ff.

[G.3.66] Mudrack, K.; Kunst, S. (1994) Biologie der Abwasserreinigung. 4. Aufl., Stuttgart, Jena, New York

[G.3.67] Hawkes, H.A. (1963) The Ecology of Waste Water Treatment. Oxford, Pergamon Press

[G.3.68] Hulsbeek, J.; Kunst, S. (1994) Untersuchungen wichtiger biologischer Umsatzgeschwindigkeiten belebter Schlämme als Voraussetzung der Bemessung. KA 41 (1994), S. 42–47

[G.3.69] Abeling, U. (1993) Stickstoffelimination aus Industrieabwässern – Denitrifikation über Nitrit –. Veröff. des Inst. f. Siedlungswasserwirtschaft und Abfalltechnik der Universität Hannover, Bd. 86, Hannover

[G.3.70] Hulsbeek, J. (1995) Bestimmung von Parametern zur Beschreibung der Prozesse bei der biologischen Stickstoff- und Phosphorentfernung in Abwasserreinigungsanlagen. Veröff. des Inst. f. Siedlungswasserwirtschaft und Abfalltechnik der Universität Hannover, Bd. 90, Hannover

[G.3.71] Helmer, C. (1994) Einfluß von Temperatur und Stoßbelastungen auf die Mikroflora der belebten Schlämme in Bio-P-Anlagen. Veröff. des Inst. f. Siedlungswasserwirtschaft und Abfalltechnik der Universität Hannover, Bd. 87, Hannover

[G.3.72] Chudoba, J.; Ottova, V.; Madera, V. (1973) Control of Activated Sludge Filamentous Bulking I/II.II. Water Research 7 (19973), S. 1163–1182, S. 1389–1406

[G.3.73] ATV (1996) Arbeitsblatt A 262 (Entwurf), Grundsätze für Bemessung, Bau und Betrieb von Pflanzenbeeten für kommunales Abwasser bei Ausbaugröße bis 1000 Einwohnerwerte

[G.3.74] Bahlo, K.; Wach, G. (1992) Naturnahe Abwasserreinigung, Planung und Bau von Pflanzenkläranlagen. ökobuch-Verlag, Staufen

[G.3.75] Börner, T. (1992) Einflußfaktoren für die Leistungsfähigkeit von Pflanzenkläranlagen. Schriftenreihe WAR, Nr. 58, Inst. f. Wasserversorgung, Abwasserbeseitigung und Raumplanung der TH Darmstadt

[G.3.76] Kunst, S.; Flasche, K. (1995) Untersuchungen zur Betriebssicherheit und Reinigungsleistung von Kleinkläranlagen mit besonderer Berücksichtigung der bewachsenen Bodenfilter. Inst. f. Siedlungswasserwirtschaft und Abfalltechnik der Universität Hannover, Abschlußbericht, Forschungsvorhaben AZ 32-201 00091

[G.3.77] Bahlo, K. (1996) Reinigungsleistung und Bemessung von vertikal durchströmten Bodenfiltern mit Abwasserzirkulation. Dissertation, Universität Hannover

[G.3.78] Kayser, R. (1987) Bemessung von Belebungsanlagen zur Stickstoffentfernung. Veröffentlichungen des Instituts für Stadtanwesen, TU Braunschweig, Heft 42

[G.3.79] Hofmann, H. (1986) Konzeption und Bemessung der vorgeschalteten Denitrifikation beim Belebungsverfahren. Berichte aus Wassergütewirtschaft und Gesundheitsingenieurwesen, Institut für Bauingenieurwesen, TU München, Heft 72

[G.3.80] Hartwig, P. (1993) Beitrag zur Bemessung von Belebungsanlagen mit Stickstoff- und Phosphorelimination. Veröffentlichungen des Instituts für Siedlungswasserwirtschaft und Abfalltechnik der Universität Hannover, Heft 84

[G.3.81] IAWPRC (1986) Activated Sludge Model No. 1, Scientific and Technical Report No. 1 der IAWPRC

[G.3.82] ATV-MERKBLATT M 208 (1994) Biologische Phosphorelimination. Abwassertechnische Vereinigung ATV, Hennef

[G.3.83] Kunst, S. (1991) Untersuchungen zur biologischen Phosphorelimination im Hinblick auf ihre abwassertechnische Nutzung. Veröffentlichungen des Instituts für Siedlungswasserwirtschaft und Abfalltechnik der Universität Hannover, Band 77

[G.3.84] Jardin, N. (1995) Untersuchungen zum Einfluß der erhöhten Phosphorelimination auf die Phosphordynamik bei der Schlammbehandlung. Dissertation TH Darmstadt. Schriftenreihe WAR, Band 87

[G.3.85] Water Research Comission (1984) Theory, design and operation of nutrient removal activated sludge processes. Research Report, Water Research Comission, Pretoria, Republic of South Africa

[G.3.86] Maurer, M.; Gujer, W. (1994) Prediction of the performance of enhanced biological phosphorous removal plants. Water Science and Technology, Band 6, S. 333–343

[G.3.87] Scheer, H. (1994) Vermehrte biologische Phosphorelimination, Bemessung und Modellierung in Theorie und Praxis. Veröffentlichungen des Instituts für Siedlungswasserwirtschaft und Abfalltechnik der Universität Hannover, Band 88

[G.3.88] Kroiss, H.: Anaerobe Abwasserreinigung. Wiener Mitteilungen Wasser Abwasser Gewässer, Bd. 62, Wien 1985

[G.3.89] ATV-Fachausschuß 7.5: Geschwindigkeitsbestimmende Schritte beim anaeroben Abbau von organischen Verbindungen in Abwässern. Korrespondenz Abwasser, 41. Jg. (1994), H. 1, S. 101–107

[G.3.90] ATV-Fachausschuß 7.5: Technologische Beurteilungskriterien zur anaeroben Abwasserbehandlung. Korrespondenz Abwasser, 40. Jg. (1993), H. 2, S. 217–223

[G.3.91] Bode, H.: Beitrag zur Anaerob-Aerob-Behandlung von Industrieabwässern. Veröffentlichungen des Instituts für Siedlungswasserwirtschaft und Abfalltechnik der Universität Hannover, H. 64 (1985)

[G.3.92] Austermann-Haun, U.; Seyfried, C.F.; Rosenwinkel, K.-H.: Full scale experiences with anaerobic pre-treatment of wastewater in the food and beverage industry in Germany. Wat. Sci. Tech., Vol. 36, No. 2–3, (1997), S. 321–328

[G.3.93] ATV-Fachausschuß 7.5: Anaerobe Verfahren zur Behandlung von Industrieabwässern. Korrespondenz Abwasser, 37. Jg. (1990), H. 10, S. 1247–1251

[G.3.94] Seyfried, C.F.: Verfahrenstechnik der anaeroben Abwasserreinigung – Theorie und Praxis –. In: Preprints GVC-Tagung „Verfahrenstechnik der mechanischen, thermischen, chemischen und biologischen Abwasserreinigung", Baden-Baden, 17.–19.10.1988, Band 2, S. 99–136

[G.3.95] Saake, M.: Abscheidung und Rückhalt der Biomasse beim anaeroben Belebungsverfahren und in Festbett-Reaktoren. Veröffentlichungen des Instituts für Siedlungswasserwirtschaft und Abfalltechnik der Universität Hannover, H. 68 (1986)

[G.3.96] Kennedy, K.J.; Droste, R.L.: Anaerobic wastewater treatment in downflow stationary fixed film reactors. Wat. Sci. Tech., Vol. 24, No. 8, (1991), S. 157–178

[G.3.97] Young, J.C.: Factors affecting the design and performance of upflow anaerobic filters. Wat. Sci. Tech., Vol. 24, No. 8, (1991), S. 133–156

[G.3.98] Austermann-Haun, U.: Inbetriebnahme anaerober Festbettreaktoren. Veröffentlichungen des Instituts für Siedlungswasserwirtschaft und Abfalltechnik der Universität Hannover, H. 93, (1997)

[G.3.99] Lettinga, G.; Hulshoff-Pol, L.W.: UASB-process design for various types of wastewaters. Wat. Sci. Tech., Vol. 24, Nr. 8, (1991) S. 87–107

[G.3.100] Weiland, P.; Rozzi, A.: The start-up, operation and monitoring of high-rate anaerobic treatment systems: Discusser's report. Wat. Sci. Tech., Vol. 24. No. 8, (1991), S. 257–277

[G.3.101] Bischofsberger, W.; Temper, U.; Pfeifer, W.; von Mücke, J.; Carozzi, A.; Steiner, A.: Stand und Entwicklungspotentiale der anaeroben Abwasserreinigung unter besonderer Berücksichtigung der Verhältnisse in der Bundesrepublik Deutschland. Mitteilungen der Oswald-Schulze-Stiftung, Heft 7 (1986)

[G.3.102] Böhnke, B.; Bischofsberger, W.; Seyfried, C.F. (Hrsg.): Anaerobtechnik Handbuch der anaeroben Behandlung von Abwasser und Schlamm. Springer Verlag 1993

[G.3.103] Koch, M; Kappler, J.; Jost, B. (1992) Betriebserfahrungen mit der Flockungsfiltration im Kanton Zürich, in: Dokumentation und Schriftenreihe aus Wissenschaft und Praxis der ATV, Heft 31, St. Augustin

[G.3.104] Barjenbruch M. (1997) Leistungsfähigkeit und Kosten von Filtern in der kommunalen Abwasserreinigung. Veröffentlichung des Instituts für Siedlungswasserwirtschaft und Abfalltechnik der Universität Hannover, Heft 97

[G.3.105] Wagner, V. (1989) Automatische Schwerkraftfilter, ATV-Seminar zur Verminderung von Feststoffen im KA-Ablauf, 12. u. 13.01.1989

[G.3.106] Nyhuis, G. (1990) Suspensaentnahme mittels Tuchfiltration, Korrespondenz Abwasser 37. Jg., Heft 10

[G.3.107] Nyhuis, G. (1987) Tuchfiltration in der Abwasserreinigung, Phoenix International, Heft 5

[G.3.108] Boller, M. (1985) Full scall experience with tertiary contact filters, Chemical Water and Wastewater Treatment, Scgr.-Reihe Verein Wa Bo Lu 62, G. Fischer Verlag Stuttgart/New York

[G.3.109] Seyfried, C.F.; Rosenwinkel, K.H.; Grabbe, U. (1996) Neue Erkenntnisse bei der Tuchfiltration, 9. Fachtagung „Weitergehende Abwasserreinigung als Beitrag zum Schutz von Nord- und Ostsee", Hamburger Berichte zur Siedlungswasserwirtschaft, Heft 18

[G.3.110] Roth, M. (1982) Wahl von Mikrosieben oder Kornfiltern unter Berücksichtigung der Filtrierbarkeit des Abwassers, Stuttgarter Berichte zur Siedlungswasserwirtschaft, Band 75

[G.3.111] Grau, A.; Zimmermann, E. (1991) Mikrosiebung im Klärwerk Wiesbaden, Berichte der ATV, Nr. 41 S. 465–472

[G.3.112] Roth, M. (1998) Erfahrungen mit der Mikrosiebung zur weitergehenden Abwasserreinigung im Lehr- und Forschungsklärwerk Stuttgart-Büsnau, in Vorbereitung

[G.3.113] Voß, K. (1981) Spülung von Kornmassenfiltern aus praktischer Sicht. Brunnenbau,

Bau von Wasserwerken, Rohrleitungsbau, (bbr), 32. Jg. (1981), H. 2, S. 43–47

[G.3.114] Seyfried, C.F. (1991) Grundlagen der Filtration und Flockungsfiltration sowie Auslegung entsprechender Anlagen, Fortbildungsstudium „Weitergehende Abwasserreinigung", Seminarveranstaltung am 20. Juli 1991 in München

[G.3.115] Boller, M. (1992) Verfahren zur Abwasserfiltration, in: Dokumentation und Schriftenreihe aus Wissenshaft und Praxis der ATV Heft 31, St. Augustin

[G.3.116] Hibbeln, K. (1982) Untersuchungen zur weitergehenden Abwasserreinigung durch Abwasserfiltration mit Flockungsmittelzugabe - Flockungsfiltration – GWA, Bd. 55, Aachen

[G.3.117] Grohmann, A. (1981) Über die Anwendung der Flockenbildung in Rohren zur Wasserreinhaltung und Phosphatelimination, Wasser-Abwasser-Forschung, Heft Nr. 14, S. 194–209

[G.3.118] Seyfried, C.F.; Barjenbruch, M.; Scheer, H. (1992) Abschlußbericht über die Untersuchungen zur weitergehenden Abwasserreinigung auf dem KW Westerland, Gutachten des Instituts für Siedlungswasserwirtschaft und Abfalltechnik der Universität Hannover, (unveröffentlicht)

[G.3.119] Dohmann, M.; Baumann, A. (1995) Untersuchungen über den Einsatz eines Filtertrommelsystems zur weitergehenden Abwasserreinigung, Gutachten des Instituts für Siedlungswasserwirtschaft der RWTH Aachen, (unveröffentlicht)

[G.3.120] Boller, M. (1988) Verfahren zur Abwasserfiltration, ATV Fortbildungskurs F2 in Fulda vom 2.–4.11.1988

[G.3.121] ATV – Abwassertechnische Vereinigung e.V. (1995) Abwasserfiltration ATV A 203, Vertrieb GFA (4/1995)

[G.3.122] Seyfried, C.F.; Barjenbruch, M. (1993) Grundlagen der Filtrationstechnik und Hinweise zur Bemessung von Raumfiltern; Wasser und Boden, 45. Jg., Heft 5, S. 320–325

[G.3.123] Kraft, A. (1990) Weitergehende Abwasserreinigung mit einem biologisch intensivierten Filtrationsverfahren - Trockenfiltration, Veröffentlichungen des Instituts für für Siedlungswasserwirtschaft und Abfalltechnik der Uni Hannover, Heft 75

[G.3.124] Kraft, A. (1992) Abwasserfiltration in abwärts durchströmten Überstaufiltern; Dokumentation und Schriftenreihe aus Wissenschaft und Praxis der ATV, Heft 31, St. Augustin

[G.3.125] Gassen, M. (1998) Erste Erfahrungen über den Betrieb und die Wirtschaftlichkeit von Festbettreaktoren auf deutschen Kläranlagen, GWA, Heft 165, 31. Essener Tagung 25.3-27.3.1998

[G.3.126] Kraft, A. (1994) Simultane Denitrifikation im Abwasserfilter, awt-Abwassertechnik, Heft 1

[G.3.127] Dohmann, Dorgeloh, Sanz. (1994) Untersuchungen zum Einsatz von DynaNitro-Reaktoren zur Suspensa-Entnahme, zur Restnitrifikation und zur Phosphorelimination, Teil III, Abschlußbericht des ISA Aachen (unveröffentlicht) 10/1994

[G.3.128] Mayer, V. (1984) Anwendung von Aktivkohlepulver in zweischichtigen Schnellsandfiltern zur weitergehenden Abwasserreinigung, GWF Wasser/Abwasser (192), Nr. 8, S. 373–380

[G.3.129] Menzel, U.; Rott, U. (1991) Untersuchungen zum optimierten Einsatz pulverisierter Aktivkohle zur weitergehenden Abwasserreinigung, Korrespondenz Abwasser (38), Nr. 9, S. 1178–1191

[G.3.130] Imhoff, K.; Imhoff, K.R. (1993) Taschenbuch der Stadtentwässerung, 28. Aufl., R. Oldenbourg Verlag München Wien

[G.3.131] Pöpel, H.J. (1993) Auswirkungen der Nährstoffelimination auf Menge, Zusammensetzung und Behandlung des Klärschlamms, Schriftenreihe WAR 66, Darmstadt

[G.3.132] ATV (1996) ATV-Handbuch Klärschlamm, 4. Aufl., Ernst & Sohn Verlag, Berlin

[G.3.133] Fehr, G.; Tempel, K. (1995) Methoden und Maßstäbe zur fachlichen Beurteilung der Umweltauswirkungen für Kläranlagen, Korrespondenz Abwasser, 7/95, S. 1120

[G.3.134] ATV (1996) Merkblatt M 204, Stand und Anwendung der Emissionsminderungstechnik bei Kläranlagen – Gerüche – Aerosole, Oktober 1996

[G.3.135] ATV (1988) Merkblatt M 255, Geruchsemissionen aus Abwasseranlagen, Juli 1988

[G.3.136] VDI 3881: Olfaktometrie. Geruchsschwellenbestimmung, Blatt 1–4

[G.3.137] VDI 3882: Olfaktometrie. Geruchsintensität und hedonische Wirkung; Teil 1–2

[G.3.138] Hübner, R. (1996) Kosten von Behandlungsanlagen. Seminarbeitrag „Geruch – Messung und Beseitigung", BUB-Seminar 29.10.1996, Hannover

[G.3.139] Schön, M.; Hübner, R. (1995) Geruch – Messung und Beseitigung, Vogel Buchverlag, Würzburg

[G.3.140] Köster, W. (1993) Auswirkungen von Prozeßwässern und Fäkalschlämmen auf die Geruchsemissionen von Kläranlagen und Möglichkeiten der Minimierung dieser Emissionen, Korrespondenz Abwasser, 12/93, S. 1934

[G.3.141] Abendt, R.-W. (1993) Beispiele zur Vermeidung und Verminderung von Geruchsemissionen aus kommunalen Abwasserbehandlungsanlagen. ATV-Seminar Emissions- und Immissionsprobleme bei Abwasseranlagen. Gerüche – Aerosole – Geräusche – am 9./10.3.1993 in Magdeburg

[G.3.142] Medrow, W. (1993) Ermittlung von Geruchsemissionen in der Umgebung von Kläranlagen mit Hilfe eines Ausbreitungsmodells. ATV-Seminar Emissions- und Immissionsprobleme bei Abwasseranlagen. Gerüche – Aerosole – Geräusche – am 9./10.3.1993 in Magdeburg

[G.3.143] VDI 3940: Bestimmung der Geruchsstoffimmissionen durch Begehungen, Mai 1991, Entwurf

[G.3.144] Klauwer, E. (1993) Maßnahmen zur Minderung und Vermeidung von Geräuschemissionen anhand von Beispielen aus der Praxis. ATV-Seminar Emissions- und Immissionsprobleme bei Abwasseranlagen. Gerüche – Aerosole – Geräusche – am 9./10.3.1993 in Magdeburg

[G.3.145] Frechen, F.B. (1993) Sensorische Methoden: Olfaktometrie und Begehung, Schriftenreihe WAR, Band 68, S. 13, Darmstadt

[G.3.146] Abstandserlaß des Landes Nordrhein-Westfalen, RdErl. des MURL i.d.F. vom 24.11.1994

[G.3.147] Abstandserlaß des Landes Sachsen-Anhalt, RdErl. des MU vom 26.8.1993

[G.3.148] ATV (1985) Lehr- und Handbuch der Abwassertechnik, Bd. IV, 3. überarb. Aufl.

[G.3.149] Wanner, H.U. (1975) Mikrobielle Verunreinigung der Luft durch Belebtschlamm, Zentralblatt Bakt. Hyg. 1. Abt. Orig. B 161, S. 46

[G.3.150] Kunst, S. (1993) Untersuchung des Einflusses verschiedener Belüftungssysteme auf die Verkeimung der Umgebung, Korrespondenz Abwasser, 5/93, S. 716

[G.3.151] Saake, M. (1995) Biofilter – Anlagen zur Abluftbehandlung auf Kläranlagen. Veröffentlichungen des Instituts für Siedlungswasserwirtschaft und Abfallwirtschaft der Universität Hannover, Heft 94, 1995, S. 16

[G.3.152] Freimuth, H. (1993) Geräusche – Physikalische Grundlagen und Schallpegelmessungen als Hilfsmittel bei Bestandsaufnahmen und Prognosen. ATV-Seminar Emissions- und Immissionsprobleme bei Abwasseranlagen. Gerüche – Aerosole – Geräusche – am 9./10.3.1993 in Magdeburg

[G.3.153] BImSchG: Gesetz zum Schutz vor schädlichen Umwelteinwirkungen durch Luftverunreinigungen, Geräusche, Erschütterungen und ähnliche Vorgänge, Bundes-Immissionsschutzgesetz vom 15.03.1974, Bundesgesetzblatt I S. 721

[G.3.154] TA Lärm: Technische Anleitung zum Schutz gegen Lärm vom 16.07.1968. Beilage zum Bundesanzeiger Nr. 137 vom 26.07.1968

[G.3.155] UVV Lärm: Unfallverhütungsvorschrift 28 „Lärm" der Berufsgenossenschaft der Gas- und Wasserwerke (VBG 121 vom 01.10.1990)

[G.3.156] VDI 3477: Richtlinie; Biologische Abgas-/Abluftreinigung. Biofilter, Düsseldorf 12/1991

[G.3.157] VDI 3478: Richtlinie; Biologische Abgas-/Abluftreinigung. Biowäscher, Düsseldorf Entwurf 11/1994

[G.3.158] Seibt, M. (1996) Gerüche aus Entsorgungsanlagen. Seminarbeitrag „Geruch – Messung und Beseitigung", BUB-Seminar 29.10.1996, Hannover

[G.3.159] Saake, M. (1993) Möglichkeiten und Grenzen des Einsatzes von Biowäschern und Biofiltern in Industrie, Gewerbe und Kommunen. HdT-Veranstaltung, 17.2.1993. Biotechnologische Abluftbehandlung in Kläranlagen sowie Gewerbe- und Industriebetrieben

Ergänzende Literatur

Böhnke, B. (1987) Standzeituntersuchungen an Kompostfiltern und Ausarbeitung von Bau- und Betriebsanleitungen für Erd- und Kompostfilter im Bereich von Kläranlagen, Institut für Siedlungswasserwirtschaft der RWTH Aachen

Deutsches Institut für Normung e.V.:
DIN 4040 (EN 1825) Abscheideranlagen für Fett
DIN 1999 (EN 858) Abscheider für Leichtflüssigkeiten
DIN 19551 Kläranlagen, Rechteckbecken
DIN 19552 Kläranlagen, Rundbecken
DIN 19554 Kläranlagen, Rechenbauwerke
DIN 19558 Kläranlagen, Überfallwehr und Tauchwand
DIN 19569 Teil 2, Kläranlagen, Baugrundsätze

Dichtl, N. (1995) Parallelplattenabscheider in der Industrieabwasserreinigung. WasserAbwasserPraxis 4/95, S. 50–52

DVGW (1985) DVGW-Regelwerk Merkblatt W 250

Ermittlung zum Stand der Technik der Lärmminderung bei genehmigungsbedürftigen Anlagen nach 4. BImSchV – Klärwerke, Umweltbundesamt Berlin, 1987

Franta, J.; et al. (1992) Mechanische Abwasserreinigung durch Siebung. Korrespondenz Abwasser 6/92, S. 907–909

Grabbe, U.; Obenaus, F. (1995) Untersuchungen zur Tuchfiltration – Hinweise zu Bemessung und Betrieb, awt-Abwassertechnik, Heft 3

Grohmann, W.; Pöpel. H.J. (1993) Aerob-thermophile Klärschlammstabilisierung – verbesserte Zukunftsaussichten durch optimierte Mischung und Belüftung? Schriftenreihe WAR 66, Darmstadt

Gujer, W. (1985) Ein dynamisches Modell für die Simulation von komplexen Belebtschlammanlagen. Habilitationsschrift am IGW der ETHZ, Zürich, und der EAWAG

Hamm, A. (1969) Erläuterungen zur Gewässergütekartierung bayerischer Voralpenseen. Münchner Beiträge zur Abwasser-, Fischerei- und Flußbiologie, Bd. 15. R. Oldenbourg, München

Hamm, A. (1968) Nomogramm zur Ermittlung der Gewässergüteklassen von Fließgewässern. Wasser- und Abwasserforschung 5

Hosang/Bischof (1993) Abwassertechnik, 10. Aufl. Teubner, Stuttgart

IAWR (1974) Vorschlag der IAWR zur Bewertung der Gewässerqualität am Beispiel des Rheins. IAWR Sonderdruck Nr. 917 zur 7. Arbeitstagung in Basel

Imhoff, K. (1966) Taschenbuch der Stadtentwässerung. München-Wien, R. Oldenbourg

Kinzelbach, W. (1992) Grundwassermodellierung – Lehrgang Nr. 15 198/85.073 an der Technischen Akademie Esslingen

Koopmann, B.; Stevens, C.M.; Sonderlick, C.A. (1990) Denitrifikation in a moving bed upflow sandfilter, Resarch Journal WPCF, Vol. 62, No. 3, S. 239–245, May/June 1990

Krauth, Kh. (1991) Erhöhung der Biomasse durch Ultrafiltration bei aerob und anaerob betriebenen Bioreaktoren. Korr. Abwasser, S. 1150–1164

Kunz, P. (1992) Behandlung von Abwasser, 3. Aufl. Vogel, Würzburg

Landesamt für Wasser und Abfall Nordrhein-Westfalen (1991) LWA-Merkblatt Nr. 7: Allgemeine Güteanforderungen für Fließgewässer (AGA). Düsseldorf, Dezember 1991

Lärmschutz an Kläranlagen, Minister für Arbeit, Gesundheit und Soziales des Landes Nordrhein-Westfalen, Düsseldorf 1978

Lübbe, E. (1985) Nutzungsbezogene Gewässerzustandsbeschreibung für die landwirtschaftliche Nutzung (Pflanzenbewässerung und Viehtränke). Referat zum Symposium „Gewässergüte und Bewirtschaftungsplanung" vom 4. und 5.9.1984. Gewässerschutz – Wasser – Abwasser Bd. 73, Aachen

Malz, F. (1982) Bakterielle Beeinflussung der Umgebung von Kläranlagen durch Aerosole. 15. Essener Tagung, 10.-12.03.1982

Mikrosiebung als nachgeschaltete Behandlungsstufe zur Schwebstoffelimination, Passavant Firmenprospekt 5/93

Reid, G.K. (1961) Ecology of inland waters and estuaries. Reinhold publ. corp. New York

Reimann, K. (1966) Messung und Bewertung der toxischen Hemmung im Verlaufe der Selbstreinigung. Die Wasserwirtschaft 56

Richtlinie des Rates vom 18. Juli 1978 über die Qualität von Süßwasser, das schutz- oder verbesserungsbedürftig ist, um das Leben von Fischen zu erhalten (78/659/EWG), Amtsblatt der Europäischen Gemeinschaften Nr. L 222 vom 14.8.78

Richtlinie des Rates vom 8. Dezember 1975 über die Qualität der Badegewässer (76/160/EWG), Amtsblatt der Europäischen Gemeinschaften Nr. L 31 vom 5.2.76

Rogalla, F.; Badard, M.; Hansen, F.; Dansholm P. (1992) Upscaling a compact nitrogen removal process, Wat. Sci. Techn., Vol. 26, No. 5-6, pp. 1067–1076

Rudolph, J. (1993) AOX-Elimination und AOX-Produktion bei der Ozonierung. Korr. Abwasser, S. 1298–1306

Schmedtje, U.; Kohmann, F. (1988) Bewertung von Fließgewässern – Aussagekraft und Grenzen biologischer und chemischer Indizes. Wasser und Boden 11

Seibt, M. (1996) Geruchsmessungen und -Prognosen. Seminarbeitrag „Geruch – Messung und Beseitigung", BUB-Seminar 29.10.1996, Hannover

Seyfried, C.F. (1994a) Mechanische Vorreinigung – Rechen, Sandfang Vorklärung. ATV-Kurs H2 (Abwasserreinigung), Fulda 05.10.– 07.10.1994

Seyfried, C.F. (1994b) Rechen, Siebe und Sandfänge – Betriebserfahrungen und Entwicklungen, Schriftenreihe WAR, TH Darmstadt, Bd. 75

Stein, A. (1992) Ein Beitrag zur Gestaltung belüfteter Sandfänge. Korrespondenz Abwasser 4/92, S. 518–524

Strohmeier, A. (1994) Einsatzmöglichkeiten der Filtration, ATV-Kurse zur Abwasser- und Abfalltechnik, Kurs H/2-Abwasserreinigung S. 17.1–17.21, ATV Hennef

Strohmeier, A. (1994) Einsatzmöglichkeiten und großtechnische Erfahrungen mit der Biofiltration zur N- und P-Entfernung, ÖWAV Seminar 2: Abwasserreinigungskonzepte – Internationaler Erfahrungsaustausch über neue Entwicklungen, Wien 1994

VCI (1985) Abwasserreinigung durch Strippen. 10. Verfahrensbericht zur Abwasserbehandlung, VCI, Frankfurt

VDI 3476: Katalytische Verfahren der Abgasreinigung, Düsseldorf 06/1990

VDI 2243: Abgasreinigung durch oxidierende Gaswäsche, Düsseldorf 01/1980

Wilderer, P.; Böhm, B; Eichinger, J. (1994) Denitrifikation in einer nachgeschalteten Sandfilteranlage als kostengünstige Ausbaualternative für bestehende Klärwerke, 24. Abwassertechnisches Seminar, Berichte aus Wassergüte- und Abfallwirtschaft TU München, Heft 117

Wolf, P. (1974) Simulation des Sauerstoffhaushaltes in Fließgewässern. Stuttgarter Berichte zur Siedlungswasserwirtschaft Bd. 53. Kommissionsverlag R. Oldenbourg, München

Meß- und Analysetechnik

M.1 Luft

Unter den Begriffen Emission, Transmission und Immission sollen hier charakteristische Phänomene aus dem Bereich der Luftreinhaltung verstanden werden. Genau genommen gelten diese Begriffe für alle Bestandteile der Luft, des Wassers, des Bodens und alle Energiephänomene, wie z. B. Strahlung, Wärme, Schall und Erschütterung.

Emission. Übertritt luftverunreinigender Stoffe in die offene Atmosphäre. Der Ort des Übertritts ist die Emissionsquelle. Die Gesamtheit technischer Einrichtungen und Quellen wird als Emittent bezeichnet.

Transmission. Vorgänge, denen luftverunreinigende Stoffe in der offenen Atmosphäre unter dem Einfluß von Bewegungsphänomenen oder weiteren physikalischen und chemischen Reaktionen ausgesetzt sind.

Immission. Übertritt luftverunreinigender Stoffe von der offenen Atmosphäre in einen Akzeptor. Akzeptoren können Mensch, Tier, Pflanze, Boden, Materialien sein. Der Akzeptor kann am Übertritt aktiv oder passiv beteiligt sein, z. B. aktiv durch Adsorption und Deposition.

M.1.1 Emissionsmessungen

Die Notwendigkeit, Anlagen auf Einhaltung von Emissionsbegrenzungen zu überprüfen, ergibt sich aus den Vorschriften zum Immissionsschutz, z. B. dem Bundesimmissionsschutzgesetz, der technischen Anleitung zur Reinhaltung der Luft – TA Luft, der 13. BImSchV, der 17. BImSchV und der 2. BImSchV [M.1.1 – M.1.5]. Die in den einzelnen Vorschriften enthaltenen Anforderungen werden im Genehmigungsverfahren Bestandteil der jeweiligen Auflagen und Nebenbestimmungen, unter denen eine Anlage betrieben werden darf. Dagegen handelt es sich bei der Festlegung zur Überprüfung von Leistungsmerkmalen (Garantienachweis) von Anlagenteilen und Abgasreinigungsanlagen um privatrechtliche Vereinbarungen. Es kann auch die kontinuierliche Messung bestimmter Emissionen unter Verwendung aufzeichnender Meßgeräte gefordert sein.

M.1.1.1 Aufgabenstellung und Meßplanung

Typische Aufgabenstellungen sind Messungen zur Überprüfung der Einhaltung von Emissionsbegrenzungen, der Nachweis vereinbarter Garantien für Produktions- und Abgasreinigungsanlagen (sog. Abnahmemessungen), Messung zur Kalibrierung kontinuierlicher Emissionsmeßeinrichtungen, Messungen zur Ermittlung des Emissionsverhaltens der Anlage nach Verfahrensumstellung, Betriebsstörungen, Umbau usw.

Bei der Durchführung von Messungen kommt der Meßplanung große Bedeutung zu. Vor der Meßplanung ist sicherzustellen, daß die Aufgabenstellung der Messungen genau definiert ist. Dadurch wird vorgegeben, welche Meßgrößen bei bestimmten Randbedingungen mit welcher Genauigkeit des Ergebnisses ermittelt werden müssen. Notwendige Komponenten des Meßplans sind das Vorwissen über die zu untersuchende Anlage, z. B. technische Daten der Anlage, Angaben über Betriebsverhalten, Einsatzstoff, Lage der Meßstellen usw. Dazu kommen die Kenntnisse über die auszuwählenden Meßverfahren, die Personaleinsatzplanung und den Zeitablauf hinzu. Hilfestellung bei der Erstellung von Meßplänen gibt die VDI-Richtlinie 2448 [M.1.6]. Bereits bei der Anlagenplanung sind

Festlegungen über die Art der durchzuführenden Messung, die Anordnung der Meßstutzen und die Einrichtung der Meßstellen erforderlich. Dabei sind die Zugänglichkeit der Meßstelle und die an die Abgasführungen gestellten Mindestanforderungen zu beachten. Die Richtlinie VDI 2066, Blatt 1 enthält u. a. Hinweise auf die an der Meßstelle notwendige Mindestlänge der Ein- und Auslaufstrecke der Abgasführung [M.1.7]. In der TA Luft wird gefordert: „Die Meßplätze sollen ausreichend groß, leicht begehbar, so beschaffen sein und ausgewählt werden, daß eine für die Emission der Anlage repräsentative und meßtechnisch einwandfreie Emissionsmessung ermöglicht wird". Weitere Anforderungen werden an Meßverfahren und -einrichtungen gestellt. Die TA Luft legt fest, daß Emissionsmessungen unter Beachtung bestimmter Richtlinien und Normen der Kommission Reinhaltung der Luft im VDI und DIN durchgeführt werden. Diese Richtlinien beschreiben den jeweilig gesicherten Stand der Meßtechnik. Die Qualität der eingesetzten Meßverfahren muß den Anforderungen der Meßaufgabe angemessen sein. Zur Leistungsbeschreibung werden Kenngrößen für Meßverfahren verwendet, wie sie in der Richtlinie VDI 2449, Blatt 1 und 2 definiert sind, z. B. Nachweisgrenze und Bestimmungsgrenze [M.1.8, M.1.9].

Im allgemeinen soll die Nachweisgrenze kleiner als ein Zehntel der Emissionsbegrenzung sein. Die Reproduzierbarkeit eines Meßverfahrens wird aus einer Meßreihe zeitgleicher Doppelbestimmungen mit zwei vollständigen Meßverfahren bestimmt. Damit kann die Standardabweichung des Meßverfahrens in Abhängigkeit von der Anzahl der Meßwertepaare und der Stoffkonzentration abgeschätzt werden. Soweit registrierende Meßverfahren eingesetzt werden, sind z. B. Linearität des Meßsignals, Totzeit, Anstiegszeit, Nullpunkt- und Empfindlichkeitsdriften von Bedeutung. Selbstverständlich ist dabei, daß das Meßverfahren den Bereich der zu erwartenden Meßwerte abdeckt. Entsprechende Auswahlüberlegungen gelten auch für die Messung von Bezugsgrößen, z. B. O_2-Gehalt und die Zustandsgrößen Temperatur, Feuchte, Druck.

M.1.1.2 Meßverfahren und Probenahme

Für eine Reihe genehmigungsbedürftiger Anlagen werden vom Gesetzgeber Meßsysteme zur kontinuierlichen Überwachung von Emissionen gefordert. So schreibt z. B. die Verordnung über Großfeuerungsanlagen vor, daß Meßeinrichtungen zur kontinuierlichen Überwachung der Emissionen an Staub, Kohlenmonoxid, Stickstoffoxiden und Schwefeloxiden zu installieren sind [M.1.3]. In der 17. BImSchV wird die kontinuierliche Ermittlung, Registrierung und Auswertung von Kohlenmonoxid, Gesamt-Staub, organischen Stoffen (angegeben als Gesamt-Kohlenstoff), gasförmigen anorganischen Fluor- und Chlorverbindungen, Schwefeldioxid- und -trioxid und Stickstoffmonoxid und Stickstoffdioxid gefordert [M.1.4]. Daneben sind weitere Abgasparameter, z. B. Sauerstoffgehalt, Abgasvolumenstrom und Temperatur registrierend zu erfassen. Weitere Festlegungen werden in der TA Luft getroffen [M.1.2]. In allen Fällen wird darauf hingewiesen, daß die Anlage mit geeigneten Meßeinrichtungen und Meßwertrechnern auszurüsten sind. Geeignete Meßeinrichtungen, die sog. Mindestanforderungen erfüllen, werden vom Bundesumweltministerium veröffentlicht.

M.1.1.2.1 Stäube

Für die Messung partikelförmiger Stäube stehen sowohl manuelle Meßverfahren als auch kontinuierlich registrierende Verfahren zur Verfügung. Die manuellen Meßverfahren und ein Teil der registrierenden Verfahren werden in der Richtlinienreihe VDI 2066 beschrieben. Bei der Messung mit registrierenden Verfahren sind die gesetzlichen Mindestanforderungen [M.1.10] und die Eignungsbekanntgaben zu beachten.

Die Verfahren zur manuellen Staubmessung haben sich bewährt. Jedoch können bei sehr geringen Staubgehalten < 1 mg/m³ und in feuchtem übersättigten Abgas, z. B. nach Wascher, Meßprobleme auftreten. Ebenso stehen für die kontinuierliche Messung geeignete Verfahren zur Verfügung; jedoch sind nicht alle Meßverfahren gleichermaßen für die verschiedenen Aufgabenstellungen geeignet. Zum Beispiel ist es nicht möglich, bei übersättigten Abgasen mit optischen Transmissionsmeßgeräten zu arbeiten. Gleiches gilt für geringe Staubgehalte bei Abgasführungen mit kleinen optischen Meßweglängen. Bei wasserdampfgesättigtem Abgas wird zur Lösung der Meßaufgabe mit einer extraktive Probe entnommen und wieder aufgeheizt. Die Meßprinzipien sind Streulichtmessung, radiometrische Messung und Transmissionmessung (bei genügend langer Meßstrecke). Bei geringen Staubgehalten kommen die empfindlicheren Streulichtmeßgeräte zum Einsatz.

Manuelle Methoden – Konventionsverfahren

Die Probenahme des die Partikeln enthaltenen Abgases muß weitgehend geschwindigkeitsgleich erfolgen, damit es wegen der Trägheit der Teilchen bei der Probenahme nicht zu einer Entmischung bzw. Verschiebung oder Größenverteilung der Partikeln und damit zu einer Veränderung des Massengehalts kommt. Ist die Absauggeschwindigkeit zu groß gewählt, wird ein zu geringer Staubgehalt gemessen oder umgekehrt. Dieser Effekt ist von der Größenverteilung der Partikeln abhängig. Bei Partikeln mit einem aerodynamischen Durchmesser < 0,7 μm ist dieser Trägheitseinfluß vernachlässigbar. Eine schematische Darstellung der geschwindigkeitsgleichen Absaugung zeigt Bild M.1-1. In der Regel ist eine Teilstromprobenahme im Meßnetz erforderlich. Dabei wird vorausgesetzt, daß in dem jeweiligen Netzpunkt die mittlere Geschwindigkeit und Massenstromdichte für den Teilquerschnitt vorliegen (s. VDI 2066, Blatt 1).

Die erforderliche Anzahl der Meßpunkte richtet sich nach der Strömungsverteilung und nach der Fläche des Meßquerschnitts. Je ungleichmäßiger die Gas- und Staubverteilung ist, umso mehr Meßpunkte sind vorzusehen. Weiterhin ist zu beachten, daß an der Meßstelle eine möglichst störungsfreie Strömung vorliegt. Es ist eine ungestörte Ein- und Auslaufstrecke von insgesamt dem 6fachen des hydraulischen Durchmessers erforderlich. Zur Sicherstellung einer möglichst störungsfreien Strömung soll der Meß-/Probenahmeplatz in einer geraden Strecke des Abgaskanals mit gleichbleibender Größe und Form angeordnet werden. Störungen durch einmündende Gasströme, Umlenkungen, Querschnittsveränderungen, Einbauten, Ventilatoren usw. sind nicht zulässig. Bei der gravimetrischen Staubmessung wird aus dem Hauptvolumenstrom über eine Entnahmesonde geschwindigkeitsgleich ein staubbeladener Teilgasvolumenstrom entnommen.

Dabei werden die im Teilgasvolumen enthaltenen Partikeln in einem Rückhaltesystem, z. B. Filter aus Glasfaser, Quarzfaser oder -watte, abgeschieden. Der Staubgehalt ergibt sich aus der durch Differenzwägung ermittelten Staubmasse und dem zeitgleich bestimmten Teilgasvolumen. Die gravimetrische Staubmessung wird in der Richtlinienreihe VDI 2066 in den Blättern 1, 2, 3 und 7 beschrieben [M.1.7, M.1.11 – M.1.13]. Die Partikelabscheidung erfolgt bei diesen Verfahren direkt im Abgaskanal (in-situ) unter den dort herrschenden Abgasbedingungen. Die Einsatzmöglichkeiten dieser In-Situ-Verfahren sind begrenzt, falls die Messung in wasserdampfübersättigtem Abgas erfolgt.

Beispiel. In VDI 2066, Blatt 3 wird für feuchte, gesättigte Abgase eine Probenahmeanordnung beschrieben, bei der das Filter außerhalb des Abgaskanals angeordnet wird. Dabei werden die Probenahmesonde und das Filter beheizt, damit die Abscheidung der Partikeln bei Temperaturen oberhalb der Abgastemperatur quasi trocken erfolgt. In diesem Zusammenhang wird darauf hingewiesen, daß in der Arbeitsgruppe zur Zeit ein Meßverfahren behandelt wird, das mit erwärmter Verdünnungsluft arbeitet, wodurch Kondensation vermieden wird und die Probenahme in-situ im Abgaskanal erfolgen kann.

Zur Ermittlung der Staubbeladung im Rohgas vor Staubfiltern kann das in Blatt 3 beschriebene Verfahren bei Staubbeladungen bis 200 g/m³ herangezogen werden. Dabei wird der Teilvolumenstrom auf ca. 4 m³/h verringert und eine Zweifachhülse mit entsprechend großer Staubspeicherkapazität eingesetzt.

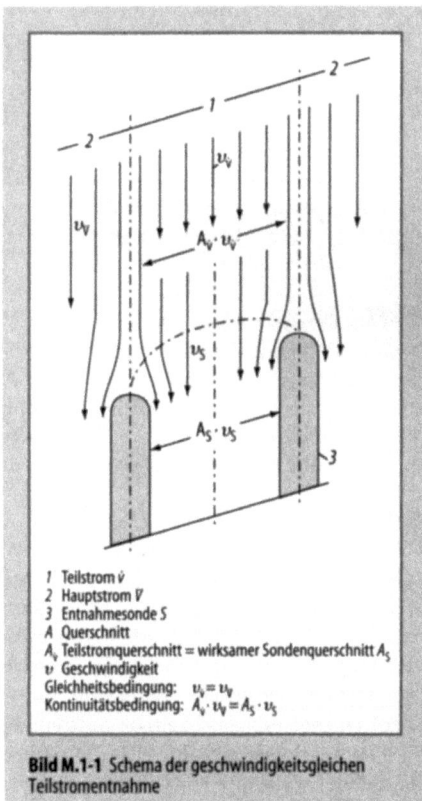

1 Teilstrom $\dot{v}$
2 Hauptstrom $\dot{V}$
3 Entnahmesonde S
A Querschnitt
A_v Teilstromquerschnitt = wirksamer Sondenquerschnitt A_S
v Geschwindigkeit
Gleichheitsbedingung: $v_v = v_s$
Kontinuitätsbedingung: $A_v \cdot v_v = A_s \cdot v_s$

Bild M.1-1 Schema der geschwindigkeitsgleichen Teilstromentnahme

Das Meßverfahren nach VDI 2066, Blatt 2 ist in der Praxis für Staubgehalte im Bereich von ca. 1 – 1000 mg/ m³ erprobt. Zur Anwendung kommt in der Regel eine gestopfte Filterhülse. Für den Bereich < 20 mg/m³ wird das Filterkopfgerät mit einer Kombination von gestopfter Filterhülse und Planfilter eingesetzt. Bild M.1-2 zeigt die Meßanordnung nach Blatt 2. Das Meßverfahren nach Blatt 7 mit Planfilter ist zur Messung geringer Staubgehalte geeignet und in der Praxis im Konzentrationsbereich von 0,1 – 20 mg/m³ erprobt. Für den Konzentrationsbereich von 0,1 – 5 mg/m³ werden insbesondere an die Wägung erhöhte Anforderungen gestellt. Das System ist für Probegasvolumenströme bis 4 m³/h ausgelegt. Ein Beispiel für die konstruktive Ausführung des Planfilterkopfs zeigt Bild M.1-3.

Die relativen Nachweisgrenzen der einzelnen Staubmeßverfahren liegen bei einer Einsatzzeit von 0,5 h ca. bei

1 – 2 mg/m³   beim 12 bzw. 4 m³/h-Filterkopfgerät.
0,3 – 0,5 mg/m³   beim 40 m³/h-Filterkopfgerät
0,1 – 0,2 mg/m³   beim Planfilterkopfgerät

Bei höheren Probegasvolumenströmen oder längerer Meßdauer lassen sich auch günstigere Nachweisgrenzen erzielen. Bezogen auf den niedri-

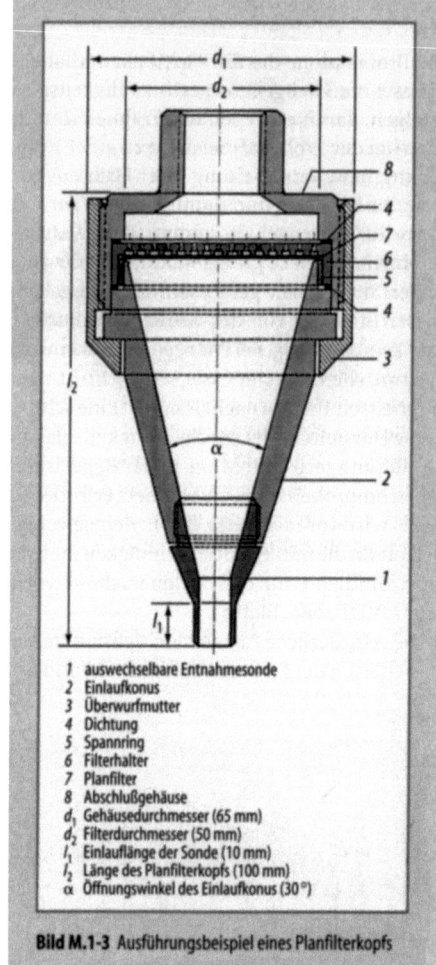

Bild M.1-3 Ausführungsbeispiel eines Planfilterkopfs

gen Emissionswert von 10 mg/m³ liegen die aus Doppelbestimmungen ermittelten Meßunsicherheiten bei den 4 bis 40 m³/h-Geräten etwa zwischen ± 5 bis 10 % und beim Planfilterkopfgerät (Blatt 7) zwischen ± 4 bis 8 %, bezogen auf die Staubkonzentration von 10 mg/m³.

Partikelgröße

Zur Bestimmung der Partikelgröße von Stäuben in heißen und chemisch agressiven Abgasen sind nach dem heutigen Stand der Meßtechnik Kaskadenimpaktoren geeignet, die im Abgaskanal eine geschwindigkeitsgleiche Probenahme im Sinne der VDI 2066 mit gleichzeitiger Auftrennung in Partikelfraktionen vornehmen. Bei Messungen mit Kaskadenimpaktoren in Verbindung mit gravimetrischer Auswertung ergeben sich Massen-

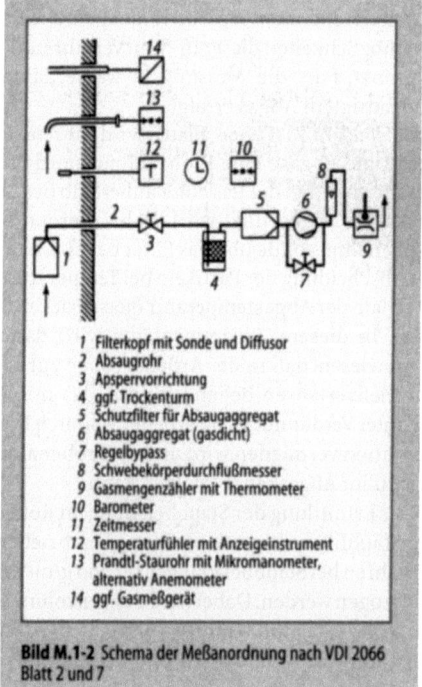

Bild M.1-2 Schema der Meßanordnung nach VDI 2066 Blatt 2 und 7

verteilungen hinsichtlich des aerodynamischen Durchmessers der Partikeln. Dieses Verfahren ersetzt jedoch nicht die Messung des Gesamtstaubgehalts. Die Messung mit dem Kaskadenimpaktor wird in der Richtlinie VDI 2066, Blatt 5 ausführlich beschrieben [M.1.14].

Das Impaktorprinzip nutzt zur Abscheidung in Fraktionen die unterschiedliche Trägheit von Partikeln. Eine Impaktorstufe besteht prinzipiell aus den Elementen Düse und Prallplatte. Partikeln mit ausreichender Trägheit des in die Düse beschleunigten Partikelkollektivs treffen auf die Prallplatte und werden dort gesammelt. Bild M.1-4 zeigt im Schema das Prinzip der Impaktion von Partikeln. Die wichtigsten Abmessungen des Systems, von denen die Fraktionierung der Partikeln abhängig ist, sind die Düsenweite D, die Düsenlänge L und der Abstand S zwischen Prallplatte und Düse. Kaskadenimpaktoren bestehen aus hintereinandergeschalteten Impaktorstufen, die so ausgelegt sind, daß in den nachfolgenden Stufen Partikeln geringerer Trägheit abgeschieden und somit Fraktionen unterschiedlicher Partikelgröße erhalten werden. Die nicht abgeschiedenen Partikeln werden auf einem hinter den Stufen angeordneten Endfilter gesammelt.

Ohne Vorabscheider ist der in der VDI Richtlinie 2066, Blatt 5 beschriebene Impaktortyp mit Runddüsenkaskaden bei einem Staubgehalt zwischen 1 mg/m³ und 2 g/m³ einsetzbar. Es ist darauf zu achten, daß der Impaktor nicht überladen wird. Die maximal zulässige Gesamtbeladung wird bei ca. 100 mg erreicht. Mit Vorabscheider kann je nach Grobanteil des Staubs der Staubgehalt zwischen 5 mg/m³ und 25 g/m³ betragen.

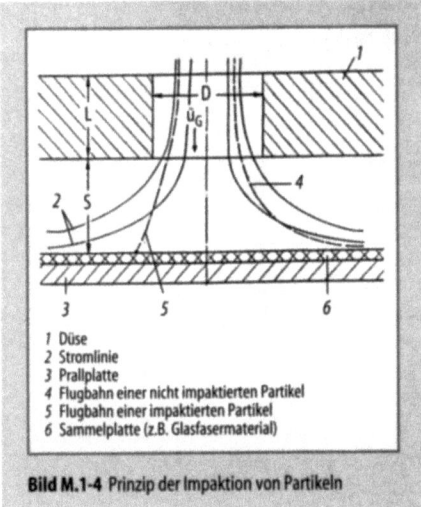

Bild M.1-4 Prinzip der Impaktion von Partikeln

1 Düse
2 Stromlinie
3 Prallplatte
4 Flugbahn einer nicht impaktierten Partikel
5 Flugbahn einer impaktierten Partikel
6 Sammelplatte (z.B. Glasfasermaterial)

Registrierende Meßverfahren

Zur kontinuierlichen Messung von Stäuben werden überwiegend optische Verfahren, aber auch radiometrische Methoden eingesetzt. Soweit kontinuierlich arbeitende Meßeinrichtungen aufgrund behördlicher Anforderungen zur Emissionsmessung eingesetzt werden, sind die an diese Geräte gestellten Mindestanforderungen [M.1.10] zu beachten. Betriebliche Messungen sind davon nicht betroffen.

Optische Geräte

Bei optischen Verfahren ist zu unterscheiden zwischen Transmission/Opazität, Extinktion und Streulicht. Bei der photometrischen Staubmessung (in-situ) durchläuft ein Meßlichtstrahl den Abgaskanal, wobei er infolge von Absorption und Strahlung an den Partikeln einer Intensitätsschwächung unterliegt.

Das Verhältnis von empfangenem zu ausgesandtem Lichtstrom ist die optische Transmission T. Die Größe $(1 - T)$ wird als Opazität bezeichnet. Der Logarithmus des Kehrwerts der Transmission T ist die Extinktion E. Zwischen der Länge des Lichtwegs L und der Transmission T gilt bei konstanten Staubeigenschaften im Abgas das Lambertsche Gesetz:

$$T = e^{-E} = e^{-\epsilon L}$$

Der Extinktionskoeffizient ϵ hängt u.a. von den Eigenschaften des verwendeten Lichts, des zu messenden Staubs (Form, Farbe und Größenverteilung der Partikeln) sowie vom Staubgehalt c ab. Zwischen Staubgehalt c und Extinktionskoeffizient ϵ besteht innerhalb gewisser Grenzen ein linearer Zusammenhang, sofern andere Einflußgrößen konstant sind. Daraus ergibt sich mit ϵ' als Proportionalitätskonstante:

$$T = e^{-\epsilon' \cdot c \cdot L} \text{ bzw. } E = \epsilon' \cdot c \cdot L$$

Je nach Anwendungsfall ist zwischen Rauchdichtemeßgeräten und Staubgehaltsmeßgeräten zu unterscheiden. Bei den sog. Rauchdichtemeßgeräten wird nur die Transmission gemessen. Das Ziel dieser qualitativen Messung ist dabei die Ermittlung der Abgastrübung, z.B. als Sichtbarkeitsschwelle oder nach der Skala nach Ringelmann. Mehrere Geräte eignen sich für derartige Messungen, Hersteller sind z.B. Durag und Sick.

Bei Staubgehaltsmeßgeräten wird die Extinktion gemessen. Der Extinktion wird bei einer individuellen Kalibrierung mit Hilfe eines Staubmeßverfahrens (s. M.1.1.2.8) der Staubgehalt zugeordnet. Die Abhängigkeit des Meßsignals von den Partikeleigenschaften wird dabei mit einkalibriert. Bereits über viele Jahre hat sich bei der Anwendung dieses Meßprinzips gezeigt, daß sich die Größenverteilungen der Partikeln, die Dichte, die Farbe, der Lichtbrechungsindex der Stäube bei den verschiedenen Anlagen unterscheiden, jedoch bei derselben Ablage vergleichsweise konstant sind.

Bild M.1-5 zeigt die übliche Meßanordnung für ein photometrisches In-Situ-Staubgehaltsmeßgerät. Auf einer Seite des Abgaskanals ist der Meßkopf, auf der anderen Seite der Reflektor angebracht. Im Meßkopf sind die Lichtquelle, der photoelektrische Detektor fest zueinander justiert. Der Meßstrahl durchläuft die Meßstrecke zum Reflektor und zurück. Der Vergleichsstrahl durchläuft eine Referenzstrecke innerhalb des Meßkopfs. Durch Einsatz einer abwechselnd in die Meß- und Referenzstrecke eingeschobenen Blende erreichen beide Lichtstrahlen den photoelektrischen Detektor phasenverschoben. Das vom Detektor gelieferte elektrische Signal wird so weiterverarbeitet, daß das Ausgangssignal der Extinktion proportional wird.

Eine Reihe von geeigneten Meßgeräten ist vom Bundesumweltministerium veröffentlicht worden, dazu zählen u. a. Geräte der Hersteller Durag, Mannesmann/H & B und Sick.

Das Prinzip der Streulichtmessung beruht darauf, daß bei Durchtritt eines parallel gerichteten Lichtstrahls durch ein staubbeladenes Meßvolumen ein Teil des Lichts in abweichende Richtungen gestreut wird. Die Intensität des gestreuten Lichts hängt von den Eigenschaften des einfallenden Lichts, vom Winkel selbst und von den Eigenschaften der Partikeln ab. Auch hier gilt wie bei der Extinktionsmessung, daß in bestimmten Grenzen eine lineare Beziehung zu dem Staubgehalts- und Streulichtmeßsignal besteht. Die Streulichtmeßgeräte zeichnen sich gegenüber Extinktionsmeßgeräten durch eine deutlich höhere Empfindlichkeit aus. Die Nachweisgrenze liegt je nach Verfahren bei 0,1 mg/m^3. Im praktischen Einsatz wurden Staubmassenkonzentrationen bis 100 mg/m^3 bestimmt. Streulichtmeßgeräte werden sowohl als In-Situ-Geräte und mit extraktiver Probenahme eingesetzt. In beiden Fällen muß auf die Repräsentativität der Probenahme geachtet werden.

Das in der VDI-Richtlinie 2066, Blatt 6 beschriebene Streulichtmeßverfahren der KTN-KTNR der Firma Sigrist arbeitet z. B. nach dem Zweistrahlverfahren mit Vorwärtsstreuung unter einem Winkel von 15°. Bild M.1-6 zeigt das

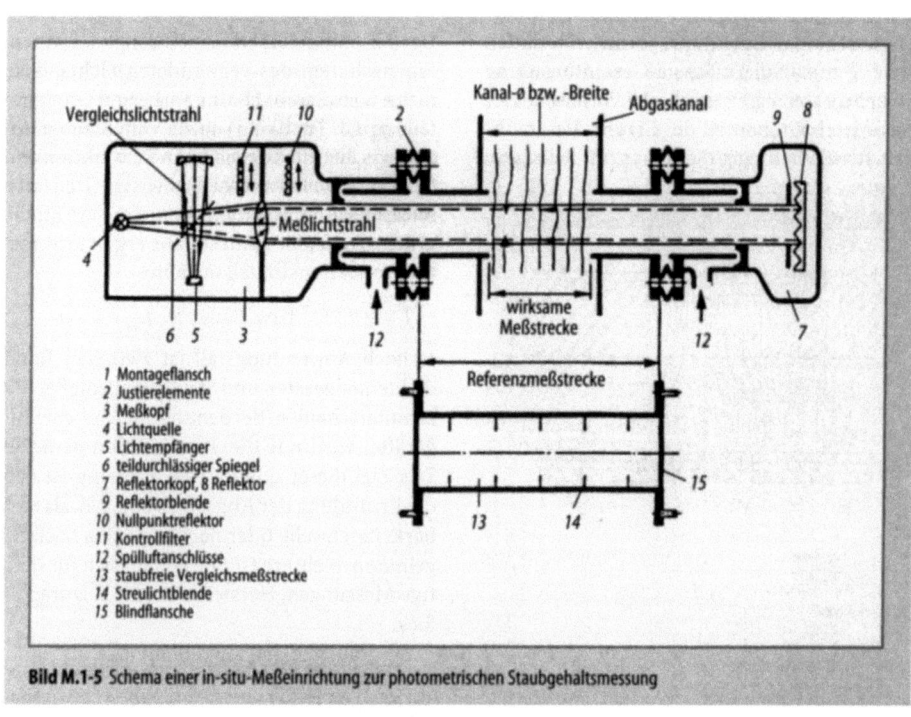

Bild M.1-5 Schema einer in-situ-Meßeinrichtung zur photometrischen Staubgehaltsmessung

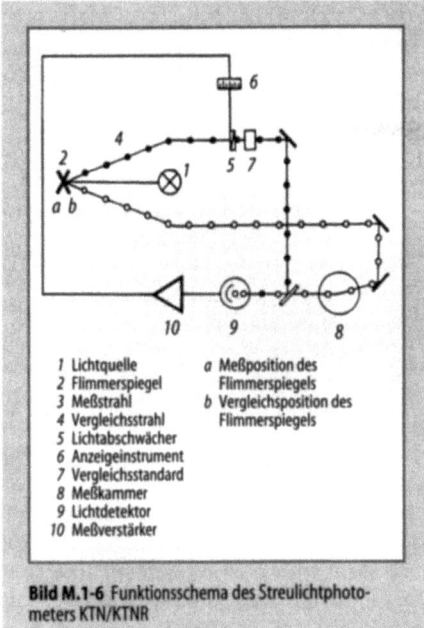

Bild M.1-6 Funktionsschema des Streulichtphotometers KTN/KTNR

1 Lichtquelle
2 Flimmerspiegel
3 Meßstrahl
4 Vergleichsstrahl
5 Lichtabschwächer
6 Anzeigeinstrument
7 Vergleichsstandard
8 Meßkammer
9 Lichtdetektor
10 Meßverstärker

a Meßposition des Flimmerspiegels
b Vergleichsposition des Flimmerspiegels

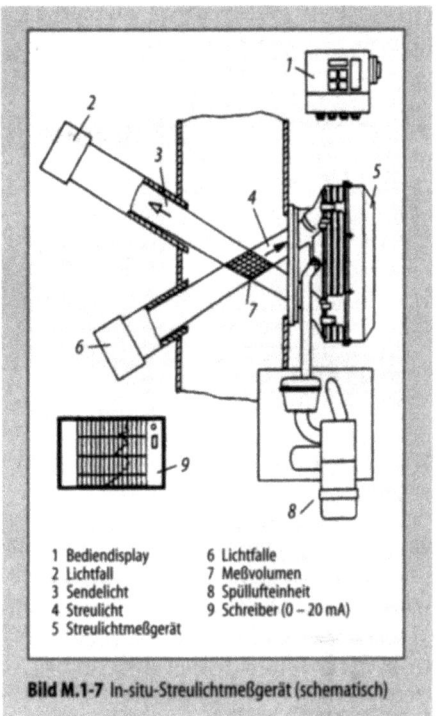

Bild M.1-7 In-situ-Streulichtmeßgerät (schematisch)

1 Bediendisplay
2 Lichtfall
3 Sendelicht
4 Streulicht
5 Streulichtmeßgerät
6 Lichtfalle
7 Meßvolumen
8 Spüllufteinheit
9 Schreiber (0 – 20 mA)

Schema, wie der von einer Lichtquelle (1) ausgehenden Lichtstrahl, über eine optische Strecke zum Flimmerspiegel (2) gelangt. Dieser lenkt das ankommende Licht in der Stellung (a) als Meßstrahl (3) über eine optische Strecke in die Meßkammer (8). Ein Teil des von der Probe erzeugten Streulichts wird in Vorwärtsrichtung unter einem Winkel von 15° von einem Lichtdetektor (9) empfangen und gemessen. In Position b wird das ankommende Licht als Vergleichsstrahl (4) durch einen Lichtabschwächer (5) und einen Vergleichsstandard (7) auf den Lichtdetektor geleitet. Die vom Lichtdetektor erzeugten Signalströme werden in einem Meßverstärker (10) verglichen und in ein Regelsignal umgewandelt, das über einen Lichtschwächer den Vergleichsstrahl verändert, und zwar so lange bis dessen Intensität des auf den Lichtdetektor gelangenden Streulichts der Probe entspricht. Das hier beschriebene Gerät wird mit einer extraktiven Probenahmeeinrichtung betrieben. Das Probenahmesystem ist bis 180 °C aufheizbar, wodurch auch nasse (wasserdampfgesättigte) Abgase kontinuierlich gemessen werden können. In einer weiteren Variante ist dieses Gerät auch als Rußzahlmeßgerät vom Bundesumweltministerium als geeignet eingestuft.

In-Situ-Streulichtphotometer werden von den Firmen Durag und Sick für die Messung geringer Staubgehalte und der Rußzahl angeboten.

Diese In-Situ-Streulichtmeßgeräte senden das Licht direkt in den Abgaskanal, das an der Kanalrückseite in einer Lichtfalle aufgefangen und absorbiert wird. Aus einem definierten Meßvolumen im Abgaskanal wird das Streulicht unter einem definierten Winkel empfangen und gemessen, z. B. im Bereich der 90°-Streuung bzw. der Rückwärtsstreuung. Bild M.1-7 zeigt die schematische Darstellung eines In-Situ-Streulichtmeßgerätes. Die Geometrie der Meßanordnung bedingt, daß das ausgemessene Streuvolumen nahe an der Wand liegt. Insofern können sich Schwierigkeiten bei der Installation dieser Gerätegeneration in dickwandigen Kanälen (z. B. gemauerte Kamine) ergeben.

In-Situ-Streulichtmeßgeräte sind für geringe Staubgehalte und Rußzahlen besonders geeignet und können auch bei kleinen Kanaldurchmessern eingesetzt werden.

Radiometrische Geräte
Bei der Staubmessung durch Beta-Strahlen-Absorption wird ein Teilgasstrom möglichst geschwindigkeitsgleich über eine Sonde aus dem Abgaskanal entnommen und auf ein schrittweise bewegtes Filterband gesaugt. Dabei werden die Staubpartikeln auf dem Filterpapier abgeschie-

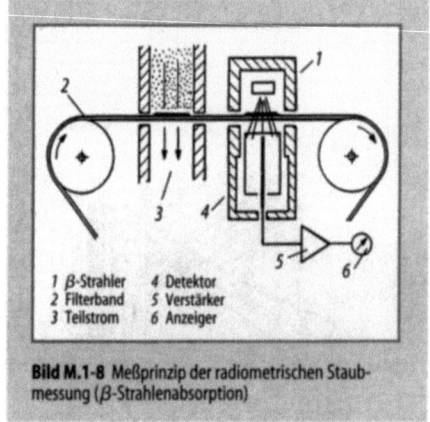

Bild M.1-8 Meßprinzip der radiometrischen Staubmessung (β-Strahlenabsorption)

1 β-Strahler
2 Filterband
3 Teilstrom
4 Detektor
5 Verstärker
6 Anzeiger

M.1.1.2.2 Staubinhaltsstoffe

Für Metalle und Metalloide sind Emissionsbegrenzungen im Konzentrationsbereich von 0,05 – 5 mg/m^3 zu beachten. Die Grenzwerte sind dabei als Summenwert der Konzentration aus den staub- und gas- bzw. dampfförmigen Anteilen definiert. Vorrangig handelt es sich um die Stoffe: Antimon, Arsen, Beryllium, Blei, Cadmium, Chrom, Kobalt, Kupfer, Mangan, Nickel, Palladium, Platin, Quecksilber, Rodium, Selen, Tellur, Thallium, Vanadium, Zink und Zinn. Ein erprobtes Meßverfahren wird in der Richtlinie VDI 3868, Blatt 1 und 2 beschrieben [M.1.15, M.1.16]. Die beschriebene Meßanordnung setzt sich aus bewährten Instrumentarien der Emissionsmeßtechnik zusammen. Sie ist zweistufig aufgebaut und besteht aus einem System zur Partikelabscheidung in Anlehnung an das Verfahren der Richtlinie VDI 2066 und einer Absorptionsstufe in Form einer Waschflaschenbatterie in Anlehnung an die Emissionsmessung gasförmiger Stoffe, wie z. B. SO_2 und HCl.

Bild M.1-9 zeigt den Aufbau der Meßeinrichtung. Dem mit partikelgebundenen und filtergängigen Stoffen beladenen Abgasstrom wird isokinetisch ein Teilvolumenstrom entnommen. Die Partikeln werden mit einem Rückhaltesystem gemäß VDI 2066, Blatt 2 oder 7 abgeschieden. Die filtergängigen Stoffe werden durch ein beheiztes Entnahmerohr gesaugt. Ein Bypassvolumenstrom wird strömungsproportional einem oder mehreren parallelgeschalteten Absorptionssystemen zugeführt. Die Absorptionssysteme bestehen aus mindestens drei hintereinandergeschalteten, mit geeigneten Absorptionslösungen beschickten Gaswaschflaschen.

Die Absorptionslösung A basiert auf Salz- und Salpetersäure, die Absorptionslösung B auf Salpetersäure und Wasserstoffperoxid. Bei der Quecksilberbestimmung nach VDI 3868, Blatt 2 wird mit Kaliumpermanganat und verdünnter Schwefelsäure gearbeitet.

Bei den üblichen Bedingungen für eine Probenahme liegt die Nachweisgrenze des Verfahrens für die zu messenden Metalle überwiegend unterhalb von 0,01 mg/m^3. Das Verfahren zur Quecksilberbestimmung ist für Konzentrationen > 5 µg/m^3 geeignet.

Die wichtigsten Analysenmethoden sind Fluoreszenzanalyse (RFA), optische Emissionsspektrometrie mit induktiv gekoppelter Plasmaquelle (ICP-OES), Atomabsorptionsspektometrie (AAS), instrumentelle Neutronenaktivierungsanalyse

den. Die auf dem Filterpapier abgeschiedene Staubmenge wird über die Schwächung gemessen, die eine Beta-Strahlung beim Durchtritt durch das bestaubte Filter erfährt. Als Strahlungsquelle wird eine radioaktive Probe geeigneter Aktivität, z. B. C14 oder Kr85 verwendet. Die durchgelassene Strahlung wird über einen Geiger-Müller-Zähler erfaßt. Ein Schema (Bild M.1-8) zeigt das Meßprinzip, wobei Filtration und Detektion in zwei Schritten erfolgen. Die Schwächung der Strahlungsintensität ist ein Maß für die abgeschiedene Staubmasse.

Radiometrische Meßgeräte werden von den Firmen Verewa (Staubgehalt, Rußzahl) und Fag Kugelfischer (Staubgehalt) angeboten. Das Rußzahlmeßgerät arbeitet dabei statt des Beta-Strahlers mit einem Reflektionsphotometer. Die Meßgeräte sind ebenso wie die optischen Meßverfahren mit einem Konventionsmeßverfahren im Meßnetz zu kalibrieren.

Beim β-Staubmeter F 904 (Verewa) wird aus dem Hauptgasvolumenstrom geschwindigkeitsgleich ein Teilvolumenstrom entnommen, vorgewärmte Verdünnungsluft zur Taupunktabsenkung feuchtigkeitsgesättigter Gase zugefügt und dann filtriert. Das Meßergebnis ist der Mittelwert des Staubgehalts, bezogen auf die eingestellte Zykluszeit.

Das Staubmeßgerät FH 62 E-NA mißt radiometrisch den aktuellen Staubgehalt. Nach einem automatischen Nullabgleich wird aus dem Kamin ein Teilstrom geregelt isokinetisch entnommen, der aufgeheizt und mit Frischluft verdünnt durch ein Meßfilter gesaugt wird. Durch die zunehmende Bestaubung des Filters wird ein zeitlich zunehmendes integrales Signal gewonnen. Aus dem Signal für die Massenzunahme und die Durchflußrate wird die Momentananzeige abgeleitet.

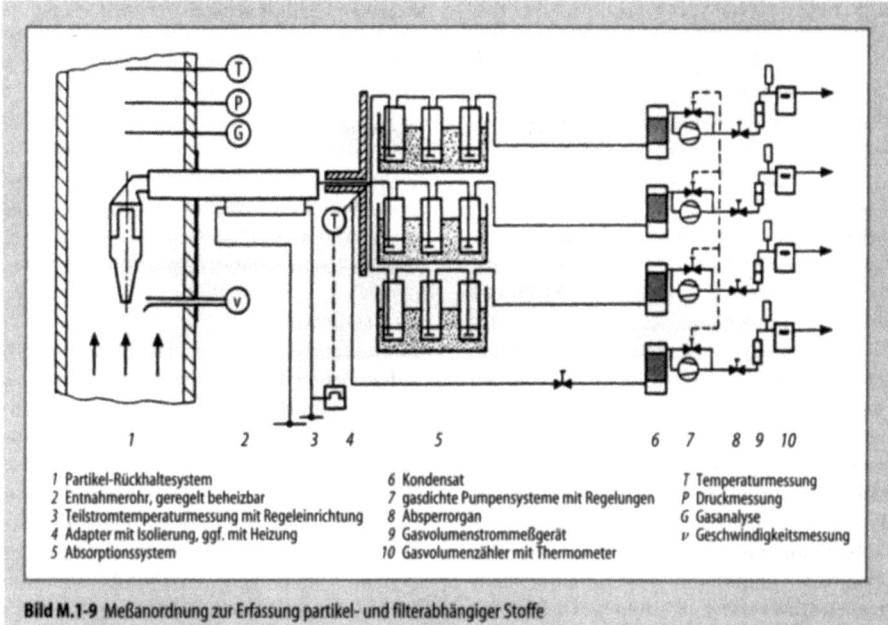

Bild M.1-9 Meßanordnung zur Erfassung partikel- und filterabhängiger Stoffe

1 Partikel-Rückhaltesystem
2 Entnahmerohr, geregelt beheizbar
3 Teilstromtemperaturmessung mit Regeleinrichtung
4 Adapter mit Isolierung, ggf. mit Heizung
5 Absorptionssystem
6 Kondensat
7 gasdichte Pumpensysteme mit Regelungen
8 Absperrorgan
9 Gasvolumenstrommeßgerät
10 Gasvolumenzähler mit Thermometer
T Temperaturmessung
P Druckmessung
G Gasanalyse
v Geschwindigkeitsmessung

(INAA). Die analytische Bestimmung der Elemente wird in der Richtlinienreihe VDI 2268 [M.1.17 – M.1.20] beschrieben. Dabei wird wegen der notwendigen Nachweisempfindlichkeit für viele Komponenten vorrangig die Atomabsorption eingesetzt.

M.1.1.2.3 Anorganische Gase

Für die Messung gasförmiger anorganischer Emissionen stehen bewährte Meßverfahren zur Verfügung. Die diskontinuierlichen Verfahren benutzen i.d.R. eine extraktive Probenahme, während bei den kontinuierlichen Meßverfahren entweder eine extraktive oder In-Situ-Probenahme durchgeführt wird.

Manuelle Methoden – Konventionsverfahren

Bei der Messung gasförmiger Emissionen ist ebenso wie bei der Staubmessung eine Probenahme im Meßnetz erforderlich, wenn die Konzentration nicht gleichmäßig über den Meßquerschnitt vorliegt. Es bestehen bei der Probenahme prinzipiell zwei Möglichkeiten, die mittlere Konzentration über den Abgasquerschnitt zu bestimmen.

An den einzelnen Meßpunkten wird entweder jeweils die örtliche Gaskonzentration und Geschwindigkeit bestimmt oder eine Teilmasse mit Hilfe einer Sammelphase entnommen. In diesem Fall ist die Probenahme proportional zur Geschwindigkeit im Abgaskanal durchzuführen. Entscheidend ist, daß der Sammelphase proportinal zum Massenstrom in der jeweiligen Kontrollfläche eine bestimmte Masse zugeführt wird. Wenn in der Kontrollfläche im Netz wegen einer höheren Abgasgeschwindigkeit ein höherer Teilmassenstrom vorliegt, ist der Absaugevolumenstrom der extraktiv arbeitenden Sammelphase auf die höhere Geschwindigkeit anzupassen. Das bedeutet jedoch nicht zwangsläufig eine isokinetische Probenahme wie bei der Staubmessung, sondern eine geschwindigkeits- oder massenproportionale Entnahme.

In der Regel erfolgt die Absaugung bei gasförmigen Emissionen mit deutlich unter der Strömungsgeschwindigkeit des im Abgas liegender Absauggeschwindigkeit. Dabei beträgt der Teilvolumenstrom häufig 30 – 120 l/h und nicht 1 – 4 m³/h wie bei der Staubmessung. Bei der Probenahme sind geeignete Materialien, wie z.B. Glas, Quarz, Titan, Edelstahl, Polytetrafluorethylen, PTFE, zu verwenden. Im allgemeinen müssen die Sonden und Leitungen zur Vermeidung von Kondensation während der Messung beheizt werden.

Bei registrierenden Meßverfahren mit extraktiver Probenahme sind die Funktion und das Meßergebnis wesentlich von der Probegasaufbereitung abhängig. Das Probegas soll vor Eintritt in den Analysator staubfrei und trocken sein und möglichst keine korrosiven Gasanteile enthalten. Dabei müssen Volumenstrom, Druck und Temperatur in den durch das Meßverfahren vorgegebenen Grenzen liegen.

Schwefeloxide
Zur diskontinuierlichen Bestimmung der SO_2-Konzentration stehen zur Zeit vier handanalytische Verfahren zur Verfügung. Die Methoden werden in der Richtlinie VDI 2462, Blatt 1, 2, 3 und 8 beschrieben [M.1.21-M.1.24]. Das Verfahren nach Blatt 8 (H_2O_2-Thorin-Methode) wird wegen der geringen Nachweisgrenze und der nicht vorhandenen Querempfindlichkeit gegen Stickstoffoxide sehr häufig zur Emissionsmessung und als Referenzmeßverfahren zur Kalibrierung der kontinuierlichen Meßgeräte eingesetzt.

Die Entnahme des Abgasteilvolumenstroms erfolgt dabei über eine beheizte Entnahmesonde mit Quarzinnenrohr, dem ein beheiztes Quarzwollefilter zur Staubabscheidung nachgeschaltet ist. Danach durchströmt das Probegas zwei hintereinandergeschaltete, mit 3 %iger Wasserstoffperoxidlösung gefüllte Waschflaschen. Die Temperatur der beheizten Entnahmesonde und des Quarzwollefilters sind so zu wählen, daß mit Sicherheit Kondensatbildung verhindert wird. Eine Temperatur von 200 – 220 °C ist dabei ausreichend. Das im Abgas enthaltene SO_2 wird quantitativ zu H_2SO_4 oxidiert. Bei der Messung wird auch das SO_3 miterfaßt, so daß die Methode als Summenverfahren im Sinne der Definition „Schwefeloxide ($SO_2 + SO_3$), angegeben als SO_2" arbeitet. Den schematischen Aufbau der Probenahmeeinrichtung nach VDI 2462, Blatt 8 zeigt Bild M.1-10. Die analytische Bestimmung erfolgt unter Zuhilfenahme einer Bariumperchlorat-Maßlösung, die mit dem zugesetzten Metallindikator Thorin bei Überschreiten des Löslichkeitsprodukts von Bariumsulfat einen Farbwechsel erzeugt.

Die Einzelbestimmung von SO_3 kann mit Hilfe des in Blatt 7 dieser Richtlinie beschriebenen Isopropanol-Verfahrens bestimmt werden [M.1.25]. Auch hier ist die Thorin-Reaktion Grundlage des Verfahrens. Statt der Oxidation in H_2O_2 findet eine Absorption mit Isopropanol statt.

Stickstoffoxide
Zur handanalytischen Messung von Stickstoffoxiden stehen vier Verfahren zur Verfügung, die in der Richtlinienreihe VDI 2456 beschrieben werden. Die in den Blättern 1 und 2 beschriebenen Verfahren „Phenoldisulfonsäure-Verfahren" und „Titrations-Verfahren" sind für hohe Konzentrationen im Bereich von g/m^3 geeignet [M.1.26, M.1.27]. Die in den Blättern 8 und 10 beschriebenen „Natriumsalicylat-Verfahren" und „Dimethylphenol-Verfahren" [M.1.28, M.1.29] werden wegen ihrer guten Nachweisgrenzen häufig als Referenzverfahren zur Kalibrierung kontinuierlicher Meßgeräte eingesetzt. Beim Dimethylphenol-Verfahren erfolgt die Probenahme über ein evakuiertes Gas-Sammelgefäß mit Hilfe einer kritischen Düse. Den schematischen Aufbau von Probenahme und Oxidationseinrichtung zeigen die Bilder M.1-11 und M.1-12.

Im Bypass wird das evakuierte Gas-Sammelgefäß mit dem Probengut auf etwa 500 mbar gefüllt und nach dem Druckausgleich (ca. 5 min) mit Ozon bis zum Druckausgleich aufgefüllt. Die Oxidation ist nach ca. 5 min beendet.

Beim Dimethylphenol-Verfahren werden NO und NO_2 in der Gasphase mit Ozon zu Di-Stickstoffpentoxid oxidiert. Die Absorption des Salpe-

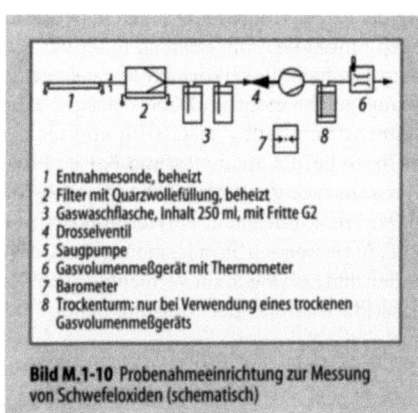

Bild M.1-10 Probenahmeeinrichtung zur Messung von Schwefeloxiden (schematisch)

Bild M.1-11 Schema der Probenahmeeinrichtung zur Stickstoffoxidemissionsmessung

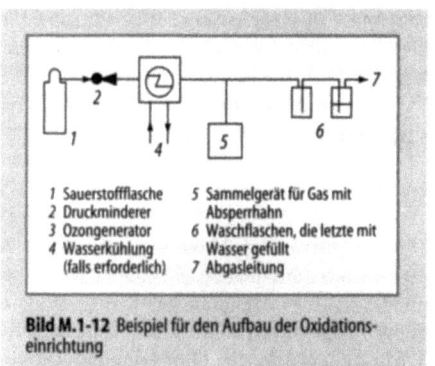

Bild M.1-12 Beispiel für den Aufbau der Oxidationseinrichtung

tersäureanhydrids N_2O_5 erfolgt in Wasser unter Bildung der Salpetersäure. 2,6-Dimethylphenol (DMP) reagiert mit Salpetersäure in schwefel- und phosphorsaurer Lösung zu 4-Nitro-2,6-Dimethylphenol. In alkalischer Lösung wird das sich bildende 4-Nitro-2,6-Dimethylphenolat-Anion bei etwa 430 nm photometrisch vermessen. Die Nachweisgrenze beträgt etwa 15 mg/m³ (berechnet als NO_2).

Die Anwesenheit von Ammoniak bis zu 150 ppm führt zu keinen Störungen. Sollten sich größere Anteile an SO_2 im Abgas befinden, besteht die Gefahr der Bildung anderer stickstoffhaltiger Produkte, z. B. N_2O. Dann wird das evakuierte Sammelgefäß für Gas nach der Druckmessung zuerst mit Ozon auf ca. 250 – 300 mbar gefüllt, danach erfolgt die Zugabe des Meßguts bis auf ca. 700 mbar und anschließend das Auffüllen mit Ozon bis zum Druckausgleich.

Wegen der kurzen Zeit bis zum Analysenergebnis wird dieses Verfahren vorrangig zur Kalibrierung kontinuierlicher Meßgeräte vor Ort eingesetzt. Das Verfahren hat sich in der Praxis bewährt.

Kohlenmonoxid
Zur handanalytischen Bestimmung der Kohlenmonoxidkonzentration steht als Referenzmeßverfahren das in der Richtlinie VDI 2459, Blatt 7 beschriebene Jod-Pentoxid-Verfahren zur Verfügung [M.1.30]. Grundlage des Verfahrens ist die Oxidation des im Probegas enthaltenen CO zu CO_2, wobei die Probe in einem Ofen bei hoher Temperatur über Jod-Pentoxid (J_2O_5) geleitet und eine äquivalente Menge Jod freigesetzt wird. Bei der Probenahme kann das Abgas nach Durchlaufen der Probenahmeeinrichtung direkt in den CO-Verbrennungsofen geleitet werden, oder die Probenahme erfolgt über Gassammelrohr mit anschließender Analyse im Labor. Häufig wird die Variante der Probenahme mit Gassammelrohr und Analyse im Labor gewählt. Zur Abtrennung von Störkomponenten (H_2O, SO_2, HCl, NO, Kohlenwasserstoffe) sind bei der Probenahme verschiedene Absorptionsvorlagen vorgeschaltet: Natronkalk zur Abscheidung saurer Gase (SO_2, CO_2, HCl) ggf. durch eine Waschflasche mit KOH-Lösung, IBr-Aktivkohle zur Abtrennung von Kohlenwasserstoffen, NO-Oxidationsmasse zur Oxidation von NO, Blaugel zur Trocknung.

Der Arbeitsbereich des Verfahrens reicht von 10 mg/m³ – 1,25 kg/m³ CO. Die relative Nachweisgrenze beträgt 2,5 mg/m³ CO bei einem Probegasvolumen von 4 dm³.

Fluorverbindungen
Gasförmige anorganische Fluorverbindungen lassen sich in Natronlauge absorbieren und entweder mit einer fluorsensitiver Elektrode oder photometrischer Methode quantifizieren. Ein handanalytisches Verfahren wird in der Richtlinie VDI 2470, Blatt 1 beschrieben [M.1.31]. Dabei erfolgt die Probenahme des Abgases über eine beheizte Quarzrohrentnahmesonde sowie zur Staubabscheidung über ein beheiztes Quarzwollefilter und falls erforderlich über ein beheiztes Feinfilter/Membranfilter in zwei oder drei mit Natronlauge gefüllten Absorptionsgefäßen.

Nach einer Wasserdampfdestillation wird die Lösung photometrisch nach der Alizarin-Komplexan-Methode oder potentiometrisch mit einer für Fluorionen-sensitiven Elektrode bestimmt. Bei der photometrischen Auswertung sind Querempfindlichkeiten praktisch nicht vorhanden, weil die sehr spezifische Nachweisreaktion erst nach der Abtrennung der Störsubstanzen erfolgt. Bei der Auswertung mit Elektrodenkette ist eine hohe Selektivität gegeben, jedoch ist zu beachten, daß Fluoridkomplexbildner wie Fe^{3+} oder Al^{3+} nicht in größeren Mengen in die Probelösung gelangen.

Die Nachweisgrenze beträgt 0,05 mg/F^-m³.

Chlorverbindungen
Zur handanalytischen Bestimmung gasförmig anorganischer Chlorverbindungen bietet sich das in der VDI-Richtlinie 3480, Blatt 1 beschriebene Konventionsverfahren an [M.1.32]. Zur Probenahme wird das Abgas über eine beheizte Quarzglas-/ oder Borosilikatentnahmesonde, ein beheiztes Quarzwollefilter und die mit destilliertem Wasser gefüllten Absorptionsgefäße geführt.

Bei der analytischen Bestimmung kann zwischen drei verschiedenen Varianten der Chloridbestimmung gewählt werden: A: Titration nach Mohr, B: potentiometrische Titration, C: photometrische Bestimmung mit Quecksilberthiocyanat. Bei der Bestimmung von HCl-Gehalten bis 100 mg/m³ sind die Methoden B und C geeignet. Bei höheren Konzentrationen finden die Methoden A und B Anwendung.

Die relativen Nachweisgrenzen liegen bei Methode A bei 20 mg/m³, Methode B bei 2 mg/m³, Methode C bei 2,5 mg/m³.

Schwefelwasserstoff
Zur diskontinuierlichen Messung von Schwefelwasserstoff wird in der Regel das in der VDI-Richtlinie 3886, Blatt 2 beschriebene Verfahren der jodometrischen Titration eingesetzt [M.1.33]. Bei der jodometrischen Titration wird Schwefelwasserstoff in Cadmiumacetat-Lösung als Cadmiumsulfid gebunden, das nach der Trennung von der flüssigen Phase und Auflösung mit Salzsäure jodometrisch bestimmt wird. Die relative Nachweisgrenze beträgt 1 mg H_2S/m³.

Das Verfahren ist allgemein anwendbar und besonders für die Untersuchung von Gasen mit höheren Schwefelwasserstoffkonzentrationen geeignet. Wird bei der analytischen Bestimmung der Cadmiumsulfid-Niederschlag durch Filtration abgetrennt und der weitere Analysengang mit dem Filterrückstand durchgeführt, so sind keine Querempfindlichkeiten zu erwarten.

Ammoniak
Für die diskontinuierliche Emissionsmessung von NH_3 stehen z. Zt. keine ganzheitlichen Richtlinien mit Beschreibung der Verfahrenskenngrößen zur Verfügung. Bei der Emissionsmessung von NH_3 verfährt man derzeit in Anlehnung an die in den Richtlinien zur Immissionsmessung beschriebenen Methoden. Zum Beispiel werden zur Probenahme beheizte Quarzrohre mit Verbindung bis zu den Absorptionsgefäßen in Quarz bzw. Glas verwendet. Die Temperatur des Probenahmesystems wird an die Abgastemperatur angepaßt, dabei darf eine Temperatur von 330 °C nicht überschritten werden. Der Staub wird über ein nachgeschaltetes, beheiztes Filter abgeschieden. Bei Verwendung von zwei hintereinandergeschalteten Impingern können ca. 2 m³/h durchgesaugt werden. Bei Waschflaschen ist der Durchsatz geringer.

Als Sorptionsmittel findet 0,1 N Schwefelsäure Anwendung. Danach erfolgt die Destillation des Ammoniaks aus alkalischer Lösung [M.1.34]. Dabei werden die Störkomponenten SO_2, NO, NO_2 und HCl abgetrennt. Anschließend erfolgt die Umsetzung mit Nesslers Reagenz. Die Auswertung erfolgt photometrisch bei 450 nm. Ebenso ist eine Bestimmung mit einer geeigneten sensitiven Elektrode möglich.

Registrierende Meßverfahren

Für die registrierende Messung gasförmiger anorganischer Emissionen steht eine Vielzahl eignungsgeprüfter Meßgeräte zur Verfügung. Die Meßprinzipien sind teilweise sehr unterschiedlich und reichen von der Photometrie über Konduktometrie, Chemilumineszenz, elektrochemische Zelle bis zur potentiometrischen Messung mit Hilfe ionensensitiver Elektrode. Die Probenahme erfolgt dabei entweder extraktiv oder in-situ.

Schwefeldioxid
Zur kontinuierlichen Messung der SO_2-Emission stehen mehrere photometrische Meßprinzipien mit extraktiver Probenahme und In-Situ-Probenahme zur Verfügung. Außerdem wird die Leitfähigkeitsmessung in Verbindung mit extraktiver Probenahme eingesetzt.

Zur Messung der Komponenten CO, SO_2 und NO werden häufig Absorptionsphotometer mit charakteristischen Absorptionsspektren im infraroten und ultravioletten Bereich eingesetzt.

Bei der einfachsten Meßanordnung für ein Absorptionsphotometer wird das Licht einer Strahlungsquelle zur Selektivierung auf die Meßkomponente durch ein optisches Filter spektral eingeengt, tritt durch eine vom Meßgas durchströmte Küvette und trifft auf einen Photodetektor, dem eine elektronische Signalverarbeitung nachgeschaltet ist. Ein Teil des Lichts wird von den Schadstoffmolekülen absorbiert. Die Lichtschwächung ist dabei ein Maß für die Schadstoffkonzentration. Eine schematische Darstellung des Prinzips zeigt Bild M.1-13. Bei dieser einfachen Anordnung ist mit Fehlern zu rechnen, daher verwendet man entweder eine periodische Nullpunktkorrektur oder einen Vergleichsstandard in Form eines zweiten Vergleichsfilters oder -gases. Dieser Vergleichsstandard kann entweder zeitlich verschoben – gegenphasig – in den Strahlengang (Einstrahlphotometer) gebracht werden, oder er befindet sich in einem parallel geführten Vergleichsstrahlengang (Zweistrahlphotometer).

Zur Sensibilisierung photometrischer Analysengräte auf eine ausgewählte Meßkomponente werden dispersive oder nicht dispersive Verfahren

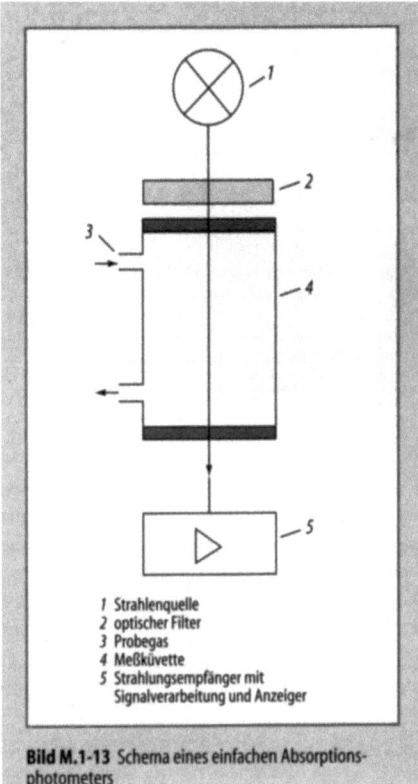

Bild M.1-13 Schema eines einfachen Absorptionsphotometers

1 Strahlenquelle
2 optischer Filter
3 Probegas
4 Meßküvette
5 Strahlungsempfänger mit Signalverarbeitung und Anzeiger

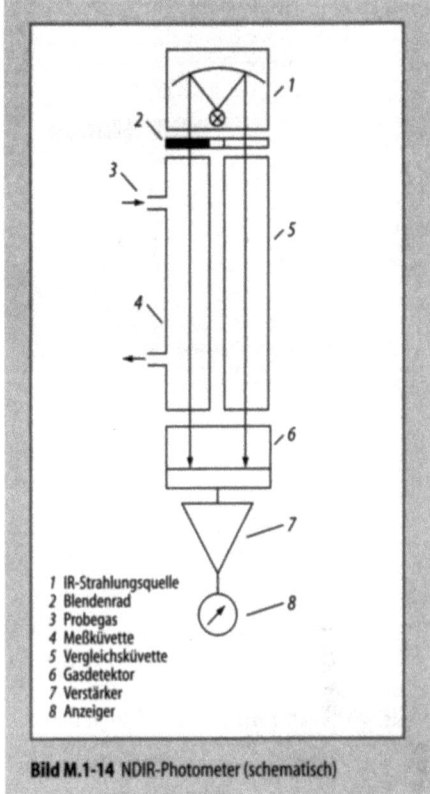

Bild M.1-14 NDIR-Photometer (schematisch)

1 IR-Strahlungsquelle
2 Blendenrad
3 Probegas
4 Meßküvette
5 Vergleichsküvette
6 Gasdetektor
7 Verstärker
8 Anzeiger

verwendet. Bei den *dispersiven* Verfahren wird das Licht einer spektralbreitbandigen Strahlungsquelle vor der eigentlichen Messung mit Hilfe eines Spektrometers in seine spektralen Anteile zerlegt. Dazu können Prismengitter oder Interferenzfilter eingesetzt werden. Die *nichtdispersiven* Verfahren verzichten auf eine spektrale Zerlegung und benutzen zur Selektivierung die im Gerät gespeicherte Meßkomponente selbst. Nach Art der Speicherung unterscheidet man drei Verfahren.

Beim nichtdispersiven Infrarot ($NDIR$)-Verfahren wird der Strahlungsempfänger als Speicher verwendet. Die vom Strahler ausgehende Strahlung wird durch ein umlaufendes Blendenrad moduliert und erzeugt in den Empfängerkammern periodische Druckschwankungen, die entweder durch Membrankondensator oder Mikroströmungsdetektor erfaßt und in ein elektrisches Signal umgewandelt werden. Das Schema zeigt Bild M.1-14.

Beim Gasfilterkorrelations (GFC)-Verfahren dient als Speicher eine gasgefüllte Filterkammer, die auf einem Filterrad befestigt ist. Diese Filterkammer wird periodisch abwechselnd mit einem mit N_2 gefüllten Gasfilter in den Strahlengang gebracht. Das Schema zeigt Bild M.1-15. Beim nichtdispersiven Ultraviolett($NDUV$)-Verfahren ist die Meßkomponente in der Strahlungsquelle gespeichert. Verwendet werden gasgefüllte Entladungslampen, die für die Meßkomponente charakteristische Spektrallinien emittieren. UV-Photometer arbeiten mit einem oder zwei Strahlengängen sowie mit einem oder zwei photoelektrischen Detektoren. Bei den *In-Situ*-Photometern befindet sich die Absorptionsmeßstrecke direkt im Abgaskanal, so daß das Probegas nicht mehr über ein Probenahmesystem der Meßküvette zugeführt werden muß. Das Photometer, bestehend aus photometrischem Detektor, Selektivierungseinrichtung und Auswerteelektronik, ist außerhalb des Abgaskanals angebracht. Je nach Meßkomponente arbeiten diese Photometer im IR- und im UV-Bereich. Es sind zwei Meßanordnungen möglich. In beiden Fällen befindet sich das eigentliche Photometer auf einer Seite des Abgaskanals. Auf der gegenüberliegenden Seite ist entweder die Strahlungsquelle oder ein Reflektor

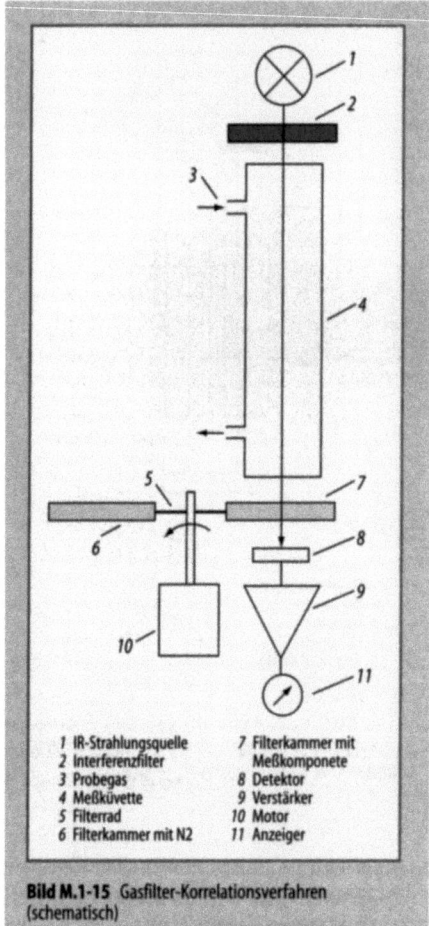

Bild M.1-15 Gasfilter-Korrelationsverfahren (schematisch)

1 IR-Strahlungsquelle
2 Interferenzfilter
3 Probegas
4 Meßküvette
5 Filterrad
6 Filterkammer mit N2
7 Filterkammer mit Meßkomponete
8 Detektor
9 Verstärker
10 Motor
11 Anzeiger

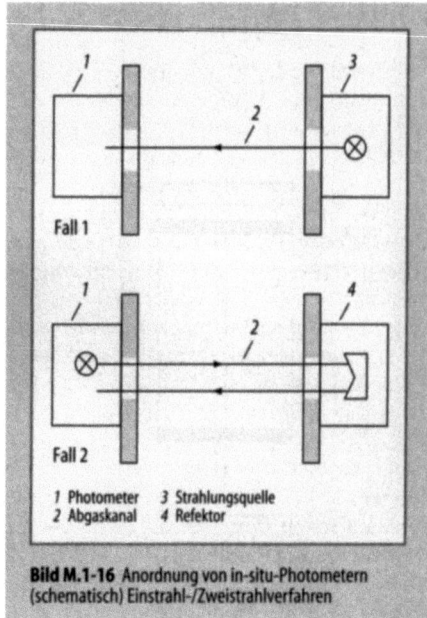

Bild M.1-16 Anordnung von in-situ-Photometern (schematisch) Einstrahl-/Zweistrahlverfahren

1 Photometer
2 Abgaskanal
3 Strahlungsquelle
4 Refektor

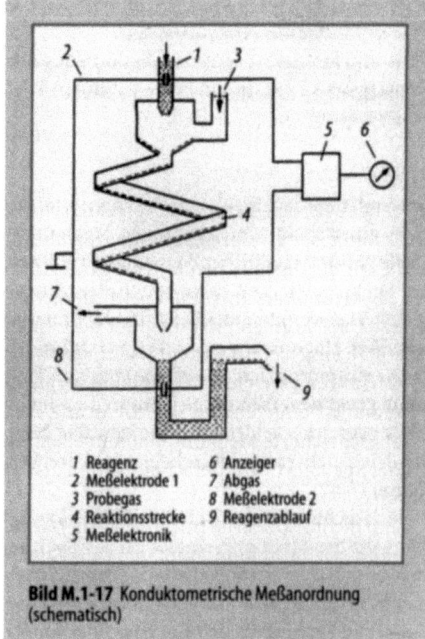

Bild M.1-17 Konduktometrische Meßanordnung (schematisch)

1 Reagenz
2 Meßelektrode 1
3 Probegas
4 Reaktionsstrecke
5 Meßelektronik
6 Anzeiger
7 Abgas
8 Meßelektrode 2
9 Reagenzablauf

angebracht. In diesem Fall durchläuft der Lichtstrahl die Meßstrecke zweimal (s. Bild M.1-16).

Bei der *Konduktometrie* wird das Probegas in ein geeignetes flüssiges Reagenz eingeleitet und die Leitfähigkeitsänderung nach erfolgter Reaktion der Flüssigkeit mit dem Gas gemessen. Bei der kontinuierlichen Konduktometrie werden Probegas und Reagenzflüssigkeit der Reaktionsstrecke kontinuierlich zugeführt (Bild M.1-17). Auf Konstanz der entsprechenden Massenströme und Kompensation des Temperatureinflusses ist bei den Meßverfahren zu achten.

Für die Meßkomponente SO_2 wurden bisher vom Bundesminister für Umwelt diverse Geräte als geeignet bekanntgegeben [M.1.10, M.1.35 – M.1.37].

Meßgeräte, die nach dem NDIR-Meßprinzip arbeiten, werden von den Firmen Maihak (Typreihe Unor), Mannesmann/H. u. B. (Typreihe Uras), Perkin-Elmer (Typreihe MCS 100 HW), Siemens (Typreihe Ultramat) angeboten. Das Meßprinzip der Typreihe Unor ist das der Zweistrahl-Differenzmessung mit einem Strahler und Doppelschichtdetektor. Bei der Meßgerätereihe Ultramat kommt je nach Typ entweder das Zweistrahl-Differenzmeßverfahren mit einem Strahler und Doppelschichtdetektor oder der Einstrahlanalysator mit Doppelschichtdetektor zur Anwendung. Bei dem Gerät der Firma Perkin-Elmer handelt es sich um ein Einstrahl-Photometer, das nach dem Bifrequenz-Verfahren arbeitet. Es handelt sich dabei um ein Mehrkomponentenmeßgerät mit sequentieller Messung. Bei der Typreihe Uras wird das Zweistrahl-Differenzmeßverfahren mit einem Strahler und Doppelschichtdetektor eingesetzt. Auf der Basis des NDUV-Meßprinzips werden Geräte von Maihak (Gerätetyp Defor 3) und von Rosemount (Gerätetyp SO_2-UV-Binos) angeboten. Beide Geräte arbeiten nach dem Zweistrahl-Differenz-Meßverfahren mit einem Strahler. Auf der Basis der Messung der elektrischen Leitfähigkeit wird von Wösthoff (Mikrogas-SO_2) ein Gerät angeboten, das mit Absorption in H_2O_2 arbeitet.

In-Situ-Meßgeräte für die Meßkomponente SO_2 werden von Opsis (Gerätetyp OPSIS AR 600) und von Sick (Gerätetyp GM 21, GM 30) angeboten. Das Gerät der Firma Opsis ist ein Einstrahlphotometer mit Messung des Absorptionsspektrums in einem bestimmten UV-Wellenlängenbereich. Die Geräte der Firma Sick sind Einstrahlphotometer mit Reflektoren. Dabei wird der Restlichtstrahl spektral zerlegt und das Absorptionsspektrum in einem bestimmten UV-Wellenlängenbereich bestimmt.

Stickstoffoxide
Zur kontinuierlichen Messung stehen mehrere Verfahren mit extraktiver und In-Situ-Probenahmetechnik zur Verfügung. Die Meßprinzipien sind Infrarot- und Ultraviolett-Absorption, Chemilumineszenzreaktion und amperometrische Messung mit elektrochemischer Meßzelle. In der Regel wird nur die Komponente NO selektiv gemessen. Allerdings befinden sich auch Meßgeräte zur selektiven Messung von NO_2 auf dem Markt. Die behördlichen Auflagen beziehen sich auf die Ermittlung der Summe Stickstoffoxide ($NO+NO_2$). Bei der Kalibrierung (Abschn. M.1.1.2.8) wird der NO_2-Anteil der Abgase mit einkalibriert, wenn NO-selektive Meßgeräte zur kontinuierlichen Messung eingesetzt werden und der NO_2-Anteil 5 bzw. 10 % nicht überschreitet. Die mit IR- und UV-Absorption arbeitenden Meßprinzipien wurden bereits im Abschnitt Schwefeloxide beschrieben. Beim Chemilumineszenz-Verfahren liegt die Reaktion von Stickstoffmonoxid mit Ozon zugrunde. Ein Teil der entstehenden Stickstoffdioxidmoleküle gelangt dabei in einen angeregten Zustand, wobei die Anregungsenergie zum Teil in einer Chemilumineszenzstrahlung wieder abgegeben wird. Durch Intensitätsmessung der Strahlung im Wellenlängenbereich zwischen 600 und 660 nm läßt sich bei konstantem Druck, konstantem Volumenstrom und ausreichendem Ozonüberschuß die Stickstoffmonoxidkonzentration selektiv messen.

Geeignet für die NO/NO_2-Messung entsprechend den behördlichen Anforderungen sind z. B. folgende Meßgeräte:

Auf der Basis des NDIR-Meßprinzips werden von Maihak (Typreihe Unor), Mannesmann/H. u. B. (Typreihe Uras), Perkin-Elmer (Typ Spectran 647 IR, Typreihe MCS 100; Meßprinzip Einstrahlphotometer, Gasfilterkorrelationsverfahren mit zwei Miniaturküvetten je Meßkomponente, sequentielle Messung), Rosemount (Typ NO-iR Binos; Meßprinzip Zweistrahl-Differenzmeßverfahren mit einem Strahler mit Meß- und Ausgleichskammer), Siemens (Typreihe Ultramat) (s. Abschnitt Schwefeloxide), Meßgeräte angeboten.

Auf der Basis des NDUV-Meßprinzips arbeitet der Radas 1 G von Mannesmann H. u. B. (Gasfilterkorrelation mit umlaufender Filterküvette).

Auf der Basis der Chemilumineszenz arbeiten die Geräte von Ecophysics (Typ CLD 700, als Zweikanalgerät für NO und NO_2) und Rosemount (Typ 951). Geräte mit elektrochemischer Zelle werden von AEG Sensorsystem (Typ NO_x-Monitor 4000; Meßprinzip Dreigasdiffusionszellen) und MSI/Elektronik (Typ MSI/ 5600; Meßprinzip Dreielektrodenmikrozellen) angeboten.

Meßgeräte mit In-Situ-Probenahme werden von OPSIS (Typ OPSIS AR 602 Z, Meßprinzip – s. Abschnitt Schwefeldioxid) und Sick (Meßgerätetyp GM 30, Meßprinzip – s. Abschnitt Schwefeldioxid) angeboten.

Zur selektiven Messung von NO_2 stehen das Mehrkomponentensystem MCS 100 CD von Perkin-Elmer, das Mehrkomponentensystem AR 602 Z von Opsis, der NO_2-UV-Binos von Rosemount und als Kombigerät der Binos 1004 (NO + NO_2) zur Verfügung. Bei den Chemilumineszenz-Geräten besteht die Möglichkeit NO_2 aus der Differenzsumme NO + NO_2 zu bestimmen.

Kohlenmonoxid
Zur kontinuierlichen Messung von CO ist ebenfalls eine Reihe von Meßgeräten von den Behörden bekanntgegeben worden.

Auf der Basis des NDIR-Meßprinzips werden von Maihak (Typreihe Unor), Mannesmann/H. u. B. (Typreihe Uras), Perkin-Elmer (Typreihe Spectran und MCS 100), Rosemount (Typreihe

CO/IR Binos) und Siemens (Typreihe Ultramat) Meßgeräte angeboten. Die Meßprinzipien wurden bereits im Abschnitt Schwefeldioxid bzw. Stickstoffoxide behandelt.

Das von MSI-Electronic angebotene Gerät MSI 5600 arbeitet mit einer Dreielektrodenmikrobrennstoffzelle.

Als In-Situ-CO-Meßgerät steht das Einstrahlphotometer GM 900/Modell 9200 von Sick zur Verfügung. Es arbeitet mit Gasfilterkorrelation und einem Küvettenrad mit vier Küvetten im Sender.

Fluorverbindungen
Zur kontinuierliche Messung von Fluor bzw. anorganisch gasförmigen Fluorverbindungen wurden insgesamt zwei Meßgeräte von den Behörden bekanntgegeben, die nach dem potentiometrischen Meßprinzip arbeiten. Dabei wird das Probegas in eine gepufferte Elektrolytlösung eingeleitet und die durch die Meßkomponente veränderte Ionenkonzentration mit Hilfe einer fluorsensitiven Elektrodenkette gemessen.

Beim Sensimeter G von Bran u. Lübbe wird das Abgas kontinuierlich abgesaugt und durchströmt das im Sechsminutenrhythmus zyklisch das vorgelegte Pufferlösungsvolumen. Danach wird die angereicherte Pufferlösung der ionensensitiven Meßkette in der Meßzelle zugeführt. Die Messung ist daher nur quasi kontinuierlich.

Das Ionotox HF von Compur/Bayer mißt die Konzentration von Fluorwasserstoff und die anderen anorganischen gasförmigen, hydrolisierbaren Fluorverbindungen kontinuierlich. Das Meßgas wird kontinuierlich auf einen Verdüser gefördert, wobei das Meßgas mit der Absorptionslösung vermischt wird, die zur Potentialmessung kontinuierlich in den zwischen den Elektroden befindlichen Spalt geleitet wird. Verschiedene Stoffe führen zu Querempfindlichkeiten, so daß die Höhe der Konzentration dieser Stoffe begrenzt ist.

Chlorverbindungen
Für die kontinuierliche Messung gasförmiger anorganischer Chlorverbindungen werden verschiedene eignungsgeprüfte Meßgeräte angeboten, die nach den Meßprinzipien Potentiometrie, Leitfähigkeit und NDIR-Gasfilterkorrelation arbeiten. Alle Meßgeräte haben eine extraktive Probenahme und messen bis auf das Sensimeter G kontinuierlich.

Von Bran u. Lübbe werden das Sensimeter G und Ecometer angeboten. Meßprinzip ist die Potentiometrie mit ionensensitiver Elektrode. Das Sensimeter G arbeitet wie das gleichnamige HF-Gerät mit einer zeitlichen Sammelphase im Meßzyklus. Das Ecometer mit ionensensitiver Elektrode und einer Absorptionsstrecke mißt kontinuierlich. Von Perkin-Elmer werden das Spectran 677 IR und das MCS 100 HW als NDIR-Einstrahlphotometer mit Gasfilterkorrelation und von Wösthoff das Mikrogas HCL bzw. das Kombigerät Mikrogas HCl/SO$_2$ auf der Basis der Leitfähigkeitsmessung mit Absorption in H$_2$O$_2$ angeboten. (Differenzmessung mit zwei Leitfähigkeitszellen). Die Meßgeräte Ecometer und Spectran 677 IR werden in den VDI-Richtlinien 3480, Blatt 2 und 3 ausführlich im Prinzip, Geräteaufbau und Funktion, Kalibrierung, Auswertung und Verfahrenskenngrößen behandelt [M.1.38, M.1.39]. Das Leitfähigkeitsmeßgerät (Wösthoff) wird in der Richtlinie VDI 2462, Blatt 5 für die Meßkomponente SO$_2$ beschrieben.

Ammoniak
Zur Zeit werden auf dem Markt zur kontinuierlichen Messung von Ammoniak zwei Meßgeräte angeboten, welche die behördlichen Mindestanforderungen erfüllen.

Das In-Situ-Meßgerät OPSIS AR 602 Z für NH$_3$ arbeitet als NDUV-Einstrahlphotometer mit Sender und Empfänger. Dabei wird in einem bestimmten UV-Wellenlängenbereich das Absorptionsspektrum bestimmt. Der kleinste geprüfte Meßbereich war 0 – 20 mg/m^3. Die Nachweisgrenze liegt bei etwa 0,5 mg/m^3.

Das Gerät Mipan der Siemens AG arbeitet mit extraktiver Probenahme auf der Basis der Absorption elektromagnetischer Strahlung im Mikrowellenbereich. Der kleinste geprüfte Meßbereich beträgt 0 – 15 mg/m^3. Die Nachweisgrenze liegt bei 0,2 mg/m^3. Die Einstellzeit (90 %-Zeit) beträgt etwa 400 s.

M.1.1.2.4 Gasförmige organische Verbindungen

Die unter M.1.1.2.3 aufgeführten Hinweise, wie z. B. geschwindigkeitsproportionale Entnahme, Beheizung der Sonde, geeignete Materialien usw., gelten auch für die organischen Verbindungen. Zusätzlich ist zu beachten, daß organische Verbindungen möglichst nicht bei der Probenahme durch thermische Einwirkung oder Oxidation, Nitrierung, Chlorierung usw. verändert werden dürfen. In der Regel muß die Sammlung dieser Stoffe bei niedriger Temperatur erfolgen. Bei der Probenahme wird daher häufig das Abgas gekühlt oder nach dem Verdünnungsprinzip durch Zuführung eines geeigneten Mediums in der Temperatur abgesenkt. Je nach Stoff eignen sich als Sammelelemente für das Probegas Gassammelrohre (Gasmäuse); in Sorptionsapparaturen können Frittenflaschen oder Impinger mit flüssigen Absorptionsmitteln gefüllt, verwendet werden. Ebenso werden feste Sorbentien, wie z. B. Aktivkohle, Kieselgel, Florisil, Absorberharze oder verschiedene gaschromatographische Materialien eingesetzt.

Manuelle Methoden – Konventionsverfahren

Gesamt-organischer Kohlenstoff
Zur Charakterisierung des gesamten organischen Potentials eines Abgases wird häufig die Messung des Gesamt-C-Gehalts an flüchtigen organischen Verbindungen gefordert. Als handanalytisches Meßverfahren steht das in der Richtlinie VDI 3481, Blatt 2 beschriebene Kieselgel-Verfahren zur Verfügung [M.1.40].

Dabei wird das Probegas über eine ggf. beheizte Entnahmesonde durch zwei hintereinandergeschaltete mit Kieselgel gefüllte Sorptionsrohre geleitet. Jedoch werden einige der leichterflüchtigen Stoffe bis C_4/C_5 nicht quantitativ adsorbiert. Die Desorption erfolgt im Sauerstoffstrom bei erhöhter Temperatur mit nachfolgender Verbrennung zu CO_2, das entweder maßanalytisch durch acidimetrische Titration von nicht durch Bariumcarbonatfüllung verbrauchtes Bariumhydroxid oder coulometrisch durch Neutralisation einer Bariumhydroxidlösung bestimmt wird. Da mit dem Verfahren niedrigsiedende Substanzen nicht oder nur teilweise erfaßt werden, können sich je nach Gaszusammensetzung im Vergleich zu anderen Verfahren Unterschiede ergeben.

Die relative Nachweisgrenze beträgt bei titrimetrischem Nachweis 17 mg C/m^3 und bei coulometrischem Nachweis 2 mg C/m^3.

Zur Anwendung des Kieselgel-Verfahrens auch bei höheren Temperaturen und Feuchten als z. B. 20 °C Taupunkttemperatur und 25 °C vor der ersten Sorptionsstufe werden den Sorptionsrohren entweder Kondensatgefäße oder Kondensatgefäße mit Kühler vorgeschaltet. Dabei ist auch das Kondensat aufzuarbeiten, da es einen Anteil an organischen Verbindungen enthalten kann. Es ist dabei zu prüfen, inwieweit das im Abgas enthaltene CO_2, das im Kondensat zum Teil gelöst wird, zu Meßwertverfälschungen führen kann [M.1.41].

Chlorbenzole und Chlorphenole
Zur Probenahme chlorierter Benzole und Phenole können im Prinzip die gleichen Probenahmemethoden wie zur Probenahme von PCDD und PCDF bzw. PCB (s. M.1.1.2.6) eingesetzt werden. Eine Richtlinie mit abgesicherten Verfahrenskenngrößen ist zur Zeit nicht verfügbar. Im einzelnen ist auch zu prüfen, inwieweit die leichterflüchtigen Mono- und Dichlorverbindungen quantitativ gesammelt werden. Als geeignete Sammelphasen können Feststoffilter in Verbindung mit PU-Schaum oder Methoxyethanol oder Absorberharzen angesehen werden. Auch die Absorption in tiefkaltem Lösemittel, z. B. Methyldiglycol, wie sie im Vorentwurf der VDI-Richtlinie 2457, Blatt 2 [M.1.42] beschrieben wird, bietet sich an.

Leichtflüchtige Chorkohlenwasserstoffe
Leichtflüchtige Chlorkohlenwasserstoffe, wie Trichlorethan, Trichlorethen, Tetrachlorethan und Tetrachlorethen, werden z. B. in Anlagen zur Oberflächenbehandlung, zur Chemischreinigung und zur Extraktion eingesetzt. Die 2. BImSchV begrenzt die Emissionen der genannten leichtflüchtigen Halogenkohlenwasserstoffe, sowie von Trichlormethan.

Die Messung der Emissionen wird in der Richtlinie VDI 2457, Blatt 2 – 4, Ausgabe 1974 – 1976 für 1.1.1-Trichlorethan, Trichlorethen und Tetrachlorethen beschrieben. Dabei erfolgt die Absorption in einem flüssigen Sorbens und der Nachweis gaschromatographisch. Die Nachweisgrenze ist jedoch teilweise relativ hoch.

Die Probenahme und Analytik wird daher in letzter Zeit in Anlehnung an Immissionsmeßverfahren durchgeführt [M.1.43, M.1.44]. Zur Probensammlung werden Aktivkohleröhrchen eingesetzt, die mit Lösemitteln oder thermisch desorbiert werden. Die Probenahme selbst erfolgt mit ggf. auf Abgastemperatur beheizten Quarzsonden und nachgeschaltetem Staubfilter. Bei höherem Wasserdampfgehalt wird dem Staubfilter eine Kondensatflasche, ggf. gekühlt, nachgeschaltet. Das Kondensat wird ebenfalls gaschromatographisch auf die entsprechenden Komponenten hin untersucht. Ein weiteres Verfahren ist die in [M.1.42] beschriebene Methode mit Absorption in tiefkaltem Lösemittel.

Fluor-Chlor-Kohlenwasserstoffe
In der 2. BImSchV [M.1.5] werden ebenso die Emissionen von FCKW begrenzt, soweit es den dort genannten Geltungsbereich betrifft. Danach dürfen nur 1.1.2.2-Tetrachlor-1.2-Difluorethan

(R-112), 1.1.2-Trichlor-1.2.2-Trifluorethan (R-113) und Trichlorfluormethan (R-11) eingesetzt werden. Die Probenahme wird wie bei LCKW beschrieben durchgeführt. Der Stoff wird z. B. an Aktivkohle adsorbiert. Bei Komponenten mit niedrigem Siedepunkt können Gassammelrohre Anwendung finden. Die Quantifizierung erfolgt über GC/ ECD.

Aromatische Kohlenwasserstoffe
Die Probenahme von aromatischen Kohlenwasserstoffen (Benzol, Toluol, Xylol und Ethylbenzol) kann in Anlehnung an Immissionsmeßverfahren mit den vorgenannten Probenahmetechniken erfolgen. Vorrangig werden als Sammelphase Aktivkohle, Tenax und tiefkaltes Lösemittel eingesetzt. Die Desorption der Aktivkohle erfolgt mit Lösemittel [M.1.45] oder thermisch, die Identifizierung über GC/FID oder ggf. GC/ MS. Das bei der Probenahme evtl. anfallende Kondensat ist ebenfalls zu analysieren. Es wird dabei bei einem Probenahmevolumen von 20 dm³ eine Nachweisgrenze von 5 μg/m³ je Komponente erreicht.

Amine
Aliphatische Amine, z. B. Methylamin, Dimetylamin, Ethylamin, Propylamin, Butylamin, Hexylamin können in Anlehnung an die in der Richtlinie VDI 2467 für Immissionen beschriebene Methode quantifiziert werden, insbesondere in Abluft [M.1.46]. Die Sammlung erfolgt dabei in verdünnter Salzsäure. Amine werden als Alkylammoniumchloride absorbiert. Bei der Probenaufbereitung erfolgt die Umsetzung zu Dinitrophenylaminen. Die Bestimmung erfolgt mit Hilfe der HPLC mit UV-Absorptionsdetektion.

Bei aromatischen Aminen besteht die Möglichkeit der Anreicherung auf Silikagel-Röhrchen. Der Nachweis erfolgt über HPLC/UV.

Aldehyde
In der Richtlinie VDI 3862, Blatt 1 wird ein Emissionsmeßverfahren für kurzkettige Aldehyde beschrieben [M.1.47]. Dabei werden aliphatische Aldehyde $C_1 - C_3$ nach der MBTH-Methode in Absoptionslösung gesammelt und photometrisch ausgewertet. Das Verfahren ist nur bis zu einem SO_2-Gehalt im Abgas von 30 mg/m³ verwendbar. Es handelt sich dabei um eine Summenmessung. In Blatt 2 dieser Richtlinie wird die Messung längerkettiger aromatischer Aldehyde sowie Ketone beschrieben [M.1.48]. Die Substanzen werden mit 2,4-Dinitrophenylhydrazin (DNPH-Verfahren) zu entsprechenden Hydrazonen umgesetzt und als Einzelkomponente quantifiziert. Die Probenahme erfolgt über Waschflaschen mit Acetonitril, in dem das Hydrazin gelöst ist. Die Absorptionslösung wird ohne Aufarbeitung direkt chromatographiert. Die Detektion erfolgt mit HPLC und UV-Detektor. In Blatt 3 der Richtlinie VDI 3862 wird die Probenahme mit DNPH in salzsaurer Lösung beschrieben [M.1.49]. Die Hydrazone werden mit Tetrachlorkohlenstoff ausgeschüttelt. Die organische Phase wird mit HPLC chromatographiert und mit UV-Detektor bestimmt. Je nach Stoff werden Nachweisgrenzen bei einem Probenahmevolumen von 50 l zwischen 2 und 100 μg/m³ erreicht. Von Nachteil ist, daß die Proben nur kurzfristig zwischengelagert werden können.

Acrylnitril
In der Richtlinienreihe VDI 3863, Blatt 1 – 3 werden drei Methoden zur Emissionsmessung von Acrylnitril beschrieben [M.1.50 – M.1.52].

In Blatt 1 erfolgt die Probenahme mit Gas-Sammelgefäß. Die Nachweisgrenze, die mit Flammenionisationsdetektor (FID) erreicht wird, beträgt 0,5 mg/m³. Die mit Phosphor-Stickstoffdetektor (PND) erreichte Nachweisgrenze 0,05 mg/m³. Bei höheren Wasserdampfgehalten ist das Verfahren nach Blatt 1 nicht einsetzbar. In Blatt 2 wird die Probenahme in tiefkaltem Lösemittel beschrieben. Die Nachweisgrenze beträgt bei 15 l Probegasvolumen mit FID 0,2 mg/m³ und mit PND 0,05 mg/m³. In Blatt 3 wird die Probenahme an Aktivkohle mit nachfolgender Desorption mit Dimethylformamid (DMF) beschrieben. Die Nachweisgrenze ist hier 12 μg/m³ bei einem Probegasvolumen von 50 l. Der Nachweis erfolgt über GC mit Trennsäulenschaltung und zwei FID.

Alle drei Probenahmeeinrichtungen werden mit Probenahmesonde und Feststofffilter, die ggf. beheizt sein müssen, betrieben. Bei allen drei Verfahren ist darauf hinzuweisen, daß die Proben nur begrenzt lagerbar sind.

1,3-Butadien
In der Richtlinie VDI 3953 wird ein Emissionsmeßverfahren mit Absorption an Aktivkohle und Desorption mit Schwefelkohlenstoff beschrieben [M.1.53]. Die gaschromatographische Analyse erfolgt mit GC-FID-Headspace-Technik (Dampfraumanalyse). Die Nachweisgrenze liegt bei 0,2 mg/m³ bei einem Probenahmevolumen von 30 l. Auf die begrenzte Lagerfähigkeit der Proben ist zu achten.

Vinylchlorid

Zur Bestimmung von Vinylchlorid wird in der Richtlinie VDI 3493, Blatt 1 eine gaschromatographische Bestimmungsmethode mit Probenahme in Gassammelgefäßen beschrieben [M.1.54]. Die Quantifizierung erfolgt dabei mit GC-FID. Die Nachweisgrenze wird mit 0,3 mg/m^3 angegeben. In Ziffer 2.3 TA Luft wird die Emission auf 5 mg/m^3 begrenzt. In Anlehnung an die in Richtlinie VDI 3494, Blatt 1 – 2 beschriebenen VC-Immissionsmeßverfahren [M.1.55-M.1.56], die mit Adsorption an Aktivkohle arbeiten, sollte es möglich sein, die Empfindlichkeit des Verfahrens zu erhöhen.

Registrierende Meßverfahren

Zur kontinuierlichen Emissionsmessung von Gesamt-C-konzentrationen werden überwiegend FID-Detektoren verwendet. Es gibt eine Reihe eignungsgeprüfter Meßgeräte, von denen ein Meßgerät nach dem Prinzip der Wärmetönung arbeitet. Der Flammenionisationsdetektor (FID) wird in der Richtlinie VDI 3481, Blatt 1 beschrieben [M.1.57]. Blatt 3 dieser Richtlinie aus dem Jahr 1992 geht insbesondere auf Lösemittel ein [M.1.58]. Die Grenzen der Anwendbarkeit des FID-Verfahrens und ein Vergleich mit anderen Methoden zur Bestimmung des Gesamt-Kohlenstoffgehalts in Abgasen werden in der gleichen Richtlinienreihe Blatt 6 behandelt [M.1.59].

Der Flammenisonisationsdetektor FID benutzt als Meßeffekt die Ionisation organisch gebundenen Kohlenstoffs in einer Wasserstoff-Flamme. Der dabei in einem elektrischen Feld auftretende Ionenstrom wird elektrisch verstärkt und gemessen. Er ist in einem weiten Bereich proportional der Anzahl der pro Zeiteinheit in die Flamme gebrachten Kohlenstoffatome. Der Molekülaufbau beeinflußt wesentlich die Oxidationseigenschaft des Kohlenstoffs und damit die Größe des Detektorsignals. Organische Verbindungen mit Heteroatomen, z. B. N, O, S oder Cl, werden i. allg. mit deutlich geringerer Empfindlichkeit angezeigt als die reinen Kohlenwasserstoffe mit der gleichen Anzahl von Kohlenstoffatomen pro Molekül.

Die unterschiedliche Anzeigeempfindlichkeit gegenüber verschiedenen organischen Verbindungen werden in „Responsefaktoren" ausgedrückt. Diese sind gerätespezifisch und dürfen nicht auf andere Gerätetypen übertragen werden. Je nach Empfindlichkeit (Meßbereich) und Gerätetyp ergeben sich im Einzelfall verschiedene Anforderungen an die Qualität von Brenngas, Brennluft, Prüfgas und die Zusammensetzung des Probegases. Ein eignungsgeprüftes Gerät arbeitet nach dem Prinzip der Wärmetönung (Typ KM 2-CNHM-EM-ADOS). Dabei wird durch katalytische Oxidation der brennbaren Gaskomponenten exotherme Wärme erzeugt, die durch Temperaturmessung nachgewiesen wird. Hier besteht eine Querempfindlichkeit gegenüber CO. Katalysatoren werden durch Halogen-, Blei- und Siliziumverbindungen vergiftet.

Eignungsgeprüfte FID werden z. B. von Bayer-Diagnostics (Typreihe Compur), Bernath-Atomic (Typreihe BA 3000), JUM-Engineering (Typ FID VE 7), Mannesmann/H. u. B. (Typreihe Fidas), Siemens (Typreihe Fidamat), Testa (Testa Fid 123) angeboten.

Alle Geräte arbeiten mit extraktiver Probenahme.

M.1.1.2.5 Gerüche

Geruchsemissionen können von einer Vielzahl von gewerblichen und industriellen Anlagen ausgehen. Aufgaben der Meßtechnik sind z. B. die Bestimmung der Geruchsintensität auf der Basis der Bestimmung der Geruchsschwelle, die Abschätzung des Belästigungspotentials, Wirkungsgradbestimmungen von Verfahren zur Geruchsemissionsminderung (Rohgas/Reingas).

Zur Ermittlung von Gerüchen verwendet man als Sensor die menschliche Nase (Olfaktometrie). Die Olfaktometrie ist die kontrollierte Darbietung von Geruchsträgern und die Erfassung der dadurch beim Menschen hervorgerufenen Sinnesempfindungen. Geruchsempfindungen können auch dann hervorgerufen werden, wenn die Geruchskonzentration unterhalb derzeit erreichbarer Nachweisgrenzen von chemisch-physikalischen Meßverfahren liegen. Die Geruchsstoffkonzentration der zu messenden Gasprobe (Einzelstoff oder Stoffgemisch) wird durch Verdünnung mit Neutralluft bis zur Geruchsschwelle bestimmt. Dabei gilt: 1 Geruchseinheit (GE) ist diejenige Menge (Teilchenzahl) Geruchsträger, die – verteilt in 1 m^3 Neutralluft – entsprechend der Definition der Geruchsschwelle gerade eine Geruchsempfindung auslöst. Die Einheit der Größe „Geruchsstoffkonzentration" ist die Geruchseinheit durch Volumeneinheit GE/m^3. Unter Geruchsschwelle versteht man die Konzentration eines Stoffs oder Stoffgemischs, die bei 50 % eines Kollektivs von Probanden mit dem Geruchssinn wahrgenommen wird.

Die Grundlagen der Geruchsschwellenbestimmung werden in der Richtlinie VDI 3881, Blatt behandelt [M.1.60].

Zur Messung werden „Olfaktometer" eingesetzt; d. h. Apparaturen, in denen eine Gasprobe (Geruchsstoffprobe) mit Neutralluft definiert verdünnt wird, und anschließend Testpersonen (Probanden) als Riechprobe angeboten wird. Den Probanden werden mehrere Verdünnungsstufen angeboten. Die Probenahme kann dynamisch oder statisch sein. Bei der *dynamischen* Probenahme wird ein Teilstrom kontinuierlich aus dem Abgas-/Abluft-Strom entnommen. Das Olfaktometer ist mit einer T-Verbindung an der Probenahmeleitung angeschlossen, so daß dem Olfaktometer bei Bedarf ein ausreichendes Probenvolumen zugeführt wird. Bild M.1-18 zeigt das Schema.

Bei der *statischen* Probenahme wird die Geruchsstoffprobe in einen geeigneten Behälter gefüllt, der die Probe zum Olfaktometer transportiert und dort zur Untersuchung angeschlossen wird. Bild M.1-19 zeigt schematisch die Möglichkeiten bei der statischen Probenahme [M.1.61]. Die dynamische Probenahme bietet Vorteile bei konstanten Emissionsverhältnissen wegen der kurzen Zeit zwischen Probenahme und Analyse. Bei schnell wechselnden Konzentrationen ist das Verfahren nicht sinnvoll, weil sich im Verlauf der Einzelmessung das Probengut ändert und dadurch die Meßwerte größere Streuungen aufweisen. Mit der statischen Probenahme wird bei wechselnden Konzentrationen ein repräsentativer Mittelwert über die Probenahmezeit erreicht. Die Auswertung der Ergebnisse wird in [M.1.60, M.1. 62] beschrieben. Verschiedene Olfaktometer werden in [M.1.63] vorgestellt. Die Verfahrenskenngrößen sind [M.1.64] zu entnehmen.

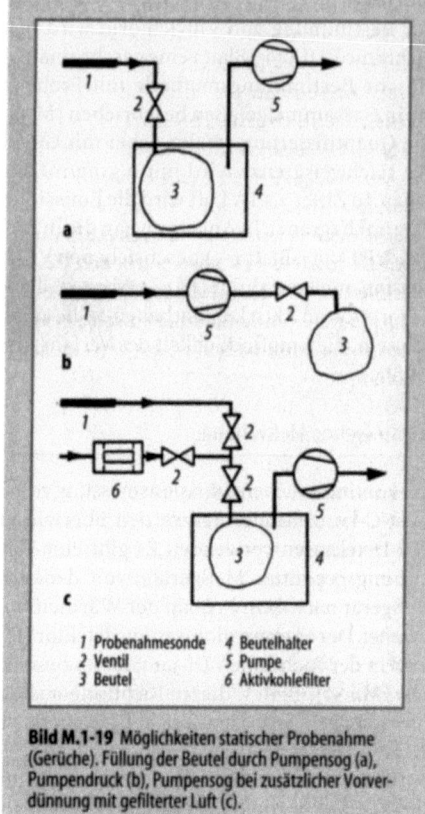

Bild M.1-19 Möglichkeiten statischer Probenahme (Gerüche). Füllung der Beutel durch Pumpensog (a), Pumpendruck (b), Pumpensog bei zusätzlicher Vorverdünnung mit gefilterter Luft (c).

1 Probenahmesonde   4 Beutelhalter
2 Ventil   5 Pumpe
3 Beutel   6 Aktivkohlefilter

Ebenso enthält diese Richtlinie Muster eines Meßprotokolls.

M.1.1.2.6 Organische Verbindungen im Spurenbereich

Zu den hochtoxischen, teilweise cancerogenen und mutagenen Umweltgiften gehören polychlorierte Biphenyle (PCB), polyzyklische aromatische Kohlenwasserstoffe (PAK) und polychlorierte Dibenzo-p-Dioxine (PCDD) und -Furane (PCDF). Die Abgaskonzentrationen dieser Verbindungen können je nach emittierender Anlage und Schadstoffkomponente in einem Bereich zwischen 0,001 und 1000 ng/m³ (ng = 10^{-9} g) liegen. Bei Abgastemperaturen zwischen 50 und 400 °C werden die Verbindungen je nach Siedelage gasförmig, als Feststoff, an Feststoffe sorbiert oder als Gemisch emittiert. Wegen der hohen Abgasvolumenströme industrieller Anlagen können i. d. R. nur teilstromentnehmende Verfahren eingesetzt werden. Wegen der Partikelphase hat die Probenahme isokinetisch zu erfolgen und sollte aus Gründen

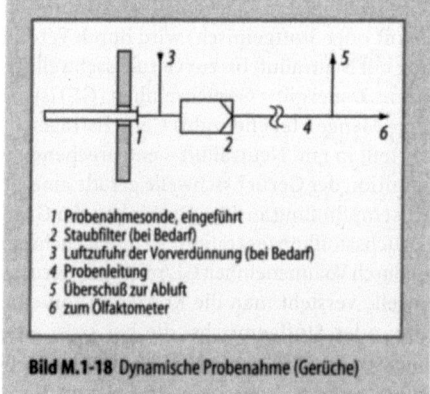

1 Probenahmesonde, eingeführt
2 Staubfilter (bei Bedarf)
3 Luftzufuhr der Vorverdünnung (bei Bedarf)
4 Probenleitung
5 Überschuß zur Abluft
6 zum Olfaktometer

Bild M.1-18 Dynamische Probenahme (Gerüche)

der Repräsentativität als Netzmessung durchgeführt werden. Entscheidend für die schonende Erfassung organischer Verbindungen ist eine Sammlung bei niedriger Temperatur (möglichst < 50 °C). Bei höheren Temperaturen muß der Probegasstrom durch Zumischung von Verdünnungsluft oder Wärmeentzug (Kühler) gekühlt werden.

Damit stehen auf der Basis der Verdünnungsmethode und der Kondensationsmethode zwei sich im Prinzip unterscheidende Probenahmemöglichkeiten zur Verfügung. Die Verdünnungsmethode wird in der Richtlinie VDI 3499, Blatt 1 [M.1.65] zur Bestimmung der PCDD und PCDF-Emissionen und in der Richtlinie VDI 3873, Blatt 1 [M.1.66] zur Bestimmung der PAK-Emissionen beschrieben. Diese Probenahmemethode wird gleichermaßen für die PCB-Emissionsmessung eingesetzt. Unterschiede bestehen lediglich bei der Probenaufbereitung bzw. Analytik. Zur Abkühlung wird dem Teilvolumenstrom getrocknete und gereinigte Luft zugemischt. Eine Taupunktunterschreitung von Wasser und damit anfallendes Kondensat wird dadurch vermieden. Bild M.1-20 zeigt das Schema der Probenahmeeinrichtung.

Mit Hilfe einer auf Abgastemperatur beheizten Entnahmesonde wird ein Teilvolumenstrom isokinetisch entnommen. In einem Mischrohr wird der Teilvolumenstrom durch Zufuhr getrockneter und gefilterter Luft unter 50 °C gekühlt. Anschließend wird das verdünnte Abgas über ein Feststofffilter geleitet, in welchem die Feststoffe sowie die kondensierten und auf Partikeln sorbierten Anteile der organischen Verbindungen abgeschieden werden. Die Abscheidung der Stoffgruppen erfolgt bei der niedrigen Temperatur von etwa 40 °C praktisch quantitativ auf dem Feststofffilter. Zur Kontrolle kann ein festes Sorbens, z. B. Florisil, XAD-Adsorberharze, Porapak, PU-Schaum nachgeschaltet werden. Eine Verfahrensvariante besteht darin, daß statt dessen ein Planfilter und ein PU-Schaum als Sammelphase benutzt werden, so wie es bei Immissionsmessungen üblich ist. Diese Variante wurde in Ringversuchen zur CEN-Richtlinie für PCDD/F erprobt.

Kondensationsmethoden mit direkter Kühlung zur Bestimmung der PCDD und PCDF werden in der Richtlinie VDI 3499, Blatt 2–4 beschrieben [M.1.67-M.1.69]. Bild M.1-21 zeigt das Schema der Probenahmeapparatur nach Blatt 3 – Kondensatmethode/Gekühltes Absaugrohr – wahlweise mit Impinger oder Feststoffsorbens. Bei der Kondensationsmethode nach Blatt 3 z. B. wird das entnommene heiße Abgas in einem wassergekühlten Absaugrohr gekühlt, wobei das entstehende wäßrige Kondensat in einem ebenfalls gekühlten Kondensatabscheider gesammelt wird. Auf eine Feststoff-Filtration wird dabei derzeit verzichtet.

Anschließend wird das abgesaugte Teilvolumen zur Absorption entweder über zwei parallelgeschaltete mit organischem Lösemittel gefüllte Impinger-Straßen oder ein Feststoffadsorbens geleitet. Bei der Methode nach Blatt 4 wird als zusätzliches Sorbens PU-Schaum verwendet.

Zur Probenahme von PCB können die gleichen Probenahmetechniken wie bei PCDD/F angewandt werden. Allerdings gibt es derzeit keine verbindliche Richtlinie mit abgesicherten Verfahrenskenngrößen. Zur Bestimmung werden ähnliche Analysenschritte wie in der Dioxinanalytik benutzt, wobei bei der Auswahl der Trennmaterialien und Extraktionsmittel die spezifischen Stoffeigenschaften (Polarität, Lösungseigenschaften) der PCB zu berücksichtigen sind. In der TA Luft werden die beiden PAK Benzo(a)pyren und Dibenz(a,h)anthracen auf 0,1 mg/m³ begrenzt. Ein Meßverfahren ist in der Richtlinie VDI 3873, Blatt 1 beschrieben, das für die Messung an industriellen und gewerblichen Anlagen erprobt ist, und dessen Verfahrenskenngrößen bekannt sind [M.1.66]. Zur Probenahme wird dabei das in Bild M.1-20 dargestellte Verdünnungsverfahren eingesetzt. Die 4- bis 7-Ring-

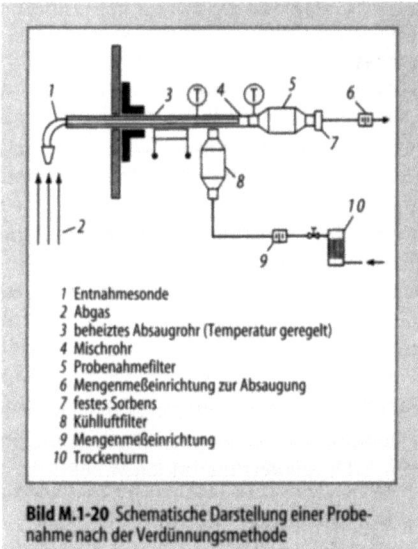

Bild M.1-20 Schematische Darstellung einer Probenahme nach der Verdünnungsmethode

1 Entnahmesonde
2 Abgas
3 beheiztes Absaugrohr (Temperatur geregelt)
4 Mischrohr
5 Probenahmefilter
6 Mengenmeßeinrichtung zur Absaugung
7 festes Sorbens
8 Kühlluftfilter
9 Mengenmeßeinrichtung
10 Trockenturm

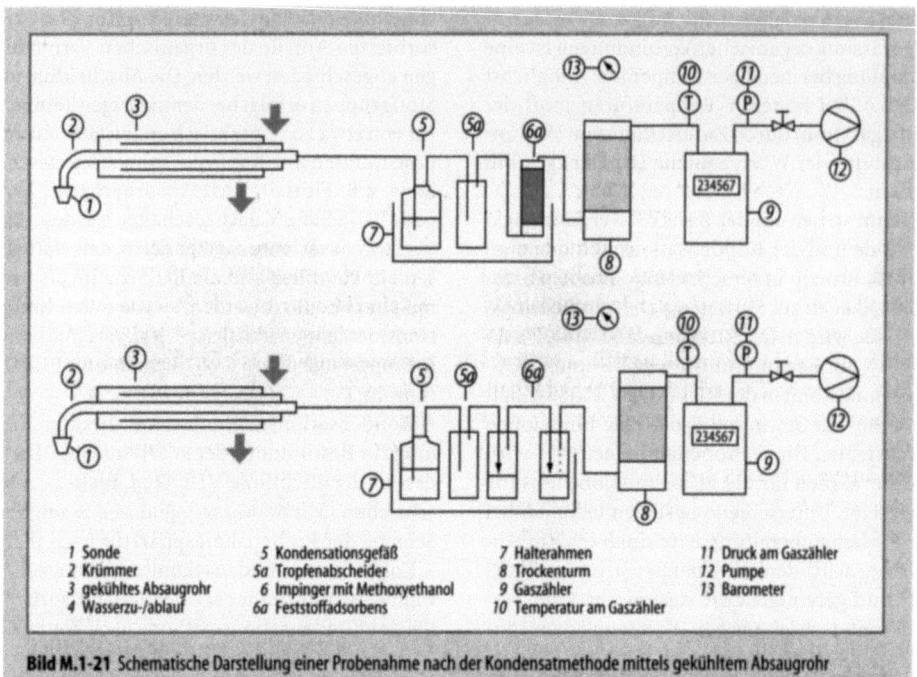

Bild M.1-21 Schematische Darstellung einer Probenahme nach der Kondensatmethode mittels gekühltem Absaugrohr

PAK haben etwa die gleiche Siedelage wie PCDD/F. Sie treten daher im Abgas als Gas, Feststoff, an Partikeln sorbiert und als Gemisch auf. Die 4- bis 7-Ring-Verbindungen werden quantitativ auf einem Filter abgeschieden. Zur Erfassung der leichterflüchtigen PAH mit 2 und 3 Ringen kann ein Feststoffsorbens, z. B. Porapak PS, nachgeschaltet werden. Auf die Möglichkeit der gleichzeitigen Sammlung von PAH, PCDD/F und PCB wird verwiesen. Die Probenahmezeiten (Sammelzeiten) für PAK sollten nicht länger als ca. 2 h dauern, damit die Invarianz der PAK-Profile erhalten bleibt. Verschiedene PAK sind sehr reaktiv.

M.1.1.2.7 Auswerterechner

Für eine Reihe genehmigungsbedürftiger Anlagen werden vom Gesetzgeber Meßsysteme zur kontinuierlichen Überwachung von Emissionen gefordert. Die Meßergebnisse sind fortlaufend automatisch auszuwerten und zu dokumentieren [M.1.67 – M.1.69]. Die Meßwerte der registrierenden Meßeinrichtung (Staub, SO_2, CO, NO usw.) werden unter Zugrundelegung der bei der Kalibrierung ermittelten Regressionskurven in die jeweiligen physikalischen Meßgrößen umgerechnet und über die Bezugszeit (i. d. R. 30 min)

gemittelt. Nach Umrechnung auf den Normzustand (1013 mbar, 273 K) und Bezugssauerstoffgehalt (z. B. 11 % O_2 bei Müllverbrennungsanlagen) werden die Konzentrationswerte in 20 Klassen einheitlicher Breite klassiert (Bild M.1-22). Diese Werte werden im eigentlichen Sinne nicht klassiert, sondern in Speicher gezählt. Der Emissionsgrenzwert liegt am Ende der Klasse 10. Werte, die das 2fache des Grenzwerts überschreiten, werden in die Klassen 21 und 22 gezählt.

Anmerkung. Zu beachten ist dabei, welche Auswertung durch den Gesetzgeber vorgeschrieben ist. Nach TA Luft und 13. BImSchV gilt z. B.: Emissionswerte gelten als eingehalten, wenn
– sämtliche Tagesmittelwerte den Emissionsgrenzwert
– 97 vH aller Halbstundenmittelwerte 6/5 des Emissionsgrenzwerts und
– sämtliche Halbstundenmittelwerte das 2fache des Emissionsgrenzwerts
nicht überschreiten.

Für Müllverbrennungsanlagen gelten davon abweichende Festlegungen und erfordern eine andere Art der Auswertung [M.1.4, M.1.68].

Die Klassengrenze dieser beiden Klassen entspricht dem bei der Kalibrierung festgestellten Toleranzbereich. In Klasse 23 wird die Anzahl der

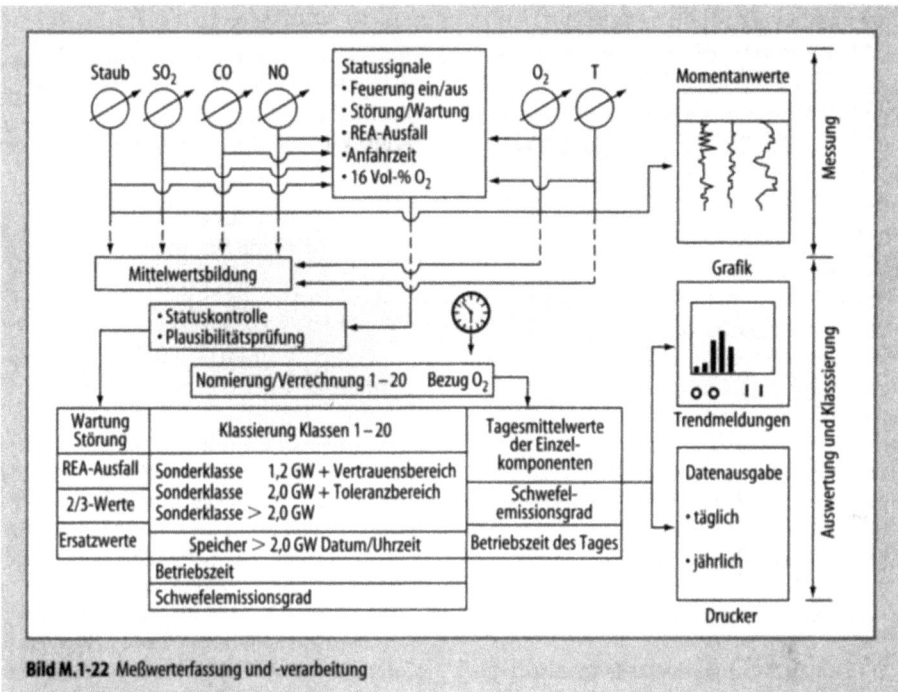

Bild M.1-22 Meßwerterfassung und -verarbeitung

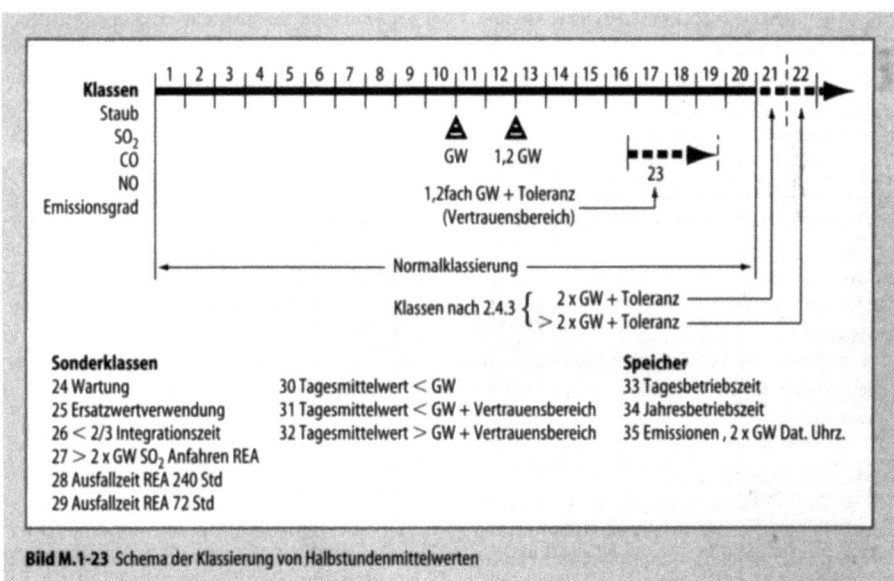

Bild M.1-23 Schema der Klassierung von Halbstundenmittelwerten

Halbstundenmittelwerte gespeichert, die das 1,2fache bis zur Grenze des Vertrauensbereichs überschreiten. Die Sonderklassen dienen zur Erfassung der Halbstundenmittelwerte, die durch Störungen oder Wartungsarbeiten an den Analysatoren mehr als 1/3 der Meßzeit mit keinen gültigen Meßwerten belegt waren.

Die Gesamtzahl dieser Werte einschl. der Werte, die beim An- oder Abfahren der Anlage weniger als 2/3 des Meßintervalls anstanden, werden zusätzlich in Klasse 26 gezählt. Bei Ausfall der Bezugsgröße Sauerstoff durch eine Störung der Meßeinrichtung verwendet der Auswerterechner einen Ersatzwert für O_2, welcher bei der Kalibrierung festgelegt wird. Alle Halbstundenmittelwerte, welche mit einem Ersatzwert gebildet wurden, werden normal klassiert, aber zusätzlich in der Klasse 25 gezählt. Neben der Verteilung der Tagesmittelwerte in drei Klassen (30, 31 und 32) werden die Betriebszeiten der Anlage für den Tag und das Jahr gespeichert und ausgewiesen. Die Klasse 35 dient zur Speicherung aller Grenzwertüberschreitungen des 2fachen Grenzwerts (Bild M.1-23).

Dabei wird die Uhrzeit und das Datum des Ereignisses miterfaßt. Die Datenausgabe der gespeicherten Werte aus den 20 Normalklassen, den Sonderklassen und den Speichern erfolgt täglich automatisch zu einer einmal gewählten Zeit. Ausserdem erfolgt die Ausgabe aller Daten nach Ablauf eines Kalenderjahrs. Die Tagesausdrucke dienen zur laufenden Dokumentation der Emissionsverhältnisse. Der Jahresausdruck dient zum Nachweis gegenüber der Aufsichtsbehörde.

M.1.1.2.8 Kalibrierung registrierender Meßgeräte

Zur Qualitätssicherung der Meßergebnisse registrierender Meßverfahren sind verschiedene Prüfungen in unterschiedlichen zeitlichen Abständen mit teilweise unterschiedlichem Prüfinhalt notwendig. Es ist hier zu unterscheiden zwischen geräteinterner Funktionsprüfung, Wartung, jährlicher Funktionskontrolle, Kalibrierung.

Die *geräteinterne* Funktionsprüfung besteht z. B. darin, daß in den Strahlengang bestimmte Prüfnormale eingeschwenkt werden, der elektrische Abgleich in bestimmten zeitlichen Abständen automatisch erfolgt oder permanent die Funktion bestimmter Bauteile, z. B. Pumpe, Strömungsmesser, überwacht wird.

In der Regel sind die Geräte in bestimmten zeitlichen Abständen vom Betreiber zu warten und zu überprüfen.

Dabei erfolgt eine Funktionsprüfung mit Hilfe von Justierhilfen, z. B. Gitterfiltern, Prüfgasen. Bei In-Situ-Meßeinrichtungen sind die optischen Grenzflächen zu reinigen. Luftfilter sind zu reinigen oder auszutauschen. Nullpunkt und Empfindlichkeit sowie Meßwertaufzeichnung sind zu kontrollieren. Bei Verfahren mit extraktiver Probenahme sind die Probenahmeheizung, Dichtigkeit der Leitungen, Probenahmefluß, Kondensatabfluß zu prüfen. Nullpunkt und Empfindlichkeit sind mit Justierhilfen (Prüfgas) zu prüfen bzw. einzustellen.

Für registrierende Meßgeräte wird eine jährliche Überprüfung auf *Funktion* der Meßwertanzeige der vollständigen Meßeinrichtung einschließlich Probenahme gefordert. Nach einer allgemeinen Überprüfung des Wartungszustands und bei extraktiven Probenahmesystemen einer Dichtheitsprüfung des Meßsystems sind je nach Meßsystem verschiedene Prüftätigkeiten erforderlich.

Hier sind z. B. zu nennen: Prüfung der Verschmutzung der optischen Bauteile oder des Probenahmesystems, Feststellung der zeitlichen Änderung von Null- und Referenzpunkt, Ermittlung der Querempfindlichkeit gegen CO_2, CO, NO, NO_2, SO_2, Wasserdampf; Überprüfung der Gerätefunktion durch Justierhilfen (Prüfgas, Prüflösungen, Prüffilter) oder andere gerätespezifische Vergleichsgrößen mit 3 – 4 Werten über den Meßbereich; spezifische Gerätefunktionen, z. B. Konstanz der Teilstromentnahme, Meßzyklusdauer, Reagenzdosierung und -zusammensetzung; Kontrolle der Meßwertübertragung zum Datenerfassungssystem [M.1.37, M.1.70].

Die registrierenden Meßeinrichtungen sind nach Inbetriebnahme einer neuen Anlage, nach wesentlichen Änderungen und in zeitlichen Abständen von drei bzw. fünf Jahren zu kalibrieren. Unter *Kalibrierung* versteht man die Ermittlung des Zusammenhangs zwischen der Geräteanzeige der vollständigen Meßeinrichtung und dem Meßobjekt in der Matrix des Abgases mit Hilfe von Vergleichsmessungen mit einem Konventionsverfahren [M.1.71, M.1.72]. Dazu sind vorher die wesentlichen Untersuchungspunkte gemäß Wartung und Funktionskontrolle durchzuführen. Die mit beiden Meßverfahren (registrierende Messung – Konventionsverfahren) zeitgleich ermittelten Meßgrößen werden gegenübergestellt und statistisch ausgewertet. Zur Kalibrierung von Staubmeßeinrichtungen sind im Regelfall mind. 12 – 15 Vergleichsmessungen mit dem Konventionsverfahren [M.1.7, M.1.73] – durchgeführt im Meßnetz über den Kanalquerschnitt – erforderlich. Daraus ergibt sich bereits die „netzbezogene" Analysenfunktion.

Bei Gasemissionsmeßgeräten gibt es prinzipiell zwei Möglichkeiten zur Ermittlung der Analysenfunktion. Vergleichbar zur Vorgehensweise bei der Staubmessung werden Vergleichsmessungen mit einem Konventionsverfahren, z. B. H_2O_2-Thorin-Methode zur SO_2-Bestimmung, VDI 2462, Blatt 8, als Netzmessung durchgeführt. Die Entnahme an den einzelnen Meßpunkten im Netz muß dabei geschwindigkeitsproportional durchgeführt werden. Dieser Vergleich ist möglichst bei wechselnden Quantitäten des Meßob-

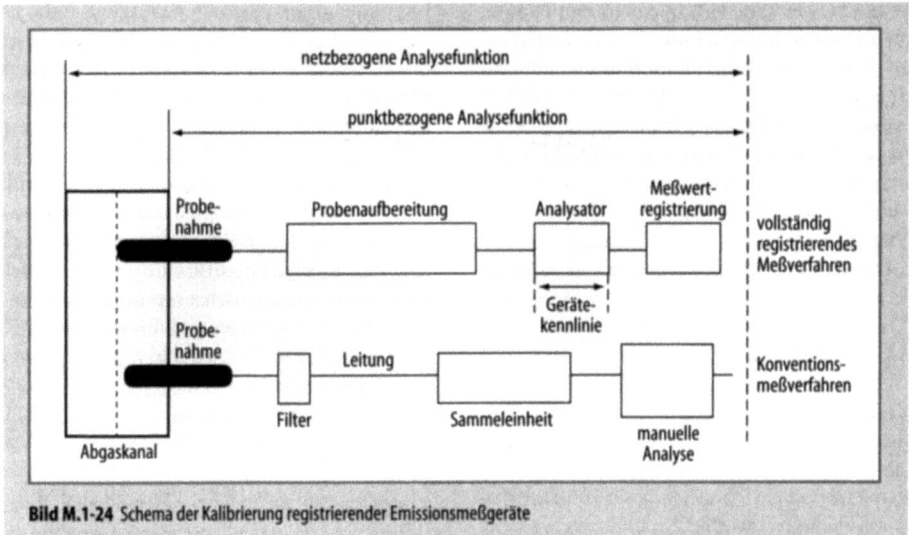

Bild M.1-24 Schema der Kalibrierung registrierender Emissionsmeßgeräte

jekts durchzuführen. Man erhält dann die netzbezogene Analysenfunktion.

Alternativ kann auch erst die „punktbezogene" Analysenfunktion ermittelt werden. Bei registrierenden Meßverfahren mit extraktiver Probenahme werden in einem ersten Schritt ca. 20 Vergleichsmessungen mit dem Konventionsverfahren an unmittelbar örtlich benachbarten Probenahmepunkten ausgeführt. Die statistische Auswertung liefert die punktbezogene Analysenfunktion für die Entnahme mit beiden Verfahren am gleichen Ort [M.1.71, M.1.72]. Bild M.1-24 zeigt im Schema den Unterschied zwischen Gerätekennlinie, punkt- und netzbezogener Analysenfunktion. Für viele Anwendungsfälle mit annähernd gleicher Konzentrationsverteilung über den Querschnitt ist diese punktbezogene Analysenform ausreichend. Sie erfaßt die gesamte Abgasmatrix und die zeitliche Änderung der Konzentration. Sinngemäß gilt diese Vorgehensweise auch für die linienförmige Probenahme von In-Situ-Meßgeräten. Auch wenn die punktbezogene Analysenfunktion zur Auswertung herangezogen wird, sind zusätzliche Netzmessungen zur Überprüfung der annähernden Gleichverteilung notwendig. Für alle Fälle mit ungleicher Verteilung der Konzentration ist diese punktbezogene Analysenfunktion durch zusätzliche Informationen (Messung) zur netzbezogenen Analysenfunktion zu erweitern. Im zweiten Schritt wird durch orientierende Netzmessung ein Korrekturfaktor ermittelt, der dazu führt, daß im Ergebnis die Repräsentativität des Meßpunkts verbessert wird. Die schrittweise Vorgehensweise wird für die Kalibrierung mit punktförmiger Probenahme empfohlen. Sie hat den Vorteil, daß der Aufwand für die Netzmessungen reduziert werden kann, indem zur Ermittlung der Korrekturfaktoren anstelle eines Konventionsverfahrens ein zweites kontinuierliches Emissionsmeßgerät eingesetzt wird, dessen Anzeige vorher mit der Anzeige des zu kalibrierenden ebenfalls extraktiv arbeitenden Geräts verglichen wurde. Bild M.1-25 zeigt schematisch die Sondenanordnung zur Bestimmung des Gerätefaktors eines zweiten registrierenden Verfahrens und die Vorgehensweise zur Erweiterung der punktbezogenen zur netzbezogenen Analysenfunktion.

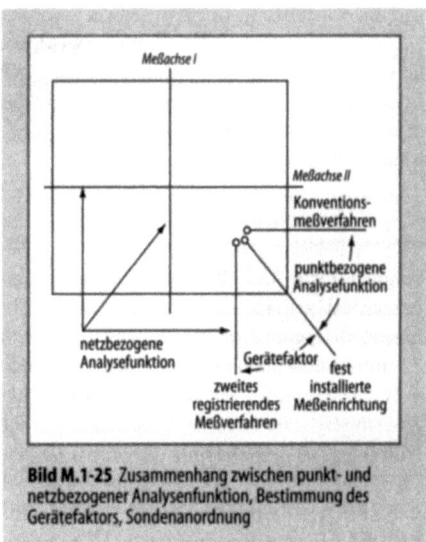

Bild M.1-25 Zusammenhang zwischen punkt- und netzbezogener Analysenfunktion, Bestimmung des Gerätefaktors, Sondenanordnung

Wird eine Meßeinrichtung mit linienförmiger Probenahme kalibriert, kann für die Netzmessung ebenfalls ein zweites kontinuierlich und extraktiv arbeitendes Meßgerät benutzt werden. Für das zweite Meßgerät wird durch Vergleichsmessungen mit dem Konventionsverfahren eine punktbezogene Analysenfunktion aufgestellt. Damit werden dann Netzmessungen durchgeführt. Die Mittelwerte aus den Netzmessungen werden der Anzeige des zu kalibrierenden Geräts zugeordnet.

M.1.2 Immissionsmessungen

Das Bundes-Immissionsschutzgesetz und seine nachgeschalteten Vorschriften sind die rechtliche Basis für Immissionsuntersuchungen auf dem Gebiet der Luftreinhaltung. Nach § 26 BImSchG kann die Behörde die Durchführung von Immissionsmessungen im Einwirkungsbereich einer Anlage anordnen, wenn schädliche Umwelteinwirkungen durch die Anlage zu befürchten sind. Nach § 28 BImSchG können bei genehmigungsbedürftigen Anlagen nach Inbetriebnahme oder einer wesentlichen Änderung sowie nach Ablauf von jeweils drei Jahren Immissionsuntersuchungen angeordnet werden. Nach § 29 BImSchG können auch kontinuierliche Immissionsmessungen unter Verwendung aufzeichnender Meßgeräte gefordert werden. Weitere Meßaufgaben ergeben sich aus § 40 „Verkehrsbeschränkung", §§ 44, 45 „Untersuchungsgebiete, Meßverfahren und Auswertung" sowie § 47 „Luftreinhaltepläne". Einzelheiten regelt z. B. die TA Luft als Erste Verwaltungsvorschrift des BImSchG. Sie enthält Immissionswerte (Nr. 2.5) zum Schutz vor Gesundheitsgefahren (M.2.5.1) und vor erheblichen Nachteilen und Belästigungen (M.2.5.2) sowie Vorschriften zur Ermittlung der Immissionskenngrößen (M.2.2.6), die mit den Immissionswerten verglichen werden.

M.1.2.1 Meßplanung

Grundsätzliche Aufgaben bei Immissionsmessungen sind gebiets- und anlagenbezogene Messungen. Bei „gebietsbezogenen" Messungen wird die Immissionsbelastung von Gebieten und damit der Bevölkerung, der Vegetation und von Sachgütern ermittelt. Die Lage der Probenahmestellen ist durch das zu beurteilende Gebiet vorgegeben. Bei „anlagenbezogenen" Messungen sollen die von einer oder mehreren Quellen verursachten Luftverunreinigungen ermittelt werden. Bei mobilen Messungen werden bevorzugt Meßorte in Luv und Lee der zu beurteilenden Emissionsquelle gewählt. Bei stationären Meßorten wird eine windrichtungsabhängige Auswertung der Meßdaten vorgenommen, um die Auswirkung der Quelle auf den Meßort zu ermitteln.

Durch die Meßplanung werden die räumliche Anordnung der Meßstellen und die zeitliche Abfolge der Messungen festgelegt. Dabei ist es das Ziel, die Immissionssituation in einem Gebiet oder an bestimmten Orten repräsentativ zu ermitteln, d. h., die Ergebnisse können mit Grenzwerten, Wirkungskriterien und mit Meßwerten aus anderen Gebieten und auch mit anderen Zeiten verglichen werden. Neben der jeweiligen Aufgabenstellung sind ausreichende Informationen über die Eigenschaften der Meßobjekte, die verwendeten Meßsysteme (kontinuierlich, diskontinuierlich), Auswerteverfahren, Definition von Immissionskenngrößen, zur Verfügung stehende Zeit, personelle Kapazitäten usw. für eine Meßplanung erforderlich.

Konkrete Vorgaben für die Meßplanung von Immissionsmessungen sind in der Bundesrepublik Deutschland in der Technischen Anleitung zur Reinhaltung der Luft, Vierte Allgemeine Verwaltungsvorschrift, Smog-Verordnung der Länder, Richtlinien der EG beschrieben. Die TA Luft macht unter Ziffer 2.6.2 „Kenngrößen für die Vorbelastung – Meßplan" Vorgaben zum Beurteilungsgebiet, Beurteilungsfläche, Meßhöhe, -zeitraum, -stellen, -verfahren, -häufigkeit, -werte. Anforderung an die Auswertung werden unter Ziffer 2.6.3 behandelt. Sogenannte Immissionswerte werden unter Ziffer 2.5 festgelegt. Es gilt: Der Immissionswert IW_1 ist mit der Immissionskenngröße I_1 zu vergleichen. Dabei ist I_1 der arithmetische Mittelwert aller Meßwerte. Der Immissionswert IW_2 ist mit der Immissionskenngröße I_2 zu vergleichen. Dabei ist I_2 der 98 %-Wert der Summenhäufigkeitsverteilung aller Meßwerte. (Bei Staubniederschlag ist I_2 der höchste im Meßzeitraum ermittelte Monatsmittelwert). Die TA Luft gilt für genehmigungsbedürftige Anlagen. Die Meßvorschriften sind grundsätzlich für die Ermittlung der Immissionen im Einwirkungsbereich dieser Anlagen vorgesehen. Es handelt sich um „Flächen"-Belastungen.

Das Meßschema der TA Luft wird in der Bundesrepublik Deutschland auch sehr häufig für die Messung der Immissionsbelastung von Gebieten (Flächen) angewendet. Ergebnisse solcher Messungen sind in zahlreichen Veröffentlichungen über Luftreinhaltepläne und „Untersuchungsgebiete/Belastungsgebiete" enthalten. Regelmäßige Stichproben-Messungen nach dem TA Luft-Schema haben für die Luftüberwachung von Gebieten gegenüber automatisch betriebenen Meßnetzen an Bedeutung verloren. Die Überwachung der Luftqualität wird in der Bundesrepublik Deutschland von den Bundesländern wahrgenommen. Kontinuierliche Immissionsmessungen werden in jedem Bundesland – teilweise bereits seit Jahrzehnten – durchgeführt. Die Meßnetze wurden im Lauf der Jahre an neu hinzukommende Fragestellungen angepaßt, z. B. Smog-Verordnung, kraftverkehrsbezogene Messungen zur Durchführung von § 40,2 BImSchG und wachsende Bedeutung von Ozon im Sommer.

Die 4. Allgemeine Verwaltungsvorschrift (Ermittlung von Immissionen in Untersuchungsgebieten) wird zur Zeit überarbeitet. Die Regelung erfaßt die kontinuierlich meßbaren Komponenten, wie z. B. SO_2, NO, NO_2, O_3, Schwebstaub und ausgewählte organische Verbindungen, wie Benzol, Toluol, Xylol sowie ausgewählte Staubinhaltsstoffe (Schwermetalle und Benzo(a)pyren). In Erfüllung der Richtlinien der Kommission der Europäischen Gemeinschaft in deutsches Recht wurde im Entwurf die 22. BImSchV (Verordnung über Immissionswerte) erstellt. Angesprochen sind Immissionsgrenzwerte für SO_2, Schwebstaub, NO_2, O_3 und Blei. Die Meßstellen sollen dort eingerichtet werden, wo Personen einer Gefährdung ausgesetzt sein können, Grenzwerte möglicherweise erreicht oder überschritten werden oder sonstige schädliche Umwelteinwirkungen durch Luftschadstoffe auftreten können. Diese Aufgabenstellung geht über das ursprüngliche Ziel – flächendeckende Messung – hinaus. Eine Teilumgestaltung der telemetrischen Meßnetze wird erforderlich sein.

M.1.2.2 Meßverfahren

Zur Messung von Immissionen stehen sowohl diskontinuierliche als auch kontinuierliche Verfahren zur Verfügung. Bei diskontinuierlichen Verfahren handelt es sich meist um manuelle Meßmethoden mit Probenahme im Gelände und Analyse im Laboratorium.

Kontinuierlich arbeitende Geräte führen Probenahme und Analyse automatisch aus. Sie werden häufig in stationären Meßstationen mit telemetrischer Datenübertragung eingesetzt; werden aber auch im Rahmen von Stichprobenmessungen als mobile Meßstationen in Meßfahrzeugen verwendet. Kontinuierliche Messungen gestatten die zeitlich lückenlose Überwachung der Immissionen. Bei Immissionskomponenten mit höheren zeitlichen als räumlichen Schwankungen, z. B. in Stadtgebieten, ist die kontinuierliche Immissionsmessung von Vorteil. Für die Durchführung von Messungen im Rahmen der Smog-Verordnung sind kontinuierliche Methoden unerläßlich. Bisher stehen nur für eine begrenzte Anzahl von Substanzen, z. B. Staub, Schwefeldioxid, Stickstoffoxide, Kohlenmonoxid, Ozon, gasförmige organische Verbindungen als Summe, kontinuierlich arbeitende Geräte zur Verfügung.

Diskontinuierliche Verfahren haben Vorteile bei Stichprobenmessungen und bei einer Vielzahl gleichzeitiger Probenahmestellen im Gelände. Diskontinuierlich werden außerdem die Substanzen, für die bisher keine automatischen Geräte zur Verfügung stehen, gemessen. Meßgeräte zur

Tabelle M.1-1 Immissions-Referenzmeßverfahren

Komponente	Verfahren	Beschreibung
SO_2	TCM-Verfahren	VDI 2451, Bl. 3
NO_2	Saltzmann-Verfahren	VDI 2453, Bl. 1
O_3	KJ-Verfahren UV-Photometrie	VDI 2468, Bl. 1 VDI 2468, Bl. 6
CO	NDIR-Gerät	Eignungsgeprüftes NDIR-Gerät
Schwebstaub	Gravimetrisches Filterverfahren	VDI 2463, Bl.8

Tabelle M.1-2 Immissionsmeßverfahren gemäß TA Luft

Schwebstaub und Probenahme von Blei- und Cadmium-Verbindungen	VDI 2463, Bl. 1,4,7,8
Blei und anorganische Bleiverbindungen im Schwebstaub	VDI 2267, Bl. 2,3
Chlor	VDI 24 58, Bl. 1
Fluor und anorganische gasförmige Fluorverbindungen	VDI 2452, Bl. 2
Kohlenmonoxid	VDI 2455, Bl. 1,2
Schwefeldioxid	VDI 2451, Bl. 1, 2, 3, 4
Stickstoffdioxid	VDI 2453, Bl. 1, 3, 4, 5, 6
Staubniederschlag	VDI 2119, Bl. 2

kontinuierlichen Immissionsmessung müssen ebenso wie Emissionsmeßgeräte bestimmte gerätetechnische Verfahrenskenngrößen und Mindestanforderungen erfüllen.

Die Bekanntgabe geeigneter Geräte durch das Umweltministerium setzt den erfolgreichen Abschluß einer Eignungsprüfung voraus. Zur Qualitätssicherung von Immissionsmessungen wurden mit Rundschreiben des BMU vom 9.2.1988 verschiedene Meßverfahren als Referenzverfahren festgelegt (Tabelle M.1-1).

Die Referenzverfahren dienen insbesondere zur Absicherung von Kalibrierungen und der Überprüfung von Prüfgasen. Weitere Meßverfahren werden in der TA Luft verbindlich festgelegt (Tabelle M.1-2).

M.1.2.2.1 Stäube

Für die Messung von Schwebstaub stehen sowohl manuelle Meßverfahren als auch kontinuierlich registrierende Verfahren zur Verfügung. Die auf der Basis der Differenzwägung arbeitenden gravimetrischen Verfahren (diskontinuierlich) werden in der Richtlinienreihe VDI 2463 beschrieben. Kontinuierliche Meßgeräte auf der Basis der Radiometrie und der Resonanzfrequenzmessung sind eignungsgeprüft. Staubniederschlag wird in der Regel mit der in Richtlinie VDI 2119 beschriebenen Bergerhoff-Methode ermittelt.

Schwebstaub

Manuelle Methoden – Konventionsverfahren
Zu manuellen Schwebstaub-Immissionsmessungen werden vorrangig filtrierende Meßverfahren eingesetzt. Grundlage des Verfahrens ist die Sammlung der in der Außenluft dispergierten Partikeln auf geeigneten Filtern (z.B. Glasfaser-, Quarzfaser-, Membranfilter). Die auf dem Filter abgeschiedene Partikelmasse wird durch Differenzwägung des Filters vor und nach der Probenahme unter definierten Bedingungen bestimmt.

Beim LIB-Gerät (VDI 2463, Blatt 4) beträgt der Probeluftvolumenstrom ca. 15 m³/h [M.1.74]. Das Probegasvolumen wird mit einem Gasvolumenzähler gemessen. Das Meßergebnis wird als Massenkonzentration angegeben. Bild M.1-26 zeigt den schematischen Aufbau der Probenahmeeinrichtung. Das in Blatt 9 beschriebene LIS/P-Filtergerät unterscheidet sich durch eine zusätzliche Anströmplatte unter dem Absaugtubus [M.1.75]. Das LIB-Gerät wurde für den stationären Einsatz entwickelt. Von Vorteil ist die genaue Messung des Probegasvolumens mit Hilfe einer Gasuhr und die relativ große sammelbare Staubmasse (bei ca. 370 m³/24h) für eine ggf. nachfolgende Staubinhaltsstoffbestimmung. Bei einer Probenahmedauer von drei Tagen und einem Probegasvolumen von ca. 1000 m³ wird die Apparatur mit bestimmten Modifikationen am Probenahmekopf auch zur Messung von PCDD/F eingesetzt.

Das in Richtlinie VDI 2463, Blatt 7 beschriebene Kleinfiltergerät eignet sich besser für einen mobilen Einsatz [M.1.76]. Der Volumendurchsatz beträgt ca. 3 m³/h. Die Messung des Volumenstroms bzw. des Volumens erfolgt mit Hilfe eines Flügelrad-Anemometers.

Im Rundschreiben des BMU vom 9.2.1988 [M.1.77] wird als Referenzverfahren für den Vergleich von nichtfraktionierenden Schwebstaub-Meßverfahren das in Richtlinie VDI 2463,

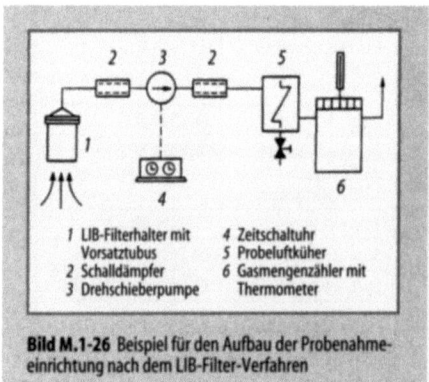

Bild M.1-26 Beispiel für den Aufbau der Probenahmeeinrichtung nach dem LIB-Filter-Verfahren

1 LIB-Filterhalter mit Vorsatztubus
2 Schalldämpfer
3 Drehschieberpumpe
4 Zeitschaltuhr
5 Probeluftkühler
6 Gasmengenzähler mit Thermometer

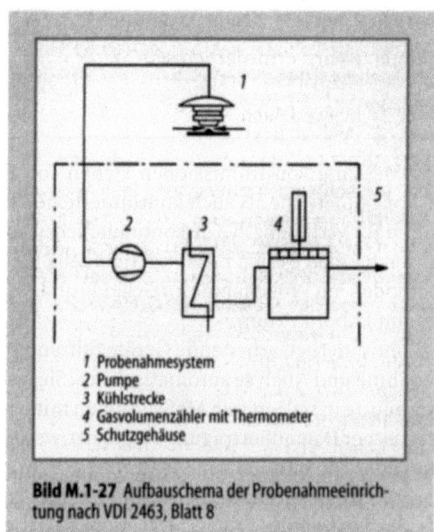

Bild M.1-27 Aufbauschema der Probenahmeeinrichtung nach VDI 2463, Blatt 8

1 Probenahmesystem
2 Pumpe
3 Kühlstrecke
4 Gasvolumenzähler mit Thermometer
5 Schutzgehäuse

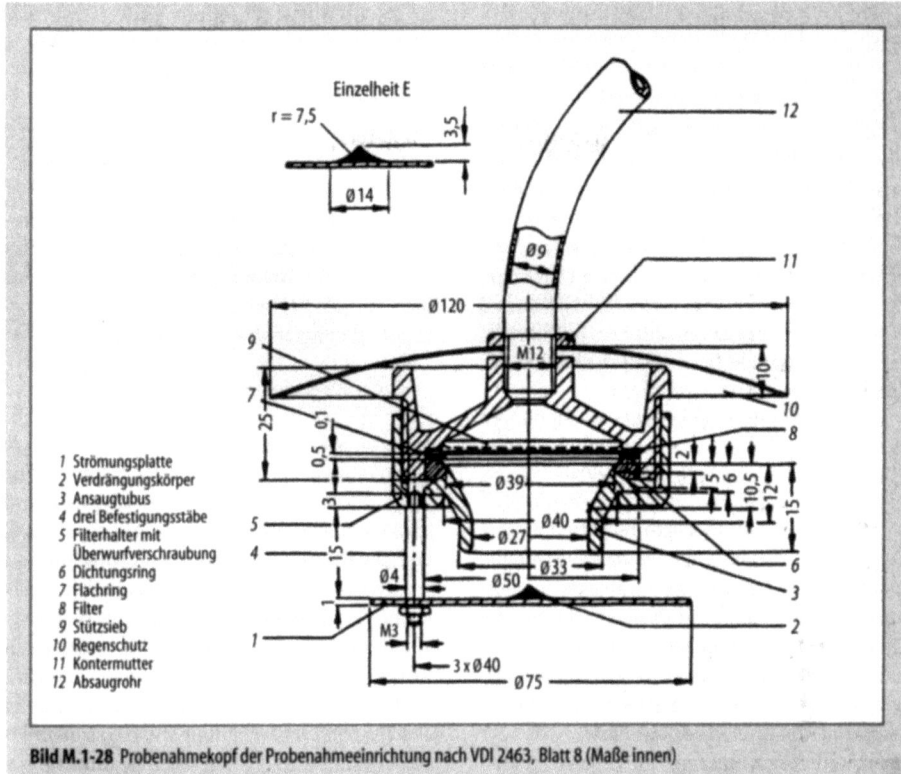

Bild M.1-28 Probenahmekopf der Probenahmeeinrichtung nach VDI 2463, Blatt 8 (Maße innen)

Blatt 8 beschriebene „Basisverfahren" benannt [M.1.78]. Bild M.1-27 zeigt das Aufbauschema der Probenahmeeinrichtung. Besondere Bedeutung kommt dem genau definierten Probenahmekopf zu, der aus einem sich erweiternden Absaugtubus (Eintritts-$\varnothing$ 27 mm, End-$\varnothing$ 39 mm, Filteraussen-$\varnothing$ 50 mm) und einer vorgeschalteten Strömungsplatte besteht. Bild M.1-28 zeigt den Probenahmekopf. Die Spaltweite zwischen Absaugtubus und der Strömungsplatte beträgt 9 – 10 mm. Die Strömungsgeschwindigkeit in dem durch Absaugtubus und Platte gebildeten Ringspalt beträgt bei dem vorgeschriebenen Probeluftvolumen von 2,7 – 2,8 m³/h etwa 0,8 – 0,9 m/s. Im Bereich des Absaugtubus beträgt die Absauggeschwindigkeit etwa 1,3 – 1,4 m/s. Die Anströmgeschwindigkeit am Filter beträgt etwa 0,6 m/s.

Fraktionierende Staubmessungen sind derzeit in der Bundesrepublik nicht üblich. In anderen Ländern, z. B. USA, sind fraktionierende Messungen bis zu einem oberen Partikeldurchmesser von 10 μm („PM 10") mit Hinweis auf die Lungengängigkeit des Feinstaubs üblich. Eine PM 10-Messung ist mit entsprechenden Filterköpfen mit den hier gebräuchlichen Staubmeßgeräten möglich. Bei der EG-Kommission wird zur Zeit eine EG-Richtlinie novelliert, die einen Grenzwert für PM 10 enthalten soll. Eine europäische Norm zur Messung von PM 10 ist beim Europäischen Komitee für Normung (CEN) in Vorbereitung.

Registrierende Meßverfahren
Zur registrierenden Schwebstaub-Immissionsmessung werden überwiegend radiometrische Meßsysteme auf der Basis Beta-Strahlen-Absorption eingesetzt (s. a. M 1.1.2.1). Ein Gerät arbeitet mit Messung der Änderung der Resonanzfrequenz eines staubbeaufschlagten Filtersystems. Bei der Staubimmissionsmessung mit Hilfe der Beta-Strahlenabsorption wird die Probeluft nach Passieren einer Ansaugeinheit durch ein schrittweise fortbewegtes Filterband gesaugt. Die abgeschiedene Staubmenge wird über die Schwächung der β-Strahlung bei Durchtritt durch den belegten Filter bestimmt (Strahlenquelle: C14 oder Kr85).

Beim Filtergerät BETA-Staubmeter F 703 (Verewa) wird die β-Strahlenabsorption des noch nicht mit Partikeln beladenen Filterbands (Nullmeßstelle) und der Strahlenabsorption des mit Partikeln beladenen Filterbands (Massenmeßstelle) ermittelt. Aus der Differenz der beiden Meßsignale ergibt sich ein massenabhängiges Signal für die auf dem Filterband abgeschiedenen Partikeln. Beim Filtergerät FH 62 I (FAG-Kugelfischer) wird die Masse der auf dem Filter abgeschiedenen Partikeln durch Messung der Änderung der β-Strahlenabsorption während der Probenahme bestimmt. Das Gerät arbeitet nach dem Zwei-Strahlprinzip mit einer Meßionisation und einer Vergleichsionisationskammer. Die Kompensations-Meßsignaldifferenz ist proportional zur abgeschiedenen Partikelmasse.

Die Meßverfahren werden in der Richtlinie VDI 2463, Blatt 5 und 6 einschl. der erzielten Verfahrenskenngrößen ausführlich beschrieben [M.1.79, M.1.80]. In beiden Fällen wird das Gerät mit konstantem Probeluftvolumenstrom betrieben. Das Meßergebnis ist die Massenkonzentration. Die eingesetzten Probenahmesysteme entsprechen den bundeseinheitlichen Anforderungen [M.1.81]. Die Geräte wurden mit dem Basisverfahren [M.1.78] verglichen. Die Prüfkriterien zeigen die Gleichwertigkeit. Die Geräte sind als geeignet eingestuft, und die Liste ist veröffentlicht.

Ein weiteres eignungsgeprüftes Schwebstaub-Immissionsmeßgerät ist das Teom 100 (Monitor Technologies) [M.1.36].

Die staubhaltige Probeluft wird mit einem Volumenstrom von ca. 3 l/min durch ein Filter geleitet, das Teil eines in Eigenresonanz schwingenden Systems ist. Der im Filter zurückgehaltene Staub vergrößert die schwingende Masse und verringert die Resonanzfrequenz. Die Frequenzänderung ist proportional der vom Filter aufgenommenen Staubmasse. Die zwischen Frequenz und Masse bestehende Beziehung ist durch Kalibrierung zu ermitteln. Die Datenausgabe erfolgt als Momentanwert und als Mittelwert über verschiedene Mittelungszeiten.

Staubniederschlag

Durch die in der TA Luft getroffene Festlegung ist das in der VDI-Richtlinie 2119, Blatt 2 beschriebene Bergerhoff-Gerät mit dem in der Bundesrepublik Deutschland am häufigsten eingesetzten Standard-Verfahren zur Bestimmung des Staubniederschlags [M.1.82]. Der Staubniederschlag wird in einem Haushaltskonservenglas (DIN 5071) mit einem Nenndurchmesser von 9,5 cm und einem Glasinhalt von 1,5 l, lichte Weite 8,9 cm, Auffangfläche 62,2 cm^2 gesammelt. Die Sammelprobe wird eingedampft und der Eindampfrückstand gravimetrisch bestimmt.

M.1.2.2.2 Anorganische Gase

Für die Messung gasförmiger anorganischer Immissionen stehen bewährte Geräte, die diskontinuierlich oder kontinuierlich arbeiten, zur Verfügung. Die Verfahren werden überwiegend in Richtlinien der Kommission Reinhaltung der Luft im VDI und DIN beschrieben. Behördliche Vorschriften nehmen darauf Bezug [M.1.2, M.1.83].

Manuelle Methoden / Konventionsverfahren

Bei diskontinuierlichen Meßmethoden werden zur Probenahme und zur Abscheidung der Luftinhaltsstoffe aus der Probeluft verschiedene Medien eingesetzt. Zur Abtrennung der gasförmigen von den partikelförmigen Luftverunreinigungen werden Feststoff-Filter eingesetzt. Auf die Fehlermöglichkeit, daß auch Gase durch den Filter, auf dem Filter gesammelten Staub oder durch Kondensat abgeschieden werden können, ist zu achten. Teilweise werden Denuder (Diffusionsabscheider) zur Abtrennung von Gasen und Partikeln eingesetzt, z. B. bei der Bestimmung von Aerosol-Schwefelsäure (VDI 3869, Blatt 1).

Schwefeldioxide

Als Referenzverfahren für SO_2-Immissionsmessungen wurde das in Richtlinie VDI 2451, Blatt 3 beschriebene Tetrachloromercurat-TCM-Verfahren festgelegt [M.1.84]. Beim TCM-Verfahren wird die Probeluft durch eine wäßrige Natriumtetrachloromercurat-Lösung (modifizierte Muenke-Waschflasche) geführt, in der Schwefeldioxid zum Disulfitomercurat- bzw. Dichlorosulfitomercurat-Komplex reagiert. Der Komplex bildet mit Formaldehyd und Pararosanilin eine rotviolette Sulfonsäure, deren Farbintensität photophotometrisch bei einer Wellenlänge zwischen 540 und 550 nm gegen eine Blindlösung aus den Reagentien gemessen wird (Standardabweichung der Analysenfunktion ± 0,03 mg SO_2/m^3 im Konzentrationsbereich um 0,5 mg SO_2/m^3, Nachweisgrenze 0,2 µg).

Das von Stratmann entwickelte und in der Richtlinie VDI 2451, Blatt 1 beschriebene Verfahren mit Sorption von SO_2 an Silikagel zeigt etwa vergleichbare Verfahrenskenngrößen [M.1.85]. Dabei wird der Umgang mit der Quecksilber enthaltenden Absorptionslösung (nach Blatt 3) vermieden.

Zur Probenahme wird die Luft zur Konditionierung unter Abscheidung von Staub, Schwefeltrioxid und Sulfaten durch eine mit 5 – 10 ml gefüllte Frittenflasche geführt. In dem nachgeschalteten konzentrierten Phosphorsäure-Absorptionsrohr wird das SO_2 an präpariertem Silikagel sorbiert. Die analytische Bestimmung erfolgt photometrisch bei 570 nm nach Bildung zu H_2S und Reaktion mit schwefelsaurer Ammoniummolybdat-Lösung unter Ausnutzung der Bildung von Molybdänblau.

Stickstoffoxide
Als Referenzverfahren für NO_2-Immissionsmessungen wurde das in VDI-richtlinie 2453, Blatt 1 beschriebene Saltzman-Verfahren bestimmt [M.1.86]. Beim Saltzman-Verfahren wird die Probe durch eine essigsaure Reaktionslösung geleitet, die N-Naphthyl-äthylen-diammoniumdichlorid und Sulfanilsäure enthält. Stickstoffdioxid setzt sich mit dieser Lösung zu einem roten Azofarbstoff um. Die Farbintensität ist ein Maß für die NO_2-Masse. Der Nachweis erfolgt photometrisch bei 550 nm. Zur Volumenbestimmung kann entweder mit kritischer Düse oder Gasmengenzähler gearbeitet werden. Der Volumenstrom liegt zwischen 30 und 50 l/h. Den beiden Frittenwaschflaschen ist zur Abscheidung von Essigsäuredämpfen ein Behälter mit Natron-Kalk und A-Kohle nachgeschaltet. Bild M.1-29 zeigt den Aufbau der Probenahmevorrichtungen. Die gleichzeitig in der Atmosphäre auftretenden Konzentrationen von Stickstoffmonoxid, Schwefelwasserstoff, Chlorwasserstoff und Fluorverbindungen haben keinen Einfluß auf das Meßergebnis, ebenso SO_2-Konzentrationen bis zu 500 µg/m³. Ozon-Konzentrationen bis ca. 200 µg/m³ stören die NO_2-Bestimmung nicht. Der Störeinfluß höherer O_3-Konzentrationen kann durch Vorschalten eines Baumwollgewebefilters ausgeschaltet werden. Die Nachweisgrenze des Verfahrens beträgt ca. 3 µg NO^2/m³.

Die Bestimmung der Stickstoffmonoxid(NO)-Konzentration wird in der Richtlinie VDI 2453, Blatt 2 beschrieben [M.1.87]. NO kann mit festen Oxidationsmitteln im Bereich der Immissionskonzentrationen zu NO_2 oxidiert und anschließend nach dem oben beschriebenen Verfahren bestimmt werden. Die Bestimmung von NO und NO_2 kann auch getrennt erfolgen. Dazu wird in einer Probe NO_2 nach Blatt 1 bestimmt. In einer zweiten Probe die Summe NO + NO_2 als Gesamt-Stickstoffdioxid. Beide Proben müssen gleichzeitig über die gleiche Ansaugleitung entnommen und parallel in zwei Probenahmeeinrichtungen verarbeitet werden. Die Verfahrenskenngrößen entsprechen den in Blatt 1 genannten Werten.

Kohlenmonoxid
Als Referenzverfahren zur Bestimmung der CO-Immissionen sind eignungsgeprüfte NDIR-Geräte zu verwenden.

Die in der TA Luft genannten VDI-Richtlinien 2455, Blatt 1 und 2 beschreiben die Geräte URAS 1 und 2 sowie UNOR 2, die nach dem Prinzip der nichtdispersiven Infrarotabsorption arbeiten [M.1.88, M.1.89]. Es handelt sich dabei um Geräte, die auch vom Prinzip her zur automatischen Messung eingesetzt werden (s. Kohlenmonoxid/ Registrierende Meßverfahren).

Ozon
Als Referenzverfahren zur O_3-Immissionsmessung wurden die in den VDI-Richtlinien 2468, Blatt 1 und 6 beschriebenen Verfahren benannt

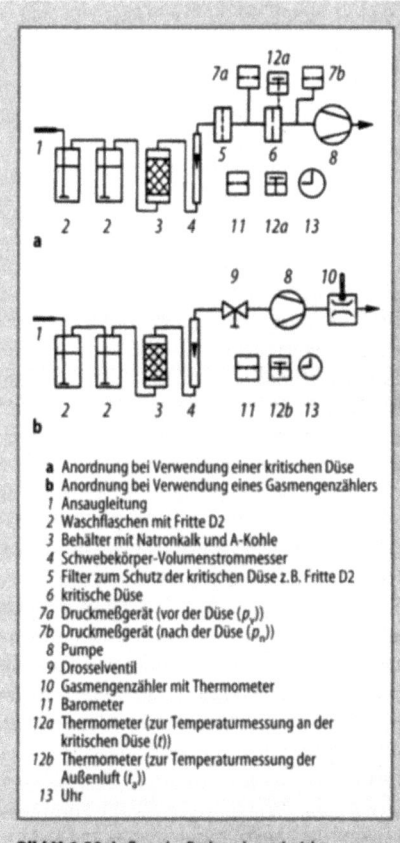

a Anordnung bei Verwendung einer kritischen Düse
b Anordnung bei Verwendung eines Gasmengenzählers
1 Ansaugleitung
2 Waschflaschen mit Fritte D2
3 Behälter mit Natronkalk und A-Kohle
4 Schwebekörper-Volumenstrommesser
5 Filter zum Schutz der kritischen Düse z.B. Fritte D2
6 kritische Düse
7a Druckmeßgerät (vor der Düse (p_v))
7b Druckmeßgerät (nach der Düse (p_n))
8 Pumpe
9 Drosselventil
10 Gasmengenzähler mit Thermometer
11 Barometer
12a Thermometer (zur Temperaturmessung an der kritischen Düse (t))
12b Thermometer (zur Temperaturmessung der Außenluft (t_a))
13 Uhr

Bild M.1-29 Aufbau der Probenahmeeinrichtung zur NO_2-Immissionsmessung nach Saltzman

[M.1.90, M.1.91]. Beim *Kaliumjodid-Verfahren* erfolgt die Probenahme über zwei hintereinandergeschaltete Muenke-Waschflaschen, die eine wäßrige Lösung mit KJ, KBr, $Na_2HPO_4 \cdot 12\,H_2O$ und KH_2PO_4 bei einem pH-Wert von 6,8 enthält.

Grundlage des Verfahrens ist die Reaktion von Ozon in wäßriger Lösung mit Kaliumjodid. Der Reaktionsverlauf bzw. die Stöchiometrie ist vom pH-Wert der Lösung abhängig. Es wird von einem Ozon/Jod-Verhältnis von 1:1 ausgegangen. Die Extinktion der jodhaltigen Lösung ist dann ein Maß für die Ozon-Konzentration. Es handelt sich nicht um ein selektives Ozon-Meßverfahren, sondern um ein Summenmeßverfahren, das andere oxidierbare Stoffe miterfaßt. Wegen der starken Beeinflussung der Grundreaktion durch oxidierende und reduzierende Substanzen ist das Verfahren nur bei Verwendung eines reinen Ozon-Prüfgases zur Kalibrierung anderer Meßverfahren einzusetzen. Unter dieser Voraussetzung ist das Verfahren als Basismethode zur Kalibrierung von Meßverfahren sowohl für Ozon als auch für die Summe der oxidierenden Substanzen in gleicher Weise anwendbar. Die Nachweisgrenze beträgt 20 µg O_3/m^3.

Das *direkte UV-photometrische Verfahren* nach VDI-Richtlinie 2468, Blatt 6 ist ebenfalls als Referenzverfahren benannt. Es dient zur Ermittlung der Volumenverhältnisse von Ozon-Prüfgasen, die in Ozongeneratoren hergestellt werden. Es kann zur Kalibrierung von Ozon-Analysatoren im Bereich von 20 – 2000 µg/m³ verwendet werden.

Die Bestimmung erfolgt durch Messung der UV-Absorption von Ozon in der Nähe der Quecksilber-Resonanzlinie bei 253,7 nm. Als Lichtquelle dient eine Hg-Niederdrucklampe. Die Hg-Resonanzlinie wird durch ein UV-Interferenzfilter bei 253,7 nm selektiert. Die Nachweisgrenze beträgt 20 µg/m³.

Ein weiteres manuelles photometrisches Verfahren wird in der VDI-Richtlinie 2468, Blatt 5 beschrieben [M.1.92].

Das *Indigosulfonsäure-Verfahren* basiert auf der Reaktion von Ozon in schwachsaurer, wäßriger Lösung mit 5,5'-Indigosulfonsäure. Die dadurch hervorgerufene Schwächung der Farbintensität der blauen Reaktionslösung wird im Wellenlängenbereich 600 – 630 nm photometrisch bestimmt. Die Probenahme erfolgt über zwei hintereinandergeschaltete Frittenwaschflaschen mit je 25 ml Lösung. Die Nachweisgrenze bei einem Probeluftvolumen von 20 l beträgt 10 µg O_3/m^3.

Fluorverbindungen

Die TA Luft benennt als Immissionsmeßverfahren für gasförmige anorganische Fluorverbindungen die in VDI-Richtlinie 2452, Blatt 2 beschriebene Methode [M.1.93]. Neben gasförmigen Fluorverbindungen treten in der Immission auch partikelförmige Fluorverbindungen auf. Entweder wird die Gesamt-Fluoridkonzentration oder nach Vorabtrennung der groben fluoridhaltigen Stäube die feinteiligen und gasförmigen Fluoride bestimmt. Das in VDI-Richtlinie 2452, Blatt 2 beschriebene Verfahren soll im wesentlichen die gasförmigen Fluor-Immissionen erfassen. Die Probenahmeluft wird über einen mechanisch wirkenden, einfachen Vorabscheider geführt. Die von der Hauptmenge der Partikeln befreite Probeluft wird durch ein mit Natriumcarbonat beschichteten Silberkugeln gefülltes Sorptionsrohr gesaugt. Die in dieser Sammelphase angereicherten Fluorionen werden mit einer fluoridhaltigen, sauren Pufferlösung eluiert und potentiometrisch mit Hilfe einer Lanthanfluorid-Elektrode analysiert. Die kleinste, mit ausreichender Sicherheit erfaßbare Probenkonzentration beträgt etwa 0,07 µg/m³.

In Blatt 3 der Richtlinie VDI 2452 [M.1.94] wird eine Variante des Silberkugelverfahrens mit vorgeschaltetem beheizten Membranfilter beschrieben. Als gasförmige Fluorverbindungen im Sinne dieser Richtlinie gelten alle fluorhaltigen anorganischen Substanzen, die nach Passieren eines beheizten Membranfilters mit 3 µm Porengröße in einer Sorptionsphase fixiert werden und im wäßrigen Milieu Fluoridionen bilden. Die Probenluft wird zur Abscheidung partikelförmiger Substanzen durch ein Membranfilter und anschließend zur Abtrennung der Meßkomponenten durch zwei Sorptionsrohre gesaugt, die mit sodabeschichteten Silberkugeln gefüllt sind. Das zweite Sorptionsrohr dient zur Kontrolle der quantitativen Fluorid-Absorption. Die in dieser Sammelphase angereicherten Fluoridionen werden je nach analytischen Verfahren mit Wasser oder Pufferlösung eluiert. Die Fluoridbestimmung wird wahlweise photometrisch oder mit einer ionenselektiven Lanthanfluorid-Elektrode vorgenommen. Die relative Nachweisgrenze beträgt 0,5 µg/m³ (photometrisch) oder 0,1 µg/m³ (Elektrode).

Das in Blatt 1 der Richtlinie VDI 2452 beschriebene Impinger-Verfahren erfaßt die Summe der gas- und partikelförmigen anorganischen Fluor-Verbindungen [M.1.95].

Zur Absorption wird eine Natriumhydroxid-

Lösung verwendet. Aus der Absorptionslösung werden die Fluoridionen durch Schwefelsäure als Fluorwasserstoff freigesetzt, durch Destillation abgetrennt und im Destillat nach der Alizarin-Komplexan-Methode photometrisch oder mit der Elektrode bestimmt. Die Nachweisgrenze liegt von 0,5 – 1,0 µg/m³.

Chlor / Chlorwasserstoff
Elementares Chlor tritt wegen des starken Reaktionsvermögens nur lokal und zeitlich begrenzt auf. In der TA Luft wird als Meßverfahren auf die VDI-Richtlinie 2458, Blatt 1 verwiesen [M.1.96]. Beim Methylorange-Verfahren wird die Luft durch eine schwefelsaure Methylorange-Lösung (Frittenwaschflasche) geleitet. Die Schwächung der Farbintensität ist ein Maß für die in der Probe enthaltene Chlormenge. Die Bestimmung erfolgt photometrisch bei einer Wellenlänge von 510 nm gegen die Absorptionslösung im Vergleich. Die relative Nachweisgrenze beträgt etwa 0,015 mg/m³. Für die Komponente Chlorwasserstoff gibt es derzeit kein abgesichertes Verfahren. Die selektive Messung von Chlorwasserstoff, einwandfrei getrennt von Chloriden, ist derzeit nicht möglich.

Schwefelwasserstoff
In den VDI-Richtlinien 2454, Blatt 1 und 2 werden zwei erprobte Verfahren zur H_2S-Immissionsmessung beschrieben [M.1.97, M.1.98]. Beim *Molybdänblau Sorptionsverfahren* (Blatt 1) wird die Luftprobe (2 m³/h) durch ein Sorptionsrohr geleitet, das mit Silbersulfat und Kaliumhydrogensulfat präparierte Glasperlen enthält. Der Schwefelwasserstoff wird dabei als Silbersulfid gebunden.

Bei der analytischen Bestimmung wird aus dem Silbersulfid mit Zinn(II)-chloridhaltiger Salzsäure Schwefelwasserstoff freigesetzt, der mit Ammoniummolybdat in schwefelsaurer Lösung zu Molybdänblau reagiert. Die Farbintensität der Lösung wird bei einer Wellenlänge von 570 nm photometrisch bestimmt. Das Meßverfahren zeigt keine oder nur geringe Querempfindlichkeit. Eine ausreichende Sorption des Schwefelwasserstoffs im Sorptionsrohr ist nur bei einer relativen Feuchte > 40 % sichergestellt. Die relative Nachweisgrenze beträgt 0,4 µg/m³ bei einem Probevolumen von 1 m³.

Eine vergleichbare Nachweisgrenze von 0,3 µg/m³ zeigt das in Blatt 2 beschriebene *Methylenblau-Impingerverfahren*.

Bei der Probenahme wird die Luft (2 m³/h) durch einen mit Cadmiumhydroxid-Suspension beschickten Impinger gesaugt. Schwefelwasserstoff wird zu schwerlöslichem Cadmiumsulfid umgesetzt. Nach Zentrifugieren und Dekantieren wird das im Niederschlag enthaltene Cadmiumsulfid mit Reagenzlösungen zu Methylenblau umgesetzt. Die Farbintensität der entstehenden Lösung wird photometrisch bei 660 nm gemessen.

Ammoniak
In der VDI-Richtlinie 2461, Blatt 1 und 2 werden das *Indophenol-Verfahren* und das *Nessler-Verfahren* beschrieben [M.1.99, M.1.100]. Beide Verfahren arbeiten mit Waschflaschen oder Impingern. Als Absorptionslösung wird verdünnte Schwefelsäure eingesetzt, wobei das Ammoniak als Ammoniumsulfat gebunden wird. Dieses wird mit Reagenzlösungen zu einem blauen Indophenolfarbstoff umgesetzt. Der Nachweis erfolgt photometrisch bei 630 nm. Beim Nessler-Verfahren wird das Ammoniak ggf. durch Destillation aus alkalischer Lösung von Störsubstanzen abgetrennt und dann mit Nesslers Reagenz umgesetzt. Der Nachweis erfolgt photometrisch bei 450 nm. Auf verschiedene Querempfindlichkeiten ist bei beiden Verfahren zu achten. Bei Einsatz von Impingern werden wegen des hohen Volumenstromes die geringsten Nachweisgrenzen erreicht:

Blatt 1: 3 µg NH_3/m^3, Blatt 2: 2,5 µg NH_3/m^3

Registrierende Meßverfahren

Für anorganische Gase stehen eignungsgeprüfte, kontinuierlich arbeitende Immissionsmeßgeräte für die Komponenten Schwefeldioxid, Stickstoffoxide, Kohlenmonoxid und Ozon zur Verfügung. Die Meßprinzipien sind Konduktometrie, nichtdispersive IR-Absorption, UV-Absorption, UV-Fluoreszenz, Chemilumineszenz, Gasfilter-Korrelation. Die Meßprinzipien werden teilweise in Abschn. M.1.1 beschrieben.

Schwefeldioxid
Zur Messung der SO_2-Immission werden eignungsgeprüfte Geräte auf der Basis der Konduktometrie, UV-Absorption und UV-Fluoreszenz eingesetzt. Die beiden erstgenannten Meßprinzipien werden im Abschnitt Emission beschrieben.

Bei der UV-Fluoreszenzmessung wird die Probeluft durch eine UV-Lampe bestrahlt, wodurch die zu messenden Gasmoleküle zu einer Fluoreszenzstrahlung angeregt werden. Ein Photomultiplier dient als Empfänger, dessen Ausgangssig-

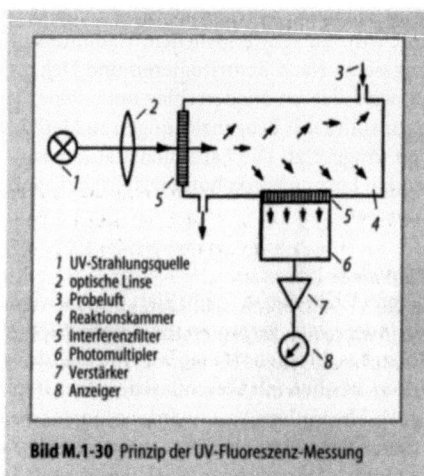

Bild M.1-30 Prinzip der UV-Fluoreszenz-Messung

1 UV-Strahlungsquelle
2 optische Linse
3 Probeluft
4 Reaktionskammer
5 Interferenzfilter
6 Photomultipler
7 Verstärker
8 Anzeiger

Tabelle M.1-3 Eignungsgeprüfte SO_2-Immissionsmeßgeräte

Hersteller	Gerät	Meßprinzip
Environment S.A. (Ansyco)	AF 21 M	UV-Fluoreszenz
Horiba Europe	APSA 350 E	UV-Fluoreszenz
Monitor Labs	ML 8850 ML 8850 S	UV-Fluoreszenz UV-Fluoreszenz
Thermo Instrument Systems	TI 43 TI 43 a	UV-Fluoreszenz UV-Fluoreszenz
Opsis	AR 500	UV-Absorption (Fernmessung)
Wösthoff	Ultragas U 3 EK	Leitfähigkeit

Tabelle M.1-4 Eignungsgeprüfte NO_x-Immissionsmeßgeräte

Hersteller	Gerät
Columbia Scientific Ind. Corp. (Bestobell Mobrey)	CSI 1600
Eco Physics	CLD 700 AL
Environment S.A. (Ansyco)	AC 30 M
Horiba Europe	APNA 300 E APNA 350 E
Monitor Labs	ML 8440 ML 8840
UPK	8101 CTM

Tabelle M.1-5 Eignungsgeprüfte CO-Immissionsmeßgeräte

Hersteller	Gerät	Meßprinzip
Environment S.A. (Ansyco)	CO 10 M	Gasfilter-Korrelation
Horiba Europe	APMA 300 E APMA 350 E	NDIR
Monitor Labs	ML 8830	NDIR
Thermo Instrument Systems	TI 48	Gasfilter-Korrelation
Wösthoff	Ultragas U 3 D-CO Ultragas U 3 ED-CO	Leitfähigkeit

nal nach Verstärkung einem Anzeige- oder Registriergerät zugeführt wird. Ein vor den Empfänger geschalteter Interferenzfilter läßt nur die spezifische Fluoreszenzstrahlung des zu messenden Gases passieren. Die Intensität der Fluoreszenzstrahlung ist abhängig von der Konzentration der Meßkomponente und der Intensität der UV-Lichtquelle. Bild M.1-30 zeigt das Prinzip der UV-Fluoreszenz-Messung. Eignungsgeprüft sind z. B. die in Tabelle M.1-3 aufgeführten Geräte.

Das Meßgerät Ultragas U 3 EK wird in der Richtlinie VDI 2451, Blatt 6 beschrieben [M.1.101].

Stickstoffoxide
Zur Messung der Stickstoffoxid-Immission werden eignungsgeprüfte Geräte (s. Tabelle M.1-4) eingesetzt, die ausschl. nach dem Chemiluminiszenz-Prinzip arbeiten.

Bei den Geräten handelt es sich um Ein- oder Zweikanalgeräte. Die Messung erfolgt als NO und NO_x. NO_2 wird aus der Differenz ermittelt.

Der Analysator Monitor Labs 8440 wird in VDI-Richtlinie 2453, Blatt 5 und der Analysator Bendix 8101 C in der 2453, Blatt 6 beschrieben [M.1.102, M.1.103].

Kohlenmonoxid
Zur Messung der Kohlenstoffmonoxid-Immission werden Meßgeräte eingesetzt, deren Meßprinzip die Leitfähigkeitsmessung, die nichtdispersive-IR-Absorption (NDIR) und die Gasfilter-Korrelation ist (Tabelle M.1-5).

Ozon
Die OZON-Immissionsmeßgeräte arbeiten überwiegend mit UV-Absorption, ein Gerät mit Chemiluminiszenz. Der Meßeffekt dieses Bendix-Ozon-Monitors beruht auf der Chemiluminis-

Tabelle M.1-6 Eignungsgeprüfte OZON-Immissionsmeßgeräte

Hersteller	Gerät	Meßprinzip
Columbia Scientific Ind. Corp. (Bestobell Morbey)	CSI 3100	UV-Absorption
Dasibi (Antechnica)	1008 AH	UV-Absorption
Horiba Europe	APOA 300 E APOA 350 E	UV-Absorption
Monitor Technologies	ML 8810	UV-Absorption
Thermo Instument Systems	TI 49	UV-Absorption
UPK	Bendix 8002	Chemielumineszenz

zenzreaktion in der Gasphase zwischen O_3 und C_2H_4. Das Gerät wird in der Richtlinie VDI 2468, Blatt 4 beschrieben [M.1.104]. Eignungsgeprüft sind z. B. Geräte gemäß Tabelle M.1-6.

M.1.2.2.3 Gasförmige organische Verbindungen

Zur diskontinuierlichen Immissionsmessung gasförmiger organischer Verbindungen steht eine Reihe von geprüften Verfahren zur Verfügung. Kontinuierlich kann zur Zeit die Summe organischer Verbindungen gemessen werden. Eignungsgeprüfte Geräte arbeiten nach dem Prinzip der Flammenionisation.

Manuelle Methoden – Konventionsverfahren

Bei der Probenahme gasförmiger organischer Verbindungen werden „Momentanprobenahmen" mit Gassammelgefäßen und über eine bestimmte Zeit „integrierte Probenahmen" mit Sammelphase eingesetzt. Es finden flüssige Sorbentien (gefüllt in Waschflaschen oder Impinger) und feste Sorbentien (z. B. Aktivkohle, Silikagel, Absorberharze, gaschromatographische Materialien, Aluminiumoxid) Anwendung. Der Nachweis erfolgt photometrisch und chromatographisch (Dünnschicht-, Hochleistungsflüssigkeits-, Kapillargas-Chromatographie).

Gesamt-organischer Kohlenstoff (Gesamt-C)
Zur Ermittlung des gesamten organischen Potentials, definiert als organisch gebundener Gesamt-Kohlenstoffgehalt, kann das in VDI-Richtlinie 3495, Blatt 1 beschriebene Verfahren einge-

setzt werden [M.1.105]. Das Probegas wird durch ein mit Kieselgel gefülltes Rohr geleitet. Die organischen Substanzen werden am Kieselgel adsorbiert, dabei werden Kohlenwasserstoffe bis C_4 einschl. nicht oder nicht quantitativ erfaßt. Nach der Probenahme wird das Sorptionsrohr zur Entfernung von ebenfalls sorbiertem CO_2 mit einem kohlendioxid- und kohlenwasserstofffreien Gas gespült. Die Desorption erfolgt im Sauerstoffstrom bei erhöhter Temperatur. Nachfolgend wird katalytisch zu CO_2 verbrannt. Die Mengenbestimmung erfolgt coulometrisch. Gegebenenfalls vorhandene Halogene und Schwefelverbindungen stören die Analyse und werden an Silberwolle sorbiert. Gegenüber Stickstoffverbindungen besteht im Bereich der Immissionskonzentration keine Querempfindlichkeit. Die Nachweisgrenze beträgt 0,3 mg C/m³.

Aldehyde
Formaldehyd-Immissionen können mit dem in VDI-Richtlinie 3484, Blatt 1 beschriebenen Sulfit-Pararosalinin-Verfahren bestimmt werden [M.1.106]. Die Probenahme erfolgt mit Hilfe einer Frittenwaschflasche, die mit 25 ml Absorptionslösung gefüllt wird. Grundsätzlich ist bidestilliertes Wasser zur Absorption geeignet. Bei gleichzeitiger Anwesenheit von Schwefeldioxid (Konzentration > 0,4 mg/m³) wird in einer Tetrachloromercurat (TCM)-Lösung absorbiert. Zur Analyse werden Reagenzlösungen (Pararosanilin- und Natriumsulfit-Lösung) zugegeben. Die Intensität des sich bildenden rotvioletten Farbstoffs wird photometrisch (570 nm) gemessen. Die Formaldehyd-Bestimmung wird durch die in atmosphärischer Luft normalerweise zu beachtenden Gehalte an Acetaldehyd, Acrolein, Amine, Ammoniak, Chlorwasserstoff, Stickstoffdioxid und Schwefelwasserstoff nicht gestört. Die Nachweisgrenze beträgt 4 µg/m³.

Amine
In der VDI-Richtlinie 2467, Blatt 1 und 2 wird für primäre und sekundäre alphatische Amine auf der Basis der Dünnschichtchromatographie (Blatt 1) und der Hochleistungs-Flüssigkeits-Chromatographie (HPLC) beschrieben [M.1.107, M.1.108]. Zur Probenahme werden mit verdünnter Salzsäure gefüllte Impinger oder Waschflaschen verwendet. Die relativen Nachweisgrenzen der Amine liegen bei Bestimmung mit HPLC und UV-Detektor zwischen 9 und 27 µg/m³ bei einem Probenahmevolumen von 50 l.

Phenole

Das in VDI-Richtlinie 3485, Blatt 1 beschriebene Verfahren ist nicht spezifisch für das Phenol, sondern stellt eine Summenbestimmungsmethode für die Verbindungsklasse der Phenole dar [M.1.109]. Die Probeluft wird über einen Standard-Impinger oder eine Muencke-Waschflasche mit verdünnter Natronlauge als Absorbens gesaugt. Das absorbierte Phenol wird nach Zugabe von p-Nitroanilin-Reagenz photometrisch bei einer Wellenlänge von etwa 490 nm bestimmt.

Die Farbreaktion des Reagenz ist nicht spezifisch für Phenol. Das Verfahren erfaßt auch andere gasförmige phenolische Verbindungen mit unterschiedlicher Empfindlichkeit. Störungen durch aromatische Amine und Schwefelwasserstoff können beim Muencke-Waschflaschen-Verfahren durch eine vorgeschaltete Filterpatrone verhindert werden. Eine eventuelle SO_2-Querempfindlichkeit kann durch Zugabe von Formaldehyd ausgeschlossen werden. Die relative Nachweisgrenze beträgt mit Impingern 0,8 µg Phenol/m³, bei Muencke-Waschflaschen 12 µg/m³.

Aliphatische Kohlenwasserstoffe

Eine Momentanprobenahme mit Gassammelgefäßen und gaschromatographischer Bestimmung niedrig siedender Kohlenwasserstoffe bis max. C_9 beschreibt VDI-Richtlinie 3482, Blatt 2 [M.1.110]. Dem Gaschromatographen ist eine zur Anreicherung dienende Vorsäule vorgeschaltet. Die Detektion erfolgt mit FID. Die Nachweisgrenzen liegen für Methan bei 2 µg/m³ und für $\geq C_6$-Aliphaten bei 10 µg/m³. Die obere Grenze des Verfahrens liegt bei 50 mg/m³.

Aromatische Kohlenwasserstoffe

Für aromatische Kohlenwasserstoffe (C_6 – C_8) in Luft mit Momentanprobenahme wird in VDI-Richtlinie 3482, Blatt 3 ein Verfahren bschrieben, das methodisch dem für aliphatische Kohlenwasserstoffe entspricht [M.1.111].

Substanz	Nachweisgrenze µg/m³
Benzol	2
Toluol	3
Ethylbenzol	5
Xylol	5

Das Verfahren wurde bis zu einer oberen Grenze von 50 mg/m³ erprobt. Im Hinblick auf die geforderten halbstündlichen Mittelwerte bietet sich die Probenahme durch Anreicherung an ein Sorbens an. In der VDI-Richtlinie 3482, Blatt 5 wird für Immissionsmessungen aromatischer Kohlenwasserstoffe bis C_9 die Anreicherung an Aktivkohle mit nachfolgender Desorption mit Schwefelkohlenstoff und gaschromatographischer Bestimmung über eine Säule mit polarer Trennphase beschrieben [M.1.112]. Bei 15 dm³ Probeluftvolumen liegt die relative Nachweisgrenze des Gesamtverfahrens bei etwa 2 µg/m³ für jede Komponente.

Organische Verbindungen

Mit Probenahme durch Anreicherung an Aktivkohle – wie vorab beschrieben – lassen sich prinzipiell Stoffe in einem Siedebereich von etwa 60 – 350 °C erfassen. In der Richtlinie VDI 3482, Blatt 4 wird das Verfahren auch für andere Komponenten als Aromaten beschrieben [M.1.113]. Die Adsorptionskapazität der A-Kohle im Sorptionsrohr bestimmt das Durchbruchvolumen und begrenzt damit das Probeluftvolumen. Das Verfahren erfaßt auch leichtflüchtige Chlor-Kohlenwasserstoffe, wie z. B. Tri- und Perchlorethylen, Chlorbenzol. Bei einem Durchbruchvolumen von etwa 120 dm³ Probeluft für Benzol ergibt sich bis 25 mg Aktivkohle eine relative Nachweisgrenze von etwa 0,2 µg/m³.

In Blatt 6 der VDI-Richtlinie 3482 wird ein Verfahren beschrieben, das mit anreichernder Probenahme und thermischer Desorption arbeitet [M.1.114]. Das Verfahren kann mit Vorteil für solche Meßaufgaben eingesetzt werden, bei denen eine Vielzahl von Substanzen im Konzentrationsbereich bis unter 1 µg/m³ gemessen werden soll. Die thermische Desorption hat gegenüber der Fest-Flüssig-Extraktion den Vorteil, daß die gesamte Probe auf einmal injiziert wird, wodurch eine sehr niedrige Nachweisgrenze ermöglicht wird. Es können Substanzen in einem Siedebereich von ca. – 120 bis ca. 300 °C zusammen erfaßt werden.

Zur Probenahme können verschiedene Substanzen, Kombinationen von Substanzen und die Thermogradientenrohrtechnik Anwendung finden. Wichtig ist die Beachtung der jeweiligen Durchbruchvolumina. Die Sorptionsmittel verhalten sich i. d. R. im Hinblick auf ihr Absorptions-/Desorptionsverhalten unterschiedlich. Adsorptionsmittel, die niedrigsiedende Substanzen quantitativ anreichern, sind in Bezug auf höhersiedende Substanzen nur schwer vollständig zu desorbieren. Andererseits haben Sorptionsmittel mit guten Desorptionseigenschaften für höhersiedende Substanzen geringe Durch-

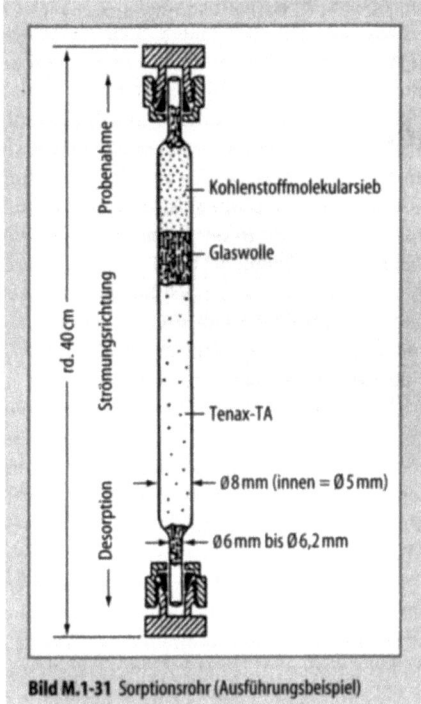

Bild M.1-31 Sorptionsrohr (Ausführungsbeispiel)

zwischen 0,01 – 2 µg/m³ (Ausnahme; cis-1,2-Dichlorethan 10 µg/m³) bei einem Probenvolumen von 30 dm³.

Vinylchlorid
In der Richtlinie VDI 3494, Blatt 1 [M.1.116] wird die Bestimmung von Vinylchlorid (VC, Chlorethan) mit Probenahme durch Adsorption an Aktivkohle, Desorption mit einem Gemisch von Dimethylacetamid (DMA) und Wasser im Volumenverhältnis 3 : 1 und anschließender gaschromatographischer Dampfraumanalyse (FID) beschrieben. Die Nachweisgrenze beträgt 5 µg VC/m³.

Blatt 2, VDI 3494 behandelt ebenfalls die Probenahme durch Adsorption an Aktivkohle [M.1.117]. Desorbiert wird mit Schwefelkohlenstoff, anschließend wird gaschromatographisch (FID) über eine Trennsäulenschalteinrichtung (Live-Chromatographie) analysiert. Die Nachweisgrenze beträgt ebenfalls 5 µg VC/m³.

Hinweis: In Blatt 3, VDI 3494 wird die quasikontinuierliche Messung von VC mit einer Taktzeit von etwa 4 min mit einem Gaschromatographen Model 755 GC, A.I.R. Instruments, beschrieben. Detektion mit FID oder PID.

bruchvolumina. In [M.1.114] wird ein sog. Kombirohr beschrieben, das als erste Stufe ein Sorptionsmittel (z. B. Tenax) für höhersiedende Substanzen enthält, wobei die durchbrechenden leichterflüchtigen Substanzen dann auf der Kohlenstoffphase (Kohlenstoffmolekularsiebe, Aktivkohle) sorbiert werden. Bild M.1-31 zeigt ein Ausführungsbeispiel. Es lassen sich Nachweisgrenzen von etwa 0,1 ng je Einzelkomponente und Probe erreichen. Bei einem Probenahmevolumen von 1 dm³ beträgt die relative Nachweisgrenze 0,1 µg/m³.

Leichtflüchtige Chlor-Kohlenwasserstoffe
Zur Bestimmung leichtflüchtiger halogenierter Kohlenwasserstoffe in Luft im Bereich der Immissionskonzentration wird in VDI-Richtlinie 3864, Blatt 1 ein Verfahren mit Sorption an Aktivkohle und Desorption mit n-Pentan oder Schwefelkohlenstoff beschrieben [M.1.115]. Zur Trennung werden Kapillarsäulen verwendet. Eingesetzt werden ECD-Detektoren bzw. parallel FID- und ECD-Detektoren oder zwei ECD mit zwei Trennsäulen unterschiedlicher Polarität. Die substanzspezifischen Durchbruchvolumina sind bei der Probenahme zu beachten. Die relativen Nachweisgrenzen sind sehr substanzspezifisch und liegen

Registrierende Meßverfahren

Zur kontinuierlichen Immissionsmessung organischer Verbindungen stehen zur Zeit nur Verfahren zur Messung der Summe organischer Verbindungen (Gesamt-C) auf der Basis der Flammenionisation zur Verfügung. Das Meßprinzip wurde bereits im Kapitel Emission behandelt. Auf die VDI-Richtlinie 3483, Blatt 1, in der die Grundlagen der I-Messungen mit FID behandelt werden, wird verwiesen [M.1.118]. Ebenso auf die Blätter 2 und 4, worin bestimmte Geräte beschrieben werden [M.1.119, M.1.120]. Eignungsgeprüft sind die Geräte APHA 300 E und APHA 350 E von Horiba Europe. Das Gerät U 100 von Siemens ist nicht mehr im Lieferprogramm.

M.1.2.2.4 Gerüche

Die Messung von Gerüchen ist auch eine Fragestellung im Bereich der Immission. In Abschn. M.1.1.2.5 wurde bereits in das Thema Gerüche (Definition, Meßmethoden, Olfaktometer) eingeführt [M.1.60, M.1.62-M.1.64]. In der Richtlinie VDI 3490 wird die Bestimmung der Geruchsstoffimmission durch Begehung beschrieben [M.1.121]. Das Verfahren basiert auf der Bestimmung des Geruchszeitanteils an definierten Ortspunkten. Dabei begeben sich Probanden an dem Meßpunkt und prüfen die Umgebungsluft während eines definierten Meßzeitintervalls auf Geruch (Einzelmessung). Das Verfahren beschreibt einen Ist-Zustand. Die Einzelmessungen werden im Rahmen einer Rastermessung durchgeführt, soweit eine flächenbezogene Aussage über die vorhandene Geruchsstoffimmission erforderlich ist. Für die Bestimmung der Kenngröße der Geruchsstoffimmission werden in Anlehnung an die TA Luft Einzelmessungen an den Meßpunkten eines Meßpunktrasters innerhalb eines Beurteilungsgebiets über die Beurteilungszeit von einem Jahr durchgeführt.

M.1.2.2.5 Organische Verbindungen im Spurenbereich

Zu den hochtoxischen, teilweise cancerogenen und mutagenen Umweltgiften gehören PCB, PAK und PCDD/PCDF (s. M.1.1.2.6). Im Bereich der Immission liegen die PAK-Konzentrationen im ng-Bereich, die PCB-Konzentration im pg-Bereich und die PCDD/PCDF (gerechnet mit Toxizitätsäquivalenten) im fg-Bereich (fg = 10^{-15} g). In der Außenluft liegen die PCDD/PCDF zum Teil partikelgebunden und zum Teil gasförmig bzw. filtergängig vor. Dies gilt gleichermaßen für höhersiedende PCB. Niedrigsiedende PCB werden in der Gasphase angetroffen. Bei den PAK liegen die Verbindungen mit mehr als vier Ringen als Feststoffe vor und können quantitativ auf geeigneten Filtern abgeschieden werden. Vierring-Verbindungen (z. B. Pyren, Fluoranthen) sind teilweise gasförmig bzw. filtergängig. Die Probenahme der interessierenden Verbindungen, z. B. Benzo(a)pyren, Dibenz(a, h)anthracen, erfolgt daher über Filter. Bei niedrigsiedenden PAK muß gegebenenfalls ein festes Sorbens (z. B. PU-Schaum, Adsorberharze) nachgeschaltet werden. Bei der Probenahme von PCDD/PCDF und PCB wird dem Feststoff-Filter z. B. ein PU-Schaum zur Abscheidung der nicht im Filter abgeschiedenen Substanzen nachgeschaltet.

Für Immissionsmessungen und Innenraumluftmessungen von PAK wird in der VDI-Richtlinie 3875, Blatt 1 ein Verfahren mit Probenahme und Analytik beschrieben [M.1.122]. Für die Probenahme wird das in der Richtlinienreihe 2463 in Blatt 9 beschriebene LIS/P-Filterverfahren, das LIB-Filterverfahren nach Blatt 4 oder das in Blatt 7 vorgestellte Kleinfiltergerät eingesetzt. Der Schwebstaub, an dem die PAK adsorbiert sind, wird auf Glasfaserfilter abgeschieden.

In einem mehrstufigen Verfahren werden die PAH extrahiert und in den Extrakten angereichert. Anschließend werden die polaren, nichtaromatischen Komponenten mittels Säulen-Chromatographie abgetrennt und die PAH in zwei Fraktionen geteilt, von denen die eine die PAH mit 2 – 3 Ringen, die andere die PAH mit 4 – 7 Ringen enthält. Aliquote der so gereinigten und angereicherten Lösungen werden in einen Gas-Chromatographen injiziert, die PAH auf einer Kapillarsäule getrennt und mit einem Flammenionisationsdetektot (FID) nachgewiesen werden. Die Auswertung erfolgt durch Vergleich der FID-Signale (Peaks) der Komponenten mit dem Signal eines inneren Standards, der dem Probenmaterial bereits vor der Extraktion in definierter Menge zugefügt wurde. Bei einer Probenahmezeit von 24 h und einem Luftvolumen von 350 m^3 (LIS/P-Filtergerät) läßt sich eine Nachweisgrenze von 5 – 10 pg/m^3 je Komponente erreichen. Voraussetzung ist dabei, daß die zu bestimmenden Einzelkomponenten im Meßbereich des Integrationssystems liegen. Anderenfalls kann für einige PAK die Nachweisgrenze bei 0,1 ng/m^3 liegen.

Bei PCDD/PCDF-Immissionsmessungen wird zur Probenahme das LIB-Filterverfahren (VDI 2463, Blatt 4) mit einem Glasfaserfilter und nach-

Tabelle M.1-7 Nachweisgrenzen mit hochauflösender GCMS

Substanz	Nachweisgrenze fg/m^3	Substanz fg/m^3	Nachweisgrenze fg/m^3
2,3,7,8-TCDD	0,5	2,3,7,8-TCDF	0,3
1,2,3,7,8-PeCDD	1,6	1,2,3,7,8-PeCDF	1,2
1,2,3,6,7,8-HxCDD	3,4	1,2,3,4,7,8-HxCDF	1,1
1,2,3,4,6,7,8-HpCDD	1,8	1,2,3,4,6,7,8-HpCDF	1,3
OCDD	3,0	OCDF	2,4

geschaltetem Polyurethan-Schaum eingesetzt. Das Verfahren wird in der VDI-Richtlinie 3498, Blatt 1 beschrieben [M.1.123]. Die Probenahmedauer beträgt i.d.R. 24 h und das Probeluftvolumen 350 – 380 m^3. Das Volumen kann auf 1000 m^3 erhöht werden. Der Probenahmefilter wird vor der Messung mit ^{13}C-markierten Standards präpariert. Der belegte Filter und der PU-Schaum werden im Labor in mehreren Schritten behandelt, wobei die PCDD/PCDF separiert werden. Es folgt die gaschromatographische Trennung mit massenspektrometrischer Bestimmung. Für ein Probenahmevolumen von 1000 m^3, einem Endvolumen der Analysenlösung von ca. 20 µl und einem Injektionsvolumen von 1 µl sind mit hochauflösender GCMS z. B. folgende Nachweisgrenzen (in fg/m^3) erreichbar (Tabelle M.1-7).

Zur PCB-Immissionsmessung kann die gleiche Probenahme verwendet werden. Allerdings existiert z. Zt. keine Richtlinie mit abgesicherten Verfahrenskenngrößen. Die PCB-Fraktion kann aus der gleichen Probe neben der PCDD/ PCDF-Fraktion separiert werden.

M.1.3 Untersuchungen im Laboratorium

Ein Teil der analytischen Arbeit wird im Laboratorium durchgeführt. Je nach Fragestellung werden auch mobile Laboratorien eingesetzt, wenn das Ergebnis auf den Fortgang der Untersuchungen Einfluß hat, z. B. akuter Schadensfall, Gefahrenabwehr, Optimierungsuntersuchungen. Bei der Bestimmung von Schwermetallen, anorganischen Gasen (HCl/HF, H$_2$S, NH$_3$), organischen Verbindungen (chloriert/nichtchloriert, PAK, PCDD/PCDF) werden in der Regel vor Ort die Proben genommen und dann im Laboratorium analysiert.

M.1.3.1 Schwermetalle im Feststoff und in der Gasphase

Messungen von Staubinhaltsstoffen (Schwermetalle) werden an Emissions- und Immissionsproben durchgeführt. Die TA Luft verweist in bezug auf die Komponente Blei als Bestandteil des Schwebstaubs auf die Richtlinie VDI 2267, Blatt 2 und 3 [M.1.124, M.1.125]. Darin wird die Messung der Blei-Massenkonzentration von Schwebstaub-Immissionen mit Hilfe der Röntgenfluoreszenzanalyse und der Atomabsorptionsspektrometrie beschrieben. Die Schwebstaubproben werden, wie in Abschn. M.1.2.2.1 beschrieben, genommen.

Bei der wellenlängendispersiven Röntgenfluoreszenzanalyse nach Blatt 2 wird durch die Primärstrahlung einer Röntgenröhre zur Röntgenfluoreszenz angeregt. Aus der Fluoreszenzstrahlung wird durch einen Analysatorkristall die für Blei charakteristische Strahlung isoliert und durch einen Szintillationszähler (Detektor) in Spannungsimpulse umgewandelt. Durch elektronische Meß- und Registriereinrichtungen werden die Impulse verstärkt, von Fremd- und Störimpulsen getrennt und je nach Meßwertausgabe registriert oder in einem Rechner verarbeitet. Durch Vergleich mit künstlich hergestellten Eichfiltern wird aus den Impulsraten der Bleilinie die Flächenmasse (µg Pb pro cm^2 Filterfläche) des Bleis auf dem Filter bestimmt. Unter Berücksichtigung der gesamten belegten Filterfläche und des durchgesetzten Luftvolumens wird daraus die Bleimassenkonzentration in der Außenluft berechnet.

Je nach Probenahmeverfahren liegt die Nachweisgrenze bei 0,03 µg Pb/m^3 oder 0,2 µg Pb/m^3. Der Meßbereich beträgt etwa 0,1 – 30 µg/m^3. Praktisch gleiche Verfahrenskenngrößen werden mit der in Blatt 11 der Richtlinie VDI 2267 beschriebenen energiedispersiven Röntgenfluoreszenzanalyse (ED-RFA) erreicht [M.1.126]. Die Probenahme und der Vergleich mit Standards ist gleich wie im Blatt 2 beschrieben. Die Verfahren unterscheiden sich nur im Röntgenspektrometer.

Bei Bestimmung mit Hilfe der Atomabsorptionsspektrometrie werden die belegten Glasfaserfilter nach thermischer Vorbehandlung mit Salpetersäure und ggf. unter Zugabe von Perchlorsäure vollständig aufgeschlossen. Membranfilter werden direkt mit einem Salpetersäure/Perchlorsäure-Gemisch aufgeschlossen; stark silikathaltige Proben im PTFE-Gefäß. Die vom Rückstand getrennte klare Lösung wird dem Atomabsorptionsspektrometer zugeführt.

Die Atomabsorptionsspektromie (AAS) nutzt die Resonanzabsorption von freien Atomen bei Bestrahlung mit monochromatischem Licht. Zur Umwandlung der in der Probelösung vorliegenden Ionen durch Zufuhr von Wärmeenergie in eine Atomwolke bedient man sich einer Flamme (F-AAS) oder eines elektrisch geheizten Ofens (Graphitrohr; G-AAS). Die Intensitätsabnahme der Strahlung einer Blei-Strahlungsquelle infolge Resonanzabsorption in der Atomwolke ist ein Maß für die Bleikonzentration in der Aufschlußlösung. Die Kalibrierung des Spektrometers wird mit Hilfe von bleihaltigen Eichlösungen durchgeführt. Unbelegte Filter werden zur Blindwertermittlung verwendet.

Mit dem Graphitrohr läßt sich eine Nachweisgrenze von 0,05 μg/m³ mit der Flamme 0,2 μg/m³ erreichen (30 m³ Probeluftvolumen). Das Verfahren ist für einen Bereich von 0,05 – 2 μg Pb/m³ geeignet.

Die im Schwebstaub enthaltene Komponente Cadmium läßt sich gleichermaßen mit der AAS (i.d.R. Graphitrohrtechnik) bestimmen. Das Verfahren wird in VDI 2267, Blatt 6 beschrieben [M.1.127]. Die Nachweisgrenze beträgt dabei 0,4 ng Cd/m³ bei 60 m³ Probeluftvolumen.

Die im Schwebstaub enthaltenen Massenkonzentrationen von Chrom, Eisen, Kupfer, Mangan, Nickel und Zink lassen sich mit Hilfe der energiedispersiven Röntgenfluoreszenzanalyse bestimmen [M.1.128].

Inhaltsstoffe von Staubniederschlag, ermittelt mit dem Bergerhoff-Verfahren (VDI 2119, Blatt 2), können mit der AAS bestimmt werden. Für Blei und Cadmium wird das Verfahren in der Richtlinie VDI 2267, Blatt 4 und für Thallium in Blatt 7 beschrieben [M.1.129, M.1.130]. Beim Einsatz der Graphitrohrtechnik liegen die Nachweisgrenzen bei:

Substanz	Nachweisgrenze μg/(m²·d)
Blei	2
Cadmium	0,1
Thallium	0,1

Die Analyse von Emissionsstäuben wird in der Richtlinienreihe 2268 behandelt. Die Probenahme der emittierten Stäube kann dabei nach VDI 2066, Blatt 2, 3 und 7 durchgeführt werden. In VDI 2268, Blatt 1 wird die Bestimmung der Elemente Ba, Be, Cd, Co, Cr, Cu, Ni, Pb, Sr, V, Zn mittels atomspektrometrischer Methoden beschrieben [M.1.131]. Nach gravimetrischer Bestimmung des Staubanteils wird vor dem eigentlichen Aufschluß die Quarzwatte und die Silikatmatrix in Flußsäure gelöst und als Siliciumtetrafluorid ausgetrieben. Der Rückstand wird anschließend entweder offen mit einem Gemisch von Salpetersäure und Wasserstoffperoxid oder unter Druck (Druckaufschluß) mit Salpetersäure-Flußsäure-Gemisch in eine lösliche Form überführt. Nach dem Druckaufschluß wird die überschüssige Flußsäure durch Behandlung mit Borsäure gebunden. Die so enthaltenen Probenlösungen werden verdünnt und mit Hilfe der Atomabsorptionsspektrometrie (F-AAS oder G-AAS) oder der optischen Emissionsspektrometrie (ICP-AES) analysiert.

Bei der induktivgekoppelten Argonplasma-Atomemissionsspektrometrie (ICP-AES) wird die Probenlösung über eine möglichst pulsationsfrei arbeitende Pumpe bzw. durch Unterdruck in ein Zerstäubungssystem befördert. Das dort entstehende Aerosol wird dann mit einem Argonstrom in ein induktiv gekoppeltes Hochfrequenzplasma (ICP) eingeführt, das duch Ionisierung und Anregung des Edelgases Argon gebildet wird. Bei den im Plasma herrschenden Temperaturen bis 10.000 K werden die zu bestimmenden Elemente im Probenaerosol angeregt. Die emittierte elementspezifische Strahlung wird mit Hilfe eines Emissionsspektrometers gemessen und zur quantitativen Elementbestimmung herangezogen Das Emissionsspektrometer ist ebenso wie bei der AAS-Methode zu kalibrieren.

Die analytischen Nachweisgrenzen der einzelnen Stoffe sind unterschiedlich und unterscheiden sich auch in Abhängigkeit von den Analysenverfahren (AAS oder ICP). Sie liegen in der Regel im unteren μg-Bereich (bezogen auf 2 g Quarzwatte).

In Blatt 2 wird die Bestimmung der Elemente As, Sb und Se mittels Atomabsorptionsspektrometrie nach Abtrennung über ihre flüchtigen Hydride beschrieben [M.1.132]. Der Aufschluß erfolgt wie in Blatt 1 beschrieben.

Zur anschließenden Analyse müssen die zu untersuchenden Elemente in einer definierten Oxidationsstufe vorliegen. Arsen und Antimon werden mit Kaliumjodid zur Oxidationsstufe +3 und Selen mit Salpetersäure zur Oxidationsstufe +4 reduziert. Die so erhaltenen Lösungen werden mit Natriumborhydrid ($NaBH_4$) versetzt. Dabei entstehen die flüchtigen Hydride der drei Elemente, die mit AAS vermessen werden. Die analytischen Nachweisgrenzen liegen bei As und Sb = 50 ng pro Probe, Se = 110 ng pro Probe (2 g Quarzwatte).

Mit der in Blatt 4 beschriebenen Graphitrohr-AAS [M.1.133] werden für die gleichen Elemente As, Sb, Se die nachfolgenden analytischen Nachweisgrenzen erreicht:

Substanz	Nachweisgrenze ng/Probe	Blindwerte ng/g Watte
Arsen	20	5
Antimon	50	20
Selen	20	5

In Blatt 3 wird die Bestimmung von Thallium mit G-AAS beschrieben. Bei 2 g Quarzwatte beträgt die analytische Nachweisgrenze 0,03 μg Tl pro Probe [M.1.134].

Bei Anwendung des in VDI-Richtlinie 3868, Blatt 1 beschriebenen Verfahrens sind neben den partikelgebundenen auch die filtergängigen Stoffe zu bestimmen (s. M.1.1.2.2). Die partikelgebundenen Inhaltsstoffe werden wie in VDI 2268, Blatt 1–4 beschrieben aufgeschlossen und analysiert. Die filtergängigen Stoffe können in der Regel unmittelbar aus der Absorptionslösung analysiert werden. Zur Bestimmung der Komponente Quecksilber eignet sich als Analysenverfahren die Kaltdampftechnik. Eine entsprechende VDI Richtlinie 3868, Blatt 2 ist in Vorbereitung.

M.1.3.2 Anorganische Gase

Zur Messung anorganischer Emissionen und Immissionen werden – soweit vorhanden – vorrangig kontinuierliche Meßverfahren eingesetzt. Zur Kalibrierung von registrierenden Emissionsmeßgeräten sind Vergleichsmessungen mit manuellen Konventionsmeßverfahren erforderlich, z. B. $SO_2 + SO_3$, $NO + NO_2$. Diese manuellen Verfahren werden in der Regel vor Ort eingesetzt und durchgeführt. Bei der Komponente CO erfolgt die analytische Bestimmung häufig im Labor.

Die vollständige Analyse vor Ort erfordert einen entsprechenden Meßplatz, der an geeigneter Stelle aufgebaut werden muß – ggf. unter Einbeziehung von dort vorhandenen Labormöglichkeiten – oder der in einem mobilen Labor-/ Meßwagen zur Verfügung steht.

Viele manuelle Konventionsverfahren (Emission, Immission) für anorganische Komponenten verwenden die Photometrie zur Quantifizierung. Gleiches gilt auch für einige organische Komponenten. Daneben werden auch ionensensitive Elektroden eingesetzt. Photometrie und Potentiometrie lassen sich wegen ihres relativ einfachen Aufbaus prinzipiell vor Ort einsetzen. Falls es die Aufgabenstellung (Dringlichkeit der Ergebnisse, Haltbarkeit der Proben, Entfernung vom festeingerichteten Labor des Meßinstituts) erlaubt, wird in der Regel aus Gründen der Qualitätssicherung und ökonomischer Überlegungen so verfahren, daß die Probenahme vor Ort ausgeführt wird und die chemische Analyse im Stammlabor mit entsprechend eingerichteten Meßplätzen erfolgt. Diese Vorgehensweise bietet sich umso mehr an, wenn in den Analysengang zwischengeschaltete Schritte, z. B. Destillation, Zentrifugieren usw., notwendig sind. Die Ergebnisse können dabei je nach Laborausstattung auch zusätzlich durch andere, im Labor zur Verfügung stehende Methoden, überprüft werden.

Die bei den einzelnen Komponenten durchzuführenden Analysenschritte wurden bereits in den Abschnittten Emission und Immission kurz beschrieben. Auf die im Detail zu beachtenden Richtlinien wurde verwiesen.

M.1.3.3 Organische Verbindungen

Einige organische Verbindungen, z. B. Formaldehyd, Phenole, lassen sich photometrisch bestimmen. Daneben werden infrarotspektrometrische Verfahren eingesetzt. Die Grundlagen werden in VDI-Richtlinie 2460, Blatt 1 behandelt [M.1.135].

Für die Bestimmung organischer Einzelkomponenten wird vorrangig die Gaschromatographie (GC) in Verbindung mit verschiedenen Detektoren eingesetzt. Dabei kann in der Regel eine Reihe von Meßkomponenten in einem Analysengang bestimmt werden. Daneben wird die Hochleistungsflüssigkeitschromatographie (HPLC) eingesetzt.

Die Gaschromatographie beschreibt eine Methode, bei der eine Probe in der Dampf- oder Gasphase einem Trägergasstrom (Stickstoff, Helium) dosiert zugegeben wird und in einer Trennsäule durch Absorptions- und Desorptionsvorgänge an der Beschickung der Säulen in ihre Komponenten zerlegt wird. Eingesetzt werden gepackte Säulen und Kapillarsäulen. Gepackte Säulen sind

Tabelle M.1-8 Nachweisstärke von Detektionssystemen

Typ-(Detektoren)	Substanzen	Erfaßbare Absolutmenge
Wärmeleitfähigkeit (WLD)	anorganisch und organisch	µg
Flammenionisation (FID)	Kohlenwasserstoffe	ng
Elektroeinfang (ECD)	halogenierte Kohlenwasserstoffe	pg
Thermoionisation (PND, TID)	P- und N-haltige Substanzen	ng
Flammenphotometrie	P- und S-haltige	ng
Photoionisation (PID)	organische und einige anorganische Substanzen	pg – ng
Massenspektrometrie	anorganische und organische Substanzen	pg – ng

mit einem trennwirksamen Material gefüllt. Die Füllung kann aus einem festen Adsorptionsmaterial (Gas Solidchromatographie: GSC) oder aus einem Material bestehen, bei dem auf einen festen Träger eine flüssige Trennphase (Gas Liquidchromatographie: GLC) aufgebracht ist. Bei Kapillarsäulen wird die trennwirksame Schicht (flüssig oder fest) an der Innenwandung der Kapillare so aufgebracht, daß ein gasdurchgängiger Mittelkanal frei bleibt. Die Bestimmung der einzelnen Komponenten erfolgt in einem nachgeschalteten Detektionssystem. Kriterium für die Identität einer Verbindung sind Retentionszeit, -index. Es ist zu unterscheiden zwischen gruppen-, stoff- und unspezifischen Detektoren (Tabelle M.1-8).

M.1.3.4 Polyzyklische aromatische Kohlenwasserstoffe

Der Analyse von PAK mittels Kapillargaschromatographie in Verbindung mit FID ist eine umfangreiche Probenaufbereitung vorgeschaltet.

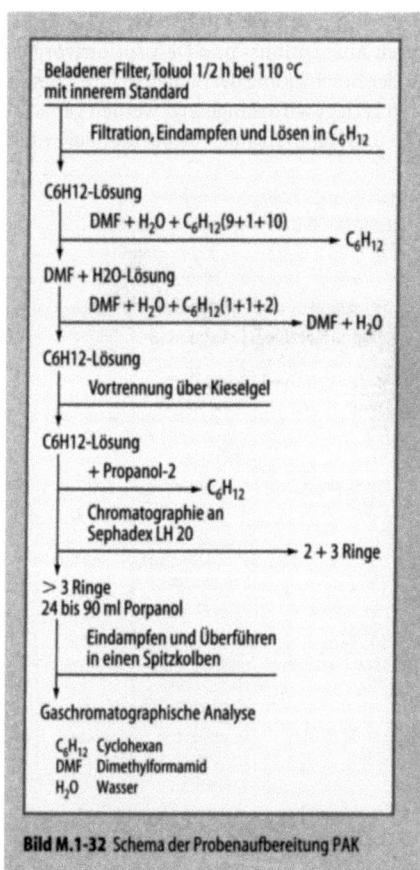

Bild M.1-32 Schema der Probenaufbereitung PAK

Das Schema der Probenaufbereitung zeigt Bild M.1-32 am Beispiel der Emissionsmessung. Die detaillierte Beschreibung des Analysengangs ist der Richtlinie VDI 3873, Blatt 1 zu entnehmen [M.1.66]. Die Aufarbeitung von Immissionsproben ist ähnlich. In diesem Zusammhang wird auf die VDI-Richtlinie 3875, Blatt 1 verwiesen [M.1.122].

M.1.3.5 Polychlorierte Dibenzodioxine und Furane

Die Analyse von Emissions- und Immissionsproben von PCDD und PCDF wird in den Richtlinien VDI 3499 und VDI 3498 beschrieben [M.1.65, M.1.123]. Vor Durchführung der Analyse mittels GC-MS ist eine Probenaufbereitung in mehreren Schritten erforderlich. Bild M.1-33 zeigt das Schema der Probenaufbereitung am Beispiel Emissionsmessungen. Nach Extraktion der Proben folgt eine mehrstufige Säulenchromatographie zur Abtrennung anderer organischer Fraktionen. Bei den Immissionsproben wird nach der ersten Aluminiumoxid-Säule statt der Reinigung durch eine Kombination gemischter Reinigungssäulen mittels einer HPLC-Säule durchgeführt. Bild M.1-34 zeigt das Schema. Wegen der umfangreichen Analysenvorschriften können die Verfahren hier nicht im Detail beschrieben werden. Auf die entsprechenden VDI-Richtlinien wird verwiesen.

M.1.3.6 Polychlorierte Biphenyle (PCB)

Bei der Analyse der PCB werden ähnliche Analysenschritte wie bei der Dioxinanalytik benutzt. So wird z. B. in einem VDI-Vorentwurf zur Messung von PCB in der Außenluft- und der Innenraumluft ein Verfahren beschrieben, das zur gleichzeitigen Analyse von PCDD/F verwendet werden kann. Emissionsproben auf der Basis der Probenahme mit Glasfaserfiltern und PU-Schaum können in gleicher Weise analysiert werden. Bild 1-35 zeigt das Schema der Probenaufbereitung. Bei kombinierter Analyse werden vor der Extraktion (Planfilter/PU-Schaum) ^{13}C-markierte PCDD/F- und PCB-Standards zugegeben. Der Probenextrakt wird nach Zugabe von 6 ml Dekan eingeengt und der „gemischten Säule" zugeführt. Eluiert wird mit 250 ml Hexan. Danach wird die Probe eingeengt, bis diese in Dekan vorliegt (6 ml) und auf die „Aluminiumoxidsäule" aufgegeben. Eluiert wird mit 60 ml n-Hexan (Vorlauf), 90 ml Toluol (PCB-Fraktion), 250 ml n-Hexan/Dichlormethan 1:1 (PCDD/F-Fraktion).

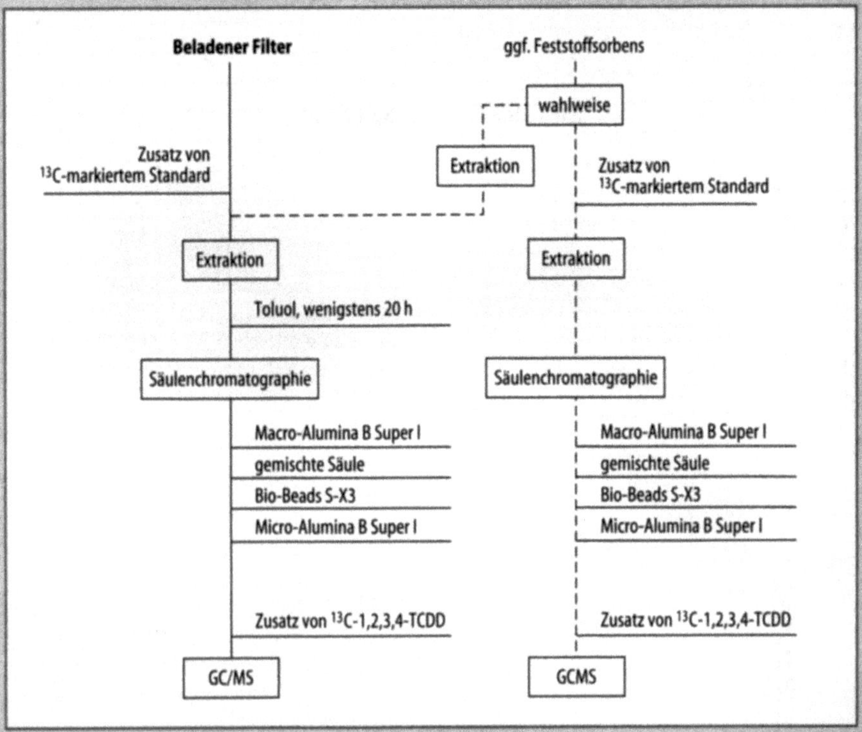

Bild M.1-33 Schema der Probenaufbereitung von Emissions-PCDD/F-Proben

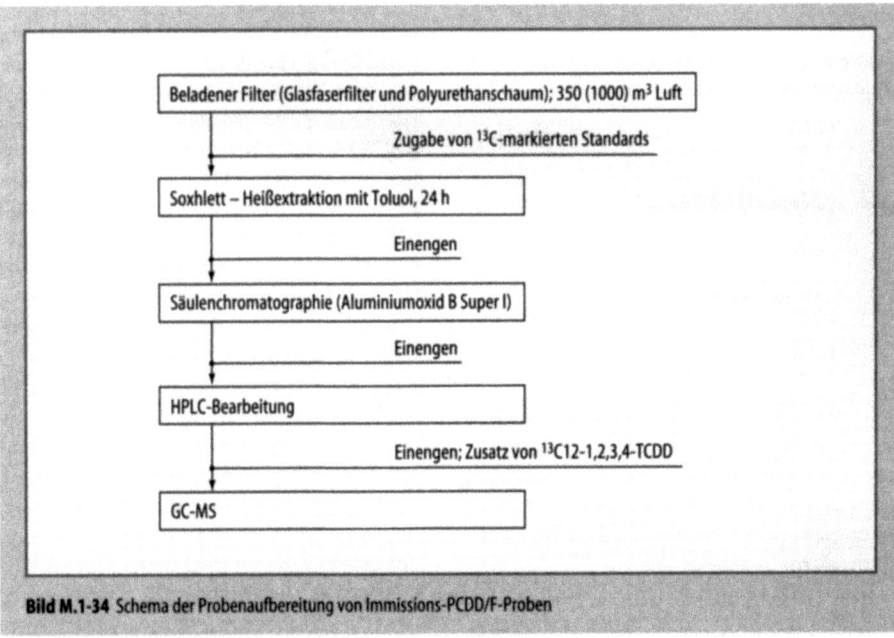

Bild M.1-34 Schema der Probenaufbereitung von Immissions-PCDD/F-Proben

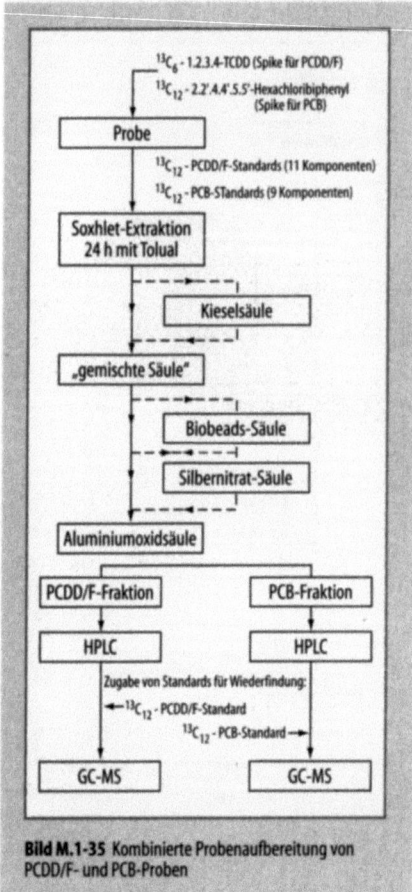

Bild M.1-35 Kombinierte Probenaufbereitung von PCDD/F- und PCB-Proben

Tabelle M.2-1 Wasserarten	
Grundwasser	Brauchwasser
Oberflächenwasser	Kühlwasser
Niederschlagswasser	Kesselspeisewasser
Flußwasser	andere industrielle
Seewasser	Brauchwasser
Meerwasser	Abwasser
Trinkwasser	kommunales Abwasser
Rohwasser zur Trinkwasseraufbereitung	gewerbliches Abwasser
Badewasser	
Mineral- und Heilquellenwasser	Sickerwasser (Regenwasser)

Ein weiterer Reinigungsschritt erfolgt dabei mit Hilfe einer HPLC- Säule (s. VDI 3498).

M.2 Wasser/Abwasser

M.2.1 Untersuchungsschwerpunkte

M.2.1.1 Wassermatrices

M.2.1.1.1 Wasserarten

Die Bezeichnung bzw. Unterscheidung von Wasserarten erfolgt im wesentlichen nach drei verschiedenen Gesichtspunkten, nach dem Ort bzw. Art des Orts, wo es sich befindet, nach dem Verwendungszweck und nach seiner Zustands- bzw. Bindungsform (s. Tabelle M.2-1).

Wasser findet Verwendung u. a. als Nahrungsmittel, Lösungsmittel, zur Wärmeübertragung, als Transportmittel und Reaktionsmittel. Nach seinem Gebrauch wird es i. d. R. zunächst Abwasser, welches unter geordneten wasserwirtschaftlichen Verhältnissen gereinigt und in den natürlichen bzw. Produktionskreislauf zurückgegeben wird. Für die unterschiedlichen Verwendungen, für die Einleitung in öffentliche Kanäle oder in Oberflächenwässer bestehen gesetzliche Regelungen über den Zustand (= Qualität). Die wichtigsten für den Bereich der Bundesrepublik Deutschland sind im nächsten Abschnitt zusammengefaßt.

Gesetzliche Vorgaben

Qualitätsziele in Gesetzen und Rechtsverordnungen werden als Grenzwerte, Mindestanforderungen oder Schwellenwerte formuliert, deren ökologische oder toxikologische Relevanz in der Regel durch wissenschaftliche Forschung nachgewiesen wurde. In manchen Fällen sind insbesondere kumulative oder synergistische Wirkungen mehrerer Komponenten nebeneinander experimentell nur sehr schwer oder gar nicht meßbar; diesem Problem wird bzw. muß dann durch weitere Herabsetzung der entsprechenden Werte Rechnung getragen werden [M.2.1].

Bei der Einhaltung der Gesetze stellen die meist sehr niedrigen Grenzwerte die zur Überwachung eingesetzte Analytik vor diffizile Probleme hinsichtlich der Bestimmung dieser Stoffe. Des weiteren ist die sehr komplexe Matrix von Einfluß auf diese Bestimmungsgrenzen als auch auf die Meßergebnispräzision bzw. Richtigkeit, und zwar je niedriger die Konzentration des zu bestimmenden Stoffes, um so stärker dieser Einfluß. Weitere Quellen der Meßergebnisunschärfe stellen Probenahme, Probenvorbereitung und das analytische Meßverfahren selbst dar.

Tabelle M.2-2 Grenz- und Richtwerte für Trinkwasser – Chemische Stoffe (Auszug)

Parameter (Berechnungsform)		Grenzwert mg/l	Parameter (Berechnungsform)		Grenzwert mg/l
Arsen	(As)	0,01	PAK (Σ 6)	(C)	0,0002
Blei	(Pb)	0,04	Org. Chlor-Verbindungen, Σ 4	(–)	0,01
Cadmium	(Cd)	0,005	Tetrachlorkohlenstoff	(CCl_4)	0,003
Chrom	(Cr)	0,05	PBM (Einzel-Substanzen)	(–)	0,0001
Nickel	(Ni)	0,05	PBM, Σ	(–)	0,0005
Antimon	(Sb)	0,002	oberflächenaktive Substanzen:		
Selen	(Se)	0,01	Methylen blau aktive Substanzen		0,2
Quecksilber	(Hg)	0,001			
Cyanid	(CN^-)	0,05	Dragendorf-Reag akt. Substanzen		
Fluorid	(F^-)	1,5			
Nitrat	(NO_3^-)	50,0			
Nitrit	(NO_2^-)	0,1	Phenole (C_6H_5–OH)		0,0005
			Chloroformextrahierbare Stoffe	(–)	1
			Kohlenwasserstoffe	(Kw)	0,01

Das Gesetz zur Ordnung des Wasserhaushaltes (WHG) [M.2.2] behandelt den Schutz für die stehenden und fließenden oberirdischen Gewässer, für das Grundwasser und für das Meer. Insbesondere regelt es die Benutzungen der Gewässer u. a. Entnahme und Einleitung von Wasser, Stau und Absenkung, Entnahme fester Stoffe aus Gewässern, Einbringen und Einleiten von Stoffen in Gewässer, Entnehmen, Fördern und Ableiten von Grundwasser und alle Maßnahmen, die nachhaltige schädliche Veränderungen an den Gewässern verursachen.

Das Wasserhaushaltsgesetz stellt das Basisrecht für die meisten anderen Rechtsvorschriften im Bereich Wasser dar.

Die *Richtlinie der Europäischen Gemeinschaft über die Qualitätsanforderungen an Oberflächenwässer für die Trinkwasserversorgung in den Mitgliedsstaaten* [M.2.3] ist auch in Deutschland Rechtsnorm. Sie enthält sog. Leitwerte „G" als Vergleichs- und Anhaltswerte und Grenzwerte „I" als Werte, die nicht überschritten werden dürfen.

Die *Guidelines for drinking water quality* (WHO) [M.2.4] enthalten Richtwerte und Grenzwerte, die bei der Erstellung von Richt- und Grenzwerten in der nationalen Gesetzgebung beachtet werden sollen.

Die *Richtlinie des Rates über die Qualität von Wasser für den menschlichen Gebrauch (EG-TW)* [M.2.5] enthält u. a. eine Aufzählung von organoleptischen und physikalisch-chemischen Parametern, unerwünschten Stoffen bzw. Stoffgruppen, toxischen Stoffen und mikrobiologischen Parametern mit entsprechenden Richtzahlen und zulässigen Höchstkonzentrationen, die in den Ländern der Europäischen Gemeinschaft beachtet werden müssen. Darüber hinaus sind dort Hinweise zur Häufigkeit der Untersuchungen gegeben.

Die *Verordnung über Trinkwasser und über Wasser für Lebensmittelbetriebe* (Trinkwasser VO, TVO) [M.2.6] enthält Vorschriften über die Beschaffenheit des Trinkwassers in der Bundesrepublik Deutschland, wobei die Verordnung zwischen zwingenden Grenzwerten und nach Möglichkeit einzuhaltenden Richtwerten unterscheidet. Insbesondere ist der einwandfreie hygienische Zustand nachzuweisen und Vorsorge zu treffen, daß dieser im Verteilungsnetz beibehalten bleibt (s. Tabelle M.2-2).

Die Grenzwerte der Trinkwasser-Verordnung stellen oft den Hintergrund dar für Qualitätsforderungen z. B. der Oberflächenwasserbeschaffenheit oder auch der gewerblichen und kommunalen Abwasserreinigung. Es muß jedoch darauf hingewiesen werden, daß z.B. die in der Anlage 7 genannten Richtwerte für Kupfer und Zink von 3 bzw. 5 mg/l in einer Größenordnung liegen, die im Zulauf zu einer Kläranlage die biologische Abwasserreinigung beeinträchtigen und die landwirtschaftliche Schlammverwertung unmöglich machen würden.

Oberflächenwasser zur Trinkwassergewinnung und Trinkwasser

Das Arbeitsblatt W 151 des Deutschen Vereins des Gas- und Wasserfaches e.V. (DVGW) [M.2.7] enthält Hinweise über Belastungsgrenzen für natürliche Wasseraufbereitung sowie für chemisch-physikalische Verfahren zur Aufbereitung von Oberflächenwasser für die Trinkwasserversorgung. Die darin genannten Werte gelten als Richt- bzw. Vergleichswerte ohne gesetzlichen Charakter.

Grundwasser

Das Grundwasser stellt ein besonders schützenswürdiges Gut dar, u. a. wegen seiner Bedeutung für die Trinkwassergewinnung (s. § 1 und § 34 WHG) [M.2.2]. Insbesondere durch Bodenbelastungen können lang anhaltende Schäden im Grundwasser verursacht werden. Hier üben dann auch eine Reihe von Gesetzen in anderen Bereichen des Umweltrechts Schutzwirkungen auf das Grundwasser aus, u. a. das Abfallgesetz mit der TA Sonderabfall [M.2.8], der TA Siedlungsabfall [M.2.9], das Düngemittelrecht [M.2.10], die Pflanzenschutzanwendungsverordnung [M.2.11], die Gülleverordnung [M.2.12] und die Klärschlammverordnung [M.2.13].

Grundwasserschutz erfordert die gemeinsame Betrachtung dieses Wassers und des Bodens, in dem bzw. unter dem es sich befindet. Da die Erneuerung des Grundwassers davon abhängig ist, daß Niederschlagswasser in den Boden eindringt, ist auch die Qualität des Niederschlagswassers von Bedeutung. Somit hat auch die Belastung der vom Niederschlag durchströmten Luftschicht Auswirkungen darauf. So wird sich z. B. im Regenwasser ein niedriger pH-Wert bei Anwesenheit von Schwefeldioxid oder Stickoxiden in der Atmosphäre einstellen. Deshalb muß hier auch die TA Luft [M.2.14] berücksichtigt werden. Zur Beurteilung einer Situation müssen die sehr komplexen Vorgänge im Boden wie Löslichkeit von Metallen, mikrobieller Um- bzw. Abbau organischer Stoffe, Adsorption von Substanzen usw. mit einbezogen werden. Abgesehen von dem Gebot, jegliches Einbringen von Fremdstoffen zu verhindern, sind Qualitätsziele für die Beschaffenheit der jeweiligen Nutzung definiert z. B. durch die TVO [M.2.6]. Untersuchungsprogramme für die Grundwasserbeschaffenheit sind dementsprechend meist nutzungsorientiert, entweder zur Aufklärung einer Bodenbelastung oder zur Prüfung der Eignung des Wasser für einen bestimmten Zweck. Vorrangig dienen hierzu Orientierungswerte wie sie in folgenden Listen aufgeführt sind.

Die Holländische Liste, *Leidrad bodemsaniering* [M.2.15], wurde vom Niederländischen Ministerium für Wohnungswesen, Raumordnung und Umwelt aufgestellt. Diese Liste enthält Richtwerte für Boden- und Grundwasserkontaminationen zur Gefährdungsabschätzung von Altlasten. Genannt sind 57 Einzelstoffe oder Stoffgruppen sowie Referenzwerte für sieben weitere Ionen. Es sind drei Gruppen genannt:
– Referenzwert,
– Prüfwert für nähere Untersuchungen und
– Prüfwert für Sanierungsmaßnahmen.

Diese Daten werden vielfach zur Beurteilung benutzt, ohne daß sie rechtsverbindlichen Charakter besitzen.

Ähnlich orientiert sind die *Bewertungsverfahren zur Bestimmung des Gefährdungspotentials für das Grundwasser bei Altlasten und aktuellen Schadensfällen als Entwurf der Baubehörde Hamburg* [M.2.16] sowie die *Berliner Liste* [M.2.17]. Diese Liste enthält Richtwerte für Grundwasser unterteilt nach Wasserschutzgebiet, Urstromtal und Hoffläche. Enthalten sind 38 einzelne Parameter sowie Stoffe der Gefährdungsklassen 1, 2 und 3.

Die *Richtlinie für das Vorgehen bei physikalischen und chemischen Untersuchungen im Zusammenhang mit der Beseitigung von Abfällen* [M.2.18] enthält in der Anlage 6 ein Untersuchungsprogramm zur Überwachung von Grund-, Oberflächen- und Sickerwässer im Bereich von Abfallbeseitigungsanlagen mit insgesamt 41 Parametern.

Abwasser

Hinsichtlich der Be- und Entlastung der öffentlichen Gewässer stellen die um Abwasserableitung und -reinigung orientierten Gesetze und Rechtsverordnungen den wichtigsten Bereich dar. Diese Gesetze beschreiben u. a. die Zielvorstellung des Gesetzgebers über die Qualität der in öffentliche Gewässer einzuleitenden Abwässer, die sich daraus ergebenden Konsequenzen für die Reinigungsleistung von Abwasseranlagen in gewerblichen wie kommunalen Bereichen und üben auch wirtschaftlichen Druck auf Einleiter aus zur Verbesserung der Leistung solcher Anlagen. Durch Fortschritte in der wissenschaftlichen Forschung ist der Katalog der zu überwachenden Stoffe und Stoffgruppen in einer ständigen Weiterentwicklung begriffen. Dies hat zur Folge, daß Umweltschutzgesetze in bestimmten Abständen novelliert werden müssen, um neuen Erkenntnissen gerecht zu werden.

Das Gesetz für das Einleiten von Abwasser in Gewässer (AbwAG) [M.2.19] stellt durch Feststellung der Belastungsfracht aus einer Einleitung in Form von Schadeinheiten und Festlegung von Gebühren dafür die wichtigste Regelung dar. In diesem Gesetz werden Konzentrations- und Frachtschwellen festgelegt und damit eine untere Veranlagungsschwelle gegeben, die überschritten sein muß, damit Veranlagung erfolgt (s. Tabelle M.2-3). Um welche Gewässer es sich hier handelt ist in §1 des WHG [M.2.2] beschrieben.

Wenn Frachten über Messungen errechnet werden, ist die Wassermengenmessung möglichst genau durchzuführen (s. hierzu DIN 19559, Teil 1 u. 2 [M.2.20]).

Die Ermittlung der Zahl der Schadeinheiten erfolgt normalerweise aufgrund von Festlegungen im Abgabenbescheid (§ 4). Hierfür sind vom Abgabepflichtigen entsprechende Angaben erforderlich. Das Gesetz gibt ebenfalls Auskunft über Voraussetzung der Ermäßigung des Abgabesatzes bzw. auch über Erhöhungen der entsprechenden Gebühren. Die Gebühreneinheiten wurden zeitlich gestaffelt festgelegt, beginnend 1981 mit 12 DM je Schadeinheit, 1999 wird ein Satz von 90 DM je Schadeinheit erreicht.

Die Überwachung der Einhaltung der Angaben im Bescheid erfolgt durch staatliche oder staatlich anerkannte Institutionen. Diese Überwachungsanalysen bzw. auch die Festlegungsanalysen sind aus der homogenisierten, in bestimmter Weise dem Abwasser entnommenen Originalprobe auszuführen.

Die *Allgemeine Rahmen-Verwaltungsvorschrift über Mindestanforderungen an das Einleiten von Abwässer in Gewässer* (RahmenVwV) (DirekteinleiterVO) [M.2.21] basiert auf §7a des WHG [M.2.2], der Abwasserherkunftsverordnung [M.2.22] sowie für die abfallrechtlichen Belange auch auf dem Abfallgesetz. Sie enthält Angaben u. a. für die zulässigen Meß- und Analysenverfahren, in der Regel in DIN-DEV genormte Verfahren.

Zu dieser Verordnung gehören 52 Anhänge (Stand 1992), die branchenspezifische Mindestanforderungen formulieren. Im Anhang 48 dieser Verordnung werden abweichend von dieser Systematik Anforderungen an das Abwasser hinsichtlich bestimmter Einzelstoffe wie Cadmium, Hexachlorethylen, Hexachlorbenzol, Aldrin, Dieldrin, Endrin, Isodrin, DDT, PCP und Endosulfan genannt.

Die einzelnen Bundesländer haben *Verordnungen über die Genehmigungspflicht für die Einleitung von wassergefährdenden Stoffen in öffentliche Abwasseranlagen erlassen* [M.2.23], die sog. Indirekteinleiterverordnung. Insbesondere die Verordnung des Bundeslands Hessen nennt einen umfangreichen Katalog bestimmter Schwellenwerte und Schwellenfrachten.

In der *Allgemeinen Verwaltungsvorschrift über die nähere Bestimmung wassergefährdender Stoffe und ihrer Einstufung entsprechend ihrer Ge-*

Tabelle M.2-3 Schadeinheiten und Schwellenwerte des AbwAG

Parameter[a]	Schadeinheit kg	Schwellenwerte mg/l	Schwellenwerte kg/a	Bestimmungsmethode DIN-DEV
CSB	50	20	250	38409, H 41
Gesamt Phosphat (P)	3	0,1	15	38405, D 11–4
N anorg (als Σ NH$_4$-N NO$_2$-N NO$_3$-N)	25	5	125	38406, E 5–2 38405, D 10 38405, D19
AOX	2	0,1	10	38409, H 14[b]
Hg	0,02	0,001	0,1	38406, E 12–3
Cd	0,1	0,005'	0,5	38406, E 19–3
Cr	0,5	0,05	2,5	38406, E 22
Ni	0,5	0,05	2,5	30406, E 22
Pb	0,5	0,05	2,5	38406, E 6–3
Cu	1,0	0,1	5	38406, E 22
Giftigkeit gegen Fische	$\frac{3000\ m^3}{GF}$	GF = 2		38412, L 31

[a] aus der nicht abgesetzten nach DIN 38402, A 30 homogenisierten Probe
[b] besondere Hinweise, s. Rahmen VwV Nr. 501

Wasser/Abwasser

fährlichkeit [M.2.24] sind ca. 700 Stoffe bzw. Stoffgruppen genannt. Im Katalog wassergefährdender Stoffe [M.2.25] wurden 443 Stoffe und Stoffgruppen aufgeführt.

Die *Richtlinie des Rates der Europäischen Gemeinschaft über die Behandlung von kommunalem Abwasser* [M.2.26] enthält Grenzwerte und Forderungen für die Verringerungsrate im Klärprozeß, gestaffelt nach Anlagengröße, und nennt auch eine zulässige Zahl von Überschreitungen dieser Werte in Abhängigkeit von der Häufigkeit der Untersuchungen innerhalb eines Jahres.

Die Wasch- und Reinigungsmittel stellen Chemikalien mit einer sehr weiten Verbreitung dar. Sie müssen bestimmten Anforderungen hinsichtlich der Zusammensetzung und ihrer biologischen Abbaubarkeit genügen. Diese sind im *Wasch- und Reinigungsmittelgesetz* [M.2.27] sowie in der *Verordnung über die Abbaubarkeit anionischer und nichtionischer grenzflächenaktiver Stoffe* [M.2.28] angegeben.

Die *Rechtsverordnung über Art und Häufigkeit der Selbstüberwachung von Abwasserbehandlungsanlagen und Abwassereinleitungen* [M.2.29] enthält Anordnungen über die Kontrolle des Zustands und des Betriebs der Anlagen sowie einen Mindestumfang an Untersuchungsmerkmalen für das Abwasser. Ferner sind in der Verordnung alternative Verfahren und die dazugehörenden Bezugsverfahren genannt. Die alternativen Verfahren dienen der Vereinfachung der Untersuchungen. Ihre Anwendbarkeit muß mittels gelegentlicher Kontrolle durch Vergleich mit Bezugsverfahren geprüft werden.

In den *Landeswassergesetzen*, die weitere detailliertere Vorschriften u. a. auch für die Kontrollen enthalten, sind Kriterien der personellen und apparativen Mindestausstattung für die Zulassung von Labors für derartige Untersuchungen definiert. Zum Beispiel sind für Nordrhein-Westfalen diese Kriterien im *Runderlaß des Ministeriums für Umwelt, Raumordnung und Landwirtschaft für die Zulassung von Stellen zur Untersuchung von Abwasser bei genehmigungspflichtigen Indirekteinleitungen nach § 60a des Landeswassergesetzes Nordrhein-Westfalen* [M.2.30] zu finden.

M.2.1.2 Feststoffmatrices

Im Zusammenhang mit Umweltschutzfragen werden eine Reihe von unterschiedlichen Feststoffmatrices behandelt (s. Tabelle M.2-4).

Untersuchungsschwerpunkte bilden die Bereiche Abfall, Altlasten und Klärschlamm. Da der

Tabelle M.2-4

Boden
- nutzungsorientiert
- belastungsorientiert

Abfall, darin enthalten
- Siedlungsabfälle, darin enthalten
   - Klärschlamm
      - herkunftsorientiert
      - verwendungsorientiert
   - andere bei der Abwasserreinigung anfallenden Feststoffe (Sand, Rechengut)
- Sedimente/Ablagerungen in Gewässer

Verwertung, falls möglich, immer der Vorrang vor jeder anderen Beseitigungsart zu geben ist, muß die Untersuchung dieser Stoffe auch hierauf ausgerichtet werden.

Von den bei der Abwasserreinigung anfallenden Feststoffen im Klärschlamm, Rechengut, Sandfanggut und Rückständen aus der Kanalreinigung bzw. Sedimenten aus Gewässern, stellt der Klärschlamm die mengenmäßig bedeutenste Masse dar. Von den bislang genutzten Verfahren der Deponie, der landwirtschaftlichen Nutzung oder Verbrennung, scheidet in Zukunft wegen des Verbots der oberirdischen Deponierung von Abfällen mit mehr als 3 % organischen Stoffen, gemessen als TOC des Trockenrückstands [M.2.9], die Deponie für Klärschlamm aus. Ausnahmeregelungen sind in der TA Abfall angegeben [M.2.8].

Die landwirtschaftliche Nutzung von Klärschlamm wird im Abfallrecht durch die *Klärschlammverordnung* (AbfKlärV) [M.2.13] geregelt. Diese ist in einer novellierten Fassung seit dem 01. Juli 1992 in Kraft. Sie sieht Begrenzungen in der aufzubringenden Klärschlammenge vor und nennt Grenzwerte für bestimmte Schadstoffe im Klärschlamm und im Boden. Diese sind auch unter Beachtung der Europäischen Klärschlammverordnung aufgestellt worden. Die AbfKlärV verlangt die Bestimmung der wichtigsten Nährstoffgehalte im Klärschlamm und mit Ausnahme des Stickstoffs auch im Boden. In Tabelle M.2-5 sind die Grenzwerte zusammengefaßt.

Die zulässigen Analysenmethoden und Untersuchungshäufigkeiten sind ebenfalls angegeben. Für die Untersuchungsstelle gilt die Verpflichtung, erfolgreich an Ringversuchen teilzuneh-

Tabelle M.2-5 Grenzwerte Boden und Klärschlamm nach AbfKlärV und EG Klärschlamm

Parameter	AbfKlärV				EG-Richtlinie	
	Boden		Klärschlamm		Klärschlamm	
	pH > 6 mg/kg TR	pH 5–6 mg/kg TR	Boden pH > 6 mg/kg TR	Boden pH 5–6 mg/kg TR	mg/kg TR	Fracht in 10 Jahren kg/ha
Pb	100	100	900	900	750–1200	150
Cd	1,5	1	10	5	20–40	1,5
Cr	100	100	900	900	500–1200	20
Cu	60	60	800	800	1000–1750	120
Ni	50	50	200	200	300–400	30
Hg	1	1	8	8	16–25	1
Zn	200	150	2500	2000	2500–4000	300
PCB, Einzelsubstanzen, je			0,2			
AOX			500			
PCDD/F/TE [a]			0,0001			

[a] TCDD – Toxizitätsäquivalente

men, die von den einschlägigen Institutionen der Bundesländer durchgeführt werden. Die Bundesländer erlassen Durchführungsverordnungen zur AbfKlärV, die zusätzlich beachtet werden müssen. Allgemeine Hinweise hierzu enthält ein *Entwurf des Bundesministeriums für Umwelt* [M.2-31].

Die Verbrennung von Klärschlamm oder Klärschlamm im Gemisch mit anderen Stoffen ist durch den Gesetzgeber nur indirekt geregelt. Welches Recht angewandt werden muß, hängt davon ab, ob es sich um Beseitigung eines Abfalls oder die Nutzung eines Wirtschaftsguts wie z.B. bei Klärschlamm-Kohle-Gemischen handelt. In einem Runderlaß des Ministers für Umwelt, Raumordnung und Landwirtschaft des Landes Nordrhein-Westfalen erfolgt eine Zuordnung zur Klärschlammentwässerung und Verbrennung zum Wasser-, Immissionsschutz- und Abfallrecht.

Hier sind das Abfallgesetz, der § 18 a des WHG, der § 51 des LWG-NW, das BImSchG und die TA Luft angesprochen. Insofern sind solche Produkte sowohl auf ihre Brennstoffeigenschaften als auch auf ihre Schadstoffgehalte zu untersuchen. Tabelle M.2-6 enthält die brennstofftypischen Parameter und die im Zusammenhang mit den Begrenzungen der TA Luft interessierenden Elemente, ergänzt durch einige organische Schadstoffe.

Die aus der Verbrennung zurückbleibenden Aschen und Stäube sollen nach Möglichkeit weiterverwendet werden [M.2.32, M.2.33]. In der Regel ist dafür ihre Zusammensetzung zu prüfen. Sowohl für Weiterverwendung als auch für eine notwendige Deponie ist das Auslaugverhalten zu

Tabelle M.2-6 Klärschlamm als Brennstoffe. *Untersuchungsprogramm* zur orientierenden Beurteilung von Klärschlamm und Klärschlamm-Kohle-Gemischen bei Verbrennung

Brennstoffparameter	Spurenstoffe anorganisch	Spurenstoffe organisch
Trockenrückstand	Kadminium	PCB (6 n.
Aschegehalt 815 °C	Quecksilber	KlärschlVO)
Flüchtige Bestandteile	Thallium	EOX
Kohlenstoff, brennbar	Arsen	PAK (10 n. Loba)[c]
Kohlenstoff, (CO₃)	Kobalt	
Wasserstoff	Nickel	Naphathaline
Sauerstoff	Selen	Phenole
Stickstoff	Tellur	
Phosphor	Antimon	
Schwefel	Blei	
Chlor	Chrom	
Fluor	Mangan	
Brennwert	Vanadium	
Heizwert	Zinn	
Cyanid lfs [a]	Barium	
Cyanid ges [b]	Beryllium	
	Eisen	
	Kupfer	
	Molybdän	
	Zink	

[a] leicht freisetzbar
[b] gesamt
[c] Landesoberbergamt NRW

Tabelle M.2-7 Zuordnungskriterien für Deponien. Bei der Zuordnung von Abfällen zu Deponien sind die o.g. Zuordnungswerte, denen die im Anhang A genannten oder gleichwertige Analyseverfahren zugrunde liegen, einzuhalten

Nr.	Parameter		TA Siedlungsabfall Anhang B		TA Abfall Anhang D	
			Zuordnungswerte			Zuordnungswerte
			Dep. Klasse I	Dep. Klasse II	Nr.	
1	Festigkeit					
1.01	Flügelscherfestigkeit	kN/m²	≥ 25	≥ 25	D 1.01	≥ 25
1.02	Axiale Verformung	%	≥ 20	≥ 20	D 1.02	4 20
1.03	Einaxiale Druckfestigkeit	N/m²	≥ 50	≥ 50	D 1.03	1 50
2.	Organischer Anteil des Trockenrückstands der Originalsubstanz [b]					
2.01	als Glühverlust	Masse %	≤ 3	≤ 5	D 2.01	≤ 10
2.02	als TOC	Masse %	≤ 1	≤ 3		
3	Extrahierbare lipophile Stoffe der Originalsubstanz [c]					
		Masse %	≤ 0,4	≤ 0,8	D 3.01	≤ 4
4	Eluatkriterien					
4.01	pH-Wert		5,5 – 13,0	5,5 – 13,0	D 4.01	4 – 13
4.02	Leitfähigkeit	µS/cm	≤ 1000	≤ 50000	D 4.02	≤ 100000
4.03	TOC	mg/l	≤ 20	≤ 100	D 4.03	≤ 200
4.04	Phenole	mg/l	≤ 0,2	≤ 50	D 4.04	≤ 100
4.05	Arsen	mg/l	≤ 0,2	≤ 0,5	D 4.05	≤ 1
4.06	Blei	mg/l	≤ 0,2	≤ 1	D 4.06	≤ 2
4.07	Cadmium	mg/l	≤ 0,05	≤ 0,1	D 4.07	≤ 0,5
4.08	Chrom-VI	mg/l	≤ 0,05	≤ 0,1	D 4.08	≤ 0,5
4.09	Kupfer	mg/l	≤ 1	≤ 5	D 4.09	≤ 10
4.10	Nickel	mg/l	≤ 0,2	≤ 1	D 4.10	≤ 2
4.11	Quecksilber	mg/l	≤ 0,005	≤ 0,02	D 4.11	≤ 0,1
4.12	Zink	mg/l	≤ 2	≤ 5	D 4.12	≤ 10
4.13	Fluorid	mg/l	≤ 5	≤ 25	D 4.13	≤ 50
4.14	Ammonium-N	mg/l	≤ 4	≤ 200	D 4.14	≤ 1000
	Chlorid	mg/l			D 4.15	≤ 10000
4.15	Cyanide, leicht freisetzbar	mg/l	≤ 0,1	≤ 0,5	D 4.16	≤ 1
	Sulfat	mg/l			D 4.17	≤ 5000
	Nitrit	mg/l	≤ 0,3	≤ 1,5	D 4.18	≤ 30
4.16	AOX	mg/l			D 4.19	≤ 3
4.17	Wasserlöslicher Anteil (Abdampfrückstand)	Masse %	≤ 3	≤ 6	D 4.20	≤ 10

[a] 1.02 kann gemeinsam mit 1.03 gleichwertig zu 1.01 angewandt werden. Die Festigkeit ist entsprechend den statischen Erfordernissen für die Deponiestabilität jeweils gesondert festzulegen. 1,02 in Verbindung mit 1.03 darf dabei insbesondere bei kohäsiven, feinkörnigen Abfällen nicht unterschritten werden.
[b] 2.01 kann gleichwertig zu 2.02 angewandt werden; Anforderung gilt nicht für verunreinigten Bodenaushub, der auf einer Monodeponie abgelagert wird.
[c] Gilt nicht für Aschen und Stäube aus nichtgenehmigungsbedürftigen Kohlefeuerungsanlagen nach dem BImSchG.

testen, i.d.R. nach DIN 38414, Teil 4 [M.2.34]. Die Beurteilung zur Zuordnung zu einer Deponieklasse erfolgt nach Anhang B der TA Siedlungsabfall bzw. Anhang D der TA Abfall nach der Beschaffenheit des Eluats (s. Tabelle M.2-7).

Zum Teil haben die Bundesländer eigene Deponierichtlinien festgelegt, ggf. als Entwurf wie z.B. Nordrhein-Westfalen [M.2.35]. Dieser Entwurf wird von den Behörden zur Beurteilung und Zuordnung zu einer Deponieklasse ebenfalls häufig herangezogen.

M.2.2 Probenahme und -vorbereitung

M.2.2.1 Allgemeines

Zu Beginn des praktischen Teils einer Untersuchung steht in der Regel die Probenahme. Diese hat so zu erfolgen, daß das Ergebnis der Untersuchung die tatsächlichen Verhältnisse vor Ort wiedergibt; sie muß repräsentativ sein. Dies bedeutet, daß die Probe derart beschaffen ist, daß sie den zur Beurteilung des anstehenden Problems notwendigen Ausschnitt der Grundgesamtheit repräsentiert. Von gravierender Bedeutung sind die Qualitäts- und Mengenschwankungen der zu untersuchenden Grundgesamtheit, die beispielsweise wiederum in Zusammenhang mit dem Produktionsprozeß zu sehen sind. Weiterhin bedeutsam ist die Tatsache, daß aufgrund der zu erfassenden Konzentrationsniveaus vieler Parameter im µg/l-, ja sogar ng/l-Bereich, eine Vielfalt von Querkontaminationen zu beachten sind, so daß eine Probenahme parameterspezifisch gestaltet werden muß.

M.2.2.2 Probenahme in Wasser und Abwasser [M.2.36, M.2.37]

Probenkonservierung [M.2.38]

Veränderungen von Proben können durch den Eintrag störender Stoffe in die Probe, den Austrag von Stoffen aus der Probe und durch physikalische, chemische und biologische Vorgänge in der Probe verursacht werden. Der Eintrag von störenden Stoffen in die Probe wird beispielsweise verursacht durch Verschleppung infolge unsachgemäß gereinigter Gefäße und Geräte, den Abrieb von Probenahmegeräten, Zugabe von verunreinigten Konservierungsmitteln und anderem mehr. Der Austrag flüchtiger Stoffe kann erfolgen durch Entweichen bei Entnahme der Probe durch Füllen oder Umfüllen, Diffusion in oder durch das Gefäßmaterial und Verschlüsse bzw. nicht vollständig gefüllter Probegefäße. Physikalische Einflüsse können bspw. zu einer Änderung der Sink- und Schwebstoffkonstellation (Koalugationsvorgänge) führen, wie dies bei Abwasserproben stets der Fall ist.

Chemische und biologische Veränderungen werden verursacht durch beispielsweise Oxidations- und Reduktionsmittel wie freies Chlor oder Nitrit- und Sulfidionen oder aber infolge bakterieller Tätigkeit. Diesen fehlerbildenden Einflüssen läßt sich entsprechend den Ursachen dadurch entgegenwirken, indem durch fachgerechte parameterspezifische Säuberung der Gefäße und Probenahmegeräte der Eintrag an störenden Stoffen minimiert wird. Um ein Vertauschen von Flaschen und -verschlüssen aus unterschiedlichen Untersuchungsprogrammen, d.h. für beispielsweise Oberflächen- und Industrieabwässer zu verhindern, sollten für einzelne Matrices- und Parametergruppierungen bzw. Konservierungsverfahren und Konzentrationsniveaus die Gefäße und Geräte getrennt gehalten und aufbewahrt werden.

Der Austrag von flüchtigen Stoffen wird weitestgehend unterbunden, indem Probenahmeflaschen turbulenz- und luftblasenfrei gefüllt werden und eine geeignete Materialwahl – sei es Glas, Metall oder Kunststoff – für die Analyse der entsprechenden Parameter getroffen wird. Chemischen und biologischen Veränderungen kann durch Konservierungsmaßnahmen entgegengewirkt werden. Die Konservierung kann nach physikalischen, chemischen und biochemischen Methoden erfolgen.

Zu den physikalischen Methoden gehört das Kühlen bei 2–5 °C und das Tiefgefrieren bei –18 °C.

Eine chemische Konservierung erfolgt durch Säurezugabe auf pH-Werte von < 2 und Laugezugabe auf pH-Werte von > 12.

Eine biochemische Konservierung kann durch Zugabe von $HgCl_2$ und $CHCl_3$ vorgenommen werden.

Für bestimmte Inhaltsstoffe (z. B. Quecksilber) werden bestimmte umfangreichere Konservierungsmaßnahmen vorgeschrieben, wie Tabelle M.2-8 zu entnehmen ist. Wird auf lichtempfindliche Parameter untersucht, ist die Verwendung von dunklen Aufbewahrungsgefäßen vorgeschrieben.

Reinigung von Probenahmegefäßen und -geräten

Der Aufwand für die sorgfältige Reinigung richtet sich nach Art und Konzentration der zu bestimmenden Parameter. Zur Bestimmung der sog. Basisparameter, wie z. B. CSB, BSB, Ammonium, orgN-Verbindungen im mg/l-Bereich, reicht in der Regel eine Reinigung der Glas- und Kunststoffgefäße mit phosphatfreien Laborspülmitteln bei 95 °C und das Nachspülen mit vollentsalztem Wasser aus. Fest anhaftende Bestandteile sollten vorab mechanisch oder unter zur Hilfenahme von Säuren entfernt werden. Für die Bestimmung im Spurenbereich bei organischen Parametern ist nachfolgend eine Reinigung mit dem Lösemittel wie z. B. Hexan und nachge-

Tabelle M.2-8 Konservierungsmaßnahmen

Parameter	Analyse-Verfahren	Material	Konservierung[a] Mittel	Menge[b] ml/l	pH-Wert	Temp. °C	Dauer
CSB	DIN 38409 H 41	G, PE[c]	ohne			4, -18	24 h 14 d
BSB$_5$	DIN 38409 H 51	G ME	ohne		2–5	2 bis 5 / -15 bis -20	3 d / –
NH$_4$-N	DIN 38406 E 5–2	G, PE	ohne			4	36 h
NO$_2$-N[d,e]	DIN 38406 D10	G	ohne			2–5	6 h
NO$_3$-N[d,e]	DIN 38406 D 9	G	ohne			2–5	6 h
Gesamt-Phosphor	DIN 38406 E 22	G, KG, Kunststoff	HNO$_3$[f]	1	<2		1 Monat
Kadmium, Chrom Nickel, Kupfer	DIN 38406 E 22	G, KG, Kunststoff	HNO$_3$[f]	1	<2		1 Monat
Quecksilber	DIN 38406 E 12–3	G, PTFE, HDPE	5g K$_2$Cr$_2$O$_7$ + 500 ml HNO$_3$[f] pro Liter	2	<1		mehrere Monate
Blei	DIN 38406 E 6–3	G	HNO$_3$[f,g]	1	<2		1 Monat
AOX[h]	DIN 38409 H 14	G	HNO$_3$ 10 mol/l		2	4	sobald als möglich

[a] Weitere Konservierungsmethoden sind in der DIN EN ISO 5667-3, 4.96, beschrieben
[b] Mindestzugabe, pH-Wert hat Priorität
[c] LAWA Merkblatt P1, Entwurf 12.06.1989
[d] So darf nur verfahren werden, wenn an der zu untersuchenden Matrix die Haltbarkeit überprüft worden ist, ansonsten ist die Bestimmung vor Ort notwendig
[e] Die Zugabe von 2N NaOH/Na$_2$CO$_3$ (15ml/l) ermöglicht in vielen Matrices die Konservierung bis zu einer Woche
[f] HNO$_3$, ρ = 1,4 g/ml
[g] Keine Schwefelsäurezugabe/Soll zwischen partikularen und gelösten Metallanteil unterschieden werden, so muß vor Ort vor dem Ansäuern durch 0,45 μm filtriert werden
[h] Oxidierende Chlorverbindungen müssen sofort nach dem Ansäuern durch Zusatz von Natriumsulfit reduziert werden. Flaschen blasenfreirandvoll füllen und Metallkontakte vermeiden

schaltetem Ausheizen bei 160°C im Trockenschrank notwendig.

Stark verunreinigte Gefäße dürfen für die Probenahme nicht mehr verwendet werden (Memory-Effekt), sie sind sofort zu entsorgen.

Probenform

Ein wichtiges Kriterium, welches bei der Probenahme berücksichtigt werden muß, ist die Form der Probe, in welcher analysiert werden soll. In der Praxis wird im wesentlichen zwischen der Originalprobe, der sedimentierten, filtrierten und zentrifugierten Probe unterschieden.

Als *Originalprobe* bezeichnet man eine Wasserprobe ohne weitere Aufbereitungsschritte. Die Aufteilung einer solcher Probe ist nur nach Homogenisieren möglich, welches durch Rühren bei 700 – 900 U/min in einem geeigneten Gefäß vorgenommen wird [M.2.39].

Unter einer *sedimentierten Probe* versteht man ein unter definierten Bedingungen hergestelltes Sedimat (DIN 38409, Teil 9).

Unter einer *filtrierten Probe* versteht man das durch Filtration der Originalprobe gewonnene Filtrat. Je nach Problemstellung werden Filter entsprechender Porengröße verwendet, wie z. B. für die Bestimmung des DOC ein Membranfilter mit 0,45 μm oder für die Bestimmung des Filtrattrockenrückstandgehalts ein Filter mit der Durchflußdauer von 6 – 12 s, ermittelt nach DIN 53137.

Die Herstellung von Sedimat und Filtrat muß unmittelbar nach der Probenahme erfolgen, da durch Koagulationsvorgänge bedingt stets Veränderungen stattfinden.

Probenahmearten [M.2.40]

Bei den Probenahmearten unterscheidet man im wesentlichen zwischen *Stichprobe* und *Durch-*

schnittsprobe. Während eine Stichprobe durch einen einmaligen Zugriff gewonnen wird, umfaßt die „qualifizierte Stichprobe" [M.2.41] mindestens fünf Stichproben, die, in einem Zeitraum von höchstens 2 h im Abstand von nicht weniger als 2 min entnommen, gemischt werden. Eine qualifizierte Stichprobe dauert somit mindestens 8 min. bzw. längstens 2 h.

Eine *Durchschnittsprobe* ist eine Mischprobe, die von Hand oder von automatischen Probenahmegeräten gesammelt wird. Beim Einsatz der Probenahmegeräte unterscheidet man zwischen der diskontinuierlichen bzw. Intervall-Probenahme und der kontinuierlichen Probenahme mit ihren jeweiligen Sonderfällen. Bei beiden Hauptarten unterscheidet man die gleichen Spezialfälle, die zeit-, durchfluß- und volumenproportionale bzw. kontinuierliche Probenahmen.

Bei *zeitproportionalen* Probenahmen werden in gleichen Zeitabständen gleich große Probenvolumina entnommen bzw. bei zeitkontinuierlichen Probenahmen ohne Unterbrechung in gleichen Zeitabschnitten gleiche Mengen entnommen.

Eine *durchflußproportionale* Probenahme ist so gestaltet, daß in gleichen Zeitabständen variable, dem jeweiligen Durchfluß proportionale Volumina entnommen werden.

Bei der durchflußkontinuierlichen Entnahme wird der entnommene Teilstrom proportional zum Durchfluß geregelt.

Die *volumenproportionale* Probenahme ist eine Entnahmetechnik, bei der nach einem Durchfluß eines konstanten Volumens eines Wasserkörpers gleich große Volumina entnommen werden.

Die *Intervall*-Probenahme kann sowohl von Hand als auch apparativ durchgeführt werden. Die Probenahme von Hand wird in der Regel mit einem Schöpfbecher durchgeführt. Die geschöpften Proben werden bei der Stich- und Durchschnittsprobe in einem geeigneten Gefäß gesammelt. Aus diesen Gefäßen werden dann nach gutem Durchmischen die Proben in die Probenbehältnisse gefüllt. Bei der Bestimmung von leichtflüchtigen Verbindungen wird das Probengefäß direkt in den Volumenstrom eingetaucht und gefüllt. Da die Probenahme von Hand sehr personalintensiv ist, werden an Dauerprobenahmestellen automatische Probenahmegeräte eingesetzt.

Automatische Probenahmegeräte [M.2.43] bestehen im wesentlichen aus einer Entnahmevorrichtung, dem Steuerteil, der Dosiereinrichtung, dem Probenverteiler und einer Probenaufbewahrungseinrichtung. Die Geräte sollten sowohl zeit- als auch durchflußabhängige Proben entnehmen können. Daher sollte das Durchflußmeßgerät einen elektrischen Ausgang besitzen (Analogströme von 0 – 20 mA, besser 4 – 20 mA).

Bei den Probenahmegeräten wird im Prinzip zwischen zwei Geräten unterschieden. Das System der „frei fallenden Wasserweiche" und der „Vakuumprobenahme mit konstantem Volumen".

Bei den Systemen der frei fallenden Weiche wird mit einem konstanten Volumenstrom gefördert und in geregelten Zeitabständen durch Umlegen der Weiche der Wasserstrom als Probe in das Sammelgefäß gefüllt. Bei der Vakuumprobenahme mit konstantem Volumen wird mit Vakuum in das Dosiergefäß angesaugt und durch Heberwirkung ein konstantes Probevolumen herbeigeführt. Beide Systeme haben ihre Vor- und Nachteile. Beim ersteren System ist auf die verstopfungsanfälligen Pumpen hinzuweisen, während beim zweiten System durch Strippeffekte leicht flüchtige Inhaltsstoffe nicht mehr bestimmt werden können. Je nach Problemstellung ist eine entsprechende Auswahl zu treffen.

Organisation und Durchführung

Eine Probenahme, bei der die o. a. geführten Aspekte berücksichtigt werden, erfordert den Einsatz von fachlich qualifiziertem Personal, welches über die fehlerbildenden Einflüsse informiert und dementsprechend ausgebildet ist. Die Festlegung der Probenahmestellen erfolgt unter Beachtung der anstehenden Problematik und des Sicherheitsaspekts. Probenart und -form werden unter zusätzlicher Berücksichtigung parameterspezifischer Probleme festgelegt. Probenahmegefäße und Gerätschaften sowie Konservierungsmittel müssen gemäß der oben beschriebenen Hinweise bereitgestellt werden. Um die Zeitspanne zwischen der Probenahme vor Ort und der Aufarbeitung im Labor möglichst kurz zu halten, ist eine terminliche Abstimmung mit den in Frage kommenden Laboratoriumsbereichen notwendig. Der Probenehmer sollte über das Ziel der Untersuchung informiert werden und über die Örtlichkeiten genau Bescheid wissen. Ein *Probenahmeprotokoll*, das in Anlehnung an das Musterprotokoll in DIN/38402, Teil 11 auf die spezielle Problematik zugeschnitten ist, muß dem Probenehmer mitgegeben werden. Als Anlage können nach Bedarf Hinweise auf Besonderheiten bzlg. Sicherheit, Vorgehensweise und Transport mitgegeben werden. Protokoll und Probe müssen *gemeinsam* im Labor eintreffen!

M.2.2.3 Probenahme von Feststoffen aus dem Bereich Abwassertechnik

M.2.2.3.1 Allgemeines

Abwasser führt eine umfangreiche Palette von Verunreinigungen mit sich, welche sich einmal als feste Stoffe in Form von Sink-, Schweb- und Schwimmstoffen und zum anderen als gelöste und koloidale Stoffe darstellen.

Zu ihrer Entfernung wird gezielt auf ganz bestimmte Stoffgruppen die geeignete Verfahrenstechnik eingesetzt [M.2.42].

Grobe, sperrige, schwimmende Stoffe werden mit Rechen aus dem Wasser entfernt und als *Rechengut* entsorgt. Sinkstoffe werden in der Regel ihrer Dichte entsprechend im Sandfang bzw. einem nachgeschalteten Absetzbecken (Vorklärung) entfernt. Hier fallen *Sandfanggut* und *Vorklärschlamm* an. Die gelösten und koloidalen Stoffe sowie Feinstschwebstoffe werden in biologischen Reinigungsstufen entfernt. Hier fällt der sog. *Überschußschlamm* an. Überschuß- und Vorklärschlamm werden in der Regel nach einer Zwischeneindickung einem Faulbehälter zwecks anaerober Behandlung zur Stabilisierung zugeführt. Als Produkt fällt hier der *Faulschlamm* an. Der anfallende Faulschlamm kann über Trockenbeete oder maschinell entwässert werden bzw. direkt in Sammelbehältern aufgefangen werden. Sowohl feste als auch flüssige Faulschlämme werden ihrer Qualität und den gegebenen Möglichkeiten entsprechend als Wirtschaftsgut zur Nutzung in der Landwirtschaft und auf Rekultivierungsflächen verwendet, mit Kohle gemischt als Füllstoff der Zementindustrie zugeführt oder in geeigneten Kraftwerken bzw. speziellen Wirbelschichtöfen verbrannt. Als Rückstand fällt bei letzterem *Asche* an, die einer Entsorgung zugeführt werden muß. Alle diese Feststoffe müssen je nach Entsorgungsweg umfangreich auf die unterschiedlichsten Inhaltsstoffe untersucht werden. Darüber hinaus ist bei einer landwirtschaftlichen Nutzung gemäß AbfKlärV auch der *Boden*, auf dem der Schlamm aufgebracht wird, zu untersuchen.

Desweiteren fallen im Einzugsgebiet einer Abwasserbehandlungsanlage bei gestörter Wasserführung *Bachsedimente* und evtl. Kanalablagerungen an. Durch Hochwasser bedingt lagern sich auf Bermen der Bachbette Sinkstoffe als sog. *Anlandungen* oder Wülste ab.

M.2.2.3.2 Probenahme

Wie schon bei der Abwasserprobenahme angesprochen, muß bei der Probenahme von Feststoffen eine repräsentative Probe entnommen werden. Dies gestaltet sich je nach Konsistenz unterschiedlich schwierig. Bei den flüssigen oder dünnbreiigen Klärschlämmen ist die Problematik ähnlich der des Abwassers und in der Praxis gut beherrschbar. Aufwendiger wird indes die Probenahme von wasserärmeren Feststoffen, da hier je nach Heterogenität oder Inhomogenität für eine

Tabelle M.2-9 Probenahmegeräte (Auswahl)

Geräte	Art des Probeguts					
	Abwasser	Schlamm		Sedimente		Boden
		flüssig	stichfest	fest	schlammig	
Schneckenbohrer						●
Pürckheimer Bohrer			●			●
Spaten/Schaufel			●	●		●
Sedimentbagger				●		
Sedimentbohrer				●	●	
Schöpfer	●	●				
Eimer mit Seil	●					
Tauchbombe	●	●				
Probenahmegeräte (automatisch)	●					
Wasserfalle	●					

halbwegs zufriedenstellende Lösung des Problems größere Mengen Probegut mit entsprechender Misch- und Teiltechnik ggf. unter Zuhilfenahme von Großgeräten unter Erhalt der Repräsentation auf bei der chemischen Analyse eingesetzten Mengen reduziert werden muß. Eine Maßnahme, die vor allem bei nicht mahlfähigen Bestandteilen wie beispielsweise feinste Teerpartikel auf seine Grenzen stößt. Für die richtige Wahl der Geräte je nach Art des Probeguts s. Tabelle M.2-9.

Probenahme von Rechengut

Aufgrund der heterogenen Zusammensetzung des Rechenguts, welche mit der des Hausmülls vergleichbar ist, ist die Entnahme einer repräsentativen Probe nur mit großem Aufwand möglich. Ist ein Rechengutzerkleinerer installiert, empfiehlt es sich, über den Tag hinweg Rechengut in einer Menge von ca. 20 l Volumen zu sammeln und in dem Probenvorbereitungslabor mit Hilfe dort vorhandener Einrichtungen weiter zu verkleinern, um eine Probenreduzierung vornehmen zu können. Fehlt ein Rechenzerkleinerer, dann muß eine ausreichende Menge Rechengut mit anderem geeigneten Schneidwerk vorzerkleinert werden, um wie oben beschrieben bearbeitet zu werden.

Probenahme von Sandfanggut

Im Vergleich zum Rechengut hat das gewaschene, also von organischen Fäkalstoffen gereinigte Sandfanggut eine homogenere Zusammensetzung, so daß beispielsweise durch Beprobung aus dem Sammelcontainer mit Hilfe von Rillenbohrern etwa 5 l Probe entnommen und dem Labor zur Bearbeitung zur Verfügung gestellt werden können.

Probenahme von Faulschlamm/
Vorklärschlamm/Überschußschlamm

Je nach Problemstellung werden Proben während einer Pumpperiode mittels eines eigens dafür geschaffenen Abfüllstutzens aus der Schlammleitung und zwar zeitlich verteilt über die gesamte Pumpperiode entnommen. Es wird so mit der Entnahme von mindestens drei Stichproben eine Menge von etwa 20 l in einem Sammelbehälter aus geeignetem Material wie z. B. Aluminium gesammelt. Bei der Entnahme von Proben aus einer Schlammleitung ist auf eine ausreichende Vorlaufmenge zu achten, die sowohl ein Sauberspülen der Hauptleitung als auch der Abfülleinrichtung ermöglicht.

Wird der Schlamm in einem Silo gesammelt, von dem aus er der landwirtschaftlichen Nutzung zugeführt wird, ist eine Probenahme nach dem Mischen mit Rührwerken oder Umwälzeinrichtungen gegen Ende des Mischungsvorgangs durch Entnahme von Stichproben mittels eines Schöpfers an verschiedenen Stellen des Silos möglich, um etwa 20 l Probegut in einem Aluminiumgefäß zu sammeln.

Die Entnahme von entwässertem oder teilentwässertem Schlamm aus Schlammbeeten oder gar größeren Schlammteichen erweist sich als sehr schwierig. Aus flachen und flächenkleinen Schlammtrockenbeeten kann eine Mischprobe durch Entnahme von mind. 30 gleichmäßig verteilten Stichproben entlang der Umrandung in Schöpferreichweite entnommen werden. Läßt der abgelagerte Schlamm das Auflegen und Begehen von Brettern zu, so kann mit Hilfe dieser Technik eine über die Fläche besser verteilte Probenahme erfolgen.

Müssen Proben aus Flächen größeren, d. h. dann auch tieferen Schlammteichen entnommen werden, so ist das über die Fläche gleichmäßig verteilte Aufsetzen von Pontons sinnvoll. Von diesen aus können mit Hilfe von Bohrern oder speziellen Sedimentprobenahmegeräten Proben entnommen werden. Das Aufsetzen solcher Pontons und der Material- sowie der Personaltransport erfolgt zweckmäßigerweise mit einem Hubschrauber (Bild M.2-1).

Erfolgt die Entwässerung eines Schlamms maschinell, so kann durch die Entnahme von Filterkuchenstücken vom Förderband eine Durchschnittsprobe in einem Behälter von etwa 5 l über den gewünschten Zeitraum gesammelt werden. Das Probenahmeintervall richtet sich nach dem Probenahmezeitraum und sollte beispielsweise etwa 7 Eingriffe pro Zeitraum betragen.

Probenahme von Boden

Zur Entnahme von Bodenproben werden spezielle Bodenprobenstecher verwendet, wie beispielsweise der Pürckhauer Bohrer. Bei Flächen bis zu 1 ha kann bei einheitlicher Beschaffenheit eine Durchschnittsprobe aus mindestens 20 Stichproben, gleichmäßig über die Fläche verteilt, welche über eine Bearbeitungstiefe von etwa 30 cm entnommen, gemischt werden [M.2.43].

Bild M.2-1 Klärschlammprobenahme

Probenahme von Asche

Die Probenahme von Aschen erweist sich als sehr schwierig, da zur Vermeidung eines unkontrollierten Austritts von der Anfallstelle bis hin zur Sammelstelle (Silo), in einem geschlossenen System gearbeitet wird. Unter Berücksichtigung der Repräsentanz und der technischen Möglichkeiten (Temperaturprobleme, Förderart) müssen an geeigneten Stellen des Transportsystems Bypässe in Form von Abfüllstützen angebracht weren, an denen die Entnahme von Proben möglich wird. Es sollten hier mehrere Stichproben über einen vorgegebenen Zeitraum verteilt entnommen zu einer Durchschnittsprobe vereinigt werden.

Probenahme von Sedimenten

Bei der Entnahme von festeren Sedimenten kann der Sedimentbagger, bei lockeren Sedimenten der Sedimentbohrer eingesetzt werden. Letzterer ermöglicht bei fester Konsistenz eine ungestörte Probenahme, so daß der Schlamm auch schichtenweise untersucht werden kann. Will man keine Differenzierung vornehmen und nur Auskunft über die insgesamt im Bachbett liegende Masse haben, so kann man mit Hilfe von Schaufeln Proben über den zu untersuchenden Streckenabschnitt entnehmen. Von dem am Ufer gesammelten und abgetropften kleinen Haufwerken entnimmt man dann Teilproben und mischt diese zu einer Mischprobe.

Probenahme von Kanalablagerungen

Diese Art Ablagerungen können je nach Art und Anhaftung mit Hilfe von entsprechendem Werkzeug, angefangen von der Schaufel bis hin zu Hammer und Meißel entfernt werden. Die so entnommenen Proben haben in der Regel keinen repräsentativen Charakter, sie dienen nur zur Vororientierung. Eine repräsentative Probe kann erst aus dem Haufwerk der Gesamtablagerung nach der Kanalsanierung entnommen werden.

Probenahme von Anlandungen

Auf den Bermen von Bachläufen angelandetes Sediment wird schon bei Schichtdicken unter 30 cm entfernt. Hier kann die Probenahme ähnlich erfolgen wie bei der Bodenprobenahme. Mit einem Rillenbohrer kann man beliebig oft bis zur Schichtdicke der Anlandungen einstechen und so über eine vorgegebene Strecke eine Durchschnittsprobe sammeln. Bei der Wahl des Abschnitts für den man eine Durchschnittsprobe sammeln möchte, sind seitliche Zuflüsse zu berücksichtigen, die sich auf die Sedimentzusammensetzung auswirken können.

Probenahmepersonal und -protokoll

Die Probenahme darf nur von geschultem Personal vorgenommen werden. Zu jeder entnommenen Probe gehören ein Probenahmeprotokoll, welches das Musterprotokoll nach DIN 38402 Teil 11 zur Grundlage hat und mindestens folgende Angaben enthalten muß: Datum und Zeitpunkt der Entnahme, Ort der Entnahme, Art der Probenahme, Besonderheiten, Name des Probenehmers und dessen Unterschrift.

Probenvorbereitung [Tabelle M.2-10]

In das Vorbereitungslabor gelangen eine Repräsentation garantierend, ausreichend große Mengen, welche durch die nachfolgend beschriebenen Techniken auf handhabbare Mengen reduziert werden müssen.

Je nach Umfang der Untersuchung werden bis zu 2 kg Trockenmasse Probegut benötigt. Das Probegut wird bei flüssigem Klärschlamm in dunkelbraunen Weithalsglasflaschen von 5 l Inhalt oder bei festen Klärschlämmen wie auch Anlandungen in 1 l-Glasflaschen angeliefert, falls schon am Ort der Probenahme eine sinnvolle Reduzierung des Volumens möglich war. Ist dies nicht zweifelsfrei möglich, wird dem Labor eine größere Menge (10 – 20 l Probegut) überstellt. Die Anlieferung erfolgt dann i. d. R. in Eimern oder speziellen Gefäßen aus Metall.

Soll auf leichtflüchtige Inhaltsstoffe untersucht werden, muß schon am Ort der Probenahme eine sog. Head-Space-Flasche gefüllt und luftdicht verschlossen werden. Die Abstimmung mit dem Labor ist hier ebenso notwendig, wie bei der Entnahme von Wasserproben.

Flüssiger Klärschlamm wird mit der Hilfe eines Rührwerks gemischt und in zwei Teilproben aufgeteilt, welche gemäß AbfKlärV wie zwei von einander unabhängige Einzelproben zu untersuchen sind. Jede dieser Teilproben wird entsprechend der weiteren Aufarbeitung wiederum aufgeteilt und nach dem Trocknen im Trockenschrank bei 105° C bzw. nach dem Trocknen mit der Tiefgefriertechnik in einer *Planetenkugelmühle* mit einem Mahlgeschirr aus Zirkonoxid auf die Korngröße von < 0,1 mm gemahlen. Bei einer Testsiebung müssen 95 % des Mahlguts ein Sieb dieser Feinheit passieren. Hat das Material einen etwas faserigen Charakter, wird es mit einer *Zentrifugalmühle* gemahlen.

Böden, Anlandungen und entwässerte Klärschlämme werden mit Hilfe einer *Teigknetmaschine* homogenisiert. Aus dieser Mischprobe werden Teilproben hergestellt, welche wie oben angeführt weiter verarbeitet werden.

In der Regel werden diese Proben mit der Planetenkugelmühle gemahlen. Heterogenes Material wie Rechengut wird erst in der *Schneidemühle* auf etwa < 5 – 8 mm vorzerkleinert, bevor es mit der Planetenkugelmühle gemahlen wird. Das Mahlgut wird im Labor durch spezielle Vorbereitungs-

Tabelle M.2-10 Probenvorbereitung, Geräteausstattung

Gerät	Material	Einsatz
Backenbrecher	Wolframcarbid	Zerkleinerung auf 10 – 0,1 mm
Schneidemühle	Edelstahl	Vorzerkleinerung von heterogenem Material (Rechengut, Hausmüll)
Teigknetmaschine	Aluminium (Rührwerk) Cr, Ni, Mo-Stahl (Gefäß)	Homogenisieren von pastösen Feststoffen
Tiefkühlschrank	Edelstahlauskleidung	Vorkühlen für die Gefriertrocknung
Gefriertrockner	Aluminiumschalen	Trocknen von Feststoffen und Schlämmen; zur Bestimmung organischer Inhaltsstoffe
Planetenkugelmühle	Zirkoniumoxid (Mahlgarnitur)	Feinmahlen von nichtfaserigen Feststoffen
Ultrazentrifugalmühle	Titan (Rotor, Sieb)	Feinmahlen von faserigen Feststoffen
Rollenstand		Homogenisieren von vorzerkleinertem und gemahlenem Material
Probenteiler	Edelstahl	Teilen von Mahlgut

schritte weiter aufbereitet und somit der analytischen Bestimmung zugänglich gemacht.

M.2.3 Ausblick

Rechtliche Regelungen im Umweltbereich unterliegen häufigen Wandlungen bzw. Ergänzungen, bedingt z. B. durch neue Erkenntnise über Schadstoffwirkungen und daraus folgend Umsetzungen durch den Gesetzgeber.

Ergänzend zu den im Text erwähnten Literaturzitaten möchten wir insbesondere auf folgende Veröffentlichungen hinweisen, die für das behandelte Thema größerer Bedeutung haben: Für die Abfallentsorgung das Kreislaufwirtschaftsgesetzes [M.2.44], für die Beurteilung von Schadstoffkonzentration eine Sammlung von Richt- und Grenzwerten [M.2.45].

M.3 Abfall

Die Ergebnisse der Analysen von Abfallproben dienen meist als Grundlage für die Zuordnung zu einem bestimmten Entsorgungs- oder Verwertungspfad, z. B. der Beurteilung der Ablagerungsfähigkeit eines Materials, der Überprüfung der Eignung als Brennstoff einer Müllverbrennungsanlage oder der Kompostierbarkeit. Wird der zu entsorgende Abfall in einer technischen Anlage behandelt, so fallen je nach Art der gewählten Behandlungstechnik zur Überwachung des Prozesses und zur Qualitätskontrolle der Produkte weitere Messungen an. Die hier vorgestellten Untersuchungen beschränken sich auf die Reststoffe selbst. Auf die Darstellung von Messungen zur Emissionsüberwachung an gasförmigen Proben (z. B. Prozeßabgasen) oder flüssigen Proben (z. B. Sickerwasser) wird nicht eingegangen.

Zur Untersuchung fallen in erster Linie feste Abfälle, insbesondere Restmüll, und zur Ablagerung vorgesehene Stoffe wie Filterstäube an. Daneben gibt es für einige Abfallsorten, bei denen je nach Belastungsgrad des Materials die Entscheidung zwischen Entsorgung und Verwertung zu treffen ist, einen erhöhten Untersuchungsbedarf. Hierzu zählen Klärschlämme, Bauschutt, Schlacken, Erdaushub oder Shredderrückstände.

Diese zum Teil sortenreinen Fraktionen machen einen erheblichen Anteil am Gesamtmüllaufkommen aus. So übersteigt beispielsweise die Bauschutt- und Bodenaushubmenge das Hausmüllaufkommen etwa um das Fünffache. Neben der Entsorgung oder Behandlung gibt es gerade für diese beiden Fraktionen eine Reihe von Verwertungswegen (Straßenbau, Lärmschutzwälle, Bodenverfestigung u. a.), die bei ausreichend geringen Belastungen eingeschlagen werden können.

Die Kompostierung von Abfallstoffen nimmt hierzulande derzeit nur einen geringen Stellenwert ein. Zur Zeit werden nur etwa 2–3 Gew.-% der anfallenden Abfälle kompostiert.

Eine wesentlich größere Bedeutung kommt der Grün- und Biomüllkompostierung zu, die in einigen Bundesländern flächendeckend gefordert wird.

M.3.1 Gesetzliche Vorgaben

Die „Technische Anleitung zur Lagerung, chemisch/physikalischen, biologischen Behandlung, Verbrennung und Ablagerung von besonders überwachungsbedürftigen Abfällen", kurz „TA Sonderabfall", hat das Ziel, eine umweltverträgliche Abfallentsorgung (§ 4 Abs. 5 AbfG) zu gewährleisten. Die TA Sonderabfall in der Gesamtfassung der 2. Allgemeinen Verwaltungsvorschrift zum Abfallgesetz wurde am 12.3.1991 erlassen (BMU, Gemeinsames Ministerialblatt Nr. 8, S. 139, 1991). Der Anwendungsbereich der TA Sonderabfall beschränkt sich auf die besonders überwachungsbedürftigen Abfälle im Sinne von § 2 Abs. 2 AbfG. Geregelt werden die Verwertung und sonstige Entsorgung von Abfällen, nicht die Vermeidung, die nach § 14 Abs. 1 Nr. 3 und 4 AbfG geregelt wird.

Mit der TA Siedlungsabfall (TASi) sollen die Gebote zur Vermeidung und Verwertung der kommunalen Massenabfälle bundeseinheitlich konkretisiert und eine umweltverträgliche Abfallentsorgung sichergestellt werden. Sie ergänzt damit gleichermaßen die TA Sonderabfall wie die Verordnungen aufgrund des § 14 AbfG.

Die TASi gibt Mindestanforderungen für die Vorbereitung und die Planung integrierter Abfallwirtschaftskonzepte, die Planung, Errichtung und den Betrieb von Abfallbehandlungs- und -verwertungsanlagen und die Ablagerung von Abfällen vor. Sie unterscheidet im wesentlichen zwei Deponieklassen. Die TA Abfall ergänzt diese Systematik, indem sie entsprechende Regelungen für Sonderabfalldeponien trifft.

– Deponieklasse I nach TASi
– Deponieklasse II nach TASi
– Sonderabfalldeponien nach TA Abfall

In den jeweiligen Anhängen (für Deponieklasse I und II Anhang C der TA Siedlungsabfall, für Sonderabfalldeponien Anhang D der TA Abfall) sind die Zuordnungswerte, die für die Verbringung von Materialien auf die dort unterschiedenen Deponien einzuhalten sind, aufgeführt. Für die Untersuchung sind Bestimmungen aus der Originalsubstanz (organischer Anteil des Trockenrückstands der Originalsubstanz, Festigkeit und extrahierbare lipophile Stoffe) und aus dem wäßrigen Eluat unter Angabe des anzuwendenden Analyseverfahrens vorgegeben. Es fehlen jedoch i. d. R. Hinweise auf die Notwendigkeit der Modifikation der für die Eluatparameter vorgeschriebenen Methoden, die ursprünglich für die Analyse von Wasser und Abwasser entwickelt wurden.

Am 1. Juli 1992 ist die neue Verwaltungsvorschrift zum Vollzug der Klärschlammverordnung (AbfKlärV) als Bestandteil des Abfallrechts in Kraft getreten (BGBl. I S. 1410, 1501). Mit dieser Verordnung soll nach Ansicht der Bundesregierung einerseits die landwirtschaftliche Verwertung geeigneter Klärschlämme aus abfallwirtschaftlichen und ökologischen Gründen gesichert werden und andererseits sollen aber aus Vorsorgegründen nur solche Schlämme zum Einsatz kommen, deren Gehalt an Schwermetallen, organischen Schadstoffen und Düngestoffen negative Auswirkungen auf Mensch und Umwelt nicht erwarten lassen.

Im Anhang I der AbfKlärV sind sowohl eindeutige Vorschriften für die Probenahme als auch für die eigentlichen Untersuchungsmethoden festgelegt worden. Damit wird hier wie auch in anderen Verordnungen des Abfallrechts der Forderung entsprochen, daß gesetzlich fixierte Werte oder Bewertungen, die mit Hilfe von Messungen geprüft werden müssen, nur dann eindeutig und damit rechtsmittelfest bestimmt sind, wenn das Untersuchungsverfahren zur Ermittlung dieser Meßwerte ebenfalls festgelegt ist.

Auf europäischer Ebene wird dies in der EG-Richtlinie 86/276/EWG (Richtlinie des Rates über den Schutz der Umwelt und insbesondere der Böden bei der Verwendung von Klärschlamm in der Landwirtschaft) vom 12. Juni 1986 umgesetzt.

Im hessischen Abfallrecht wird seit 1990 die Entsorgung von Erdaushub und belasteten Böden geregelt (Erste VwV Erdaushub/Bauschutt; Verwaltungsvorschrift für die Entsorgung von unbelastetem Erdaushub und unbelastetem Bauschutt) [M.3.1]. Der Ergänzungserlaß von 1992 [M.3.2] beinhaltet Orientierungswerte für 18 im Eluat mit destilliertem Wasser und direkt aus dem Feststoff zu ermittelnde Parameter zur Abgrenzung von unbelastetem, belastetem und verunreinigtem Boden oder Bauschutt. In der Anlage ist eine Liste der für die untersuchenden Parameter anzuwendenden Analyseverfahren beigefügt, in die jedoch nur Verfahren aus der Wasser- und Abwasseranalytik aufgenommen wurden, obwohl für einige Parameter zumindest eine für Schlamm und Sedimente genormte Methode vorliegt. Für die Metalle wird der Königswasseraufschluß nach DIN 38414, Teil 7 vorgeschrieben; für die organischen Parameter heißt es lediglich „Analyse aus Originalsubstanz", jedoch fehlt jeglicher Hinweis auf notwendige Clean-up-Schritte, die in den für die Wasseranalytik entwickelten Verfahren nicht enthalten sind.

Die Verwertung bzw. Entsorgung von Shredderrückständen ist in der 3. Allgemeinen Verwaltungsvorschrift zum Abfallgesetz im Entwurf vom 6.7.1990 (TA Shredderrückstände) geregelt. Die analytische Untersuchung dieser Rückstände wird dort in Anlehnung an die TA Abfall vorgegeben. Für die Bestimmung der PCB und Kohlenwasserstoffe werden im Anhang Probenahme und Analysenverfahren detailliert beschrieben. Die Frage der Qualitätskontrolle von Restmüll-Komposten und deren Ausgangsmaterialien wird unter anderem im 1994 überarbeiteten Entwurf des Merkblatts LAGA M 10 (Qualitätskriterien und Anwendungsempfehlungen für Kompost) [M.3.3] der Länderarbeitsgemeinschaft Abfall LAGA aufgegriffen. Es werden dort Sollbereiche und Grenzwerte für verschiedene Parameter festgelegt, und im Anhang 2 Angaben über einzusetzende Verfahren zur Analyse von Schadstoffen gemacht.

Zur Bewertung der Qualität von Grün- und Biomüllkomposten wird von der Bundesgütegemeinschaft Kompost e.V. das RAL-Gütesiegel Kompost vergeben. In dem in Zusammenarbeit mit dem Verband Deutscher Landwirtschaftlicher Untersuchungs- und Forschungsanstalten VDLUFA entwickelten Methodenbuch [M.3.4] werden die zur Untersuchung einzusetzenden analytischen Verfahren ausführlich beschrieben.

M.3.2　Probenahme

Bei der Planung und Durchführung der Probenahme von Abfall- oder Reststoffen sind in erster Linie die Fragestellung und der Anlaß der Untersuchung (Deklarationsanalyse, Identifikationsanalyse oder Prozeß bzw. Produktüberwachung bei der Abfallbehandlung) zu berücksichtigen, und anhand dessen über Beginn und Dauer der Probenahme sowie die Art der Messung (Einzelmessung oder Mittelwert über längere Zeiträume) zu entscheiden.

Die Grundregeln für die Probenahme aus Abfällen wurden von der LAGA in der Richtlinie PN 2/78 K (Grundregeln für die Entnahme von Proben aus Abfällen und abgelagerten Stoffen) [M.3.5] formuliert und sind in der Richtlinie PN 2/78 (Entnahme und Vorbereitung von Proben aus festen und schlammigen Abfällen) [M.3.6] konkretisiert.

Für einige spezielle Anwendungsfälle gibt es zwischenzeitlich eigens erstellte Vorschriften. So ist z. B. die Probenahme aus Shredderabfällen gemäß 3. Allgemeiner Verwaltungsvorschrift zum Abfallgesetz, Entwurf vom 6.7.1990 (TA Shredderrückstände) geregelt, die Entnahme von Proben aus Altöl ist in DIN 51 750 Teil 1 genormt.

In jedem Fall ist der zu untersuchende Abfall genau zu beschreiben, auch bzgl. seiner Eigenschaften, einschl. evtl. Veränderungen in der Beschaffenheit; ggf. ist auf Konservierungsmaßnahmen hinzuweisen. Die Probenahme ist zu erläutern (Art, Ort, Zeit, Grund, Veranlasser). Vom ggf. vorgegebenen Verfahren abweichende Vorgehensweisen, evtl. Störungen und Beobachtungen, die auf das Analysenergebnis von wesentlichem Einfluß sein können, sind festzuhalten.

M.3.3 Vor-Ort-Analytik/Schnellanalytik

In einigen Fällen besteht ein hoher Bedarf an raschen (Vorab-)Informationen über den aktuellen Belastungszustand eines Materials. Die für rasche Aussagen erforderlichen Meßinstrumentarien werden durch die sog. Schnellanalytik bereitgestellt, bei deren Einsatz u.a. folgende Aspekte zu berücksichtigen sind:

- Sollen vor Ort Ergebnisse erzielt werden, die unmittelbar das weitere Fortgehen anderer Tätigkeiten beeinflussen sollen, so spricht dies für den Einsatz der Schnellanalytik. Die Schnellanalytik kann in einem solchen Fall die Laboranalytik jedoch auf keinen Fall ersetzen, sondern lediglich sinnvoll ergänzen.
- Ist eine halbquantitative Aussage (Screening) ausreichend, so kann Schnellanalytik sinnvoll eingesetzt werden.
- Bezüglich der Kosten ist anzumerken, daß in den meisten Fällen bei regelmäßig zu messenden Parametern in großen Serien i. d. R. automatisierte Laboranalytik wirtschaftlicher ist als Schnellanalytik.

Elementare Voraussetzung für den Einsatz der Schnellanalytik in der Feststoffmatrix ist ein geeignetes Schnellelutions- oder Extraktionsverfahren. Die Elution bzw. Extraktion bestimmt daher auch die erzielbare Aussagequalität. Im Eluat oder Extrakt ist mit Hilfe der für den Bereich der wäßrigen Analysen entwickelten Verfahren nahezu jeder relevante Parameter bestimmbar. Zur Zeit sind Schnellmethoden für etwa 250 verschiedene Parameter auf dem Markt verfügbar.

Vom Landesumweltamt Nordrhein-Westfalen LUA-NRW wurde eine umfangreiche Datenbank mit einer „Übersicht kurzfristig verfügbarer Methoden der Schnellanalytik" [M.3.7] zusammengestellt. Darin sind für eine Vielzahl anorganischer, organischer und biologischer Parameter die derzeit kommerziell erhältlichen Schnellanalytik-Methoden inkl. ihrer Anwendungsbereiche zusammengestellt.

Im Bereich der anorganischen Analytik sind quasi alle relevanten Parameter quantitativ bestimmbar. Organische Parameter können häufig nur halbquantitativ ermittelt werden. Verfügbar sind hier photometrische Verfahren für Stoffe und Stoffgruppen wie Phenole, Alkohole, Tannin, Polyacrylsäure und Formaldehyd. Ausblasbare flüchtige Stoffe sind mittels Gasprüfröhrchen erfaßbar. Die wichtigste Rolle spielen jedoch Stoffgruppen, die mittels Immunoassays halbquantitativ analysiert werden können. Zu den hier in Frage kommenden Stoffen und Stoffgruppen zählen u.a. PCP, PCB, PAK, BTEX, KW, Nitroaromaten, TNT und Pestizide.

Letztlich entscheidendes Kriterium ist immer die Frage, welche Aussagen mit den zu erzielenden Ergebnissen in ihrer individuellen Qualität getroffen werden sollen. Danach können Art, Aufwand und Umfang der erforderlichen Analytik bemessen werden.

M.3.4 Probenaufbereitung

M.3.4.1 Probenvorbehandlung

Zur weiteren Analyse werden die Proben meist luft- oder gefriergetrocknet. Nach AbfKlärV kann für Klärschlämme alternativ eine Gefriertrocknung, Lufttrocknung oder Trocknung bei 40 °C vorgenommen werden. Je nachdem, welche analytische Untersuchung sich anschließt kann auch eine chemische Trocknung (z. B. Natriumsulfat) gewählt werden. Die Bestimmung der Trockenmasse erfolgt meist parallel mit einer separaten der Probe bei 105 °C.

Die Zerkleinerung des Probenguts ist die Voraussetzung für eine anschließende Einengung durch Teilung. Bei grobkörnigem Gut eignen sich am besten langsam laufende, eingekapselte Zerkleinerungsaggregate, die nicht an eine Absaugung angeschlossen sind. Eingesetzt werden hierzu Schneidmühlen, Schlagkreuzmühlen, Kugel- und Mörsermühlen.

Häufig müssen die Proben dennoch händisch vorsortiert werden, da unterschiedliche Härtegrade auch verschiedene Mühlentypen verlangen. Insbesondere größere Metallteile oder Edelstahl führen zu Problemen bei der Probenzerkleinerung.

Bei der Auswahl der Zerkleinerungsaggregate und bei allen folgenden Arbeitsvorgängen ist auf eine möglichst zu minimierende Kontamination der Proben zu achten. Hierzu zählen der Abrieb an den Mahlwerkzeugen, durch den ein unerwünschter Materialeintrag erfolgen kann.

M.3.4.2 Extraktion

Für medienübergreifende Betrachtungen von Stoffströmen sind Untersuchungen der Gesamtgehalte in Feststoffproben die Methode der Wahl. Solche Untersuchungen sind zur Bewertung von Produktionsanlagen, von Abfallbehandlungsanlagen, aber auch als Grundlage für Ökobilanzen von Produkten und Produktionsprozessen immer erforderlich.

Bei der Wahl der Extraktionsmethode zur Bestimmung der Gesamtgehalte aus Feststoffen muß grundsätzlich zwischen zwei Kategorien unterschieden werden. Zum einen in Extraktionen zur anschließenden Schwermetallbestimmung (bzw. Elementspurenanalytik), und zum anderen in Extraktionen mit organischen Lösemitteln zur anschließenden Bestimmung organischer Verunreinigungen.

M.3.4.2.1 Extraktion zur anschließenden Schwermetallbestimmung

Die Königswasseraufschlüsse zählen zu den zur Bestimmung anorganischer Verbindungen am häufigsten eingesetzten Verfahren und lassen sich für nahezu jede bei der Untersuchung fester Abfallstoffe relevante Matrix einsetzen. Vergleichbare Methoden wurden mit DIN 38414, Teil 7 (Aufschluß mit Königswasser zur nachfolgenden Bestimmung des säurelöslichen Anteils), E DIN ISO 11 466 (Extraktion von in Königswasser löslichen Spurenmetallen) und VDLUFA A 2.4.3.1 (Bestimmung von Schwermetallen im Aufschluß mit Königswasser) veröffentlicht.

Diese Methoden werden zwar als Verfahren zur Bestimmung von Gesamtgehalten bezeichnet, tatsächlich können jedoch die Anteile der extrahierten Gehalte am Gesamtgehalt je nach Element und Matrix zwischen 50 und 100 % schwanken, da bestimmte Silikate und Oxide nicht aufgeschlossen werden.

Daneben werden in einigen Fällen auch Extraktionen mit siedender Salpetersäure HNO_3 in unterschiedlichen Konzentrationen vorgenommen, die analog dem Königswasseraufschluß durchgeführt werden.

Zur Ermittlung des Gesamtgehalts in Proben mit hohem Silikatanteil findet häufig die Druckaufschlußmethode mit einer Mischung aus Flußsäure, Perchlorsäure und Salpetersäure oder ein Mikrowellendruckaufschluß unter Zusatz von Flußsäure Anwendung.

M.3.4.2.2 Extraktion zur anschließenden Bestimmung organischer Verunreinigungen

Die für die Extraktion organischer Verbindungen aus Abfallproben, Klärschlämmen, Komposten oder Bauschutt geeigneten organischen Lösemittel sind je nach der zu untersuchenden Verbindungsklasse vor allem in Abhängigkeit von der sich anschließenden Detektionsmethode auszuwählen. Kriterien sind dabei neben den erwünschten möglichst hohen Extraktionsausbeuten und Selektivität vor allem minimale Störungen bei der gewählten Detektionsmethode.

M.3.4.3 Elutionsverhalten

Bei der Beurteilung der Ablagerungsmöglichkeiten für Abfälle sind Fragen des Gefährdungspotentials bzgl. verschiedener Schutzgüter (z. B. Sickerwasserbelastung mit daraus folgender Gewässergefährdung) von entscheidender Bedeutung. Die Anforderungen an das Eluat der Abfälle stellen ein wichtiges Kriterium dafür dar, ob ein Abfallstoff bzw. -stoffgemisch zur Ablagerung gelangen darf oder bei Überschreiten der zulässigen Grenzwerte einer Vorbehandlung unterzogen werden muß. Beim Elutionsverfahren soll das Auslaugverhalten der Abfälle oder Reststoffe gegenüber wäßrigen Systemen getestet werden, um eine Abschätzung z. B. der Transferwahrscheinlichkeit vom Feststoff in das Deponiesickerwasser zu ermöglichen.

Die Eluierbarkeit hängt im wesentlichen von der chemischen und physikalischen Beschaffenheit der Probe (Oberfläche, Lagerungsdichte, Durchlässigkeit etc.), der Beschaffenheit des eindringenden Wassers (pH-Wert, Temperatur usw.) und von Dauer und Art der Berührung zwischen Probe und Elutionsflüssigkeit ab. Die Vielzahl denkbarer Randbedingungen bei der Ablagerung und die Vielzahl möglicher Wechselwirkungen mit der natürlichen Umgebung bedingen die Schwierigkeiten bei der Entwicklung geeigneter Analyseverfahren für die Umweltüberwachung.

In den für die Abfalluntersuchung vorliegenden Regelwerken wird in den zugehörigen Anhängen die Eluatherstellung nach DIN 38414, Teil 4 mit destilliertem Wasser gefordert.

Im Eluat werden Art und Konzentration der gelösten Stoffe nach dem Verfahren der Wasseranalytik bestimmt. Gemessen werden beispielsweise Schwermetalle. Es erfolgt aber auch die Bestimmung des pH-Werts, der Leitfähigkeit des TOC, des Phenolindex, von Fluorid, NH_4-N, Chlorid, Cyanid, Sulfat, Nitrit, Nitrat, AOX und des wasserlöslichen Anteils.

Schwierigkeiten mit der Beurteilung der aus solchen Eluaten erhaltenen Ergebnissen ergeben sich immer dann, wenn es sich um in Wasser schwerlösliche Verbindungen handelt.

In der oben bezeichneten DIN-Vorschrift wird darauf hingewiesen, daß es zur Beantwortung besonderer Fragen (z. B. zur Klärung möglicher Wechselwirkungen innerhalb des Umgebungsbereichs) zweckmäßig sein kann, andere Elutionsflüssigkeiten als Wasser zu verwenden.

Die Beurteilung des Gefährdungspotentials durch die Mobilisierung von Schwermetallen im Zuge der Ablagerung von Abfällen läßt sich teilweise zweckmäßiger durch einen Auslaugtest ermitteln, der die Änderungen des chemischen Milieus während der zeitlichen Entwicklung des Feststoffes berücksichtigt.

Für leichtflüchtige Substanzen sind alle derzeit vorhandenen Elutionsverfahren nicht geeignet, da diese durch Schütteln bzw. den Gasraum ausgetragen werden.

M.3.4.3.1 Elution mit destilliertem Wasser nach DIN 38414 Teil 4 (DEV S4-Methode)

Dieses Verfahren ist in allen einschlägigen Verwaltungsvorschriften zur Überwachung von Reststoffen (z. B. TA Abfall, TASi; Erste VwV Erdaushub/Bauschutt, TA Shredderrückstände) die vorgeschriebene Methode.

Es ist wie auch bei anderen Analysen darauf zu achten, daß dem zu untersuchenden Material eine repräsentative Teilprobe entnommen wird. In der Regel ist das Material in dem Zustand zu untersuchen, in dem es einer weiteren Behandlung (z.B. Deponierung) zugeführt wird, jedoch sind grobstückige Anteile (Korngrößen über 10 mm) zu zerkleinern. Zu dieser Vorzerkleinerung existiert keine allgemeingültige Vorschrift.

Die Elution ist bei Raumtemperatur in einer Weithalsflasche (Ø 100 mm, Volumen 2000 ml) durchzuführen. Die Elutionsdauer beträgt 24 h. Dabei werden 100 g der Trockenmasse mit einem Liter destilliertem Wasser versetzt. Die Flasche wird verschlossen und 1 x/min über Kopf geschüttelt. Dabei soll aber eine weitere Zerkleinerung der Probe, z. B. durch Abrieb, vermieden werden. Nach Ablauf der Elutionsdauer wird das Eluat abgezogen. Dazu wird ein Filter mit einer Porenweite von 0,45 μm verwendet. Alternativ erfolgt die Abtrennung von Feststoff und Flüssigkeit über Zentrifugation oder einfaches Absitzenlassen.

Die Tatsache, daß die hohe Mobilisierbarkeit der Schwermetalle im sauren und teilweise auch alkalischen Milieu sowie die Pufferkapazität des Feststoffs unberücksichtigt bleiben, wird seit der Einführung der Methode kritisiert.

Die unbestrittene Stärke dieses Verfahrens ist die einfache Handhabung und die große Zahl an verfügbarem Datenmaterial sowie Richt-, Orientierungs- und Grenzwerten.

Die Reproduzierbarkeit der Ergebnisse ist in der Praxis jedoch häufig zweifelhaft. Ein nach DIN 38414, Teil 4 ermitteltes Analysenergebnis ist nur dann interpretierbar, wenn die Methode mit der die Trennung zwischen Feststoff und wäßriger Lösung erfolgt (Filter, Zentrifugation, Absitzenlassen), genau dokumentiert ist.

Eine Variation dieser Methode ist die sog. Kaskadenelution, bei der die insgesamt maximal eluierbare Fracht durch mehrfache Wiederholung des Elutionsvorgangs an derselben Probe abgeschätzt werden soll. Dabei wird die Elution so oft wiederholt, bis die im Filtrat festgestellten Konzentrationen konstant sind (z. B. NEN 7343).

M.3.4.3.2 Sonstige Elutionsverfahren

Alternativ zur etablierten DIN 38414, Teil 4 (DEV S4-Methode) bieten sich eine Reihe weiterer, teilweise für spezielle Anwendungszwecke entwickelte Elutionsmethoden (z. B. Trogverfahren für Straßenaufbruch, Methode zur Bestimmung der Humanverfügbarkeit über den Magen-Darm-Trakt) an, die sich durch die Art der Durchmischung oder die Variation des Elutionsmittels unterscheiden.

Eine Zusammenstellung verschiedener Elutionsverfahren für unterschiedliche Anwendungsbereiche, insbesondere für Abfälle, Reststoffe, verunreinigte Böden und Altlasten, liegt mit dem Entwurf der Länderarbeitsgemeinschaft Aball LAGA EA 94 vor.

pH-stat-Elutionsverfahren
Die von Obermann entwickelte Elution bei konstantem pH-Wert und/oder Redoxpotential, die in Verbindung mit einer Bestimmung der Säure- bzw. Basenkapazität vorgenommen wird, ermöglicht eine Abschätzung des Stoffverhaltens unter dem Einfluß vom vorbelastetem Grund- oder Regenwasser [M.3.8].

Bei pH-stat-Versuchen wird der pH-Wert der im Kreislauf befindlichen Elutionsflüssigkeit konstant gehalten. Je nach Milieu kann dabei im sauren oder im basischen Milieu eluiert werden. Dies kann insbesondere bei der Analyse von Schwermetallen, deren Löslichkeit stark vom pH-Wert der Lösung abhängt, für einige Elemente zu signifikant höheren Analyseergebnissen führen.

Schweizer Eluattest
In einem Schweizer Verfahren, das ausschl. zur anschließenden Schwermetallanalytik eingesetzt wird, wird durch das kontinuierliche Einleiten von CO_2 ein konstant niedriger pH-Wert erreicht. Das ständige Sättigen des Elutionsmittels mit Kohlendioxid während zweimal 24 h bewirkt einen erwünschten Zeitraffer-Effekt für die in die Abfallmatrix eingebundenen metallischen Inhaltsstoffe. Durch die Entnahme von Eluatproben nach 24 und 48 h erfolgt die Messung der Elutionsdynamik.

EPA-Methode
Die amerikanische Umweltbehörde US-EPA schlägt zur Untersuchung von festen, flüssigen und mehrphasigen Abfällen auf anorganische und organische Stoffe eine Elution der ($<9,5$ mm) vorzerkleinerten Fraktion über 30 min mit Essigsäure bei einem Feststoff-Flüssigkeitsverhältnis von 1:20 vor. Dabei können verschiedene pH-Werte des Elutionsmittels gewählt werden. Am Ende des Extraktionsvorgangs werden Feststoff und Flüssigkeit über einem Glasfaserfilter getrennt und der pH-Wert des erhaltenen Fitrates ermittelt. Die Methode ist als EPA-Method 1311 erschienen.

M.3.5 Analytik

Eine ausführliche Methodensammlung wie sie z. B. für den Bereich der Wasser- und Abwasseranalytik mit den über das Deutsche Institut für Normung DIN, Deutschen Einheitsverfahren zur Wasser-, Abwasser- und Schlammuntersuchung" (DEV-Methoden) vorliegt, existiert für die Untersuchung von Abfällen nicht. Zu einzelnen Untersuchungsparametern wurden durch die Länderarbeitsgemeinschaft Abfall-LAGA auf nationaler Ebene, durch DIN/ISO oder die amerikanische Umweltbehörde US-EPA auf internationaler Ebene standardisierte Verfahren veröffentlicht.

In den meisten Fällen wird auf die wenigen für die Untersuchung von Böden oder Sedimenten vorliegenden Methoden verwiesen oder eine Untersuchung aus dem Eluat verlangt, die relativ einfach mit den Verfahren aus der oben genannten DEV-Sammlung durchgeführt werden kann. Viele Untersuchungsstellen haben für derartige Analysen Hausmethoden entwickelt, deren Vergleichbarkeit mit anderen Laboratorien jedoch kaum überprüft wurde.

Lediglich für die Untersuchung von Klärschlämmen nach AbfKlärV werden regelmäßig Ringversuche durchgeführt.

Untersuchungen an Restmüll oder anderen Abfallstoffen werden u. a. durchgeführt, um deren Einsatzfähigkeit als Brennstoff in der Müllverbrennung zu prüfen oder deren Ablagerungsfähigkeit oder Verwertbarkeit mit oder ohne entsprechende Vorbehandlung zu charakterisieren. Dazu werden meist folgende Parameter untersucht:

Neben den allgemeinen Angaben über Art, Herkunft, Menge, Art der Lagerung u. a. auch die Beschreibung des Aussehens (z. B. Farbe oder Homogenität), visuell erkennbarer Einzelkomponenten, der Konsistenz (z. B. fest, hygroskopisch, stichfest, pastös, flüssig, rieselfähig, staubförmig, stückig). Ferner können die Bestimmung von Dichte, Volumen, Restwassergehalt (freies Wasser, z. B. durch Zentrifugieren), Wasser- und Trockensubstanzgehalt (z. B. bei Schlämmen), Abdampf- und Glührückstand, Glühverlust und Heizwert, vor allem bei vorgesehener Verbrennung, von Bedeutung sein. Für die Deponierung kann es wichtig sein, die Löslichkeit des Abfalls in Wasser und seine Entflammbarkeit (z. B. durch genaue Bestimmung der Flammtemperatur) zu kennen.

M.3.5.1 Bestimmung der allgemeinen Parameter

Wassergehalt
Dieser relative simple Parameter erhält seine Bedeutung dadurch, daß nahezu alle nachfolgenden Bestimmungen auf die Trockenmasse bezogen werden und die Umrechnung auf die feuchte Probe das Ergebnis extrem beeinflußt.

Die Bestimmung der Trockenmasse erfolgt meist mit einer separaten der Probe bei 105 °C nach ISO 11 465 (Bestimmung der Trockensubstanz und des Wassergehalts) oder nach DIN 38414, Teil 2 (Bestimmung des Wassergehaltes und des Trockenrückstandes bzw. der Trockensubstanz). Vergleichbar ist die Methode nach VDLUFA A 2.1.1 (Bestimmung des Wassergehalts bzw. der Trockenmasse).

Es wird eine repräsentative Probe zusammengestellt, gewogen, bis zur Gewichtskonstanz (jedoch mind. 2 h) auf 105 °C gehalten und anschließend wieder gewogen. Der erhaltene Gewichtsverlust wird in Gew.-% als Wassergehalt angegeben.

Bei mineralischen Substanzen erfordert das Abtrennen des Kristallwassers jedoch oft höhere Temperaturen (180 °C).

Durch die relativen und absoluten Schwankungen der Abfallzusammensetzung verändert sich auch der Wassergehalt des Abfalls. Der Feuchtigkeitsgehalt hängt von der Jahreszeit und der herrschenden Witterung ab.

Glühverlust oder oTS
(organische Trockensubstanz)
Der organische Anteil eines Abfalls wird nach der TA Siedlungsabfall u. a. durch die Bestimmung des Glühverlusts festgestellt. Diesem Zuordnungswert kommt derzeit überragende Bedeutung zu, da ohne wirkungsvolle thermische Vorbehandlung (Müllverbrennung) die Grenzwerte kaum eingehalten werden können. Der Glühverlust darf für Deponieklasse I (Mineralstoffdeponie) nicht über 3 Massen-%, bei Deponieklasse II (Reststoffdeponie) nicht über 5 Massen-% liegen.

Als Glühverlust wird der nach dem Glühen der Trockenmasse des Abfalls unter bestimmten Bedingungen als Gas entweichende Materialanteil bezeichnet. Er wird auf die Trockenmasse bezogen und in Massen-% angegeben.

Der nach Bestimmung des Glühverlusts verbleibende Massenanteil der Probe wird als Glührückstand bezeichnet. Darunter wird der Gehalt einer Probe an nicht flüchtigen (anorganischen Verbindungen) verstanden. Dies ist der Anteil der Probe, der nach der Veraschung übrig bleibt. Nach der ursprünglich für Sedimente erstellten DIN 38414, Teil 3 wird dazu die entwässerte Probe bei 550 °C zum Glühen gebracht und verascht. Andere Vorschriften z. B. zur „Bestimmung der Zusammensetzung fester Abfälle" [M.3.9] lassen auch andere Temperaturen oder Temperaturbereiche (500–800 °C) zu. Der hierbei eintretende Gewichtsverlust wird der organischen Substanz gleichgesetzt. Dieser Anteil liegt im Durchschnitt bei unbehandeltem Hausmüll bei 40–60 %. Bei gutem Ausbrand werden bei der Müllverbrennung Glühverluste unter 3 % erreicht.

Alternativ zum Glühverlust kann man die gesamte organische Substanz auch direkt bestimmen werden. Der gesamte organisch gebundene Kohlenstoff TOC (Total Organic Carbon) analog DIN 38409, Teil 3 wird gemessen, indem man eine durch Ansäuern und Ausstrippen von Carbonaten befreite Probe getrocknet und in einem elektrischen Ofen im Sauerstoffstrom verbrannt wird. Das dabei aus den organischen Inhaltsstoffen gebildete CO_2 wird absorptionsspektrometrisch bestimmt. Der Zuordnungswert für Deponien in der TASi liegt bei 1 Massen-% für Deponieklasse I und bei 3 Massen-% für Deponieklasse II. Er liegt niedriger als der Zuordnungswert des Glühverlusts, da bei der Festlegung der Zuordnungswerte davon ausgegangen wurde, daß die Bestimmungsmethode des TOC eine bessere Näherung der organisch wirksamen Substanz liefert.

Brenn- bzw. Heizwert (H_o bzw. H_u)
Der obere Heizwert (H_o, auch Brennwert genannt) bezeichnet den Energiegehalt der Probe inkl. des Anteils, der zur Verdampfung des in der Probe enthaltenen Wassers notwendig ist. Für die Praxis von Verbrennungsanlagen ist diese Größe relativ uninteressant. Bei der Verbrennung von Müll ist der untere Heizwert H_u maßgebend. Darunter wird der nutzbare Energiebetrag verstanden, der nach dem Austreiben des Wasseranteils noch zur Verfügung steht. Da experimentell nur der Brennwert H_o bestimmt werden kann, muß der Wert für H_u rechnerisch unter Berücksichtigung des Wasseranteils am Probengewicht sowie durch Abzug der Verdampfungswärme des Wassers ermittelt werden.

Die Verbrennungswärme H_o erfolgt nach den für feste Brennstoffe geltenden Vorschriften der DIN 51708 mittels Kalorimeter, einem wärmeisolierten, verschließbaren Gefäß, in dem eine genau eingewogene Menge des zu untersuchenden Stoffs verbrannt wird, und die bei der Verbrennung abgegebene Wärmemenge von Wasser aufgenommen wird. Aus der Temperaturerhöhung des Wasser läßt sich der Heizwert berechnen. Speziell für Abfall geltende Vereinfachungen sind im Merkblatt 6 Ziffer 4 aufgeführt.

Beide Größen werden als Quotienten von der bei der Verbrennung freiwerdenden Energie und der Masse des verbrannten Stoffs ermittelt. Die Einheit ist dementsprechend z. B. kJ/kg.

pH-Wert
Der pH-Wert eines Materials ist vor allem dann von Interesse, wenn der Abfall oder Grünmüll einer Kompostierung zugeführt werden soll. Er beschreibt die Reaktion des Substrats und beeinflußt u. a. die Verfügbarkeit von Haupt- und Spurennährstoffen. Im Kompost sollte der pH-Wert im neutralen bis schwach alkalischen Bereich liegen. Dieser Bereich wird mit fortgeschrittener Rotte erreicht.

Die Bestimmung erfolgt beispielsweise entsprechend der im Methodenhandbuch zur Untersuchung von Kompost der Bundesgütegemeinschaft Kompost aufgeführten Methode oder gemäß Ö-Norm S 2023 (Kompost Untersuchungsmethoden) mittels pH-Glaselektrode in einer Aufschlämmung von lufttrockenen Material in 0,01 molarer $CaCl_2$-Lösung im Verhältnis 1:2,5 bis 1:10. Das Mischungsverhältnis ist unbedingt im Meßbericht anzugeben.

M.3.5.2 Bestimmung anorganischer Parameter

Bestimmung von Schwermetallen
Die Untersuchung von bei Verbrennungsprozessen anfallenden Schmelzschlacken, Sinterschlacken, Asche und Flugasche erfolgt meist aus dem Eluat, wobei die Schlacken i. d. R. Zuordnungskriterien zur Deponieklasse I nach TASi problemlos einhalten, die Flugaschen dagegen nur eine Ablagerung in Sonderabfalldeponien zulassen. Zur Bestimmung werden die für die Analytik von Wasser entwickelten atomspektrometrischen Untersuchungen (DIN-Normenreihe 38405 und 38406) eingesetzt. Als vergleichbares Verfahren ist die Bestimmung mit dem Induktiv-gekoppelten-Plasma ICP zugelassen. Diese Methoden wurden jedoch i. allg. nur für die Untersuchungen von Wasser und Abwasser überprüft. Störungen oder Interferenzen durch die teilweise beträchtlichen Salzgehalte aus der Matrix lassen sich häufig durch entsprechende Verdünnungen zufriedenstellend minimieren.

Inzwischen sind für eine Reihe von Metallen Methoden veröffentlicht oder im Entwurf, die speziell für die Untersuchung von Böden entwickelt wurden (z. B. Normenreihe E ISO/CD 11 047 Bodenbeschaffenheit; Bestimmung einzelner Schwermetalle; E VDI 3796 Teil 2 und 3; Bestimmung von Thallium in Böden), deren Übertragung auf Abfallproben in vielen Fällen gut gelingt.

Bei der Anwendung von Müllkomposten im Landbau ist meist weniger die Frage nach dem pflanzenverfügbaren Anteil bedeutsam, als vielmehr die Fragestellung, ob die Gesamtkonzentration nicht möglicherweise toxische Wirkung hat. Vor diesem Hintergrund ist der Übergang von den allgemein als Spurennährstoffen bezeichneten Elementen Kupfer, Zink, Bor, Mangan, Eisen, Molybdän und Kobalt zu den ausgesprochenen Schwermetallen wie z. B. Nickel, Blei und Cadmium fließend. Bei der Bestimmung dieser Bestandteile ist daher darauf zu achten, daß ein Aufschluß gewählt wird, der eine Aussage über den Gesamtgehalt ermöglicht.

Die Bestimmung von Schwermetallen in festen und schlammigen Abfällen erfolgt z. B. nach LAGA SM 2/79 (Bestimmung von Schwermetallen in festen und schlammigen Abfällen) als Gesamtgehaltsbestimmung. Dazu werden zwei Naßaufschlußverfahren und ein Schmelzaufschluß detailliert beschrieben. Es schließt sich eine atomabsorptionsspektrometrische Bestimmung an, die nach LAGA SM 1/78 (Bestimmung von Schwermetallen in Wasserproben und Eluaten mittels Atomabsorptionsspektrometrie) vorzunehmen ist.

Bestimmung von Cyanid
Die Bestimmung des bereits in kleinen Konzentrationen wirksamen Cyanids in Abfällen erfolgt nach LAGA CN 2/79 oder E DIN/ISO 11 262 als leicht freisetzbares Cyanid photometrisch. Dabei werden durch Zusatz von Salzsäure die leicht freisetzbaren Cyanide als Cyanwasserstoff ausgetrieben und in Natronlauge absorbiert. Die anschließende Bestimmung erfolgt nach Bildung eines Farbkomplexes photometrisch.

Bestimmung des Gesamtschwefel- und Chlorgehalts
Der Gesamtgehalt an Schwefel und Chlor einer

Abfallprobe, die als Brennstoff in der Müllverbrennung eingesetzt werden soll, ist zur Abschätzung des Emissionsverhalten von Interesse. Diese Elemente führen zu einer stark erhöhten Korrosivität des erhaltenen Abgases.

Die Bestimmung erfolgt entsprechend DIN 51724, Teil 1 nach Aufschluß mittels Ionenchromatographischer Analyse.

Bestimmung des Gesamtstickstoffgehalts
Der Bestimmung des Stickstoffs kommt vor allem bei der Klärschlamm- und Kompostuntersuchung erhebliche Bedeutung zu, da Stickstoffverbindungen zu den Hauptnährstoffen gezählt werden. Dabei sind prinzipiell alle Verbindungen des Stickstoffs pflanzenwirksam, wobei der organisch gebundene Stickstoff mehr Langzeitwirkung besitzt. Vom anorganisch gebundenen Stickstoff sind insbesondere die Anteile an Nitrat- und Ammoniumstickstoff bedeutsam.

Die Bestimmung des Gesamtstickstoffgehalts erfolgt z. B. nach VDLUFA A 2.2.1 zum einen über die Kjeldahl-Bestimmung, mit der der Anteil des organischen gebundenen Stickstoffes sowie des Ammoniumstickstoffs erfaßt wird, und zum anderen über die photometrische oder ionenchromatographische Bestimmung des sehr gut wasserlöslichen Nitrats. Eine Methode zur Bestimmung des Gesamt-Stickstoffs einschl. Nitrat und Nitrit wird in dem Methodenhandbuch der VDLUFA unter A 2.2.3 beschrieben. Die Summe der dabei erhaltenen Gehalte entspricht für Kompostproben näherungsweise dem Gesamtgehalt. Angaben über den leicht verfügbaren Stickstoffanteil sind bei der landwirtschaftlichen Verwertung eines Kompostes wichtig. Die Bestimmung erfolgt nach VDLUFA nach Vorbehandlung mit normaler Schwefelsäure.

Zur Abschätzung des Emissionsverhaltens von als Brennstoff eingesetztem Abfall ist der Gesamtstickstoffgehalt bei der Müllverbrennung von Interesse. Die Bestimmung aus dem festen Brennmaterial erfolgt analog den oben beschriebenen Methoden zur Bestimmung des Kjeldahl- und Ammoniumstickstoffs aus Kompost und Bioabfall.

M.3.5.3 Bestimmung organischer Summenparameter

Mineralölkohlenwasserstoffe
Die Untersuchung von Abfällen auf Mineralölkohlenwasserstoffe erfolgt nach TASI oder TA Abfall entweder entsprechend DIN 38409, Teil 17 (Bestimmung von schwerflüchtigen lipophilen Stoffen) gravimetrisch oder entsprechend LAGA KW/85 (Bestimmung des Gehalts an Kohlenwasserstoffen in Abfällen) infrarotspektrometrisch. In beiden Fällen geht der Bestimmung die (umstrittene) Extraktion des Feststoffs mit 1,1,2-Trichlortrifluormethan voraus.

Extrahierbare organische Halogene (EOX)
Die extrahierbaren organischen Halogene (EOX) können nach Extraktion mit Hexan und anschließender Verbrennung in einer Wasserstoff-Sauerstoff-Flamme entsprechend DIN 38414, Teil 17 (Bestimmung von ausblasbaren und extrahierbaren organisch gebundenen Halogenen) z.B. argentometrisch als mineralisierte Halogene bestimmt werden.

M.3.5.4 Bestimmung organischer Einzel- und Gruppenparameter

Bestimmung der polychlorierten Biphenyle (PCB)
Nach AbfKlärV ist der PCB-Gehalt für Klärschlämme aus gefriergetrockneten Proben zu ermitteln. Nach Zugabe eines internen Standards (PCB 209) wird die Probe mit n-Hexan im Soxhlet extrahiert und die ggf. enthaltenen PCB-Kongeneren von störenden Begleitstoffen mit zwei alternativen säulenchromatographischen Reinigungsverfahren weitgehend befreit, durch Kapillargaschromatographie GC aufgetrennt und mit Elektroneneinfangdetektor ECD bestimmt.

Diese Methode wurde weitgehend für die Bestimmung in Schlamm und Sedimenten nach DIN 38414, Teil 20 (Schlamm und Sedimente: Bestimmung von polychlorierten Biphenylen) übernommen.

Die Bestimmung ausgewählter PCB-Einzelkomponenten und chlorierter Kohlenwasserstoffe in Böden, Klärschlämmen und Komposten nach VDLUFA erfolgt nach Extraktion der Probe mit einem Gemisch aus Wasser, Aceton und Petrolether mittels Gaschromatografie und Elektroneneinfangdetektor GC-ECD.

Bestimmung der polychlorierten Dibenzo-p-dioxine (PCDD) und polychlorierten Dibenzofurane (PCDF)
Nach AbfKlärV ist der PCDD/F-Gehalt für Klärschlämme aus gefriergetrockneten Proben zu ermitteln. Nach Zugabe ^{13}C-markierter Standardsubstanzen wird die Probe mit Toluol extrahiert und einer anschließenden mehrstufigen Säulenchromatographie zur Abtrennung stören-

der Begleitsubstanzen unterzogen. Die Auftrennung der PCDD/F-Kongenere erfolgt Gaschromatographisch mit Massenselektiver Detektion GC-MS. Die Quantifizierung erfolgt dabei nach der Isotopenverdünnungsmethode. Zur Überprüfung des Grenzwerts werden die internationalen Toxizitätsäquivalente I-TEQ herangezogen.

Ein vergleichbares Verfahren wird zur Bestimmung der PCDD/F aus Komposten nach den Methoden der Bundesgütegemeinschaft Kompost vorgeschlagen.

Bestimmung der Polycyclischen Aromatischen Kohlenwasserstoffe (PAH)
Für die Untersuchung von Abfällen auf Polycyclische Aromatische Kohlenwasserstoffe schlägt die amerikanische Umweltbehörde mit US-EPA Method 610 eine Soxhletextraktion über 3 h mit Cyclohexan und anschließender Gaschromatographischer Detektion (Flammenionisationsdetektor FID) vor.

In den meisten Hausmethoden wird jedoch, nach unterschiedlichen, matrixangepaßten Extraktions- und Aufreinigungsschritten, die Flüssigchromatographische Trennung mit anschließender UV- und Fluoreszenzspektrometrischer Detektion (HPLC-UV/Fluoreszenzdetektion) bevorzugt.

M.3.5.5 Bestimmungen zur Charakterisierung der organischen Substanz

Es zeichnet sich seit längerer Zeit ab, daß der im Anhang B der TA Siedlungsabfall (TASi) vorgegebene Zuordnungswert von 100 mg/l TOC aus dem Eluat für die Deponieklasse II für Restabfälle (selbst wenn diese intensiv vorbehandelt werden) nur in Ausnahmefällen eingehalten werden kann. Darüber hinaus ist dieser Zuordnungswert nicht wissenschaftlich begründet, da die Höhe des TOC-Werts keine Aussage über das Gefährdungspotential bzw. die Toxizität der im Abfall enthaltenen organischen Verbindungen zuläßt.

Es gibt daher in jüngerer Zeit Bestrebungen, Untersuchungen zur Charakterisierung der biologisch abbaubaren Substanz und der Toxizität von Abfallproben zu entwickeln, um diese als Ersatz- bzw. Ergänzungsparameter im Anhang B der TASi einzufügen.

Zur Bestimmung der Toxizität von Abfällen werden routinemäßig Leuchtbakterien-, Algen- und Daphnientests eingesetzt.

Bei der Charakterisierung der biologisch abbaubaren Substanz werden zwei grundsätzlich verschiedene Ansätze verfolgt. Zum einen die Betrachtung der spontan einsetzenden mikrobielle Aktivität über biologische Testverfahren und zum anderen die Charakterisierung des organisch abbaubaren Anteils über chemische Parameter wie z. B. Oxidierbarkeit oder Löslichkeit in bestimmten Reagenzien.

M.3.5.5.1 Tests zur Beurteilung des biologisch-abbaubaren Anteils mittels biologischer Verfahren

Eine gewisse Bedeutung besitzt die Kenntnis der biologischen Stabilität. Sie ist mit ein ausschlaggebendes Kriterium für die Ablagerungsfähigkeit eines Abfalls. Der Einsatz biologischer Testverfahren zur Charakterisierung der organischen Substanz erlaubt eine Abbildung der tatsächlichen biologischen Aktivität.

Die biologischen Verfahren bewerten die spontan einsetzende mikrobielle Aktivität, deren Auswirkung (z. B. Sauerstoffzehrung, Wärmefreisetzung oder Methanbildung) im jeweiligen Test beobachtet und bewertet wird. Es ist jedoch eine starke Abhängigkeit von Aufbereitungszustand und Feuchtegehalt der Probe zu beobachten, die die Interpretation der erhaltenen Ergebnisse erschwert und eine Vergleichbarkeit der von verschiedenen Laboratorien erhaltenen Ergebnisse in den meisten Fällen nicht zuläßt.

Gasbildungsaktivität und -potential
Bei der Messung der Gasbildung wird eine Abschätzung des Gasbildungspotentials (d.h. Gasbildung in sehr langen Zeiträumen) angestrebt. Aus Praktibilitätsgründen muß jedoch die Untersuchung auf einen möglichst kurzen Zeitraum begrenzt werden, so daß letztendlich nur eine Gasbildungsaktivität für einen begrenzten Zeitraum ermittelt werden kann.

Vielfach werden zur Durchführung Hausmethoden angewendet, die sich zumeist an DIN 38414, Teil 8 (Bestimmung des Faulverhaltens) anlehnen. Dabei wird die Freisetzung von gasförmigen Verbindungen (insbesondere Methan) aus der Probe nach Zugabe anaerober Mikroorganismen im wäßrigen Milieu bestimmt.

Atmungsaktivität und -potential
Die Atmungsaktivität, d.h. die Bestimmung der durch aeroben, mikrobiologischen Abbau einer definierten Materialmenge in einer bestimmten

Zeiteinheit verbrauchten Menge Sauerstoff, wird zur Beurteilung des biologisch abbaubaren Anteils der organischen Abfallbestandteile herangezogen. Die Bestimmung der Aktmungsaktivität stellt eine reaktionskinetische Untersuchung der aeroben mikrobiologischen Umsetzung dar und wird, z. B. unter definierten Bedingungen, bei einer Versuchszeit von 2 oder 4 Tagen im Sapromaten gemessen.

Prüfung auf Kompostierbarkeit;
Selbsterhitzungsversuch
Der Selbsterhitzungsversuch gilt als wichtigster und aussagekräftigster Test für die Beurteilung der Kompostierbarkeit von Restmüll.

In DEWAR-Gefäßen wird eine vorzerkleinerte und angefeuchtete Probe thermisch isoliert belüftet. Setzt eine aerobe mikrobielle Tätigkeit ein, so ist dies mit einem Temperaturanstieg verbunden. Betrachtet werden die folgenden Meßgrößen: maximale Steigung der Temperatur, maximale Temperatur, Flächeninhalt unter der Temperaturkurve (72-h-Integral).

Aus dem Verlauf der Wärmeentwicklung kann auf den zeitlichen Fortschritt der Umsetzungsvorgänge und damit indirekt auf die Kompostierbarkeit der Probe geschlossen werden. Eine Probe kann als kompostierbar gelten, wenn innerhalb von 3 Tagen 40 °C erreicht werden. Über die Qualität einer tatsächlichen Kompostierung ist damit jedoch nichts ausgesagt.

M.3.5.5.2 Tests zur Beurteilung des biologisch-abbaubaren Anteils mittels chemischer Verfahren

In gewissen Grenzen folgt die biologische Abbaubarkeit der vorgenannten Stoffgruppen deren naßchemischer Oxidierbarkeit bzw. Löslichkeit in unterschiedlichen Löse- oder Aufschlußreagenzien. Die Verfahren hierzu wurden insbesondere zur Beurteilung der Rottefähigkeit von Abfällen entwickelt.

Gegenüber den biologischen Verfahren bieten diese Methoden vielfach den Vorteil, daß nahezu die gesamten deponieseits langfristig verfügbaren Stoffe auch in der Analyse erfaßt werden und darüber hinaus, eine Standardisierung und Mechanisierung der Verfahrensweisen relativ einfach zu leisten ist.

Korrigierter Glühverlust /
Van-Soest-Untersuchung
Die modifizierte Stoffgruppenanalyse [M.3.10] erlaubt es, die als Glühverlust gemessene organische Substanz in einen mikrobiell abbaubaren und einen biologisch nicht oder nur sehr schwer abbaubaren Anteil zu differenzieren. Dabei wird von der Konvention ausgegangen, daß diejenige organische Substanz, die sich weder durch Behandlung mit saurer Detergenzienlösung noch durch Hydrolyse mit Schwefelsäure in Lösung bringen läßt, als mikrobiologisch weitestgehend inert einzustufen ist. Insbesondere werden Kunststoffe, Gummi, schwer bzw. nicht abbaubare Biopolymere wie Lignine und Humine, Kohle-, Koks- und Rußpartikel nicht als abbaubare organische Substanz erfaßt.

Der Wert für diesen sog. „korrigierten Glühverlust" GV_{korr} ist jedoch mit einem nicht unerheblichen Fehler durch die Gegenwart anorganischer, leicht löslicher Salze behaftet, der zu beträchtlichen Überbefunden führen kann. Durch eine parallele TOC-Bestimmung an den erstellten Eluaten/Extrakten oder die Durchführung der Bestimmung anhand von getrockneter als auch geglühter Originalsubstanz läßt sich der Fehler jedoch beseitigen.

Wirksame Organische Substanz WOS
Bei der Bestimmung der Wirksamen Organischen Substanz WOS wird die Löslichkeit der Probe in verschiedenen Detergentien als Beurteilungskriterium herangezogen [M.3.9]. Als Detergentien werden Heißwasser, Salzsäure (niedrig konzentriert), Salzsäure (hoch konzentriert), Natronlauge und konzentrierte Schwefelsäure eingesetzt. Die gewogene Probe wird den einzelnen Lösungsschritten unterzogen, abfiltriert und der Gewichtsverlust des jeweiligen Filterrückstands nach der Trocknung gegenüber der vorausgegangenen Probe gravimetrisch bestimmt. Abschließend erfolgt eine Glühverlustbestimmung der Originalprobe und des Filterrückstands, um aus der Differenz von Gesamt Organischer Substanz GOS (Glühverlust der Originalprobe) und nicht abbaubarer organischer Substanz (Glühverlust des Filterrückstands) den Anteil an Wirksamer Organischer Substanz WOS an der GOS zu ermitteln.

Diese arbeitsintensive Methode führt, genau wie bei der ähnlich strukturierten Methode zum korrigierten Glühverlust, über die Miterfassung anorganischer Salze in den Lösungsschritten häufig zu Überbefunden für die WOS.

Chromatmethode
Bei dieser indirekten Methode wird die Probe

analysenfein aufgemahlen und anschließend mit Kaliumdichromat in saurem Milieu gekocht, wobei die organischen Bestandteile durch das eingesetzte Dichromat oxidiert werden. Das nicht verbrauchte Oxidationsmittel wird über eine Rücktitration ermittelt.

Aufgrund der hohen Oxidationskraft des Dichromats handelt es sich hierbei um eine Methode, die eine Überbewertung des tatsächlich abbaubaren Anteils erwarten läßt.

M.4 Boden

Während im Bereich der Wasseranalytik bereits seit Jahrzehnten die eingesetzten Verfahren standardisiert, gesammelt und als „Deutsche Einheitsverfahren zur Wasser-, Abwasser- und Schlammuntersuchung" [M.4.1] durch das Deutsche Institut für Normung e.V. DIN veröffentlicht wurden, existiert eine vergleichbare Sammlung standardisierter und genormter Methoden für Bodenproben nicht.

Derzeit werden von den Untersuchungslaboratorien meist Hausmethoden oder modifizierte Methoden aus dem Bereich der Wasseranalytik zur Untersuchung von Bodenproben eingesetzt. So existieren für einige Parameter teilweise mehrere, sich in relevanten Arbeitsschritten grundsätzlich unterscheidende Methoden. Ihre Vergleichbarkeit ist insbesondere für den probenaufbereitenden Schritt häufig nicht gesichert. Werden z. B. unterschiedliche Aufschlußverfahren gewählt (Königswasser-, Mikrowellen-, Druck- oder Schmelzaufschluß als alternative Verfahren zur anschließenden Schwermetalluntersuchung) so führt dies i. d. R. aufgrund unterschiedlicher Mobilisierung der zu untersuchenden Schadstoffe zu abweichenden Ergebnissen. Viele der Hausmethoden sind darüber hinaus nicht ausreichend validiert, da ein Vergleich mit den von anderen Laboratorien erhaltenen Ergebnissen nicht stattgefunden hat, und die Ermittlung der Verfahrenskenndaten mit einem hohen zeitlichen und damit auch finanziellen Aufwand für die Laboratorien verbunden ist.

Um vergleichbare Ergebnisse zu erhalten, ist die Festlegung der Aufschluß-, Extraktions- oder Elutionsmethoden in den zur Bewertung herangezogenen Richtlinien unbedingt erforderlich.

Mit der Standardisierung von Verfahren im Bereich der Bodenanalytik sind derzeit auf nationaler und auf Länderebene verschiedene Gremien tätig.

Methodensammlungen wurden z. B. durch das Deutsche Institut für Normung e.V. DIN (Handbuch Bodenschutz) [M.4.2], den Verband Deutscher Landwirtschaftlicher Untersuchungs- und Forschungsanstalten VDLUFA (Methodenbuch Band I; Die Untersuchung von Böden) [M.4.3]; der Hessischen Landesanstalt für Umwelt HLFU (Stoffsammlung Laboranalytik bei Altlasten) [M.4.4] oder in Kooperation der Bundesanstalt für Materialprüfung und der Oberfinanzdirektion Hannover BAM-OFD (Anforderungen an Untersuchungsmethoden zur Erkundung und Bewertung kontaminationsverdächtiger/kontaminierter Flächen auf Bundesliegenschaften) [M.4.5] zusammengestellt.

International werden diese Aktivitäten durch das Arbeitsgremium ISO TC 190 der International Organization for Standardization ISO (Genf) gebündelt, um zukünftig für den Bodenbereich verbindliche Methoden festzuschreiben.

M.4.1 Methodensammlungen zur Bodenuntersuchung

Im Auftrag des Umweltbundesamtes UBA wurde 1994 vom Normenausschuß Wasserwesen NAW des Deutschen Instituts für Normung DIN erstmals der Entwurf für ein Methodenhandbuch Bodenschutz [M.4.2] vorgelegt, das eine Übersicht über die Verfahren zur Probenahme und Untersuchung von Böden auf chemische, physikalische und biologische Parameter liefert, die derzeit in Anwendung sind bzw. deren Fertigstellung als Normen oder Richtlinien u. ä. bevorsteht. Die einzelnen Verfahren sind dort in Form von Datenblättern angelegt, denen sich ein Kommentar und Vergleich mit ähnlichen Methoden anschließt.

Der Verband deutscher landwirtschaftlicher Untersuchungs- und Forschungsanstalten VDLUFA hält für die Untersuchung von landwirtschaftlich nutzbaren Bodenflächen eine ausführliche Methodensammlung (Methodenbuch Band I; Die Untersuchung von Böden; 1991) [M.4.3] bereit. Neben allgemeinen Hinweisen bzgl. Probenahme, Transport und Konservierung sowie Probenaufbereitung sind dort Verfahren für chemische, biologische, physikalische und mineralogische Untersuchungen sowie Feldmethoden zusammengestellt. Es werden insbesondere Methoden berücksichtigt, die eine Unterscheidung zwischen Gesamtgehalten und pflanzlich verfügbaren Anteilen zulassen. Viele der aufgeführten Verfahren werden in der Routineanalytik landwirtschaftlicher Böden angewendet. Verfahrenskenndaten sind jedoch nicht aufgeführt.

Die Verwaltungsvereinbarung der Oberfinanzdirektion OFD Hannover und der Bundesanstalt für Materialprüfung BAM vom 15.9.1995 formuliert „Anforderungen an Untersuchungsmethoden zur Erkundung und Bewertung kontaminationsverdächtiger/kontaminierter Flächen und Standorte auf Bundesliegenschaften" [M.4.5], in denen u. a. die derzeit eingesetzten analytisch-chemischen Verfahren zur Untersuchung von Böden aufgelistet sind. Eine Bewertung der Verfahren oder Hinweise auf mögliche Störungen werden nur in sehr beschränktem Umfang gegeben.

In den für unterschiedliche Untersuchungsanforderungen formulierten Richtlinien, Verwaltungsvorschriften u. ä. werden für die als relevant angesehenen Parameter Orientierungs- Grenz- oder Zuordnungswerte angegeben, wobei in vielen Fällen jedoch keine Angaben über die zur Bestimmung einzusetzenden Methoden gemacht werden.

Dies gilt z. B. für den 1993 erstmals vorgelegten Diskussionsentwurf für die „Verwaltungsvorschrift für die Feststellung und Sanierung von Altlasten" (Altlasten-VwV). Auch der inzwischen aktualisierte Entwurf vom August 1996 [M.4.6] enthält zwar einen ausführlichen Anhang mit Orientierungswerten für unterschiedliche Nutzungskategorien und schlüsselt Gruppenparameter wie leichtflüchtige halogenierte Kohlenwasserstoffe LHKW in die zu bestimmenden Einzelsubstanzen auf, macht aber nur wenige und allgemein gehaltene Aussagen zur Durchführung der zur Gehaltsbestimmung notwendigen Analytik.

Im hessischen Abfallrecht wird seit 1990 die Entsorgung von Erdaushub und belasteten Böden geregelt (Erste VwV Erdaushub/Bauschutt; Verwaltungsvorschrift für die Entsorgung von unbelastetem Erdaushub und unbelastetem Bauschutt) [M.4.7]. Der Ergänzungserlaß von 1992 [M.4.8] beinhaltet Orientierungswerte für 18 im Eluat mit destilliertem Wasser und direkt aus dem Feststoff zu ermittelnde Parameter zur Abgrenzung von unbelastetem, belastetem und verunreinigtem Boden. In der Anlage ist eine Liste der für die zu untersuchenden Parameter anzuwendenden Analyseverfahren beigefügt, in die jedoch nur Verfahren aus der Wasser- und Abwasseranalytik aufgenommen wurden, obwohl für einige Parameter zumindest eine für Schlamm und Sedimente genormte Methode vorliegt. Für die Metalle wird der Königswasseraufschluß nach DIN 38414, Teil 7 vorgeschrieben; für die organischen Parameter heißt es lediglich „Analyse aus Originalsubstanz", jedoch fehlt jeglicher Hinweis auf notwendige Clean-up-Schritte, die in den für die Wasseranalytik entwickelten Verfahren nicht enthalten sind.

M.4.2 Untersuchungsmethoden

M.4.2.1 Probenahme

Zu Beginn einer Bodenuntersuchung ist zunächst die Frage zu beantworten, welchem Zweck die Untersuchung dienen soll. So wird sich die Probenahme bei einem altlastenverdächtigen Areal wesentlich anders gestalten als das Probengewinnungsverfahren zur Feststellung des Nährstoffgehalts, bzw. -bedarfs einer Ackerfläche oder einer besonders sensiblen Nutzung der Bodenoberfläche, z. B. als Kinderspielplatz. Die Entscheidung über die Anzahl der zu entnehmenden Einzelproben, die Art der Probenahme (Einstichtiefe, gestörte oder ungestörte Probenahme) sind in Abhängigkeit von der vorgegebenen Aufgabenstellung zu treffen.

Werden Bodenproben so entnommen, daß das ursprüngliche Gefüge erhalten bleibt, wird von ungestörten Proben gesprochen. Diese volumenproportionale Gewinnungsmethode wird angewendet, um Aussagen über z. B. Porenvolumen, Porengrößenverteilung, Leitfähigkeit für Wasser, Luft und Wärme und ähnliche Eigenschaften treffen zu können. Solche Proben werden beispielsweise entsprechend DIN 19 681 mit einem Stechzylinder (Mindestinhalt von 100 $cm^{3)}$ schonend aus dem Bodenverband entfernt, um das Gefüge zu erhalten.

Zur Untersuchung von Bodenprofilen ist besonders vorsichtig vorzugehen. Der Stechzylinder sollte hier möglichst gleichmäßig horizontal bzw. vertikal eingeschlagen werden, um Stauchungen zu vermeiden.

Für chemisch-analytische Untersuchungen werden i. d. R. Bodenproben aus gestörter Lagerung entnommen. Gestörte Proben werden massenproportional z. B. entsprechend DIN 19 671 mit einem Kammerbohrer gewonnen.

Die Anzahl der zu entnehmenden Proben soll die zu untersuchende Fläche repräsentieren, d. h., es ist vorher festzulegen mit welcher Genauigkeit die Parameter bzw. ihre räumliche Verteilung bestimmt werden sollen. Um den horizontalen Unregelmäßigkeiten der Bodenzusammensetzung zu begegnen, gewinnt man die Einzelproben von einer über die zu untersuchende Fläche zufallsverteilten Anzahl von Meßpunkten. Wird eine (Teil-)Fläche als annähernd homogen angesehen, kann durchaus eine Mischprobe ausreichend sein. Benötigt werden bei relativ homogen erscheinenden Ackerböden 10–20 Einzelproben pro 10 000 m², die zu einer Mischprobe vereinigt werden. Die Einstichtiefe geht dabei je nach Durchwurzelung von 10–20 cm bis zu 1 m für besondere Untersuchungen (z. B. Nährstoffeinwaschungen).

Bei der Untersuchung altlastenverdächtiger Böden muß individuell nach Verdacht und Augenschein vorgegangen werden. Hier ist eine genaue Kartographierung bzw. Protokollierung der Probeentnahmeorte und -tiefe nötig. Selbstverständlich verbietet sich hier in aller Regel die Anfertigung von Mischproben.

Da die Zusammensetzung des Bodens nicht nur in räumlicher Hinsicht, sondern auch zeitlich gesehen starken Schwankungen ausgesetzt ist, sind die Probenahmeprogramme je nach Fragestellung auch hinsichtlich der zeitlichen Verläufe zu planen. So ist beispielsweise der Gehalt des disponiblen Stickstoffs von der Jahreszeit, vom Temperaturverlauf der letzten Tage, von der Niederschlagsmenge und nicht zuletzt auch vom Pflanzenwuchs abhängig.

Da sich die Zusammensetzung der Proben aufgrund mikrobiologischer Aktivitäten fortlaufend ändern kann, ist eine rasche Analyse zumindest der zeitlich stark schwankenden Parameter anzustreben.

Die Dokumentation der Probenahme und die Erstellung ausführlicher Probenahmeprotokolle sind wesentliche Voraussetzungen für die Aussagekraft der erhaltenen Ergebnisse. Die Protokolle sollten mindestens die nachfolgend aufgeführten Punkte enthalten:
– Durchführende Institution / Probenehmer
– Zeitpunkt der Probenahme / Meteorologische Bedingungen
– Ort und genaue Lage der Probenahmepunkte bzw. flächen einschl. Lageskizze
– Probenahmeart (Einzelprobe, Mischprobe)
– Aufschlußart und Probenahmegerät (Material)
– Probenansprache
– Probengefäße und Konservierung
– Probenkennzeichnung
– Vor-Ort-Untersuchungen

Eine ausführliche Anleitung hinsichtlich der Erstellung von Probenahmeprogrammen und Probenahmeverfahren bieten die Entwürfe E DIN/ISO 10 381 (Bodenbeschaffenheit – Probenahme) bzw. ISO/CD 10 381 (Soil quality – sampling) sowie VDLUFA A 1.0.

M.4.2.2 Probenaufbereitung

Nach dem Transport ins Labor umfaßt die Probenvorbehandlung das Wägen, Auftrennen der Fraktionen, Teilen, Trocknen und Zerkleinern des Materials.

Üblicherweise wird die Fraktion > 2 mm abgesiebt und der Probenanteil < 2 mm zur Analyse herangezogen.

Es ist unbedingt zu vermeiden, aus einer Probe mit einem Spatel oder ähnlichem eine Teilmenge zu entnehmen, da durch die Erschütterungen beim Transport unweigerlich eine Korngrößenfraktionierung stattfindet, so daß eine so gewonnene Teilmenge keinesfalls repräsentativen Charakter aufweisen würde.

Eine optimale Verjüngung des Probenmaterials erreicht man für kleinere Probenmengen durch Aufschütten der sorgfältig durchmischten Probe auf eine glatte Fläche und anschließende Einteilung des Probenkegels in Sektoren. Die Hälfte der entstandenen Segmente wird verworfen, die andere Hälfte (jeweils aus gegenüberliegenden Sektoren) wird vereinigt und erneut aufgeschüttet. So wird verfahren, bis die gewünschte Probenmenge erreicht ist.

Zur Aufteilung sehr großer Probenmengen bietet sich der Einsatz einer Verteilerrutsche oder eines rotierenden Verteilers (Riffler) an, der die Proben automatisch unterteilt und abfüllt.

Für die meisten Analysen (z. B. Bestimmung der Metalle) ist es erforderlich, die Probe mit einer geeigneten Mühle (Scheibenschwingmühle, Kugelmühle) staubfein zu mahlen. Bei allen Arbeitsvorgängen ist auf eine möglichst zu minimierende Kontamination der Proben zu achten. Hierzu zählen der Abrieb von Probeentnahmegeräten und Probebearbeitungswerkzeugen, Verschleppung von Schadstoffen durch schlecht gereinigte Gerätschaften, Verflüchtigung von Inhaltsstoffen bei zu langer, unsachgemäßer Lagerung, Oxidationsprozesse und photolytische Zersetzungen.

Zur Probenvorbehandlung für Bodenproben liegen DIN-Normentwürfe vor, die gesonderte Vorgehensweisen für sich anschließende physikalisch-chemische Untersuchungen (E DIN/ISO 11 464; Bodenbeschaffenheit: Probenvorbehandlung für physikalisch-chemische Untersuchungen) und die Bestimmung von organischen Verunreinigungen (E DIN/ISO 14 507; Bodenbeschaffenheit: Probenvorbehandlung für die Bestimmung von organischen Verunreinigungen in Böden) vorsehen.

M.4.2.3 Vor-Ort-Analytik

Für orientierende Untersuchungen oder die routinemäßige Kontrolle kann der Einsatz von Schnellanalytik-Verfahren im Rahmen einer Vor-Ort-Analyse als Ergänzung zu ausführlichen Laboruntersuchungen sinnvoll sein. Mit diesen Schnellmethoden läßt sich in akuten Fällen, in denen die Laboranalytik erst nach einigen Tagen ein Ergebnis liefern kann, häufig ein akzeptabler Näherungswert ermitteln. Dabei ist jedoch unbedingt die Eignung der gewählten Vor-Ort-Analytik für die gegebene Matrix zu prüfen. So sind vor allem die zahlreichen Meßverfahren nach photometrischem Prinzip besonders anfällig gegenüber Matrixstörungen. Immer häufiger werden Immunoassays zur Schnellanalytik angeboten, die bei Vergleichsuntersuchungen mit der herkömmlichen Laboranalytik teilweise sehr gute Ergebnisse liefern. Diese Verfahren sind jedoch verhältnismäßig teuer und decken i. d. R. nur einen relativ kleinen Konzentrationsbereich ab. Darüber hinaus erfordert die Handhabung der Test-kits zunächst einige Übung und Erfahrung.

Vom Landesumweltamt Nordrhein-Westfalen LUA-NRW wurde eine umfangreiche Datenbank mit einer „Übersicht kurzfristig verfügbarer Methoden der Schnellanalytik" [M.4.9] zusammengestellt. Darin sind für eine Vielzahl anorganischer, organischer und biologischer Parameter die derzeit kommerziell erhältlichen Schnellanalytik-Methoden inkl. ihrer Anwendungsbereiche zusammengestellt. Eine Kommentierung wurde bisher nicht vorgenommen, ist jedoch für die Aspekte „Anwendbarkeit für eine bestimmte Matrix" und „Vorliegende Erfahrungsberichte" geplant.

M.4.2.4 Aufschluß-, Extraktions- und Elutionsverfahren

In Abhängigkeit von den zu bestimmenden Inhaltsstoffen und der für die spezielle Fragestellung erwünschten Erfassung bestimmter Erscheinungsformen der Analyten ist ein geeignetes Aufschluß-, Extraktions- oder Elutionsverfahren zu wählen.

Zur Bestimmung der Gesamtgehalte der Analyten ist ein Totalaufschluß unumgänglich. Unpolare Verunreinigungen (z. B. Kohlenwasserstoffe) werden durch Extraktion mit organischen Lösemitteln aus den Bodenproben gewonnen. Sollen die pflanzlich verfügbaren Anteile oder die durch Regenwasser mobilisierbaren Anteile ermittelt werden, so bieten sich verschiedene Elutionsverfahren an.

Zu den Methoden zur Bestimmung der sogenannten Gesamtgehalte zählen die Königswasseraufschlüsse. Vergleichbare Methoden wurden mit DIN 38414, Teil 7 (Aufschluß mit Königswasser zur nachfolgenden Bestimmung des säurelöslichen Anteils), E DIN ISO 11 466 (Extraktion von in Königswasser löslichen Spurenmetallen) und VDLUFA A 2.4.3.1 (Bestimmung von Schwermetallen im Aufschluß mit Königswasser) veröffentlicht. Es existieren Grenzwerte und umfangreiche Datensätze mit diesen Methoden. Zertifizierte Referenzproben sind im Handel erhältlich. Das Vergleichen von Ergebnissen verschiedener Laboratorien ist inzwischen über zahlreiche Ringversuche sehr gut abgesichert. Tatsächlich können jedoch die Anteile der extrahierten Gehalte am Gesamtgehalt je nach Element und Mineralbestand des Bodens zwischen 50 und 100 % schwanken, da bestimmte Silikate und Oxide nicht aufgeschlossen werden. Die extrahierten Gehalte können zur Abschätzung der Mengen dienen, die bei ungünstiger Bodenentwicklung (z. B. extreme Versauerung) langfristig mobilisiert werden können. Die Verfahren sind nicht geeignet, um biologisch wirksame oder mobile Gehalte vorauszusagen.

Daneben werden in einigen Fällen auch Extraktionen mit siedender Salpetersäure HNO_3 in unterschiedlichen Konzentrationen vorgenommen, die analog dem Königswasseraufschluß durchgeführt werden. Die Durchführung ist vergleichsweise einfach. Richt- oder Grenzwerte liegen jedoch nicht vor.

Zur Ermittlung des Gesamtgehalts in Proben mit hohem Silikatanteil findet häufig die Druckaufschlußmethode des Bayrischen Geologischen Landesamtes mit einer Mischung aus Flußsäure, Perchlorsäure und Salpetersäure oder ein Mikrowellendruckaufschluß unter Zusatz von Flußsäure Anwendung.

Seltener werden die relativ arbeitsintensiven Schmelzaufschlüsse, wie z. B. Soda-Pottasche-Aufschluß o. ä. eingesetzt.

Die für die Extraktion organischer Verbindungen aus Bodenproben geeigneten organischen Lösemittel sind je nach der zu untersuchenden Verbindungsklasse vor allem in Abhängigkeit von der sich anschließenden Detektionsmethode auszuwählen. Kriterien sind neben den erwünschten möglichst hohen Extraktionsausbeuten und Selektivität vor allem minimale Störungen bei der gewählten Detektionsmethode.

Zur Bestimmung der pflanzlich verfügbaren Anteile eines Stoffs bieten sich verschiedene Elutionsverfahren an. Hierzu werden Bodenproben mit verschiedenen Elutionsmitteln behandelt, wie z. B. Essigsäure, Ammoniumacetatlösung, EDTA Lösung sowie Lösungen von Salzen. Diese Methoden sind geeignet, um die Pflanzenaufnahme und Wirkungen auf Bodenorganismen abzuschätzen. Für die nach diesen Methoden ermittelten Gehalte liegen Grenz- und Prüfwerte sowie eine Reihe von Datensätzen vor, die als Richtwerte herangezogen werden können. Für die Zusammensetzung der Elutionsmittel gibt es allerdings keine einheitliche Auffassung.

So kann z. B. durch eine Kaliumchloridlösung der pflanzlich verfügbare Stickstoff eluiert werden. Der größte Teil des im Boden vorkommenden Stickstoffs ist in organischen Verbindungen fixiert und so für die Pflanze nicht verfügbar. Die Pflanze ist auf Nitrat-, Nitrit- und Ammoniumionen angewiesen. Die beiden erstgenannten lassen sich ohne weiteres mit Wasser eluieren, das Ammoniumion liegt allerdings an kolloidales Material (Ton) gebunden vor. Durch den großen Überschuß des Kaliumions wird das Ammoniumion verdrängt und kann eluiert werden.

Die Bestimmung von Phosphor und Kalium erfolgt nach VDLUFA A 6.2.1.1 aus gepuffertem Calcium-Acetat-Lactat-Auszug CAL, die Bestimmung der pflanzenverfügbaren Magnesium-Anteile im Calciumchlorid-Auszug nach VDLUFA A 6.2.4.1. Mobile und austauschbare Spurenelemente werden in Ammoniumnitrat- (DIN 19 730) oder Natriumnitrat-Extrakten erfaßt.

Kurzfristig mobilisierbare Anteile können mit Hilfe der in vielen gesetzlichen und untergesetzlichen Regelwerken vorgeschriebenen Elutionsmethode mit destilliertem Wasser (DIN 38 414 Teil 4) abgeschätzt werden. Bei diesem Verfahren wird eine Probe im Verhältnis 1:10 mit destilliertem Wasser 24 h über Kopf geschüttelt und nach Filtration oder Zentrifugation analysiert. Eine Aussage über das Langzeitverhalten eines Materials ist mit dieser Methode nicht möglich. Sie ist jedoch sehr einfach durchzuführen, und es existiert inzwischen umfangreiches Datenmaterial für verschiedenste Bodennutzungen, die eine vergleichende Bewertung der Ergebnisse erlauben.

M.4.2.5 Analytische Methoden

M.4.2.5.1 Allgemeine Parameter

Die Bestimmung der Trockenmasse erfolgt meist mit einer separaten Probe bei 105 °C nach ISO 11 465 (Bestimmung der Trockensubstanz und des Wassergehalts) oder nach DIN 38414, Teil 2 (Bestimmung des Wassergehalts und des Trockenrückstands bzw. der Trockensubstanz). Vergleichbar ist die Methode nach VDLUFA A 2.1.1 (Bestimmung des Wassergehalts bzw. der Trockenmasse).

Ist der Verdacht auf Anteile an flüchtige organischen Substanzen gegeben, so wird die zur Analyse verwendete Probe entweder gefrier- oder lufttrocknet oder mit geeigneten Substanzen (z. B. Natriumsulfat Na_2SO_4) chemisch getrocknet. Für die Gefriertrocknung von Schlämmen wurde E DIN 38414, Teil 22 (Bestimmung des Gefriertrockenrückstands und Herstellung der Gefriertrockenmasse eines Schlamms) erarbeitet. Der Glühverlust einer Bodenprobe wird gemäß DIN 19684, Teil 3 (Bestimmung des Glühverlustes und des Glührückstands) normalerweise bei 450 °C bestimmt. In Ausnahmefällen werden abweichende Temperaturen eingesetzt.

Die Bestimmung des pH-Werts eines Kulturbodens z. B. nach VDLUFA A 5.1.1 (Bestimmung des pH-Werts) bereitet wegen der erforderlichen Gleichgewichtseinstellung häufig Schwierigkeiten. Dies gilt in gleichem Maße für DIN 19684, Teil 1 (Bestimmung des pH-Werts des Bodens und Ermittlung des Kalkbedarfs) sowie den Entwurf E DIN/ISO 10390 (Bodenbeschaffenheit; Bestimmung des pH-Werts).

M.4.2.5.2 Anorganische Parameter

Zur Bestimmung von Schwermetallen aus Aufschlüssen und Extrakten werden häufig die für die Analytik von Wasser entwickelten Verfahren (DIN-Normenreihe 38 405 und 38 406) eingesetzt. Diese Methoden wurden jedoch i. allg. nur für die Untersuchungen von Wasser und Abwasser überprüft. Störungen oder Interferenzen durch die für den jeweiligen Aufschluß verwendeten Säuren lassen sich häufig zufriedenstellend durch entsprechende Verdünnungen minimieren.

Inzwischen sind für eine Reihe von Metallen Methoden veröffentlicht oder im Entwurf, die speziell für die Untersuchung von Böden entwickelt wurden (z.B. Normenreihe E ISO/CD

11 047 Bodenbeschaffenheit; Bestimmung einzelner Schwermetalle; E VDI 3796, Teil 2 und 3; Bestimmung von Thallium in Böden).

Die Bestimmung der Anionen erfolgt üblicherweise nach einer Elution des Bodens mit Wasser oder wäßrigen Salz- oder Pufferlösungen mit den in der Wasseranalytik erprobten DEV-Verfahren. Eine eindeutige Festlegung des Elutionsverfahrens fehlt häufig. Für die Bereiche, in denen ein Elutionsverfahren eindeutig festgeschrieben wurde (z. B. Altlasten VwV oder Ergänzungserlaß zur Ersten VwV Erdaushub/Bauschutt) werden in verschiedenen Laboratorien gleichwertige Analysenergebnisse erhalten.

Inzwischen gibt es eine Reihe von Methoden oder Methoden im Entwurf, die speziell für die Untersuchung von Böden entwickelt wurden. Für die Parameter Cyanid (E DIN ISO 11 262; Bodenbeschaffenheit; Bestimmung von Cyanid), Sulfid (DIN 19684, Teil 9; Bestimmung des Gehalts an pflanzenschädlichen Sulfiden und Polysulfiden im Boden), Phosphat (E DIN ISO 11 263, Teil 1; Bodenbeschaffenheit; Bestimmung von Phosphor), Nitratstickstoff (VDLUFA A 6.1.4.1; Bestimmung von mineralischem Stickstoff in Bodenprofilen) und Sulfat (E DIN ISO 11 048; Bodenbeschaffenheit; Bestimmung von wasser- und säurelöslichem Sulfat).

M.4.2.5.3 Organische Summenparameter

Zur Bestimmung der organischen Summenparameter werden in der Praxis häufig die für die Wasser-, Schlamm- und Sedimentuntersuchung entwickelten Verfahren eingesetzt. Die Übertragung dieser Verfahren für Bodenproben gelingt z.B. für die Parameter Adsorbierbare Organische Halogene AOX (DIN 38414, Teil 18), Extrahierbare Organische EOX (DIN 38414, Teil 17) und Gesamter Gebundener Organischer Kohlenstoff TOC (DIN 38409, Teil 3) recht gut.

Zur Bestimmung der Mineralölkohlenwasserstoffe kommen derzeit verschiedene Methoden zur Anwendung. Etabliert ist noch immer die umstrittene, analog zur DIN 38409, Teil 18 entwickelte IR-Bestimmung nach Kaltextraktion mit Freon, die inzwischen als ISO-Methode (ISO TR 11 046; Soil quality; Determination of oil content) vorliegt. Diese internationale Norm läßt neben der Infrarot-Bestimmung auch die Detektion mittels Gaschromatographie GC und Flammenionisationsdetektor FID als vergleichbare Methode zu, bei der zur Extraktion auf das klimarelevante Freon verzichtet werden kann. Das als EPA-Norm erschienene Verfahren (EPA 3560; Supercritical Fluid Extraction of Mineral Oil), bei dem der GC-FID-Bestimmung eine Extraktion mit überkritischem Kohlenstoffdioxid vorangeht, hat sich in der Vergangenheit für die Routineanalytik nicht durchsetzen können.

M.4.2.5.4 Organische Gruppen- und Einzelparameter

Während sich bei der Untersuchung von Bodenproben auf organische Verbindungen die Detektionsmethoden meist direkt aus den existierenden Normen für die Wasser-, Abwasser- und Schlammuntersuchung übertragen lassen, besteht für die Extraktion und anschließende Extraktreinigung für viele Methoden noch erheblicher Untersuchungs- und Standardisierungsbedarf. Dies gilt insbesondere, da sowohl einige Parameter der Probenvorbereitungsschritte, die die höchsten Extraktionsausbeuten liefern, als auch die Detektion erhebliche Probleme bereiten können. Darüber hinaus führen Variationen in der Probenvorbereitung, die in den Analysenberichten häufig keine Erwähnung finden, wie z. B. die Filtration oder alternativ die Zentrifugation des Eluates bei der Bestimmung der Polycyclischen Aromatischen Kohlenwasserstoffe PAK teilweise zu signifikant anderen Ergebnissen.

So liefert z.B. für die Bestimmung der PAK die Soxhlet-Extraktion mit Toluol gute Wiederfindungsraten, bereitet jedoch bei der anschließenden Hochleistungsflüssigchromatographie HLPC mit Fluoreszenzdetektion Schwierigkeiten. Neben der für die Bestimmung einer Auswahl von sechs PAK vorgelegten DIN-Methode (E DIN 38414, Teil 21; Schlamm und Sedimente: Bestimmung von 6 Polycyclischen Aromatischen Kohlenwasserstoffen (PAK) mittels Hochleistungsflüssigchromatographie (HPLC) und Fluoreszenzdetektion) gibt es inzwischen auch einen internationalen Entwurf, der sich zur Bestimmung der 16 EPA-PAK eignet und für Böden geprüft wurde (ISO/CD 13877; Bodenbeschaffenheit; Bestimmung von polycyclischen aromatischen Kohlenwasserstoffen (PAK) – Hochleistungs-Flüssigchromatographie (HPLC)-Methode). Daneben werden verschiedene Hausmethoden sowie Methoden der VDLUFA, der Landesanstalt für Umwelt LfU, Baden-Württemberg oder des Landesumweltamtes Nordrhein-Westfalen LUA, NRW eingesetzt, die neben der HPLC-Methode auch die Gaschomatographie mit unterschiedlichen Detektoren (Massenspektrometer MS oder Flammenionisationsdetektor FID) verwenden.

Für die Bestimmung der Polychlorierten Biphenyle PCB liegen neben der gut auf Bodenproben übertragbaren Methode aus dem Bereich der Schlamm- und Sedimentuntersuchungen (E DIN 38414, Teil 20; Schlamm und Sedimente; Bestimmung von polychlorierten Biphenylen) inzwischen auch eigens für die Matrix Boden entwickelte Verfahren vor (E ISO TC 190/SC 3/WG 7; Gaschromatographische Bestimmung des Gehalts an Polychlorierten Biphenylen (PCB) und Organochlorpestiziden (OCP); EPA 8080 A; Organochlorine Pesticides and Polychorinated Biphenyls by Gas Chromatography). Bei diesen Methoden wird der für die Bestimmung der PCB gängigen Detektion mittels Gaschromatographie und Elektroneneinfangdetektor GC-ECD eine speziell auf Bodenproben angepaßte Extraktion und Aufreinigung vorangestellt.

Leichtflüchtige aromatische Kohlenwasserstoffe werden nach Extraktion mit Pentan oder direkt mittels Dampfraumanalyse analog DIN 37407, Teil 9 (Bestimmung von Benzol und einigen Derivaten mittels Gaschromatographie) und anschließender GC-FID Detektion, oder gemäß ISO/CD 15009, die eine Purge-and-Trap-Methode beinhaltet und neben der FID- auch die MS-Detektion zuläßt, bestimmt. Von der amerikanischen Umweltbehörde US-EPA (Environmental Protection Agency) liegt ebenfalls eine Purge-and-Trap-Methode vor (EPA 8260). Das u. a. vorgeschlagene direkte Verfahren ohne vorherige Extraktion ist jedoch stark umstritten.

Die Bestimmung der Polychlorierten Dibenzo-p-Dioxine (PCDD) und Polychlorierten Dibenzofurane (PCDF) bereitet aufgrund der Verfügbarkeit von ^{13}C-markierten Standardsubstanzen bei anschließender GC-MS-Detektion wenig Probleme. Ein Arbeitspapier des DIN (DIN 38 414 Teil 24; Bestimmung von polychlorierten Dibenzo-p-dioxinen (PCDD) und polychlorierten Dibenzofuranen (PCDF)) sowie zwei EPA-Methoden (EPA 1613; Tetra-through Octa Chlorinated Dioxins and Furans by Isotope Dilution HRGC-HRMS und EPA 8280; The Analysis of Polychlorinated Dibenzo-p-dioxins and Polychlorinated Dibenzofurans) liegen vor.

Die in einigen Listen (z. B. Erste VwV Erdaushub/Bauschutt) vorgeschriebene Bestimmung des Phenolindexes führt insbesondere für Bodenproben aufgrund der natürlichen organischen Matrix häufig zu Überbefunden, die zu einer Grenzwertüberschreitung führen können. Dies ist insbesondere auf die Tatsache zurückzuführen, daß bei der Angabe des Analysenverfahrens lediglich die Angabe der allgemeinen DIN-Nummerierung DIN 38409, Teil 16 erfolgt und keine Unterscheidung bzgl. der dort aufgeführten Verfahren zur Bestimmung des Gesamt-Phenolindexes Teil 16–1 und zur Bestimmung der Wasserdampfflüchtigen Phenole Teil 16–3 bzw. 16–3 vorgenommen wird. Häufig wird demzufolge der weniger aufwendig zu ermittelnde Gesamtphenolindex bestimmt, der für Bodenproben wegen der Miterfassung u. a. der Huminstoffe nicht zu sinnvollen Ergebnissen führt. Alternativ bietet sich die Einzelbestimmung ausgewählter Phenole nach der EPA-Methode (EPA 8040; Phenols) mittels GC-FID oder nach Derivatisierung mittels GC-ECD an.

Generell finden derzeit Überlegungen statt, speziell für die Bestimmung der organischen Substanzen getrennte Bausteine für die Extraktionsverfahren, die Clean-up-Methoden und die Detektion zu definieren, um der Vielzahl der vergleichbaren Methoden, die sich aus der unterschiedlichen Kombination der einzelnen Schritte ergeben, gerecht zu werden und gleichzeitig eine genaue Vorgabe des anzuwendenden analytischen Verfahrens in den zur Bewertung der Ergebnisse herangezogenen Richtlinien und Merkblättern zu ermöglichen.

M.5 Lärmmeßverfahren und Anlagebeurteilung

M.5.1 Grundbegriffe

M.5.1.1 „Lärm" im BImSchG

Das Bundes-Immissionsschutzgesetz (BImSchG) [M.5.1] stellt den Begriff „Lärm" unter die „schädlichen Umwelteinwirkungen" durch Geräusche. Als solche gelten Immissionen, „die nach Art, Ausmaß oder Dauer geeignet sind, Gefahren, erhebliche Nachteile oder erhebliche Belästigungen für die Allgemeinheit oder die Nachwelt herbeizuführen". Unter „Gefahren" werden im Sinne des BImSchG Gesundheitsgefahren im engeren medizinischen Sinn verstanden.

M.5.1.2 Emission

Bei Energieumwandlungen wird ein Teil der umgesetzten Energie als Schall an das umgebende

Medium weitergegeben. Die in der Zeiteinheit an die Umgebung abgegebene Schallenergie ist die Schallleistung. Diese ist im freien Schallfeld proportional dem dort meßbaren Quadrat des Schalldrucks. Aus einer Messung des Schalldrucks auf einer Hüllfläche um die Schallquelle kann die Schallleistung und damit die Emission der Quelle bestimmt werden. Die Angabe der Schalleistung dient als charakteristisches Merkmal einer Schallquelle für weiterführende Planungen und Berechnungen.

M.5.1.3   Immission

Für die Wirkung von Geräuschen sind die Stärke und der Verlauf der Schallimmission am jeweiligen Immissionsort (Aufenthaltsort) maßgebend.

M.5.1.4   Pegel

Der große Bereich des auftretenden Schalldrucks wird übersichtlich erfaßt durch den Schalldruckpegel oder Schalleistungspegel. So entspricht z. B. eine Schallintensität von 1 W/m² einem Schallpegel von 120 dB.

M.5.1.5   A-bewerteter Schalldruckpegel (dB(A))

Bei der Einwirkung von Schall auf den Menschen wird zur näherungsweisen, gehörrichtigen Ermittlung ein Bewertungsfilter A in einen Meßverstärker eingeschaltet. Die so ermittelten Werte (Bild M.5-1) werden dann als A-bewertete Schallpegel in dB oder kurz als dB(A) angegeben. Dies gilt sowohl für Immissionen als auch für Emissionen von Geräuschen (DIN 45 645 [M.5.2]).

Unter Einbeziehung von Mittelungsvorschriften, Zeitbewertungen und Gewichtungsfaktoren wird z. B. als „Lärmbetrieb" nach der Arbeitsstättenverordnung ein Betrieb angesprochen, in welchem der Schallpegel $L_{AFTm} = 85$ dB beträgt (vgl. hierzu auch E VDI 3723, E VDI 2058/1 sowie DIN 1320 [M.5.5 – M.5.7]).

M.5.2   Die Aussagekraft gängiger Meßverfahren

M.5.2.1   Messung

Die Schalldruckmessung erfolgt durch Schallpegelmesser. Integrierende Schallpegelmesser zeigen als Ergebnis bereits einen zeitlichen Mittelwert je nach Zeitbewertungsart (Zeitkonstanten *Fast, Slow, Impulse*) an.

Soll ein Mittelwert über längere Zeit (Minuten, Stunden, Tage, Monate usw.) gebildet werden, so kann dieser als Mittelwert der Schallintensität in der gewünschten Zeit gebildet und als mittlerer Schallpegel angegeben werden (E DIN 45641 [M.5.8]). Werden außer dem Mittelwert über die Meßzeit zusätzliche Aussagen über die Verteilung der Schallpegel gewünscht, so ist die Angabe der Zeitbewertung erforderlich. Diese Erfassung der Meßwerte wird normalerweise mit der Einstellung FAST vorgenommen. Die hiermit erhaltene Häufigkeitsverteilung der Meßwerte kann auch als Summenhäufigkeit dargestellt werden. Außer dem Mittelungspegel für die Meßzeit kann sowohl die Häufigkeit des Auftretens von Schallpegeln als auch die Überschreitungshäufigkeit bestimmter Schallpegel angegeben werden (VDI 3723, Blatt 1 [M.5.5]). Wird die Meßzeit in kleinere Zeitabschnitte eingeteilt, so läßt sich für die einzelnen statistischen Werte (z. B. Mittelungspegel L_{AFm} oder Hintergrundpegel L_{AF95}) eine Tages-, Monats oder Jahresverteilung oder die Summenhäufigkeit der ermittelten Kurzzeitwerte angeben.

Das Mittelungsverfahren (Ermittlung des äquivalenten Dauerschallpegels) erfolgt auf der Grundlage der Wirkung von Dauerlärm auf das Innenohr und auf die Entstehung von Lästigkeit. Die Erfahrung zeigt, daß sowohl die Lärmschwerhörigkeit als auch die Lästigkeit proportional zur Energie (Pegel) und zur zeitlichen Einwirkung (Dauer) auftraten. Ein Lärmschwerhörigkeitsrisiko gleicher Größenordung ergab sich bei Zeithalbierung und gleichzeitiger Pegelerhöhung um 3 dB(A).

Eine Lärmschwerhörigkeit tritt bei 5 % der Belasteten nach zehn Jahren täglich 8stündiger Belastung mit 90 dB(A) auf; das gleiche Risiko ergibt sich nach zehn Jahren, wenn statt 8 h 90 dB(A) nunmehr 4 h mit 93 dB(A) vorhanden sind; 2 h mit 96 dB(A) ergeben ebenfalls 5 % Risiko usw. Gleiche Beziehungen gelten für die Lästigkeit. Der Zusammenhang ist in Bild M.5-2 in einem Pegel-Zeit-Diagramm dargestellt.

Wenn die Geräuschemissionen eines Betriebs in der Nachbarschaft bestimmt werden, so sind die Schallpegelmessungen nur sinnvoll, wenn die geräuschverursachenden Anlagen voll betrieben werden. Falls unterschiedliche Betriebsweisen eine unterschiedliche Schallemission aufweisen, so ist den einzelnen Betriebsweisen auch der jeweilige Immissionswert zuzuordnen. Wird darüber hinaus bei größerer Entfernung von der zu messenden Anlage der emietierte Schallpegel durch

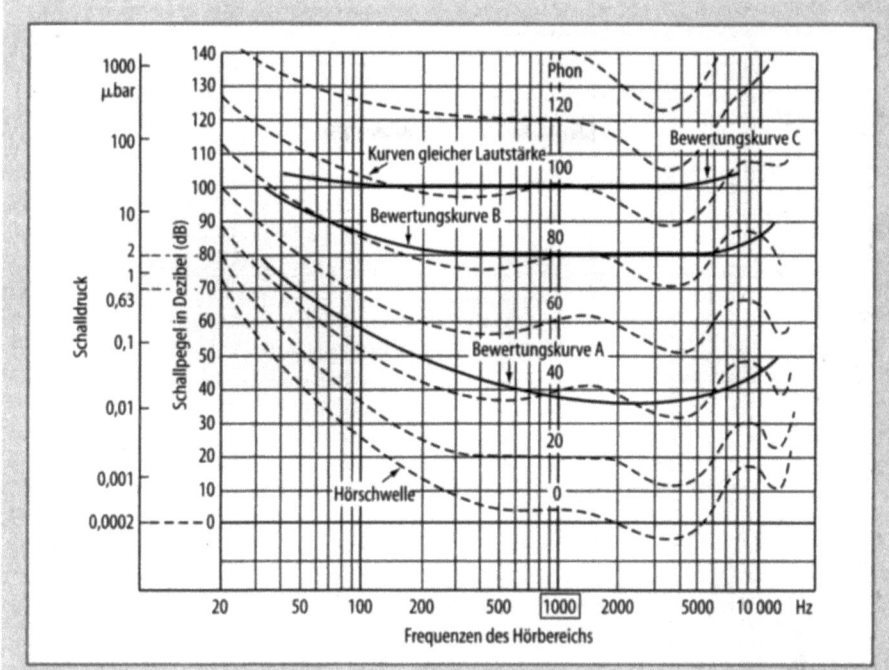

Bild M.5-1 Kurven gleicher Lautstärke. Die Hörschwelle für 1000 Hz liegt bei +4 dB [M.5.3], während sie früher bei 0 dB festgelegt wurde [M.5.4]

wechselnde Ausbreitungsbedingungen beeinflußt, so muß der Schallpegel am Immissionsort in Abhängigkeit vom Betriebszustand der Anlage und von der Witterungsbedingung erfaßt werden.

M.5.2.2 Wettereinfluß

Messungen in der Nachbarschaft von zeitlich nahezu konstant abstrahlenden großflächigen Anlagen ergeben oft Abweichungen aufgrund der Bezugswettersituation, die als mittlere Mitwindsituation gekennzeichnet ist.

Die höchsten Schallpegel treten bei leichtem Mitwind und bei Inversionswetterlagen (sehr gute Schallausbreitung), die niedrigsten bei Gegenwind auf. Die Tiefe des Schallschattens wird hierbei durch die seitliche Streuung an Inhomogenitäten des Ausbreitungsmediums (Luft) begrenzt.

M.5.3 Untersuchungen und Beurteilungen von Anlagen und Bauwerken

M.5.3.1 Schalleistung

Die schalltechnische Kennzeichnung einer Maschine oder Anlage wird heute allgemein über die abgestrahlte Schalleistung P angegeben. Üblich ist die Angabe des Schalleistungspegels L_W; näherungsweise läßt sich die Schalleistung einer Geräuschquelle auch aus Schalldruckmessungen im Freifeld bestimmen.

Die Verfahren zur Bestimmung der Schalleistung, die auf Schalldruckmessungen beruhen, wurden national (DIN 45635 [M.5.9]) und international (ISO 3740-3746 [M.5.10-M.5.16]) festgelegt. Die Genauigkeit dieser standardisierten Meßverfahren hängt stark von den Umgebungsbedingungen (Aufstellungsort der Quelle, Fremdgeräusche) ab. Häufig werden bei Messungen in der Praxis so hohe Fremdgeräuschpegel oder so große Raumrückwirkungen festgestellt, daß - wenn überhaupt - nur noch Messungen der Genauigkeitsklasse 3 (Übersichtsmethode) möglich sind.

M.5.3.2 Auffälligkeiten und Informationshaltigkeit

Die negativen Wirkungen von Geräuschen können oft nicht aus den mittleren Schalldruckpegeln (Mittelungspegel) erfaßt werden. Eine bessere Beurteilung kann durch Berücksichtigung zusätzlicher Faktoren erreicht werden, wie z. B. Dauer, Zeitpunkt und Häufigkeit des Auftretens,

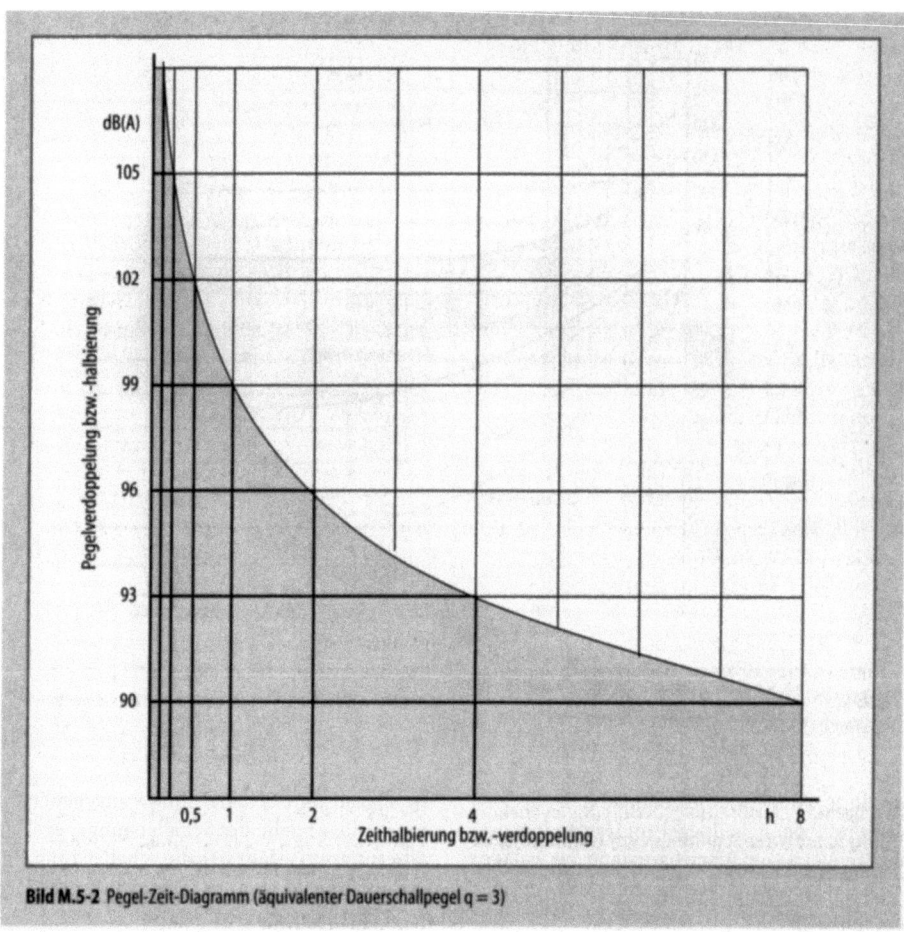

Bild M.5-2 Pegel-Zeit-Diagramm (äquivalenter Dauerschallpegel q = 3)

Frequenzzusammensetzung und ggf. auch Auffälligkeit des Geräuschs (Impulshaltigkeit, Tonhaltigkeit, Ortsüblichkeit sowie Art und Betriebsweise der Geräuschquelle).

In der VDI-Richtlinie 2058, Blatt 1 [M.5.6] wird die Tatsache, daß eine weniger wichtige, vielleicht auch bereits bekannte Information bewußt wahrgenommen wird, als Auffälligkeit bezeichnet. Hiernach ist ein Geräusch auffällig, wenn es z. B.

- das Hintergrundgeräusch insgesamt oder in einzelnen Frequenzbereichen um 10 dB(A) oder mehr überschreitet,
- in Zeiten der Ruhe und Erholung (z. B. nachts, abends, am frühen Morgen oder am Wochenende) auftritt,
- sich durch besondere Ton- oder Impulshaltigkeit (Frequenz- und Zeitstruktur) aus dem Hintergrundgeräusch oder einem gleichmäßigen Grundgeräusch einer Anlage heraushebt,
- in seiner Art in der betroffenen Umgebung fremd oder neu ist.

M.5.3.3 Hintergrundgeräusch

Das Hintergrundgeräusch ist das am Meßort vorhandene schwächste Fremdgeräusch, das nicht einer einzelnen erkennbaren Geräuschquelle zugeordnet werden kann. Bei Pegelklassierungen entspricht der Hintergrundpegel dem Pegel des Fremdgeräuschs, der in 95 % der Beobachtungsdauer überschritten wird. Fremdgeräusche sind hierbei Geräusche am Immissionsort, die unabhängig von dem zu beurteilenden Geräusch auftreten, z. B. Verkehrsgeräusche, Geräusche anderer Betriebe und Anlagen. In der ISO-1996 (1971) [M.5.17 – M.5.19] wird ausgeführt, daß zur Beurteilung einer Geräuscheinwirkung der Hintergrundpegel als Beurteilungskriterium dienen kann, wenn er in angemessener Weise die Einflüsse der Art des Wohnbereichs, der Jahreszeit und der Tageszeit mittelt; hierzu sind keine Korrekturen erforderlich.

M.5.3.4 Auffälligkeiten und Hintergrundgeräusche

Die Auffälligkeit eines Geräuschs ist mittelungsweise direkt mit dem zur gleichen Zeit am gleichen Ort vorhandenen Hintergrundpegel verknüpft, der direkt als Bezugswert im Vergleich mit dem Beurteilungspegel dienen kann. (Im Beurteilungspegel ist außer dem Mittelungspegel für die Beurteilungszeit nach ISO-1996 ein Zuschlag je nach Geräuschart für Ton- und Impulshaltigkeit enthalten.)

Wenn der Beurteilungspegel das Beurteilungskriterium (Hintergrundpegel) um 0 dB(A) überschreitet, wird keine Reaktion der beobachtet.
- 5 dB(A) Überschreitung:
  Geringe Reaktion mit gelegentlichen Beschwerden;
- 10 dB(A) Überschreitung:
  mittlere Reaktion mit weit verbreiteten Beschwerden;
- 15 dB(A) Überschreitung:
  starke Reaktion mit Androhung öffentlichen Einschreitens;
- 20 dB(A) Überschreitung:
  sehr starke Reaktion mit energischem öffentlichen Einschreiten.

M.5.3.5 Tonzuschlag

Ein Tonzuschlag zum Mittelungspegel wird bei der Geräuschbeurteilung dann durch Zuschläge berücksichtigt, wenn ein dominant auftretender Einzelton die Lästigkeit eines Geräuschs erhöht.

M.5.3.6 Impulszuschlag

Wie die Tonhaltigkeit wird auch die Impulshaltigkeit durch Zuschläge zum Mittelungspegel berücksichtigt. Nach E DIN 45645 „Einheitliche Ermittlung des Beurteilungspegels für Geräuschemissionen" (Teil 1 und Teil 2) [M.5.2, M.5.20] ist der Impulszuschlag K_I die Differenz zwischen dem in der Einstellung *Impulse* gemessenen A-bewerteten Mittelungspegel L_{AIm} und dem in der Einstellung *Fast* gemessenen A-bewerteten Mittelungspegel L_{AFm}: $K_I = L_{AIm} - L_{AFm}$. Je nach Höhe und Dauer der Impulse kann K_I Werte von mehr als 10 dB(A) annehmen.

Bei Geräuschen mit $K_I = 2$ dB(A) kann auf den Impulszuschlag verzichtet werden. Falls die Mittelungspegel in der Einstellung *Impulse* oder im Taktmaximalpegelverfahren ermittelt werden, so ist kein Zuschlag erforderlich. Liegen jedoch nur in FAST gemessene Mittelungspegel vor, so kann je nach Auffälligkeit der Impulse ein Impulszuschlag von je 3 oder 6 dB(A) (nach VDI-Richtlinie 2058, Blatt 1 [M.5.6]) auf den Meßwert addiert werden. Nach ISO-1996 (1971) „Assessement of noise with respect to Community Response" [M.5.17 – M.5.19] ist einheitlich ein Impulszuschlag von 5 dB(A) vorgesehen.

Außer der Überschreitung eines vorhandenen Pegels ist die Anstiegzeit des Schallimpulses bis zum Erreichen des maximalen Pegels, die Höhe des Pegels selbst sowie die Vorhersehbarkeit des Schallereignisses für die Lästigkeit bedeutsam. Impulsschalle (Explosionen, Überschallknall, militärische Tiefflüge, Hammerwerke) können Anstiegzeiten von 1 ms und kürzer haben.

Hiermit verbunden sind auch meist Frequenzanteile im Frequenzbereich über 1000 Hz, in dem der Umgebungspegel bereits absinkt. Unvorsehbare Schallereignisse (Impulse) mit starker (40 dB(A) und mehr) Überschreitung des vorhandenen Schallpegels können darüber hinaus Schreckreaktionen auslösen. Beispiele hierfür sind der Überschallknall von fast mit Schallgeschwindigkeit tieffliegenden Flugzeugen.

M.5.4 Nachbarschaftsprüfungen und Geräuschspitzen

Bei einwirkendem Gewerbe- und Industrielärm sollen nach VDI-Richtlinie 2058, Blatt 1 [M.5.6] kurzzeitige Geräuschspitzen den geltenden Richtwert außen tags um nicht mehr als 30 dB(A) und nachts um nicht mehr als 20 dB(A) überschreiten. Innerhalb von Wohnräumen sollte die Überschreitung durch einzelne Spitzen nicht mehr als 10 dB(A) tags und nachts betragen. Hiermit werden „normale" vorhersehbare Immissionen in ausreichendem Maße begrenzt, vorausgesetzt, man wählt entsprechend der Ansprechzeit des Orts am Schallpegelmesser die Zeitbewertung *Fast*.

M.5.4.1 Lästigkeitszuschlag

Für die Beurteilung einer vorhandenen Situation bietet sich eine meßtechnische, objektive Bestimmung eines Lästigkeitszuschlags wegen Impulshaltigkeit an. Statistische Verfahren sind hierzu weniger geeignet, da hiermit weder die Anstiegszeiten noch die absolute Höhe der Impulse angegeben werden können. Hinweise auf die veränderliche Höhe eines Zuschlags können durch Messungen mit unterschiedlichen Zeitkonstanten des Schallpegelmessers erhalten werden, wie er bereits als K_I in E DIN 45645 [M.5.2, M.5.20] enthalten ist. Hierbei sollte allerdings eine Korrekturgröße angebracht werden, die verhindert, daß bereits ausbreitungsbedingte Schwankungen des Schallpegels zu einem Impulszuschlag führen. Ob diese Größe die erhöhte Lästigkeit richtig beschreibt, und ob ein zusätzlicher Zuschlag für nicht vorhersehbare Impulsgeräusche notwendig ist, sollte durch die Ergebnisse der Wirkungforschung und durch die Auswertung von Erfahrungen – z. B. bei der Beurteilung von Schießlärm – überprüft werden.

M.5.4.2 Tonhaltigkeit

In der E VDI-Richtlinie 3723, Blatt 1 [M.5.5] wird vorgeschlagen, mit Hilfe statistischer Auswertung von Meßgrößen eine Aussage zur Auffälligkeit eines Geräuschs einschl. der Störung durch Ton- und Impulshaltigkeit zu treffen; hierbei soll zur Bestimmung der Tonhaltigkeit über die A-bewertete Messung des Gesamtpegels hinaus eine Frequenzanalyse des Gesamt- und Fremdgeräuschs erfolgen.

M.5.5 Verkehrslärm

Unter den Begriff Verkehrslärm fallen alle Arten des Verkehrs, d. h. Straßen-, Schienen-, Wasser- und Luftverkehr.

Die Verfahren zur Beurteilung von Verkehrslärm berücksichtigen die mittlere Verkehrsbelastung über einen längeren Zeitraum. Im Fluglärmgesetz sind dies die sechs Monate mit dem stärksten Verkehrsaufkommen. Beim Straßenverkehr wird die durchschnittliche tägliche Verkehrsstärke (DTV) ermittelt, also der Mittelwert über alle Tage eines Jahres der einen Straßenabschnitt täglich passierenden Kraftfahrzeuge. Bei der Bundesbahn werden eine durchschnittliche Verkehrsdichte und eine durchschnittliche Zusammensetzung der Zugarten – ein guter Schienenenzustand vorausgesetzt – angenommen, um eine Aussage über zu erwartenden Geräuschbelastungen treffen zu können.

Messungen an bestehenden Anlagen können den augenblicklichen Zustand (Verkehrsaufkommen, Ausbreitungsbedingungen) erfassen und müssen auf die „Normalbedingungen" umgerechnet werden. Zusätzlich gilt auch hier, daß einwirkende Fremdgeräusche und meteorologische Einflüsse die Auswertung der durch die betrachtete Quelle verursachten Pegel erschweren oder gelegentlich unmöglich machen können.

Die Kenntnis der mittleren Emission der Verkehrsgeräuschquellen erlaubt in der Nähe der Verkehrswege die Berechnung von *Mittelungspegeln*, die in einem vertretbaren Streubereich mit den tatsächlich gemessenen Werten übereinstimmen.

M.5.6 Immissionsbeurteilungen aus technischer Sicht

M.5.6.1 TA Lärm

Grundlage der Bestimmungen in diesem Bereich ist die TA Lärm [M.5.21], die festlegt, daß die Schallpegelmessung für eine zu beurteilende Anlage oder einen Betrieb am vorgeschriebenen Meßort (0,5 m) vor dem am stärksten betroffenen, geöffneten Fenster durchzuführen ist. Schwierigkeiten könne sich dabei ergeben, wenn die dauernde Einwirkung von Fremdgeräuschen eine genaue Bestimmung des Anteils der zu beurteilenden Anlage verhindert. Wenn z. B. Geräuschquelle und Immissionsort weiter als ca. 100 m voneinander entfernt sind und gleichzeitig andere Quellen (Kfz-Verkehr, Gewerbe und Industrie) auf den Immissionsort einwirken, ergeben sich Unsicherheiten in der exakten Berechnung.

M.5.6.2 Messung und Berechnung

In ca. 80 % der zur Bestimmung des Immissionspegels durchzuführenden Untersuchungen ist die Einhaltung aller Bedingungen der TA Lärm meist wegen einwirkender Fremdgeräusche am Immissionsort nicht möglich. Die Ermittlung der Emission von Anlagen, Betrieben, Einzelquellen ist jedoch in einschlägigen Richtlinien und Normen festgelegt und in praktisch interessierenden Fällen (relativ hohe Schallleistung) fast immer unabhängig von der Wetterlage durchzuführen. Erfahrungen mit der Anwendung der VDI-Richtlinie 2714 [M.5.22] ergaben beim Vergleich von gemessenen Emissionswerten, berechneten und gemessenen Immissionspegeln für Mitwindwetterlagen Übereinstimmungen innerhalb von ± 2 dB (A). Hierbei wurden jeweils die Mittelwerte nach E DIN 45641 [M.5.8] verglichen.

Der überwiegende Teil aller Meßaufgaben bezieht sich auf die Kontrolle der Einhaltung eines Immissionswerts durch einzelne Anlagen oder Betriebsteile. Die Messung der Emission und Berechnung der Immission ist oft die einzige Möglichkeit, die Einhaltung eines Immissionsrichtwerts nachzuprüfen. Von den Genehmigungsbehörden werden diese Untersuchungen als Nachweis der Einhaltung eines Immissionsrichtwerts anerkannt, wenn Betriebszustände und Einwirkzeiten den Genehmigungsbedingungen entsprechen.

Aus den Ergebnissen der Immissionsberechnungen können erforderliche Minderungsmaßnahmen abgeleitet werden. Merhfachmessungen zur Berücksichtigung statistischer Forderungen entfallen. Unter der Voraussetzung, daß von verschiedenen Meßinstituten gleicher Qualifikation gleiche Berechnungsverfahren angewendet werden, ist zu erwarten, daß die Ergebnisse aus Emissionsmessung und Immissionsberechnung im resultierenden Immissionspegel (L_{Am}) für größere Anlagen weniger als 1 dB(A) voneinander abweichen. Bei Prognosen von Immissionspegeln im Rahmen eines Genehmigungsverfahrens ist die Berechnung der Immission aus der zu erwartenden Emission erforderlich.

M.5.6.3 Berechnungsverfahren

Die genannten Berechnungsverfahren ermöglichen lediglich eine Ermittlung des statistischen Mittelwerts (LA_{Fm} oder L_{ASm}). Bei konstant abstrahlenden Geräuschquellen liegt jedoch der Mittelungspegel nach dem Taktmaximalverfahren (L_{AFTm} = Wirkpegel) je nach Entfernung der Quelle und Fluktuation der Ausbreitungsbedingungen 0,5 – 2 dB(A) höher. Man erhält grundsätzlich höhere Wirkpegel als Mittelungspegel. (Dies könnte z. T. durch Wegfall der 3 dB-Meßunsicherheit ausgeglichen werden.) Die Messung, Auswertung und Berechnung müssen normalerweise in mindestens Oktavbandbreite erfolgen und erfordern entsprechende Erfahrung. Außerdem können Zuschläge für Ton- oder Impulshaltigkeit erst nach einer Analyse der Geräuschsituation am Immissinsort begründet werden.

Eine Überarbeitung der TA Lärm ist schon seit längerer Zeit vorgesehen und dringend geboten, um die zutage getretenen Nachteile und die Schwachstellen zu revidieren. Bisher konnten die Arbeiten jedoch noch zu keinem Abschluß gebracht werden.

M.5.6.4 Eichung

Schallpegelmesser, die für akustische Messungen eingesetzt werden, müssen geeicht sein. Dies gilt auch für Schallpegelmesser, die im Immissions- und Arbeitsschutz benutzt werden. Lediglich Schallpegelmesser, die der unverbindlichen orientierenden Information dienen, sind von der Eichpflicht befreit. Voraussetzung für die Eichung ist eine Zulassung, die von der Physikalisch-Technischen Bundesanstalt nach Zulassungsprüfung erteilt wird.

Außer der direkten Ablesung von Meßwerten sind auch analoge oder digitale Speicherungen von Meßwerten und die Auswertung im Labor übliche Verfahren. Im Sinne der entsprechenden Verordnungen müssen Einzelprüfungen der speziellen Meßketten einschl. der zur Auswertung gehörenden Rechner und Rechnerprogramme vorgenommen werden. In der Praxis werden jedoch nur einzelne Glieder einer solchen Meßkette zugelassen und geeicht, wie z. B. der Mikrophonteil oder der Schallkalibrator.

Durch diese Vorgehensweise kann es zu Fehlern kommen. Wenn der Gesamtfehler in einer Meßeinrichtung nicht größer sein soll als der eines gebräuchlichen Schallpegelmessers, bleibt für das einzelne Glied der Meßkette nur eine sehr geringe Fehlergrenze übrig. Die Anwender sind verpflichtet, durch ständige Kontrolle ihrer Meßeinrichtungen mit Hilfe akustischer Kalibratoren die Zuverlässigkeit der Meßergebnisse zu gewährleisten.

M.6 Messung der Dosis ionisierender Strahlen

M.6.1 Einleitung

Beim Durchgang energiereicher (ionisierender) Strahlen durch Materie kommt es „portionsweise" (quantenhaft) zur Absorption der Strahlenenergie durch Wechselwirkung der Partikel oder Photonen mit der Materie. Es treten Anregungszustände oder, durch direkte Wechselwirkungen, Ionisationen auf.

Bei der Dosismessung ionisierender Strahlen ging man daher zunächst von der Meßgröße Ionendosis aus. Allerdings ergab sich das Problem, daß sich diese Dosisgröße auf die Messung der Ionisation in einem mit Luft gefüllten Raum und nicht auf die stärker interessierenden flüssigen oder festen Medien bezieht. Ionisierende Photonen-Strahlung (Röntgen- bzw. γ-Strahlung) verursacht beim Durchgang durch Materie Wechselwirkungen, die direkt oder indirekt über ausgelöste Elektronen (Sekundärelektronen) zu Ionisation in der durchstrahlten Materie führen. Die Ionendosis ergibt sich zu

$$J = dQ/dm_a = 1/\rho \times dQ/dV,$$

wenn sich in einem Volumen dV eine Luftmasse dm_a der Dichte ρ befindet, so gibt diese Ionendosis die elektrische Ladung dQ der Ionen eines Vorzeichens an. Als Maßeinheit wird heute Coulomb pro Masse (C/kg) verwendet.

Es hat sich jedoch sehr bald gezeigt, daß die wichtigere und universeller anwendbare Meßgröße die Energiedosis ist, die durch die absorbierte Strahlenenergie in einem bestimmten Massenelement M definiert ist. Als Maßeinheit wird heute das Gray (Gy) verwendet, das der absorbierten Strahlungsenergie von 1 J/kg bestrahlter Masse gleichgesetzt wird. Für die unmittelbare Messung der absorbierten Strahlenenergie und damit der zu bestimmenden Energiedosis in dem zu untersuchenden Phantommaterial oder im lebenden Gewebe, etwa des menschlichen Organismus, stehen allgemein keine Meßverfahren zur Verfügung. Die Bestimmung der durch Strahlenabsorption erzeugten Wärme ist aufgrund der geringen Größe außerordentlich aufwendig und u. a. wegen des Problems der Wärmeleitung nur in Spezialfällen durchführbar. In der Praxis werden daher durchweg leichter handbare, indirekte Meßverfahren verwendet und dann aus diesen Ergebnissen die Energiedosis errechnet. Es werden eine Reihe von Strahleneffekten bzw. Meßverfahren genutzt, von denen einige in Tabelle M.6-1 zusammengestellt sind. Aufgrund der unterschiedlichen Dosishöhen, Dosisleistungen, Strahlenarten (Neutronen, α-, β-, γ- und Röntgenstrahlen) sowie Strahlenenergie müssen diese verschiedenartigen Meßverfahren eingesetzt werden.

Um die Gefährdung des Menschen durch ionisierende Strahlung abschätzen zu können, muß die Strahlendosis an dem Ort (Ortdosis), an dem der Mensch sich befindet, oder an der Oberfläche des Menschen (Personendosis) bzw. im Menschen selbst (Körperdosis) bestimmt werden. Der Mensch kann durch externe Strahlung (Bestrahlung von außen) exponiert werden oder er nimmt radioaktive Stoffe durch Inhalation bzw. Ingestion auf, so daß diese radioaktiven Stoffe im Menschen dann zerfallen. Die Strahlenenergie wird in den Geweben freigesetzt und absorbiert (Bestrahlung von innen). Im Fall der Inkorporation von radioaktiven Stoffen kann die Strahlendosis nicht unmittelbar physikalisch gemessen werden. Es werden über biokinetische Messungen und Modelle zur Aufenthaltsdauer der Radioaktivität in einzelnen Organen und Geweben unter Berücksichtigung der physikalischen Parameter des radioaktiven Zerfalls (Halbwertszeit, Art und Energie der Strahlung) die Dosen abgeschätzt [M.6.1].

Bei der Dosisüberwachung in und außerhalb von technischen Anlagen können die Strahlendosis bzw. die Radioaktivitätskonzentrationen innerhalb der Anlagen unmittelbar gemessen werden, während bei der Umgebungsüberwa-

Tabelle 6-1 Übersicht über Strahlungseffekte und darauf beruhender Verfahren zur Dosisbestimmung

Strahlungseffekt	Meßeinrichtung/Meßverfahren	Anwendung in			
		ST	RD	SS	VT
Ionisation im Gas	Ionisationskammer	1	1	1	1
	Proportionalzählrohr		1		
	Auslösezählrohr	1		1	
Ionisation im Festkörper	Halbleiterkristall	2		2	2
	Leitfähigkeitsdetektor	2		2	
Scintillation, Lumineszenz	Scintillation		1		
	Thermolumineszens	1	1	1	2
	Photographische Filme	2	1	1	
Chemische Effekte	Chemische Dosimeter	1			1

ST Strahlentherapie SS Strahlenschutz 1 häufig verwendetes, empfehlenswertes Verfahren
RD Röntgenstrahlendiagnostik VT Verfahrenstechnik 2 in bestimmten Fällen vorteilhaft anwendbar

chung häufig nur die Abgaben von radioaktiven Stoffen aus den technischen Anlagen erfaßt werden und die Dosis für den Menschen in der Umgebung solcher Anlagen über Modellsysteme ermittelt werden muß [M.6.2].

Für die unmittelbaren Strahlenmeßverfahren werden verschiedene Dosimetersysteme eingesetzt, die selbst oder deren zugrundeliegende Meßverfahren in Tabelle M.6-1 angegeben sind. Diese Strahlenmeßverfahren ermöglichen i. allg. keine direkte Dosismessung, sondern ihnen liegt häufig das Prinzip der Zählung ionisierneder Partikel zugrunde. Dieses gilt vor allem für die Dosismessung beim Zerfall radioaktiver Stoffe. Die Dosisbestimmung erfolgt dann über Kalibrierungsfaktoren, für die das Radionuklid mit seinem Zerfallsschema und den dabei entstehenden ionisierenden Teilchen bekannt sein muß. Eine Ausnahme machen hier nur die Ionisationskammern und Filmdosimeter (Tabelle M.6-1), bei denen eine direkte Dosismessung durchgeführt werden kann.

M.6.2 Ionisation in Gasen

M.6.2.1 Ionisationskammern

Gasgefüllte Ionisationskammern werden in einer großen Breite für die Dosimetrie eingesetzt. Dieses liegt vor allem an dem hohen Ansprechvermögen und an der Anwendbarkeit für alle Strahlenarten. Der relativ geringe Aufwand zur Strom- oder Ladungsmessung sowie die gute Langzeitstabilität sind die Grundvoraussetzungen für diese breite Anwendung. Durch die Wahl des Ionisationsvolumens, die Variation der Gasdichte und des Ladungs- bzw. Strommeßbereichs können Ionisationskammern für einen sehr breiten Meßbereich der Dosis und Dosisleistungen (Dosis pro Zeiteinheit) eingesetzt werden.

Die Ionisationskammern bestehen im Prinzip aus einer gasgefüllten Kammer mit zwei Elektroden. Bestrahlt man dieses Gas mit ionisierender Strahlung, so fließt beim Anlegen einer Spannung ein elektronischer Strom, der durch Wanderung der gebildeten Gasionen im elektrischen Feld erzeugt wird. Wenn keine Rekombination der Ionen bzw. eine Verstärkung der Ionenzahl im Gas stattfindet, so ist der gemessene Strom der Strahlungsleistung, die durch Absorption im Gas induziert worden ist, direkt proportional. Im Strahlenschutz werden i. allg. Ionisationskammern mit einem Kammervolumen von 10^2–10^4 cm^3 eingesetzt. Damit sind Messungen von Dosisleistungen im Bereich von ca. 1–1000 m Sv/h möglich. Bei entsprechend kleinen Kammervolumina, wie sie in der Strahlentherapie verwendet werden, können aber auch Dosisleistungen bis zu 10 Gy/min gemessen werden. Aus diesen Gründen gibt es eine Vielzahl von unterschiedlichen Bauformen von Ionisationskammern, die für die verschiedenartigen Verwendungszwecke eingesetzt werden.

Für die Absolutbestimmung der Energiedosen an der Oberfläche und im Inneren von Phantomen sind in verschiedenen Ausführungen Extrapolationskammern für verschiedene Strahlenarten entwickelt worden. Im Strahlenschutz werden Ionisationskammern häufig aufgrund ihrer Zuverlässigkeit, der geringen Energieabhängigkeit des Ansprechvermögens und der Verwendbarkeit bei niedrigen Strahlenenergien bevorzugt.

Als Personendosimeter werden Kondensatorkammern häufig in der Form von Stabdosimetern eingesetzt. Bei diesen Stabdosimetern wird ein aufgeladenes Elektrometer in einer Ionisationskammer verwendet. Beim Durchgang ionisierender Strahlung führen die auftretenden Ionisationen zu einer schrittweisen Entladung, die proportional der Strahlendosis ist. Es ergibt sich damit die Möglichkeit, die Strahlendosis direkt mit Hilfe eines solchen Dosimeters abzulesen.

Durch Interaktion der durch Strahlung entstandenen Ionen in dem Gas der Ionisationskammer mit anderen Ladungsträgern, kann es zu Rekombinationen bzw. „Löschung" der Ionen kommen. Wird die angelegte Kammerspannung und damit die Feldstärke erhöht, so nimmt die Wahrscheinlichkeit solcher Interaktionen (Rekombination) ab. Bei entsprechender Zunahme der Spannung wird schließlich ein Zustand erreicht, in dem die Rekombinationsverluste vernachlässigbar sind. Damit nähert sich der Strom in der Kammer einem Sättigungsstrom. Der gemessene Ionisationsstrom (bzw. die Dosisleistungsanzeige) ist mit einem Korrekturfaktor zu multiplizieren, um den Wert bei Sättigung leichter zu erreichen als in elektronegativen Gasen, bei denen die Rekombination zwischen Elektronen und den entsprechenden Gasmolekülen sehr viel höher ist. Daher wird als Füllgas häufig reiner Stickstoff gewählt.

M.6.2.2 Zählrohre

Zählrohre unterscheiden sich von Ionisationskammern durch die Verstärkung der im Gasraum erzeugten Ladungen. Für die Anwendung im Strahlenschutz sind sie besonders geeignet, da sie mit einer einfachen Nachweiselektronik in Meßbereiche bis zu sehr niedrigen Dosisleistungen kommen. Diese Geräte sind häufig auch tragbar, so daß sie einfach bedienbar im Gelände eingesetzt werden können. Zählrohre bestehen meist aus einem Hohlzylinder mit einem dünnen Zähldraht in der Mitte des Zylinders längs der Achse, der als Anode ausgeführt ist. Sie sind mit Gas gefüllt, die keine Elektronen anlagern, z. B. Argon. Die gemessene Impulshöhe beim Durchgang eines geladenen Teilchens durch ein Zählrohr ist in starkem Maß von der angelegten Spannung abhängig und kann entsprechend der Spannung in verschiedenen Bereichen angewendet werden. Für die Strahlungsbemessung werden i. allg. der sog. Proportionalbereich (mit Spannungen von ca. 200 – 550 V) sowie der Auslösebereich (Geiger-Müller-Bereich) mit Spannungen von ca. 750 – 950 V eingesetzt.

Im Proportionalbereich wird die Verstärkung der Primärladungen durch Stoßmultiplikation erreicht. In der Nähe der Anode werden die Elektronen so stark beschleunigt, daß sie selbst wieder zu ionisieren vermögen. Die Elektronenlawine, die von einer primären Ionisation herrührt, ist auf einen sehr kleinen Abschnitt des Anodendrahts beschränkt. Daher bestehen zwischen Elektronenlawinen verschiedener Primärionisationen keine Wechselwirkungen, und der Ladungsimpuls ist somit proportional der durch das Primärteilchen erzeugten Ionenpaare. Der Zähldraht muß kreisrund sein und über die gesamte Länge einen gleichmäßigen Querschnitt haben, um für alle Stellen des Zähldrahts eine gleiche Gasverstärkung zu erhalten. Die Gasfüllungen solcher Proportionalzählrohre bestehen z. B. aus Argon mit einem Zusatz von Methan oder aus Helium mit einem Zusatz von Isobutan. Die Zusatzgase bewirken eine Herabsetzung der mittleren Geschwindigkeit der Elektronen und lassen daher eine höhere Gasverstärkung zu.

Bei diesen Zählrohren kann durch Impulshöhendiskriminierung die Teilchenart bestimmt werden, da die gesammelte Ladung von der Anzahl der primär gebildeten Ionisationen bei etwa gleicher Bahnlänge abhängt, und damit Teilchen mit verschiedener Ionisationsdichte zu unterschiedlichen Reaktionen führen. Auch die Bestimmung der Teilchenenergie ist möglich, wenn das empfindliche Volumen die gesamte Bahn des ionisierenden Teilchens enthält. Proportionalzählrohre sind daher auch zur Spektrumbestimmung von α-Teilchen und energiearmer β- bzw. γ-Strahlung geeignet. Allerdings muß die Spannung für die Energiebestimmungen gut stabilisiert sein. Bei diesem Zählrohr können unmittelbar aufeinander folgende Impulse registriert werden, Auflösungszeiten bis herab zu $0{,}2 \cdot 10^{-6}$ s sind möglich.

Mit der weiteren Steigerung der Spannung am Zählrohr wird der Auslösebereich erreicht. In diesem Bereich können stark und schwach ionisierende Teilchen nicht mehr voneinander unterschieden werden, da die Impulsamplituden sich in immer stärkerem Maße angleichen. Die Gasverstärkung hängt nicht mehr von der Primärionisation ab, alle Impulse sind gleich hoch. Schon ein einziges im Gasvolumen erzeugtes Ionenpaar löst die Zündung aus, die sich entlang des Zähldrahts ausbreitet. Daher kommt es nach der Auslösung eines Impulses zu einer Totzeit, die entsprechend den Charakteristika des Zählrohrs unterschiedlich dauern kann, und innerhalb derer das Zählrohr nicht auf den Durchgang weiterer ionisierender Teilchen anspricht. Bevor ein weiterer Impuls ausgelöst werden kann, müssen alle Ionen an den Elektroden eingesammelt sein. Daher werden heute überwiegend selbstlöschende Zählrohre mit kürzeren Totzeiten verwendet.

Als Zählgas wird häufig Argon mit Ethylalkohol bei Partialdrucken von 10 und 1 kPa eingesetzt. Die Auflösungszeit eines Zählrohrs hängt entscheidend von der jeweiligen Schaltung des Nachweisgeräts ab.

Für die Verwendung eines Geiger-Müller-Zählrohrs ist ferner von Bedeutung, die Zählrohrcharakteristik (die Zahl der abgegebenen Impulse in einer vorgegebenen Zeit T in Abhängigkeit von der Spannung) zu kennen. In dieser Charakteristik wird ein Plateau erreicht. Die Betriebsspannung sollte i. allg. in diesem Plateau liegen. Der Vorteil der Geiger-Müller-Zählrohre liegt in der geringen erforderlichen Nachverstärkung und damit einfachen Elektronik, da bereits innerhalb des Zählrohrs ein hoher Verstärkungseffekt eintritt. Der Nachteil besteht darin, daß weder die Teilchenenergie noch die Teilchenart durch das Zählrohr charakterisiert werden kann. Schließlich muß eine Totzeit i. allg. von einigen Mikrosekunden in Kauf genommen werden, während der das Zählrohr wegen der vollständigen Ionisation des Volumens um den Zähldraht keine weiteren Impulse registrieren kann. Für Messungen bei hohen Dosisleistungen sind Geiger-Müller-Zählrohre daher ungeeignet.

M.6.3 Ionisation in Festkörpern, Halbleiterdetektoren

Auch in festen Stoffen entstehen durch Bestrahlung Ionisationen mit Ionenpaaren. Diese können jedoch i. allg. nicht zur Dosimetrie genutzt werden, weil sie entweder in nichtleitenden Stoffen unbeweglich oder in leitenden Stoffen neben den bereits vorhandenen Ladungsträgern nicht nachweisbar sind. Dies gilt allerdings nicht für einige Halbleiter. Zu diesen Stoffen gehören Silizium und Germanium. Bei ihnen kann die Zahl der vorhandenen, beweglichen Ladungsträger herabgesetzt werden, so daß die durch Strahlung erzeugten Ionenpaare gemessen werden können. Ferner gehören zu diesen Stoffen die sog. Leitfähigkeitsdetektoren (z. B. Cadmiumsulfid), bei denen die Zahl der Ladungsträger im unbestrahlten Zustand von Natur aus genügend klein ist.

Die Leitfähigkeitseigenschaften der Halbleiter können durch das sog. Bändermodell beschrieben werden. In „Valenzband" sind die Ladungsträger unbeweglich. Durch Energiezufuhr, z. B. durch Absorption ionisierender Strahlung, können sie in das höher liegende Leitungsband gehoben werden, in welchem die Ladungsträger beweglich werden. Die „verbotene Lücke" zwischen den Bändern beträgt 1,12 eV bei Silizium und 0,67 eV bei Germanium. Der Ladungstransport im Leitungsband wird durch Elektronen oder „Defektelektronen" durchgeführt, letztere werden auch „Löcher" genannt. Es wird daher von n-leitendem oder p-leitendem Material gesprochen, wobei die Zahl der Elektronen oder die der Löcher überwiegt. Wenn die Silizium- und Germanium-Kristalle, die vierwertig und durch kovalente Bindungen im Kristall gebunden sind, mit Fremdatomen dotieren, so kann das Material n-leitend werden, wenn die zur Dotierung verwendeten Fremdatome, z. B. Phosphor, Arsen und Antimon, die Tendenz haben, im Kristall ein Elektron abzugeben. Dagegen bewirkt die Dotierung mit 3wertigen Atomen wie Bor, Aluminium, Gallium und Indium, daß das Material p-leitend wird.

Die p-n-Verbindung stellt einen Gleichrichter als elektrisches Leitungselement dar. Durch Anlegen einer Spannung mit dem Pluspol an die p-Seite wird den Elektronen der n-Seite die Überwindung des vor der p-Seite liegenden negativen Potentials ermöglicht. Das Umgekehrte gilt für die Löcher. Hier wird die Diode leitend. Bei umgekehrter Polung wirkt die Verarmungszone wie ein Isolator. Die n- bzw. p-leitenden Seitenteile des Kristalls verhalten sich daher wie die Elektroden einer gasgefüllten Ionisationskammer. Die Verarmungszone stellt das empfindliche Volumen dar; die in ihm durch Strahlung erzeugten Ionenpaare können als Stromsignale registriert werden. Gewöhnliche Halbleiterdioden haben Verarmungszonen mit Dicken bis zu einigen 100 µm und erlauben in Sperrichtung das Anlegen von Spannungen bis zu 100 V.

Bei Halbleitern beträgt der W-Wert, der mittlere Energieaufwand zur Bildung eines Ionenpaars, ca. 1/10 des Werts in Gasen (3,0 eV in Germanium, 3,8 eV in Silizium). Die Dichte der Halbleiter ist dagegen rund 2000 mal so groß. Bei gleicher Energieabsorption werden daher in gleich großen Volumina 20000 mal mehr Ladungsträgerpaare erzeugt als in Gasen. Es sind heute Halbleiterreinstkristalle mit Dicken der Verarmungszonen bis zu 10 mm und Meßvolumina von ca. 100 cm^3 erhältlich.

P-leitende Siliziumdioden werden für Dosis- und Dosisleistungsmessungen vor allem dort eingesetzt, wo im Vergleich zu Ionisationskammern durch kräftige Detektorsignale kurze Meßzeiten und eine hohe räumliche Auflösung erreicht werden sollen. Die Nachweiswahrscheinlichkeit für die Zählung geladener Teilchen beträgt für Oberflächensperrschichtdetektoren 100 % für alle Teilchen, die das Strahleneintrittsfenster durchdringen. Infolge der dünnen Schichten besteht eine hohe Zeitauflösung (bis herab zu 10^{-9} s). Zur Spektrometrie von Röntgen- und γ-Strahlen eignen sich bei Photonenenergieen bis ca. 300 keV Reinst-Gemaniumdetektoren, bei höheren Energien aufgrund der größeren empfindlichen Volumina Germanium/Lithiumdetektoren.

Zur Gruppe der Leitfähigkeitsdetektoren gehören normalerweise nichtleitende Kristalle wie Cadmiumsulfid und Cadmiumselinid. Bei diesen stellt sich bei konstanter Dosisleistung der einfallenden Strahlung und konstant angelegter Spannung ein stationärer Strom erst einige Sekunden oder Minuten nach Bestrahlungsbeginn ein. Nachteilig für die allgemeine Anwendung der Dosimetrie von Photonenstrahlung ist die starke Energieabhängigkeit des Ansprechvermögens für Cadmiumsulfidkristalle. Das Ansprechvermögen bei 0,1 MeV ist ca. 50 mal größer als das bei 2 MeV.

M.6.4 Scintillation und Lumineszenz

In geeigneten Scintallatoren kann ionisierende Strahlung Lichtblitze (Scintallationen) auslösen, die im sichtbaren Spektralbereich liegen. Die Umwandlung der Lichtblitze in Stromimpulse mit Hilfe von Photomultipliern führt zum Scintillationszähler, einem der empfindlichsten Nachweisgeräte für ionisierende Strahlung. Besondere Vorteile der Scintillationszähler gegenüber Zählrohren und Ionisationskammern sind hohes Anssprechvermögen für γ- und harte Röntgenstrahlung, hohes zeitliches Auflösungsvermögen mit Koinzidenzen auf 10^{-10} s, hohe Zählgeschwindigkeit und Proportionalität zwischen Teilchen und Quantenenergie sowie der Amplitude der abgegebenen Stromimpulse. Dabei ist es notwendig, daß die bei den Absorptionsprozessen ionisierender Strahlung erzeugte sekundäre Photonenstrahlung ebenfalls im Scintillator absorbiert wird. Beim quantitativen Nachweis von Elektronen und bei der Messung von Elektronenspektren ist ferner die Rückstreuung zu beachten.

Als Scintillationsmaterialien eignen sich eine Reihe von anorganischen Stoffen wie z. B. Zinksulfid (Ag), Zinkoxid (Ga), Natriumjodid (Tl) und Caesiumjodid (Tl) sowie verschiedene organische Substanzen wie z. B. Anthrazen, Stilben und Lösungen von fluoreszierenden Verbindungen in flüssigen und festen organischen Lösungsmitteln. Das Ansprechvermögen eines Scintillators für Photonenstrahlung hängt von seinen Dimensionen und von der Dichte des Scintillatormaterials ab sowie vom Energieumwandlungskoeffizienten für die Strahlung und damit von deren Energie. Bei höheren Quantenenergien sind aufgrund der o. g. Phänomene große Kristalle aus einem Material mit hoher mittlerer Ordnungszahl erforderlich. Die untere Grenze der Energie von ionisierenden Partikeln oder Quanten, die mit einem Scintillationszähler nachgewiesen werden können, hängt außer vom Scintillator vom Rauschen des Photomultipliers ab. Ein typischer Wert der Schwellenenergie für die Meßanordnung liegt bei ca. 3 keV. Es können jedoch auch niedere Energien wie z. B. die β-Partikel, die beim Zerfall des Tritiums entstehen, quantitativ erfaßt werden. Für Messungen im Strahlenschutz haben Scintillationsdetektoren aufgrund ihres hohen Ansprechvermögens für γ-Strahlung und β-Strahlung bei geringen Abmessungen an Bedeutung gewonnen. Mit Natriumjodid (Tl)-Scintillationszählern werden z. B. kleinste Mengen an Radioaktivität im Urin oder im menschlichen Körper nachgewiesen und durch Energiebestimmung der Radionuklide identifiziert.

M.6.5 Thermolumineszenz

Thermolumineszensdosimeter stellen weitverbreitete Festkörperdosimeter in der Strahlentherapie, Strahlenbiologie und bei technischen Anwendungen ionisierender Strahlen sowie im Strahlenschutz dar. Es werden überwiegend Ionenkristalle wie Lithiumfluorid oder Calciumfluorid, die mit Fremdatomen (Aktivatoren z. B. Magnesium, Titan, Mangan) dotiert werden, verwendet. Die Detektoren können als Pulver, Einkristalle oder auch in anderer Form verwendet werden. Wird ein Ionenkristall dieser Art von Strahlung getroffen, so entstehen „Elektronen-Loch-Paare". Elektronen gelangen aus dem Grundzustand (Valenzband) in einen höheren Energiezustand (Leitungsband), in dem sie frei beweglich sind. Bei der Diffusion durch den Kristall können die Elektronen an sog. Haftstellen eingefangen werden, die sich auf einem Energieniveau in der „verbotenen Zone" unterhalb des Leitungsbands befinden. Die Löcher können in Haftstellen in Energieniveaus dicht über dem Valenzband festgehalten werden. Die Verweilzeiten der Elektronen in den Haftstellen hängen vom Abstand der Energieniveaus, vom Leitungsband und von der Temperatur der Probe ab. Sie müssen groß sein gegenüber der Zeitspanne zwischen Bestrahlung und Auswertung. Durch Erhitzen der Probe gelangen sie wieder in das Leitungsband und können bei ihren Diffusionsbewegungen von Lumineszenzzentren eingefangen werden, wo sie mit Löchern rekombinieren. Dabei emittieren die Elektronen Lichtphotonen, deren Gesamtzahl der bei der Bestrahlung absorbierten Energie proportional ist. Ein Teil der emittierten Photonen wird in einer optischen Anordnung mit einem Photomultipler gemessen. Hierzu wird das Thermolumineszenzdosimeter stufenweise auf bestimmte Temperaturen erhitzt und für eine gewisse Zeit bei diesen Temperaturen gehalten. Man erhält eine sog. „Glow-Kurve".

Der Dosismeßbereich durch Thermolumineszenz ist mit $10^{-7}-10^4$ Gy außerordentlich breit. Die Dosismessung ist unabhängig von der Dosisleistung. Bei Photonenstrahlung besteht eine Abhängigkeit von der Energie der Strahlung unterhalb von 300 keV. Oberhalb von 300 keV ist sie gering. Lithiumfluorid hat sich als ein sehr günstiges Material für Thermolumineszenzdosimeter erwiesen. Für die absolute Dosismessung müssen entsprechende Kalibierungen vorgenommen werden.

M.6.6 Photographische und chemische Effekte

M.6.6.1 Filme

Durch die Einwirkung nur eines Photoelektrons können in Photoemulsionen $10^8 - 10^{11}$ Silberionen zu Silberatomen reduziert und durch Entwicklung ausgeschieden werden, es tritt eine Schwärzung auf. Das Ansprechvermögen der Filme hängt nicht von der Dosisleistung ab. Derartige Filmdosimeter werden vor allem im Strahlenschutz zur Bestimmung der Personendosis bei einer äußeren Strahlenexposition verwendet. In den Filmdosimetern für Photonen- und β-Strahlung liegen i. allg. zwei in Polyethylen eingeschlossene Filme der Größe 3 x 4 cm vor. Einer dieser Filme ist für hohe Dosen, der andere für niedrige vorgesehen. Im Plakettengehäuse sind an der Vorder- und Rückwand kleine Bleche aus Kupfer verschiedener Dicke und aus Blei angebracht. Damit ist eine Möglichkeit gegeben, aus der Schwärzung der Filme hinter diesen Blechen eine Aussage über die Strahlqualität zu machen. Die Filmplaketten sind zur Messung von Photonenstrahlung mit Energien zwischen 20 keV und 3 MeV eingerichtet. Die Empfindlichkeit der Filme liegt bei ca. 0,2 mSv. β-Strahlen können erst bei mittleren Elektronenenergien von (> 300 keV gemessen werden. Bei einer energieärmeren β-Strahlung (z.B. beim Zerfall von Tritium) besteht die Gefahr einer erheblichen Unterschätzung der Dosis. Die Filmdosimeter werden in den zuständigen zentralen Meßstellen ausgewertet, damit wird die amtliche Personendosis bestimmt.

M.6.6.2 Chemische Dosimeter

Chemische Dosimeter werden zur Bestimmung der Energiedosis in wässriger Lösung eingesetzt. Sie können zur Kalibrierung von anderen Dosimetern verwendet werden. Diese Dosimeter beruhen auf dem Prinzip, daß Metallionen in wässriger Lösung durch ionisierende Strahlung in eine andere Oxidationsstufe überführt werden. Am häufigsten benutzt wird eine Eisensulfat-Lösung in einer luftgesättigten 0,4 M H_2SO_4-Lösung. Durch Bestrahlung werden die Fe^{2+}-Ionen zu Fe^{3+}-Ionen oxidiert. Die Konzentration der Fe^{3+}-Eisenionen kann spektrophotometrisch bestimmt und daraus die Energiedosis errechnet werden. Der Ausbeutefaktor dieses Oxidationsprozesses hängt von der Strahlenqualität ab. Für Photonen- und Elektronen-Strahlung mit Energien (> 1 MeV wird angenommen, daß der Ausbeutefaktor energieunabhängig ist und 1,61 μMol/J beträgt. Im allgemeinen ist dieses Dosimeter unabhängig von der Dosisleistung. Erst bei sehr hohen Dosisleistungen reicht die Sauerstoffkonzentration der luftgesättigen Eisenfulfat-Lösung nicht mehr aus, um den normalen Reaktionsablauf zu gewährleisten. Mit diesen Eisensulfat-Lösungen lassen sich Energiedosen in wässrigen Lösungen von 10 – 400 Gy sehr genau bestimmen, so daß eine Kalibrierung durch diese Dosimeter gewährleistet ist.

M.6.7 Schlußbemerkungen

Diese kurzen Darlegungen zeigen, daß eine Vielzahl von Dosimetern für die unterschiedlichsten Meßbereiche, Strahlenqualitäten und Strahlenenergien zur Verfügung stehen, um sowohl externe Strahlenquellen hinsichtlich ihrer Dosis oder Dosisleistung als auch Radioaktivitätsmengen quantitativ erfassen zu können. Die Auswahl der Dosimeter hat entsprechend den jeweils auftretenden Bedingungen zu erfolgen. Detailliertere Darstellungen zur Dosismessung sind in [M.6.3] beschrieben.

Literatur

[M.1.1] Gesetz zum Schutz vor schädlichen Umwelteinwirkungen durch Luftverunreinigungen, Geräusche, Erschütterungen und ähnlichen Vorgängen (Bundes-Immissionsschutzgesetz – BImSchG) vom 15. März 1974, Bundesgesetzblatt Teil 1, Nr. 27, Jahrgang 1974, S. 721 f., zuletzt geändert am 11. Mai 1990 BGBl. I. S. 881f.

[M.1.2] 1. Allgemeine Verwaltungsvorschrift zum Bundes-Immissionsschutzgesetz (Technische Anleitung zur Reinhaltung der Luft – TA Luft) vom 27.2.1986, Gemeinsames Ministerialblatt, Ausgabe A, 37. Jahrgang, 28. Februar 1986, S. 95f.

[M.1.3] 13. Verordnung zur Durchführung des Bundes-Immissionsschutzgesetzes über Großfeuerungsanlagen – 13. BImSchV vom 22. Juni 1983, Bundesgesetzblatt I. S. 719f.

[M.1.4] 17. Verordnung zur Durchführung des Bundes-Immissionsschutzgesetzes über Verbrennungsanlagen für Abfälle und ähnliche brennbare Stoffe – 17. BIm-SchV vom 23.11. 1990, Bundesgesetzblatt 1990, Nr. 64, S. 2545f.

[M.1.5] 2. Verordnung zur Durchführung des

Bundes-Immissionsschutzgesetzes (Verordnung zur Emissionsbegrenzung von leichtflüchtigen Halogenkohlenwasserstoffen – 2. BImSchV) vom 10. Dezember 1990 BGBl. I. S. 2694f.

[M.1.6] VDI 2448, Bl. 1, Planung von stichprobenartigen Emissionsmessungen an geführten Quellen (04.92)

[M.1.7] VDI 2066, Bl. 1, Messen von Partikeln, Staubmessungen in strömenden Gasen, Gravimetrische Bestimmung der Staubbeladung – Übersicht (10.75)

[M.1.8] VDI 2449, Bl. 1, Entwurf, Prüfkriterien von Meßverfahren, Ermittlung von Verfahrenskenngrößen für die Messung gasförmiger Schadstoffe (Immissionen) (12.91)

[M.1.9] VDI 2449, Bl. 2, Grundlagen zur Kennzeichnung vollständiger Meßverfahren, Begriffsbestimmungen (01.87)

[M.1.10] RdSchr. vom 1.3.90, Bundeseinheitliche Praxis bei der Überwachung der Emissionen – Richtlinien über die Eignungsprüfung, den Einbau, die Kalibrierung und die Wartung von Meßeinrichtungen für kontinuierliche Emissionsmessungen, Gemeinsames Ministerialblatt, 41. Jahrgang 1990, S. 226f.

[M.1.11] VDI 2066, Bl. 2, Messen von Partikeln, Manuelle Staubmessung in strömenden Gasen, Gravimetrische Bestimmung der Staubbeladung, Filterkopfgeräte (4 m^3/h, 12 m^3/h) (08.93)

[M.1.12] VDI 2066, Bl. 3, Messen von Partikeln, Manuelle Staubmessung in strömenden Gasen, Gravimetrische Bestimmung der Staubbeladung, Filterkopfgerät (40 m^3/h) (1993)

[M.1.13] VDI 2066, Bl. 7, Messen von Partikeln, Manuelle Staubmessung in strömenden Gasen, Gravimetrische Bestimmung der Staubbeladung, Planfilterkopfgeräte (08.93)

[M.1.14] VDI 2066, Bl. 5, Staubmessung in strömenden Gasen, Fraktionierende Staubmessung nach dem Impaktionsverfahren – Kaskadenimpaktor (1993)

[M.1.15] VDI 3868, Bl. 1, Entwurf, Messen der Gesamtemission von Metallen, Halbmetallen und ihren Verbindungen. Manuelle Messung in strömenden, emittierten Gasen, Probenahmesystem für partikelgebundene und filtergängige Stoffe (10.92)

[M.1.16] VDI 3868, Bl. 2, Vorentwurf, Bestimmung der Gesamtemission von Metallen, Halbmetallen und ihren Verbindungen, Messen von Quecksilber, Atomabsorptionsspektrometrie mit Kaltdampftechnik (02.93)

[M.1.17] VDI 2268, Bl. 1, Stoffbestimmung an Partikeln: Bestimmung der Elemente Ba, Ca, Cd, Co, Cr, Cu, Ni, Pb, Sr, Zn in emittierten Stäuben mittels atomspektrometrischer Methoden

[M.1.18] VDI 2268, Bl. 2, Stoffbestimmung an Partikeln; Bestimmung der Elemente Arsen, Antimon und Selen in emittierten Stäuben mittels Atomabsorptionsspektrometrie nach Abtrennung über ihre flüchtigen Hydride

[M.1.19] VDI 2268, Bl. 3, Stoffbestimmung an Partikeln; Bestimmung des Thalliums in emittierten Stäuben mittels Atomabsorptionsspektrometrie

[M.1.20] VDI 2268, Bl. 4, Stoffbestimmung an Partikeln: Bestimmung der Elemente Arsen, Antimon und Selen in emittierten Stäuben mittels Graphitrohr-Atomabsorptionsspektrometrie

[M.1.21] VDI 2462, Bl. 1, Messen gasförmiger Emissionen, Messen der Schwefeldioxid-Konzentration, Jod-Thiosulfat-Verfahren (02.74)

[M.1.22] VDI 2462, Bl. 2, Messung gasförmiger Emissionen, Messen der Schwefeldioxid-Konzentration, Wasserstoffperoxid-Verfahren, Titrimetrische Bestimmung (02.74)

[M.1.23] VDI 2462, Bl. 3, Messung gasförmiger Emissionen, Messen der Schwefeldioxid-Konzentration, Wasserstoffperoxid-Verfahren, Gravimetrische Bestimmung (02.74)

[M.1.24] VDI 2462, Bl. 8, Messen gasförmiger Emissionen, Messen der Schwefeldioxid-Konzentration, H_2O_2-Thorin-Methode (03.85)

[M.1.25] VDI 2462, Bl. 7, Messen gasförmiger Emissionen, Messen der Schwefeltrioxid-Konzentration, 2-Propanol-Verfahren (03.85)

[M.1.26] VDI 2456, Bl. 1, Messen gasförmiger Emissionen, Messen der Summe von Stickstoffmonoxid und Stickstoffdioxid, Phenoldisulfonsäure-Verfahren (12.73)

[M.1.27] VDI 2456, Bl. 2, Messen gasförmiger Emissionen, Messen der Summe von Stickstoffmonoxid und Stickstoffdioxid, Titrations-verfahren (12.73)

[M.1.28] VDI 2456, Bl. 8, Messen gasförmiger Emissionen, Analytische Bestimmung der Summe von Stickstoffmonoxid und Stickstoffdioxid, Natriumsalicylat-Verfahren (01.86)

[M.1.29] VDI 2456, Bl. 10, Messen gasförmiger Emissionen, Analytische Bestimmung der Summe von Stickstoffmonoxid und Stickstoffdioxid, Dimethylphenol-Verfahren (11.90)

[M.1.30] VDI 2459, Bl. 7, Entwurf, Messen gasförmiger Emissionen, Messen der Kohlenmonoxid-Konzentration, Jodpentoxid-Verfahren (01.90)

[M.1.31] VDI 2470, Bl. 1, Messen gasförmiger Emissionen, Messen gasförmiger Fluor-Verbindungen, Absorptionsverfahren (10.75)

[M.1.32] VDI 3480, Bl. 1, Messen gasförmiger Emissionen, Messen von Chlorwasserstoff, Messen der Chlorwasserstoff-Konzentration von Abgas mit geringem Gehalt an chloridhaltigen Partikeln (07.84)

[M.1.33] VDI 3486, Bl. 2, Messen gasförmiger Emissionen, Messen der Schwefelwasserstoff-Konzentration, Jodometrisches Titrationsverfahren (04.79)

[M.1.34] VDI 2461, Bl. 2, Messung gasförmiger Immissionen, Messen der Ammoniak-Konzentration, Nessler-Verfahren (05.76)

[M.1.35] RdSchr. d. BMU vom 26.3.1991, Bundeseinheitliche Praxis bei der Überwachung der Emissionen, Eignung von Meßeinrichtungen zur kontinuierlichen Überwachung von Emissionen, GMBl. 1991, S. 470f.

[M.1.36] RdSchr. d. BMU vom 1.7.1992 – IGI 3 – 51134/2, Bundeseinheitliche Praxis bei der Überwachung der Emissionen und der Immissionen, Eignung von Meßeinrichtungen zur kontinuierlichen Überwachung von Emissionen, Bezugsgrößen (Abgasvolumenstrom, Sauerstoff), Eignung von elektronischen Systemen zur Auswertung kontinuierlicher Emissionsmessungen GMBl. 1992, S. 794f.

[M.1.37] Luftreinhaltung. Leitfaden zur kontinuierlichen Emissionsüberwachung, Vorschriften und Verfahren der Emissionsmeßtechnik unter Berücksichtigung der TA Luft 86 und Datenblätter eignungsgeprüfter Meßgeräte, 4. überarbeitete Auflage, Umweltbundesamt Berichte 11/90. Berlin: Erich Schmidt Verlag

[M.1.38] VDI 3480, Bl. 2, Messen gasförmiger Emissionen, Messen von Chlorwasserstoff, kontinuierliches selektives Messen von Chlorwasserstoff mit dem Spectran 677 IR (01.92)

[M.1.39] VDI 3480, Bl. 3, Messen gasförmiger Emissionen, kontinuierliches Messen von gasförmigen anorganischen Chlorverbindungen mit dem Ecometer (01.92)

[M.1.40] VDI 3481, Bl. 2, Messen gasförmiger Emissionen; Bestimmung des durch Asorption am Kieselgel erfaßbaren organisch gebundenen Kohlenstoffs (04.80)

[M.1.41] VDI 3481, Bl. 4, Vorentwurf (Arbeitspapier), Bestimmung des durch Adsorption an Kieselgel erfaßbaren organisch gebundenen Kohlenstoffs in Abgasen mit höherem Wassergehalt

[M.1.42] VDI 2457, Bl. 2, Vorentwurf, Messen gasförmiger Emissionen, Gas-chromatographische Bestimmung organischer Verbindungen, Probenahme durch Absorption in tiefkaltem Lösemittel (2-(2-Methoxyethoxy)ethanol, Methyldiglykol)

[M.1.43] VDI 3482, Bl. 4, Messen gasförmiger Immissionen, Gaschromatographische Bestimmung organischer Verbindungen mit Kapillarsäulen, Probenahme durch Anreicherung an Aktivkohle – Desorption mit Lösemittel (11.84)

[M.1.44] VDI 3482, Bl. 6, Messen gasförmiger Immissionen, Gaschromatographische Bestimmung organischer Verbindungen – Probenahme durch Anreicherung – Thermische Desorption (07.88)

[M.1.45] VDI 3482, Bl. 5, Messen gasförmiger Immissionen, Gaschromatographische Bestimmung von aromatischen Kohlenwasserstoffen, Probenahme durch Anreicherung an Aktivkohle – Desorption mit Lösemittel (11.84)

[M.1.46] VDI 2467, Bl. 2, Messen gasförmiger Immissionen, Messen der Konzentration primärer und sekundärer aliphatischer Amine mit der Hochleistungs-Flüssigkeits-Chromatographie (HPLC) (08.91)

[M.1.47] VDI 3862, Bl. 1, Messen gasförmiger Emissionen, Messen aliphatischer Aldehyde (C_1 bis C_3) nach dem MBTH-Verfahren (12.90)

[M.1.48] VDI 3862, Bl. 2, Entwurf, Messen gasförmiger Emissionen, Messen aliphatischer und aromatischer Aldehyde und Ketone nach dem DNPH-Verfahren, Acetonitril-Verfahren

[M.1.49] VDI 3862, Bl. 3, Entwurf, Messen gasförmiger Emissionen, Messen aliphatischer und aromatischer Aldehyde und Ketone nach dem DNPH-Verfahren, Tetrachlorkohlenstoff-Methode

[M.1.50] VDI 3863, Bl. 1, Messen gasförmiger Emissionen, Messen von Acrylnitril, Gas-Chromatographisches Verfahren, Probenahme mit Gassammelgefäßen (04.87)

[M.1.51] VDI 3863, Bl. 2, Messen gasförmiger Emissionen, Messen von Acrylnitril, Gas-Chromatographisches Verfahren, Probenahme durch Absorption in tiefkalten Lösemitteln (02.91)

[M.1.52] VDI 3863, Bl. 3, Entwurf, Messen gasförmiger Emissionen, Messen von Acrylnitril, Adsorption an Aktivkohle, Desorption durch Dimethylformamid (DMF) (10.88)

[M.1.53] VDI 3953, Bl. 1, Entwurf, Messen gasförmiger Emissionen, Messen von 1,3-Butadien, Gas-Chromatographisches Verfahren, Probenahme durch Adsorption an Aktivkohle, Dampfraumanalyse (04.91)

[M.1.54] VDI 3493, Bl. 1, Messen gasförmiger Emissionen, Messen von Vinylchlorid, Gas-Chromatographisches Verfahren, Probenahme mit Gassammelgefäßen (11.82)

[M.1.55] VDI 3494, Bl. 1, Entwurf, Messen gasförmiger Immissionen, Messen von Vinylchlorid-Konzentrationen, Gas-chromatographische Bestimmung, Manuelle und automatische Dampfraumanalyse (05.88)

[M.1.56] VDI 3494, Bl. 2, Messen gasförmiger Emissionen, Messen von Vinylchlorid-Konzentrationen, Gas-chromatographische Bestimmung mit der Trennsäulenschalteinrichtung für Live-Chromatographie (04.86)

[M.1.57] VDI 3481, Bl. 1, Messen gasförmiger Emissionen, Messen der Kohlenwasserstoff-Konzentration, Flammen-Ionisations-Detektor (FID) (08.75)

[M.1.58] VDI 3481, Bl. 3, Entwurf, Messen gasförmiger organischer Verbindungen, insbesondere von Lösemitteln, mit dem Flammen-Ionisations-Detektor (FID) (09.92)

[M.1.59] VDI 3481, Bl. 6, Entwurf, Messen gasförmiger Emissionen, Auswahl und Anwendung von C-Summenverfahren (09.92)

[M.1.60] VDI 3881, Bl. 1, Olfaktometrie, Geruchsschwellenbestimmung – Grundlagen (05.86)

[M.1.61] VDI 3881, Bl. 2, Olfaktometrie, Geruchsschwellenbestimmung – Probenahme (01.87)

[M.1.62] VDI 3882, Bl. 1, Olfaktometrie, Bestimmung der Geruchsintensität (10.92)

[M.1.63] VDI 3881, Bl. 3, Olfaktometrie, Geruchsschwellenbestimmung, Olfaktometer mit Verdünnung nach dem Gasstrahlprinzip (11.86)

[M.1.64] VDI 3881, Bl. 4, Entwurf, Olfaktometrie, Geruchsschwellenbestimmung, Anwendungsvorschriften und Verfahrenskenngrößen (12.89)

[M.1.65] VDI 3499, Bl. 1, Messen von Emissionen – Messen von Reststoffen, Messen von polychlorierten Dibenzodioxinen und -furanen im Rein- und Rohgas von Feuerungsanlagen mit der Verdünnungsmethode, Bestimmung in Filterstaub, Kesselasche und in Schlacken (1993)

[M.1.66] VDI 3873, Bl. 1, Messen von Emissionen, Messen von polycyclischen aromatischen Kohlenwasserstoffen (PAH) an stationären industriellen Anlagen – Verdünnungsmethode (RW TÜV-Verfahren) – Gaschromatographische Bestimmung (11.92)

[M.1.67] VDI 3499, Bl. 2, Entwurf, Messen von Emissionen, Messen von polychlorierten Dibenzo-p-dioxinen und Dibenzofuranen, Filter/Kühler-Methode (1993)

[M.1.68] VDI 3499, Bl. 3, Entwurf, Messen von Emissionen, Messen von polychlorierten Dibenzo-p-dioxinen und Dibenzofuranen an industriellen und gewerblichen Anlagen, Kondensationsmethode – Gekühltes Absaugrohr (1993)

[M.1.69] VDI 3499, Bl. 4, Entwurf, Messen von Emissionen, Messen von polychlorierten Dibenzodioxinen und Dibenzofuranen in Emissionen von Verbrennungsanlagen und bei anderen Verbrennungsprozessen, Polyurethan-Adsorptions-Methode (1993)

[M.1.70] K. Lützke: Leitlinien zur Messung und Bewertung von Emissionen, VDI-Berichte 608, Aktuelle Aufgaben der Meßtechnik in der Luftreinhaltung, Kolloquium Heidelberg, 17. – 19. September 1986, VDI-Kommission Reinhaltung der Luft. Düsseldorf: VDI-Verlag 1987

[M.1.71] VDI 3950, Bl. 1, Entwurf, Kalibrierung automatischer Emissionsmeßeinrichtungen (01.91)

[M.1.72] K. Lützke, H.-D. Burk: Kalibrierung automatischer Emissions-Meßeinrichtungen – Das Konzept der Richtlinie VDI 3950, VDI-Berichte 1059, Aktuelle Aufgaben der Meßtechnik in der Luftreinhaltung, Tagung Heidelberg, 2. – 4. Juni 1993, Kommission Reinhaltung der Luft im VDI und DIM. Düsseldorf: VDI-Verlag 1993

[M.1.73] VDI 2066, Bl. 4, Staubmessung in strömenden Gasen, Bestimmung der Staubbeladung durch kontinuierliches Messen der optischen Transmission (01.89)

[M.1.74] VDI 2463, Bl. 4, Messen von Partikeln, Messen der Massenkonzentration von Partikeln in der Außenluft, LIB-Filterverfahren (12.76)

[M.1.75] VDI 2463, Bl. 9, Messen von Partikeln, Messen der Massenkonzentration (Immission), Filterverfahren, LIS/P-Filtergerät (02.87)

[M.1.76] VDI 2463, Bl. 7, Messen von Partikeln, Messen der Massenkonzentration (Immission), Filterverfahren, Kleinfiltergerät GS 050 (08.82)

[M.1.77] RdSchr. d. BMU vom 9.2.1988 – IGI 2-556134/4 – Bundeseinheitliche Praxis bei der Überwachung der Immissionen, Richtlinien über die Festlegung von Referenzverfahren, die

Auswahl von Äquivalenzmeßverfahren und die Anwendung von Kalibrierverfahren, GMBl. 1988, S. 191f.

[M.1.78] VDI 2463, Bl. 8, Messen von Partikeln, Messen der Massenkonzentration (Immission), Basisverfahren für den Vergleich von nichtfraktionierenden Verfahren (08.82)

[M.1.79] VDI 2463, Bl. 5, Messen von Partikeln, Messen der Massenkonzentration (Immission), Filterverfahren, Automatisiertes Filtergerät FH 62 I (12.87)

[M.1.80] VDI 2463, Bl. 6, Messen von Partikeln, Messen der Massenkonzentration (Immission), Filterverfahren, Automatisiertes Filtergerät BETA-Staubmeter F 703 (11.82)

[M.1.81] RdSchr. d. BMI v. 2.2.1983 – U/8-556134/4, Bundeseinheitliche Praxis bei der Überwachung der Emissionen und Immissionen, II. Richtlinien über die Wahl der Standorte und die Bauausführung automatisierter Meßstationen in telemetrischen Immissionsmeßnetzen, GMBl. S. 76/78

[M.1.82] VDI 2119, Bl. 2, Messung partikelförmiger Niederschläge, Bestimmung des partikelförmigen Niederschlags mit dem Bergerhoff-Gerät (Standardverfahren) (06.72)

[M.1.83] Vierte Allgemeine Verwaltungsvorschrift zum Bundes-Immissionsschutzgesetz (Ermittlung von Immissionen in Belastungsgebieten) vom 8.4.1975, GMBl. 26 (1975), 358/365

[M.1.84] VDI 2451, Bl. 3, Messung gasförmiger Immissionen, Messung der Schwefeldioxid-Konzentration, Photometrisches Verfahren (TCM-Verfahren) (08.68)

[M.1.85] VDI 2451, Bl. 1, Messung gasförmiger Immissionen, Messung der Schwefeldioxid-Konzentration, Adsorptionsverfahren (Silikagel) (08.68)

[M.1.86] VDI 2453, Bl. 1, Messung gasförmiger Immissionen, Messen der Stickstoffdioxid-Konzentration, Manuelles photometrisches Basis-Verfahren (Saltzman) (10.90)

[M.1.87] VDI 2453, Bl. 2, Messung gasförmiger Immissionen, Bestimmen von Stickstoffmonoxid, Oxydation zu Stickstoffdioxid und Messung nach dem photometrischen Verfahren (Saltzman) (01.74)

[M.1.88] VDI 2455, Bl. 1, Messung gasförmiger Immissionen, Messung der Kohlenmonoxid-Konzentration, Ultrarot-Absorptionsverfahren (URAS 1 und 2) (08.70)

[M.1.89] VDI 2455, Bl. 2, Messung gasförmiger Immissionen, Messung der Kohlenmonoxid-Konzentration, Ultrarot-Absorptionsverfahren (UNOR 2) (10.70)

[M.1.90] VDI 2468, Bl. 1, Messung gasförmiger Immissionen, Messen der Ozon- und Peroxid-Konzentration, Manuelles photometrisches Verfahren, Kaliumjodid-Methode (Basisverfahren) (05.78)

[M.1.91] VDI 2468, Bl. 6, Messung gasförmiger Immissionen, Messen der Ozon-Konzentration, Direktes UV-photometrisches Verfahren (Basisverfahren) (07.79)

[M.1.92] VDI 2468, Bl. 5, Messung gasförmiger Immissionen, Messen der Ozon-Konzentration, Manuelles photometrisches Verfahren, Indigosulfonsäure-Verfahren (10.78)

[M.1.93] VDI 2452, Bl. 2, Messung gasförmiger Immissionen, Messen der Fluor-Ionen-Konzentration, Silberkugel-Sorptionsverfahren mit Vorabscheidung und elektrometrischem Nachweis (02.75)

[M.1.94] VDI 2452, Bl. 3, Messung gasförmiger Immissionen, Messen der Fluoridionen-Konzentration, Silberkugel-Sorptionsverfahren mit beheiztem Membranfilter (07.87)

[M.1.95] VDI 2452, Bl. 1, Messen von Immissionen, Messen der Gesamt-Fluoridionen-Konzentration, Impinger-Verfahren (03.78)

[M.1.96] VDI 2458, Bl. 1, Messung gasförmiger Immissionen, Messen der Chlorkonzentration, Methylorange-Verfahren (12.73)

[M.1.97] VDI 2454, Bl. 1, Messung gasförmiger Immissionen, Messen der Schwefelwasserstoff-Konzentration, Molybdänblau-Sorptionsverfahren (03.82)

[M.1.98] VDI 2458, Bl. 2, Messung gasförmiger Immissionen, Messen der Schwefelwasserstoff-Konzentration, Methylenblau-Impinger-Verfahren (03.82)

[M.1.99] VDI 2461, Bl. 1, Messung gasförmiger Immissionen, Messen der Ammoniak-Konzentration, Indophenol-Verfahren (03.74)

[M.1.100] VDI 2461, Bl. 2, Messung gasförmiger Immissionen, Messen der Ammoniak-Konzentration, NESSLER-Verfahren (05.76)

[M.1.101] VDI 2451, Bl. 6, Entwurf, Messung gasförmiger Immissionen, Messen der Schwefeldioxid-Konzentration, Leitfähigkeitsmeßverfahren (Ultragas U3EK) (07.87)

[M.1.102] VDI 2453, Bl. 5, Messung gasförmiger Immissionen, Messen von Stickstoffmonoxid-Gehalten, Messen von Stickstoffdioxid-Gehalten unter Verwendung eines Konverters, Chemilumineszenz-Analysator Monitor Labs 8440 (12.79)

[M.1.103] VDI 2453, Bl. 6, Messung gasförmiger Immissionen, Messen von Stickstoffmonoxid-Gehalten, Messen von Stickstoffdioxid-Gehalten unter Verwendung eines Konverters, Chemiluminiszenz-Analysator Bendix 8101 C (11.80)

[M.1.104] VDI 2468, Bl. 4, Messung gasförmiger Immissionen, Messen der Ozon-Konzentration, Chemiluminiszenz-Verfahren, Bendix Ozon Monitor 8002 (05.78)

[M.1.105] VDI 3495, Bl. 1, Messung gasförmiger Immissionen, Bestimmung des durch Adsorption an Kieselgel erfaßbaren organisch gebundenen Kohlenstoffs in Luft (09.80)

[M.1.106] VDI 3484, Bl. 1, Messung gasförmiger Immissionen, Messen von Aldehyden, Bestimmung der Formaldehyd-Konzentration nach dem Sulfit-Pararosanilin-Verfahren (01.79)

[M.1.107] VDI 2467, Bl. 1, Messung gasförmiger Immissionen, Messen der Konzentration von primären und sekundären Aminen mit der Dünnschicht-Chromatographie, Visuelles und densitometrisches Verfahren (08.91)

[M.1.108] VDI 2467, Bl. 2, Messung gasförmiger Immissionen, Messen der Konzentration primärer und sekundärer aliphatischer Amine mit der Hochleistungs-Flüssigkeits-Chromatographie (HPLC) (08.91)

[M.1.109] VDI 3485, Bl. 1, Messung gasförmiger Immissionen, Messen von Phenolen, p-Nitroanilin-Verfahren (12.88)

[M.1.110] VDI 3482, Bl. 2, Messung gasförmiger Immissionen, Gas-chromatographische Bestimmung von aliphatischen Kohlenwasserstoffen – Momentanprobenahme (02.79)

[M.1.111] VDI 3482, Bl. 3, Februar 1979, Messung gasförmiger Immissionen, Gas-chromatographische Bestimmung von aromatischen Kohlenwasserstoffen – Momentanprobenahme (02.79)

[M.1.112] VDI 3482, Bl. 5, Messung gasförmiger Immissionen, Gas-chromatographische Bestimmung von aromatischen Kohlenwasserstoffen, Probenahme durch Anreicherung an Aktivkohle – Desorption mit Lösemittel (11.84)

[M.1.113] VDI 3482, Bl. 4, Messung gasförmiger Immissionen, Gas-chromatographische Bestimmung organischer Verbindungen mit Kapillarsäulen, Probenahme durch Anreicherung an Aktivkohle – Desorption mit Lösemittel (11.84)

[M.1.114] VDI 3482, Bl. 6, Messung gasförmiger Immissionen, Gas-chromatographische Bestimmung organischer Verbindungen, Probenahme durch Anreicherung, Thermische Desorption (07.88)

[M.1.115] VDI 3864, Bl. 1, Entwurf, Messung gasförmiger Immissionen, Gas-chromatographische Bestimmung von leichtflüchtigen halogenierten Kohlenwasserstoffen, Probenahme durch Adsorption an Aktivkohle, Desorption mit Lösemittel (04.93)

[M.1.116] VDI 3494, Bl. 1, Entwurf, Messung gasförmiger Immissionen, Messen von Vinylchlorid-Konzentrationen, Gas-chromatographische Bestimmung, Manuelle und automatische Dampfraumanalyse (1988)

[M.1.117] VDI 3494, Bl. 4, Messung gasförmiger Immissionen, Messen von Vinylchlorid-Konzentrationen, Gas-chromatographische Bestimmung mit der Trennsäulenschalteinrichtung für Live-Chromatographie (04.86)

[M.1.118] VDI 3483, Bl. 1, Messung gasförmiger Immissionen, Messen der Summe organischer Stoffe mit einem Flammen-Ionisations-Detektor (FID), Grundlagen (12.79)

[M.1.119] VDI 3483, Bl. 2, Messung gasförmiger Immissionen, Messen der Summe organischer Stoffe ohne Methan mit dem Flammen-Ionisations-Detektor (FID), Siemens U 100 (11.81)

[M.1.120] VDI 3483, Bl. 4, Messung gasförmiger Immissionen, Messen der Summe organischer Stoffe und von Methan mit dem Flammen-Ionisations-Detektor (FID), Bendix 8202 (11.81)

[M.1.121] VDI 3940, Bestimmung der Geruchsstoffimmission durch Begehung (10.93)

[M.1.122] VDI 3875, Bl. 1, Entwurf, Messung von Immissionen, Messen von Innenraumluftverunreinigungen, Messen von polycyclischen aromatischen Kohlenwasserstoffen (PAH), Gas-chromatographische Analyse (08.91)

[M.1.123] VDI 3498, Bl. 1, Entwurf, Messung von Immissionen, Messen von Innenraumluft, Messen von polychlorierten Dibenzo-p-dioxinen und Dibenzofuranen – LIB Filterverfahren (01.93)

[M.1.124] VDI 2267, Bl. 2, Stoffbestimmung an Partikeln in der Außenluft, Messen der Blei-Massen-Konzentration mit Hilfe der Röntgenfluoreszenzanalyse (02.83)

[M.1.125] VDI 2267, Bl. 3, Stoffbestimmung an Partikeln in der Außenluft, Messen der Blei-Massen-Konzentration mit Hilfe der Atomabsorptionsspektrometrie (02.83)

[M.1.126] VDI 2267, Bl. 11, Stoffbestimmung an Partikeln in der Außenluft, Messen der Blei-Massen-Konzentration mit Hilfe der energiedispersiven Röntgenfluoreszenzanalyse (01.86)

[M.1.127] VDI 2267, Bl. 6, Stoffbestimmung an Partikeln in der Außenluft, Messen der Cadmium-Massen-Konzentration mit Hilfe der Atomabsorptionsspektrometrie (03.87)

[M.1.128] VDI 2267, Bl. 12, Entwurf, Stoffbestimmung an Partikeln in der Außenluft, Messen der Massenkonzentration von Chrom, Eisen, Kupfer, Mangan, Nickel und Zink mit Hilfe der energiedispersiven Röntgenfluoreszenzanalyse (11.89)

[M.1.129] VDI 2267, Bl. 4, Stoffbestimmung an Partikeln in der Außenluft, Messen von Blei, Cadmium und deren anorganischen Verbindungen als Bestandteile des Staubniederschlags mit der Atomabsorptionsspektrometrie (03. 87)

[M.1.130] VDI 2267, Bl. 7, Stoffbestimmung an Partikeln in der Außenluft, Messen von Thallium und seinen anorganischen Verbindungen als Bestandteile des Staubniederschlags mit der Atomabsorptionsspektrometrie (11.88)

[M.1.131] VDI 2268, Bl. 1, Stoffbestimmung der Elemente Ba, Be, Cd, Co, Cr, Cu, Ni, Pb, Sr, V, Zn in emittierten Stäuben mittels atomspektrometrischer Methoden (04.87)

[M.1.132] VDI 2268, Bl. 2, Stoffbestimmung an Partikeln, Bestimmung der Elemente Arsen, Antimon und Selen in emittierten Stäuben mittels Atomabsorptionsspektrometrie nach Abtrennung über ihre flüchtigen Hydride (02.90)

[M.1.133] VDI 2268, Bl. 4, Stoffbestimmung an Partikeln, Bestimmmung der Elemente Arsen, Antimon und Selen in emittierten Stäuben mittels Graphitrohr-Atomabsorptionsspektrometrie (05.90)

[M.1.134] VDI 2268, Bl. 3, Stoffbestimmung an Partikeln, Bestimmung des Thalliums in emittierten Stäuben mittels Atomabsorptionsspektrometrie (12.88)

[M.1.135] VDI 2460, Bl. 1, Entwurf, Messung gasförmiger Emissionen, Infrarotspektrometrische Bestimmung organischer Verbindungen – Grundlage (04.92)

[M.2.1] Eickmann, Th. Umweltgrenzwerte, Toxikologie und Physiologie Vortrag 26. Essener Tagung 17. – 19. März 1993 Aachen, GWA-Schriftenreihe Bd. 139, S. 44/1 – 44/6

[M.2.2] Gesetz zur Ordnung des Wasserhaushaltes (WHG) v. 23.09.1986 BGBl I S. 1529 ff, berichtigt in BGBl I, 1986 S 1654 ff, geändert am 12.02.1990 mit Artikel 5 UVPG I, 1990 S. 205 ff

[M.2.3] Richtlinie über die Qualitätsanforderungen an Oberflächenwasser für die Trinkwasserversorgung in den Mitgliedsstaaten v. 16.06.1975 (75/440/EWG) Amtsblatt der EG Nr. L 194 v. 25.07.1992

[M.2.4] Guidelines for drinking water quality World Health Organization (WHO), 1984

[M.2.5] Richtlinie des Rates über die Qualität von Wasser für den menschlichen Gebrauch (EG-TW) vom 15.07.1980 Amtsblatt der EG Nr. L 229/11 – 29, v. 30.08.1980

[M.2.6] Verordnung über Trinkwasser und über Wasser für Lebensmittelbetriebe (TVO) v. 05.12.1990 BGBl, I, 1990 Nr. 66 S. 2612-2629 v. 12.12.1990

[M.2.7] DVGW Eignung von Oberflächenwasser als Rohstoff für die Trinkwasserversorgung, Arbeitsblatt W 151, DVGW-Regelwerk

[M.2.8] Zweite Allgemeine Verwaltungsvorschrift zum Abfallgesetz (TA Abfall) Teil 1, Technische Anleitung zur Lagerung, chemisch, physikalisch und biologischen Behandlung und Verbrennung besonders überwachungsbedürftiger Abfälle Bundesanzeiger Jg 42, Nr. 89a v. 12.05.1990

[M.2.9] Dritte Allgemeine Verwaltungsvorschrift zum Abfallgesetz (TA Siedlungsabfall) v. 14.05. 1993 Bundesanzeiger Jg. 45, Nr. 99a v. 29.05.1993

[M.2.10] Düngemittelverordnung v. 19.12.1977 BGBl I Nr. 90 v. 28.12.1977 S 2845 – 2881

[M.2.11] Verordnung über Anwendungsverbote für Pflanzenschutzmittel (Pflanzenschutz AnwendungVO) v. 27.07.1988, BMELF

[M.2.12] Verordnung über das Aufbringen von Gülle und Jauche (GülleVO) v. 13.03.1984 Gesetz und Verordnungsblatt NW Nr. 15 v. 30.03. 1984

[M.2.13] Klärschlammverordnung (AbfKlärV) v. 14.04.1992 BGBl Teil I, 1992 S. 912 – 934

[M.2.14] Gesetz zum Schutz vor schädlichen Umwelteinwirkung durch Luftverunreinigungen, Geräusche, Erschütterungen und ähnliche Vorgänge (BImSchG) v. 14.05.1990 BGBl I S. 880 ff. u. BGBl II S. 885 ff v. 23.09.1990, darin enthalten 19 Verordnungen u.a. Erste Allgemeine Verwaltungsvorschrift zum Bundesimmissionsschutzgesetz (TA Luft) v 27.02. 1986 GMBl 1986, S. 95 ff. 1. BImSchVwV

[M.2.15] Leidrad Bodemsaniering v. 04.11.1988 Niederländisches Ministerium f. Wohnungswesen, Raumordnung und Umwelt

[M.2.16] Bewertungsverfahren zur Bestimmung des Gefährdungspotentials für das Grundwasser bei Altlasten und aktuellen Schadensfällen v. 31.12.1985, Baubehörde Hamburg

[M.2.17] Berliner Liste, Richtwerte für Grundwasser und Böden Senatsverwaltung Berlin

[M.2.18] Physikalisch-chemische Untersuchung im Zusammenhang mit der Beseitigung von Abfällen, v. 05.04.1976 u. 21.07.1977 III C 8 – 902/4 – 25459 Ministerialblatt NW Nr. 76 v. 05.07.1977

[M.2.19] Gesetz für das Einleiten von Abwasser in Gewässer (Abwasserabgabengesetz, AbWaG) v. 13.09.1976, geändert am 14.12.1984 geändert am 19.12.1986 Novelliert am 02.11.1990 BGBl I Nr. 69 v. 30.12.1986 BGBl I Nr. 61 v. 02.11.1990. Neufassung v. 3.11.94 BG Bl I 1994 Nr. 80 S. 3370 – 3376

[M.2.20] Durchflußmessungen von Abwasser in offenen Gerinnen und Freispiegelleitungen DIN 19559, Juli 1983 Normenausschuß Wasserwesen in DIN, Beuth-Verlag, Berlin

[M.2.21] Allg. Rahmen-Verwaltungsvorschrift über Mindestanforderungen an das Einleiten von Abwässern in Gewässer (RahmenAbwVwV) v. 08.09.1990 Gem. Ministerialblatt Nr. 25 v. 22.09.1989 S. 518 – 520, novelliert durch Änderung der VO v. 04.03.1992, Gem. Ministerialblatt Nr. 10 v. 20.03.1992 S. 178 – 184. Weitere Änderungen dieser Vorschrift erfolgen u. a. in der Fassung v. 25.11.92 (Bundes-Anz. 2336 v. 11.12.92) und hinsichtlich der Analyse und Meßverfahren vom 15.4.96)

[M.2.22] Verordnung über die Herkunftsbereiche von Wasser (AbwHerkV) v. 03.07.1987 BGBl I, 1987, S. 1578 ff

[M.2.23] Verordnung über die Genehmigungspflicht für die Einleitung von wassergefährdenden Stoffen und Stoffgruppen in öffentliche Abwasseranlagen (IndirekteinleiterVO) z.B. VGS Hessen v. 06.03.1987, GVBl I Hessen, S. 54 ff z. B. VGS-NW v. 21.0.1986, GVBl NW Nr. 49 v. 15.10.1986

[M.2.24] Allgemeine Verwaltungsvorschrift über die nähere Bestimmung wassergefährdender Stoffe und ihre Einstufung entsprechend ihrer Gefährlichkeit (VwVWS) GMBl 1990 S. 114 – 128

[M.2.25] Katalog wassergefährdender Stoffe v. 01.03.1985 (geändert am 26.04.1987) GMBl 1985 S. 175 und GMBl 1987 S. 294

[M.2.26] Richtlinie des Rates der Europ. Gem. über die Behandlung von kommunalem Abwasser (91/271/EWG) v. 21.05.1991 Amtsblatt der EG, Nr. L 135/40 v. 30.05.1991

[M.2.27] Gesetz über die Umweltverträglichkeit von Wasch- und Reinigungsmitteln (WRMG) v. 5.03.1987 BGBl I 1987 S. 875 ff.

[M.2.28] Verordnung über die Abbaubarkeit anionischer und nicht-ionischer grenzflächenaktiver Stoffe in Wasch- und Reinigungsmitteln (TensidVO) v. 13.01.1977, geändert am 04.06.1986 BGBl I 1977 S. 244 ff und BGBl I 1986 S. 851 ff

[M.2.29] Rechtsverordnung über Art und Häufigkeit der Selbstüberwachung von Abwasserbehandlungsanlagen und Abwassereinleitungen (SüwV) v. 18.08.1989 Gesetz und Verordnungsblatt NW, Nr. 44, S 494 – 505. Ergänzung! SelbstüberwachungsVO von Kanalisation und Einleitungen von Abwasser aus Kanalisation in Misch- und Trennsysteme. Gesetz- und Verordnungsblatt NRW, 10 v. 10.2.95. S. auch ATV Arbeitsblatt H 704, Regelwerk Abwasser-Abfall, Sept. 1991

[M.2.30] Landeswassergesetze, hier Runderlaß des Ministers für Umwelt, Raumordnung und Landwirtschaft NW, Zulassung von Stellen zur Untersuchung von Abwasser bei genehmigungspflichtigen Indirekteinleitungen nach § 60 a LWG. Neufassung: Wassergesetz LWG. Gesetz- und Verordnungsblatt für das Land NRW Nr. 59 v. 18.8.95

[M.2.31] Hinweise zum Vollzug der AbfKlärV v. 15.04.1992 Entwurf des Bundesministerium für Umwelt, WA II 6, Stand v. 30.04.1993. Jetzt Verwaltungsvorschrift zum Vollzug gemäß RdErl d. MURL v. 27.04.1995

[M.2.32] Anforderungen an die Verwendung von aufbereiteten Altbaustoffen und industriellen Nebenprodukten im Erd- und Straßenbau aus wasserwirtschaftlicher Sicht Gemeinsamer Runderlaß des Ministeriums für Umwelt, Raumordnung und Landwirtschaft IV A 3-953-26308 v. 25.04.1991 und Ministerium für Stadtentwicklung und Verkehr III B 6-32-15/102 v. 30.04.1991 Ministerialblatt NW Nr. 45 v. 18.07.1991 und Nr. 46 v. 04.07.1991

[M.2.33] Merkblatt über Analysenverfahren der im Rahmen der Güteüberwachung zu untersuchenden Parameter Minister, für Stadtentwicklung und Verkehr NW III B 6-32-40/45

[M.2.34] Schlamm und Sedimente, Bestimmung der Eluierbarkeit mit Wasser, DIN 38414, S 4 Deutsche Einheitsverfahren zur Wasser-, Abwasser- und Schlammuntersuchung, Normenausschuß Wasserwesen Okt. 1984, Beuth-Verlag Berlin

[M.2.35] Untersuchung und Beurteilung von Abfällen, Entwurf einer Richtlinie Teil 1 1978, Teil 2 1987 Landesamt für Wasser und Abfall NW

[M.2.36] Hesse, H.-P.: Organisations und Durchführung der parameterspezifische Probenahme. GWA Bd. 111 (1989), S. 155 – 188

[M.2.37] Malz, F., und Hesse, H.-P.: Die parameterspezifische Probenahme in der chemischen Abwasseranalytik, Zeitschrift Abwassertechnik, 2 (1991)

[M.2.38] DIN 38402 Teil 21, Entwurf 1.90

[M.2.39] LWA-Merkblatt Nr. 10, Amtliche Probenahme in NRW. Essen: Woeste 1992

[M.2.40] DIN 38402 Teil 11

[M.2.41] Rahmen-Abwasser VwV v. 09.09.1989

[M.2.42] Handbuch für Ver- und Entsorger Bd. 3, München: F. Hirthammer 1989

[M.2.43] Ott, M.: Probenahme und Durchflußmessung bei der Indirekteinleiterüberwachung und Eigenkontrollen, GWA Bd. 111 (1989), S. 213 – 244

[M.2.44] Kreislaufwirtschafts- und Abfallgesetz in der betrieblichen Praxis, 1996 WEKA Fachverlag

[M.2.45] Hein, H., Schwedt, G.: Richt- und Grenzwerte. Umweltmagazin, 4. Aufl. 1996

[M.3.1] Verwaltungsvorschrift für die Entsorgung von unbelastetem Erdaushub und unbelastetem Bauschutt (Erste VwV Erdaushub/Bauschutt). Verwaltungsvorschrift vom 11.10.1990. Staatanzeiger des Landes Hessen 1990; S. 2170

[M.3.2] Entsorgung von belasteten Böden, Erlaß vom 21.12.1992. Staatanzeiger des Landes Hessen 1993, S. 331

[M.3.3] Merkblatt LAGA M 10, Qualitätskriterien und Anwendungsempfehlungen für Kompost, Entwurf 1994

[M.3.4] Methoden zur Untersuchung von Kompost nach Bundesgütegemeinschaft Kompost e.V., 2. Aufl. Bundesgütegemeinschaft Kompost e.V., Köln 1994

[M.3.5] LAGA PN 2/78 K Grundregeln für die Entnahme von Proben aus Abfällen und abgelagerten Stoffen 1983

[M.3.6] LAGA PN 2/78 Entnahme und Vorbereitung von Proben aus festen und schlammigen Abfällen 1983

[M.3.7] Landesumweltamt Nordrhein-Westfalen Dezernat 332.2. Übersicht kurzfristig verfügbarer Methoden der Schnellanalytik 2. Aufl. 1996

[M.3.8] Obermann, P.; Entwicklung eines Routinetests von Schwermetallen aus Abfällen und belasteten Böden. LUA-NRW, 1991

[M.3.9] Bestimmung der Zusammensetzung fester Abfälle. In: Müll- und Abfallbeseitigung Ziffer 1720. E. Schmidt-Verlag, Berlin, 1964

[M.3.10] Lepom, P.; Henschel, P.; Müll und Abfall, 7 (1993) 530 – 537

[M.4.1] Deutsche Einheitsverfahren zur Wasser-, Abwasser- und Schlamm-Untersuchung, Loseblattsammlung 1960 3. Aufl., Hrsg.: Fachgruppe Wasserchemie in der Gesellschaft Deutscher Chemiker. Verlag Chemie, Weinheim 37. Lieferung 1997

[M.4.2] Dominik, P.; Paetz A.: Methodenhandbuch Bodenschutz; Entwurf 1994; Umweltbundesamt UBA

[M.4.3] Methodenbuch Band I, 4. Aufl. 1991. Verband Deutscher Landwirtschaftlicher Untersuchungs- und Forschungsanstalten. VDLUFA-Verlag, Darmstadt

[M.4.4] Erarbeitung und Bewertung einer Stoffsammlung Laboranalytik bei Altlasten. LAGA-Altlastenausschuß, Hessische Landesanstant für Umwelt HLFU 1996

[M.4.5] Anforderungen an Untersuchungsmethoden zu Erkundung und Bewertung kontaminationsverdächtiger/kontaminierter Flächen und Standorte auf Bundesliegenschaften. Verwaltungsvereinbarung der Oberfinanzdirektion OFD Hannover – BAM vom 15.09.1995;

[M.4.6] Vorläufige Verwaltungsvorschrift (Altlasten VwV) für die Feststellung und Sanierung von Altlasten auf der Grundlage des Hessischen Altlastengesetzes (HAltlastG) (Autorin: bitte Jahreszahl angeben)

[M.4.7] Verwaltungsvorschrift für die Entsorgung von unbelastetem Erdaushub und unbelastetem Bauschutt (Erste VwV Erdaushub/Bauschutt). Verwaltungsvorschrift vom 11.10.1990, Staatanzeiger des Landes Hessen 1990, S. 2170

[M.4.8] Entsorgung von belasteten Böden, Erlaß vom 21.12.1992. Staatanzeiger des Landes Hessen 1993, S. 331

[M.4.9] Übersicht kurzfristig verfügbarer Methoden der Schnellanalytik, 2. Aufl. Landesumweltamt Nordrhein-Westfalen Dezernat 332.2, 1996

[M.5.1] BI (BImSchG): Gesetz zum Schutz vor schädlichen Umwelteinwirkungen durch Luftverunreinigungen, Geräusche, Erschütterungen und ähnliche Vorgänge vom 15.03.1974, BGB. 1:721; Novellierung vom 14.05.1990, BGB. 1:880 1990

[M.5.2] E DIN 45 645 Teil 1; 1/1994: Ermittlung von Beuerteilungspegeln aus Messungen – Geräuschimmisionen – in der Nachbarschaft

[M.5.3] Robinson, D.W. und Dason, R.S.: A redetermination of the equal-loudness relations for the pure tones. British Journal of Applied Physics, Vol. 7, May 1956, S. 166 – 181

[M.5.4] Flechter, H. und Munson, W.A.; 1933: Loudness definition measurement and calculation, J. Acout. sec. Amer. 5: 82–108. Gesetz zum Schutz gegen Fluglärm vom 30.03.1971. Bundesgesetzblatt 1, 28, 282–287 (1971)

[M.5.5] E VDI 3723 Blatt 1; 5/1993: Anwendung statistischer Methoden bei der Kennzeichnung schwankender Geräuschimmisssionen

[M.5.6] VDI 2058 Blatt 1; 9/1985: Beurteilung von Arbeitslärm in der Nachbarschaft

[M.5.7] DIN 1320; 6/1992: Akustik; Grundbegriffe

[M.5.8] E DIN 45 641; 6/1990: Mittelung von Schallpegeln; Mittelungspegel, Einzelereignispegel

[M.5.9] DIN 45 635 Beiblatt 1; 4/1984: Geräuschmessung an Maschinen; Luftschallmessung, Hüllflächenverfahren, Rahmenverfahren für 3 Genauigkeitsklassen

[M.5.10] ISO 3740; 4/1980: Akustik – Bestimmung des Schalleistungspegels von Schallquellen – Leitlinien für die Anwendung von Grundnormen und für die Erarbeitung von Schallprüfvorschriften

[M.5.11] ISO 3741; 12/1988: Akustik – Bestimmung des Schalleistungspegels von Schallquellen – Präzisionsverfahren für Breitbandquellen in Hallräumen

[M.5.12] ISO 3742; 12/1988: Akustik – Bestimmung des Schalleistungspegels von Schallquellen – Technische Verfahren für spezielle Prüfhallräume.

[M.5.13] ISO 3743; 12/1988: Akustik – Bestimmung des Schalleistungspegels von Schallquellen – Technische Verfahren für spezielle Prüfhallräume

[M.5.14] ISO 3744; 5/1981: Akustik – Bestimmung des Schalleistungspegels von Schallquellen – Technische Verfahren für Freifeldbedingungen über einer reflektierenden Ebene

[M.5.15] ISO 3745; 5/1977: Akustik – Bestimmung des Schalleistungspegels von Schallquellen – Präzisionsverfahren für Reflektionsarme und halbreflektionsarme Räume

[M.5.16] ISO 3746; 4/1979: Akustik – Bestimmung des Schalleistungspegels von Schallquellen – Übersichtsverfahren

[M.5.17] ISO 1996-1; 9/1982: Akustik; Beschreibung und Messung von Umweltlärm; Teil 1: Grundeinheiten und Verfahren

[M.5.18] ISO 1996-2; 4/1987: Akustik; Beschreibung und Messung von Umgebungsgräuschen; Teil 2: Datenerfassung zur Flächennutzung

[M.5.19] ISO 1996-3; 12/1987: Akustik; Beschreibung und Messung von Umgebungsgeräuschen; Teil 3: Anwendung auf Geräuschgrenzwerte

[M.5.20] E DIN 45 645 Teil2; 9/1991: Einheitliche Ermittlung des Beurteilungspegels für Geräuschimmissionen; Geräuschimmissionen am Arbeitsplatz

[M.5.21] Ta Lärm: Technische Anleitung zum Schutz gegen Lärm, allgemeine Verwaltungsvorschriften über genehmigungsbedürftige Anlagen nach §16 der Gewerbeordnung – GewO. Bundesanzeiger Nr. 137 vom 16. Juli 1968

[M.5.22] VDI 2714; 1/1988: Schallausbreitung im Freien

[M.6.1] ICRP Publication 68, Annals of the ICRP: Dose Coefficients for Intakes of Radionuclides by Workers, Vol. 24, No. 4, Pergamon (1994): Oxford

[M.6.2] Strahlenschutzverordnung SSVO 1989. Bundesanzeiger Köln (1989)

[M.6.3] Reich, H.: Dosimetrie ionisierender Strahlung. Teubner: Stuttgart (1990)

Weiterführende Literatur

ISO/DIS 3743-1; 9/1990: Akustik; Ermittlung der Schalleistungspegel von Geräuschquellen; Verfahren der Genauigkeitsklasse 2 für kleine, bewegbare Quellen in Hallfeldern; Teil 1: Vergleichsverfahren in schallharten Räumen.

ISO/DIS 3744; 9/1990: Akustik; Ermittlung der Schalleistungspegel von Geräuschquellen; Hüllflächen-Verfahren der Genauigkeitsklasse 2 in einem im wesentlichen akustischen Freifeld über einer reflektierenden Ebene (Überarbeitung von ISO 3744:1981)

Rat von Sachverständigen für Umweltfragen: Umweltgutachten 1987. Stuttgart und Mainz: W. Kohlhammer Verlag 1987

Stoffquellen

Ein Hauptziel des Umweltschutzes ist es, die Emission schädlicher Stoffe zu vermeiden oder zumindest so zu begrenzen, daß die Auswirkungen dieser Emissionen in der Umwelt keine irreversiblen oder für den Menschen und die Tier- und Pflanzenwelt gefährliche Auswirkungen oder Änderungen hervorrufen.

Die stofflichen Emissionen haben vielfältige Quellen. In diesem Kapitel werden ausschl. Quellen dargestellt, die sich aus industriellen und gewerblichen Tätigkeiten, aber auch aus sonstigen Aktivitäten im öffentlichen und privaten Bereich des Menschen ergeben. Natürliche Quellen der Schadstoffemission bleiben außer Betracht.

Bei den Schadstoffen ist zu unterscheiden zwischen einer Gruppe von wenigen Schadstoffen, die in großen Mengen vor allem bei Verbrennungsvorgängen emittiert werden – Schwefeldioxid (SO_2), Stickstoffoxide (NO_x), Kohlenmonoxid (CO), flüchtige organische Verbindungen (VOC) und Feststoffe (Stäube) – und einer zweiten Gruppe von allen sonstigen anorganischen und organischen Schadstoffen, die durch chemische, physikalische oder biologische Umwandlungsvorgänge rohstoff- und prozeßspezifisch entstehen und in kleineren Mengen bei dem betreffenden Prozeß freiwerden. Hierunter fallen auch die zum Teil hochtoxischen polychlorierten Dibenzodioxine (PCDD) und Dibenzofurane (PCDF), im weiteren auch kurz als Dioxine und Furane bezeichnet.

Für die erstgenannte Schadstoffegruppe weist Tabelle N.1-0 für die Jahre 1989 und 1994 die insgesamt in den alten und neuen Bundesländern emittierten Schadstoffmengen und die Aufteilung der Emissionsmengen auf die Emittentengruppen Kraft- und Fernheizwerke, Industrie, Haushalte und Kleinverbraucher und Verkehr aus. Die ebenfalls in Tabelle N.1-0 dargestellten Zahlenwerte für die Gesamtemissionen im Jahr 2005 repräsentieren die aktuelle Strategie für die weitere Verwirklichung von Emissionsminderungsmaßnahmen bei allen Emittentengruppen in der Bundesrepublik Deutschland.

In Tabelle N.1-0 sind auch die Emissionsmengen von Kohlendioxid (CO_2) wiedergegeben, da dieses Gas aufgrund seines Beitrags zum Treibhauseffekt eine erhebliche Umweltrelevanz besitzt. Da CO_2 jedoch abgesehen von dieser globalen Auswirkung nicht als Schadstoff mit direkter Gefahr für den Menschen anzusehen ist, werden in diesem Kapitel Verbrennungsprozesse zwar als potentielle Quellen der Emission von Schadstoffen, jedoch nicht hinsichtlich ihrer Emission von CO_2 dargestellt.

Bei der Darstellung der Schadstoffquellen finden nur Zustände des bestimmungsgemäßen Betriebs von Anlagen oder Vorgängen Berücksichtigung. Quellen für die Emission von Schadstoffen außerhalb des bestimmungsgemäßen Betriebs, insbesondere bei Störfällen (z. B. Bränden), bleiben außer Betracht.

Tabelle N.1-0 Stoffemissionen nach Sektoren (alte und neue Bundesländer)

Stoff	Jahr	Gesamt [kt/a]	[%]	Kraft- und Fernheizkraftwerke [kt/a]	[%]	Industrie [kt/a]	[%]	Haushalte und Kleinverbraucher [kt/a]	[%]	Verkehr [kt/a]	[%]
NO$_x$	1989	3355	100	780	23,2	335	10,0	120	3,6	2120	63,2
	1994	2211	100	488	22,1	277	12,6	162	7,3	1283	58,0
	2005	2130	–	–	–	–	–	–	–	–	–
VOC	1989	2338 [a]	100	33	1,4	240	10,3	185	7,9	1880	80,4
	1994	1046 [b]	100	9	0,9	147	14,1	148	14,1	742	70,9
	2005	1750	–	–	–	–	–	–	–	–	–
CO	1989	12015	100	845	7,0	2020	16,8	2000	16,7	7150	59,5
	1994	6738	100	104	1,5	1311	19,5	1186	17,6	4136	61,4
	2005	4900	–	–	–	–	–	–	–	–	–
SO$_2$	1989	6205	100	4430	71,4	1060	17,1	590	9,5	125	2,0
	1994	2995	100	1875	62,6	657	22,0	399	13,3	63	2,1
	2005	740	–	–	–	–	–	–	–	–	–
Staub	1989	2375 [c]	100	1175	49,5	870	36,6	230	9,7	100	4,2
	1994	562 [d]	100	173	30,8	211	37,5	114	20,3	64	11,4
	2005	260	–	–	–	–	–	–	–	–	–
CO$_2$	1989	1023000	100	403000	39,4	238000	23,3	198000	19,3	184000	18,0
	1994	901000	100	358000	39,7	183000	20,3	183000	20,3	177000	19,7
	2005	740000	–	–	–	–	–	–	–	–	–

[a] zusätzlich 1210 kt/a für Lösemittelverwendung (Industrie, Gewerbe, Haushalte)
[b] zusätzlich 1090 kt/a für Lösemittelverwendung
[c] zusätzlich 180 kt/a für Schüttgutumschlag
[d] zusätzlich 193 kt/a für Schüttgutumschlag

Quellen: 5. Immissionsschutzbericht der Bundesregierung Drucksache 12/4006 vom 15.12.1992 (für 1989)
6. Immissionsschutzbericht der Bundesregierung Drucksache 13/4825 vom 11.06.1996 (für 1994 vorläufige Angaben; für 2005 Minderungsziele)

N.1 Gewerblicher und industrieller Bereich

N.1.1 Steine und Erden

Unter diesem Begriff sind Industriebranchen zusammengefaßt, die aus mineralischen Bodenschätzen, die weder Brennstoffe noch Erze oder Salze sind, Roh- und Hilfsstoffe erzeugen, die in vielen Bereichen der Industrie und Wirtschaft zum Einsatz kommen. Beispielhaft steht die breite Palette der Bindemittel für das Baugewerbe.

Allen Produktionsstätten dieser Art ist gemeinsam:
- zur Erzeugung der Zwischen- bzw. Endprodukte sind thermische Prozesse erforderlich,
- sie emittieren neben Lärm staub- und gasförmige anorganische Luftverunreinigungen in Größenordnungen, die Minderungsmaßnahmen notwendig machen.

Anlagen aus diesen Bereichen sind im Sinne des Bundesimmissionsschutzgesetzes genehmigungsbedürftig (förmliches Genehmigungsverfahren 4. BImSchV) und unterliegen nach der „Technischen Anleitung zur Reinhaltung der Luft" (TA Luft) besonderen Regelungen (TA Luft: ab Nr. 3.3 usw.). Nach der Verordnung über den Immissionsschutzbeauftragten (5. BImSchV) bedarf es der Bestellung eines betriebsangehörigen Immissionsschutzbeauftragten, der nach 6. BImSchV qualifiziert ist.

Im einzelnen werden näher betrachtet:
a) Anlagen zur Herstellung von Zementklinkern oder Zementen (TA Luft: Nr. 3.3.2.3.1)
b) Anlagen zum Brennen von Bauxit, Dolomit, Gips, Kalkstein, Magnesit usw. (TA Luft: Nr. 3.3.2.4.1)
c) Anlagen zur Herstellung und Bearbeitung von Glas (TA Luft: Nr. 3.3.2.8.1)

N.1.1.1 Anlagen zur Herstellung von Zementklinkern und Zement

Zement ist ein unter Wasser erhärtendes, hydraulisches Bindemittel, das im Prinzip auf dem Dreistoffsystem $CaO \cdot SiO_2 \cdot Al_2O_3$ basiert. Es gibt eine Reihe von Zementtypen, darunter Portlandzement, der die größte Bedeutung hat. Mindestanforderungen an Zemente sind u. a. durch DIN 1164 festgelegt.

Portlandzement entsteht durch Feinmahlung von Portlandzementklinker und Zugabe von Gips ($CaSO_4 \cdot 2H_2O$) als Abbinderegler. Portlandzementklinker selbst wird durch Sinterung zwischen 1400 und 1450 °C von basischen Ausgangsstoffen (Kalkstein) und kieselsäure-aluminiumoxid- und eisenhaltigen Rohstoffen – wie sie in Mergel, Tonen und Sanden vorliegen – hergestellt.

Zur Herstellung von Zementklinker werden Naß- und Trockenverfahren angeboten.

Fast 95 % des Klinkers wird aus wärmetechnischen Gründen nach dem Trockenverfahren produziert. Als Ofensystem hat sich für beide Produktionsvarianten der Einsatz von Drehrohröfen mit Rost- und Zyklonvorwärmung durchgesetzt.

Die Beheizung der Öfen erfolgt mit Kohlenstaub, Öl, Gas und Ersatzbrennstoffen verschiedenster Provenienz. Eine bekannte Substitution ist die dosierte Zugabe von Altreifen. Bild N.1-1 zeigt schematisch das Verfahrensfließbild zur Herstellung von Zement nach dem Trockenverfahren.

Emissionen und Begrenzung
1. Hauptemission ist Staub, Emissionsquellen betreffen alle Anlagenteile. Wesentlich sind die Staubquellen von Öfen, Kühlern, Mahl- und Förderanlagen, Silos und Verladeeinrichtungen (Tabelle N.1-1).

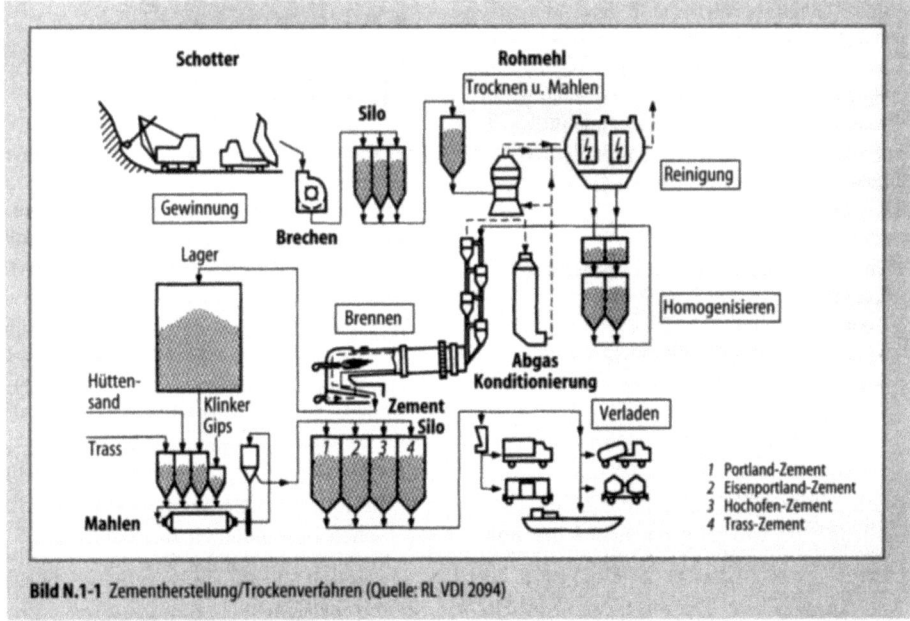

Bild N.1-1 Zementherstellung/Trockenverfahren (Quelle: RL VDI 2094)

Tabelle N.1-1 Staubemissionsquellen

Anlagenteile	Drehofen mit Zyklonvorwärmer	Drehofen mit Rostvorwärmer	Rostkühler	Trommeltrockner	Schnelltrockner	Mahltrockner	Rohmühle
Aufgabengut	Rohmehl	Pellets (Granalien)	Klinker	Rohmaterial Hüttensand	Rohmaterial Hüttensand	Rohmaterial Hüttensand Kohle	Rohmehl Zement
Anwendung	Trocknen Calcinieren Sintern	Trocknen Calcinieren Sintern	Kühlen	Trocknen	Trocknen	Mahlen Trocknen	Mahlen
Brennstoff	Kohle Öl Gas	Kohle Öl Gas		Kohle Öl Gas	Kohle Öl Gas	Kohle Öl Gas	
Geeignete Staubabscheidung	elektrische Abscheider	elektrische Abscheider	filternde Abscheider (Schüttschichtfilter, Gewebefilter), elektrische Abscheider	elektrische Abscheider, filternde Abscheider (Gewebefilter)	elektrische Abscheider, filternde Abscheider (Gewebefilter)	elektrische Abscheider, filternde Abscheider (Gewebefilter)	elektrische Abscheider, filternde Abscheider (Gewebefilter)

Nach der TA Luft ist der Eimissionsgrenzwert für Staub auf 50 mg/m³ festgelegt, der – wie die Praxis zeigt – mit den vorhandenen Abscheidevorrichtungen eingehalten wird. Eine Reduzierung auf 20 mg/m³ ist nach den neuesten Untersuchungen nicht auszuschließen.

Die Zementindustrie ist ein Beispiel, an dem die Anstrengungen zur Emissionsminderung von Staub demonstrativ aufgezeigt werden kann (Tabelle N.1-2).

2. Der Zementstaub enthält, verursacht durch die eingesetzten Rohmaterialien, die Kreislaufführung in den Ofensystemen, aber auch durch Brennstoffsubstitution Schwermetallspuren. Emissionsgrenzwerte für solche Schwermetalle sind nach TA Luft (Nr. 3.1.4)

Klasse I
Cadmium
Thallium   0,02 mg/m³ (als Summenwert)
Klasse II
Cobalt
Nickel   1 mg/m³ (als Summenwert)
Klasse III
Blei
Chrom   5 mg/m³ (als Summenwert)

Sie können weitgehend eingehalten werden. Die literaturmäßig bekannte erhöhte Thalliumemission wurde durch Ersatz der Rohmehlkorrekturstoffe (Kiesabbrand mit erhöhtem Thalliumanteil) und der Unterbrechung, der bis dato praktizierten Rückführung der

Tabelle N.1-2 Entwicklung der Emissionswerte für Staub

Ausgabe	1958	1,6 g/m³
	1961	0,4 g/m³
	1967	0,2 g/m³
	1978	0,12 g/m³
	1981	0,10 g/m³
	1983	0,075 g/m³
	1985	0,050 g/m³
	1992	0,02 g/m³

(0 °C; 1013 mbar; trocken)

Filterstäube in den Brennprozeß, praktisch unterbunden.

Ein Hinweis, schon bei der Auswahl der Rohstoffe vorsorgend auf die Produktion und die evtl. notwendige Emissionsminderung Einfluß zu nehmen.

3. Abgas von Zementöfen enthält Schwefeldioxid. Emissionsgrenzwert laut TA Luft: 400 mg/m³. Quellen sind:
a) schwefelhaltige Brennstoffe
   Der beim Verbrennen entstehende SO_2-Anteil reagiert weitgehend unter den im Ofen herrschenden Bedingungen mit den alkalischen Bestandteilen zu Alkalisulfaten, die in den Zementklinker eingebunden werden.
b) schwefelhaltige Rohmaterialien (z.B. Pyrit) ergeben höhere SO_2-Emissionswerte und

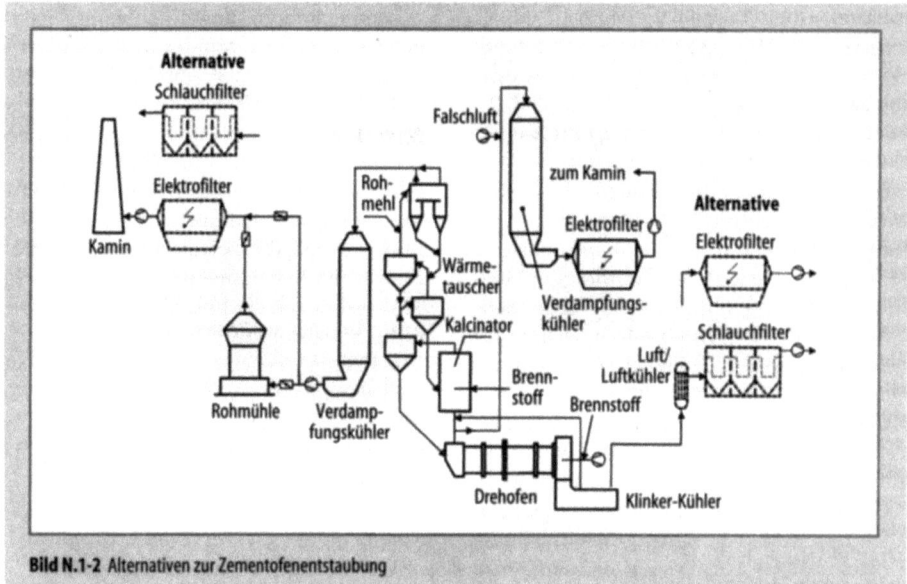

Bild N.1-2 Alternativen zur Zementofenentstaubung

erfordern eine Rauchgasentschwefelungsanlage.
Bei hohen SO_2-Gehalten im Rohgas hat sich der Einsatz der trockenen Rauchgasentschwefelung nach dem Verfahren der Zirkulierenden Wirbelschicht bewährt. Als Absorbens kommen Kalkhydrat oder ein Rohmehlkalkhydratgemisch zur Anwendung.

4. Stickoxide
Ursache für die NO_x-Emission sind die hohen Temperaturen im Zementofen. In der Praxis werden Werte zwischen 500 und 2100 mg/m³ mit Spitzenwerten bis 3000 mg/m³ gemessen. Nach der TA Luft (Nr. 3.3.2.3.1) gelten als Maximalwerte für Abgas von Zementöfen (gerechnet als NO_2) mit:
a) Rostvorwärmer 1,5 g/m³
b) Zyklonvorwärmer mit Abgaswärmenutzung 1,3 g/m³
c) Zyklonvorwärmer ohne Abgaswärmenutzung 1,5 g/m3

Diese Grenzwerte müssen in Zukunft vermindert werden. Entsprechend der Dynamisierungsklausel der TA Luft sind für Zementwerke als Grenzwert 0,50 g/m³ (Bezugszahl O_2 = 10) anzustreben. Untersuchungen zeigen, daß die Reduzierung durch bloße feuerungstechnische Maßnahmen nicht sichergestellt ist. Die Minderung der NO_x-Emission ist nach den heutigen Erfahrungen durch Einsatz der katalytischen oder nichtkatalytischen Entstikkung (mit Ammoniak, Ammoniakwasser oder Harnstoff) möglich.

5. Fluoride und Chloride
Gasförmige Fluor- und Chloridverbindungen sind im Rauchgas nicht beobachtet worden. Fluoride sind in den Zementrohstoffen mit max. 0,05 Gew.%, Chloride mit 0,01-0,1 Gew.% vorhanden. Die Reaktionsprodukte CaF_2 oder Alkalichloride reagieren mit dem Zementklinker oder dem Ofenstaub.

Emissionsminderungsmaßnahmen
Zur Staubabscheidung geeignete Systeme sind Bild N.1-2 zu entnehmen. Es handelt sich ausschließlich um elektrostatische und filternde Abscheider. Massenkraftabscheider haben praktisch keine Bedeutung mehr. Am Beispiel der Ofenentstaubung werden die möglichen Alternativen aufgezeigt (Bild N.1-2).

N.1.1.2 Anlagen zum Brennen von Bauxit, Dolomit, Gips, Kalkstein, Magnesit usw.
(TA Luft Nr. 3.3.2.4.1)

– *Bauxit*, ein natürlich vorhandenes Gemenge verschiedener Aluminiumoxidhydrate bzw. -hydroxide, verunreinigt mit Aluminiumsilikaten, Eisenoxiden u. a. wird weit über 90 % zu Aluminiumoxid (Al_2O_3) verarbeitet. Bauxit wird durch alkalischen Aufschluß (Bayer-Verfahren) über das Aluminat zu Aluminiumhydroxid (Al(OH)$_3$) umgesetzt. Al(OH)$_3$ wird heute weitgehend mit der energetisch günstigen Wirbelschichttechnik (Bild N.1-3) zwischen 900 und 1100 °C zu Al$_2$O$_3$ kalziniert.

Die Staubabscheidung erfolgt mittels eines Elektrofilters mit integrierter mechanischer Vorabscheidung. Andere Emissionen (SO$_2$, NO$_x$) haben keine Bedeutung.

– *Kalkstein, Magnesit und Dolomit.* Rohstoffe sind Kalkstein (CaCO$_3$), Magnesit (MgCO$_3$) und Dolomit, eine Mischung aus beiden Komponenten (MgCO$_3 \cdot$ CaCO$_3$). Anlagentechnisch bestehen ähnliche Verhältnisse wie bei der Zementherstellung.

Kalkstein wird zwischen 900 und 1100 °C, Magnesit zwischen 400 und 480 °C und Dolomit in 2 Stufen (MgCO$_3$-Anteil zwischen 650 und 750 °C, CaCO$_3$-Anteil ab 900 °C) zu den entsprechenden Oxiden zersetzt.

Kalziumoxid (in Form von gelöschtem Kalk) wird in der Bauindustrie (Mindestanforderungen nach DIN 1060) in letzter Zeit als Sorptionsmittel im Umweltschutz (Abgas, Abwasser) eingesetzt.

Magnesiumoxid hat große Bedeutung bei der Herstellung von hoch feuerfesten Steinen und in geringem Maße als Bindemittel im Baugewerbe. Die Palette der Brennsysteme ist vielfältig: modifizierte Schachtöfen, Drehrohr-, Ringofen, Brennroste und Wirbelschichttechnik. Alle fossilen, festen, flüssigen und gasförmigen Brennstoffe kommen zum Einsatz. Umweltprobleme werden vorrangig durch Staubemissionen verursacht. Bewährte Minderungstechniken sind Elektrofilter, filternde Abscheider (Gewebefilter). Die TA Luft-Vorgabe von 50 mg/m^3 wird problemlos eingehalten.

Hohe Brenntemperaturen bedeuten auch hier relativ hohe NO$_x$-Emissionen. Bei Drehrohröfen werden nach TA Luft max. 1,8 g/m^3 zugelassen. Im Sinne der Konkretisierung der Dynamisierungsklausel ist basierend auf ersten positiven Testergebnissen die Reduzierung auf 0,50 g/m^3 nicht unrealistisch.

Abhängig von den Ausgangsstoffen (Verwendung von quarz- und chromhaltigem Rohstein) ist die Anwesenheit von Schadstoffen, z. B. Fluorwasserstoff oder Chromverbindungen, nicht auszuschließen. Grenzwerte für Fluorwasserstoff (10 mg/m^3) und staubförmige Chromverbindungen (10 mg/m^3) sind vorgegeben. Chrom und seine Verbindungen können zur Abwasserbelastung führen.

– *Gips* kommt in der Natur in Form des Dihydrates CaSO$_4 \cdot$ 2H$_2$O und des Anhydrits CaSO$_4$ vor. Große Mengen Gips werden bei der Rauchgasentschwefelung (REA) erzeugt. Hauptanwendungsgebiet von Gips ist die Bauindustrie (Putzgipse, Gipskartonplatten, Gipsbauteile und Zementherstellung).

Diese Einsatzmöglichkeit basiert auf der leichten Dehydratisierung des Dihydrats zum Halb-

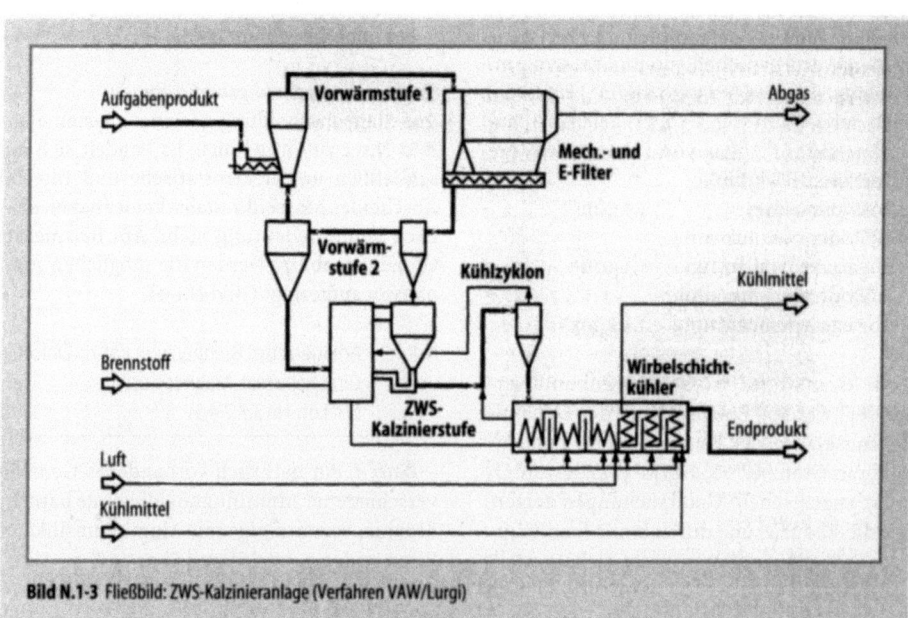

Bild N.1-3 Fließbild: ZWS-Kalzinieranlage (Verfahren VAW/Lurgi)

hydrat ($CaSO_4 \cdot {}^1/_2\, H_2O$) und dessen Umwandlung zum ursprünglichen Dihydrat bei Zugabe von Wasser.

In der Praxis werden verschiedene Gipsarten produziert: ß-Gips (Stuckgips), Mehrphasengips (Putzgips, Formengips), die nach DIN 1168 genormt sind. Zur Herstellung der verschiedenen Gipsarten stehen in Abhängigkeit von der zur Verarbeitung notwendigen Eigenschaften eine Reihe von Brenntechniken zur Verfügung: Direkt befeuerte Drehöfen bzw. außenbeheizte Großkocher sind die am häufigsten eingesetzten Aggregate. Für Spezialgipse haben Rostbandöfen (Maschinenputzgips), Mahlbrennöfen bzw. Autoklavenverfahren (z. B. für REA-Gipse) Bedeutung.

Staub ist die Hauptemission. Die niedrigen Brenntemperaturen verursachen keine Probleme mit Schwefeldioxid, Stickoxiden usw. Zur Emissionsminderung werden Elektrofilter und neuerdings auch Gewebefilter eingesetzt.

N.1.1.3 Anlagen zur Herstellung und Bearbeitung von Glas (TA Luft Nr. 3.3.2.8.1)

Glas ist ein amorphes technisches Silkat, d.h. ein nichtkristallin erstarrtes Produkt ohne definierten Schmelzpunkt. Im wesentlichen entspricht Glas der Zusammensetzung $Na_2O \cdot CaO \cdot 6SiO_2$. Das Variieren der Gemenge-Zusammensetzung ergibt Gläser mit verschiedenen Eigenschaften. Zur Herstellung kommen zum Einsatz: die Glasbildner Sand (als SiO_2-Quelle), Kalk, Dolomit, Soda, Feldspäte (als Alkali/Erdalkaliquelle) und Aluminiumsilikate (als Aluminiumoxidquelle). Sie werden mit Zusatzstoffen, die als Flußmittel oder Stabilisatoren dienen, vermengt (gemischt) und nach Feinaufbereitung in Glaswannen (Schmelzofen) in Abhängigkeit von der Glasqualität bei Temperaturen zwischen 1300 und 1550 °C geschmolzen. Zusätzliche Zugaben von Läuterungs- und Entfärbungsmitteln sind weitere die Qualität beeinflussende Schritte.

Als Rohstoffsubstitut hat durch Recycling gewonnenes Altglas große Bedeutung. Die Beheizung erfolgt direkt durch Gas/Luft- bzw. Öl/Luft-Gemische.

Emission
(hier von flammenbeheizten Schmelzöfen)
a) Staubemissionen

Abhängig von der Glasart und den Rohstoffen schwanken sie im Bereich von 50 – 400 mg/m³ bei Massenglas und können bei Spezialgläsern Spitzenwerte bis 1500 mg/m³ erreichen. Ein Großteil der Stäube besteht aus feinkristallinen Salzpartikeln. Bild N.1-4 zeigt die Häufigkeitsverteilung von Stäuben aus der Hohlglasherstellung. Stäube enthalten je nach Glasart (bedingt durch die hierfür eingesetzen Rohstoffe) auch Schwermetalle (Blei, Selen u.a.).

b) Abgase aus den Schmelzwannen enthalten aufgrund der eingesetzten Roh- und Brennstoffe und den bei hohen Schmelztemperaturen möglichen chemischen Reaktionen eine Reihe von Schadstoffen, wie HCl, HF, SO_2, SO_3 und Schwermetalle. Tabelle N.1-3 zeigt Schadstoff-Emissionen von Glaswannen, einschl. der durch die TA Luft vorgegebenen Emissionsgrenzwerte. Emissionen sind abhängig von den Endprodukten. Die Produktion von Glas ist eines jener Verfahren mit großen NO_x-Emissionen.

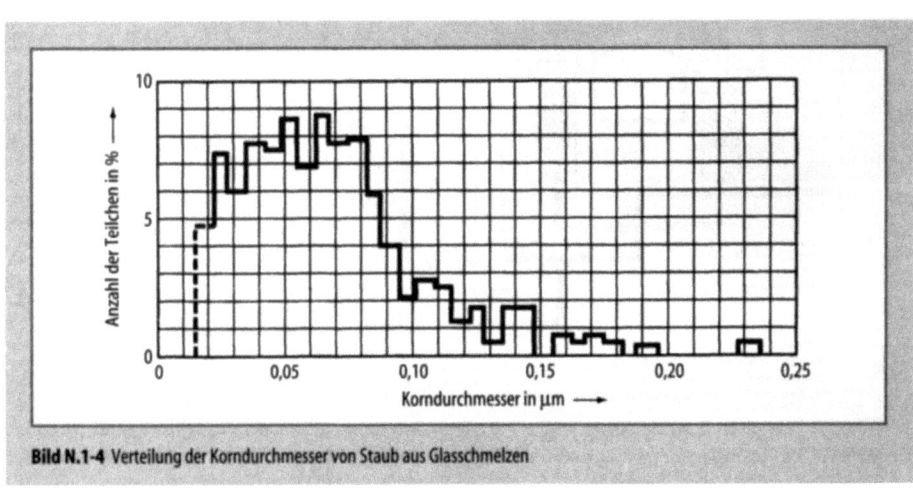

Bild N.1-4 Verteilung der Korndurchmesser von Staub aus Glasschmelzen

Konzentrationen zwischen 0,5 und 5 g/m³ (als NO_2 gerechnet) werden genannt.
Ihre Entstehung ist auf die sehr hohe Prozeßtemperatur (z. B. bei Massenglas) und teilweise auf stickstoffhaltige Gemengezusätze zurückzuführen. In der TA Luft schwanken die zulässigen Emissionsgrenzwerte je nach Beheizungs- und Ofenart zwischen 1,2 und 3,5 g/m³. Basierend auf ersten Ergebnissen von primären und sekundären Minderungsmaßnahmen wird zukünftig ein Grenzwert von 0,5 g/m³ angestrebt.

Minderungsmaßnahmen
Mit Primärmaßnahmen: Änderung der Ofenbauart und Fahrweise, Änderung der Feuerungstemperaturen, Auswahl der Rohstoffe, Sauerstoffanreicherung sind die durch TA Luft vorgegebenen Emissionsgrenzwerte nicht einzuhalten (Bild N.1-5).

Bewährt haben sich folgende Sekundärmaßnahmen:

a) zur Entstaubung kommen elektrostatische oder filternde Abscheider (Gewebefilter).
b) zur Abscheidung gasförmiger, anorganischer Schadstoffe (HCl, HF, SO_2 und Schwermetallen) werden quasitrockene oder trocken arbeitende Sorptionsverfahren (Absorbentien sind $Ca(OH)_2$, Soda und Natronlauge) eingesetzt.
c) zur NO_x-Minderung sind die Entstickungsverfahren Direktreduktion (nicht katalytische Reduktion (SNR-Verfahren)) und die selektive katalytische Reduktion (SCR) in Erprobung.

Die bei der absorptiven Abgasreinigung anfallenden trockenen Reaktionsprodukte werden weitgehend über das Rohstoffgemenge dem Produktionsprozeß wieder zugeführt.

Tabelle N.1-3 Emissionen von Glaswannen

	mg/m³ [a,b]	Grenzwerte [a] TA Luft 1986
Gesamtstaub	50 – 1500	50
Schwermetalle Blei Arsen Selen		5 1 1
Fluorwasserstoff	5 – 30	5
Chlorwasserstoff	40 – 250	30
Schwefeldioxid	2000 – 3000	1800
Schwefeltrioxid	200 – 300	–
Stickoxide	1000 – 4000	s. Text

[a] bezogen auf Normzustand und 8 Vol. % O_2
[b] abhängig von Ofenanlage, Fahrweise und Rohstoffen

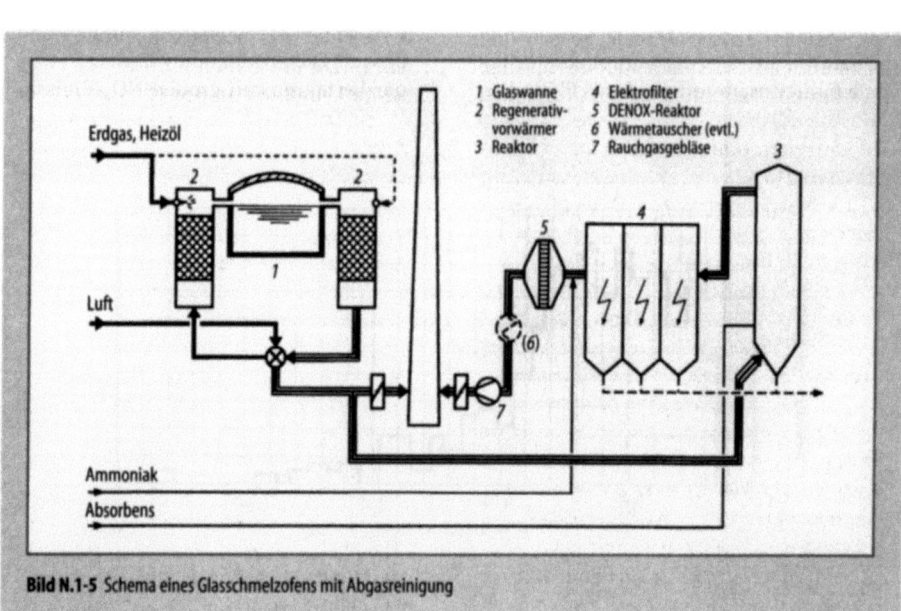

Bild N.1-5 Schema eines Glasschmelzofens mit Abgasreinigung

N.1.2 Metalle

Emissionsquellen können bei Anlagen auf dem metallurgischen Gebiet in 3 Gruppen eingeteilt werden:

- Prozeßabgase

  Abgase aus metallurgischen Prozessen enthalten neben Stäuben auch Schadgasbestandteile wie beispielsweise Schwefeloxid, Stickstoffoxid, Kohlenmonoxid, Fluor oder Chlor. Bei vielen metallurgischen Verfahren kann die Abgasbehandlung auf eine reine Staubabscheidung beschränkt werden, da zulässige Grenzwerte für Schadgase nicht überschritten werden. Enthält das Abgas durch Einsatz stark schwefelhaltiger Rohmaterialien hohe Anteile an SO_2 oder werden verfahrensbedingt sehr hohe Kohlenmonoxidmengen produziert, wird eine Verwertung dieser Bestandteile interessant. Ein typisches Beispiel hierfür ist Hochofengichtgas oder Konverterabgas (Stahl) mit seinem hohen Kohlenmonoxidgehalt. Nach Abscheidung der staubförmigen Bestandteile erfolgt eine Einspeisung in das Gasnetz zur Nutzung als Brenngas in anderen Werksteilen. Bei Prozessen der NE-Metallurgie wird SO_2-reiches Gas einer nachgeschalteten Anlage zur Gewinnung von Schwefelsäure zugeleitet.

  Verfahren, bei denen Abgas vor Ableitung in die Atmosphäre in Anlagen zur Schadgasabscheidung behandelt werden müssen, sind nur vereinzelt in Betrieb. Hier handelt es sich i. d. R. um Sonderfälle, bei denen besondere Einsatzstoffe verarbeitet oder länderspezifische Auflagen zu beachten sind.

- Sekundäre Quellen

  Bei Chargier-, Umfüll- oder Abstichvorgängen ist eine Erfassung der dabei austretenden Abgase oder der entstehenden Staubluft über das Primärabgassystem oft nicht möglich. Systeme, die Luft aus großvolumigen Einhausungen, aus halboffenen Hauben oder aus Hallendächern absaugen, sind geeignet, diese Emissionen zu erfassen. Ihr prinzipieller Nachteil ist dabei, daß sehr große Umgebungsluftmengen mit angesaugt werden müssen, um eine befriedigende Wirksamkeit zu erreichen. Große Abgasvolumenströme sind deshalb kennzeichnend für diese Anwendung. Ein Wert von ca. 1.000.000 m³/h ist bei einer Sekundärentstaubung eines Stahlwerks eine durchaus übliche Größenordnung. Da Schadgasgehalte bei fast allen Anwendungen vernachlässigbar gering sind, ist eine Abscheidung staubförmiger Bestandteile meist ausreichend, um die Forderungen der TA Luft zu erfüllen.

- Anlagenentstaubung

  Dem eigentlichen metallurgischen Prozeß sind bei fast allen Verfahren Apparate und Einrichtungen vor- und nachgeschaltet, um Rohmaterialien, Zuschlagstoffe oder auch das Produkt selbst in Bunkern zwischenzuspeichern, zu zerkleinern, zu sieben und über Bandförderanlagen zu transportieren. Da es sich hierbei oft um staubende Materialien handelt, müssen Absaugesysteme installiert werden, um das Betriebspersonal vor belästigender Staubentwicklung zu schützen und um gewerbehygienische Anforderungen einzuhalten. Mehrere Einzelabsaugestellen (bis zu 200) werden dabei zu einem System zusammengefaßt. Wie auch bei den Sekundärabgasen, handelt es sich bei der Abluft im wesentlichen um staubhaltige Umgebungsluft, die in elektrostatischen Filtern, Schlauchfiltern oder Wäschern gereinigt wird.

Gemäß TA Luft vom 27.2.1986, berichtigt am 4.4.1986 sind für metallurgische Anlagen im wesentlichen die nachfolgend aufgeführten Grenzwerte relevant:

- Gesamtstaub   50 mg/m³
- Blei   5 mg/m³
- Fluor und Fluorverbindungen   5 mg/m³
- Chlorverbindungen   30 mg/m³
- Schwefeloxide   500 mg/m³
- Stickstoffoxide   500 mg/m³

Bei kleinen Massenströmen gelten höhere Grenzwerte. Zusätzlich zu diesen grundsätzlichen Anforderungen wurden besondere Regelungen für bestimmte Anlagenarten getroffen. Sofern wesentlich, sind diese Grenzwerte unter der Beschreibung der einzelnen Verfahren angegeben.

Im folgenden Abschnitt werden die wichtigen, emissionsträchtigen metallurgischen Verfahren beschrieben.

N.1.2.1 Eisen und Stahl

N.1.2.1.1 Erzvorbereitung

Eisenerzsintern (Bild N.1-6)
Verfahren zur Stückigmachung von feinkörnigen Erzen. Eisenerze, Stäube, Zuschläge, Brennstoff und Rückgut werden in einer Trommel gemischt und granuliert. Auf der Sintermaschine (Wander-

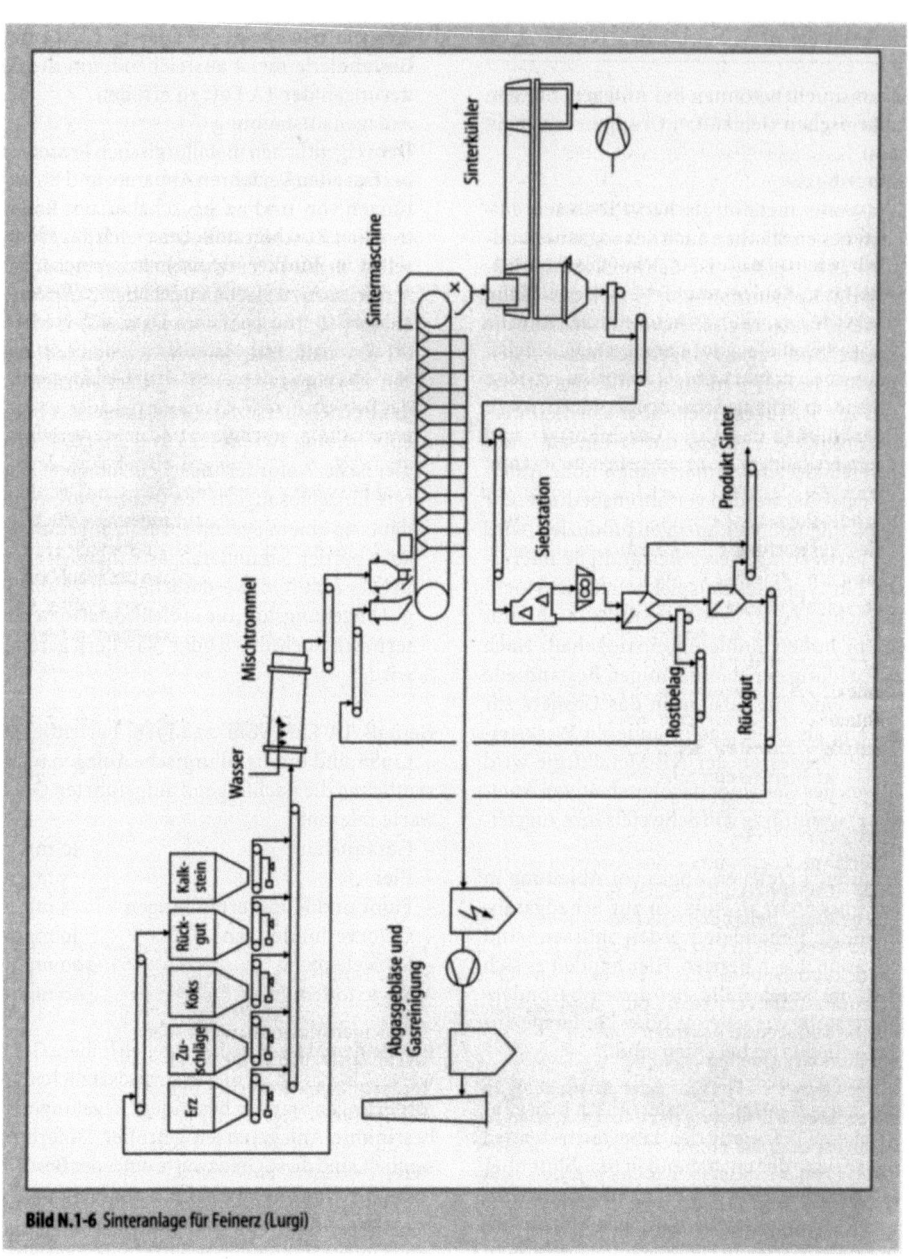

Bild N.1-6 Sinteranlage für Feinerz (Lurgi)

rost) wird diese Sintermischung an der Oberfläche gezündet. Durch die gezündete Schicht wird Luft gesaugt, wodurch der Sintervorgang, eine Kombination aus lokal begrenztem Schmelzen, Korngrenzdiffusion und Rekristallisation, in vertikaler Richtung abläuft. Anschließend wird der Sinter durch Luft gekühlt, gesiebt und über Fördereinrichtungen zur Möllerbunkeranlage des Hochofens transportiert.

Abgasvolumenströme für eine 200 m²-Sintermaschine:
- Sinterabgas   600.000 m³/h
- Anlagenentstaubung   400.000 m³/h

– Sinterabgas
Das Abgas aus dem Sinterprozeß besteht aus dem Rauchgas der Kohlenstoffverbrennung, CO_2 durch Kalzinierung und Stoffen wie z. B.

Wasser, SO_2, SO_3, Alkalichloride und Kohlenwasserstoffe, die durch den Sintervorgang aus der Einsatzmischung ausgetrieben werden. Die Staubabscheidung erfolgt in modernen Anlagen in elektrostatischen Filtern.

Die prozeßbedingten Eigenschaften des Abgases lassen in vielen Fällen eine Entstaubung auf Werte < 50 mg/m³ nicht zu. Schlauchfilteranlagen und weiterentwickelte elektrostatische Filter sind in der Erprobung bzw. teilweise bereits im großtechnischen Einsatz. Es ist zu erwarten, daß sich daraus neue Standardlösungen entwickeln. Zunehmende Bedeutung wird voraussichtlich auch die Schadgasabscheidung gewinnen. Einige Anlagen sind bereits mit Teilentschwefelungsanlagen ausgerüstet.

Sonderregelung der TA Luft: Der Grenzwert für Stickstoffoxide liegt bei 400 mg/m³

- Sinterkühler
Die Abluft des Sinterkühlers ist staubarm. In Sonderfällen, z. B. bei Nutzung der heißen Abluft zu Vorwärm- oder Heizzwecken, erfolgt eine Grobstaubabscheidung durch Multiklonanlagen zum Schutz vor Verschleiß nachgeschalteter Einrichtungen.

- Anlagenentstaubung
Moderne Anlagen sind mit einer Absauganlage zur Erfassung von Staubluft aus der Siebstation und den Materialfördereinrichtungen ausgerüstet. Zur Entstaubung der Absaugeluft werden elektrostatische Filter eingesetzt. Für kleine Sinteranlagen kann ein Schlauchfilter eine wirtschaftliche Alternative sein.

- Misch- und Rolliertrommel
In der Trommel entstehen durch die Wassereindüsung Wrasen. Bei der Mehrzahl der Anlagen gelingt es, durch günstige konstruktive Ausführung der Trommel den Staubgehalt zu begrenzen. In Sonderfällen erfolgt die Entstaubung in Wäscheranlagen einfacher Bauart.

Pelletierung (Bild N.1-7)
Verfahren zur Stückigmachung von sehr feinkörnigen Erzen. Erze und Zuschlagstoffe werden auf rotierenden Tellern oder in Trommeln pelletiert und anschließend auf einem Wanderrost getrocknet und gebrannt. Die erforderliche Wärme für den Brennvorgang wird durch Gas- oder Ölbrenner zugeführt.

Abgasvolumen für eine 400m²-Pelletbrennmaschine:

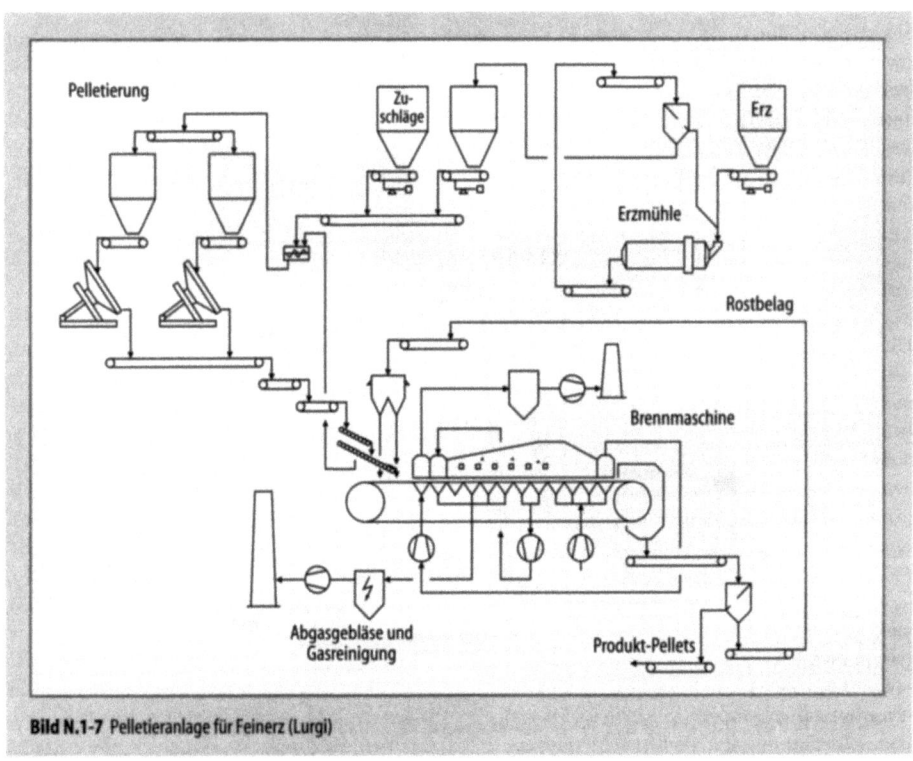

Bild N.1-7 Pelletieranlage für Feinerz (Lurgi)

- Abgas 600.000 m³/h
- Abluft 300.000 m³/h
- Anlagenentstaubung 150.000 m³/h

– Abgas
Der Wärmeinhalt des Abgases aus der Brennzone wird zur Trocknung und Vorwärmung der Pellets genutzt und anschließend über eine Entstaubungsanlage in die Atmosphäre geleitet. Multizyklone oder Zyklone wurden bisher bei geringen Anforderungen an die Abscheideleistung eingesetzt. Bei höheren Anforderungen, wie sie z.B. die TA Luft stellt, sind elektrostatische Filter geeignet. In Einzelfällen werden auch Wäscher eingesetzt.

– Abluft
Abluft aus der Pelletkühlzone wird – wie das Abgas – in Multizyklonen oder Zyklonen, bei höheren Anforderungen in elektrostatischen Filtern entstaubt.

– Anlagenentstaubung
Erforderlich sind Absaugeanlagen zur Erfassung von Staubluft aus der Siebstation und den Einrichtungen zur Förderung der gebrannten Pellets. Zur Entstaubung der Absaugeluft sind elektrostatische Filter, Wäscher und Schlauchfilteranlagen geeignet.

N.1.2.1.2 Reduktion

Hochofen (Bild N.1-8)
Im Hochofen wird aus den Rohstoffen wie Stückerz, Sinter, Pellets, Zuschlagstoffe (Kalk und Dolomit) und Koks (Brennstoff und Reduktionsmittel) Roheisen erzeugt. Dazu werden die Rohstoffe in der Möllerung gemischt und über einen Schrägaufzug oder ein Förderbandsystem in den Hochofen (Schachtofen) gefördert. Im Hochofen erfolgt neben dem Reduktionsvorgang eine Erschmelzung der Rohstoffe und Trennung des Eisens von den mineralischen Bestandteilen (Schlacke). Flüssiges Roheisen und Schlacke werden in der Gießhalle periodisch abgestochen und über Rinnen zu den Schlackenpfannen oder einer Schlackengranulation bzw. den Roheisenpfannen geleitet. Über die Pfannen erfolgt der Weitertransport des Roheisens zur direkten Weiterverarbeitung im Stahlwerk.

Abgasvolumenströme für einen Hochofen mit einer Produktion von 4000 t/d:
- Möllerung 100.000 m³/h
- Gichtgas 180.000 m³/h
- Gießhallenentstaubung 500.000 m³/h

– Möllerung
Staubluft, die beim Transport der Rohstoffe durch Bandförderer und Einrichtungen wie Siebe und Wuchttrinnen entsteht, wird in vielen Anlagen über Absaugesysteme erfaßt und einer Schlauchfilteranlage zur Entstaubung zugeleitet.

– Gichtgas
Abgas aus dem Hochofen (Gichtgas) ist ein heizwertreiches (CO-haltiges) und staubhaltiges Gas, das in das Gasnetz des Hüttenwerks eingespeist wird.
Die Grobstaubabscheidung erfolgt in einem mechanischen Abscheider (Staubsack). Bei

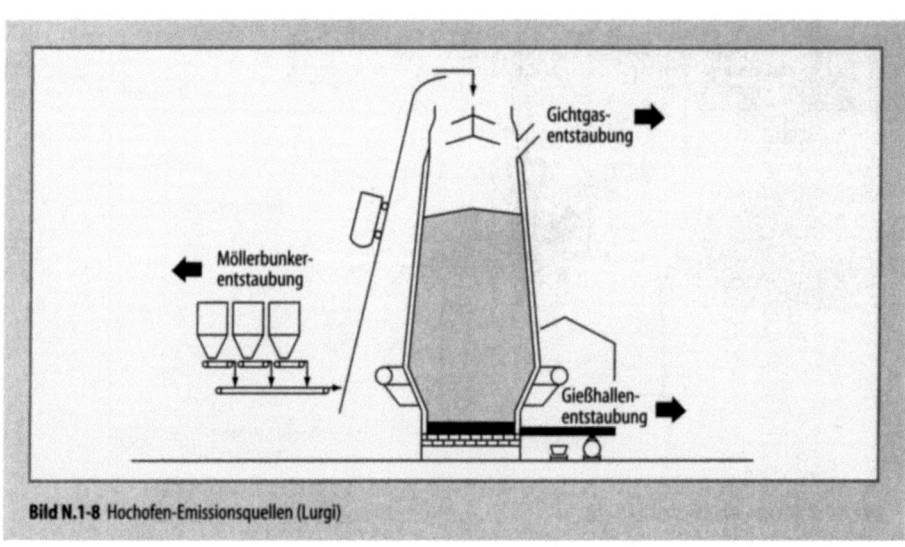

Bild N.1-8 Hochofen-Emissionsquellen (Lurgi)

Hochöfen mit Niederdruckfahrweise erfolgt die Feinreinigung in Naß- oder Trockenelektrofiltern, bei Hochdrucköfen in Wäscheranlagen. Die Druckdifferenz zwischen Gicht und Gasnetz kann genutzt werden, um über eine Entspannungsturbine elektrische Energie zu gewinnen. Trockenelektrofilter in Rundbauweise haben bei dieser Betriebsweise Vorteile gegenüber Wäscheranlagen, da ein größerer Wärmeinhalt und ein höheres Druckgefälle genutzt werden kann.

- Gießhalle

In der Gießhalle entstehen beim Abstich am Abstichloch, über den Rinnen und an Stellen, an denen Roheisen bzw. Schlacke in Pfannen gefüllt wird, durch Oxidationsvorgänge erhebliche Staubemissionen. Durch Verwendung von Rinnenabdeckungen, Einhausungen der Übergabestellen und Erfassung der Rauche über ein Absaugesystem werden in modernen Gießhallen Emissionen nahezu vollständig erfaßt. Zur Entstaubung der Absaugeluft werden elektrostatische Filter eingesetzt. Bei kleineren Abluftmengen kommen auch Schlauchfilter in Frage.

Bei einem Alternativverfahren wird Inertgas in den Raum über den Rinnen eingedüst. Eine Staubentwicklung durch Oxidationsvorgänge wird dadurch unterbunden.

Direktreduktion – Feststoffreduktion (Bild N.1-9)
Die Reduktion des Eisenoxids erfolgt in einem ausgemauerten Drehrohrofen. Erz und Pellets werden mit Zuschlagstoffen (Dolomit oder Kalkstein) und Kohle als Reduktionsmittel in einem vorgegebenen Verhältnis am Ofeneinlauf aufgegeben, getrocknet, aufgewärmt und schließlich reduziert. Dem Drehrohrofen ist ein weiteres Drehrohr zur Kühlung des Materials nachgeschaltet. Die Trennung von reduziertem Material (Eisenschwamm) und Restkohle erfolgt durch Siebung und Magnetscheidung.

Abgasvolumenströme für eine Anlage mit einer Produktion von 500 t/d:
- Abgas 100.000 m^3/h
- Anlagenentstaubung 140.000 m^3/h

- Abgas

Das Abgas aus dem Drehrohrofen passiert eine Staubabsetzkammer zur Abscheidung von

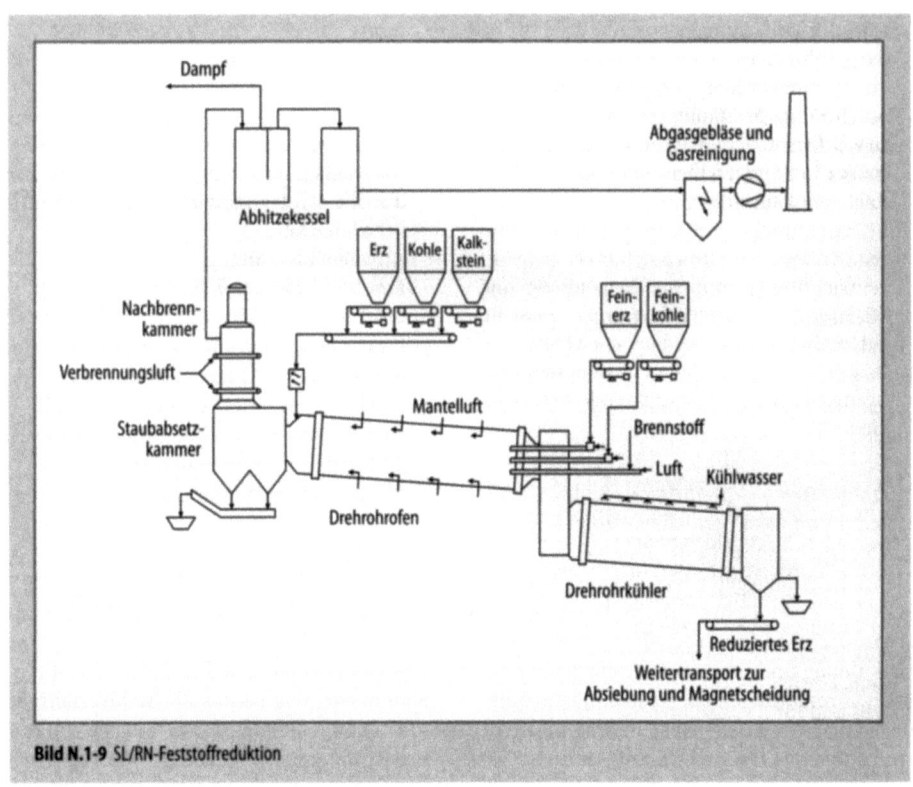

Bild N.1-9 SL/RN-Feststoffreduktion

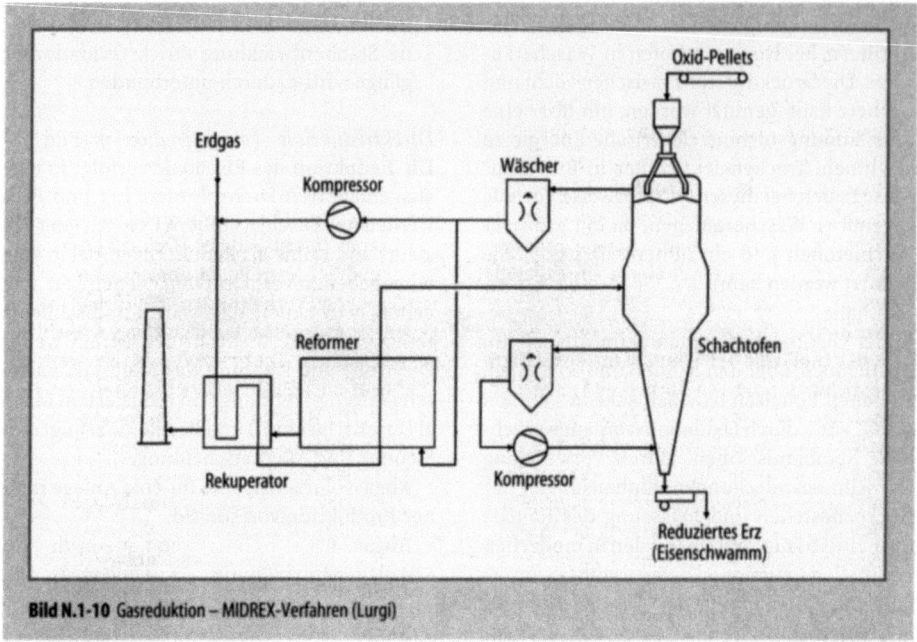

Bild N.1-10 Gasreduktion – MIDREX-Verfahren (Lurgi)

Grobstaub. Eine Nachbrennkammer zur Verbrennung von Kohlestaubpartikeln und Gasen und Einrichtungen zur Abkühlung des Gases (Abhitzekessel und Röhrenkühler oder Verdampfungskühler) schließen sich an. Die Abscheidung der Staubpartikel erfolgt in einem elektrostatischen Filter. Wäscheranlagen kommen in Sonderfällen zum Einsatz.

- Anlagenentstaubung
  An Einrichtungen zur Vorbereitung der Einsatzstoffe, wie Siebe, Brecher, Bunker und Fördereinrichtungen und Nachbehandlung und Förderung des Eisenschwammes, entsteht durch Abrieb Staub, der über ein Absaugesystem erfaßt wird. Geeignete Entstaubungsanlagen sind elektrostatische Filter oder Schlauchfilter.

Direktreduktion – Gasreduktion (Bild N.1-10)
Die Reduktion des Eisenoxides erfolgt in einem Schachtofen. Eisenoxid wird über Förderbänder in den Schachtofen gefördert und mit gasförmigen Reduktionsmitteln zu Eisenschwamm reduziert. Im unteren Bereich des Ofens erfolgen Materialkühlung und -austrag über ein Schleusensystem. Einrichtungen zur Absiebung des Feinanteils und für Zwischenspeicherung und Weitertransport des Eisenschwamms sind nachgeschaltet.

Abgasvolumenströme für eine Anlage mit einer Produktion von 2400 t/d:
- Abgas 240.000 m³/h
- Anlagenentstaubung 120.000 m³/h

- Abgas
  Bei den verbreiteten Verfahren werden Wäscheranlagen zur Abgasreinigung eingesetzt, die in die anlageninternen Gaskreisläufe eingebunden sind.
- Anlagenentstaubung
  Bandförderanlagen, Siebe und Bunker für Oxid und Eisenschwamm sind Staubquellen, für die eine Anlagenentstaubung zu installieren ist. Kleine Absaugeluftmengen, kritische Staubeigenschaften und das Vorhandensein einer Wasseraufbereitungsanlage sind Gründe für den Einsatz von Wäscheranlagen zur Absaugeluftentstaubung.

N.1.2.1.3 Stahlerzeugung

Blasstahlverfahren (Konverter) (Bild N.1-11 und N.1-12)
Das mengenmäßig bedeutendste Verfahren zur Stahlherstellung ist das Blasstahlverfahren, bei dem Stahl in einem Konvertergefäß durch Einblasen von Sauerstoff erzeugt wird. Dazu werden flüssiges Roheisen, Schrott und Zuschlagstoffe

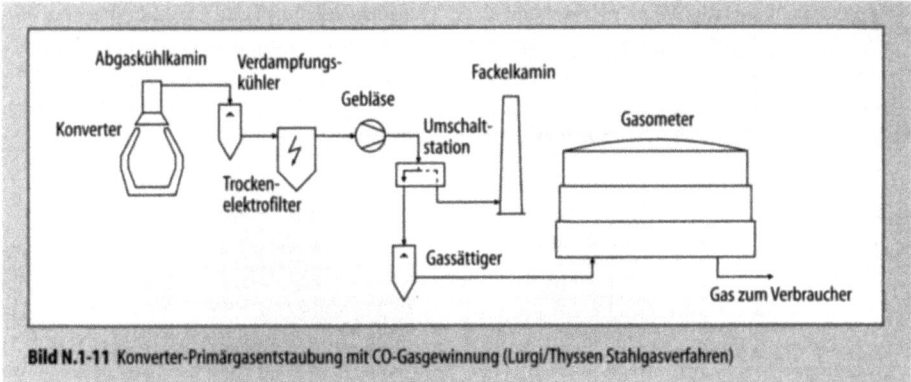

Bild N.1-11 Konverter-Primärgasentstaubung mit CO-Gasgewinnung (Lurgi/Thyssen Stahlgasverfahren)

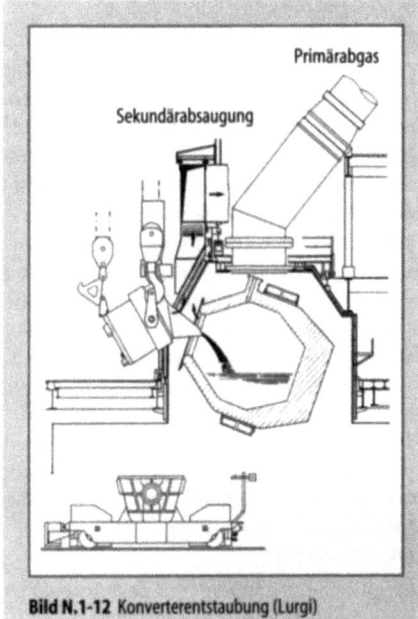

Bild N.1-12 Konverterentstaubung (Lurgi)

(Erz, Kalk, Dolomit, Ferrolegierungen) eingesetzt. Technisch reiner Sauerstoff, der über eine wassergekühlte Lanze auf das flüssige Roheisen aufgeblasen wird, reagiert mit dem Kohlenstoff und anderen Elementen (Mn, Si und P) im Roheisen und entfernt diese bis auf Restgehalte, abhängig von der geforderten Stahlqualität. Dieser Vorgang verläuft exotherm ohne Zufuhr zusätzlicher Energie. Der Abstich des flüssigen Stahls und der Schlacke erfolgt periodisch. Durch Kippen des Konvertergefäßes wird der Stahl in Pfannen gefüllt und zur Weiterverarbeitung, beispielsweise in einer Stranggußanlage, abtransportiert.

Abgasvolumenströme für eine Anlage mit einer Produktion von 200 t pro Charge bei unterdrückter CO-Verbrennung:
- Abgas 110.000 m³/h
- Sekundärentstaubung 800.000 m³/h

– Primärabgas
Beim Vorgang des Sauerstoffblasens entsteht ein heizwertreiches, CO-haltiges Abgas. Die hohe Staubbeladung (der sog. braune Rauch) erfordert die Behandlung des Abgases. Dazu wird durch Lufteinsaugung an der Konvertermündung CO nachverbrannt und die Wärme in einem Abhitzekessel weitestgehend genutzt. Zur Staubabscheidung können Wäscher, Naßelektrofilter oder – wie in modernen Werken üblich – trockene elektrostatische Filter mit vorgeschaltetem Verdampfungskühler eingesetzt werden.
An Bedeutung gewinnen zunehmend Anlagen, die durch Einsatz eines Schließrings an der Konvertermündung, die Nachverbrennung unterdrücken. Das Abgas kann dann nach Staubabscheidung durch einen elektrostatischen Filter, Kühlung und Sättigung als Brenngas in das Gasnetz des Stahlwerks eingespeist werden.
– Sekundärentstaubung
Vorgänge rund um den Konverter führen zusätzlich zu Staubemissionen. Insbesondere sind dies:
  – Umfüllen des Roheisens von Transport- in Chargierpfannen
  – Chargieren von Roheisen und Schrott in den Konverter
  – Abstechen des Stahls
  – Abziehen der auf der Stahl- bzw. Roheisenoberfläche aufschwimmenden Schlacke (Abschlacken)

- Entschwefelung von Roheisen bzw. Stahl
- Pfannenmetallurgie
  Erfaßt werden diese Emissionen entweder direkt durch Absaugung aus Einhausungen und halboffenen Einkleidungen oder indirekt über großvolumige Hauben im Hallendach. Zur Abscheidung der feinen Staubpartikel sind elektrostatische Filter und Schlauchfilter geeignet und deshalb vielfach verbreitet.
- Zuschlagstoffe – Anlagenentstaubung
  Fördereinrichtungen für Zuschlagstoffe führen zu Staubemissionen. Die Installation von Absaugesystemen mit nachgeschaltetem Schlauchfilter als Staubabscheider sind geeignete Gegenmaßnahmen.

Elektrolichtbogenöfen
Verfahren zur Stahlherstellung unter Einsatz von Schrott, ggf. auch Eisenschwamm und Legierungsbestandteilen. Ein Lichtbogenofen besteht aus einem runden Ofengefäß mit einem exzentrischen Bodenabstich. Die Energiezufuhr erfolgt über den Lichtbogen, der zwischen den 3 Graphitelektroden und dem Schrott aufgebaut wird. Der Ofendeckel verhindert die unkontrollierte Sauerstoffzufuhr in den Ofenraum. Zum Chargieren des Schrotts wird der Deckel abgeschwenkt.

Abgasvolumenströme für eine Anlage mit einer Produktion von 100 t pro Charge:
- Abgas $\qquad$ 100.000 m³/h
- Sekundärentstaubung $\qquad$ 600.000 m³/h

- Abgas
  Das Abgas verläßt über ein viertes Loch im Deckel den Ofen. Luft mischt sich dem Abgas zu und liefert den erforderlichen Sauerstoff zur Nachverbrennung von CO. Wassergekühlte Abgasleitungen und Röhrenkühler sind übliche Einrichtungen zur Gaskühlung, denen ein Schlauchfilter zur Staubabscheidung nachgeschaltet wird. Dieser Filter wird auch mit der Abluft der Sekundärentstaubung beaufschlagt.
  Sonderregelung der TA Luft:
  Grenzwert für Gesamtstaub 20 mg/m³
- Sekundärentstaubung
  Emissionen bei abgeschwenktem Deckel (zum Schrottchargieren) und beim Abstich können nicht über das Abgassystem abgesaugt werden. Diese Staubluft wird über eine großvolumige Haube im Hallendach oder eine Einhausung erfaßt und dem Schlauchfilter zugeleitet.

N.1.2.1.4 Kupolofen

Der Kupolofen ist der wichtigste Umschmelzofen für Gußeisen. Einsatzstoffe sind Roheisen, Gußbruch, Stahlschrott. Dazu kommmen Zuschlagstoffe wie z. B. Kalkstein und Koks als Brennstoff. Der Ofen selbst ist ein kontinuierlich schmelzender Schachtofen. Unterschieden werden zwei Bauarten. Beim Kaltwindkupolofen werden die Abgase an der Gicht verbrannt. Der Heißwindkupolofen nutzt das Gichtgas zur Vorwärmung des Hochofenwinds.

Abgasvolumenstrom für einen Heißwindkupolofen mit einer Schmelzleistung von 22 t/h: 26.000 m³/h

Sonderregelung der TA Luft:
- Grenzwert für Gesamtstaub $\qquad$ 50 mg/m³
  (Kupolofen mit Untergichtabsaugung)
- Grenzwert für Kohlenmonoxid $\qquad$ 1 g/m³
  (Heißwindkupolöfen mit nachgeschaltetem eingebeiztem Rekuperator)

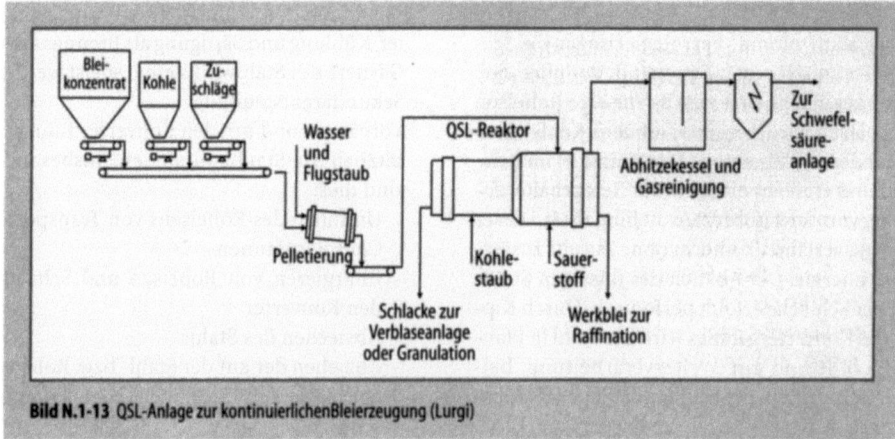

Bild N.1-13 QSL-Anlage zur kontinuierlichen Bleierzeugung (Lurgi)

N.1.2.2 NE-Metallurgie

N.1.2.2.1 Anlagen zur Herstellung von Aluminium

Aluminiumoxid ist Ausgangsmaterial für die Gewinnung von Aluminium. Die Reduktion erfolgt elektrolytisch unter Verwendung von Fluor als Flußmittel. Das Abgas wird aus der gekapselten Elektrolysezelle abgesaugt und einer Gasreinigungsanlage zugeleitet. In größeren Anlagen sind bis zu 100 Elektrolysezellen in einer Absauge- und Reinigungsanlage zusammengefaßt. In modernen Anlagen erfolgt die Gasreinigung in trockenen Systemen. Reaktoren nach dem Prinzip der

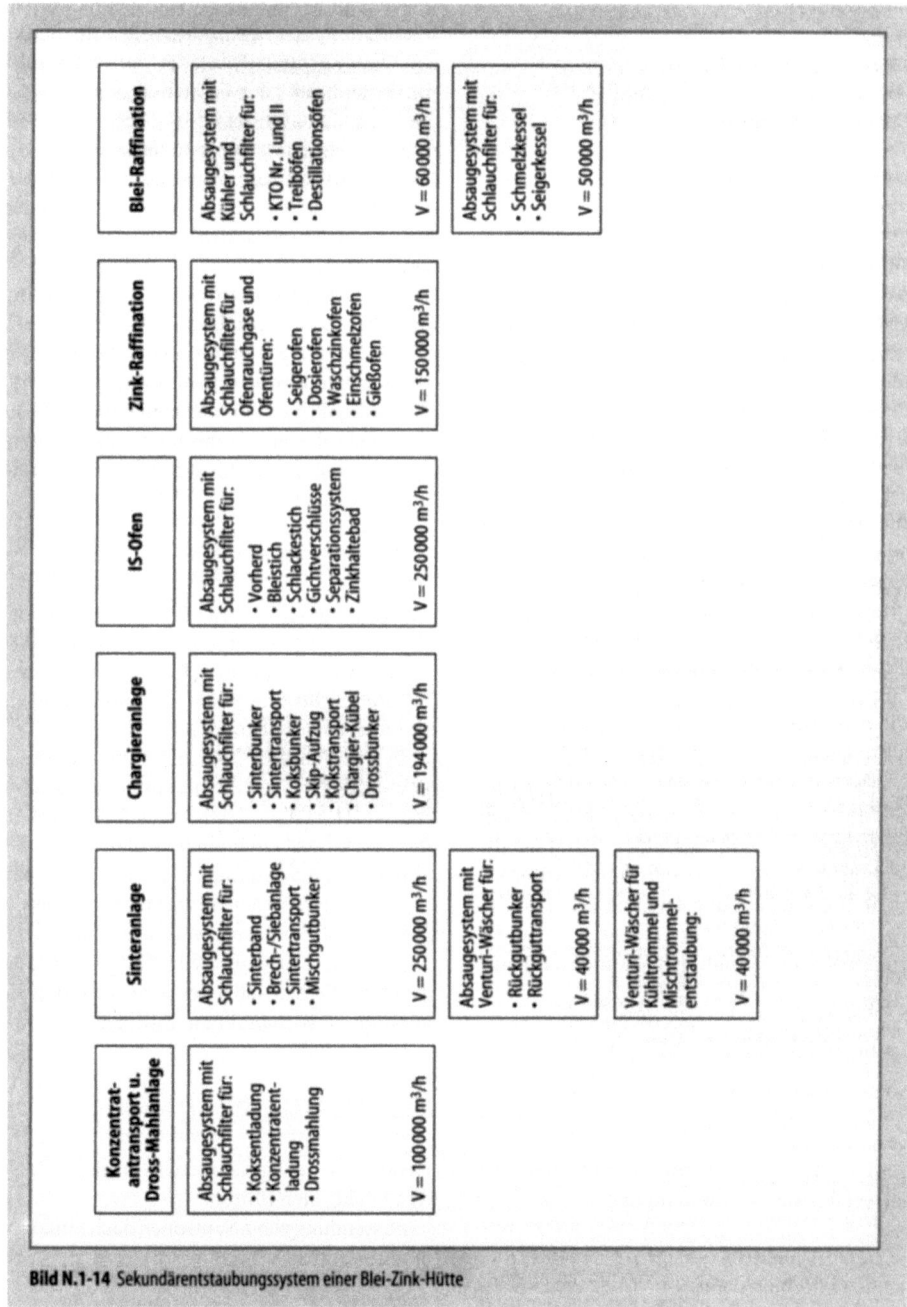

Bild N.1-14 Sekundärentstaubungssystem einer Blei-Zink-Hütte

zirkulierenden Wirbelschicht zur Absorption von Fluor unter Verwendung von Aluminiumoxid und elektrostatische Filter oder Schlauchfilter zur Abscheidung des Staubs und des zudosierten Aluminiumoxids sind geeignete Apparate.

Abgasvolumenstrom für eine Anlage mit 100 Elektrolysezellen:
600.000 m³/h

Sonderregelung der TA Luft:
- Gesamtstaub   30 mg/m³
- Fluorverbindungen 5 mg/m³

N.1.2.2.2 Anlagen zur Gewinnung von Nichteisenrohmetallen (Bild N.1-13)

Für die große Zahl von Nichteisenmetallen und die verschiedenen Verfahren ihrer Verhüttung gibt es eine entsprechende Vielzahl von Varianten zur Reinigung der anfallenden Abgase. Wesentlicher Ausgangsstoff für die Gewinnung von Blei, Kupfer oder Zink aus Primärrohstoffen ist jeweils ein sulfidisches Erz. In modernen Hütten fällt bei der Röstung und Reduktion ein Abgas mit hohem SO_2-Gehalt an, das nach entsprechender Vorbehandlung durch Filter direkt einer Anlage zur Gewinnung von Schwefelsäure zugeleitet wird. Als Emissionsquelle verbleiben bei allen Prozessen diffuse Quellen, die über eine Sekundärentstaubung zu erfassen sind. Dies gilt auch für Metallraffinations- und Sekundärhütten. Primäre Aufgabe dieser Entstaubung ist, die bei Umfüll- oder Beschickungsvorgängen austretenden Gase oder die beim Transport staubender Materialien entstehende Staubluft zu erfassen. Kriterium für die Auslegung sind dabei arbeitsplatzhygienische Aspekte. Zur Staubabscheidung werden wegen der hohen Anforderung an die Entstaubungsleistung fast ausschl. Schlauchfilter eingesetzt.

Abgasvolumenströme der Sekundärentstaubung:
Kupferhütte   500.000 m3/h
Bleihütte, Zinkhütte   s. Bild N.1-14

Sonderregelung der TA Luft:
- Gesamtstaub   20 mg/m³
- Gesamtstaub   10 mg/m³ (in Bleihütten)
- Schwefeloxide 800 mg/m³

N.1.3 Stoffquellen der Kernenergie und der Kerntechnik

N.1.3.1 Grundlagen

N.1.3.1.1 Einleitung

Charakteristisch und umweltrelevant für die Kerntechnik und die Kernenergienutzung ist die Radioaktivität von Atomkernen, d.h. die Emission von Kernpartikeln oder Gammastrahlung. Im Mittelpunkt der Kernenergienutzung steht das Uran, das schwerste in der Natur vorkommende chemische Element. Natururan setzt sich aus den Isotopen 234 Uran (0,00548 %), 235 Uran (0,711 %) und 238 Uran (99,29 %) zusammen.

Die umweltrelevanten primären Stoffquellen der Kernenergienutzung sind Uran und die bei Kernspaltungen entstehenden Spaltprodukte und ihre Zerfallsprodukte. Sekundäre Quellen sind die durch Einfang von Spaltneutronen entstehenden radioaktiven Substanzen. Gegenüber den radioaktiven Stoffen spielen in der Kernenergietechnik unter Umweltgesichtspunkten die Stoffquellen aus chemischen Reaktionen eine untergeordnete Rolle.

N.1.3.1.2 Radioaktivität

Als Aktivität einer radioaktiven Substanz ist die Zahl der pro Sekunde zerfallenden Atomkerne definiert. Die Maßeinheit für die Aktivität ist das Becquerel (Bq); sie entspricht dem Zerfall eines Atomkerns pro Sekunde.

Der radioaktive Zerfall ist ein statistischer Prozeß, der sich in einem Exponentialgesetz der Form $N(t) = N_0 e^{-\lambda t}$ beschreiben läßt, wobei N_0 die Anzahl der anfänglich vorhandenen radioaktiven Atome bedeutet, N die zur Zeit t davon noch vorhandenen nicht zerfallenen Atome und λ die Zerfallskonstante ist. Anstelle der Zerfallskonstanten λ wird oft die Halbwertszeit (T) angegeben, die Zeit, nach der jeweils die Hälfte der anfänglich vorhandenen radioaktiven Atome zerfallen sind.

N.1.3.1.3 Kernreaktionen mit Neutronen

Neutroneneinfänge können im Prinzip zu folgenden Reaktionen führen:
Aussendung von 2 Neutronen nach Einfang von einem Neutron, z.B.

$$^1_0n + ^9_4Be \rightarrow 2\,^1_0n + ^8_4Be$$

Aussendung eines Gammaquants nach Einfang eines Neutrons, z. B.

$${}^{1}_{0}n + {}^{1}_{1}H \rightarrow {}^{2}_{1}D + \gamma$$

Aussendung eines Protrons nach Einfang eines Neutrons, z. B.

$${}^{1}_{0}n + {}^{54}_{26}Fe \rightarrow {}^{54}_{25}Mn + {}^{1}_{1}p$$

Aussendung eines Alphateilchens $\left({}^{4}_{2}He\right)$ nach Einfang eines Neutrons, z. B.

$${}^{1}_{0}n + {}^{10}_{5}B \rightarrow {}^{7}_{3}Li + {}^{4}_{2}He$$

Aussendung eines Elektrons oder Positrons nach Neutroneneinfang, z. B.

$${}^{1}_{0}n + {}^{238}_{92}U \rightarrow {}^{239}_{92}U \xrightarrow{\beta^{-}} {}^{239}_{93}Np$$

Kernspaltung nach Neutroneneinfang, z. B.

$${}^{1}_{0}n + {}^{235}_{92}U \rightarrow {}^{147}_{57}La + {}^{87}_{35}Br + 2\,{}^{1}_{0}n$$

Der Kernspaltungsprozeß führt jeweils zur Bildung von zwei Spaltproduktisotopen in einem weiten Bereich möglicher Massenzahlen zwischen 72 und 156. Die experimentell ermittelte Häufigkeitsverteilung der Spaltprodukte bei Spaltung von 235 Uran durch schnelle (14 MeV) und langsame (thermische) Neutronen ist in Bild N.1-15 dargestellt.

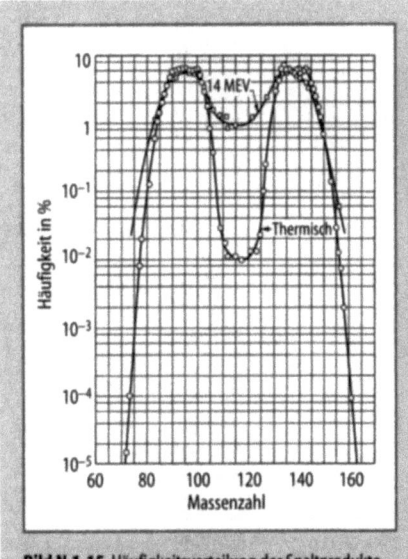

Bild N.1-15 Häufigkeitsverteilung der Spaltprodukte aus Spaltungen von $_{235}U$ durch schnelle (14 MEV) und thermische Neutronen [N.1.1]

N.1.3.1.4 Umweltrelevante Spaltprodukte

Bei den Spaltprodukten sind hier besonders die Gammastrahlung aussendenden Isotope, die in Tabelle N.1-4 zusammengestellt sind, zu betrachten:
- Spaltprodukte pauschal als eine Mischung unterschiedlichster radioaktiver Isotope in ihrer Gesamtheit.
- Spaltprodukte individuell bei Betrachtung von Mobilität oder ihrer Sonderstellung in der Biosphäre.

Das Isotopengemisch von Spaltprodukten bildet eine Gammastrahlungsquelle, deren Intensität nach der Entstehung der Spaltprodukte zeitlich rasch abklingt (Bild N.1-16).

Die gasförmigen Spaltprodukte sind als umweltrelevant besonders zu beachten. Das Spaltproduktgemisch enthält Isotope der Edelgase Xenon und Krypton, von denen vor allem 135 Xe (T = 9,2 h) und 85 Kr (T = 10,8a) wichtig sind.

Besondere Aufmerksamkeit unter den flüchtigen Spaltprodukten verdient das Jod, hier das Isotop 131 J (T = 8,05 d). Es kann über die Abluft kerntechnischer Anlagen in den Nahrungskreislauf des Menschen (Ingestionspfad) und in die Schilddrüse gelangen. Daneben sind aufgrund ihrer Halbwertszeiten von rd. 30a $_{90}Sr$ und $_{137}Cs$ wichtig.

In Bild N.1-17 sind die Expositionspfade radioaktiver Emissionen aus Kernkraftwerken schematisch dargestellt.

N.1.3.1.5 Aktivierungsprodukte

Mit den bei Kernspaltungsprozessen frei werdenden Neutronen können stabile Atomkerne in radioaktive Isotope umgewandelt werden. Zu umweltrelevanten Schadstoffquellen können sie in Verbindung mit der Freisetzung von Flüssigkeiten aus kerntechnischen Anlagen werden, sie können jedoch auch in fester Form, beispielsweise als Abfall, in Stoffkreisläufe gelangen.

In Tabelle N.1-5 sind die wichtigsten in der Kerntechnik und bei der Kernenergienutzung nach Neutroneneinfang entstehenden Gammastrahler aufgeführt.

Aktivierungsprodukte in wässrigen Lösungen
Dazu gehören:
- Radioaktive Stoffe, die als Verunreinigung von Wässern in Anlagen auftreten, soweit sie als Restaktivität in Abwässern in die Biosphäre ab-

Tabelle N.1-4 Charakteristika wichtiger gammastrahlender Spaltprodukte

Isotop	Halbwertszeit	Eltern-Nuklid	Eltern-Halbwertszeit	Spaltprodukt-anteil %	Anteil der Gammastrahlen mit der Energie E	E, MeV
Br^{84}	31,8 m			0,0065	0,35	1,89
					0,76	0,89
Kr^{85m}	4,36 h			0,01	0,15	0,3
					0,85	0,15
Kr^{55}	2,77 h			0,031	0,80	1,8
						2,18
Rb^{53}	17,7 m	Kr 88	2,77 h	0,031	0,68..	0,38
					0,01	2,8
					0,08	0,9
					0,21	1,86
Sr^{91}	9,7 h			0,05	0,07	1,41
					0,33	1,025
					0,15	0,66
					0,14	0,747
					0,26	0,64
Y^{91m}	31,0 m	Sr 91	9,70 h	0,00235	1,00	0,551
Y^{91}	38,0 d	Sr 91	9,70 h	0,059	0,001	0,2
					0,001	1,2
Y^{93}	10,0 h	Sr 93	7,00 m	0,06	0,1 (U)	0,7
Y^{94}	16,5 m			0,05	0,1 (U)	1,4
Zr^{95}	63,0 d	Y 95	10,50 m	0,06	0,49	0,725
					0,49	0,758
					0,02	0,235
Nb^{95m}	90,0 h			0,006	1,00	0,231
Nb^{95}	35,0 d	Zr 95	63,00 d	0,06	1,00	0,745
Nb^{97m}	60,0 s	Zr 95	63,00 d	0,062	1,00	0,75
Nb^{97}	72,1 m	Zr 97	17,00 h	0,062	1,00	0,67
Mo^{99}	67,0 h	Zr 97	17,00 h	0,062	0,13	0,728
Ru^{103}	40,0 d			0,037	0,94	0,494
Ru^{105}	4,5 h			0,009	0,00	0,726
Rh^{105}	30,0 s	Ru 106	1,00 a	0,0052	0,24	0,513
					0,12	0,624
					0,01	0,87
					0,02	1,045
					0,01	1,55
					0,002	2,41
Te^{129m}	33,0 d	Sb 129	4,20 h	0,0019	1,00	0,106
Te^{129}	72,0 m	Sb 129	4,20 h	0,0019	0,1 (...	0,3
Te^{131m}	30,0 h			0,0044	1,00	0,17
Te^{131}	24,8 m			0,028	0,45	0,7
					1,00	0,16
I^{131}	8,05 d	Te 131	24,80 m	0,028	0,028	0,722
					0,093	0,637
					0,85	0,364
					0,022	0,284
					0,007	0,163
Te^{132}	77,0 h			0,034	0,01	0,231
I^{132}	2,4 h	Te 132	77,00 h	0,044	0,88	0,69
					0,10	1,41
					0,02	2,0
I^{133}	20,8 h			0,046	0,94	0,53
					0,05	0,85
					0,01	1,4
I^{134}	32,5 m	Te 134	44,00 m	0,057	0,01	2,2
					0,30	1,2

Tabelle N.1-4 Fortsetzung

Isotop	Halbwertszeit	Eltern-Nuklid	Eltern-Halbwertszeit	Spaltprodukt-anteil %	Anteil der Gamma-strahlen mit der Energie E	E, MeV
I^{135}	6,7 h			0,059	0,02	2,4
					0,04	1,8
					0,9 (...	1,3
Xe^{135}	9,2 h	I 135	6,7 h	0,059	1,00	0,25
Cs^{136}	13,7 g			0,000062	0,1 (...	1,2
Cs^{136}	32,0 m	Ye 138	17,0 m	0,06	1,00	1,44
					0,43	0,98
					0,33	0,463
Ba^{139}	84,0 m	Cs 139	9,5 m	0,063	0,26	0,16
Ba^{140}	12,8 d			0,0617	0,70	0,162
					0,30	0,54
					0,10	0,304
La^{140}	40,2 h	Ba 140	12,8 d	0,0617	0,05	2,5
					0,94	1,6
					0,26	0,82
					0,36	0,49
					0,05	0,33
Ce^{141}	33,0 d	La 141	3,7 h	0,057	0,67	0,145
Ce^{143}	33,0 h	La 143	19,0 m	0,054	0,30	0,70
Pr^{144}	17,5 m	Ce 144	275,0 d	0,0464	0,005	2,18
					0,005	0,695
					0,002	1,48
Nd^{147}	11,6 d			0,026	0,25	0,52
					0,05	0,30
					0,10	0,39
Sm^{153}	47,0 h			0,0015	0,33	0,104
					0,0007	0,53
					0,0003	0,60
Eu^{135}	15,4 d	Sm 156	10,0 h	0,00013	0,60	2,0

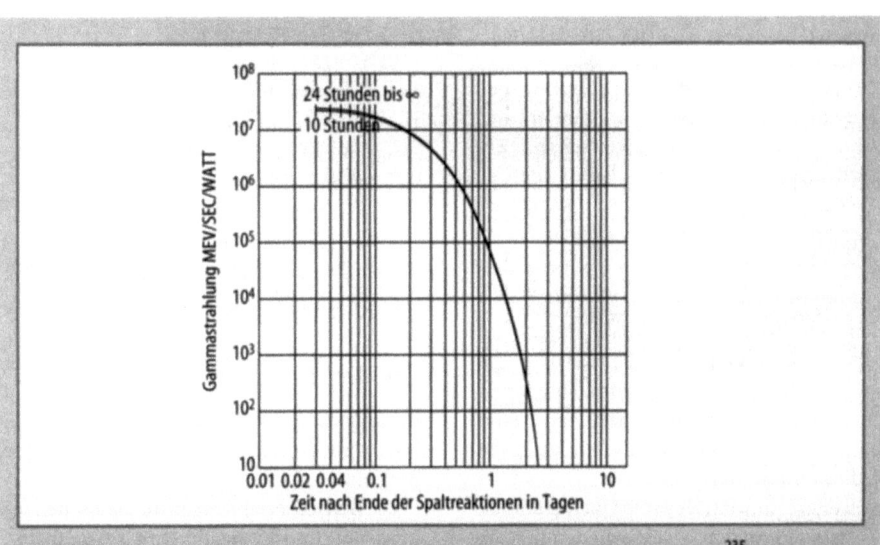

Bild N.1-16 Zeitliches Abklingen der 2,8 MEV-Gammastrahlung der Spaltprodukte aus der Spaltung von $^{235}_{92}$-Uran (Bestrahlungsdauer als Parameter) [N.1.1]

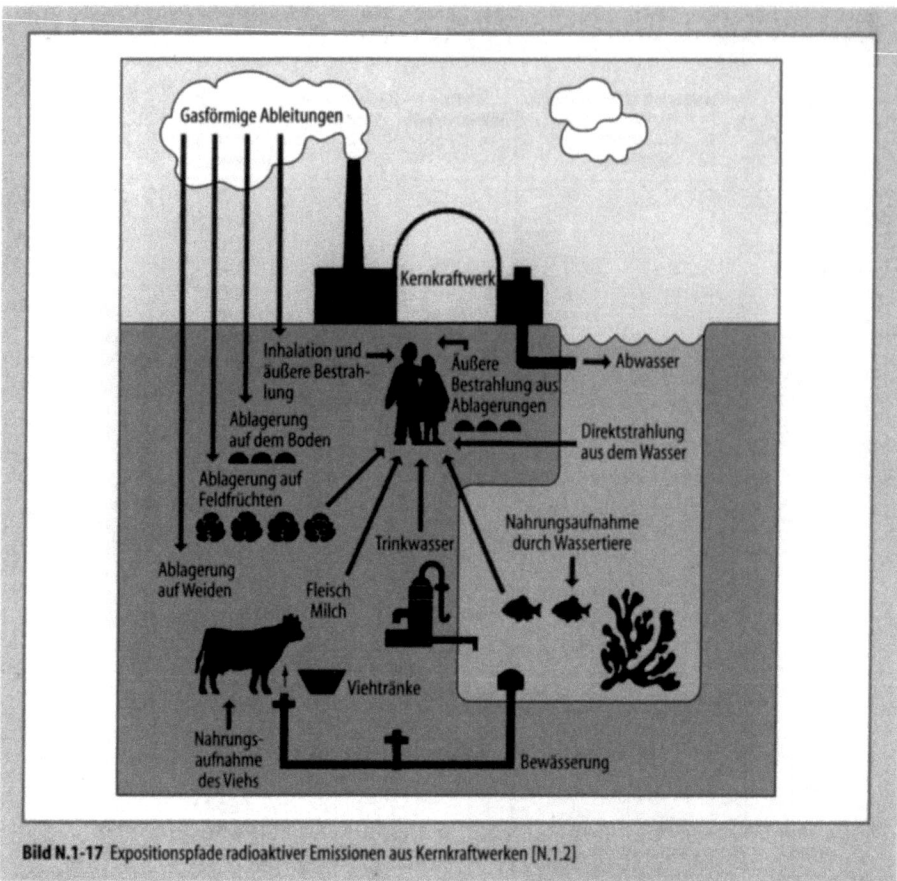

Bild N.1-17 Expositionspfade radioaktiver Emissionen aus Kernkraftwerken [N.1.2]

gegeben werden. Diese Stoffe sind Schadstoffquellen für Mensch und Tier, soweit sie in den Trinkwasser- oder Nahrungskreislauf gelangen.
- Tritium (T = 12,3 a), das durch Neutronenbestrahlung von Wasserstoff und Bor entsteht, nimmt eine Sonderstellung ein, weil seine Entfernung aus dem Wasser mit den üblichen Methoden nicht möglich ist. Die Tritiumabgabe ist daher die bedeutendste umweltrelevante Stoffquelle in Abwässern.

Aktivierungsprodukte in Feststoffen
Quellen umweltrelevanter radioaktiver Feststoffe in der Kerntechnik und bei der Kernenergienutzung sind beispielsweise verbrauchte Ionentauscherharze, Verdampferkonzentrate, Filter und ähnliche Betriebsabfälle aus Reinigungsanlagen, die kontaminiert sind.

Eine weitere umweltrelevante Quelle radioaktiver Feststoffe sind durch Neutroneneinfang aktivierte Isotope im Konstruktionsmaterial kerntechnischer Anlagen, soweit es nach Außergebrauchnahme verschrottet und im Materialkreis wiederverwendet werden soll.

N.1.3.2 Kerntechnische Anlagen

Die Darstellung beschränkt sich auf die in Deutschland im Einsatz befindlichen Kernkraftwerkstypen, die deutschen Forschungszentren mit Forschungs- und Versuchsreaktoren sowie auf die deutschen Anlagen des Kernbrennstoffkreislaufs. Die Freisetzungsangaben beziehen sich jeweils auf den Normalbetrieb.

N.1.3.2.1 Kernkraftwerke mit Leichtwasserreaktoren

In Deutschland sind in Kernkraftwerken gegenwärtig nur Druck- und Siedewasserreaktoren in Betrieb.

Die Betriebserfahrungen mit deutschen Leichtwasserreaktoren belegen, daß sie sehr geringe Mengen radioaktiver Substanzen abgeben und die Genehmigungswerte deutlich unterschreiten.

Tabelle N.1-5 Gammastrahler, durch Einfang thermischer Neutronen aktiviert

Chemisches Element	Wirkungsquerschnitt (E-24 cm^2)	Photonen in bestimmten Energiebereichen in MeV pro 100 Einfänge				Höchstenergie der γ-Strahlung in MeV
		1–3	3–5	5–7	7	
Aluminium	0,215	> 13	77	21	35	7,724
Antimon	6,4	~ 80	36	12		6,80
Arsen	4,1	~ 80	47	22	1	7,30
Barium	1,17	~ 80	75	14	1	9,23
Beryllium	0,009	0	50	75	0	6,814
Wismuth	0,016	0	100	0	0	4,17
Cadmium	3.500	20	73	17	1	9,046
Calcium	0,406	50	60	101	2,4	7,83
Kohlenstoff	0,045	< 30	100	0	0	4,95
Chlor	32	20	13	18	21	8,56
Chrom	2,9	16	12	18	69	9,716
Cobalt	34,8		36	49	8	7,486
Kupfer	3,59	> 23	22	42		7,914
Fluor	0,009			35	0	6,63
Gadolinium	36.300	80	23	4	2	7,78
Gold	94		66	38	0	6,494
Wasserstoff	0,33	100	0	0	0	2,230
Indium	190		36	4	0	5,86
Eisen	2,43	< 10	24	22	50	10,16
Blei	0,17	0	0	7	93	7,38
Magnesium	0,059	> 59	110	25	11	9,216
Mangan	12,6		> 27	30	27	7,261
Quecksilber	380		86	41	0	6,446
Molybdän	2,4		84	26	3	9,15
Nickel	4,8		> 14	30	72	8,997
Niob	1,1		54	14	0	7,19
Stickstoff	0,1	< 5	< 35	90	39	10,8
Phosphor	0,193		115	43	11	7,94
Platin	8,1	~ 120	45	15	1	7,920
Kalium	1,89	36	36	32	12	9,28
Präsodym	11,2	~ 80	34	8	0	5,83
Rhodium	150	~ 70	38	10	0	6,792
Samarium	10.600	~ 150	45	5	1	7,89
Scandium	22		63	29	14	8,85
Selen	11,8		65	27	11	10,483
Silizium	0,16	> 100	229	41	16	10,55
Silber	60	~ 90	70	17	0,5	7,27
Natrium	0,47	> 50	61	29	0	6,41
Strontium	1,16	~ 140	62	49	13	9,22
Schwefel	0,49	> 19	80	91	9	8,64
Tantal	21,3	~ 50	26	2	0	6,07
Thallium	3,3	~ 100	76	62	0	6,54
Zinn	0,65		139	33	4	9,35
Titan	5,8	100	33	99	10	9,39
Wolfram	19,2		53	14,5	0,5	7,42
Vanadium-51	4,7		24	54	18	7,305
Zink	1,06		48	29	17	9,51
Zircon	0,18		113	35	4	8,66

Druckwasserreaktoren
Durchschnittliche jährliche Emissionen radioaktiver Substanzen, gemessen in Bq/a, aus einem deutschen 1300MWe-Druckwasserreaktor:
- Freisetzung gasförmiger Schadstoffe:
  Edelgase (133 Xe, 41 Ar, 85 Kr)   4 x E 12
  Aerosole   1 x E 07
  131 Jod   5 x E 06
- Schadstoffe in Abwässern:
  Spaltprodukte und Aktivierungsprodukte ohne Tritium 2,2 x E 09 und Tritium 1 x E 13

Siedewasserreaktoren
Durchschnittliche jährliche Aktivitätsfreisetzung in Bq/a aus einem deutschen 1300MWe-Siedewasserreaktor:
- Freisetzung gasförmiger Schadstoffe:
  Edelgase, hauptsächlich 133 Xenon, 4 x E 12
  Aerosole   1 x E 07
  131 Jod   1 x E 08
- Schadstoffe in Abwässern:
  Spaltprodukte und Aktivierungsprodukte   5 x E 08
  Tritium   1 x E 12

Die Emissionswerte der deutschen Kernkraftwerke mit Abluft und Abwasser sind in Tabelle N.1-6 [N.1.3], die Angaben von Alphastrahlern und Tritium im Abwasser in Tabelle N.1-7 für das Jahr 1996 dargestellt. [N.1.4].

N.1.3.2.2 Forschungszentren

Kerntechnische Forschungszentren betreiben vielfältige kerntechnische Einrichtungen, insbesondere Forschungsreaktoren, Versuchsreaktoren, Heiße Zellen, Verbrennungsanlagen für radioaktive Stoffe, Anlagen zur chemischen Behandlung radioaktiver Substanzen, nuklearmedizinische Einrichtungen und Teilchenbeschleuniger.

Die Emissionen aller Anlagen der Zentren werden sowohl im Abluftstrom als auch bei den Abwässern ganzheitlich betrachtet, genehmigt und überwacht.

Die Ableitung radioaktiver Stoffe mit der Abluft und dem Abwasser aus den Forschungszentren Karlsruhe, Jülich, Geesthacht und Rossendorf für das Jahr 1996 sind in den Tabellen N.1-8 und N.1-9 zusammengefaßt [N.1.4].

Tabelle N.1-6 Radioaktive Abgaben der Kernkraftwerksblöcke in Deutschland 1996 [N.1.3]

Kernkraftwerksblock	Edelgase		Abluft* Langlebige Aerosole		Jod-131		Abwasser* Spalt- und Aktivierungsprodukte	
	10^9 Bq	Ci	10^9 Bq	Ci	10^9 Bq	Ci	10^9 Bq	Ci
KWK A Biblis	0,008 · 10⁵	2	0,001	<0,001	0,014	<0,001	0,022	<0,001
KWK B Biblis	0,025 · 10⁵	67	<0,001	<0,001	0,016	<0,001	0,491	0,013
KBR Brokdorf	0,008 · 10⁵	22	a	a	<0,001	<0,001	0,001	<0,001
KKB Brunsbüttel	0,072 · 10⁵	195	0,034	<0,001	0,012	<0,001	0,109	0,003
KKE Emsland	0,001 · 10⁵	3	<0,001	<0,001	a	a	<0,001	<0,001
KKG Grafenrheinfeld	0,016 · 10⁵	4	0,003	<0,001	<0,001	<0,001	0,011	<0,001
KWG Grohnde	0,253 · 10⁵	684	<0,001	<0,001	0,008	<0,001	0,110	0,003
KRB B Gundremmingen / KRB C Gundremmingen	0,003 · 10⁵	7	<0,001	0,001	a	a	0,389	0,011
KKI-1 Isar	0,001 · 10⁵	4	0,015	<0,001	0,023	<0,001	0,150	0,004
KKI-2 Isar	0,002 · 10⁵	5	<0,002	<0,001	a	a	<0,001	<0,001
KKK Krümmel	0,014 · 10⁵	378	0,082	0,002	0,210	0,006	0,012	<0,001
KMK Mühlheim-Kärlich	a	a	a	a	a	a	0,009	<0,001
GKN-1 Neckar	0,007 · 10⁵	19	0,003	<0,001	<0,001	<0,001	<0,001	<0,001
GKN-2 Neckar	0,039 · 10⁵	105	<0,001	<0,001	<0,001	<0,001	0,012	<0,001
KWO Obrigheim	0,003 · 10⁵	9	0,009	<0,001	<0,001	<0,001	0,370	0,010
KKP-1 Philippsburg	0,005 · 10⁵	14	0,020	<0,001	0,049	0,001	0,770	0,021
KKP-2 Philippsburg	0,005 · 10⁵	13	<0,001	<0,001	<0,001	<0,001	0,290	0,008
KKS Stade	b 0,22		b 0,010		b 0,050		b 0,080	
KKU Unterweser	0,008 · 10⁵	95	0,002	<0,001	<0,001	<0,001	0,200	0,005

a Unter der Nachweisgrenze
b Angabe in % der genehmigten Jahresgrenzwerte
* ohne Tritium
Quelle [N.1.3]

Tabelle N.1-7 Ableitung radioaktiver Stoffe mit dem Abwasser aus Kernkraftwerken 1996 (Alphastrahler, Summenwerte und Tritium) [N.1.4]

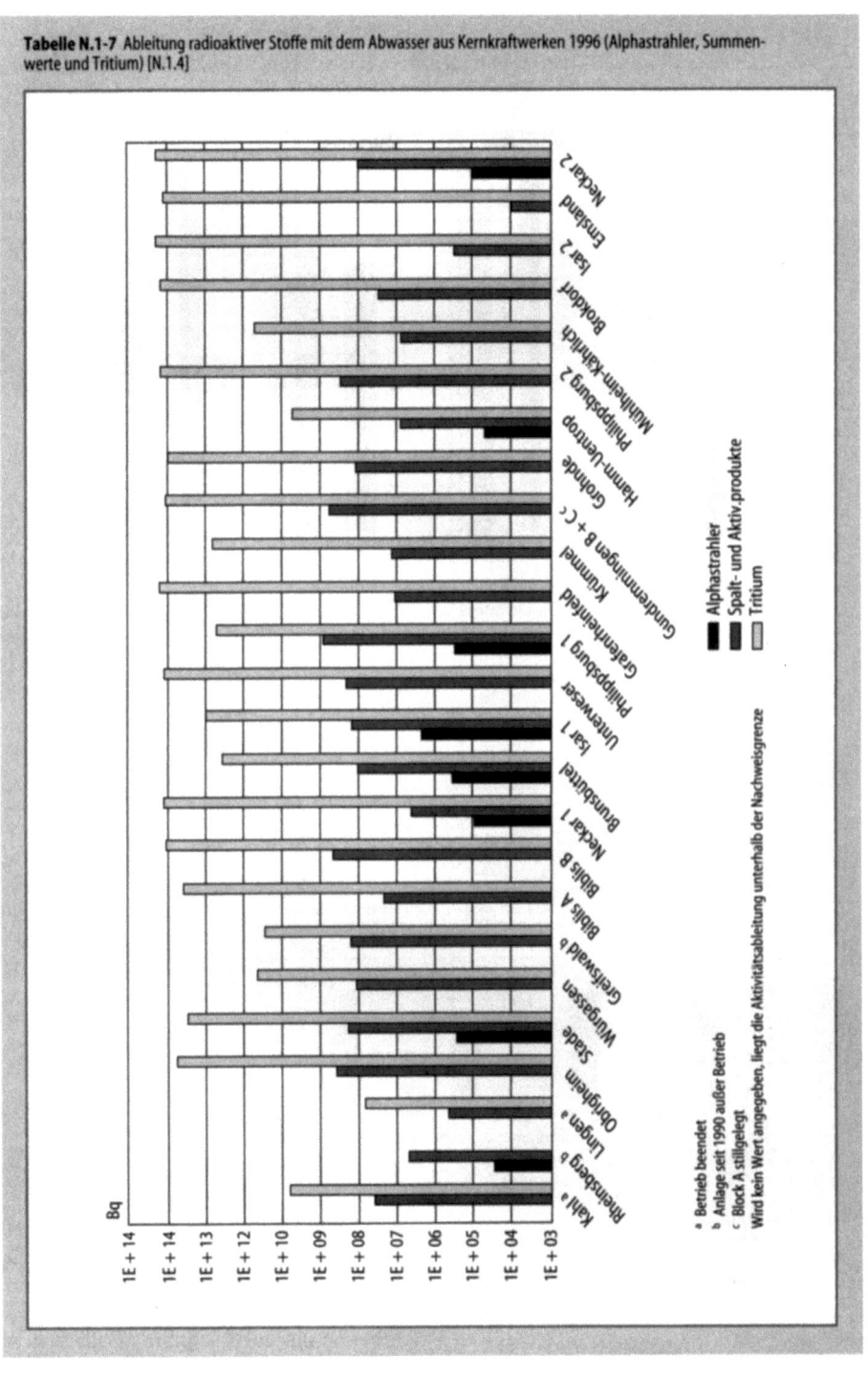

Gewerblicher und industrieller Bereich

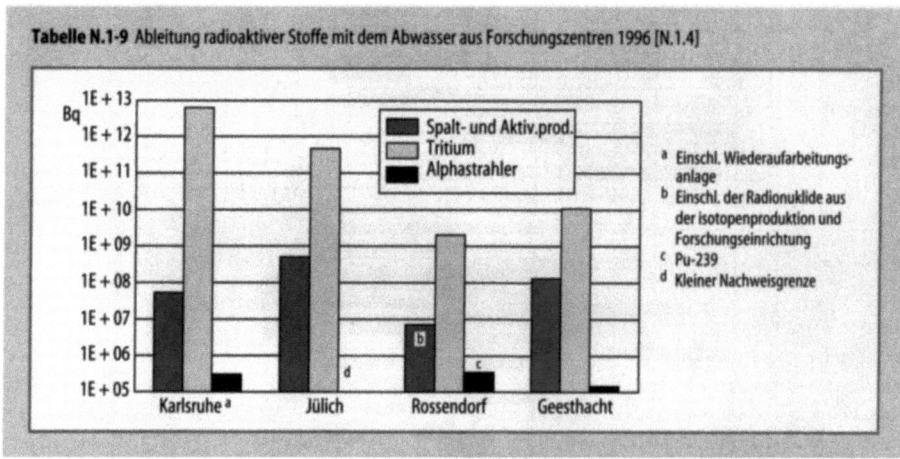

Tabelle N.1-8 Ableitung radioaktiver Stoffe mit der Abluft aus Forschungszentren 1996 [N.1.4]

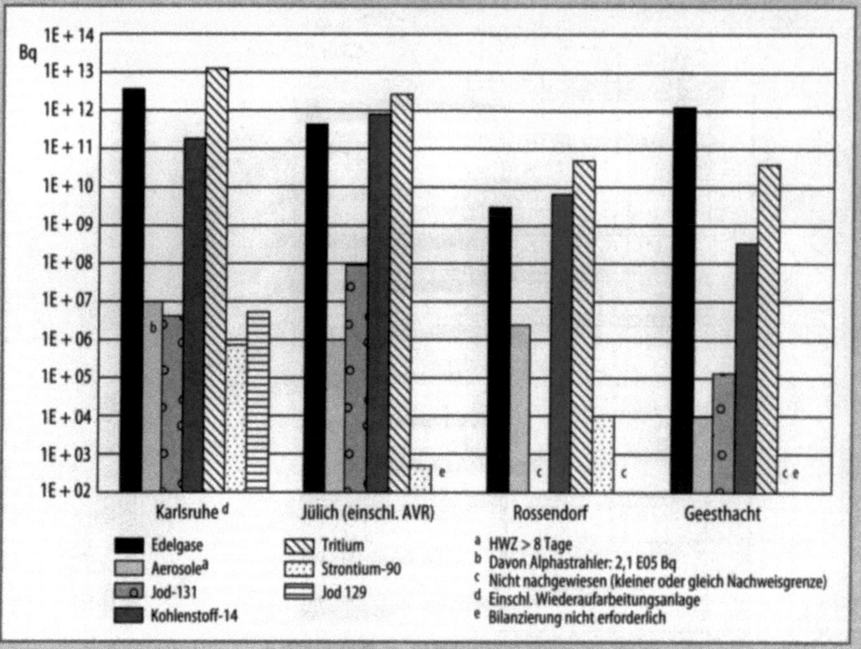

Tabelle N.1-9 Ableitung radioaktiver Stoffe mit dem Abwasser aus Forschungszentren 1996 [N.1.4]

N.1.3.3 Brennstoffkreislauf

Der äußere Kernbrennstoffkreislauf ist in dem schematischen Bild N.1-18 für Leichtwasserreaktoren dargestellt.

N.1.3.3.1 Urangewinnung

Bei der Urangewinnung ergeben sich mehrere Freisetzungspfade von radioaktiven Stoffen und chemischen Schadstoffen. Sie sind auf die offene Handhabung von Uranerzen, die chemische Behandlung der Erze und die Ablagerung von Abfallströmen aus den Grubenbetrieben und der Aufbereitung zurückzuführen. Die Stoffströme belasten die Atmosphäre durch Gas- und Staubfreisetzung und über Abwässer die Oberflächengewässer.

Besondere Aufmerksamkeit verdienen die langlebigen Alphastrahler (238 U (T = 4,5 × E 09 a),

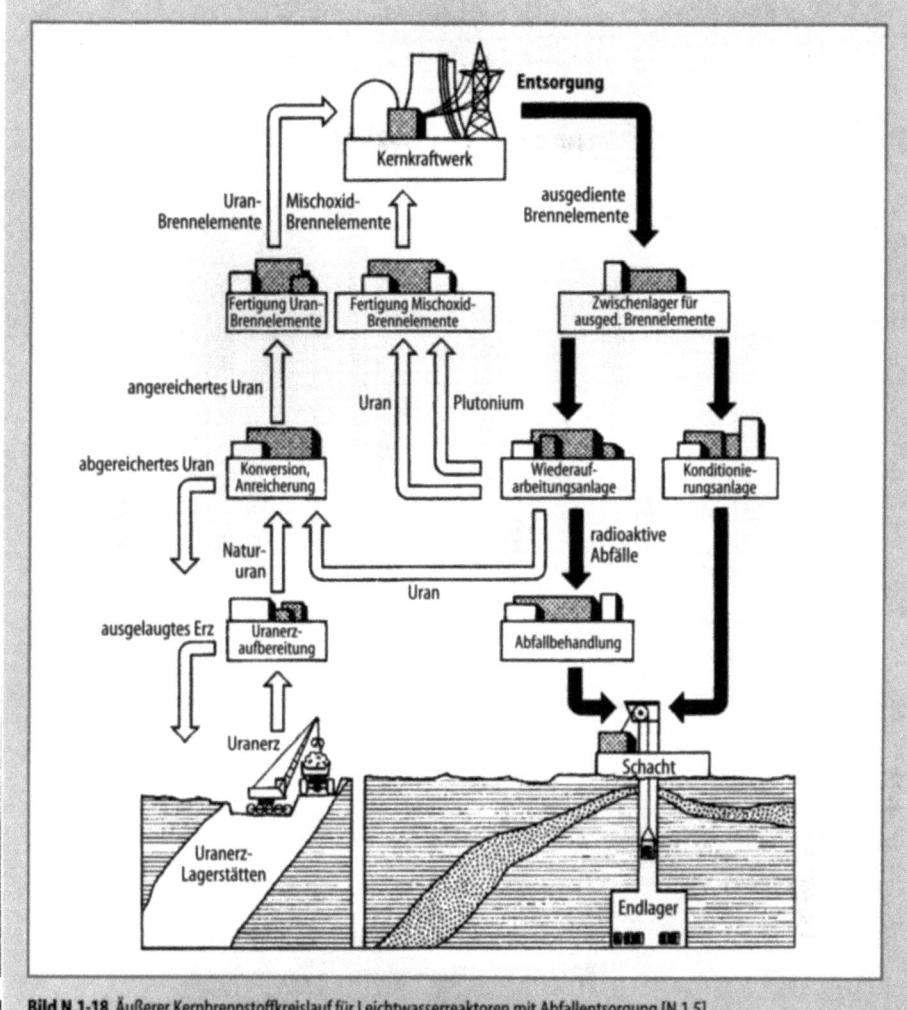

Bild N.1-18 Äußerer Kernbrennstoffkreislauf für Leichtwasserreaktoren mit Abfallentsorgung [N.1.5]

230 Th (T = 7,7 × E 04 a), 226 Ra (T = 1,6 × E 03 a)) im Staub und in den Abwässern sowie das aus dem Uranzerfall stammende Edelgas 222 Radon (T = 3,8 d). Daneben sind die Gehalte an umweltrelevanten Chemikalien in den Abwässern zu beachten.

Bei der Urangewinnung ergeben sich 3 umweltrelevante Stoffquellen:
– die Grubenbetriebe
– die Aufbereitungsbetriebe und deren Abraumhalden
– die industriellen Absetzbecken für die Schlammabgänge der Uranextraktion

Gegenwärtig wird in Deutschland keine Urangewinnung mehr betrieben. Insbesondere in Sachsen und Thüringen wurden jedoch von 1946 – 1990 durch die sowjetische Aktiengesellschaft, ab 1954 durch die sowjetisch-deutsche Aktiengesellschaft Wismut, Chemnitz, große Mengen Uranerz abgebaut und rd. 220.000 t Uran extrahiert.

Tabelle N.1-10 enthält die Ableitung radioaktiver Stoffe mit der Abluft aus den Wismut-Betrieben im Jahr 1996. In Tabelle N.1-11 sind die entsprechenden Werte für die Abwässer derselben Betriebe zusammengefaßt. Eine Detaildarstellung umweltrelevanter Emissionen der Wismut-Betriebe findet sich im Bericht des Deutschen Bundestages zu den „Auswirkungen aus dem Uranbergbau und Umgang mit Altlasten der Wismut in Ostdeutschland" [N.1.6].

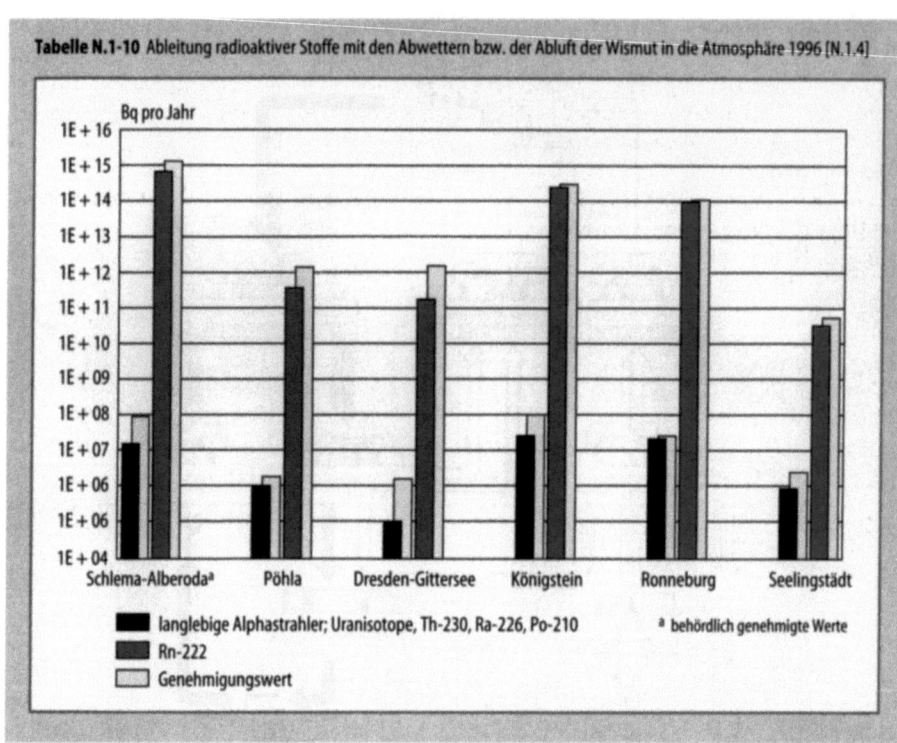

Tabelle N.1-10 Ableitung radioaktiver Stoffe mit den Abwettern bzw. der Abluft der Wismut in die Atmosphäre 1996 [N.1.4]

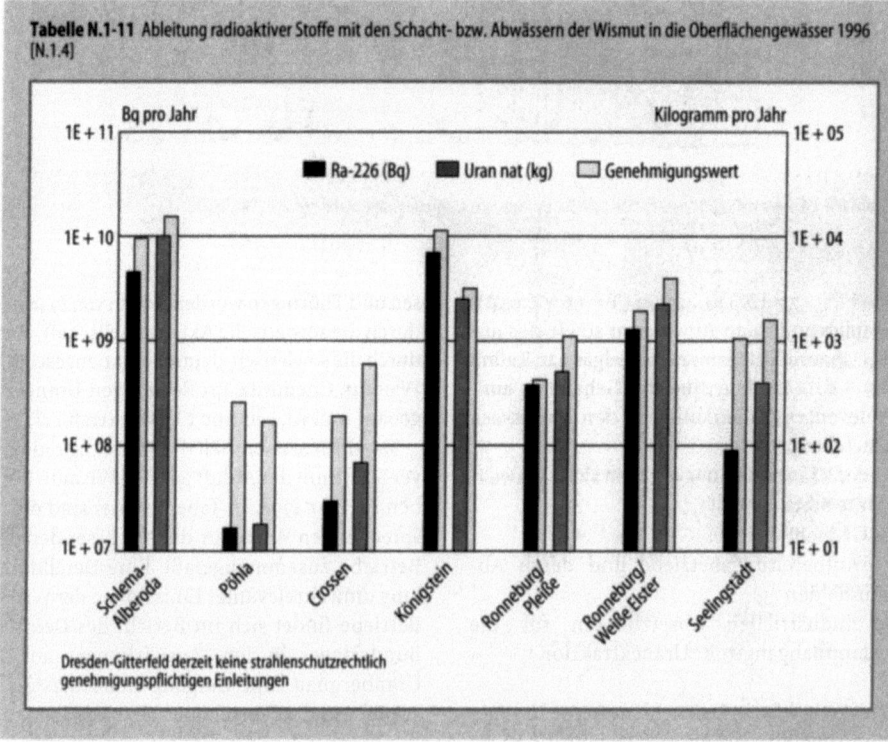

Tabelle N.1-11 Ableitung radioaktiver Stoffe mit den Schacht- bzw. Abwässern der Wismut in die Oberflächengewässer 1996 [N.1.4]

N.1.3.3.2 Urananreicherung

Die heute industriell eingesetzten Urananreicherungsverfahren verarbeiten das zu trennende Isotopengemisch in der Gasphase als Uranhexafluorid (UF_6).

In Deutschland wird einzig am Standort Gronau Urananreicherung in einer Ultrazentrifugenanlage (UAG) betrieben. Ihre Kapazität betrug Anfang 1993 520 t Urantrennarbeit (UTA/a). Eine Kapazitätsausweitung auf 1000 t UTA/a ist vorgesehen. Für diesen erweiterten Betrieb sind die Genehmigungswerte für die Abgabe von umweltrelevanten Stoffen und die 1993 gemessenen Abgaben in Fortluft und Abwasser sowie der Anfall radioaktiver Abfälle und Reststoffe in Tabelle N.1-12 zusammengefaßt.

Tabelle N.1-12 Emissionswerte der Urananreicherungsanlage Gronau für eine Kapazität von 1000 t UTA/a (Angaben der Uranit GmbH, Jülich)

	Genehmigungswert	Gemessene Abgaben	Bemerkungen
Abgaben über Fortluft			
α-Aktivität pro Jahr	$5{,}2 \cdot 10^6$ Bq	< 1 % vom Genehmigungswert	Die gemessenen Abgaben schließen das luftgetragene Uran der Umgebung (ca. 10^5 Bq/m³ bzw. 10^8 Bq/a) ein
β-Aktivität pro Jahr	$5{,}2 \cdot 10^6$ Bq	< 10 % vom Genehmigungswert	Die gemessenen Abgaben beinhalten die meßtechnisch nicht eliminierbaren natürlichen b-Aktivitäten (^{40}K, Zerfallsprodukt Rn)
α-Aktivität pro Woche	$2{,}6 \cdot 10^5$ Bq		
β-Aktivität pro Woche	$2{,}6 \cdot 10^5$ Bq		
^{220}Rn-α-Aktivität pro Jahr	$2{,}0 \cdot 10^{13}$ Bq		Beantragt im Hinblick auf langjährigen Betrieb mit recycliertem Uran
^{222}Rn-α-Aktivität pro Jahr	$1{,}0 \cdot 10^8$ Bq		Dieser beantragte Wert beträgt weniger als 1% der natürlichen Rn-Aktivität bei einem Durchsatz von 10^9 m³/a Luft
Abgaben über Wasser			
α-Aktivität pro Jahr	$7{,}4 \cdot 10^5$ Bq bzw. 1,3 Bq/l	< 10 % vom Genehmigungswert	
β-Aktivität pro Jahr	$2{,}8 \cdot 10^6$ Bq bzw. 4,9 Bq/l	< 10 % vom Genehmigungswert	
Radioaktive Abfälle und Reststoffe pro Jahr		voraussichtlich ca. 50 200 l RR-Fässer/a mit insgesamt ca. 3 kg Uran/a	Diese konditionierten, nicht wärmeerzeugenden Abfälle genügen den vorläufigen Endlagerungsbedingungen für Konrad. Die Konditionierungsart (zur Zeit Zementierung) wird zwecks Abfallminimierung dem jeweiligen Stand der Technik angepaßt.
Altöl	10^5fache der Freigrenzen der StrlSchV alte Fassung	bisher keine Angaben, bei Endausbau ca. 25 kg/a	Der Genehmigungswert entspricht beispielsweise für Natururan einer Aktivität von 50 Bq/g Öl
γ-Direktstrahlung	1,5 mSv/a	< 10 %	Der Genehmigungswert nach StrlSchV §44 außerbetrieblicher Überwachungsbereich, Meßpunkt am Außenzaun der UAG

N.1.3.3.3 Brennelementfertigung

Uranhaltige Brennelemente für Leichtwasserreaktoren

Die radioaktiven Emissionen bei der Uranbrennelementfertigung für Leichtwasserreaktoren beschränken sich auf die Freisetzung von Uranspuren. Hinzu kommen aufgrund der chemischen Umsetzungsprozesse die nichtaktiven Emissionen von HF und von NO_X.

Die umweltrelevanten Emissionen über Anlagenabluft und Abwässer für die Brennelementfabrik Lingen sind in Tabelle N.1-13 aufgeführt.

In Hanau wird ein Brennelementewerk betrieben, das in einem Betriebsteil Uran verarbeitet und in einem weiteren Betriebsteil Mischbrennstoffe, bestehend aus Uranoxid und Plutoniumoxid, (MOX-Verarbeitung). Ein weiterer Betriebsteil dient der Sonderfertigung (Karlstein).

Im Betriebsteil Uranverarbeitung liegen vergleichbare Verhältnisse vor wie für die Anlage Lingen. Die Abgabe von Uran (wegen der Aussendung von Alphalteilchen beim Zerfall von Uran auch Alpha-Aktivität genannt) über Fortluft beträgt aus diesem Betriebsteil $3,6 \times E\ 07$ Bq/a, über Abwasser werden $8,6 \times E\ 08$ Bq/a abgegeben.

Plutoniumhaltige und Sonderbrennstoffe

Die Aktivitätsfreisetzungsraten aus dem Betriebsteil MOX-Verarbeitung lagen um mehrere Grössenordnungen niedriger als bei der Verarbeitung von Uran. Aus diesem Betriebsteil wurden mit der Fortluft weniger als $1,8 \times E\ 04$ Bq/a und mit dem Abwasser $4,9 \times E\ 05$ Bq/a an Alphaaktivität freigesetzt. Die entsprechenden Werte für den Werksteil Sonderfertigung sind weniger als $1,4 \times E\ 05$ Bq/a mit der Fortluft und $1,4 \times E\ 08$ Bq/a mit dem Abwasser. Diese Betriebe wurden inzwischen stillgelegt.

In der Übersichtstabelle N.1-14 sind die Ableitungswerte für radioaktive Stoffe (Alpha-Aktivität) in Abluft und Abwasser im Jahr 1996 auch für die 1988 außer Betrieb genommenen Brennelementewerke der Nukem für Forschungsreaktorbrennelemente und der Hobeg für Hochtemperaturreaktor-Brennelemente mit aufgeführt.

N.1.3.3.4 Wiederaufarbeitung

Bei der chemischen Wiederaufarbeitung ausgedienter Brennelemente fallen radioaktive Spaltprodukte und chemische Schadstoffe in Gasform sowie flüssige und feste radioaktive Abfälle als umweltrelevante Stoffquellen an. Während die flüssigen und festen Abfälle zwischengelagert werden können, müssen die gasförmigen Schadstoffe sofort behandelt werden.

Die Schadstoffe im Abgasstrom der Wiederaufarbeitung stammen aus 3 Quellen:
– Gasförmige und hochflüchtige Spaltprodukte werden bei der mechanischen Zerkleinerung und Auflösung der Brennelemente freigesetzt. Das störendste Element ist das radioaktive Jod mit den Isotopen 129 J (T = $1,7 \times E\ 07$ a) und 131 J (T = 8,05 d), wobei das letztere Isotop nur

Tabelle N.1-13 Abgabewerte der Brennelementefabrik Lingen (Angaben der Advanced Nuclear Fuels, Lingen)

Medium	Kontrolle auf	Kontrollintervall	Kontrollstelle	Genehmigungswerte	Tatsächliche Abgabewerte
Abluft	Uran	monatlich	Abluftkamin	ca. $5,55 \times 10^5$ Bq/a	$< 11 \times 10^3$ Bq/Jahr
Abluft	Fluorwasserstoff	wöchentlich	Abluftkamin	0,1 mg HF/m³	< 0,1 mg HF/m³
Abluft	Fluorwasserstoff	halbjährlich	Beizraum	0,1 mg HF/m³	< 0,1 mg HF/m³
Abluft	NOx	halbjährlich	Beizraum	25 mg/m³	< 1 mg/m³
Abwasser	Uran	vor jeder Abgabe	Verweilbecken	50 µg/l	< 1 µg/l
Sanitärabwasser	pH, Uran	14tägig	Sanitärschacht	pH = 6,5 bis 10 U = 50 µg/l	zwischen 7 und 8 < 1 µg/l
Regenwasser	Uran	14tägig	Probeschacht UF₆-Lager	50 µg/l	< 1 µg/l
Regenwasser	Fluor	14tägig	Probeschacht UF₆-Lager	Nachweisgrenze	< 1 µg/l

– genehmigte max. jährl. Uranverarbeitung: 400 t/a
– tatsächliche Verarbeitung: 335 t/a

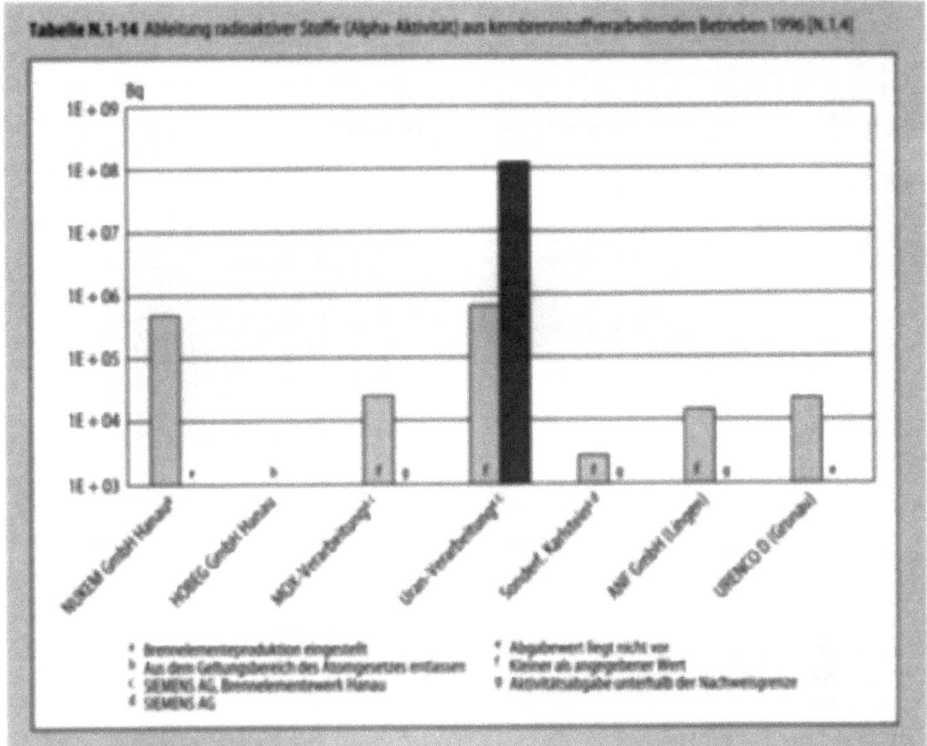

Tabelle N.1-14 Ableitung radioaktiver Stoffe (Alpha-Aktivität) aus kernbrennstoffverarbeitenden Betrieben 1996 [N.1.4]

bei kurzzeitig zwischengelagertem Brennstoff von Bedeutung ist und bereits 6 Monate nach der Entladung aus dem Reaktor weitestgehend abgeklungen ist.

Die Prozeßführung in Wiederaufarbeitungsanlagen stellt sicher, daß das radioaktive Jod im Auflöserabgasstrom konzentriert ist.

Das in den Brennstäben eingeschlossene Krypton mit dem radioaktiven Isotop 85 Kr gelangt zu 100 % in den Auflöserabgasstrom. Es ist nach mehrjähriger Zwischenlagerung der ausgedienten Brennelemente vor der Wiederaufarbeitung eine der wesentlichen Strahlenquellen, wird jedoch wegen seiner geringen biologischen Wirksamkeit vollständig aus den Wiederaufarbeitungsanlagen in die Atmosphäre abgegeben.

Tritium fällt als HTO und gebunden ans Zirkon des Hüllmaterials der Brennelemente als Zirkonhydrid an. Ein geringer Teil des HTO tritt als Wasserdampf in den Abgasstrom, wird aber aufgrund seiner niedrigen Konzentration nicht zurückgehalten. Gleiches gilt für 14 CO_2 (14 C, T = $5,73 \times E\ 03$ a), das durch Neutroneneinfang von Stickstoff und Sauerstoff entsteht.

- Radioaktiver Staub entsteht bei der mechanischen Zerkleinerung der Brennelemente. Ausserdem entstehen bei der Handhabung von Flüssigkeiten in der Wiederaufarbeitungsanlage radioaktive Aerosole.
- Gasförmige chemische Verunreinigungen sind Stickoxide, die bei der Auflösung der Brennelemente in Salpetersäure entstehen.

In Deutschland ist keine Wiederaufarbeitungsanlage in Betrieb oder in Planung. Die in Karlsruhe errichtete Versuchsanlage mit einer Jahreskapazität von 34 t abgebranntem Brennstoff wurde 1991 stillgelegt. Für die umweltrelevanten radioaktiven Emissionen mit der Fortluft der Wiederaufarbeitungsanlage sind für die Jahre 1990 und 1991 die Genehmigungsgrenzwerte und die tatsächlich freigesetzten Aktivitäten in Bq/a in Tabelle N.1-15 zusammengestellt.

Die mit dem Abwasser in den Vorfluter freigesetzte Aktivität ist dem Abwasser der Kernforschungsanlage Karlsruhe zugerechnet und in Tabelle N.1-9 enthalten.

Tabelle N.1-15 Ableitung radioaktiver Stoffe der WAK in die Atmosphäre in 1990 (Durchsatz 9,45 t Uran, 43 kg Pu) und 1991 (kein Durchsatz, Betrieb eingestellt) [N.1.7]

Nuklid/ Nuklid-Gruppe	Fortluft		
	Genehm.-Wert Bq/a	Eff. Wert 1990	1991
A_{AL}	3,7 × E08	2,8 × E05	9,7 × E05
A_{BL}	7,4 × E10	1,8 × E07	9,3 × E07
$P_u 241$	1,5 × E10	9,6 × E06	2,0 × E07
Sr 90	3,7 × E09	1,3 × E06	3,6 × E07
Edelgase, vorw. Kr 85	1,3 × E16	9,4 × E14	4,4 × E08
H-3	3,7 × E13	2,2 × E12	2,5 × E11
C-14	6,1 × E11	3,7 × E10	–
J-129	2,4 × E08	9,0 × E07	3,7 × E06
J-131	1,5 × E09	1,2 × E07	6,6 × E08

A_{AL} Aerosole mit α-Aktivität mit HWZ > 8 Tage
A_{BL} Aerosole mit β-Aktivität mit HWZ > 8 Tage, die Pu 241 und Sr 90 einschließen

Tabelle N.1-16 Beantragte Höchstwerte für Aktivitätsfreisetzung in Abluft und Abwasser in Bq/a aus der Pilotkonditionierungsanlage Gorleben (PKA) mit einer Jahreskapazität von 35 t Kernbrennstoffdurchsatz [N.1.8]

	Fortluft	Abwasser
Tritium	7,4 E11	3,7 E08
Krypton 85	1,5 E15	
Jod 129	8,1 E07	
Übrige β/γ-Strahler	4,4 E09	1,9 E09
α-Strahler	6,7 E07	7,4 E07

Tabelle N.1-17 Leitnuklide der radioaktiven Ableitungen mit der Fortluft aus der PKA (Antragswerte für die Genehmigung) [N.1.8]

Nuklid	Ableitung mit dem Wasser	
	(Bq/a)	(Ci/a)
H-3	7,4 E11	(2,0 E1)
Kr-85	1,5 E15	(4,1 E4)
J-129	8,1 E7	(2,2 E-3)
Co-60	3,0 E5	(8,1 E-7)
Sr-90	1,2 E8	(3,2 E-4)
Ru-106	2,4 E8	(6,5 E-6)
Cs-134	1,9 E9	(5,1 E-3)
Cs-137	4,8 E8	(1,3 E-2)
Beta-Gamma-Aerosole ohne H-3 und J-129 (Leitnuklide)	2,74 E9	(7,4 E-2)
Pu-238	1,3 E7	(3,5 E-4)
Pu-239	4,5 E5	(1,2 E-5)
Pu-240	1,3 E6	(3,5 E-5)
Am-241	5,4 E6	(1,5 E-4)
Cm-244	4,7 E7	(1,3 E-3)
Alpha-Aerosole (Leitnuklide)	6,7 E7	1,8 E-3

Tabelle N.1-18 Leitnuklide der radioaktiven Ableitungen mit Abwasser aus der PKA (Antragswerte für die Genehmigung) [N.1.8]

Nuklid	Ableitung mit dem Wasser	
	(Bq/a)	(Ci/a)
H-3	3,7 E8	(1,0 E-2)
Co-60	1,6 E4	(4,3 E-7)
Sr-90	6,4 E6	(1,7 E-4)
Ru-106	8,8 E4	(2,4 E-6)
Cs-134	1,2 E8	(3,2 E-3)
Cs-137	9,1 E8	(2,5 E-2)
Beta-Gamma-Leitnuklide ohne H-3	1,04 E9	(2,8 E-2)
Pu-238	1,4 E7	(3,8 E-4)
Pu-239	5,0 E5	(1,4 E-5)
Pu-240	1,4 E6	(3,8 E-5)
Am-241	5,9 E6	(1,6 E-4)
Cm-244	5,2 E7	(1,4 E-3)
Alpha-Leitnuklide	7,4 E7	2,0 E-3

N.1.3.3.5 Konditionierung ausgedienter Brennelemente

Der zur Wiederaufarbeitung alternative Entsorgungsweg ausgedienter Brennelemente ist deren Konditionierung und anschließende direkte Endlagerung. Dies setzt voraus:
- Behandlung der Brennelemente und Verpakken zu endlagerfähigen Gebinden in langfristig standfesten gasdichten Behältern.
- Bereitstellung eines geeigneten Endlagers für die langfristige sichere Aufbewahrung der Endlagerbehälter.

In Gorleben wurde 1990 mit der Errichtung einer Pilotkonditionierungsanlage (PKA) für eine Kapazität von 35 t/a Kernbrennstoffdurchsatz begonnen, die 1998 fertiggestellt wurde. Für die umweltrelevanten Aktivitätsfreisetzungen über Fortluft in die Atmosphäre und Abwasserabgabe in Vorfluter wurden für die PKA zu genehmigende Höchstwerte gemäß Tabelle N.1-16 beantragt.

Die Leitnuklide für die Abluft der PKA und die Höchstwerte ihrer Freisetzung sind in Tabelle N.1-17 zusammengefaßt.

Die beantragten Höchstwerte der Leitnuklide im Abwasser ergeben sich aus Tabelle N.1-18.

N.1.3.4 Radioaktive Abfälle

N.1.3.4.1 Abfallquellen

In der kerntechnischen Abfallwirtschaft sind nur die Emissionen der Abfallbehandlungsanlagen sowie der Zwischen- und Endlager umweltrelevant.

Unter den Gesichtspunkten der Behandlung und der sicheren Zwischen- und Endlagerung ist eine Einteilung in folgende Abfallklassen zweckmäßig:
I. wärmeerzeugende Abfälle
II. nichtwärmeerzeugende alphastrahlende Abfälle
III. nichtwärmeerzeugende sonstige radioaktive Abfälle

Die Klassen I und II erfordern eine Einlagerung in tiefen geologischen Formationen, während die Klasse III im flachen Untergrund gelagert werden darf.

Quellen fester Abfälle sind:
- Kernkraftwerke durch Betriebsabfälle einschließlich nicht wiederaufzuarbeitende ausgediente Brennelemente
- Wiederaufarbeitungsanlagen für bestrahlte Brennelemente
- Forschungseinrichtungen, die mit radioaktiven Substanzen arbeiten einschl. Forschungs- und Versuchsreaktoren
- Urangewinnung, Urananreicherung und Herstellung von Brennelementen
- Stillegung und Beseitigung von nuklearen Anlagen
- andere Abfallproduzenten wie z. B. medizinische Einrichtungen, pharmazeutische Industrie und andere industrielle Anwender radioaktiver Substanzen.

Die wärmeerzeugenden Abfälle umfassen alle Substanzen mit hoher Konzentration von Radionukliden, insbesondere ausgediente Brennelemente, die nicht wiederaufgearbeitet werden sollen, hochaktive flüssige Abfälle, Auflösungsrückstände von Hüll- und Strukturmaterial aus der Wiederaufarbeitung und hochaktivierte Reaktorkernkomponenten.

In den Tabellen N.1-19 und N.1-20 sind für die Bundesrepublik Deutschland die bis Ende 1995 angefallenen und erwarteten konditionierten Abfälle mit und mit vernachlässigbarer Wärmeentwicklung aus den verschiedenen Quellen zusammengefaßt. Die Bilder N.1-19 und N.1-20 zeigen den erwarteten Anfall von Abfällen mit und mit vernachlässigbarer Wärmeentwicklung bis zum Jahr 2080 aus den Quellen Wiederaufarbeitung, Kernkraftwerke, Forschungszentren, Industrie und sonstiges Aufkommen in Sammelstellen [N.1.9].

Tabelle N.1-19 Bestände an konditionierten wärmeentwickelnden Abfällen in Deutschland am 31.12.94 und 31.12.95 sowie Anfall im Jahr 1995 [N.1.9]

Konditionierter Abfall Herkunft	Bestand am 31.12.94	Anfall 1995	Bestand am 31.12.95
Wiederaufarbeitung	395	–79	316
Kernkraftwerke	1041	218	1259
Landessammelstellen	38	4	42
Forschungseinrichtungen	149	7	156
Kerntechnische Industrie	–	155	155
Sonstige Ablieferungspflichtige	–	–	–
Summe	1623	305	1928

Angaben in m³

Tabelle N.1-20 Bestände an konditionierten Abfällen mit vernachlässigbarer Wärmeentwicklung in Deutschland am 31.12.94 und 31.12.95 sowie Anfall im Jahr 1995 [N.1.9]

Konditionierter Abfall Herkunft	Bestand am 31.12.94	Anfall 1995	Bestand am 31.12.95
Wiederaufarbeitung	10 820	162	10 982
Kernkraftwerke	20 558	2 125	17 336
Landessammelstellen	2 083	192	2 017
Forschungseinrichtungen	27 364	857	28 086
Kerntechnische Industrie	2 263	22	2 285
Stillegung	–	–	–
Sonstige Ablieferungspflichtige	92	18	92
Summe	63 180	3 376	60 798

Angaben in m³

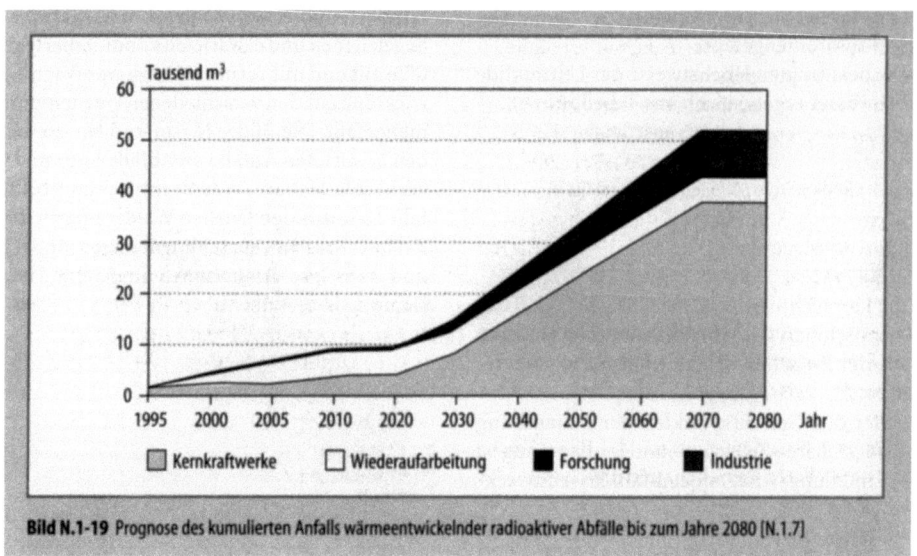

Bild N.1-19 Prognose des kumulierten Anfalls wärmeentwickelnder radioaktiver Abfälle bis zum Jahre 2080 [N.1.7]

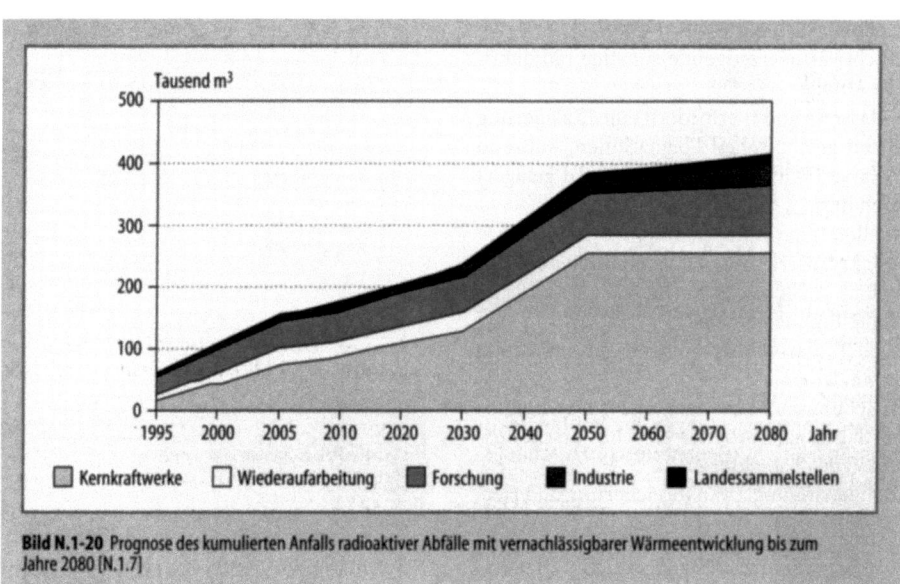

Bild N.1-20 Prognose des kumulierten Anfalls radioaktiver Abfälle mit vernachlässigbarer Wärmeentwicklung bis zum Jahre 2080 [N.1.7]

N.1.3.4.2 Abfallhandhabungs- und Konditionierungsanlagen

Einschmelzanlage CARLA
Bei der Beseitigung kerntechnischer Komponenten und Anlagen fällt radioaktiv kontaminierter Schrott an, der bei maximaler spezifischer Aktivität unter 200 Bq/g und Aktivität der Isotope 233 Uran, 235 Uran, 239 Plutonium, 241 Plutonium unter 100 Bq/g, wobei die Masse des Anteils dieser Isotope < 1 % der Gesamtmasse sein muß, eingeschmolzen und für den Einsatz in der Kerntechnik weiterverarbeitet werden darf. In Krefeld wird dafür die zentrale Anlage zum Recyclieren leicht aktivierter Abfälle CARLA betrieben. Der maximale Schmelzdurchsatz der Anlage beträgt 4000 t/a. Die Aktivitätsfreisetzung mit der Abluft ist auf unter 5000 Bq/a bei einem maximalen Staubaustrag von 1 mg/m³ begrenzt.

Für Schrott aus stillgelegten Kernkraftwerken zeigt Tabelle N.1-21 den Transfer der Radionuklide vom Schrott in die Schmelze, in die Schlacke, in den Filterstaub und die Abluft der Anlage CARLA.

Wartungs- und Handhabungsanlage Duisburg
Eine Anlage zur Wartung entladener, kontaminierter Brennelementtransport- und Lagerbehälter, zur Handhabung und Sortierung von schwach kontaminiertem Schrott, zur Wartung von kontaminierten Maschinenteilen, Werkzeugen und mobilen Konditionierungsanlagen für schwach aktive, nicht wärmeerzeugende Abfälle sowie für deren Konditionierung wird in Duisburg betrieben. Das zugelassene Aktivitätsinventar dieser Halle ist auf $5{,}65 \times E\,09$ Bq begrenzt, wovon über $5 \times E\,09$ Bq auf die zu dekontaminierenden Behälter entfallen. Die Emission umweltrelevanter Stoffe aus der Anlage beschränkt sich auf die Abgabe von ca. 20 m³/a Abwässer mit einer spezifischen Aktivität von etwa $5 \times E\,06$ Bq/m³, so daß eine Gesamtaktivitätsfreisetzung von maximal ca. $1 \times E\,08$ Bq/a erfolgt.

N.1.3.4.3 Zwischen- und Endlager

Zwischenlager
Für die Zwischenlagerung von ausgedienten Brennelementen stehen in Deutschland die Behälterlager Ahaus und Gorleben mit einer Kapazität von je 1500 t Kernbrennstoff zur Verfügung. Aus den gasdichten Behältern werden keine radioaktiven Stoffe freigesetzt. Die Behälter und die Betonwände des Lagergebäudes schirmen die Strahlung der eingelagerten Brennelemente so weit ab, daß am Zaun des Lagers nur eine zusätzliche Dosisleistung von max. 0,01 µSv/h auftritt.

Endlager
In Deutschland wurden in den Jahren 1965–1978 in dem inaktiven Salzbergwerk Asse versuchsweise 124.500 Fässer mit schwachaktivem Abfall und 1300 Fässer mit mittelaktivem Abfall ohne Wärmeerzeugung eingelagert. Dieses Lager setzt keine radioaktiven Stoffe frei.

Zukünftig sind für die Einlagerung deutscher Nuklearabfälle 3 Lager vorgesehen:
- das stillgelegte Eisenerzbergwerk Konrad bei Salzgitter für Nuklearabfälle mit vernachlässigbarer Wärmeerzeugung
- das stillgelegte Salzbergwerk Morsleben bei Helmstedt (ERAM), das als Endlager seit 1981 für die Einlagerung von nichtwärmeerzeugenden radioaktiven Abfällen aus dem Betrieb der Kernkraftwerke Rheinsberg und Greifswald sowie sonstigen radioaktiven Abfällen im Gebiet der Bundesländer Brandenburg, Mecklenburg-Vorpommern, Sachsen-Anhalt, Freistaat Sachsen und Thüringen genutzt wird. Die Einlagerung von radioaktiven Abfällen soll in Morsleben im Jahr 2000 beendet werden.

Tabelle N.1-21 Übergang von Radionukliden in die Schmelze, die Schlacke, den Staub und die Abluft der Anlage CARLA [N.1.10]

Radionuklide	Anteil der spez. Aktivität in			
	Schmelze	Schlacke	Staub	Abluft
α-Strahler				
U 235, U 238	T[a]	98	T	–
Pu 241	T	98	T	–
β-Strahler				
H3	–	–	–	100
Ni 63	90	10	–	–
Sr 90	3	95	2	–
γ-Strahler				
Co 60	90	10	T	–
Cs 134, Cs 137	T	45	55	–
Ag 110 m	95	5	T	–
Eu 154	5	95	T	–
Ce 144	50	50	T	–
Mn 54	95	5	T	–
Zn 65	T	10	90	–
Elektroneneinfang				
Fe 55	100	T	–	–

[a] Spuren Angaben in %

Tabelle N.1-22 Ableitung radioaktiver Stoffe mit der Abluft aus dem Endlager Morsleben im Zeitraum 1994–95 in Bq [N.1.11]

Nuklid bzw. Nuklidgruppe	1994	1995	1996	Zulässige Maximalwerte gemäß DBG
Tritium (H$_2$O)	$1{,}1 \cdot 10^{11}$	$4{,}0 \cdot 10^{11}$	$3{,}3 \cdot 10^{11}$	$4{,}0 \cdot 10^{12}$
Kohlenstoff (CO$_2$)	$2{,}9 \cdot 10^{9}$	$3{,}2 \cdot 10^{9}$	$1{,}9 \cdot 10^{9}$	$5{,}0 \cdot 10^{11}$
Langlebige Aerosole	$3{,}7 \cdot 10^{6}$	$3{,}5 \cdot 10^{6}$	$3{,}5 \cdot 10^{6}$	$1{,}5 \cdot 10^{10}$
Radon-Folgeprodukte	$3{,}3 \cdot 10^{10}$	$2{,}8 \cdot 10^{10}$	$1{,}6 \cdot 10^{10}$	$1{,}2 \cdot 10^{11}$

DBG Dauerbetriebsgenehmigung

Die Abgabe radioaktiver Stoffe mit der Abluft aus dem Endlager ERAM ist in Tabelle N.1-22 aufgeführt. Neben den 1994-1996 tatsächlich beobachteten Emissionen enthält die Zusammenstellung auch die für das Endlager festgeschriebenen Grenzwerte [N.1.11]. Mit dem Abwasser wurden 1996 von der ERAM 9,8 E 5 Bq Tritium und 8,6 E 3 Bq sonstiges Nuklidgemisch an Aktivität abgegeben [N.1.4].

– Die Salzlagerstätte Gorleben, die für die Einlagerung von festen und verfestigten radioaktiven Abfällen aller Art einschl. wärmeerzeugender Abfälle aus der Wiederaufarbeitung und bestrahlter Brennelemente vorgesehen ist und nach derzeitiger Planung 2008 in Betrieb gehen soll. Während der geplanten Betriebszeit von ca. 70 Jahren soll ein Aktivitätsinventar von etwa E 21 Bq dort sicher eingelagert werden.

N.1.4 Chemie und Pharmazie

N.1.4.1 Grundlagen

N.1.4.1.1 Pharmazeutische Wirk- und Hilfsstoffe und Arzneimittel: unterschiedliche Herstellverfahren, Nebenprodukte, Schadstoffe

Die *Synthese oder Biosynthese chemischer Verbindungen* erfordert die Handhabung vorgeprüfter Rohstoffe, die Verfahrensdurchführung (oft in einer Reihe von Einzelprozessen) und die Reindarstellung von Zwischen- und Endprodukten; letztere müssen gemischt, abgefüllt, gelagert, geprüft und transportiert werden. Hier sind u. a. das deutsche Chemikaliengesetz und seine Novellierungen und zugehörigen Verordnungen zu beachten [N.1.12, N.1.13]

Wie weiter unten detailliert besprochen wird, sind die chemische und die biochemische Synthese praktisch immer mit der Bildung von prozeßbedingten Stoffen und Stoffgemischen sowie nicht umgesetzten Ausgangssubstanzen verbunden, die nur zum Teil umweltrelevant sind. Insofern unterscheidet sich die technische, chemische oder biochemische Synthese für pharmazeutische Wirk- und Hilfsstoffe nicht grundsätzlich von den gängigen technischen oder biotechnischen Prozessen für Produkte anderer Verwendung.

Jede *chemische Synthese* ist von der Bildung von Nebenprodukten in unterschiedlichen Mengen begleitet. Dies bedeutet, daß das entstehende Reaktionsprodukt durch Reinigungsoperationen im technischen Maßstab von Vor-, Neben- und Abbauprodukten sowie Lösungsmitteln, Salzen, Katalysatoren, Reagenzien u. ä. befreit werden muß. Die Reinheitsforderungen sind für pharmazeutische Wirkstoffe sehr hoch. Als Folge der Hochreinigungen können in unterschiedlichster Art und Menge Abfälle und Emissionen auftreten, die heute weitgehend durch Recycling der Produktion wieder zugeführt werden, z.T. aber auch entsorgt werden müssen. Als gängigste Lösungsmittel sind dabei Methanol, Ethanol, Isopropanol, Aceton, Butylacetat, Ethylacetat und insbesondere natürlich Wasser zu nennen; letzterem sollte, soweit der Prozeß oder das Reinigungsverfahren dies zuläßt, der Vorrang gegeben werden. Relativ kleinere Mengen an Wasser, Dampf, Kohlendioxid, Stickstoff, Natriumchlorid und -sulfat o. ä. sind dabei für die Entsorgung unproblematisch. Dies gilt auch für anfallende Filter, Aktivkohle, Filterhilfmittel u. ä.

Die *Biosynthese* ist im Grunde ebenfalls eine chemische Synthese; sie findet in Mensch, Tier, Pflanze oder Mikroorganismus, aber auch in isolierten Organen, Zellkulturen und an freien oder gebundenen Enzymen statt. Technisch zu unterscheiden sind die Naturstoff-Isolierungen aus pflanzlichen, tierischen oder menschlichen Produkten (Pflanzenextrakte, Fette, Drüsen, Blut) und die gezielte Durchführung der Biosynthese (Impfstoffbildung, Fermentation, Gärungsprozesse, enzymatische Spaltungen, Blutplasmafraktionierung). In weit größerem Umfang als die „normale" Synthese ist die Biosynthese mit umgebender, komplex zusammengesetzter Gewebe- oder Kulturflüssigkeit, Zellgewebe, Nährstoffen u. a. verbunden. Dies gilt auch für die gentechnologisch veränderten (Mikro-)Organismen. Dementsprechend ist bei der Biosynthese die gewünschte Verbindung aus einer qualitativ und quantitativ wesentlich größeren Menge anderer Produkte zu isolieren und oft auch von chemisch ähnlich strukturierten Verbindungen abzutrennen: Verfahren, die naturgemäß größere Mengen an anorganischen und organischen Abfallprodukten ergeben, die jedoch zumeist harmlos und umweltverträglich sind. Die anfallenden komplexen Stoffgemische in Lösung sind in der biologischen Kläranlage (vgl. Abschn. N.1.4.8) ohne Probleme abbaubar.

Chemische Synthese und Biosynthese werden für einen Syntheseweg evtl. kombiniert. Sie sind auch wichtige Schritte zur Herstellung pharmazeutischer Hilfsstoffe.

Die *Herstellung von Fertigarzneimitteln* ist dagegen grundsätzlich nur mit physikalischen Verfahren ohne chemische Veränderungen oder Produkt-Reinigungsschritte verbunden: Wägen, Mischen, Lösen, Anreiben, Formulieren, Verpakken. Der Abfallanfall beschränkt sich hier auf relativ geringe Mengen an Abluft, Reinigungswässern, Packungs- und Packmittelresten und Ausschuß.

N.1.4.1.2 Rechtsgrundlagen und GMP in der pharmazeutischen Produktion

Arzneimittel spielen bzgl. ihrer „Qualität, Wirksamkeit und Unbedenklichkeit" aufgrund ihrer unmittelbaren „Anwendung an oder in Mensch oder Tier" eine über die sonst üblichen Qualitätsforderungen herausragende Rolle. Sie müssen in präklinischen und klinischen Untersuchungen geprüft und dann zugelassen (in bestimmten Fällen: registriert) sein. Sie werden am kranken, oft schwerkranken Patienten mit verringerter Widerstandskraft angewendet; Verunreinigungen mit anderen Wirkstoffen („Kreuzkontaminationen"), Fremdsubstanzen, Partikeln und Mikroorganismen müssen dem Weg der Applikation entsprechend möglichst weitgehend ausgeschlossen werden. Entsprechend komplex sind die Herstellungsprozesse, aufgeteilt in zahlreiche Einzelschritte, wobei Emissionen und Abfall zwar minimiert werden, aber nicht vermeidbar sind.

Rechtliche Grundlage für die Herstellung von Fertigarzneimitteln und pharmazeutischen Wirkstoffen ist in Deutschland das *Arzneimittelgesetz* (AMG 1976/1998 und das Medizinproduktegesetz 1994) [N.1.14], durch die auch die entsprechenden EU-Direktiven in deutsches Recht überführt wurden. Ergänzt wird das AMG durch eine Reihe von Betriebsverordnungen, insbesondere die für pharmazeutische Unternehmer (PharmBetrV 1985/1994) [N.1.15], durch die EU-Regelung der Wirkstoffproduktion, die Apotheken- und die GroßhandelsBetrV sowie die Arzneibücher (Deutsches Arzneibuch, DAB 10; Europäische Pharmakopöe, Ph.Eur. 3). Das AMG (und bei Exporten die entsprechenden Gesetze im Ausland) verpflichten den Hersteller zu einer „ordnungsgemäßen Arzneimittelversorgung von Mensch und Tier" unter Einhaltung genau festgelegter Qualitätsstandards. Für lebensrettende Arzneimittel wie Insulin, Impfstoffe, Antibiotika, Blutkonserven und Plasmaexpander erscheint dies besonders eindrucksvoll. Ergänzend von größter praktischer Bedeutung, national wie international, sind die *Leitfäden zur Good Manufacturing Practice,* kurz *GMPs* genannt. Sie wurden insbesondere von der Weltgesundheitsorganisation (WHO) ausgearbeitet [N.1.16]. Es folgten FDA/USA [N.1.17], EU [N.1.18], PIC [N.1.18], ASEAN und zahlreiche Einzelstaaten. Ergänzt werden sie durch Verordnungen, Leitfäden, Richtlinien, Guidelines u.v.a., die sich auf Einzelgebiete der Arzneimittel- oder Wirkstoffentwicklung, -herstellung oder -prüfung beziehen. Auch die pharmazeutischen Hilfsstoffe werden derzeit, u.a. durch eigene GMPs, einbezogen. Sie alle bilden heute den einzuhaltenden „Stand von Wissenschaft und Technik".

Für den internationalen Handel mit Arzneimitteln und Wirkstoffen erstellt die zuständige Gesundheitsbehörde nach erfolgreicher Inspektion ein *GMP-Zertifikat* auf Basis der WHO-GMPs (1992/98) für Fertigarzneimittel und neuerdings auch für Wirkstoffe.

Oberstes Ziel sind weitgehend einheitliche, allen Qualitätsmerkmalen entsprechende Wirkstoff- und Arzneimittelchargen; die FDA/USA bezieht auch die Hilfsstoffe definitiv ein.

Mit der Einführung sehr strikter Produktions- und Prüfbedingungen sind jedoch auch erhebliche Verbesserungen im Schutz der Umwelt und der Mitarbeiter erreicht worden.

N.1.4.1.3 Die Internationalen Normen (Modelle) zur Qualitätssicherung (DIN EN ISO 9000-9004, QS 9000 u.a.)

Sie sind ganz generell für die Herstellung aller Produkte für den Handel und für Dienstleistungen anwendbar, geben aber keine Anweisungen und Lösungen, sondern stellen praktisch einen Katalog für die Erstellung eines Qualitätssicherungssystems in einer Firma oder einem Teil derselben dar. Die konsequente Beantwortung der Katalogfragen (die oft wertvolle Hinweise auf fehlende Qualitäts-sichernde Maßnahmen geben!) führt zur Erstellung des Firmen-Qualitätssicherungs-Handbuches. Nach erfolgreicher Inspektion durch ein authorisiertes Institut (TÜV, DQS o.a.) erteilt dieses ein *Zertifikat, z.B. nach DIN EN ISO 9001,* das u.a. (im Gegensatz zu dem obengenannten GMP-Zertifikat!) auch in der Öffentlichkeit zu Werbezwecken verwendet werden kann.

Es fällt auf, daß die DIN-EN-ISO-9000er-Reihe keinerlei Fragen bzgl. Schutz der Umwelt oder des Personals stellt und sich strikt auf die Sicherung der Produkt- bzw. Dienstleistungs-Qualität beschränkt.

Für Fertigarzneimittel und Wirkstoffe liegt ein festgefügter, oben beschriebener Rechtsrahmen vor; hier erscheinen die DIN-EN-ISO-9000er-Modelle überflüssig, zumal sie nur auf grundsätzlich freiwilliger Basis beruhen, nicht dagegen bei Hilfs- und Rohstoffen, Apparaturen, Meßgeräten, Dienstleistungen u. ä. im Pharmabereich.

N.1.4.1.4 Pharmazeutische Forschung und Entwicklung

Auch für die präklinische Untersuchung und Prüfung von Arzneimitteln (Screening, galenische Entwicklung, Toxikologie, *Good Laboratory Practice GLP*) und ihre klinische Prüfung (*Good Clinical Practice GCP*) gelten strenge Richtlinien und Regeln. Insbesondere bei der Wirkstoffentwicklung (Synthese, Biosynthese, Reindarstellung) und der galenischen Entwicklung der Zubereitungen sind die Gesichtspunkte der richtigen Auswahl der Roh- und Hilfsstoffe und der optimalen Verfahrensparameter im Hinblick auf die späteren technischen Produktionsprozesse einschl. Ex-Schutz, Emissionen und Abfallentsorgung von entscheidender Bedeutung. Hier ist vor allem die Entstehung folgender Gruppen umweltrelevanter Stoffe zu beachten: Durch Filtration abtrennbarer Feststoffe, die als solche z.B. durch Verbrennen oder Deponieren entsorgt werden können: Beladene Filter, Filterhilfsmittel, organische Ausfällungen, Rückstände an biologischem Material. Anorganische Salze (minimierte Menge; abwasserverträglich); zahlreiche organisch-chemische Verbindungen (unbedingt bioabbaubar!); bestimmte verbrauchte Lösungsmittel und Destillationsrückstände vom Lösungsmittel-Recycling (verbrennbar, möglichst ohne organisch gebundene Halogene); verbrennbare Abfälle wie Aktivkohle oder Packmittel; geringe Emission von Dämpfen organischer Lösungsmittel (apparative Konstruktionen beachten). Die Gesamtentwicklung mündet schließlich in 2 getrennte Zulassungsverfahren:
- den Konzessionierungsantrag für die technische Anlage, das Verfahren und alle Personalschutz- und Umweltschutz-Maßnahmen; ohne eine Genehmigung kann nicht mit dem Bau der Anlage begonnen werden;
- den Antrag auf Zulassung (evtl. Registrierung) des Arzneimittels oder Medizinproduktes zunächst zur klinischen Prüfung und nach deren erfolgreicher Beendigung zum Handel.

N.1.4.1.5 Sonderbereiche der pharmazeutischen Produktion

- Veterinärarzneimittel (zur Anwendung bei Tieren) gelten international seit längerem als Arzneimittel und sind ebenfalls streng GMP-gerecht zu produzieren. Auch hier werden, wie in Abschn. N.1.4.1.4 beschrieben, umweltrelevante Stoffe gebildet und entsorgt.
- Auch Radiopharmaka und Radiodiagnostika sind Arzneimittel. Rohstoffanlieferung, Herstellung und Versand erfordern zusätzliche Maßnahmen zum Schutz der Umwelt und Mitarbeiter vor radioaktiver Kontamination. Wegen der zumeist sehr kurzlebigen radioaktiven Isotope ist ein exaktes Timing erforderlich. Die Entsorgung radioaktiv kontaminierter Produkte (Arzneimittelreste, Ausscheidungen von Mensch oder Versuchstier, Körper von toten Versuchstieren, Abwässer, beladene Luftfilter) erfolgt unter besonderen Vorsichtsmaßnahmen, ggf. als Sondermüll.
- Gentechnologisch gewonnene Wirkstoffe und daraus hergestellte Arzneimittel unterliegen neben dem AMG und den Betriebsverordnungen dem Gentechnik-Recht [N.1.19].
- Sera, Impfstoffe, Spenderblut, Blutplasma und Produkte daraus sind eindeutig Arzneimittel. Hier müssen durch spezielle Tests an Spendern und Produkten (z. B. auf Viruskontaminationen wie Gelbfieber oder HIV) Virusinfektionen beim Patienten, aber auch bei den Mitarbeitern in der Verarbeitung gesichert vermieden werden. Die Entsorgung von Produkten, die sich als viruspositiv erweisen, unterliegt besonderen Vorsichtsmaßnahmen.
- Medizinprodukte (medical devices) sind nach deutschem Recht Arzneimittel; hier ist eine Herausnahme aus dem AMG und die Einführung einer einheitlichen EG-Rechtsnorm erfolgt (Medizinproduktegesetz [N.1.15]). Bei der Produktion von Medical Devices treten praktisch nur technische Abfälle auf (Metalle, Kunststoffe, Stoffreste, Papier), die dem Recycling zugeführt oder ohne Probleme deponiert werden können.
- Fluor-Chlor-Kohlenwasserstoffe (FCKWs) bilden ein stark diskutiertes Problem für Ozon in höheren Luftschichten. Die Gesamtmenge der in Arzneimitteln eingesetzten FCKWs als Wirkstoff, Treibgas oder Synthese-Ausgangsmaterial ist schon jetzt außerordentlich klein. In Zukunft werden sie nach Einstellung der

technischen FCKW-Produktion nicht mehr zur Verfügung stehen, ihre Vermeidung ist in jedem Fall vorgesehen und neue Produkte als Ersatz (und für die Ozonschicht unschädlich) in Entwicklung; als Beispiele seien R227 und R134a (Hoechst AG/Solvay) genannt. Die Produktion erfolgt praktisch ohne Emission umweltrelevanter Stoffe; sie sind als speziell umweltverträglich und untoxisch entwickelt. Ein weiteres Beispiel sind die (z.T. noch in Entwicklung befindlichen) Trockenpulver-Inhalatoren, die ganz ohne Lösungsmittel auskommen.

N.1.4.2 Die chemische Synthese

Wie bereits ausgeführt, ist die chemische Synthese ein wesentlicher Bestandteil der Arzneimittelherstellung. Weit über die Hälfte der gebräuchlichen Wirkstoffe (fest, flüssig oder gasförmig) werden heute rein chemisch-synthetisch hergestellt [N.1.20]. Für die Produktionsprozesse, die zumeist über eine größere bis sehr große Zahl einzelner Schritte verlaufen, hat sich eine Unterteilung als notwendig, rechtlich gefordert und praktikabel erwiesen:
- chemisch-technische Vorstufen: qualitätsgesichert, aber ohne (oder mit sehr geringem) GMP-Einfluß,
- pharmazeutisch/pharmakologisch relevante Hauptstufen mit streng GMP-gerechter Produktion.

Die Maßnahmen zum Schutz von Umwelt und Mitarbeitern sind in gleicher Weise die der chemischen industriellen Produktion. Die Bildung verschiedenartigster Abfälle ist eng mit den Produktionsverfahren verbunden; die Einschränkung auf möglichst umweltverträgliche Produkte und die Minimierung durch Produktauswahl, geschlossene Apparaturen und Verfahrensentwicklungen wurde bereits in Abschn. N.1.4.1.4 besprochen. Die zulässigen Maximalmengen, i. allg. für jeden Betrieb (Gebäude) getrennt, sind durch Immissions- und Einleitebescheide begrenzt. Zusätzlich ist deutlich die Tendenz zu beobachten, diese Grenzwerte für Abluft und Abwasser (z.B. den „chemischen und biologischen Sauerstoffbedarf", CSB, BSB) laufend zu verringern. Dies entspricht der Entwicklung des Standes der Technik. Um damit Schritt zu halten, sind, zumeist gleichzeitig, mehrere Wege erforderlich:
- Verfahrensverbesserungen,
- vermehrtes und verbessertes Recycling und
- verbesserte Abfallentsorgung (fest, flüssig, Gase und Dämpfe).

Weitaus die wichtigsten Entwicklungen sind apparativer Art, sie haben sich aus dem Prinzip der möglichst weitgehend geschlossenen Apparatur ergeben.

Für die chemische Wirkstoffsynthese müssen bereits in der Entwicklung intensive Untersuchungen stattfinden, um den Einsatz hochtoxischer Verbindungen und ihren spurenweisen Übergang aus Vorstufen in analytisch kaum mehr erfaßbare Mengen in das Endprodukt, den Wirkstoff, zu vermeiden.

Auch pharmazeutische Hilfsstoffe, obwohl selbst nicht biologisch aktiv (Wasser, Stärke, Silikagel, Farbstoffe, Gelatinekapseln usw.), können unerwünschte Verunreinigungen in das Fertigarzneimittel einschleppen, und ebenso die „primären Packmittel" (produktberührt). Ihre Herstellung ist mit der ihrer Art entsprechenden Bildung umweltrelevanter Produkte verbunden: gut abbaubare organische Produkte bei Naturstoffen (Stärke, Zucker, Ethanol, Gelatine, Aromastoffe); chemische Produkte und Lösungsmittel (Farbstoffe, Konservierungsmittel, Wachse, Lakke, Fließmitttel); Packmittel (Papier, einschl. Bedrucken und Kennzeichnen, Pappe, Glas, Gummi, Kunststoffe).

N.1.4.3 Die Biosynthese

Wie bereits ausgeführt, ist auch die Biosynthese von Stoffen und Substanzen in Mensch, Tier, Pflanze, isoliertem Organ, Zellkultur oder Mikroorganismus (Pilz, Hefe, Bakterium u. ä.) oder an Enzymen letztlich eine chemische Synthese, die entweder in der Natur ablief (Naturstoffbildung und -isolierung), oder die vom Menschen initiiert wird (Fermentation, alkoholische Gärung, Impfstoffherstellung, großtechnische Herstellung und Umwandlung von Antibiotika und Steroiden, Bildung von Essig- und Milchsäure sind nur einige bekannte Beispiele dafür).

Biosynthesen sind immer mit der Bildung größerer Mengen von i. allg. harmlosen Abfallprodukten verbunden. Hierzu zählen vor allem die zwar mengenmäßig bedeutenden, aber biologisch sehr gut abbaubaren Abwasserprodukte, ebenso die Hefen aus der Gärung, die verfüttert werden können. Die nach der Fermentation und Filtration anfallende Kulturlösung wird durch Extraktion mit organischem Lösungsmittel vom gebildeten Wirkstoff getrennt (und dieser isoliert), dann wird durch Strippen das gelöste Lösungsmittel weitgehend entfernt. Die verbleibende wäßrige Lösung enthält dann den Haushaltsabwässern ähnliche, biologisch durchweg gut abbaubare Produkte. Auch die entstehenden Festprodukte aus Fermentation (s. unten!), tierischem Gewebe oder Pflanzenteilen können ohne Bedenken deponiert oder kompostiert, oft auch verfüttert werden. Für Biosynthesen seien 2 Beispiele angeführt:

Insulin [N.1.17, N.1.18] wird heute noch überwiegend als Schweineinsulin aus Schweine-Pankreasdrüsen gewonnen und dann halbsynthetisch in Humaninsulin umgewandelt; Rinderinsulin ist stark rückläufig.

Der insulinabhängige Diabetiker benötigt ca. 30 – 40 IE/Tag. (eine Internationale Einheit IE = ca. 27 mg Insulin). Der Welt-Insulin-Verbrauch wurde bereits 1977 (ohne den damaligen Ostblock) auf ca. 50 Mega Einheiten ($5 \cdot 10^7$ IE) geschätzt [N.1.21]. Mehr als 20.000 t Schweine-Pankreasdrüsen, isoliert aus ca. 300 Mio Schweinen (und das nur aus seuchensicheren Ländern!) waren hierfür notwendig. Der internationale Bedarf stieg seither und steigt auch weiterhin ständig. Wegen der Gefahr des raschen Insulinabbaus in der Drüse ist eine sofortige Tiefkühlung im Schlachthaus und ein ununterbrochener Tiefkühltransport bis zum Einsatz in der Extraktion erforderlich: ein sehr aufwendiges und umweltbelastendes, aber notwendiges Verfahren. Hinzu kommt eine zusätzliche Bedarfserhöhung durch die Umwandlung in Humaninsulin und die chromatographische Hochreinigung, beide mit erheblichen Ausbeuteverlusten. Dies erfordert chemisch- bzw. enzymatisch-synthetische Schritte, begleitet von den mit solchen Verfahren verbundenen Nebenprodukten und Emissionen.

Das bereits großtechnisch eingesetzte und erprobte Verfahren der Insulin-Vorstufenbildung durch gentechnologisch veränderte Mikroorganismen (E. coli, Hefen u. ä.) mit nachfolgenden Teilabbau- und Reinigungsschritten ist ganz offensichtlich sicherer und umweltschonender: Die arbeits- und energieaufwendige Tiefkühlung nach der Schlachtung und bei Transport, Lagerung und Aufarbeitungsbeginn entfällt, desgleichen die Bildung erheblicher Mengen stark organisch belasteter Abwässer und der Anfall von Geweberesten sowie das notwendige Recycling der Extraktions-Lösungsmittel (insbesondere Ethanol).

Der gentechnologische Bildungsprozeß, eine Fermentation unter bestimmten Sicherheitsvorkehrungen, ist dagegen von den Mengen der Pankreasdrüsen aus Schlachtungen unabhängig, die Versorgung auch mit weiter steigenden Insulinmengen ist gesichert. Es besteht nicht mehr die Gefahr von Virus-Kontaminationen (Epidemien in Schweinebeständen!); das Abwasservolumen ist drastisch gesenkt. Erst ab der Hochreinigung münden die beiden generell üblichen Produktionsstraßen zusammen und führen bei relativ kleinen Mengen zu den gleichen umweltrelevanten Produkten, im wesentlichen biologisch zu behandelnde Abwässer und Lösungsmittel für das Recycling.

Penicilline werden durch Anzüchten bestimmter Fadenpilze (penicillium chrysogenum o. a.) in großen, mit Rührer, Belüftung, Kühlung und Nährstoffnachgabe versehenen Kesseln, den Fermentern, streng *steril* (d. h. unter Ausschluß von Fremdorganismen) hergestellt [N.1.20]. Neben einigen mg oder g an Impfmaterial (Stamm) werden ca. 2 t Rohstoffe für je ca. 100 kg Penicillin benötigt. Von diesen wird etwa 5 % bis zum Ende der Fermentation in das Antibiotikum eingebaut. 1/3 findet sich im abgetrennten Pilzmycel (vgl. Absch. N.1.4.8), 1/3 ist im Kulturfiltrat gelöst und 1/3 wird als „Atmungs-CO_2" zusammen mit Wasserdampf in die Atmosphäre abgegeben.

Bei der Herstellung von Naturstoffen (durch Biosynthese) treten generell allgemein umweltverträgliche Abfallstoffe in größeren Mengen auf. Die weitere Verarbeitung der isolierten Rohprodukte durch Reinigungsoperationen, oft auch „Halbsynthese", ist der Reinigung synthetischer Produkte sehr ähnlich. Es fallen Stoffe an, die bereits in Abschn. N.1.4.1.4. beschrieben wurden.

N.1.4.4 Die Herstellung von Zubereitungen (Fertigarzneimitteln)

Dieser Produktionszweig arbeitet ausschl. mit physikalischen Verfahren, weitgehend abgeschlossen, mit hoher Reinheit und Sauberkeit und umfangreicher Prozeßüberwachung. Das Fehlen aller Isolierungs- und Reinigungsschritte am Produkt bedeutet, daß im Herstellungsgang oder von den Wirk- und Hilfsstoffen und Packmaterialien sowie von Menschen, Räumen und Apparaturen aufgenommene Verunreinigungen nicht mehr entfernt werden können und im Fertigarzneimittel verbleiben; dies muß durch sehr weitgehenden Schutz des Produkts durch Räume mit hoher Luftreinheit (Zuluftfilter, Laminar Flow-Umluft) und geschlossene Apparaturen (auch wenn Zugriff erforderlich ist: Laminar-

Flow-(LF-)Einheiten; Boxen) verhindert werden. Hinzu kommt für fast alle Wirkstoffe und Arzneimittel das Problem der begrenzten Haltbarkeit. Es können sich neben dem Verlust an Wirksamkeit Abbauprodukte erst während der Lagerung bilden. Dies wird in langen Versuchsreihen geprüft, gefolgt von der Laufzeitfestlegung (Verfalldatum) und evtl. speziellen Lagerbedingungen. Während zahlreiche Produkte praktisch unbegrenzt haltbar sind, und dies gilt auch für zahlreiche Chemikalien, sind Arzneimittel und Wirkstoffe zumeist zeitlich begrenzt haltbar, sie fallen danach als umweltrelevante Produkte an; Details vgl. Abschn. N.1.4.7 und N.1.4.8.

Besonders kritisch sind alle sterilen Arzneimittel (zur Injektion oder Infusion, Augentropfen u.ä.). Sie werden in hochreinen Bereichen produziert und müssen steril und weitestgehend fremdteilchen- und pyrogenfrei sein.

Produkte zur Entsorgung fallen in der Herstellung von Arzneimitteln in bestimmten Mengen, aber weit unter denen der Wirkstoffproduktion an: Ausschuß (defekte Zwischenprodukte, beschädigte Packungen), die leere Verpackung eingehender Rohstoffe, feste Produktionsabfälle z.B. bei Durchdrückpackungen sowie produktbelastete Luftfilter werden verbrannt. Papierabfälle (z.B. aus Büros, Überschußmengen an bedruckten Packmitteln, nicht mehr benötigte Etiketten, Faltschachteln, Gebrauchsinformationen und Informationsmaterial für Ärzte, Apotheker u.a., nicht weiter zu lagernde Chargen – u.a. Dokumentation) werden dem Recycling zugeführt. Dasselbe gilt für Glasbruch und Schrott. Reinigungswasser mit verhältnismäßig geringem Wirkstoff- und Staubgehalt und Abwässer aus Wasch- und Duschräumen sowie Toiletten werden der biologischen Kläranlage zugeleitet. Organische Lösungsmittel werden dort heute nur noch in seltenen Ausnahmefällen (einzelne Dragee-Lackierung) angewendet; sie werden im Trocknungsvorgang verdampft, durch Kühlung aus der Abluft wiedergewonnen und redestilliert.

N.1.4.5 Die begleitende Analytik

Die Aufgabe der Substanz- und Packmaterialprüfungen und ihre Freigabe obliegt der grundsätzlich unabhängig von Produktion und Verkauf operierenden pharmazeutischen Qualitätskontrolle. Produkte in diesem Sinne sind: Rohstoffe und Zwischenprodukte der Synthese/Biosynthese; Wirk- und Hilfsstoffe für die Fertigung, Zwischenprodukte derselben (Bulk); primäre und bedruckte Packmittel; Fertigarzneimittel. Von wenigen Ausnahmen abgesehen dürfen alle diese Produkte erst nach Prüfung und schriftlicher Freigabe eingesetzt oder in den Verkehr gebracht (Lager, Verkauf) werden.

Abgesehen von der Entsorgung relativ geringer Mengen an Abwässern, die analytische Reagentien, Salze und Spuren von Wirk- und Hilfsstoffen enthalten, und kleinen Mengen an Resten der Proben zur Analyse (zur Verbrennung) bringt die Qualitätskontrolle keine Umweltprobleme. Zur Tierhaltung vgl. Abschn. N.1.4.8.

N.1.4.6 Präventive Maßnahmen des Umweltschutzes speziell in Chemie und Pharmazie

Der Grundgedanke der Prävention, d.h. der Durchführung aller Maßnahmen zur weitgehenden Minimierung des Risikos eines Schadensfalls, hier eines Arzneimittel-Zwischenfalls, ist im Grunde die GMP-Regel schlechthin. Sie läßt sich sinngemäß auch auf den Schutz von Umwelt und Mitarbeitern anwenden. Hierzu einige Beispiele:

– Der Übergang offener Apparaturen (Kessel, Zentrifuge, Trockner, Abluft über Dach) zu hermetisch geschlossenen Apparaturen (geschlossener Kessel, gekapselte Schleuder, geschlossener Mischer/Trockner, Lösungsmittel-Rückgewinnung durch Abkühlen oder Adsorption, Titus-Schälpneumatik und Titus-Zentrifugen-Trockner [N.1.22] u.a.);
– Vermeidung toxikologisch bedenklicher Lösungsmittel wie Benzol;
– Verwendung unbedenklicher Salzbildner (keine nitrosaminbildenden Amine);
– Sprühtrocknung (auch steril) statt Fällung z.B. in Methanol;
– Dragieren und Lackieren von Kernen ohne organische Lösungsmittel;
– Einsatz gekapselter Tablettierung mit Intensivabsaugung und Abluftfiltern, um ein Austreten von Produktstäuben in die Raum- und Umgebungsluft zu verhindern;
– Durchdrückpackungen für Tabletten, Dragees, Kapseln wenn möglich statt Glasflaschen und -röhrchen;
– gestraffte, therapiegerechte Packungsgrößen-Sortimente;
– forcierter Übergang von Prüfungen am Tier in der Forschung und zur Chargen-Freigabe auf ein isoliertes Organ oder im „Reagenzglas-

test". Ein wichtiges Beispiel: fast überall läßt sich heute die geforderte Prüfung von Parenteralia auf Pyrogene (fiebererregende Verunreinigungen) im Reagenzglas durch den Limulus-(LAL-)Test statt am Kaninchen durchführen.

Ergänzt werden solche präventiven Maßnahmen durch weitere Schritte. Hier ist zunächst der Mensch zu nennen, der eine Kontaminationsquelle darstellt, und bei dem die Gefahr des menschlichen Versagens im Einzelfall eine wichtige Rolle spielt. Die systematische Personalausbildung und -auswahl, verbunden mit Aus- und Fortbildung in den Spezialgebieten auf allen Hierarchieebenen, ist daher eine der wichtigsten GMP-Forderungen. Eingeschlossen sind auch Betriebssicherheit, Umweltschutz, Betriebshygiene und arbeitsmedizinische Begleitung (Beispiele: Salmonellen-Kontaminations-Gefahr; Virus-Infektionen wie HIV bei Blut und Blutprodukten).

Die Räume in Produktion, Lagerung und Qualitätskontrolle haben in ihrer Ausgestaltung Einfluß auf die Prozesse und Prüfungen. Durch Einführung von Reinheitsklassen in Abhängigkeit von der Produktart sind sie in den Umweltschutz integriert. Beispiele: „Tassen" unter den Tanks; Absetzgruben für die Betriebsabwässer.

Schließlich ist die technische Ausrüstung von entscheidendem Einfluß auf die Umwelt- und Produktsicherheit. Typische Beispiele sind:
- Das Prinzip der geschlossenen Apparatur (wurde bereits erläutert).
- Damit verbunden ist das Bestreben zur Automation, evtl. unter Computereinsatz bis hin zum Roboter. Daran ist jedoch immer die Bedingung geknüpft, daß die gesamte Apparatur (als Komplex, bei Computern Hard- und Software) validiert sein muß, um die notwendige Betriebssicherheit und Verfahrens-Reproduzierbarkeit zu erreichen.
- Die vorbeugende Instandhaltung soll, bevor es zu Störungen, Emissionen und Reparaturen kommt, die Betriebssicherheit und den ungestörten Prozeßablauf gewährleisten. Dazu gehört auch die routinemäßige amtliche Eichung und die betriebsinterne Kalibrierung der Meßgeräte.
- Die Druckbehälter-Verordnung regelt die Konstruktion, Überprüfung, Befüllung und Handhabung der bei Störungen auch für die Umwelt besonders gefährdenden Druckbehälter und Druckgas-Transport-Stahlflaschen und -Tankfahrzeuge, und die Absicherung gegen Zerplatzen bei Überdruck (doppelte Wägung bei Befüllen von Gasstahlflaschen; Sicherheitsventile bei Kesseln; Berstscheiben bei Bunkern, Mischern u. ä.).
- Die Verringerung des Lärmpegels spielt in der Chemie nur eine begrenzte Rolle (Fermenter, Mikrofeinmahlung), in der Fertigarzneimittelproduktion fast gar keine.
- Der Schutz von Produkt, Mitarbeitern und Umwelt vor Substanz-Kontaminationen aller Art ist durch die Einführung geschlossener Arbeitsboxen, die sich zuerst bei der Handhabung radioaktiver Produkte bewährt haben, und von horizontalen oder vertikalen Laminar-Flow-(LF-)Einheiten mit gezielter Luftströmung wesentlich verbessert worden, insbesondere in der gesamten Steriltechnik, aber auch in der Handhabung und Abfüllung pulverförmiger Stoffe und im Umgang mit lebenden Mikroorganismen.

N.1.4.7 Recycling

Wo immer möglich, hat das Recycling in den Verfahren der Chemie und Pharmazie die Deponie, die Verbrennung oder die Entsorgung über das Abwasser ersetzt. Hier wurden oft erhebliche Eingriffe in die bisher üblichen Produktionsverfahren vorgenommen. Ein nur scheinbar einfaches Beispiel: Prozeßbedingt müssen größere Mengen NaOH neutralisiert werden. Bisher wurde dazu HCl verwendet. Es bildete sich (außer H_2O) in entsprechenden Mengen NaCl, das quantitativ ins Abwasser geriet und auch die Kläranlagen passierte. Verwendet man nun zum Neutralisieren H_2SO_4, so kristallisiert aus genügend konzentrierter wäßriger Lösung Na_2SO_4 zum größten Teil aus, es kann nach Abtrennen und Trocknen als Rohstoff verwendet werden; die Salzfracht des Abwassers wird erheblich verringert.

Organische Lösungsmittel werden in großem Umfang zum Lösen, Extrahieren, Umkristallisieren eingesetzt (vgl. auch Abschn. N.1.4.1.1.). Sie werden heute aus wirtschaftlichen und Umweltschutz-Gründen fast ausnahmslos redestilliert. Daher wird der Einsatz nicht oft gebrauchter Lösungsmittel und Gemische weitgehend auf Einzelfälle beschränkt. Aufgrund ihres Dampfdrucks tendieren Lösungsmittel außerdem zum Verflüchtigen. Angestrebt werden daher höhermolekulare Lösungsmittel (mit niedrigem Dampfdruck), beispielsweise höhere Essigsäureester statt Ethylacetat. Wegen gelöster flüchtiger, störender Nebenprodukte oder als Gemische nicht redestillierbare Produkte werden gemeinsam mit Destillationsrückständen in speziellen Anlagen verbrannt, die, wenn nötig, eine nachgeschaltete Säureabsorption enthalten.

Für Metallkatalysatoren, z. B. Raney-Ni, Pt oder Pd, bietet sich nach Abtrennung die Wiederverwendung an, oder, wenn inaktiviert, die Regenerierung im Betrieb oder bei Auftragsfirmen.

Auch Aktivkohle, Adsorptions- und Chromatographie-Gele sowie Ionenaustauscher (Wasser- und Lösungs-Entsalzung, Umsalzung) werden zumeist vor Ort regeneriert.

Ein spezielles Problem der pharmazeutischen Industrie (und daher durch besondere GMP-Regeln und Verordnungen erfaßt) ist das weitere Vorgehen bei Produkten, die betriebsintern oder durch die Qualitätskontrolle *wegen Qualitätsmängeln abgelehnt* werden:
– Für Arzneimittel-Chargen ist eine Umarbeitung, z. B. eine Extraktion des Wirkstoffs, nur in Ausnahmefällen wirtschaftlich und qualitätsgesichert möglich. Hier erfolgt i. allg. eine Entsorgung durch Verbrennen (vgl. Abschn. N.1.4.4).
– Für Wirkstoffe und bestimmte Hilfsstoffe (beanstandete Chargen, Retouren, Transportschäden, beendete Laufzeit) ist generell eine Umarbeitung möglich und üblich. Wenn irgend möglich, werden dabei die Standardverfahren aus der Betriebsvorschrift (z. B. Umkristallisieren) angewendet. Dies führt dann nur zur gleichen, validierten Bildung umweltrelevanter Stoffe. Danach ist eine erneute Chargenprüfung und -freigabe erforderlich.

N.1.4.8 Entsorgung von Abfällen speziell aus Chemie und Pharmazie

Trotz aller Bestrebungen, in der chemischen und pharmazeutischen Industrie die Abfallmengen durch Verfahrensverbesserungen und Recycling möglichst gering zu halten, stößt dies an technische Grenzen. Gewisse verbleibende Abfallmengen sind daher zu entsorgen.

Gasförmige Emissionen beschränken sich auf Wasserdampf, CO_2 aus Verbrennungen und Biosynthesen (Tierhaltung, Fermentationen), Wasserstoff, Stickstoff (zur Überlagerung als Ex-Schutz) sowie verdunstende geringe Mengen an organischen Lösungsmitteln.

Die Abluft wird (wie die Zuluft) durch Hochleistungsfilter gereinigt, um Stäube an Rohstoffen, Zwischenprodukten und Wirk- und Hilfsstoffen zurückzuhalten. Diese Filter werden dann entweder verbrannt oder durch Wäsche regeneriert, wobei die Waschlösung der biologischen Kläranlage zugeführt wird.

Wäßrige Lösungen, die organische Substanzen, oft auch Lösungsmittelreste und zumeist Salze enthalten, fallen bei chemischen Synthesen und in der gesamten pharmazeutischen Produktion an; hinzu kommen Abwässer der intensiven Apparatur-Reinigungsverfahren (wenn immer möglich mit Wasser). Besonders groß sind die Volumina bei den Biosynthese-Prozessen, z. B. bei der Naturstoff-Extraktion, der Tierhaltung (s.u.) und der Fermentation oder Gärung. Bei der Fermentation wird das vom Wirkstoff durch Extraktion befreite, gestrippte Kulturfiltrat, das in der Qualität Haushaltsabwässern ähnlich ist, der biologischen Kläranlage zugeleitet.

Vereinzelt werden spezielle Abwässer, beispielsweise Methylenblau-Lösungen von der Blaubad-Dichtigkeitsprüfung für Arzneimittelampullen, getrennt gehalten und chemisch weiterverarbeitet.

Die Abfallentsorgung von Festprodukten ist naturgemäß komplexer und produktabhängig:
– Papier, Schrott (Eisen/Nichteisen), Glasbruch werden getrennt gesammelt und dem Recycling in Spezialfirmen zugeführt.
– Unproblemtische Feststoffe können deponiert werden. Enthalten sie chemische Substanzen aus Reinigungsprozessen von Lösungen oder Gasströmen, werden sie verbrannt (verbrauchte Aktivkohle, Filter). Dies gilt auch für Arzneimittel-Produktionsausschuß (soweit nicht umzuarbeiten) und für retournierte oder überalterte Arzneimittelpackungen. Gerade für die Verpackung von Arzneimitteln laufen deutsche und EG-Bestrebungen, ein möglichst weitgehendes Recycling zu erreichen.
– In bestimmtem Umfang ist die Haltung von Tieren für die wissenschaftlich und gesetzlich geforderten Prüfungen in der Forschung (Präklinik) und in der Arzneimittel-Chargenprüfung notwendig. Die hier anfallenden Abfälle werden als Festprodukte (Streu, Futterreste) deponiert bzw. als flüssige Produkte (Fäkalien, Wasser zum Reinigen der Käfige und Räume) der biologischen Kläranlage zugeführt. Falls Infektionen vorliegen, wird eine Desinfektion vorausgeschickt. Die anfallenden toten Tiere werden in speziell zugelassenen Einrichtungen verbrannt.
– Das bei der bereits weiter oben behandelten Fermentation anfallende Pilzmycel wird deponiert oder nach Trocknung als Dünger oder

Futtermittel verwendet; heute sind zwei verbesserte Verfahren erprobt: die Düngung mit Feuchtmycel z. B. auf Almwiesen und der Teilabbau in Silagen unter Zerstörung von Antibiotikaspuren mit nachfolgender Verfütterung.

N.1.4.9 Die Produktionsüberwachung

Für alle Firmen mit chemischer und pharmazeutischer Produktion sind zumindest folgende generelle Ansätze zur Verwirklichung und Weiterentwicklung des Umweltschutzes, der Produktqualität und der Produktionssicherheit erprobt:
- In *Prozeß-Kontrollen (IPC)* zur möglichst weitgehenden Prozeßüberwachung und -steuerung in-line oder anhand gezogener Proben. Ihre Dokumentation hilft mit, den Gesamtablauf auch noch nach längerer Zeit nachvollziehbar zu machen.
- Störungen müssen unverzüglich automatisch gemeldet werden, um den Schadensumfang und die Emissionen zu begrenzen, korrigierende Maßnahmen zu ergreifen und evtl. Produkte aus bestimmten Abschnitten als nicht mehr einwandfrei zu entfernen (Ausschuß!). Beispiele: Kontinuierliche Überdruckmessung mit Alarm im aseptischen Bereich und unter der Laminar-Flow-Einheit; Raumluftüberwachung auf bestimmte Gase wie Lösungsmittel (Methanol, Butylacetat o.a.), Formaldehyd, Halothan, Wasserstoff o.a.; kontinuierliches Schreiben von Temperatur, Druck, pH u.ä.; Einsatz von Dräger-Prüfröhrchen.
- Es gilt die Regel: „Man kann nicht Qualität in ein Produkt hineinprüfen", indem man am Schluß (repräsentative?) Proben zieht, prüft und danach die Charge freigibt, sondern man muß „Qualität produzieren", indem man durch IPCs den gesamten Prozeßablauf „fest im Griff" hat. Diese Regel dient natürlich in gleichem Maße der Vermeidung von Emissionen und Abfällen, soweit dies vermeidbar ist. IPCs sind daher, auch aus Gründen der Motivation, eindeutig durch das Personal der Produktion durchzuführen. Die komplexeren IPCs sollten grundsätzlich gemeinsam mit der Qualitätskontrolle erarbeitet und verabschiedet sein.
- Die *Abteilungen für Umweltschutz* und (zumeist getrennt) *für technische Sicherheit* und *für Konzessionierungen* veranlassen und koordinieren Maßnahmen firmenintern und in Zusammenarbeit mit den Behörden. Sie überprüfen auch vor Ort die Durchführung des geltenden Rechts und der in den Anmeldungen, insbesondere der Konzessionierung, beschriebenen Maßnahmen.
- Zahlreiche Firmen haben „Leitlinien für Umweltschutz und Sicherheit" (oder unter ähnlichem Titel) herausgebracht, die der Information und Motivation der Mitarbeiter dienen [N.1.23].
- Zusätzlich haben speziell im Bereich der Chemie und Pharmazie die Abteilungen der Forschung und Entwicklung, der Produktion, der Qualitätskontrolle und des Ingenieurwesens die Aufgabe, in der Praxis neben der Produktsicherheit (im weitesten Sinn) auch den Umweltschutz in der Entwicklung zu sichern und auf dem „Lebensweg des Produkts" begleitend zu verbessern, dem Stand von Wissenschaft und Technik anzupassen und die Mitarbeiter entsprechend zu motivieren.
- Unter verschiedenartigen Bezeichnungen wie „GMP-Beauftragter" [N.1.24] oder „Abteilung Qualitätssicherung/Qualitätsmanagement und GMP" haben heute praktisch alle Pharma-Firmen eine Stabsabteilung eingerichtet, die für GMP-Schulungen, für die Durchführung von Eigen-/Selbstinspektionen und für die Begleitung von behördlichen Inspektoren sowie Firmen-Auditoren verantwortlich ist. Insbesondere die Eigeninspektionen haben große Bedeutung gewonnen. Sie sind gesetzlich vorgeschrieben und schließen die Überprüfung von Umweltschutzmaßnahmen ein.
- Dieselbe Abteilung hat i. allg. die Aufgabe, „Audits", d.h. Inspektionen bei zuliefernden Herstellern von Substanzen, Packmitteln, Dienstleistungen (Läger, Speditionen, Wartung) sowie bei Auftragsherstellern und -prüfern und Joint Venture-Partnern durchzuführen. Auch dort soll damit ein bestimmter, einheitlich hoher Qualitäts-, Sicherheits- und Umweltschutzstandard gewährleistet werden.
- Die behördliche Überwachung der pharmazeutischen Produktion ist in Deutschland durch das AMG und seine Betriebsverordnungen gesetzlich geregelt, sie wird für Fertigarzneimittel und seit dem 1.1.1994 auch für alle Wirkstoffe durchgeführt. Hauptaufgaben sind die Überprüfung der Erfüllung der in den Zulassungsanträgen gemachten Angaben, der GMPs und der weiteren gesetzlichen Anforderungen. Die deutschen Behörden inspizieren in Amtshilfe auch bei Anfragen aus bestimmten anderen Ländern auf der Basis von bi- oder multilateralen Abkommen.

Praktische Bedeutung haben Inspektionen für den deutschen Export von Wirkstoffen und Fertigarzneimitteln nach USA: Die Inspektoren der US-Gesundheitsbehörde (FDA) inspizieren in großem Umfang auch in Deutschland [N.1.25]. Die FDA verlangt in allen Arzneimittel- und Wirkstoff-Anträgen ein „Environmental Impact Assessment", d. h. eine Darlegung der nationalen rechtlichen Umweltschutzgrundlagen und deren praktische Durchführung für das angemeldete Produkt. Die Erfüllung wird bei FDA-Inspektionen routinemäßig detailliert überprüft.

Abschließend sei festgestellt, daß es für das gesamte Rechtswesen der pharmazeutischen Produktion und Prüfung in Chemie und Pharma weit fortgeschrittene Bestrebungen gibt, die Anforderungen an Produkt- und Produktionsqualität, -Sicherheit und Umweltschutz international zu harmonisieren. Eine zentrale Rolle mit erfreulichem Erfolg spielt hier seit 1992 die International Conference on Harmonization (ICH), der die USA, Japan und die EU angehören. Sie strebt, bereits mit erkennbarem Erfolg, neben der Vereinheitlichung der Vorschriften auch die gegenseitige Anerkennung von Prüfungsergebnissen (z. B. aus klinischen Untersuchungen) und die Einschränkung des Umfangs von Prüfungen, z. B. an Tieren, auf einen einheitlichen, international anerkannten und wissenschaftlich begründbaren Umfang an. Dies hat u. a. bereits jetzt zu einer merklichen Verringerung des Anfalls umweltrelevanter Stoffe aus der pharmazeutischen Forschung und Entwicklung, insbesondere der Tierhaltung, geführt.

N.1.5 Holz

N.1.5.1 Erzeugung und Lagerung

In Mitteleuropa wird Holz nahezu ausschl. in forstlich bewirtschafteten Wäldern erzeugt. Der Anbau erfolgt nachhaltig, d. h. es wird nicht mehr Holz eingeschlagen als nachwächst. Anbau, Pflege und Ernte des Baums erfolgen mit Hilfe von Maschinen. Bezogen auf Umtriebszeiten zwischen 50 und 200 Jahren sind die Perioden des Maschineneinsatzes gering, eine nennenswerte Umweltbelastung durch deren Abgase ist nicht gegeben. Beim Einschlag fallen als Reststoffe lediglich Sägespäne und Rinden an. Bei der Lagerung des Holzes in Land- oder Wasseranlagen sind, insbesondere bei längerfristiger Holzeinlagerung nach Forstkamalitäten, verschiedene rechtliche Vorschriften, z. B. zum Schutz von Wasser und Natur, zu beachten [N.1.26].

Vorteilhafte Eigenschaften des Walds sind der Schutz des Bodens und der Landschaft, die umweltfreundliche Erzeugung eines nachwachsenden Rohstoffs sowie gesellschaftliche Schutz- und Erholungsfunktionen. Daneben sind Bäume Emittenten organischer Stoffe. Vornehmlich durch die Nadelholzbäume werden flüchtige ätherische Öle (Terpene) abgegeben. Global ist der Wald aber nicht als Emissionsquelle, sondern als Emissionssenke anzusehen. Der Wald nimmt Staub und zahlreiche gasförmige Schadstoffe aus der Luft auf, keineswegs immer zu seinem eigenen Nutzen, wie die Waldschäden neuer Art („Waldsterben") zeigen.

Unter ökologischen Gesichtspunkten ist die Speicherung des Kohlendioxids hervorzuheben. Bei der Photosynthese wird das Kohlendioxid unter Freisetzung von Sauerstoff als Biomasse gebunden. Bei der Verrottung oder Verbrennung des Holzes wird der gebundene Kohlenstoff wieder in Kohlendioxid überführt. Damit entsteht ein geschlossener Kohlenstoffkreislauf. Im Gegensatz zu fossilen Energieträgern ist Holz somit CO_2-neutral. Bemerkenswert ist, daß die CO_2-Speicherleistung des Wirtschaftswalds deutlich höher ist als die des Naturwalds [N.1.27].

N.1.5.2 Trocknung

Bei der natürlichen Trocknung des Holzes werden die flüchtigen Holzinhaltsstoffe zusammen mit der Holzfeuchte langsam an die Luft abgegeben. Nennenswerte Belastungen der Umwelt sind durch diese Emissionen nicht gegeben. Bei der künstlichen Trocknung, d. h. einer Trocknung mit erhöhter Temperatur in maschinellen Anlagen erfolgt die Abgabe in erheblich kürzerer Zeit und in konzentrierter Form. Infolge der erhöhten Trocknungstemperatur werden aus den Holzbestandteilen durch Hydrolysereaktionen auch niedermolekulare Aldehyde, Alkohole und Carbonsäuren freigesetzt. Die Abluft der Schnittholztrockner weist zumeist ein erhebliches Potential an geruchsintensiven Stoffen auf [N.1.28]. Bei Kondensation der Abluftfeuchte, z. B. bei Vakuumtrocknern, werden die wasserlöslichen Stoffe, insbesondere die Carbonsäuren im Abwasser angereichert.

Eine besondere Bedeutung als Emissionsquellen in der Holzindustrie haben die Furnier-, Späne- und Fasertrockner [N.1.29]. Aufgrund ihrer Größe und Trocknungsleistungen sind dabei die Holzspänetrockner herauszuheben. Die mit der Holzspänetrocknung verbundenen Emissionen wurden eingehend untersucht [N.1.30, N.1.31].

Waldfrisches Holz hat einen Feuchtegehalt zwischen 50 und 150 %. Vor der Beleimung und Verpressung zu Spanplatten müssen die Späne aus technologischen Gründen auf eine Restfeuchte zwischen 2 und 10 % getrocknet werden. Diese Trocknung erfolgt in direkt oder indirekt beheizten Anlagen. Direkt mit den Abgasen einer Feuerung beheizte Trockner haben Materialdurchsätze bis 40 t Trockenspan/h und Wasserverdampfungsleistungen bis 40 t/h. Die Abluftmenge derartiger Trockner liegt bei etwa 400.000 m³/h (Betriebsvolumen trocken). Die Befeuerung der Trockner erfolgt mit Erdgas oder Heizöl sowie Holzresten aus der Produktion. Die indirekt beheizten Trockner haben geringere Leistungen als die direkt beheizten Anlagen (derzeit bis ca. 18 t Holz/h). Die Verdampfungsenergie für die Holzfeuchte wird im wesentlichen über Kontakt zugeführt. Zur Erhöhung der Trocknungsleistung werden auch heiße Rauchgase durch die Trocknungsanlage geleitet. In Bild N.1-21 ist der Aufbau einer direkt beheizten Trocknungsanlage dargestellt.

Die Abluft der Trockner enthält sowohl partikel- als auch gasförmige organische und anorganische Stoffe. Die Geruchsstoffkonzentration in den Trocknerbrüden ist hoch. Im Mittel treten Geruchsstoffkonzentrationen zwischen 3000 und 6000 GE/m³ auf, es wurden aber Werte über 10.000 GE/m³ gemessen.

Die partikelförmigen Emissionen der Trockner bestehen nur zu einem Teil aus Holzstäuben. Ein wesentlicher Bestandteil dieser Emissionen sind feine Aerosole, bestehend aus Harzsäuren, Wachsen und Fetten. Bei direkt beheizten Trocknern mit Holzstaubbefeuerung kommt die Asche hinzu. Derartige Anlagen haben Emissionen, bestehend zu etwa 20 – 30 % aus Holzstaub, 30 – 50 % Harzaerosolen und 20 – 40 % Holzasche [N.1.32].

Den wesentlichen Anteil an den gasförmigen organischen Stoffen (VOC) in der Abluft der Trockner haben die Monoterpene [N.1.33]. Die Konzentrationen liegen je nach Zusammensetzung des Spanguts und Trocknungsbedingungen zwischen 50 und 500 mg/m³. Weiterhin sind die durch Hydrolyse des Holzes freigesetzten Stoffe zu nennen: Methanol, Formaldehyd, Ameisensäure und Essigsäure. Die Konzentrationen dieser Stoffe werden durch die Holzart und durch die Trocknungsbedingungen beeinflußt. Die Konzentrationswerte liegen i. allg. etwa zwischen 5 und 20 mg/m³.

Bei den anorganischen gasförmigen Stoffen handelt es sich vornehmlich um die Oxide des Kohlenstoffs und des Stickstoffs. Sie stammen aus den Rauchgasen der Feuerungsanlage. Bei schwefelhaltigen Brennstoffen (Heizöl, Kohle) sind auch

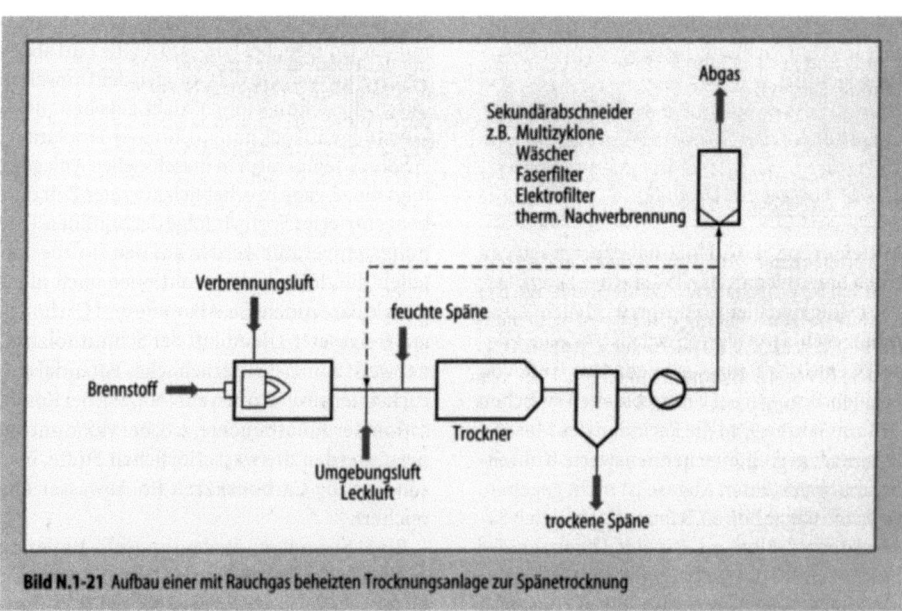

Bild N.1-21 Aufbau einer mit Rauchgas beheizten Trocknungsanlage zur Spänetrocknung

Schwefeloxidemissionen möglich. Da Holz aber eine hohe Affinität zum Schwefeldioxid hat, werden erhebliche Anteile bei direkt beheizten Systemen durch das Spangut adsorbiert.

Die TA Luft von 1986 begrenzt den Feststoffauswurf von Holzspänetrocknungsanlagen auf 50 mg/m³ (Normvolumen feucht). Die Emissionen an organischen und anorganischen Stoffen und an Geruchsstoffen werden nicht explizit limitiert. Es bestehen allerdings Grenzwerte, die allgemein gültig sind. Für Geruchsstoffe besteht jedoch ein Minimierungsgebot. Mit der 1987 erfolgten Einstufung von Eichen- und Buchenholzstaub als krebserregende Arbeitsstoffe wurde durch die Bundesländer eine Verminderung des Feststoffauswurfs von Spänetrocknern bewirkt:
- Holzstaubemissionen auf 20 mg/m³ Abluft (Normvolumen trocken) und
- Buchen- und Eichenholzstaub auf 5 mg/m³ Abluft (Normvolumen trocken).

Als Folge dieser Einstufung konzentrierten sich die Technologien zur Abgasreinigung bei Holzspänetrocknungsanlagen vornehmlich auf die Entstaubung. Es wurden verschiedene Anlagen (elektrische Filter, Gewebefilter) adaptiert und erprobt, die allein die staubförmigen Emissionen reduzieren. Die Minderung der VOC- und Geruchsstoffemissionen ist weniger fortgeschritten. Da es sich bei den organischen Emissionen überwiegend um flüchtige Holzinhaltsstoffe handelt, ist eine primäre Vermeidung dieser Emissionen nicht möglich. Für die Geruchsstoffe gilt Vergleichbares wie für die VOC. Eine primäre Minderung ist nur teilweise über die Festlegung einiger Betriebsparameter möglich. Da hier effektive sekundäre Minderungsmaßnahmen bisher nicht zur Verfügung standen, wurde bei Neuanlagen i. allg. durch eine entsprechende Auslegung der Schornsteinhöhe der Geruchswert soweit verdünnt, daß die jeweiligen Vorgaben erfüllt werden.

Schichtfilter mit Kiesbett ohne elektrostatische Auflademng sind nicht in der Lage, den Grenzwert für partikelförmige Emissionen von 20 mg/m³ einzuhalten. Mit Elektrofiltern, Elektrokiesbettfiltern (auch EFB-Filter genannt) und Gewebefiltern sind, wie durch die verschiedenen Meßberichte nachgewiesen wurde, Konzentrationen an staubförmigen Emissionen im Abgas < 20 mg/m³ erreichbar.

Es gibt aber betriebliche Nachteile dieser Anlagen. Beim Elektrofilter zeigt sich, daß eine gesicherte Einhaltung des Emissionsgrenzwerts nur mit erheblichem Aufwand und bei sehr großen Dimensionen der Anlage möglich ist [N.1.34]. Zudem kommt es in den Anlagen häufig zu organischen Ablagerungen, die bei Funkenüberschlag zu Bränden führen können. Der Elektrokiesbettfilter weist eine geringere Brandgefahr auf als der E-Filter. Trotz erster, guter Erfahrungen mit einer Demonstrationsanlage mußten Nachfolgeanlagen mit hohem Aufwand nachgerüstet werden. Nach Inbetriebnahme der Elekrokiesbettfilter wurden teilweise erheblich erhöhte VOC- und Geruchstoffemissionen beobachtet.

Schwierig zu beurteilen ist die Eignung von Gewebefiltern. Grundsätzlich sind mit Gewebefiltern Emissionswerte < 5 mg/m³ erreichbar. Bei direkt beheizten Holzspänetrocknern war ihre Eignung jedoch zweifelhaft, da die Partikelemissionen zu wesentlichen Teilen aus klebrigen Harzaerosolen bestehen. Diese sollten ein Filtergewebe nach kurzer Betriebszeit unbrauchbar machen. Es wurde daher ein Gewebefilter mit einem speziellen Material eingesetzt [N.1.35]. Die Filteranlage wurde nur kurze Zeit betrieben. Da der Gewebefilter nur im Teilstrom betrieben wurde, ist die Übertragbarkeit der Ergebnisse auf Anlagen im Dauerbetrieb schwierig. Weitere Anlagen dieses Abscheider-Typs haben sich jedoch bei indirekt beheizten Trocknungsanlagen bewährt.

Ein Nachteil der trocken arbeitenden Entstaubungssyteme ist, daß sie VOC und Geruchsstoffe nicht oder nur in unbedeutenden Mengen abscheiden, und daher nur unzulängliche Teillösungen darstellen. Dieser grundsätzliche Mangel aller trocken arbeitenden Systeme ist nur behebbar, wenn die elektrostatischen oder filternden Verfahren mit absorptiven oder adsorptiven Verfahren kombiniert werden oder wenn der Anlage eine thermische oder katalytische Nachverbrennung nachgeschaltet wird.

Mit den naß arbeitenden Systemen ist eine ausreichende Minderung der staubförmige Emissionen möglich, wenn die nasse Abscheidung mit einem elektrischen Verfahren kombiniert wird. Nasse Entstaubungstechniken wie Venturi-Wäscher oder Sprühturm allein sind unzulänglich und i.d.R. nicht in der Lage, den Grenzwert von 20 mg/m³ zu erreichen [N.1.36]. Die naß arbeitenden Systeme scheiden außer Feststoffen auch VOC und Geruchsstoffe ab [N.1.37– N.1.40]. Der Abscheidegrad für gasförmige VOC liegt bei etwa 15–30 %, für einzelne Stoffe u. U. auch höher. Von Hellenschmidt [N.1.39] berichtete, höhere Abscheidegrade (bis 70 %) sind darauf zurückzuführen, daß der Autor einen Teil der abgeschiedenen Partikelemissionen (Aerosole) den VOC zugerechnet hat. Bei den Geruchsstoffen ist mit einer Minderung der Konzentrationen um etwa 40–60 % zu rechnen. Gelegentlich berichtete höhere Minderungswerte sind zumindest im Dauerbetrieb unwahrscheinlich. Vorteilhaft ist, daß der Geruch der Trocknerbrüden zumeist seinen stechenden Charakter verliert und der Holzcharakter deutlicher hervortritt.

Die Wirkungsgrade der Kombinationsanlagen sind dennoch in Anbetracht des erheblichen technischen Aufwands für die Anlagen (hoher bis extrem hoher Investitionsaufwand, hohe Folgekosten für Betrieb und Wartung) unbefriedigend. Weiterhin fallen Abfälle (Dekanterauswurf, Schlämme) und Abwässer an. Zusätzliche Energie zum Betrieb und Chemikalien zur Verbesserung der Abscheidung sind weitere Nachteile.

Von verschiedenen Experten werden daher auf Dauer nur thermische, adsorptive Minderungstechniken oder geschlossene Systeme für sinnvoll erachtet [N.1.41-N.1.44]. Ein entscheidener Durchbruch wird insbesondere von thermischen und geschlossenen Systemen erwartet. Die vorgeschlagenen thermischen Abluftreinigungssysteme (CA-System, thermische Nachverbrennung) wurden bisher nur in wenigen Anlagen realisiert [N.1.41, N.1.42]. Weitere Abscheidertypen basieren auf adsorptiven und biologischen Prinzipien. Der Bio- oder Biobettfilter wurde zunächst bei einem Fasertrockner, später auch bei Holzspänetrocknern eingesetzt [N.1.45]. Die Abluftreinigung in Schlauchfiltern mit Additivzugabe (Aktivkohle, Kalkhydrat) wurde als halbtechnische Versuchsanlage erprobt [N.1.45].

Diese Aktivitäten zeigen die Bedeutung, die einer Minderung der Emissionen von Trocknungsanlagen durch Betreiber und Genehmigungsbehörden beigemessen wird [N.1.46]. Der Stand der Technik der Emissionsminderung bei Spänetrocknungsanlagen wird in VDI 3462 Blatt 2 dargestellt [N.1.29].

N.1.5.3 Be- und Verarbeitung

Bei der Lagerung, der Umlagerung sowie beim Transport von Holz, insbesondere von Spänen und Stäuben, sind Staubemissionen möglich. Maßnahmen gegen Staub sind Windschutz, geschlossene Silos und Lagerhallen sowie Feuchthaltung der Spänehaufen durch Beregnung. Bei der Bearbeitung von waldfrischem Holz im Säge- und Hobelwerk fallen feuchte Hobel- und Sägespäne an. Nennenswerte Emissionen an Stäuben treten jedoch erst bei der Bearbeitung (Sägen, Fräsen, Schleifen) von trockenem Holz auf. Mit der Einführung industrieller Bearbeitungsverfahren wuchs die Staubbelastung an den Arbeitsplätzen. Die Holzstäube sind störend und können allergische Reaktionen auslösen. Im Zusammenhang mit gehäuften Nasenkrebserkrankungen in holzverarbeitenden Betrieben sind Holzstäube seit 1982 in der MAK-Werte-Liste als krebsverdächtige Arbeitsstoffe eingestuft (Kategorie IIIB). Eichen- und Buchenholzstäube sind seit 1985 als Stoffe eingestuft, die beim Menschen Krebs erzeugen können (Kategorie IIIA1). Die Ursache für die krebserzeugende Wirkung ist unbekannt, es gibt daher auch Vorbehalte gegen diese Einstufung [N.1.47].

Bei der zerspanenden Holzbearbeitung (Sägen, Fräsen, Schleifen) entstehen unvermeidlich feine Stäube. Da der natürliche Werkstoff Holz eine inhomogene, gewachsene Struktur aufweist, erhält man in Abhängigkeit von Holzart, Faserrichtung und Bearbeitungsverfahren Spänekollektive unterschiedlicher Form und Partikelgrössenverteilung. Für die Holzbetriebe mit Staubanfall gelten seit dieser Einstufung von Holzstäuben in der MAK-Werteliste besondere Anforderungen an die Arbeitssicherheit und an den Emissionsschutz [N.1.48].

Entstehung, Erfassung und Messung von Holzstäuben sind so zu einem beherrschenden Thema in der Holzwirtschaft geworden [N.1.49, N.1.50]. Das Problem bei der Staubminderung am Arbeitsplatz ist dabei weniger die Filtertechnik, als vielmehr die Art und Weise der Erfassung und Absaugeluftführung. Primäre Maßnahmen zur Staubreduzierung betreffen den Maschinenbereich. Für eine gute Erfassung ist eine möglichst komplette Einhausung der Emissionsstelle verbunden mit einer guten Absaugung anzustreben. Gezielte Werkstoffauswahl sowie Veränderungen der Bearbeitungsprozesse helfen Holzstaub am Arbeitsplatz und in der Abluft weiter zu verringern. Lüftungstechnische Maßnahmen und Entstaubungsmaßnahmen machen gebildeten Holzstaub unwirksam (Tabelle N.1-23). Zu den Sekundärmaßnahmen gehört eine effektive Entstaubung der an den Bearbeitungsmaschinen abgesaugten und z.T. rückgeführten Luft. Die niedrigen Emissionsgrenzwerte von 2 mg/m³ für Neuanlagen und 5 mg/m³ für Altanlagen erfordern bei der Entstaubung der Luft i.d.R. den Einsatz von Gewebefiltern. In der rückgeführten Luft dürfen sogar nur 0,5 mg/m³ Holzstaub enthalten sein. Auch hier werden Gewebefilter verwendet. Da Filteranlagen wegen des latenten

Tabelle N.1-23 Maßnahmen zur Holzstaubminderung am Arbeitsplatz

Primärmaßnahmen unmittelbar	Sekundärmaßnahmen mittelbar	Tertiärmaßnahmen hinweisend
Betriebstechnik – Werkstoffauswahl – Verfahrensänderung – staubarmer Bearbeitungsprozeß – Anlagenbau – Automatisierung	– Lüftungstechnische Maßnahmen – Enstaubungstechnische Maßnahmen: Anlagen zum Erfassen, Transportieren und Abscheiden der Staub-/Spänefraktion – Atemschutz	– Organisatorische Maßnahmen: Gefahrenkennzeichnung, Ablaufplan und Betriebsanweisungen – Personalschulung: Maschineneinweisung, Anweisung für Wartungs- und Instandhaltungsarbeiten

Brand- und Explosionsrisikos ständig ein Gefahrenpotential in sich bergen, müssen sie im Freien oder in speziellen Aggregateräumen aufgestellt werden.

N.1.5.4 Holzwerkstoffherstellung

Holzwerkstoff ist der Oberbegriff für Materialien wie Span- und Faserplatten sowie Sperrholz. Diese Werkstoffe werden aus Holzfasern, -furnieren und -spänen unter Verwendung eines synthetischen Bindemittels unter Druck- und Temperatureinwirkung hergestellt. Auf die dabei erforderliche Trocknung der Späne, Fasern und Furniere wurde bereits in Abschn. N.1.5.2 eingegangen worden. Bei der Holzwerkstoffherstellung kommt als weitere wichtige Emissionsquelle die Pressenanlage hinzu [N.1.29]. Die abgesaugte Luft enthält verschiedene organische Stoffe, die überwiegend aus dem Bindemittel stammen.

Zumeist handelt es sich bei den Bindemitteln um Phenol- oder Harnstoff-Formaldehyd-Leimharze. Bei der Heißverpressung der Werkstoffe wird Formaldehyd aus dem Leimharz freigesetzt [N.1.51]. Für die Spanplattenherstellung ist durch die TA Luft '86 die Formaldehydabgabe auf 120 g/m³ produzierter Platte begrenzt. Durch die Verminderung der Formaldehydabgabe von Spanplatten wurden auch die Emissionen an der Presse erheblich verringert [N.1.52]. Phenole werden bei der Verpressung von phenolharzgebundenen Holzwerkstoffen nur in Spuren freigesetzt.

Ein weiteres Bindemittel ist polymeres Methyldiphenyldiisocyanat (PMDI). Bei der Herstellung von PMDI-gebundenen Spanplatten können geringe Mengen an MDI emittiert werden. Auch geringe Mengen von Holzinhaltsstoffen und Hydrolyseprodukten werden über die Pressenabluft abgegeben (s. a. Abschn. N.1.5.2). Bei kontinuierlichen Pressen sind zusätzliche Aerosolemissionen von Gleit- und Schmiermitteln möglich. Die Abgase der Pressen werden abgesaugt und teilweise in Gas- oder Staubabscheidern gereinigt bzw. der Feuerungsanlage als Brennluft zugeführt.

N.1.5.5 Oberflächenbeschichtung

Holz und Holzwerkstoffe werden je nach Verwendungszweck durch Anstrich oder Beschichtung der Oberflächen geschützt und veredelt. Diese Veredelung erfolgt mit Lacken oder Folien. Eine große Bedeutung haben im Bereich der Holz- und Möbelwirtschaft noch die Lackbeschichtungen. Der mittlere Lösemittelanteil der Holzlacksysteme beträgt ca. 65 % [N.1.53]. Es treten an Lackieranlagen somit erhebliche Lösemittelemissionen auf. Erfolgt der Auftrag nach dem Spritzlackierverfahren, so erfolgen Lackverluste (Overspray) verbunden mit der Emission feiner Lackpartikel und -aerosole. Beim Auftrag von Kunststoffbeschichtungen können deren Monomere abgegeben werden bzw. flüchtige Stoffe aus dem Klebstoff. Bei Schutzmittelbehandlungen sind Emissionen biozider Wirkstoffe möglich. Bei Anlagen zur Imprägnierung mit Teerölen treten geruchsintensive Abgase auf.

Die wichtigsten Emissionsquellen sind dabei die Lackieranlagen. Für die Holz- und Holzwerkstoffoberflächen werden spezielle Lacke verwendet [N.1.54, N.1.55]. Früher dominierten Lacke mit hohem Lösemittelgehalt, z. B. Nitrolacke. Auch auf Basis von modifizierten Formaldehydharzen aufgebaute Lacktypen (SH-Lacke) waren verbreitet. Heute werden zunehmend lösemittelarme Lacke („High solids") unterschiedlicher Zusammensetzung sowie Anstrichsysteme auf Wasserbasis verwendet. Auch Pulverlacksysteme für Holz befinden sich in der Entwicklung. Die Bereiche der Beschichtung von Holzprodukten lassen sich grob in Auftrag, Härtung und Trocknung trennen.

Unterschieden wird bei den Auftragsverfahren in Spacheln, Drucken, Walzen, Giessen, Tauchen und Spritzen. Besondere Bedeutung hat nach wie vor der Spritzauftrag. Der Spritzauftrag wird manuell oder mit Automaten durchgeführt. Hohe Lackverluste treten auf, wenn noch konventionell mit Druckluft versprist wird. Diese Verluste lassen sich beim elektrostatischen Sprühauftrag mit druckluftlosen Systemen deutlich vermindern (Bild N.1-22). Durch Auftragen im Tauchverfahren sowie durch Giessen oder Walzen sind Lackverluste verfahrensbedingt geringer als beim Spritzverfahren.

Die Härtung der Lacke erfolgt durch Trocknung, chemische Reaktion oder über Bestrahlungstechnologien. Die Trocknungstemperaturen für Holzlacke liegen i.d.R. bei 30–60 °C. Bei der Lackierung und Trocknung werden Lösemittel, Monomere und Hilfsstoffe emittiert. Die TA Luft begrenzt die Staubemissionen der Anlagen auf < 3 mg/m³ Abluft, die Lösemittelemissionen in Abhängigkeit von Anlagetyp und Betriebsweise auf Werte zwischen 50 und 150 mg/m³.

Sofern lösemittelfreie Lacksysteme nicht einsetzbar sind, muß die Abluft der Lackier- und Trocknungsanlagen besonders gereinigt werden. Es existieren absorptive und adsorptive Abscheideverfahren. Auch die Kondensation, biologische Reinigungsstufen sowie thermische und katalytische Verbrennung werden zur Abluftreinigung eingesetzt [N.1.56].

Bei der Kaschierung von Holz und Holzwerkstoffen wird auf die Oberfläche eine imprägnierte Papierfolie oder eine Kunststoffolie aufgebracht. Hierzu ist i.d.R. ein Klebstoff erforderlich. Bei der Furnierung der Holz- und Holzwerkstoffplatten ist der Klebstoffeinsatz unvermeidlich. Bei der Kaschierung und Furnierung werden Restlösemittel und Monomere der Imprägnierharze, Finishlacke und Klebstoffe emittiert. Die Massenströme sind jedoch zumeist niedrig.

N.1.5.6 Verbrennung

Holz ist der älteste Brennstoff der Menschheit. Seine Bedeutung hat in den westlichen Industrieländern stark abgenommen. Die energetische Verwertung von Produktionsresten hat dagegen eine ungebrochene Tradition in der Holzindustrie. Eingesetzt werden z.T. naturbelassene Resthölzer (Säge- und Hobelspäne, Schleifstäube), z.T. mit Klebstoffen, Beschichtungsmitteln, Kunststoffen oder Holzschutzmitteln behaftete Holzabfälle.

Seit einigen Jahren werden zunehmend auch Althölzer in Holzfeuerungsanlagen genutzt. Ein Teil dieser Holzsortimente enthält Holzschutzmittel. Zum Teil handelt es sich um relativ homogen zusammengesetzte Gruppen wie Bahnschwellen oder E-Masten, z.T. aber auch um inhomogene Materialien wie Dachstühle, Zäune oder Spielplatzgeräte. Während bei unbehandelten Althölzern eine stoffliche Verwertung angestrebt werden sollte, ist dies bei imprägnierten Materialien vornehmlich aus hygienischen Gründen abzulehnen.

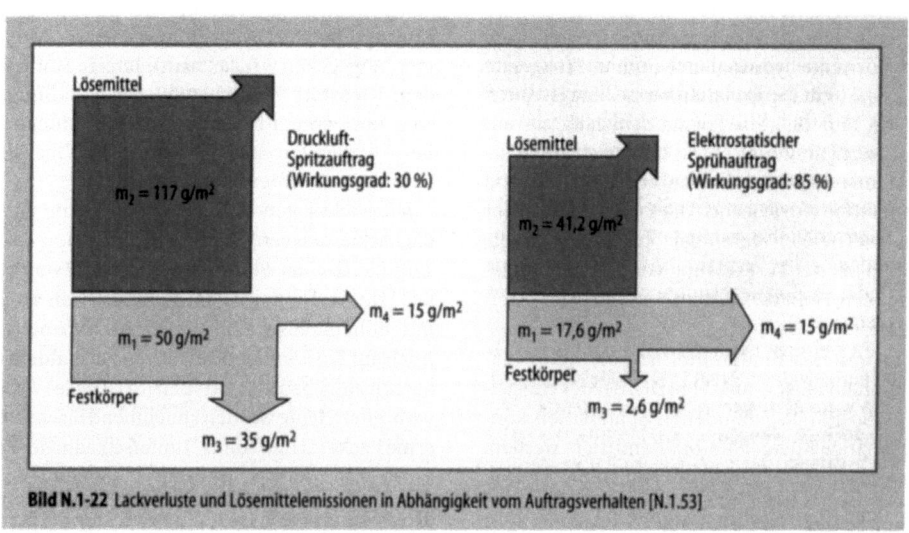

Bild N.1-22 Lackverluste und Lösemittelemissionen in Abhängigkeit vom Auftragsverhalten [N.1.53]

Hier bietet sich die energetische Verwertung als sinnvolle Lösung an.

Die Verbrennung naturbelassener Hölzer ist in allen Feststoffeuerungen zulässig. Holzwerkstoffreste sowie lackierte und beschichtete Hölzer und Holzwerkstoffreste, die keine halogenorganischen Verbindungen enthalten, dürfen nur in gewerblichen Feuerungen von holzbe- oder -verarbeitenden Betrieben mit einer Feuerungswärmeleistung von mindestens 50 kW verbrannt werden. Zumeist handelt es sich dabei um nach der 4. Bundes-Immissionsschutzverordnung (4. BImSchV) genehmigungsbedürftige Feuerungsanlagen.

Mit Holzschutzmitteln behandelte Hölzer dürfen nur gemäß den Anforderungen der 17. BImSchV verbrannt werden. Das Gebot gilt pauschal für alle Holzschutzmittel und umfaßt auch Brandschutzmittel. Für genehmigungsbedürftige Feuerungsanlagen, die in den Bereich der 4. BImSchV fallen, sind schutzmittelhaltige Hölzer ebenfalls zugelassene Brennstoffe, sofern der auf Wärmeleistung bezogene Anteil 25 % nicht übersteigt. Diese Feuerungsanlagen werden nach der sog. Mischfeuerungsregelung der 17. BImSchV beurteilt und unterliegen verschärften Auflagen.

Organische Kunststoffe, Klebstoffe oder Holzschutzmittel werden bei der Verbrennung ebenso wie die organischen Bestandteile des Holzes thermisch zerstört und weitestgehend zu einfachen Verbindungen oxidiert: Kohlendioxid und Wasser. Grundlegende Voraussetzung jeder Feuerungsanlage für einen umweltfreundlichen Betrieb ist ein guter Ausbrand. Wegen ihrer größeren thermischen Stabilität benötigen aromatische Verbindungen im Wald-, Rest- und Altholz (Lignin, Polystyrol, Phenolharz, Steinkohlenteeröl u. a. m.) günstigere Ausbrandbedingungen als die nichtaromatischen Verbindungen (Cellulose, Hemicellulose, Aminoplastharze).

Die umweltfreundliche, d. h. vollständige Verbrennung von Holz ist schwierig, da Holz ein gasreicher Festbrennstoff ist und in mehreren Stufen zersetzt und oxidiert wird. Gute Holzfeuerungsanlagen erfordern eine aufwendige Technik. Schwachlastbetrieb ist nur in Grenzen möglich, wenn außer der Brennluft die Brennstoffzufuhr verringert wird. Unvollständiger Ausbrand führt bei Holz zu geruchsintensiven Rauchgasen, die zahlreiche aliphatische und aromatische Kohlenwasserstoffverbindungen enthalten. Bei stickstoffhaltigen Bestandteilen im Brennstoff (Beschichtungsstoffe, Klebstoffe) kommen stickstofforganische Verbindungen hinzu [N.1.57].

Als Nebenprodukte werden auch bei guter Verbrennung in Abhängigkeit von der Zusammensetzung des Brennstoffs Stickstoffoxide sowie Halogenwasserstoffe gebildet werden. Naturbelassenes Holz ist i. allg. chlor- und schwefelarm [N.1.58]. Chlorwasserstoff wird vornehmlich gebildet, wenn die Holzreste Kunststoffbestandteile auf PVC-Basis enthalten [N.1.59]. Nennenswerte Schwefeloxidemissionen sind bei Holzfeuerungen nicht gegeben. Wesentlich bedeutsamer sind die Stickstoffoxide. Nussbaumer [N.1.60] wies nach, daß die Bildung von Stickstoffoxiden bei Holzfeuerungen nahezu ausschl. auf die Bildung aus gebundenem Stickstoff zurückzuführen ist. Die thermische Stickstoffoxidbildung hat wegen der relativ niedrigen Verbrennungstemperaturen (< 1300 °C) praktisch keine Bedeutung. Da naturbelassenes Holz bereits bis etwa 0,5 % gebundenen Stickstoff enthält, emittieren damit betriebene Feuerungen bereits eine Grundlast von etwa 100–200 mg/m^3. Bei Holzresten mit stickstoffhaltigen Bestandteilen steigen diese Werte auf 500–800 mg/m^3 an. Relative hohe Stickstoffgehalte (bis 5 %) haben dabei insbesondere mit Aminoplastharzen verleimte und/oder beschichtete Holzwerkstoffe.

Stickstoffoxidmindernde Technologien sind bei Holzfeuerungen grundsätzlich empfehlenswert, begründet aber mehr durch das Holz selbst oder durch stickstoffhaltige Klebstoffe und Beschichtungsmaterialien als durch Holzschutzmittelwirkstoffe. Die Stickstoffoxidbildung kann primär durch gestufte Luftführung deutlich vermindert werden [N.1.42, N.1.61]. Sekundärmaßnahmen sind die Reduktion der Stickstoffoxide mit Ammoniak oder Harnstoff in katalytischen oder nichtkatalytischen Prozeßen. Eine Übersicht der möglichen Technologien gibt Nussbaumer [N.1.62].

Chlorhaltige Bestandteile im Brennstoff können außer zur Chlorwasserstoffemission über verschiedene Nebenreaktionen auch zu Dioxinemissionen führen [N.1.63, N.1.64]. Holzfeuerungen sind damit potentielle Dioxinquellen [N.1.65, N.1.66]. Die Dioxinbildung ist bei Holzfeuerungen außer vom Chlorgehalt des Brennstoffs auch von der Ausbrandqualität und anderen Faktoren abhängig [N.1.67, N.1.68].

Die anorganischen Elementarbestandteile des Holzes, der Lacke und Beschichtungen sowie der Holzschutzmittel werden bei der Verbrennung nicht zerstört. Sie bilden die Rostasche und den Flugstaub. Besondere Bedeutung haben dabei die Stoffe, die aufgrund ihrer Flüchtigkeit in das

Tabelle N.1-24 Maßnahmen zur Emissionsminderung bei der Holzverbrennung

Primärmaßnahmen unmittelbar	Sekundärmaßnahmen mittelbar	Tertiärmaßnahmen hinweisend
– Verbesserung der Konstruktion – Optimierung der Luftzahl – Einsatz trockenen Holzes – hohe Ausbrandtemperatur – lange Ausbrandzeit – gute Durchmischung	– Rauchgasentstaubung – Rauchgasentstickung – Rauchgaswäsche – Optimierung der Ableitbedingungen – Additivzugabe	– Einweisung und Schulung des Betriebspersonals – Betriebsanweisungen – Wartung und Instandhaltung

Rauchgas überführt werden und daher erheblich schwieriger abscheidbar sind als die Stoffe, die in der Asche und im Filterstaub verbleiben. Während Quecksilber, das heute in Holzschutzmitteln verboten ist und auch früher von eher geringer Bedeutung war, damit praktisch ohne Relevanz ist, sollten bei Althölzern Arsen- und bei neueren Wirkstoffformulierungen Fluorwasserstoffemissionen beachtet werden. Eine Besonderheit ist Bor, welches in Bortrioxid übergeht und als solches praktisch unflüchtig ist (Siedepunkt: 2300 °C), über eine Nebenreaktion in der Flamme aber in die Rauchgase übergeht und dort sehr feine Partikel bilden kann.

Wesentliche Voraussetzungen bei einer umweltfreundlichen Feuerung für Holz- und Holzwerkstoffreste sind ein guter Ausbrand und eine wirkungsvolle Entstaubung der Rauchgase [N.1.69]. Die Voraussetzungen für einen guten Ausbrand sind in der Fachliteratur vielfältig beschrieben und in Tabelle N.1-24 zusammengefaßt.

Durch die Entstaubung der Rauchgase verbleiben die meisten anorganischen Holzschutzmittel in der Asche und im Filterstaub. Die Frage der Entsorgung beschränkt sich somit auf diese Feuerungsreststoffe. Zusätzliche emissionsmindernde Maßnahmen sind vornehmlich bei halogenhaltigen Reststoffen erforderlich. Die reaktiven Halogenwasserstoffe lassen sich mit alkalischen Additiven noch in der Gasphase einbinden und als Feststoffe abscheiden.

N.1.5.7 Entsorgung von Rest- und Altholz

Bei der Be- und Verarbeitung von Holz fallen Resthölzer an. Säge- und Hobelspäne sowie Schwarten aus dem Sägewerk werden zumeist stofflich in der Span- und Faserplattenindustrie verwertet [N.1.70]. Rinden werden kompostiert oder verbrannt. Andere Produktionsreste wie Sieb- und Schleifstäube werden i. d. R. energetisch genutzt.

Nach meist langjährigem Gebrauch werden Holzprodukte zu Altholz. Die stoffliche Verwertung dieser Materialien ist schwierig, da sie oft mit Stoffen behaftet sind, z. B. Holzschutzmitteln, deren Eintrag in andere Produkte unerwünscht ist [N.1.71]. Bei diesen Hölzern ist daher die energetische Verwertung anzustreben. Derzeit fehlen dazu aber Feuerungskapazitäten. Auch die gesetzlichen Bestimmungen sind restriktiv, da bei der Verbrennung schädliche Emissionen möglich sind [N.1.72, N.1.73]. Eine Übersicht der Problematik mit Hinweisen auf Entsorgungswege geben Marutzky, Peek und Willeitner [N.1.74]. Auch Konzepte zur stofflichen Verwertung von Altmöbeln wurden erarbeitet [N.1.75].

Bei Lackieranlagen fallen Lackschlämme, Altlacke sowie gebrauchte Lösemittel und Verpackungsgebinde an. Weitere Reststoffe aus der Holz- und Möbelindustrie sind die Aschen und Filterstäube der Feuerungsanlagen. Die Zusammensetzung von Holzaschen wird von Pohlandt und Marutzky [N.1.76] beschrieben. Die Entsorgungswege für Holzaschen sind vornehmlich die Verwertung als Zusätze zu Baustoffen und als Düngemittel im Forstbereich [N.1.77].

N.1.6 Leder

N.1.6.1 Allgemeines zur Lederherstellung

N.1.6.1.1 Die Lage der Lederindustrie

Die Lederherstellung zählt zu den sehr alten Gewerben. Sie verarbeitet einen Naturstoff. In Deutschland ist die Produktion in den letzten 25 Jahren stark zurückgegangen, weil sie in die Ursprungsländer der Rohware verlagert wurde. Sie ist als ein Grenzfall zwischen Industrie- und Handwerksbetrieb einzuordnen. Da unsere Vorfahren nur natürliche Rohstoffe hatten, sind sie sehr sparsam damit umgegangen; sie haben alles verwertet – restlos.

In der gesamten Bundesrepublik gab es 1993 52 Betriebe mit 20 und mehr Beschäftigten. Hinzu kamen 25 handwerkliche Kleinbetriebe. Die Lederproduktion geht etwa zu 48 % in den Polsterbereich, zu etwa 45 % in die Schuhindustrie, der Rest in Lederwaren, Bekleidung u. a. (1992).

Die in Deutschland anfallende Rohware (ca. $5,5 \times 10^6$ Rindshäute, $0,55 \times 10^6$ Kalbfelle) wird nur zur Hälfte im Inland eingearbeitet. Eine Folge des Abbaus der Gerberei-Kapazität. Andererseits wird auch importiert.

Die meisten Gerbereien sind Indirekteinleiter mit speziellen Vorbehandlungen von Teilabwasser. Größere Betriebe mit eigenem Klärwerk haben meist auch Teilabwässer aus anderen Fertigungen.

Die *Abwassermenge* pro Tonne Einarbeitung schwankt in weiten Grenzen. Sie ist abhängig von der Art der Rohware und dem herzustellenden Leder. Ständig wechselnde modische Anforderungen können tief in die Verfahren eingreifen.

Die *Gerbung* ist der entscheidende Verfahrensschritt. Sie muß die tierische Haut so verändern, daß diese im feuchten Zustand nicht fault, in der Kälte nicht bricht und in der Hitze nicht verleimt. Die angelieferte Rohware ist immer Haut mit Haaren. Beide sind im wesentlichen Eiweiß, hier Kollagen und Keratin. Die Häute ihrerseits bestehen aus 3 Schichten: Oberhaut (Epidermis), Lederhaut (Korium) und Unterhautbindegewebe (Subkutis). Nur das Korium ist zur Lederherstellung geeignet. Bei Leder sind die Haare entfernt; bei Pelz sind sie bestimmend für den Aspekt und Verkaufswert des Produkts.

N.1.6.1.2 Rohware

Die Rohware der Lederherstellung sind tierische Häute und Felle, die beim Schlachten zwangsläufig anfallen. Der Gerber veredelt also ein Nebenprodukt der Nahrungsmittelerzeugung, in modernen Begriffen heißt das Recycling.

Die Rohware wird fallweise frisch angeliefert. Dann muß sie unmittelbar eingearbeitet werden. Auch gut gekühlt bleibt sie nur wenige Tage unbeschädigt. Aus Gründen des Umweltschutzes wurde dieses Vorgehen eingeführt. Für längere Lagerzeiten, größere Transportwege sowie bei Ex- und Import muß konserviert werden. Das geschieht meist mit Kochsalz. Seine wasserentziehende Wirkung schont das Kollagen weitestgehend. Allem voran sind Schäden durch Fäulnis und Eiweißfresser wertmindernd.

N.1.6.2 Verfahren zur Lederherstellung und ihre Auswirkungen auf die Umwelt

Für die Herstellung von Leder aus den angelieferten Rohwaren kann es kein allgemein gültiges Verfahren geben. Bild N.1-23 zeigt die gebräuchlichen Verfahrensschritte der chemischen Prozesse und mechanischen Bearbeitungen. Ihre Reihenfolge kann sich ändern, einige können wegfallen.

Grundsätzlich sind 2 Bereiche zu trennen: Wasserwerkstatt und Zurichtung. Gefäße und Maschinen werden hier nicht beschrieben. Ihre Art und Bauweise haben praktisch keine Auswirkungen auf die Umwelt.

In der *Wasserwerkstatt* werden die Häute gereinigt, vom Kochsalz befreit, enthaart und das Kollagen für die weiteren Prozesse aufgeschlossen. Das Korium wird von allen Resten, die nicht lederbildend sind, unter Erhaltung des dreidimensionalen Fasergeflechts, getrennt. Die Blöße wird stufenweise sauer gestellt und gegerbt. Es entsteht „wet blue" und getrocknet „crust". Diese sind lager- und transportfähig, und seit einigen Jahren sind sie weltweit Handelsware. Auch das gehört zu den Folgen der Spezialisierung der Betriebe. Die Rezepturen sind so vielfältig wie die hergestellten Leder.

Im Gerbereiwasser dominieren folgende Schritte nach Art und Menge der Inhaltsstoffe:
– Die *Weiche* enthält gelöste und suspendierte organische Sauerstoffzehrer, Kochsalz, Netzmittel und Alkali sowie Enzyme können entsprechend ihrem Einsatz vorkommen.
– Der *Äscher* arbeitet meist alkalisch mit Sulfid, zuweilen auch enzymatisch. In Einzelfällen werden die Haare zurückgewonnen. Es ist das erste typische Teilabwasser.
– Zur *Entkälkung* wurden früher Ammoniumsalze verwendet. In jüngster Zeit sind sie durch CO_2 abgelöst.
– Die *Gerbung* erfolgt überwiegend mit basischem Cr-III-Sulfat (seit ca. 100 Jahren) im schwach sauren Milieu. Andere mineralische, vegetabile oder synthetische (u. a.) Gerbstoffe werden meist nur in Kombinationen eingesetzt; Spezialitäten sind Ausnahmen. Hochauszehrende Rezepturen und Chromfällung in den Restbrühen sind übliche Verfahren für

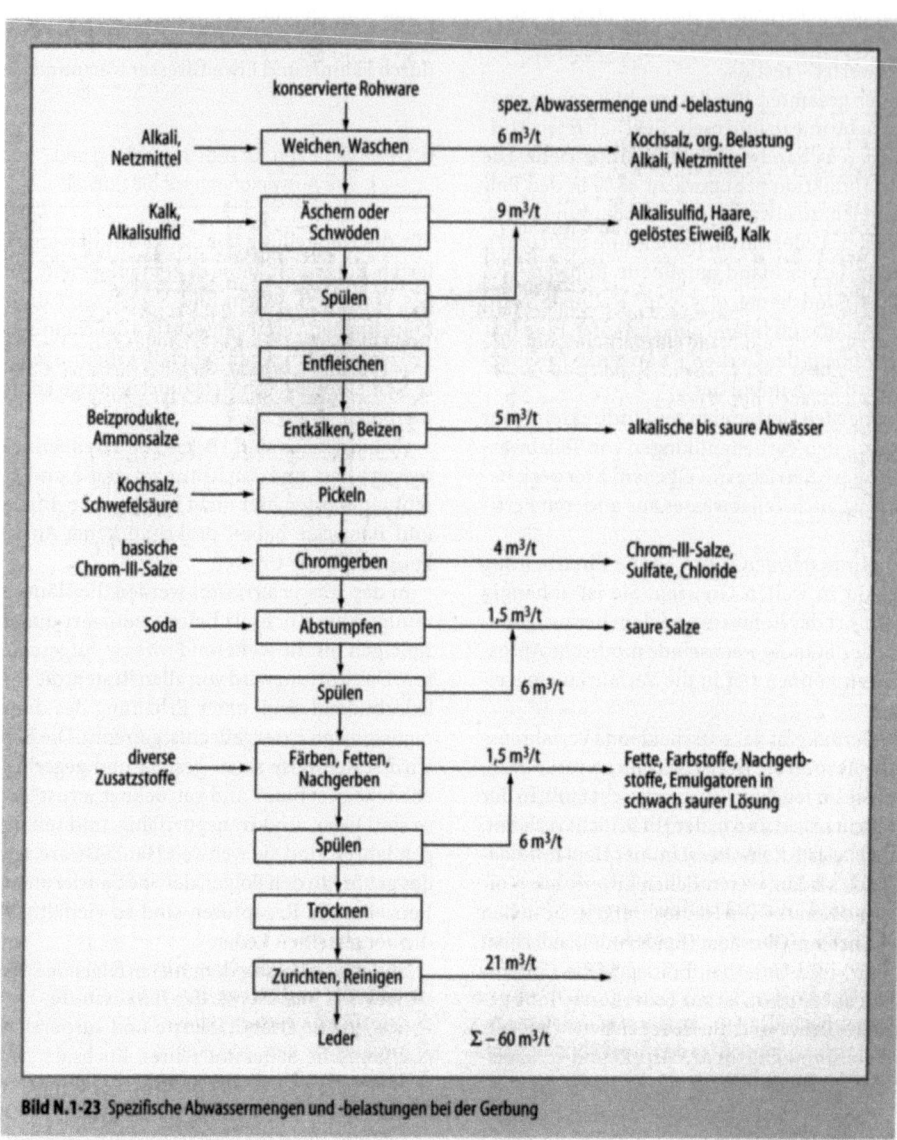

Bild N.1-23 Spezifische Abwassermengen und -belastungen bei der Gerbung

dieses zweite typische Teilabwasser (Bild N.1-23). Gerbend wirken Stoffe, die von Kollagen echt gebunden werden und das Fasergeflecht vernetzen.

Zuweilen werden Brühen mehrmals verwendet. Da das nur begrenzt möglich ist, resultiert daraus eine graduelle, keine prinzipielle Entlastung des Abwassers.

Die *Naßzurichtung* erfolgt in wässrigen Bädern, schwach sauer bis neutral. Es wird gefärbt, gefettet, gefüllt u. a., um die vom Verkaufsprodukt geforderten Eigenschaften zu erzielen. Die Brühen enthalten die Überschüsse der eingesetzten Hilfsstoffe und mögliche Reaktionsprodukte, überwiegend Salze und organische Sauerstoffverbraucher. Hohe Auszehrung ist das ökonomische Ziel.

Zurichtung im engen Sinn ist eine Oberflächenbehandlung der getrockneten Leder. Auf die Narbenschicht werden Zubereitungen zur Filmbildung aufgetragen.

Sie bringen ebenfalls Effekte für den zweckmäßigen Gebrauch und die Schönheit des Leders. Hier ist weniger das Abwasser, sondern vielmehr die Abluft zu beachten.

N.1.6.3 Reinhaltung – Verfahren und Anlagen

N.1.6.3.1 Abwasser

Abwasserreinigung ist für deutsche Gerber selbstverständlich. Folgende Vorgänge haben sich in der Praxis bewährt:

Sulfid-Oxidation: Die Äscherbrühen werden vor Ort mit (oder ohne Zusatz) von Mn-II-Salz belüftet (4 – 10 h). Fällung erfolgt mit Fe-Salzen. Diese chemische Reaktion erfolgt momentan.

Chrom wird mit Alkali als Hydroxid ausgefällt und filtriert. Durch Auflösen in Säure kommt man zu einem Regenerat, das in der Gerbung wieder eingesetzt wird. An diesen Weg werden besondere Anforderungen gestellt, wenn die Cr-Endbrühe noch andere Reste (z. B. Fette) enthält (Bild N.1-24).

Die *Vollreinigung* wird in konventionellen Kläranlagen und in Mischung mit anderen Abwässern problemlos durchgeführt, sofern die Einleitungskriterien eingehalten wurden. Die Betriebe versuchen in den letzten Jahren, (vermehrt) auf Rezepturen umzuschalten, um die schwierigen Komponenten ganz zu vermeiden oder wenigstens zu verringern. Spezialisierung auf „wet blue" oder „crust" sind ebenfalls ein Ausweg.

Die *Indirekteinleiter* behandeln Teilströme. Bekanntlich wird weniger Sulfid verlangt, als z. B. im häuslichen Abwasser gefunden wird. Auch bei Cr-III lassen die geforderten Niedrigwerte die Unkenntnis der Eigenschaften der verschiedenen Cr-Oxidationsstufen vermuten. So etwas verlangt unverhältnismäßig hohen Aufwand am falschen Ort. Die suspendierten Stoffe setzen sich gut ab. Die organische Verschmutzung ist biologisch voll abbaubar, da es sich überwiegend um Naturstoffe handelt.

Für *Direkteinleiter* wird als Beispiel ein spezielles Industrieklärwerk beschrieben, dessen (300 m³/h)-Zulauf zur Hälfte aus einer Kalbfellgerberei und einer Kollagenaufbereitung (für Wursthaut), zur anderen Hälfte aus diversen Produktionen stammt. Die Anlage arbeitet vierstufig. Die Direkteinleitung in einen sehr kleinen Vorfluter erfüllt alle Auflagen sicher.

Die Entwicklung zeigt sich am einfachsten in den Ausbaustufen: Vorklärung 1966, chemische Stufe 1967, biologische Stufe 1975, Stickstoffbehandlung (weitergehende biologische Stufe) 1993 (Bild N.1-25).

Erstes Kennzeichen des „Kalk-Eisensulfat-Luft-Verfahrens" ist das *Misch- und Speicherbecken,* in dem alle Teilströme homogenisiert werden. Ein praktisch konstanter Abwasserstrom wird über eine Druckleitung dem Klärwerk zugeführt. Mit Kalk wird der pH-Wert auf einen definierten Wert eingestellt. Das kann aufgrund der konstanten Zulaufmenge die einzige Regelgröße im ganzen System sein.

In der *Vorklärung* setzen sich die Feststoffe ab. Der Schlamm wird eingedickt und in Filterpressen entwässert. Vorgeklärtes Abwasser wird in der *chemischen Stufe* mit $Fe-II-SO_4$ gefällt, geflockt und belüftet.

Sulfid wird oxidiert, und an die entstehende $(Fe(OH)_3)$-Flockung lagern sich organische Sauerstoffzehrer (Farbstoffe u.a.) an.

Das Wasser mit der Flockung gelangt in die *Stickstoffbehandlung.* Es wird mit Kreislaufwasser aus dem Ablauf der aeroben biologischen Stufe und mit Rückführschlamm aus der Nachklä-

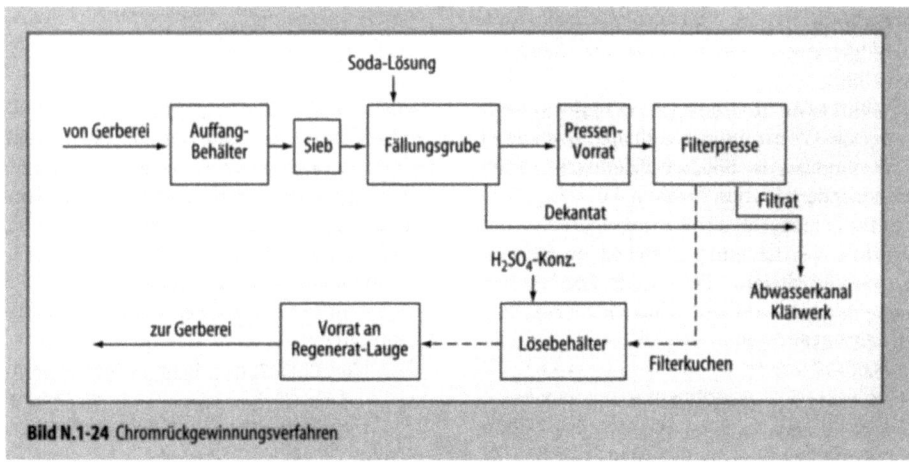

Bild N.1-24 Chromrückgewinnungsverfahren

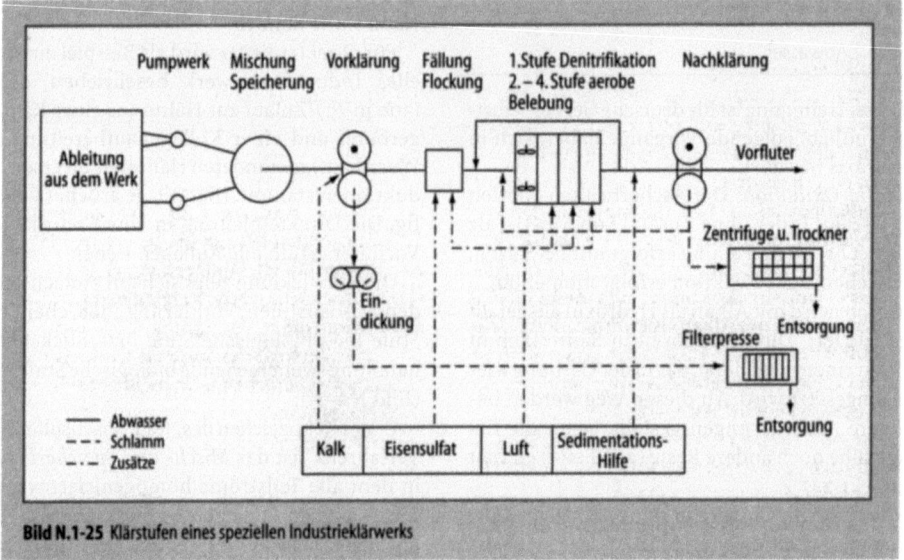

Bild N.1-25 Klärstufen eines speziellen Industrieklärwerks

rung vermischt. Durch intensives, schonendes Bewegen wird Nitrat zu gasförmigem N_2 unter teilweisem Abbau organischer Verbindungen reduziert. Das Gemisch fließt in die biologische Stufe, wo bei Luftzufuhr organische Inhaltsstoffe abgebaut und Ammonium zu Nitrat oxidiert werden. Der Ablauf wird nachgeklärt, sein abgesetzter Schlamm eingedickt und entwässert. Dies ist das zweite Kennzeichen: die chemische Flockung macht alle weiteren Behandlungsstufen mit.

Aus dem Ausland wird von Oxidationsgräben berichtet, die Gerbereiabwasser erfolgreich reinigen.

N.1.6.3.2 Abluft

Eine Gerberei hat einen arteigenen Geruch. Wenn es jedoch stinkt, dann ist etwas faul – im wahrsten Sinne.

Geführte Abluftströme gibt es in der Zurichtung. Viele Präparationen enthalten Lösemittel. Diese sind aus der üblichen Palette und stellen kein lederspezifisches Problem dar. Das gleiche gilt für die eingesetzten Auftragsaggregate und Trockner. Die derzeitige Entwicklung führt zu lösungsmittelfreien oder -armen Kombinationen, so daß Luftreinhalteanlagen nicht erforderlich sind, insbesondere bei größeren Durchsatzmengen.

Leder werden geschliffen, wobei sich Staub bildet. Wirksame Entstaubungsanlagen sind seit langem üblich. Auch sie sind nicht spezifisch für Leder, ebensowenig wie das Reinigen von Maschinen mit Lösemitteln; dasselbe gilt für Lärm.

N.1.6.3.3 Abfälle

Feste Reststoffe

Der Gerber kauft in Gewicht (kg) ein und verkauft in Fläche, früher Quadratfuß, jetzt m^2. Um aus der Rohhaut eine gleichmäßig dicke ebene Lederfläche zu machen, sind mehrere mechanische Arbeitsgänge nötig. Für alle Reste, die dabei anfallen, bestimmt – nach den Verschiebungen der letzten 40 Jahre – der Markt, ob sie weiterverarbeitet werden oder als Abfall zu entsorgen sind. Sie sind zu unterteilen in
– ungegerbtes und
– gegerbtes Material.

Ohne auf Einzelheiten einzugehen, sollen einige Produkte aufgezählt werden. Aus ungegerbten Resten werden Leim, Gelatine, Wurstdärme, Stoffe für kosmetische und medizinische Anwendungen gemacht. Gegerbte Reste werden zu Lederfaserwerkstoffen verarbeitet, die im Schuhinnenbau Verwendung finden.

Haare dienen als Stickstoffquelle u. a. in Düngemitteln.

Bei der Entsorgung bringen die durch den Standort der Gerberei gegebenen Bedingungen die größeren Probleme, nicht die Stoffart und Menge.

N.1.6.4 Anforderungen und Ziele

Die Lederherstellung in Deutschland hat – wie alle anderen Fertigungen – die im Umweltschutz geltenden Gesetze und behördlichen Auflagen zu erfüllen. Für sie gilt der Anhang 25 der allgemeinen Abwasser VwV. Die Verfahren müssen mit den laufenden Gesetzesnovellierungen stets in Einklang gehalten werden. Großes Gewicht haben Ortssatzungen.

Lebensnotwendig sind mehrere Ziele:
1. Die Qualität des hergestellten Produkts „Leder" muß so gut sein, daß der gegenüber anderen Produktionsländern sehr hohe Preis am Markt akzeptiert wird.
2. Im Umweltschutz hat Vermeiden die höchste Priorität. Forschungsinstitute und die Entwickler der Hilfsmittellieferanten arbeiten an Verfahren mit höchster Auszehrung der Brühen und an effektiven Präparationen für die wäßrige Zurichtung.
3. Alternativen zur Chromgerbung werden gesucht. Bisher hat keine die erforderliche Lederqualität gebracht.
4. Für die nicht lederbildenden Anteile der Rohhaut müssen neue Verwertungsmöglichkeiten gefunden werden. Für die Einstufung als unbrauchbarer Abfall ist natürliches Eiweiß zu kostbar.

N.2 Stoffquellen-Verkehr

N.2.1 Einleitung

In den letzten Jahrzehnten ist infolge wirtschaftlicher, gesellschaftlicher und siedlungsstruktureller Veränderungen ein stetiger Anstieg der Verkehrsnachfrage festzustellen. Die Entwicklung verlief dabei in den Verkehrsarten Personen- und Güterverkehr sowie bzgl. der Verkehrsträger Schiene, Straße, Wasser und Luft sehr unterschiedlich (Bild N.2-1 und N.2-2).

Die Vollendung des Binnenmarkts in der Europäischen Union und die sich der Marktwirtschaft öffnenden osteuropäischen Staaten lassen auch für die Zukunft eine Zunahme der Verkehrsleistungen erwarten. Das Deutsche Institut für Wirtschaftsforschung (DIW) hat 1990 eine Prognose für die Entwicklung des Pkw-Verkehrs bis zum Jahre 2010 [N.2.2] vorgelegt (Bild N.2-3).

Der motorisierte Straßenverkehr ist demnach für die Mobilität der Menschen und den Transport von Gütern von überragender Bedeutung. Auf der anderen Seite werden die mit dem Verkehr einhergehenden Umweltprobleme
– Emissionen von Luftschadstoffen
– Geräuschemissionen
– Energie- und Rohstoffverbrauch
unter regionalen wie auch zunehmend unter globalen Aspekten deutlich. Der motorisierte Straßenverkehr ist bei einigen Schadstoffen Hauptemittent geworden. Die Dimension der Luftverunreinigung durch den motorisierten Verkehr zeigt Bild N.2-4.

Tabelle N.2-1 gibt die Ergebnisse der Emissionsberechnungen für die Jahre 1985 – 1989, sowie eine Prognose für 1998 und 2005 für die Abgaskomponenten CO, HC, NO_x, Partikel, Blei, SO_2 und CO_2 wieder.

Bei den Kohlenwasserstoffen des Otto-Pkw wird unterschieden zwischen Abgasemissionen aus dem Motor, Verdunstung aus dem Tank und der Kraftstoffanlage (durch den Tagesgang der Temperatur sowie nach dem Abstellen des warmen Motors) sowie Emissionen bei der Verteilung von Ottokraftstoffen (Tanklager, Tankstellen, Betankung der Fahrzeuge). Die um mehr als eine Größenordnung geringeren Partikelmengen aus Ottomotoren sind, aufgrund fehlender Meßergebnisse, nicht aufgeführt. Die Bleiemissionen aus den mit verbleitem Benzin betriebenen Ottomotoren sind hier als metallisches Blei angegeben.

Der übrige Verkehr umfaßt:
– zivilen und militärischen Flugverkehr,
– Binnenschiffahrt,
– Schienenverkehr mit Dieseltraktoren,
– Land- und Forstwirtschaft,
– Militärverkehr (ohne Flugverkehr).

Die einzelnen Schadstoffe können sowohl direkt wirken als auch in Folge atmosphärischer Reaktionen, wie z.B. die Bildung von Photooxidantien unter Mitwirkung der Sonneneinstrahlung [N.2.4].

Zu unterscheiden ist zwischen den lokal wirkenden Schadstoffemissionen (CO, VOC (Volatile Organic Compounds = flüchtige organische Verbindungen), NO_x, SO_2 und Partikel), die in Großstädten und Ballungsräumen kritische Konzentrationswerte erreichen können, und den überwiegend durch den Verkehrsbereich (hauptsächlich NO_x und VOC) hervorgerufenen sekundären Schadstoffen (Photooxidantien, Leitsubstanz Ozon), die sich aufgrund komplexer Wirkungszusammenhänge aus den genann-

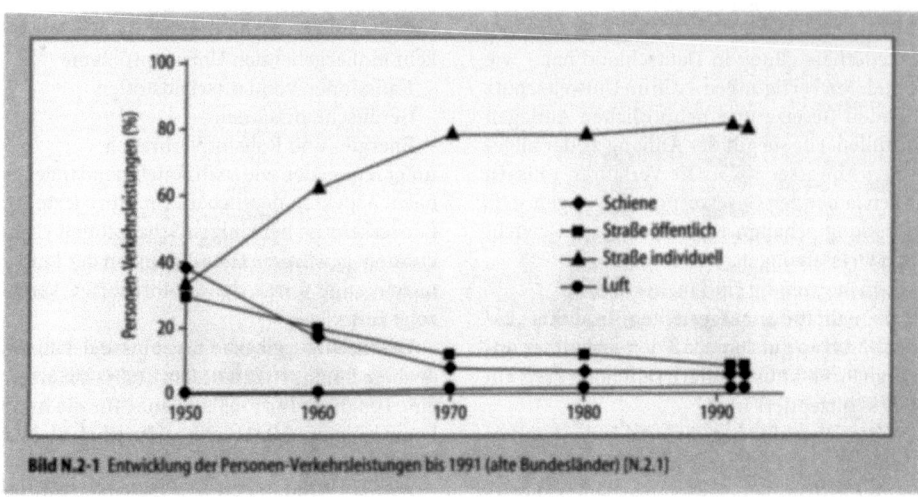

Bild N.2-1 Entwicklung der Personen-Verkehrsleistungen bis 1991 (alte Bundesländer) [N.2.1]

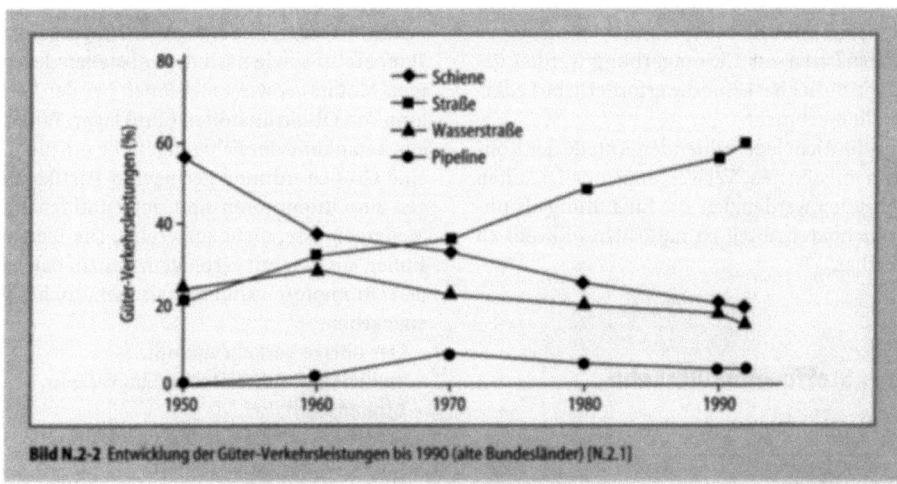

Bild N.2-2 Entwicklung der Güter-Verkehrsleistungen bis 1990 (alte Bundesländer) [N.2.1]

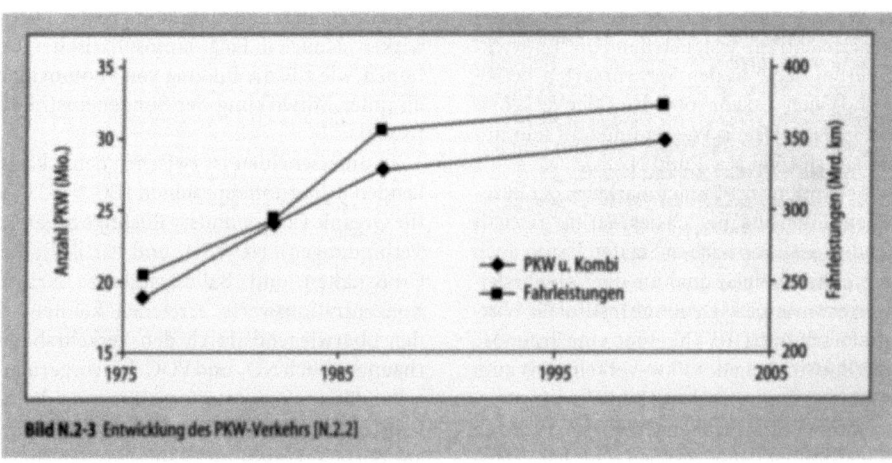

Bild N.2-3 Entwicklung des PKW-Verkehrs [N.2.2]

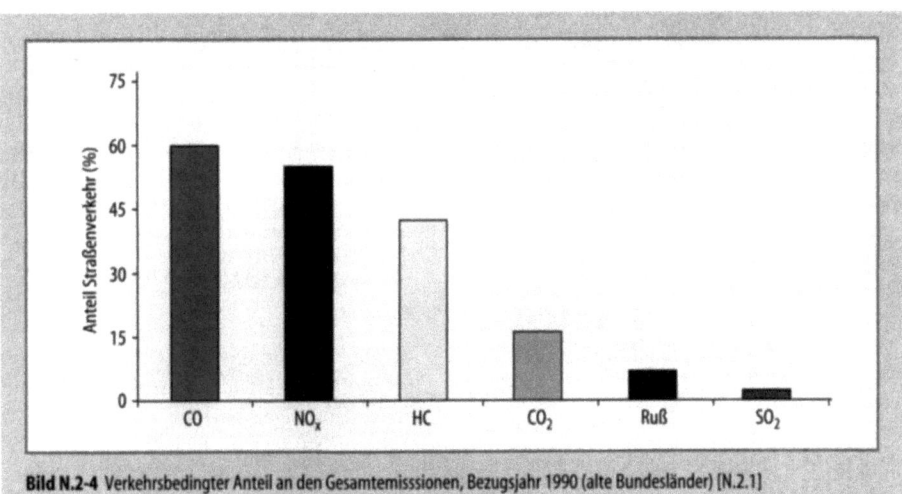

Bild N.2-4 Verkehrsbedingter Anteil an den Gesamtemisssionen, Bezugsjahr 1990 (alte Bundesländer) [N.2.1]

Tabelle N.2-1 Emissionsberechnungen und -prognosen [N.2.3]

		1985	1987	1989	1998	2005
CO	gesamt	8838	8770	8440	5110	3430
	statistische Quellen	2520	2330	2260	2050	1800
	Verkehr					
	PKW	5842	6060	5680	2620	1320
	NFZ	123	130	140	150	140
	übriger Verkehr	353	350	360	290	170
HC	gesamt	2418	2470	2420	1380	960
	statistische Quellen	1180	1160	1150	700	550
	Verkehr					
	PKW	1028	1090	1030	440	210
	NFZ	99	110	120	130	130
	übriger Verkehr	111	110	120	110	70
NOx	gesamt	2934	2900	2680	1990	1620
	statistische Quellen	1230	1100	840	590	590
	Verkehr					
	PKW	1008	1070	1050	560	290
	NFZ	476	520	570	630	540
	übriger Verkehr	220	210	220	210	200
Ruß	gesamt	232	220	217	180	141
	statistische Quellen	169	153	148	116	90
	Verkehr					
	PKW	13	15	13	11	8
	NFZ	35	38	42	41	32
	übriger Verkehr	15	14	14	12	11
Blei	gesamt	3,5	2,9	1,7	0,1	0,1
SO_2	gesamt	2418	1984	1039	834	685
	statistische Quellen	2340	1900	980	810	660
	Verkehr	78	84	59	24	25
CO_2	gesamt	719,8	719,3	712,3	720	713
	statistische Quellen	590	579	565	558	547
	Verkehr					
	PKW	82,2	91,1	93,5	104	105
	NFZ	25,9	27,5	30,8	35	38
	übriger Verkehr	21,7	21,7	23	23	23

ten Vorläufersubstanzen bilden und sich global verteilen.

Effektive Minderungsmaßnahmen an der Emissionsquelle wirken sich wegen der komplexen nichtlinearen chemischen Reaktionen bei der Photooxidantienbildung nicht in gleicher Weise auf die Immissionskonzentration aus.

Während für den stratospärischen Ozonabbau der Verkehr nicht verantwortlich ist, sind für den „Treibhauseffekt" nach herrschender wissenschaftlicher Meinung überwiegend die CO_2-Emissionen relevant [N.2.5]. Das Klima der Erde wird durch eine Vielzahl komplexer und untereinander gekoppelter Regelkreise kontrolliert, an denen die Atmosphäre, die Biosphäre, die Ozeane und die Kryosphäre beteiligt sind. Die Existenz klimarelevanter Spurengase ist für eine Durchschnittstemperatur von ca. 15 °C verantwortlich. Ohne diese Spurengase würde auf der Erde eine Durchschnittstemperatur von −18 °C herrschen. Zu diesem natürlichen Treibhauseffekt von ca. 33 K tragen
- der Wasserdampf mit 20,6 K
- das CO_2 mit 7,2 K
- das Ozon mit 2,4 K
- das Distickstoffoxid mit 1,4 K
- und das Methan mit 0,8 K

bei.

Der Verkehr ist in Deutschland zwar nicht der größte, aber ein wesentlicher CO_2-Emittent (s. Tabelle N.2-1).

N.2.2 Kraftfahrzeugverkehr

N.2.2.1 Kraftfahrzeugabgase

Die Kraftfahrzeugabgase entstehen bei der motorischen Verbrennung eines aus Kohlenwasserstoffen zusammengesetzten Brennstoffs, bei der die gespeicherte chemische Energie als Oxidationswärme freigesetzt wird. Bei einer theoretisch denkbaren vollständigen Verbrennung entstehen Kohlendioxid und Wasser.

Dabei wird vorausgesetzt, daß ausreichend Sauerstoff zur Verfügung steht, um alle Kohlenwasserstoffmoleküle bis zur höchstmöglichen Oxidationsstufe, also bis zum Kohlendioxid bzw. zum Wasser, zu oxidieren.

$$C_n H_{2n+2} + (3n+1)/2\, O_2 \rightarrow n\, CO_2 + (n+1)\, H_2O + \text{Wärme}$$
$$n = 1, 2, 3 \ldots$$

Aus der Zusammensetzung der Verbrennungsluft und der Kraftstoffe läßt sich ermitteln, daß zur vollständigen Verbrennung von 1 kg Ottokraftstoff durchschnittlich 14,9 kg Luft (stöchiometrisches Kraftstoff-Luft-Verhältnis), von 1 kg Dieselkraftstoff 14,6 kg Luft benötigt werden (Tabelle N.2-2 und N.2-3).

Das Verhältnis von tatsächlicher Luftmenge zu diesem stöchiometrischen Bedarf wird als Luftzahl λ bezeichnet.

$$\lambda = \frac{\text{zugeführte Luftmenge}}{\text{stöchiometrische Luftmenge}}$$

Bei Luftmangel ($\lambda < 1$) erhält man ein „fettes", bei Luftüberschuß ($\lambda > 1$) ein „mageres" Gemisch.

Ein Ottomotor, der mit $\lambda = 1$ betrieben wird, emittiert pro kg Kraftstoffstoff etwa 3,1 kg CO_2 und 1,3 kg Wasserdampf. Der Stickstoff der zugeführten Luft durchläuft den Motor nahezu unverändert.

Ottomotor mit $\lambda = 1$:
1 kg Kraftstoff + 14,9 kg Luft (3,4 kg O_2 + 11,5 kg N_2) $\rightarrow$
3,1 kg CO_2 + 1,3 kg H_2O + 11,5 kg N_2

Der Dieselmotor arbeitet immer mit einem relativ hohen Luftüberschuß, so daß im Abgas neben den Oxidationsprodukten entsprechende

Tabelle N.2-2 Hauptbestandteile der Luft

Bestandteil	Trocken		Gewicht (22 °C, 50 % rel. Feuchte)	
	Vol. %	Gew. %	Vol. %	Gew. %
N_2	78,08	75,46	77,06	74,88
O_2	20,95	23,19	22,68	22,97
Edelgase	0,94	1,30	0,93	1,29
CO_2	0,03	0,05	0,03	0,05
H_2O	–	–	1,30	0,81

Tabelle N.2-3 Daten handelsüblicher Kraftstoffe [N.2.6, N.2.7]

Kraftstoff	Dichte (kg/l)	C (Gew. %)	H2 (Gew. %)
Super-Plus	0,755 – 0,780	86,5	12,0
Super	0,750 – 0,770	87,0	12,5
Normal	0,735 – 0755	86,0	14,0
Super verbleit	0,740 – 0,775	87,0	12,5
Diesel	0,83	86,4	13,1

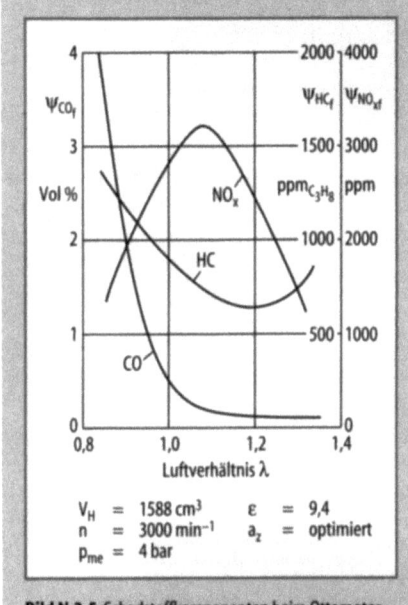

Bild N.2-5 Schadstoffkomponenten beim Ottomotor

Anteile an den Reaktionen nicht beteiligten Sauerstoffs sowie ein höherer Stickstoffanteil vorhanden sind.

Dieselmotor mit $\lambda = 3$:
1 kg Kraftstoff + 43,7 kg Luft (10,0 kg O_2 + 33,7 kg N_2) →
3,1 kg CO_2 + 1,3 kg H_2O + 6,6 kg O_2 + 33,7 kg N_2

Im realen Motorabgas sind jedoch zusätzlich als Produkte unvollständiger Oxidation Kohlenmonoxid CO, Wasserstoff H_2 sowie teil- oder unverbrannte Kohlenwasserstoffe HC enthalten. Ausserdem enthält das Abgas Oxidationsprodukte des Stickstoffs NO und NO_2 (zusammengefaßt: NO_x).

Auch im Kraftstoff enthaltene Komponenten, z.B. Blei, Schwefel, sind im Abgas oxidiert oder auch elementar zu finden. Bei Dieselmotoren kommt als weitere Komponente Ruß hinzu.

Das Entstehen dieser Abgaskomponenten liegt daran, daß in der Verbrennungsphase des motorischen Arbeitsprozesses keine Gleichgewichtsbedingungen erreicht werden, sondern inhomogene Gasgemische mit teilweise dissozierten Komponenten auftreten, wodurch Sekundärreaktionen ermöglicht werden.

Die Konzentrationen der Abgaskomponenten werden in erster Linie vom Verbrennungsluftverhältnis beeinflußt.

Die Abhängigkeit der Mengenanteile vom Luftverhältnis λ ist in Bild N.2-5 für einen Ottomotor dargestellt.

Neben dem Motor selbst übt der verwendete Kraftstoff einen wesentlichen Einfluß auf die Verbrennung und damit auf die Abgaszusammensetzung aus.

N.2.2.1.1 Ottokraftstoffe

Zur Erfüllung der vielfältigen Anforderungen müssen die Kraftstoffe bestimmte, in Normen festgelegte Kennwerte einhalten. Die wesentlichen Eigenschaften der Ottokraftstoffe sind Klopffestigkeit, Siedeverlauf und die Dichte. Hinsichtlich der Klopffestigkeit wird zwischen Normal-, Super- und Super-Plus-Qualitäten unterschieden.

Kennwerte sind Tabelle N.2-4 zu entnehmen. Seit Einführung der Katalysatortechnik müssen unverbleite Kraftstoffe verfügbar sein, da das Blei den Katalysator „vergiftet".

Die bekannteste Eigenschaft des Ottokraftstoffs ist dessen Klopffestigkeit. Mit Klopffestigkeit ist das Verhalten des Ottokraftstoffs gemeint, nicht unkontrolliert durch Selbstzündung, sondern ausschl. durch den Zündfunken eingeleitet präzise durchzubrennen. Kritisch bei einer unkontrollierten Verbrennung ist die dadurch verursachte thermische und mechanische Überlastung des Motors. Ein Maß für die Klopffestigkeit ist die Octanzahl. Um die Octanzahl für einen Ottokraftstoff zu ermitteln, wird die Probe mit einem Isooctan- (Octanzahl: 100) und n-Heptan-(Octanzahl: 0) Gemisch in einem „Einzylinder-CFR-Prüfmotor" verglichen. Zunächst wird durch Verstellung des Verdichtungsverhältnisses ermittelt, mit welchem Verdichtungsverhältnis der Prüfmotor mit der Kraftstoffprobe zu klopfen beginnt. Anschließend wird die dazugehörige Octanzahl ermittelt, indem das Verdichtungsverhältnis beibehalten, dafür das Isooctan/n-

Tabelle N.2-4 DIN-Kennwerte von Ottokraftstoffen und ihre Bedeutung [N.2.6]

Kennwert	Normal DIN EN 228	Super DIN EN 228	SuperPlus DIN EN 228	Super verbl. DIN 51600	Einfluß auf Fahrzeugbetrieb
Klopffestigkeit (Octanzahlen)	min. 91,0 ROZ	min. 95,0 ROZ	min. 98,0 ROZ	min. 98,0 ROZ	Klopfen bei niedriger und mittlerer Drehzahl
	min. 82,5 ROZ	min. 85,0 ROZ	min. 88,0 ROZ	min. 88,0 ROZ	Klopfen bei hoher Drehzahl und hoher Last
Dichte bei 15 °C von bis	725 kg/m³ 780 kg/m³	725 kg/m³ 780 kg/m³	725 kg/m³ 780 kg/m³	730 kg/m³ 780 kg/m³	Kraftstoffverbrauch, Abgasemission
Bleigehalt	max. 0,013 g/l	max. 0,013 g/l	max. 0,013 g/l	max. 0,013 g/l	Ablagerungen, Katalysator
Dampfdruck nach Reid (= VP) Sommer Winter	36 – 70 kPa 55 – 90 kPa	36 – 70 kPa 55 – 90 kPa	36 – 70 kPa 55 – 90 kPa	36 – 70 kPa 55 – 90 kPa	Kaltstart, Heißstart, Verdampfungsemission
Siedeverlauf Übergang bis 70 °C (= E70) Sommer Winter	15 – 45 Vol.-% 15 – 47 Vol.-%	15 – 45 Vol.-% 15 – 47 Vol.-%	15 – 45 Vol.-% 15 – 47 Vol.-%	15 – 40 Vol.-% 20 – 45 Vol.-%	Kaltstart, Heißstart, Fahrverhalten bei heißem und kaltem Motor
Siedeverlauf Übergang bis 70 °C (= E70) Sommer Winter	40 – 65 Vol.-% 43 – 70 Vol.-%	40 – 65 Vol.-% 43 – 70 Vol.-%	40 – 65 Vol.-% 43 – 70 Vol.-%	42 – 65 Vol.-% 45 – 70 Vol.-%	
Siedeende	max. 215 °C	max. 215 °C	max. 215 °C	max. 215 °C	Rückstandsbildung, Abgas, Verschleiß im Kaltbetrieb
Flüchtigkeitskennziffer $VLI = 10 \cdot VP + 7 \cdot E70$ Sommer Winter	max. 950 max. 1150	max. 950 max. 1150	max. 950 max. 1150	–	Start und Fahrverhalten bei heißem Motor
Abdampfrückstand	max. 5 mg/100 ml	max. 5 mg/100 ml	max. 5 mg/100 ml	max. 5 mg/100 ml	Rückstandsbildung
Schwefel	max. 0,10 %[a]	max. 0,10 %[a]	max. 0,10 %[a]	max. 0,10 %	Korrosion, Katalysator
Korrosionswirkung auf Kupfer	max. 1 (Kor.-Grad)	max. 1 (Kor.-Grad)	max. 1 (Kor.-Grad)	max. 1 (Kor.-Grad)	Korrosion
Benzol	max. 5 Vol.-%	max. 5 Vol.-%	max. 5 Vol.-%	max. 5 Vol.-%	Abgasemission
Gesamtsauerstoffgehalt	max. 2,8 Gew.-%	max. 2,8 Gew.-%	max. 2,8 Gew.-%	max. 2,8 Gew.-%	Fahrverhalten, Kraftstoffverbrauch, Abgasemission

[a] Ab 1995 max. 0,05 %

Heptan-Gemisch in seinem Verhältnis verändert wird, und zwar so, bis der Prüfmotor erneut zu Klopfen anfängt. Enthält die Isooctan/n-Heptan-Mischung dann 95 % Isooctan, beträgt die Octanzahl des zu untersuchenden Kraftstoffs 95.

Ermittelt wird in diesem Laborverfahren mit dem CFR-Prüfmotor nicht nur eine Octanzahl, sondern zwei: die „Research-Octanzahl" (ROZ) sowie die „Motor-Octanzahl" (MOZ). Der Unterschied liegt in den Bedingungen, unter denen diese Werte bestimmt werden. Während für die ROZ eine konstante Drehzahl von 600 U/min, eine konstante Zündeinstellung und eine Luftvorwärmung von 52 °C vorgegeben sind, wird die MOZ bei einer Drehzahl von 900 U/min, automatisch verstellbarer Zündeinstellung sowie einer Gemischvorwärmung von 149 °C ermittelt.

Die Neigung des Benzins zur Verdampfung – d. h. seine Flüchtigkeit – ist die wesentliche Voraussetzung zum Einsatz als Ottokraftstoff. Da Benzin ein Gemisch aus vielen Kohlenwasserstoffen ist, hat es keinen definierten Siedepunkt, sondern einen Siedebereich, der etwa zwischen 30 und 200 °C liegt.

Die Abhängigkeit „Verdampfte Benzinanteile/Temperatur" ergibt die sog. Siedekurve. Lage und Charakteristik der Siedekurve (Bild N.2-6) erlauben Rückschlüsse über das Verhalten des Kraftstoffs im Motor.

Prinzipiell muß die Flüchtigkeit des Ottokraftstoffs so beschaffen sein, daß in allen Situationen ein zündfähiges Kraftstoff/Luft-Gemisch

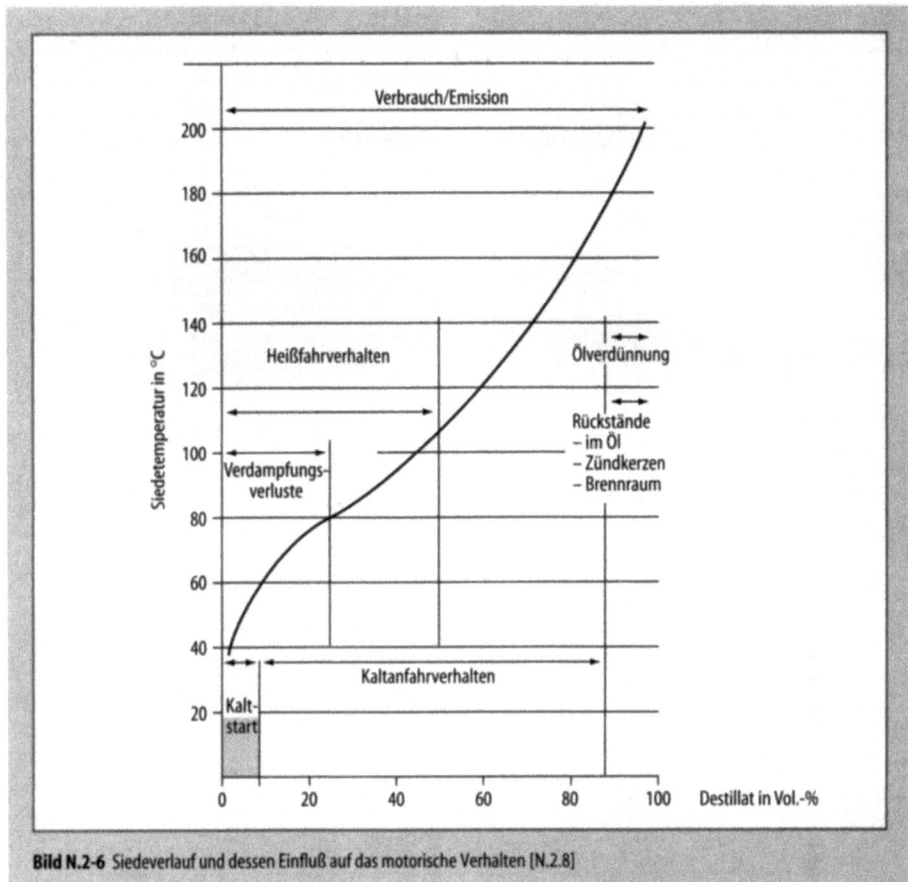

Bild N.2-6 Siedeverlauf und dessen Einfluß auf das motorische Verhalten [N.2.8]

dem Brennraum zur Verfügung steht. Unter bestimmten Betriebsbedingungen – etwa bei besonders kaltem oder besonders heißem Motor – ist diese Voraussetzung schwer zu erfüllen.

Für einen sicheren Kaltstart muß der Kraftstoff möglichst leichtflüchtig sein. Die Siedetemperatur um den 10-Vol.%-Punkt sollte dafür niedrig, der Dampfdruck dagegen hoch sein. Die spontane Gasannahme („Übergangsverhalten") im kalten Zustand wird durch eine niedrige Siedelage im mittleren Bereich der Siedekurve erleichtert.

Beim heißen Motor sind die Anforderungen an das Benzin genau umgekehrt. Unter ungünstigen Bedingungen können Bauteile des Kraftstoffsystems so heiß werden, daß ein zu großer Teil Kraftstoff verdampft („Dampfblasenbildung") und sich in Einspritzsystemen Dampfpolster bilden. Dadurch wird die Kraftstoffzufuhr unterbrochen bzw. das Gemisch überfettet, was sich negativ auf das Fahrverhalten auswirkt.

N.2.2.1.2 Dieselkraftstoffe

Im Unterschied zum Ottokraftstoff enthält der Dieselkraftstoff höhermolekulare Kohlenwasserstoffe (mit etwa 8 – 30 Kohlenstoffatomen) und hat daher eine höhere Dichte. Weitere wichtige Qualitätskriterien, die auch Auswirkungen auf das Emissionsverhalten der Dieselmotorfahrzeuge haben, sind die Zündwilligkeit, der Siedeverlauf, die Viskosität und der Flammpunkt (Tabelle N.2-5).

N.2.2.1.3 Hauptkomponenten der Automobilabgase

In Tabelle N.2-6 sind Meßwerte für die Abgaskomponenten eines typischen Ottomotorfahrzeuges zusammengestellt. Über 98 Gew.% des Abgases (Spalte 4) bestehen aus den Substanzen Kohlendioxid, Wasser, Sauerstoff, Stickstoff und Wasserstoff. Als charakteristische Produkte einer unvollständigen Verbrennung folgen mit insgesamt etwa 1,64 Gew.% die limitierten Abgasbestandteile Kohlenmonoxid (Zwischenstufe der Kohlendioxid-Bildung), Kohlenwasserstoffe (unverbrannte und gekrackte Kraftstoffkomponenten sowie daraus neu entstandene Verbindungen) und Stickoxide (Oxidationsprodukte des Luftstickstoffs).

Den mengenmäßig sehr kleinen Rest von < 0,05 Gew.% stellen die nicht limitierten Abgaskomponenten, deren Hauptvertreter der Wasserstoff (Pyrolyseprodukt der Kohlenwasserstoffe), die Schwefelverbindungen (Oxidationsprodukte des im Kraftstoff enthaltenen Schwefels), die Aldehyde (teiloxidierte Kohlenwasserstoffe) und der Ammoniak (Reduktionsprodukt der Stickoxide) sind. Die Konzentrationen (Gew.%) sind um bis zu 5 Zehnerpotenzen geringer als die der limitierten Substanzen. Es handelt sich hier also um Spurenkomponenten.

Alle genannten Substanzen werden auch im Dieselmotorabgas – wegen des größeren Luftüberschusses mit noch niedrigeren Konzentrationen – wiedergefunden (Tabelle N.2-7). Aufgrund des höheren Schwefelgehaltes im Dieselkraftstoff werden jedoch verstärkt Schwefelverbindungen emittiert. Zusätzlich zu den Komponenten des Ottomotorabgases gewinnt im Dieselmotorabgas mit den Partikeln eine weitere Komponente an Bedeutung.

N.2.2.1.4 Maßnahmen zur Reduzierung der Abgasemissionen

Grundsätzlich gehen die Bestrebungen dahin, daß Maßnahmen zur Emissionsminderung der Abgaskomponenten die Fahrtauglichkeit und

Tabelle N.2-5 Wichtige Kenndaten von Dieselkraftstoff nach DIN EN 590 [N.2.7]

Kenngröße		
Zündwilligkeit (Cetanzahl)	CZ	51,8 / 46 – 49
Dichte bei 15 °C	g/ml	0,843 / 0,820 – 0,860
Siedeverlauf 250 °C	Vol.-%	max. 65
350 °C	Vol.-%	max. 85
Viskosität bei 20 °C	mm²/s	2 – 4,5
Flammpunkt	°C	max. 55
Schwefel	Gew.-%	max. 0,20[a]

[a] Ab 1.10.96 max. 0,05.

Tabelle N.2-6 Typische Zusammensetzung des Ottomotorabgases

Komponente		kg/kg Kraftstoff	kg/l Kraftstoff	Gew. %		Vol. %	
Kohlendioxid	CO_2	2,710	2,019		17,0		10,9
Wasserdampf	H_2O	1,330	0,990		8,3		13,1
Sauerstoff	O_2	0,175	0,130	98,4	1,1	97,8	1,0
Stickstoff	N_2	11,500	8,568		72,0		72,8
Wasserstoff	H_2	$5,6 \cdot 10^{-3}$	$4,2 \cdot 10^{-3}$		$3,5 \cdot 10^{-2}$		0,5
Kohlenmonoxid	CO	0,224	0,167		1,4		1,4
Kohlenwasserstoffe	HC	$2,0 \cdot 10^{-2}$	$1,5 \cdot 10^{-2}$	1,64	0,13	1,77	0,27
Stickoxide	NO_x	$1,7 \cdot 10^{-2}$	$1,3 \cdot 10^{-2}$		0,11		0,1

Tabelle N.2-7 Typische Zusammensetzung des Dieselmotorabgases

Komponente		kg/kg Kraftstoff	kg/l Kraftstoff	Gew. %		Vol. %	
Kohlendioxid	CO_2	3,147	2,612		7,1		4,6
Wasserdampf	H_2O	1,170	0,971		2,6		4,2
Sauerstoff	O_2	6,680	5,554	99,9	15,0	99,9	13,5
Stickstoff	N_2	33,540	27,838		75,2		77,6
Wasserstoff	H_2	$9,0 \cdot 10^{-4}$	$7,0 \cdot 10^{-4}$		$2 \cdot 10^{-3}$		$3 \cdot 10^{-2}$
Kohlenmonoxid	CO	$1,3 \cdot 10^{-2}$	$1,1 \cdot 10^{-2}$		$3 \cdot 10^{-2}$		$3 \cdot 10^{-2}$
Kohlenwasserstoffe	HC	$3,1 \cdot 10^{-3}$	$2,5 \cdot 10^{-3}$	0,067	$7 \cdot 10^{-3}$	0,074	$1,4 \cdot 10^{-2}$
Stickoxide	NO_x	$1,3 \cdot 10^{-2}$	$1,1 \cdot 10^{-2}$		$3 \cdot 10^{-2}$		$3 \cdot 10^{-2}$

den Benzinverbrauch nicht negativ beeinflussen. Dabei ist auch zu beachten, daß eine Maßnahme zur Verringerung der Emission einer bestimmten Komponente u. U. ungünstige Auswirkungen auf die Emissionswerte der anderen Komponenten nach sich ziehen kann. Die prinzipiell einsetzbaren Verfahren zur Emissionsminderung lassen sich wie folgt einteilen in:
- primäre oder motorische Maßnahmen und
- sekundäre oder Abgasnachbehandlungsverfahren.

Motorische Maßnahmen
Bild N.2-7 veranschaulicht beispielhaft die Fülle der Parameter, die einen Einfluß auf die Abgaszusammensetzung haben können. Auf Details soll hier nicht näher eingegangen werden. Es sei nur soviel gesagt, daß sich die gegenwärtigen Arbeiten an der Optimierung des Motors auf die 3 Hauptgebiete Brennraum, Gemischbildung und Zündung konzentrieren.

Abgasnachbehandlung
Zu den wichtigsten Techniken der Abgasnachbehandlung gehören heute der Katalysator beim Ottomotor und das Partikelfilter beim Dieselmotor.

Mit dem Dreiwegkatalysator werden beim Ottomotor unter der katalytischen Wirkung von Edelmetallen simultan die Stickoxide (hauptsächlich aus Stickstoffmonoxid NO bestehend) reduziert sowie das Kohlenmonoxid und die Kohlenwasserstoffe oxidiert.

Reduktion von NO zu Stickstoff:
$2\,NO + 2\,CO \rightarrow N_2 + 2\,CO_2$

Oxidation von CO und C_mH_n zu CO_2:
$2\,CO + O_2 \rightarrow 2\,CO_2$
$C_mH_n + (m + n/4)\,O_2 \rightarrow m\,CO_2 + n/2\,H_2O$

Als Reduktions- bzw. Oxidationsmittel fungieren dabei das Kohlenmonoxid selbst bzw. der Sauerstoff. Die Schwierigkeit besteht darin, praktisch gleichzeitig reduzierende und oxidierende Bedingungen im Abgas zu schaffen.

Technisch löst man dieses Problem dadurch, daß man das Luftverhältnis in einem sehr engen Bereich um den Wert $\lambda = 1$ („Lambda-Fenster") regelt und so kurzzeitig abwechselnd Luftmangel (Reduktion) bzw. Luftüberschuß (Oxidation) erzeugt. Dazu ist eine sehr genaue Sauerstoffmessung im Abgas mit Hilfe der sog. Lambda-Sonde erforderlich. Über das Ausgangssignal dieses Meßfühlers wird die der Ansaugluft zugemischte Kraftstoffmenge und damit das Luftverhältnis gesteuert.

Bild N.2-8 zeigt den mit einem Dreiwegkatalysator erzielbaren Konvertierungsgrad für Kohlenmonoxid, die Kohlenwasserstoffe und die Stickoxide in Prozenten des Idealzustands (d. h.

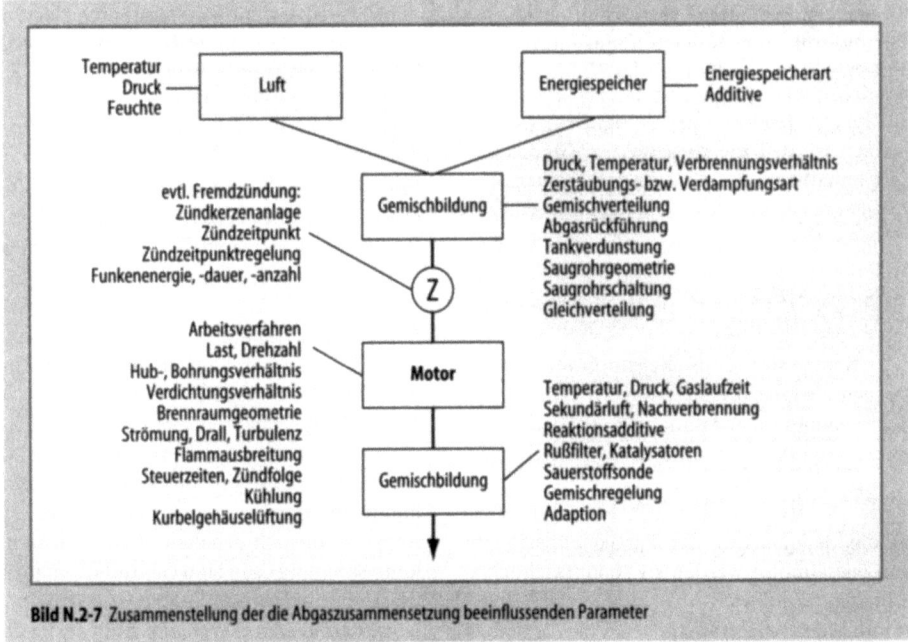

Bild N.2-7 Zusammenstellung der die Abgaszusammensetzung beeinflussenden Parameter

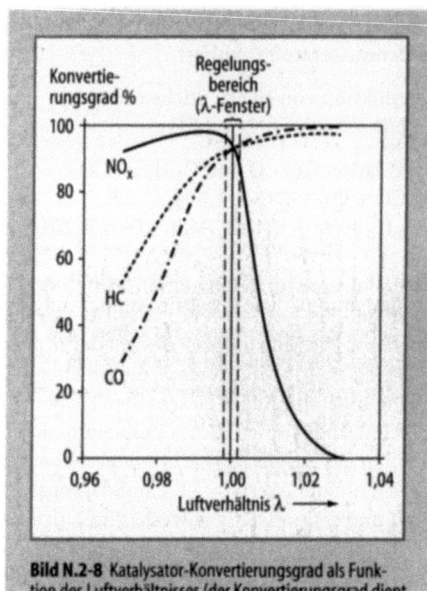

Bild N.2-8 Katalysator-Konvertierungsgrad als Funktion des Luftverhältnisses (der Konvertierungsgrad dient als Maß für die Wirksamkeit des Katalysators)

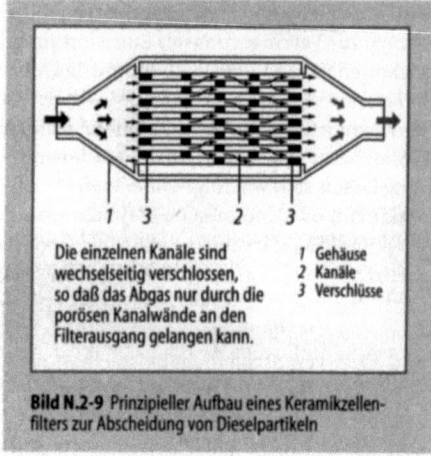

Bild N.2-9 Prinzipieller Aufbau eines Keramikzellenfilters zur Abscheidung von Dieselpartikeln

100 % = völlige Umwandlung) als Funktion des Luftverhältnisses. Daraus geht hervor, daß eine gleichzeitige Absenkung aller 3 Komponenten nur innerhalb eines sehr engen Regelungsbereichs zu erreichen ist. Bei λ-Werten > 1 nimmt die Stickoxid-Konvertierung stark ab, weil das reduzierende Agens Kohlenmonoxid zunehmend zu Kohlendioxid oxidiert wird. Andererseits werden bei einem Luftverhältnis < 0,99 aufgrund sinkender Sauerstoffkonzentrationen die Kohlenwasserstoffe und das Kohlenmonoxid weniger effektiv umgesetzt (oxidiert). Anzumerken ist, daß die dargestellten Konvertierungsraten von 90 % und mehr nur für einen betriebswarmen (T > 300 °C) Katalysator gelten. Insbesondere bei einem Kaltstart des Motors vergeht daher einige Zeit (ca. 1 min), bis Katalysator und Lambda-Sonde durch die Abgase soweit aufgeheizt sind, daß die chemischen Reaktionen verstärkt einsetzen.

Der Katalysator kann allerdings auch unerwünschte chemische Umsetzungen begünstigen, z.B. die Bildung von Ammoniak aus Stickstoffmonoxid und Wasserstoff nach der Gleichung

$$2\,NO + 5\,H_2 \rightarrow 2\,NH_3 + 2\,H_2O.$$

Für die Reduzierung der Partikelemissionen beim Dieselmotor werden z.Z. hauptsächlich 3 Techniken erprobt:
- motorische Maßnahmen,
- Filterung des Hauptstroms mit Partikelfiltern,
- kontinuierliche Nachverbrennung mit Hilfe von Oxidationskatalysatoren.

Das Prinzip der Partikelabscheidung mit einem Filter ist in Bild N.2-9 dargestellt. Das hierbei auftretende Problem ist die Regenerierung des sich beim Fahrzeugbetrieb allmählich mit den abgeschiedenen Partikeln zusetzenden Filters. Ursache dafür ist, daß die zur Verbrennung des Rußes auf dem Filter erforderliche Temperatur von mind. 550–600 °C unter normalen Lastbedingungen des Dieselmotors nicht erreicht wird. Deshalb wird gegenwärtig intensiv an Maßnahmen gearbeitet, die ein Verstopfen des Filters verhindern sollen (thermische bzw. katalytische Regenerierung des Filters).

N.2.2.1.5 Emissionsmessungen

Emissionsmessungen zur Beurteilung des Abgasemissionsverhaltens von Kraftfahrzeugen sind für die Mitgliedstaaten der EU einheitlich geregelt.

Pkw und Pkw-Kombi

Das Fahrzeug wird auf einem Fahrleistungsprüfstand (Rollenprüfstand, Bild N.2-10) nach einem Zyklus gefahren, der eine Stadtfahrt mit einem Außerortsanteil repräsentiert. Das dabei emittierte Abgas wird mit gefilterter Luft verdünnt und der Volumenstrom des verdünnten Abgases konstant gehalten (CVS: Constant Volume Sampling). Ein zum Gesamtstrom proportionaler Anteil verdünnten Abgases wird in Beuteln gesammelt und nach Abschluß der Testfahrt

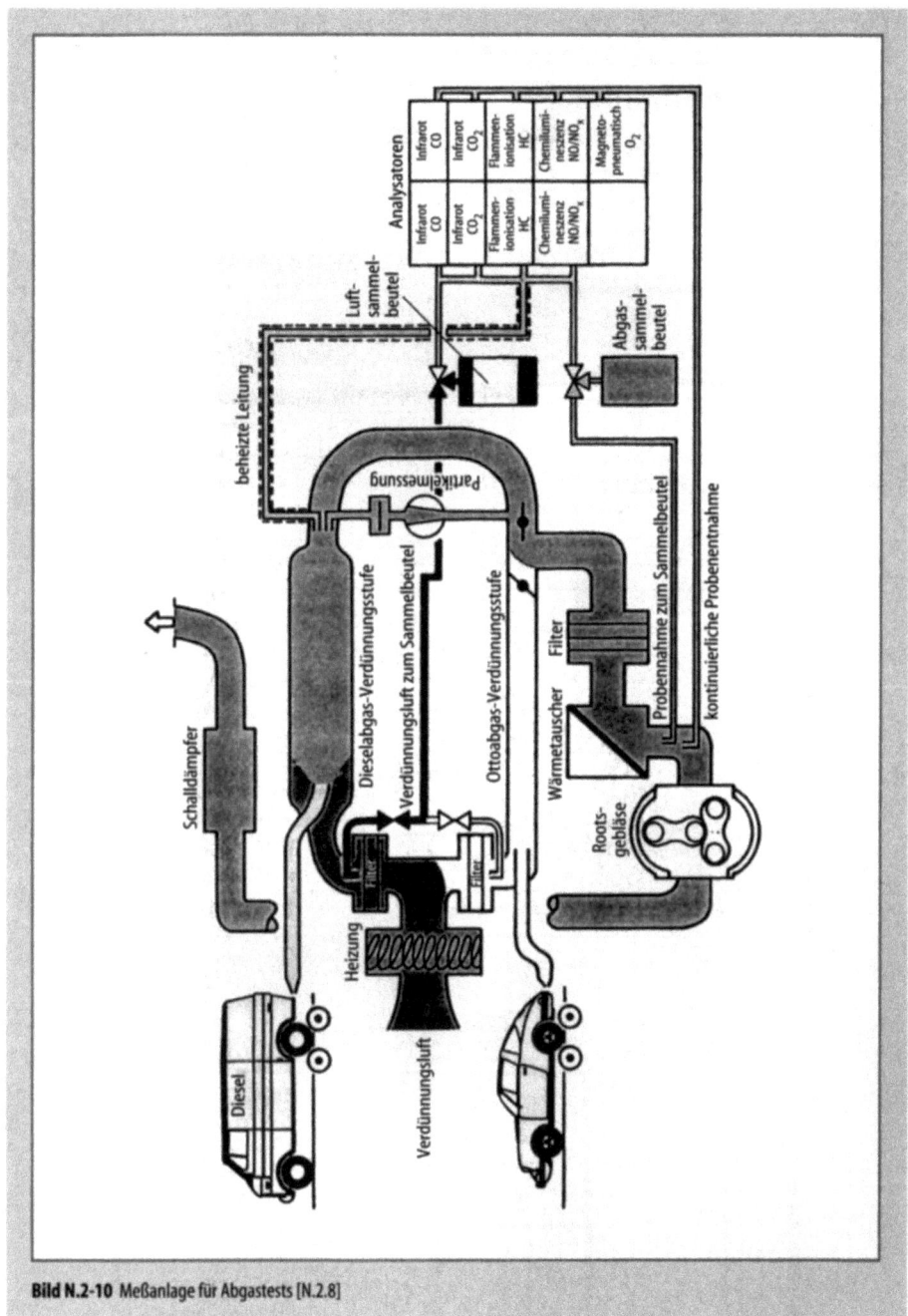

Bild N.2-10 Meßanlage für Abgastests [N.2.8]

analysiert. Für jede der limitierten Abgaskomponenten ist ein Analysator vorhanden.

Aus den Konzentrationen der einzelnen Komponenten und aus dem Volumenstrom werden die Massenemissionen über die gefahrene Strecke oder pro Test ermittelt.

Die Abgasvorschriften für Pkw sehen Grenzwerte für CO, HC, NO_x und Partikel (nur für Dieselmotoren) vor. Die Höhe der Grenzwerte und die weitere Entwicklung sind Bild N.2-11 zu entnehmen.

Die USA, Japan, Schweiz und andere Länder

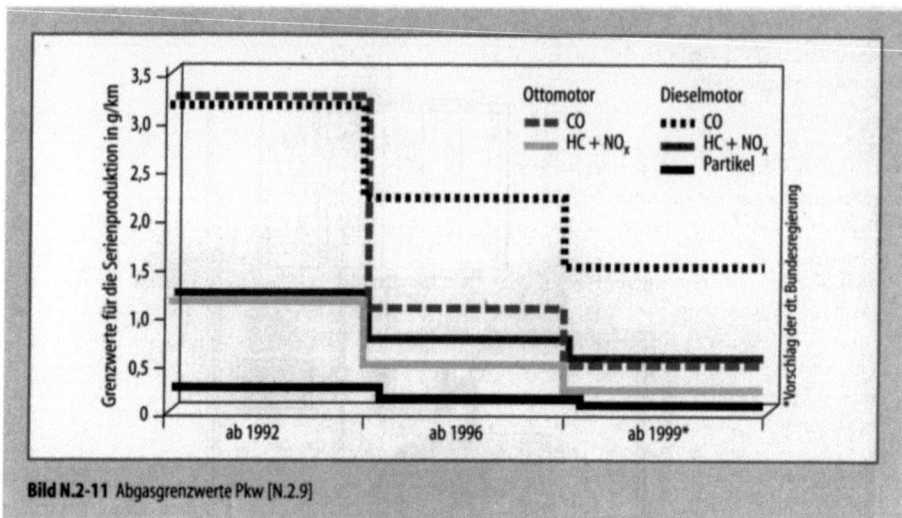

Bild N.2-11 Abgasgrenzwerte Pkw [N.2.9]

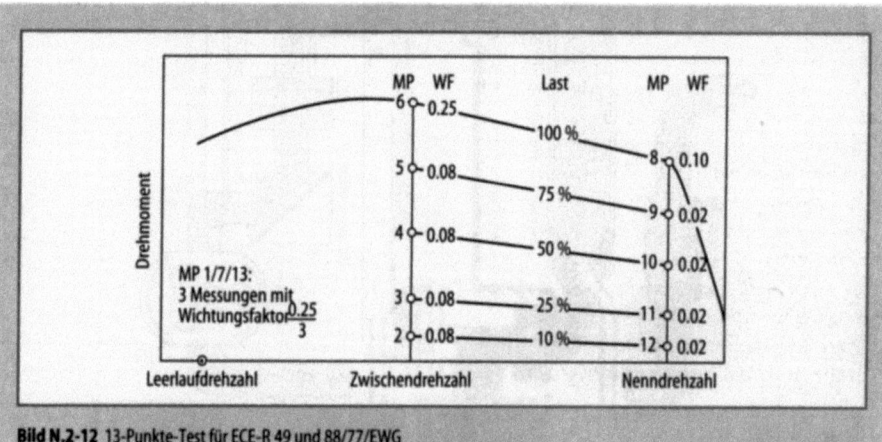

Bild N.2-12 13-Punkte-Test für ECE-R 49 und 88/77/EWG

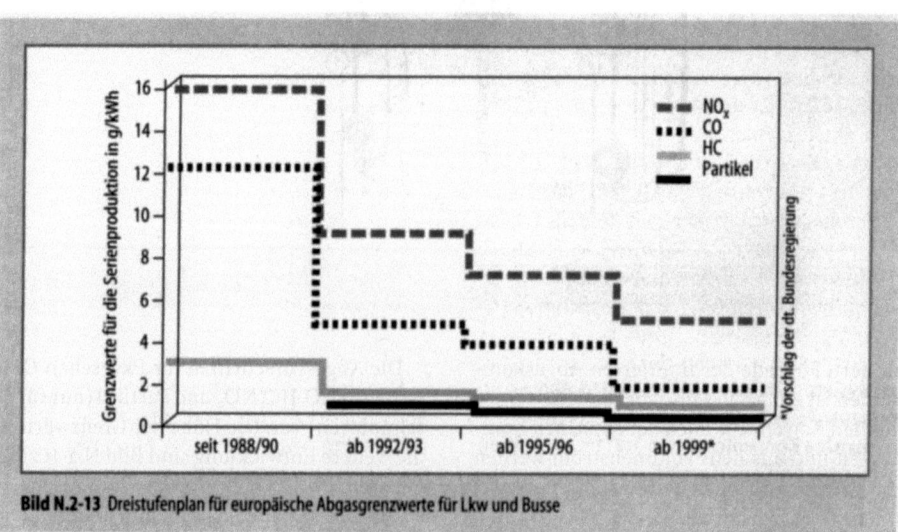

Bild N.2-13 Dreistufenplan für europäische Abgasgrenzwerte für Lkw und Busse

verwenden von den EU-Vorschriften abweichende Fahrzyklen, die jeweiligen Abgaswerte sind nicht direkt vergleichbar.

Nutzfahrzeuge
Die Abgasemissionen von Nutzfahrzeugen werden in der EU auf einem Motorprüfstand im europäischen Prüfmodus, dem sog. 13-Stufentest ermittelt.

Die 13 Motorbetriebspunkte sind Leerlauf, der dreimal anzufahren ist, sowie 10, 25, 50, 75 und 100 % der Höchstleistung bei der Nenndrehzahl und bei der Drehzahl des max. Drehmoments. In jedem der Motorbetriebspunkte werden die Schadstoffkonzentrationen von Kohlenmonoxid, Kohlenwasserstoff und Stickoxid gemessen. Aus den ebenfalls zu messenden Größen für die angesaugte Luftmenge und den Kraftstoffverbrauch wird die Abgasmenge errechnet, so daß über die Schadstoffkonzentrationen und die entsprechende Dichte die Schadgasmassenströme (Menge je Zeit) ermittelt werden können. Diese für die einzelnen Motorbelastungen errechneten Massenströme werden mit unterschiedlichen Bewertungsfaktoren gewichtet, um der Tatsache Rechnung zu tragen, daß die unterschiedlichen Belastungen bei einer angenommenen repräsentativen Stadtfahrt mit verschiedenen Häufigkeiten auftreten. Man versucht auf diese Weise auch für schwere Fahrzeuge praxisbezogene Emissionen zu erhalten. Die Bewertung (WF) der einzelnen Belastungen zeigt auch Bild N.2-12.

Die so bewerteten Massenströme werden aufaddiert und zu der in den einzelnen Lastpunkten ermittelten und entsprechend bewerteten und addierten Motorleistung in Beziehung gesetzt. Auf diese Weise erhält man für jeden Schadstoff eine leistungsbezogene Menge, die mit dem Grenzwert verglichen wird.

In der Europäischen Union gilt seit Oktober 1993 die Grenzwertkombination EURO 1 für alle Serienfahrzeuge (Bild N.2-13). Für die folgenden, ab 1995/6 geltenden, Grenzwerte EURO 2 ist die Festlegung der Partikellimits noch offen. Für kleine Motoren kann der ursprünglich vorgesehene Partikelgrenzwert von 0,15 g/kWh nicht festgelegt werden, wenn diese i.d.R. von Pkw-Motoren abgeleitete Antriebsquelle für leichte Nutzfahrzeuge im Verteilerverkehr bestehen bleiben soll.

Die nächste europäische Grenzwertfestlegung EURO 3 ist bzgl. des Zyklus und der Grenzwerte noch nicht definiert.

N.2.2.1.6 Reduktion von Abgasemissionen und Kraftstoffverbrauch

Die durch den Verkehr, insbesondere den Strassenverkehr, verursachten Belastungen der Umwelt zeigen deutlich, daß sich diesbezüglich die Vergangenheit nicht einfach fortschreiben läßt. Innovationen in Form fahrzeugtechnischer Fortschritte zur Minderung der Emissionen an der Quelle allein werden nicht ausreichen, um die Situation grundlegend zu verbessern. Die Schaffung eines Verkehrssystems der Zukunft erfordert eine gemeinsame Strategie der Fahrzeugindustrie, der Verkehrsträger und des Staates.

Mit dem Ziel, im Konflikt zwischen Auto, Verkehr und Umwelt Lösungen zu finden, müssen folgende Problemfelder bearbeitet werden:
- Technische Verbesserung der Verkehrsmittel zur Minderung der Emissionen an der Quelle durch innovative Fahrzeugtechnik, Verbesserung der Kraftstoffe, Verwendung alternativer Kraftstoffe und Reduktion des Kraftstoffverbrauchs
- Verkehrsverlagerung auf umweltschonende Verkehrsmittel
- Verlagerung im Personennahverkehr vom Auto auf attraktive Bahn- und Busverbindungen
- Im Güterverkehr Verlagerung von der Straße auf die Schiene durch günstigen Verkehrsverbund
- Reduktion des Verkehrsaufkommens

Die heutigen Mobilitätsbedürfnisse müssen analysiert und ungewollte oder weniger notwendige Mobilität abgebaut werden.

N.2.2.2 Maßnahmen

Eine Entlastung der Umwelt kann kurzfristig nur durch eine Verbesserung der konventionellen Kraftfahrzeuge am Motor (Antrieb) und Aufbau erreicht werden.

Änderungen an Fahrzeugen wie Reduktion der Fahrzeugmasse und des Fahr- und Rollwiderstands, sowie alle Maßnahmen zur Verkehrsregulierung wirken prinzipiell auf den Kraftstoffverbrauch und die Abgasemissionen aller Fahrzeugen aus. Die Fahrzeugmasse trägt entscheidend zur Höhe des Kraftstoffverbrauchs bei. Eine Reduktion der Fahrzeugmasse um 100 kg senkt bei ansonsten unverändertem Fahrzeug den Kraftstoffverbrauch um ca. 0,4 l/100 km. Die relative Einsparung ist bei instationärer Betriebsweise des Motors (Nahverkehr) größer als bei quasi stationärer Betriebsweise (Autobahn). Von der heute üblichen Fahrzeugbauweise ausgehend, können neue Fahrzeuge durch leichtere Materialien in den nächsten 10 Jahren etwa 10 % leichter werden. Dem stehen allerdings Kosten und energetische Aufwendungen (z. B. Aluminiumherstellung) entgegen, die sich jedoch durch Fortschritte beim Recycling verringern werden. Als weitere Kraftstoffverbrauchs-Reduktionsmaßnahme kann eine Verbesserung der Aerodynamik einbezogen werden. Dabei auftretende Zielkonflikte zwischen Luftwiderstandswert und Komfort (Innenraumaufheizung, verringerte Kopffreiheit, Ausstattung des Fahrzeugs) müssen durch Priorisierung der Kriterien gelöst werden.

Mit der Abstimmung des Getriebes ist ein weiteres Potential zur Kraftstoffeinsparung gegeben. Je größer die Gangwahlmöglichkeit, desto besser kann der Motor im Bereich des relativ günstigen Kraftstoffverbrauchs betrieben werden. Neue automatisierte 5- und 6-Gang-Getriebe mit elektronischer Kopplung zur Motorelektronik ermöglichen ein kennfeldoptimiertes Fahren.

Aufgrund seiner Leistungsdichte, seines Bauvolumens und Gewichts hat der Zweitaktmotor im otto- bzw. dieselmotorischen Betrieb bei entsprechender Weiterentwicklung Zukunftschancen als Pkw-Antrieb. Besonders bei Zweitaktmotoren mit Spülschlitzen im Zylinder muß für den Problemkreis Schmierung/Dauerhaltbarkeit noch eine Lösung gefunden werden. Der Kraftstoffverbrauch kann besonders im Teillastbereich mit Hilfe innerer Gemischaufbereitung abgesenkt werden.

Bei Umsetzung aller technischen Möglichkeiten zur Verbesserung des Abgasemissionsverhaltens und des Kraftstoffverbrauchs ist beim Pkw mit Ottomotor langfristig ein Einsparungspotential in Höhe von 35 %, beim Pkw mit Dieselmotor von 30 % auszuschöpfen. Ist weiterhin eine Akzeptanz für eine gewissen Reduktion der Pkw-Fahrleistungen gegeben, und ist der Fahrzeugnutzer bereit, durch umweltbewußten Umgang mit seinem Fahrzeug einen Beitrag zu liefern, so sind Kraftstoffverbräuche von 5 – 3 l/100 km zu erreichen. Diese möglichen Kraftstoffverbräuche entlasten die Umwelt jedoch nur dann, wenn im Rahmen eines Gesamtkonzepts auch eine umweltgerechte Verkehrstechnik und Verkehrsbeeinflussung einbezogen wird.

N.2.2.3 Alternative Kraftstoffe

Der Einsatz alternativer Kraftstoffe war ursprünglich von der Sorge um die Verknappung

Tabelle N.2-8 Energieumwandlungs-Prozeßketten (EUK) im Vergleich

EUK	Pkw-Testgewicht	Reichweite	Energiebedarf Pkw am Rad	Energieverbrauch Pkw/EUK	Wirkungsgrad Pwk/EUK	CO_2-Emission Pkw/EUK
	kg	km	MJ/100 km	MJ/100 km	%	kg/100 km
Benzin-Verbr.-Motor	1060	697	31,2	254/272	12,3/11,5	18,4//19,6
Diesel-Verbr.-Motor	1130	886	33,0	219/226	15,1/14,6	16,2/16,7
M100-Verbr.-Motor	1250	417	36,2	205/312	17,8/11,6	14,5/18,4
CNG-Verbr.-Motor	1120	274	32,8	240/269	13,6/12,2	14,0/16,3
LNG-Verbr.-Motor	1110	932	32,5	239/284	13,6/11,4	13,9/18,1
LH_2-Verbr.-Motor	1050	372	30,9	229/563	13,5/5,50	0,0/35,4
GH_2-Verbr.-Motor	1200	155	34,9	251/376	13,9/10,1	0,0/22,7
HH_2-Verbr.-Motor	1190	156	34,7	250/375	13,9/9,20	0,0/22,7
Methanol Brennstoffzelle Blei/Gel-Batterie-E-Antrieb	1707	442	48,4	260/396	18,6/12,2	18,3/23,4
Methanol Brennstoffzelle Na/S-Batterie-E-Antrieb	1544	485	44,1	237/361	18,6/12,2	16,7/21,3
Strom E-Antrieb	1400	38	40,3	111/293	36,3/13,7	0,7/19,9

LNG Liquified Natural Gas/Flüssiges Erdgas für Verbrennungsmotor
CNG Compressed Natural Gas/Erdgas bei erhöhtem Druck für Verbrennungsmotor
MeOH Methanol/Methanol für Verbrennungsmotor
LH_2 Liquified Hydrogen/Flüssiger Wasserstoff für Verbrennungsmotor
GH_2 Gaseous Hydrogen/Wasserstoffgas bei erhöhtem Druck für Verbrennungsmotor
HH_2 Wasserstoff-Metellhydridspeicher (Mg/TiCrMn) für Verbrennungsmotor
BZ Methanol/Wasser (1,3 Mol H_2O/1 Mol CH_3OH) für Brennstoffzelle (BZ) und E-Antrieb
EA Batterie für E-Antrieb

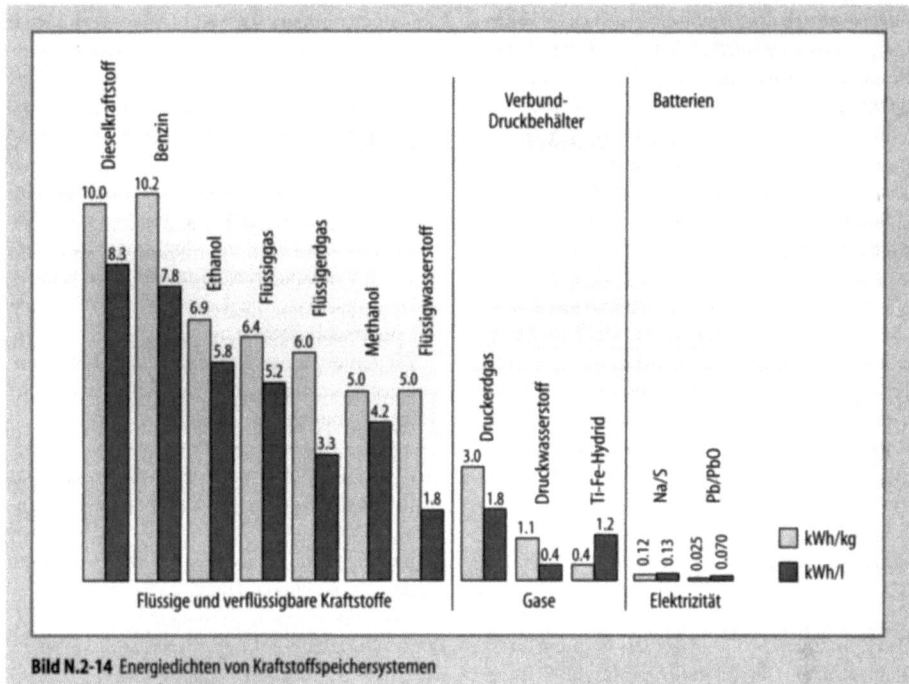

Bild N.2-14 Energiedichten von Kraftstoffspeichersystemen

der Erdölvorräte geprägt. Die Umweltsituation hat das Interesse an alternativen bzw. erneuerbaren Kraftstoffen neu geweckt. Als alternative Kraftstoffe für die Verwendung bei Straßenfahrzeugen sind zu nennen: Methanol, Ethanol, Pflanzenöle, Flüssiggas, Erdgas und Wasserstoff.

Der Einsatz von Methanol, Ethanol, Pflanzenölen, Flüssiggas und Erdgas ist praktisch Stand der Technik. Schwierigkeiten treten durch die i. d. R. nicht vorhandenen Infrastrukturen auf, und die Kosten, die auch aufgrund der kleinen Stückzahlen sehr hoch sind. Ohne flankierende Maßnahmen des Staats ist eine Substitution eines merklichen Anteils konventioneller Kraftstoffe zur Entlastung der Umwelt kaum möglich. Bei einem Vergleich bzgl. der Umweltvorteile alternativer Kraftstoffe muß die gesamte jeweils erforderliche Energieumwandlungs-Prozeßkette einbezogen werden.

Diese Bilanzen sind schwer zu erstellen und hängen von vielen Randbedingungen ab. Ein Beispiel für Bilanzen aus dem Pkw-Bereich zeigt Tabelle N.2-8, die [N.2.10] entnommen ist.

Die alternativen flüssigen und gasförmigen Schadstoffe weisen hinsichtlich Masse, Volumen, Heizwert und Speichersystem Unterschiede auf. Für die Verwendung im Fahrzeug spielt die Energiedichte bzgl. der Reichweite des Fahrzeugs eine wichtige Rolle. Die Speicherverhältnisse sind im Bild N.2-14 dargestellt. In der Darstellung ist der Wirkungsgrad für die Umwandlung von Kraftstoff in mechanische Energie nicht berücksichtigt.

Der technische Aufwand für den Kraftstoffspeicher nimmt zu, wenn gasförmige Kraftstoffe zum Einsatz kommen.

N.2.2.3.1 Methanol und Ethanol

Beide Alkoholkraftstoffe können in Otto- oder Dieselmotoren verbrannt werden, wobei im Dieselmotor Zündhilfen erforderlich sind. Die Herstellung von Methanol erfolgt heute fast ausschl. durch katalytische Umsetzung von Synthesegas, das aus der Erdgasspaltung stammt. Synthesegas auf Basis nachwachsender Rohstoffe könnte aus Biogas und der Holz- oder Strohvergasung produziert werden. Bei der Methanolherstellung treten Energieverluste von 40–60 % auf, je nach Anzahl der notwendigen Verfahrensschritte, die sowohl die Energie- als auch die Emissionsbilanz belasten. Der Heizwert von Methanol erfordert eine Abstimmung des Gemischbildungssystems, bei vollständigem Einsatz des konventionellen Kraftstoffs muß das doppelte Kraftstoffvolumen eingespritzt werden. Entzündungs- und Verbrennungseigenschaften sowie das Kaltstartverhalten müssen beachtet werden. Aufgrund der höheren Oktanzahlen kann ein höheres Verdichtungsverhältnis gewählt werden.

Ethanol hat ähnliche Eigenschaften wie Methanol. Der Vorteil von Ethanol wäre ein theoretisch geschlossener CO_2-Kreislauf, da es aus Biomasse hergestellt wird. In der Praxis wird der Kohlenstoffkreislauf nicht geschlossen. Ein weiterer Nachteil ist der notwendige Düngereinsatz.

Mit Alkoholkraftstoffen emittieren mit Katalysator ausgerüstete Fahrzeuge höhere NO_x-Emissionen. Dieselmotoren emittieren weniger NO_x-Emissionen bei Reinmethanolbetrieb als bei Verwendung von Diesel. Zusätzlich werden sauerstoffhaltige Komponenten wie Methanol, Formaldehyd usw. emittiert. Der Hauptvorteil liegt in der partikelarmen Verbrennung.

N.2.2.3.2 Pflanzenöle

Umfangreiche Untersuchungen haben gezeigt, daß reine Pflanzenöle bei der Verbrennung Rückstände bilden. Derzeit wird hauptsächlich Rapsöl in veresterter Form als Rapsölmethylester (RME) eingesetzt. Die Verwendung ist auf Dieselmotoren beschränkt und erfordert keine aufwendigen Anpassungsarbeiten am Motor. Zur Aufstellung der CO_2-Bilanz von Motoren mit RME-Betrieb müssen die energetischen Verbräuche des Landwirtschaftszweigs und der Produktionsprozesse berücksichtigt werden. Ein Vergleich von Energie-Input und -Output verdeutlicht, daß für die RME-Produktion ca. 85 % des RME-Energieinhalts für die Herstellung benötigt wird.

N.2.2.3.3 Erdgas/Flüssiggas

Für den Einsatz bei Fahrzeugen werden heute im wesentlichen 2 Gasarten benutzt. Einmal Erdgas (CNG Compressed Natural Gas), das hochverdichtet in Druckbehältern mitgeführt wird, und zum anderen Flüssiggas (LPG Liquified Petroleum Gas), das bei Raumtemperatur und geringem Druck in der Flüssigphase vorliegt.

Eigenschaften von Flüssiggas
Unter Flüssiggas wird ein Gasgemisch aus niedrigsiedenden C_3- und C_4-Kohlenwasserstoffen verstanden. Hauptkomponenten sind Propan (C3H8) und Butan (C4H10). Geringe Beimischungen an Äthan (C2H6) und Pentan (C5H12) sind ebenfalls möglich.

Darüber hinaus können in Flüssiggas kleine Mengen ungesättigter Kohlenwasserstoffverbindungen vorliegen.

Da es neben der DIN 51622 (Anforderungen an die Qualität der Flüssiggase, jedoch nicht gültig für „Autogas") keine international gültige Vereinbarung über die Zusammensetzung von Flüssiggas gibt, variiert diese weltweit.

Tabelle N.2-9 listet die Mischungsverhältnisse für einige Länder auf, Sommer- und Winterbetrieb stellen sich bzgl. der Zusammensetzung z.T. unterschiedlich dar.

Die Zusammensetzung des Flüssiggases ist wegen der unterschiedlichen Eigenschaften der einzelnen Komponenten für den Betrieb des Motors von großer Bedeutung. Nicht nur die unterschiedliche Klopffestigkeit von Propan und Butan setzt einer beliebigen Variation des Butananteils Grenzen.

Bei geregelter Gemischbildung muß das System in der Lage sein, Luftzahlveränderungen (z.B. Schwankungen in der Flüssiggaszusammensetzung) innerhalb des Regelbereichs des Systems auszugleichen.

Weiterhin ist die Siedetemperatur (bzw. Siedeendtemperatur) insbesondere beim Kaltstart von Bedeutung. Erst beim Überschreiten der Siedepunkttemperaturen findet ein sprunghafter Übergang von der Flüssig- in die Gasphase statt. Der Druck in einem geschlossenen System ist ausschl. von der Temperatur der Flüssigphase und nicht vom Anteil der Flüssigphase abhängig. Er bleibt konstant, bis die Flüssigphase verdampft ist. Erst dann kann bei weiterer Energiezufuhr der Druck zunehmen.

Tabelle N.2-9 Flüssiggaszusammensetzung in verschiedenen Ländern [N.2.12]

Land	Propan/Butan-Verhältnis %	
	Sommer	Winter
Belgien	30/70	50/50
Bundesrepublik	überwiegend Propan	
Dänemark	50/50	70/30
England	Propan	
Finnland	Propan	
Holland	30/70	70/30
Norwegen	Propan	
Österreich	20/80	80/20
Schweden	Propan	
Schweiz	Propan	

Die Kraftstoffentnahme für den Betrieb des Motors aus den Flüssiggasbehältern kann aus der Flüssigphase sowie aus der Gasphase erfolgen. Der Vorteil bei der Entnahme aus der Flüssigphase besteht darin, daß nur das gasförmige Volumen der Entnahmemenge ersetzt bzw. verdampft werden muß. Die dafür erforderliche Verdampfungswärme, die über die Behälterwandungen zuzuführen ist, ist deutlich kleiner als bei einer Entnahme aus der Gasphase.

Die Gemischbildung, d.h. das Mischen der Stoffströme Verbrennungsluft und Flüssiggas im entsprechenden Verhältnis, ist einfacher zu bewerkstelligen, wenn sich auch das Flüssiggas im gasförmigen Zustand befindet. Dies wird durch einen dem Mischer vorgeschalteten Verdampfer erreicht, der in der Lage ist, auch bei hohem Kraftstoffbedarf, eine entsprechende Menge Flüssiggas zu verdampfen bzw. zu überhitzen. Um den im Flüssiggasbehälter und im Leitungssystem vorherrschenden Dampfdruck abzubauen, ist i. d. R im Verdampfer ein Druckminderer integriert.

Eigenschaften von Erdgas
Der Hauptbestandteil von Erdgas ist Methan mit einem Anteil von 80 – 98 % je nach Herkunft. Die Restbestandteile sind Kohlendioxid, Stickstoff, Helium und niedrigsiedende Kohlenwasserstoffe sowie Spuren von Schwefelwasserstoff und Wasser. Erdgas hat unter den Kohlenwasserstoffen den höchsten Wasserstoffanteil und damit günstige spezifische CO_2-Emissionen. Wird der auf den Energieeinsatz bezogene CO_2-Faktor des Dieselmotors zu 1,00 gesetzt, so ergibt sich für den Erdgasmotor der CO_2-Faktor zu 0,98. Bezogen auf den Kraftstoff entstehen zwar 23 % weniger CO_2, dieser Vorteil wird jedoch durch den höheren Energieverbrauch des ottomotorischen Prozesses teilweise kompensiert. Weitere wesentliche Eigenschaften von Ergas sind:
– hohe Klopffestigkeit,
– im Fahrbetrieb und während der Betankung können aufgrund des druckgasdichten Systems keine Verluste an Kohlenwasserstoffen entstehen,
– Abgase geruchs- und nahezu frei von Ruß,
– niedrige Geräuschemissionen,
– höheres Fahrzeugleergewicht durch Gasspeicherung in Druckbehältern.

Da sich die Speicher- und die Betankungstechnik bei flüssigem Erdgas (LNG) sehr schwierig gestaltet, finden heutige Bemühungen nahezu ausschl. mit Erdgas in komprimierter Form statt.

N.2.2.3.4 Vergleich einzelner Stoffwerte

Tabelle N.2-10 nennt einige Stoffwerte alternativer Kraftstoffe im Vergleich zu den Werten von Benzin und Dieselkraftstoff.

N.2.2.3.5 Wirtschaftlichkeit verschiedener Alternativkraftstoffe

Die erforderliche Infrastruktur für Herstellung, Transport und Verteilung ist derzeit für keinen Alternativkraftstoff flächendeckend vorhanden. Damit sich die mit alternativen Kraftstoffen betriebenen Motoren durchsetzen können, muß deren Wirtschaftlichkeit und Zuverlässigkeit gegenüber den mit herkömmlichen Kraftstoffen betriebenen Motoren sichergestellt sein.

Tabelle N.2-10 Stoffwerte alternativer Kraftstoffe [N.2.8]

Kraftstoff	Dichte[a] [kg/m³]	Dichte flüssig [kg/l]	Siedetemperatur [°C]	spez. Heizwert [kWh/kg]	Zündtemperatur [°C]	Klopffestigkeit ROZ
Normal-Benzin	715 – 765	0,72 – 0,77	25 – 215	11,9	ca. 300	91 – 98
Diesel	815 – 855	0,82 – 0,86	180 – 360	11,8	ca. 250	–
Methan	0,72	n.v.	– 162	13,3	650	104
Propan	2,0	0,51	– 42	12,9	470	110
Butan	2,7	0,58	– 9	12,7	360	94
Methanol	790	0,79	65	5,5	450	140
Ethanol	790	0,79	78	7,4	420	n.v.

[a] bei 1.013 mbar, 0 °C   n.v. nicht verfügbar

Ein niedriger Erdölpreis und ausreichende Vorräte bieten nur geringe wirtschaftliche Anreize für die Einführung alternativer Kraftstoffe.

Ein Vergleich zeigt, daß Erdgas in wirtschaftlicher Hinsicht mit Dieselkraftstoff verglichen werden kann und gegenüber Benzin im Nachteil liegt, während Pflanzenöl und Pflanzenölester zumindest in der Bundesrepublik nicht empfohlen werden können.

N.2.2.3.6 Abgasemissionsverhalten von Gasmotoren

Beim Abgasemissionsverhalten wurde zunächst die Unterschreitung der EURO-2-Grenzwerte um mind. 50 % angestrebt. Eine Bewertung der beiden Motorkonzepte
- Magerbetrieb mit relativ hohem Luftüberschuß im Bereich Luftverhältnis $\lambda > 1{,}5$ in Verbindung mit Oxidationskatalysator und
- stöchiometrischer Betrieb mit $\lambda = 1$ sowie geregeltem Dreiwegekatalysator

führte zu dem Ergebnis, daß zumindest für den ersten Schritt die aus dem Pkw-Bereich bekannte Entwicklung mit geregelter Gemischbildung vorzuziehen ist.

Das Magerkonzept bietet zwar den Vorteil des geringeren Energieverbrauchs, für sehr niedrige Stickoxidemissionen ist jedoch ein Motorbetrieb bei λ-Werten $> 1{,}6$ und damit an oder jenseits der heute noch gültigen Grenze der Lauffähigkeit notwendig.

N.2.2.3.7 Wasserstoff

Im Gegensatz zu Erdgas liegt Wasserstoff als Gas in ungebundener Form nicht vor. Der Rohstoff für die Produktion von Wasserstoff ist Wasser. Zwei Möglichkeiten zur Wasserstoffherstellung sind denkbar:
- Zerlegung von Wasser und fossilen Energieträgern
- Zerlegung von Wasser mittels Elektrizität.

Zukünftig sind auch folgende Techniken weiter zu entwickeln:
- Weiterentwicklung der fossilen Umwandlungstechniken,
- Einsatz der Wasserelektrolyse mittels Elektrizität aus Solarkraftwerken,
- Vergasung von Biomasse.

Ökologisch und ökonomisch verträgliche Verfahren für ausreichende Mengen Wasserstoff sind demnach kurzfristig noch nicht verfügbar. Im Forschungs- und Entwicklungsbereich haben mit Wasserstoff betriebene Verbrennungsmotoren, vor allem durch die Einspritzung flüssigen Wasserstoffs in den Brennraum, ein niedriges NO_x-Niveau bei einer CO_2-freien Verbrennung.

Auch hier ist das Speicherproblem zunächst noch zu lösen. Flüssigwasserstoff-Speicherung ist mit hohem Energieaufwand für die Verflüssigung und mit einer komplizierten Handhabung verbunden.

Heute sind für Wasserstoff neuartige Druckgasbehälter aus faserverstärktem Verbundmaterial verfügbar. Bei 100 kg Speichergewicht können etwa 3 kg Wasserstoff gespeichert werden.

Aufgrund der Speicherdichte der Wasserstoffdruckspeicher bleibt diese Möglichkeit auf Fahrzeuge im Nahverkehr beschränkt. Es kommen wohl zunächst fuhrparkgestützte Fahrzeuge in Betracht.

N.2.2.4 Alternative Antriebe

N.2.2.4.1 Elektroantrieb

Elektrisch betriebene Fahrzeuge sind am Einsatzort Nullemissionsfahrzeuge, sieht man von dem evtl. notwendigen Einsatz fossiler Energie zur Heizung des Fahrgastraums ab. Die Schlüsselkomponente für Elektrofahrzeuge ist bekanntlich die Batterie, die für eine Fahrzeuganwendung derzeit noch relativ viele ungünstige Eigenschaft besitzt. Der größte Nachteil ist die geringe Energiedichte und das dadurch erforderliche hohe Batteriegewicht. In Tabelle N.2-11 sind Daten für einen Batteriesystemvergleich [N.2.13] aufgeführt. Außer der Bleibatterie sind die anderen Systeme noch entwicklungsfähig. Dies muß Berücksichtigung finden, wenn die in Tabelle N.2-11 aufgeführten Parameter verglichen werden.

Eine Aussage zur Umweltverträglichkeit von Elektrofahrzeugen ist schwierig, weil sie von vielen Randbedingungen abhängt, die nicht durch die Fahrzeugtechnik beeinflußt werden. Insbesondere spielt der Kraftwerkmix eine große Rolle (Bild N.2-15). Das Elektrofahrzeug bietet jedoch den Vorteil eines am Einsatzort emissionsfreien und geräuscharmen Fahrzeugs, eines sog. „Zero-Emission-Vehicles".

Die Standverluste der Hochleistungsbatterien führen bei kleinen täglichen Fahrstrecken zu einem äquivalenten Kraftstoffverbrauch, der von leistungsähnlichen Fahrzeugen mit Diesel- oder Ottomotor unterschritten werden kann.

Tabelle N.2-11 Batterie-Systemvergleich

	Blei-Säure	Ni/Cd	Nickel-Hydrid	Na/S; Na/NiCl2
Fahrzeugreichweite Δs	50 km	100 km	130 km	150 km
Kalendarische Lebensdauer	4 Jahre	10 Jahre	10 Jahre	5 Jahre
Zahl der möglichen Entladezyklen	700	> 2.000	> 2.000	1.000
Theoretische Laufleistung	35.000	200.000	200.000	150.000
Preis pro Kilowattstunde	300 DM	1.000 DM	1.000 DM	500 DM
Preis der Batterie bei Reichweite Δs	4.000 DM	15.000 DM	20.000 DM	12.000 DM
Bei 10jähriger Lebensdauer eines Autos benötigte Anzahl der Batterien	2 – 3	1	1	2

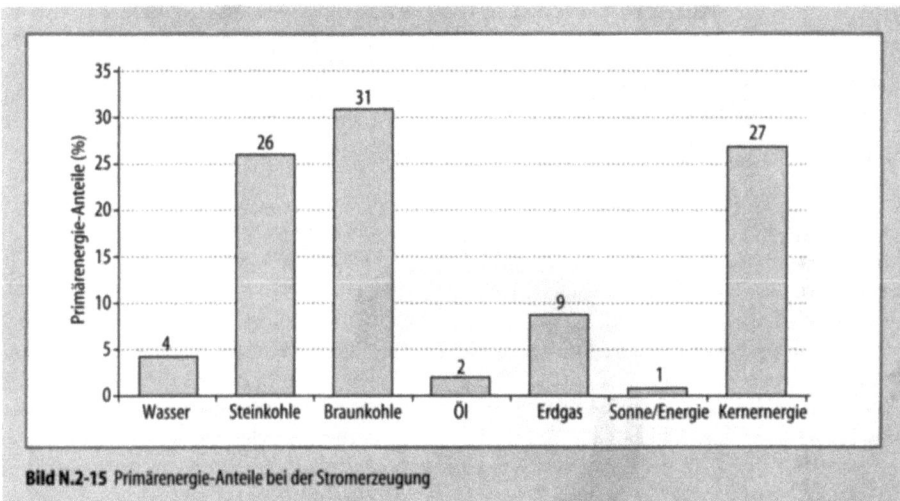

Bild N.2-15 Primärenergie-Anteile bei der Stromerzeugung

Ein weiteres Kriterium mit direkter Auswirkung auf die Akzeptanz der Elektrofahrzeuge ist die Sicherheit. Risiken bei Störfällen, ebenso wie Recyclingprobleme, müssen mit der Störfallanalyse bewertet werden.

Einen umweltentlastenden Effekt können Elektrofahrzeuge nur dann erzielen, wenn sie nicht zusätzlich, sondern statt konventioneller Fahrzeuge eingesetzt werden.

N.2.2.4.2 Brennstoffzelle

Verbrennungsmotoren werden auch in absehbarer Zeit eine wesentliche Rolle spielen. Sie besitzen aus heutiger Sicht nur ein begrenztes Potential bzgl. des Wirkungsgrads. Elektromotoren haben schon heute einen höheren Wirkungsgrad und können den Verbrennungsmotor verdrängen, wenn die Leistungsdaten ihrer Stromquellen wesentlich verbessert werden. Eine Möglichkeit besteht darin, die Batterie durch eine Brennstoffzelle zu ersetzen. Energieträger im Fahrzeug können dann neben Wasserstoff auch synthetische Gas- oder Flüssigtreibstoffe (z.B. Methanol) sein. Bild N.2-16 zeigt einen möglichen Aufbau des Antriebsystems. Bei Wasserstoffeinsatz entfällt der Reformer.

Unter den bekannten Brennstoffzellenarten eignet sich die PEM-(Polymer-Elektrolyt-Membran) Brennstoffzelle für den Einsatz in Fahrzeugen.

In der Brennstoffzelle verbindet sich der Wasserstoff – ähnlich wie bei der Verbrennung im Wasserstoffmotor – mit dem Sauerstoff der Luft zu Wasser. Die Bindungsenergie wird nicht in Form von Wärme freigesetzt, sondern direkt in elektrischen Strom gewandelt. Daraus resultieren die Vorteile der Brennstoffzelle:
– hohe elektrische Wirkungsgrade,
– lokal emissionsfrei (nur reiner Wasserdampf),
– Geräuscharmut,
– keine bewegten Teile,
– modularer Aufbau möglich,

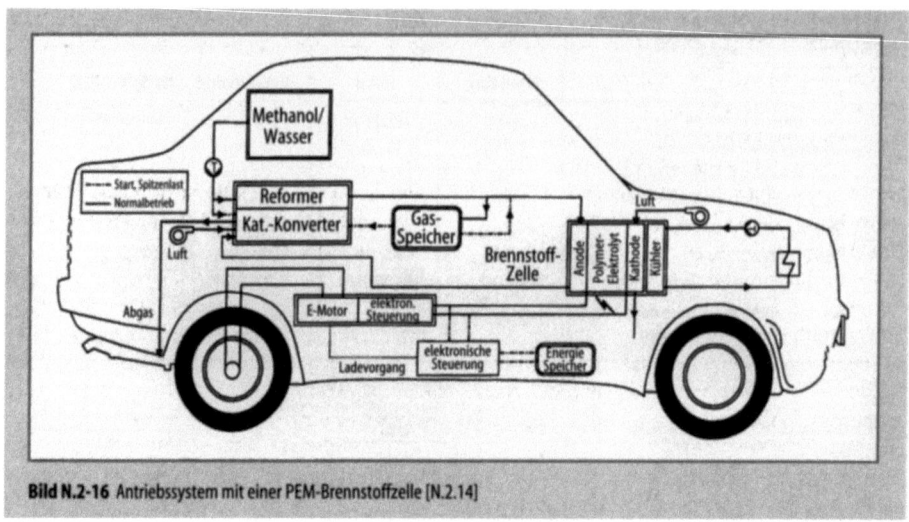

Bild N.2-16 Antriebssystem mit einer PEM-Brennstoffzelle [N.2.14]

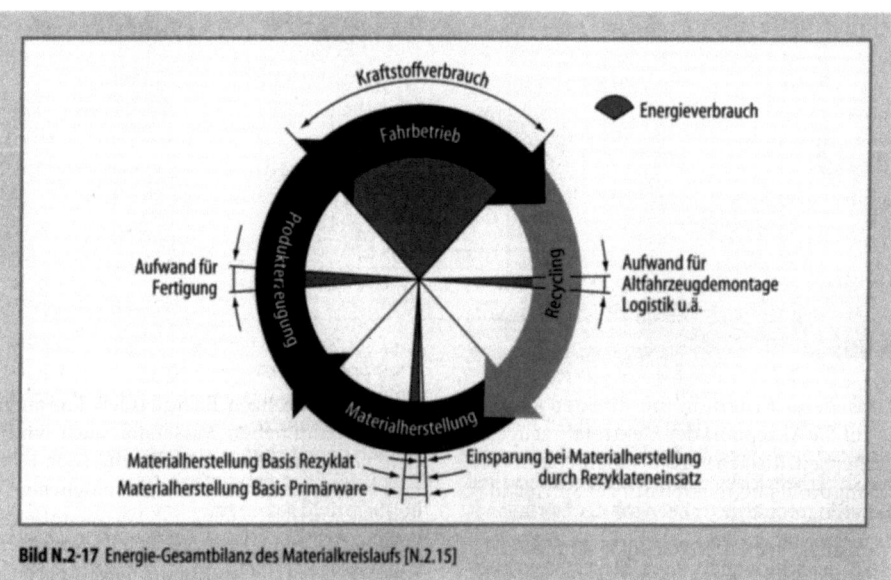

Bild N.2-17 Energie-Gesamtbilanz des Materialkreislaufs [N.2.15]

- kein Verbrauch für Leerlauf,
- Abgasreinigungsanlage, Anlasser, Lichtmaschine, Getriebe und Kupplung entfallen,
- regeneratives Bremsen möglich,
- höhere Lebensdauer.

Diese Vorzüge machen die Brennstoffzelle zu einem attraktiven Antrieb für ein Fahrzeug.

N.2.2.5 Produktionsverfahren/Altautoverwertung

Bei der Produktion, aber auch bei der Wartung und Instandsetzung von Kraftfahrzeugen fallen Schadstoffe an, die die Luft, das Wasser und den Boden belasten. Um die Umwelt so weit wie möglich zu entlasten, müssen ressourcenschonende Gestaltung von Produkten und Prozessen ständige Aufgaben sein. Für die Kraftfahrzeugindustrie bedeutet dies vor allem, eine ganzheitliche Betrachtungsweise von Ressourcenverbrauch und Umweltbelastung, beginnend mit der Materialherstellung über die Produktion und das Recycling bis hin zum neuen Produktzyklus (Bild N.2-17).

Anhand einiger Beispiele kann dieser Zusammenhang erläutert werden.

Ein wesentlicher Einflußfaktor für den Kraftstoffverbrauch eines Fahrzeugs ist sein Gewicht. Gewichtsreduzierende Maßnahmen wie der Einsatz von Leichtmetallen ist demnach anzustreben. Leichtmetalle wie Aluminium, Magnesium und Titan bedingen bei ihrer Herstellung einen hohen Energieaufwand. Eine für die Umwelt positive Bilanz ergibt sich nur dann, wenn der höhere Energieaufwand durch niedrigere Kraftstoffverbräuche kompensiert wird. Unter Einbeziehung eines aktiven Recyclings erhöht sich der Eintrag zum Umweltschutz.

Auch bei den Nutzfahrzeugen ist durch den Einsatz von Leichtmetallen aufgrund der dann möglichen Nutzlasterhöhung ein CO_2-Minderungspotential vorhanden.

Aufgrund der Komplexität und der Umweltrelevanz kommt der Lackiererei bei den Fahrzeugherstellern große Bedeutung zu. Hier sind insbesondere durch Primärmaßnahmen, schädliche Auswirkungen am Entstehungsort zu reduzieren oder zu vermeiden. Bei der Fahrzeuglackierung bedeutet das z. B.
- wasserlösliche Füllmittel und Pulverlacke verwenden, die ohne Lösungsmittel auskommen,
- integrierte Lösungen für Abluftreinigung und Wärmerückgewinnung.

Die Umstellung auf umweltschonende Anlagentechnik kann durchaus mit erhöhter Wirtschaftlichkeit verbunden sein.

N.2.3 Schienenverkehr

Bei der Betrachtung des Schienenverkehrs im internationalen Vergleich fällt zu anderen Verkehrsmitteln eine stärkere nationale Bindung auf.

In den Vereinigten Staaten z. B., wo das Bruttosozialprodukt sehr stark von den Kraftstoffpreisen abhängig ist und diese dadurch im Verhältnis zu anderen Nationen relativ niedrig sind, werden fast ausschließlich Dieseltraktionsmotoren in Schienenfahrzeugen verwendet. Schienennetze von Nahverkehrszügen bzw. S-Bahnen sind nur in großen Städten elektrifiziert.

Wie die Größe des Landes im Verhältnis zu europäischen Ländern, so hat auch der Schienenverkehr eine andere Dimension. Die Spurweiten sind breiter, die Zugmaschinen stärker, die Streckenentfernungen länger. Jedoch spielt auch hier der Schienenverkehr im Vergleich zum Straßenverkehr ebenfalls eine untergeordnete Rolle.

Da im Schienenverkehr der überwiegende Teil mit schweren Dieseltraktionsmotoren betrieben wird, sind in einer Studie [N.2.17] der amerikanischen Umweltschutzbehörde (EPA), die sich mit den Emissionen von allen im Verkehr befindlichen Transportmitteln beschäftigt, auch nur Emissionsfaktoren von Dieselmotoren für den Schienenverkehr veröffentlicht worden. Eine Betrachtung der Emissionsfaktoren zur Energieversorgung des elektrifizierten Schienennetzes wurde nicht durchgeführt.

In dieser Studie werden 5 Motorkategorien aufgeführt, die sich in 2 Hauptaufgaben, den Rangier- und Schienenzugbereich, unterteilen. Für den Rangierbereich werden grundsätzlich aufgeladene 2-Takt- bzw. nicht aufgeladene 4-Takt-Dieselaggregate verwendet. Für den Schienenzugbereich finden aufgeladene und turboaufgeladene 2-Takt-Dieselmotoren sowie 4-Takt-Saug-Diesel-Aggregate Verwendung.

Tabelle N.2-12 [N.2.16] zeigt die Emissionsfaktoren der Schadstoffe Kohlenmonoxid, Kohlenwasserstoff und Stickoxid in Abhängigkeit von Verbrauch bzw. Last.

Der Motorlastzyklus von Lokomotiven ist wesentlich einfacher als in vielen anderen Anwendungsbereichen der dieselmotorischen Verbrennung. Er wird in 8 Teillastbereiche, einen Leerlauf- und einen Schubbereich unterteilt. Aufgrund dieses einfachen Lastzykluses sind die in Tabelle N.2-12 aufgeführten Emissionsfaktoren sehr genau und leicht zu ermitteln.

Neuere Schadstoffkomponenten wie das treibhauseffekt-fördernde Kohlendioxid, die verschiedenen Schwefelverbindungen, spezielle Kohlenwasserstoffverbindungen oder Partikelmessungen fehlen gänzlich in dieser noch leider nicht für den Bereich des Schienenvekehrs aktualisierten Studie der EPA von 1985.

In Westeuropa oder beispielsweise in Japan ist der Elektrifizierungsgrad des Schienennetzes wesentlich höher als in den USA.

In den alten Bundesländern betrug er z. B. ca. 40 % [N.2.17]. Dieser Unterschied zu den USA wird um so deutlicher, wenn man den Endenergieverbrauch des Schienenverkehrs in Diesel bzw. Strom aufgeteilt betrachtet. In der unter [N.2.17] erwähnten Studie fielen im Jahr 1988 in den alten Bundesländern 412 kT Diesel bzw. 8000 GWh Strom auf die beiden unterschiedlichen Antriebsarten. In bezug auf den Primärenergieverbrauch wächst dieser Unterschied zu 20 PJ Diesel und 88 PJ Strom an, also ca. 20 % Dieselkraftstoff- zu gut 80 % Stromenergie. Hierin sind die Netz- und Umspannverluste des 15-kV – 16 2/3-Hz-Fahrleitungsnetzes zwischen

Tabelle N.2-12 Emissionsfaktoren der Schadstoffe Kohlenmonoxid, Kohlenwasserstoff und Stickoxid in Abhängigkeit von Verbrauch bzw. Last [N.2.16]

	2-Takt Dieselmotor aufgeladen Rangierbetrieb	4-Takt Dieselmotor Rangierbetrieb	2-Takt Dieselmotor aufgeladen Schienenzugbetrieb	2-Takt Dieselmotor Turboaufladung Schienenzugbetrieb	4-Takt Dieselmotor Schienenzugbetrieb
Kohlenmonoxid					
kg/10^3 l	10	46	7,9	19	22
kWh	2,93	9,75	1,35	3,0	3,08
Kohlenwasserstoff					
kg/10^3 l	23	17	18	3,4	12
kWh	6,68	3,75	3,0	0,53	1,65
Stickoxid (NO$_x$ als NO$_2$)					
kg/10^3 l	30	59	42	40	56
kWh	8,25	12,75	7,05	6,15	7,5

Kraftwerk und Stromabnehmern der Triebfahrzeuge mit ca. 6 % und der gemittelte Energieverbrauch der Kraftwerke mit ca. 6,5 % enthalten, so daß sich ein primärenergetischer Wirkungsgrad von 32,4 % ergibt.

Bemerkenswert ist dabei, daß ca. 82 % der Energie aus eigenen Stromerzeugungsanlagen bezogen wurden. Die Bruttostromerzeugung erfolgte dabei zu 50 % auf Steinkohlebasis, zu ca. 17 % mit Kernenergie, ca. 16 % mit Gas und ebenfalls ca. 16 % mit regenerativer Energie aus Wasserkraft.

Die nationale sowie politische Bindung des Schienenverkehrs innerhalb der europäischen Staaten erkennt man an der Inkompatibilität der Schienennetze oder auch an der Entwicklung der Hochgeschwindigkeitszüge (HGZ). Aufgrund der Ölkrise entschieden 1975 die Französichen Eisenbahnen (SNCF) die Umstellung des Hochgeschwindigkeitszuges TGV von Gasturbinen- auf Elektroantrieb. Diese Entscheidung brachte der französichen Eisenbahntechnologie im Hochgeschwindigkeitsverkehr einen Vorsprung von ca. einem Jahrzehnt gegenüber anderen Nationen wie England, Italien oder Deutschland.

In der Bundesrepublik erkannte man letztendlich erst anfang der 80er Jahre mit Blick auf Frankreich den technischen und wirtschaftlichen Sinn von Hochgeschwindigkeitszügen. Der innerdeutsche Hochgeschwindigkeitszugverkehr wurde dann 1991 mit dem ICE aufgenommen.

Verläßt man die internationale Betrachtungsweise und beschränkt sich auf den nationalen Schienenverkehr, so fallen viele Berichte und Veröffentlichungen auf, die sich mit einem ökologischen Vergleich zwischen den verschiedenen Verkehrsmitteln oder den zukünftigen Verkehrsszenarien beschäftigen. In welche Richtung sich die Verkehrsträger entwickeln werden, wird sich zeigen. Daß allerdings der Schienenverkehr unter geeigneten Parametern ein sinnvolles Verkehrsmittel sein kann, ist schon seit längerem beweisbar. Ein Beispiel ist der Vergleich zwischen den Energieverbräuchen von ICE, PKW und Flugzeug bezogen auf die Personenkilometer. Unter Berücksichtigung der verschiedenen Energieträger Strom bzw. Kohle, Benzin und Kerosin muß ein geeignetes Äquivalent gewählt werden, das angefangen vom entsprechenden Heizwert auch die verschiedenen thermischen Umwandlungsprozesse berücksichtigt.

Auf die Bezugsgröße „Liter Benzin" für den Personenverkehr und „Liter Diesel" für den Güterverkehr können die Energieträger nach einer von Ilgmann [N.2.18] aufgestellten Tabelle umgerechnet werden (Tabelle N.2-13).

Zu berücksichtigen ist bei solchen Tabellen die Angabe der verschiedenen Wirkungsgrade und Verluste sowie der Punkt, bei dem die Energieäquivalentberechnung beginnt.

Bild N.2-18 zeigt mit Hilfe eines solchen Energieumrechnungsverfahrens den spezifischen Primärenergieverbrauch, umgerechnet in Liter Benzin je 100 Personenkilometer für ICE, PKW und Flugzeug bei realistischen Besetzungsgraden. Die unterschiedlichen Streckenverbräuche beim Flugzeug resultieren aus dem relativen hohen Verbrauchsanteil bei der Start- und Steigphase zur Streckenphase.

Die in Bild N.2-18 dargestellten Verbräuche sind nachvollziehbar. Jedoch kann mit einem ein-

Tabelle N.2-13 Energie-Äquivalent nach Ilgmann [N.2.18]

1 t Vergaserkraftstoff	=	1,486 tSKE	=	43,552 Megajoule	=	12,098 kWh
1 t Vergaserkraftstoff	=	1,079 KgSKE	=	31,619 Kilojoule	=	8,78 kWh Dichte: 0,726 Kg/l
1 t Dieselkraftstoff	=	1,457 tSKE	=	42,702 Megajoule	=	11,862 kWh
1 t Dieselkraftstoff	=	1,224 KgSKE	=	35,869 Kilojoule	=	9,96 kWh Dichte: 0,840 Kg/l
1 t Kerosin	=	1,461 tSKE	=	42,827 Megajoule	=	11,897 kWh
1 t Kerosin	=	1,169 KgSKE	=	34,262 Kilojoule	=	9,52 kWh Dichte: 0,800 Kg/l

1 l Kerosin = 1,084 l Benzin
1 l Dieselkraftstoff = 1,134 l Benzin

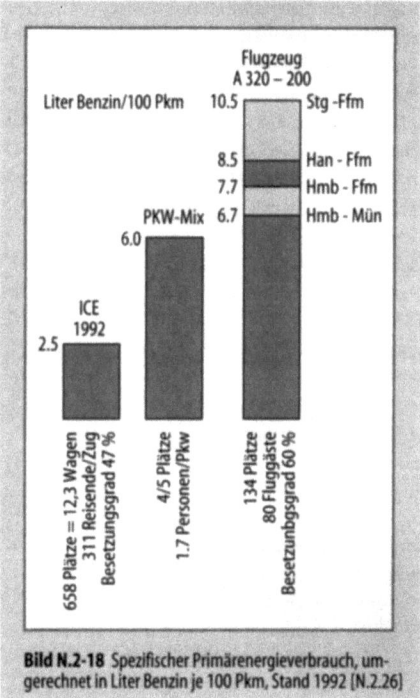

Bild N.2-18 Spezifischer Primärenergieverbrauch, umgerechnet in Liter Benzin je 100 Pkm, Stand 1992 [N.2.26]

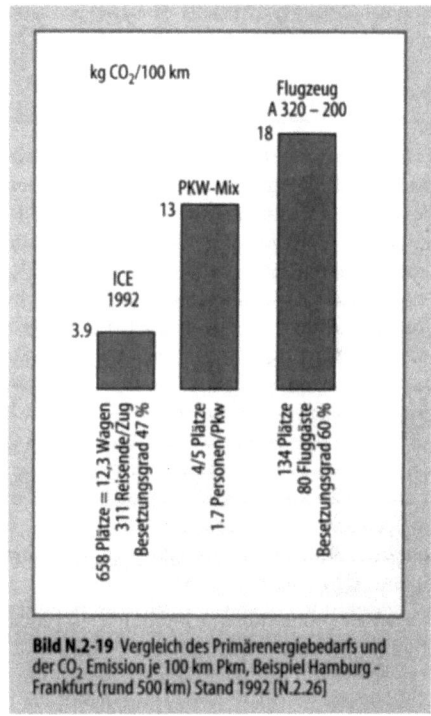

Bild N.2-19 Vergleich des Primärenergiebedarfs und der CO_2 Emission je 100 km Pkm, Beispiel Hamburg - Frankfurt (rund 500 km) Stand 1992 [N.2.26]

fachen Rechenbeispiel nachgewiesen werden, daß auch PKW-Diesel vergleichbare Verbrauchswerte erreichen können. Bei einem theoretischen Besetzungsgrad von 100% würde der ICE 1,2 l auf 100 Pkm verbrauchen.

Ein heute schon käuflicher PKW mit direkteinspritzendem Dieselmotor kann durchaus bei vollem Besetzungsgrad (5 Personen) einen Verbrauch von 5 l/100km unterschreiten, umgerechnet nach [N.2.18] also 1,134 l Benzin auf 100 km.

Mit Hilfe der Kenntnis über den Schadstoffausstoß pro kWh der DB-Energieerzeugungsanlagen und einer realitätsnahen Transformation von Gramm-Schadstoffkomponente pro kg Treibstoff, kann auch in einzelne Emissionskomponenten umgerechnet werden.

Am Beispiel der klimarelevanten Schadstoffkomponente CO_2 ergibt sich nach den Randbedingungen von [N.2.19] folgendes Verhältnis (Bild N.2-19).

Die krassen Unterschiede zwischen der Bahn und dem PKW (Verhältnis CO_2 von PKW/ICE: ca. 3.3) einerseits sowie dem Flugzeug (Vehältnis CO_2 Flugzeug/ICE: ca. 4,6) andererseits reduzieren sich bezogen auf das einfache Rechenbeispiel mit einem direkteinspritzenden Dieselmotor zu einem Verhältnis von ca. 1,4 unter der obigen Vorraussetzung des 100 %igen Besetzungsgrads und einem Verbrauch des PKWs von 5 l Diesel auf 100 km.

Bei der Reglementierung des Schadstoffausstoßes der Bundesbahn gelten für die stromerzeugenden DB-Kraftwerke die Grenzwerte der TA Luft für stationäre Stromerzeugungsanlagen.

Für die Dieseltraktionsmotoren existiert ein UIC-Kodex des Internationalen Eisenbahnverbands. Dieses freiwillige Zertifizierungsverfahren für Dieseltraktionsmotoren der Triebfahrzeuge beinhaltet neben gängigen Motoreckdaten auch einen Abgasmesszyklus, eine Dauerleistungsprüfung und einen Betriebsversuch.

Gesetzlich festgeschriebene Grenzwerte existieren nicht.

N.2.4 Luftverkehr

Der Luftverkehr ist heutzutage in den Industrienationen zur alltäglichen Normalität geworden. Man geht davon aus, daß er auch in Zukunft besonders im Passagierluftverkehr noch einer starken Wachstumsrate unterliegen wird [N.2.20].

Nach einem Forschungsbericht des Umweltbundesamtes [N.2.21] besaß 1984 der militärische Luftverkehr bezogen auf den gesamten Flugverkehr in den alten Bundesländern einen nicht unerheblichen Anteil am Kraftstoffverbrauch und an der Abgasemission. Hier betrug der Anteil von HC und CO sogar über 50 % an der Gesamtemission. Alle Abgaskomponenten wurden hauptsächlich in Höhen unterhalb von 10.000 ft emittiert, da militärische Flugbewegungen über dieser Höhe sehr selten sind.

Ursache für den hohen Anteil unverbrannten Kohlenwasserstoffs und Kohlenmonoxids an der Gesamtemission war nach obigem Forschungsbericht das vermehrte Fliegen im Teillastbereich der Triebwerke sowie der Einsatz von Nachbrennern an Jet-Flugzeugen.

Der zivile Sichtflugverkehr, meist privat, bezieht sich fast ausschl. auf ein- bis zweimotorige Propeller- und Turboprop-Maschinen. Die einmotorigen Flugzeuge werden hauptsächlich für Platzrunden und kleinere Streckenflüge benutzt. Nach [N.2.21] ist der Anteil dieser Flugzeugkategorie am gesamten Flugverkehr in den alten Bundesländern bezogen auf Kraftstoffverbrauch und Emission bis auf die CO-Emission von 15,9 % vernachlässigbar.

Den größten Anteil bezogen auf Kraftstoffverbrauch und Abgasemission besitzt der zivile Instrumentenflug. Vor allem im Einzugsbereich großer Flughäfen hat der zivile Flugverkehr einen nicht zu vernachlässigenden Anteil an der Gesamtemission und in großen Höhen stellt er die wesentliche anthropogene Emissionsquelle dar.

Abgasemissionen verursacht durch den Luftverkehr spielen quantitativ im Vergleich zu anderen Verkehrsemissionen nur eine untergeordnete Rolle. Ein Vergleich nach dem Forschungsbericht [N.2.21] ergibt einen Anteil der Flugverkehrsemissionen je nach Schadstoffkomponente von 0,7 – 2,8 % an der gesamten Verkehrsemission. Allerdings werden gerade im zivilen Instrumentenflug aus wirtschaftlichen Gründen Höhen von ca. 30.000 ft. und mehr für den Streckenflug angestrebt, wobei ein nicht unwesentlicher Anteil der Flugverkehrsemission dort emittiert wird.

Über die Auswirkungen von Flugzeugemissionen in solchen Höhen gibt es verschiedene Hinweise und Hypothesen zu einer evtl. globalen Klimaänderung, die stärker von der Emissionsquelle Flugzeug abhängen, als dies die oben erwähnten niedrigen Prozentsätze vermuten lassen.

N.2.4.1 Flugzeugantriebe und deren Abgasverhalten

Flugzeugantriebe können in 3 Gruppen unterteilt werden:
- Kolbenmotor
- Propeller-Turbinen-Luftstrahltriebwerk
- Turbinen-Luftstrahltriebwerk (im militärischen Einsatz zum Teil mit Nachbrenner)

Kolbenmotoren werden hauptsächlich im zivilen Sichtflugverkehr eingesetzt. Sie sind die einzigen Antriebsquellen im Flugverkehr, die mit Benzin betrieben werden.

Die Gemischkorrektur über der Höhe bzw. beim Startvorgang wird zum großen Teil noch manuell vom Piloten durchgeführt. Modernere Motoren besitzen eine automatische kennfeldbezogene Gemischkorrektur. Aufgrund ihres Einsatzzwecks besitzen sie ein relativ geringes Leistungsgewicht und im Vergleich zum Pkw-Motor kaum Reihen- oder V-Motoren. Das Abgasverhalten ist je nach Kraftstoffluftverhältnis und Leistungsausbeute vergleichbar mit der Rohemission von PKW-Hubkolbenmotoren. Eine Abgasnachbehandlung zur Emissionsreduktion ist bis dato aufgrund fehlender internationaler Richtlinien kaum bzw. gar nicht vorhanden. Emissionsfaktoren (wird im folgenden Abschnitt erklärt) für den bodennahen Bereich können z. B. der EPA-Veröffentlichung [N.2.16] entnommen werden.

Das Funktionsprinzip von Luftstrahltriebwerken kann grundsätzlich in 3 Bereiche unterteilt werden. Verdichten der angesaugten Luft, kontinuierliche Verbrennung der verdichteten Luft mit Kraftstoff in der Brennkammer und Umsetzung der Heißgasenergie in Wellenleistung bzw. Schubleistung. Wieviel Heißgasenergie von der Turbine in Wellenleistung bzw. Schubleistung umgesetzt wird, ist von der Triebwerksart abhängig.

Beim Propeller-Turbinen-Luftstrahltriebwerk (PTL-Triebwerk) dient der größte Teil der Heißgasenergie zum Antrieb des Propellers. Der Rest wird zum Antrieb des Verdichters bzw. in Schub umgesetzt.

Die Turbinen-Luftstrahltriebwerke benutzen den Schubstrahl als Vortriebsquelle. Unterschieden wird innerhalb dieser Antriebskategorie in Ein- (TL-Triebwerk) und Zweikreis-Turbinen-Luftstrahltriebwerke (ZTL-Triebwerk).

Beim TL-Triebwerk wird dem Heißgas nur soviel Energie durch Teilentspannung in der Turbine entzogen, wie zum Antrieb des Verdichters notwendig ist. Die verbleibende Energie wird in der Schubdüse in kinetische Energie umgewandelt.

Mit Hilfe des Luftmassenstroms und seiner Austrittsgeschwindigkeit kann der Triebstrahlschub mit folgender vereinfachter Gleichung berechnet werden:

Schub = m_L/dt (v_A-v)

m_L/dt Luftmassenstrom
v_A Gasaustrittsgeschwindigkeit
v Fluggeschwindigkeit

Das ZTL-Triebwerk ist wie das PTL-Triebwerk an der Turbine mit Leistungsüberschuß gegenüber dem Verdichter ausgelegt. Diese überschüssige Wellenleistung wird zum Antrieb eines Niederdruckverdichters verwendet, der in einem Bypass-Kanal um das eigentliche Triebwerk herum, einen zweiten Luftmassenstrom beschleunigt. Die gemeinsame Expansion beider Luftströme in der Schubdüse führt zu hohen Gasaustrittsgeschwindigkeiten und großem Schubvermögen.

Das Verhältnis der beiden Luftströme, das sog. Nebenstromverhältnis, liegt bei „Low-Bypass-Triebwerken" um 1 : 1 und beträgt bei modernen „High-Bypass-Triebwerken" momentan bis über 5 : 1. Diese moderneren Triebwerke besitzen als Niederdruckverdichter einen sehr großen einstufigen Bläser (Fan), der sich vor dem eigentlichen Triebwerk befindet. Der Vorteil solcher Triebwerke ist ein sehr guter Vortriebswirkungsgrad für den im Zivilflugverkehr so wichtigen Geschwindigkeitsbereich um ca. 900 km/h sowie die durch ihre konstruktive Veränderung der Luftführung geringe Geräuschemission.

Bild N.2-20 zeigt den Vortriebswirkungsgrad über der Flug-Machzahl für die oben beschriebenen Triebwerkstypen.

Im militärischen Bereich werden hauptsächlich PTL- und TL-Triebwerke eingesetzt, wobei Kampfflugzeuge ein weitaus niedrigeres Leistungsgewicht besitzen als Zivilflugzeuge. Daher werden diese Triebwerke im wesentlichen nur im Teillastbereich betrieben. Nach [N.2.21] beträgt der Vollastanteil nur ca. 15–30 % der Betriebszeit.

Um bei einem TL-Triebwerk die Leistung noch zu erhöhen, werden einige Kampfflugzeuge mit einem Nachbrenner (Afterburner) versehen.

Da der Abgasmassenstrom des Luftstrahltriebwerks durch den Nebenstrom mit unverbrannter Luft vermischt wird, kann er sich nach Verlassen der Turbine durch erneute Kraftstoffzufuhr nochmals entzünden. Aufgrund dieser zusätzlichen Verbrennung und nachfolgender Expansion des Abgasmassenstroms werden höhere Austrittsgeschwindigkeiten an der Schubdüse erreicht, womit Schubsteigerungen von bis zu 75 % möglich sind. Diese Leistungssteigerung muß allerdings mit einem extrem hohen Anstieg des Kraftstoffverbrauchs erkauft werden, und gerade die Verbrennungsprodukte HC und CO liegen um ein Vielfaches über den Werten der TL-Triebwerksemissionen ohne Nachbrenner. Die Stickoxidemission sinkt wie bei jedem Verbrennungsprozeß aufgrund der fetteren Verbrennung.

Grundsätzlich besteht ein Nachbrenner aus einem Rohr mit einem zusätzlichen Einspritzsy-

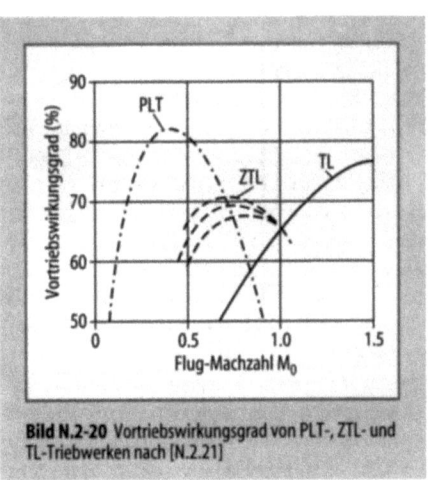

Bild N.2-20 Vortriebswirkungsgrad von PLT-, ZTL- und TL-Triebwerken nach [N.2.21]

stem, das sich hinter der Turbine des eigentlichen Triebwerks befindet.

Die gebräuchlichste Kraftstoffart bei Luftstrahltriebwerken ist Kerosin, ein flüssiger Kraftstoff aus Mineralölprodukten. Daher sind die Verbrennungsprodukte ähnlich den der Pkw-Motoren. Tabelle N.2-14 zeigt die Schadstoffemissionen pro kg Kerosin bei Reiseflughöhe.

Tabelle N.2-14 Reaktionsprodukte der Verbrennung [N.2.20]

Kerosin-Verbrennungsprodukte[a]	Schadstoffemissionen pro kg Kerosin
H_2O	1,24 kg
CO_2	3,15 kg
NO_x	6 – 20 g
SO_2	1 g
CO	0,7 – 2,5 g
UHC	0,1 – 0,7 g
Ruß	0,01 – 0,03 g

[a] abhängig von den Betriebsbedingungen in Reiseflughöhe
UHC Kohlenwasserstoffe

Die quantitative Größe der Verbrennungsprodukte hängt im Wesentlichen vom Betriebspunkt des Triebwerks ab, also von Druck und Temperatur in der Brennkammer bzw. von den externen Parametern relativer Schub und Flughöhe. Bild N.2-21 verdeutlicht die Abhängigkeit der Emissionskomponenten vom prozentualen Schub bzw. vom Kraftstoff-Luftgemisch.

Maßgebend für das aus unterem Diagramm eindeutig zu erkennende typische Emissionsverhalten für Luftstrahltriebwerke (niedrige Last, hohe HC- und CO-Emissionen bei gleichzeitig geringen NO_x- und Rauchemissionen bzw. bei hoher Last vice versa) ist der Druck- und Temperaturverlauf der kontinuierlichen Verbrennung in Abhängigkeit von der Luft-Brennstoff-Mischung in der Hauptverbrennungszone selber.

Bei geringem Schub sind Druck und Temperatur in der Brennkammer niedrig, trotz des hohen Luftüberschußanteils ist die Verbrennung nicht vollständig und es kommt somit zu einem erhöhten Anteil unverbrannter Kraftstoffkomponenten (HC) sowie zu Reaktionsprodukten aus unvollständig abgelaufenen Reaktionen (CO). Bei maximalem Schub sind Druck und Temperatur in der Brennkammer sehr hoch und die Emissionen der Verbrennungsprodukte bis auf

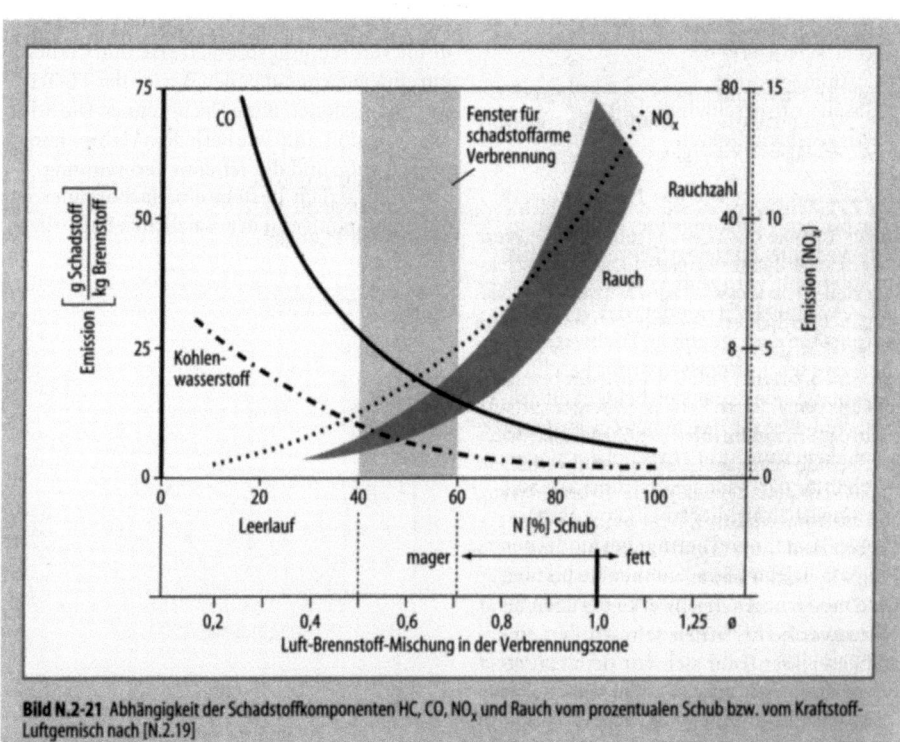

Bild N.2-21 Abhängigkeit der Schadstoffkomponenten HC, CO, NO_x und Rauch vom prozentualen Schub bzw. vom Kraftstoff-Luftgemisch nach [N.2.19]

NO_x niedrig. Allerdings steigt die Rauchemission mit abnehmendem Lambda.

Zur Ermittlung der Schadstoffemissionen von Luftstrahltriebwerken dienen, wie bei Lkw-Motoren, Prüfstandsmessungen, bei denen neben rein stationären Betriebspunkten auch bestimmte repräsentative Lastzyklen durchfahren werden. Da die Flughöhe verständlicherweise ebenfalls einen Einfluß auf die Abgasemissionen hat, verwendet man aufgrund der schwer darzustellenden Umgebungsbedingungen am Prüfstand zum großen Teil Emissionsrechenprogramme.

Bild N.2-22 zeigt die Schadstoffemission in Bodennähe unterschiedlich alter Triebwerkstypen nach dem ICAO-Zyklus.

Man erkennt über der Zeit eine Verringerung der Schadstoffkomponenten HC, CO und Rauch bezogen auf den Nennschub, wobei die NO_x-Emissionen nahezu konstant geblieben sind. Auch hier wird wieder, wie bei jedem Verbrennungsprozeß, der Konflikt zwischen hohem Wirkungsgrad gleichbedeutend mit einer optimalen Verbrennung bei hohen Prozeßtemperaturen und den Stickoxidemissionen deutlich. Ob und in welchem Maße eine mögliche NO_x-Reduktion durch eine Weiterentwicklung der Brennkammer z.B. in Richtung Magerverbrennung, Magerverbrennung mit Vormischung oder Fett-Mager-Verbrennung [N.2.23] möglich ist, wird sich zeigen.

Für die Betrachtung der Umweltbelastung ist es ebenfalls von Bedeutung, in welchen Höhen die vom Flugverkehr verursachten Abgase emittiert werden. Mit Kenntnis der Verweilzeiten des Flugverkehrs in verschiedenen Höhen sowie dem dazugehörigen Lastkollektiv und Abgasverhalten der Triebwerke sind solche Berechnungen möglich. Bild N.2-23 zeigt die Verteilung der verschiedenen Abgaskomponenten über der Höhe in den alten Bundesländern 1984.

Der größte Anteil der Schadstoffe wird im Bodenbereich, ein nicht unerheblicher Anteil an Stickoxiden in Flughöhen über 30.000 ft. emittiert.

Daß die Stickoxide eine wesentliche Abgaskomponente in großen Höhen ist, verdeutlicht auch Tabelle N.2-15, die zeigt, daß 84 % der NO_x-Emissionen auf einem Flug von Frankfurt nach New York in Reiseflughöhe anfallen. Das Flugzeug, eine Boeing 747-400 mit einem Abfluggewicht von ca. 300 t, einer Reisegeschwindigkeit von 900 km/h und einer Flughöhe von ca. 36.000 ft., verbrauchte dabei ca. 65 t Kraftstoff [N.2.20].

Der Kraftstoffverbrauch einer Boeing 747 erscheint sehr hoch, relativiert sich aber auf ca. 6 l auf 100 km pro Sitzplatz. Andere Flugzeuge im

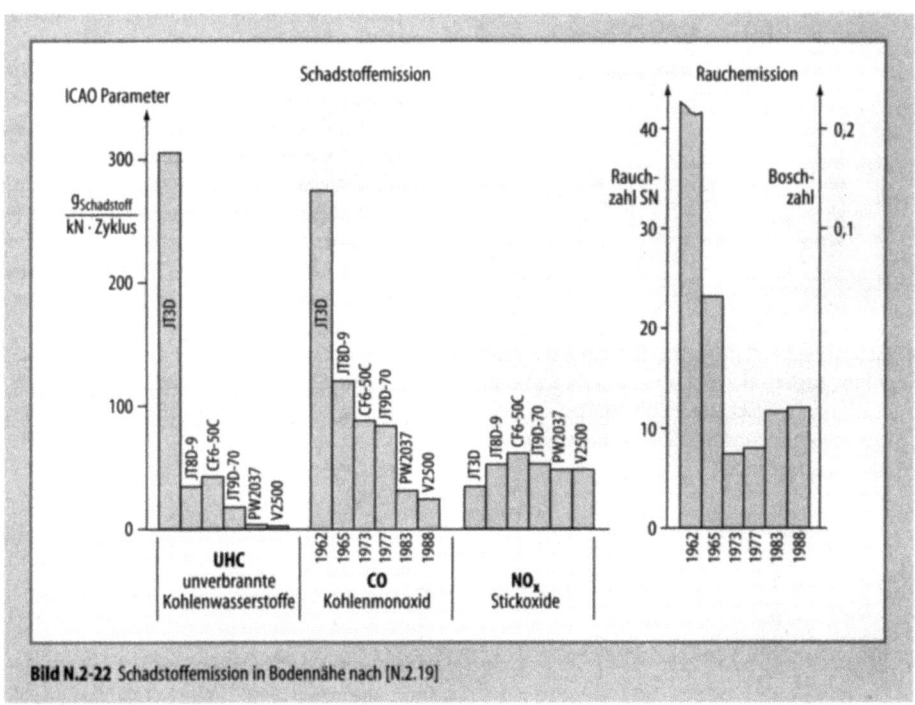

Bild N.2-22 Schadstoffemission in Bodennähe nach [N.2.19]

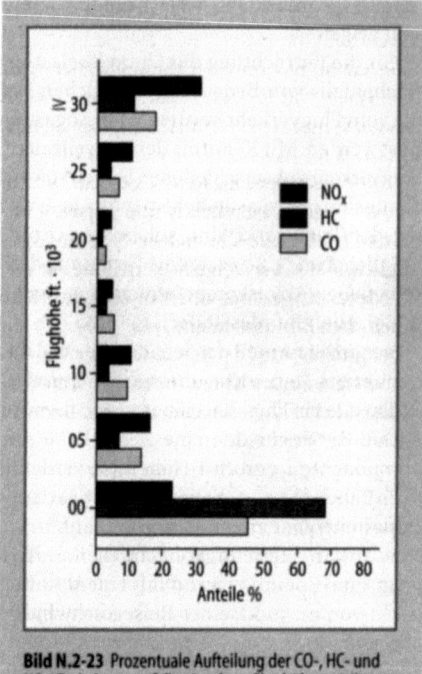

Bild N.2-23 Prozentuale Aufteilung der CO-, HC- und NOx-Emissionen auf die einzelnen Flughöhen, ziviler Instrumentenflug, 1984 nach [N.2.16]

Tabelle N.2-15 Stickoxidemissionen auf einem Flug von Frankfurt/Main nach New York (6200 km) mit einer Boeing 747-400 nach [N.2.20]

	NOx Emissionen	
	kg	%
Boden	9,5	1,0
Start	136,0	14,6
Flug	783,0	84,3
Landung	1,2	0,1
Summe	929,7	100,0

Charterverkehr (A 310) bringen es mit dichter Bestuhlung sogar auf 2,3 l auf 100 km [N.2.20]. Allein aus rein wirtschaftlichen Gründen sind die Fluggesellschaften an effizienten Luftstrahltriebwerken interessiert.

N.2.4.2 Richtlinien zur Abgaszertifikation im Flugverkehr

1972 fand in Stockholm eine „United Nation Conference on the Human Environment" statt, bei der die „International Civil Aviation Organization", kurz ICAO genannt, zugesagt hat, für eine maximale Kompatibilität zwischen der Sicherheit, der vernünftigen Entwicklung des zivilen Luftverkehrs und des menschlichen Lebensraums Sorge zu tragen. Daraufhin wurde das „ICAO Action Programme Regarding the Environment" etabliert. Eine Arbeitsgruppe als Teil dieses Programms beschäftigte sich mit Triebwerksemissionen von Flugzeugen.

1977 erschien von der ICAO die erste Ausarbeitung „Control of Aircraft Engine Emissions", die Richtlinien bzgl. eines Zertifizierungsverfahrens zur Reglementierung von Kraftstoffverdampfung, Rauch- und bestimmten Abgaskomponenten für neue Unterschall-Turbo-Jet und Turbo-Fan Triebwerke beinhaltete.

Im selben Jahr wurde beschlossen, das „Committee on Aircraft Engine Emissions", kurz CAEE genannt, zu bilden, das die einzelnen Standpunkte der verschiedenen ICAO Mitgliedsstaaten berücksichtigen sollte.

Im Mai 1980 wurden diese Änderungen bzw. Modifikationen von CAEE im ICAO Annex berücksichtigt und nach nochmaliger Durchsicht 1981 vom Rat angenommen.

Dieses Zertifizierungsverfahren für Unter- und Überschallstrahlantriebe, wiederzufinden im „Annex 16 Volume II" der ICAO-Richtlinien, beinhaltet neben einführenden Definitionen, Standardisierungen bzgl. Kraftstoffverdampfung, Abgasgrenzwerte für verschiedene Flugzeugtriebwerke abhängig von Leistung bzw. Schub wie Rauch-, HC-, CO-, NOx-Emissionen und einen Anhang über die Test- und Meßverfahrensmodi.

Volume I, der frühere Teil des Annex 16, bezieht sich auf die Reglementierung von Geräuschemissionen. Diese Richtlinien wurden schon 1972 angenommen.

Einen wesentlichen Anteil am Inhalt des Annex 16 Vol. II hatte auch die amerikanische Umweltschutzbehörde EPA (Environmental Protection Agency), die schon 1970 durch den Clean Air Act in die Lage versetzt wurde, ein Meß- und Testverfahren zur Abgasemissionslimitierung für Flugzeuge zu entwickeln.

Die gültigen Grenzwerte nach Annex 16 der Internationalen Zivilluftfahrt-Organisation gel-

Tabelle N.2-16 LTO-Cycle; Graphik von [N.2.20]

Phase	Leistung %	Dauer min.
Start	100	0,7
Steigflug	85	2,2
Landeanflug	30	4
Taxi	7	26

ICAO-Schadstoffemissions-Summe der vier Flugphasen/Nennschub

ten, wie bei der Abgaszulassung von schweren Nutzfahrzeugmotoren, nicht für Flugzeugtypen sondern für deren Antriebsaggregate.

Ab dem 18.2.1982 muß jeder Hersteller, der weltweit seine Luftstrahltriebwerke anbieten will, dieses Zertifizierungsverfahren durchlaufen.

Nachfolgend eine kurze Beschreibung der ICAO Annex 16 Vol. II Richtlinien [N.2.24]:
- Kraftstoffverdampfung
Zur Kraftstoffverdampfung sind keine ausführlichen Angaben festgelegt worden. Es soll lediglich nach einem normalen Flug- bzw. Bodenbetrieb sichergestellt sein, daß nach Abschalten (shut-down) der Triebwerke kein Kraftstoff in die Atmosphäre austritt.
- Schadstoffgrenzwerte
Festgesetzte Schadstoffgrenzwerte sind immer abhängig vom ausgewählten Testzyklus. Für Strahltriebwerke ist dies der „Landing-/Take Off-Cycle", kurz LTO-Cycle genannt. Dieser Zyklus ist für Unterschalltriebwerke in Tabelle N.2-16 dargestellt.

Der Zyklus bezieht sich auf die 4 prägnanten Phasen des Start- und Landevorgangs. Die Leistung des Triebwerks entspricht in etwa den im Zyklus zeitlich definierten Betriebszuständen.

Für Überschalltriebwerke besitzt der LTO-Cycle einen weiteren Testabschnitt. Hier wird der Sinkflug mit einbezogen. Ebenfalls sind die Schubeinstellungen sowie die Verweilzeiten im entsprechenden Testabschnitt leicht modifiziert.

Die Zeiten für Steig- und Landeanflug beziehen sich auf eine Höhe von ca. 3000 ft. (900 m), also auf den Bereich austauscharmer Luftschichten. Es werden daher eigentlich nur Imissionsverschlechterungen im bodennahen Bereich reglementiert. Allerdings bietet dadurch der Testzyklus die Möglichkeit einer Quantifizierung der Schadstoffemissionen im Flughafenbereich und seiner näheren Umgebung.

Die über der gesamten Zykluszeit von 32,9 min emittierte Gesamtmasse unverbrannter Kohlenwasserstoffe, Kohlenmonoxid, Stickoxide und Ruß (wird nur in der Startphase gemessen) wird erfaßt und durch den Nennschub des Triebwerks zwecks Vergleichbarkeit der Daten normiert. Die einzelnen Kraftstoffverbräuche des Triebwerks über den Zyklus werden integriert und neben weiteren meßtechnisch oder analytisch erfaßten Größen wie Gesamtdruckverhältnis, Schub, Treibstoffspezifikation und Umgebungsbedingungen im Zertifizierungsbericht festgehalten.

Als Grenzwerte für eine Zertifikation sind ab dem 1.1.86 folgende Emissionsprodukte festgehalten, sofern der Nennschub der Turbine 26,7 kN übersteigt:

Unverbrannte Kohlenwasserstoffe
D_p/F_{00} = 19,6 [g/kN]
Kohlenmonoxid
D_p/F_{00} = 118 [g/kN]
Stickoxide (NO + NO_2 = NO_x)
D_p/F_{00} = 40 + $2\pi_{00}$ [g/kN]
bzw. (gültig ab 1996)
D_p/F_{00} = 32 + $1.6\pi_{00}$ [g/kN]
Ruß (gültig ab 1983)
SN = 83.6 $(F_{00})^{-0.274}$ bis zu einem Maximalwert von 50

D_p = emittierte Gesamtmasse der jeweiligen Abgaskomponente im LTO-Bereich
F_{00} = max. Schub unter Normalbedingungen (Höhe = 0 m, Geschwindigkeit = 0 m/s)
π_{00} = Verdichterdruckverhältnis unter Normalbedingungen s.o.
SN = Rauchzahl

Für ein jeweils nach ICAO-Richtlinien zertiziertes Triebwerk ist in der „ICAO Engine Exhaust Emission Data Bank" ein Datenblatt abgelegt.

N.2.4.3 Auswirkungen der Abgasemissionen auf Tropopause und Stratosphäre

Wie schon erwähnt, ist der Flugverkehr die einzige anthropogene Emissionsquelle in Höhen oberhalb von 30.000 ft. Der Reiseflugbereich heutiger Verkehrsflugzeuge mit Unterschallgeschwindigkeit bewegt sich zwischen 30.000 und 36.000 ft. Der Überschallflugbereich bewegt sich knapp unterhalb von 65.000 ft. Gerade in diesen Bereichen der Tropopause und Stratosphäre ist der Ozongehalt der Luft sehr wichtig für den Schutz vor schädlichen Sonnenstrahlen.

Durch verschiedene von der Sonneneinstrahlung stark abhängige Reaktionsmechanismen ergibt sich der ungewünschte Effekt, daß in der Troposphäre die Ozonbildung durch NO_x-Emissionen begünstigt wird (Stichwort: Ozonalarm in Hessen, Beitrag zum Treibhauseffekt durch Absorption langwelliger Strahlung von der Erde) und oberhalb der Tropopause der Ozonabbau durch NO_x-Emissionen gefördert wird (Stichwort: Ozonloch).

Der Einfluß der Stickoxide auf den Ozongehalt der Lufthülle ist in Bild N.2-24 veranschaulicht.

Die globale Erwärmung der Erde hängt von zwei weiteren im Flugverkehr vorkommenden Verbrennungsprodukten ab, welche bis dato noch

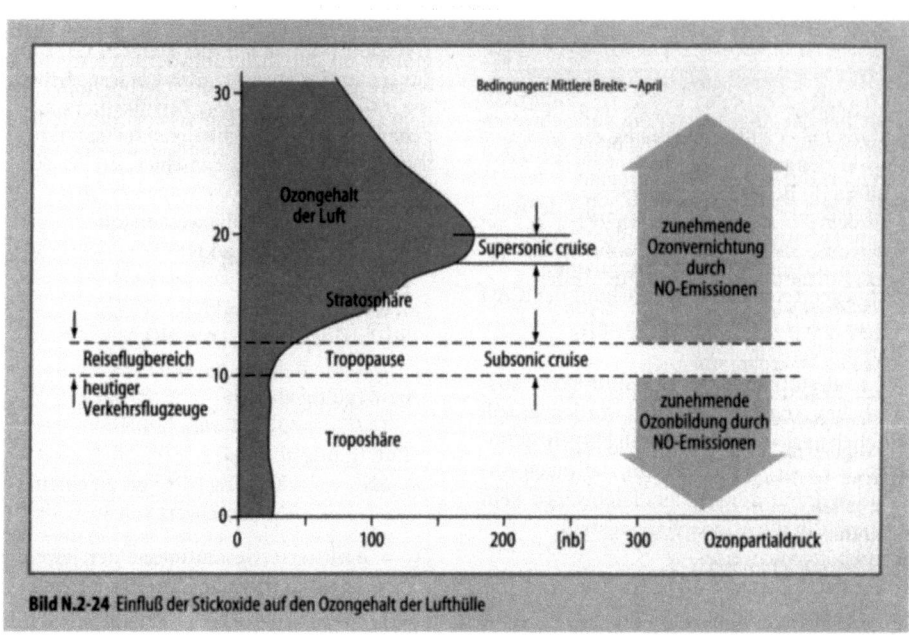

Bild N.2-24 Einfluß der Stickoxide auf den Ozongehalt der Lufthülle

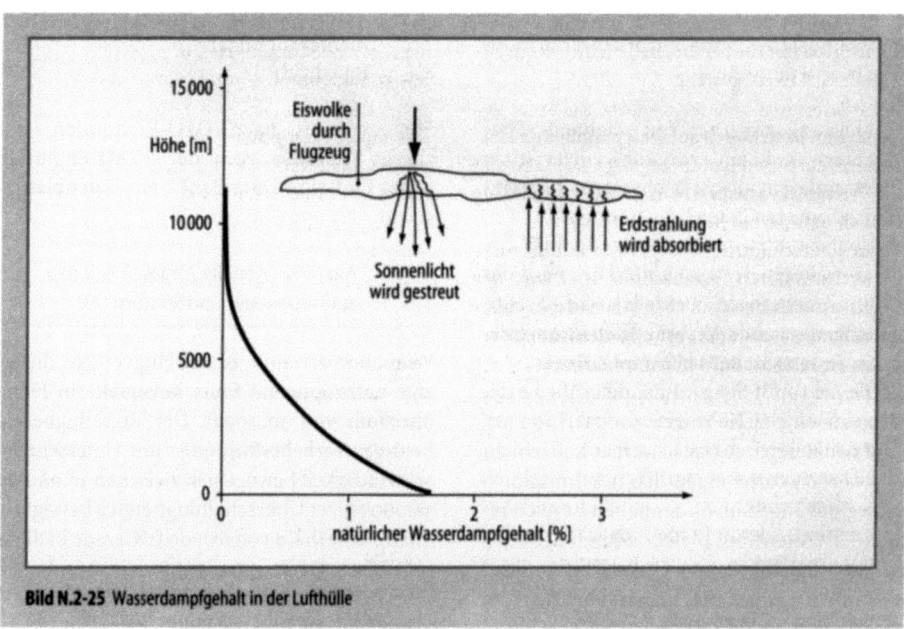

Bild N.2-25 Wasserdampfgehalt in der Lufthülle

nicht erwähnt wurden. Es sind die aus einer Verbrennung entstehenden Abgaskomponenten Wasser und Kohlendioxid. Wie schon in anderen Kapiteln beschrieben, ist die direkt zum Kraftstoffverbrauch proportionale Kohlendioxidemission als Treibhausgas vor allem durch die Verbrennung fossiler Brennstoffe in Haushalt, Industrie und Straßenverkehr seit einiger Zeit bekannt.

Der Wasserdampfgehalt ist in großen Höhen aufgrund der niedrigen Temperaturen sehr gering. Der dort aus Luftstrahltriebwerken emittierte Wasserdampf gefriert zu Eiswolken, die einfallendes Sonnenlicht streuen sowie die Erdstrahlungen absorbieren und somit, obwohl eigentlich absolut unschädlich, als eine zusätzliche Komponente zur Erwärmung der Erde beitragen. Bild N.2-25 zeigt den Wasserdampfgehalt über der Höhe und die Verstärkung des Treibhauseffekts durch Eiswolken.

Bei der Verbrennung von 1 kg Kerosin entsteht zwangsläufig ca. 1,24 kg Wasser, somit kann nur eine Verringerung des Kraftstoffverbrauchs von Flugzeugen in diesen Regionen zu einer Minimierung der Eiswolkenbildung führen. Auch ein anderer „sauberer" Kraftstoff wie z. B. Wasserstoff bietet bzgl. der Eiswolkenbildung keine Alternative, da hier bezogen auf Kerosin die 2,5fache Wassermenge entsteht.

N.2.5 Wasserverkehr

N.2.5.1 Technische Grundlagen

Der Wasserverkehr kann grundsätzlich in 5 Bereiche unterteilt werden:
- Sportschiffahrt,
- Gütertransport,
- Passagierschiffahrt,
- Fischereischiffahrt,
- militärischer Schiffsverkehr.

Klassifiziert man Schiffe unter dem Gesichtspunkt ihrer Verwendung, so ergeben sich 3 Kategorien:
- Freizeit,
- kommerziell,
- Militär.

Ein weiteres Unterscheidungsmerkmal ist die Antriebsart, die fast ausschl. bis auf einen kleinen Teil in der Sportschiffahrt innerhalb des Schiffs also „inboard-powered" plaziert ist.

Die gebräuchlichste Antriebsart ist der Dieselmotor, der abhängig von seiner Größe bzw. der Größe des Schiffs in langsam-, mittel-, oder schnellaufend unterteilt wird. 2- und 4-Takt-Ottomotoren werden meist nur in der Sportschiffahrt verwendet. Andere Antriebsarten wie mit Atomenergie angetriebene Schiffe, Dampfschiffe, Propeller-(Luftkissenboote), Turbinen-, oder Segelschiffe sollen hier nicht näher untersucht werden.

Das Emissionsverhalten von Turbinentriebwerken kann in Abschn. N.2.4 nachgelesen werden.

Der Wasserweg ist eine wesentliche Größe im Wasserverkehr bezogen auf die lokale Betrachtung von Emissions- und Immissionsfaktoren. Klassifiziert wird hier nach Seen (Bodensee), Flüssen (Binnenschiffahrt), Küstenbereichen (Küstenschiffahrt) und Meeren (internationale Schiffahrt).

Alle Schiffe verschmutzen das Wasser mit organischem und anorganischem Abfall, Reinigungsmitteln, Lacken, Emulsionen und Zivilisationsmüll usw. mehr oder weniger. Die verheerenden und z.T. auch strafbaren Wasserverschmutzungen wie die Öltankerreinigung auf hoher See nach der Entladung, illegale Abfallbeseitigung oder Tanker- und Chemietransportunglücke zeigen mit großer Deutlichkeit ihre schlimmen Auswirkungen auf Wasser und Umwelt nicht nur für einige Tage.

Der Wasserweg bewirkt auch unterschiedliche Grenzwerte bzgl. der Abgasgesetzgebung (z. B. Bodenseeverordnung) bzw. internationaler Richtlinien, auf die später noch eingegangen wird.

Bei der Betrachtung der Emissionsfaktoren im Schiffsverkehr war wiederum die amerikanische Umweltbehörde (EPA) eine der ersten, die sich mit der Ermittlung solcher breitgefächerten Daten beschäftigte [N.2.16].

Hier werden für die kommerzielle Schiffahrt zwei grundsätzliche Arbeitszustände zur Ermittlung der Luftverschmutzung benannt. Zum einen die Streckenemissionen (underway) und zum anderen die Emissionen, die entstehen, wenn das Schiff vor Anker liegt (dockside). Streckenemissionen werden von einer Vielfalt von Faktoren wie Energieträger, Motorgröße, Arbeitsverfahren, Geschwindigkeit und Last bestimmt.

Kommerziell verwendete Schiffe, die sich innerhalb der geographischen Grenzen der USA bewegen, fallen in die oben aufgeführten Kategorien (Seen, Flüsse, Küsten).

Tabelle N.2-17 [N.2.16] gibt Emissionsfaktoren solcher Schiffe an.

Tabelle N.2-17 Emissionsfaktoren kommerzieller Schiffe innerhalb der geographischen Grenzen der USA [N.2.16]

Emissionen	Fluß	Seen	Küste
Schwefeloxid (SO_x als SO_2) kg/10^3 l	3,2	3,2	3,2
Kohlenmonoxid kg/10^3 l	12	13	13
Kohlenwasserstoff kg/10^3 l	6,0	7,0	6,0
Stickoxid kg/10^3 l	33	31	32

Bemerkung: Die Angaben stammen aus Datensammlungen der 70er Jahre basierend auf einem Kraftstoff mit 0,20 % Schwefelgehalt und einer Dichte von 0,854 kg/l. Bis dato gibt es nach Angaben der EPA noch keine überarbeiteten Informationen.

Eine etwas detailliertere Information zeigt Tabelle N.2-18 [N.2.16]. Hier sind Emissionsfaktoren von Diesel-Marine-Motoren mit unterschiedlicher Nennleistung unter verschiedenen Lastzuständen bezogen auf den Kraftstoffverbrauch angegeben.

Die Daten – so EPA – sind allgemeingültig und können auf jedes Schiff mit gleicher Motorisierung übertragen werden.

Auch wenn ein Schiff im Hafen vor Anker liegt emittiert es Schadstoffe, da Energie für das Löschen und Laden der Fracht, Heizung, Pumpen, Kühlung, Ventilation usw. verbraucht wird. Hierfür werden zum Teil zusätzliche Dieselaggrega-

Tabelle N.2-18 Emissionsfaktoren von Diesel-Marine-Motoren mit unterschiedlicher Nennleistung unter verschiedenen Lastzuständen bezogen auf den Kraftstoffverbrauch [N.2.16]

PS	Modus	Kohlenmonoxid kg/10^3 l	Kohlenwasserstoff kg/10^3 l	Stickoxid (NO_x als NO_2) kg/10^3 l
200	Stillstand	25,2	46,9	0,8
	Langsam	17,4	12,4	25,0
	Kreuzen	15,1	20,4	50,7
	Volle Fahrt	17,0	7,2	30,6
300	Langsam	7,1	6,8	40,4
	Kreuzen	5,7	6,1	46,7
	Volle Fahrt	7,0	2,5	33,0
500	Stillstand	33,8	14,1	11,9
	Kreuzen	11,9	5,3	40,6
	Volle Fahrt	10,1	2,7	32,3
600	Stillstand	20,6	8,2	36,8
	Langsam	6,1	2,0	30,1
	Kreuzen	9,3	2,9	41,8
700	Stillstand	35,1	11,5	29,5
	Kreuzen	4,3	1,1	54,2
900	Stillstand	26,8	29,8	12,9
	2/3	7,5	2,0	20,0
	Kreuzen	9,7	2,1	43,1
1580	Langsam	14,7	–	44,5
	Kreuzen	5,3	–	74,6
	Volle Fahrt	28,5	2,0	5,7
2500	Langsam	7,2	2,7	50,3
	2/3	15,2	1,8	39,1
	Kreuzen	9,4	2,0	46,9
	Volle Fahrt	11,5	2,6	47,9
3600	Langsam	17,8	7,2	44,0
	2/3	3,4	3,0	43,0
	Kreuzen	5,0	4,0	40,7
	Volle Fahrt	7,5	3,5	36,8

Tabelle N.2-19 Emissionsfaktoren von dieselmotorisch angetriebenen Generatoren [N.2.16]

Leistung kW	Last %	Schwefeloxid (SO$_x$ wie SO$_2$) kg/10³ l	Kohlenmonoxid kg/10³ l	Kohlenwasserstoff kg/10³ l	Stickoxid kg/10³ l
20	0	3,2	18,00	31,50	52,0
	25	3,2	9,55	24,40	53,2
	50	3,2	6,40	17,30	57,2
	75	3,2	3,42	10,20	59,3
40	0	3,2	18,30	70,00	25,6
	25	3,2	10,70	44,30	26,2
	50	3,2	8,10	34,20	27,1
	75	3,2	7,68	27,70	27,9
200	0	3,2	16,10	16,20	17,0
	25	3,2	11,70	4,01	16,9
	50	3,2	7,47	2,13	16,8
	75	3,2	3,20	2,10	16,4
500	0	3,2	7,00	25,00	18,3
	25	3,2	6,40	13,00	26,6
	50	3,2	5,76	9,80	35,1
	75	3,2	5,24	7,08	43,6

te, die auch Generatoren antreiben, verwendet.

Die Emissionsfaktoren dieselmotorisch angetriebenerer Generatoren zeigt Tabelle N.2-19 [N.2.16].

N.2.5.2 Abgasgesetzgebung im Wasserverkehr

Im Gegensatz zur Schadstofflimitierung an Straßenfahrzeugen ist die Abgasgesetzgebung bezogen auf den Schiffsverkehr noch sehr jung.

Erst ab 1993 trat die Bodensee-Schiffahrtsverordnung (BSO) in Kraft, die für den Schiffsverkehr auf dem Bodensee die Schadstoffkomponenten NO$_x$, CO, HC, und bei Dieselmotoren zusätzlich die Abgastrübung reglementiert.

Bei Ottomotoren wird anstelle der Abgastrübung eine Leerlaufreferenzmessung vorgeschrieben.

Zur Ermittlung der Schadstoffkomponenten dient ein 9-Punkte-Motorenprüfstandstestverfahren. Abhängig von einer festgesetzten Propellerleistungskurve werden in Abhängigkeit von Nennleistung und Nenndrehzahl 7 verschiedene Lastzustände, die einen typischen Betriebsbereich von Schiffsmotoren abdecken, angefahren. Zwei weitere Lastzustände beziehen sich auf den Leerlauf und den Vollastpunkt. Jeder Lastzustand besitzt einen Zeit-Wichtungsfaktor (Summe 1 h), so daß sowohl die Emissionen pro kWh als auch die Gesamtemissionen pro Teststunde ohne große Umrechnung ermittelt werden können.

Die Abgastrübung wird bei Vollast im Betriebspunkt der maximalen Leistung durchgeführt. Die Messung basiert auf dem Filterprinzip, wobei das Meßergebnis als Bosch-Schwärzungszahl (BSZ) ausgedrückt wird. Tabelle N.2-20 [N.2.25] zeigt die spezifischen Abgasgrenzwerte für die „Face-In-Stufen" I seit 1993 und II seit 1996.

Die Massenemissionsgrenzwerte in g/h der Stufen I und II gelten für alle Antriebsaggregate mit Ausnahme der Dieselmotoren, die nicht für Sport- und Vergnügungsschiffe bestimmt sind und gewerblichen Zwecken unterliegen.

Stufe I	Stufe II
4500 g/h CO	1500 g/h CO
290 g/h HC	95 g/h HC
1100 g/h NOx	360 g/h NOx

Die Abgastrübung von Dieselmotoren der Stufen I und II unterteilen sich noch in Saug- und Abgasturboladermotoren mit folgenden Grenzwerten:

Stufe I	Stufe II
Saugmotor	Saugmotor
BSZ 4,0	BSZ 3,5
Motoren mit Abgasturboladern	Motoren mit Abgasturboladern
BSZ 3,0	BSZ 2,5

Für internationale Gewässer gelten ab 1996 neue Stickoxidgrenzwerte. Ziel ist es, die Stickoxidemissionen bis zum Jahr 2000 um 30 % zu verringern.

Tabelle N.2-20 Spezielle Abgasgrenzwerte für die „Face-in-Stufen" I seit 1993 und II und III seit 1996

Leistung kW	Kohlenmonoxid $CO = A \cdot P_N^{-m}$ g/kWh		Kohlenwasserstoffe $HC = A \cdot P_N^{-m}$ g/kWh		Stickoxide $NO_x = A \cdot P_N^{-m}$ g/kWh	
	A	m	A	m	A	m
Stufe I: Otto- und Dieselmotor						
<4	600	0,5	60,00	0,7747	15	0
4–100	600	0,5	39,39	0,4711	15	0
>100	60	0,0	10,13	0,1761	15	0
Stufe II: Ottomotor						
<4	400	0,6505	30	0,6505	10	0,1505
4–100	400	0,6505	30	0,6505	10	0,1505
>100	20	0	3,375	0,1761	5	0
Stufe III: Dieselmotor						
<4	400	0,6505	30	0,6505	10	0
4–100	400	0,6505	30	0,6505	10	0
>100	20	0	3,375	0,1761	10	0

P_N Nennleistung

Die Abgasgesetzgebung für den Schiffsverkehr hebt zum jetzigen Zeitpunkt vor allem die Stickoxidlimitierung in den Vordergrund, da große Dieselmotoren aufgrund ihres hohen Wirkungsgrads sowieso wenig Kohlenmonoxid bzw. unverbrannte Kohlenwasserstoffverbindungen emittieren. Eine weitere Verschärfung der bestehenden Grenzwerte und die Einführung von Grenzwerten momentan nicht limitierter Schadstoffe wie Partikel, Schwefeldioxid, polyzyklische aromatische Kohlenwasserstoffe (PAH) und Kohlendioxid ist erst wieder über den Weg des Strassenverkehrs zu erwarten. Erste Vorstöße in diese Richtung sind in Kalifornien mit der Einführung von sog. „Low-Emission-Vehicles" bis zu „Ultra-Low-Emission-Vehicles" bereits vollzogen und fest in der Gesetzgebung verankert.

Das mittelfristige Ziel, die in Kalifornien geltenden 2 g/kWh NO_x für seegehende Schiffe zu erreichen, wird nicht nur durch innermotorische Maßnahmen wie z. B. Abgasrückführung und Wassereinspritzung möglich sein. Auch ein Umschwenken von den langsam- bzw. mittelschnell- zu den schnellaufenden Dieselmotoren, die prinzipbedingt geringere Stickoxidemissionen aufweisen, aber auch einen Verbrauchsnachteil von 5–10 % [N.2.26] besitzen, wird mittelfristig diese Hürde nicht schaffen. Erst eine außermotorische Abgasnachbehandlung der Dieselmotorabgase wie z. B. auf Basis des SCR-Prozesses (selektiver katalytischer Reduktionsprozeß) besitzt hier Lösungsmöglichkeiten. Erste Anlagen werden sogar schon für Schiffsantriebe angeboten und in der Praxis getestet. Beim SCR-Prozeß wird Ammoniak dem Dieselkraftstoff bzw. dem Dieselabgas zugeführt, so daß in einem nachgeschalteten Katalysator die Stickoxide in reinen Stickstoff und Wasser konvertierbar sind. In einem Bericht [N.2.27] wurden von einem dänischen Katalysatorherstellers, der solche Anlagen auch schon für stationäre Verbrennungsmotoren baute, Reduktionsraten von über 90 % angegeben.

N.3 Stoffquellen im öffentlichen und privaten Bereich

N.3.1 Privater Bereich

N.3.1.1 Feuerungsanlagen

Die Raumheizung im privaten Bereich, soweit sie nicht durch Fernwärmeversorgung sichergestellt ist, wird mit Kleinfeuerungsanlagen bewerkstelligt, die fast nur noch mit Öl oder Gas als Brennstoff betrieben werden, wobei etwa je die Hälfte der Anlagen mit Öl- bzw. Gasfeuerungen ausgerüstet ist [N.3.1]. Kleinfeuerungsanlagen für feste Brennstoffe (Kohle, Koks) machen im privaten Bereich nur einen sehr kleinen Anteil aus, der ständig weiter im Rückgang ist.

Die Feuerungswärmeleistung von Kleinfeuerungsanlagen im privaten Bereich liegt häufig in der Größenordnung bis 20 kW. In Wohnanlagen sind etwa 10 kW pro Wohneinheit zu veranschlagen. Feuerungsanlagen mit einer Feuerungswärmeleistung < 1 MW für feste Brennstoffe, < 5 MW für Heizöl EL bzw. < 10 MW für Gas sind nach der Verordnung über genehmigungsbedürftige Anlagen (4. BImSchV) nicht genehmigungspflichtig. Wegen der Emission von Schadstoffen mit den Verbrennungsabgasen sind derartige Kleinfeuerungsanlagen jedoch bestimmten betrieblichen Anforderungen unterworfen und unterliegen nach der Verordnung über Kleinfeuerungsanlagen (1. BImSchV) der Überwachung durch den Bezirksschornsteinfegermeister. Für Feuerungsanlagen mit einer Feuerungswärmeleistung > 4 kW sind erstmalige Abgasmessungen nach Inbetriebnahme, für solche mit mehr als 11 kW (bei Öl- oder Gasfeuerungen) bzw. mehr als 15 kW (bei Feuerungen für feste Brennstoffe) auch jährlich wiederkehrende Abgasmessungen vorgeschrieben. Bei Öl- und Gasfeuerungsanlagen sind Grenzwerte für die Abgasverluste in Abhängigkeit von der Nennwärmeleistung festgelegt.

Im Verbrennungsraum entstehen neben den Hauptverbrennungsprodukten (CO_2, H_2O) als wesentliche Schadstoffe *Staub, CO, NO_x* und *schwerflüchtige organische Stoffe* (Ölderivate) sowie *Asche*. Je nach den Inhaltsstoffen des Brennstoffs können die Verbrennungsabgase auch *SO_2, anorganische Chlor- und Fluorverbindungen, Schwermetalle* (meist an Staubpartikel gebunden) sowie in Spuren *Dioxine und Furane* enthalten [N.3.2-N.3.4]. Die Emission dieser Schadstoffe wird mengenmäßig begrenzt durch:
– Anforderungen an den Brennstoff (Begrenzung des Schwefelgehalts),
– Anforderungen an die Feuerungstechnik (Begrenzung der Abgasverluste, des Gehalts an Ölderivaten und des Feststoffgehalts im Abgas (Rußzahl als Kennziffer)).

An feuerungstechnischen Maßnahmen kommen bei Öl- und Gasfeuerungen außer der Brennereinstellung die Verwendung von Vormischbrennern, die partielle Abgasrückführung und bei höheren Feuerungswärmeleistungen (> 100 kW) auch die gestufte Verbrennungsluftzufuhr zur Anwendung [N.3.2].

Bei der Tankreinigung von Ölfeuerungsanlagen fallen Rückstände des Heizöls als besonders überwachungsbedürftige Abfälle an.

Offene Feuerstellen, d. h. auch Geräte mit offenen Flammen, sind im privaten Haushalt in Form von Öfen, Kaminen (Brennstoff: Kohle, Holz) und von Kochherden, Heißwasserbereitern (Brennstoff: Gas) zu finden. Insbesondere in Öfen und Kaminen entstehen außer NO_x prozeßbedingt durch unvollständige Verbrennung als Luftschadstoffe *CO, Aldehyde, Phenole* und weitere Kohlenwasserstoffe, aber auch karzinogene Verbindungen wie *Benzo(a)pyren* und *polyzyklische aromatische Kohlenwasserstoffe (PAK)* [N.3.5]. Bei Kohle als Brennstoff enthalten die Emissionen in wesentlichem Umfang auch SO_2 und *Staub*. Demgegenüber treten bei Gasgeräten aller Art weder SO_2- noch *Staubemissionen* auf. Gasgeräte emittieren mit den Verbrennungsgasen in erster Linie NO_x und *CO*, während weitere Schadstoffe infolge unvollständiger Verbrennung (insbesondere *Aldehyde*) nur bei Luftmangel oder zu niedriger Verbrennungstemperatur in nennenswertem Umfang entstehen [N.3.6, N.3.7].

N.3.1.2 Verwendung von Chemikalien

In privaten Haushalten werden als Bestandteile von Haushalts- und Gartenpflegemitteln sowie von Heimwerkermaterialien zahlreiche chemische Stoffe verwendet, die zur Belastung der Umwelt (Atmosphäre, Wasser, Boden) teils direkt, teils indirekt über den Hausmüll als Abfall beitragen.

N.3.1.2.1 Pflanzenschutzmittel

In Haus- und Kleingärten werden zur Unkraut- und Schädlingsbekämpfung Herbizide, Fungizide und Insektizide verwendet. Wenn auch die im privaten Bereich zur Anwendung kommenden Mengen im Vergleich zu den in der Landwirtschaft ausgebrachten Mengen äußerst gering sind, so haben sie dennoch eine nicht zu vernachlässigende regionale Bedeutung für die Belastung kleinerer Oberflächengewässer.

Insbesondere *Totalherbizide (Diuron, Simazin)* stehen hier im Vordergrund [N.3.8]. Durch das Pflanzenschutzgesetz und die Pflanzenschutzanwendungsverordnung werden ein vollständiges Anwendungsverbot für bestimmte Wirkstoffe sowie Anwendungsverbote für Pflanzenschutzmittel in bestimmten Schutzgebieten und in Gebieten unmittelbar an oberirdischen Gewässern und Küstengewässern ausgesprochen. Typische Wirkstoffe flüchtiger Insektizide, wie sie z. B. für Sprays, wirkstoffgetränkte Papierstreifen, Mottenkugeln oder Elektroverdampfer verwendet werden, sind *Lindan, p-Dichlorbenzol, Pyrethrine* und *Pyrethroide* [N.3.5].

N.3.1.2.2 Lösungsmittel

Farben, Lacke und Klebstoffe, in denen organische Lösungsmittel als Zusatzstoffe enthalten sind, werden im privaten Bereich in wesentlich geringeren Mengen als für gewerbliche und industrielle Zwecke verbraucht. Bisher gebräuchliche Kunstharzlacke basieren auf *Testbenzin, Toluol* und *Xylol* als Hauptkomponenten des Lösungsmittels, während neuere schadstoffarme Lacke *Glykole* und *Glykolether* in einer wäßrigen Dispersion enthalten [N.3.9]. Normale Klebstoffe enthalten als Lösungsmittel halogenfreie Kohlenwasserstoffe wie *Toluol*, aber auch *Formaldehyd* in Form von Reaktivharzen, während bei Schnellklebern *Cyanacrylat* zur Anwendung kommt [N.3.5].

N.3.1.2.3 Kältemittel und Dämmstoffe

In Haushaltskühl- und Gefriergeräten, in Autoklimaanlagen und in Wärmedämmstoffen in der Heizungs- und Kältetechnik sind noch voll- bzw. teilhalogenierte Kohlenwasserstoffe (*FCKW, HFCKW*) als Kältemittel bzw. Treibmittel für Schaumstoffe im Einsatz [N.3.10]. Inverkehrbringen und Verwendung vollhalogenierter Kohlenwasserstoffe sowie die Herstellung von Erzeugnissen, in denen sie zu einem Massengehalt von mehr als 1 % in den Kälte- oder Treibmitteln enthalten sind, wurden jedoch wegen ihrer zerstörenden Wirkung auf die Ozonschicht der Erdatmosphäre nach der FCKW-Halon-Verbots-Verordnung in Stufen bis 1995 verboten. Dieses Verbot findet auch auf vollhalogenierte Kohlenwasserstoffe in Reiniguns- und Lösungsmitteln sowie in Löschmitteln (Halone) Anwendung. Es besteht außerdem eine Rücknahmeverpflichtung für die gebrauchten Stoffe aus Altgeräten. Die gebrauchten Stoffe werden den Geräten vollständig entnommen und einer gesonderten Entsorgung zugeführt, in erster Linie der Zerstörung durch Spaltung in wiederverwendbare Stoffe ohne zerstörende Wirkung für die Ozonschicht. Als Ersatzstoffe der bisherigen Kältemittel bzw. Treibmittel für Schaumstoffe auf FCKW- bzw. HFCKW-Basis kommen mehr und mehr verschiedene halogenfreie Kohlenwasserstoffe (*Propan, Isobutan, Pentan*) zur Anwendung.

N.3.1.2.4 Holzschutzmittel

Über lange Zeit sind vor allem das Fungizid *Pentachlorphenol (PCP)* und das Insektizid *Lindan* in Mineralöl gelöst als Holzschutzmittel verwendet worden. Das PCP kommt aber auch heute noch bei der Konservierung von Lederwaren und Textilien in anderen Herstellerländern zum Einsatz. *PCP* ist herstellungsbedingt mit *Dioxinen* verunreinigt. Einmal mit *PCP* behandelte Gegenstände sind damit auf Dauer Emissionsquellen für *Dioxine,* die sich auf diesem Weg auch im normalen Hausstaub wiederfinden [N.3.11].

Das Inverkehrbringen von *PCP* ist inzwischen in der Bundesrepublik nach der Chemikalien-Verbots-Verordnung verboten.

N.3.1.3 Abfall und Abwasser

N.3.1.3.1 Häuslicher Abfall

In der Bundesrepublik ist die Bevölkerung praktisch vollständig an die öffentliche Müllabfuhr angeschlossen. Das Sammeln und Abholen des Mülls erfolgt in vielen Fällen auch durch private Unternehmen im öffentlichen Auftrag.

1993 fielen 43,5 Mio t Hausmüll, hausmüllähnliche Gewerbeabfälle, Straßenkehricht und Sperrmüll an, von denen 13,0 Mio t zur Verwertung und 30,5 Mio t zur Beseitigung eingesammelt wurden [N.3.12].

Der Hausmüll setzt sich überschlägig zu ca. 40 % aus vegetabilen Reststoffen, zu ca. 15 % aus Glas, zu ca. 10 % aus Kunststoffen und zu ca. 20 % aus Papier zusammen [N.3.13]. Mit dem Hausmüll anfallende Problemabfälle – Reste von Chemikalien, Farben und Lacken, Altmedikamente, Kleinbatterien, Autobatterien – werden in zunehmendem Maße systematisch u. a. in mobilen Sammelstellen getrennt erfaßt bzw. vom Hersteller über den Einzelhandel zurückgenommen (Batterien). Diese Problemabfälle werden einer gesonderten Verwertung (Wiederaufarbeitung) oder Entsorgung (chemisch/physikalische, thermische Behandlung) zugeführt. Besondere Schadstoffe in diesem Problemabfall sind *Hg* und *Cd* aus Batterien [N.3.14].

Wertstoffe im Hausmüll – Papier/Pappe, Glas, Metall, Kunststoffe – werden in zunehmendem Maße im Rahmen der öffentlichen Abfallentsorgung getrennt eingesammelt, die Fraktionen in Sortieranlagen weiter nach Sorten getrennt und einer umfassenden Wiederverwendung zugeführt. Für Kunststoffe aus Verkaufsverpackungen ist die Erfassung im DSD-System zwecks stofflicher Verwertung flächendeckend [N.3.15]. In diesen Wertstoffen haben chlorhaltige Kunststoffe (PVC), Kunststoffadditive oder Druckfarben mit toxischen Schwermetallverbindungen *(Hg, Cd, Pb)* und chlorgebleichte Papiersorten (wegen ihres Gehalts an adsorbierbaren organischen Halogenverbindungen, *AOX*) besondere Umweltrelevanz.

Mit der ebenfalls zunehmenden getrennten Erfassung und Sammlung der vegetabilen Reststoffe im Hausmüll (Biomüll) zwecks Kompostierung wird die Herstellung von Komposten aus Hausabfällen mit wesentlich geringerem Gehalt an Schwermetallen als bei der bisherigen Kompostierung von Mischabfällen ermöglicht.

N.3.1.3.2 Häusliches Abwasser

Nach [N.3.16] waren 1991 ca. 85 % der privaten Haushalte an kommunale Kläranlagen angeschlossen. Außer durch Fäkalien und Schmutzstoffe ist das häusliche Abwasser mit umweltrelevanten Stoffen durch den Gebrauch von Wasch- und Reinigungsmitteln, Geschirrspülmaschinenmitteln und auch Toilettenpapier belastet.

Mengenmäßig den größten Anteil haben daran die Inhaltsstoffe von Wasch- und Reinigungsmitteln, in erster Linie *Phosphate* (Pentanatriumtriphosphat $Na_5P_3O_{10}$), die bei Einleitung mit dem Abwasser in Oberflächengewässer bedeutsam zur Gefahr der Eutrophierung der Gewässer beitragen. Nach Erlaß der Phosphathöchstmengenverordnung wurde die Menge des Phosphoreintrags in Oberflächengewässer aus Wasch- und Reinigungsmitteln inzwischen stark verringert [N.3.17].

Als Phosphatersatzstoffe kommen *Natrium-Aluminium-Silikat* (Zeolith A), *Natriumcarbonat* (Soda), *Polycarboxylate* (PCO), *Phosphonate*, *Nitrilotriacetat* (NTA) und außerdem als Additive auch Stoffe wie *Ethylendiamintetraacetat* (EDTA) zur Anwendung [N.3.18].

Die umweltrelevanten Eigenschaften von Phosphaten, aber auch von Phosphatersatzstoffen, die beim Eintrag in Oberflächengewässer zum Tragen kommen, stellen besondere Anforderungen an die Reinigung des Abwassers in Kläranlagen (Phosphateliminierung).

Weiterhin enthalten Wasch- und Reinigungsmittel zur Herabsetzung der Oberflächenspannung in der Waschflüssigkeit i. d. R. *Tenside* (langkettige organische Verbindungen), die bei der Abwasserreinigung im Klärschlamm angereichert werden [N.3.19].

Wasch- und Reinigungsmittel, Geschirrspülmaschinenmittel, aber auch chlorgebleichtes Toilettenpapier enthalten in nicht unerheblichen Mengen adsorbierbare organische Halogenverbindungen (*AOX*) als stoffliche Bestandteile oder deren Verunreinigungen. Recyclingpapiere und Zellstoffprodukte, die einer Sauerstoffbleiche anstelle der traditionellen Chlorbleiche unterzogen wurden, enthalten wesentlich niedrigere Restkonzentrationen an *AOX* [N.3.20]. Die früher gebräuchlichen stark säurehaltigen Sanitärreinigungsmittel sind praktisch vollständig durch Reiniger auf der Basis von *Hypochlorit* abgelöst worden.

N.3.1.4 Sport und andere Freizeitaktivitäten

Die nach Art und Umfang ständig zunehmende Freizeitgestaltung in der freien Natur und sportliche Aktivitäten aller Art bringen in erster Linie wachsende Umweltbelastungen genereller Art mit sich, wie

- mehr Bebauung natürlicher Flächen, teils mit Flächenversiegelung durch Parkplätze, Freizeitparks, Sportanlagen,
- mehr Abfall und Abwasser außerhalb der kommunalen Entsorgung,
- mehr Verkehrslärm und -abgase außerhalb Ballungszentren,
- mehr naturfremde Belastungen (z. B. durch Skipisten, Sportboothäfen).

In einzelnen Sektoren von Sport- und Freizeitaktivitäten finden sich aber auch Stoffquellen, die für diesen Sektor spezifische Umweltgefahren oder -beeinträchtigungen verkörpern.

N.3.1.4.1 Sport

Sportschießen
Das Sportschießen wird in der Bundesrepublik in mehr als 8000 Freizeitschießanlagen betrieben [N.3.21]. Soweit in diesen Anlagen das Wurftaubenschießen ausgeübt wird, werden mit der dabei verwendeten Munition (Bleischrot) die umweltrelevanten Inhaltsstoffe *Blei*, *Antimon* und *Arsen* in den Boden innerhalb der Schießanlage eingetragen. Selbst bei gezieltem Einsammeln der verschossenen Schrotkörner gelangen die Schwermetalle Blei und Antimon wegen ihrer beträchtlichen Löslichkeit aus dem Bleischrot in die obersten Bodenschichten. Wegen

der Möglichkeit des weiteren Transfers dieser Stoffe in Wasser oder Pflanzen besteht ein Gefährdungspotential für das Grundwasser oder für landwirtschaftliche Nutzung in der Umgebung der Schießanlage.

Wassersport (Segel-, Motorboote)
Die für den Wassersport benutzten Segel- und Motorboote werden mit Antifoulinganstrichen im Unterwasserbereich versehen, um das Festsetzen von Wasserlebewesen (Algen, Muscheln, Krebse) am Bootskörper zu verhindern [N.3.21]. Als biozider Wirkstoff in den Antifoulinganstrichen kommt *Tributylzinn (TBT)* zur Anwendung, das jedoch wachstumshemmende Wirkungen auf Wasserorganismen hat und sich im Sediment und in Fischen und Muscheln anreichert [N.3.22].

Der Wirkstoff TBT kann aus frischen Bootsanstrichen, aber auch beim Entfernen bzw. Abschleifen alter Bootsanstriche in das Gewässer gelangen. Anstrichabfälle wie auch Schlämme aus der Bootsreinigung müssen daher als Sonderabfall entsorgt werden. Durch eine freiwillige Selbstbeschränkung auf Herstellerseite ist der TBT-Anteil in Unterwasserfarben bereits reduziert worden. Außerdem kommen TBT-freie Unterwasseranstriche auf der Basis von Baumharz und Silikon mit $Cu(I)O$ als Wirkstoff zur Anwendung. Für Sportboote mit einer Gesamtlänge von < 25 m ist die Verwendung von TBT in Antifoulinganstrichen jetzt EG-weit verboten [N.3.22].

Motorsport, Flugsport, Motorbootsport
Die umweltrelevanten Stoffquellen, die bei der Ausübung dieser Sportarten durch die Verwendung eines Motorantriebs wirksam werden (Abgase, Altöl), sind in Abschn. N.2 dargestellt.

N.3.1.4.2 Freizeitaktivitäten

Ein besonderer umweltrelevanter Aspekt von Freizeitaktivitäten außerhalb sportlicher Betätigung liegt dort vor, wo Fäkalien über längere Zeit gesammelt werden müssen, ehe sie entsorgt werden können. Dies ist der Fall beim Aufenthalt an Orten ohne Anschluß an eine öffentliche Kanalisation oder auch bei Busreisen mit längerer Reisezeit. Diese Problematik betrifft vor allem die Benutzer von Wohnmobilen und Caravans (Wohnanhängern).

Zur Sammlung von Fäkalien unter diesen Umständen ist das Konzept der Chemietoiletten eingeführt worden, die nicht nur im größten Teil der in der Bundesrepublik Deutschland registrierten 900.000 Wohnmobile und Caravans [N.3.23], sondern auch in Reisebussen und Kleingartenanlagen sowie auf Campingplätzen, Rastplätzen und Baustellen verwendet werden.

Die Chemietoiletten enthalten als Sanitärflüssigkeit wäßrige Lösungen mikrobizider Wirkstoffe, die in erster Linie hygienisch-mikrobiologischen Zwecken, und zwar der Abtötung von Bakterien, Pilzen und Viren, und damit verbunden auch der Unterdrückung geruchsintensiver Fäulnisprozesse dienen. Die notwendige hohe Bakterientoxizität dieser Lösungen führt andererseits zu Problemen der Umweltverträglichkeit der so behandelten Fäkalien bei der Entsorgung [N.3.24].

Als mikrobizide Wirkstoffe werden überwiegend Aldehyde *(Formaldehyd, Glutardialdehyd)*, teils in Verbindung mit Alkoholen, aber auch kationische Tenside, z. B. *Benzalkoniumchloride* verwendet. Außerdem werden den Lösungen Korrosionsinhibitoren, Benetzungsmittel und Emulgatoren zur Unterstützung der mikrobiziden Wirksamkeit beigefügt. Es wird geschätzt, daß jährlich 10.000 – 15.000 t an Chemikalien für den Einsatz in Chemie-Toiletten verkauft werden [N.3.25].

Bei der Entsorgung des Chemietoiletten-Abwassers in eine Kläranlage mit biologischer Klärstufe – direkt oder über die öffentliche Kanalisation – muß das Abwasser vorher so stark verdünnt werden, daß die Schwellenkonzentration für bakterientoxische Reaktionen unterschritten wird. Andernfalls ist eine Störung der biologischen Stufe mit Verminderung der Reinigungsleistung zu befürchten. Die mikrobiziden Wirkstoffe mit Ausnahme der kationischen Tenside sind nach ausreichender Verdünnung biologisch gut abbaubar. Beim Einsatz kationischer Tenside ist daher eine vorherige Inaktivierung durch geeignete Dekontaminantien angezeigt, um Störungen des Kläranlagenbetriebs durch Anreicherung der Wirkstoffe im Klärschlamm zu vermeiden [N.3.26].

N.3.2 Öffentlicher Bereich

N.3.2.1 Gesundheits- und Veterinärwesen

Nach der Abfallstatistik 1993 [N.3.12] fielen in Krankenhäusern ca. 1 Mio t an Abfällen an, von denen nur ca. 7 % krankenhausspezifisch waren. Soweit die Abfälle in die Abfallkategorien infektiöse Abfälle, Körperteile und Organabfälle fielen, waren sie als Sonderabfall zu entsorgen und wurden in Sonderabfallverbrennungsanlagen verbrannt.

In Krankenhäusern des öffentlichen Gesundheitswesens finden sich außer in den hausmüllähnlichen Gewerbeabfällen (Verpackungsmaterial, Küchenabfälle) Quellen umweltrelevanter Stoffe vorrangig in den krankenhausspezifischen nichtinfektiösen und infektiösen Abfällen sowie in Abfällen aus dem Laborbereich. Für das Abwasser aus Krankenhäusern sind, abgesehen von den anfallenden Fäkalien, speziell Stoffquellen im Wäschereibereich und in Einrichtungen zur Desinfektion von Geräten maßgeblich. Darüber hinaus sind die betriebseigenen Feuerungsanlagen (Heizung, Brauchwasser- und Dampferzeugung) Quellen umweltrelevanter Schadstoffe, die mit dem Abgas emittiert werden.

N.3.2.1.1 Abfall

Je nach umwelthygienischer Relevanz und nach Infektionspotential der Abfallinhaltsstoffe werden die krankenhausspezifischen Abfälle in 4 Gruppen unterteilt, die unterschiedlichen Entsorgungsanforderungen unterworfen werden [N.3.27].

Den mengenmäßig größten Anteil daran haben nicht-infektiöse Wund- und Gipsverbände, Einwegwäsche, Stuhlwindeln und Einwegartikel (Spritzen, Kanülen, Skalpelle), die mit *Blut, Sekreten* oder *Exkreten* behaftet sein können. Diese müssen sorgfältig getrennt gesammelt und in geschlossenen Behältnissen zu Entsorgungsanlagen (normale Müllverbrennungsanlagen) transportiert werden, um Gesundheitsgefahren bei der Handhabung des Abfalls auszuschließen.

Infektiöse Abfälle, die mit Erregern meldepflichtiger übertragbarer Krankheiten behaftet sind, können in Infektions- und Dialysestationen von Krankenhäusern, aber auch in Arztpraxen und in veterinärmedizinischen Praxen und Kliniken anfallen. Unter die infektiösen Abfälle fallen auch mikrobiologische Kulturen, Versuchstiere sowie Streu und Exkremente aus Versuchstieranlagen, soweit sie entsprechenden medizinischen Untersuchungen mit *Krankheitskeimen* dienen. An die Stelle der früheren Verbrennung dieser Abfälle in krankenhauseigenen Verbrennungsanlagen, die jedoch wegen mangelnder Abgasreinigung den Anforderungen der Luftreinhaltung nicht mehr entsprachen, ist jetzt die Verbrennung in externen Sonderabfallverbrennungsanlagen [N.3.28] sowie zunehmend die Desinfektion der infektiösen Abfälle in mobilen Zerkleinerungs- und Desinfektionsanlagen getreten [N.3.29, N.3.30]. Die Abfälle können nach der Desinfektion mit gesättigtem Dampf bei ca. 140 °C wie hausmüllähnlicher Gewerbeabfall entsorgt werden. Alternativ käme sonst nur, wie bei der Abfallgruppe der Körperteile und Organabfälle, die außerbetriebliche Entsorgung in Sonderabfallverbrennungsanlagen in Betracht.

Aus dem Laborbereich kommen besonders überwachungsbedürftige Abfälle (*Säuren, Laugen,* Lösemittelgemische mit *CKW, Benzol, Toluol, Xylol), Methanol,* Laborchemikalienreste und Fixier- und Entwicklerbäder, für die bei getrennter Sammlung Verwertungsmöglichkeiten durch externe Entsorger bestehen. Alle Möglichkeiten zur Vermeidung und Verwertung von Rückständen werden systematisch mit Hilfe von Entsorgungsplänen ausgeschöpft [N.3.31].

Fixier- und Entwicklerbäder fallen in größerem Umfang auch in allen Arzt- und Zahnarztpraxen an, in denen Röntgendiagnostik praktiziert wird. Eine spezielle Stoffquelle stellen in Zahnarztpraxen die Zahnfüllungen auf der Basis von *Silberamalgam,* einer Legierung aus Hg, Ag, Sn und von Fall zu Fall auch Cu, dar. Die ausgebohrten Zahnfüllungen werden in Amalgamabscheidern aufgefangen und die darin enthaltenen Metalle durch physikalisch-chemische Behandlung einer Wiederverwendung zugeführt.

N.3.2.1.2 Abwasser

Aufgrund der Notwendigkeit, die Krankenhauswäsche regelmäßig reinigen und nach Gebrauch in Bereichen, die nicht keimfrei sind, auch desinfizieren zu müssen, fallen in den Zentralwäschereien der Krankenhäuser große Mengen an Abwasser an. Das Abwasser ist daher mit den üblichen Inhaltsstoffen von Waschmitteln (*Phosphate, Phosphatersatzstoffe, Tenside, AOX*) belastet (Abschn. N.3.1.3). Hinzu kommen die Inhaltsstoffe der angewendeten Reinigungs- und Pflegemittel (*HCl, HNO_3, Natriumhypochlorit, Ethylendamintetraacetat, NaOH*) und die Wirkstoffe der zugelassenen Desinfektionsmittel (*Aldehyde, Alkohole, Phenolderivate*), deren nicht verbrauchte Überschußmengen sich zusammen mit dem gelösten Schmutz vollständig im Abwasser wiederfinden [N.3.31]. Kleinere Abwassermengen aus speziellen Bereichen, in denen Krankheitserreger ins Abwasser gelangen können (Pathologie, Infektionsabteilungen), werden am Entstehungsort desinfiziert, bevor sie mit dem sonstigen Abwasser des Krankenhauses in die öffentliche Kanalisation eingeleitet werden. Dies geschieht durch Zugabe von Desinfektionsmitteln oder auch *Chlor* sowie durch thermische Desinfektion (Erhitzen über längere Zeit auf mind. 100 °C) [N.3.32].

Desinfektionsmittel werden in größerem Umfang auch zur Flächendesinfektion in Operationssälen und Intensivstationen verwendet. Zur Instrumentendesinfektion werden dagegen, sofern sie nicht thermisch mit gesättigtem Dampf durchgeführt wird, *Formaldehyd* oder *Ethylenoxid* als Oxidationsmittel in geschlossenen Geräten verwendet. Bei der Belüftung der Sterilisationsgeräte auf der Basis von *Ethylenoxid* wird die aus dem Gerät abgesaugte und mit *Ethylenoxid* beladene Luft über einen Oxidationskatalysator geführt, bevor sie ins Freie geleitet wird.

Bioabfälle aus dem Küchenbereich (Lebensmittel- und Essensreste, Küchenabfälle) werden dem Abwasser fern gehalten und nach getrennter Sammlung der Kompostierung zugeführt oder an Mastbetriebe abgegeben. Darüber hinaus werden verschiedene Abscheiderarten eingesetzt (Küchenbereich: *Fette*; Physikalische Therapie: *Schlämme* von Packungen), um das Abwasser durch getrennte Entsorgung dieser Stoffe zu entlasten [N.3.32].

N.3.2.1.3 Kesselanlagen

In Krankenhäusern werden Kesselanlagen auf der Basis von Heizöl oder Erdgas als Brennstoff zur Erzeugung von Dampf (für Sterilisation, Desinfektion, Wäscherei, Dampfmangeln und Trockner) und von Warmwasser (für Raumheizung, Klima- und Lüftungsanlagen) sowie für die Brauchwassererwärmung betrieben. Die in dem Verbrennungsprozeß in den Kesselanlagen je nach Brennstoffart entstehenden Schadstoffe (CO, NO_x, SO_2, *Kohlenwasserstoffe*, *Staub*) entsprechen weitgehend denjenigen in Feuerungsanlagen für größere Wohnkomplexe im privaten Bereich (Abschn. N.3.1.1). Wenn eine Feuerungswärmeleistung von 5 MW bei Heizöl und von 10 MW bei gasförmigen Brennstoffen überschritten wird, sind diese Kesselanlagen nach dem Bundesimmissionsschutzgesetz genehmigungsbedürftig mit der Folge, daß für die Emissionen von *Staub*, CO, NO_x und SO_2 die in der TA Luft festgelegten Grenzwerte eingehalten werden müssen.

Im Zuge der rationellen Energieverwendung werden in Krankenhäusern anstelle von Heizkesseln auch Blockheizkraftwerke (BHKW) zur gemeinsamen Erzeugung von Wärme und Strom eingesetzt [N.3.31]. Ein BHKW für diesen Anwendungszweck besteht aus einem Gasmotor-Generator-Aggregat in Kombination mit einem Abhitzekessel. Bei dem Verbrennungsvorgang im Gasmotor entstehen in erster Linie NO_x und CO als Luftschadstoffe, deren Konzentration im Abgas durch Primärmaßnahmen (Abmagerung des Brennstoff-Luft-Gemisches) und/oder Sekundärmaßnahmen (Oxidationskatalysator, selektive katalytische Reduktion SCR) minimiert wird (Abschn. N.3.2.4).

Bei Überschreitung einer Feuerungswärmeleistung von 1 MW sind BHKW mit Verbrennungsmotoranlagen genehmigungsbedürftig nach dem Bundesimmissionsschutzgesetz und unterliegen den in der TA Luft festgelegten Emissionsgrenzwerten für CO und NO_x.

N.3.2.2 Bildung, Wissenschaft und Kultur

Unter den öffentlichen Einrichtungen und Institutionen im Bereich von Bildung, Wissenschaft und Kultur finden sich in Hochschulen, öffentlichen Forschungseinrichtungen, Theatern und Schulen spezifische Tätigkeiten oder Installationen, die im Zusammenhang mit umweltrelevanten Stoffen stehen und bei denen die umweltgerechte Entsorgung dieser Stoffe im Vordergrund steht. Nach der Statistik [N.3.33] gibt es in der Bundesrepublik 318 Hochschulen (1992/93), 596 Theaterspielstätten (1990/91) und 50.298 Schulen (1991), davon allein 42.315 allgemeinbildende Schulen. Unter den Hochschulen sind alle Universitäten, Gesamthochschulen, fachlich speziell ausgerichtete Hochschulen und Fachhochschulen zusammengefaßt, während die Zahl der Theaterspielstätten sowohl öffentliche Theater als auch Privattheater beinhaltet.

N.3.2.2.1 Hochschulen, Forschungseinrichtungen

Soweit die Hochschulen und Forschungseinrichtungen naturwissenschaftlich bzw. ingenieurwissenschaftlich ausgerichtet sind, betreiben sie in den Bereichen Chemie, Pharmazie und Biologie chemische und biologische, in den Bereichen Maschinenbau und Hüttenwesen auch werkstofftechnische Laboratorien.

Insbesondere in den Laboratorien werden die verwendeten Materialien, die entstehenden Reaktionsprodukte und die unvermeidlichen Reststoffe entsprechend ihren umweltrelevanten Inhaltsstoffen im Hinblick auf ihre Entsorgung systematisch getrennt gehalten. *Halogenierte* und *nichthalogenierte organische Lösungsmittel,* die z. B. bei der Filterkonditionierung Anwendung finden, werden durch Redestillation zur Wiederverwendung zurückgewonnen oder einer chemisch-physikalischen Behandlungsanlage (CPB) zugeführt. Wäßrige Lösungen *anorganischer Stoffe* werden nach pH-Wert-Einstellung in einer Neutralisationsanlage mit Fällungsmitteln versetzt, so daß vor allem *Schwermetalle* als Hydroxide ausgefällt und die abfiltrierten Schlämme als Sonderabfall entsorgt werden können. Aktivkohlefilter, soweit sie mit besonders toxischen Luftschadstoffen *(polychlorierten Dibenzodioxinen* und *-furanen)* beladen sind, sowie *PCB*-haltige Altöle werden einer Sondermüllverbrennungsanlage (SMVA) zugeführt. Schließlich werden auch Hydraulikflüssigkeiten, Schmierstoffe mit Additiven und Bohr- und Schleifemulsionen (als Kühlflüssigkeiten bei der Werkstoffbearbeitung) getrennt gesammelt und in einer CPB oder SMVA entsorgt. Die Entsorgung der Laboratorien ist Teil eines Abfallentsorgungskonzepts der betreffenden Institutionen, in das auch die sonstigen Abfälle aus dem Verwaltungsbereich (Papier, Verpackungen, Schreibmaterialien) integriert sind. In die Abfallbilanzen gehen weiterhin Entwickler- und Fixierbäder, *Hg*-haltige Rückstände, Laborchemikalienreste, *Säuren*- und *Laugen*gemische sowie Kondensatoren und Leuchtstoffröhren ein.

N.3.2.2.2 Theater

Größere Theater verfügen über eigene Werkstätten, in denen die meisten Elemente jedes neuen Bühnenbildes (Kulissen, Versatzstücke) hergestellt werden. Dazu finden vor allem Stahl und Holz als Konstruktionswerkstoffe, Schaumstoffe (Styropor), Leinwand und Kleber (Kaltleim) zur Formgebung und Verkleidung sowie Dispersions- und Leuchtfarben zur Farbgebung Verwendung. Unverbrauchte Farbreste werden wie Lösungsmittel *(Aceton, Spiritus)* aus der Maskenbildnerei, Altöle und Batterien getrennt gesammelt und als Sonderabfall entsorgt. Umweltrelevante Inhaltsstoffe in den verwendeten Materialien sind *Farbpigmente* in den Farben und die zur Imprägnierung der Textilien aus Brandschutzgründen verwendeten Salze *(Ammoniumpolyphosphate)*.

N.3.2.2.3 Schulen

In Schulgebäuden wie auch in anderen öffentlichen Gebäuden sind in der Vergangenheit Baumaterialien verwendet worden, die nach den Erkenntnissen aus vielen Erhebungen und Untersuchungen gesundheitsschädliche Inhaltsstoffe auch noch lange Zeit nach der Gebäudeerrichtung emittieren. Hierzu gehören
- *polychlorierte Biphenyle,* die als Weichmacher in dauerelastischen Fugendichtungsmaterialien vor allem bei Betonfertigteilbauten Anwendung fanden [N.3.34]
- *Asbest* als Werkstoff für Brand-, Schall- und Wärmeschutz vor allem in schwachgebundener From (Rohdichte < 1 g/cm3) für Spritz-, Stopf- und Fugenmassen [N.3.35]
- *Formaldehyd* als Bestandteil von Klebstoffen für Holzwerkstoffe (Spanplatten, Sperrholz) und zur Herstellung von Ortsschäumen *(Harnstoff/Formaldehydharze)* für die Gebäudeisolierung [N.3.36].

Ihre zusätzliche Umweltrelevanz haben diese Materialien dadurch, daß sie unter besonderen Vorkehrungen entsorgt werden müssen, wenn aus Gründen einer Gesundheitsgefahr oder auch nur vorsorglich derartige Baumaterialien aus einem Gebäude entfernt und durch unschädliche ersetzt werden.

Soweit die öffentlichen Einrichtungen und Institutionen des Bereichs Bildung, Wissenschaft und Kultur über eigene Großküchen oder Gaststättenbetriebe verfügen, fallen dort erhebliche Mengen an Bioabfällen (Küchenabfälle, Speisereste) an. Die früher übliche Abgabe dieser Bioabfälle an Schweinemastbetriebe oder Deponien ist erheblich erschwert oder scheidet sogar ganz aus, weil Essensreste nach dem Tierseuchengesetz nur nach vorheriger thermischer Behandlung verfüttert werden dürfen und weil die TA Siedlungsabfall die Deponierung von Siedlungsabfällen mit mehr als 5 % organischem Anteil (gemessen als Glühverlust des Trockenrückstands) nicht mehr zuläßt. Außer der verbleibenden Entsorgungsalternative für Bioabfälle, der Verbrennung in einer MVA, können jedoch zukünftig auch neuentwickelte Naßmüllentsorgungsverfahren eingesetzt werden. Diese Verfahren beruhen darauf, daß die Speisereste in geschlossenen Systemen zunächst gesammelt, grob zerkleinert und schließlich homogenisiert werden. Ihre pastöse Beschaffenheit ohne weitere Zusätze erlaubt die weitere pneumatische Beförderung und den

Transport mittels Tankfahrzeugen. Die organischen Bestandteile der Bioabfallmasse können dann entweder anaerob in einem Faulturm bei ca. 35 °C unter Bildung von Klärschlamm und Biogas (CH_4, CO_2) oder aerob in einem geschlossenen System kompostiert werden [N.3.37]. Die bei aerober Kompostierung freigesetzte Wärme hält die Temperatur einer Charge über ausreichend lange Zeit bei etwa 70 °C, so daß der entstehende Frischkompost als Endprodukt gleichzeitig pasteurisiert wird.

Zur Wärmeversorgung verfügen Hochschulen, öffentliche Forschungseinrichtungen, Theater und Schulen über eigene Heizwerke oder – bei kleineren Einheiten – Feuerungsanlagen, bei denen die gleichen Stoffquellen auftreten, wie in den Abschn. N.3.1.1 (Feuerungsanlagen) und N.3.2.4 (Strom- und Wärmeversorgung) dargelegt.

N.3.2.3 Sport- und Freizeiteinrichtungen

Feste Sport- und Freizeiteinrichtungen sowohl in Form von Freianlagen als auch von Hallenanlagen werden hier nur insofern aufgenommen, wie durch ihren Betrieb spezifische Quellen umweltrelevanter Stoffe zum Tragen kommen. Dies ist der Fall bei Sportplätzen, Sporthallen und Schwimmbädern sowie bei Campingplätzen.

N.3.2.3.1 Sportplätze

Im alten Bundesgebiet gibt es ca. 40.000 Sportplätze, die Spielfelder für 18 verschiedene Mannschaftssportarten, in den meisten Fällen in Verbindung mit Leichtathletikanlagen umfassen.

Die Flächen auf den Sportplätzen, auf denen die verschiedenen Sportarten ausgeübt werden (Spielfelder, Laufbahnen, Sprungbahnen), sind entweder als Rasenflächen oder als sog. Tennenflächen ausgeführt. Rasenflächen bestehen weit überwiegend aus Naturrasen, aber verbreitet auch aus Kunststoffrasen. Tennenflächen sind dagegen zwar ebenfalls wasserdurchlässige, aber mehrschichtig aufgebaute und verdichtete Aufschüttungen aus Baustoffen verschiedener Art und unterschiedlicher Körnung [N.3.21].

Als Materialien für Tennenböden werden neben Sand, Kies und Gesteinssplitt aus natürlichen Vorkommen auch Schlacken, Aschen und Haldenmaterial aus Industrie und Bergbau verwendet. Die letzteren können je nach ihrer Herkunft als schädliche Inhaltsstoffe vor allem toxische Schwermetalle *(As, Pb, Zn, Cd, Hg)* enthalten und unterliegen deshalb vor ihrer Anwendung als Tennenbeläge einer Güteüberwachung auf Einhaltung gültiger Vorsorge- und Richtwerte bzgl. der Konzentration dieser Schwermetalle. Die Umweltrelevanz dieser Materialien besteht darin, daß die schädlichen Inhaltsstoffe durch Abrieb beim Sportbetrieb in Form von Staubpartikeln aufgewirbelt und eingeatmet oder durch Regen ausgewaschen und ins Grundwasser transportiert werden können.

Für Kunststoffbeläge von Tennenböden ebenso wie für Kunststoffrasen kommen verschiedene Kunststoffarten (Polypropylen, Polyester, Polyamid) oder Kunststoffgemisch-Granulat sowie Polyurethan (PUR) als Bindemittel bzw. PUR-Schaum als Elastikmaterial zur Anwendung. Auch diese Kunststoffe enthalten in geringen Mengen Schwermetalle *(Cd, Pb)* in Form von Farbpigmenten sowie zusätzlich *organische Hg-* oder *Sn-Verbindungen* als Anti-Fouling-Wirkstoffe.

Die Düngung der Rasenflächen auf Sportplätzen und ihre Behandlung mit Pestiziden ist wie in der Landwirtschaft eine Quelle für den Transport überschüssiger Nähr- *(Nitrate)* und Schadstoffe *(Pestizide)* ins Grundwasser.

N.3.2.3.2 Sporthallen und Schwimmbäder

Im alten Bundesgebiet gibt es ca. 27.000 Sporthallen und ca. 4000 Hallenbäder [N.3.21]. Beiden Arten von Sporteinrichtungen ist gemeinsam, daß sie, sofern sie nicht mit Fernwärme versorgt werden, Heizungsanlagen großer Leistung benötigen, die bei den Sporthallen allerdings nur in der kalten Jahreszeit betrieben werden. Die Heizungsanlagen, die üblicherweise mit Heizöl oder Erdgas betrieben werden, sind wie bei den Feuerungsanlagen für größere Wohnkomplexe im privaten Bereich (Abschn. N.3.1.1) Quelle der umweltrelevanten Schadstoffe CO und NO_x aus den Verbrennungsprozessen. Zusätzlich zu den feuerungstechnischen Maßnahmen zur Minimierung von Bildung und Emission dieser gasförmigen Schadstoffe werden in Sporthallen und Schwimmbädern technische Maßnahmen zur Energieeinsparung in der jeweils optimalen Kombination angewendet. Damit findet eine noch weitergehende Emissionsminderung von CO und NO_x statt. Die Wärmerückgewinnung aus der Abluft ist inzwischen in Hallenbädern und Sporthallen die Regel, z.T. auch in Kombination mit dem Einsatz von Wärmepumpen. In Hallen- und Freibädern sowie in neuen Sporthallen finden zunehmend auch Solaranlagen Anwendung [N.3.21]. Zunehmende Verbreitung findet auch die Ausrüstung mit einem eigenen Blockheizkraftwerk (BHKW), von denen schon ca. 150 mit verbrennungsmotorischem Antrieb in Hallen- und Schwimmbädern in der Bundesrepublik betrieben werden [N.3.38].

Das Wasser in Schwimmbädern muß wegen des Eintrags *organischer Stoffe* sowie *Bakterien und Keimen* durch die Badegäste und luftgetragener Partikel *(Staub)* aus der Umgebung ständig umgewälzt und dabei gereinigt und entkeimt werden. Ungelöste und organische Stoffe werden dabei durch Flockung und anschließende Filterung meist in einem Sand- oder Kiesfilter abgeschieden.

Als Flockungsmittel sind vor allem *Al-Salze, Fe(III)-Salze* und *Na-Aluminat* zugelassen [N.3.39]. Sie bilden durch Hydrolyse flockige Hydroxide, die organische Stoffe sorptiv binden. Für eine noch effektivere Reinigung werden zusätzlich auch Aktivkohlefilter eingesetzt. Zur Einstellung optimaler Bedingungen für die Wasserchemie (Enthärtung, Entkeimung, Flockung) werden dem Beckenwasser auch zugelassene pH-Wert-Einstellungsmittel zugesetzt (z. B. $NaOH$, HCl, Na_2CO_3, $NaHCO_3$, CO_2). Die Rückspülwässer der Filter werden zusammen mit dem Abwasser in die öffentliche Kanalisation eingeleitet.

Zur Entkeimung des Wassers wird in erster Linie die oxidierende Wirkung von *Chlor* ausgenutzt. Je nach eingesetztem Oxidationsmittel ist zwischen dem *Chlorgas-*, dem *Chlor/Chlordioxid-*, dem *Natriumhypochlorit-* und dem *Calciumhypochlorit-*Verfahren zu unterscheiden [N.3.40]. Verbreitet ist die sog. indirekte Chlorung mit dem Chlorgas-Verfahren, bei dem in Druckflaschen gespeichertes *Chlorgas* mit einem Vakuum-Dosiergerät nach DIN 19 606 einem Nebenwasserstrom dosiert beigefügt wird. Die Desinfektion wird durch die hypochlorige Säure *(HClO)* bewirkt, die bei Reaktion von *Chlorgas* und Wasser gebildet wird. Die ebenfalls entstehende *Salzsäure (HCl)* wird durch Reaktion mit den *Hydrogenkarbonaten* des Wassers (Karbonathärte) neutralisiert. Bei zu niedriger Härte wird das gechlorte Wasser zur Neutralisation durch einen Marmorkies-Reaktionsturm geleitet.

Als Alternative zur Verwendung von *Chlor* aus Druckflaschen wird ein Verfahren genutzt, bei dem *Chlorgas* durch Elektrolyse von Kochsalzlösungen hergestellt und sofort in das zu behandelnde Wasser dosiert wird. Die hohen sicherheitstechnischen Anforderungen an die Lagerung und den Umgang mit Chlorgasflaschen entfallen hier. In einer weiteren Verfahrenskombination nach DIN 19 643, Teil 3 wird zunächst *Ozon* zur Oxidation von Wasserinhaltsstoffen, zur Abtötung von Mikroorganismen und zur Inaktivierung von Viren verwendet. Nach Abtrennung der hierbei entstehenden Reaktionsprodukte wird die übliche Chlorung des Reinwassers durchgeführt. Der bei ausschließlicher Chlorung auftretende typische Geruch durch *Chloramine* tritt bei der Kombination Ozonung/Chlorung nicht auf.

N.3.2.3.3 Campingplätze

Im alten Bundesgebiet gab es 1989 ca. 5000 Campingplätze, von denen etwa 15 % als kommunale Betriebe und die übrigen als private Einrichtungen betrieben wurden [N.3.23].

Auf den Campingplätzen fallen Abwässer aus dem Sanitär- und dem Küchenbereich von Restaurationsbetrieben an sowie Abfälle, die weitgehend hausmüllähnlichen Charakter haben. Daher findet man im Abwasser und Abfall viele der Stoffquellen, die auch im privaten Bereich im häuslichen Abwasser und Abfall auftreten (Abschn. N.3.1.3). Zusätzlich fallen dort aber auch Inhalte von Chemietoiletten, mit denen Campingfahrzeuge zunehmend ausgerüstet sind, zur Entsorgung an. Besondere Inhaltsstoffe in den Chemietoiletten sind Chemikalien mit *mikrobiziden Wirkstoffen*, die Probleme für eine Entsorgung über die öffentliche Kanalisation mit sich bringen (Abschn. N.3.1.4.2). Deshalb bietet schon jetzt etwa jeder dritte Campingplatz eine Entsorgungsmöglichkeit für Chemietoiletten getrennt von der normalen Abwasserentsorgung an, die zu 70 % über die öffentliche Kanalisation erfolgt [N.3.23]. Auch für die anfallenden Abfälle werden auf mehr als einem Drittel der Campingplätze bereits Behälter zur getrennten Sammlung von Rohstoffen (Altpapier, Glas, Metall) und von Problemmüll sowie in einzelnen Fällen auch Kompostierungsbehälter für Garten- und Küchenabfälle vorgehalten.

N.3.2.4 Lokale Strom- und Wärmeversorgung

Die öffentliche Strom- und Wärmeversorgung wird regional von Kraft- und Heizkraftwerken auf Basis von Kohle, Erdöl und Erdgas sowie von Kernkraftwerken getragen. Während der Strom aus regionalen Kraftwerken in überregionale Verbundnetze eingespeist wird, erfolgt der Wärmetransport zu den Verbrauchern über regionale und lokale Fernwärmenetze. Stoffquellen im Zusammenhang mit der Stromerzeugung in

Kernkraftwerken sind Gegenstand von Abschn. N.1.3.

Über die Strom- und Wärmeerzeugung in Kraftwerken mit Großfeuerungsanlagen hinaus basiert die öffentliche Strom- und Wärmeversorgung auf Blockheizkraftwerken (BHKW), die aus einer Antriebseinheit (Verbrennungsmotor oder Gasturbine), einem nachgeschalteten Abhitzekessel und einem mit der Antriebseinheit gekoppelten Generator bestehen. Bundesweit sind fast 1500 BHKW überwiegend mit Verbrennungsmotoren (Gasmotor, Dieselmotor) in Betrieb. Während der weitaus größte Teil der BHKW mit Verbrennungsmotor-Antrieb im Leistungsbereich zwischen 50 und 400 kW liegt, weisen die Gasturbinen in BHKW darüber hinausgehende Leistungen vorrangig im Bereich bis 10 MW auf [N.3.41].

Mehr als ein Drittel der in BHKW mit Verbrennungsmotoren erzeugten elektrischen Leistung stammt aus Anlagen der öffentlichen Hand. Mit der gleichzeitig erzeugten Wärmeenergie werden Hallen- und Schwimmbäder, Krankenhäuser und sonstige öffentliche Einrichtungen beheizt. Als Brennstoff werden dafür in erster Linie Klärgas und Erdgas, darüber hinaus aber auch Deponiegas und Heizöl eingesetzt [N.3.41, N.3.38].

Unabhängig von der Brennstoffart entstehen bei den Verbrennungsprozessen als Luftschadstoffe in erster Linie CO und NO_x, deren Bildungsraten jedoch in weiten Bereichen der Luftzahl λ einander gegenläufig sind. Bei Luftunterschuß ($\lambda < 1$) ebenso wie bei hohem Luftüberschuß entsteht durch ungünstige Verbrennungsbedingungen sehr viel CO, während gleichzeitig aufgrund relativ niedriger Verbrennungstemperatur die Bildung von NO_x vermindert ist. In einem mittleren Luftzahlbereich ($\lambda = 1,1 - 1,3$) sind dagegen der Ausbrand maximal und die Verbrennungstemperaturen hoch, so daß niedrige CO-Konzentrationen und hohe NO_x-Konzentrationen im Abgas auftreten. Außerdem entstehen bei unvollständiger Verbrennung vermehrt *Aldehyde*, aber auch weitere *Kohlenwasserstoffe*.

Zur gleichzeitigen Reduktion von CO und NO_x im Abgas sind verschiedene Methoden gebräuchlich [N.3.42 – N.3.44].

Der *3-Wege-Katalysator* (nur bei Viertakt-Otto-Motoren) arbeitet mit einer eng begrenzten, nahstöchiometrischen Einstellung der Luftzahl λ, die mit einer Lambda-Sonde zur Messung des Sauerstoffgehalts geregelt wird. Dabei reagieren NO_x, CO, der Luftsauerstoff und *Kohlenwasserstoffe* untereinander und werden katalytisch in N_2, CO_2 und H_2O umgewandelt.

Das *Magerkonzept* mit hohem Luftüberschuß ($\lambda > 1,6$) wird in Kombination mit einem Oxidationskatalysator angewendet, der bei genügend hoher Temperatur (> 350 °C) eine weitgehend katalytische Umwandlung von CO, CH_4 und weiteren *Kohlenwasserstoffen* in CO_2 bzw. H_2O bewirkt, während durch den hohen Luftüberschuß die Verbrennungstemperatur gesenkt und die Bildungsrate von NO_x stark vermindert wird. Der Betrieb von Gasmotoren nach dem Magerkonzept mit hohem Luftüberschuß nimmt gegenüber dem Betrieb mit 3-Wege-Katalysator ständig an Bedeutung zu, zumal durch weitere motorische Maßnahmen (Turbolader) spezifische Leistung und Wirkungsgrad verbessert werden können.

Dieselmotoren, insbesondere hoher Leistung, weisen erhebliche Konzentrationen an NO_x im Abgas auf, so daß nur mit Hilfe *selektiver katalytischer Reduktion (SCR)* eine ausreichende Minderung der NO_x-Emission erreichbar ist. Bei der SCR wird dem Abgas NH_4 oder *Harnstoff* ($CO(NH_2)_2$) zugegeben und das Abgas bei 300-400 °C über einen Katalysator (V-, Ti-Basis) geführt, so daß die *Stickoxyde* zu N_2 reduziert werden. Überschüssiges NH_3 kann dabei mit dem Abgas emittiert werden (NH_3-Schlupf). Alle katalytischen Reduktionsverfahren sind störanfällig gegen Verunreinigungen im Abgas, die als Katalysatorgifte wirken *(Schwermetalle, Phosphor oder Halogenverbindungen)*.

Außer den Standardluftschadstoffen CO und NO_x finden sich im Abgas der Antriebsmaschinen von BHKW noch brennstoffspezifisch weitere Schadstoffe. *Flüssige Brennstoffe* geben Anlaß zur Emission von *Ruß, Schwermetallen (Ni, V)* und *polyzyklischen aromatischen Kohlenwasserstoffen (PAK)* als Staubinhaltsstoffe sowie von SO_2. Deshalb kann es notwendig werden, Dieselmotoren von BHKW, die mit Schweröl (H-S, SA) betrieben werden, nicht nur mit einer SCR-Anlage, sondern zusätzlich auch noch mit einem Rußfilter und einem Naßwäscher unter Eindüsung von Kalkhydrat zur SO_2-Reduktion auszurüsten. Alternativ kommt auch die Abtrennung von *Ruß, Schwermetallen* und *Schwefelsäure* aus dem Abgas mit Hilfe von Aktivkoksfiltern zur Anwendung. Das Filtermaterial muß jedoch nach Beladung mit den Schadstoffen ausgetauscht und je nach der Beschaffenheit des Aktivkokses mit hohem Energieaufwand desorbiert oder als Sonderabfall entsorgt werden [N.3.45].

Beim Einsatz von *Erdgas* oder *Klärgas* als Brennstoff kann überschüssiges CH_4, auch *Ruß* (aus dem in den Verbrennungsraum gelangten Schmieröl), aber nur in geringen Mengen, im Abgas auftreten.

Im Gegensatz zu Erdgas enthält *Deponiegas* außer den Hauptbestandteilen CH_4, N_2 und CO_2 auch Luftschadstoffe, die in dem deponierten Abfall schon von vornherein als Verunreinigung enthalten waren oder durch chemische Reaktionen und Fäulnisprozesse aus den Inhaltsstoffen des Abfalls entstanden sind. In der Regel befinden sich darunter zahlreiche *halogenierte Kohlenwasserstoffe, Benzol, Toluol, Xylol, Vinylchlorid, H_2S* und sonstige Geruchsstoffe *(Mercaptane)*. Einige dieser Stoffe sind Vorläufer-Substanzen (Precursor) bei der Bildung von Dioxinen und Furanen *(PCDD, PCDF)* [N.3.46]. Deponiegas wird weit überwiegend in Gasmotoren nach dem Magermotorprinzip verbrannt. In dem Abgas sind daher außer den Standardluftschadstoffen CO und NO_x auch *HCl, HF, SO_2, Formaldehyd* (CH_2O) und höhere *Aldehyde*, in geringen Mengen auch *Dioxine* und *Furane* als Verbrennungs- und Reaktionsprodukte der Inhaltsstoffe des Rohgases enthalten. Charakteristisch für die Verbrennungsvorgänge in einem Gasmotor ist, daß beim Übergang von Voll- auf Teillast und Leerlauf der Gehalt an *CO* und häufig auch *Formaldehyd* im Abgas zunimmt, während der NO_x-Gehalt dabei abnimmt.

Wegen verschiedener Bestandteile des Deponiegases, die als Katalysatorgifte wirken, sind beim Betrieb von BHKW mit Deponiegas katalytische Reduktionsverfahren für die Luftschadstoffe im Abgas nicht anwendbar. Sofern wegen Überschreitung der Emissionsgrenzwerte bestimmter Schadstoffe im Abgas des BHKW *(Dioxine, Furane, Aldehyde)* die Notwendigkeit weiterer Reduktion der Konzentrationen dieser Stoffe vor der Emission in die Atmosphäre besteht, kommt eine Hochtemperaturnachverbrennung (HTNV) in Betracht. Diese wird durch einen Muffelofen realisiert, der zwischen BHKW-Motor und Abhitzekessel installiert wird. Der Muffelofen enthält einen Brenner, dem ein Teilstrom des Deponiegases vermischt mit dem Abgas des Motors zugeführt wird. Bei der hohen Temperatur von 1200 °C im Muffelofen werden zwar problematische Abgasinhaltsstoffe *(Dioxine, Furane)* vollständig zerstört, aber gleichzeitig muß mit erhöhter NO_x- und *CO*-Emission gerechnet werden [N.3.47].

N.3.2.5 Wasser- und Gasversorgung

N.3.2.5.1 Wasserversorgung

Von der öffentlichen Wasserversorgung, die 98 % der Bevölkerung mit Trinkwasser versorgt, wurden 1991 in der gesamten Bundesrepublik rund 6,5 Mrd. m³ Wasser als Trinkwasser geliefert [N.3.16, N.3.48]. Hierfür waren ca. 20 000 Wassergewinnungsanlagen in Betrieb, die das benötigte Wasser zu knapp zwei Dritteln aus dem Grundwasser und zu je ca. 10 % aus Quellen, See- und Talsperrenwasser sowie angereichertem Grundwasser förderten. Regional, aber fast nur im Einzugsgebiet des Rheins, wird Trinkwasser auch aus Uferfiltrat gewonnen.

Um die Anforderungen an die Qualität des Trinkwassers aus hygienischer und toxikologischer Sicht zu erfüllen, die in der Trinkwasserverordnung quantitativ festgelegt sind, muß das geförderte Rohwasser je nach Art der Inhaltsstoffe in mehreren Prozeßstufen aufbereitet werden [N.3.72].

In der *Wasseraufbereitung* werden die im Rohwasser enthaltenen ungelösten oder kolloidalen Inhaltsstoffe zunächst durch Flockung oder Fällung in abtrennbare Flocken überführt und sodann durch Filtration und Sedimentation vom Wasser abgetrennt. Zur Flockung, d. h. zur Umwandlung von Kolloiden in grobdisperse Stoffe, werden dem Rohwasser Flockungsmittel ($FeCl_3$, $Al_2(SO_4)_3$, $NaAlO_2$) zugesetzt, aus denen sich durch Hydrolyse Hydroxide bilden, die ausflokken und vor allem organische Substanzen adsorptiv binden können. Durch Zugabe von Flockungshilfsmitteln in Form von hochmolekularen, wasserlöslichen und anionisch wirksamen Polymeren *(Polyacrylamide)* wird der Flockungsvorgang beschleunigt und damit die Sedimentationsfähigkeit der unlöslichen Inhaltsstoffe erhöht.

Bei zu hohen Eisen- oder Mangangehalten im Rohwasser durch gelöste Eisen- und Mangansalze werden diese in Belüftungsstufen oxidiert, so daß die wasserunlöslichen Oxidationsprodukte ($Fe(OH)_3$, MnO_2) abgetrennt werden können. Zu hohe Konzentrationen an Ca- oder Mg-Hydrogenkarbonaten (Karbonathärte) im Rohwasser, die nicht aus hygienisch/toxikologischen, sondern aus apparatetechnischen Gründen (Verkalkung von Systemen) im Reinwasser unerwünscht sind, werden durch Zugabe von Kalkhydrat ($Ca(OH)_2$) in unlösliches $CaCO_3$ umgewandelt, das ausfällt und abgetrennt werden kann.

Im Rohwasser möglicherweise vorhandene gesundheitsschädliche Keime werden ggf. durch dosierte Zugabe starker Oxydationsmittel abgetötet. Hierfür werden in erster Linie *Chlorgas*, Verbindungen der unterchlorigen Säure *(HClO)*, aber auch *Ozon* angewendet. Als weitere Zusatzstoffe kommen auch Aktivkornkohlepulver, Kieselsäure oder Aluminiumoxidpulver zur Abtrennung spezieller Inhaltsstoffe des Rohwassers *(Halogenkohlenwasserstoffe, PAK)* zur Anwendung.

In zunehmendem Maße wurden in den vergangenen Jahrzehnten Oberflächengewässer und das Grundwasser mit Nitraten vor allem durch Eintrag aus diffusen Quellen (landwirtschaftliche Düngung, Tierhaltung) belastet [N.3.16], so daß bei entsprechenden lokalen Gegebenheiten in dem geförderten Rohwasser Nitratkonzentrationen festgestellt werden, die den Vorsorgegrenzwert nach der Trinkwasserverordnung von 5 mg/l zeitweilig sogar überschreiten. Zur Denitrifikation sind neben physikalisch-chemischen Verfahren (Ionenaustausch, Umkehrosmose) auch biologische Verfahren erprobt worden [N.3.49], bei denen als Endprodukte nur CO_2 und N_2 entstehen, und außer der gebildeten Biomasse keine Abfallstoffe anfallen.

Die in der Wasseraufbereitung vom Rohwasser abgetrennten Feststoffe einschließlich der Reaktionsprodukte aus den Reaktionen zwischen den Zusatzstoffen und den ursprünglichen Wasserinhaltsstoffen fallen in Form von Schlämmen und schlammhaltigen Wässern an. Das Hauptziel der anschliessenden *Schlammbehandlung* ist es, diese Rückstände aus der Trinkwasseraufbereitung so zu entwässern und zu konditionieren, daß sie uneingeschränkt beseitigt, d. h. in erster Linie deponiert werden können. Es wird geschätzt, daß in der Bundesrepublik aus der Trinkwasseraufbereitung jährlich 100.000 t Feststoffe anfallen [N.3.50].

Die Entwässerung wird mit natürlichen Verfahren (Trockenbeete, Schlammbecken, Schlammteiche) oder mit maschinellen Verfahren (Kammerfilterpressen, Bandfilterpressen, Zentrifugen) durchgeführt. Die Wahl der jeweils am besten geeigneten Verfahren richtet sich in erster Linie nach den Schlamminhaltsstoffen, die je nach ihrer Herkunft aus Grundwasser oder Oberflächenwasser stark variieren und die Sedimentationseigenschaften entscheidend bestimmen. So zeigen Grundwässer mit hohem Huminstoff- und geringem Salzgehalt sehr schlechte Sedimentation und sind demzufolge schwer zu entwässern [N.3.50].

Bei Anwendung maschineller Entwässerungsverfahren ist eine zusätzliche Konditionierung nötig, um eine hinreichende Festigkeit der Schlämme für die Deponierung herbeizuführen. Bei Kammerfilterpressen erfolgt die Konditionierung i. d. R. durch Zugabe von *Kalkhydrat*, bei Siebbandpressen und Zentrifugen von *Polyelektrolyten*. Eine weitere Möglichkeit zur Verfestigung der Schlämme durch Erhöhung des Anteils der Trockensubstanz (TS) steht in Form der Gefriertrocknung zur Verfügung. Diese physikalische Konditionierung erhöht im Gegensatz zu den anderen Verfahren die Feststoffmasse des Schlamms nicht, ist aber erheblich energieaufwendiger [N.3.51].

In den Schlämmen aus der Trinkwasseraufbereitung finden sich außer den Stoffen geogenen Ursprungs *(Fe, Mn, Al, Ca, Mg, As)* in Spuren auch zahlreiche Schadstoffe anthropogenen Ursprungs wie Schwermetalle *(Pb, Cd, Cr, Co, Cu, Ni, Hg, Zn)*, polyzyklische aromatische Kohlenwasserstoffe (PAK) sowie Pestizide (Lindan, DDT) [N.3.52, N.3.53]. In der Tendenz sind die Gehalte an Schadstoffen anthropogenen Ursprungs in den Schlämmen aus Oberflächenwasserwerken höher als in den Schlämmen aus Grundwasserwerken. Obwohl die Konzentrationen an Schwermetallen in den Wasserwerksschlämmen deutlich unter denen vergleichbarer Schlämme aus der Abwasserreinigung liegen, überschreiten sie in Einzelfällen (z. B. für *Cd* und *Zn*) die Grenzwerte der Klärschlammverordnung, so daß eine Verwertung in der Landwirtschaft dann ausscheidet. Eine Deponierung der Schlämme auf normalen Deponien steht jedoch i. d. R. nicht infrage, da die Schadstoffkonzentration in den Eluaten unterhalb der Grenzwerte für die Deponieklasse 1 liegen.

In der Vergangenheit wurden die Schlämme aus der Trinkwasseraufbereitung überwiegend auf öffentlichen, privaten oder betriebseigenen Deponien abgelagert. Die Abwässer aus der Schlammentwässerung können nach der Feststoffabtrennung direkt in den Vorfluter oder die Kanalisation abgeleitet werden.

N.3.2.5.2 Gasversorgung

Die öffentliche Gasversorgung in der Bundesrepublik beruht auf dem Import von Erdgas aus verschiedenen anderen Ländern, der inländischen Gewinnung von Naturgas (Erdgas, Grubengas), der Herstellung von Gas auf Kohle- (Kokerei-, Hochofengas) und auf Ölbasis (Raffineriegas,

Flüssiggas) und umfaßt außerdem deren Transport durch Ferngasunternehmen bzw. Verteilung durch Ortsgasunternehmen.

Die Gesamtabgabe an Endabnehmer betrug 1992 ca. 73 Mrd. m³ Naturgas und ca. 4,5 Mrd. m³ hergestelltes Gas. Die Belieferung der Endabnehmer in der Eisenindustrie, Chemischen Industrie und öffentlichen Elektrizitätsversorgung erfolgt sowohl durch Fern- als auch durch Ortsgasunternehmen, während private Haushalte und das übrige produzierende Gewerbe weit überwiegend durch die Ortsgasunternehmen mit Gas versorgt werden [N.3.54].

Während die Gasversorgung des privaten Sektors ursprünglich ausschl. auf niederkalorigem Stadtgas basierte, das künstlich durch Wasserdampfvergasung von Kohle erzeugt wurde [N.3.55], ist das Stadtgas inzwischen weitgehend durch Erdgas mit erheblich höherem Brenn- und Heizwert ersetzt worden, und hatte nur noch übergangsweise und lokal Bedeutung für die öffentliche Gasversorgung. Erdgas besteht weitestgehend aus CH_4 und unterschiedlichen Beimengungen von N_2 und CO_2 sowie geringen Anteilen höherer Kohlenwasserstoffe. Dagegen steht der Begriff Stadtgas für ein Gasgemisch aus CO, H_2 und CO_2 mit Beimengungen von N_2 (bei Vergasung mit Luft) sowie je nach Vergasungsdruck und -temperatur unterschiedlichen Anteilen an CH_4.

Die *Ferngasunternehmen* transportieren sowohl das im Inland produzierte als auch das importierte Erdgas in Gashochdruckleitungen (Betriebsdruck bis zu 100 bar) zu den Übergabestationen an die regionalen Verteilungsnetze der Ortsgasunternehmen oder direkt an die industriellen Verbraucher. Zum Transport des Gases werden in den Gasfernleitungen alle 100–150 km Verdichterstationen betrieben, um die Druckverluste in den Rohrleitungen zu kompensieren. Weiterhin benutzen die Ferngasunternehmen Untertagegasspeicher (Kavernen-, Aquifer-, Porenspeicher) als Puffervolumen zum Ausgleich saisonaler Absatzschwankungen.

In den Übernahmestationen der Gashochdruckleitungen für den Ferntransport zu den Mitteldruck- bzw. Niederdruckverteilernetzen der Ortsgasunternehmen sind Gasdruckregel- und Meßanlagen (GDR, GDRM) installiert, die das Gas auf den jeweils niedrigeren Gasdruck mit Hilfe von Drosselventilen entspannen. Seit 1988 werden in zunehmendem Maße im Bypass zu den GDR Entspannungsturbinen bzw. -motoren angewendet, um die im Hochdruckgas gespeicherte Druckenergie zur Gewinnung elektrischer Energie zu nutzen.

Die *Ortsgasunternehmen* in der Bundesrepublik, i. d. R. die kommunalen Stadtwerke, betreiben Verteilernetze mit einer Gesamtlänge von über 200 000 km, aus denen die Endverbraucher mit Gas von relativ niedrigem Druck (0,02–1 bar) versorgt werden [N.3.56]. Als Rohrleitungswerkstoff wird bei ca. zwei Drittel aller Rohre Stahl verwendet. Das früher übliche Gußeisen wird zunehmend, vor allem bei Neuverlegungen, durch Kunststoff (PE-HD High Density Polyethylen) ersetzt. Vorhandene alte gußeiserne Rohrleitungen werden zum großen Teil auch durch Innenauskleidung mit Kunststoffolien nach verschiedenen erprobten Verfahren saniert [N.3.57].

Zum Ausgleich tageszeitlicher Abnahmeschwankungen betreiben Ortsgasunternehmen auch lokale Zwischenspeicher in Form von Scheiben- und Teleskopgasbehältern (Niederdruck, Fassungsvermögen über 100.000 m³) oder Kugelgasbehältern (Hochdruck; > 10 bar, Fassungsvermögen: > 1000 m³). Wenn das Erdgas in verflüssigter Form (-162 °C) zwischengespeichert wird, muß vor der Verflüssigung das im Erdgas enthaltene Wasser und CO_2 entfernt werden, da diese Stoffe bei der Verflüssigung in fester Form ausfallen und Störungen durch Verstopfung von Komponenten hervorrufen würden.

Untertagegasspeicher (UGS)
Von den Ferngasunternehmen sowie von 2 Stadtwerken wurden 1993 in der Bundesrepublik 35 Untertagegasspeicher mit Speichervolumina bis max. 3000 Mio m³, davon aber nur noch 2 zur Speicherung von Stadtgas betrieben, 23 weitere sind geplant oder im Bau [N.3.54].

In UGS entstehen durch chemische Reaktionen zwischen den Gasinhaltsstoffen, dem Speichergestein und dem Lagerstättenwasser umweltrelevante oder auch für die spätere Gasverwendung störende Schadstoffe [N.3.58]. Bei der Speicherung von Stadtgas entstehen durch Reaktion von CO mit Eisen- und Nickelspuren in dem Gestein *Nickeltetracarbonyl (Ni(CO)$_4$)* bzw. *Eisenpentacarbonyl (Fe(CO)$_5$)*. Diese Metallcarbonyle werden in Anlagen zur katalytischen Oxidation an Aktivkohle aus dem Gas entfernt, da sie sonst zu Betriebsstörungen durch Rußabscheidungen in Gasgeräten beitragen. Im Speichergas kann auch H_2S neu gebildet werden, vor allem durch Hydrolyse von Kohlenoxidsulfid (COS) aus dem Einspeisegas, aber auch aus Sulfiden im Speichergestein oder aus Sulfaten durch Bakterienaktivität unter anaeroben Bedingungen.

Das entnommene Speichergas muß vor dem Weitertransport getrocknet werden, um die Qualitätsanforderungen der Abnehmer zu erfüllen. Hierzu werden Trocknungsanlagen benutzt, in denen *Triethylenglykol (TEG)* als Trocknungsmittel in Sprühstrecken im Gegenstrom mit dem zu trocknenden Gas in Kontakt gebracht wird. In Regenerationskolonnen wird das aufgenommene Wasser durch Erhitzen des TEG wieder ausgetrieben. Während restliche *Metallcarbonyle* im Regenerationsprozeß zersetzt werden, enthalten die Brüdengase noch umwelttoxische Verbindungen, insbesondere geruchsintensive *Mercaptane* [N.3.59]. Die Umweltbelastung mit diesen Stoffen wird durch Einrichtungen zur Brüdenverbrennung, z. B. Installation einer Heißfackel, entsprechend verringert. In Fällen kleiner Durchsätze und extrem niedriger Taupunkte (< -20 °C) kommen für die Gastrocknung auch Tiefkühlung, Adsorption oder Molekularsiebe zur Anwendung.

Verdichterstationen
Zur Erdgasverdichtung in den Ferngasleitungen werden Turboverdichter mit Gasturbinenantrieb verwendet, die anstelle der früher üblichen Verdichtereinheiten mit Gas- oder Dieselmotor als Antriebsmaschine zum Einsatz kommen. Mit modernen Gasturbinen werden höhere Leistungen bis zu 25 MW pro Aggregat bei thermischen Wirkungsgraden von 35 % erreicht. Bei kombinierten Gas-/Dampfturbinen-Aggregaten sind sogar thermische Wirkungsgrade bis über 50 % erreichbar. Dadurch kann bei den Ferngasleitungen der prozentuale Verbrauch an Antriebsgas für die Aggregate, das aus der Ferngasleitung entnommen wird, gegenüber Motorantrieben erheblich verringert werden (beispielhaft ca. 10 % bei einem Transportweg von 6 000 km und heute üblichen Betriebsdrücken und Rohrleitungsdurchmessern [N.3.60]).

Mit den Abgasen aus den Antriebsaggregaten werden auch NO_x und *CO* emittiert. Während jedoch mit verbrennungstechnisch optimierten Gasturbinen (vollständige Vormischung, hoher Luftüberschuß, Einzelflammen, Wasser- oder Dampfeinspritzung) die Grenzwerte der TA Luft für diese Schadstoffe eingehalten werden, müssen bei Gasmotoren zusätzlich sekundäre Emissionsminderungsmaßnahmen ergriffen werden. Bei Anwendung des Clean-Burn-Verfahrens (Abmagerung des Brennstoff-Luft-Gemisches zur Reduktion der NO_x-Bildung im Verbrennungsraum) ist zur Oxidation des *CO* ein Oxidations-Katalysator im Abgasstrom erforderlich. Bei nahezu stöchiometrischer Verbrennung wird dagegen ein spezieller Katalysator zur selektiven katalytischen Reduktion (SCR) von *NO* und NO_2 zu N_2 und H_2O mit eingespeistem NH_3 oder *Harnstoff* als Reduktionsmittel benötigt.

Gasdruckregelanlagen, Entspannungsanlagen
Gasverteilernetze mit verschiedenen Druckstufen sind miteinander über Gasdruckregelanlagen (GDR) verbunden. Eine GDR enthält je nach den betrieblichen Anforderungen Feinfilter, Sicherheitsabsperrventile (SAV) zum Schutz des Netzes am Ausgang vor Überdruck, eine Gasvorwärmanlage, eine Odorierungsanlage und die Regelstrecke mit Drosselventil zur Entspannung des Gases auf den niedrigeren Betriebsdruck [N.3.61, N.3.62]. Als Odorierungsmittel wird *Tetrahydrothiophen (THT)* verwendet.

In den Übernahmestationen zwischen den Ferngasleitungen und den Gasverteilernetzen werden als Expansionsmaschinen – anstelle der Druckreduzierung durch Drosselentspannung – Hubkolbenmaschinen oder Expansionsturbinen mit angekoppeltem Generator benutzt [N.3.63, N.3.64]. Die Vorwärmung des Erdgases vor der Entspannung in der Expansionsmaschine erfolgt mit niederwertiger Wärmeenergie entweder aus einem BHKW oder aus einem Erdgasheizkessel mit niedriger Vorlauftemperatur und hohem feuerungstechnischen Wirkungsgrad. Bei Einsatz eines Heizkessels fallen zwar mit den Verbrennungsabgasen zusätzlich NO_x und *CO* als Schadstoffe an, jedoch bezogen auf die erzeugte elektrische Energie erheblich weniger als in einem normalen Kraftwerk. Ursache hierfür ist, daß die gesamte zugeführte Wärmeenergie nach Abzug der Wärmeenergie, die zur Kompensation des Joule-Thomson-Effekts benötigt wird (Abkühlung des Erdgases um ca. 0,4 – 0,5 K/bar bei Druckreduzierung), bzw. nach Abzug der maschinentechnisch bedingten Wärmeverluste in mechanische Energie umgewandelt wird. Hubkolbenmaschinen, die nach dem Dampfmaschinenprinzip arbeiten, erreichen im Vergleich zu Expansionsturbinen höhere Spitzenleistungen und ermöglichen eine Zwischenerhitzung zwischen Hoch- und Niederdruckzylindern, müssen jedoch mit Pulsationsdämpfern in den abgehenden Rohrleitungen ausgerüstet werden.

Stadtgaserzeugung

In der Bundesrepublik wird regional und nur noch für eine Übergangszeit von wenigen Jahren Stadtgas auf Basis von Braunkohle [N.3.65] bzw. von Leichtbenzin, Methanol und Erdgas [N.3.66] für die öffentliche Gasversorgung hergestellt.

Für die Erzeugung von Stadtgas aus Braunkohle werden Festbettdruckvergaser nach dem Prinzip der Lurgi-Druckvergasung verwendet [N.3.55]. Die Kohle wird in grober Körnung von oben dem Vergaser zugeführt und im Gegenstrom mit dem Vergasungsmittel, Wasserdampf und Sauerstoff, in Kontakt gebracht. Die Vergasung findet bei Temperaturen zwischen 800 und 1300 °C und einem Druck von 25 bar statt.

Das Rohgas enthält außer den Hauptbestandteilen (CO, H_2, CH_4, CO_2) auch Verunreinigungen in Form von *H_2S, Phenolen* und *weiteren Kohlenwasserstoffen*. Das Gas wird in einem Waschkühler gekühlt und in einer Rectisolwäsche gereinigt. Dadurch werden restliches Wasser und die kondensierbaren Kohlenwasserstoffe (Leichtöl) abgetrennt sowie H_2S, NH_3 und *organische Schwefelverbindungen (Mercaptane)* mittels Methanol ausgewaschen. Schwerflüchtige Metalle *(Cr, V, Cu, Pb, Ni)* werden nichteluierbar in die Schlacke eingebunden. Leichtflüchtige Metalle *(Hg, Cd)* bilden im Vergaser schwerlösliche Sulfide und Hydroxide, die aus dem Prozeßwasser ausgefällt werden. *Cl* wird als *NaCl* ausgetragen. Der in der Gasreinigung anfallende Schwefelwasserstoff *(H_2S)* wird in einer Rückgewinnungsanlage zu elementarem Schwefel oxidiert. Nach der Abtrennung der Leichtöle vom Gaswasser durch Destillation wird das so vorgereinigte Gaswasser, das jetzt noch im wesentlichen mit *Phenolen* belastet ist, einer biologischen Abwasserreinigung unterworfen.

Die Leichtöle werden i. d. R. ebenfalls mit Wasserdampf, jedoch in einem Flugstromvergaser, aufgespalten und das gewonnene Spaltgas nach gleichartiger Reinigung ebenfalls der Stadtgasversorgung zugeführt. Dieses Vergasungsverfahren ist auch zur Verwertung von Reststoffen (Kunststoffe, Klärschlämme) geeignet, wobei der Braunkohle bis zu 50 % an Reststoffen nach entsprechender Aufbereitung beigefügt werden können [N.3.67].

Die Stadtgaserzeugung aus Leichtbenzin bzw. Erdgas beruht auf der thermischen Spaltung von Leichtbenzin in Verbindung mit Wasserdampf bzw. bei Erdgas in Verbindung mit Wasserdampf und Luft in einem Röhrenspaltofen [N.3.66]. Der Röhrenspaltofen wird mit Erdgas bzw. Heizöl EL beheizt und die überschüssige Wärme sowohl aus dem Abgas der Beheizung als auch aus dem erzeugten Stadtgas über Abhitzekessel zur Erzeugung des Prozeßdampfes benutzt. Vor Einspeisung in das Netz wird das CO_2 aus dem Stadtgas mittels einer Absorberkolonne abgetrennt. Da die Eingangssubstanzen für den Spaltprozeß frei von Stoffen (wie Schwefelverbindungen) sind, die im Spaltprozeß zur Bildung von Schadstoffen führen könnten, entfällt eine aufwendige Gasreinigung.

Die Emissionen von NO_X und CO aus den für den Spaltprozeß erforderlichen Feuerungen (Feuerung des Röhrenspaltofens mit Deckenbrennern, Zusatzfeuerung vor dem Abhitzekessel) können durch verbrennungstechnische Maßnahmen (Rauchgasrückführung, gestufte Verbrennungsluftzufuhr) so reduziert werden, daß die Grenzwerte der TA Luft eingehalten werden.

N.3.2.6 Abwasserbeseitigung

In der Bundesrepublik sind nach der letzten statistischen Erhebung nahezu 10.000 kommunale Kläranlagen, davon ca. 1400 in den neuen Bundesländern in Betrieb. Der Anschlußgrad der Wohnbevölkerung an die Kanalisation beträgt ca. 90 % und der an öffentliche Kläranlagen ca. 85 %. Von der in einem Jahr aus den öffentlichen Kläranlagen eingeleiteten Abwassermenge von ca. 8,5 Mrd. m³ sind im alten Bundesgebiet über 97 %, in den neuen Bundesländern ca. 5 % auch biologisch gereinigt worden [N.3.16].

Darüber hinaus werden vom verarbeitenden Gewerbe und vom Bergbau ca. 7400 betriebseigene Kläranlagen für produktionsspezifische Abwässer betrieben. In diesen wurden im alten Bundesgebiet 1991 vor der Einleitung in Oberflächengewässer oder in die öffentliche Kanalisation (Indirekteinleiter) ca. 2,3 Mrd. m³ Abwasser gereinigt, davon ca. 37 % auch biologisch.

N.3.2.6.1 Kläranlagen

Das in einer Kläranlage aus der öffentlichen Kanalisation ankommende Abwasser aus privaten Haushalten, von gewerblichen Indirekteinleitern und aus Regenabflüssen von bebauten Flächen wird in mehreren Reinigungsschritten von den mitgeführten gelösten, kolloidal suspendierten und festen Inhaltsstoffen befreit. Hauptziel ist es, die Schadstoffe abzutrennen, die die Güte von Oberflächengewässern bei Einleitung des ungereinigten Abwassers beeinträchtigen würden, insbesondere fäulnisfähige *organische Stoffe*, adsorbierbare halogenierte Kohlenwasserstoffe *(AOX)*, *Schwermetalle*, Stickstoffverbindungen *(Ammoniumstickstoff, Nitrit, Nitrat)* und *Phosphate*. Phosphate, aber auch die Stickstoffverbindungen sind besonders kritisch für Oberflächengewässer, da sie als Nährstoffe für Algen und Wasserpflanzen deren Wachstum beschleunigen und damit die Gefahr einer Eutrophierung der Gewässer mit sich bringen. Die Abtrennung der Schadstoffe aus dem Abwasser erfolgt mechanisch (Filtration, Absetzen, Flotation), chemisch (Fällung, Flockung) und biologisch (aerobe und anaerobe biochemische Umsetzungen).

Eine moderne Kläranlage mit 3 Reinigungsstufen enthält als wesentliche Komponenten Hebewerk, Rechenreinigung (Grob/Feinrechen), Absetzbecken (Vorklärung), Belebungsbecken mit Belüftung (Abbau organischer Stoffe, Nitrifikation, Denitrifikation), Absetzbecken (Nachklärung), Flockungsfiltration und im Nebenstrom zum Belebungsbecken eine Anlage zur Phosphat-Elimination als 3. Reinigungsstufe [N.3.68].

In der *Rechenanlage* und im *Sandfang* werden grobstückige Feststoffe, die den weiteren Reinigungsprozeß beeinträchtigen würden bzw. mechanische Schäden verursachen können, sowie mitgeführter Sand abgetrennt. Absetzbare Feststoffe setzen sich weitgehend in der *Vorklärung* als Frischschlamm ab. Da dieser Schlamm *fäulnisfähige organische Stoffe* enthält, wird er über Voreindicker geschlossenen *Faultürmen* zugeführt. In den Faultürmen werden organische Inhaltsstoffe bei erhöhter Temperatur und unter Luftabschluß durch die Aktivität von Mikroorganismen zersetzt und der Schlamm dadurch stabilisiert [N.3.69]. Das dabei entstehende Faulgas, überwiegend CH_4, wird entweder thermisch genutzt, z. B. zur Beheizung der Faultürme, oder in einer Fackel verbrannt.

Das vorgeklärte Abwasser mit den gelösten und nicht absetzbaren Inhaltsstoffen wird dann einer biologischen Behandlung in belüfteten *Belebungsanlagen* unterworfen. Bei Belebungsanlagen in Form von Umlaufbecken mit Druckbelüftung durchläuft das Abwasser nacheinander belüftete (aerobe) und nichtbelüftete (anoxische) Bereiche. Durch die Aktivität von Mikroorganismen findet in den aeroben Bereichen eine Nitrifikation (Oxidation von *Ammonium* zu *Nitrat*) und in den anoxischen, sauerstoffarmen Bereichen eine Denitrifikation (Reduktion von *Nitrat* zu molekularem *Stickstoff*) statt. Bei der Denitrifikation werden gleichzeitig leicht abbaubare organische Verbindungen *(BSB_5)* durch mikrobielle Umsetzung des Nitrat-Sauerstoffs abgebaut.

Der in der Belebungsanlage neu gebildete Schlamm setzt sich im Nachklärbecken ab. Sofern er noch nennenswerte Mengen an fäulnisfähigen organischen Stoffen enthält, wird er ebenfalls in Faultürmen anaerob behandelt.

Für die Phosphatelimination in der *3. Reinigungsstufe* kommen die chemische Fällung mit *Metallsalzen* (Fe, Al), mit *Kalkmilch* [N.3.70] oder biologische Verfahren [N.3.71] in Betracht. Bei der chemischen Fällung mit *Metallsalzen* wird nicht nur die anfallende Schlammenge erheblich vergrößert, sondern auch eine Erhöhung der Salzfracht in den Gewässern durch *Chloride* und *Sulfate* bewirkt. Bei chemischer Fällung mit *Kalkmilch* entfällt dagegen der zusätzliche Chlorid- und Sulfateintrag in die Gewässer. Der hierbei anfallende Klärschlamm wird mit den als Fällungsprodukte entstehenden *Kalziumphosphaten* angereichert und seine Düngewirksamkeit dadurch erhöht. Bei der biologischen Phosphatelimination wird die Eigenschaft bestimmter Bakterien genutzt, in anaerober Umgebung in den Zellen gespeicherte *Polyphosphate* abzubauen und nach einem Wechsel in ein aerobes Medium sich zu vermehren und verstärkt *Phosphate* wieder aufzunehmen. Dabei entstehen weder zusätzliche Einträge löslicher Salze in das gereinigte Abwasser noch zusätzliche Schlammmengen durch Fällungsmittel. Während die Phosphatelimination bisher vorrangig durch chemische Fällung bewirkt wurde, wird in zunehmendem Maße die biologische Phosphatfällung, allerdings aus technischen und Kostengründen in Kombination mit chemischer Fällung zur Ergänzung, eingesetzt.

Das biologisch gereinigte Abwasser wird schließlich einer Nachreinigung in einer Flockungsfiltration unterzogen, in der Reste gelöster oder kolloidaler organischer Verunreinigungen nach der Flockung mit Hilfe von Kiesfiltern abgetrennt werden. Für die Flockung werden Flockungsmittel *(Eisenchlorid, Aluminiumsulfat, Natriumaluminat)* zugesetzt. Die entstehenden Flocken aus *Eisen*- oder *Aluminium-Hydroxiden* haben die Eigenschaft, *organische Substanzen* sorptiv zu binden, so daß sie abfiltriert werden können [N.3.72].

Aufgrund der fäulnisfähigen organischen Stoffe im Abwasser und Schlamm entstehen im Einlaufbereich einer Kläranlage bis zur Vorklärung und im gesamten Schlammteil Geruchsstoffe (H_2S, NH_3). Da diese Stoffe meist biologisch gut abbaubar sind, wird die Luft aus diesen Bereichen zunehmend abgesaugt und zur Reinigung über Biofilter geleitet [N.3.73].

Klärschlamm
In den kommunalen Kläranlagen in der Bundesrepublik fallen jährlich ca. 3 Mio. t an Klärschlämmen (Trockensubstanz TS) an, von denen ca. 10 % in Klärschlammverbrennungsanlagen verbrannt werden [N.3.12]. Der übrige Teil wird landwirtschaftlich genutzt oder auf Deponien gelagert. Seit Erlaß der Neufassung der Klärschlammverordnung (1992) und der TA Siedlungsabfall (1993) wird jedoch die Möglichkeit der landwirtschaftlichen Nutzung und der Deponie von Klärschlamm in erster Linie von den Schlamminhaltsstoffen bestimmt.

Klärschlamm enthält an Inhaltsstoffen, die für die landwirtschaftliche Verwertung als Nährstoffe nützlich sind, insbesondere *Nitrate* und *Phosphate*, aber auch *CaO* und *MgO*. Der Phosphat-Gehalt wird mit Einführung der 3. Reinigungsstufe in Kläranlagen noch weiter zunehmen [N.3.75]. Im Klärschlamm sind andererseits als Schadstoffe Schwermetalle *(Pb, Cd, Cr, Cu, Ni, Hg, Zn)*, die größtenteils als toxisch einzustufen sind, sowie *Dioxine und Furane*, polychlorierte Biphenyle *(PCB)*, adsorbierbare organisch gebundene Halogene *(AOX)* und polyzyklische aromatische Kohlenwasserstoffe *(PAK)* zu finden [N.3.76, N.3.77]. Die *Dioxine* und *Furane* stammen vor allem aus Abwasserverunreinigungen durch die früher verbreitete Nutzung von *PCP* und seiner Derivate, aus Abwässern der Textilindustrie (Indirekteinleiter) und der nassen und trockenen Deposition luftgetragener Schadstoffe und deren Abschwemmung und Transport in die Abwasserkanalisation [N.3.78]. Bei Überschreitung der in der Klärschlammverordnung festgelegten Grenzwerte für diese Schadstoffe scheidet eine landwirtschaftliche Nutzung des Klärschlamms aus.

Der Gehalt an organischen Stoffen im Klärschlamm ist trotz Reduktion durch biologische Stabilisierung (Faulung) so groß, daß der Grenzwert nach der TA Siedlungsabfall (definiert als Glühverlust) überschritten wird und eine Deponie von Klärschlamm erst nach geeigneter Vorbehandlung möglich ist. Von den verschiedenen Möglichkeiten zur Verwertung und Beseitigung von Klärschlamm [N.3.74] kommt jetzt zunehmend die thermische Behandlung (Verbrennung, Vergasung) nach vorheriger Trocknung bzw. Entwässerung zur Anwendung.

N.3.2.6.2 Kanalisation

Das öffentliche Abwasserkanalnetz hatte allein im alten Bundesgebiet bereits eine Länge von mehr als 290.000 km. Nach verschiedenen Schätzungen sind im alten Bundesgebiet 10 – 20 % und in den neuen Bundesländern 50 % des Kanalnetzes sanierungsbedürftig [N.3.79, N.3.80]. Aufgrund der offensichtlich vorhandenen alterungsbedingten Undichtigkeiten stellt die Abwasserkanalisation eine ständige Quelle von allen mit dem Abwasser transportierten Schadstoffen, nachweislich von chlorierten Kohlenwasserstoffen *(CKW)*, für den umgebenden Boden und das Grundwasser dar. Aus Schadensuntersuchungen wird die Erwartung bestätigt, daß schadstoffbefrachtetes Abwasser ausschließlich aus Undichtigkeiten in Kanalrohren austritt, die oberhalb des Grundwasserspiegels liegen, und sich die Schadstoffe mit der Grundwasserfließrichtung im Boden ausbreiten [N.3.80]. Bei Abwasserrohren, die ständig im Grundwasser liegen, dringt umgekehrt Grundwasser durch Undichtigkeiten in die Kanalrohre ein und erhöht dadurch die Abwassermenge.

Da der größte Teil der Kanäle nicht begehbar ist (Ø < 800 mm), hat sich eine Sanierung durch Einziehen von Kunststoffrohren (PE-HD) zur Abdichtung bewährt [N.3.79, N.3.81].

N.3.2.7 Straßenreinigung

In der Abfallstatistik werden Straßenkehricht und Marktabfälle unter dem Begriff Hausmüll erfaßt. 1987 betrug allein im alten Bundesgebiet die Menge an Straßenkehricht und Marktabfällen 1,3 Mio t, das waren 4,8 % des gesamten Hausmüllaufkommens [N.3.82].

Die mit der Straßenreinigung befaßten Betriebe der öffentlichen Hand und die privaten Unternehmen, die im Auftrag der öffentlichen Hand tätig werden, benutzen Kehrmaschinen, die nach einem modularen Aufbau konzipiert sind. Ein Zubringerwalzenbesen kehrt die Fahrbahnverschmutzungen in den Rinnsteinbereich, wo sie mit einem Tellerbesen abgelöst und mit einem direkt dahinter nachlaufenden Saugmund in den Kehrichtbehälter des Fahrzeugs abgesaugt werden. Durch eine vorlaufende Wasserberieselung kann im Bedarfsfall der Straßenstaub gebunden werden, um eine Aufwirbelung durch die rotierenden Besen zu unterbinden. Die einzelnen Elemente einer Kehrmaschine können je nach Aufgabenstellung getrennt benutzt oder auch durch Module für andere Zwecke (Mähen und Absaugen begrünter Seitenstreifen) oder für den Winterdienst (Schneepflug, Streuaufbau) ersetzt oder ergänzt werden [N.3.83].

Die von Kehrmaschinen aufgenommenen Fahrbahnverschmutzungen enthalten außer Sand und *Stäuben* verschiedenster Art vor allem Papier, Laub, Kunststoffe und Scherben. Diese Materialien sind insbesondere durch verkehrsbedingte Schadstoffe verunreinigt. Darunter finden sich *Blei* und *Kohlenwasserstoffe* (aus Kraftstoffen und Schmierstoffen), *Rußpartikel* (aus dem Reifenabrieb) und *Asbestpartikel* (aus dem Abrieb alter Bremsbeläge) [N.3.84]. Diese Verunreinigungen halten sich jedoch in so niedrigen Grenzen, daß Straßenkehricht ohne weiteres auf Hausmülldeponien abgelagert oder bei höherem Anteil an brennbaren Materialien auch einer Verbrennungsanlage für Hausmüll zugeführt werden kann.

Straßenverunreinigungen mit besonders hohem Anteil an *organischen Stoffen* (Laub) werden ebenso wie Marktabfälle (Gemüse-, Obst-, Blumenreste) und Pflanzenschnittabfälle aus Parkanlagen systematisch getrennt eingesammelt und der Kompostierung zugeführt.

Da die Verwendung von Auftausalzen auf Verkehrswegen im Winter zugunsten mineralischer abstumpfender Streustoffe rückläufig ist, fallen in jedem Frühjahr zunehmende Mengen an diesen Mineralgranulaten bei der Straßenreinigung an. Um das mineralische Streugut möglichst mehrfach wiederverwenden zu können, sind verschiedene Verfahren zur Abtrennung des Feinstaubs und zur Wäsche bzw. thermischen Behandlung des Splitts zwecks Abtrennung von anhaltenden Schadstoffen *(Schwermetalle, Kohlenwasserstoffe)* entwickelt worden [N.3.84-N.3.86].

N.3.2.8 Abfallentsorgung

Das abfallwirtschaftliche Gesamtkonzept der Bundesrepublik beruht auf den im Kreislaufwirtschafts- und Abfallgesetz verankerten Grundforderungen nach Vermeidung, Verwertung und ordnungsgemäßer Entsorgung von Abfällen aller Art. Allgemeine Verwaltungsvorschriften für besonders überwachungsbedürftige Abfälle (TA Abfall) und für Siedlungsabfälle (TA Siedlungsabfall) erhalten detaillierte Anforderungen an die Entsorgung der Abfälle und die Festlegung der Verfahren zu ihrer Sammlung, Behandlung, Lagerung und Ablagerung auf den verschiedenen Entsorgungspfaden (Bild N.3-1).

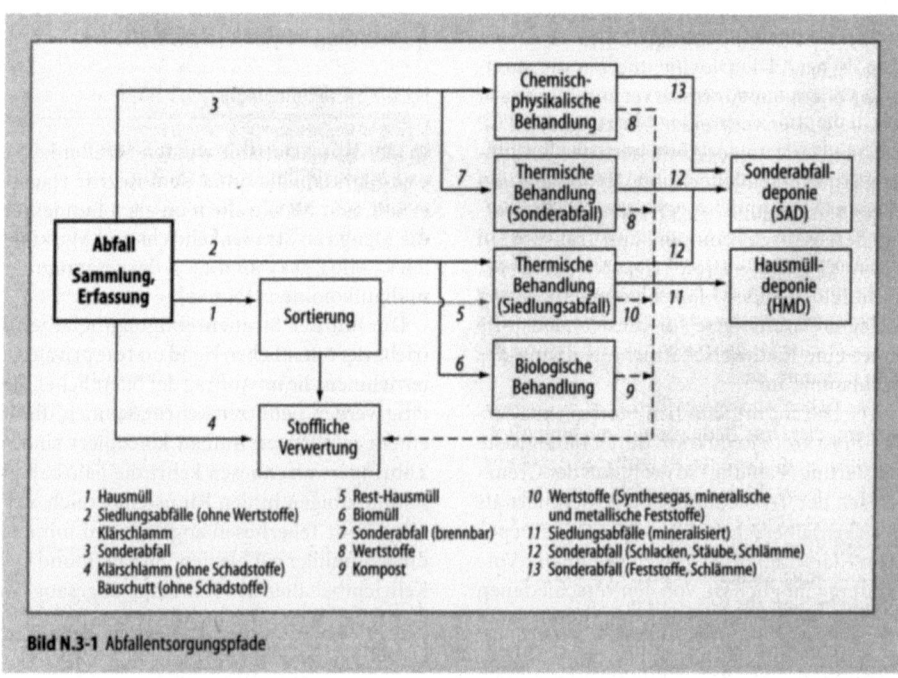

Bild N.3-1 Abfallentsorgungspfade

Die Entsorgung von Abfällen erfolgt sowohl in Anlagen der öffentlichen Hand als auch in gewerblichen Anlagen. Nach einer abfallwirtschaftlichen Bilanz für das Jahr 1987 [N.3.87] entfiel die nachweislich entsorgte Gesamtmenge an Abfällen von 205,7 Mio t etwa je zur Hälfte auf die Anlagen der öffentlichen Hand und auf die gewerblichen Anlagen. Spezifische Abfallarten fliessen jedoch schwerpunktmäßig jeweils nur einem dieser beiden Entsorgungszweige zu. In den Anlagen der öffentlichen Hand werden praktisch der gesamte Siedlungsabfall, nahezu alle Aschen und Schlacken aus Verbrennungsanlagen sowie der größte Teil von Bauschutt und Bodenaushub entsorgt. Zum Siedlungsabfall gehören insbesondere Hausmüll, hausmüllähnliche Gewerbeabfälle, Sperrmüll, Bioabfälle, Klärschlamm und Wasserreinigunsschlämme, aber auch Straßenkehricht und Bauabfälle. Der weitaus überwiegende Teil produktionsspezifischer Abfälle, insbesondere Sonderabfälle, und ein Teil des Bauschutts und Bodenaushubs wird dagegen in eigenen Anlagen des produzierenden Gewerbes bzw. in gewerblich betriebenen Entsorgungsanlagen entsorgt. Schadstofffreier Bauschutt wird aufbereitet und verwertet.

Die *öffentliche Hand* betreibt zur Erfüllung ihrer Entsorgungsaufgaben Einrichtungen zur Sammlung und Erfassung des Hausmülls, Anlagen zur thermischen und biologischen Behandlung von Siedlungsabfällen und Deponien zur Ablagerung vorbehandelter oder nicht vorbehandelter Abfälle [N.3.13]. Für die thermische Behandlung kommen bisher fast ausschl. Hausmüllverbrennungsanlagen (HMV), für die biologische Behandlung Kompostierungsanlagen zum Einsatz. Bei den oberirdischen Deponien wird zwischen Hausmülldeponien (HMD) und Deponien für besonders überwachungsbedürftige Abfälle (SAD) unterschieden. Unterirdische Deponien für besonders überwachungsbedürftige Abfälle (UTD) werden dagegen fast ausschl. in Bergwerken als gewerbliche Anlagen betrieben [N.3.88].

Vom *produzierenden Gewerbe* bzw. vom *Abfallentsorgungsgewerbe* werden vorwiegend Sortieranlagen, stoffliche Verwertungsanlagen, chemisch-physikalische und thermische Behandlungsanlagen sowie Einrichtungen zur Erfassung der Abfälle beim Erzeuger, zum Transport und zur Zwischenlagerung der Abfälle und Reststoffe zwischen den einzelnen Entsorgungsstufen betrieben (Bild N.3-1). Bei diesen thermischen Behandlungsanlagen handelt es sich ausschließlich um Sonderabfallverbrennungsanlagen (SAV).

Die Verwirklichung des abfallwirtschaftlichen Gesamtkonzepts mit der Prioritätenfolge Vermeidung – Verwertung – Deponie führt zum verstärkten Einsatz von Sortieranlagen, stofflichen Verwertungsanlagen und thermischen Behandlungsanlagen. Dies ist nötig, um trotz zunehmender Gesamtabfallmenge die unvermeidlich zu deponierende Restabfallmenge reduzieren und umweltverträglich deponieren zu können. Der jüngste Zwang zu dieser Entwicklung geht insbesondere von der Verpackungsverordnung und der TA Siedlungsabfall aus. Mit der Umsetzung der Verpackungsverordnung durch das Duale System [N.3.89] wird die getrennte Sammlung von Wertstoffen im Hausmüll (Kunststoffe, Glas, Papier) und ihre stoffliche Verwertung zeitlich und mengenmäßig forciert. Die TA Siedlungsabfall verbietet darüber hinaus die Ablagerung von Siedlungsabfällen mit einem Anteil von mehr als 3 % an organischer Substanz für Deponieklasse 1 bzw. 5 % für Deponieklasse 2. Dies macht i. d. R. eine vorherige thermische Behandlung der Siedlungsabfälle auch nach vorangegangener Abtrennung von Wertstoffen obligatorisch. Darunter fallen auch Klärschlämme, wenn deren Schadstoffgehalte zu hoch sind und deshalb eine direkte stoffliche Verwertung in der Landwirtschaft ausgeschlossen ist.

N.3.2.8.1 Thermische Behandlungsanlagen

Zur thermischen Behandlung von Siedlungsabfällen mit dem Ziel der weitgehenden Mineralisierung durch Reduktion des organischen Müllanteils und der Zerstörung der in den Abfällen enthaltenen Umweltschadstoffe kommen als Verfahren die Verbrennung, die Pyrolyse, die Vergasung oder Kombinationen dieser Verfahren in Betracht [N.3.90, N.3.91]. Bisher werden von der öffentlichen Hand Müllverbrennungsanlagen mit Rostfeuerung, Klärschlammverbrennungsanlagen mit Wirbelschichtfeuerung sowie eine Anlage zur thermischen Behandlung von Hausmüll unter Verwendung der Pyrolysetechnik betrieben. Die anderen Verfahren befinden sich in unterschiedlichen Stadien der Entwicklung und Erprobung in Pilotanlagen bzw. kurz vor dem kommerziellen Einsatz [N.3.108].

Verbrennung
Bei der Verbrennung von Siedlungsabfällen in herkömmlichen Müllverbrennungsanlagen bei

Temperaturen von 800 bis über 1000 °C werden alle organischen Bestandteile weitgehend durch Oxidation in CO_2 und H_2O umgewandelt. Andererseits entstehen aus den sonstigen anorganischen Inhaltsstoffen durch chemische Umwandlung in dem Verbrennungsprozeß neue Stoffe, die je nach ihrer Konsistenz den Verbrennungsraum mit dem Rauchgas verlassen (gas- oder dampfförmige Stoffe, Flugstaub) oder mit der Asche bzw. Schlacke abgezogen werden (mineralische Stoffe, Unverbranntes, Metalle). Da eine große Zahl dieser Stoffe in den Verbrennungsprodukten umweltschädlich oder sogar toxisch ist, werden sie in Reinigungsanlagen vom Rauchgas abgetrennt und soweit wie technisch möglich durch chemische Umwandlung neutralisiert. Für die Konzentration der Schadstoffe in der Abluft von Verbrennungsanlagen für Abfälle und ähnliche brennbare Stoffe (*Staub, organische Stoffe, gasförmige anorganische Cl- und F-Verbindungen, SO_2, NO_x, Schwermetalle* und ihre Verbindungen, *Dioxine und Furane*) sind Grenzwerte in der 17. Verordnung zum Bundesimmissionsschutzgesetz (17. BImSchV) festgelegt.

Die einzelnen Prozeßstufen einer Müllverbrennungsanlage (Bild N.3-2) stellen unterschiedliche Quellen umweltrelevanter Stoffe dar [N.3.92].

In dem geschlossenen *Müllbunker* entstehen durch Fäulnisprozesse im Müll *Geruchsstoffe*. Da die Verbrennungsluft grundsätzlich aus dem Müllbunker angesaugt wird, werden diese *Geruchsstoffe* vollständig dem Verbrennungsprozeß zugeführt, wo sie thermisch zerstört werden.

Im *Verbrennungsraum* werden je nach Müllzusammensetzung und Verbrennungsführung (Rostfeuerung, Wirbelschichtfeuerung) neben den Hauptverbrennungsprodukten (*CO_2, H_2O,*) gasförmige Schadstoffe (*CO, Stickoxide, SO_2, HCl, HF, H_2S*), leichtflüchtige Schwermetalle (*Hg, Cd, Tl*), mineralische *Stäube* sowie je nach Ausbrand organische Stoffe freigesetzt bzw. gebildet. Sonstige Schwermetalle (*Sb, As, Pb, Cr, Co, Cu, Mn, Ni, V, Sn*) und ihre Verbindungen werden zum größten Teil in Asche und Schlacke eingebunden oder angelagert an Staubpartikel mit dem Rauchgas ausgetragen. Zur Reduktion der Stickoxidkonzentration im Abgas mittels selektiver nichtkatalytischer Reaktion (SNCR-Verfahren) wird NH_3 in Form von Ammoniakwasser in den Verbrennungsraum eingedüst. Überschüssiges NH_3 wird in der Rauchgaswäsche wieder abgetrennt und erneut verwendet.

Im *Dampferzeuger* können darüber hinaus abstromseitig im Rauchgas bei Temperaturen zwischen 400 und 250 °C und bei Anwesenheit von Chlor in oxidierender Atmosphäre *Dioxine* und *Furane* neu gebildet werden (De-Novo-Synthese).

Im *Elektrofilter* der Rauchgasreinigung werden die *Stäube* aus dem Rauchgas abgetrennt. Aufgrund ihrer Beladung mit toxischen Schadstoffen (*Schwermetalle*, z.T. auch *Dioxine* und *Furane*) werden sie als Sonderabfall entsorgt.

In der *Rauchgaswäsche* wird mehrstufig unter Anwendung verschiedener trockener, halbtrockener und nasser Waschverfahren der größte Teil der gasförmigen Schadstoffe chemisch in umweltneutrale Stoffe umgesetzt. Diese werden ausgefällt oder durch Verdampfungsprozesse von der flüssigen Phase getrennt. Wenn zur Reduktion

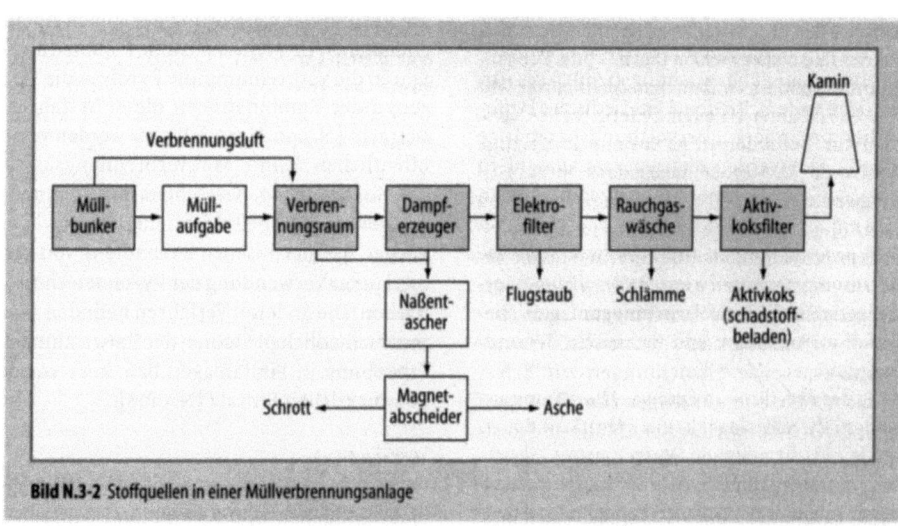

Bild N.3-2 Stoffquellen in einer Müllverbrennungsanlage

des SO_2 im Rauchgas dem Verbrennungsprozeß Kalkmilch oder Kalkstein zugeführt wird, so fällt in der Rauchgaswäsche auch Gips in mehr oder weniger reiner Form als Reststoff an. In der Rauchgaswäsche werden aber auch die *Schwermetalle*, überwiegend in Form von Hydroxiden, chemisch gebunden. Diese werden als Schlämme von der flüssigen Phase getrennt und als Sonderabfall entsorgt. In modernen MVA wird das in der Rauchgaswäsche benötigte Wasser nach Abtrennung der Schad- und Reststoffe im Kreislauf gefahren, so daß kein Abwasser anfällt.

Das Aktivkoksfilter, das zusätzlich am Ausgang der Rauchgasreinigungsanlage angeordnet wird, hat vor allem die Funktion, *Dioxine* und *Furane* zu adsorbieren. Das Aktivkoksfiltermaterial muß wegen der Beladung mit *Dioxinen* und *Furanen* sowie anderen restlichen Schadstoffen aus dem Rauchgas von Zeit zu Zeit, z. B. in einer Hochtemperaturverbrennungsanlage, entsorgt werden.

Vergasung
Die aus der Vergasung von Kohle und Raffinerierückständen bekannte und erprobte Technik der Umwandlung von Kohle oder Kohlenwasserstoff durch Reaktion mit Luft/Sauerstoff und Wasserdampf in nutzbare gasförmige Produkte (Synthesegas) ist je nach Anwendung in einem Festbett-, Wirbelschicht- oder Flugstromvergaser unter bestimmten Randbedingungen (Zerkleinerung und/oder Pelletierung des Aufgabematerials, Zusatzbrennstoff) für die thermische Behandlung von Siedlungsabfällen geeignet [N.3.67, N.3.93, N.3.94]. Der Einsatz dieser Technik ist sinnvoll für getrennt anfallende oder erfaßte Fraktionen von Siedlungsabfällen (Kunststoffe, Shredderleichtfraktionen, Klärschlamm). Diese Verfahren sind bisher nicht in thermischen Behandlungsanlagen für unsortierte Siedlungsabfälle der öffentlichen Hand eingesetzt worden und zielen auch in Zukunft von ihrer Leistungsfähigkeit her eher auf einen Einsatz als gewerblich betriebene Anlagen für bestimmte Abfallfraktionen mit dem Ziel der gleichzeitigen teils energetischen, teils stofflichen Verwertung dieser Abfallstoffe. Das Synthesegas findet als Brenngas oder nach weiterer Aufbereitung zur Herstellung von Kohlenwasserstoffen (Methanol) Verwendung.

Ein weiteres neuentwickeltes Mischbettvergasungsverfahren, das Thermoselect-Verfahren [N.3.95] mit vorgeschalteter Entgasung des Mülls unter Luftabschluß weicht hiervon insofern ab, als es den Einsatz unsortierten Hausmülls ohne besondere Vorbehandlung unter Beimischung auch anderer Siedlungsabfälle (Klärschlamm) ermöglicht.

Bei diesem Verfahren wird der größte Teil der organischen Inhaltsstoffe des Abfalls zunächst in einem von außen auf ca. 600 °C beheizten Entgasungskanal entgast und danach in einem direkt anschließenden Hochtemperaturvergasungsreaktor (1300 °C) unter Einsatz von Sauerstoff und Wasserdampf in ein weiter verwertbares Synthesegas umgewandelt (Bild N.3-3). Der zur Vergasung benötigte Wasserdampf entstammt dem Feuchtigkeitsgehalt des Mülls. In dem gleichen HT-Prozeß werden gleichzeitig alle mineralischen und metallischen Abfallbestandteile bei ca. 2000 °C aufgeschmolzen und als Schmelzgranulat aus dem Prozeß entfernt. Hierzu werden dem HT-Vergasungsprozeß je nach Anteil organischer Substanzen in dem Abfall Sauerstoff und Brenngas (z. B. Erdgas, Synthesegas) so zugeführt, daß eine optimale Ausbeute an Synthesegas und eine vollständige Aufschmelzung aller mineralischen bzw. metallischen Müllanteile erreicht wird.

Bei Vergasungsprozessen (Druckbereich zwischen 0,3 und 25 bar) treten im Prinzip gleichartige Schadstoffe wie bei der Verbrennung der gleichen Abfälle auf, nur variiert deren quantitive Zusammensetzung und damit die Verteilung der Stoffquellen im Prozeß nicht nur mit der Art des eingegebenen Abfalls, sondern auch mit der Art der Prozeßführung. Das Rohgas kann beim Verlassen des Vergasungsreaktors außer den Hauptkomponenten des Synthesegases (CO, H_2, CO_2, H_2O), auch N_2 als Nebenbestandteil, Spuren von CH_4 und als Schadstoffe SO_2, NO_x, HCL, HF, H_2S, COS, HCN, NH_3, *Staub*, Schwermetalle *(Cd, Hg, Pb, Zn)* enthalten. Für die Reinigung des erzeugten Synthesegases werden die aus der Synthesegasreinigung bekannten und erprobten Gasreinigungsverfahren angewendet. Vor dem Eintritt in die Gasreinigung wird jedoch das Synthesegas von der hohen Temperatur im Vergasungsreaktor schlagartig durch Kontakt mit einem Schwallwasserstrom (Quenche) je nach Vergasungsverfahren auf Temperaturen bis unter 100 °C abgekühlt, um die De-Novo-Synthese von *Dioxinen* und *Furanen* zu unterbinden. Im Quenchwasser finden sich außer löslichen Schadstoffen und Staubpartikeln auch Kohlenstoffanteile nach *CO*-Zerfall in *C* und CO_2 und bei zu geringer Vergasungstemperatur < 1000 °C auch *höhersiedende Kohlenwasserstoffe.*

In der Abwasserreinigung, die im Kreislauf gefahren wird, fallen außer verwertbaren Reststof-

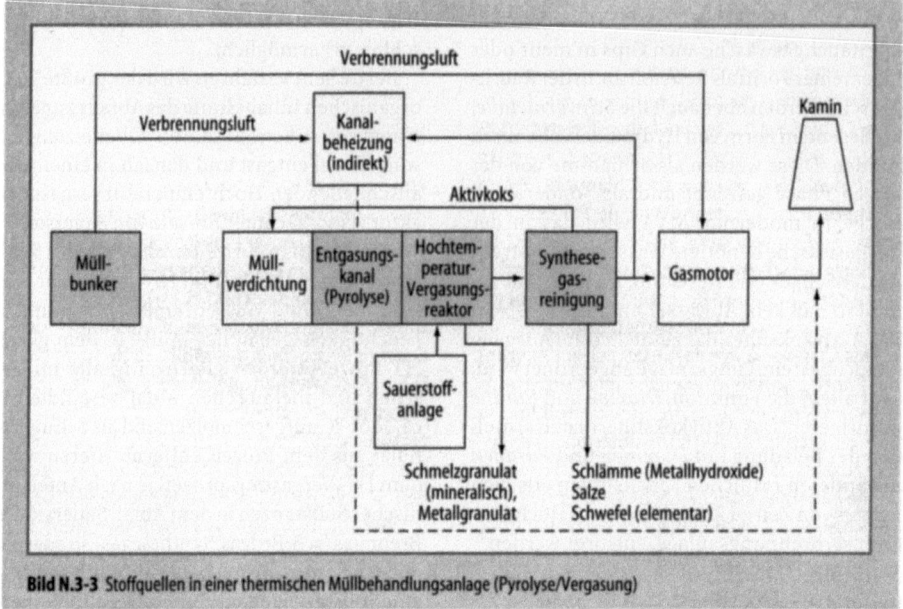

Bild N.3-3 Stoffquellen in einer thermischen Müllbehandlungsanlage (Pyrolyse/Vergasung)

fen (elementarer Schwefel, Salze) auch hochkonzentrierte Metallhydroxid-Sulfid-Schlämme an, die einer Sonderabfallentsorgung zugeführt werden müssen. Weitere Schwermetallanteile aus dem Hausmüll werden in oxidischer, praktisch nicht eluierbarer Form in dem weiter verwertbaren Schmelzgranulat eingeschlossen. Die Filtermasse aus dem Aktivkoksfilter, die mit restlichen gasgetragenen Schadstoffen hinter der Synthesegasreinigung (auch Spuren von *Dioxinen* und *Furanen*) beladen wird, braucht nicht als Sonderabfall entsorgt zu werden, sondern wird zusammen mit dem eingesetzten Hausmüll dem Prozeß wieder zugeführt.

Das Synthesegas wird zum Betrieb eines Gasmotors mit Generator zur Erzeugung elektrischer Energie verwendet. Das Abgas des Gasmotors enthält als wesentliche Schadstoffe NO_x und CO. Zur Emissionsminderung werden verbrennungstechnische Maßnahmen am Motor in Verbindung mit selektiver katalytischer Reduktion (SCR mit Harnstoffeinspeisung und Katalysator) ergriffen. Eine Synthesegasverwendung zur Herstellung von Methanol ist prinzipiell möglich.

Pyrolyse
Zur thermischen Behandlung von Hausmüll, aber auch von Abfallfraktionen wie Klärschlamm, Shredderleichtmüll, Kunststoffe und Leiterplatten unter Luftabschluß (Pyrolyse) sind verschiedene Verfahren unter Verwendung eines Drehroh-

res als Schweltrommel entwickelt worden [N.3.96], [N.3.97]. Das Drehrohr wird indirekt so beheizt, daß der Schwelvorgang bei Temperaturen zwischen 450 und 550 °C vonstatten geht. Aufgrund der Problematik der Gas- und Wasserreinigung von Pyrolysegasen wird bei den bisher entwickelten Projekten das erzeugte Gas direkt verbrannt oder einer mit der Pyrolyseanlage gekoppelten Flugstromvergasungsanlage zugeführt. Die Stoffquellen beim Pyrolyseprozeß werden am Beispiel einer Kombinationsanlage Pyrolyse/Verbrennung dargelegt.

Kombination Pyrolyse/Verbrennung
Das KWU-Schwelbrennverfahren [N.3.98] als Kombination von Pyrolyse und Verbrennung ist auf die energetische Verwertung der organischen Bestandteile von Hausmüll, die Separierung der inerten Wertstoffe (Steine, Glas, Metalle) und die Minimierung nicht verwertbarer Reststoffe hin konzipiert. Es umfaßt als Prozeßschritte (Bild N.3-4) die Pyrolyse in einem über Heizrohre indirekt beheizten Drehrohr, die Fraktionierung des Pyrolyserückstands, die Hochtemperaturverbrennung des Pyrolysegases und -kokses in einer Brennkammer und die Energierückgewinnung im anschließenden Abhitzekessel.

Im *Drehrohr* vollziehen sich unter Luftabschluß mit steigender Temperatur bis unter 600 °C an den organischen Substanzen nach thermischer Trocknung zunächst Depolymerisation, Reduk-

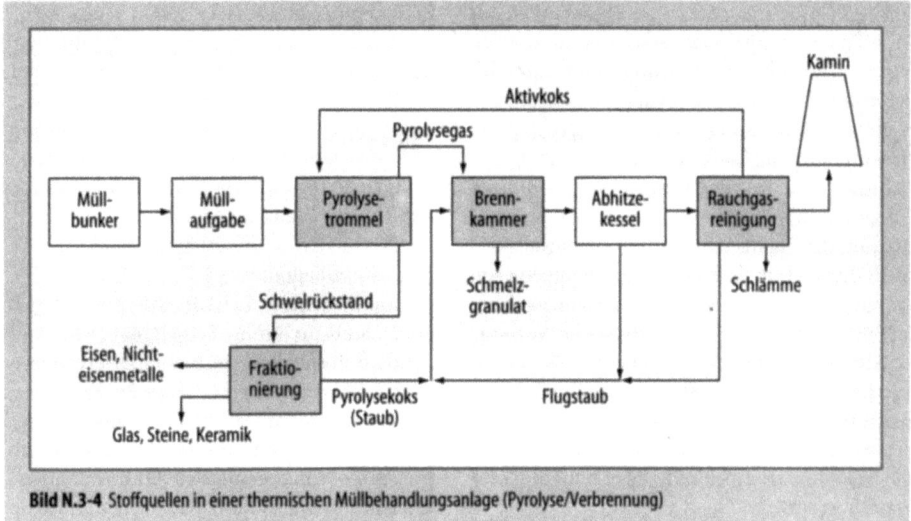

Bild N.3-4 Stoffquellen in einer thermischen Müllbehandlungsanlage (Pyrolyse/Verbrennung)

tion und Abspaltung von Reaktionswasser, CO, CO_2 und H_2S, dann Abspaltung von Cl unter *HCl*-Bildung, Bruch aliphatischer Bindungen, Beginn der Abspaltung von CH_4 und schließlich Bruch der C-O- und C-N-Bindungen [3.99]. Das Pyrolysegas besteht daher aus einer großen Zahl flüchtiger Kohlenwasserstoffe mit überwiegend niedriger Kohlenstoffzahl sowie aus gasförmigen Schadstoffen *(HCl, HCN, H_2S)* und leichtflüchtigen Schwermetallen *(Cd, Hg)*. Es wird unaufbereitet der Brennkammer zugeführt.

Der Schwelrückstand besteht aus einer trockenen kohlenstofffreien Grobfraktion (Eisenschrott, Nichteisen-Metalle, Glas, Keramik, Steine) und einer Feinfraktion (< 5 mm), die einen großen Anteil an Kohlenstoff (ca. 30 %) enthält. Die Feinfraktion wird durch Absieben von der Grobfraktion getrennt, gemahlen und ebenfalls der Brennkammer zugeführt. Durch die gas- bzw. staubförmigen Brennstoffe und verbrennungstechnische Maßnahmen wird dort ein gleichmässig hoher Ausbrand bei Verbrennungstemperaturen > 1000 °C im Rauchgas nach der letzten Luftzufuhr und 1300 °C im Bereich des *Schlackeaustrags* erzielt. Das Schmelzgranulat aus der schmelzflüssig abgezogenen Schlacke enthält außer den Mineralstoffen in Form von Metalloxiden auch einen großen Teil der aus dem Abfall stammenden Schwermetalle *(Zn, Cu, Pb, Cr, Sb, Cd)* in oxidischer, praktisch nicht eluierbarer Form.

Das Rauchgas aus der Brennkammer ist bzgl. seiner Zusammensetzung dem aus einer MVA vergleichbar. Deshalb kommt auch bei diesem Kombinationsverfahren Pyrolyse/Verbrennung die erprobte Rauchgasreinigungstechnik für MVA zur Anwendung. Die Verteilung der Stoffquellen entspricht praktisch der im Abschnitt „Verbrennung" beschriebenen Verteilung. Durch die Rückführung der schadstoffbehafteten Kessel- und Filterstäube in die Brennkammer und des schadstoffbeladenen Aktivkokses in die Pyrolysetrommel entfällt jedoch eine Entsorgung dieser Materialien als Sonderabfall.

N.3.2.8.2 Biologische Behandlungsanlagen

Zur biologischen Behandlung von Abfällen werden von zahlreichen Gebietskörperschaften zentrale Kompostierungsanlagen für Bio- und Mischmüll betrieben. Darüber hinaus ist die Pflanzenabfallkompostierung in vielen kleinen dezentralen Anlagen und die Eigenkompostierung verbreitet. Dennoch wurden bis 1992 nur etwa 3 % des in der Bundesrepublik angefallenen Hausmülls kompostiert, obwohl ca. ein Drittel des Hausmülls aus biologisch-organischem Material besteht [N.3.100].

In der TA Siedlungsabfall ist vorgegeben, daß Bioabfälle getrennt von anderen Siedlungsabfällen zu erfassen und zu kompostieren sind. Damit ist der Weg eröffnet, eine noch größere Menge an organischer Substanz in Form von schadstoffarmem, qualitativ hochwertigem Kompost aus Siedlungsabfällen rückzugewinnen und in der Landwirtschaft oder generell zur Bodenverbesserung zu verwerten.

Kompostierungsanlagen werden aufgrund der Emission von *Geruchsstoffen* beim aeroben Rotteprozeß i. d. R. in Form von geschlossenen Hallen oder geschlossenen Systemen betrieben [N.3.101]. Auf eine Einhausung kann nach der TA Siedlungsabfall nur bei kleineren Anlagen unter bestimmten Bedingungen verzichtet werden. Der Rottevorgang läuft in zwei Stufen ab. In der *Vorrotte* (Mieten, offene Boxen oder geschlossene Trommeln) wird zur Optimierung des Rottevorgangs die Belüftung und die Feuchte des Bioabfalls optimal eingestellt (z. B. durch Zugabe von Wasser oder Strukturmaterial wie Gehölzschnitt aus Pflanzenabfall). Zur Belüftung der Vorrotte wird die Hallenabluft aus dem Bereich der *Nachrotte* benutzt. Die Abluft aus dem Bereich der Vorrotte muß dagegen über Kompostfilter geleitet werden, um *Geruchsstoffe* zurückzuhalten. Mieten im Rottebereich müssen regelmäßig umgesetzt werden.

Trotz der von anderem Hausmüll getrennten Erfassung von Biomüll kann je nach der Verunreinigung des Biomülls mit Fremdstoffen der daraus gewonnene Kompost meßbare Gehalte an *Schwermetallen (As, Pb, Cd, Cr, Cu, Ni, Hg, Zn)* enthalten [N.3.102]. Ein Merkblatt der Länderarbeitsgemeinschaft Abfall (LAGA) enthält Qualitätskriterien und Anwendungsempfehlungen für Kompost aus Müll und Müll-Klärschlamm sowie in Anlehnung an die Klärschlammverordnung Grenzwerte für die Konzentration bestimmter Schwermetalle im Boden, bei deren Überschreitung ein Aufbringen des Komposts unterbleiben soll [N.3.103].

N.3.2.8.3 Deponien

Von entsorgungspflichtigen Gebietskörperschaften werden in der Bundesrepublik flächendeckend Hausmülldeponien, Bodenaushub- und Bauschuttdeponien und Sonderabfalldeponien mit unterschiedlicher technischer Ausstattung (Basisabdichtung, Deponiegasbehandlung, Sikkerwasserbehandlung) und unterschiedlich begrenzter Restlaufzeit betrieben [N.3.12, N.3.104]. Auf den Hausmülldeponien wurden bisher Hausmüll, Sperrmüll und hausmüllähnliche Gewerbeabfälle ohne besondere Vorbehandlung abgelagert.

Die TA Abfall enthält im Anhang C einen Katalog der besonders überwachungsbedürftigen Abfälle (Sonderabfälle), die nicht verwertet werden können und einer Anlage zur Behandlung oder Ablagerung zuzuführen sind. In diesem Anhang sind Empfehlungen enthalten, welche Abfallentsorgungsanlagenart aufgrund der jeweils spezifischen Abfalleigenschaften infrage kommt.

Für die Ablagerung von Sonderabfällen sind bestimmte Zuordnungskriterien zu erfüllen (TA Abfall, Nr. 4.4.3 und Anhang D). Sie umfassen Anforderungen an die Festigkeit, den Glühverlust des Trockenrückstands, die Extrahierbarkeit lipophiler Stoffe und die Konzentration von Schadstoffen im Eluat des Abfalls.

Hausmülldeponien

In dem nicht vorbehandelt deponierten Hausmüll sind nicht nur die originären schädlichen Inhaltsstoffe aller Art, insbesondere *Schwermetalle, leicht und schwer flüchtige Kohlenwasserstoffe, chlororganische Stoffe (Dioxine, Furane)*, sondern auch durch mikrobiologische Abbauprozesse der organischen Müllbestandteile innerhalb des Deponiekörpers gebildete Schadstoffe *(CH_4, BTX, Chlorkohlenwasserstoffe)* und *Geruchsstoffe* enthalten [N.3.46]. Diese Stoffe können je nach Flüchtigkeit oder Löslichkeit mit dem Deponiegas oder Sickerwasser aus dem Deponiekörper entweichen. Gegen unkontrolliertes Entweichen von Deponiegas oder Sickerwasser werden passive und aktive Maßnahmen entsprechend den Festlegungen in der TA Siedlungsabfall getroffen. Als passive Maßnahmen sind *Basisabdichtungen* und *Oberflächenabdeckungen* vorgeschrieben. Die letzteren sollen gleichzeitig das Entweichen von Deponiegas und das Eindringen und die Kontamination von Niederschlagswasser mit löslichen Schadstoffen verhindern.

Für Inertdeponien, auf denen ausschließlich weitgehend mineralisierte Siedlungsabfälle mit einem auf 3 % begrenzten Anteil organischer Substanz (Deponieklasse 1 der TA Siedlungsabfall) deponiert werden, ist eine Basisabdichtung mit einem rein mineralischen Schichtenaufbau ausreichend. Für sonstige Hausmülldeponien mit weniger hohen Anforderungen an die Begrenzung des Schadstoffgehalts und des Gehalts an organischer Substanz im Deponiegut (Deponieklasse 2 der TA Siedlungsabfall) muß die Basisabdichtung außerdem eine geschlossene Kunststoffdichtungsbahn enthalten. Dies entspricht der Basisabdichtung bei einer Sonderabfalldeponie. In jedem Fall muß der Deponiekörper ein Drainagesystem zur Sammlung und kontrollierten Entnahme des Sickerwassers zwecks möglicher weiterer Behandlung und abschließender Entsorgung der darin enthaltenen Schadstoffe entsprechend den wasserrechtlichen Vorschriften aufweisen.

Das Sickerwasser enthält an Schadstoffen biologisch und chemisch oxidierbare Stoffe, Ammonium- und Nitrit-Stickstoffverbindungen und adsorbierbare organisch gebundene Halogene (Summenparameter: BSB_5, CSB, NH_4-N, NO_2-N, AOX) sowie toxische Schwermetalle *(Hg, Cd, Cr, Ni, Pb, Cu, Zn)* je nach den Inhaltsstoffen des deponierten Abfalls.

Das Deponiegas enthält zum überwiegenden Teil CH_4 sowie CO_2, N_2, *gasförmige Halogen- und Schwefelverbindungen* als Spurenstoffe und Geruchsstoffe. Es wird mit Gasschächten bzw. Gasbrunnen aufgefangen, daraus abgepumpt und einer energetischen Nutzung in Gasmotoren eines BHKW zugeführt.

Sonderabfalldeponien
Die Anforderungen an die Gestaltung und den Betrieb von Sonderabfalldeponien (SAD) sowie an die Beschaffenheit des abzulagernden Sonderabfalls ist in der TA Abfall geregelt. Entsprechend der Vielgestaltigkeit der Arten von Sonderabfällen ist auch das Spektrum der in einer SAD eingeschlossenen Schadstoffe groß. Im Sickerwasser werden daher außer den Schadstoffarten, die im Sickerwasser einer Hausmülldeponie vorkommen, vor allem *leichtflüchtige CKW (Dichlormethan, Trichlorethen, Tetrachlorethen)* und *Schwermetalle*, aber auch *BTX, Aromaten, PCB, Dioxine* und *Furane* gefunden [N.3.105, N.3.106]. Die Aufbereitung der Sickerwässer erfordert jeweils speziell ausgewählte Verfahren (TA Abfall, Anhang F), da die Anwendbarkeit einzelner Verfahren von der Verunreinigung des Sickerwassers (Salzgehalt, Toxizität der Schadstoffe) abhängt [N.3.106, N.3.107].

N.4 Pflanzenbau und Viehhaltung[1]

Pflanzenbau und Viehhaltung sind die beiden Hauptzweige der Landwirtschaft als der geplanten und gelenkten Nutzung der biologischen Erzeugungsfähigkeit von Pflanzen- und Tierbeständen. Sie dienen der Versorgung der Menschen mit Nahrungsmitteln und Rohstoffen. Landwirtschaft gehört zur Ur- oder Primärproduktion und bleibt trotz zunehmender technischer und chemischer Steuerung an biologische Prozesse und den Naturhaushalt gebunden.

Die Erfindung der Landwirtschaft leitete den zweiten Schritt der kulturellen Evolution der Menschen nach der Sammler-Jäger-Kultur ein. Der Übergang zu Pflanzenbau und Tierhaltung mit der Auslese weniger Nutzpflanzen und Nutztiere veränderte die menschliche Gesellschaft grundlegend. Mit der Ansammlung und Aufbewahrung größerer Nahrungsmittelmengen konnten nicht nur mehr Menschen ernährt, sondern auch von der Notwendigkeit eigenständiger Nahrungsgewinnung gelöst werden, um sich anderen Tätigkeiten zu widmen. Schon wenige Jahrhunderte nach dem Aufkommen der Landwirtschaft entstanden im Vorderen Orient die ersten Dörfer und Städte, d.h. Siedlungsplätze mit hoher Bevölkerungsdichte, deren Versorgung von der Landwirtschaft gewährleistet wurde. Ihr fiel damit die Verantwortung für eine beständige und zuverlässige Nahrungsversorgung auch der nichtlandwirtschaftlichen Bevölkerung zu, die von ihr ökologisch abhängig wurde – während die Landwirte über ihre Selbstversorgung hinaus in ökonomische Abhängigkeit von den Märkten der Dörfer und Städte gerieten.

Landwirtschaft ist nicht ohne beständige, schwerwiegende Eingriffe in die Natur, insbesondere in Pflanzendecke und Böden möglich. Sie ist daher Anlaß und Quelle zahlreicher Belastungen, unter ihnen solche stofflicher Art. Andererseits hat die landwirtschaftliche Nutzung in der Weite des von ihr bearbeiteten Raums auch die Landschaft gestaltet und die agrarische Kulturlandschaft hervorgebracht. Landnutzung ist ein Prozeß, der wesentlich von ökonomischen Anreizen und biologischen und technischen Fortschritten angetrieben wird, mit dem Ziel, die Naturkräfte so weit wie möglich auszunutzen und teilweise sogar zu überwinden. Daher ist und bleibt die Kulturlandschaft in ständiger Veränderung.

Im Industriezeitalter und insbesondere in den technisch-industriell geprägten Ländern leidet die Landwirtschaft unter einem grundsätzlichen volkswirtschaftlichen Wettbewerbsnachteil. Im Vergleich zur gewerblich-industriellen Wirtschaft kann sie aufgrund ihrer Bindung an biologische Vorgänge und Rhythmen die Erzeugung nur bedingt steigern, rationalisieren und beschleunigen. Außerdem wird in allen Ländern und Gesellschaftssystemen Wert darauf gelegt, daß die Grundnahrungsmittel auch für Menschen der unteren sozialen Schichten erschwinglich blei-

---

[1] Die in diesem Beitrag genannten Zahlenangaben gelten, soweit nicht anders vermerkt, für die erste Hälfte der 90er Jahre. Viele Angaben sind wegen der Datenverfügbarkeit und aus Vergleichsgründen auf die Bundesrepublik Deutschland in den Grenzen von 1989 bezogen.

ben, so daß den ökonomischen Bemühungen der Landwirtschaft auch von der Erlösseite her Grenzen gesetzt sind.

Diese Situation zwingt die moderne Landwirtschaft, das Ertragspotential von Pflanzen und Tieren, Böden und Wasser bis zum Äußersten auszuschöpfen, wobei sie – wegen der erwähnten wirtschaftlichen Benachteiligung – in vielseitiger Weise von der öffentlichen Hand finanziell und mit anderen Mitteln unterstützt wird. Die Folge dieser ständig gesteigerten Ausschöpfung der natürlichen Produktionspotentiale ist einerseits eine wirtschaftlich problematische Überproduktion von Nahrungsmitteln, andererseits eine gesteigerte Umweltbelastung im ländlichen Raum und darüber hinaus. Es gelang dennoch nicht, der Landwirtschaft insgesamt den Anschluß an die allgemeine wirtschaftliche Entwicklung, insbesondere die Einkommensentwicklung zu sichern, was wiederum zu weiterer Intensivierung der Produktion anreizt. Im Zusammenhang damit ist die Zahl der landwirtschaftlichen Betriebe in der Bundesrepublik Deutschland (Grenzen von 1989) von über 1,5 Mio zu Anfang der 50er Jahre bis auf ca. 550.000 im Jahr 1994 gesunken und wird weiter abnehmen.

N.4.1   Pflanzenbau – Ackerbau

Aus der Fülle der natürlich vorkommenden Pflanzenarten sind nur relativ wenige, vor allem ähren- und knollentragende Arten, als Nutzpflanzen für den Anbau ausgewählt worden. Sie werden überwiegend in reinen Beständen gesät bzw. gepflanzt, gepflegt und geerntet. Pflanzenbau auf größeren Flächen (i. d. R. über 0,25 ha) bei jährlichem Wechsel des Aufwuchses nennt man Ackerbau. Kleinflächigerer, oft intensiverer Anbau mit hohen Erträgen zählt zum Gartenbau. Daneben gibt es „Sonderkulturen" mit ebenfalls großflächigem Anbau wie z. B. Tabak, Feldgemüse, Hopfen, Spargel, Wein und Obst; die beiden letztgenannten leiten zu den Gehölzkulturen und damit zur Forstwirtschaft über.

Zum landwirtschaftlichen Pflanzenbau zählt auch die sog. Grasland- oder Grünlandwirtschaft, die Futter für die Viehhaltung (Abschn. N.4.2) liefert. In der Regel sind Grünlandbestände, d. h. Wiesen und Weiden, Dauerbestände von Futtergräsern und -kräutern. In der modernen Landwirtschaft wird verstärkt auch Ansaat-Grasland eingesetzt, das aus besonders wertvollen Futterpflanzen besteht und nur solange genutzt wird, bis durch Zuwanderung und Ausbreitung anderer Pflanzenarten der Futterwert sinkt.

N.4.1.1   Ackerbauverfahren und -maßnahmen

Die Feldfrüchte des Ackerbaus sind Getreide (überwiegend Weizen und Gerste, dazu Hafer und Roggen), „Hackfrüchte" wie Zuckerrüben und Kartoffeln, sowie (Vieh-)Futterpflanzen wie Silomais, Futterrüben und Klee-Gras-Mischungen, ferner Ölfrüchte wie Raps und Sonnenblumen. Die letztgenannten sind sog. Rohstoffpflanzen, deren Anbau seit den 80er Jahren zur Gewinnung „nachwachsender Rohstoffe" verstärkt empfohlen wird. Zu ihnen gehören auch Faserpflanzen wie z. B. Flachs, dessen Anbau in der vorindustriellen Zeit weit verbreitet war, und „Energiepflanzen" wie Riesen- oder Chinaschilf.

Auf dem selben Feld werden i. d. R. jedes Jahr andere Feldfrüchte angebaut, die in einer bestimmten Fruchtfolge kombiniert werden. Meist folgt auf eine im Herbst gesäte Winterfrucht eine im Frühjahr gesäte Sommerfrucht, für die entweder Sommergetreide, Mais, Zuckerrüben oder Kartoffeln in Frage kommen. Zwischen Winter- und nächstjähriger Sommerfrucht wird häufig eine Zwischenfrucht eingeschaltet, die als Viehfutter oder Gründüngung genutzt wird, und außerdem das erosionsfördernde Offenliegen des Bodens einschränkt.

Die Ernte der Ackerfrüchte entzieht dem Boden so viele Nährstoffe, daß seine Fruchtbarkeit sich nach einiger Zeit erschöpfen würde. Daher muß sie durch Zufuhr von Dünger aufrechterhalten werden. Bis Mitte des 19. Jh. wurden – außer Kalk als Mergel – nur organische oder Wirtschaftsdünger (Viehdung), danach in steigendem Umfang Mineral- oder Handelsdünger verwendet. Die Nutzpflanzen-Reinbestände locken viele schädliche Tiere an, die sich von ihnen ernähren, und erleichtern auch die Ansiedlung und Ausbreitung von Pilz- und Viruskrankheiten sowie von Unkräutern. Deren Bekämpfung oder Beseitigung („Pflanzenschutz") ist daher ein fester Bestandteil des Ackerbaus und wird seit Mitte des 20. Jh. bevorzugt mit chemischen Mitteln vorgenommen.

Jeder Pflanzenbau erfordert Bodenbearbeitung: Pflügen und Eggen vor dem Säen bzw. Pflanzen, ggf. auch noch Bodenlockern oder Hacken zwischen den Feldfrüchten, und nach der Ernte das Unterpflügen der Pflanzenrückstände und Unkräuter. Die Bodenbearbeitung führt aufgrund der Entblößung des Bodens von der schützenden

Pflanzendecke unvermeidlich zur Erosion durch Wasser oder Wind. Zu ihrer Verminderung wird durch Zwischenfrucht-Anbau oder rasche Wiederbestellung des Ackers die Zeit des Offenliegens des Bodens soweit wie möglich verkürzt.

Besonders erosionsanfällig sind Zuckerrüben-, Kartoffeln-, Mais- sowie Hopfen-, Wein- und Spargelkulturen, weil der notwendige grössere Abstand der Saat- bzw. Pflanzenreihen eine relativ große offene Bodenoberfläche zur Folge hat. Gerade hier siedeln sich gern Begleitpflanzen („Unkräuter") an, die zwar erosionshemmend wirken, aber wegen Nährstoffkonkurrenz für die Feldfrüchte bekämpft oder im Wachstum zurückgehalten werden müssen.

Das regelmäßige Pflügen der Äcker verändert das Bodenprofil (vgl. Abschn. D.1.4.3) und verwandelt den Oberboden bis zu einer Tiefe von 30–45 cm in eine gleichmäßig durchmischte „Ackerkrume", die nach unten durch die „Pflugsohle" begrenzt wird. In dieser und im angrenzenden Unterboden kommt es durch das häufige Befahren des Ackers mit schweren Geräten und Fahrzeugen zu Bodenverdichtungen, die die Einsickerung von Wasser, die Durchlüftung und das Bodenleben beeinträchtigen.

Die durch Ackerbau genutzte Fläche betrug in Deutschland (1994) 11,805 Mio ha, d. h. 68,2 % der gesamten landwirtschaftlichen Nutzfläche (17,2 Mio ha) und 33,1 % der Gesamtfläche des Landes.

N.4.1.2 Schadstoffemissionen in die Umwelt und ihre Auswirkungen

Alle Pflanzenbauflächen, insbesondere die gerade genannten Ackerbau-Flächen, stellen eine bedeutsame Quelle stofflicher Emissionen in die Umwelt, vor allem in Luft und Gewässer dar. Sie sind größtenteils durch den Einsatz von – grundsätzlich unentbehrlichen – Düngemitteln sowie chemische Pflanzenschutzmittel bedingt. Auch die im Ackerbau, Hopfen- und Weinbau niemals völlig vermeidbare Bodenerosion führt zu unerwünschten Stoffeinträgen in die Umwelt. Diese Emissionen aus großen Flächen können nicht genau lokalisiert werden und zählen daher zu den „diffusen Stoffeinträgen".

Bei den Zahlenangaben über solche Stoffzufuhren ist stets auf die Bezugsflächen und den Bezugsstoff zu achten, um Mißverständnisse zu vermeiden. Als Bezugsflächen werden gelegentlich die gesamte Landesfläche, meist die landwirtschaftlich genutzte Fläche (LF), teils nur die Ackerfläche berücksichtigt. Stoffe, die in mehreren chemischen Formen vorkommen, werden entweder als solche angeführt oder auf die Elementform umgerechnet, z. B. Nitrat (NO_3), Ammoniak (NH_3) und Stickstoffoxide (N_2O, NO_x) auf elementaren Stickstoff (N).

N.4.1.2.1 Dünger

Düngung ist als ein „gewollter Stoffeintrag" in den Boden zu betrachten, dessen Ziel allerdings nicht der Boden, sondern die Nutzpflanze ist. Seine ertragssteigernde Wirkung hat immer wieder zu hohe Düngerzufuhren veranlaßt, die von den Pflanzen nicht ausgenutzt werden können und zu überhöhten Konzentrationen im Boden führen, von wo sie, oft unter chemischen Umwandlungen, in Grundwasser oder Luft übertreten und dort schädliche Effekte auslösen.

a) Einträge in Böden und Gewässer aus Stickstoffdüngung

Dies gilt in erster Linie für die besonders ertragswirksame Düngung mit *Stickstoff*, die in den 80er Jahren im intensiven Ackerbau einen Höhepunkt erreichte. Eine Stickstoffbilanz aus dieser Zeit ergab für die landwirtschaftlich genutzte Fläche (LF) der damaligen Bundesrepublik Deutschland eine Zufuhr von **241 kg N/ha·a** mit folgenden Anteilen:

– aus Mineraldünger   130 kg,
– aus Wirtschaftsdünger
  (Viehdung, s. Abschn. N.4.2.2) 83 kg,
– aus Immissionen aus der Luft   29 kg.

Dieser Zufuhr stand ein Stickstoff-Entzug von **154 kg/ha·a** durch Ernteprodukte entgegen, so daß ein Stickstoffüberschuß von **88 kg/ha LF·a** (= 36,5 %) in der Umwelt verblieb. Andere Autoren nennen noch höhere Stickstoffüberschüsse von durchschnittlich 103–116 kg N/ha LF·a und weisen vor allem auf große regionale Schwankungen hin, die von 49–279 kg reichen; auch berücksichtigen sie den biologischen Stickstoffeintrag aus der Luft durch stickstoffbindende Mikroorganismen des Bodens.

Jedenfalls sind seit Ende der 50er Jahre bis Ende der 80er Jahre ca. 2400 kg N/ha LF mehr gedüngt worden als netto mit den Ernteprodukten abgeführt wurde.

Seit Anfang der 90er Jahre haben sich die Stickstoffüberschüsse in Deutschland aufgrund verbesserter Düngepraxis um ca. 20 kg/ha·a vermindert. So sank der Verbrauch mineralischer Stickstoffdünger in Deutschland 1994/95 auf 112,6 kg/ha LF·a (Gesamtverbrauch 1,79 Mio t N). Die Zufuhr von Wirtschafts-(Vieh-)düngern ist ungefähr gleichgeblieben, der Eintrag aus der Luft, vor allem aus Emissionen des Kraftfahrzeugverkehrs, hat noch steigende Tendenz.

Von den in die Umwelt abgegebenen Stickstoffüberschüssen wird ein Teil zeitweilig in die organische Substanz des Bodens eingebaut, ein Teil geht in die Atmosphäre (s.u.) und ein weiterer Teil wird in Form von Nitrat, das im Boden nicht gebunden werden kann, mit dem Sickerwasser ausgewaschen. Diese Auswaschung kann das Grundwasser erreichen und es in unerwünschter Weise mit Nitrat anreichern.

Durch die jahrelange intensive Düngung hat sich in den Ackerböden ein Gesamt-Stickstoff-Überschuß bis in 90 cm Tiefe von ca. 15 t/ha (normaler Gehalt 6 – 10 t!) angesammelt, dessen Abbau ungefähr 20 Jahre erfordert. Diese Stickstoffmenge, die für die Ackerböden der westlichen Bundesländer Deutschlands bereits 1986 auf 10 Mio t geschätzt wurde, bewegt sich mit dem Sickerwasser langsam auf die Grund- und Oberflächenwässer zu; die Stickstoffeinträge in diese würden also selbst bei Einstellung jeder Düngung nicht aufhören.

Die Quantifizierung des Stickstoffeintrags in das Grundwasser ist wegen der komplexen Vorgänge im Boden sehr schwierig. Einerseits wird ständig ein geringer Teil (ca. 1 – 3 %) des organisch gebundenen Bodenstickstoffs mineralisiert und als Nitrat auswaschbar. Andererseits wird Nitrat unterhalb der durchwurzelten Zone und sogar im Grundwasser durch spezielle Mikroorganismen unter bestimmten Bedingungen auch denitrifiziert und zu ca. 35 kg N/ha·a in molekularen (Luft-)Stickstoff, z. T. aber auch in umweltschädliche Stickstoffoxide (s. u.) umgewandelt. Trotz dieser Schwierigkeiten ist versucht worden, mit der Angabe eines Nitrateintrags von 18 kg NO_3-N/ha·a aus landwirtschaftlich genutzten Böden in das Grundwasser einen pauschalen Durchschnittswert zu beziffern. Insgesamt wird der Anteil der Landwirtschaft an den diffusen Nitrateinträgen in das Grundwasser auf 80 % veranschlagt.

Der Eintrag von Nitrat in die Gewässer (Hydrosphäre) schädigt zunächst das Grundwasser hinsichtlich seiner Verwendung als Trinkwasser, und führt schließlich zur Eutrophierung (richtiger: Hypertrophierung, d.h. fortschreitende Nährstoffanreicherung) von Flüssen, Seen und Küstenmeeren. Für 1995 wurde ein Stickstoffeintrag in diese aus diffusen Quellen von 465.000 t berechnet, wovon aus
- Grundwasser   325.000 t (70 %),
- Erosion und
  Dränwässern je   46.500 t (je 10 %)
stammten.

Die Angaben über die Gesamtstickstoffeinträge in Gewässern differieren um 20 – 30 % je nach Autor, sind aber seit Mitte der 80er Jahre leicht rückläufig.

Zusätzliche Stickstoffemissionen in Grundwasser und Oberflächengewässer werden durch Umwandlung von Grünland in Ackerland (Grünland-Umbruch) sowie durch Entwässerung von Niedermooren – z.T. ebenfalls zugunsten von Ackernutzung – hervorgerufen. Diese Maßnahmen haben in der Bundesrepublik Deutschland (in den Grenzen von 1989) bis 1990 aus Grünland insgesamt 2,7 Mio t, aus Niedermooren 4,3 Mio t Stickstoff freigesetzt.

In küstennahen Meeren und Quasi-Binnenmeeren wie Ostsee und Adria veranlaßt die Nitrateutrophierung oft üppiges Algenwachstum („Algenblüten") mit der Folge von Schaum- und Schleimbildungen, Behinderungen der Fischerei und vereinzelt sogar von giftigen Ausscheidungen der Algen (z. B. in der östlichen Nordsee 1989). Der Anteil der Landwirtschaft an der marinen Eutrophierung durch Stickstoff wurde für die Jahre 1985-1990 auf über 60 % geschätzt.

b) Einträge in Böden und Gewässer aus Phosphatdüngung

Für die Binnengewässer ist wegen ihrer großen natürlichen Phosphatarmut weniger die Nitrat- als die *Phosphat*zufuhr entscheidend für die Eutrophierung. Im Gegensatz zum Nitrat wird das durch Düngung in die Ackerböden eingebrachte Phosphat – außer in Niedermoorböden – so stark und fest gebunden, daß es z.T. nicht einmal pflanzenverfügbar ist und auch kaum mit Sickerwasser ausgewaschen wird. Jahrelange reiche Phosphatdüngung (seit 1959 900 kg P/ha LF mehr als Ernteentzug!) hat daher zu einer erheblichen Phosphatanreicherung (bis zu 2 t/ha) in den Ackerböden geführt. Von ihnen gelangt Phosphat hauptsächlich durch Bodenerosion in die Gewässer. Für 1995 wurde dort ein Phosphoreintrag von 25.875 t berechnet, davon
- 17.825 t aus Erosion (ca. 70 %),
- 1.150 t aus Grundwasser (4,4 %),
- 1.725 t aus Dränwässern (6,7 %).

Am gesamten Phosphoreintrag in die Fließgewässer hat die Landwirtschaft einen Anteil von 38 %.

Da mineralische Phosphatdünger zu durchschnittlich 0,05 g/kg mit Cadmium (Cd) verunreinigt sind, kommt es bei ihrer Anwendung zu geringen Cadmiumeinträgen in die Böden. Sie beliefen sich Anfang der 80er Jahre auf durchschnittlich ca. 3 g Cd/ha·a und sind seitdem wegen Verminderung der Phosphatdüngung und Wahl Cd-ärmerer Rohphosphate auf ca. 2,1 g zurückgegangen, das ist ca. 37 % des Gesamt-Cd-Eintrags. Cadmium ist im Boden relativ beweglich und geht leicht in Pflanzen und damit in die Nahrungskette über, wo es sehr schädlich ist; es kommt dadurch aber nicht zu signifikanten Cd-Anreicherungen in Böden.

c) Einträge in die Atmosphäre aus Stickstoffdüngung

Von den durch Ackerbau bedingten Schadstoffemissionen in die *Atmosphäre* sind wiederum Stickstoffeinträge bedeutsam, am wichtigsten ist Distickstoffoxid („Lachgas", N_2O). Es ist eines der „klimarelevanten Spurengase" der Atmosphäre; sein Anteil beträgt nur 0,32 ppm, doch sein „Treibhauspotential" ist 270 mal größer als bei Kohlendioxid, und daher leistet es ca. 5 % Beitrag zur Treibhauseffekt-Verstärkung. Außerdem ist N_2O neben den Fluor-Chlor-Kohlenwasserstoffen (FCKW) zu 1–4 %, aber jährlich um 0,25 % steigend, am Abbau der stratosphärischen Ozonhülle beteiligt; seine Rolle wird nach der endgültigen Eliminierung der FCKWs noch zunehmen, zumal seine atmosphärische Verweilzeit 100–150 Jahre beträgt.

Die Abschätzung der N_2O-Emissionen aus der Landwirtschaft ist wiederum aus meßtechnischen Gründen schwierig; insgesamt sollen sie 20 % aller landwirtschaftlichen Gasemissionen ausmachen. Je Hektar landwirtschaftlich genutzter Fläche (LF) und Jahr wird eine durchschnittliche N_2O-Freisetzung von 1 kg angenommen. Anderen Angaben zufolge emittiert Grünland mit 5,3 kg/ha·a das meiste N_2O, gefolgt von Futtermaisfeldern mit 4,9 kg und sonstigen Ackerkulturen mit 3,1 kg. Einzelne Messungen ergaben 25 kg N_2O/ha und mehr, vor allem in entwässerten und dann wieder vernäßten Niedermooren. Auch im Winter gibt es bei häufigem Wechsel zwischen Frost und Tauwetter jeweils bei Temperaturanstieg über 0 °C starke N_2O-Freisetzungen.

Ihre Herkunft ist die Teildenitrifikation von überschüssigem Nitrat im Boden, das sowohl aus Düngern als auch aus biologischer Stickstoffbindung mittels Leguminosenanbau sowie aus der organischen Bodensubstanz stammt. Es wird geschätzt, daß im Mittel 2–3 % des aus Düngung und Leguminosen-Anbau in die Ackerböden eingebrachten Stickstoffs als N_2O in die Atmosphäre emittiert werden. Geht man von diesem Ansatz aus, so würden sich bei einem Stickstoffdüngereintrag von 206 kg N/ha LF·a und einer Gesamtzufuhr von 3,37 Mio t N jährlich Emissionsraten von 0,8–6,4 kg N_2O-N/ha und eine Gesamtemission von 13.480–107.840 t N_2O-N/a ergeben. Dabei sind auch die indirekten Auswirkungen der landwirtschaftlichen Stickstoffeinträge berücksichtigt. Diese erreichen – vor allem als Ammoniak (s. Abschn. N.4.2.2.1) – über den Luftpfad auch Wälder und naturbetonte Ökosysteme wie Niedermoore oder Magerrasen, die dann ihrerseits zu N_2O-Emittenten werden. Somit kommen der Landwirtschaft über die Düngung der Äcker etwa bis zu einem Drittel (77.000 t N_2O/a), insgesamt aber bis knapp zur Hälfte (108.000 t N_2O/a) der anthropogenen N_2O-Emissionen in Deutschland zu.

Weitere Stickstoffemissionen in die Atmosphäre betreffen die kurzlebigen Oxide NO und NO_2, die als NO_x zusammengefaßt werden. Ihr Austritt aus Ackerböden wird im Mittel auf 20 kg-NO_x-N/ha·a geschätzt, so daß deren Anteil an der gesamten NO_x-Emission in Deutschland wahrscheinlich nur bei höchstens 12 % (346.000 t/a) liegt.

Durch mineralische Stickstoffdünger, und zwar sowohl durch deren Herstellung als auch Anwendung, wird auch eine Emission von Ammoniak (NH_3, s. Abschn. N.4.2.2.1) verursacht. Sie schwankt je nach Düngerart, Herstellungs- und Ausbringungsweise erheblich. Bei der Düngerproduktion werden je Tonne Düngerstickstoff 0,00–4,179, im Mittel 1,43 kg Ammoniakstickstoff (NH_3-N) freigesetzt (am meisten bei Harnstoff); infolge von Produktionseinschränkung und Emissionsminderung geht die Freisetzung seit Ende der 80er Jahre, wo sie insgesamt auf 1480 t NH_3-N beziffert wurde, zurück. Die Ammoniakemission bei der Düngung selbst beträgt bis zu 15 % (im Mittel 3,7 %) des Düngerstickstoffs (Höchstwerte bei Ammoniumsulfat und wiederum Harnstoff) und wird im Mittel auf ca. 3–5 kg NH_3-N/ha·a veranschlagt; als Gesamtemission für 1991/92 wurden 64.270 t genannt, davon allein für Harnstoff 25.650 t.

Auch die gedüngten Nutzpflanzen setzen gasförmige Stickstoffverbindungen frei, darunter bis zu 75 % ebenfalls Ammoniakstickstoff in Mengen von ca. 1-15, im Mittel 2 kg/ha in der Vegetationsperiode (34.000 t für die westlichen Bundesländer 1991).

Alle diese Stickstoffemissionen tragen zum allgemeinen Stickstoffeintrag in die Biosphäre (s. a. Abschn. N.4.2.2.1) sowie zur troposphärischen Ozonbildung bei und verstärken die Versauerung (s. Abschn. N.4.2.2.1).

N.4.1.2.2 Chemische Pflanzenschutzmittel

Zu den düngungs- bzw. nährstoff-bedingten Emissionen addieren sich Stoffeinträge durch chemische *Pflanzenschutzmittel*. Diese haben den Zweck, Schädlinge und Krankheitserreger der Nutzpflanzen sowie konkurrierende Wildpflanzen (Unkräuter) zu schädigen oder zu töten und sind a priori Schadstoffe, z. T. auch Gifte. Insofern sind sie anders als chemische Düngemittel einzuschätzen, obwohl sie mit diesen häufig als „Agrochemikalien" zusammengefaßt werden.

Die Schad*erreger*, die mit Schad*stoffen* bekämpft werden, verursachen sowohl Ertrags- als auch Qualitätsminderungen im Pflanzenbau. Es gibt weltweit ca. 400 Arten Unkräuter von hoher Konkurrenzkraft, einige hundert pilzlicher bzw. bakterieller Krankheitserreger und mehrere hundert pflanzenschädigende Kleintierarten, vor allem Insekten und Spinnen, aber auch Vögel und Kleinsäugetiere.

Je nach den zu bekämpfenden Organismen unterscheidet man im Pflanzenschutz vor allem zwischen Mitteln gegen
- Schadinsekten (Insektizide),
- Erreger von Pilzkrankheiten (Fungizide),
- Unkräuter (Herbizide),
- wurzelfressende Fadenwürmer (Nematizide),
- schädliche Schnecken (Molluskizide).

Zusammenfassend werden sie oft als „Pestizide" bezeichnet. Viele Insektizide werden auch zur Bekämpfung krankheitsübertragender oder lästiger Insekten für Menschen und Tiere eingesetzt, insbesondere in den Tropen und Subtropen, wo ohnehin der Schwerpunkt des Insektizideinsatzes liegt. In den gemäßigten Klimazonen entfällt dagegen der Hauptanteil (60 - 70 %) der Pflanzenschutzmittel-Anwendung auf die Herbizide. Diese beruht wesentlich auf Arbeitseinsparung, da eine mechanische Beseitigung von Unkräutern sehr arbeitsaufwendig ist.

Im Vergleich zu Düngern ist der Einsatz von Pflanzenschutzmitteln mengenmäßig erheblich geringer und liegt in Größenordnungen von < 10 g - 1 kg/ha (oder 0,1 - 0,0001 g/m^2), bezogen auf die eigentlichen Wirkstoffe; einschl. der Trägerstoffe können die Einsatzmengen 8 - 10 kg/ha erreichen. Je nach den Kulturen werden meist nur Teile der Ackerfläche behandelt.

Die Ausbringung der Pflanzenschutzmittel erfolgt meist durch Versprit zen als Flüssigkeit oder durch Verstäuben oder Deponieren als Pulversubstanz. Nematizide werden direkt in den Boden eingebracht. Oft wird auch Saatgut direkt benetzt oder getränkt. Während bis Ende der 70er Jahre bevorzugt breit wirksame Mittel von lang anhaltender Wirkung (schwere Abbaubarkeit, geringe Wasserlöslichkeit) angewendet wurden, ist man nach Erkenntnis der gerade dadurch bedingten Umweltbelastungen und Akkumulationen, wo immer es möglich war, zu rasch abbaubaren Mitteln übergegangen und hat zugleich die Auflagen ihrer Anwendung sowie die Rückstands-, Grenz- oder Höchstwerte verschärft (s. Abschn. N.4.3.3). Der Kenntnisstand über Einträge von Pflanzenschutzmitteln ist jedoch weit lückenhafter als über Nährstoffemissionen.

Trotzdem wird die Anwendung dieser Bekämpfungsmittel mit Argwohn verfolgt, und das zu Recht. Denn sie schädigen oder töten in den Feldern auch viele nützliche oder harmlose Organismen, die z. B. dem biologischen Pflanzenschutz dienen, und vermindern die Artenvielfalt. Auch werden immer wieder benachbarte naturnahe Ökosysteme durch Abdrift oder Verflüchtigung von versprühten oder verstäubten Pflanzenschutzmitteln oder durch Bodeneinschwemmung geschädigt. Das Vorhandensein „gebundener Rückstände" von Pflanzenschutzmitteln im Boden, die einen Abbau vortäuschen (s. Abschn. D.1.4.5.2), mit ungewissen zukünftigen Wirkungen ist ebenso beunruhigend wie das immer wieder nachgewiesene Auftreten dieser Mittel im Grundwasser Aufsehen erregt - auch wenn es meist nur Mengen unterhalb des Mikrogramm-Bereichs sind, die toxikologisch als nicht relevant angesehen werden. Weit schwerwiegender sind allerdings die Auswirkungen im tropischen Landbau, wo weiterhin breit wirksame, schwer abbaubare Pflanzenschutzmittel eingesetzt werden (müssen), weil der Schädlingsdruck erheblich größer ist als in den gemäßigten Zonen; allerdings ist der Mitteleinsatz pro Flächeneinheit wesentlich geringer.

Zu den schädlichen Pestizidemissionen tragen - trotz bestehender Vorschriften - auch achtloses Wegwerfen von Pflanzenschutzmittelresten und -verpackungen sowie nachlässige Reinigung von Spritzgefäßen und Transportbehältern bei, ebenso Transportunfälle.

So wird die verbreitete Auffassung, daß der chemische Pflanzenschutz die größte landwirtschaftlich verursachte Umweltbelastung darstelle, anscheinend durch viele Gründe gestützt. Dennoch trifft es nicht zu, daß es sich bei allen Pflanzenschutzmitteln um „Gifte" handelt. Die Giftigkeit (Fähigkeit zu vergiften) variiert um den Faktor 1000; der größte Anteil wirklicher Gifte entfällt auf die Insektizide, betrug aber bei den in Deutschland zugelassenen Mitteln bereits 1984 nur noch 7%. Sie werden im Vergleich zu Herbi- und Fungiziden seltener, in geringeren Mengen (meist unter 1 kg/ha) und auf kleineren Flächen ausgebracht. Dagegen ist im tropischen Ackerbau der Insektizideinsatz beträchtlich höher, am höchsten bei Baumwolle, gefolgt von Reis. Über 80% der in Deutschland zugelassenen Pflanzenschutzmittel sind nach der Gefahrstoffverordnung nicht als Gifte klassifiziert. Dies bedeutet jedoch nicht auch ökologische Unschädlichkeit, die immer wieder zu überprüfen ist.

N.4.1.2.3 Kohlenwasserstoffe und Kohlendioxid

Die schwerwiegendste durch Ackerbau verursachte Kohlenwasserstoff-Emission ist die Freisetzung des Treibhausgases Methan (CH_4) aus dem in den feuchten Tropen und Subtropen weit verbreiteten Reisanbau auf mit Wasser überstauten Feldern. Diese Emission wird weltweit auf 92 Mio. t, d. h. 17% der Gesamt-Methan-Emission (mit stark steigender Tendenz) veranschlagt. Für Mitteleuropa, wo Reis nicht gedeiht, spielt sie keine Rolle, um so mehr aber die noch größere Methan-Emission aus der Viehhaltung (s. Abschn. N.4.2.2.2).

Beim Kohlendioxid (CO_2), dem bekanntesten Treibhausgas, ist die Landwirtschaft in ihrem biologischen Produktionsbereich über die Photosynthese und die Pflanzen-, Tier- und Bodenatmung in den CO_2- bzw. Kohlenstoffkreislauf einbezogen. Was hier an CO_2 in landwirtschaftlich erzeugter Biomasse festgelegt wird, unterliegt bei deren Verbrauch – der im Vergleich zur forstwirtschaftlich erzeugten Biomasse (Holz) relativ rasch erfolgt – wieder der CO_2-Freisetzung. Im technischen Bereich ist die Landwirtschaft zusätzlich ein bedeutender CO_2-Emittent und trägt auch damit zur Verstärkung des Treibhauseffektes bei. Bereits die im Ackerbau notwendige Bodenbearbeitung begünstigt den Abbau organischer Kohlenstoffverbindungen (Humus) zu CO_2; wenn diese nur um 0,1 % vermindert werden, bedeutet dies eine CO_2-Freisetzung von 15 t/ha. Der Umbruch von Grünland in Ackerland (s. a. Abschn. N.4.1.2.1) bewirkt ebenfalls Humusabbau. In der Zeit von 1970–1990 sind dadurch in der Bundesrepublik Deutschland (Grenzen von 1989) pro Jahr 344 t CO_2/ha freigesetzt worden, 1989 allein waren es 33,4 Mio t CO_2, das sind 5 % der Emissionen aus der Bereitstellung fossiler Energieträger.

Der moderne Ackerbau ist hoch mechanisiert. Weit verbreitet sind Dieselmotoren als Antrieb von Schleppern, Ernte- und anderen Landmaschinen. 1994 gab es in der deutschen Landwirtschaft ca. 1,17 Mio Schlepper, 136.000 Mähdrescher und 16.000 sonstige Erntemaschinen; die Zahlen haben seit Mitte der 80er Jahre zwar abgenommen, doch ist die Motorleistung von durchschnittlich 32 auf 36,4 KW/Schlepper gestiegen. Die Landwirtschaft verbraucht seit den frühen 80er Jahren ca. 2,1 – 2,2 Mio l Treibstoff pro Jahr, davon 1,7 Mio l Dieselkraftstoff. Daraus gehen Emissionen von Kohlendioxid sowie von Kohlenmonoxid, Stickstoffoxiden und Rußpartikeln hervor. Aus 1 l Dieselöl werden durchschnittlich ca. 3 kg CO_2 freigesetzt. Der Maschineneinsatz z. B. im Zuckerrübenanbau veranlaßt eine CO_2-Emission von im Mittel 800 kg/ha, im Getreideanbau 250 kg/ha; der Verzicht auf Pflügen (pflugloser Anbau) würde im Durchschnitt ca. 65 kg CO_2/ha Emission einsparen. Diese Zahlenwerte schwanken außerordentlich stark.

Weitere CO_2-Emissionen werden durch Herstellung, Transport und Ausbringung von Mineraldüngern und chemischen Pflanzenschutzmitteln bedingt, müssen also dem modernen Ackerbau (mit Ausnahme des ökologischen Landbaues, s. Abschn. N.4.4) zusätzlich zugerechnet werden. Es werden je kg folgende Werte veranschlagt (bei starken Schwankungen):
- Stickstoffdünger im Mittel   2,60 kg CO_2,
- Phosphatdünger   1,48 kg CO_2,
- Kalidünger   0,86 kg CO_2,
- Kalkdünger   0,18 kg CO_2,
- Pflanzenschutz-Wirkstoff   5,50 kg CO_2.

Die ackerbauliche mineralische Grunddüngung bedeutet eine CO_2-Emission von 100 – 200 kg/ha, die mineralische Stickstoffdüngung im ökonomischen Optimum 600 – 700 kg/ha zzgl. 100 kg CO_2/ha durch chemische Pflanzenschutzmittel.

Der direkte und indirekte Energieverbrauch der Landwirtschaft beträgt 3 – 4 % des gesamten Energieeinsatzes in Deutschland und bewirkt eine CO_2-Freisetzung von 27 – 35 Mio t/a entspr. 1,6 – 2,0 t CO_2/ha LF · a.

N.4.2 Viehhaltung

N.4.2.1 Typen und Techniken der Viehhaltung

Die landwirtschaftliche Viehhaltung wird auch als Veredlungswirtschaft bezeichnet, weil durch sie Nahrung mit einem höheren Nährwert und Energiegehalt erzeugt wird. Zu den tierischen Produkten gehören aber nicht nur Nahrungsmittel, sondern auch Rohstoffe wie Tierfelle und -häute, Wolle und andere Tierhaare, Federn und Daunen; auch Hörner und Knochen werden verwendet.

Die wichtigsten landwirtschaftlichen Nutztiere in Deutschland sind Rinder (zur Milch- und Fleischerzeugung), Schweine, Hühner (Mast- und Legehühner), Schafe sowie in geringerem Umfang auch Ziegen, Gänse und Enten. Pferde, die bis zur Einführung der Landmaschinen als Arbeitstiere unentbehrlich waren, werden seitdem hauptsächlich für den Reitsport gehalten. In der ersten Hälfte der 90er Jahre gab es in Deutschland durchschnittlich ca.
- 16 Mio Rinder, davon 5,3 Mio Milchkühe,
- 25 Mio Schweine,
- 96 Mio Hühner,
- 2,4 Mio Schafe,
- 600 000 Pferde.

Grundlage der Viehhaltung ist eine regelmäßige und gute Futterversorgung. Die ursprüngliche und auch weiterhin existierende Form der Futterversorgung ist die Weidewirtschaft, für die zunächst die natürlich aufwachsende Pflanzendecke genutzt wurde. Das Vieh wurde unter Aufsicht von Hirten in Wälder, Buschland oder natürliches Grasland getrieben, wo es sich sein Futter suchen mußte. Von Äckern und Gärten wurde es sorgfältig ferngehalten; nur nach der Ernte und z. Z. der Brache wurden auch Äcker beweidet. Aus den „Naturweiden", in Mitteleuropa insbesondere der Waldweide, entwickelten sich mit der Zeit durch ständigen Viehverbiß und -tritt größere grasig-krautige Pflanzenbestände als typische Weideflächen, aus denen Bäume, Sträucher und minderwertige Futterpflanzen (z. B. Disteln, Ampfer) soweit möglich entfernt wurden.

Die landwirtschaftlichen Nutztiere haben unterschiedliche Futteransprüche. Rinder, Schafe und Gänse sind reine Blatt- bzw. Grasfresser, zusätzlich verzehren Pferde auch Getreide (Hafer), Ziegen auch holzige Pflanzenteile. Schweine, Hühner und Enten durchsuchen auch den Boden und sind Allesfresser, daher anspruchsloser. Kritisch ist die Viehhaltung in der kalten Jahreszeit. Längere naß- und frostkalte Winter verlangen eine Einstellung der Tiere, für die verschiedenartige Techniken (s. u.) entwickelt wurden, und erschweren die Futterversorgung insbesondere für die Blatt- und Grasfresser. Hierfür bürgerte es sich ein, Vorräte aus getrockneten Pflanzensprossen und -zweigen, vor allem Gräsern anzulegen. Dazu wurden Teile der grasbewachsenen Naturweideflächen als Mähwiesen reserviert, wo ein- bis zweimal im Sommer der Grasaufwuchs geschnitten und an der Sonne zu Heu getrocknet wurde. Wiesen und Weiden bilden zusammen das landwirtschaftliche Grünland, das in der modernen Landwirtschaft seinen ursprünglichen naturnahen Charakter allerdings verloren hat und intensiv bewirtschaftet, gedüngt und sogar mit Unkrautbekämpfungsmitteln behandelt wird. Auf „Mähweiden" wechseln Grasschnitt und Weidenutzung periodisch ab.

Die Futterversorgung des Viehs wird nur noch in ausgesprochenen Grünlandgebieten (Voralpenland, alpine Weiden, Küstenland) überwiegend durch Grünlandwirtschaft gewährleistet. Neben dem Heu als Trockenfutter hat das durch Silierung erzeugte Gärfutter große Bedeutung erlangt. Außerhalb der Grünlandgebiete wird ein großer Teil des Viehfutters durch Anbau von Futterpflanzen auf den Äckern gewonnen; unter diesen Pflanzen hat der Silomais seit den 70er Jahren vor allem für die Rindermast eine führende Rolle erlangt, und die früher weit verbreiteten Futterrüben fast völlig verdrängt. Auch vom geernteten Getreide wird ein großer Teil zur Viehfütterung verwendet, z. B. im Wirtschaftsjahr 1993/94 18,5 Mio t = 52 % der Getreideernte bzw. 58 % des Getreide-Inlandverbrauchs 1993.

Seit Mitte des 20. Jh. werden in steigendem Masse aus dem Ausland, z.T. aus Übersee eingeführte Futtermittel zur Viehfütterung eingesetzt, darunter Sojaschrot, Maniokmehl (Tapioka), Ölkuchen verschiedener Ölfrüchte, Tier- und Fischmehle. Im Wirtschaftsjahr 1991/92 wurden z. B. 11,42 Mio t Viehfuttermittel importiert, darunter allein 5,23 Mio t Ölkuchen. Zu diesen verschiedenartigen Futtermitteln kommt eine große Zahl von Zusatzstoffen, um eine optimale Tierernährung und Futterverwertung zu gewährleisten.

Während bis in die 60er Jahre frei weidendes Vieh und frei laufendes Geflügel die Regel waren, hat sich in der modernen Viehhaltung aufgrund der arbeitswirtschaftlichen Vorteile weitgehend die Dauerstallhaltung durchgesetzt. Damit sind allerdings Nachteile in der Hygiene und Sauberhaltung des Viehes verbunden, insbesondere bei der aus Rationalisierungsgründen bevorzugten Haltung sehr großer Tierbestände („Massentierhaltung"). 1991 befanden sich
- 67,0 % aller Rinder
  in Beständen   > 60 Tieren,
- 18,5 % aller Milchkühe
  in Beständen   > 100 Tieren,
- 86,2 % aller Schweine
  in Beständen   > 100 Tieren,
- 77,0 % aller Legehennen
  in Beständen   > 5000 Tieren,
- 35,5 % aller Legehennen
  in Beständen   > 100.000 Tieren,
- 99,5 % aller Masthühner
  in Beständen   > 10.000 Tieren.

Von größter, vor allem ökologischer Bedeutung ist die Behandlung der Viehexkremente (Dung, Mist). Traditionell wurden diese in einer Stalleinstreu aus Stroh, verstrohtem Gras oder Fallaub aufgefangen, die von Zeit zu Zeit „ausgemistet" und auf dem Dung- oder Mistplatz als Stallmist aufgeschichtet wurde. Durch mehrfaches Umsetzen wurde dieser in einen kompostartigen Zustand („Rottemist") gebracht, und dann als (organischer) Dünger auf die Äcker verteilt.

Diese arbeitsaufwendige und mühsame „Festentmistung" wurde im letzten Drittel des 20. Jh. vor allem bei der Rinder- und Schweinehaltung durch die rationellere Flüssigentmistung ersetzt, bei der die Exkremente mittels Wasser durch Spaltenöffnungen in den Stallböden in große Sammelbehälter gespült werden. Die entstehende Aufschwemmung von Exkrementen in Wasser heißt Gülle (im Unterschied zu der aus dem Stallmist heraussickernden, z.T. aus Urin bestehenden „Jauche"). Sie wurde aufgrund der großen Mengen rasch zu einem Problemstoff der landwirtschaftlich verursachten Umweltbelastung (s. Abschn. N.4.2.2.1).

Zur modernen Stallhaltung des Nutzviehs gehören neben den Gülletanks große Futterlager oder -silos mit teilautomatisierten Fütterungseinrichtungen sowie eine sorgfältig gesteuerte Stallbelüftung, oft mit Klimatisierung. Die Abluftauslässe großer Viehställe sind daher bedeutende Punktemissionsquellen, vor allem für Ammoniak und Kohlendioxid. Um Infektionskrankheiten und Parasitenbefall vorzubeugen, werden prophylaktisch Medikamente, meist als Futterzusätze verabreicht. Von großer Bedeutung ist auch die Bekämpfung bzw. Fernhaltung von Fliegen und anderen lästigen und schädlichen Insekten, wobei auf Insektizide nicht völlig verzichtet wird.

Die Stallhaltung großer Hühnerbestände erfolgt mit Drahtkäfigen und Trockenentmistung, die für den flüssigkeitsarmen Hühnerkot zweckmäßig ist.

N.4.2.2.2 Schadstoffemissionen in die Umwelt und ihre Auswirkungen

Ein bedeutender Teil der Schadstoffemissionen aus der Viehhaltung geht auf tierische Ausscheidungen zurück. Deren Menge hat sich infolge der Ausweitung der Viehhaltung von 1890–1990 etwa verfünffacht.

Emissionsquelle ist jeweils das einzelne Nutztier. Um die verschiedenen Nutztierarten diesbezüglich vergleichbar zu machen, wurde als statistische Bezugsgröße die „Großvieheinheit" (GVE oder GV) geschaffen. Sie entspricht einem mind. 2jährigen Rind, auf das andere Nutztiere wie folgt bezogen werden:
- Kälber und Jungrinder bis 1 Jahr   0,30 GV,
- Jungrinder, 1-2 Jahre,
  Pferde < 3 Jahre   0,70 GV,
- Pferde über 3 Jahre   1,10 GV,
- Schafe über 1 Jahr   0,10 GV,
- Ferkel   0,02 GV,
- Jungschweine bis 50 kg   0,06 GV,
- Mastschweine über 50 kg   0,16 GV,
- Zuchtschweine über 50 kg   0,30 GV,
- Geflügel   0,004 GV.

(In der Stallhaltung (s. u.) entsprechen einem 2-jährigen Rind 7 Mastschweinplätze oder 250 Legehennenplätze.)

In den Jahren 1991–1994 gab es im Mittel 1.495.825 GV in Deutschland, was 0,88 GV/ha LF entspricht.

Die eigentliche Emission in die Umwelt geht von der vom Tier ausgeschiedenen Substanz, entweder einem Exkrement oder einem ausgestoßenen Gas (z. B. Methan) aus. Deren Verhalten und Verbleib in den verschiedenen Umweltbereichen sind maßgebend für die Umweltbelastungen. Exkremente werden traditionell als Dünger im Pflanzenbau verwendet, verursachen aber auf dem Weg von der Dungstätte im Stall oder auf der Weide bis zur Düngerwirkung im Boden spezifische Emissionen, und als Dünger haben sie teil an den in Abschn. N.4.1.2.1 beschriebenen Emissionen. Insgesamt sind die Emissionen aus der Viehhaltung von besonderer Relevanz für die Belastung der Atmosphäre und den sich daraus ergebenden weiteren Umweltwirkungen.

N.4.2.2.1 Ammoniak

Die Emissionen aus der Viehhaltung bestehen hauptsächlich aus Ammoniak (NH_3), das – zusammen mit Kohlendioxid (CO_2) – aus der Spaltung des von den Tieren ausgeschiedenen Harnstoffs entsteht. Rinderharn enthält z. B. 92 % Harnstoff, während im Rinderkot nur ca. 25 % lösliche Stickstoffverbindungen zu finden sind.

Von der gesamten Ammoniakemission in Deutschland (1994: 622.000 t) entfallen auf landwirtschaftliche Quellen über 90 %, und von diesen stammen wiederum 85–90 % aus tierischen Ausscheidungen. Die daraus konkret emittierten Mengen werden auf ca. 540.000 t NH_3-N/a veranschlagt. Sie gehen auf den in den tierischen Ausscheidungen enthaltenen (d. h. vom Nutztier nicht verwerteten) Stickstoff zurück, dessen Menge im Durchschnitt 100–110 kg N/GV·a beträgt. Diese hängt vor allem von der Fütterung der Tiere ab. Um deren Produktionsleistung zu steigern, ist das Futter in den letzten 30–35 Jahren immer mehr auf sog. Kraftfutter mit höherem Anteil an Eiweiß umgestellt und die Futterverabreichung genau dosiert worden. Mit dem Eiweißanteil im Futter steigt auch die Stickstoffausscheidung. So rechnet man z. B. bei Milchkühen je 1000 kg Milchleistungssteigerung mit 8,4 kg/a höherer Stickstoffausscheidung.

Die Stickstoffausscheidung ist jedoch nicht identisch mit der Ammoniakemission. Diese wird im Durchschnitt für 1991–1994 mit 36 kg NH_3-N/GV·a (43,7 kg NH_3) berechnet, unterliegt freilich starken Schwankungen aus mehreren Gründen. So emittieren die Nutztierarten unterschiedliche NH_3-Mengen: je GV/a sind es im Mittel beim Rind 18, Schwein 17, Schaf 34, Pferd 9 und Huhn 13 kg NH_3. Auf die Zahl der gehaltenen Tiere bezogen entfallen 75 % der Stickstoffmengen auf die Ausscheidungen von Rindern und Milchkühen, 21 % auf Schweine und 4 % auf Geflügel. Jährliche oder mehrjährige Schwankungen der Tierzahlen aufgrund von Veränderungen von Verzehrgewohnheiten oder in der Vermarktung veranlassen Zu- oder Abnahmen der Emissionen; insgesamt sind die Stickstoffemissionen der Tierhaltung seit Anfang der 80er Jahre rückläufig.

Viele Nutztiere werden in Großbeständen (s. Abschn. N.4.2.1) gehalten, und außerdem ist die Viehhaltung, auch unabhängig von der Bestandsgröße, lokal oder regional konzentriert, z. B. im südlichen Oldenburg oder im Allgäu. Dadurch kommt es zu räumlich geballten NH_3-Emissionen, für deren Abschätzung die GV-Zahlen und Emissionswerte auf die landwirtschaftlich genutzte Fläche (LF) der Betriebe bezogen wird. 3–4 GV/ha LF sind typisch für solche „viehstarken" Gebiete, wo die NH_3-Emission 60–120 kg/ha·a beträgt gegenüber viehar men Gebieten mit 30–35 kg. Besonders stark wirken sich Großbestände von Legehennen aus, deren durchschnittliche Emission mit 80 kg NH_3/GV·a fast doppelt so hoch wie diejenige der gesamten Viehhaltung ist.

Schließlich wird die Ammoniakemission noch dadurch bestimmt, ob die Tiere – dies gilt vor allem für Rinder – ganzjährig im Stall oder in halbjährlichem Wechsel zwischen Weide und Stall gehalten werden. Bei dauernder Stallhaltung rechnet man im Durchschnitt mit einer Emission von 48 kg NH_3-N/GV·a. Im einzelnen werden emittiert (ebenfalls Durchschnittswerte):

- im Stall selbst 8 kg,
- bei Lagerung und Aufbereitung des Dungs 10 kg
- bei Ausbringung des Dungs auf Äcker 20 kg,
- auf Grasland 30–35 kg.

Bei Wechsel zwischen Stall und Weide rechnet man durchschnittlich mit einer Emission von 32 kg NH_3-N/GV·a, wovon auf die Weideperiode 8 kg, auf die Einstallungsperiode 24 kg entfallen; die Einzelemissionsanteile halbieren sich. Infolge der hohen Ammoniakemissionen bei Ausbringung des Stalldüngers auf Grasland ist die so „natürlich" wirkende Grünlandweidewirtschaft die emissionsreichste Wirtschaftsweise der Landwirtschaft. Dabei ist zu berücksichtigen, daß ein Teil des von der Weide als Dünger aufgenommenen Stickstoffs sekundär wieder als N_2O oder NO_x emittiert wird (s. Abschn. N.4.1.2.1 c).

Die vorstehenden Berechnungen gehen davon aus, daß ein viehhaltender Landwirt über genug Äcker, Wiesen und Weiden verfügt, um den Stalldünger – unter Berücksichtigung der Emissionsverluste – zu bedarfsgerechter Düngung einzusetzen. Das ist keineswegs überall der Fall. Die Vergrößerung der Viehbestände pro Betrieb und pro Region sowie der Übergang von der Fest- zur

Flüssigentmistung, vor allem in den Rinder- und Schweineställen (bzw. vom Stallmist zur Gülle, s. Abschn. N.4.2.1), hat das Volumen des Stalldungs oft erheblich vergrößert. So produzieren an Gülle
- 1 Rind 11 – 18 m³/a,
- 1 Kalb/Jungrind 3 – 10 m³/a,
- 1 Mastschwein(platz) 1,9 m³/a.

Die anfallenden Güllemengen, für die auch ausreichende Tankkapazitäten zu schaffen waren, waren oft so groß, daß sie unter Mißachtung ihres Düngerwerts ähnlich wie Abfall beseitigt wurden. Die Folge waren starke Überdüngungen landwirtschaftlich genutzter Flächen, vor allem in viehstarken Gebieten, mit allen Konsequenzen für die Nitratbelastung von Grund- und Oberflächengewässern, für die NO_x- und die N_2O-Emissionen, wie in Abschn. N.4.1.2.1 beschrieben. Die Gülleüberdüngung bewirkte noch zusätzliche schädliche Stoffeinträge aufgrund von Futterzusätzen. So wurden z. B. dem Schweinefutter jahrelang Kupferverbindungen zugesetzt, die zu Gehalten bis zu 40 g Cu/m³ Schweinegülle führten und die Böden irreversibel mit Kupfer anreicherten.

Die Ammoniakemissionen addieren sich zu den aus der Verbrennung fossiler Brennstoffe stammenden Stickstoffoxid-(NO_x)-Emissionen und erhöhen den Gehalt der Luft an reaktiven Stickstoffverbindungen, die zu folgenreichen Veränderungen im Naturhaushalt führen. Aufschlußreich ist ein Vergleich beider Emissionen: 1 GV emittiert mit 36 kg NH_3-N/a gut das Doppelte wie ein durchschnittliches Kraftfahrzeug an NO_2-N/a (16 kg). Insgesamt emittiert die Viehhaltung jedoch 24 % weniger Ammoniumstickstoff als der Kfz-Verkehr NO_2-Stickstoff.

Ammoniak hat in der Luft eine längere Verweilzeit (5-9 Tage) als NO_x, breitet sich daher räumlich weiter aus. Bei seiner Reaktion mit Wasser entstehen Ammonium-(NH_4^+-) und Hydroxyl-Ionen (OH^-). Im Nebel deutscher Mittelgebirge wird Ammoniumstickstoff bis zu 350 g/m³ nachgewiesen. Mit den ebenfalls überall anwesenden Sulfat-Ionen wird Ammoniumsulfat gebildet, das in Form feiner Partikel über ganz Europa verbreitet wird. Die gesamte NH_3- und NH_4^+-Deposition in Deutschland wurde 1991 auf 585.000 t/a veranschlagt; das entspricht 16,4 kg/ha Landesfläche mit allerdings starken regionalen Unterschieden.

In Wäldern und vielen naturnahen Land- und Gewässer-Ökosystemen, die nur eine geringe Stickstoffzufuhr (3 bis höchstens 20 kg N/ha · a) benötigen, kommt es durch die überhöhten Stickstoffeinträge von 20 – 80 kg und mehr zu verstärktem Wachstum von Pflanzen, auch Bäumen, aber auch zu Ungleichgewichten in ihrer Nährstoffversorgung, die wiederum physiologische Schädigungen (Waldschäden) verursachen. Ferner kommt es zu Verschiebungen im Artenspektrum dieser Ökosysteme, die Naturschutzzielen zuwiderlaufen. Darüber hinaus werden die hohen Stickstoffeinträge in die Waldböden, an denen Ammoniak und Ammonium zu 60 % beteiligt sind, zu ca. 10 % in Emissionen von Distickstoffoxid (N_2O) umgesetzt, das sowohl den Treibhauseffekt verstärkt als auch beim Abbau des stratosphärischen Ozons mitwirkt (s. Abschn. N.4.1.2.1 c); die (schwer abschätzbare) Emission kann bis zu 8 kg N_2O/ha·a und damit 10 % der N_2O-Austräge in die Luft erreichen.

Auch die Ökosysteme der Nordsee (vor allem Wattenmeer) und Ostsee werden durch diese Stickstoff-Hypertrophierung (Überversorgung) beeinträchtigt. Der Stickstoffeintrag über den Luftpfad beträgt hier ca. 525.000 t N/a, wovon 60 % auf Ammoniak und Ammonium entfallen. In der südlichen Nordsee wird mit einem Eintrag von 15 kg N/ha·a, davon 11 kg NH_4-N gerechnet. Der gesamte Stickstoffeintrag in die Küstenmeere umfaßt 1/3 des Gesamteintrags; 2/3 werden durch Flüsse eingetragen.

Von besonderer Bedeutung ist der Beitrag der Ammoniumemissionen zur allgemeinen *Versauerung* von Böden und Gewässern, einem der großen chronischen Umweltschäden. Zwar wirken Ammoniumionen in der Luft als Puffer gegen die durch Schwefel- und Stickstoffoxide bedingte Versauerung. Doch nach dem Eintritt in den Boden unterliegt Ammonium der Nitrifizierung zu Nitrat, wobei Wasserstoffionen bzw. Protonen (H^+) freigesetzt werden und, sofern die Bodenpufferung nicht ausreicht, den Säuregrad erhöhen. Von dem für Deutschland 1990/92 geschätzten Versauerungspotential von ca. 341.000 t H^+/a wurden ca. 86.500 t (25 %) den Ammoniumeinträgen aus der Landwirtschaft zugerechnet – die damit das Versauerungspotential des Kraftfahrzeugverkehrs um das 1,6fache übertraf.

Auch zur NO_x-Emission (vgl. Abschn. N.4.1.2.1 c) trägt die Viehhaltung etwas bei, denn bei der Silierung (Gärfutterbereitung) von Gras und anderen Futterpflanzen, insbesondere wenn diese stark mit Stickstoff gedüngt wurden, entstehen im Silo Stickstoffoxide. Im Durchschnitt schätzt man die Emission auf 60 mg NO_x je kg Gärfutter-Trockenmasse. Umgerechnet auf die Silagemenge in Deutschland 1993/94 ergibt das eine Emission von ca. 1800 t NO_x/Jahr.

N.4.2.2.2 Methan und Kohlendioxid

Eine weitere wichtige durch die Viehhaltung verursachte Schadstoffemission betrifft *Methan* (CH_4), das als Treibhausgas (Anteil 13%) wirkt und zusätzlich die troposphärische Ozonbildung fördert. Von der weltweiten anthropogenen CH_4-Emission von 350 (225–575) Mio t werden 80 (65–100) Mio t (23%) der Haltung von Wiederkäuern zugeschrieben, die bei der Verdauung ihrer pflanzlichen Nahrung im Pansen Methan erzeugen.

Für die Methanemission der deutschen Viehhaltung wird als Durchschnittswert 58 kg/GV·a veranschlagt. Im einzelnen ist die Emission sehr verschieden; es produzieren

- Jungrinder < 1 Jahr 21,0 kg CH_4/a,
- Rinder > 1 Jahr 65,5 kg CH_4/a,
- Milchkühe 118,0 kg CH_4/a,
- Pferde 18,0 kg CH_4/a,
- Schafe 8,0 kg CH_4/a,
- Schweine 1,5 kg CH_4/a,
- Geflügel 0,1 kg CH_4/a.

Der Hauptanteil (> 50%) der Methanemission wird also durch die Milchkühe bedingt. Sie ist, ähnlich wie bei der NH_3-Emission, fütterungsabhängig. Auf der Weide gehaltene Rinder produzieren wegen des zellulosereicheren Grasfutters mehr Methan als Mastrinder in Stallhaltung; weil aber die Weiderinder insgesamt eine geringere Futterenergie aufnehmen, ist ihre jährliche Methanemission mit 54 kg/Rind niedriger als bei den Stallrindern mit 65 kg/Rind. Auch hier gilt die Abhängigkeit von der Leistungssteigerung: pro 1000 kg mehr Milch erhöht sich die Methanabgabe um 5 kg pro Kuh und Jahr. Eine Milchkuh von 500 kg Gewicht emittiert in Deutschland 2,6 mal soviel Methan wie ein Kraftfahrzeug an flüchtigen Kohlenwasserstoffen ausstößt.

Die Methanemissionen aus der Verdauung aller Vieharten in Deutschland betrugen 1992 ca. 1,2 Mio t, das sind ca. 25% der anthropogenen CH_4-Emission; im Vergleich zu den 80er Jahren sind sie rückläufig.

Damit ist die viehhaltungsbedingte CH_4-Emission noch nicht erschöpft, weil auch aus der Vergärung der tierischen Exkremente, insbesondere der Gülle (s. Abschn. N.4.2.2) Methan entsteht.

Weltweit sind dies 20–30 Mio t CH_4/a oder 7% der anthropogenen CH_4-Emission (mit steigender Tendenz). Für Deutschland beläuft sich diese Methanerzeugung auf ca. 485.000 t/a. Daran haben die Flüssigentmistungen (Gülle) mit 89% den größten Anteil; von den verschiedenen Tiergruppen entfallen auf Schweine 39, Milchkühe 32 und Rinder 24%.

Schließlich ist noch eine spezifische viehhaltungs-bedingte Kohlendioxidemission anzuführen, deren Quelle die Gärfuttersilos sind. Pro kg Gärfutter-Trockenmasse schätzt man eine Freisetzung von im Mittel 1,1 kg CO_2. Es gibt keine Statistik über die Gärfutterbereitung; sie läßt sich jedoch aus den Daten für die Futterproduktion ableiten. Die Berechnung (Stand 1993) ergibt eine CO_2-Emission von 4,12 Mio t/a.

N.4.3 Verminderungs- und Vermeidungsmöglichkeiten und -maßnahmen

Die Landwirtschaft Deutschlands und vergleichbarer Industrieländer hat in der 2. Hälfte des 20. Jh. dank biologisch-chemisch-technischer Fortschritte und staatlich gelenkter Preis- bzw. Einkommenspolitik beträchtliche Produktionssteigerungen erzielen können. Dadurch ermöglichte sie eine in dieser Form bisher nicht dagewesene Sicherheit in der Versorgung mit hochwertigen und preisgünstigen Nahrungsmitteln, die rasch als selbstverständlich empfunden wurde.

Seit Ende der 60er Jahre begann jedoch der Produktionsfortschritt der Landwirtschaft den Nahrungsmittelbedarf zu übersteigen. Es kam zu z.T. enormen, wirtschaftlich nicht zu bewältigenden Produktionsüberschüssen, die außerdem, wie sich immer deutlicher herausstellte, mit ganz erheblichen Umweltbelastungen verbunden sind (deren Darstellung hier auf die Schadstoffemissionen des Ackerbaus und der Viehhaltung beschränkt wurde).

Die moderne Landwirtschaft wurde damit zu einem zugleich wirtschafts- und umweltpolitischen Problembereich, für den seitdem nach Lösungsmöglichkeiten gesucht wird. Diese werden auf zweifache Weise erschwert: einmal, weil die nationale Zuständigkeit für Landwirtschaft und Umweltfragen weitgehend an die Europäische Union (EU) und die EU-Kommission übergegangen ist, zum andern, weil die Probleme mit zwei unterschiedlichen, zu wenig abgestimmten Instrumentarien, nämlich der Agrarpolitik und der Umweltpolitik behandelt werden.

Die seit den 80er Jahren angelaufenen Maßnahmen gegen landwirtschaftliche Überproduktion und Umweltbelastungen bestehen dementsprechend aus Produktionsbegrenzungen, z. B. durch Quotierungen (Milch), Stillegung von Äckern und Grünland (Flächenstillegung) oder Produktions-„Extensivierung" (Senkung der Erträge um einen bestimmten Prozentsatz); die Einkommensausfälle der Landwirte werden durch Zuwendungen der öffentlichen Hand ausgeglichen. Diese Maßnahmen vermindern als solche bereits einen Teil der Umweltbelastungen, reichen aber nicht aus, um eine möglichst umweltschonende, „nachhaltige" Landwirtschaft herbeizuführen. Daher werden Ackerbau und Viehhaltung in verstärktem Maße unter gesetzliche Umweltauflagen gestellt. Sie bestehen sowohl aus verhaltensorientierten Maßnahmen, die z. B. den Umgang mit Dünge- und Pflanzenschutzmitteln regeln, als auch aus ergebnisorientierten Maßnahmen, zu denen strikt kontrollierte Grenz- oder Höchstwerte für schädliche Rückstände z. B. im Grundwasser, in Lebensmitteln oder in naturnahen Ökosystemen gehören.

Wie kaum anders zu erwarten, stoßen solche z. T. harten, nicht immer sogleich einsehbaren umweltpolitischen Auflagen auf starke Widerstände der Betroffenen, die einflußreich genug sind, um den erforderlichen politischen Willen für die Durchsetzung zu schwächen. Diese bleibt daher hinter den am Ende des 20. Jh. klar erkannten Notwendigkeiten zurück. Ihre zwingende Erfordernis ist jedoch nicht nur durch nationale, sondern in wachsendem Maße auch durch übernationale und globale umweltpolitische Erfordernisse begründet. Denn Emissionen in die Atmosphäre wandeln sich in Immissionen, die Grenzen von Ländern und Kontinenten überschreiten.

Weltweit trägt die Landwirtschaft durch ihre Emissionen mit ca. 15 % zur Verstärkung des Treibhauseffekts bei; ihr Anteil am sog. Treibhauspotential wurde 1992 sogar auf fast 63 % des Anteils aus der Verbrennung fossiler Energieträger geschätzt. Maßgebend dafür sind die Emissionen reaktiver Stickstoffverbindungen, von Methan sowie von Kohlendioxid. Es ist daher von globaler Bedeutung, diese Emissionen zu vermindern. Die gleiche Forderung gilt, allerdings aus (öko-)toxikologischen Gründen, für die Herabsetzung oder Vermeidung der Schadstoffeinträge durch chemische Pflanzenschutzmittel.

N.4.3.1 Stickstoff

Seit der Erfindung der technischen Ammoniaksynthese ist mit Stickstoff in der Landwirtschaft aufgrund seiner großen ertragssteigernden Wirkung oft verschwenderisch umgegangen worden. Zwar haben sich die Weizenerträge in Deutschland seit 1950 verdreifacht, doch ist bei steigender Stickstoffdüngung ein immer geringerer Ertrags*zuwachs* zu verzeichnen. Verhalten und Wirksamkeit von Stickstoff im System Luft-Boden-Pflanze sind schwer zu steuern, so daß viele Landwirte, um sicher zu gehen, reichlich mit Stickstoff düngen, damit aber die Stickstoffausträge in die Umwelt erhöhen. Deren Verminderung erfordert eine stärker auf den tatsächlichen Bedarf der Ackerpflanzen abgestimmte, zeitlich gestaffelte Düngung, die häufige Bodenprobenuntersuchungen und Berechnungen der Bilanz des Stickstoffs und der übrigen Nährstoffe für jeden landwirtschaftlichen Betrieb, ja für jedes Feld voraussetzt. Nur auf diese Weise können die Effizienz des Stickstoffeinsatzes verbessert und die unproduktiven Stickstoffverluste vermindert werden; zugleich verringert sich auch der Düngeraufwand. Damit sinken auch die Aufwendungen („Vorleistungen") des Landwirts. Zu diesen Zielen tragen auch die Herabsetzung der Bodenerosion, der Anbau von Zwischenfrüchten sowie der Verzicht auf Grünlandumbruch und auf Dränierungen bei.

Die verstärkte Beachtung dieser Forderungen wird durch Anwendungsvorschriften für Düngemittel (z. B. deutsche Düngemittel-Verordnung von 1996) sowie durch Rückstands-Vorschriften (z. B. Höchstwert für Nitrat in Grundwasser 50 mg/l in der ganzen Europäischen Union) unterstützt. Dies hat seit Mitte der 80er Jahre zu einer Abnahme des Mineraldüngerverbrauchs und zu größerer Zurückhaltung beim Einsatz von Gülle (s. u.) geführt. Auch wird damit eine bessere Ausnützung der zugeführten Dünger gefördert. Besondere Aufmerksamkeit erfährt die Viehhaltung bzw. die Produktion tierischer Erzeugnisse aufgrund der durch sie bewirkten Ammoniak-Emissionen, vor allem bei Flüssigentmistung durch Gülle. Ihre Verminderung führt zu beträchtlichen Umweltentlastungen: Allein die verbesserte Gewinnung, Lagerung und Anwendung von Stalldung einschl. Gülle würden in Deutschland bis zu ca. 330.000 t/a weniger Ammoniak freisetzen. Der Ammoniakgehalt der Exkremente kann seinerseits durch verbesserte Effizienz der Viehfütterung um bis zu 130.000 t/a vermindert werden. Mehr als 50 % der Ammoniak-Emissionen können also realistisch vermindert werden. Proportional dazu sinken auch die Emissionen von Phosphat und Methan (s. Abschn. N.4.3.2).

Die Emissionen aus der deutschen Viehhaltung ließen sich wirksam auf ein tragbares Maß herabsetzen, wenn der Viehbestand ungefähr auf die Hälfte der GV-Zahl von 1994 bzw. auf durchschnittlich 0,5 GV/ha reduziert würde. Damit wäre auch der Gesundheit der Bevölkerung gedient, deren Eiweißernährung einen aus physiologischer Sicht um 33 % zu hohen Anteil tierischen Eiweißes enthält. Die wirtschaftliche Bedeutung der Viehhaltung ist in der deutschen Landwirtschaft jedoch so groß, daß bei einer so rigorosen Herabsetzung der Viehbestände über die Hälfte der Landwirtschaftsbetriebe existenziell gefährdet wären; außerdem blieben die grenzüberschreitenden Ammoniakimmissionen aufrechterhalten. Davon abgesehen ist kaum zu erwarten, daß die Mehrheit der Bevölkerung kurzfristig ihren gewohnten hohen Konsum an Fleischwaren und Molkereiprodukten drosselt. Dies bewirken eher Risikoängste: als die in Großbritannien ausgebrochene Rinderseuche „BSE" (Rinderwahnsinn) um 1995 in Verdacht geriet, auf Menschen übertragbar zu sein, sank auch im BSE-freien Deutschland der Rindfleischkonsum fühlbar ab, so daß viele Rinder haltende Betriebe in wirtschaftliche Schwierigkeiten gerieten und öffentliche Beihilfen erhalten mußten.

Das Problem der zu hohen Stickstoff-Emissionen aus der gesamten Landwirtschaft wird auch durch die anhaltende regionale Spezialisierung der Betriebe verschärft. Dadurch sind einerseits reine Ackerbau- bzw. „Marktfrucht"-Betriebe ohne Viehhaltung (1988 in der früheren Bundesrepublik auf ca. 30 % der LF), andererseits reine Viehhaltungs- (bzw. „Veredlungs"-)Betriebe entstanden. In diesen fällt z.T. ein solcher Überschuß an Gülle an, daß er auf betriebseigenen Flächen nicht mehr düngungsgerecht verwertet werden kann und Überdüngungen mit allen nachteiligen Folgen verursacht – oder sogar als „Abfall" betrachtet werden muß. Die Marktfruchtbetriebe düngen ihre Felder dagegen überwiegend mineralisch mit Handelsdünger. Ein Düngerausgleich zwischen Marktfrucht- und Veredlungs-Landwirtschaft würde den Mineraldüngeraufwand senken und zu besserer Verwertung des Viehdungs führen, in beiden Fällen die Stickstoffemissionen senken – dies wird aber durch die regionale Trennung erschwert.

Auch in Zukunft wird die Landwirtschaft eine bedeutsame Quelle von Stickstoffeinträgen in die Umwelt bleiben. Es ist versucht worden, tolerierbare Stickstoffemissionen landwirtschaftlicher Betriebstypen zu bestimmen. Bei optimalem Nährstoffzustand der Böden würden sie für Stickstoff in

– in Marktfruchtbetrieben 30 kg N/ha·a,
– in Futterbau- bzw.
   Gemischtbetrieben 50 kg N/ha·a,
– in Veredlungsbetrieben 100 kg N/ha·a.
betragen.

Generell müßte die landwirtschaftliche Überschußproduktion in Deutschland und vergleichbaren Industrieländern in eine wirklich bedarfsorientierte Erzeugung überführt werden, wodurch alle stofflichen Emissionen um ca. 50 % herabgesetzt würden. Am Ende des 20. Jh. sind jedoch nur wenige Anzeichen für eine Verwirklichung dieser Erwartung erkennbar.

Wesentlich kleiner sind die Aussichten für eine Herabsetzung der Stickstoff- (und anderer düngungsbedingter) Emissionen in der Landwirtschaft der sog. Entwicklungsländer, sowohl in den ehemaligen sozialistischen Staaten Europas und Asiens als auch in den meisten Ländern Asiens, Afrikas und Lateinamerikas. Hier bedarf die Landwirtschaft generell einer Intensivierung, und zwar sowohl wegen der in den meisten dieser Länder noch zunehmenden Bevölkerung als auch wegen der Agrarexporte, von denen viele Länder weiterhin wirtschaftlich abhängig sind. Die Alternative zur Intensivierung, nämlich die Urbarmachung zusätzlichen Landes durch Rodungen, Ent- und Bewässerungen, wäre beträchtlich umweltbelastender, zumal die noch verfügbaren Standorte für landwirtschaftliche Nutzungen nur bedingt oder kaum geeignet sind. Düngung, insbesondere mit Stickstoffdüngern, aber auch auf biologischem Wege durch Anbau von Pflanzen, die die Bindung von Luftstickstoff fördern (Bohnen, Erbsen, Klee, Luzerne und andere Leguminosen/Schmetterlingsblütler), wird daher in den Entwicklungsländern eine zwingende Notwendigkeit bleiben, sollte aber durch eine auch ökologisch richtige Beratung so effizient und emissionsarm wie möglich gestaltet werden. Die sog. „grüne Revolution", d.h. Erhöhung der pflanzlichen landwirtschaftlichen Erzeugung durch Anbau hochleistungsfähiger, aber bzgl. Düngung und Pflanzenschutz besonders anspruchsvoller Nutzpflanzensorten, entsprach weitgehend nicht diesen Forderungen.

N.4.3.2 Methan und andere Kohlenstoffverbindungen

Der auf ca. 17% geschätzte Beitrag zur globalen Methanemission, der aus dem tropischen und subtropischen Ackerbau, und zwar aus den periodisch mit Wasser überstauten Reisfeldern stammt, läßt sich wahrscheinlich nicht wesentlich vermindern, dürfte sogar infolge Ausdehnung des Reisanbaus noch zunehmen.

Die Methanemissionen aus der Viehhaltung gehen zu rund 75 % auf die Methanbildung im Magen der Wiederkäuer und zu ca. 25 % auf die Methanfreisetzung aus gärenden tierischen Exkrementen zurück. Durch verbesserte Fütterung und Futterzusammensetzung kann die Methanemission der Wiederkäuer um max. ein Viertel reduziert werden. Die Methanfreisetzung aus tierischen Exkrementen läßt sich durch deren effizientere Behandlung (Lagerung und Aufbereitung) mind. um 25 %, maximal um 80 % vermindern. Noch wirksamer wäre eine Herabsetzung der Tierbestände, wie sie bereits für die Verringerung der Ammoniakemissionen aus der intensiven Tierhaltung der Industrieländer – auch mit dem Ziel des Abbaus der Überschußproduktion von Milch und Fleisch – diskutiert wurde.

Insgesamt ist die Landwirtschaft für ca. 60 % aller Methaneinträge in die Umwelt verantwortlich; doch nur ein Drittel davon wäre vermeidbar. Der Anstieg des Methangehalts der Atmosphäre hat sich zwar vom Ende der 70er Jahre bis 1992 von 1,2 auf 0,3 % pro Jahr verlangsamt, doch als wirksames Treibhausgas mit einer mittleren Verweilzeit von 10,5 Jahren und einem ca. 25fach höheren Treibhauseffekt als CO_2 wirkt Methan grundsätzlich schädlich.

Zu berücksichtigen sind auch Wechselwirkungen zwischen Stickstoff-, vor allem Ammoniakemissionen und dem emittierten Methan. Ein Teil des Methans wird nämlich in den Böden von Wäldern und naturbetonten (nicht genutzten) Ökosystemen zu CO_2 oxidiert. Der Stickstoff-, insbesondere Ammoniumeintrag in diese Böden vermindert aber deren Fähigkeit zur Methanoxidation und verstärkt damit indirekt den landwirtschaftlichen Beitrag zum Treibhauspotential, das direkt bereits durch die N_2O-Emission aus den gleichen Böden erhöht wurde. Weltweit sollen 40 % aller landwirtschaftlichen Stickstoffemissionen potentiell klimawirksam sein.

Zur Verminderung ihrer CO_2-Emissionen kann die Landwirtschaft im wesentlichen nur durch Einsparung oder Ersetzung der von ihr direkt und indirekt eingesetzten fossilen Brenn- und Treibstoffe beitragen. Erhebliche Einsparungen (bis 40 %) leistet der ökologische Landbau (s. Abschn. N.4.4). Eine Ersetzung fossiler Brennstoffe ist prinzipiell mittels Anbau selbst erzeugter Biomasse möglich, wofür die für die Nahrungsmittelproduktion zukünftig nicht mehr benötigten Anbauflächen herangezogen werden könnten. Die Schlepper und Landmaschinen benötigen flüssige Treibstoffe wie Rapsöl oder Rapsmethylester in einer Menge, deren Erzeugung ca. 15 % der Ackerfläche (Stand 1993) beanspruchen würde. Hierbei ist aber zu berücksichtigen, daß der Anbau von Raps oder anderen Ölfrüchten, wenn er ergiebig sein soll, seinerseits energetische, d. h. CO_2-emittierende Aufwendungen erfordert und die übrigen ackerbaulichen Emissionen (s. Abschn. N.4.1.2) ebenfalls nicht vermindert.

N.4.3.3 Chemische Pflanzenschutzmittel (Pestizide)

In Deutschland und anderen Hochzivilisationsländern sind chemische Pflanzenschutzmittel seit Ende der 60er Jahre ständige Ursache größter Vorbehalte und häufiger Vorwürfe gegen die moderne Landwirtschaft, weil sie mit deren Anwendung Umwelt und Nahrungsmittel zu vergiften drohe. Es bestehen starke Tendenzen zum völligen Verbot des Einsatzes und sogar der Herstellung von Pestiziden. Die gesetzlichen Vorschriften für den Pflanzenschutz (Pflanzenschutzgesetz, Gefahrstoffverordnung u. a. m.) sind mehrfach verschärft worden.

Die meisten Mittel dürfen längst nicht mehr nach Belieben der Anwender, sondern nur unter den von der Zulassungsbehörde festgelegten Anwendungsbedingungen eingesetzt werden. So dürfen Pflanzenschutzmittel nicht in oder unmittelbar an Binnen- und Küstengewässern angewandt werden; zu Oberflächengewässern muß bei der Anwendung der Mittel i. d. R. ein Abstand von 10 m eingehalten werden. Bei Wind (Abdrift) und auf erosionsgefährdeten Böden muß die Anwendung unterbleiben.

In Wasserschutzgebieten dürfen viele Mittel überhaupt nicht eingesetzt werden. Grundwasser soll von Pflanzenschutzmitteln grundsätzlich völlig frei sein; infolgedessen wurde in der Europäischen Union ein Grenzwert von 0,1 µg/l für ein einzelnes, von 0,5 µg/l für die Summe mehrerer Mittel vorgeschrieben. Gerade die letztgenannte Vorschrift kommt einem praktischen Anwendungsverbot nahe. Daher hat diese ungewöhnlich niedrige Grenzwertfestsetzung auch zu anhaltenden Kontroversen geführt. Sie ist nicht durch Gesundheitsgefährdungen, sondern durch ein so gut wie absolutes Reinheitsgebot für Grundwasser begründet, bedingt in der Ausführungspraxis analytische Probleme und ließ sogar erwarten, daß sie praktisch gar nicht eingehalten werden könne. Nach Angaben der Wasserversorgungsunternehmen ist dies jedoch in einem überraschend großen Umfang der Fall; in Baden-Württemberg wiesen 1991 nur 12 % der Wassergewinnungsanlagen Pflanzenschutzmittelrückstände im Bereich des halben Summengrenzwerts auf. Das Umweltbundesamt Berlin meldete bei 50.000 – 75.000 Untersuchungen einen Rückgang der Rückstandsfunde von 13,6 % im Jahr 1990 auf 5,6 % im Jahr 1994.

Unter dem Einfluß der allgemeinen Kritik am chemischen Pflanzenschutz und der Popularität des ökologischen Landbaus (s. Abschn. N.4.4) ist in den 70er Jahren der sog. integrierte Pflanzenschutz – später erweitert zum „integrierten Pflanzenbau" – entwickelt worden. Bei diesem Verfahren werden die biologische, anbautechnische und züchterische (auch gentechnische) Bekämpfung von Schädlingen, Krankheiten und Unkräutern – bzw. die Vorbeugung ihres Auftretens oder Befalls – und die Anwendung chemischer Mittel „integriert", deren Einsatz auf das unbedingt als notwendig angesehene Maß beschränkt wird. Er erfolgt auch erst bei Überschreitung einer bestimmten „Schadensschwelle", d. h. gewisse Schädigungen der Kulturpflanzen werden in Kauf genommen; die vorher üblichen, z. T. massiven prophylaktischen Pestizidanwendungen unterbleiben. Allerdings ist in der Praxis die Erkennung der Schadensschwellen oft schwierig. Der integrierte Pflanzenschutz zeigt, daß chemische Pflanzenschutzmittel nicht in dem Umfang eingesetzt werden müssen, der zunächst als notwendig angesehen wurde.

Infolge der gesetzlichen Vorschriften, wirksamerer Substanzen und überlegterem Einsatz sind Produktion und Absatz dieser Mittel in Deutschland seit den 80er Jahren rückläufig. Der Inlandsabsatz – als einziges verfügbares Maß der Anwendung – betrug 1989 34.625 t an Wirkstoffen, 1994 belief er sich auf 29.769 t. Die Zahl der als echte Bekämpfungsmittel in Deutschland zugelassenen Pflanzenschutzmittel sank von 1639 (1985) auf 870 (1994).

Mit diesem quantitativen Rückgang ist eine Umstellung von breit und lange wirksamen zu selektiv und nur kurzfristig wirkenden (z. T. aber akut giftigeren oder schädlicheren) Bekämpfungsmitteln verbunden worden. Auch die Anwendung erfolgt gezielter, z. B. Reihen- statt breitflächiger Ausbringung, Einsatz in Pillen- oder Kapselform statt Spritzen oder Stäuben. Selektive bzw. hochspezialisierte Mittel haben jedoch den Nachteil, daß ein größeres Sortiment vorrätig gehalten werden muß und häufigere Einsätze nötig sind.

Wenn weniger chemische Pflanzenschutzmittel zur Verfügung stehen, müssen sich die Risiken ihres Einsatzes nicht zwangsläufig verringern; denn dann werden u. U. immer weniger Mittel immer häufiger auf den gleichen Feldern angewendet, und es erhöhen sich Risiken, Rückstände, Grundwasserbelastungen und Resistenzen. Der Rückgang zugelassener Mittel führt ferner dazu, daß für eine Anzahl von Pflanzenschutzbereichen, vor allem spezielle oder seltenere Nutzpflanzen, keine chemischen Mittel mehr verfügbar sind („Lückenindikationen"); dies kann den integrierten Pflanzenbau erschweren.

Mißtrauen und Angst gegenüber chemischen Pflanzenschutzmitteln werfen immer wieder die Frage nach ihrer Notwendigkeit oder Verzichtbarkeit auf, die kontrovers diskutiert wird – weniger innerhalb der Landwirtschaft als in der von deren Realitäten entfremdeten Stadtbevölkerung. Weitgehend entbehrlich könnten Herbizide sein (die auch die meisten der 1991–1995 registrierten Grundwasserbelastungen verursachen), weil Unkräuter auch mechanisch – und dann sogar radikaler – bekämpft werden können. Ob der dafür notwendige höhere Arbeitsaufwand jedoch von der in den Industrieländern an Arbeitskräften armen und verarmenden Landwirtschaft erbracht werden kann, ist ungewiß. Ebenso zweifelhaft ist, ob *langfristig* bestimmte Pilzkrankheiten und Schadinsekten ohne Einsatz von Fungiziden bzw. Insektiziden an Vorkommen und Ausbreitung gehindert werden können – oder ob die dadurch bedingten Ertrags- und vor allem Qualitätsminderungen der Ackerfrüchte einfach hinzunehmen sind. Dies erfordert eine sachliche Diskussion, die bei diesem emotional belasteten Thema schwierig ist und leicht zu Verzerrungen führt.

Weitgehend anders ist der chemische Pflanzenschutz im subtropischen und tropischen Pflanzenbau zu beurteilen. Die hier viel zahlreicheren und aggressiveren Schädlinge, Krankheiten und Unkräuter machen den Verzicht auf Einsatz chemischer Pflanzenschutzmittel äußerst unwahrscheinlich. Nicht einmal die Anwendung selektiver, kurzzeitig wirksamer Mittel erweist sich hier als immer erfolgreich. Daher sind die in den Industrieländern bereits in den 70er Jahren verbotenen oder nicht mehr zugelassenen breit wirksamen Mittel wie DDT am Ende des 20. Jh. immer noch im Einsatz – zumal dieser auch zur Bekämpfung krankheitsübertragender Insekten zum Schutz von Menschen und Nutztieren unentbehrlich geblieben ist. Dennoch ist auch hier eine Vermeidung unnötiger Einträge in die Umwelt durch die Verbesserung der oft unsachgemäßen oder nachlässigen Handhabung der Mittel und durch gezieltere Anwendung möglich. Dafür ist eine gut organisierte Beratung der einheimischen Anwender und eine gründliche Aufklärung der ländlichen Bevölkerung erforderlich, die in Entwicklungshilfe-Projekten viel stärker zu berücksichtigen sind.

Allgemein ist bei der Anwendung chemischer Pflanzenschutzmittel die Regel zu beachten, daß der Eintrag dieser Stoffe in die Umwelt ihren Abbau nicht übersteigen darf. Denn langfristig sind alle Mittel – mit Ausnahme schwermetallhaltiger Substanzen – abbaubar, unbegrenzte Akkumulationen daher unwahrscheinlich. Diese Regel liefert jedoch keinen Vorwand für Nachlässigkeit oder Leichtfertigkeit im Umgang mit chemischen Pflanzenschutzmitteln oder bei der Beobachtung ihrer Wirkung.

N.4.4 Umweltschonende Landwirtschaft

Angesichts der am Ende des 20. Jh. weiter zunehmenden Zahl der Menschen auf der Erde und ihren zunehmenden Ansprüchen an eine gute Ernährung ist es unrealistisch, eine Landwirtschaft ohne oder mit nur geringfügigen Umweltbelastungen zu erwarten. Diese Feststellung darf jedoch nicht dazu verleiten, die mit der Landbewirtschaftung verbundenen Schadstoffemissionen einfach hinzunehmen. Im Gegenteil, die zahlreichen hier beschriebenen Möglichkeiten zu ihrer Verminderung oder Vermeidung müssen durch ständige Bemühung ausgeschöpft und verwirklicht werden. Dabei müssen Entwicklung, Herstellung und Anwendung aller in Ackerbau und Viehhaltung verwendeten und umgesetzten Stoffe überall kontrolliert und wissenschaftlich verfolgt werden, um die mit der Landwirtschaft unvermeidbar verbundenen Belastungen so gering wie möglich zu halten.

Die im 20. Jh. vor allem in Deutschland, aber auch in anderen Industrieländern entstandenen Bewegungen bzw. Verfahren des ökologischen Landbaus kommen dem Ziel einer umweltschonenden Landwirtschaft besonders nahe, weil sie bewußt auf die Verwendung chemischer Pflanzenschutzmittel und der meisten anorganischen Düngemittel, insbesondere rasch wirksamer Stickstoffdünger verzichten und auch die Massentierhaltung ablehnen. Dafür nehmen sie einen höheren Arbeitseinsatz und z.T. niedrigere Erträge in Kauf. Sie sparen jedoch die Aufwendungen für „Agrarchemikalien" und erzielen mit ihren Produkten bei der gegen die moderne Landwirtschaft mißtrauischen Stadtbevölkerung höhere Preise, so daß ihre Erlöse den „konventionell" wirtschaftenden Betrieben nicht nachstehen oder sogar höher sind. Infolgedessen wird der ökologische Landbau vielfach als Modell einer wirklich umweltschonenden Landwirtschaft empfohlen, seine öffentliche Förderung gefordert oder gar seine allgemeine Einführung verlangt. Dies ist am Ende des 20. Jh. Gegenstand kontroverser, oft mehr emotional als sachlich geführter Diskussionen und Auseinandersetzungen.

Wiederum ist hierbei zwischen der Situation der Landwirtschaft in Industrie- und sog. Entwicklungsländern zu unterscheiden. In den Industrieländern, vor allem in den gemäßigten Klimazonen mit fruchtbaren Böden und geringem Schädlings- oder Krankheitsdruck, besitzt der ökologische Landbau gute Chancen weiterer Ausbreitung – trotz zweier Schwächen. Eine ist wirtschaftlicher Art: Wenn sich das Angebot ökologisch erzeugter landwirtschaftlicher Produkte vergrößert, werden die dafür erzielten Preise sinken und die Einkommen der ökologischen Betriebe senken. Die andere Schwäche liegt in der langfristigen Nährstoffbilanz. Abgesehen vom Stickstoff ist nicht sicher, ob die Versorgung mit Haupt- und Spurennährstoffen, vor allem mit Phosphat und Kali, bei einer angestrebten guten Ertragshöhe ohne mineralische Düngung gewährleistet ist. Auffällig ist, daß am Ende des 20. Jh. der ökologische Landbau in Deutschland und anderen Industrieländern außerordentlich beliebt ist und starke Nachfrage genießt, dennoch aber nur ein verhältnismäßig sehr kleiner Teil der landwirtschaftlichen Betriebe bereit ist, sich auf ökologischen Landbau und die damit verbundenen Verpflichtungen und strengen Kontrollen umzustellen. 1995 gab es in Deutschland nur 6700 anerkannte Betriebe mit ca. 310.000 ha Fläche (1,2 bzw. 1,8 % der Gesamtzahl, mehr als die Hälfte davon in Süddeutschland) – mit allerdings steigender Tendenz.

Von den durch Stickstoffverbindungen verursachten Emissionen ist allerdings auch der ökologische Landbau nicht frei. Zwar verzichtet er auf mineralische Stickstoffdünger, wandelt aber steigende Mengen von Luftstickstoff durch stickstoffbindende Nutzpflanzen (s. Abschn. N.4.3.1) in reaktive Stickstoffverbindungen um. Die sog. biologische Stickstoffbindung und die technische Ammoniaksynthese halten sich Mitte der 90er Jahre weltweit mit jeweils 80–90 Mio t/a etwa die Waage.

In den Entwicklungsländern erscheint ökologischer Landbau, d. h. eine Landwirtschaft ohne chemische Hilfsmittel und Stützungsmaßnahmen, sehr unwahrscheinlich. Doch hier geht, wie auch in den Industrieländern, vom ökologischen Landbau eine wichtige Signalwirkung aus, die, gestärkt durch handfeste Konkurrenzeffekte erfolgreich und idealistisch wirtschaftender ökologischer Betriebe, die allgemeine Landwirtschaft allmählich und immer stärker in Richtung auf verringerte Schadstoffimmissionen orientieren wird. Indikatoren dafür sind die Verbrauchszahlen für Mineraldünger und Pflanzenschutzmittel. So hat sich in Deutschland der Einsatz mineralischer Phosphat- und Kalidüngemittel seit 1970 um die Hälfte vermindert; bei mineralischen Stickstoffdüngern hörte der Anstieg Mitte der 80er Jahre auf, um ein Jahrzehnt später in eine leichte Abnahme umzuschlagen. Weltweit ist dagegen der Mineraldüngerverbrauch von 1962–1991 um das 4,5fache gestiegen. Ein Großteil des Anstiegs entfällt auf die Entwicklungsländer, nämlich von 5 auf 78 kg/ha. Soweit absehbar, entscheidet sich also in den Entwicklungsländern die Zukunft des Ausmaßes stofflicher Emissionen in der Landwirtschaft, die wegen deren Unentbehrlichkeit zwar vermindert, in Teilbereichen auch vermieden, aber insgesamt als Preis für eine fortdauernde menschliche Existenz unter erträglichen Bedingungen hingenommen werden müssen.

Literatur

[N.1.1] H. Soodak (Hrsg.) Reactor Handbook, Second Edition Vol III, Part A Physics, Interscience Publishers New York (1962)

[N.1.2] Bretschneider, D.R., KERNENERGIE und Umwelt (Kern-Themen) INFORUM-Verlag Bonn (1993)

[N.1.3] Betriebsergebnisse Deutscher Kraftwerke 1996. Atomwirtschaft, Mai 1997, S. 276 ff

[N.1.4] Deutscher Bundestag Bericht der Bundesregierung über Umweltradioaktivität und Strahlenbelastung im Jahr 1991 Drucksache 12/4687 (1993)

[N.1.5] Brennelementlager Gorleben GmbH, BLG, Bausteine für die Entsorgung, (1991)

[N.1.6] Deutscher Bundestag Auswirkungen aus dem Uranbergbau und Umgang mit den Altlasten der WISMUT in Ostdeutschland Drucksache 12/3309 (1992)

[N.1.7] Koelzer, W.: Jahresbericht 1991 der Hauptabteilung Sicherheit Kernforschungszentrum Karlsruhe KfK 5030 (1992)

[N.1.8] Sicherheitsbericht Pilot-Konditionierungsanlage Gorleben (PKA) (1992)

[N.1.9] Brennecke, P., Hollmann, A.: Radioaktive Abfälle, Anfall, Bestand 1995 und zukünftiges Aufkomen. Atomwirtschaft Juni 1997, S. 401 ff

[N.1.10] Sappok, M.: Recycling of metallic materials from the dismantling of nuclear plants Kerntechnik 56, (1991) Nr. 6

[N.1.11] Brennecke, P., Hollmann, A.: Entsorgung radioaktiver Abfälle im Eram. Atomwirtschaft April 1997, S. 241 ff

[N.1.12] Gefahrstoffe 1998, Hrsg. Universum Verlagsanstalt, Wiesbaden, 1998

[N.1.13] MAK- und BAT-Werte-Liste 1997. VCH, Weinheim

[N.1.14] Bundesrepublik Deutschland, Arzneimittelgesetz (AMG) 1976 und derzeit 7 Novellen bis 1994; z. Z. neuester Druck: Editio Cantor, Aulendorf, 1997

[N.1.15] Bundesrepublik Deutschland: Betriebsverordnung für pharmazeutische Unternehmer (PharmBetrV), 1985 und z. Z. 2 Novellen bis 1998. K. Feiden: Betriebsverordnung für pharmazeutische Unternehmer, Deutscher Apotheker Verlag, Stuttgart, 4. Aufl., 1995.

[N.1.16] WHO Expert Committee on Specifications, WHO Technical Report Series No. 823: Good Manufacturing Practices for Pharmaceutical Products, Genf, 1992, und zahlreiche ergänzende Leitfäden (supplementary guidelines/annexes)

[N.1.17] FDA/USA: cGMPs in dem CFR, Bd. 21, §§ 210, 211; April 1, 19983, US Government Printing Office, Washington; ergänzt durch zahlreiche guidelines, guides for inspectors, manuals u.ä.

[N.1.18] EU und PIC: Leitfaden einer Guten Herstellungspraxis für Arzneimittel/pharmazeutische Produkte (praktisch textgleich!), 1989/ 1992 bzw. 1990, beide zum 1.1.1992 in Kraft getreten. EU: Editio Cantor, Aulendorf, 5. Aufl. 1998; PIC: Bundesanzeiger Vlgges., Köln,

1990. Beide sind ergänzt durch zahlreiche spezielle Leitfäden

[N.1.19] Hasskarl, H.: Gentechnikrecht, Editio Cantor, Aulendorf, 1991

[N.1.20] Hoffmann, H.: Arzneimittel in: H. Kelker (Hrsg.): Das Fischer Lexikon, Chemie 2, Angewandte Chemie, 1977, S. 80-150; Fischer Taschenbuch Vlg., Frankfurt/Main

[N.1.21] Diabetes-Journal 12/1978, S. 511

[N.1.22] Titus, H.-J.: FIMA-Verfahrenstechnik, Chemie-Anlagen und -Verfahren, Konradin-Vlg., Leinfeld-Echterdingen, Nr. 9/1993

[N.1.23] HOECHST AG, Frankfurt/Main: Umweltschutz, Leitlinien für Umweltschutz und Sicherheit, 1993

[N.1.24] Maas, A.: Der GMP-Beauftragte – ein Beruf mit Zukunft, Pharm. Ind. 55, Nr. 9, IX/204, 1993

[N.1.25] Zahlreiche Guidelines for Inspectors der FDA/USA. Beispiele:
– Guide to Inspections of foreign pharmacentical manufacturers, May 1996
– Guide to Inspections of Microbiological Pharmaceutical Control Laboratories, July 1993
– Guides to Inspection of Computerized Systems in Drug Processing, Febr. 1983 and July 1987
– Guide to Inspection of Bulk Pharmaceutical Chemicals, Revised Sept. 1991

[N.1.26] Voß, A.: Holzeinlagerung nach Forstkamalitäten. Hochschulverlag Freiburg 1988

[N.1.27] Burschel, P.: Wald, Forstwirtschaft und Holzwirtschaft als zentrale Größen im Kohlenstoffhaushalt. Holz-Zentralblatt 119 (1993) 2273-2274

[N.1.28] Welling, J.: Berücksichtigung von Umweltbelangen bei Schnittholz- und Furniertrocknern. Tagungsband zum Workshop „Trocknungstechnologie" anläßlich des 8. Holztechnischen Kolloquiums, S. 35-44, Eigenverlag Institut für Werkzeugmaschinen und Fertigungstechnologie der Technischen Universität, Braunschweig 1991

[N.1.29] VDI-Richtlinie 3462, Blatt 2: Emissionsminderung, Holzbearbeitung und -verarbeitung, Holzwerkstoffherstellung. Oktober 1995

[N.1.30] Marutzky, R. (Hrsg.): Trocknungstechnologie. Tagungsband zum Workshop anläßlich des 8. Holztechnischen Kolloquiums, Eigenverlag Institut für Werkzeugmaschinen und Fertigungstechnologie der Technischen Universität, Braunschweig 1991

[N.1.31] FGU Fortbildungszentrum Gesundheits- und Umweltschutz Berlin: Stand der Emissionsminderung bei der Spanplattenherstellung. Tagungsband zum Seminar Nr. 34 anläßlich der UTECH Berlin '93, Eigenverlag FGU, Berlin 1993

[N.1.32] Strecker, M., Marutzky, R.: Neue Erkenntnisse über Feststoffemissionen bei Spänetrocknern. Tagungsband zum Workshop „Trocknungstechnologie" anläßlich des 8. Holztechnischen Kolloquiums, S. 45-58, Eigenverlag Institut für Werkzeugmaschinen und Fertigungstechnologie der Technischen Universität, Braunschweig 1991

[N.1.33] Marutzky, R.: Untersuchungen zum Terpengehalt der Trocknungsgase von Holzspantrockner. Holz als Roh- und Werkstoff 38 (1978) 407-411

[N.1.34] Rong, M.: Betriebserfahrungen mit einem Elektrofilter. Tagungsband „Stand der Emissionsminderung bei der Spanplattenherstellung" anläßlich der UTECH BERLIN '93, Eigenverlag FGU, Berlin 1993

[N.1.35] Schmidt, W.: Gewebefilter in der praktischen Anwendung. Tagungsband „Stand der Emissionsminderung bei der Spanplattenherstellung" anläßlich der UTECH BERLIN '93, Eigenverlag FGU, Berlin 1993

[N.1.36] Becker, M., Mehlhorn, L.: Mögliche Konzepte für zukunftsweisende Trocknungstechnologien in der Spanplattenindustrie – eine Übersicht. Tagungsband zum Workshop „Trocknungstechnologie" anläßlich des 8. Holztechnischen Kolloquiums, S. 5-20, Eigenverlag Institut für Werkzeugmaschinen und Fertigungstechnologie der Technischen Universität Braunschweig 1992

[N.1.37] Ernst, K.: Geruchsreduzierung bei der Spänetrocknung. Vortrag auf FGU-Seminar, Berlin 1992

[N.1.38] Hellenschmidt, W.: Ablufttreinigung mit Wärmerückgewinnung in einem Niedertemperatur-Trockner. Tagungsband zum Mobil-Oil-Symposium für die Holzwerkstoffindustrie. Eigenverlag Mobil Oil, Hamburg 1992

[N.1.39] Hellenschmidt, W.: Betriebserfahrungen mit einer 2-stufigen Abgaswäsche mit nachgeschalteten Naß-Elektro-Filtern. Tagungsband „Stand der Emissionsminderung bei der Spanplattenherstellung" anläßlich der UTECH BERLIN '93, Eigenverlag FGU, Berlin 1993

[N.1.40] Wieser, D.I.: Möglichkeiten der Geruchsminderung bei Abgasen aus Trocknern und Pressen der Spanplattenindustrie. Tagungsband zum Mobil-Oil-Symposium für die Holzwerkstoffindustrie. Eigenverlag Mobil Oil, Hamburg 1992

[N.1.41] Schmidt, A.: Die Abluftreinigung bei der Holzspantrocknung. Staub – Reinhaltung der Luft 49 (1989) 457-460

[N.1.42] Wiedmann, U.: Feuerungstechnik für eine emissionsarme Spänetrocknung. Holz als Roh- und Werkstoff 49 (1991) 433-438

[N.1.43] Marutzky, R.: Die Konsequenzen der Umweltgesetzgebung für die Spanplattenindustrie. Holz-Zentralblatt 118 (1992) 2509, 2510 u. 2516

[N.1.44] Strecker, M., Becker, M.: Staub- und gasförmige Emissionen bei der Spänetrocknung. Tagungsband „Stand der Emissionsminderung bei der Spanplattenherstellung" anläßlich der UTECH BERLIN '93, Eigenverlag FGU, Berlin 1993

[N.1.45] Wünsch, J.: Erste Erkenntnisse bei der Anwendung von Aktivkohle. Tagungsband „Stand der Emissionsminderung bei der Spanplattenherstellung" anläßlich der UTECH BERLIN '93, Eigenverlag FGU, Berlin 1993

[N.1.46] Marutzky, R.: Trocknungstechniken, derzeitiger Stand und zukünftige Anforderungen. Tagungsband „Stand der Emissionsminderung bei der Spanplattenherstellung" anläßlich der UTECH BERLIN '93, Eigenverlag FGU Berlin 1993

[N.1.47] Noack, D., Ruetze, M.: Mögliche Beteiligung von krebserzeugenden Arbeitsstoffen an der Entstehung von Nasenkrebs bei Beschäftigten im holzverarbeitenden Gewerbe. Holz als Roh- und Werkstoff 48 (1990) 179-184

[N.1.48] Wolf, J.: Holzstaub – Gesundheitsgefahren vermeiden. Holz Berufsgenossenschaft HBG-Mitteilungen 65 (1991) 17-26

[N.1.49] Bertling, L., Freytag, J., Fuß. M.: Reduzierung der Staubemissionen an spanenden Holzbearbeitungsmaschinen. HOB Holzbearbeitung 37 (1990) [7/8] 39-44, [9] 28-36, [10] 66-70 u. [11] 51-59

[N.1.50] Heisel, U., Weiss, E.: Entstehung, Erfassung und Messung von Holzstaub. HOB Holzbearbeitung 38 (1991) [7/8] 47-49

[N.1.51] Marutzky, R., Mehlhorn, L., May, H.A.: Formaldehydemissionen beim Herstellungsprozeß von Holzspanplatten. Holz als Roh und Werkstoff 38 (1981) 329-335

[N.1.52] Deppe, H.-J., Ernst, K.: Technologie der Spanplattenherstellung. DRW-Verlag, Stuttgart 1991

[N.1.53] Obst, M., Ondratschek, D.: Verminderung der Emissionen beim Spritzlackieren. HOB Holzbearbeitung 37 (1990) [1/2] 53-54

[N.1.54] Böttcher, P., Schriever, E.: Formaldehydfreie Lackbeschichtungen für den Möbelbau. Holz-Zentralblatt 116 (1990) 690-691

[N.1.55] Hansemann, W.: Möbellackierung unter umweltgerechten Bedingungen. HOB Holzbearbeitung 39 (1992) [6] 36-38

[N.1.56] HDH Ratgeber Umwelt: Lösemittel-Abluftreinigungsanlagen für Lackieranlagen in der Möbelindustrie. Eigenverlag Hauptverband der Deutschen Holz und Kunststoffe verarbeitenden Industrie und verwandter Industriezweige, Wiesbaden 1991

[N.1.57] Marutzky, R., Schriever, E.: Emissionen bei der Verbrennung von Holzspanplattenresten. Holz als Roh- und Werkstoff 44 (1986) 185-191

[N.1.58] Schriever, E.: Zur Bestimmung von Chlor und Schwefel in Holz und Holzwerkstoffen. Holz als Roh- und Werkstoff 42 (1984) 261-264

[N.1.59] Marutzky, R., Schriever, E., Strecker, M.: Chlorwasserstoffemissionen bei der Verbrennung von Holzreststoffen aus der Möbelherstellung. HK international Holz und Möbelindustrie 22 (1987) 1188-1193

[N.1.60] Nussbaumer, Th.: Stickoxide bei der Holzverbrennung. Heizung, Klima 12 (1989) 51-62

[N.1.61] Wiedmann, U.: Prozeßtechnische Perspektiven zur Emissionsminderung. Tagungsband „Stand der Emissionsminderung bei der Spanplattenherstellung" anläßlich der UTECH BERLIN '93, Eigenverlag FGU, Berlin 1993

[N.1.62] Nussbaumer, Th.: Sekundärmaßnahmen zur Stickstoffoxidminderung bei Holzfeuerungen. BWK 45 (1993) 483-488

[N.1.63] Stieglitz, L., Vogg, H.: On formation conditions of PCDD/PCDF in fly ash from municipal waste incinerators. Chemosphere 16 (1987) 1917-1922

[N.1.64] Hasberg, W., Römer, R.: Organische Spurenstoffe in Brennräumen von Anlagen zur thermischen Entsorgung. Chem.-Ing. Technik 60 (1988) 435-443

[N.1.65] Vehlow, J.: Auftreten von Dioxinen bei der Holzverbrennung und Möglichkeiten der Minimierung. In: Marutzky, R. (Hrsg.): WKI-Bericht Nr. 22, 191-212, Eigenverlag Wilhelm-Klauditz-Institut, Braunschweig 1990

[N.1.66] Bröker, G., Geueke, K.-J., Hiester, E., Niesenhaus, H.: Emissionen polychlorierter Dibenzo-p-dioxine und furane aus Hausbrandfeuerungen. LIS Bericht Nr. 103, Eigenverlag Landesanstalt für Immissionschutz Nordrhein-Westfalen, Essen 1992

[N.1.67] Hasler, P., Nussbaumer, Th., Bühler, R.: Dioxinemissionen von Holzfeuerungen. Eigenverlag Bundesamt für Umwelt, Wald und Landschaft, Bern 1993

[N.1.68] Strecker, M., Marutzky, R.: Zur Dioxinbildung bei der Verbrennung von unbehandeltem und behandeltem Holz und Spanplatten. Holz als Roh- und Werkstoff 52 (1994) im Druck

[N.1.69] Nussbaumer, Th.: Anforderungen an umweltfreundliche Holzfeuerungsanlagen. Holz als Roh- und Werkstoff 49 (1991) 445-450

[N.1.70] Deppe, H. J.: Rundholzverwendung und Restholzrecycling. Forstarchiv 61 (1990) 10-14

[N.1.71] Willeitner, H.: Entsorgung von holzschutzmittelhaltigen Hölzern – eine kritische Übersicht. In: Marutzky, R. (Hrsg.): WKI-Bericht Nr. 22, 139-162, Eigenverlag Wilhelm-Klauditz-Institut, Braunschweig 1990

[N.1.72] Strecker M., Marutzky R.: Verbrennung von Holzresten. Tagungsband zum 7. ZAF-Seminar „Ist die thermische Abfallbehandlung vermeidbar", 303-317, Eigenverlag Technische Universität Braunschweig, Braunschweig 1992

[N.1.73] Bringezu, S., Voß, A.: Hinweise zur Entsorgung von holzschutzmittelbehandeltem Altholz. Müll und Abfall 9 (1993) 727-738

[N.1.74] Marutzky, R., Peek, R.-D., Willeitner, H.: Entsorgung von holzschutzmittelhaltigen Hölzern und Reststoffen. Informationsdienst Holz der Deutschen Gesellschaft für Holzforschung (DGfH), Eigenverlag München, Juli 1993

[N.1.75] Marutzky, R., Schmidt, W. (Hrsg.): Alt- und Restholz: Energetische und stoffliche Verwertung, Beseitigung, Verfahrenstechnik, Logistik, VDI-Verlag, Düsseldorf 1996

[N.1.76] Pohlandt, K., Marutzky, R.: Zusammensetzung und Eluierbarkeit von Aschen aus industriellen Feuerungsanlagen holzverarbeitender Betriebe. Holz als Roh- und Werkstoff 51 (1993) 193-196

[N.1.77] Obernberger, I.: Nutzung fester Biomasse in Verbrennungsanlagen unter besonderer Berücksichtugung des Verhaltens aschebildender Elemente. dbr-Verlag, Graz 1997

[N.2.1] Thoenes, H. W., Succow, M., Ewers, H. J., Henschler, D, Korff, W., Rehbinder, E.: Umweltgutachten 1994 des Rates von Sachverständigen für Umweltfragen, Drucksache 12/6995, Deutscher Bundestag – 12. Wahlperiode

[N.2.2] DIW: Ungebrochenes Wachstum des Pkw-Verkehrs erfordert verkehrspolitisches Handeln, Status-quo-Projektion des Personenverkehrs in der Bundesrepublik Deutschland bis 2010. Deutsches Institut für Wirtschaftsforschung, Wochenbericht 14/90

[N.2.3] Ahrens, G.-A. u. a.: Verkehrsbedingte Luft- und Lärmbelastungen – Emissionen, Immissionen, Wirkungen – Umweltbundesamt, Texte 40/91

[N.2.4] Lies, K.-H. u.a.: Nicht limitierte Automobil-Abgaskomponenten. Volkswagen AG, Wolfsburg 1988

[N.2.5] Schönwiese, C.-D.: Klimafaktor Mensch: Fakten, Risiken und Handlungsbedarf. Fortschrittsberichte VDI, Nr. 205, VDI-Verlag 1994

[N.2.6] Fachreihe Forschung und Technik – Ottokraftstoffe – Aral AG, Bochum, 1993

[N.2.7] Fachreihe Forschung und Technik – Dieselkraftstoff – Aral AG, Bochum, 1995

[N.2.8] Bosch Kraftfahrtechnisches Taschenbuch VDI-Verlag GmbH Düsseldorf

[N.2.9] VDA Auto 93/94, Jahresbericht VDA, Frankfurt

[N.2.10] Höhlein, B. u. a.: Energieumwandlungsketten für den Straßenverkehr im Vergleich. Energiewirtschaftliche Tagesfragen 43. Jg. (1993)

[N.2.11] AVL List GmbH: Motor und Umwelt, Zukünftige Antriebssysteme. Grazer Congress 1994

[N.2.12] Rheinisch-Westfälischer Technischer Überwachungs-Verein e.V.: Flüssiggas – ein Alternativkraftstoff. RWTÜV-Schriftenreihe, Heft 21 RWTÜV, Essen, 1983

[N.2.13] Voy, Ch. Überblick über den Stand des Elektroantriebs für Straßenfahrzeuge. Deutsche Automobilgesellschaft (DAUG), Braunschweig

[N.2.14] KFA, Forschungszentrum Jülich GmbH: Ergebnisbericht 1993 Forschungs- und Entwicklungsarbeiten 1993. Jülich, 1994

[N.2.15] Demel, H., Moser, F.X.: Möglichkeiten der Automobilindustrie zur Verminderung von klimarelevanten Emissionen. 15. Internationales Wiener Motorensymposium. VDI-Fortschritts-Berichte Nr. 205

[N.2.16] Compilation of Air Pollutant Emission Factors, Volume II: Mobile Sources September 1985 U.S. Environmental Protection Agency (EPA)

[N.2.17] Motorischer Verkehr in Deutschland. Energieverbrauch und Luftschadstoffemissionen des motorischen Verkehrs in der DDR,

Berlin (OST) und der Bundesrepublik Deutschland im Jahr 1988 und in Deutschland im Jahr 2005. Institut für Energie und Umweltforschung Heidelberg, Fachbereich „Verkehr und Umwelt"

[N.2.18] Ilgmann, G., Miethner: Primärenergie im Verkehr Hamburg, 12/1991

[N.2.19] Jänisch, E.: Energieverbrauch und klimarelevante Emissionen: Der ICE im ökologischen Wettbewerb. Die Deutsche Bahn 9-10/1993

[N.2.20] Stöcker, U., Lecht, M.: Emissionen strahlgetriebener Luftfahrzeuge und Maßnahmen zur Begrenzung. Verkehrsnachrichten Heft: Mai/Juni 1994

[N.2.21] Berichte 6/89 Ermittlung der Abgasemissionen aus dem Flugverkehr über der Bundesrepublik Deutschland (Forschungsbericht 104 05 961 / UBA-FB 89-054) Umweltbundesamt

[N.2.22] Hünecke, K.: Flugtriebwerke. Ihre Technik und Funktion. Motorbuch Verlag, Stuttgart

[N.2.23] Umweltbelastung durch den zivilen Flugverkehr. Heutige Situation und mögliche Vorgehensweise zur Reduzierung der Emission von Flugtriebwerken. EB/ETWV Stand 1.4.1989 MTU München GMBH

[N.2.24] Annex 16 Volume II Aircraft Engine Emissions Second Edition 1993. International Civil Aviation Organisation (ICAO)

[N.2.25] Bodensee-Schiffahrtsordnug (BSO) Abgasvorschriften für Schiffsmotoren. Bayerisches Gesetz- und Verordnungsblatt Nr. 26/1991

[N.2.26] Teetz, Ch.: Maßnahmen zur Reduzierung der Abgasemissionen beim schnellaufenden Schiffsdieselmotor. Schiff & Hafen/Seewirtschaft, Heft 6/1993

[N.2.27] NO_x Emission Control at Sea, Schiff & Hafen 11/93

[N.3.1] Bundesverband des Schornsteinfegerhandwerks, Abteilung Technik: Emissionsstatistik 1992, Düsseldorf, 25.05.93

[N.3.2] Großhans, D.: Betriebserfahrungen an Gasbrennern und Gasmotoren mit NO_x-mindernden Maßnahmen – Teil 2 GWF Gas, Erdgas 133 (1992) Nr. 12, 617-625

[N.3.3] Umweltbundesamt: Jahresbericht 1991, Berlin

[N.3.4] Landesanstalt für Immissionsschutz, Nordrhein-Westfalen: LIS-Bericht Nr. 103 Emission polychlorierter Dibenzo-p-dioxine und -furane aus Hausbrand-Feuerungen, Essen, 1992

[N.3.5] Der Rat von Sachverständigen für Umweltfragen: Luftverunreinigungen in Innenräumen Sondergutachten, Mai 1987, Stuttgart, Mainz, W. Kohlhammer GmbH

[N.3.6] Brötzenberger, H.: Feldversuche zur Bestimmung von Emissionsfaktoren von Gasgeräten in Österreich GWF Gas, Erdgas 133 (1992) Nr. 2, 69-72

[N.3.7] Breton O., Eberhard, R.: Handbuch der Gasverwendungstechnik, Kap. 15, München, R. Oldenbourg Verlag GmbH, 1987

[N.3.8] Zullei-Seibert, N.: Pflanzenschutzmittel im Trinkwasser Entsorgungs-Technik, März/April 1993, 60-62

[N.3.9] Umweltbundesamt Jahresbericht 1990, 206-207 Berlin

[N.3.10] Bundesministerium für Umwelt, Naturschutz und Reaktorsicherheit: Internationale Ersatzstoff-Konferenz zu FCKW und Halonen, Umwelt, Nr. 5/1992, 189-192

[N.3.11] Eckrich, W.: Untersuchungen der Innenraumluft auf PCDD/PCDF in Wohngebäuden VDI Berichte Nr. 634, 193-202 VDI Verlag, Düsseldorf, 1987

[N.3.12] Statistisches Bundesamt, Abfallbilanz 1993 (vorläufig), Wiesbaden 1996

[N.3.13] Der Rat von Sachverständigen für Umweltfragen: Abfallwirtschaft, Kap. 3.2.1 Stuttgart: Verlag Metzler-Poeschel, 1991

[N.3.14] Bundesministerium für Umwelt, Naturschutz und Reaktorsicherheit: Entsorgung gebrauchter Batterien, Umwelt Nr. 5/1989, 232-233

[N.3.15] von Geldern, W.: Wege aus dem Wohlstandsmüll, Mainz, v. Hase & Köhler, 1993

[N.3.16] Umweltbundesamt: Daten zur Umwelt 1992/93 – Wasser, Berlin, Erich Schmidt Verlag, 1994

[N.3.17] Böhme, M.: Stoff oder Ersatzstoff – Phosphate in Waschmitteln sind weiter ein Irrweg, GWF Wasser, Abwasser 132 (1991) Nr. 7, 368-375

[N.3.18] Leymann, G.: Die Ersatzstoffproblematik am Beispiel phosphatfreier Waschmittel. GWF Wasser, Abwasser 132 (1991) Nr. 7, 361-368

[N.3.19] Bundesministerium für Umwelt, Naturschutz und Reaktorsicherheit: Pflanzenschädigende Wirkung ausgewählter Tenside Umwelt Nr. 9/1991, 395

[N.3.20] Hagendorf, U.: Organische Halogenverbindungen (AOX) aus diffusen Quellen im Haushalt (Papier, Geschirrspül- und Waschmaschinen), Korrespondenz Abwasser, Bd 39 (1992) 12, 1776-1783

[N.3.21] Schemel, H.-J., Erbguth, W.: Handbuch

Sport und Umwelt, Aachen, Meyer & Meyer Verlag, 1992

[N.3.22] Bundesministerium für Umwelt, Naturschutz und Reaktorsicherheit: Gefährdung durch organo-zinnhaltige Antifoulinganstriche, Umwelt Nr. 12/1991, 560-561

[N.3.23] Koch, A., Zeiner, M., Feige, S., Harrer, B.: Campingurlaub in der Bundesrepublik Deutschland, Schriftenreihe des Deutschen Wirtschaftswissenschaftlichen Instituts für Fremdenverkehr an der Universität München, Heft 40, München 1990

[N.3.24] Fluk, W. Engler, H.-G.: Untersuchungen zur Bewertung unterschiedlicher Toilettensysteme aus hygienischer Sicht, Forschungsbericht 103 01 253, Umweltforschungsplan des Bundesminsters für Umwelt, Naturschutz und Reaktorsicherheit, 1991

[N.3.25] Fluk, W., Philipp, W., Strauch, D.: Überprüfung der bakteriologischen Wirksamkeit von Additiven für Chemikalientoiletten nach den Richtlinien der Deutschen Veterinär-medizinischen Gesellschaft (DVG), FORUM STÄDTE-HYGIENE 43 (1992) Nr. 6, 291-296

[N.3.26] Schenke, H.-D.: Chemische Zusammensetzung von Sanitärflüssigkeiten in Chemikalien-Toiletten – Gesetzliche Regelungen, FORUM STÄDTE-HYGIENE 43 (1992) Nr. 6, 287-290

[N.3.27] Länderarbeitsgemeinschaft Abfall: Vermeidung und Entsorgung von Abfällen aus öffentlichen und privaten Einrichtungen des Gesundheitsdienstes, Mitteilungen der Länderarbeitsgemeinschaft Abfall (LAGA) Nr. 18, Berlin, Erich Schmidt Verlag, 1991

[N.3.28] Der Rat von Sachverständigen für Umweltfragen: Abfallwirtschaft, Kap. 5.4.4 Stuttgart: Verlag Metzler-Poeschel, 1991

[N.3.29] Hodecek, P.: Medizinische Abfälle hygienisch entsorgen, UMWELT Bd. 21 (1991) Nr. 4, 201-203

[N.3.30] Staeck, F.: Infektiösen Klinikmüll vor Ort entgiften, UMWELT Bd. 24 (1994) Nr. 4, 158

[N.3.31] Deutsche Krankenhausgesellschaft: Umweltschutz im Krankenhaus, Düsseldorf, Deutsche Krankenhaus Verlagsges. 1993

[N.3.32] Sebekow, S.: Abwasserentsorgung aus Krankenhäusern, Gesundheits-Ingenieur-Haustechnik-Bauphysik Umwelttechnik 113 (1992) Heft 6, 312-317

[N.3.33] Bundesamt für Statistik: Statistisches Jahrbuch 1993, Wiesbaden

[N.3.34] Krieg, H.-U.: PCB in Baustoffen und in der Raumluft – wann muß saniert werden?" in Innenraumbelastungen: Erkennen, Bewerten, Sanieren, Friedhelm Diel (Hrsg.) Wiesbaden und Berlin, Bauverlag GmbH, 1993

[N.3.35] Zwiener, G.: Asbest – Erkennen und Bewerten, in Innenraumbelastungen: Erkennen, Bewerten, Sanieren, Friedhelm Diel (Hrsg.) Wiesbaden und Berlin, Bauverlag GmbH, 1993

[N.3.36] Kruse, H.: Formaldehyd in Innenraumbelastungen: Erkennen, Bewerten, Sanieren, Friedhelm Diel (Hrsg.), Wiesbaden und Berlin, Bauverlag GmbH, 1993

[N.3.37] Weinert, I.: Lebensmittelreste verwerten, UMWELT Bd. 23 (1993) Nr. 10, 548-550

[N.3.38] Seidel, M.: Motorisch betriebene Blockheizkraftwerke (BHKW), BWK, Bd. 46 (1994) Nr. 4, 166-169

[N.3.39] Brummel, F.: Die Auswirkungen der pH-Wert-Korrektur auf die Zusammensetzung und die Pufferkapazität des Beckenwassers, Archiv des Badewesens, Heft 5/83, 166-169

[N.3.40] Roeske, W.: Desinfektion von Schwimmbeckenwasser, Archiv des Badewesens, Heft 4/82, 122-127

[N.3.41] Pischinger, F.: Blockheizkraftwerke und Wärmepumpen – Zukunftsmärkte der Technik – BWK, Bd. 45 (1993) Nr. 11, 470-472

[N.3.42] Großhans, D.: Betriebserfahrungen an Gasbrennern und Gasmotoren mit NO_x-mindernden Maßnahmen – Teil 3, GWF Gas, Erdgas 134 (1993) Nr. 3, 151-158

[N.3.43] Lutz, A.J.: Anwendung von Katalysatoren zur Reinigung von Motorabgasen, GWF Gas, Erdgas 132 (1991) Nr. 12, 533-538

[N.3.44] Koebel, M., Elsener, M., Eichler, H.P.: Stickstoffoxidminderung bei stationären Dieselmotoren mittels SCR und Harnstoff als Reduktionsmittel, UMWELT Bd. 21 (1991) 1/2, E24-E32

[N.3.45] Scherer, R.: Konzept zur Rauchgasreinigung bei schwerölbetriebenen Motorheizkraftwerken, BWK Bd. 45 (1993) Nr. 11, 473-476

[N.3.46] Lahl, U., Zeschmar-Lahl, B., Jager, J.: Schadstofffreisetzung aus Hausmülldeponien, WLB Wasser, Luft und Boden, Bd. 35 (1991) 1/2, 64-66

[N.3.47] Funk, R.: Deponiegasnutzung am Beispiel Freiburg, GWF Gas, Erdgas 133 (1992) Nr. 10/11, 517-521

[N.3.48] Stadtfeld, R.: Die Entwicklung der öffentlichen Wasserversorgung 1970-1990, GWF Wasser, Abwasser 132 (1991) Nr. 12, 660-670

[N.3.49] Dickgreber, M.: Nitratentfernung bei der Trinkwasseraufbereitung mittels heterotroph-aquatischer Mikroorganismen in Fest-

[N.3.49 cont.] bettreaktoren, GWF Wasser, Abwasser 134 (1993) Nr. 3, 143-151

[N.3.50] Roennefarth, K.W.: Herkunft der Schlämme, Schlammanfall und Schlammbeschaffenheit in Abhängigkeit von Rohwassertyp und Wasseraufbereitungsverfahren, DVGW-Schriftenreihe Wasser Nr. 50 (1986) 45-51, Eschborn, DVGW, 1986

[N.3.51] Ließfeld, R., Koppers, H.M.M.: Die Entsorgung von Wasserwerksschlämmen: Probleme und Lösungsmöglichkeiten, DVGW-Schriftenreihe Wasser Nr. 50 (1986) 217-230, Eschborn, DVGW, 1986

[N.3.52] Such, W.: Verwertung und Ablagerung, DVGW-Schriftenreihe Wasser Nr. 50 (1986) 95-108, Eschborn, DVGW, 1986

[N.3.53] Eckhardt, H., Dibbets, G.: Charakterisierung der Schlämme für die natürliche Entwässerung, DVGW-Schriftenreihe Wasser Nr. 50 (1986) 71-88, Eschborn, DVGW, 1986

[N.3.54] Bramkamp, F.B., Richter, H.-G.: Die Entwicklung der Gaswirtschaft in der Bundesrepublik Deutschland im Jahre 1992, Teil 2: Statistischer Jahresbericht des Referats Gaswirtschaft, GWF Gas, Erdgas 134 (1993) Nr. 9, 427-467

[N.3.55] Jüntgen, H., van Heek, H.H.: Kohlevergasung, Grundlagen und technische Anwendung, Thiemig Taschenbücher, Band 94, München, Verlag Karl Thiemig, 1981

[N.3.56] Beckervordersandforth, Chr.P., Hofmann, G.: Technologien zur Förderung und Lieferung von Erdgas, GWF Gas, Erdgas 134 (1993) Nr. 11, 560-565

[N.3.57] Hoffmann, J.: Grabenlose Sanierung „No-dig", Einzigartige Alternative zur konventionellen Rohrauswechslung, GWF Gas, Erdgas 134 (1993) Nr. 11, 574-579

[N.3.58] Schwab, H., Kretzschmar, H.-J., Frei, J.: Gasqualitätsprobleme bei der unterirdischen Speicherung von Stadt- und Erdgasen, GWF Gas, Erdgas 133 (1992) Nr. 1, 25-31

[N.3.59] Schünzel, H., Frei, J., Schwab, H., Kasper, H.: Erfahrungen aus der Betriebskontrolle an Gastrocknungsanlagen von Untertagespeichern in Ostdeutschland, GWF Gas, Erdgas 134 (1993) Nr. 1, 14-20

[N.3.60] Fasold, H.-G., Wahle, H.-N.: Die Berechnung des Antriebsverbrauchs für Erdgasferntransportsysteme, GWF Gas, Erdgas 134 (1993) Nr. 7, 321-331

[N.3.61] DVGW-Arbeitsblatt G 491: Gas-Druckregelanlagen für Eingangsdrücke über 4–100 bar–Planung, Fertigung, Errichtung, Prüfung, Inbetriebnahme, DVGW Deutscher Verein des Gas- und Wasserfachs 3/1992

[N.3.62] Eberhard, R., Hüning, R. (Hrsg.): Handbuch der Gasversorgungstechnik – Gastransport, Gasverteilung, München, R. Oldenbourg Verlag GmbH, 1984

[N.3.63] Seddig, H.: Kombination eines Blockheizkraftwerkes und einer Expansionsmaschine zur Erdgasentspannung, GWF Gas, Erdgas 133 (1992) Nr. 7, 320-326

[N.3.64] Schmitz, H., Willmroth, G.: Magnetgelagerte Turbogeneratoren (MTG), Ersteinsatz in einer Erdgasübernahmestation der EWV Stolberg, GWF Gas, Erdgas 135 (1994) Nr. 3, 125-130

[N.3.65] Hentze, D., Zöllner, W.: Qualitätsanforderungen an Stadtgas nach TGL 28049 und Konsequenzen für die Gasgeräte, GWF Gas, Erdgas 132 (1991) Nr. 1, 31-35

[N.3.66] Puxbaumer, H., Klapputh, S., Quaschning, G.: Stadtgas- und SNG-Erzeugung in Berlin bis zur Jahrtausendwende, GWF Gas, Erdgas 134 (1993) Nr. 1, 1-8

[N.3.67] Buttker, B., Rabe, W.: Die Reststoffverwertung durch Vergasung in der Energiewerke Schwarze Pumpe AG, Energieanwendung + Energietechnik 42 (1993) 8, 393-397

[N.3.68] Kalte, P., Nolting, B.: Stickstoff- und Phosphorelimination – Messen und Regeln, UMWELT, Bd. 21 (1991) Nr. 6, 317-320

[N.3.69] Dichtl, N.: Kombinierte Verfahren zur Schlammstabilisierung, UMWELT, Bd. 19 (1989) Nr. 3, 117-123

[N.3.70] Peschen, N.: Phosphate eliminieren, UMWELT, Bd. 21 (1991) Nr. 3, 129-131

[N.3.71] Bartl, J., Wacker J.: Phosphate biologisch eliminieren, UMWELT, Bd. 21 (1991) Nr. 6, 328-330

[N.3.72] Deutsche Babcock Anlagen AG: Handbuch Wasser, Essen, Vulkan Verlag, 1988

[N.3.73] Kersting, U.: Biofilter in Kläranlagen, UMWELT, Bd. 19 (1989) Nr. 10, 511-513

[N.3.74] Der Rat von Sachverständigen für Umweltfragen: Abfallwirtschaft Kap. 3.2.5, Stuttgart, Verlag Metzler-Poeschel, 1991

[N.3.75] Diez, T.: Landwirtschaftliche Klärschlammverwertung in den 90er Jahren – Nutzen und Risiken, Berichte aus Wassergüte und Abfallwirtschaft, Technische Universität München, Bd. 110, 1992, 53-67

[N.3.76] Hohnecker, H.G.: Gibt es zeitgemäße Alternativen zur thermischen Entsorgung von Klärschlämmen? GWF Wasser, Abwasser 133 (1992) Nr. 4, 205-211

[N.3.77] Poletschny, H.: Dioxine im Klärschlamm, UMWELT, Bd. 19 (1989) Nr. 3, 102-104

[N.3.78] Klöpfer, W., Rippen, G., Gihr, R., Partscht, H., Stoll, U., Müller, J.: Untersuchungen über mögliche Quellen der polychlorierten Dibenzodioxine und Dibenzofurane in Klärschlämmen, Forschungsbericht 103 03 351, UBA-FB92-023, Umweltforschungsplan des Bundesministers für Umwelt, Naturschutz und Reaktorsicherheit, Berlin 1992

[N.3.79] Jäck, S., Meyer, K.: Grundwasser, Trinkwasser, Abwasser, UMWELT, Bd. 23 (1993) Nr. 4, 174-176

[N.3.80] Stein, D.: Sind undichte Kanalisationen eine bedeutende Schadstoffquelle für Boden und Grundwasser, Wasser Berlin 89, 330-340, Berlin, Erich Schmidt Verlag, 1990

[N.3.81] Dippold, C.: Kanäle mobil und ferndient sanieren, UMWELT, Bd. 24 (1994) Nr. 1/2, 38-40

[N.3.82] Der Rat von Sachverständigen für Umweltfragen: Abfallwirtschaft, Kap. 3.2, Stuttgart, Verlag Metzler-Poeschel, 1991

[N.3.83] Kotte, G.: Straßen- und Wegekehrmaschinen, Straßen- und Städtereinigung, Entsorgungspraxis-Spezial (1990) No. 3, 19-26

[N.3.84] Umweltbundesamt: Jahresbericht 1990, 164-165 Berlin

[N.3.85] Lang, St.: Ein neues Verfahren zur Aufbereitung von abstumpfenden Streustoffen Ausstellerforum IFAT 90, Dokumentation 2/90, 121-122 München, Kommunalschriftenverlag J. Jehle München GmbH, 1990

[N.3.86] Bernhardt, U.: Straßenreinigung und Winterdienst Ausstellerforum IFAT 90, Dokumentation 2/90, 111-113 München, Kommunalschriftenverlag J. Jehle München GmbH, 1990

[N.3.87] Der Rat von Sachverständigen für Umweltfragen: Abfallwirtschaft, Kap. 3.1.3 Stuttgart: Verlag Metzler-Poeschel, 1991

[N.3.88] Deutscher Bundestag: Drucksache 11/6134, vom 18.12.1989

[N.3.89] von Geldern, W.: Wege aus dem Wohlstandsmüll Mainz, v. Hase & Köhler, 1993

[N.3.90] Kielburger, G., Schmitz, H.J.: Thermische Behandlung von Restmüll WLB Wasser, Luft und Boden 7-8/1993, 60-71

[N.3.91] Hauk, R., Poller, J.: Vergasungsverfahren für Abfälle VGB Fachtagung Thermische Abfallverwertung 1993, Essen 1993

[N.3.92] Bau und Betrieb der Müllverwertungsanlage Bonn BWK/TÜ/UMWELT-SPECIAL, Okt. 1993, E11-E16

[N.3.93] Schingnitz, M., Lorson, H., Göhler, P.: Die Verwertung von Rest- und Abfallstoffen durch Druckvergasung in der Flugwolke, Abfallwirtschafts-Journal 5 (1993) Oktober

[N.3.94] Mielke, H., Woelke, M.: Müllverstromung in der zirkulierenden Wirbelschicht, UMWELT Bd. 21 (1991) 10, V40 – V45

[N.3.95] Stahlberg, R.: Thermoselect-Energie- und Rohrstoffgewinnung aus Restabfall in Karl J. Thomé-Kozmiensky: Sonderabfallwirtschaft, Berlin: EF-Verlag für Energie- und Umwelttechnik GmbH, 1993, 337-351

[N.3.96] Keldenich, K.: Großtechnische Anwendung der DBI-Pyrolysetechnik Abfallwirtschafts-Journal 3 (1991) 12, 829-834

[N.3.97] Redepenning, K.-H.: Die thermische Kunststoffaufbereitung VGB Fachtagung Thermische Abfallverwertung 1993, Essen, 1993

[N.3.98] Ahrens-Botzong, R., Redmann, E.: Das Schwel-Brenn-Verfahren: Restmüllbehandlung wie die Abfallpolitik vorgibt, BWK, Bd. 45 (1993) 5, 225-228

[N.3.99] Kaminsky, W., Sinn, H., Rößler, H.: Pyrolyse von Elastomeren und Gummi zur Werkstoffrückgewinnung, Kautschuk + Gummi Kunststoffe 44 (1991) 9, 846-851

[N.3.100] Bundesministerium für Umwelt, Naturschutz und Reaktorsicherheit: Perspektiven der biologischen Abfallbehandlung, Umwelt Nr. 10/1992, 401

[N.3.101] Emberger, J.: Bioabfälle kompostieren, UMWELT Bd. 22 (1992) 11/12, 662-664

[N.3.102] Müller, G.: Biomüll sammeln und kompostieren, UMWELT Bd. 19 (1989), 4, 187-191

[N.3.103] Länderarbeitsgemeinschaft Abfall (LAGA): Merkblatt 10 Qualitätskriterien und Anwendungsempfehlungen für Kompost aus Müll und Müllklärschlamm, Berlin, Erich Schmidt Verlag GmbH, 1985

[N.3.104] Umweltbundesamt: Daten zur Umwelt 1992-93 – Abfall. Berlin, Erich Schmidt, 1994

[N.3.105] Först, C.: Chlorierte Kohlenwasserstoffe im Sickerwasser, UMWELT Bd. 19 (1989) 11/12, 570-572

[N.3.106] Hagen, K., Kretzschmar, W., Scharff, K.: Verfahren zur Behandlung hochbelasteter Deponiesickerwässer, GWF Wasser, Abwasser 134 (1993) Nr. 4, 208-212

[N.3.107] Rudolph, K.-U., Köppke, K.-E.: Deponiesickerwässer reinigen, UMWELT Bd. 19 (1989) Nr. 7/8, 396-401

[N.3.108] Kasper, K.J., Stahlberg, R.: Thermoselect, Neue Generation der thermischen Abfallverwertung (Sonderdruck), Thermoselct Südwest, Karlsruhe 1997

Ergänzende Literatur

1. Allgemeine Verwaltungsvorschrift zum Bundesimmissionsschutzgesetz – Technische Anleitung zur Reinhaltung der Luft (TA Luft) – 27.02.1986
4. Verordnung zur Durchführung des Bundesimmissionsschutzgesetzes (4. BImSchV) vom 22.04.1993
Bach, M., u. Frede, H.-G.: Zur Konzeption des Gewässerschutzes in der Landwirtschaft. Ber.üb.Landw. 73, 345-353, 1995 (zu 4.1.2.1 a)
Bank, M.: Basiswissen Umwelttechnik, 1. Aufl. Würzburg: Vogel, 1993
Baum, F.: Luftreinhaltung in der Praxis, München: Oldenbourg 1988
Bibliothek des Leders, 10 Bände. H. Herfeld (Hrsg.), Umschau-Verlag, Frankfurt 1984
Brennelementlager Gorleben GmbH, BLG, Pilot-Konditionisierungsanlage Gorleben (1992)
Brunnert, H.: Der Stellenwert von Land- und Forstwirtschaft im Kohlenstoff-Kreislauf. Ber.üb.Landw. 74, 44-65, 1996 (zu 4.1.2.3, 4.2.2.2 u. 4.3.2)
Büchner, U.; Schliebs, R.; Winter, G.; Büchel K. H.: Industrielle anorganische Chemie, Verlag Chemie Weinheim 1984
Dämmgen, U., u. Rogasik, J.: Einfluß der Land- und Forstbewirtschaftung auf Luft und Klima. In: Linckh, G. et al. (s.u.), 121-154, 1996 (zu 4.1.2.1 c, 4.3.1)
Enquête-Kommission „Schutz der Erdatmosphäre" des Deutschen Bundestages (Hrsg.): Schutz der grünen Erde. Bonn: Economica Verlag 1994 (zu 4.1.2.1 c, 4.2.2.2, 4.3.1, 4.3.2)
Fachzeitschriften: „Das Leder", Roether Verlag Darmstadt; „Leder- und Häutemarkt", Umschau-Verlag, Frankfurt
Faustzahlen für Landwirtschaft und Gartenbau, hrsg. v.d. Hydro Agri Dülmen GmbH (J. Quade). 12. Aufl. Münster: Landwirtschaftsverlag 1993
Fleischer, E.: Zur Einordnung der Nutztierhaltung in die aktualisierte nationale Stickstoffbilanz des Bereichs Landwirtschaft. Zeitschr.f.angew.Umweltforschung 9, 86-101, 1996 (zu 4.2.2.1, 4.3.1)
Frede, H.-G.: Stoffeinträge aus der Landwirtschaft in die Gewässer. Meinungen zur Agrar- und Umweltpolitik 30, 79-90, 1996 (zu 4.1.2.1 a-b)
Fuchs, C., Jene, B., Murschel, B., u. Zeddies, J.: Bilanzierung klimarelevanter Spurengase CO_2 und N_2O sowie Möglichkeiten der Emissionsminderung im Ackerbau. Agrarwirtschaft 44, 175-190, 1995 (zu 4.1.2.1 c, 4.1.2.3)
Gesetz über Medizinprodukte (Medizinproduktgesetz – MPG), 02.08.1994
Gesetz zum Schutz vor schädlichen Umwelteinwirkungen durch Luftverunreinigungen. Geräusche, Erschütterungen und ähnliche Vorgänge (Bundesimmissionsschutzgesetz – BImSchG) vom 14.05.1993
Hahn-Meitner-Institut Berlin GmbH Abteilung Strahlenschutz Jahresbericht 1992 zur Umgebungsüberwachung des Forschungsreaktors BER II (1993)
Haas, G., Geier, U., Schulze, D.G., u. Köpke, U.: Klimarelevanz des Agrarsektors der Bundesrepublik Deutschland: Reduzierung der Emission von Kohlendioxid. Ber.üb.Landw. 73, 387-400, 1995 (zu 4.1.2.3, 4.3.2)
Haber, W., u. Salzwedel, J.: Umweltprobleme der Landwirtschaft. Sachbuch Ökologie. Stuttgart: Metzler-Poeschel 1992
Heinemann, K. u.a. Radioaktive Emissionen und potentielle Strahlenexposition im Bereich des Forschungszentrums Jülich im Jahre 1992 ASS.-Bericht Nr. 0571 (1993)
Hollmann, A, Brennecke, P: Radioaktive Abfallmengen in Deutschland 1991, Atomwirtschaft, April 1993, S. 276 ff.
Isermann, K.: Nährstoffbilanzen und aktuelle Nährstoffversorgung der Böden. Ber.üb.Landw., Sonderheft 207 (Bodennutzung und Bodenfruchtbarkeit, Band 5: Nährstoffhaushalt), 15-54, 1993 (zu 4.1.2.1)
Isermann, K.: Ammoniak-Emissionen der Landwirtschaft, ihre Auswirkungen auf die Umwelt und ursachenorientierte Lösungsansätze sowie Lösungsaussichten zur hinreichenden Minderung. Pflichtenheft zur Studie E: Ammoniak, Studienprogramm „Landwirtschaft" der Enquête-Kommission „Schutz der Erdatmosphäre" des Deutschen Bundestages. 250 S. 1993 (zu 4.2.2.1, 4.3.1)
Kleinhorst, H.: Thalliumemissionen aus Zementdrehofen-Anlagen – Gedanken zur Festlegung von Emissionsgrenzwerten für Thalliumverbindungen. Staub, Reinh. Luft 40 (1980), Nr. 1, S. 26/29
Kleinhorst, H.: Emissionen und Immissionen umweltrelevanter Spurenelemente – Bedeutung und behördliche Regelung. Zement-Kalk-Gips 34 (1981) 522/29
Klusmann, A., Völcker, H.. Brennelemente von Kernreaktoren, Thiemig-Taschenbücher, Bd. 25 Thiemig München (1969)

Linckh, G., Sprich, H., Flaig, H., u. Mohr, H. (Hrsg.): Nachhaltige Land- und Forstwirtschaft. Expertisen. Berlin/Heidelberg: Springer 1996

Locher, F. W.: Entwicklung des Umweltschutzes in der Zementindustrie, Zement-Kalk-Gips 42, (1989), Nr. 3, S. 120-127

Meyer, R., Jörissen, J., u. Socher, M.: Vorsorgestrategien zum Grundwasserschutz für den Bereich Landwirtschaft. Teilbericht I zum TA-Projekt „Grundwasserschutz und Wasserversorgung". TAB-Arbeitsbericht Nr. 17. 277 S. Bonn: Büro für Technikfolgen-Abschätzung beim Deutschen Bundestag (zu 4.1.2.1 a-b, 4.3.1)

Rat von Sachverständigen für Umweltfragen: Umweltprobleme der Landwirtschaft. Sondergutachten. Stuttgart/Mainz: Kohlhammer 1985

Reiners, C., Streffer, C., Messerschmidt, O.: Strahlenrisiko durch Radon Strahlenschutz in Forschung und Praxis, Band 33. Fischer Stuttgart (1992)

Reinigung von Glaswannen-Abgasen, Lurgi-Info 1586 (1992)

Stahr, K., u. Stasch, D.: Einfluß der Land- und Forstbewirtschaftung auf die Ressource Boden. In: Linckh, G., et al. (s.o.), 77-119, 1996

Statistisches Jahrbuch 1995 für die Bundesrepublik Deutschland, hrsg. v. Statistischen Bundesamt. Stuttgart: Metzler-Poeschel 1995

Statistisches Jahrbuch über Ernährung, Landwirtschaft und Forsten der Bundesrepublik Deutschland 1995, hrsg. v. Bundesministerium f. Ernährung, Landwirtschaft u. Forsten (Abt. 2, M. Schmidt). Münster: Landwirtschaftsverlag 1995

Ullmann's Encyclopedia of Industrial Chemistry VOL A 17 Nuclear Technology, VCH-Verlag Weinheim (1991)

Ullmann's Encyclopedia of Industrial Chemistry (5. Edition), VCH-Verlag Weinheim
VOL A 1 Bauxite (1985)
VOL A 5 Cement and Concrete (1986)
VOL A 4 Gysum (1985)
VOL A 12 Glass (1989)
VOL A 15 Lime and Limestone (1990)

Weber; E., Brocke: Apparate und Verfahren der industriellen Gasreinigung, Band 1: Feststoffabscheidung, Oldenbourg, München 1973

Wendland, F., Albert, H., Bach, M., u. Schmidt, R. (Hrsg.): Atlas zum Nitratstrom in der Bundesrepublik Deutschland. Berlin/Heidelberg: Springer 1993 (zu 4.1.2.1 a)

Wienacker, E.-L.: Gene und Klone, Verlag Chemie, 1984. Prowald, K.: Gentechnik, Südwest Verlag, 1994. Bundesrepuplik Deutschland: Gesetz zur Regelung von Fragen der Gentechnik, 20.06.1990 (und Ergänzungen)

Wienacker-Küchler, Chemische Technologie, (4. Auflage, 1983), Carl Hanser Verlag, München

Zement-Taschenbuch, Hrsg. Verein Deutscher Zementwerke e.V., Düsseldorf

RL VDI 2262 Staubbekämpfung am Arbeitsplatz (1993, Blatt 1; 1997, Blatt 2; 1994, Blatt 3)
2264 Betrieb und Wartung von Entstaubungsanlagen (1994)
2578 Auswurfbegrenzung: Glashütten (1997)
3677 Filternde Abscheider (1997)
3678 Elektrische Abscheider (1997)
2094 Emissionsminderung: Zementwerke (1985)
2584 Emissionsminderung von Natursteinaufbereitungsanlagen in Steinbrüchen (1997)

Sachverzeichnis

1. Allgemeine Verwaltungsvorschrift L-5
2. Allgemeine Verwaltungsvorschrift L-5
3. Störfall-Verwaltungsvorschrift L-46
3-Wege-Katalysator N-100
4. BImSchV L-55
^{40}K J-38

α-Strahler N-26
α-Strahlung J-38
α-Teilchen D-55, M-84, N-19
Abbau
-, biologischer H-107
- polymerer Stoffe
-, acetogene Phase G-100
--, Hydrolysephase G-99
--, methanogene Phase G-100
--, Versäuerungsphase G-99
Abbaubarkeit F-74, J-78
Abbaugeschwindigkeit, mikrobielle F-74
Abbaukinetik G-127
Abdeckung G-202
Abdichtung
-, Asphaltbeton- J-53
-, Kombinations- J-53
-, Kunststoff- J-53
-, mineralische J-53
-, vertikale J-49
-, Systeme J-53
Aberration D-59
Abfall B-37, E-1, N-128
- Garten- H-105
- Potential H-4
- Prognose H-98
- zur Beseitigung B-38, H-1
- zur Verwertung H-1, B-38
-, Abgabe B-10
-, Analyse H-4
-, Arten H-2

-, Ausfuhr von B-44
-, Beauftragter B-42
-, Begriff
--, objektiver B-38
--, subjektiver B-38
-, Behandlung, thermische H-21
-, Behörde B-42
-, Beseitigung C-8
-, Besitzer B-40
-, besonders überwachungsbedürftig H-1
-, Bilanz B-41
-, Bio- H-105
-, Biotonne H-105
-, Einfuhr von B-44
-, Erzeuger B-40
-, Gesetz J-1, J-26, M-49
-, Gewerbe B-40
-, Grün- H-15, H-39, H-105
-, Küchen- H-105
-, Mengen H-3
--, Prognose H-4
--, Struktur H-97
-, nicht überwachungsbedürftig H-1
-, nichtwärmeerzeugender alphastrahlender N-33
-, organischer H-105
-, radioaktiver B-30f.
-, Sammlung H-34
-, Transport H-34
-, überwachungsbedürftiger H-1, B-38
-, Verbrennung H-55
-, Verbringung von B-44
-, Vermeidung H-99
-, Verwertung H-100
-, wärmeerzeugender N-33
-, Wirtschaftskonzept B-41, H-95–H-97
-, Zusammensetzung H-97
Abfallwirtschafts- und Kreis-

laufgesetz G-197
Abfluß
-, Bildung G-44
-, Erhöhung G-2
-, Modelle G-43
-, Querschnitt G-37
-, Transformation G-44
Abgas B-22
-, Behandlung G-85
-, Kanal M-3
-, Komponente N-63
-, Nachbehandlung N-65
-, Zertifikation im Flugverkehr N-84
Ablagerungen G-26
Ablauforganisation L-48
Ableitung G-36
Ableitvorrichtung L-41
Ablösung G-81
Abluft G-208
-, Behandlungsanlage G-206
-, Emissionen H-123
-, Erfassung H-111
-, Kamine G-202
-, Konzentration F-77
-, Reinigung G-206
--, Bemessung G-206
--, biologische H-123
--, biologische Verfahren F-73
-, Volumenströme G-209
Abluft- und Sickerwasseremissionen H-121
Abluftfassung und -reinigung G-200
Abraumhalde N-27
Abreinigungseffektivität F-30
Abreinigungsfilter F-28
Absaugung G-202
Abscheidegrad F-19f., F-22, F-25, F-30
- am Einzeltropfen F-21
Abscheideleistung G-61

Sachverzeichnis S-1

Abscheidemechanismus F-28
Abscheidemedium F-54
Abscheider
-, Benzin- G-68
-, elektrischer F-6, F-7, F-32
-, Fett- G-67
-, filternde F-6, F-7
-, Fliehkraft- F-11
-, Gegenstrom- F-8
-, Hochleistungs- F-25
-, Hochleistungsstaub- H-30
-, Koaleszenz- G-68
-, Lamellen- F-10
-, Leichtflüssigkeits- G-67
-, Leichtstoff- G-54, G-67
-, Massenkraft- F-6f.
-, Querstrom- F-9
-, Rohr-Umlenk- F-10
-, Schwerkraft- F-8
-, Tropfen- F-19, F-27f.
-, Umlenk- F-9
-, Venturi- F-57
-, Zyklonabscheider F-11
Abscheideverfahren, chemisches F-1
Abscheidewirksamkeit F-28
Abscheidung von HgCl$_2$ F-51
Abschirmkegel F-12f.
Abschirmung K-7
Abschott- und Entlastungssystem (AES) L-38
Abschottung, gezielte L-38
Absetzbecken G-54, G-62, G-67, N-27
-, Bemessung G-65
-, horizontal durchströmtes G-63
-, rechteckiges G-63
-, rundes G-63
-, Sonderformen G-65
-, vertikal durchströmtes G-64
Absetzkipper H-35
Absetzteiche G-118
Absorbens F-52, F-54
-, geschmolzenes Salz F-55
Absorber F-55
-, Bauarten F-56
-, Füllkörperkolonne F-56
-, Injektor- F-56
-, Oberflächen- F-56
-, Rieselrohr- F-56
-, Sprüh- F-56
-, Teller- F-56
-, Venturi- F-56
-, Wirbelschicht- F-56
-, Zentrifugal- F-56
Absorption F-41, F-42, J-101
- in tiefkaltem Lösemittel M-17
-, chemische F-1

-, physikalische F-1, F-52
-, Anlagen F-56
-, Energie F-52
-, Gleichgewicht F-58
-, Kinetik F-2, F-58
-, Kombinationen F-54
-, Lösung M-8
-, Verfahren F-52
-, Wärme F-52
Absorptiv F-52
-, anorganisches F-54
-, organisches F-54
Absperrarmatur L-33
Abstandserlaß G-201
Abtrennung J-86
-, mechanische J-101
Abwärmenutzung B-17
Abwasser B-39, B-47, D-41, J-104, M-44, M-46
-, Abgabe B-53
-, Abgabengesetz G-29
-, alkalisch G-70
-, Anfall G-40
-, Anlage, öffentliche G-70
-, Behandlungsanlage B-52
-, Inhaltsstoffe G-92
-, Komponenten G-86
-, Menge N-53
-, Pumpwerk G-45
-, Reinigung J-104
--, mechanische Verfahren G-54
--, naturnahe Verfahren G-116
-, Teiche, unbelüftete G-118
-, Verordnung B-47
-, Verteilung G-63
Abwehrpflicht B-17
Acetaldehyd D-11
Acetat G-100
Acetogene Phase G-186
AcetV L-3
Ackerbau N-116, N-121, N-127f., N-131
Ackerböden D-40f., D-43
Acrylnitril M-18
Additives System H-40
Additivzugabe N-48
Addukte D-24
Adsorbens F-41
-, Wirkung G-79
Adsorbentien F-44, F-47
-, charakteristische Daten F-48
Adsorber F-49
-, Auswahlkriterien F-57
-, Festbett- F-49
-, Flugstrom- F-49
-, Rotations- F-49
-, Wanderbett- F-49
-, Wirbelbett- F-49, F-56

-, Harze G-81
-, Materialien G-80
-, Oberfläche G-80
Adsorbierbare organische Halogene (AOX) M-74
Adsorption F-41f., F-51, G-79, G-85, J-8, J-101
-, Belebungsverfahren G-140
-, Energie F-44
-, Filter H-30
-, Isotherme F-44
-- nach Freundlich F-46
-, Mechanismus F-46
-, Prozeß F-50f.
-, technische Gestaltung G-81
-, Verfahren F-44, F-51, G-79
Adsorptive F-44
Aerosol D-7, D-11, G-197, G-198, G-202, N-24
-, Bildung G-204
--, Vermeidungsmaßnahmen G-204
-, Emissionen G-203
--, epidemiologische Aspekte der G-203
-, Fracht G-203
-, Konzentrationen, Meßverfahren G-203
-, Schicht, natürliche D-7
AG-Aufbereitungsanlage H-53
Agenda 21 A-2
Air-Quality Criteria D-35
Akkumulator, tragbarer J-33
A-Kohle G-80
Aktivierungsenergie F-44
Aktivierungsprodukt N-19
Aktivität N-18
-, spezifische N-34
Aktivkohle F-51, F-68, G-80, G-207, H-30
-, Adsorption H-81
-, Filter F-51, G-207
-, mikroporöse F-48
-, Röhrchen M-17
Aktivkokse F-68
-, mikroporöse F-48
Aktivkoksverfahren, katalytisches F-72
Aktor L-33
Akzeptanz E-11
Alarm
-, Adressen L-46
-, Anlagen L-22
-, Fälle L-46
-, Ordnung L-52
-, Plan, betrieblicher L-46
-, Situation L-45
-, Stufen L-46
Alarm- und Gefahrenabwehrpläne, betriebliche L-6

Alarmierungsschema L-46
Aldehyde D-10f., M-18
Algenblüten G-117
Alkalische Abwässer G-70
Alkoholkraftstoffe N-71
Allgemein anerkannte Regeln der Technik (a.a.R.d.T.) G-197
Allgemeine Rahmen-Verwaltungsvorschrift über Mindestanforderungen an das Einleiten von Abwässern in Gewässer (RahmenVwV) M-47
Allmählichkeitsschäden C-25
Allokation
–, Entscheidungen C-18
–, Problem C-1, C-7, 11
Altablagerung B-58, J-2
Altanlage B-22
Altautoverordnung H-4
Altbatterien H-40
Altdeponie H-70
Alteisen J-30
Alternative Kraftstoffe N-70
Altglas (AG) H-38–40, H-51
–, Aufbereitung H-17
Altholz N-52
Altkunststoff H-38, H-40, H-54
Altlasten B-58, G-6, J-1, J-26, J-28, N-27,
–, Erkundung aus der Luft J-38
–, geothermische Erkundung J-37
–, radioaktive B-34, J-37
–, räumliche Ausdehnung J-30
–, Sanierung, nutzungsbezogene J-47
–, Verdachtsfläche J-1
–, Verordnung B-55
–, VwV M-70
Altmetall H-40
Altöl B-39, B-42
Altpapier (AP) H-38–40, H-47f.
Altstandort B-58, J-2
Altstoffe B-38, H-44
Altstoffeinsatz H-45
Alttextilien H-40
Aluminium N-17
Aluminiumoxid F-70, G-81, N-17
Aluminiumsilikat F-70
Alveolen D-19
AMG N-37, N-44
Amidosulfonsäure G-76
Amine F-74, M-18
–, aliphatische

––, primäre M-35
––, sekundäre M-35
Aminosäuren D-20
Ammoniak D-41, F-67, F-73, F-74, G-104, G-200, M-12, M-33, N-119, N-123–N-125, N-127, N-129, N-132
–, Emission N-124
Ammonifikation G-94, G-102
Ammonium G-104
–, Sulfat N-125
Anaerobanlagen G-66
Anaerobtechnik H-112
Analyse
– durch visuelle Klassifikation H-5
– mittels GC-MS M-42
–, Methoden, systematische L-7
Analysenfunktion
–, netzbezogene M-24
–, punktbezogene M-25
Anbackung F-18
Andienungspflicht B-41
Anfangsereignis L-10
Anforderungsklasse L-32
Angriffsweg L-45
Anionen M-74
–, Austauscher G-76
–, Fällung von G-73
Anlagebeurteilung M-75
Anlagen L-6
– i.S.d. BImSchG B-15, B-40
–, Begehung L-40
–, benachbarte L-7
––, genehmigungsbedürftige B-16, L-4
––, überwachungsbedürftige L-3, L-49
–, Genehmigung B-18, B-30
–, kerntechnische D-57, D-64
–, Komponenten L-39
–, Sicherung L-28
–, Standort J-107
–, Überwachung L-35
–, Verordnung B-51
–, Zwang B-44
Anlagen und Verfahren, technischer Einsatz von F-50, F-58
Anlageteile, sicherheitstechnisch bedeutsame L-6, L-10
Anlandung M-56
Anordnung B-20
Anregeteil L-35
Anregung, induktive J-32
Anreicherungstechnik G-76
Anreicherungsverfahren G-79
Ansprechempfindlichkeit F-40

Ansprechhäufigkeit L-31
Anspringtemperatur F-65
Anstrichsystem N-49
Antifoulinganstrich N-94
Antihavarietraining L-44
Antimon M-40
Antioxidantien D-31
Antriebe, alternative N-74
Anzahlverteilung F-3
Anzeige L-4
AP-Aufbereitung H-50
Apparatur, geschlossene N-41f.
Applikationsart L-15
Äquivalentdosis D-56, D-64
Äquivalenz
–, Faktor H-8
–, Prinzip J-32
Arbeitslärm D-51, K-1
Arbeitsplatz L-50
Arbeitsschutz L-49
–, Gesetz L-49
Arbeitssicherheit J-28
–, Prinzipien L-51
Arbeitsstättenverordnung B-26, L-49
Arbeitswelt, Gesundheitsschutz der L-49
Arsen M-40
Artenschutz B-15
Arzneimittel N-37
–, sterile N-41
–, Gesetz (AMG) N-37
–, Herstellung N-39
Asche M-56, N-52
Asphalt H-63f.
Atemwege D-19
Atmosphäre D-14, D-16, N-119, N-124
–, Emission in die N-127
–, explosionsfähige L-25
Atmungsaktivität H-119, M-67
Atomabsorptionsspektrometrie (AAS) M-8, M-39
Atombehörde B-33
ATS, aerobe-thermophile Stabilisation G-185
Attritionszelle J-92
ATV B-6
–, Merkblatt M 204 G-198
Aufbauorganisation L-48
Aufbereitungsbetrieb N-27
Aufenthaltszeit G-65, G-124
Auffangbehälter L-37
Auflagen B-13
Aufnahme
–, dermale J-12
–, orale J-13
–, pulmonale J-12
Aufnahmefähigkeit der Um-

Sachverzeichnis | S-3

weltmedien bzw. Ökosysteme C-5
Aufstrom
-, Klassierer J-90
-, Sortierer J-95
Auftragsverfahren N-50
Auftreffgrad F-19, F-20
Aufwachreaktion D-49
Aufwärtsregelung F-40
Aufwuchsflächen
-, rotierende G-152
-, schwebende G-153
AufzV L-3
Ausbrand N-51
Ausbreitung
-, Parameter G-200
-, Rechenmodelle G-201
-, Rechnung L-11
Ausfall
-, Art L-9
-, Dauer L-36
-, Effektanalyse L-7
-, Häufigkeiten L-10
-, Zeit L-36
Ausgangssignal L-36
Ausgangssituation J-110
Ausgleichsanspruch B-57
Ausgleichsschicht J-53
Auskunftsrecht B-8
Auslaugverhalten J-62
Auslöseteil L-35
Ausscheidung D-21
Ausschlußkriterien J-109
Ausschüsse B-4
Austauschaktive Gruppe G-76
Austauscher
-, Kapazität G-77
-, polyfunktionale G-77
-, schwache G-77
-, Selektiv- G-77
-, starke G-77
Auswaschung D-39
Auswerterechner M-22
Automation N-42
AVV-IMIS B-29
Axialzyklon F-14

β-Strahlen D-55
β-Strahlung J-38, M-8, M-84–86
β-Teilchen D-55
Backenbrecher J-90
Backstop-Technologie C-5, C-15
Baggerschlamm D-42
Bahntransport H-43
Bakterienbeläge G-98
Bandfilterpressen G-189
Bandräumer G-63

Bandtrockner G-194
Barriere, geologische J-32
Basisabdichtung H-75
Basisverfahren M-29
BAT B-17
Bau
-, Abfall H-3, H-59f.
-, Bereich K-6
-, Deponie J-29
-, Genehmigungsverfahren J-43
-, Gesetzbuch J-42
-, Lärm K-1
-, Leitpläne J-42
-, Maschinenlärm B-16
-, Mischabfall H-60
-, Nutzungsverordnung G-206
-, Schalldämmaß K-7
-, Stoffklassen L-22, N-5
Bauartzulassung B-16, B-51
Baumwolle N-121
Baustellenabfall H-59f., H-64
Bauschutt H-3, H-59f., H-62
-, Aufbereitung H-63
Bauxit N-3, N-5, N-121
Bayer-Turmbiologie G-143
Beauftragtenorganisation L-48
Becken
-, belüftete G-122
-, Kaskaden- G-126
-, Nachklär- G-62
-, Rechteck- G-63
-, Regenklär- G-51
-, Regenrückhalte- G-47
-, Regenüberlauf- G-37, G-48
-, Rund- G-63
-, Vorklär- G-62
Becquerel (Bq) J-38
Bedeckungsgrad F-46
Bedienungselemente L-38, L-42
Bedienungspersonal L-6
Bedienungspult L-42
Befeuchter G-208
Befreiung L-6
Befugnis B-9
Begleitschein B-42
Behälter
-, Glas- H-51f.
-, Kosten H-38
-, Standplatz H-37
Behandlung, physikalisch-chemische N-92, N-95
Behördliche Inspektoren N-44
Belästigung D-45, D-49
-, Potential G-201
-, Reaktion D-54
Belastungen, diffuse G-23

Belastungsarten G-4
Belebter Schlamm G-93
Belebtschlammflocke G-93
Belebungsanlagen G-66
-, Bemessung von G-126, G-132
Belebungsverfahren G-92, G-122
-, Einflußgrößen G-123
-, Randbedingungen G-123
-, zweistufige G-140
Belichtung G-117
Belüftete Becken G-122
Belüftung, künstliche G-25
Belüftungsbecken G-211
Belüftungseinrichtungen G-203
Bemessungsregen G-42
Bemessungsverfahren, vereinfachtes G-49
Bentonit J-58
Benzo(a)-pyren M-21
Benzol M-18
-, chloriertes M-17
Bepflanzung G-120
Bereitstellungsgrad H-39
Bergbau B-34
Berieselungsanlagen L-23
Berstscheibe L-28, L-52
Berufsgenossenschaft L-50
Beschaffenheitsanforderungen L-50
Bescheidsystem B-53
Beschickung G-120
-, Art G-120
-, Formen G-77
Beschleunigung F-7
Beseitigung B-40
- nicht verwertbarer Stoffe E-9
Beseitigungsautarkie B-43
Besorgnisgrundsatz B-51
BET-Gleichung F-46f.
BET-Isotherme F-46
-, Klassifikation F-44, F-46, F-49
Betonplatte J-28
Betrieb L-5
-, Abfall N-33
-, Anweisung L-26, L-38, L-40, L-43
-, Beauftragter B-7
-, bestimmungsgemäßer L-6, L-34
-, Handbuch L-40, L-48
-, Kosten G-210, J-112
-, landwirtschaftlicher N-127f., N-131
-, Planverfahren B-9
-, Stabilität G-119
-, Tagebuch H-77

Bewertung
-, nutzwertanalytische   J-111
-, toxikologisch-ökotoxikologische   J-85
-, Filter A   M-76
-, Modell   J-106f.
Bewirtschaftungsermessen   B-47
Bewirtschaftungsziel   B-55
Bindemittel   J-62, N-49
Bioabfall   H-38–40, H-105, N-97
-, Vergärung   H-114
-, Verordnung (BioAbfV)   H-105
Bio- und Grünabfallkompostierung   H-125
Biobettfilter   N-48
Biofilmverfahren   G-147
Biofilter   F-74, G-208, H-123, N-48
-, Anlagen   G-208
-, Bemessung der   G-209
-, Reinigungsleistung   G-208
-, Verfahren   F-75
-, Wirkungsgrad   H-123
BIOFOR-Anlage   G-151
Biogas   G-102, H-113f.
-, Ertrag   H-114, H-121
BIOHOCH-Reaktor   G-143
Biomassenrückführung   G-122
Biomasseverbrennung   D-12
Biomembranverfahren   F-77, G-145
Biosphäre   J-9, N-19
BIOSTYR-Verfahren   G-151
Biosynthese   N-36, N-39
Biotechnologie   H-104
Biotest   J-85
Biotonne   H-39, H-105
Bioverfügbarkeit   J-79
Biowäscher   F-74, G-209, H-123
Biozönose   G-92
Biphenyle, polychlorierte (PCB)   M-20
Blähschlamm, Bekämpfung von   G-111f.
Blasensäulenreaktor   G-75
Blasstahlverfahren   N-14
Blattseneszenz   D-31
Blei   J-30, M-39, N-18
-, Hütte   N-18
Blockheizkraftwerk (BHKW)   N-96, N-99f.
Blocklager   L-53
Blutdruckerhöhung   D-53
Bluthochdruck   D-47
Boden   A-3, J-3, M-55, N-118, N-120

-, Arten   D-37, D-40
-, Aushub   H-3, H-59f.
-, bindiger   J-102
-, Erosion   D-39, N-117, N-127
-, Fackel   L-37
-, feinkörniger   J-103
-, Filter, bewachsene   G-119
-, Fruchtbarkeit   D-37, D-40
-, Funktion   D-37, D-42
-, Informationssystem   B-56
-, Kolonne   F-56, F-58
-, Körper   G-120f.
-, Lösung   D-41
-, Luftabsaugung   J-51
-, Material   G-122
-, Nutzungen   D-40
-, Organismus   D-44f.
-, Profil   D-38
-, Radar   J-34
-, Reinigungsverfahren, chemisch-physikalisches   J-86
-, Sanierung   D-40
-, Schätze   D-36
-, Typen   D-38, D-40
-, Verbände   B-48
-, Verbesserungsmittel   H-115
-, Versauerung   D-33
-, Waschbarkeit   J-87
-, Wäsche   J-46
-, Waschverfahren   J-86
--, Eignung von   J-86
--, Einsatzmöglichkeiten   J-89
-, Wassergehalt   J-35
Bodenschutz   D-37, D-45
-, Recht   B-54
-, Verordnung   B-55
Bodensee-Schiffahrtsverordnung   N-89
Bogensieb   J-90
Bohrpfahlwand, überschnittene   J-57
Bohrung   J-28
Boranverbrennungsverfahren   J-70
Bouguer-Korrektur   J-38
Boxen- und Containerkompostierung   H-110f.
BRAM   H-11, H-21
Brand   L-5, L-17
-, Abschnitt   L-22, L-54
-, Bekämpfung   L-22, L-24, L-54
-, Schutz   L-22
--, baulicher   L-22
--, betrieblicher   L-23
--, organisatorischer   L-23
--, vorbeugender   L-22
--, Maßnahmen, betriebliche   L-23
-, Temperatur   L-19

-, Verlauf   L-19
-, Wände   L-22
Brand- und Explosionsschutz   L-17
Brauchwasser
-, Netze   G-204
-, Nutzung   G-17
Braunkohlen- und Steinkohlenkokse   G-81
Brecher   J-90
Brenn- bzw. Heizwert (H_o bzw. H_u)   M-64
Brennelement   N-30
-, Fertigung   N-30
Brennen   L-17
Brennrost   N-6
Brennstoff   L-20
- aus Müll (BRAM)   H-11, H-21, H-34
-, Konzentration   L-18
-, Mangel   L-18
-, Zelle   N-75
Bringsystem   H-39f.
Brunnen   J-8
Buchenholzstaub   N-47
Bundesberggesetz   J-42
Bundes-Bodenschutzgesetz   B-54, J-26
Bundes-Immissionsschutzgesetz (BImSchG)   G-195, L-4f., M-75
-, Genehmigungsverfahren   H-105
Bundesministerium für Umwelt   B-12
Bundesnaturschutzgesetz   B-14
Bunker   F-11
-, Absaugung   F-18
-, Topf   F-12
-, Volumen   F-11–13
Bypass-Strömung   F-33
Bypassvolumenstrom   M-8

c^5-Senke   D-46
C- und N-Elimination
-, einstufige Verfahren   G-128
-, zweistufige Verfahren   G-140
Cadmium   D-43, M-40, N-119
Caesium-137   D-43
Calcium-Acetat-Lactat-Auszug (CAL)   M-73
Calciumchlorid-Auszug   M-73
Caroat   G-75
CA-System   N-48
CEN/CENELEC   B-5
Centridry   G-192
Checklisten   L-8, L-40
Chemietoilette   N-94, N-99

Chemikaliengesetz L-2, L-49
Chemikalienzugabe G-201
Chemilumineszenz M-12
–, Prinzip M-34
–, Verfahren M-15
Chemische Industrie, Verpflichtung der E-3
Chemische Wäscher G-207
Chemisorption F-1f, F-41f., F-44, F-47, F-51–53
– des Ammoniaks F-69
–, Prozeß F-58
–, Verfahren F-2
Chlor D-8, G-75, M-33
–, Aktivierung D-8
–, Gehalt M-65
–, Kohlenwasserstoff, leichtflüchtiger M-17, M-37
–, Nitrat ($ClONO_2$) D-7f.
–, Phenole J-103
–, Verbindung
– –, gasförmig anorganische M-11
– –, kontinuierliche Messung M-16
–, Wasserstoff (HCl) D-7f., F-53, M-33
Chlor-/Knallgasreaktion L-17
Chrom N-55
Chromatmethode M-68
Chromosomen D-59
–, Aberration D-60, D-62
CKW D-5, D-15
CO-Immission M-31
CO_2
–, Emission N-60
–, Gehalt D-34
–, Löschanlagen L-23, L-52, L-55
–, Löslichkeit G-102
–, Problem C-10
Coliforme Keime G-203
Combustor F-63f.
CPB H-2
Critical Levels D-35
Critical Loads D-35
Curie (Ci) J-38
CURT-Verdampfertechnologie G-88
Cyanid J-103, M-65, M-74
–, Ion G-75
Cypriniden-Gewässer G-17

Dämmstoff N-92
DampfkV L-3
Daten
–, Ausgabe M-24
–, Schutz personenbezogener J-27
Dauerschallpegel D-45
–, äquivalenter M-76
DDT D-43
Deaktivierung F-69
– durch Ammonium-Schwefel-Verbindungen F-69
– durch Arsenverbindungen F-69
– durch Phosphate F-69
Deep-Shaft-Verfahren G-142
Deflagration L-20
Dekanter G-191
Dekontamination J-44, J-49
–, Maßnahme J-44, J-49
–, thermische J-66
–, Verfahren J-45, J-109
Denitrifikation D-41, G-105, N-102, N-106
–, alternierende G-129
–, Einflußparameter G-106
–, Grad G-132
–, intermittierende G-129
–, Leistung G-140
–, nachgeschaltete G-130
–, simultane G-130
–, vorgeschaltete G-128
–, Zwischenprodukte G-106
Denitrifizierung D-8
De-Novo-Synthese N-110f.
Deponie B-44, H-68, H-117
–, Abdichtungssysteme H-75
– –, Basisabdichtung H-75
– –, Oberflächenabdichtung H-75
–, Anforderungen H-70
–, Bau- J-29
–, Betrieb H-76
–, Erd- J-29
–, Erscheinungsbild H-72
–, Flächenbedarf H-72
–, Funktion C-3, C-7
–, Geometrie H-74
–, Grenze J-30
–, Hausmüll- J-29
–, Klassen H-69f.
–, Nachsorgephase von H-93
–, neue H-69
–, Sickerwasser G-88, H-78
– –, Behandlung G-75
– –, Inhaltsstoffe H-78
–, Verhalten, Erklärung zum H-77
–, Volumina H-73
–, Zuordnungskriterien H-71
Deponiegas H-85, N-115
–, Grenzwerte H-92
–, Spurenbestandteile in H-88
–, Umweltbelastungen H-85
–, Umweltgefährdungen H-85
Deponierung H-56
Deposition D-29, D-42
–, kritische D-35
Depotcontainer H-39f.
Desinfektionsmittel N-95
Desintegratoren F-25, F-56
Desorption F-44, F-49, F-52, F-58
– mit Wasserdampf F-50
Destillation G-88
Detailbewertung J-47, J-110–112
Detektion
–, automatische L-40
–, Möglichkeit L-40
–, System L-38
Detonation L-20
Deutsch-Gleichung F-37
DEV B-6
– S_4-Methode M-62
Dezibelskala D-45
DFG B-6
Dialyse G-90
Dibenz(a,h)anthracen M-21
Dibenzo-p-dioxine, polychlorierte (PCDD) M-20
Dibenzo-p-furane, polychlorierte (PCDF) M-20
Dichte J-6
Dichtungen L-55
Dichtungsschicht J-53
Dichtwände J-55
Dielektrizitätskonstante J-34
Diesel
–, Kraftstoff N-121
–, Motor N-121
–, Traktionsmotor N-77
Differenzwägung M-3
Diffusion F-36
–, Abscheider M-30
–, Aufladung F-36
–, Koeffizient F-48
–, Vorgänge G-98
Dimethylphenol-Verfahren M-10
DIN B-5
DIN EN ISO 9000–9004, internationale Normen N-37
DIN ISO 14040 H-7
Dioxin D-44
–, polychloriertes F-2
–, Emission N-51
Direkteinleiter B-48
Direktreduktion N-13f.
Direkttransport H-42
Diskontrate C-4
Dispersion J-8, J-92
Distickstoffoxid N-119, N-125
DNA D-24
–, Schaden D-23
–, Strahlenschäden D-58
DNPH-Verfahren M-18
Dobson-Einheit (Dobson Units

DU) D-5
Dokumentation L-10, L-34
Dolomit N-3, N-5f.
Dominoeffekt L-44
Doppelbettverfahren F-66
Dosierungsfehler L-43
Dosimeter M-83, M-87
–, chemische M-87
Dosis D-17, D-22, L-14,
–, Grenzwert B-32, D-63f.,
  J-38
–, Messung M-83, M-86
–, Wirkungsbeziehung D-17,
  D-22, D-34, D-40, D-58, D-60,
  D-62
Downcycling H-46, H-58
Drallströmung F-11
Dränagegraben J-49
Dränrohr J-53
Drehofen N-7
Drehrohr N-112
–, Ofen H-25, N-3, N-6, N-13
Dreiecksmiete H-111
Druck
–, Absenkung, zeitabhängige
  L-41
–, Anstieg, maximaler zeitlicher
  L-21
–, Behälter N-42
–, BehV L-3
–, Entspannungsflotation
  G-68
–, Farben H-49
–, Luftaustritt K-5
–, Spitzen L-21
–, Sprung L-17
–, Stoßfilter F-31
–, System G-40
–, Verlust F-22, F-24, F-29
–, Wellen L-17
Druckwasserreaktor N-22,
  N-24
Duales System Deutschland
  (DSD) N-109
–, Leichtverpackung H-37
–, System N-93
Düker G-51
Duldungspflicht B-8
Dünger N-116, N-123
Düngung D-40, N-117, N-124,
  N-127f., N-131
Dünndarm D-60
Dünnschichttrockner G-88,
  G-194
Dünnschichtverdampfer G-87
Duotherm H-22
Durchbruchfeldstärke F-39
Durchflußanlagen G-70
Durchflußwachstum C-12
Durchflußzeit G-118
Durchlässigkeit J-3, J-7, J-51

–, Beiwert H-121, J-62
–, relative (Permeabilität) J-8
Durchlaufbecken G-50
Durchmesser
–, aerodynamischer F-2
– der Partikel, aerodynami-
  scher M-5
–, Sinkgeschwindigkeits- F-2
Durchschnittsprobe M-53
Durchströmung G-120
Durchströmzyklus F-15
Duroplaste H-54
Düsenstrahlverfahren J-59
DVGW B-6
DVWK B-6
Dynamische Mietenverfahren
  J-80

E. coli G-203
EAKV H-2
Ecotechnik-Verfahren J-75
Edelgas N-24
Effekt F-19
–, genetischer D-63
–, glühelektrischer F-36
–, stochastischer D-63
EG-Vogelschutzrichtlinie
  B-14
Eichenholzstaub N-47
Eigen-/Selbstinspektion N-44
Eigenkompostierung H-104
Eigenpotential, elektrisches
  J-32
Eigenschaften
–, elastische J-35
–, mechanische J-62
Eigenverantwortung L-48
Eignungsfeststellung B-51
Eignungsprüfung J-58, M-28
Ein- und Auslaufstrecke M-3
Einbaudichte H-119
Einbett-Drei-Wege-Katalysator
  F-66
Einbett-Oxidations-Katalysator
  F-66
Einbindung J-59
Eindicker G-62
Eindickzentrifuge G-188
Eindringtiefe J-33f.
Eingrenzung, räumliche J-107
Eingriffe
– in Natur und Landschaft
  B-14
– Unbefugter L-45
Einhausung G-202, G-210
Einheiten, abschottbare L-38
Einheitstemperaturzeitkurve
  L-19
Einkapselung J-48
–, Maßnahme J-45

Einleitgrenzwerte H-78
Einrichtungen
–, sicherheitstechnisch bedeut-
  same L-31
–, störfallverhindernde L-31
Einrührverfahren G-81
Einsatzquote H-45, H-47
Einschmelzanlage N-34
Einsetzbarkeit J-109
Einstau G-121
Einstufenprozeß H-112
Eintrittswahrscheinlichkeit
  L-32
Einwegbehälter H-35
Einzelabschaltung L-42
Einzelarbeitsplätze L-51
Einzelstrangbruch D-59
Einzeltropfen
–, Abscheidegrad F-21
–, Abscheidung F-20
–, Trägheitsabscheidung F-21
Einzugsgebiet G-37
Eisdeckung G-118
Eisen N-9
Eisenerzsintern N-9
Eisenoxid N-13
Eisenschrott J-28
Eisen- und Aluminiumhydro-
  xid-Schlämme G-81
Elastomere H-54
Elektroantrieb N-74
Elektroden J-30, J-103
–, fluorionen-sensitive M-11
–, Geometrie F-35
–, Kette, fluorsensitiv M-16
Elektro-
– Dialyse G-90f.
– Entstauber F-32
– Filter F-6, F-32, N-47
– Kiesbettfilter N-47
– Kinese J-102
– Lichtbogenofen N-16
– Magnetik J-32
– magnetisches Reflexionsver-
  fahren (EMR) J-34
– Osmose J-102
– Phorese J-102
– Sanierung J-102
– Smog B-35
Elektrolyse J-102
–, Zelle N-17
Elektrolytische Abscheidung
  G-76
Elektronenakzeptor J-84
ElexV L-3
Eley-Rideal-Mechanismus
  F-61, F-67f.
Eliminationswirkung G-55
Eluat H-4
Elution
–, Methode M-73

–, Verfahren   J-62, M-61, M-71
Emission   B-15, B-20, D-2, D-9–11, D-27, D-41, D-43, G-197, H-68, J-43, L-5, L-11, M-1, M-76
- aus Abwasseranlagen   G-197
- aus Stickstoffverbindungen   N-132
- in die Atmosphäre   N-127
––, Meßverfahren   G-199
–, Begrenzung   M-1
–, Beurteilung von   G-197
–, Engpaßsituation   C-9
–, Erklärung   B-20
–, gasförmige, anorganische   M-9
–, Messungen   N-66
–, Minderung   N-64
–, radioaktive   N-19, N-27
–, Rechte, handelbare   C-24
–, Szenarium   D-15
–, Spektrometrie, optische   M-40
–, Vermeidung   G-198
Emulsion   J-89
–, Spaltung   G-68
Endlager   B-30, N-35
Endlagerung, direkte   N-32
Energie   B-17
–, Bedarf   F-24f., G-68
–, Dosis   D-55, D-56, D-64, M-82, M-87
–, Gewinn   G-103
–, Gewinnung   B-39, G-91
–, Pflanzen   N-116
–, Quellen   G-94
–, Rohstoffe   J-28
–, Spektrum   J-38
–, Stoffwechsel   G-94
–, Träger, fossiler   N-127
–, Verbrauch   F-41, N-57, N-122
Engpaßsituation
–, Emission   C-9
–, Stoffeintrag   C-9
Entgasung   H-21
Entgiftung   G-75
Entkalkung, biogene   G-118
Entkeimung   N-99
Entlastungssystem   L-38
Entledigung   B-37
- Wille   B-37
Entleerungsventil   L-39
Entnahme
–, geschwindigkeitsproportionale   M-9
–, Kosten   C-7
–, massenproportionale   M-9
Entphenolung   G-82
Entschwefelungsanlagen   D-9
Entsorgungsfachbetrieb   B-44

Entsorgungsnachweis   B-42
Entspannung
–, gezielte   L-38
–, Ventil   L-39
Entstauber   F-6, F-19
Entstaubung   F-1, F-6, N-52
Entwässerung
–, Netz   G-40
–, Schicht   J-53
–, Sieb   J-98
Entwicklung
–, Fläche, städtebauliche   J-42
–, Land   N-128
–, nachhaltige   A-2
–, pharmazeutische   N-38
Entzündlichkeit   L-17
Entzündungstemperatur   L-21
Environmental Impact Assessment   N-45
Epidermis   D-19
Erdaushub/Bauschutt, Erste VwV   M-59, M-70
Erdbeton   J-58
Erddeponie   J-29
Erdgas   N-73
Ereignis
–, Ketten   L-10
–, unerwünschtes   L-35
Erfassungsgrad   H-39
Erkennung und Überwachung   D-36
Erkrankungen, genetische   D-58
Erkundung
–, aerogeophysikalische   J-38
–, Tiefe, maximale   J-33
Erlaubnis   L-4
Ermessen   B-10
- Richtlinie   B-3
Erosion   N-117
Erregungspotential   L-44
Erscheinungsbild   H-72
Erschütterungen   G-197
Eruptivgestein   J-3
Erythrozyten   D-60
Erz
–, Lager   D-43
–, Prospektion   D-43
–, Vorbereitung   N-9
Erze   J-28
E-Schrott   H-40
Etagenofen   H-25
Etagenwirbler   H-22
Ethylbenzol   M-18
EU-Deponieverordnung   H-105
EU-Richtlinie   G-21
Europäische Union   B-1
Eutrophierung   D-40, D-44
EWC   H-2
Exkrement   N-123, N-129

Explosion   L-5, L-17
–, Bereich   L-20
–, Druck, maximaler   L-21
–, Gefahr   L-25
–, Grenze
––, obere   L-18
––, untere   L-18
–, Klappe   L-52
–, Schutz, primärer   L-26
–, Schutz-Richtlinien   L-20
–, unverdämmte   L-21
Expositionspfade   J-48, N-19
Ex-Situ-Verfahren   J-80
Extinktion   M-5
Extrahierbare organische Halogene (EOX)   M-66, M-74
Extraktion   G-82, M-61, M-71
–, Effekt   G-82
–, Mittel   G-83
–, Verfahren   J-46, J-86
Ex-Zone   L-44

Fachbetrieb i. S. d. § 19 l WHG   B-52
Fackel   L-37
Fahrzeugtechnik   K-5
Fail-Safe-Verhalten   L-36
Fallgewicht   J-35
Fällmittel   G-71
–, Kombination   G-72
Fallrohr   F-12
Fällung   G-66, G-71
–, chemische   G-65
Falschluft   F-18
Fangbecken   G-50
Farbsortiermaschine   H-16
Faser
–, Pflanzen   N-116
–, Platte   N-49
–, Trockner   N-45
Fässer   J-30
Faulbehälter   G-114
Faulgas   G-186
Faulgräben   G-36
Faulschlamm   M-55
Faulung   G-186
–, mesophile   G-186
–, thermophile   G-186
FCKW   C-11, D-5, D-15
–, Emission   C-11
–, Verbindungen   C-2, D-2
Fehlbedienung   L-43
Fehlbereich, unzulässiger   L-35
Fehler
–, aktiver   L-36
–, Baumanalyse   L-7, L-10
–, Beherrschung   L-33
–, Erkennungszeit   L-36
–, passiver   L-33, L-36

-, selbstmeldender   L-36
-, Vermeidung   L-33
Fehlfunktion   L-7
Fehlsignal   L-36
Fehlverhalten, menschliches
  L-43
Fehlzustand
-, unzulässiger   L-30, L-35
-, zulässiger   L-35
Fein
-, Gut   H-14
-, Rechen   G-55
-, Siebe   G-56
-, Staub, Agglomerieren des
  F-18
Feinstkornabtrennung   J-96
Feinstrechen   G-55
Feld   F-33
-, Aufladung   F-36
-, elektrisches   F-36
-, Emission   F-36
-, Linie, elektrische   F-34
-, Stärke   F-34
Fenster   G-212, M-80
-, atmosphärisches   D-12,
  D-15
Fermentation   N-43
Fermenter   N-40
Ferntransport   D-9f., H-41
Fertigarzneimittel   N-36, N-40
Festbett
-, Reaktoren, getauchte   G-152
-, Verfahren   G-77
Festgestein   J-3, J-32
-, Schadstoffimmision im
  J-34
Feststoff
-, Flächenbeschickung   G-66
-, Gehalt   G-66
-, Matrices   M-48
-, Reduktion   N-13
-, suspendierter   G-62
Fette   G-67
Fettfang   G-60f.
-, Tasche   G-60
Feuchtigkeitsgehalt   G-207
Feuer
-, Beständigkeit   L-19, L-41
-, Löscher   L-23
-, Meldeanlagen   L-22
-, Schutzabschlüsse   L-22
-, Widerstandsklassen   L-22
Feuerung
-, Misch-   H-22
-, Rückschub-   H-22
-, Vorschub-   H-22
-, Walzenrost-   H-22
Feuerwehr   L-24, L-44
FFH-Richtlinie   B-14
FGSV   H-64
FID-Detektor   M-19

FID-Meßtechnik   G-199
Filmdosimeter   M-83, M-87
Filter   M-39
-, biologische   G-150
-, Druckstoß-   F-31
-, Kerzen-   F-31
-, Klopf-   F-31
-, Patronen-   F-31
-, Rückspül-   F-31
-, Schlauch-   F-31
-, Schüttschicht-   F-31
-, Taschen-   F-31
-, Anströmgeschwindigkeit
  F-30
-, Band   M-30
-, Druckverlust   F-28
-, Flächenbelastung   F-30
-, Flächenbeschickung   G-209
-, Funktion   D-37
-, Geschwindigkeit   J-7
-, Hülse   M-4
-, Kuchen   F-29
-, Material   F-75, G-208
-, Medium   F-28
-, Raumbelastung   G-209
-, Schicht   J-53
-, Staub   N-52
-, Stäube   J-104
-, Strom, spezifischer   F-34
-, Wirkung   D-41f.
-, Wirkungsgrad   H-124
Filterung   D-44
Filtrationsabscheider   F-28
Filtrieren   J-98
Filze   F-28
Finanzmittel   J-47
Fingerpulsamplitude (FPA)
  D-47
Firmen-Auditoren   N-44
First Pass Effect   D-18
Fischgewässer   G-26
Fixierung   J-59
Flächen
-, Bedarf   H-72
-, Beschickung   G-62,
  G-65
-, Filter   F-75
-, Kartierung   J-33
-, Recycling   J-42
-, Verbrauch   J-11
-, Verteilung   F-3
Flammenfront   L-17
Flammenionisationsdetektor
  (FID)   M-19
Flammpunkt   L-17, L-21
Fließgeschwindigkeit   G-58
Fließgewässer   G-91
Fließpotential   J-32
Flocken   G-93
-, Bildung   G-62
Flockulation   G-188

Flockung   G-65f.
-, Hilfsmittel   G-67f.
-, Mittel   N-99
-, Reaktor   G-65
Flotat   G-67
Flotation   G-187, J-98
-, Anlagen   G-54, G-67f.
-, Apparat   J-96
-, Verfahren   G-144
Flotieren   H-58
Flucht- und Rettungswege
  L-45, L-52
Flüchtigkeit   N-62
Fluglärm   D-51, K-1, M-80
-, Schutz   B-26
Flugstromadsorber   F-49
Flugverkehr   B-28
Flugzeugantrieb   N-80
Fluor
-, Chlorkohlenwasserstoff
  (FCKW)   M-17, N-119, N-38
-, Kohlenwasserstoff   J-11
-, Verbindung   M-16
--, gasförmige anorganische
  M-11
-, Wasserstoff   F-53
Fluoride   D-28
Fluoridionen   G-73
Fluorosis   D-28
Flüssigentmistung   N-123
Flüssiggas   N-72
Flüssigkeit
-, brennbare   L-18
-, Brücke   F-5
-, Tropfen   F-23
Flüssigphase   D-9
Flüssig-Flüssig-Extraktion
  G-82
Flüsterasphalt   K-5
Flutplanverfahren   G-43
Folgenutzung, höherwertige
  J-43
Formaldehyd-Immission
  M-35
Formfaktor   F-4
Forschung
-, Pharmazeutische   N-38
-, Reaktor   N-22
-, Zentren   N-22
Forstwirtschaft   D-41
Fortschritt, technischer   C-15
Fragenlisten   L-8
Freisetzungsformen   L-12
Freizeitbereich   K-1, K-4, K-6
Fremdgeräusch   M-78
Fremdwasser   G-38
-, Abfluß   G-41
-, Anfall   G-41
Frequenz   G-205
- elektromagnetischer Wellen
  J-34

Freundlich-Isotherme F-47
Fuller-Verteilung F-5
Füllgrad H-39
Füllkörperkolonne F-56, F-58
Fundamente G-212, J-35
Fungizid D-43
Funken L-18
Funktionelle Gruppen G-81
Funktionskontrolle, jährliche M-24
Funktionsprüfung L-33, L-45, M-24
–, geräteinterne M-24
–, jährliche M-24
Furane, polychlorierte F-2
Furniertrockner N-45
Furnierung N-50

γ-Strahlen D-55, M-85
γ-Strahlung D-55, D-56, J-38, M-84, M-86, N-19
Gammaquant N-19
Gammastrahlenspektrometer J-38
Gap junctions D-24
Gartenabfall H-105
Gartenbau N-116
Gas
–, Ausbreitungsmodell L-12
–, Behandlung H-90
–, Bestandteile, chemisorbierte F-49
–, Bildung H-119
–, Bildungsaktivität M-67
–, Chromatographie (GC) M-41
–, Dränschicht J-53
–, Durchbruch L-37
–, Fassung H-89
–, Filterkorrelations (GFC)-Verfahren M-13
–, Förderstation und Gasbehandlung H-90
–, Ion F-36
–, Löslichkeit F-53
–, Maschinen G-211
–, Migration J-55
–, Molekül, elektronegatives F-34
–, Nutzung H-91
–, Permeation F-43f.
–, Phase D-9
–, Phasenreaktion, homogene F-60
–, Produktionsmodell H-85
–, Qualität H-87
–, Reaktion F-42
– –, heterogen katalysierte F-1, F-42
– –, homogene F-1

– –, katalytische F-60
– –, nichtkatalytische F-60
–, Reduktion N-14
–, Versorgung N-102
–, Warneinrichtung L-40
–, Warnsystem L-38
Gas/Waschflüssigkeit, Relativgeschwindigkeit zwischen F-25
Gas-Feststoff-Reaktion, heterogene F-42
Gas-Flüssig-Extraktion G-83
Gas-Flüssigkeits-Reaktion, heterogene F-42
GashochdrLtgV L-3
Gasse F-33
Gassenbreite F-35
Gastrointestinaltrakt D-20
GCMS M-39
GCP N-38
Gebinde
–, endlagerfähiges N-32
–, ortsbewegliche L-53
Gebläse G-211
Gefährdung L-17
–, Abschätzung J-43
–, akute J-43
–, Beurteilung L-51
–, Haftung C-25
–, Pfade J-44, J-48
–, Potential J-42, L-8, L-11, L-50
Gefahren L-35, M-75
–, Abwehr J-44, L-6, L-32
–, Abwehrmaßnahmen J-42
–, Abwehrplan, betrieblicher L-46
–, Analyse, vorläufige L-7, L-10
–, betriebliche L-47
–, ernste L-5, L-31, L-35
–, Potential L-19
–, Quellen L-6, L-10
– –, betriebliche L-7
– –, naturbedingte L-7
– –, umgebungsbedingte L-7
– –, Vorbeugung J-42
Gefahrgutlager L-53
Gefahrklassen L-18
Gefährliche Stoffe G-71
Gefahrstoffverordnung L-2, L-49
Gefäßverengung, periphere D-53
Gefrierkonditionierung G-188
Gefriertrocknung M-73
Gefrierwand J-57
Gegenstrahlung D-14
–, atmosphärische D-14
Gegenstromrechen G-56

Gehörschützer K-6
Geländerelief J-38
Gemisch, explosionsfähiges L-20, L-25
–, geruchsintensives F-73
Genauigkeitsklasse M-77
Genehmigungen B-8, J-47
Genehmigungsverfahren, vereinfachtes B-19
Generalklausel B-7
Geoelektrik J-30
Geomagnetik J-28
Geometriefaktor J-31
Geophon J-37
Gerät
–, Kennlinie M-25
–, kontinuierlich arbeitende M-27
–, Sicherheitsgesetz L-49
Geräusch B-24, G-198
–, Dämpfung G-210
–, Emission G-210
–, Emissionskenngröße G-205
–, Minderung G-210
–, Spitze K-7
Gerbung N-53
Geruch G-197–199, M-19
–, Einheit (GE) G-199
–, Emissionen/-immissionen, G-68
– –, Bewertung G-200
–, Empfindung G-199
–, Immissionsbegrenzungen G-201
–, Intensität G-199, M-19
–, Konzentration H-124
–, Korriganten G-201
–, Schwelle G-199, M-19, M-89
Geruchsstoffe
– der Abluft G-208
–, Immission M-37
–, Konzentration G-199, M-19, N-46
Gesamtabfluß G-22
Gesamter gebundener organischer Kohlenstoff (TOC) M-74
Gesamtkoloniezahl G-203
Gesamtschwefelgehalt M-65
Gesamtspeichervolumen G-49
Gesamtstickstoffgehalt M-66
Gesamturteil, vorläufiges positives B-30
Geschwindigkeit, seismische J-37
Gesetz
– für das Einleiten von Abwasser in Gewässer (AbwAG) M-46

-, kubisches L-21
-, Gebungskompetenz B-3
-, Schadeinheiten und Schwellenwerte M-47
Gestein
-, Eruptiv- J-3
-, metamorphes J-3
-, Sediment- J-3
Gesundheit
-, menschliche J-2
-, Schäden, reversible L-16
-, Schutz der Arbeitswelt L-49
Getrennte Sammlung
-, additiv H-39
-, alternierend H-39
-, integriert H-39
Gewässer
-, Belastung G-21
-, Benutzung B-46
-, Beschaffenheit G-2
-, oberirdisch B-45
--, Ausbau B-49
-, stehende G-28, G-34
-, unechte Benutzung B-61
-, Nutzung G-31
-, Randstreifen B-53
-, Schutzbeauftragter B-48
-, Sediment G-34
-, Temperatur G-5
-, Unterhaltung G-30
Gewässergüte G-1
-, Bewirtschaftung G-28
--, rechtliche Grundlagen G-28
-, Index, chemisch G-12
-, Kartierung G-33
-, Klassifizierung G-13
-, Modelle
--, Fließgewässer G-18
--, Grundwasser G-20
--, stehende Gewässer G-19
-, Netze G-32
-, Planung G-29
-, Probleme, akute G-25
-, Überwachung G-31
-, Zielvorstellungen G-2
Gewebe F-28, J-38
-, Filter N-47
Gewerbe
-, Abfall H-41
-, Lärm M-79
Gezeitenwirkung J-38
GGVS/GGVE H-37
Gichtgas N-12
Gießereien F-77
Gießhalle N-12f.
Gift N-120
Gips F-59, N-3, N-5f.
Glas N-3, N-7
-, Wanne N-7

Gleichgewichts-Zyklone F-11
Gleichstrom F-58
-, Führung F-57
-, Verfahren J-30
Gleichwertigkeit M-30
Gleitabroll-Container H-35
Gleitabsetz-Container H-35
Glimmtemperatur L-21
GLP N-38
Glucuronsäure D-20
Glühverlust H-21, H-69, M-64, M-73
-, korrigierter M-68
Glutamin
-, Oxoglutarat-Glutamat-Aminotransferase D-32
-, Synthetase D-32
Glutathion D-20
Glutbereich L-35
Glutzustand L-35
GMP N-37
-, Beautragter N-44
Good Clinical Practice (GCP) N-38
Good Laboratory Practice (GLP) N-38
Good Manufacturing Practice (GMP) N-37
Granulat F-28
Granuliertrockner G-88
Granulozyten D-60
Graphitrohr M-40
-, AAS M-40
Gravimeter J-38
Gravimetrie J-38
Grenzbeladung F-14
Grenzflächen, Tiefenlage J-36
Grenzkorndurchmesser F-26
Grenzproduktivität
- der Ressource C-4
- des Kapitals C-4
Grenzrisiko L-35
Grenzschadenskurve C-13
Grenzsignal L-36
-, Geber L-36
Grenzvermeidungskostenkurve C-14
Grenzwerte D-23, D-26, D-42, J-2, J-13, L-14, L-36
-, Boden und Klärschlamm M-49
- für Pflanzenschutzmittel im Grundwasser N-129
- für schädliche Rückstände N-127
Grobgut H-14
Grobrechen G-55
Grobsiebe G-56
Großfeuerungsanlage B-24
Großwetterlage D-11

Grubenbetrieb N-27
Grünabfall H-40, H-105
-, Kompostierung H-125
Grundatmung G-123
Grundbelastung G-4
-, ubiquitäre J-12
Grundgesetz B-2
Grundnormen B-2
Grundrechte B-2
Grundsätze der guten fachlichen Praxis B-55
Grundwasser B-45, B-60, D-41f., D-45, G-1, G-20, G-23, G-34, J-8, J-28, M-46, N-117f., N-120, N-125
- Stand G-39
--, hoher J-103
-, Abgabe B-10, B-54
-, Beschaffenheit G-6
-, Leiter J-8
-, Meßnetz G-32
-, Nitrat im N-127
-, Pflanzenschutzmittel im N-129
-, Rückstände im N-127
-, Verunreinigung J-51
-, Vorkommen, Güte von G-15
Grünland N-118f., N-121f.
Grünlandwirtschaft N-116
GSP-Vergaser H-22
Gülle D-41, F-71, H-30, N-123, N-125–128
Gußeisen N-16
Gütezustand G-31
Gutsignal L-36

H_2O_2-Thorin-Methode M-10
Habituation (Gewöhnungsreaktion) D-48
Haftbedingungen F-28
Haftung B-54
Haftwasser D-38
Halbleiter M-85
-, Detektor M-85
-, Gleichrichter F-40
Halbreaktionen G-73
Halbstufenpotential G-73
Halbstundenmittelwert M-24
Halbwertszeit N-18
Halogene D-42
-, extrahierbare organische (EOX) M-66
Halogenwasserstoff F-59
Halone D-5f.
Hammermühlen H-11f.
Hammerschlag J-35
Handhabungsanlage N-35
Handlung
-, Alternativen J-107, J-113

--, standortbezogene J-112
-, Anweisung L-38, L-42
-, Bedarf J-43
-, Felder J-43f.
-, Spielraum einer Gesellschaft C-2
-, Störer B-57f., J-27
-, Vorgaben J-112
-, Wert J-47
Harnstoff F-67
Häufigkeitsverteilung N-19
Hauptzielsetzungen J-108
Hausmüll B-40, H-4, H-41, N-92
-, Deponie J-29, N-114
-, Verbrennungsanlage H-25
Haut D-19, D-60, J-38
H-CKW D-5, D-15
Hedonische Wirkung G-200
Heilquelle B-53
Heilwässer J-11
Heißarbeiten L-45
Heißwindkupolofen N-16
Henry-
 - Gerade F-47, F-52f.
 - Isotherme F-46
 - Konstante F-52f., G-83
 - Gleichung G-83
Herbizid D-43, N-120, N-130
Herzerkrankung, koronare D-47, D-53f.
Herzinfarktrisiko D-53
Heterogene Gas-Flüssigkeits-Reaktion F-42
H-FCKW D-5, D-15
High Intensity Press G-192
High-Dust-Verfahren F-69
Hilfsstoffe N-37
-, pharmazeutische N-36, N-39
Hintergrundgeräusch M-78
Hintergrundpegel M-76
HMD H-2
HMV H-2
Hochdruck
-, Injektionswand J-57
-, Reiniger G-204
-, Wassernebellöschanlage L-55
-, Wasserstrahlrohr J-92
Hochfackel L-37
Hochfrequenzanlage B-35
Hochlasttropfkörper G-149
Hochleistung-
-, Entstauber F-21, F-23, F-25
-, Entstaubung F-19, F-57
-, Flüssigkeitschromatographie (HPLC) M-41
Hochofen N-12f.
-, Gichtgas N-9

Hochregallager L-53
Hochschulgruppenansatz G-134
Hochspannungsversorgung F-40
Höchstwert für Nitrit im Grundwasser N-127
Hochtemperaturabscheidung F-73
Hochtemperaturfiltration F-32
Hochtief-Dekontaminationsanlage J-74
Hochtonsenke D-46
Hochwasser B-53
Hohlraum J-35
Holsystem H-39f.
Holz
-, Abfall H-64
-, Asche N-52
-, Bearbeitung N-48
-, Erzeugung und Lagerung N-45
-, Feuerungsanlage N-50
-, Holzspänetrockner N-46
-, Schliff H-47
-, Schutzmittel N-92
-, Stoff H-49
-, Werkstoff N-49
Holzstaub
-, Befeuerung N-46
-, Emission N-47
-, Minderung N-49
Horizontalbrunnen J-49
Horizontaldränage J-49
Horizontalfilter G-122
Hörverlust D-46
HSO_3^--Oxidation F-60
Hüllmaterial N-31
Humaninsulin N-40
Humankapital HK C-2
Humifizierung J-78
Humus D-37f., D-42
Hydrierung H-59
Hydrologie G-5
Hydrolyse H-112
-, Phase G-99
-, Stufe H-114
Hydroxid-Carbonatfällung G-71
Hydroxyl D-9
-, Radikale OH^o G-74
Hydrozyklone J-90, J-97
Hygienenachweis H-116
Hygienisierung H-116
Hyperfiltration G-90
Hypertonie D-48
Hypochlorit G-75

Identifikations-System H-41
IDLH-Wert L-16

IEC B-5
Immission D-2, D-10, B-15, D-42, J-43, L-11, M-1, N-127
 - und Nachbarschaftsschutz G-206
-, Grenzwert L-16
-, Meßplanung M-26
-, Messungen
-- von PAK M-38
--, Durchführung M-26
--, kontinuierliche M-28
-, Meßverfahren für gasförmige anorganische Fluorverbindungen M-32
-, Ort G-201
-, Richtwerte G-204, G-206
-, Schutz, prophylaktischer D-34
-, Wirkungen D-2. D-16
Immobilisierung J-48, J-59, J-106
-, Maßnahme J-45
-, Verfahren J-60, J-106
Immunität G-203
Impaktorprinzip M-5
Impulshaltigkeit K-8, M-81
Impuls
-, Lärm K-5
-, Zuschlag M-79f.
In situ J-64, J-103
Incinerator F-65
Indigosulfonsäure-Verfahren M-32
Indirekteinleiter B-48
Individualschäden D-1
Individualverkehr K-1
Industrie
-, Brachen J-33, J-42
-, Lärm K-1, M-79
-, Schlamm J-30
Inertgasvolumen G-83
Inertisierung J-104
Infektionsrisiko G-203
Infiltration J-84
Informationshaltigkeit K-8
Infrarot-Absorption M-15
Infrarot-Messungen (IR) M-37
Ingestionspfad N-19
Inhaltsstoffe H-78
Initiation D-23f.
Initiatoren D-25
Injektionsverfahren J-59
Injektionswand J-57
Injektorwascher F-24
Innenohrschädigung D-46
Innenraumluftmessungen von PAK M-38
Insektizid D-43, N-120f.
In-situ-Photometer M-13
In-situ-Streulichtphotometer M-7

In-situ-Verfahren J-83
Inspektoren, behördliche
    N-44
Insulin N-40
–, Human- N-40
–, Vorstufenbildung, gentechnologisch N-40
Intensivrotte H-111
International Conference on Harmonization (ICH) N-45
Interpretation, digitale J-28
Inversionswetterlage M-77
Investitionen G-210
Investitionshemmnis J-48
Investitionskosten J-112
Ionenaustausch D-39, G-76
–, Verfahren G-76
Ionenaustauscher G-77
–, Anwendungsbereiche G-78
–, Eigenschaften G-77
Ionendosis M-82
Ionentauscherharz N-22
Ionisation M-81, M-84
–, Dichte M-84
–, Kammer M-83
IPPC B-8
IR-Strahlungsverdampfer G-87
ISO B-5
Isolinie J-33
Isothermengleichung F-46
IT-Corporations-Verfahren J-75
IVU B-8

Jahresausdruck M-24
Jahresübersicht H-77

K_{St}-Wert L-21
Kabel J-35
Kadaver J-37
Kaldnes-Verfahren G-153
Kalibrierung M-5, M-22, M-24
– von Staubmeßeinrichtungen M-24
Kaliumjodid-Verfahren M-32
Kalk D-42
–, Eisensulfat-Luft-Verfahren N-55
–, Milch G-70
Kalkstein N-3, N-5f.
–, Suspension F-59
Kältemittel N-92
Kaltwindkupolofen N-16
Kalziumoxid N-6
Kamine N-91
Kammerfilterpressen G-190
Kanal
–, Abfluß G-43
–, Ablagerung M-56

–, Bau G-52
– –, geschlossene Bauweise G-52
– –, offene Bauweise G-52
–, Netz G-42
–, schadhafter G-22
–, undichter G-7
Kanalisation B-48, G-36, N-107
Kanzerogene D-26
Kanzerogenese D-23f.
–, Mehrstufenkonzept D-24
Kapillarkondensation F-45
Kapillarkräfte D-38, F-5, J-4
Kapillarsäulen M-41
Kapillarsperre J-53
Kapitalstock, natürlicher C-2
Kapselung G-202, G-210f., K-5
Karsterscheinungen J-3
Kartierung, geoelektrische J-30
Karton H-47
Karzinogenese D-63
Kaschierung N-50
Kaskadenbecken G-126
Kaskadendenitrifikation mit verteilter Zulaufführung G-131
Kaskadenelution M-62
Kaskadenimpaktor M-4
Katalysator D-5, F-65, F-68, F-69, G-76, N-66
–, Belastung F-65
–, Bienenwabenform- F-70
–, Einbett-Drei-Wege- F-66
–, Einbett-Oxidations- F-66
–, heterogener F-65, G-74
–, homogener G-74
–, Keram- F-67f.
–, Metalloxid- F-68
–, Plattenform- F-70
–, Platten- F-70
–, Schüttgut- F-65
–, Schüttschichten- F-70
–, Träger- F-65
–, Voll- F-65
–, Waben- F-65
Katarakt D-58, D-61
Kataster K-1
Katastrophenfall L-46
Katastrophenschutz L-6, L-46
–, Behörde L-47
Kationen-Austauscher G-76
Kavitation J-92
KBE G-203
Kehrmaschine N-108
Keimdrüsen J-38
Keime, coliforme G-203
Kelvin-Gleichung F-45
Kenndaten, sicherheitstechnische L-18

Kenngröße, verfahrenstechnische F-37
Kennwerte von Ottokraftstoffen N-62
Kennzahlen, dimensionslose F-12
Kennzeichnung L-34
Keramkatalysator F-67f.
Kernbrennstoff B-29
–, Kreislauf N-22
Kernenergie B-29
Kernkraftwerk B-31, J-37, N-19
–, Fernüberwachungssystem B-33
Kernreaktion N-18
Kernspaltung D-54, N-19
Kernwaffen-Fallout D-58
Kerzenfilter F-31
Kieselgel-Verfahren M-17
Kläranlagen F-77, G-197, J-11, N-93, N-105
Klärschlamm B-42, D-42, G-7, G-183, H-19, N-107
–, Aufkommen G-185
–, Verordnung (AbfKlärV) D-43, M-48, M-59
Klarwasserabzug G-63
Klassen M-22
Klassieren H-13
Klassierer G-61
Klassierung H-13, J-90
Klassifikation, visuelle H-5
Klassifizierung L-30
Kleinfeuerungsanlage N-90
Klima D-2, D-15f.
–, Änderungen D-12, D-16
–, Anomalien D-16
–, globale Veränderungen D-16
–, Modelle D-16
–, Schwankungen D-16
–, System D-13, D-15f.
Klimatisierung N-123
Klopffestigkeit N-61
Klopffilter F-31
Klopfhämmer F-33
Klopfintervall F-33
Kluftgrundwasserleiter J-34
Knettrockner G-194
Knochenmark D-60
–, rotes J-38
Knochenoberfläche J-38
Knudsen-Diffusion F-48
KNV-Anlage F-65
Koagulation G-188
Koaleszenzfilter G-67
Koaleszenzabscheider G-68
Kohle D-9
Kohlendioxid C-9, H-113, N-121, N-123, N-126f.
Kohlenmonoxid D-2, D-10, N-121

–, Bestimmung der Konzentration M-11
Kohlenstoff
–, Adsorbentien F-51
–, gesamtorganischer (Gesamt-C) M-17, M-35
–, Kreislauf N-45
–, Monoxid-Immission M-34
–, Quellen G-94
Kohlenwasserstoffe D-2, D-10f., J-32, J-35, N-121
–, aliphatische M-36
–, aromatische M-18, M-36
–, chlorierte F-74, J-6f.
–, halogenierte D-5
–, leichtflüchtige aromatische M-75
–, polyzyklische aromatische (PAK) D-42, M-20
–, vollhalogenierte N-92
Kolbenpressen G-58
Kollektivgut-Problematik C-10
Kolmation G-122
Kolonnenwascher F-23f., F-26
Kombinationsverfahren H-21
Kombinationswirkungen D-26, D-30
Kommission Reinhaltung der Luft (KRdL) B-6
Kommunikation, interzelluläre D-24
Kommunikationsverbindung, geschützte L-48
Kompensationswachstum C-6
Komplexbildner G-72, J-95
–, organische G-75
Komplexhaltige Abwässer G-72
Kompositmembranen G-90
Kompost F-75
–, Absatz H-112
–, Anlagen F-77, H-108
–, Anwendung H-117
–, Qualität H-108, H-115
–, Rohstoffe H-105
–, Verwertung H-115
Kompostierbarkeit M-68
Kompostierung H-56, H-104, H-110
–, Anlage N-113
Kompressoren G-211
Kondensation F-42, J-101
–, Methode M-21
–, Verfahren F-43
– –, Tieftemperatur F-43
– Wascher F-19
Kondensatwasser H-125
Kondenswasser H-123
Konditionieren J-59
Konditionierung F-39, N-32

–, Mittel G-188
Konduktometrie M-12, M-14
–, kontinuierliche M-14
Königswasseraufschluß M-61, M-71
Konjugation D-20
Konservierungsmaßnahme M-52
Konstruktion, lärmarme K-5
Kontaktenergie F-23
Kontakttrocknung G-193
Kontamination D-42, D-44, J-11
– des Grundwassers J-37
–, Fahne J-30
–, Muster J-47
Konvektionstrocknung G-193
Konverter N-14f.
–, Abgas N-9
Konzentrationen L-11, L-14
–, kritische D-35
Konzentrationsfähigkeit D-49
Konzentrationswirkung B-19, B-58
Konzentratseite G-88
Korndiffusion F-47
Kornform F-2
Korngröße
–, mittlere F-3
–, Verteilung H-11
–, Verteilungsdichte H-12
Korona
–, Einsatzspannung F-34
–, Entladung
– –, positive F-37
– –, stabile F-34
–, negative F-37
–, Prozeß F-34
–, Strom F-34
Körperdosis M-82
Körperschallabstrahlung K-5
Korrosionsschutzanforderungen G-202
Kosten B-57, J-103
–, Arten J-112
–, Einschlußfaktoren J-112
–, Obergrenze J-112
–, Vergleichsrechnungen J-112
–, Minimierung J-112
–, Nutzen-Verhältnis J-47
–, Wirksamkeitsbetrachtungen J-112
Kräfte, elektrostatische F-5
Kraftfahrzeug N-126
–, Abgase N-60
–, Verkehr N-125
Kraftstoffe, alternative N-70
Kraftwerke, Rauchgasentschwefelung F-58
Krankheitserreger G-202
Krebs D-58, D-61f., D-64

–, Risiko D-62
– –, Faktoren D-26
Kreislauf-
–, Führung G-78
–, Verfahren G-78
–, Wirtschaft H-95
–, Wirtschafts- und Abfallgesetz (KrW-/AbfG) H-105, J-26
–, Wirtschaftsgesetz M-58
Kreuzschleier-(Ströder-)Absorber F-56
KrW-/AbfG (Kreislaufwirtschafts- und Abfallgesetz) H-6, H-105
Kübelspritzen L-23
Kubota-Verfahren G-145
Küchenabfälle H-105, H-35
Kühlflüssigkeit L-37
Kulturboden J-12
Kulturgüter L-6
Kulturlandschaft N-115
Kunststoff H-57
–, biologisch abbaubarer H-56
Kupfer D-41, J-30, N-18, N-125
–, Hütte N-18
Kupolofen N-16
Küstengewässer B-45
Küvette M-12
KWU-Schwelbrennverfahren N-112

Lachen
–, Abdampfung L-12
–, Bildung L-12
–, Dicke L-13
Lachenfläche L-13
Lachgas N-119
Lack
–, Schlamm N-52
–, Verlust N-49
Lackieranlage N-49
Lackierereien F-77
Ladung, elektrische F-36
LAGA B-4, H-66f.
Lagerung
–, Dichte F-5
– von Holz N-48
– von Mineralerzeugnissen L-55
LAI B-4
Lamellenabscheider F-10
Lamellenklärer G-64
LANA B-4
Landbau, ökologischer N-129-131
Landbewirtschaftung, ordnungsgemäße G-23
Länderarbeitsgemeinschaft Abfall LAGA M-59

Länderausschuß für Immissionsschutz (LAI) K-7
Landesbauordnungen J-43
Landessammelstelle N-33
Landfarmings J-83
Landmaschinen N-121, N-129
Landnutzung N-115
Landschaftsbauwerk J-46
Landschaftsprogramm B-14
Landschaftsrahmenplan B-14
Landwirtschaft D-40, N-115, N-119, N-121, N-126–129, N-131
Längenverteilung F-3
Langmuir-Hinshelwood-Mechanismus F-61, F-68
Langmuir-Isotherme F-47
Langsandfang
–, belüfteter G-60
–, unbelüfteter G-60
Lärm A-3, B-24, D-1
– am Arbeitsplatz B-27, D-51, K-1
– durch Baumaschinen B-16
– durch Flugverkehr D-51f., K-1, M-80
–, Bau- K-1
–, Belästigung D-49–51
–, Betrieb M-76
–, Emissionen/Immissionen G-204, G-206
–, Empfindlichkeit D-50
–, Freizeit D-47
–, Gewerbe- M-79
–, Industrie- K-1, M-79
–, Kataster K-1
–, Krankheit D-46
–, Meßverfahren M-75
–, Minderung K-8
––, VDI-Kommission K-8
–, Minderungsplan B-25, K-3
–, Schwerhörigkeit D-46, M-76
–, Sportanlagen B-27
–, Straßenverkehr D-51, D-52
–, Tiefflüge D-47
–, Wirkungen G-206
––, Anhaltswerte für D-46
––, aurale D-45f.
––, extra-aurale D-45f., D-51, D-54
––, psychologische D-47
Lärmschutz K-1
–, Verkehr B-17
–, Fluglärm B-26
Lästigkeit M-76, M-79
–, Empfindung D-51
–, Urteil D-49
Latenzzeit D-25
Laufzeit H-73, J-34f.
Läutertrommel J-92
Lautstärke G-205f.

LAWA B-4
LC_{50}-Wert L-15
LCA H-7
LCL_0-Wert L-15
LD_{50}-Wert L-15
LDL_0-Wert L-15
Lebensdauer D-10f.
–, atmosphärische D-5, D-9
Lebensraum J-11
Leckage L-11
–, nicht quantifizierbare L-11
–, quantifizierbare L-11
Leckgröße L-11
Leckortungssystem J-53
Lehm J-87
Leichtflüssigkeitsabscheider G-67
Leichtgasausbreitung L-13
Leichtstoffbehälter H-38
Leichtverpackung H-40
Leichtwasserreaktor N-22
Leistungsmotivation D-53
Leistungsstörung D-49
Leitfähigkeit, elektrische J-34
Leitnuklid N-32
Leitwarte L-34, L-45, L-52
Leitworte L-8
Leukämie D-61f.
Licht G-197
–, Bogen F-40
Liftbettverfahren G-77
Linien-Normalorganisation L-48
Linpor-Verfahren G-153
Lipide G-115
Lochfolie F-28, F-32
Lochvorhang F-33
Löschanlage L-52
Löschdecken L-23
Löschmaßnahmen L-17
Löschmittel L-24
Löschwasser L-24, L-55
–, Versorgung L-44, L-55
Löschzeit F-40
Lösemittel
–, Eigenschaften G-83
–, Rückgewinnung F-51, G-88
Löslichkeit G-84
–, Produkt G-71
Löß J-87
Lösung, kostenoptimierte J-47
Lösungsmittel F-73
–, organisches N-39, N-42, N-92
Low-Dust-Verfahren F-69f.
Luft A-3, J-1
–, Durchlässigkeit F-29
–, Mangel F-61, N-65
–, Menge, kritische H-10
–, Qualität

––, Überwachung M-27
––, Kriterien D-35
–, Reinhalteplan B-21
–, Sauerstoff G-74
–, Schall G-204
––, Dämmung K-5
–, Trübung D-11
–, Überschuß N-60, N-65
–, Verkehr N-80
–, Verunreinigung B-21, D-27, N-57
––, Geruch und Aerosole G-198
–, (Überschuß)zahl F-62
–, Wechselzahlen G-206f.
– Zahl λ N-60
Luft-, Körper- und Flüssigkeitsschall G-204
Lumineszenz M-85
Lunge D-19
Lymphozyten D-60

µs-Pulse F-41
Magerkonzept N-100
Magnesit N-3, N-5f.
Magnesium D-48
Magnesiumoxid N-6
Magnetisierung
–, induzierte J-29
–, remanente J-29
Magnet
–, Scheider H-16
–, Scheidung J-90
–, Sortierung H-16
Mähdrescher N-121
MAK B-6
Makroporen F-47
Makulatur J-32
MAK-Wert L-14
Malignität D-24
Mammutpumpen G-61
Mammutrotoren G-211
Maschinentechnik K-5
Massenbilanz G-66, G-69
Massenkraft F-5
Massenreduktion H-119
Massentierhaltung N-123, N-131
Massenverteilung F-3
Maßnahme
–, aktive hydraulische J-46
–, aktive pneumatische J-46
–, Beschränkungs- B-60
–, Dekontaminations- B-60
–, gebietsbezogene B-56
–, hydraulische J-84
–, organisatorische L-42
–, passive pneumatische J-45
–, primär wirkungsorientierte J-45

–, Sanierungs- B-59
–, Schutz- B-59
–, Sicherungs- B-60
–, Kombinationen J-47
–, störfallbegrenzende L-31
–, technische und organisatorische L-33
–, Wert B-56
Material, poröses F-47
Matts-Öhnfeldt-Gleichung F-38
Maximalpegel D-45, D-54
MBA H-124
MBTH-Methode M-18
MD H-2
MDT L-36
ME H-35f.
Medizinprodukt N-38
Meeresspiegel D-16
Mehrfachbelastung D-54
Mehrkammerbehälter H-39
Mehrkammersystem H-40
Mehrweg H-10
MEKAM H-36, H-40
Meldekategorien L-46
Membran F-41, F-43
–, anorganische G-89
–, asymmetrische G-90
–, Filtration G-88
– –, Verfahrensvarianten G-89
–, homogene G-90
–, Komposit- G-90
–, Materialien G-89
–, mikroporöse F-43
–, Polymer- G-89
–, semipermeable F-44
–, Strukturen G-90
–, Verfahren G-145
Mengenarten F-3
Mengenentzug G-2
Mengenschwelle L-6
Mercaptane F-74
Merkblätter B-4
Mesoporen F-47
Mesosaprob G-9
Mesosphäre D-16
Meß-, Steuerungs- und Regelungstechnik (MSR) L-28
Meßanordnung, geoelektrische J-30
Meßkopf L-40, M-6
Meßnetz M-3
Meßplanung M-1
Meßpunkte, Anzahl M-3
Meßraster J-37
Meßstelle, Einrichtung M-2
Messung B-20
–, anlagenbezogene M-26
–, gebietsbezogene M-26
–, kontinuierliche M-2
–, potentiometrische M-12

– von Staubinhaltsstoffen M-39
Meßverfahren, Emissionen G-198
Meßwarte L-42, L-45, L-52
Meßwertaufnehmer L-33, L-35
Meßwertverarbeitung L-33f.
Meßzelle, elektrochemische M-15
Metabolisierung D-18
Metabolite D-18, D-43, J-78
Metall M-8
–, Hydroxid J-104
–, Lösung J-104
–, Oxidkatalysator F-68
Metallionen
–, Austauschkapazität J-103
–, Fällung von G-71
Metalloid M-8
Metastasen D-23
Methan H-113, N-121, N-123, N-126–N-129
–, Bakterien G-100
–, Bildung G-100
–, Emission N-121
–, Gärung G-100
–, Gehalt H-121
Methanisierung H-112
–, Stufe H-114
Methanogene Phase G-186
Methanoxidation D-10
Methoden
–, deterministische L-7
–, Sammlung M-63, M-69
Methylorange-Verfahren M-33
MGB H-35f.
Michaelis-Menten-Gleichung G-125
Micothrix parvicella G-115
Mietenkompostierung H-110
Mietenverfahren J-80
–, dynamisches J-80
Mikrofiltration G-90, G-145
Mikroorganismen D-45, J-78
–, anaerobe G-98
Mikroporen F-47
Mikroprozessor-Regelung F-40
Mikrosiebe G-56, G-58
Millisievert (mSv) J-38
Mindestluftmenge F-62
Mindestschlammalter G-125
Mindestzündenergie L-20
Mineraldünger N-117, N-121, N-127f., N-132
Mineralerzeugnisse, Lagerung von L-55
Mineralische Partikel G-59
Mineralisierung J-78
–, anaerobe G-98

Mineraloberfläche J-32
Mineralölkohlenwasserstoff M-66, M-74
Mineralwässer J-11
Mineralwolle K-5
Minimax-Regel C-14
Minimax-Regret-Regel C-14
Minimierungsgebot G-198
Mischanlage J-61
Mischbecken, vollständiges G-126
Mischbettverfahren G-77
Mischbrennstoff N-30
Mischfeuerung H-22
Mischgut J-61
Mischsysteme G-37f.
–, modifizierte G-38
Mischwasserkanal G-37
Mischwasserkanalisation G-22
Mitstromrechen G-56
Mitteilungspflicht B-8
Mittelungspegel D-49, D-54, K-7, M-76, M-79–81
Mitverbrennung G-196
Modelltypen, Gewässergüte G-18
Moderator-Modell D-50
Modifikationen L-10
Modulformen G-89
Möglichkeiten, technische J-42
Molekularsieb F-48
Möllerung N-12
Monoklärschlammverbrennung G-195
Monoschichtkapazität F-46
Monoterpene N-46
Montagefehler L-43
Morphologische Gestalt G-5
Mortalität J-8
Motorabgasreinigung F-65
Moving-bed G-152
MOX-Verarbeitung N-30
MS H-36
MSR (Meß-, Steuerungs- und Regelungstechnik) L-28
MT H-35f.
MTBF L-36
Muffelofen H-25
Muldenversickerung G-39
Müllabfuhr N-92
Müllsäcke H-35, H-41
Müllverbrennungsanlage H-10, N-109
Multifunktionalität J-46f.
Multizyklone F-16
Mutation D-24, D-62
–, genetische D-61
–, Rate D-61
m-von-n-Bewertung L-36

N_2O (Lachgas) F-67
NO_2, selektive Messung M-15
NO_2-Immissionsmessung M-31
Nachhaltigkeit C-6
Nachklärbecken G-62, G-122
Nachklärung G-66
Nachrotte H-111
Nachsorge J-45
–, Kosten H-93
–, Pflichten B-17
–, Rückstellungen H-93
Nachverbrennung F-60
–, katalytische F-65
–, thermische F-61, L-37, N-48
–, Verfahren F-61
Nachweis
–, Buch B-42
–, coulometrischer M-17
–, epidemiologischer D-25
–, Grenze M-2
– –, relative M-4
–, titrimetrischer M-17
–, Verfahren, detailliertes G-49
Nährstoff
–, Imbalance D-33
–, Komponenten G-112
–, Versorgung G-98
Nahrung
–, Kette D-39, D-45, G-101, J-12
–, Mittel N-126
NALS K-8
Nanofiltration G-90, H-83
Naß- und Trockenverfahren H-113
Naß-/Dampfaufschluß J-86
Naßabscheider F-1, F-6, F-25
Naßabscheidung F-18f.
Naßentstauber, Bauformen F-23
Naßentstaubung F-19
Naßoxidation
– mit Ozon G-75
–, chemische G-75
Naßzurichtung N-54
National Institute for Occupational Safety and Health (NIOSH) L-16
Natriumdithionit G-76
Natriumhydrogensulfit G-76
Natronlauge G-70
Naturdenkmal B-15
Naturschutzgebiet B-15
Naturschutzverband B-14
Naturstoff-Isolierung N-36
NDIR-Verfahren M-13
NDUV-Verfahren M-13
NE-Metallurgie N-9, N-17
Netzmessung M-25

Neutralisation G-70
Neutralisationsmittel G-70
Neutronen D-55, N-18
–, thermische N-19
Neutroneneinfänge N-18
Nichteisen
–, Metallscheider H-18
–, Rohmetall N-18
–, Schrott J-30
Niederdruck-Naßoxidation, katalytische G-75
Niederfrequenzanlage B-36
Niederschlag D-9, D-16
–, saurer D-2, D-10
–, Elektrode F-33
–, Fläche F-34
–, Platte F-32
–, Rohr F-32
–, Wasser B-47, G-22
Nitrat D-41, J-103, N-125
– im Grundwasser N-127
–, Atmung G-105
–, Reduktion D-32
–, Stickstoff M-74
Nitrifikanten G-94
Nitrifikation G-102, N-106
–, Einflußparameter G-103
Nitrit
–, Akkumulation G-104
–, Konzentration D-33
–, Reduktase D-32
n-Octanol/Wasser-Verteilungskoeffizient G-83
NOEL (No Observed Effect Level) D-17, D-22, L-15
Nomogramm J-33
NO-Reduktionswirkung F-71
Normen B-4
–, Ausschuß
– – Akustik, Lärmminderung und Schwingungstechnik (NALS) K-8
– – Wasserwesen (NAW) B-6
Notfallorganisation L-48
–, Übung L-44, L-48, L-53
Notifizierungsverfahren B-43
Notstromanlagen G-211
Notversorgung J-11
NO_x-Reduktion F-60
Nuklearmedizin J-37
Nullbelastung J-44
Nutzenbeiträge J-112
Nutzen-Kosten-Analyse, umweltpolitische C-4
Nutztiere N-122f.
Nutzung J-46
–, altlastenbezogene J-47
–, Beschränkungen J-43, J-108
–, Charakteristik J-10

–, Sensibilität J-48
–, Varianten J-107
–, zukünftige J-42
Nutzwertanalyse J-112f.

O_2-Aufnahme G-118
O_3-Immissionsmessung M-31
Oberbelag J-53
Oberfläche grundwasserstauender Schichten J-37
Oberflächen
–, Abdeckung J-51
–, Abdichtung H-75, J-51
–, Abfluß G-43
–, Abschwemmungen G-4
–, Absorber F-56
–, Beschichtung N-49
–, Diffusion F-48
–, Effekt J-28
–, Feststoffbelastung G-187
–, Größe F-48
– –, spezifische F-46
–, Gewässer G-20, N-118, N-125, N-129
– –, fließende G-1
– –, stehende G-1
–, heiße L-18
–, Sicherung J-51
–, Sicherungssystem J-49
–, spezifische F-3f., F-48
–, Wasser zur Trinkwassergewinnung M-45
Objektivität J-107
Octanzahl N-61
Öfen N-91
–, Drehrohr- H-25
–, Etagen- H-25
–, Hoch- N-12f.
–, Kaltwindkupol- N-16
–, Kupol- N-16
–, Muffel- H-25
–, Rostfeuerungs- H-25
–, Schacht- N-6, N-14, N-16
–, Wirbelschicht- H-25
Off site J-64, J-103
Off-Line-Abreinigung F-30
Ökoaudit B-7, C-20
Ökobilanz H-6-8, H-57
Ökofaktor H-10
Ökogas H-22
Ökologie und Ökonomie, Harmonisierung A-2
Ökologisches Realkapital ÖK C-2
Ökonomieverträglichkeit C-24
Ökosystem, terrestrisches D-28
Ökosysteme D-40, N-125, N-127

Ökosystemsicherung C-15
Öl D-9, G-67
–, verharztes J-87
Olfaktometer G-199, M-20
Olfaktometrie M-19
Oligosaprob G-9
On site J-64, J-103
Oncogen D-24
On-Line-Abreinigung F-30
Opazität M-5
Opportunitätskosten C-4
Ordnung J-11
–, Recht J-1
–, Widrigkeit B-11
Organe J-38
Organische Lösungsmittel N-42
Organismus J-2
Organismus (Mikro-), gentechnologisch veränderter N-36
Organochlorpestizide (OCP) M-75
Orientierungswert J-13
Originalsubstanz H-4
Osmogene
–, primäre G-199
–, sekundäre G-199
oTS M-64
Overspray N-49
Oxidation D-9, D-11, G-73f., G-103
–, chemische H-81
–, katalytische G-207f.
–, nasse G-196
–, thermische G-207f.
Oxidations-/Reduktionsreaktionen G-73
Oxidationsmittel D-12, G-74
Ozon (O_3) B-16, D-2, D-5, D-8–12, D-15, D-27, F-37, G-74, G-208, N-119, N-125f.
–, Abbau D-7f.
–, Abbaupotentiale D-6
–, Abnahme D-9
– –, stratosphärische D-9
–, Immissionsmeßgerät M-34
–, Konzentration D-11
–, Loch D-8f., D-16
– –, antarktisches D-2, D-6
–, Produktion D-11
–, Schicht D-2, D-9f., D-12
–, Schichtabnahme D-9
–, Schwund D-2, D-16
–, Verlust D-12
Ozone Depletion Potential (ODP-Wert) D-6

PA H-55
PAAG-Verfahren L-7f.
PAK M-38
–, unpolare J-103
PAN D-11f.
–, Verbindungen D-10
Papier H-47
Pappe H-47
Parallelplattenabscheider G-64
Partialdruck F-44
Partikel M-3
–, Abscheidung F-1f., F-28
–, Eigenschaft F-2
–, Größe L-21
– – von Stäuben M-4
–, mineralische G-59
–, Oberfläche F-3
–, Volumen F-3
Patronenfilter F-31
PCB J-103, M-38, M-42
PCB-Immissionsmessung M-39
PCDD H-56, M-38, M-75
PCDD/F M-66
PCDD-Emission M-21
PCDD-Immissionsmessung M-38
PCDF H-56, M-38, M-75
PCDF-Emission M-21
PCDF-Immissionsmessung M-38
PE H-55
P-Elimination, chemische G-108
Pellet G-99
–, Brennmaschine N-11
Pelletierung N-11
Penicillin N-40
Pentachlorphenol D-44
Perkolation G-81
Permeation F-41f., G-90
–, Verfahren F-43
–, Seite G-88
–, Strom G-88
Peroxidisulfat G-75
Peroximonosulfat G-75
Peroxipropionylnitrat D-11
Peroxiradikale D-11
Peroxyacylnitrate D-10
Personen
–, Dosimeter M-83
–, Dosis M-82, M-87
–, Schäden L-35
Pervaporation G-90
Pestizide D-43, N-120, N-129f.
Pfanderhebungspflicht B-41
Pflanzen D-27, J-11
–, Anbau N-120
–, Bau N-115
–, Beete G-120
–, Kläranlagen G-119
–, Maßnahmen am Pflanzenstandort D-36

–, Nährstoffe H-115
– –, chemische N-117, N-120, N-127, N-129–131
–, Verträglichkeit H-115
Pflanzenschutz N-116, N-128f.
–, Mittel N-91, N-132
Pflichten L-6
Pfortader D-18
Pfropfenreaktor G-126
Phase-I-Reaktion D-20
Phase-II-Reaktion D-20
Phasen
–, Grenze J-6
–, Transfer G-83
–, Trennung G-67
pH-
– Bereich G-70
– Einstellung G-70
– Meß- und Regelkreis G-70
– stat-Elutionsverfahren M-63
– Wert D-9, D-39, D-41, G-103, M-65, M-73
Phenol
–, chloriertes M-17
–, Index M-75
Phosphat D-41, J-103, M-74, N-93, N-106, N-118, N-128, N-132
–, Aufnahme G-111
–, Elimination N-106
–, Ersatzstoff N-93
–, Rücklösung G-108
Phosphationen G-73
Phospholipide G-115
Phosphor G-102
–, Elimination, biologische G-108, G-137, G-140
–, Quellen G-94
Photodetektor M-12
Photolyse D-2, D-7–9
Photometrie M-12
Photonen D-55
–, Strahlung M-87
Photooxidantien D-27
Photosmog D-2, D-10–12
–, Prozesse D-10
Physis J-9
Physisorption F-41f., F-44
Pilotkonditionierungsanlage N-32
Pilzbeläge G-98
Pipeline B-50
Planfeststellungsverfahren B-9, G-206
Planfilter M-4
Planfilter/PU-Schaum M-42
Planungsrandbedingung J-48
Plattenelektrofilter F-33
Plattenformkatalysator F-70
Plattenkatalysator F-70

Plausibilitätsprüfung J-111,
    L-34
PLT (Prozeßleittechnik)
–, Betriebseinrichtungen
    L-30
–, Schadensbegrenzungsein-
    richtungen L-31
–, Schutzeinrichtungen L-30
–, Überwachungseinrichtungen
    L-30
Plutonium N-30
Pneumatisches Verfahren J-51
Polar stratospheric clouds
    (PSCs) D-7
Polarisation, induzierte J-32
Polishing G-79
Polizeigesetz J-27
Poly-β-hydroxybuttersäure
    G-108
Polychlorierte Biphenyle (PCB)
    M-20, M-66, M-75
Polychlorierte Dibenzo-p-dio-
    xine (PCDD) M-20
Polychlorierte Dibenzo-p-fura-
    ne (PCDF) M-20
Polychlorierte Dioxine und Fu-
    rane, katalytische Oxidation
    F-71
Polyelektrolyte G-188
Polyether F-54
Polymermembranen G-89
Polyphosphatgranula G-108
Polysaprob G-9
Polyzyklische aromatische
    Kohlenwasserstoffe (PAK)
    M-20, M-67, M-74
Populationsschäden D-1
Poren J-3
–, Makro- F-47
–, Meso- F-47
–, Mikro- F-47
–, System F-47
– –, Grenzflächen J-32
–, Volumen F-48
Porosität F-5
Positron N-19
Potential
–, Fließ- J-32
–, kinetisches J-32
–, Redox- J-32
–, Reduktions- J-32
PP H-55
Präklusion B-18
Prallmühlen H-11
Prävention N-41
Preß-/Sickerwasser H-123
Preßmüllfahrzeug H-41
Primär
–, Harn D-21
–, Medium L-38
–, Produktion G-13

Proben
–, Aufbereitung M-42
–, Konservierung M-51
–, Form M-52
–, Vorbereitung M-57
Probenahme H-4f., M-3
– in Wasser und Abwasser
    M-51
– von Feststoffen M-54
– von PCB M-21
–, dynamische M-20
–, statische M-20
–, Art M-52
–, Geräte M-54
– –, automatische M-53
–, Stellen M-26
–, Zeiten für PAK M-22
Problemabfall H-40
Produkt
–, Eigenschaften, grundlegend
    neue C-15
–, Haftung C-25
–, Ökobilanz H-7f.
–, Verantwortung B-41
–, Warnung B-11
Produktion E-1
–, Anlage, emissionsarme E-2
–, Begrenzung N-127
–, Funktion D-37
–, Verbund E-1
Prognose H-100, K-7
–, Verfahren K-6
Programmbausteine L-36
Progression D-24
Promotion D-23
Promotoren D-25
Proportionalregelung G-70
Protonen D-39, D-41, N-19
–, Magnetometer J-28f.
Protooncogen D-24
Prozeß E-1
–, fibrotischer D-61
–, katalytischer D-5
–, Kontrolle (IPC) N-44
–, Leittechnik L-28
– –, Begriffe zur L-34
–, Parameter H-107
–, Stabilität H-115
–, Wasserführung J-99
Prüfabstand L-36
Prüffristen L-45
Prüfintervall L-36
Prüfmethoden, systematische
    L-10
Prüfwert B-56, J-13f.
PS H-55
PSC D-8
PTFE H-55
Puffer
–, Funktion D-37
–, Kapazität G-118

–, Kraft D-41
Pufferung D-39, D-44
Puls- und Pausenzeiten F-41
Pulse Jet F-30
Pulsen F-40
Pulverlacksystem N-49
Pulverlöschanlagen L-23
Pumpen L-55
Pupillenerweiterung D-47
PUR H-55
PU-Schaum M-39
PVC H-55
Pyrolyse G-196, H-21, H-59,
    N-112

Qualitätskontrolle, pharmazeu-
    tische N-41
Qualitätsmanagement N-44
Qualitätssicherung J-55, N-44
Quecksilber D-43, M-8, M-41
–, Adsorption an Aktivkohle
    F-51
–, Chemisorption an Aktivkoh-
    le F-52
Quellgase D-2, D-5, D-7, D-9
Querschnittsbranche C-18
Querstromabscheider F-9

Radargramm J-35
Radialdesintegrator F-25
Radikal D-2, D-5, D-9, D-11
–, Fänger G-74
Radioaktivität D-54, D-57,
    D-64, M-82, N-18
Radiodiagnostikum N-38
Radiometrie M-28
Radiopharmaka N-38
Radium-Uran D-57
Radon B-35, D-57, N-27
Rahmen-Abwasserverwal-
    tungsvorschrift H-79
Rahmenrichtlinie der Europäi-
    schen Union G-29
RAL H-68
–, Gütesiegel M-59
Rammsondierung J-37
Raps
–, Methylester N-129
–, Öl N-129
Rasterbegehungen G-200
Rauch- und Wärmeabzugsanla-
    gen L-23
Rauchgas G-70
–, Entschwefelung F-58
– – in Kraftwerken F-58
–, Reinigung J-106
–, Reinigungssystem H-30
–, Wäsche, mehrstufige H-30
Rauchverbot L-44

Raumbelastung SV   F-68
Räumerbrücken   G-61
Raumfugen   G-211
Raumgeschwindigkeit   F-65
Raumgewicht   H-41
Raumladungseffekt   F-40
Raumsondierung   J-28
Reagenzdosierung   G-70
Reaktion
–, exotherme   L-17
–, heterogen katalysierte   F-1
–, heterogene chemische   F-1
–, heterogene   D-6, D-8, F-42
–, homogene   F-1
–, Mechanismus   F-61
–, Partner   L-17
–, photochemische   D-11
–, psychische   D-45
–, vegetative   D-45
–, Zone   L-17
Reaktor
–, Typen   G-126
–, Verfahren   J-82
Real- bzw. Sachkapital   C-2
Rechen
–, Anlagen   G-54f., G-211
–, Rost   G-55
Rechengut   G-59, M-55
–, Belegung   G-55
–, Container   G-58
–, Pressen   G-58
–, Räumung   G-55
Rechen- und Siebanlagen   G-54
–, Auslegung von   G-58
–, Bemessung von   G-58
Recherche, historische   J-43
Rechteckbecken   G-63
Rechtsbegriff, unbestimmter   B-7
Rechtsverordnung über Art und Häufigkeit der Selbstüberwachung von Abwasserbehandlungsanlagen und Abwassereinleitungen   M-48
Recycling   H-44f., H-48, H-51, N-42
–, Kosten   C-5
Recyclingbaustoff   H-65
Redox-Gleichung   G-73
Redoxpotential   J-32
Redox-System   G-73
Reduktion   G-73, G-76, N-12
–, Mittel   F-67, G-76, H-30
–, Politik   C-10
–, Potential   J-32
Redundanz   L-33
–, diversitäre   L-36
–, homogene   L-36
Reflektor   M-6

–, Tiefenlage   J-35
Reflexionsseismik   J-37
Refraktäre Stoffe   G-75
Refraktionsseismik   J-36
Regallager   L-53
Regelungen, europäische   K-8
Regelungsfunktionen   D-37, D-42
Regelwerk, technisches   L-28
Regenabfluß   G-22, G-37f., G-41f.
–, Berechnungen   G-43
–, Bestimmung   G-41
Regenentlastungsbauwerke   G-37, G-49
Regenerate   G-76, G-78
Regeneration   G-76, G-80
– beaufschlagter Adsorbentien   F-49
–, Fähigkeit   D-23
– mit Dampf   G-81
–, Rate   C-6
–, thermische   G-81
Regen
–, Ereignis   G-37
–, Häufigkeit   G-41
–, Klärbecken   G-51
–, Rückhaltebecken   G-47
–, Spendenlinie   G-41
–, Überlaufbecken   G-37, G-48
–, Überläufe   G-48
Regenwasser   G-36
–, Einleitungen   G-22
–, Kanal   G-40
–, Kanalisation   G-22
–, Versickerung   G-39
Regengutpresse   G-59
Reichweite   J-51
Reingas   F-75
–, Konzentration   G-209
–, Staubgehalt   F-30
Reinhalteordnung   B-49
Reinigungseinrichtungen   G-57
Reinigungsleistung   G-208
Reinigungsmittel   N-93
Reinsauerstoff-Verfahren   G-146
Rekultivierung   B-44, H-93
–, Schicht   J-53
Relativgeschwindigkeit   F-23
Renaturierungsmaßnahmen   G-24
Reparatursystem   D-59
Resonanzfrequenzmessung   M-28
Resorption   D-17f., G-83
Respirationstrakt   D-19
Responsefaktoren   M-19
Ressourcennutzungsspielräume   C-19

Restabfall
–, Zusammensetzung   H-102
–, Behandlung   H-106, H-118
– –,   biologische   H-117
– –,   mechanisch-biologische   H-117, H-123
Restbelastung, tolerierbare   J-47
Restholz   N-52
Restitutionsfunktion   C-25
Restmüll   H-38
Restriktionen (Multifunktionalität)   J-46, J-112
Restschlämme   J-104
Reststoffe   B-38, E-1, G-66, G-69
–, Vermeidung   E-4
–, Verminderung   E-4
–, Verwertung   E-7
Rettungsdienste   L-25, L-44
Rettungsweg   L-45
Reverse Air   F-30
Reversibilität   D-23
Reynolds-Zahl   F-12
Richtlinie des Rates der Europäischen Gemeinschaft über die Behandlung von kommunalem Abwasser   M-48
Richtlinien zur Bemessung von Löschwasser-Rückhalteanlagen (LöRüRL)   L-24, L-55
Richtwerte   J-2, J-13
Rieselrohrabsorber   F-56
RI-Fließbild   L-34
Ring-Lace-Verfahren   G-152
Ringofen   N-6
Ringspaltwascher   F-25
Rinnen   G-211
Rinsebettverfahren   G-77
Rio-Konferenz 1992   A-2
Risiken des Einsatzes von chemischen Pflanzenschutzmitteln   N-130
Risiko   D-25, D-64, L-29, L-32, L-35
–, Bereiche   L-32
–, Klassen   L-32
–, Minderungsstrategie   C-11
–, qualitatives   L-8
–, quantitatives   L-8
Risikograph   L-32
Roheisen   N-12, N-14-16
Rohr- und Rigolenversickerung   G-39
Röhrenelektrofilter   F-33
Rohrleitung   G-212
–, Anlage   B-50
–, Detonation   L-20
–, metallische   J-35
–, nichtmetallische   J-35

Rohrreaktor G-126
Rohrscheibenmodul G-89
Rohr-Umlenkabscheider F-10
Rohstoff
–, nachwachsender N-116
–, Verbrauch N-57
Rohware N-53
Röntgenfluoreszenzanalyse M-39
Röntgenstrahlen D-55, M-85
Röntgenverordnung B-33
Rostfeuerungsofen H-25
Rotationsadsorber F-49
Rotationswascher F-23–26, F-57
Rotorscheibe H-12
Rotte
–, Grad H-111
–, Prozeß N-113
Rowitec H-22
RRSB-Verteilung F-3
Rückbau H-61
Rückbelastung der Kläranlage G-188
Rückgewinnung G-78
Rückhalte- und Ableitungssysteme L-37
Rücklauf
–, Schlamm G-66, G-122
–, Verhältnis G-124
Rücknahmepflicht B-41
Rückschubfeuerung H-22
Rücksprühen F-39
Rückspülfilter F-31
Rückstände N-127, N-130
–, feuchte salzhaltige J-30
Rückstandsverbrennung, Anerkennung E-11
Ruhesignalprinzip L-36
Ruhestromprinzip L-36
Rundbecken G-63
Rundräumer G-61
Rüstungsaltlastenverdachtsfläche J-2

SO_2-Emission, kontinuierliche Messung M-12
SO_2-Immissionsmessung M-30
Sachbilanz H-7f.
Sachgüter J-2, L-6
Sachschäden L-35
Sachverständigengutachten, antizipiertes B-5
Sack + Sack H-40
SAD H-2
Salmoniden-Gewässer G-17
Saltzmann-Verfahren M-31
Salze J-105
Salzsäure G-70
Sammelbehälter H-38

Sammelelemente für Probegas M-17
Sammelfahrzeug H-41
Sammelphasen M-17
Sammlung H-34
–, getrennte H-34, H-39
Sand, salzwassererfüllter J-32
Sandfang G-54, G-59, G-61, G-211
–, Anlagen, Dimensionierung von G-59
–, Bemessung G-61
Sandfanggut M-55
–, Entsorgung G-62
–, Entwässerung G-61
–, Räumung G-61
Sanierbarkeit J-43
Sanierung J-15
–, Anordnung B-57
–, Aufwand J-48
–, Bedarf J-43, J-47, J-106
–, Konzepte J-46f., J-107, J-110
– –, differenzierte J-47
–, Konzeptvorschlag J-112
–, Lösungen, nutzungsbezogene J-112
–, Maßnahmen J-43
– –, geeignete J-110
–, Plan B-57f., B-63
–, Prinzip J-111
–, Strategien J-47
–, Szenarien J-110, J-112
– –, standortbezogene J-111
–, Überwachung J-84
–, Untersuchungen B-57, B-62, J-43, J-47, J-106
–, Verfahren J-2, J-42, J-47, J-107
–, Vertrag B-56
–, Vorplanung J-111
–, Vorschlag J-47
–, Ziele B-55, J-47
–, Zielwerte J-108
–, Zone J-47
Sanitärbereich K-6
Saprobienindex G-9
Saprobiestufen G-9
Sattdampfinjektion J-93
Sättigungsladung F-36
Sauerstoff D-2, D-9
–, Ausnutzung G-143
–, Haushalt G-10
–, Konzentration G-91
–, Lieferant J-84
–, Mangel L-18
–, Sättigungswert G-26
–, technischer G-74
–, Verbrauch G-91, G-123
–, Versorgung G-98, G-123
Saugbelüftung H-125
Saugräumer G-63

Saugwagen G-67
Säulen
–, gepackte M-41
–, Chromatographie M-42
–, Profil J-31
Säure D-9
–, Grad (pH-Wert) D-39
–, Bildung D-9
Saure Abwässer G-70
Sauter-Durchmesser F-3
SAV H-2
SBR-Verfahren G-145
Scannermethode J-32
Schachtofen N-6, N-14, N-16
Schäden
–, Allmählichkeits- C-25
–, Summations- C-25
Schadensbehebung G-53
Schadensersatz B-10
Schadenskosten C-15
Schadgase D-10
Schadstoff D-1, D-36, D-40, D-42, D-45
–, Abbau G-209
– –, Voruntersuchungen J-79
–, Abtrennungsart J-89
–, Aufnahmekapazität C-9
–, Aufschluß J-90
–, Bindungsart J-89
–, Einbindung J-59, J-106
–, Eintrag G-6
–, Entfrachtung H-100
–, Emissionen H-123, J-44
– – aus dem Ackerbau N-117
– – aus dem Verkehr N-57
– – aus der Landwirtschaft N-128
– – aus der Viehhaltung N-123, N-128
–, Fahne J-28
–, Immisionen J-34
–, Inventar J-109
–, Konzentration, organische J-35
–, Phase J-50
–, Separierung J-46
–, Transport J-44
–, Wirkung D-45
–, Zerstörung J-46
Schall G-198, G-204
Schall/Geräusch G-197
–, Abstrahlung G-210
–, Bewertung D-45
–, Dämmung K-6
–, Dämpfer G-211
–, Druck G-205
–, Leistung G-205, M-76
–, Leistungspegel dB G-205
–, Pegel D-45, G-206, K-7, M-76

–, Pegelmessung   G-204
–, Schutzfenster   K-6
–, Schutzmaßnahme   K-1, K-6
–, Signale   G-206
SchankV   L-3
Schaumbekämpfung   G-112, G-115
Schaumlöschanlagen   L-23
Scheibentauchkörper   G-150
Scheibentrockner   G-194
Schicht
–, Dicke   D-5
–, Grenze   J-35, J-37
–, monomolekulare   F-46
Schichten, Grenzfläche zweier   J-36
Schienentransport   H-43
Schienenverkehr   B-28, N-77
Schildräumer   G-63
Schlacke   J-87
Schlafstörung   D-48f.
Schlamm
–, Alter   G-94, G-96, G-124, G-185
–, Bagger-   D-42
–, Behandlung   G-183, N-102
–, Belastung   G-93, G-124, G-128, G-185
–, belebter   G-93
–, Eindickung   G-186
–, Eisen- und Aluminiumhydroxid   G-81
–, Entwässerung   G-189
–, Fang   G-67f.
–, Faul-   M-55
–, galvanischer   J-32
–, Index   G-124
–, Klär-   B-42, D-42, D-44, G-7
–, Konditionierung   G-188
–, Kontaktverfahren   G-65
–, Räumsystem   G-63
–, Rücklauf-   G-66, G-122
–, Stabilisierung   G-185
– –, aerobe   G-185
– –, anaerobe   G-186
–, Struktur   G-114
–, Trocknung   G-192
–, Überschuß-   G-94
–, Verbrennung   G-195
–, Vergasung   G-195
–, Volumen   G-66
– –, Beschickung   G-66
– –, Index   G-66
–, Wasser, Behandlung   G-192
Schlauchfilter   F-31
Schließzeit   L-41
Schlitzwand
–, gerammte   J-57
–, Einphasenverfahren   J-57
–, Kombinationsdichtung   J-57

–, Zweiphasenverfahren   J-57
Schmalwand   J-57
Schmelzkammerfeuerung   G-197
Schmelzwanne   N-7
Schmutzstoffe, abbaubare   G-91
Schmutzwasser   B-47, G-36, G-38
–, Abfluß   G-40
–, Kanal   G-40
Schneckenpressen   G-58
Schneckenpumpwerk   G-210
Schnellanalytik   M-60, M-71
Schnittholztrockner   N-45
Schockabsorptionskapazität   C-3
Schönungsteiche   G-119
Schrott   J-30
Schürfen   J-28
Schüttgewicht   H-38f., H-46
Schüttgutkatalysator   F-65
Schüttschicht   F-28
–, Katalysator   F-70
–, Filter   F-31
Schüttung   H-35, H-41
Schutz   L-35
–, Aufgaben   L-28
–, Ebene   L-28
–, Einrichtung   L-28
–, Gut   J-1, J-43f.
–, Pflicht   B-17
–, Rechen   G-55
–, Schicht   J-53
–, Ziele   L-28
Schutz- und Beschränkungsmaßnahmen   J-44, J-107
Schwachfeldscheidung   J-92
Schwebebettverfahren   G-77, G-153
Schwebende Aufwuchsflächen   G-153
Schwebstaub   M-28
–, Immissionsmessung, registrierende   M-29
Schwebstoffe, grobe   G-54
Schwefel
–, Dioxid (SO_2)   D-27
–, Oxid   M-10
–, Säure   G-70
–, Trioxid   F-53
–, Verbindung, biogene   D-7
–, Wasserstoff   F-73f., G-200, M-12, M-33
Schweizer Eluattest (SET)   M-63
Schwelbrennverfahren   G-196, H-22, H-33
Schwellenwert   D-25, J-13
Schwerefeld der Erde   J-38
Schwergasausbreitung   L-13

Schwerhörigkeit   D-46
Schwerkrafteindicker   G-187
Schwermetall   D-42, J-102, M-65, M-73
–, Gehalt   H-116
Schwerterwäscher   J-92
Schwimmkugeln   G-201
Schwimmschlamm, Bekämpfung von   G-111f.
Schwimmstoffe   G-63
–, Entfernung   G-63
Scintillation   M-85
–, Zähler   J-38
Scintillator   M-86
Sedimentation   G-66, J-97
–, Becken   G-62
Sedimente   M-56
Sedimentgestein   J-3
Seeboden, Gütezustand   G-34
Seedingverfahren   G-87
Seen   N-118
Seismik   J-35
Sektion, relevante   L-39
Sekundärmedium   L-38
Selbstreinigung
–, Kapazität   G-92
–, Kraft   G-5
– –, natürliche   G-24
–, Prozeß   G-92
Selbstüberwachung   L-36
Selektivaustauscher   G-77
Selektive katalytische Reduktion (SCR)   N-100
Selektoren   G-113
Selektorverfahren   G-146
Selen   M-40
Semi-Puls   F-41
Sender, hochfrequenter   J-37
Senkengase   D-9
Sensor   L-33
Separator, ballistischer   H-15
Setzmaschinen   J-95
Seveso-II-Richtlinie   L-5
Shirco-Infrared-System   J-76
Shrinking core models   J-66
Sicherheit   J-11, L-7, L-35
–, Abstand   L-44
–, Analyse   L-6, L-10, L-48
– –, systematische   L-29
–, Betrachtung   L-35
–, Datenblätter   L-47
–, Kategorien   L-24
–, Konzepte   L-7, L-10, L-28
–, Management   L-48
–, öffentliche   J-1
–, Stellung   L-36, L-41
–, Technik   A-4
–, Unterweisung   L-45
–, Ventil   L-28, L-52

–, Vorkehrungen L-7
Sicherheitsgerichtete speicher-
  programmierbare Steuerung
  (SSPS) L-28
Sicherung J-15, J-44
–, Maßnahmen J-44, J-109
–, Verfahren J-48,
  J-59, J-109
Sickerwasser B-61, H-125,
  J-30, N-118
–, Menge H-76
–, Qualität H-76
–, Behandlungsverfahren
  H-79
–, Fassung H-75
–, Prognose B-62
Sickerweg J-34
Sico-WAP G-192
Sieb
–, Analyse F-2
–, Anlagen G-54, G-56
––, Auslegung von G-58
–, Gut G-59
–, Gütegrad H-14f.
–, Maschine H-13f.
–, Trommeln G-57, H-14f.
–, Wirkung F-29
Siebung H-13
Siedepunkt L-17
Siedewasserreaktor N-22,
  N-24
Siedlungsabfall H-3, H-21
Signal
–, ferrimagnetisches
  J-29
–, Funktion C-3
–, Verarbeitungseinrichtung
  L-36
–, Verarbeitungsteil L-36
Silagen N-44
Silberkugel M-32
–, Verfahren M-32
Silikagel F-47
Silikate G-81
Simulation
–, dynamische G-135
–, Training L-44
Sinkgeschwindigkeit F-2
Sinterkerzen F-28
Sinterkühler N-11
Sintermaschine N-9f.
Smog B-16, D-10
Sodalösung G-70
Sofortmaßnahme J-44
Sohlabdichtung, nachträgliche
  J-49
Sol J-89
Solarkonstante D-12
Solartrockner G-194
Solventextraktion, Anwendung
  G-82

Sommersmog D-10
Sonden J-30
Sonderabfall H-21
–, Deponie N-115
–, Verbrennungsanlage H-25
Sondierungskurve J-31
Sorbentien, feste M-17
Sorptionsrohr M-32
Sortieranalyse H-4
Sortierprozesse J-95
Sortiertechnik J-90
Sortierung H-13
Sortiervorgänge J-90
Spaltdiffusion, aktivierte F-48
Spalten J-34
Spaltöffnungen D-31
Spaltprodukt N-19
–, Isotop N-19
Spaltweite G-55
Spänetrockner N-45
Spannungsabsenkung F-40
Spannungsversorgung F-33
Spannwellensieb H-15
Spanplatte N-49
Speicher M-22
–, Filter F-28
Spermiogenese D-60
Sperrholz N-49
Sperrmüll H-35, H-41
Sperrstoffe G-54
Spinellstruktur J-29
Spitzenabflußbeiwert G-42f.
Spitzenpegel D-45
Sprachverständlichkeit D-49
Sprengung J-35
Sprinkleranlagen L-23, L-55
Spritzwasserbildung G-204
Sprühelektrode F-33
Sprühsorptionsverfahren F-42
Sprühturm N-47
Sprühwasseranlagen L-23
Spülkreislauf L-84
Spülung J-86
Spülwasser G-78
Spurennährstoffe D-40f.
SSPS L-28
Staatszielbestimmung B-2
Stabdosimeter M-83
Stabilisierung G-78, J-59
–, Grad der H-119
Stabrechen G-55
Städteplanung J-48
Stahl N-9, N-15
–, Erzeugung N-14
Stallmist N-123
Stand der Sicherheitstechnik
  L-5f.
Stand der Technik (S.d.T.)
  B-17, B-47, G-197, L-28, L-50
Stand von Wissenschaft und
  Technik B-31

Standeindicker G-187
Standortkartierung, geoelektri-
  sche J-32
Starkfeldscheidung J-92
Stauanlage B-52
Staub B-22, G-197, M-2
–, Ablagerung F-18
–, Abscheidung F-1, F-28
–, Beladung im Rohgas M-3
–, Explosion L-21
––, Klassen L-21
–, Feuerung H-25
–, kontinuierliche Messung
  M-5
–, Masse M-3
–, Messung
––, fraktionierende M-29
––, manuelle M-2
–, Niederschlag F-38, M-28
–, radioaktiver N-31
–, Sammelbunker F-33
–, Schicht F-38
–, Schlupf F-29
–, Strähne F-11, F-13
– /Gas-Gemisch F-23
– /Luft-Gemisch L-21
Stellglied L-33
Steuerluftpufferung L-41
Steuerreform, ökologische
  C-23
Steuerung, festverdrahtete
  L-28
Stichprobe M-53
–, qualifizierte M-53
Stickoxid D-8–11
–, Minderung H-30
––, nichtkatalytische F-70
–, Reduktion F-67
––, katalytische F-67
––, nichtkatalytische F-67
Stickstoff D-2, D-40f., G-102,
  N-117, N-127f.
–, Ausschleusung H-83
–, Belastung G-192
–, Elimination G-102, G-128
–, Immission M-34
–, Monoxid (NO) M-31
–, Oxid M-15, N-51, N-125
–, Quellen G-94
–, Verbindungen D-27
Stillegung B-21
Stoff
–, Ableitung L-37
–, Angebot, Ausweitung C-15
–, anorganischer B-22
–, Austausch F-58
–, brandfördernde L-17
–, brennbare L-17
–, diamagnetischer J-29
–, Eintrag, Engpaßsituation
  C-9

–, ferromagnetischer J-29
–, filtergängiger M-8
–, Freisetzungen L-14
––, Bewertung störungsbedingter L-14
–, gefährlicher B-16
–, geruchsintensiver B-22
–, hochentzündlicher L-17
–, Information L-54
–, Inventar L-54
–, kanzerogener B-22
–, Konzentrationen J-1
–, Kreisläufe D-30, D-38, J-1
–, leichtentzündlicher L-17
–, organischer B-24
–, paramagnetischer J-29
–, radioaktiver B-30, D-42
–, schallschluckender K-5
–, ungelöster G-54
–, Verwechselung L-42
–, wassergefährdender B-50, G-197
––, Anlage zum Umgang mit B-51
–, Wechselgeschwindigkeit G-102
– /Zubereitungen L-2
Stokessches Gesetz F-2
Stokes-Zahl F-12
Störfall L-5, L-31f.
–, Ablaufanalyse L-7, L-10
–, Ablaufdiagramme L-10
–, Auswirkungen L-7
–, Beauftragter L-47
–, Beurteilungswert des VCI L-16
–, Eintrittsvoraussetzungen L-7
–, Planungsgrenzwerte B-31
–, Ursachen L-7
–, Verordnung L-4f., L-28
Störstoffe G-54
Störstrahler B-30
Störungen L-6
Stoßbelastung G-4
Stoßwelle L-20
Strafgesetzbuch B-10
Strahlapparat L-38
Strahlen
–, Absorption M-82
–, dicht ionisierende D-55
–, Dosis M-82
–, Effekt, deterministischer D-63
–, Exposition D-1, D-54, D-57f., D-64
––, natürliche D-56, D-63
––, terrestrische D-56
–, ionisierende D-56, D-58, M-81
–, locker ionisierende D-55, D-59

–, Risiko D-58, D-61
–, Schäden, akute D-60
Strahlenschutz M-83
–, Beauftragter B-33
–, Bereich B-32
–, Grundsätze B-32
–, Kommission B-35
–, Standard D-63
–, Verantwortlicher B-33
–, Verordnung B-32
–, Vorschriften der DDR B-34
Strahlenwirkung
–, deterministische D-58
–, stochastische D-58
Strahlung G-198
–, α- J-38
–, β- J-38
–, γ- J-38
–, Emission D-14
–, kosmische B-35, D-56
–, Kühlung D-14
–, nichtionisierende B-35
–, terrestrische D-57
–, thermische D-13
Strahlwascher F-25
Strähnenbildung F-14
Straßenaufbruch H-3, H-59f., H-63
Straßentransport H-43
Straßenverkehr B-27, K-1, M-80
Stratopause D-16
Stratosphäre D-5f., D-8f., D-12, D-16
–, polare D-7f.
Streulicht M-5
–, Messung M-6
Strippeffekt G-84
Strippen G-83
Strippgase G-84
Strippung G-83, G-192, G-199
Stromklassierer H-62
Strom-Spannungs-Charakteristik F-34
Strömung M-3
Strontium-90 D-43
Struktur, tiefliegende J-37
Stuckgips F-59
Stützfeuerung L-37
Styrol D-20
Sublimation F-42
Substanzen
–, polare organische J-103
–, radioaktive D-43
–, wirksame organische (WOS) M-68
Substitutionsprozeß C-10
Substrat
–, Atmung G-123
–, Fracht G-123
–, Konzentration G-95, G-125

Sulfat D-7, D-20, M-74
–, Ionen G-73
–, Schicht D-7
–, Zellstoff H-47
Sulfid M-74
–, Fällung G-71f.
–, Oxidation N-55
–, Zellstoff H-47
Summationsschäden C-25
Summenbestimmungsmethode für die Verbindungsklasse der Phenole M-36
Summenhäufigkeit F-2
Summenlinienverfahren G-43
Suspension J-89
–, Verfahren J-83
Suspensiveffekt B-13
Sustainable development A-2, E-11
Synthese
–, chemische N-36, N-39
–, Gas N-111
System, integriertes H-40

TA Abfall H-2, H-6, M-58
TA Lärm B-26, K-1, K-7, M-80
TA Luft H-123, H-125, M-2
TA Shredderrückstand M-59
TA Siedlungsabfall G-62, H-6, H-59, H-105, H-119, M-58
TA Sonderabfall M-58
Tafelmietenverfahren H-111
Tagesausdruck M-24
Tagesmittelwert M-24
Tageszeit K-7
Taktmaximalpegelverfahren M-79
Taktmaximalverfahren M-81
Talsperre B-52
Target dose D-22
Taschenfilter F-31
TASI B-40, H-4
Tauchbrennverdampfer G-87
Tauchkörper G-150
Tauchrohr F-11, F-13
–, Geschwindigkeit F-13
Taupunkt F-30
TDL_0-Wert L-15
Technik, beste verfügbare B-17
Technische Regel
– für brennbare Flüssigkeiten (TRbF) L-4
– für Druckbehälter (TRB) L-4
Technische Richtkonzentration (TRK) L-17
Technisches Regelwerk L-28
Technologien J-109
Teeröl J-32

Teetasseneffekt   F-11
Teiche   G-116
–, belüftete   G-119
Teilabbau   J-78
Teilchenaufladung   F-36
Teilgenehmigung   B-19
Teilredundanz   L-33
Teiltrocknung   G-193
Tellerabsorber   F-56
Temperatur   D-13f., G-118
–, Einfluß   G-124
–, Erhöhung   D-16
–, Grenze   F-40
–, Messung, direkte   J-37
–, Schichtung   G-34
Tensid   J-93
Th   J-38
Thallium   M-40
Thebora-Verbrennungsanlage   J-71
Thermalscanner   J-37
Thermische Nachverbrennung   N-48
Thermitec   H-22
Thermolumineszenz   M-86
Thermoplaste   H-54
Thermoreaktor   F-63
Thermoselect   H-22
–, Verfahren   G-196, H-34, N-111
Threshold Limit Values (TLV)   L-15
Thrombozyten   D-60
Thyristor-Steuerung   F-40
Thyssen-Pyrolysetechnik   J-75
Tiefenlage   J-36
Tiefensondierung, geoelektrische   J-31
Tiefflüge   M-79
Tiefspeichervorhaben   B-30
Tierhaltung   N-124
Titration, jodometrische   M-12
TNV-Anlage   F-63f.
TOC (Total Organic Carbon)   M-64
Toluol   M-18
Ton   J-32, J-38, J-87
–, Abdeckung   J-38
–, Haltigkeit   M-80
–, Mehl   J-58
–, Minerale   D-38
–, Scherbe, glasierte   J-32
–, Zuschlag   M-79
Torf   D-38
Totalaufschluß   M-71
Totalintensität   J-28f.
Tourenplanung   H-42
Toxikokinetik   D-17
Trägerkatalysator   F-65
Trägheitsabscheidung am Einzeltropfen   F-21

Transformator   F-40
Transmission   J-43, M-1, M-5
Transport
–, Bahn   H-43
–, Entfernung   H-43
–, Genehmigung   B-42
–, hydraulischer   H-35
–, Kosten   H-43
–, Schiene   H-43
–, Straße   H-43
– von Holz   N-48
–, Zeit   H-42
TRbF   B-52, H-37
Treibhaus
–, Effekt   C-10, D-2, D-9, D-12–16, N-119, N-121, N-127, N-129
–, Gase   D-2, D-12, D-14f., N-121, N-126, N-129
–, Potential   D-14f.
–, Wirkung   D-14
Treibstoff   N-121, N-129
Treibstrahl-Grenzschicht-Verdampfer   G-85
Trennflächenhöhe   F-13
Trennfugen   J-3
Trennschicht   J-53
Trennsystem   G-38
Trennverfahren   J-45f.
Trevira-Schwerkraftfilter   G-192
Trinkwasser   J-11, N-118
TrinkwasserVO   M-45
Tritium   N-24
Trockenmasse   M-73
Trockenozonisierung   G-207
Trockenrückstand   G-186
Trockenstabilat
–, Herstellung   H-123
–, Verfahren   H-121
Trockenstabilisierung, mechanisch-biologische   H-117
Trockensubstanz   G-93
–, Gehalt   G-123
Trockenverfahren   H-113, J-83
–, einstufig   H-113
–, mesophil   H-113
–, thermophil   H-113
–, zwei- oder mehrstufig   H-113
Trocknen   G-86
Trockner
–, Band-   G-194
–, Dünnschicht-   G-194
–, Knet-   G-194
–, Scheiben-   G-194
–, Solar-   G-194
–, Trommel-   G-194
–, Wirbelschicht-   G-194
Trocknung   G-88, H-82, N-45
–, Bedingung   N-46

Tropenwaldbrände   D-12
Tropfen- bzw. Nebelzyklon   F-18
Tropfenabscheidung   F-55
Tropfengrößenspektrum   F-19
Tropfkörper   G-141, G-148
–, Anlagen   G-66, G-211
–, Biowäscher   F-76
–, Fliege   G-98
–, Rasen   G-97f.
Troposphäre   D-9–12
Trümmerwurf   L-17
TRUwS   B-52
Tschernobyl   D-43, D-57f.
Tubularmodule   G-89
Tumorpromotoren   D-24
Turbulenzen   G-203
Türen   G-212

Überbandmagnet   H-16
Überbauung   J-51
Überdüngung   G-7
Überfälle   G-211
Überfallsicherung   L-57
Überflutungszonen   G-24
Übergangsvorschriften   H-71
Überlassungspflicht   B-40
Überplanung   J-48
Überproduktion   N-116
Überschallknall   M-79
Überschlag   F-34
Überschlagsspannung   F-34
Überschuß
–, Produktion   N-128
–, Schlamm   G-94, M-55
––, Produktion   G-97, G-124
Überschwemmungsgebiet   B-53
Überwachung   G-53, L-33
Ultrafiltration   G-90
Ultraviolett-Absorption   M-15
Ultrazentrifugenanlage   N-29
Umkehrosmose   G-90, H-82f.
Umlaufverdampfer   G-87
Umleerbehälter   H-35
Umlenkabscheider   F-9
Umlenkzyklon   F-11
Umlenk- und Leitbleche   F-33
Umschlagstation   H-42
Umwälzung, ausreichende   G-123
Umwandlung
–, photochemische   D-2
–, Verfahren   J-45
Umwelt
–, Auswirkungen   J-45
–, Bedingungen   F-74
–, Belange   J-42
–, Belastung   N-116, N-120, N-123, N-126, N-131

–, Betriebsprüfung C-20
–, Bilanz B-8
–, Bundesamt B-12
–, Informationsgesetz B-12
–, Management C-20
–, Managementsystem A-1, B-7
–, Medien J-2
–, Nutzungsspielräume C-22
–, Ökonomie C-2
–, Schäden L-17, L-31, L-35
–, Statistikgesetz H-3
–, Verträglichkeitsprüfung (UVP) B-9
Umweltschutz J-12
–, additiver C-16, E-1
–, Belange J-42
–, Betriebskosten E-11
–, integrierter C-16, E-3
–, Investitionen E-11
–, nachsorgend A-4
–, optimaler C-13
–, planerischer C-7
–, proaktiver C-20
–, produkt- und produktionsintegrierter A-4
–, produktbezogener C-16
–, technische und gesellschaftspolitische Aufgabe E-1
–, vorsorgender A-4
Unbefugte, Eingriffe durch L-7
Unfallverhütungsvorschriften B-26, L-4
Unsicherheitsfaktoren J-108
Unterdrucksystem G-40
Unterhaltspflichtige G-31
Unterhaltung B-48
–, Last G-31
Unternehmensleitung B-11
Untersuchungen
–, systematische L-7, L-10
– zur Verfahrensauswahl J-80
Untertagegasspeicher (UGS) N-103
Unterweisung L-26
Unverfügbarkeit L-37
Unverhältnismäßigkeiten J-43
Uran
–, Anreicherungsverfahren N-29
–, Bergbau N-27
–, Extraktion N-27
–, Gewinnung N-26
US-Gesundheitsbehörde (FDA) N-45
UTD H-2
UV-B D-9
UV-Bestrahlung G-74
UV-photometrisches Verfahren M-32
UV-Strahlung D-2

Vakuum
–, Bandfilter J-98
–, System G-40
–, Verdampfer G-87
Validität J-107
Vasokonstriktion D-54
VbF L-3, L-21
VDE B-6
VDI B-5
VDI-Kommission „Lärmminderung" K-8
Venturi
– abscheider F-57
– absorber F-56
– Kehle F-25
– Wascher F-20, F-22–26, G-208, N-47
Veränderung
–, biochemische D-53
–, hormonale D-53
Verband Deutscher Landwirtschaftlicher Untersuchungs- und Forschungsanstalten VDLUFA M-59
Verbindungen
–, halogenierte organische G-75
–, organische F-67, M-36
–, phenolische M-36
–, radikalische D-31
Verbrennung D-9f., N-50
–, Eigenschaften H-117
–, partikelarme N-72
–, Prozesse D-9
–, Temperatur F-61
–, Verfahren, direkte H-21
Verdachtsflächenkataster B-56
Verdampfen G-86
–, Anwendung G-86
Verdampferkonzentrat N-22
Verdampfung H-82, L-13
–, Wärme G-86
Verdichterstation N-104
Verdichtungen G-211
Verdünnungsmethode M-21
Verdunster G-87
Verdunstung L-13
Veredelung N-49
Verfahren
–, Akte L-48
–, Auswahl J-107
–, bergmännische J-59
–, Bewertung J-47
–, Biofilm- G-147
–, biologische F-2, F-42, G-208, H-79, H-104, J-78
–, Biomembrat- G-145
–, chemische F-1
–, Daten J-110
–, diskontinuierliche M-27
–, dispersive M-13

–, elektrokinetische J-46, J-102
–, Flotations- G-144
–, hydraulische J-49
–, Kombinationen H-80, J-111
–, kombinierte G-152
–, Kubota- G-145
–, Membran- G-145
–, mikrobiologische J-46
–, nichtdispersive M-13
–, physikalische F-1
–, pneumatische J-51
–, Reinsauerstoff- G-146
–, ressourcensparende C-15
–, SBR- G-145
–, Selektor- G-146
–, statische J-80
–, thermisches J-46
–, UV-photometrisches M-32
Verfahrensgrundsätze
–, Absetzbecken G-62
–, Leichtstoffabscheider G-67
–, Sandfänge G-59
Verfalldatum N-41
Verfestigung J-59, J-106
Verfügbarkeit L-37
Vergärung H-104
–, Anlagen H-108
–, Einstufenprozeß H-112
–, System H-112
–, Zweistufenprozeß H-112
Vergasung G-196, H-21, N-111
Vergiftungen durch Alkalien F-69
Verglasen J-104
Vergleichsgas M-12
Vergleichsstandard M-12
Verhaltensstörer B-10
Verhältnismäßigkeit B-58, J-47
Verkehr
–, Anlagen, benachbarte L-7
–, Emission B-16
–, Lärm B-26, D-46, K-1, M-38
–, Lärmschutz B-17
–, Planung K-6
Verkeimung G-203
Vermeidung B-39, H-6
Vermeidungs- und Minimierungstechnologien G-198
Vermischung G-126
Verordnung B-2
– über die Sicherheit medizinisch-technischer Geräte L-4
– über genehmigungsbedürftige Anlagen – 4. BImSchV L-4
Verpackung
–, Steuer B-10
–, Verordnung H-4, H-47, H-52

Verpuffung L-20
Verrottung H-104
Versagungsermessen B-31
Versalzung D-44f.
Versauerung D-44, N-125
Versäuerung G-186
–, Phase G-99
Versickerung
–, Anlage G-39
–, Fläche G-39
–, Mulde G-39
–, Rigole G-39
–, Rohr G-39
–, Schacht G-39
Versitzgruben G-36
Versorgung, elektrische F-40
Verstopfung F-18
Versuchsreaktor N-22
Verteilung
–, Anzahl F-3
–, Dichte F-2f.
–, Flächen F-3
–, Fuller F-5
–, Koeffizient G-82
–, Kurve F-2
–, Längen F-3
–, Problem, intergenerationelles C-5
–, RRSB F-3
–, Volumen F-3
Vertikalbrunnen J-49
Vertikalfilter G-122
Verträge, internationale B-1
Verunreinigungskomponenten D-27
Verursacher J-27
Verwaltungsakzessorietät B-11
Verwaltungshandeln B-14
Verwaltungsrecht B-3
Verwaltungsvorschrift, norminterpretierende B-3
Verweilzeit G-62
Verwendung, vegetationstechnische J-85
Verwerfung J-34
– des Bodens J-85
Verwertung B-39, H-44
–, baustoffliche H-44
–, bautechnische J-85
–, energetische B-39, H-117, N-52
–, rohstoffliche H-44, H-59
–, stoffliche B-39, H-6, H-44, N-52
–, werkstoffliche H-44
Vibrationsschnecke J-92
Vibrator J-35
Viehfütterung N-122
Viehhaltung N-115, N-122, N-127, N-129, N-131

Vierring-Verbindungen M-38
Vinylchlorid M-19, M-37
Viskosität J-6
VLF-Methode J-34
Vliese F-28
Volatile organic compounds (VOC) D-27
Völkergewohnheitsrecht B-1
Vollkatalysator F-65
Vollmaterialien F-70
Volltrocknung G-193
Volumen
–, kritisches H-8
–, Reduktion H-119
–, Verteilung F-3
Vorabscheider M-5
Vorauswahl J-47, J-109–11
Vorbehandlung, mechanisch-biologische H-18f.
Vorbescheid B-19
Vorfiltration G-81
Vorgaben, gesetzliche M-44
Vorgehen, methodisches J-110
Vorklärbecken G-62
Vorklärschlamm M-55
Vorklärung G-66
Vorläufersubstanzen D-11f.
Vor-Ort-Analyse M-71
Vorreinigung G-57
Vorrotte H-110
Vorschubfeuerung H-22
Vorsorgepflicht B-17
Vorsorgewert B-59
Voruntersuchungen J-78
Vulkanausbrüche D-7
VwV Erdaushub/Bauschutt M-59, M-70

Wachstum
–, Geschwindigkeit G-102
–, qualitatives C-1
–, quantitatives C-1
–, Rate G-95
–, Vorteil G-113
–, wirtschaftliches C-1
Wäge-System H-41
Waldböden D-38, D-42f.
Waldschäden D-41, N-125
Waldschadeninventur D-34
Walmenmiete H-111
Walzenrostfeuerung H-22
Wanderbettadsorber F-49
Wanderungsgeschwindigkeit F-36
–, effektive F-37
Wandhydranten L-23
Wärme G-197
–, Belastung G-26
–, Strahlung D-13
–, Stromdichte J-37

–, Tönung M-19
Wartung M-24
–, Anlage N-35
Wasch- und Extraktionsverfahren J-86
Waschanlagen für Rechengut und Siebgut G-58
Wascher L-37
–, Injektor- F-24
–, Kolonnen- F-23-26
–, Ringspalt- F-25
–, Rotations- F-23-26
–, Strahl- F-25
–, Venturi- F-23-26, G-208
–, Wirbel- F-23-26
Waschflüssigkeit F-2, F-18, F-55
–, beaufschlagte, Regeneration F-58
–, Regenerierung der F-19
Waschmittel N-93
Waschverfahren J-46
Wasser A-3, J-1, M-44
–, Abwasser B-39, B-47, D-41, J-104, M-44, M-46
–, Adsorption F-49
–, Arten M-44
–, Aufbereitung N-101
–, Behörden G-31
–, Deponiesicker- G-88, H-78
–, Entnahme B-46
–, Feinverdüsen von F-18
–, Gefährdungsklassen B-51, L-24
–, Gehalt M-64, M-73
– –, hoher J-103
–, Härte G-16
–, Heil- J-11
–, Installation K-6
–, Lösch- L-24, L-55
–, Löslichkeit F-74
–, Menge, kritische H-10
–, Mineral- J-11
–, Niederschlags- B-47, G-22
–, Pfennig B-54
–, Preß-/Sicker- H-123
–, Regen- G-36
–, Schlamm-, Behandlung G-192
–, Schmutz- B-47, G-36, G-38
–, Schutzgebiet B-53, N-129
–, Sicker- B-61, H-125, J-30, N-118
–, Sport N-94
–, Spül- G-78
–, Trink- J-11, N-118
–, Verbände B-48
–, Verkehr N-87
–, Werkstatt N-53
Wasserhaushalt, Ordnung des G-30

–, Gesetz (WHG) B-45, G-29, G-71, G-197, H-79, J-26, M-45
–, Gleichung G H-77
Wasserstoff N-74
–, Ion N-125
–, Peroxid G-74
Wechselbehälter H-35, H-42
Wechselpatronen G-81
Wechselstromverfahren J-30, J-32
Wechselwirkung, elektrokinetische J-32
Weiterverwendung H-44
Welle
–, direkte J-36
–, Kompressions- J-35
–, Longitudinal- J-35
–, P-Welle J-35
–, reflektierte J-36f.
–, refraktierte J-36
–, Scher- J-35
–, S- J-35
–, Transversal- J-35
Wellenfront J-35
Wendelscheider J-95
Werksärztliche Einrichtung L-44
Werkschutz L-45
Werkseinsatzleitung L-47
Werksleitstelle L-46
Werksverkehr L-44
Wertstoff E-1
Wertsynthese J-113
Wettereinfluß M-77
Wetterlage K-7
Wickelmodul G-90
Widerruf B-20
Widerspruch B-13
Widerstand
–, elektrischer J-30
–, Kraft F-5, F-7
–, scheinbarer spezifischer J-31
–, spezifischer F-38
–, Unterschied J-32
Wiederaufarbeitung N-30
–, Anlage N-26
Wiedernutzbarmachung J-42
Wiedernutzung J-42
Wiederverwendung H-44
Wiederverwertung, werkstoffliche H-54
Wikonex H-22
Windsichtung H-15f.
Wirbelbettreaktor J-92
Wirbelbettverfahren G-153
Wirbelschicht

–, Betrieb G-87
–, Ofen H-25
–, Technik N-6
–, Trockner G-194
Wirbelstromwascher F-56
Wirbelwascher F-23f., F-26
Wirksame organische Substanz (WOS) M-68
Wirksamkeit J-112
–, Untergrenze J-112
Wirkschwelle D-26
Wirkstoffe
–, gentechnologisch gewonnene N-38
–, pharmazeutische N-36
Wirkung
–, Abschätzung H-8
–, gentoxische D-17, D-25
–, hormonähnliche D-24
–, karzinogene L-16
–, krebserzeugende D-17
–, teratogene L-16
–, zytotoxische D-24
Wirtschaftlichkeitsbetrachtungen J-110, J-112
Wischer F-40
Wohnbereich K-4, M-79
Wolken, stratosphärische D-7
Wurfsieb H-14

Xylol M-18

Zählrohr M-83f.
Zahnschwellen G-63
Zeilen-/Tunnelkompostierung H-110
Zeilenkompostierung H-111
Zeitabflußfaktorverfahren G-43
Zeitbeiwertverfahren G-43
Zeitbewertungsart M-76
Zelle, elektrochemische M-12
Zellmembranen D-18
Zellproliferation D-60
Zellstoff H-47, H-49
Zement N-3
–, Klinker N-3
–, Ofen N-4f.
Zentrifugalapparat J-92
Zentrifugen G-191
Zeolithe F-48, F-67
–, hydrophobierte F-51
–, künstliche H-30
–, natürliche H-30
Zerfall

–, Beständigkeit J-62
–, Konstante N-18
–, radioaktiver D-55, N-18
Zerkleinerung H-11
–, selektive H-12
Zero-Emission-Vehicles N-74
Zersetzung, exotherme L-18
Ziegel J-38
Zielorgane D-17, D-22
Zielsetzungen J-43, J-108
Zink J-30, N-18
–, Hütte N-18
Zirkulation
–, enterohepatische D-22
–, System J-103
Zone
–, Einteilung L-44
–, gesättigte J-6
–, ungesättigte B-61, J-6
–, wassergesättigte B-61
Zubereitungen N-40
Züblin-Verbrennungsanlage J-71
Zündbereich L-18
Zündenergie L-20
Zündgrenze F-61
Zündquelle L-17f.
Zündquellenvermeidung L-26
Zündtemperatur F-61, L-18, L-21
Zündvorgang L-18
Zündzeitpunkt F-40
Zuordnungskriterien für Deponien M-50
Zurichtung N-54
Zusatzbelastung G-201
Zusatzbrennstoff F-63
Zusatzmaßnahmen J-107
Zustand
–, naturbedingter L-7
–, sicherer L-36
–, Störer B-10, B-57f., J-27
Zuverlässigkeit J-107, L-37
Zwangsmischer J-61
Zweistufenprozeß H-112
Zwischenlager B-30, N-35
Zwischenlagerung N-31
–, Fläche J-107
Zyklon
–, Abscheider F-11
–, Anlage F-16
–, Batterie F-16
–, Betrieb F-18
–, Druckverlust F-15
Zyklonieren H-58

MIX
Papier aus verantwortungsvollen Quellen
Paper from responsible sources
FSC® C105338

If you have any concerns about our products,
you can contact us on
ProductSafety@springernature.com

In case Publisher is established outside the EU,
the EU authorized representative is:
**Springer Nature Customer Service Center GmbH
Europaplatz 3, 69115 Heidelberg, Germany**

Printed by Libri Plureos GmbH
in Hamburg, Germany